비상은
믿습니다

당연한 것을 낯설게 바라보는 시선이
교육을 움직이게 한다는 것을.

현장에서 출발한 고민이
다음 교육의 해답이 될 수 있다는 것을.

배움의 즐거움이
교육의 가장 강력한 연료라는 것을.

다름을 존중하는 태도가
교육의 가치를 더 깊게 만든다는 것을.

그리고,
우리가 선택한 이 가치들이
곧, 우리 교육의 방향이 된다고 믿습니다.

이 믿음 하나하나가 모여,
새로운 콘텐츠와 플랫폼이 되어
교육의 새로운 전형을 만들어갑니다.

상상 그 이상 –
visang

완자 기출 PICK

통합과학 1

1080제

PICK 1　실전 개념

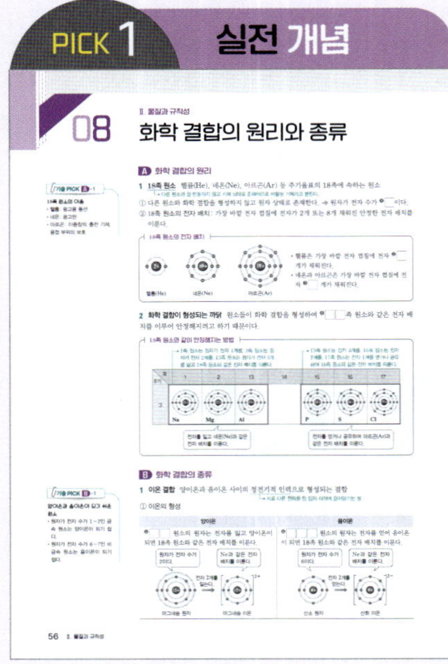

- **빈출 자료**와 **보기 선지**를 담아낸 내용 정리
- 중요한 개념을 확인할 수 있도록 □ **채우기** 구성
- 빈출 유형에서 사용되는 주요 비법은 ✎ **기출 PICK** 에 수록

PICK 2　난이도별 필수 기출

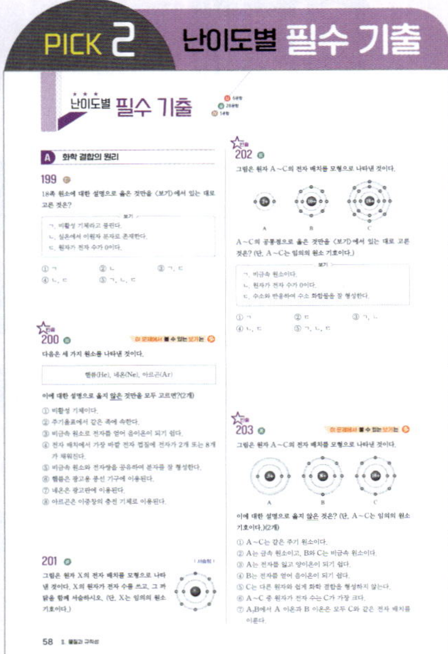

- **빈출 문제**를 주제별, 난이도(하, 중, 상) 별로 구성
- | 서술형 | 서술형 문제의 형태도 수록
- 이 문제에서 볼 수 있는 보기는 多 하나의 개념에서 나올 수 있는 보기를 빠짐없이 제시

PICK 3　최고 수준 도전 기출

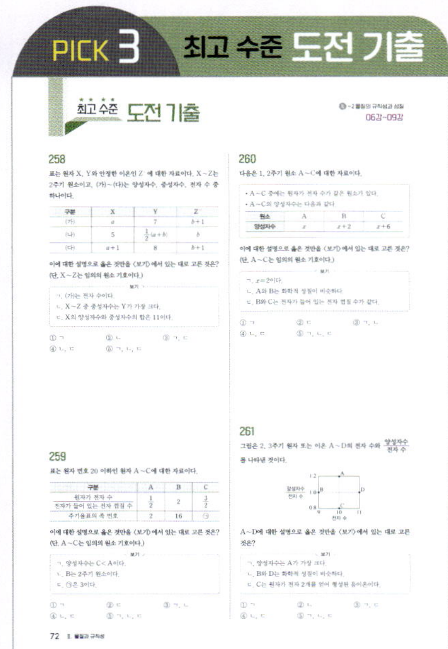

- **1등급 달성**을 위해 꼭 풀어 봐야 하는 도전 문제

실전 대비 BOOK　선택형 대비

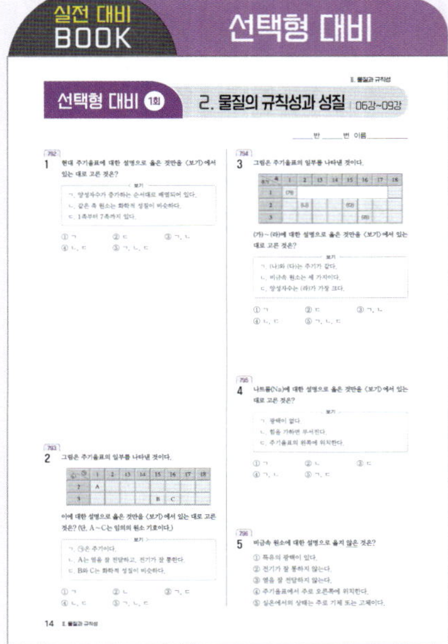

- 시험 직전에 대비할 수 있도록 선택형 문제를 단원별로 2회씩 구성

실전 대비 BOOK　서술형 대비

- 시험 직전에 대비할 수 있도록 서술형 문제를 단원별로 구성

차례 contents

I 과학의 기초

1. 과학의 기초
- 01 과학의 기본량 · 23문항 · 4
- 02 측정 표준과 정보 · 21문항 · 10

II 물질과 규칙성

1. 자연의 구성 원소
- 03 우주 초기 원소의 생성 · 31문항 · 16
- 04 별의 진화와 원소의 생성 · 31문항 · 24
- 05 태양계와 지구의 형성 · 30문항 · 32
- 도전 기출 · 8문항 · 40

2. 물질의 규칙성과 성질
- 06 원소의 주기성 · 31문항 · 42
- 07 원자의 전자 배치 · 22문항 · 50
- 08 화학 결합의 원리와 종류 · 40문항 · 56
- 09 화학 결합과 물질의 성질 · 20문항 · 66
- 도전 기출 · 8문항 · 72
- 10 지각을 구성하는 물질의 규칙성 · 32문항 · 74
- 11 생명체를 구성하는 물질의 규칙성 · 33문항 · 82
- 12 물질의 전기적 성질 · 26문항 · 90
- 도전 기출 · 9문항 · 96

III 시스템과 상호작용

1. 지구시스템
- 13 지구시스템의 구성 요소 · 36문항 · 98
- 14 지구시스템의 에너지와 물질 순환 · 22문항 · 106
- 15 지각 변동과 판 구조론 · 23문항 · 112
- 16 판 경계의 지각 변동 · 37문항 · 118
- 도전 기출 · 8문항 · 126

2. 역학 시스템
- 17 중력과 역학 시스템 · 17문항 · 128
- 18 중력을 받는 물체의 운동 · 35문항 · 132
- 19 운동량과 충격량 · 30문항 · 142
- 20 충돌과 안전장치 · 22문항 · 150
- 도전 기출 · 8문항 · 156

3. 생명 시스템
- 21 생명 시스템과 세포 · 35문항 · 158
- 22 세포막의 특성과 물질의 이동 · 30문항 · 166
- 23 생명 시스템에서의 화학 반응 · 29문항 · 174
- 24 생명 시스템에서 정보의 흐름 · 31문항 · 182
- 도전 기출 · 8문항 · 190

실전 대비 BOOK
- 선택형 대비 · 229문항 · 2
- 서술형 대비 · 115문항 · 50

완자 기출 PICK 통합과학2 구성

I. 변화와 다양성

1. 지구 환경 변화와 생물다양성
- 01 지질 시대의 환경과 생물
- 02 변이와 자연선택에 의한 생물의 진화
- 03 생물다양성
- 도전 기출

2. 화학 변화
- 04 산화 · 환원 반응
- 05 우리 주변의 산화 · 환원 반응
- 06 산과 염기
- 07 중화 반응
- 08 물질 변화에서 에너지의 출입
- 도전 기출

II. 환경과 에너지

1. 생태계와 환경 변화
- 09 생물과 환경
- 10 생태계평형
- 11 지구 열수지와 지구 온난화
- 12 엘니뇨와 사막화
- 도전 기출

2. 에너지 전환과 활용
- 13 태양 에너지의 생성과 전환
- 14 발전과 에너지원
- 15 에너지 효율과 신재생 에너지
- 도전 기출

III. 과학과 미래 사회

1. 과학과 미래 사회
- 16 과학 기술의 활용
- 17 과학 기술의 발전과 쟁점

01 과학의 기본량

A 시간과 공간

1 시간과 공간 우리 주변의 자연 현상은 시간과 공간으로 설명할 수 있다.
① 규모: 자연 현상의 크기 범위 ➡ 자연에서 일어나는 현상들은 시간 규모와 공간 규모가 다양하다.
② 미시 세계와 거시 세계

❶ [　] 세계	❷ [　] 세계
원자, 분자, 이온 등 아주 작은 규모의 세계 └ 인간의 감각으로 관찰할 수 없는 세계	고양이, 인간, 지구, 은하 등 미시 세계보다 훨씬 큰 규모의 세계 → 인간의 감각으로 관찰할 수 있는 세계
예 수소 원자 • 수소 원자의 지름: 약 0.1 nm(나노미터) ┌ 1 nm=10^{-9} m • 전자가 원자핵 주위를 도는 데 걸리는 시간: 약 150 as(아토초) → 1 as=10^{-18} s	**예** 태양과 지구 • 지구와 태양 사이의 거리: 1 AU(천문단위) ┌ 1 AU≒1억 5천만 km • 지구가 공전하는 데 걸리는 시간: 365일

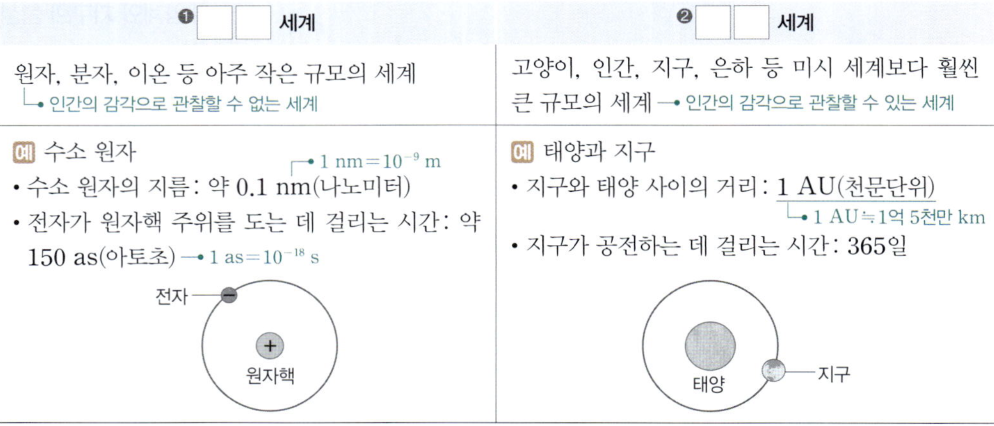

③ **자연 현상의 탐구**: 자연 현상을 탐구할 때는 탐구 대상의 규모에 알맞은 연구 방법을 선정해야 한다.

2 시간과 공간의 측정
① 시간과 길이 측정 방법의 발전

구분	과거	현대
시간 측정	• 태양의 위치나 달의 모양 변화 등을 이용하여 시간을 나타냈다. • 앙부일구와 같은 해시계를 이용하여 시간을 측정했다.	원자에서 나오는 빛의 진동수를 이용하는 세슘 ❸ [　　] 로 시간을 정밀하게 측정한다.
길이 측정	• 신체 일부의 길이나 일정한 길이의 막대 등을 이용하여 길이를 측정했다. • 눈금이 표시된 자를 이용하여 길이를 측정했다.	❹ [　] 의 속력이 일정함을 이용하여 빛이 왕복한 시간을 재서 길이를 정밀하게 측정한다.

② 과학 기술의 발전과 시간과 공간의 측정: 측정 도구의 정밀도와 정확도가 높아짐에 따라 측정할 수 있는 시간 규모와 공간 규모가 다양해지면서 인간이 경험할 수 있는 자연 세계의 범위가 확장되었다.
• 위성 위치 확인 시스템(GPS): 넓은 영역에서 위치를 확인하고 미세한 이동 거리도 측정할 수 있다.
└ 여러 개의 항법 위성(인공위성)에서 오는 전파 신호의 시간 차이를 계산하여 GPS 수신기의 위치를 파악하는 기술로, 항법 위성에는 원자시계가 이용된다.
• 전자 현미경: 광학 현미경보다 높은 확대율로 나노 단위로 물체를 관찰할 수 있다.
• 우주 망원경: 허블 망원경이나 제임스 웹 우주 망원경을 이용하여 멀리 있는 천체의 나이와 거리를 더 정확하게 측정할 수 있다.

B 기본량과 단위

1 기본량 자연 현상을 설명하기 위해 사용하는 물리량 중에서 가장 기본이 되는 양
① 기본량의 종류: 시간, 길이, 질량, 전류, 온도, 광도, 물질량으로, 총 7개의 기본량이 있다.
② 기본량은 다른 물리량을 활용하여 표현할 수 ❺ [　].

---

2 기본량의 단위 ❻ ☐☐☐☐☐(SI)를 사용하며, 현재 대부분의 국가에서 사용하고 있다.

↳ 과학, 기술, 산업, 무역 등 다양한 분야에서 통용되는 표준 단위 체계이다.

기본량	시간	❼ ☐☐	질량	❽ ☐☐
단위	s(초)	m(미터)	kg(킬르그램)	A(암페어)
기본량	온도		광도	물질량
단위	❾ ☐(켈빈)		cd(칸델라)	mol(몰)

온도의 단위
일상생활에서 온도의 단위는 °C(섭씨도)를 사용하지만 과학에서 온도의 기본 단위는 K(켈빈)을 사용한다.

3 유도량과 단위

① 유도량 : 기본량으로부터 유도된 물리량

② 유도량의 단위 : ❿ ☐☐☐의 단위를 조합하여 사용한다.

↳ 과학에서 사용하는 유도량의 단위는 7개의 기본량의 단위를 곱하거나 나누어서 나타낼 수 있다.

유도량	넓이	부피	속력	가속도
단위	m^2	m^3	m/s	m/s^2
유도량에 사용된 기본량	길이	길이	길이, ⓫ ☐☐	길이, 시간
유도량	힘	밀도	압력	농도
단위	$kg \cdot m/s^2$	kg/m^3	$kg/m \cdot s^2$	mol/m^3
유도량에 사용된 기본량	질량, 길이, 시간	⓬ ☐☐, 길이	질량, 길이, 시간	물질량, 길이

$F(\text{힘}) = m(\text{질량}) \times a(\text{가속도})$

단위 면적에 수직으로 작용하는 힘

단위 부피당 물질량

배터리 용량
전자 기기를 충전하는 보조 배터리 용량은 전류 단위 A(암페어), mA(밀리암페어)와 시간 단위 h(시)를 조합하여 mAh, Ah 등의 단위로 나타낸다.

4 단위의 접두어 기호 아주 크거나 작은 값을 간단하게 나타내기 위해 단위 앞에 접두어 기호를 함께 사용한다.

접두어	n(나노)	μ(마이크로)	m(밀리)	c(센티)	h(헥토)	k(킬로)	M(메가)	G(기가)
의미	10^{-9}	10^{-6}	10^{-3}	10^{-2}	10^2	10^3	10^6	10^9

답 ❶ 미시 ❷ 거시 ❸ 원자시계 ❹ 빛 ❺ 없다 ❻ 국제단위계 ❼ 길이 ❽ 전류 ❾ K ❿ 기본량 ⓫ 시간 ⓬ 질량

<hr>

빈출 자료 보기

정답과 해설 1쪽 ▶▶

001 표는 자연 세계를 크게 두 가지로 구분한 것이다. (가)와 (나)는 각각 미시 세계와 거시 세계 중 하나이다.

(가)	나무, 암석, 태양계, 은하, 우주 등
(나)	원자, 분자, 이온 등

이에 대한 설명으로 옳은 것은 ○, 옳지 않은 것은 ×로 표시하시오.

(1) 자연에서 일어나는 현상들은 시간 규모와 공간 규모가 매우 다양하다. ( )

(2) 자연 세계는 크게 디시 세계와 거시 세계로 구분할 수 있다. ( )

(3) 미시 세계는 인간의 감각으로 관찰할 수 있는 세계이다. ( )

(4) (가)는 거시 세계이고, (나)는 미시 세계이다. ( )

(5) 공간 규모는 (가)가 (나)보다 크다. ( )

(6) 자연 현상의 규모에 따라 적절한 방법으로 시간과 공간을 측정해야 한다. ( )

002 표는 국제단위계의 기본량과 단위를 나타낸 것이다.

기본량	시간	㉠	질량	전류	온도	광도	물질량
단위	s	m	kg	A	㉡	cd	mol

이에 대한 설명으로 옳은 것은 ○, 옳지 않은 것은 ×로 표시하시오.

(1) 기본량은 자연 현상을 설명하기 위해 사용하는 물리량 중에서 가장 기본이 되는 양이다. ( )

(2) 기본량은 다른 물리량을 활용하여 표현할 수 없다. ( )

(3) ㉠은 길이이다. ( )

(4) 온도의 단위 ㉡은 °C이다. ( )

(5) 부피는 기본량에 해당한다. ( )

(6) m/s는 유도량의 단위이다. ( )

(7) 유도량의 단위는 기본량의 단위를 조합하여 나타낼 수 있다. ( )

(8) 밀도의 단위는 질량과 시간의 단위를 이용하여 나타낼 수 있다. ( )

A 시간과 공간

빈출
003 하

다음은 자연 세계의 시간과 공간에 대한 학생 A~C의 대화이다.

제시한 내용이 옳은 학생만을 있는 대로 고른 것은?

① A   ② C   ③ A, B
④ B, C   ⑤ A, B, C

004 하

미시 세계와 거시 세계에 대한 설명으로 옳은 것만을 〈보기〉에서 있는 대로 고른 것은?

> ─── 보기 ───
> ㄱ. 거시 세계는 나노 단위를 다룬다.
> ㄴ. 미시 세계는 인간의 감각으로 관찰할 수 없는 세계이다.
> ㄷ. 원자의 크기는 거시 세계에 해당한다.
> ㄹ. 공간 규모는 거시 세계가 미시 세계보다 크다.

① ㄱ, ㄴ   ② ㄱ, ㄷ   ③ ㄴ, ㄷ
④ ㄴ, ㄹ   ⑤ ㄷ, ㄹ

005 하

다음은 시간과 길이 측정의 현대적 방법에 대한 설명이다.

> • 원자에서 나오는 빛의 진동수를 이용하는 (㉠)을/를 이용하여 시간을 정밀하게 측정한다.
> • 빛의 (㉡)이/가 일정함을 이용하여 빛이 왕복한 시간을 재서 길이를 정밀하게 측정한다.

㉠과 ㉡에 알맞은 말을 각각 쓰시오.

빈출
006 하

시간과 공간의 측정에 대한 설명으로 옳지 <u>않은</u> 것은?

① 세슘 원자시계를 이용하여 시간을 측정하는 것은 현대적 방법이다.
② 빛을 쏘아 빛이 왕복한 시간을 재서 길이를 측정하는 것은 과거의 방법이다.
③ 빛을 이용한 길이 측정 장치에는 정밀한 시간 측정 기술이 필요하다.
④ 시간과 공간을 측정할 때는 규모에 따라 측정 방법을 다르게 해야 한다.
⑤ 현대에는 측정할 수 있는 시간과 길이의 규모가 점점 다양해지고 있다.

007 하

시간과 길이를 측정하는 도구를 사용한 현대적인 방법으로 옳은 것만을 〈보기〉에서 있는 대로 고른 것은?

> ─── 보기 ───
> ㄱ. 아침 안개를 보고 날씨가 맑은 시간 예상하기
> ㄴ. 전자 현미경을 이용하여 바이러스 관찰하기
> ㄷ. GPS 위성을 이용하여 지구의 둘레 측정하기

① ㄱ   ② ㄷ   ③ ㄱ, ㄴ
④ ㄴ, ㄷ   ⑤ ㄱ, ㄴ, ㄷ

★ 빈출
008 중

표는 자연 세계를 크게 두 가지로 구분한 것이다. (가)와 (나)는 각각 거시 세계와 미시 세계 중 하나이다.

(가)	(나)
원자, 분자, 이온 등	나무, 동물, 천체 등

이에 대한 설명으로 옳은 것만을 〈보기〉에서 있는 대로 고른 것은?

〈보기〉
ㄱ. (가)의 시간 규모와 공간 규모는 과거에도 측정할 수 있었다.
ㄴ. (나)는 인간의 감각으로 관찰할 수 없는 세계이다.
ㄷ. (가)는 미시 세계이고 (나)는 거시 세계이다.
ㄹ. 공간 규모는 (가)가 (나)보다 작다.

① ㄱ, ㄴ ② ㄱ, ㄷ ③ ㄴ, ㄷ
④ ㄴ, ㄹ ⑤ ㄷ, ㄹ

009 중

| 서술형 |

미시 세계와 거시 세계를 표현하는 시간 규모와 공간 규모의 단위가 다른 까닭을 서술하시오.

★ 빈출
010 중

다음은 다양한 규모의 자연 세계를 나타낸 것이다.

(가) 수소 원자의 지름 (나) 적혈구의 지름
(다) 고양이의 몸길이 (라) 은하의 지름

이에 대한 설명으로 옳은 것만을 〈보기〉에서 있는 대로 고른 것은?

〈보기〉
ㄱ. (가)는 거시 세계에 해당한다.
ㄴ. (다)는 미시 세계에 해당한다.
ㄷ. 공간 규모는 (라)가 (나)보다 크다.
ㄹ. 공간 규모에 따라 측정 도구는 다양하다.

① ㄱ, ㄴ ② ㄴ, ㄷ ③ ㄷ, ㄹ
④ ㄱ, ㄴ, ㄷ ⑤ ㄴ, ㄷ, ㄹ

011 중

표는 수소 원자와 태양계의 일부에 대한 자료를 나타낸 것이다.

(가) 수소 원자	(나) 태양과 지구
전자 / 원자핵	태양 / 지구
• 수소 원자의 지름: 약 0.1 nm (나노미터)	• 지구와 태양 사이의 거리: 1 AU(천문단위)
• 전자가 원자핵 주위를 도는 데 걸리는 시간: 약 150 as (아토초)	• 지구가 공전하는 데 걸리는 시간: 365일

이에 대한 설명으로 옳은 것은?

① 공간 규모는 (가)가 (나)보다 작다.
② 지속 시간은 1 as가 1일보다 길다.
③ (가)는 맨눈으로 관측 가능한 세계이다.
④ (가)는 거시 세계, (나)는 미시 세계에 해당한다.
⑤ (가)와 (나)는 같은 도구를 사용하여 관찰할 수 있다.

012 중

다음은 과거와 현대에 시간을 측정하는 방법에 대한 설명이다.

조선 시대에 우리의 선조들은 (가)를 이용하여 그림자의 길이로 시간을 측정했고, 현대에는 (나)를 이용하여 시간을 정밀하게 측정한다.

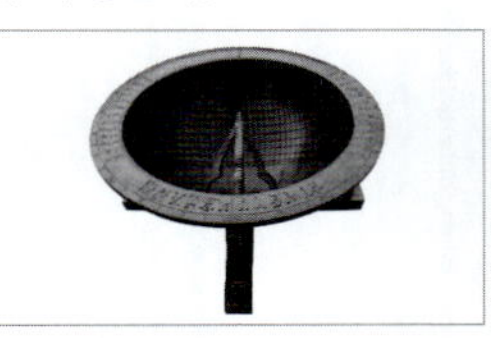

(가) 앙부일구

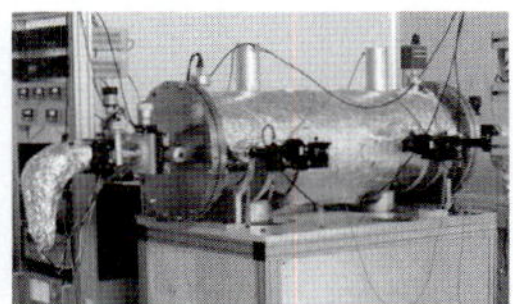

(나) 세슘 원자시계

이에 대한 설명으로 옳은 것만을 〈보기〉에서 있는 대로 고른 것은?

〈보기〉
ㄱ. (가)는 빛의 진동수를 이용한다.
ㄴ. (나)는 태양의 운동을 이용한다.
ㄷ. (나)는 (가)보다 시간을 더 정밀하게 측정한다.
ㄹ. 측정 기술의 발달로 측정 규모의 범위가 넓어졌다.

① ㄱ, ㄴ ② ㄱ, ㄷ ③ ㄴ, ㄷ
④ ㄴ, ㄹ ⑤ ㄷ, ㄹ

013 하

그림은 어떤 노트북의 제품 크기 정보를 나타낸 것이다.

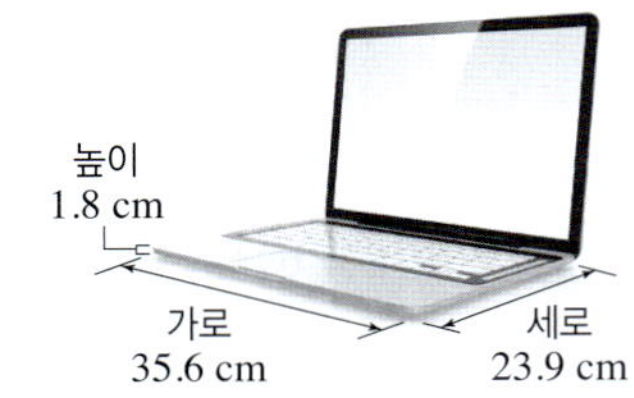

위 정보에 사용된 기본량으로 가장 적절한 것은?

① 질량　　　② 길이　　　③ 시간
④ 온도　　　⑤ 전류

014 하

기본량에 해당하지 <u>않는</u> 물리량은?

① 시간　　　② 온도　　　③ 광도
④ 속력　　　⑤ 전류

☆빈출
015 하

기본량에 대한 설명으로 옳은 것만을 〈보기〉에서 있는 대로 고른 것은?

―――〈 보기 〉―――
ㄱ. 자연 현상을 설명하는 데 가장 기본이 되는 물리량이므로 단위가 없다.
ㄴ. 시간, 길이, 질량 등 총 7개의 기본량이 있다.
ㄷ. 다른 물리량을 활용하여 표현할 수 없다.

① ㄱ　　　　② ㄴ　　　　③ ㄱ, ㄷ
④ ㄴ, ㄷ　　　⑤ ㄱ, ㄴ, ㄷ

016 하

다음과 공통으로 관련 있는 기본량과 국제단위계의 단위를 옳게 짝 지은 것은?

- 사람의 평균 수명
- 달의 공전 주기

	기본량	단위		기본량	단위
①	질량	kg	②	길이	m
③	시간	s	④	전류	A
⑤	온도	K			

☆빈출
017 하

국제단위계의 기본량과 단위를 옳게 짝 지은 것은?

	기본량	단위
①	시간	m
②	길이	s
③	질량	K
④	전류	A
⑤	물질량	kg

018 하

표는 국제단위계의 기본량과 단위를 나타낸 것이다.

기본량	시간	㉠	광도	질량
단위	s	K	cd	㉡

㉠과 ㉡에 알맞은 기본량과 단위를 옳게 짝 지은 것은?

	㉠	㉡		㉠	㉡
①	길이	mol	②	길이	kg
③	온도	kg	④	온도	mol
⑤	물질량	m			

019 하

다음은 가속도의 단위에 대한 설명이다.

> 가속도의 단위는 (㉠)의 단위인 m와 (㉡)의 단위인 s를 이용하여 m/s²로 나타낼 수 있다.

㉠과 ㉡에 알맞은 기본량을 각각 쓰시오.

020 중

이 문제에서 볼 수 있는 보기는 多

기본량과 유도량에 대한 설명으로 옳지 <u>않은</u> 것만을 모두 고르면?(2개)

① 기본량은 측정 가능하다.
② 기본량은 모두 같은 단위를 사용한다.
③ 유도량은 기본량으로부터 유도된 물리량이다.
④ 유도량의 단위는 기본량의 단위를 조합하여 나타낼 수 있다.
⑤ 압력은 기본량에 해당한다.
⑥ 부피와 넓이는 같은 기본량을 이용하여 나타낸다.
⑦ 속력의 단위는 시간과 길이의 단위를 이용하여 나타낼 수 있다.

021 중

여러 가지 물리량의 종류와 단위를 짝 지은 것으로 옳지 <u>않은</u> 것은?

	물리량	구분	단위
①	시간	기본량	s
②	온도	기본량	A
③	길이	기본량	m
④	가속도	유도량	m/s²
⑤	밀도	유도량	kg/m³

---

022 중

표는 두 가지 유도량에 대한 설명이다.

(㉠)	단위 부피당 질량
속력	단위 (㉡)당 이동한 거리

이에 대한 설명으로 옳은 것만을 〈보기〉에서 있는 대로 고른 것은?

> ─── 보기 ───
> ㄱ. '밀도'는 ㉠으로 적절하다.
> ㄴ. ㉠의 단위는 질량과 길이의 단위를 조합하여 나타낸다.
> ㄷ. ㉡의 국제단위계의 단위는 s이다.

① ㄱ   ② ㄷ   ③ ㄱ, ㄴ
④ ㄴ, ㄷ   ⑤ ㄱ, ㄴ, ㄷ

023 중

표는 어떤 노트북의 제품 상세 정보를 나타낸 것이다.

(가) 정격 전류	2 (㉠)
(나) 배터리 용량	4000 mAh
(다) 최대 사용 시간	10시간 30분
(라) 중앙처리장치[CPU] 온도	평균 42 ℃
(마) 질량	약 1.4 kg

이에 대한 설명으로 옳은 것만을 〈보기〉에서 있는 대로 고른 것은?

> ─── 보기 ───
> ㄱ. ㉠에 적합한 국제단위계의 단위는 A(암페어)이다.
> ㄴ. (라)는 국제단위계의 단위로 나타냈다.
> ㄷ. (나)~(마)의 물리량은 모두 기본량이다.

① ㄱ   ② ㄷ   ③ ㄱ, ㄴ
④ ㄴ, ㄷ   ⑤ ㄱ, ㄴ, ㄷ

02 측정 표준과 정보

A 측정과 측정 표준

1 과학 탐구에서의 측정과 어림

구분	❶	❷
의미	물체의 질량, 길이, 부피 등의 양을 재는 활동	측정 도구 없이 어떠한 양을 추정하는 활동
특징	• 적절한 측정 단위와 측정 도구를 사용해야 한다. • 측정은 현상을 명확하게 설명하고 정확한 의사소통을 가능하게 한다.	• 과학적인 사고 과정, 자료, 측정 경험 등을 바탕으로 수행한다. • 어림은 측정 도구를 결정하는 데 도움이 되고, 효율적인 측정 계획과 수행을 돕는다.

기출 PICK A-1

측정 도구의 눈금 읽기
측정하려는 양이 측정 도구의 눈금과 일치하지 않는 경우 눈금 사이를 10 등분하여 읽는다.

2 측정 표준 정확하고 일관성 있는 측정을 위해 만든 과학적 기준으로, 표준화된 측정 단위, 측정 방법, 측정 도구 등이 있다.

① 과학 기술의 발전으로 측정 표준은 점점 정밀해졌다.

예 길이의 측정 표준 변화: 18세기 말 지구의 북극에서 적도까지 길이의 1000만 분의 1을 1 m로 정의하고, 이를 활용하여 미터원기를 만들어 측정 표준으로 활용했다. 현재는 1983년 빛을 이용하여 새롭게 정의한 1 m를 측정 표준으로 활용한다.
→ 1 m에 해당하는 길이를 금속으로 만든 기구

② 측정 표준은 일상생활, 산업, 과학 연구 등 다양한 분야에서 유용하게 활용된다.

예 단위에 대한 측정 표준의 활용

폭염주의보 안내	과속 단속 카메라	미세 먼지 농도 안내
기온을 °C 단위로 측정하여 기온과 폭염주의보 발령 지역을 안내한다.	제한 속도를 km/h 단위로 안내하고 과속 차량을 단속한다.	미세 먼지 농도를 $\mu g/m^3$ 단위로 측정하여 행동 요령을 안내한다.
공사장 소음 측정	**식품 영양 성분**	**혈당량 측정**
소리의 세기를 dB 단위로 측정하여 공사장의 소음 등을 규제한다.	식품에 들어 있는 영양 성분을 표시 기준 단위(g, mg, mL 등)에 따라 표시한다.	혈당량을 mg/dL 단위로 측정하여 혈당을 관리한다.

③ 측정 표준의 유용성과 필요성
• 측정 표준을 이용하여 제공되는 정보는 신뢰할 수 있고, 일상생활을 편리하게 한다.
• 원활한 의사소통과 공정한 거래를 할 수 있다.
• 서로 다른 단위를 사용하거나 측정 방법이 달라 생기는 혼란이나 사고를 방지한다.
• 연구 결과의 신뢰도를 높이고 연구 결과의 공유와 연구자 사이의 소통을 원활하게 한다.

B 신호와 정보

1 신호와 정보

❸	자연에서 일어나는 다양한 변화가 전달되는 것 예 빛, 소리, 지진파와 같은 파동, 힘, 온도, 압력 등
❹	자연의 신호를 측정하고 분석하여 유용한 형태로 만든 것 예 체온을 측정하고 분석하여 건강 상태를 확인할 수 있다.

2 센서 다양한 신호를 감지하여 전기 신호로 변환하는 장치
└ 센서를 통해 얻는 전기 신호가 결국 디지털 정보가 되는 것에 초점을 맞추어 센서를 아날로그 신호를 디지털 신호로 변환하는 장치라고 설명하기도 한다.

종류	광센서, 온도 센서, 화학 센서, 습도 센서, 압력 센서 등
활용	• 비접촉형 온도계에는 적외선을 감지하는 ❺ ☐ 센서가 있다. • 가스 누설 경보기에는 미세한 가스를 감지하는 ❻ ☐ 센서가 있다. • 스마트폰에는 가속도 센서가 들어 있어 방향에 맞추어 화면이 회전한다.

3 신호의 종류

① 아날로그 신호와 디지털 신호

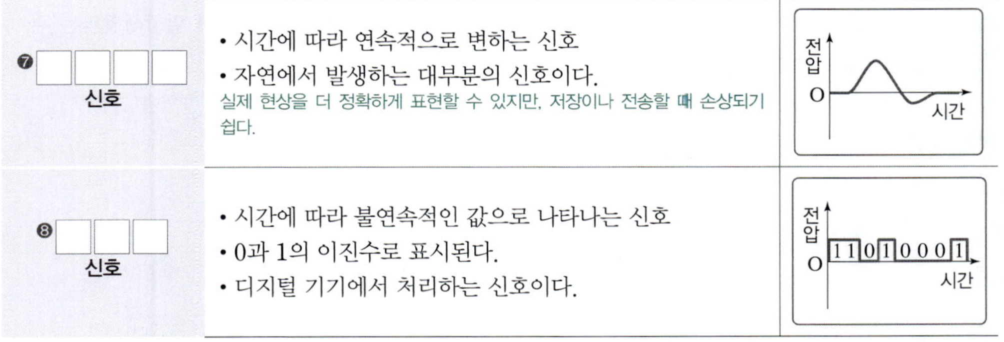

❼ ☐☐☐☐ 신호	• 시간에 따라 연속적으로 변하는 신호 • 자연에서 발생하는 대부분의 신호이다. 실제 현상을 더 정확하게 표현할 수 있지만, 저장이나 전송할 때 손상되기 쉽다.	(전압-시간 그래프)
❽ ☐☐☐ 신호	• 시간에 따라 불연속적인 값으로 나타나는 신호 • 0과 1의 이진수로 표시된다. • 디지털 기기에서 처리하는 신호이다.	(전압-시간 그래프)

② 자연의 신호를 디지털 기기로 처리하려면 센서에서 변환된 아날로그 전기 신호를 디지털 신호로 변환하는 과정을 거쳐야 한다. → 아날로그 전기 신호를 일정한 주기로 자르고, 각각의 값을 이진수로 표시하여 디지털 신호로 변환한다.

③ 디지털 신호의 특징: 신호를 저장하거나 재생, 전송하는 데 편리하다.
• 아날로그 신호를 디지털 신호로 변환하면 원래 가지고 있던 정보가 왜곡되거나 일부를 잃을 수 있다.
• 아날로그 신호에 비해 저장에 필요한 용량이 적고, 복사와 편집이 자유롭다.
• 잡음이 거의 없는 선명한 신호를 만들어 전송할 수 있다.

4 디지털 정보의 활용

① 정보를 디지털로 변환하는 기술을 활용하여 디지털 정보를 얻을 수 있다.
② 디지털 정보는 저장과 분석이 쉬워 다양한 디지털 기기에서 이용되며, 전송하기 쉽기 때문에 정보 통신에 활용된다.
③ 정보 통신 기술의 발달로 디지털 정보가 현대 사회 여러 분야에서 유용하게 이용된다.

빈출 자료 보기

정답과 해설 2쪽 ▶▶

024 그림 (가)와 (나)는 아날로그 신호와 디지털 신호를 순서 없이 나타낸 것이다.

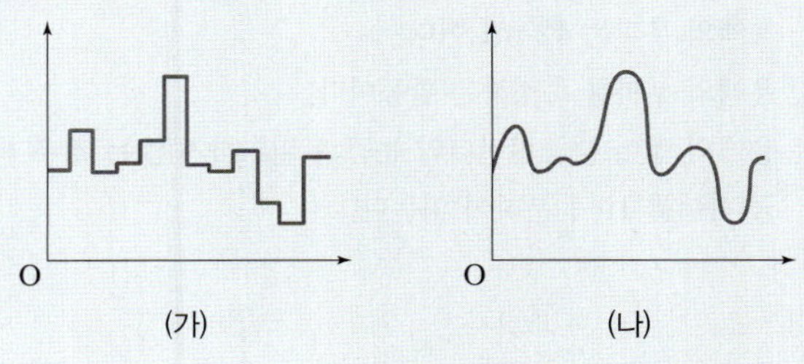

이에 대한 설명으로 옳은 것은 ○, 옳지 않은 것은 ×로 표시하시오.

(1) (가)는 시간에 따라 불연속적인 값으로 나타나는 신호이다. (   )
(2) (나)는 시간에 따라 연속적으로 변하는 신호이다. (   )
(3) (가)는 아날로그 신호이고, (나)는 디지털 신호이다. (   )
(4) (가)는 (나)보다 정보의 저장이 쉽다. (   )
(5) 자연의 신호는 대부분 (가)의 형태로 나타난다. (   )
(6) 디지털 기기에서는 (나)와 같은 신호를 사용한다. (   )
(7) (나)를 (가)로 변환하면 원래 가지고 있던 정보를 일부 잃을 수 있다. (   )

A 측정과 측정 표준

025 하

표는 과학 탐구에서 활용하는 두 가지 활동을 나타낸 것이다.

구분	(가)	(나)
의미	어떠한 양을 추정하는 활동	어떠한 양을 재는 활동
예	건물의 높이를 눈으로 가늠한다.	온도계로 온도를 잰다.

(가)와 (나)에 알맞은 말을 옳게 짝 지은 것은?

	(가)	(나)
①	측정	어림
②	측정	측정 표준
③	어림	측정
④	측정 표준	측정
⑤	측정 표준	어림

026 하 

이 문제에서 볼 수 있는 보기는 多

측정과 어림에 대한 설명으로 옳지 <u>않은</u> 것만을 모두 고르면?(2개)

① 측정은 물체의 질량, 길이, 부피 등의 양을 재는 활동이다.
② 어림은 근거 없이 막연하게 양을 추정하는 활동이다.
③ 측정과 어림은 과학 탐구에서만 활용된다.
④ 측정할 때는 적절한 단위와 측정 도구가 필요하다.
⑤ 측정은 현상을 명확하게 설명하고 정확한 의사소통을 가능하게 한다.
⑥ 어림은 효율적인 측정 도구와 측정 방법을 선택하는 데 도움이 된다.

027 하

측정 표준에 대한 설명으로 옳은 것만을 〈보기〉에서 있는 대로 고른 것은?

〈보기〉
ㄱ. 정확하고 일관성 있는 측정을 위해 측정 표준을 활용한다.
ㄴ. 측정 표준에 단위는 포함되지 않는다.
ㄷ. 측정 표준은 과학 탐구에서만 사용되며 일상생활과는 관련이 없다.

① ㄱ ② ㄷ ③ ㄱ, ㄴ
④ ㄴ, ㄷ ⑤ ㄱ, ㄴ, ㄷ

028 하

측정 표준이 활용된 사례로 적절하지 <u>않은</u> 것은?

① 식품의 영양 성분 분석하기
② 오염 물질의 농도 측정하기
③ 규격화된 자동차 부품 제작하기
④ 예술 작품의 아름다움 평가하기
⑤ 혈압을 재어 환자의 상태 진단하기

029 중

그림은 눈금실린더에 어떤 용액을 넣은 모습을 나타낸 것이다. 이에 대한 설명으로 옳은 것만을 〈보기〉에서 있는 대로 고른 것은?

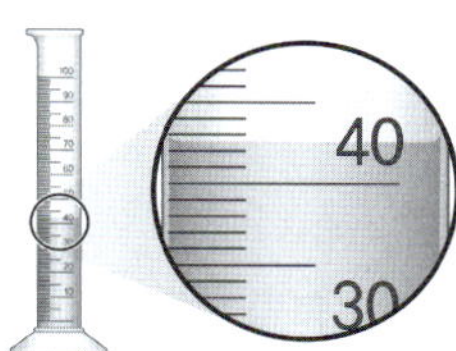

〈보기〉
ㄱ. 용액의 부피는 42 mL이다.
ㄴ. 용액의 부피를 측정하는 활동이다.
ㄷ. 용액의 양이 눈금실린더의 눈금과 일치하지 않는 경우 눈금 사이를 10 등분하여 읽는다.

① ㄱ ② ㄴ ③ ㄱ, ㄷ
④ ㄴ, ㄷ ⑤ ㄱ, ㄴ, ㄷ

030 중

다음은 과학 탐구에서 활용하는 어떤 활동에 대한 설명이다.

> (㉠)은/는 과학 탐구에서 어떠한 양을 추정하는 활동이다. 과학적인 사고 과정, 자료, 측정 경험 등을 바탕으로 수행한다.

이에 대한 설명으로 옳은 것만을 〈보기〉에서 있는 대로 고른 것은?

> ─── 보기 ───
> ㄱ. ㉠은 '어림'이 적절하다.
> ㄴ. ㉠은 상황에 적합한 측정 도구를 사용한다.
> ㄷ. ㉠은 효율적인 측정 도구와 측정 방법을 선택하는 데 도움이 된다.

① ㄱ   ② ㄴ   ③ ㄱ, ㄷ
④ ㄴ, ㄷ   ⑤ ㄱ, ㄴ, ㄷ

031. 중

| 서술형 |

다음은 측정 표준이 활용되는 사례이다.

> 자동차 분야에서는 많은 부품을 정확한 크기와 성능으로 만들어 하나의 자동차로 조립하기 위해 측정 표준을 활용한다.

이 밖에 측정 표준이 활용되는 사례를 한 가지 서술하시오.

빈출
032 중

다음은 측정 표준의 활용에 대한 학생 A~C의 대화이다.

제시한 내용이 옳은 학생만을 있는 대로 고른 것은?

① A   ② C   ③ A, B
④ B, C   ⑤ A, B, C

033 중

다음은 미터원기와 미터협약에 대한 자료이다.

> 18세기 말 프랑스에서는 지구의 북극에서 적도까지 거리의 1000만 분의 1을 1 m로 정의했다. 과학자들은 이를 활용하여 미터원기를 제작했고, 1875년 17개 나라가 모여 국제 사회의 도량형 통일에 관한 조약인 미터협약을 맺어 미터원기를 측정 표준으로 활용했다. 시간이 지남에 따라 미터원기가 손상되어 변하지 않는 다른 기준이 필요해졌고, 현재는 ㉠1983년 빛을 이용하여 새롭게 정의한 1 m를 측정 표준으로 활용한다.

이에 대한 설명으로 옳은 것만을 〈보기〉에서 있는 대로 고른 것은?

> ─── 보기 ───
> ㄱ. 미터원기는 시간이 지남에 따라 측정의 일관성이 떨어진다.
> ㄴ. ㉠은 미터원기보다 정확하고 일관된 측정이 가능하다.
> ㄷ. 기술의 발전으로 측정 표준은 점차 정밀해졌다.

① ㄱ   ② ㄷ   ③ ㄱ, ㄴ
④ ㄴ, ㄷ   ⑤ ㄱ, ㄴ, ㄷ

034 중

다음은 고대 이집트에서 사용했던 단위에 대한 설명이다.

> 고대 이집트에서는 사람의 팔꿈치에서부터 가운뎃손가락 끝까지의 길이를 1큐빗으로 정하고, 길이를 측정할 때 사용했다.

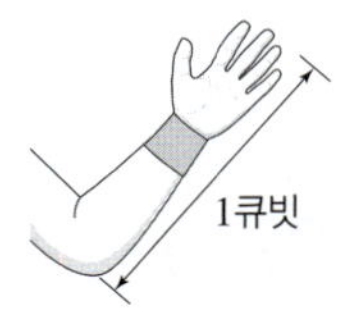

이 단위에 대한 설명으로 옳은 것만을 〈보기〉에서 있는 대로 고른 것은?

> ─── 보기 ───
> ㄱ. 큐빗은 고대 이집트의 측정 표준이다.
> ㄴ. 1큐빗의 길이는 항상 일정하다.
> ㄷ. 측정한 값을 수치와 단위로 나타낼 수 있다.

① ㄱ   ② ㄴ   ③ ㄱ, ㄷ
④ ㄴ, ㄷ   ⑤ ㄱ, ㄴ, ㄷ

빈출
035 하

신호와 정보에 대한 설명으로 옳지 <u>않은</u> 것은?

① 자연의 변화에 의해 신호가 발생한다.
② 자연의 신호는 대부분 디지털 신호이다.
③ 아날로그 신호는 시간에 따라 연속적으로 변한다.
④ 자연의 신호를 측정하고 분석하여 유용한 형태로 만든 것을 정보라고 한다.
⑤ 디지털 정보를 이용하는 정보 통신 기술을 기반으로 현대 문명이 발달하였다.

036 하

자연계의 신호와 이를 감지하는 센서를 연결한 것으로 옳은 것만을 〈보기〉에서 있는 대로 고른 것은?

──〈 보기 〉──
ㄱ. 빛 – 온도 센서
ㄴ. 연기 – 화학 센서
ㄷ. 누르는 힘 – 압력 센서

① ㄱ　　　　② ㄷ　　　　③ ㄱ, ㄴ
④ ㄴ, ㄷ　　　⑤ ㄱ, ㄴ, ㄷ

037 하　　　　　　　　　　　　　　│ 서술형 │

다음은 신호에 대한 학생 A~C의 대화이다.

• 학생 A: 빛, 소리, 지진파, 온도 등 자연에서 발생하는 대부분의 신호는 아날로그 신호야.
• 학생 B: 디지털 신호는 연속적으로 변하는 신호야.
• 학생 C: 컴퓨터, 스마트폰 등 디지털 기기에서는 디지털 신호를 처리해.

제시한 내용이 옳지 <u>않은</u> 학생을 <u>한 명</u> 고르고, 옳게 고쳐 쓰시오.

빈출
038 하

현대 사회의 여러 분야에서 디지털 정보를 사용하는 사례에 대한 설명으로 옳은 것만을 〈보기〉에서 있는 대로 고른 것은?

──〈 보기 〉──
ㄱ. 스마트폰을 이용하여 송금, 결제를 한다.
ㄴ. 학교에서 교과서를 이용하여 대면 수업을 한다.
ㄷ. 사회 관계망 서비스를 활용하여 제품과 서비스를 홍보한다.

① ㄱ　　　　② ㄴ　　　　③ ㄱ, ㄷ
④ ㄴ, ㄷ　　　⑤ ㄱ, ㄴ, ㄷ

039 중

센서의 이용 예로 옳은 것만을 〈보기〉에서 있는 대로 고른 것은?

──〈 보기 〉──
ㄱ. 광센서 – 전자 혈압계
ㄴ. 화학 센서 – 가스 누설 경보기
ㄷ. 압력 센서 – 비접촉형 온도계
ㄹ. 온도 센서 – 자동차 엔진 온도 관리 시스템

① ㄱ, ㄴ　　　② ㄱ, ㄷ　　　③ ㄴ, ㄷ
④ ㄴ, ㄹ　　　⑤ ㄷ, ㄹ

040 중

다음은 자연에서 발생하는 신호의 측정에 대한 설명이다.

자연에서 변화가 생길 때 다양한 신호가 발생한다. (㉠)을/를 이용하여 자연의 신호를 감지하며, 이를 분석하여 유용한 (㉡)을/를 얻을 수 있다.

이에 대한 설명으로 옳은 것만을 〈보기〉에서 있는 대로 고른 것은?

──〈 보기 〉──
ㄱ. ㉠에는 '센서'가 적절하다.
ㄴ. ㉡에는 '정보'가 적절하다.
ㄷ. ㉠은 전기 신호를 아날로그 신호로 바꾼다.

① ㄱ　　　　② ㄷ　　　　③ ㄱ, ㄴ
④ ㄴ, ㄷ　　　⑤ ㄱ, ㄴ, ㄷ

041 중

표는 아날로그 신호와 디지털 신호를 비교한 것이다. (가)와 (나)
는 각각 아날로그 신호와 디지털 신호 중 하나이다.

(가)	(나)
시간에 따라 불연속적인 값으로 나타나는 신호	시간에 따라 연속적으로 변하는 신호

이에 대한 설명으로 옳은 것만을 〈보기〉에서 있는 대로 고른 것은?

─── 보기 ───
ㄱ. 디지털 기기에서는 (가)와 같은 신호를 사용하여 정보를 처리한다.
ㄴ. 자연의 신호는 대부분 (나)의 형태로 나타난다.
ㄷ. (나)는 (가)보다 정보의 저장이 쉽다.
ㄹ. (나)가 (가)로 변환되는 과정에서 원래 가지고 있던 전체 정보는 항상 보존된다.

① ㄱ, ㄴ ② ㄱ, ㄷ ③ ㄴ, ㄷ
④ ㄴ, ㄹ ⑤ ㄷ, ㄹ

042 중

다음은 일상생활 속의 신호와 정보에 대한 자료이다.

사람이 많이 모이는 장소에서 열화상 카메라로 ㉠인체에서 나오는 적외선을 분석하면 ㉡체온이 높은 사람을 구별할 수 있다.

이에 대한 설명으로 옳은 것만을 〈보기〉에서 있는 대로 고른 것은?

─── 보기 ───
ㄱ. 열화상 카메라에는 센서가 이용된다.
ㄴ. ㉠은 디지털 신호이다.
ㄷ. ㉡은 신호를 측정하고 분석하여 얻은 정보이다.

① ㄱ ② ㄴ ③ ㄱ, ㄷ
④ ㄴ, ㄷ ⑤ ㄱ, ㄴ, ㄷ

043 중

다음은 센서를 활용하여 교실 내 온도 변화를 측정하고 분석하여
정보를 얻는 과정을 나타낸 것이다.

(가) 센서를 활용하여 교실 내 온도 변화를 측정한다.
↓
(나) 센서와 연결된 스마트 기기에 전송된 ㉠온도 그래프를 저장한다.
↓
(다) 온라인으로 ㉡교실 내 실시간 온도 변화 정보를 공유한다.

이에 대한 설명으로 옳은 것만을 〈보기〉에서 있는 대로 고른 것은?

─── 보기 ───
ㄱ. (가)는 온도 센서를 활용한다.
ㄴ. (나)의 ㉠은 신호를 분석하여 정보를 산출한 것이다.
ㄷ. (다)의 ㉡은 디지털 정보이다.

① ㄱ ② ㄷ ③ ㄱ, ㄴ
④ ㄴ, ㄷ ⑤ ㄱ, ㄴ, ㄷ

044 중

다음은 정보 통신 기술이 일상생활에 이용되는 과정을 나타낸 것
이다.

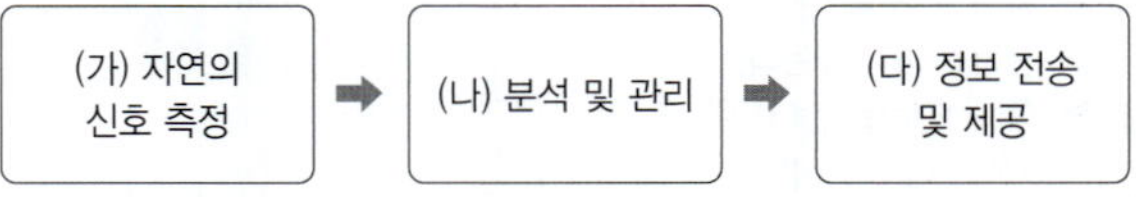

이에 대한 설명으로 옳은 것만을 〈보기〉에서 있는 대로 고른 것은?

─── 보기 ───
ㄱ. (가)는 센서를 이용한다.
ㄴ. (나)는 주로 아날로그 형태로 이루어진다.
ㄷ. (다)의 예로 지진 문자 알림 시스템이 있다.

① ㄱ ② ㄴ ③ ㄱ, ㄷ
④ ㄴ, ㄷ ⑤ ㄱ, ㄴ, ㄷ

03 우주 초기 원소의 생성

A 스펙트럼과 우주의 원소 분포

1. ❶⬜⬜⬜⬜ 분광기를 통과한 빛이 파장에 따라 나누어져 나타나는 색의 띠

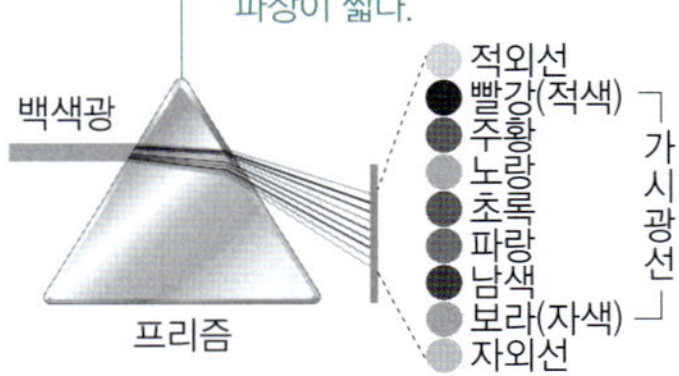

2 스펙트럼의 종류

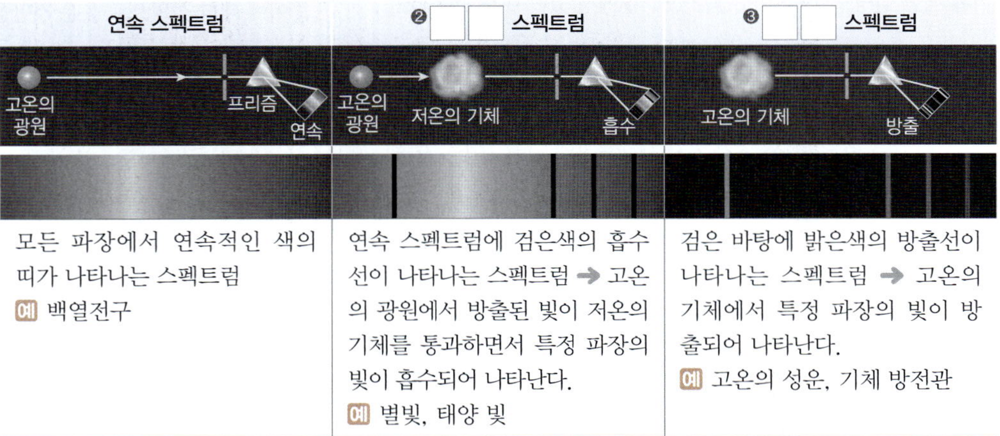

연속 스펙트럼	❷ 스펙트럼	❸ 스펙트럼
모든 파장에서 연속적인 색의 띠가 나타나는 스펙트럼 예 백열전구	연속 스펙트럼에 검은색의 흡수선이 나타나는 스펙트럼 ➡ 고온의 광원에서 방출된 빛이 저온의 기체를 통과하면서 특정 파장의 빛이 흡수되어 나타난다. 예 별빛, 태양 빛	검은 바탕에 밝은색의 방출선이 나타나는 스펙트럼 ➡ 고온의 기체에서 특정 파장의 빛이 방출되어 나타난다. 예 고온의 성운, 기체 방전관

3 우주의 원소 분포 우주를 구성하는 여러 천체들의 ❹⬜⬜⬜⬜을 분석하면 우주를 구성하는 원소의 종류와 질량비를 알 수 있다.

→ 원소마다 특정 파장의 에너지만 흡수하거나 방출한다.

① 천체의 스펙트럼과 <u>원소의 스펙트럼</u>에 나타나는 선의 위치(파장)를 비교하여 천체를 구성하는 원소의 종류를 알 수 있다. ➡ 우주는 대부분 수소와 헬륨으로 이루어져 있음을 알아냈다.

② 스펙트럼에서 선폭(세기)을 비교하면 원소의 질량비를 알 수 있다. ➡ 우주에서 수소와 헬륨의 질량비는 약 ❺⬜ : ⬜이다. → 우주에는 수소가 약 74 %, 헬륨이 약 24 %, 기타 원소가 약 2 %의 질량비로 분포한다.

B 빅뱅과 우주 초기 원소의 생성

1 물질을 구성하는 입자

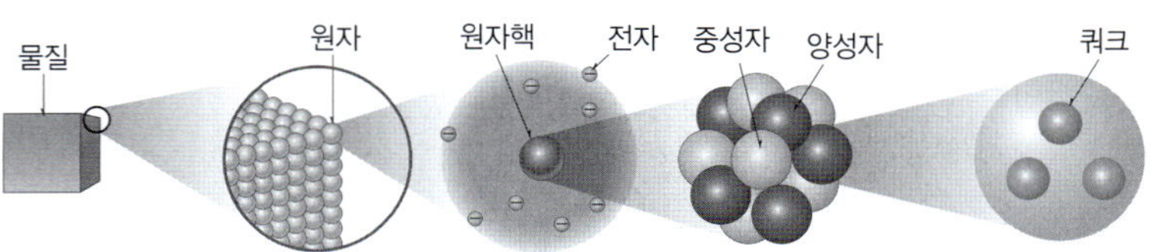

① 기본 입자: 물질을 구성하는 더 이상 분해되지 않는 가장 작은 입자로, 전자와 ❻⬜⬜ 등이 있다.

② 양성자와 중성자 → 쿼크 3개가 결합한 입자로, 쿼크의 조합에 따라 양성자나 중성자가 된다.
  · ❼⬜⬜⬜(=수소 원자핵)와 중성자의 질량은 거의 비슷하다.
  · 양성자는 양(+)전하를 띠고, 중성자는 전하를 띠지 않는다.

③ 원자핵: 양성자와 중성자로 이루어진 양(+)전하를 띠는 입자로, 양성자수에 따라 원자 번호가 정해진다. → 수소 원자핵=양성자 1개, 헬륨 원자핵=양성자 2개+중성자 2개

④ 원자: 원자핵과 전자로 이루어진 입자로, 양성자수와 전자 수가 같아 전기적으로 중성이다.
  └ 전자의 질량이 매우 작으므로 원자의 질량은 원자핵의 질량과 거의 같다.

2 빅뱅(대폭발) 우주론 약 138억 년 전, 매우 뜨겁고 밀도가 높은 한 점에서 ^❽□□□(대폭발)
이 일어나 우주가 시작된 후 계속 팽창하고 있다는 우주론 ➡ 시간이 지날수록 우주의 질량은
일정하고, <u>우주의 밀도와 온도는 계속 감소한다.</u> ⌐➡ 우주의 질량은 일정하게 유지되는데 공간이 팽창하기 때문이다.

3 빅뱅 우주론에 따른 입자의 생성 과정 가벼운 입자부터 무거운 입자 순서대로 생성되었다.
➊ 빅뱅 후 최초로 쿼크, 전자 등의 기본 입자가 생성되었다.   └ 우주 초기에 생성된 원소: 수소, 헬륨

➋ 쿼크 3개가 결합하여 양성자와 중성자가 생성되었다. ➡ 양성자는 그 자체로 수소 원자핵이다.
➡ 생성 초기에는 양성자와 중성자가 거의 같은 수로 존재하였다가, 중성자가 양성자로 변하여
양성자의 개수가 중성자보다 점점 더 많아졌다.

➌ 빅뱅 후 약 3분, 양성자 2개와 중성자 2개가 결합하여 헬륨 원자핵이 생성되었다.(헬륨 원자핵이
생성되기 직전에 양성자와 중성자의 개수비는 약 7 : 1이었다.) ➡ 수소 원자핵과 헬륨 원자핵의
개수비는 약 12 : 1이고, 질량비는 약 ^❾□ : □이 되었다.

➍ 빅뱅 후 약 38만 년, 우주의 온도가 약
^❿□□□□ K으로 낮아지면서
원자핵과 전자가 결합하여 수소 원자
와 헬륨 원자가 생성되었고, 이로 인해
빛이 우주 공간으로 자유롭게 퍼져 나
가 우주가 투명해졌다.
➡ 이때 우주 공간으로 퍼져 나간 빛을
^⓫□□□□□□라고 한다.

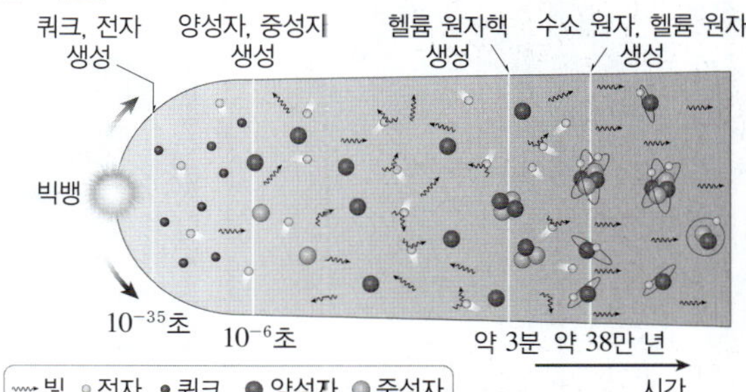

▲ 빅뱅과 입자의 생성

4 빅뱅 우주론의 증거
① 수소와 헬륨의 질량비 : 빅뱅 우주론의 계산에 따르면 우주에 존재하는 수소와 헬륨의 질량비는
약 3 : 1이다. ➡ 우주를 구성하는 천체들의 스펙트럼을 관측하여 분석한 결과와 일치했다.

② 우주 배경 복사 : 빅뱅 후 약 38만 년이 지났을 때 우주로 퍼져 나간 빛이 우주가 팽창함에 따라 현
재는 파장이 길어져서 수 K에 해당하는 파장의 빛으로 관측될 것이라고 예측하였다.
⌐ 약 3 K에 해당하는 파장의 빛이 우주의 모든 방향에서 거의 같은 세기로 관측되었다.

빈출 자료 보기

정답과 해설 3쪽 ▶▶

045 그림 (가)는 백열전구, (나)는 미지의 별, (다)와 (라)는 임의의
원소에 의한 스펙트럼을 나타낸 것이다.

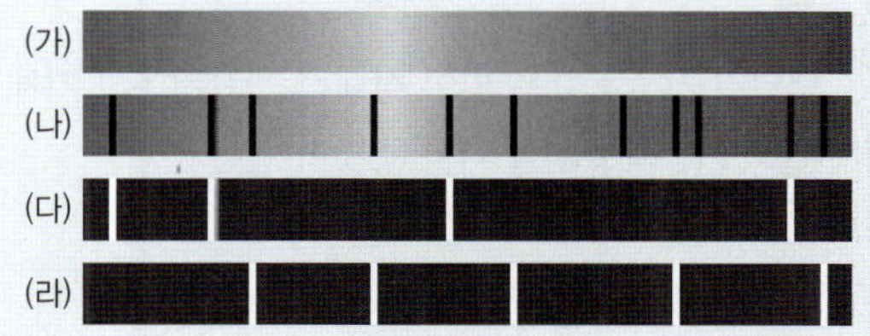

이에 대한 설명으로 옳은 것은 ○, 옳지 <u>않은</u> 것은 ×로 표시하시오.

(1) (가)는 연속 스펙트럼이다.   (   )

(2) 태양 빛의 스펙트럼은 (나)와 같은 형태로 나타난다.   (   )

(3) (다)와 (라)는 흡수 스펙트럼이다.   (   )

(4) 미지의 별 (나)의 대기층에는 (다)와 (라)의 원소가 포함되어 있다.
(   )

(5) 스펙트럼에서 선의 위치는 원소 종류에 따라 다르게 나타난다.
(   )

(6) 스펙트럼에서 선의 굵기를 통해 구성 원소의 질량비를 추정할 수 있다.
(   )

(7) 한 가지 원소에 의해 1개의 흡수선이나 방출선이 나타난다. (   )

046 그림은 빅뱅 이후 A~C 시기를 나타낸 것이다.

이에 대한 설명으로 옳은 것은 ○, 옳지 <u>않은</u> 것은 ×로 표시하시오.

(1) 약 138억 년 전 고온, 고밀도의 한 점에서 대폭발이 발생하여 우주가
탄생하였다.   (   )

(2) A 시기에 전자와 쿼크 같은 기본 입자들이 생성되었다.   (   )

(3) B 시기에 쿼크의 결합으로 양성자와 중성자가 생성되었다. (   )

(4) 수소 원자핵은 B 시기에 생성되었다.   (   )

(5) C 시기에 우주에 존재하는 수소와 헬륨의 질량비는 약 3 : 1이다.
(   )

(6) 원자가 생성된 시기를 경계로 B와 C 시기를 나눌 수 있다. (   )

A 스펙트럼과 우주의 원소 분포

스펙트럼의 종류

047 하

그림은 빛이 프리즘을 통과한 모습을 나타낸 것이다. 이에 대한 설명으로 옳은 것만을 〈보기〉에서 있는 대로 고른 것은?

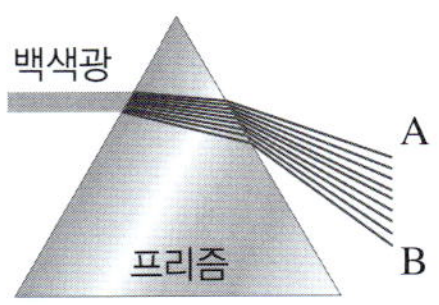

— 보기 —
ㄱ. 백색광을 프리즘에 통과시키면 연속 스펙트럼이 나타난다.
ㄴ. A에는 빨간색, B에는 보라색 빛이 나타난다.
ㄷ. 빛의 파장은 A보다 B가 길다.

① ㄱ   ② ㄷ   ③ ㄱ, ㄴ
④ ㄴ, ㄷ   ⑤ ㄱ, ㄴ, ㄷ

048 하

스펙트럼에 대한 설명으로 옳은 것만을 〈보기〉에서 있는 대로 고른 것은?

— 보기 —
ㄱ. 빛이 파장에 따라 나누어져 나타난다.
ㄴ. 기체 방전관의 스펙트럼은 연속 스펙트럼이다.
ㄷ. 원소의 종류에 따라 스펙트럼에 나타나는 선의 위치가 다르고, 원소의 질량비에 따라 선의 폭이 다르다.

① ㄱ   ② ㄴ   ③ ㄱ, ㄷ
④ ㄴ, ㄷ   ⑤ ㄱ, ㄴ, ㄷ

★빈출
049 하

다음 (가)와 (나)에서 설명하는 스펙트럼의 종류를 각각 쓰시오.

(가) 별 주위에 있는 고온의 성운에서 방출하는 빛을 분광기로 통과시켰을 때 나타나는 스펙트럼이다.
(나) 별의 대기를 통과한 별빛을 분광기로 통과시켰을 때 나타나는 스펙트럼이다.

050 중
| 서술형 |

별빛에서 관측되는 스펙트럼의 종류가 무엇인지 쓰고, 별빛의 스펙트럼을 분석하여 얻을 수 있는 정보에는 무엇이 있는지 서술하시오.

051 중

그림 (가)~(다)는 서로 다른 종류의 스펙트럼을 나타낸 것이다.

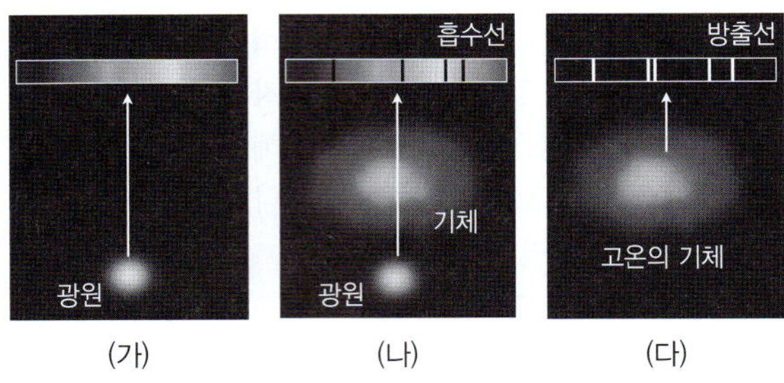

이에 대한 설명으로 옳은 것만을 〈보기〉에서 있는 대로 고른 것은?

— 보기 —
ㄱ. (가)는 연속 스펙트럼이다.
ㄴ. (나)의 기체는 광원보다 온도가 낮다.
ㄷ. (다)에 나타나는 방출선의 색은 모두 같다.
ㄹ. (나)와 (다)는 서로 다른 원소에 의해 형성되었다.

① ㄱ, ㄷ   ② ㄱ, ㄹ   ③ ㄴ, ㄷ
④ ㄱ, ㄴ, ㄹ   ⑤ ㄴ, ㄷ, ㄹ

052 중

그림은 백열전구에서 나온 빛이 상대적으로 저온의 기체를 통과한 뒤 관찰되는 스펙트럼을 나타낸 것이다.

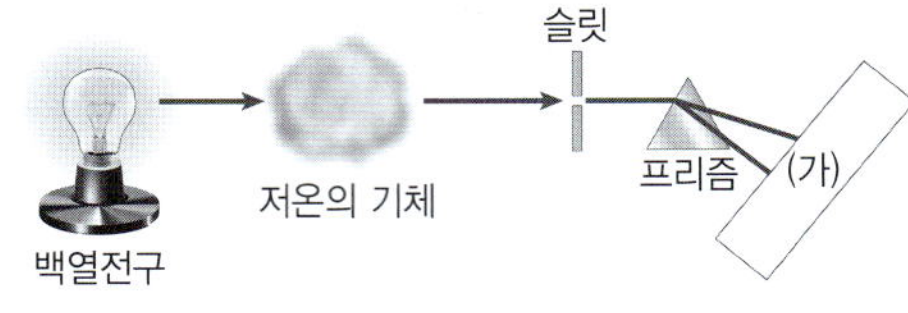

이에 대한 설명으로 옳은 것만을 〈보기〉에서 있는 대로 고른 것은?

— 보기 —
ㄱ. (가)에서는 연속 스펙트럼을 바탕으로 검은색 흡수선이 나타난다.
ㄴ. 저온의 기체는 특정 파장의 빛을 흡수한다.
ㄷ. (가)를 통해 저온의 기체 성분을 알 수 있다.

① ㄱ   ② ㄷ   ③ ㄱ, ㄴ
④ ㄴ, ㄷ   ⑤ ㄱ, ㄴ, ㄷ

★빈출
053 중

그림 (가)~(다)는 서로 다른 종류의 스펙트럼이 형성되는 경우를 나타낸 것이다.

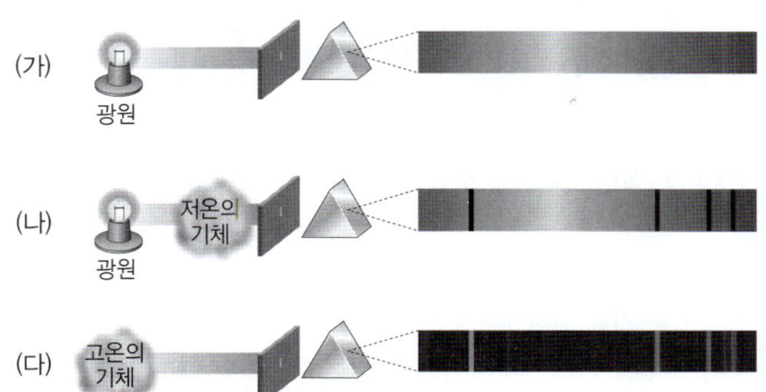

이에 대한 설명으로 옳은 것만을 〈보기〉에서 있는 대로 고른 것은?

— 보기 —
ㄱ. (가)에서는 불연속적인 색의 띠가 나타난다.
ㄴ. 저온의 기체가 검은색 빛을 방출하여 (나)의 스펙트럼을 형성하였다.
ㄷ. (나)의 기체와 (다)의 기체는 같은 원소로 이루어져 있다.

① ㄱ　　　② ㄷ　　　③ ㄱ, ㄴ
④ ㄴ, ㄷ　　　⑤ ㄱ, ㄴ, ㄷ

천체의 스펙트럼 분석

054 하

그림 (가)는 어떤 원소의 스펙트럼이고, (나)는 어떤 별의 스펙트럼을 나타낸 것이다.

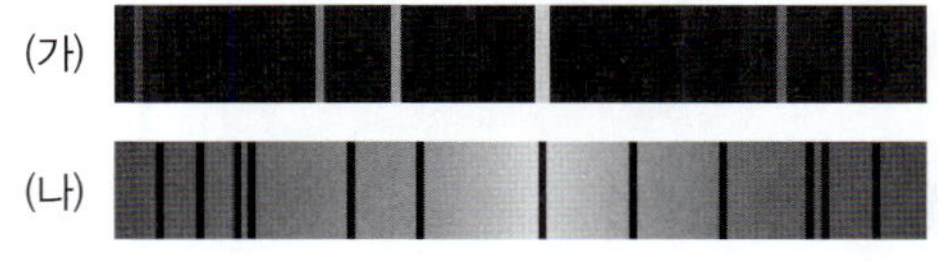

이에 대한 설명으로 옳은 것만을 〈보기〉에서 있는 대로 고른 것은

— 보기 —
ㄱ. (가)는 흡수 스펙트럼이다.
ㄴ. (나)는 저온의 기체가 별빛을 흡수하는 과정에서 나타날 수 있다.
ㄷ. (나)의 스펙트럼이 나타나는 별에는 (가)의 원소가 포함되어 있다.

① ㄱ　　　② ㄴ　　　③ ㄱ, ㄷ
④ ㄴ, ㄷ　　　⑤ ㄱ, ㄴ, ㄷ

★빈출
055 중

그림 (가)~(다)는 세 종류의 스펙트럼을 나타낸 것이다.

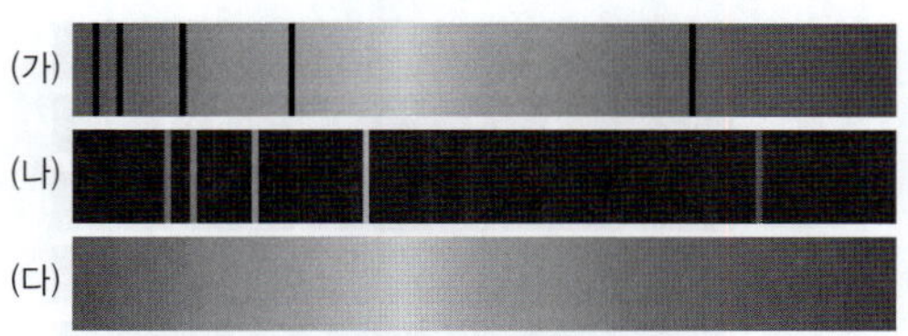

이에 대한 설명으로 옳은 것만을 모두 고르면?(2개)

① (가)는 방출, (나)는 흡수 스펙트럼이다.
② 태양 빛에서는 (가)와 같은 스펙트럼이 관찰된다.
③ (가)는 저온의 기체에서 방출된 빛의 스펙트럼이다.
④ (나)는 다섯 종류의 원소가 포함된 기체 방전관에서 방출된 빛의 스펙트럼이다.
⑤ 백열전구에서는 (다)와 같은 스펙트럼이 관찰된다.
⑥ (가)와 (나)는 같은 원소에 의해 형성되었다.

056 중
| 서술형 |

그림은 원소 A~D, 태양, 미지의 별을 관측한 스펙트럼을 나타낸 것이다.

(1) A~D와 같은 스펙트럼의 종류를 쓰시오.

(2) A~D 중 태양과 미지의 별에 공통으로 들어 있는 원소를 쓰고, 그렇게 생각한 까닭을 서술하시오.

057  상

그림은 어느 별과 여러 원소의 스펙트럼을 나타낸 것이다.

이에 대한 설명으로 옳은 것만을 〈보기〉에서 있는 대로 고른 것은?

> ──────〈 보기 〉──────
> ㄱ. 별의 스펙트럼에는 흡수선이, 원소의 스펙트럼에는 방출선이 나타난다.
> ㄴ. 이 별의 대기에는 최소한 4가지 이상의 원소가 존재한다.
> ㄷ. 별의 스펙트럼에서 선의 위치를 통해 별을 구성하는 원소의 질량비를 알 수 있다.

① ㄱ   ② ㄷ   ③ ㄱ, ㄴ
④ ㄴ, ㄷ   ⑤ ㄱ, ㄴ, ㄷ

B 빅뱅과 우주 초기 원소의 생성

물질을 구성하는 입자

058 중

그림은 우주를 구성하는 원소의 질량비를 나타낸 것이다. 이에 대한 설명으로 옳은 것만을 〈보기〉에서 있는 대로 고른 것은?

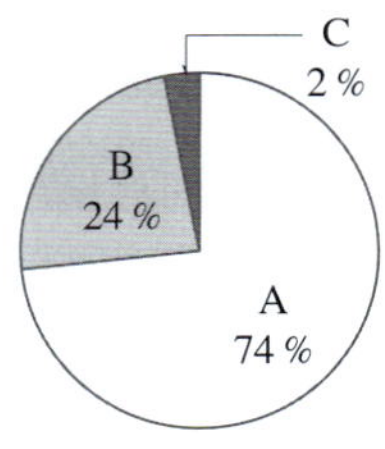

> ──────〈 보기 〉──────
> ㄱ. A의 원자핵은 쿼크로 이루어져 있다.
> ㄴ. B의 원자핵은 양성자 2개를 포함하고 있다.
> ㄷ. C는 빅뱅 이후 우주 초기에 생성되었다.

① ㄱ   ② ㄷ   ③ ㄱ, ㄴ
④ ㄴ, ㄷ   ⑤ ㄱ, ㄴ, ㄷ

---

059 중

그림은 물질을 구성하는 입자를 나타낸 것이다.

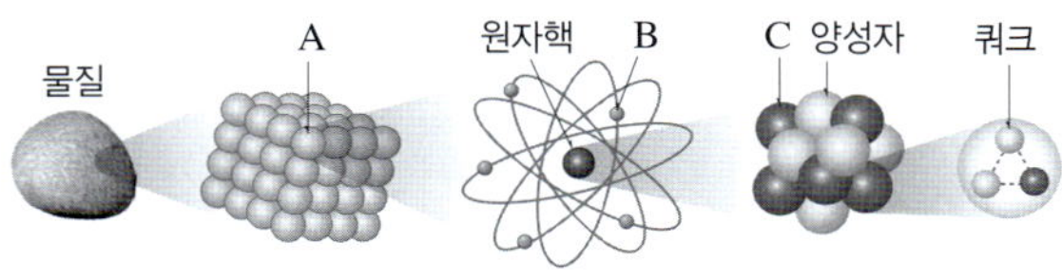

이에 대한 설명으로 옳은 것만을 〈보기〉에서 있는 대로 고른 것은?

> ──────〈 보기 〉──────
> ㄱ. A는 전기적으로 중성이다.
> ㄴ. B는 기본 입자에 속한다.
> ㄷ. C 입자 1개는 그 자체로 수소 원자핵이다.

① ㄱ   ② ㄷ   ③ ㄱ, ㄴ
④ ㄴ, ㄷ   ⑤ ㄱ, ㄴ, ㄷ

---

060 중    이 문제에서 볼 수 있는 보기는 多

물질을 구성하는 입자에 대한 설명으로 옳은 것만을 모두 고르면?(2개)

① 쿼크와 전자는 빅뱅 이후 우주 초기에 가장 먼저 생성된 기본 입자이다.
② 전자는 전기적으로 중성이다.
③ 양성자와 중성자는 각각 3개의 쿼크가 결합하여 생성된다.
④ 양성자 1개는 그 자체로 수소 원자가 된다.
⑤ 원자핵 내 중성자의 수에 따라 원자 번호가 정해진다.
⑥ 원자는 양전하를 띤 전자와 음전하를 띤 원자핵이 결합하여 만들어진다.
⑦ 원자는 같은 수의 중성자와 전자를 포함하고 있어 전기적으로 중성이다.

빅뱅과 원소의 생성

061 하

다음은 우주 초기에 여러 입자들이 생성되기까지의 사건들을 순서 없이 나타낸 것이다.

> (가) 쿼크와 전자 생성   (나) 헬륨 원자핵 생성
> (다) 빅뱅(대폭발) 발생   (라) 양성자와 중성자 생성
> (마) 수소 원자와 헬륨 원자 생성

(가)~(마)를 먼저 일어난 것부터 순서대로 나열하시오.

062 중

빅뱅 우주론에 대한 설명으로 옳지 <u>않은</u> 것은?

① 우주는 온도와 밀도가 매우 높은 한 점에서 탄생하였다.
② 시간이 지날수록 우주의 크기와 질량은 계속 증가한다.
③ 시간이 지날수록 우주의 온도와 밀도는 계속 감소한다.
④ 우주 배경 복사를 설명할 수 있다.
⑤ 우주에 존재하는 수소와 헬륨의 질량비가 약 3 : 1인 것을 설명할 수 있다.

063 중

빅뱅 이후 우주 초기 입자의 생성 과정에 대한 설명으로 옳은 것은?

① 가장 먼저 전자와 양성자가 생성되었다.
② 빅뱅 후 약 3분에 중성자와 양성자가 생성되었다.
③ 헬륨 원자핵이 생성되었을 때 우주에 존재하는 수소 원자핵과 헬륨 원자핵의 개수비는 3 : 1이었다.
④ 수소 원자는 빅뱅 후 약 3분이 지난 시점에 생성되었다.
⑤ 빅뱅 후 약 38만 년에 헬륨 원자가 생성되었다.

064 중

그림 (가)와 (나)는 서로 다른 원자를 나타낸 모형이다.

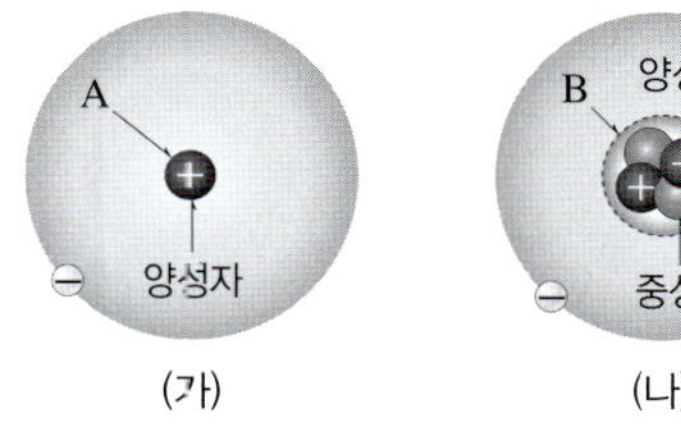

이에 대한 설명으로 옳은 것만을 〈보기〉에서 있는 대로 고른 것은?

< 보기 >
ㄱ. (가)는 우주 전체 질량의 약 74 %를 차지한다.
ㄴ. B의 질량은 A의 약 4배이다.
ㄷ. 양성자와 C는 같은 시기에 생성되었다.

① ㄱ   ② ㄷ   ③ ㄱ, ㄴ
④ ㄴ, ㄷ   ⑤ ㄱ, ㄴ, ㄷ

065 중

그림은 빅뱅 이후 우주 초기에 헬륨 원자핵이 생성되는 과정을 나타낸 것이다.

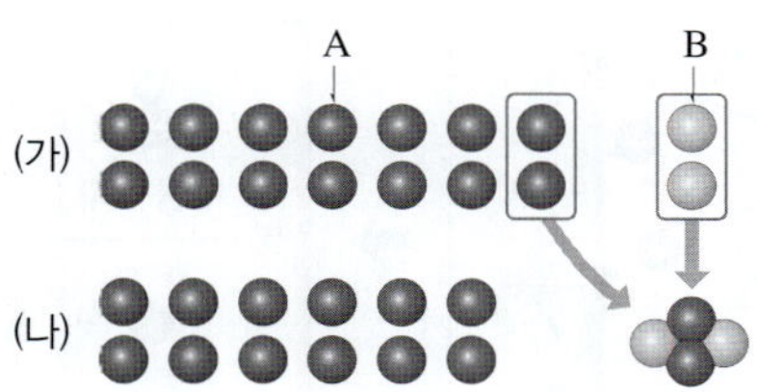

이에 대한 설명으로 옳은 것만을 〈보기〉에서 있는 대로 고른 것은?

< 보기 >
ㄱ. A는 양성자, B는 중성자이다.
ㄴ. (가) 시기에 양성자와 중성자의 개수비는 7 : 1이다.
ㄷ. (나) 시기에 수소 원자핵과 헬륨 원자핵의 질량비는 약 3 : 1이 되었다.

① ㄱ   ② ㄷ   ③ ㄱ, ㄴ
④ ㄴ, ㄷ   ⑤ ㄱ, ㄴ, ㄷ

066 중

그림은 빅뱅 우주론에서 입자의 생성 과정을 나타낸 것이다.

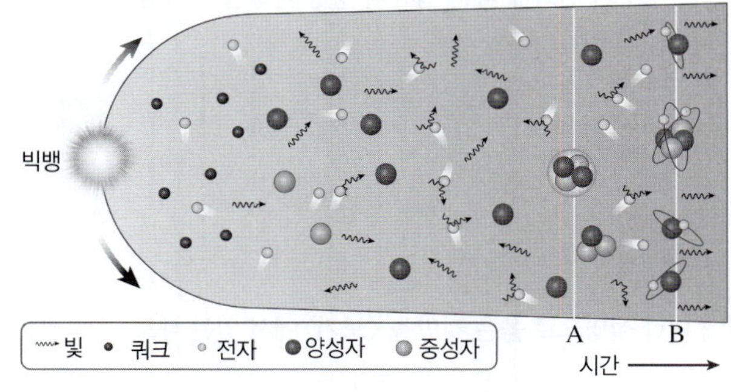

이에 대한 설명으로 옳은 것만을 〈보기〉에서 있는 대로 고른 것은?

< 보기 >
ㄱ. 우주의 온도는 A 시기보다 B 시기에 더 높게 나타난다.
ㄴ. A 시기에 양성자와 중성자의 개수는 동일했다.
ㄷ. B 시기에 우주가 투명해졌다.

① ㄱ   ② ㄷ   ③ ㄱ, ㄴ
④ ㄴ, ㄷ   ⑤ ㄱ, ㄴ, ㄷ

067

그림은 빅뱅 이후 어느 시기에 일어난 우주의 변화를 나타낸 것이다.

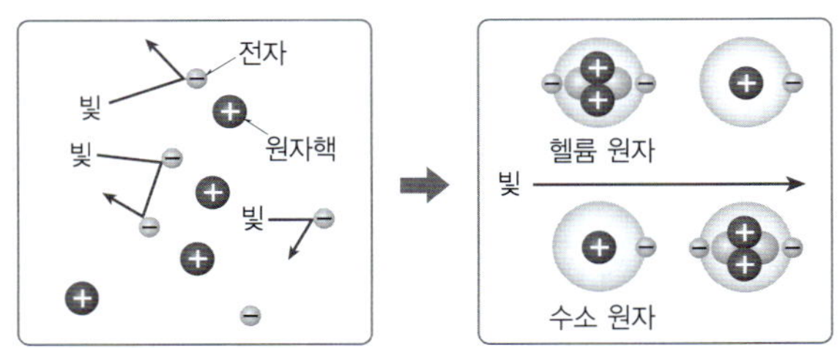

이에 대한 설명으로 옳은 것만을 〈보기〉에서 있는 대로 고른 것은?

〈 보기 〉
ㄱ. 빅뱅 후 약 38만 년에 일어난 변화이다.
ㄴ. 전자가 원자핵과 결합하여 원자가 생성되었다.
ㄷ. 이 시기에 우주의 온도는 약 3 K이었다.

① ㄱ
② ㄷ
③ ㄱ, ㄴ
④ ㄴ, ㄷ
⑤ ㄱ, ㄴ, ㄷ

068

그림은 우주의 진화에 따른 입자의 생성 과정을 나타낸 것이다.

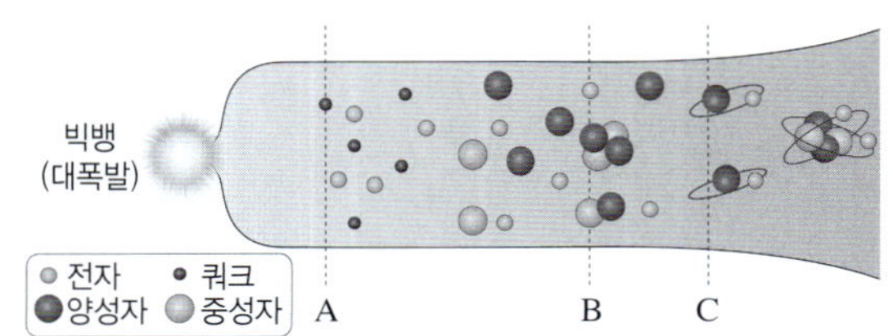

이에 대한 설명으로 옳은 것만을 〈보기〉에서 있는 대로 고른 것은?

〈 보기 〉
ㄱ. A 시기에 우주의 온도는 약 3000 K이었다.
ㄴ. B 시기 직전에 양성자와 중성자의 개수비는 약 7 : 1이었다.
ㄷ. C 시기에 원자의 생성으로 빛이 우주 공간으로 자유롭게 퍼져 나갔다.
ㄹ. 우주의 밀도는 B 시기가 A 시기보다 컸다.

① ㄱ, ㄷ
② ㄱ, ㄹ
③ ㄴ, ㄷ
④ ㄱ, ㄴ, ㄹ
⑤ ㄴ, ㄷ, ㄹ

069

그림은 빅뱅 이후 우주 초기에 입자의 생성 과정을 나타낸 것이다.

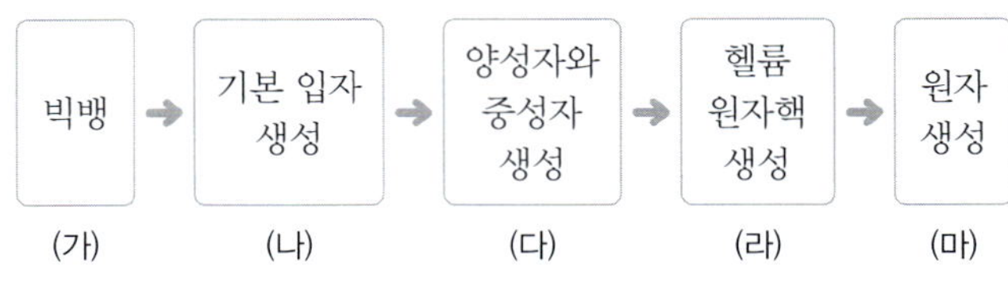

이에 대한 설명으로 옳은 것만을 〈보기〉에서 있는 대로 고른 것은?

〈 보기 〉
ㄱ. (가)는 현재로부터 약 138억 년 전이다.
ㄴ. (다)와 (라) 시기 사이에 양성자의 수는 점점 증가하였다.
ㄷ. (라)와 (마) 시기 사이에 전자가 생성되었다.

① ㄱ
② ㄷ
③ ㄱ, ㄴ
④ ㄴ, ㄷ
⑤ ㄱ, ㄴ, ㄷ

070

표는 빅뱅 이후 우주 초기에 (가)와 (나) 시기의 입자의 생성에 대한 설명을 나타낸 것이다.

시기	입자의 생성
(가)	기본 입자인 쿼크가 결합하여 양성자와 중성자가 생성되었다.
(나)	원자핵과 (㉠)가 결합하여 원자가 생성되었다.

이에 대한 설명으로 옳은 것만을 〈보기〉에서 있는 대로 고른 것은?

〈 보기 〉
ㄱ. '전자'는 ㉠에 해당한다.
ㄴ. 우주의 온도는 (가)일 때가 (나)일 때보다 낮다.
ㄷ. (나) 이후 우주에 존재하는 수소 원자들의 총 질량은 헬륨 원자들의 총 질량보다 크다.

① ㄱ
② ㄴ
③ ㄱ, ㄷ
④ ㄴ, ㄷ
⑤ ㄱ, ㄴ, ㄷ

071

| 서술형 |

빅뱅 이후 우주 초기에 헬륨 원자핵이 생성된 후, 더 무거운 원소의 원자핵이 생성되지 못했던 까닭을 서술하시오.

그림은 우주를 구성하는 입자를 분류하는 과정을 나타낸 것이다.

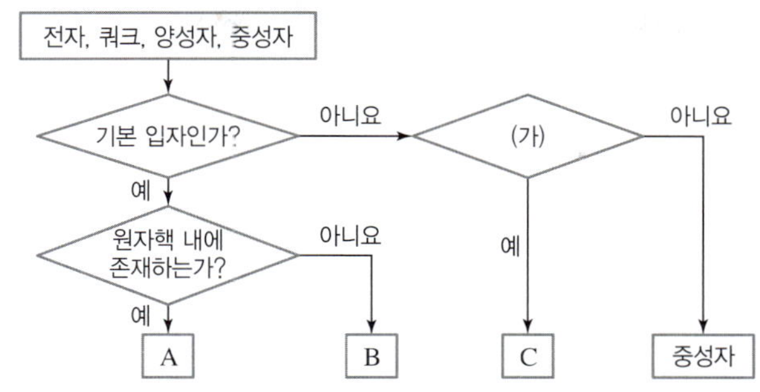

이에 대한 설명으로 옳은 것만을 〈보기〉에서 있는 대로 고른 것은?

─── 보기 ───
ㄱ. (가)는 '수소 원자핵에 해당하는가?'가 적합하다.
ㄴ. A는 전자에 해당한다.
ㄷ. B 입자 1개와 C 입자 1개가 결합하면 전기적으로 중성이
　　된다.

① ㄱ　　　　　　② ㄴ　　　　　　③ ㄱ, ㄷ
④ ㄴ, ㄷ　　　　⑤ ㄱ, ㄴ, ㄷ

그림 (가)는 물질을 구성하는 입자를, (나)는 빅뱅 후 시간의 흐름을
나타낸 것이다.

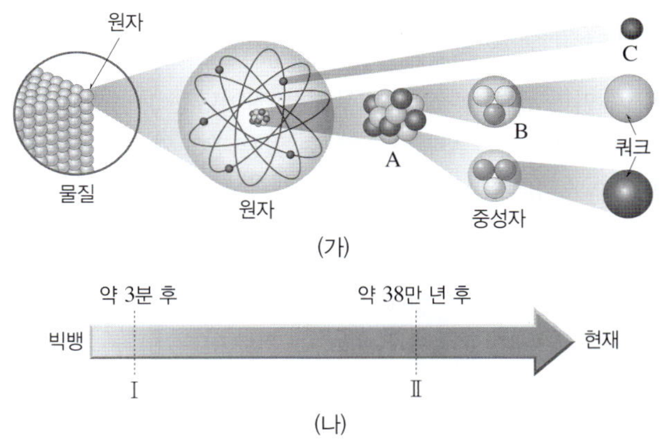

이에 대한 설명으로 옳은 것만을 〈보기〉에서 있는 대로 고른 것은?

─── 보기 ───
ㄱ. A와 B는 양전하를 띠고, C는 음전하를 띤다.
ㄴ. C는 I 시기에 생성되었다.
ㄷ. II 시기에 우주로 퍼져 나간 빛은 현재 사라졌다.
ㄹ. I에서 II로 갈수록 우주의 밀도는 감소하였다.

① ㄱ, ㄷ　　　　② ㄱ, ㄹ　　　　③ ㄴ, ㄹ
④ ㄱ, ㄴ, ㄷ　　⑤ ㄴ, ㄷ, ㄹ

그림은 양성자와 중성자의 개수비가 7 : 1일 때 헬륨 원자핵이
만들어지는 과정을 나타낸 것이다.

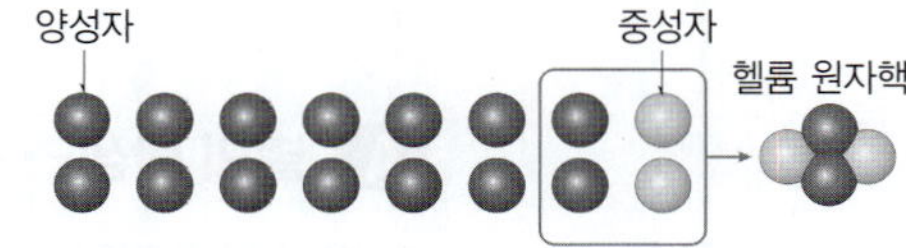

만약 헬륨 원자핵이 만들어질 당시 우주에 존재하는 양성자와 중
성자의 개수비가 3 : 1이었다면 수소 원자핵과 헬륨 원자핵의 질
량비는 어떻게 될 것인가?

① 약 1 : 1　　　　② 약 2 : 1　　　　③ 약 3 : 1
④ 약 4 : 1　　　　⑤ 약 5 : 1

그림 (가)는 우주의 탄생과 진화 과정을, (나)는 (가)의 A와 B 시
기에 해당하는 우주의 일부 모습을 순서 없이 나타낸 것이다.

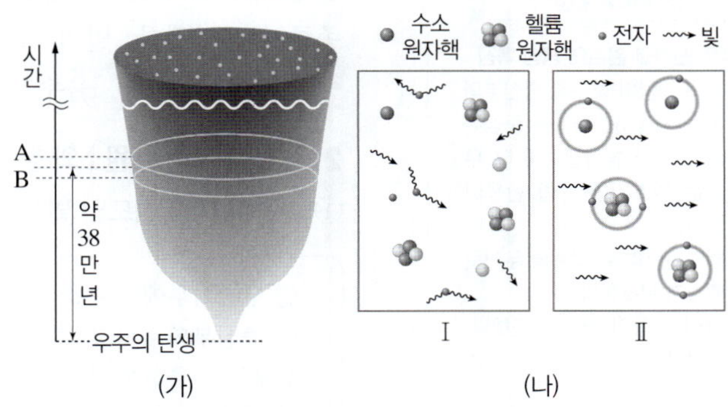

이에 대한 설명으로 옳은 것만을 〈보기〉에서 있는 대로 고른 것은?

─ 보기 ─
ㄱ. I은 A 시기에 해당한다.
ㄴ. 최초의 별은 B 시기에 탄생하였다.
ㄷ. II 시기의 우주는 투명하였다.

① ㄱ　　　　　　② ㄷ　　　　　　③ ㄱ, ㄴ
④ ㄴ, ㄷ　　　　⑤ ㄱ, ㄴ, ㄷ

04 별의 진화와 원소의 생성

A 별의 탄생 → 빅뱅 이후 수억 년이 지나 최초의 별이 탄생하였다.

1 별의 탄생 과정

① 성운 형성: 수소, 헬륨 등으로 구성된 성간 물질이 밀도가 높은 곳을 중심으로 중력에 의해 수축하여 성운을 형성한다. → 성운이 수축할수록 온도와 압력이 증가한다. → 빅뱅 이후 우주 초기에 생성된 원소

② 원시별 형성: 성운 내부의 온도가 ❶□고 밀도가 ❷□은 곳을 중심으로 중력 수축이 일어나 고밀도의 기체 덩어리인 원시별이 형성된다. → 원시별에서는 핵융합 반응이 일어나지 않는다.

③ 별의 탄생: 원시별이 중력에 의해 계속 수축하면서 온도와 압력이 ❸□아지고, 중심부의 온도가 ❹□□□□□ K 이상이 되면 수소 핵융합 반응이 일어나 스스로 빛을 내는 별이 된다. → 주계열성

2 별의 특징

에너지 생성	별은 일생의 대부분을 중심부에서 ❺□□□□□□ 반응으로 헬륨을 생성하고, 에너지를 방출하면서 보낸다. ➡ 핵융합 반응 과정에서 감소한 질량이 에너지로 방출된다.
크기	중력에 의해 수축하려는 힘과 핵융합 반응에 의한 내부 압력이 ❻□□을 이루어 별의 크기가 일정하게 유지된다.
수명	별의 질량이 클수록 핵융합 반응이 활발하게 일어나므로 수명이 ❼□다. └• 태양은 현재 중심부에서 수소 핵융합 반응이 일어나는 단계에 있다.

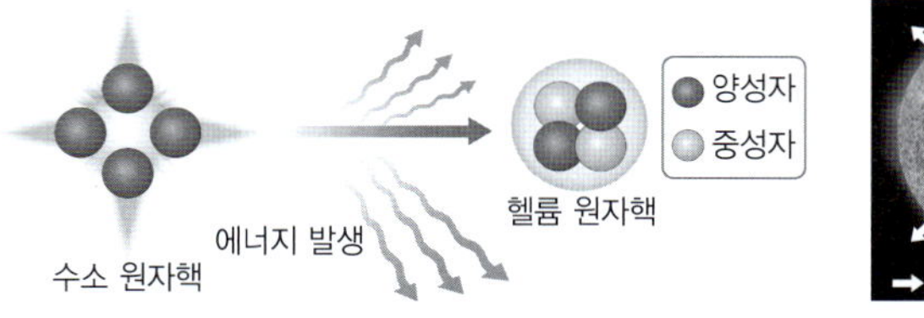

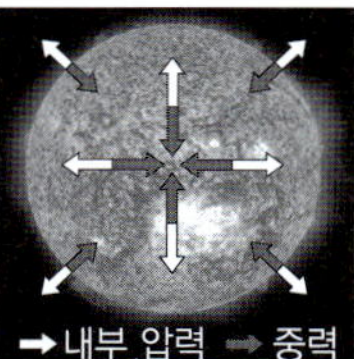

└• 4개의 수소 원자핵이 융합하여 1개의 헬륨 원자핵을 생성한다.($4H \rightarrow He + $에너지)

B 별의 진화와 원소의 생성 → 별의 진화 과정을 통해 우주 초기에 존재하지 않았던 원소들이 생성되었다.

1 별의 진화와 원소의 생성
별은 질량에 따라 진화 과정과 내부에서 일어나는 핵융합 반응의 종류가 달라진다. 별의 질량이 ❽□수록 별의 중심부가 도달할 수 있는 온도가 ❾□아지고, 중심부 온도가 ❿□을수록 점점 더 무거운 원소를 생성하는 핵융합 반응이 일어난다.

2 철보다 가벼운 원소와 철의 생성
별이 진화하면서 별 내부의 핵융합 반응으로 생성된다.

① 질량이 태양 정도인 별: 별의 내부에서 핵융합 반응으로 헬륨, ⓫□□, 산소가 생성된다.

- 별의 중심부에서 수소 핵융합 반응으로 헬륨이 생성된다.
- 별 중심부의 수소가 모두 헬륨으로 바뀌어 수소 핵융합 반응이 멈추면 중심부는 수축하여 ⓬□□가 상승한다. → 바깥층은 가열되어 수소 핵융합 반응이 일어난다. → 내부 압력이 증가해 별이 팽창하여 크기가 커지고, 표면 온도가 낮아진다.
- 계속되는 중력 수축으로 중심부의 온도가 ⓭□□ K 이상이 되면 헬륨 핵융합 반응이 일어나 탄소, 산소가 생성된다.
- 중심부의 헬륨이 모두 탄소와 산소로 바뀌면 별 내부에서 핵융합 반응이 중단된다. → 중심부의 온도가 탄소 핵융합 반응이 일어날 수 있을 만큼 상승하지 못하기 때문 → 별의 바깥층은 팽창하다가 우주 공간으로 퍼져 나가 행성 모양의 성운이 되고, 중심부는 수축하여 밀도가 커진다.

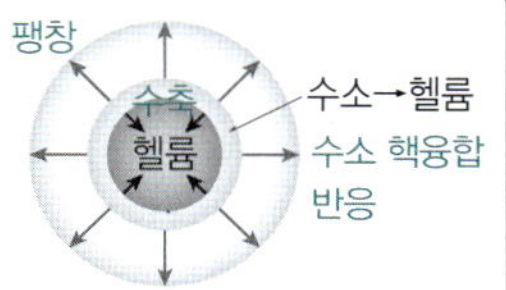

▲ 중심부가 수축하는 별의 내부 구조

▲ 핵융합 반응이 중단된 후 별의 내부 구조

기출 PICK A-1

별의 탄생 과정
성운 형성 → 원시별 형성 → 온도와 압력 상승 → 중심부 온도 1000만 K에 도달 → 중심부에서 수소 핵융합 반응을 하는 별(주계열성) 탄생

기출 PICK A-2

주요 에너지원

원시별	별
중력 수축에 의한 에너지	수소 핵융합 반응에 의한 에너지

별의 크기
- 내부 압력 > 중력 ➡ 팽창
- 내부 압력 < 중력 ➡ 수축
- 내부 압력 = 중력 ➡ 유지

기출 PICK B-1

별의 진화와 원소의 생성 특징
- 별의 질량이 클수록 중심부의 온도가 높아진다. ➡ 중심부의 온도가 높아질수록 더 무거운 원소의 핵융합 반응이 일어난다.
- 별의 중심부로 갈수록 무거운 원소가 분포한다.
- 별의 질량이 클수록 진화가 빠르다.

기출 PICK B-2

별의 중심부에서 수소 핵융합 반응이 중단된 후 별의 크기 변화
- 중심부: 내부 압력 < 중력 ➡ 수축
- 바깥층: 내부 압력 > 중력 ➡ 팽창

② 질량이 태양의 10배 이상인 별: 별의 내부에서 핵융합 반응으로 헬륨부터 무거운 원소들이 차례로 생성되고 ⑭ ☐ 까지 생성된다.

- 별의 중심부에서 수소 핵융합 반응으로 헬륨이 생성된다.
- 중력 수축 → 헬륨 핵융합 반응 → 중력 수축 → 별 중심부의 헬륨이 고갈되어 탄소와 산소로 이루어진 핵이 생성된 후에도 중심부의 온도가 상승하여 점차 무거운 원소의 핵융합 반응이 일어나 철까지 생성된다.
  → 별의 내부에서는 핵융합 반응으로 헬륨, 탄소, 산소, 질소, 네온, 마그네슘, 황, 규소 등이 차례로 생성되고, 별의 중심부에서 최종적으로 철까지 생성되면 더 이상 핵융합 반응이 일어나지 않는다.
    └ 이 과정에서 별의 크기가 매우 커진다.
  → 별의 내부에서 핵융합 반응으로 철까지만 생성되는 까닭: 철 원자핵이 매우 안정하기 때문이다.
    └ 철보다 무거운 원소는 불안정하므로 합성하려면 핵융합 과정에서 에너지를 흡수해야 한다.

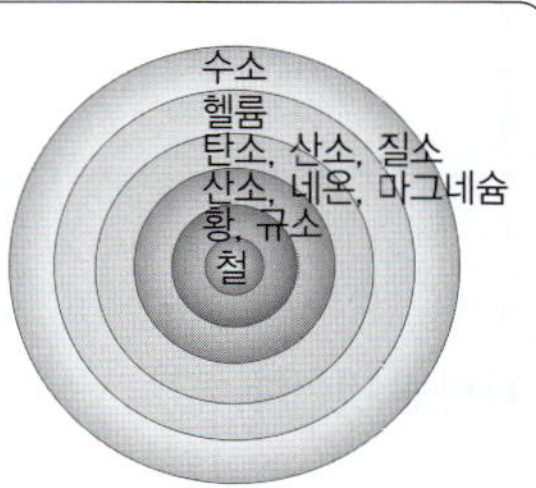

▲ 핵융합 반응이 중단된 후 별의 내부 구조

핵융합 반응으로 생성되는 원소

핵융합 반응	생성 원소
수소 핵융합	헬륨
헬륨 핵융합	탄소, 산소
탄소 핵융합	산소, 네온, 마그네슘
산소 핵융합	황, 규소
규소 핵융합	철

우주에 존재하는 원소의 생성

원소	생성
수소, 헬륨	우주 초기의 빅뱅 핵합성
철보다 가벼운 원소, 철	별 내부의 핵융합 반응
철보다 무거운 원소	초신성 폭발

3 철보다 무거운 원소의 생성 초신성 폭발 과정에서 생성된다. **예** 금, 구리, 우라늄 등
① 질량이 태양의 10배 이상인 별은 내부에서 핵융합 반응이 중단된 후 급격히 수축하다가 매우 밝은 빛을 내며 폭발하는 ⑮ ☐☐☐ 이 된다.
② 초신성 폭발 과정에서 엄청난 에너지에 의해 철보다 무거운 원소가 생성된다. → 수초 동안 일시적으로 생성된다.
③ 초신성 폭발 후 남은 중심부는 수축한다.

4 별에서 생성된 원소의 방출 별은 내부에서 핵융합 반응이 중단된 이후 우주 공간으로 방출되어 새로운 별, 행성, 생명체를 만드는 재료가 된다.
└ 산소, 탄소, 수소, 질소 등으로 구성
→ 행성 모양의 성운보다 초신성 폭발 잔해에서 무거운 원소가 더 많이 분포한다.

질량이 태양 정도인 별	질량이 태양의 10배 이상인 별

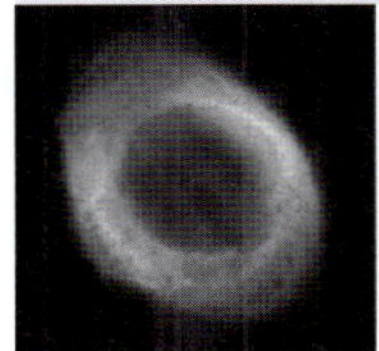

핵융합 반응이 중단된 후 별의 바깥층이 우주 공간으로 퍼져 나가 행성 모양의 성운을 형성
수소, 헬륨, 탄소, 산소 방출

└ 행성 모양의 성운

초신성 폭발 과정에서 별을 구성하던 물질 및 생성된 물질을 우주 공간으로 방출
수소, 헬륨, 탄소, 산소, 질소, 네온, 마그네슘, 황, 규소, 철, 금, 구리, 우라늄 등 방출

└ 초신성 폭발 잔해

답 ❶ 낮 ❷ 높 ❸ 높 ❹ 1000만 ❺ 수소 핵융합 ❻ 평형 ❼ 짧 ❽ 클 ❾ 높 ❿ 높 ⑪ 탄소 ⑫ 온도 ⑬ 1억 ⑭ 철 ⑮ 초신성

정답과 해설 5쪽 ▶▶

076 그림 (가)와 (나)는 핵융합 반응이 중단된 후 두 별의 내부 구조를 나타낸 것이다. A와 B는 각각 철과 탄소 중 하나이다.

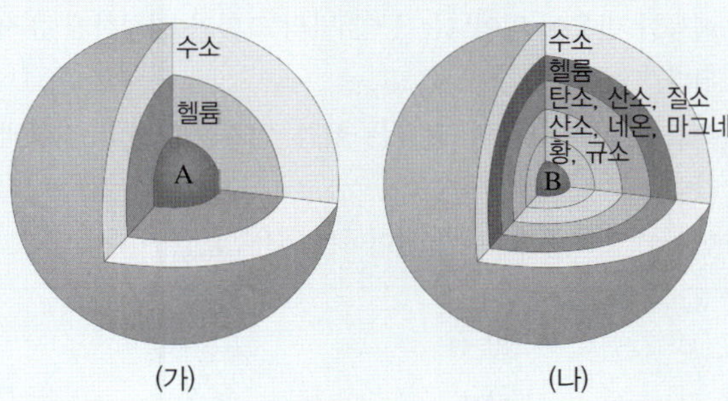

이에 대한 설명으로 옳은 것은 ○, 옳지 않은 것은 ×로 표시하시오.

(1) A는 탄소, B는 철이다. ( )
(2) 별의 질량은 (가)가 (나)보다 크다. ( )
(3) 별 중심부의 온도는 (가)가 (나)보다 높다. ( )
(4) 별의 수명은 (가)가 (나)보다 길다. ( )
(5) (가)는 별의 바깥층이 팽창하여 행성 모양의 성운이 된다. ( )
(6) 태양은 점차 (나)와 같은 구조로 진화한다. ( )
(7) (나)는 초신성 폭발을 일으켜 B보다 무거운 원소를 생성한다. ( )
(8) 별은 일생의 대부분을 (가), (나)와 같은 단계로 보낸다. ( )

A 별의 탄생

077 하

다음은 별의 탄생 과정을 순서 없이 나타낸 것이다.

> (가) 원시별이 형성되었다.
> (나) 별이 수소 핵융합 반응을 하여 빛을 방출한다.
> (다) 원시별이 수축하면서 온도와 압력이 상승하였다.
> (라) 수소와 헬륨 등의 성간 물질이 모여 성운을 형성하였다.

순서대로 옳게 나열한 것은?

① (가) → (다) → (나) → (라)
② (가) → (라) → (다) → (나)
③ (다) → (가) → (나) → (라)
④ (라) → (가) → (다) → (나)
⑤ (라) → (나) → (가) → (다)

078 하

다음은 별의 진화 단계의 일부를 순서 없이 나타낸 것이다. 주계열성은 중심부의 온도가 1000만 K 이상인 별이다.

(가)	(나)	(다)
주계열성	성운	원시별

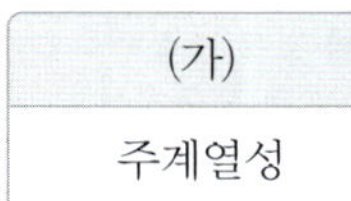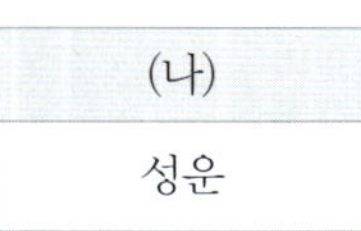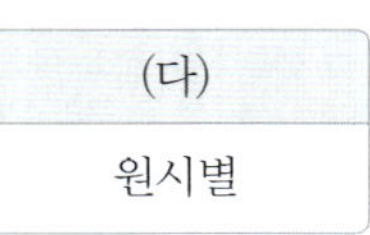

이에 대한 설명으로 옳은 것만을 〈보기〉에서 있는 대로 고른 것은?

> ─── 보기 ───
> ㄱ. 별의 진화 단계는 (나) → (가) → (다) 순이다.
> ㄴ. 에너지원은 (가)와 (다)에서 같다.
> ㄷ. (나)를 구성하는 원소는 대부분 수소와 헬륨이다.

① ㄱ   ② ㄴ   ③ ㄷ
④ ㄱ, ㄷ   ⑤ ㄴ, ㄷ

079 하 | 서술형 |

성운이 원시별로 진화하는 과정에서 내부 온도가 상승하는 까닭을 서술하시오.

080 중

그림 (가)는 별이 탄생하는 성운을, (나)는 성운 내 별이 탄생하는 지역을 확대한 것이다.

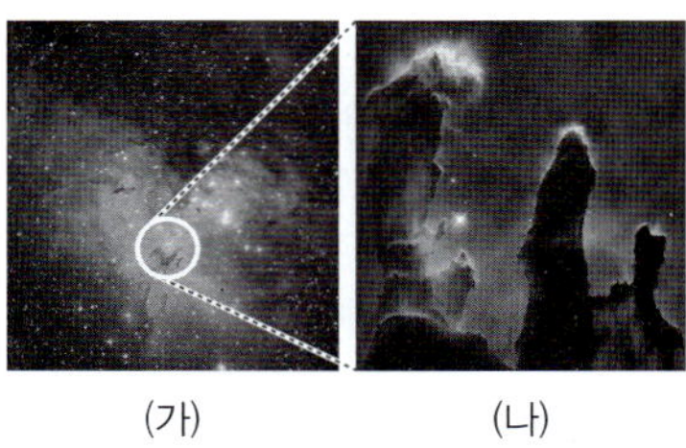

(가)   (나)

이에 대한 설명으로 옳은 것만을 〈보기〉에서 있는 대로 고른 것은?

> ─── 보기 ───
> ㄱ. (가)는 성간 물질이 모여서 형성되었다.
> ㄴ. (가)에서 온도와 밀도가 낮은 곳에서 (나)가 탄생한다.
> ㄷ. 하나의 성운에서는 하나의 별만 탄생할 수 있다.

① ㄱ   ② ㄴ   ③ ㄱ, ㄷ
④ ㄴ, ㄷ   ⑤ ㄱ, ㄴ, ㄷ

☆빈출 081 중

그림은 어느 별의 중심부에서 일어나는 핵융합 반응을 나타낸 것이다.

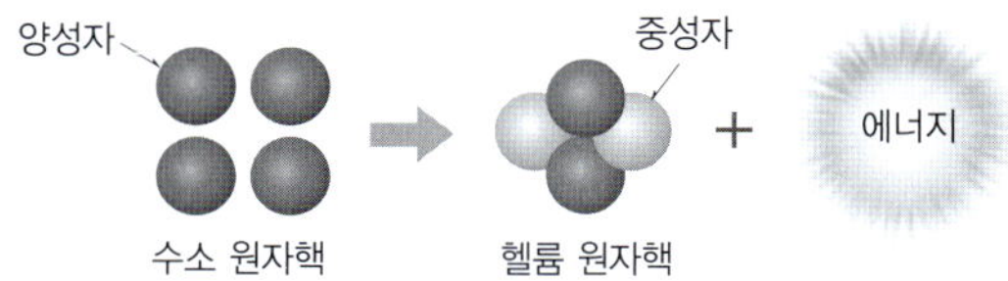

이에 대한 설명으로 옳은 것만을 〈보기〉에서 있는 대로 고른 것은?

> ─── 보기 ───
> ㄱ. 헬륨 핵융합 반응이다.
> ㄴ. 핵융합 반응이 일어나는 동안 별의 크기가 일정하게 유지된다.
> ㄷ. 수소 원자핵 4개의 질량은 헬륨 원자핵 1개의 질량과 같다.
> ㄹ. 현재 태양의 중심부에서 일어나는 핵융합 반응이다.

① ㄱ, ㄴ   ② ㄱ, ㄷ   ③ ㄴ, ㄷ
④ ㄴ, ㄹ   ⑤ ㄷ, ㄹ

082 중

이 문제에서 볼 수 있는 보기는 多

별의 탄생 과정에 대한 설명으로 옳은 것만을 모두 고르면?(2개)

① 성운을 구성하는 물질 중 약 98 %는 티끌이다.
② 성운 내 온도와 밀도가 높은 곳을 중심으로 중력 수축이 일어난다.
③ 성운이 수축할수록 온도는 점차 높아진다.
④ 하나의 성운에서는 한 개의 원시별만 탄생한다.
⑤ 원시별에서는 내부 압력이 중력보다 크다.
⑥ 원시별은 중심부의 온도가 1000 K에 도달하면 수소 핵융합 반응이 일어난다.
⑦ 별은 핵융합 반응을 통해 스스로 빛을 낸다.

[083~084] 그림은 중심부에서 수소 핵융합 반응이 일어나는 별의 내부에서 작용하는 힘을 나타낸 것이다.

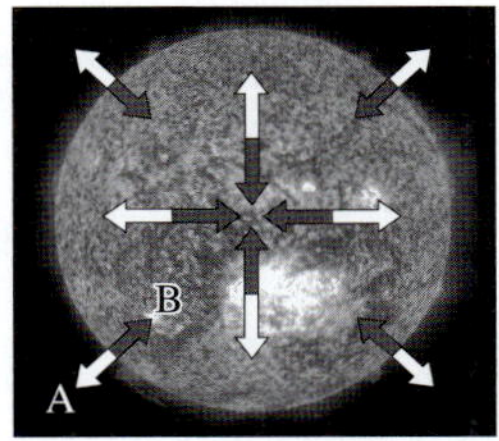

083 중

이에 대한 설명으로 옳은 것만을 〈보기〉에서 있는 대로 고른 것은?

─── 보기 ───
ㄱ. A는 내부 압력이다.
ㄴ. B는 별의 질량 때문에 나타난다.
ㄷ. 별의 내부에서는 A와 B의 크기가 같다.

① ㄱ　　　　② ㄴ　　　　③ ㄱ, ㄷ
④ ㄴ, ㄷ　　　⑤ ㄱ, ㄴ, ㄷ

084 중

| 서술형 |

이 별의 중심부에서 수소가 모두 헬륨으로 바뀐 후 중심부에서 작용하는 두 힘의 크기를 부등호로 비교하고, 이에 따라 별의 중심부에서는 어떤 변화가 일어나는지 서술하시오.

085 중

성운에서 탄생한 별에 대한 설명으로 옳은 것만을 〈보기〉에서 있는 대로 고른 것은?

─── 보기 ───
ㄱ. 별은 질량이 클수록 수명이 짧다.
ㄴ. 별은 일생 중 대부분을 중심부에서 헬륨 핵융합 반응을 하면서 보낸다.
ㄷ. 별은 중심부에서 수소 핵융합 반응이 일어나는 동안 크기가 커진다.

① ㄱ　　　　② ㄴ　　　　③ ㄱ, ㄷ
④ ㄴ, ㄷ　　　⑤ ㄱ, ㄴ, ㄷ

086 상

그림은 현재 태양의 중심부에서 일어나고 있는 핵융합 반응의 세부 과정을 나타낸 것이다.

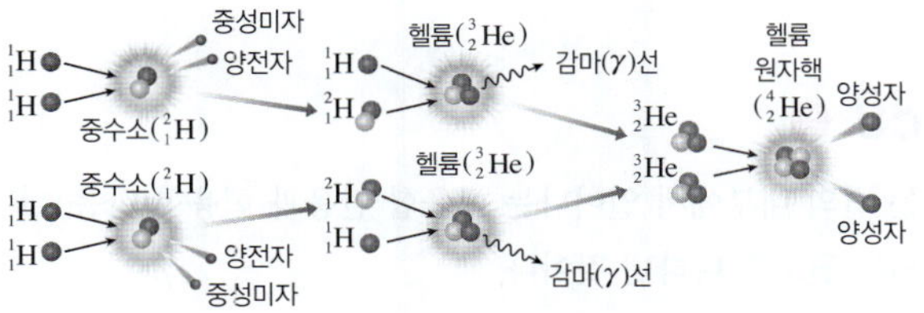

이에 대한 설명으로 옳은 것만을 〈보기〉에서 있는 대로 고른 것은?

─── 보기 ───
ㄱ. 별의 중심부 온도가 1000만 K 이상일 때 일어난다.
ㄴ. 질량이 태양과 비슷한 별에서는 일어나지 않는다.
ㄷ. 핵융합 반응의 결과 헬륨이 생성된다.
ㄹ. 반응한 입자들의 총 질량은 생성된 입자의 질량보다 작다.

① ㄱ, ㄷ　　　② ㄱ, ㄹ　　　③ ㄴ, ㄹ
④ ㄱ, ㄴ, ㄷ　　⑤ ㄴ, ㄷ, ㄹ

B 별의 진화와 원소의 생성

별의 진화와 원소의 생성

087 하

다음은 우주에 존재하는 다양한 원소들을 나타낸 것이다.

수소, 우라늄, 금, 탄소, 질소, 철, 규소, 헬륨, 산소, 납

(1) 빅뱅 이후 우주 초기에 생성된 원소를 모두 쓰시오.
(2) 별의 진화 과정 중 별의 내부에서 생성될 수 있는 원소를 모두 쓰시오.
(3) 초신성 폭발로만 생성될 수 있는 원소를 모두 쓰시오.

088 중

다음은 별에서 만들어지는 원소에 대한 설명이다.

> 질량이 태양 정도인 별은 중심부에서 수소 핵융합 반응이 일어난 후 헬륨 핵융합 반응이 일어나고 최종적으로는 별의 중심부에서 (㉠)와 산소로 이루어진 중심핵이 만들어진다.
>
> 질량이 태양의 10배 이상인 별은 더 무거운 원소를 생성하는 핵융합 반응이 순차적으로 일어나 별의 중심부에서 (㉡)까지 만들어질 수 있다. (㉡)까지 만들어진 별은 핵융합 반응을 멈추고 밝은 빛을 내며 폭발하는 (㉢)이 되는데, 이 과정에서 엄청난 에너지가 방출되어 (㉡)보다 무거운 원소가 만들어진다.

( ) 안에 들어갈 알맞은 말을 모두 쓰시오.

089 상

표는 별의 내부에서 일어나는 핵융합 반응과 핵융합 반응으로 생성되는 원소를 나타낸 것이다.

핵융합 반응	A	B	C	D
생성 원소	탄소, 산소	산소, 네온, 마그네슘	황, 규소	철

이에 대한 설명으로 옳은 것만을 〈보기〉에서 있는 대로 고른 것은?

> ─〈 보기 〉─
> ㄱ. A와 B는 별의 크기가 일정하게 유지되는 진화 단계에서 일어날 수 있다.
> ㄴ. C는 태양보다 질량이 작은 별에서 일어날 수 있다.
> ㄷ. D는 A보다 더 높은 온도에서 일어난다.

① ㄱ ② ㄷ ③ ㄱ, ㄴ
④ ㄴ, ㄷ ⑤ ㄱ, ㄴ, ㄷ

질량에 따른 별의 진화

090 하

| 서술형 |

철보다 무거운 원소는 별의 진화 과정 중에서 어떻게 생성되는지 별의 질량과 관련지어 서술하시오.

091 하

그림은 별의 진화 과정 중 어느 단계를 나타낸 것이다. 이 천체에 대한 설명으로 옳은 것만을 〈보기〉에서 있는 대로 고른 것은?

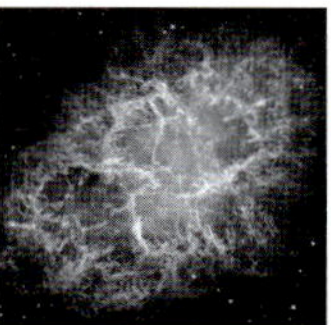

> ─〈 보기 〉─
> ㄱ. 성간 물질이 모여 수축하여 만들어졌다.
> ㄴ. 우라늄, 납, 구리 등의 원소가 포함되어 있다.
> ㄷ. 질량이 태양의 10배 이상인 별의 진화 과정에서 나타난다.

① ㄱ ② ㄴ ③ ㄱ, ㄷ
④ ㄴ, ㄷ ⑤ ㄱ, ㄴ, ㄷ

092 중

그림 (가)와 (나)는 질량이 서로 다른 두 별의 진화 과정 중 어느 단계를 나타낸 것이다.

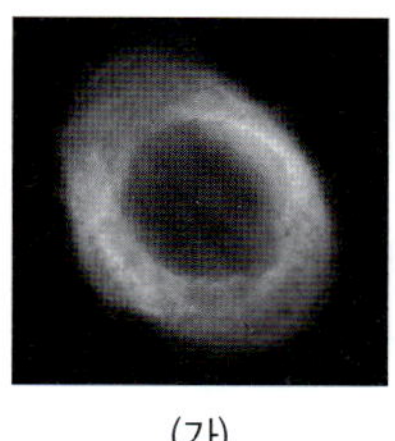

(가)   (나)

이에 대한 설명으로 옳은 것만을 〈보기〉에서 있는 대로 고른 것은?

> ─〈 보기 〉─
> ㄱ. 태양은 최종적으로 (가)의 형태로 진화할 것이다.
> ㄴ. (나)에는 철보다 무거운 원소만 포함되어 있다.
> ㄷ. 중심부에서 수소 핵융합 반응이 일어나는 단계일 때 별의 질량은 (가)가 (나)보다 컸다.

① ㄱ ② ㄷ ③ ㄱ, ㄴ
④ ㄴ, ㄷ ⑤ ㄱ, ㄴ, ㄷ

093 ⓝ

그림은 별이 진화하는 과정의 일부를 나타낸 것이다.

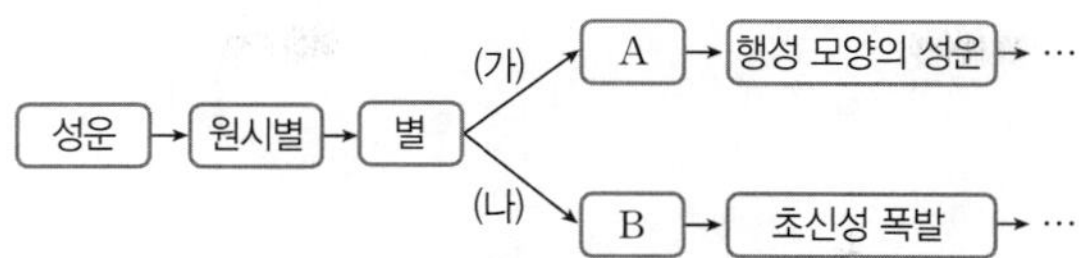

이에 대한 설명으로 옳은 것만을 〈보기〉에서 있는 대로 고른 것은?

───〈 보기 〉───

ㄱ. (가)는 (나)보다 질량이 작은 별의 진화 과정이다.

ㄴ. A의 내부에서는 탄소 핵융합 반응이 일어난다.

ㄷ. 태양은 (나)의 과정으로 진화한다.

ㄹ. B의 내부에서는 수소 핵융합 반응이 일어난다.

① ㄱ, ㄴ ② ㄱ, ㄹ ③ ㄴ, ㄷ

④ ㄱ, ㄷ, ㄹ ⑤ ㄴ, ㄷ, ㄹ

094 ⓝ

그림은 별의 에너지원을 분류하는 과정을 나타낸 것이다.

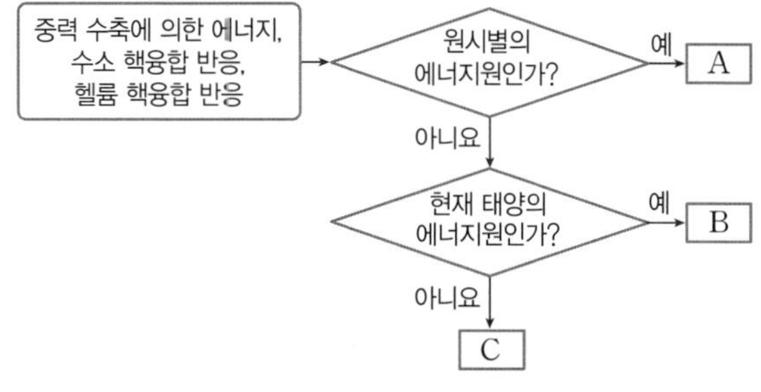

이에 대한 설명으로 옳은 것만을 〈보기〉에서 있는 대로 고른 것은?

───〈 보기 〉───

ㄱ. A로 인해 원시별 중심부의 온도가 1000만 K 이상이 되면 B가 일어난다.

ㄴ. 별의 크기는 별의 중심부에서 B가 일어날 때보다 C가 일어날 때 크다.

ㄷ. 질량이 태양 정도인 별의 내부에서는 C가 일어날 수 없다.

① ㄱ ② ㄷ ③ ㄱ, ㄴ

④ ㄴ, ㄷ ⑤ ㄱ, ㄴ, ㄷ

095 ⓝ

그림은 어느 별의 진화 과정 중 한 단계를 나타낸 것이다. 이에 대한 설명으로 옳은 것만을 〈보기〉에서 있는 대로 고른 것은?

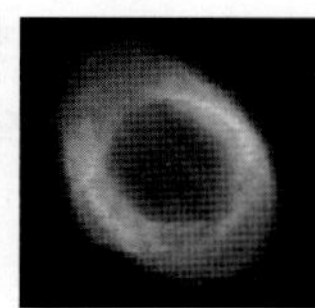

───〈 보기 〉───

ㄱ. 행성 모양의 성운이다.

ㄴ. 질량이 태양 정도인 별이 탄생하는 모습이다.

ㄷ. 철보다 무거운 원소가 생성되어 우주로 방출되었다.

① ㄱ ② ㄴ ③ ㄱ, ㄷ

④ ㄴ, ㄷ ⑤ ㄱ, ㄴ, ㄷ

096 ⓝ

다음은 어느 별의 진화 단계를 나타낸 것이다.

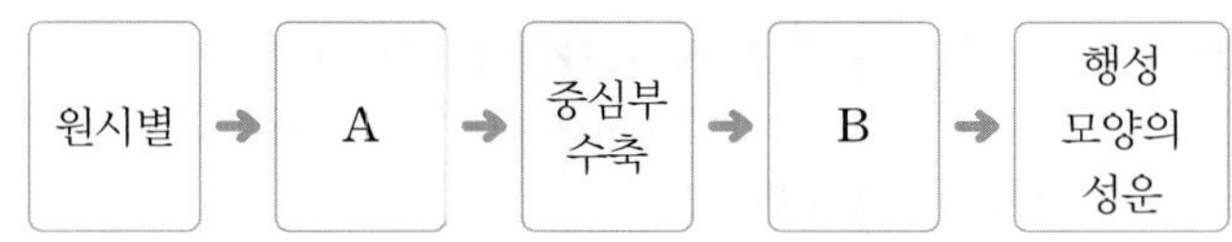

(1) A, B 중 별의 크기가 일정하게 유지되는 별의 진화 단계를 쓰시오.

(2) B 단계에 있는 별의 내부에서 생성되는 원소를 모두 쓰시오.

097 ⓝ

표는 질량이 서로 다른 두 별 (가)와 (나)의 내부에서 핵융합 반응으로 생성된 원소를 나타낸 것이다.

(가)	(나)
헬륨, 탄소, 산소	헬륨, 탄소, 산소, 질소, 네온, 마그네슘, 황, 규소, 철

이에 대한 설명으로 옳은 것만을 〈보기〉에서 있는 대로 고른 것은?

───〈 보기 〉───

ㄱ. 별 (가)의 내부에서는 산소 핵융합 반응까지만 일어났다.

ㄴ. 별 (나)의 진화 과정에서 철보다 무거운 원소가 생성될 수 있다.

ㄷ. 질량은 별 (가)가 (나)보다 작다.

ㄹ. 수명은 별 (가)가 (나)보다 짧다.

① ㄱ, ㄷ ② ㄱ, ㄹ ③ ㄴ, ㄷ

④ ㄱ, ㄴ, ㄹ ⑤ ㄴ, ㄷ, ㄹ

098 중

우주의 진화 과정에서 헬륨보다 무겁고 철보다 가벼운 원소들과 철은 어떤 과정으로 생성되는지 서술하시오.

099 상

그림은 질량이 서로 다른 별 A와 B의 진화 과정 및 별 중심부에서 일어나기 시작하는 핵융합 반응의 종류를 나타낸 것이다.

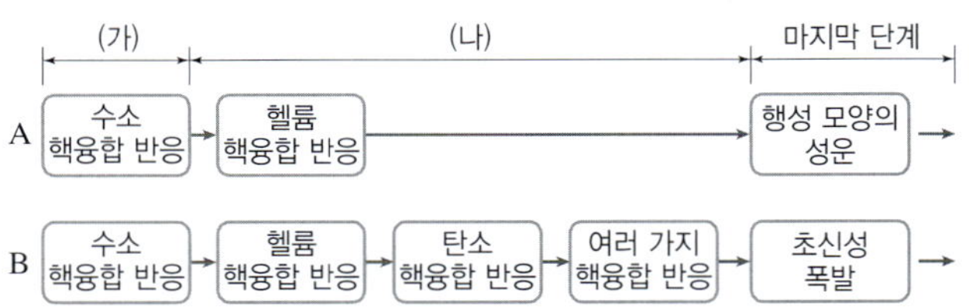

이에 대한 설명으로 옳은 것만을 〈보기〉에서 있는 대로 고른 것은?

> ── 보기 ──
> ㄱ. 별의 질량은 A가 B보다 크다.
> ㄴ. 별의 일생에서 (가) 단계는 (나) 단계보다 짧다.
> ㄷ. B는 (나) 단계에서 철을 생성한다.
> ㄹ. A는 B보다 (가)와 (나) 단계에 머무는 기간이 길다.

① ㄱ, ㄷ   ② ㄱ, ㄹ   ③ ㄴ, ㄷ
④ ㄴ, ㄹ   ⑤ ㄷ, ㄹ

100 상

별의 진화와 원소의 생성에 대한 설명으로 옳은 것은?

① 수소는 별의 내부에서 핵융합 반응으로 생성될 수 있다.
② 별이 탄생하면 별의 중심부에서는 핵융합 반응으로 헬륨이 생성된다.
③ 우주에 존재하는 대부분의 헬륨은 별의 내부에서 일어나는 핵융합 반응으로 생성되었다.
④ 질량이 태양의 10배 이상인 별은 질량이 태양 정도인 별보다 중심부에서의 수소 핵융합 반응이 느리게 끝난다.
⑤ 질량이 태양의 10배 이상인 별의 내부에서는 철 핵융합 반응이 일어날 수 있다.

101 상

그림은 질량이 서로 다른 별 A, B의 진화 과정을 나타낸 것이다.

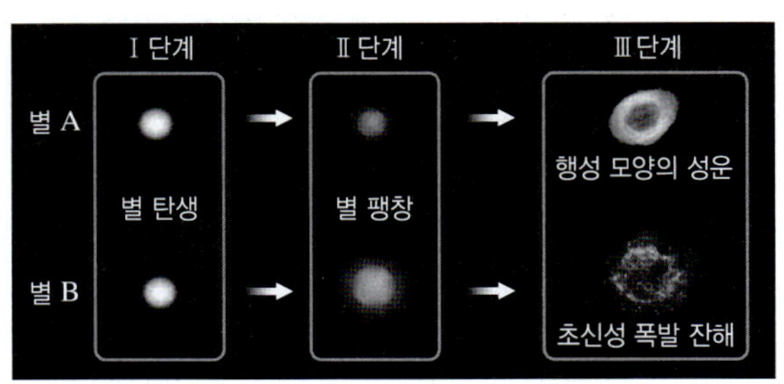

이에 대한 설명으로 옳은 것만을 〈보기〉에서 있는 대로 고른 것은?

> ── 보기 ──
> ㄱ. 별의 질량은 A가 B보다 작다.
> ㄴ. 별의 수소 함량은 Ⅰ 단계보다 Ⅱ 단계에서 적다.
> ㄷ. Ⅰ 단계에서 Ⅲ 단계까지 진화하는 데 걸리는 시간은 별 A가 B보다 짧다.

① ㄱ   ② ㄷ   ③ ㄱ, ㄴ
④ ㄴ, ㄷ   ⑤ ㄱ, ㄴ, ㄷ

별의 내부 구조

102 중

그림은 중심부에서 수소 핵융합 반응이 멈춘 상태의 별의 내부 구조를 나타낸 것이다.

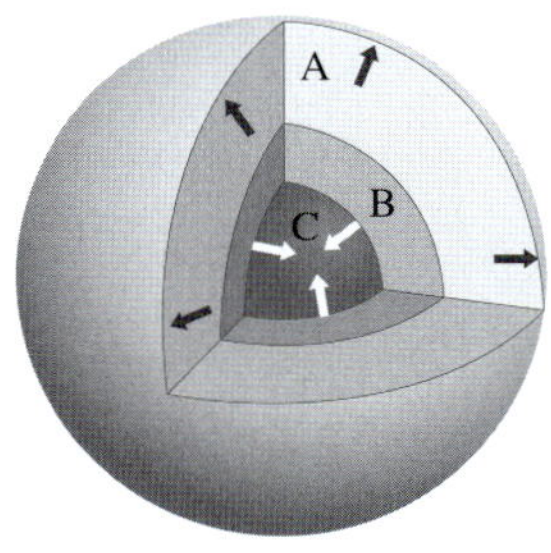

이에 대한 설명으로 옳은 것만을 〈보기〉에서 있는 대로 고른 것은?

> ── 보기 ──
> ㄱ. A의 주요 성분은 수소, C의 주요 성분은 탄소이다.
> ㄴ. B에서는 수소 핵융합 반응이 일어난다.
> ㄷ. C의 온도는 높아진다.

① ㄱ   ② ㄷ   ③ ㄱ, ㄴ
④ ㄴ, ㄷ   ⑤ ㄱ, ㄴ, ㄷ

103 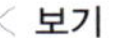 중

그림은 어느 별의 내부에서 일어나는 핵융합 반응의 종류와 내부 구조를 나타낸 것이다.

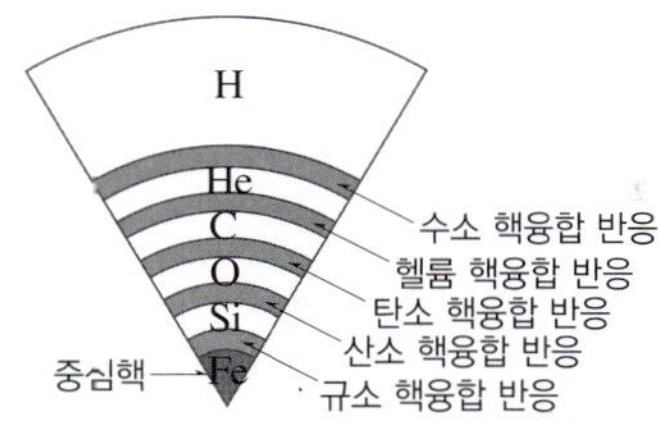

이에 대한 설명으로 옳은 것만을 〈보기〉에서 있는 대로 고른 것은?

〈 보기 〉
ㄱ. 질량이 태양의 10배 이상인 별이다.
ㄴ. 규소 핵융합 탄응은 산소 핵융합 반응보다 높은 온도에서 일어난다.
ㄷ. 별의 중심부로 갈수록 가벼운 원소가 생성된다.
ㄹ. 모든 핵융합 탄응이 멈추면 별의 바깥층은 팽창하여 우주로 퍼져 나가 행성 모양의 성운을 형성한다.

① ㄱ, ㄴ　　　② ㄱ, ㄷ　　　③ ㄷ, ㄹ
④ ㄱ, ㄴ, ㄹ　　　⑤ ㄴ, ㄷ, ㄹ

104 중 | 서술형 |

그림은 핵융합 반응이 중단된 어느 별의 내부 구조를 나타낸 것이다.

(1) A와 B에 해당하는 원소의 이름을 각각 쓰시오.

(2) C에 해당하는 원소의 이름을 쓰고, C가 생성되는 과정을 서술하시오.

105 중

그림 (가)와 (나)는 질량이 서로 다른 두 별이 모든 핵융합 반응이 종료된 직후의 내부 구조를 나타낸 것이다. A와 B는 각각 철과 탄소 중 하나이다.

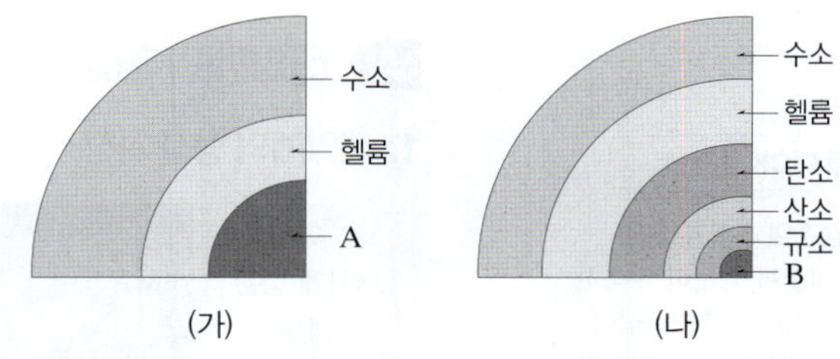

이에 대한 설명으로 옳은 것만을 〈보기〉에서 있는 대로 고른 것은?

〈 보기 〉
ㄱ. A는 철, B는 탄소이다.
ㄴ. 별의 질량은 (가)가 (나)보다 작다.
ㄷ. 별의 중심부 온도는 (가)가 (나)보다 낮다.
ㄹ. 이후 (가)는 초신성 폭발을 일으키고, (나)는 행성 모양의 성운을 형성한다.

① ㄱ, ㄷ　　　② ㄱ, ㄹ　　　③ ㄴ, ㄷ
④ ㄱ, ㄴ, ㄹ　　　⑤ ㄴ, ㄷ, ㄹ

106 상

그림 (가)와 (나)는 어느 별의 일생 중 두 시기의 내부 구조를 순서 없이 나타낸 것이다.

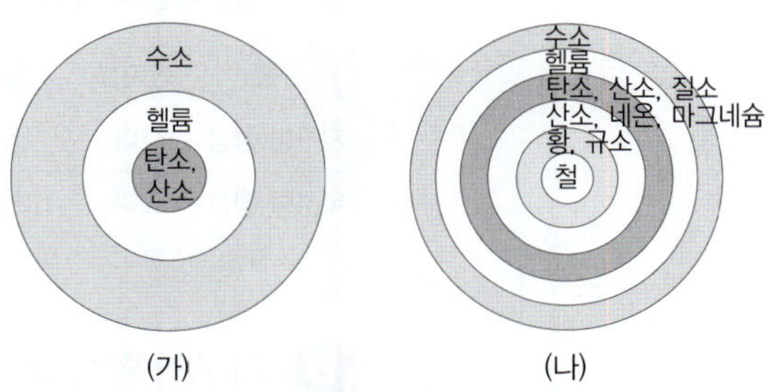

이에 대한 설명으로 옳은 것만을 〈보기〉에서 있는 대로 고른 것은?

〈 보기 〉
ㄱ. 이 별의 질량은 태양보다 작다.
ㄴ. 별의 중심부 온도는 (가) 시기일 때가 (나)보다 낮다.
ㄷ. (가)는 (나)보다 늦은 시기의 별의 내부 구조이다.

① ㄱ　　　② ㄴ　　　③ ㄱ, ㄷ
④ ㄴ, ㄷ　　　⑤ ㄱ, ㄴ, ㄷ

05 태양계와 지구의 형성

A 태양계의 형성

1. 태양계의 형성 과정

태양계 성운 형성	• 초신성 폭발로 거대한 성운의 밀도가 불균일해지고, 밀도가 ❶□□은 부분을 중심으로 수축하여 태양계 성운이 형성되었다. • 태양계 성운이 중력에 의해 수축하면서 회전하였다.
원시 태양과 원시 원반 형성	• 태양계 성운 중심부의 밀도와 온도가 ❷□□아져 중심부에 원시 태양이 형성되었다. • 성운의 회전 속도가 ❸□□지면서 원시 태양 주변부의 물질이 퍼져 나가 원시 원반을 형성하였다. → 원시 태양과 원시 원반의 회전 방향은 같다.
미행성체 형성	원시 원반에서 여러 개의 고리가 생기고, 고리에 있던 여러 물질들이 뭉쳐 수많은 미행성체를 형성하였다.
원시 행성 형성	• 원시 태양은 계속 수축하여 중심부의 온도가 ❹□□아졌고, 중심부에서 ❺□□ 핵융합 반응이 시작되면서 태양이 되었다. • 미행성체들이 충돌하면서 합쳐져 원시 행성을 형성하였고, 원시 행성이 미행성체와 충돌하면서 성장하여 행성이 되었다.

→ 행성은 원시 원반에서 형성되었기 때문에 비슷한 공전 궤도면에서 같은 방향으로 공전한다.

2. 지구형 행성과 목성형 행성

① 지구형 행성과 목성형 행성의 형성 → 원시 태양으로부터의 거리에 따라 원시 원반을 이루는 물질의 종류가 달랐다.

지구형 행성(수성, 금성, 지구, 화성)	목성형 행성(목성, 토성, 천왕성, 해왕성)
태양으로부터 가까워 온도가 높은 곳에서 녹는점이 ❻□□은 무거운 물질들이 남아 행성을 형성 → 가벼운 물질은 증발하고 철, 니켈, 규소 등의 무거운 물질들이 모여 암석 성분의 행성을 형성하였다.	태양으로부터 멀어 온도가 낮은 곳에서 녹는점이 ❼□□은 가벼운 물질들이 행성을 형성 → 물, 메테인, 암모니아 등이 응축되고 수소, 헬륨 등의 가벼운 기체를 끌어들여 기체 성분의 거대한 행성을 형성하였다.

② 지구형 행성과 목성형 행성의 특징 비교 → 지구형 행성은 목성형 행성에 비해 무거운 성분으로 이루어져 있기 때문에 평균 밀도가 크다.

구분	반지름	질량	평균 밀도	위성 수	표면 상태	자전 속도	자전 주기	공전 주기
지구형 행성	작다.	작다.	❽□□다.	없거나 적다.	단단한 암석	느리다.	길다.	짧다.
목성형 행성	크다.	크다.	❾□□다.	많다.	기체	빠르다.	짧다.	길다.

→ 지구형 행성은 고리가 없고, 목성형 행성은 고리가 있다.

B 지구의 형성과 생명체의 탄생

1. 지구의 진화 과정

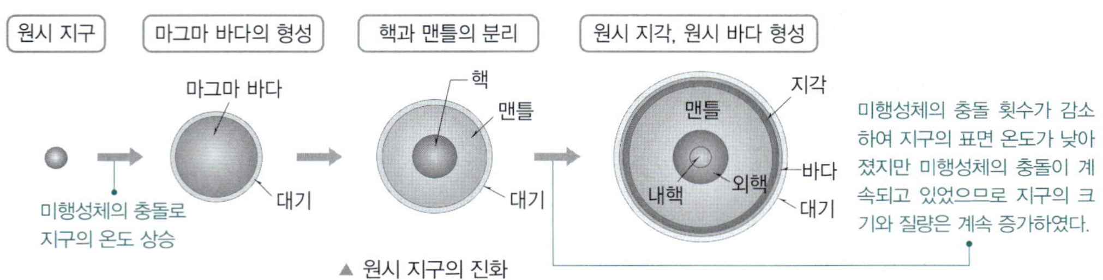

▲ 원시 지구의 진화

미행성체의 충돌 횟수가 감소하여 지구의 표면 온도가 낮아졌지만 미행성체의 충돌이 계속되고 있었으므로 지구의 크기와 질량은 계속 증가하였다.

태양계 성운의 수축과 회전
• 모양: 태양계 성운이 수축하면서 회전할 때 회전 속도는 점점 빨라지고, 중심부는 볼록하며, 주변부는 납작한 원반 모양이 된다.
• 밀도와 압력: 증가한다.
• 온도: 중력 수축에 의해 에너지가 발생하여 중심부의 온도가 높아진다.

지구형 행성이 목성형 행성보다 큰 값
• 생성 당시 온도
• 구성 물질의 녹는점
• 평균 밀도
• 자전 주기

2. 지구의 진화와 생명체 탄생

지구의 진화 과정에 따른 물리량 변화
- 질량: 계속해서 증가
- 표면 온도: 상승하다가 하강
- 지구 중심부의 밀도: 핵과 맨틀의 분리 전 < 핵과 맨틀의 분리 후

미행성체 충돌	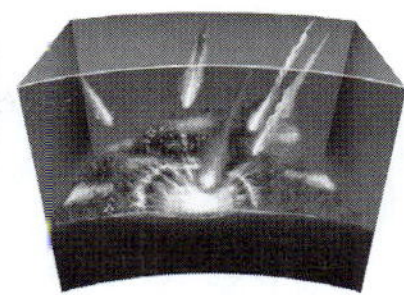	미행성체의 충돌로 원시 지구가 형성되었고, 이후에도 미행성체의 충돌이 계속되어 원시 지구의 크기와 질량이 점점 증가하였다.
❿ 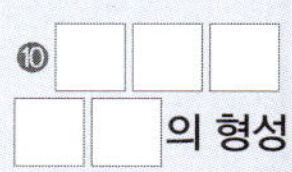 의 형성	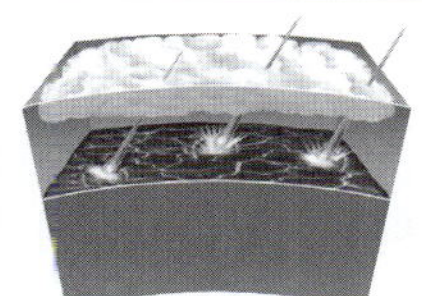	• 미행성체의 충돌로 열이 발생하여 지구의 온도가 높아져 마그마 바다가 형성되었다. • 마그마와 화산 활동에서 방출된 가스와 수증기가 원시 대기를 형성하였다.
핵과 맨틀의 분리	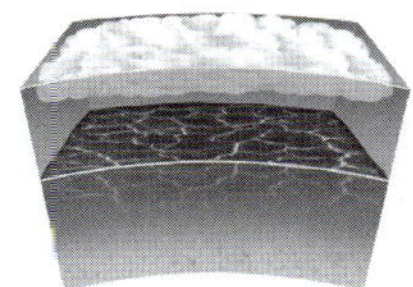	마그마 바다에서 철, 니켈 등 상대적으로 무거운 물질은 지구 중심부로 가라앉아 ⓫ □ 이 되었고, 규산염 물질 등 상대적으로 가벼운 물질은 떠올라 ⓬ □ 이 되었다. └ 주로 산소, 규소로 구성 └ 지구 중심부의 밀도는 증가하였고, 표면 근처의 밀도는 감소하였다.
원시 지각과 원시 바다 형성, 생명체 탄생	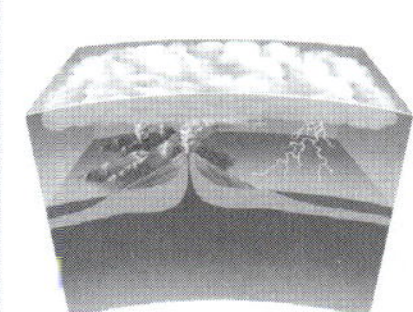	• 미행성체의 충돌이 줄어들면서 지구 표면의 온도가 ⓭ □ 아져 원시 지각이 형성되었다. • 대기 중의 수증기가 응결하여 비로 내렸고, 빗물이 모여 원시 ⓮ □ 를 형성하였다. └ 대기 중에 많았던 이산화 탄소는 원시 바다에 녹아 농도가 감소하였다. • 바다에서 최초의 생명체가 탄생하였다. └ 이후 광합성 생명체의 출현으로 대기 중의 산소 농도가 증가하였다.

C 지구와 생명체를 구성하는 원소(질량비)

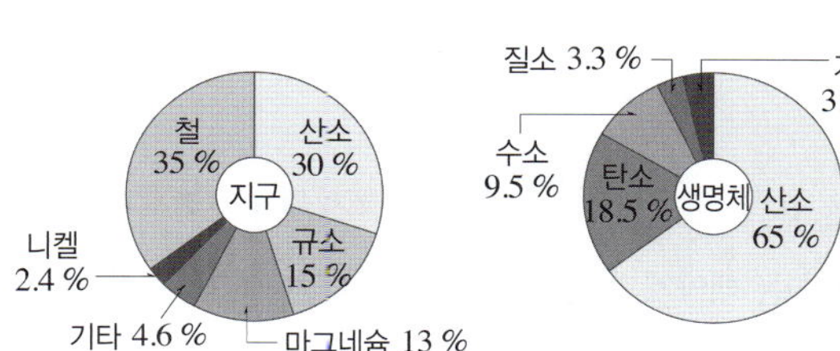

지구와 생명체 구성 원소의 유래	
수소, 헬륨	빅뱅 이후 우주 초기
수소 외 원소	• 헬륨 등 철보다 가벼운 원소, 철 → 별 내부의 핵융합 반응 • 철보다 무거운 원소 → 초신성 폭발

답 ❶ 높 ❷ 높 ❸ 빨라 ❹ 높 ❺ 수소 ❻ 높 ❼ 낮 ❽ 크 ❾ 작 ❿ 마그마 바다 ⓫ 핵 ⓬ 맨틀 ⓭ 낮 ⓮ 바다

정답과 해설 7쪽 ▶▶

107 그림 (가)~(라)는 태양계의 형성 과정을 나타낸 것이다.

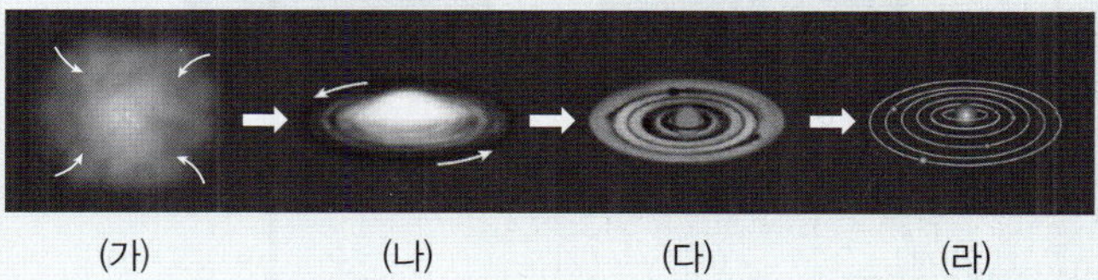

이에 대한 설명으로 옳은 것은 ○, 옳지 않은 것은 ×로 표시하시오.

(1) (가)를 구성하는 원소는 수소와 헬륨뿐이다. (　　)

(2) (나)에서 중심부의 밀도와 온도는 점점 높아진다. (　　)

(3) (나)에서 원반의 회전 속도는 점점 빨라진다. (　　)

(4) (다)의 미행성체는 충돌하여 더 작은 조각으로 분리되었다. (　　)

(5) (라)에서 태양의 자전 방향과 원시 행성의 공전 방향은 같다. (　　)

(6) (라)에서 태양과 가까운 곳일수록 녹는점이 낮고 가벼운 물질로 이루어진 원시 행성이 형성된다. (　　)

108 그림 (가)~(라)는 지구의 형성 과정을 순서 없이 나타낸 것이다.

원시 지각	마그마 바다	핵과 맨틀 분리	원시 바다
(가)	(나)	(다)	(라)

이에 대한 설명으로 옳은 것은 ○, 옳지 않은 것은 ×로 표시하시오.

(1) 지구는 (나) → (다) → (가) → (라) 순으로 형성되었다. (　　)

(2) (가)의 원시 지각을 이루는 주성분은 철과 니켈이다. (　　)

(3) (나)에서 태양의 복사 에너지로 지구의 대부분이 용융되었다. (　　)

(4) (다)에서 밀도 차이에 의한 물질의 이동이 일어났다. (　　)

(5) (라) 시기 이후 바다에서 최초의 생명체가 탄생하였다. (　　)

(6) 원시 지구가 진화하는 동안 지구의 크기는 일정하였다. (　　)

A 태양계의 형성

태양계의 형성 과정

109 하

다음은 태양계의 형성 과정을 순서 없이 나열한 것이다.

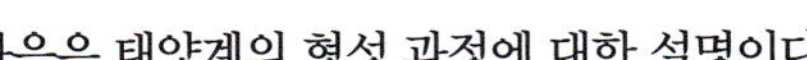

(가) 미행성체 형성
(나) 원시 행성 형성
(다) 태양계 성운 형성
(라) 태양계 성운의 수축과 회전
(마) 원시 태양과 원시 원반 형성

(가)~(마)를 시간 순서대로 옳게 나열하시오.

110 하

다음은 태양계의 형성 과정에 대한 설명이다.

우리은하에 있던 (㉠) 폭발로 만들어진 태양계 성운이 수축하면서 회전하기 시작하였다. 성운이 회전하면서 대부분의 질량이 중심부에 모여 원시 태양을 형성하였고, 원시 태양 주변부의 물질이 퍼져 나가 원시 원반을 형성하였다. 원시 원반을 이루는 물질들이 뭉쳐 고리가 형성되었고, 고리에 있던 물질들이 뭉쳐 (㉡)를 형성하였다. (㉡)가 서로 충돌하고 합쳐지면서 (㉢)을 형성하였고, (㉡) 충돌이 계속되어 행성을 형성하였다. 태양과 가까운 곳에서는 (㉣) 행성이, 먼 곳에서는 (㉤) 행성이 형성되었다.

( ) 안에 들어갈 알맞은 말을 쓰시오.

111 중

그림은 태양계의 형성 과정 중 한 단계를 나타낸 것이다. 이에 대한 설명으로 옳은 것만을 〈보기〉에서 있는 대로 고른 것은?

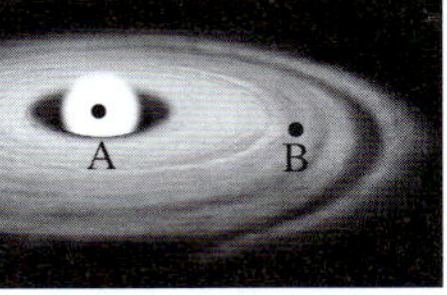

보기
ㄱ. A에는 행성이, B에는 위성이 형성된다.
ㄴ. A와 B의 회전 방향은 같다.
ㄷ. A와 B는 철과 철보다 가벼운 원소로만 구성되어 있다.

① ㄱ   ② ㄴ   ③ ㄱ, ㄷ
④ ㄴ, ㄷ   ⑤ ㄱ, ㄴ, ㄷ

112 중

태양계의 형성 과정에 대한 설명으로 옳은 것은?

① 태양계 성운이 수축 및 회전하면서 동그란 구를 형성하였다.
② 성운이 수축함에 따라 회전 속도가 점차 느려졌다.
③ 미행성체들의 충돌로 원시 태양이 형성되었다.
④ 성운의 중심부에서 원시 태양이 형성되었고, 원시 태양이 성장하여 헬륨 핵융합 반응으로 빛을 방출하는 태양이 되었다.
⑤ 태양에 가까운 행성은 녹는점이 높은 물질로 구성되었다.

★빈출 113 중

이 문제에서 볼 수 있는 보기는 多

그림 (가)~(라)는 태양계의 형성 과정을 순서 없이 나타낸 것이다.

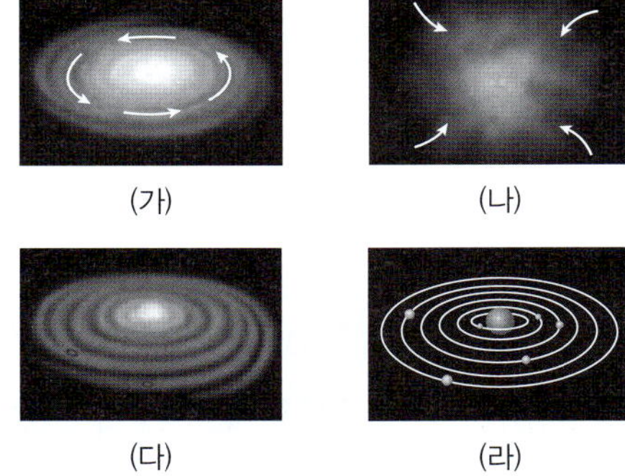

(가)   (나)

(다)   (라)

이에 대한 설명으로 옳은 것만을 모두 고르면?(2개)

① 태양계는 (나) → (다) → (가) → (라) 순으로 형성되었다.
② (가)에서 중심부의 온도와 압력은 점점 낮아진다.
③ (나)의 성운을 구성하는 원소는 수소와 헬륨뿐이다.
④ (나)에서 성운은 밀도가 낮은 부분을 중심으로 수축한다.
⑤ (다)에서 원시 태양과 미행성체의 회전 방향은 같다.
⑥ (라)에서 남은 가스와 먼지는 태양풍에 의해 태양계 바깥으로 보내졌다.
⑦ (라)에서 태양으로부터 멀수록 주로 암석으로 이루어진 행성이 형성되었다.

114 중

그림은 태양계의 형성 과정을 나타낸 것이다.

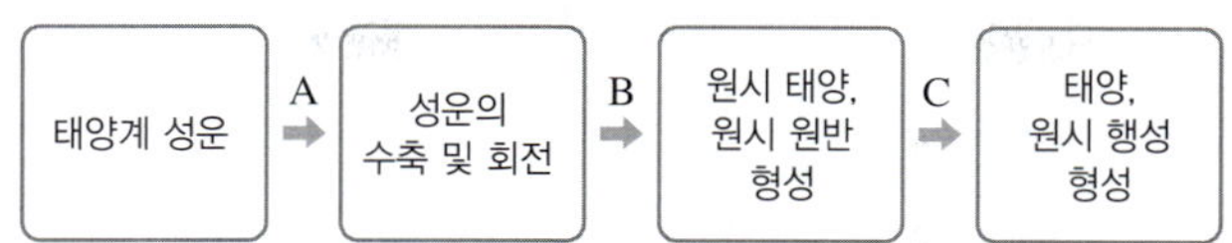

이에 대한 설명으로 옳은 것만을 〈보기〉에서 있는 대로 고른 것은?

───── 보기 ─────

ㄱ. A 과정에서 성운 내 밀도는 균일하였다.

ㄴ. B 과정에서 성운 중심부의 온도는 점차 높아졌다.

ㄷ. C 과정에서 원시 태양과 가까울수록 가벼운 원소가 많이 포함된 미행성체가 만들어진다.

① ㄱ   ② ㄴ   ③ ㄷ
④ ㄱ, ㄷ   ⑤ ㄴ, ㄷ

115 중

그림은 태양계의 형성 과정을 나타낸 것이다.

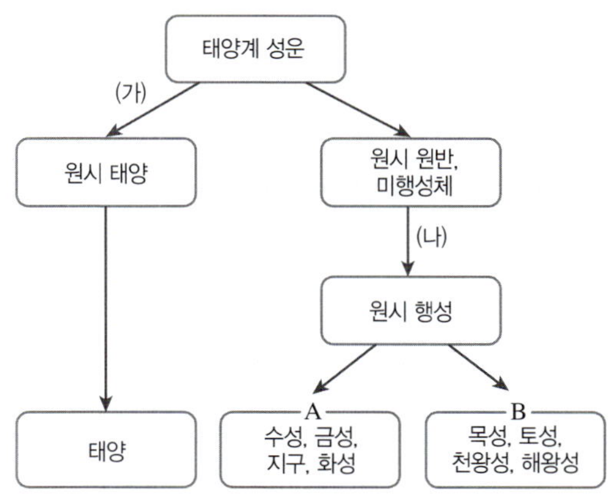

이에 대한 설명으로 옳은 것만을 〈보기〉에서 있는 대로 고른 것은?

───── 보기 ─────

ㄱ. (가) 과정에서 태양계 성운이 수축하면서 중심부의 밀도가 높아진다.

ㄴ. (나) 과정에서 미행성체의 충돌과 병합이 일어났다.

ㄷ. 평균 밀도는 A가 B보다 작다.

ㄹ. 질량은 B가 A보다 작다.

① ㄱ, ㄴ   ② ㄱ, ㄷ   ③ ㄱ, ㄹ
④ ㄴ, ㄹ   ⑤ ㄷ, ㄹ

116 중

그림 (가)~(다)는 태양계의 형성 과정 일부를 순서 없이 나타낸 것이다. A와 B는 지구형 행성, 목성형 행성 중 하나이다.

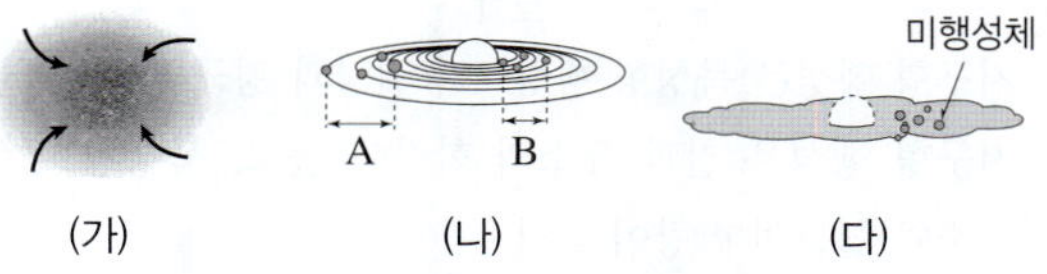

이에 대한 설명으로 옳은 것만을 〈보기〉에서 있는 대로 고른 것은?

───── 보기 ─────

ㄱ. 태양계는 (가) → (다) → (나) 순서로 형성되었다.

ㄴ. (가)의 기체 성분은 주로 수소와 헬륨이다.

ㄷ. 행성의 평균 밀도는 A가 B보다 크다.

① ㄱ   ② ㄷ   ③ ㄱ, ㄴ
④ ㄴ, ㄷ   ⑤ ㄱ, ㄴ, ㄷ

지구형 행성과 목성형 행성

117 하

목성형 행성보다 지구형 행성에서 값이 더 큰 것만을 〈보기〉에서 있는 대로 고르시오.

───── 보기 ─────

ㄱ. 반지름   ㄴ. 질량
ㄷ. 평균 밀도   ㄹ. 위성 수
ㅁ. 자전 주기   ㅂ. 구성 물질의 녹는점

118 중

그림은 태양계의 행성에 대해 학생 A, B, C가 대화하는 모습을 나타낸 것이다.

제시한 내용이 옳은 학생만을 있는 대로 고른 것은?

① A   ② B   ③ A, C
④ B, C   ⑤ A, B, C

지구형 행성과 목성형 행성에 대한 설명으로 옳은 것만을 〈보기〉에서 있는 대로 고른 것은?

─── 보기 ───
ㄱ. 지구형 행성은 목성형 행성보다 질량과 평균 밀도가 크다.
ㄴ. 지구형 행성은 철과 규소의 함량이 높고, 목성형 행성은 수소와 헬륨의 함량이 높다.
ㄷ. 목성형 행성은 지구형 행성보다 녹는점이 높고 무거운 물질로 이루어져 있다.
ㄹ. 지구형 행성과 목성형 행성의 구성 성분 차이는 태양으로부터의 거리 차이에 의해 발생하였다.

① ㄱ, ㄴ　　② ㄱ, ㄷ　　③ ㄴ, ㄷ
④ ㄴ, ㄹ　　⑤ ㄷ, ㄹ

| 서술형 |

표는 지구형 행성과 목성형 행성의 물리량 및 구성 성분을 나타낸 것이다.

구분	지구형 행성	목성형 행성
질량	작다.	크다.
반지름	작다.	크다.
평균 밀도	크다.	작다.
구성 성분	철, 니켈, 규소 등	수소, 헬륨, 메테인, 암모니아 등

(1) 지구형 행성과 목성형 행성의 구성 성분이 다른 까닭을 서술하시오.

(2) 지구형 행성에 비해 목성형 행성의 질량과 반지름이 큰 까닭을 서술하시오.

그림은 태양으로부터의 거리와 물리적 특성에 따라 원시 행성의 궤도를 A, B로 구분하여 나타낸 것이다.

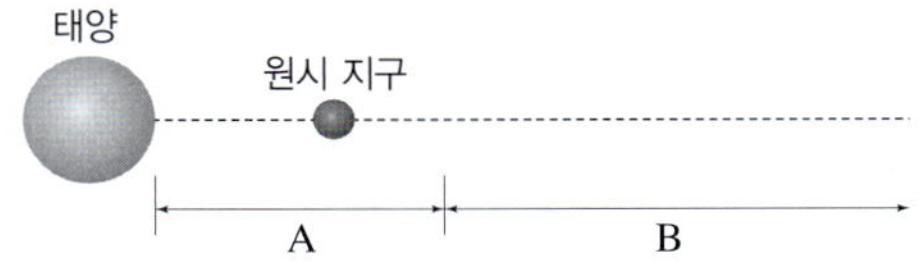

이에 대한 설명으로 옳은 것만을 〈보기〉에서 있는 대로 고른 것은?

─── 보기 ───
ㄱ. 원시 화성의 궤도는 B에 위치한다.
ㄴ. 원시 행성을 구성하는 물질의 녹는점은 A보다 B에서 낮다.
ㄷ. 원시 행성을 구성하는 물질의 평균 밀도는 A보다 B에서 크다.

① ㄱ　　② ㄴ　　③ ㄱ, ㄷ
④ ㄴ, ㄷ　　⑤ ㄱ, ㄴ, ㄷ

그림은 태양이 형성된 시기에 태양으로부터의 거리에 따른 온도 분포와 행성을 구성하는 물질의 응집 온도를 나타낸 것이다.

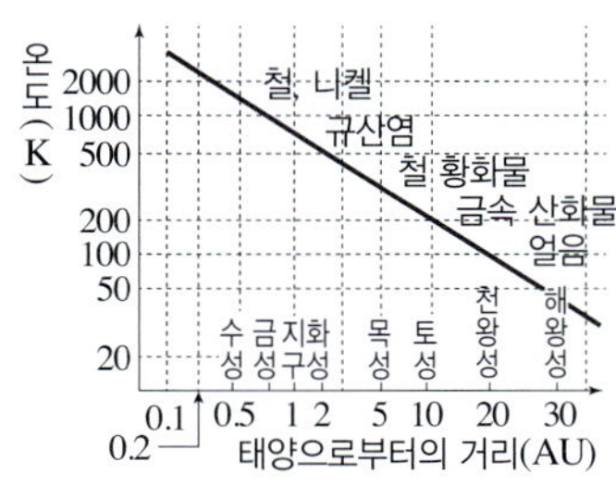

이에 대한 설명으로 옳은 것만을 〈보기〉에서 있는 대로 고른 것은?

─── 보기 ───
ㄱ. 태양과의 거리가 멀수록 가벼운 물질들이 응집된다.
ㄴ. 형성 당시 온도는 지구형 행성이 목성형 행성보다 높다.
ㄷ. 지구형 행성은 주로 금속과 암석 성분으로 이루어져 있다.

① ㄱ　　② ㄷ　　③ ㄱ, ㄴ
④ ㄴ, ㄷ　　⑤ ㄱ, ㄴ, ㄷ

123 상

그림은 태양계의 행성을 물리량 X와 Y에 따라 (가), (나) 두 집단으로 분류한 것이다.

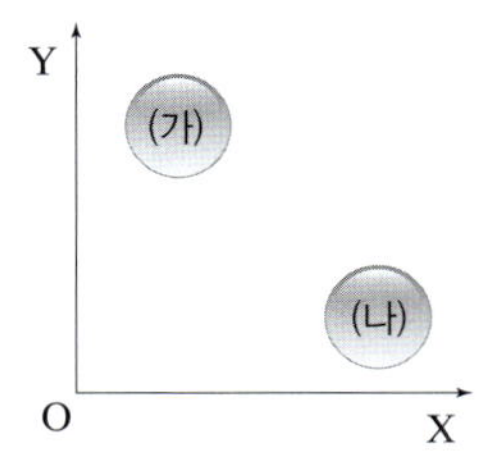

이에 대한 설명으로 옳은 것만을 〈보기〉에서 있는 대로 고른 것은?

〈 보기 〉
ㄱ. (가)가 지구형 행성일 때 태양으로부터의 거리는 X로 적합하다.
ㄴ. Y가 평균 밀도일 때 (나)에는 목성이 포함된다.
ㄷ. X가 질량일 때 반지름은 Y로 적합하다.

① ㄱ   ② ㄷ   ③ ㄱ, ㄴ
④ ㄴ, ㄷ   ⑤ ㄱ, ㄴ, ㄷ

124 상

그림 (가)는 태양계의 행성을 평균 밀도와 질량에 따라 A, B 두 집단으로 분류한 것을, (나)는 태양계의 어느 행성을 나타낸 것이다.

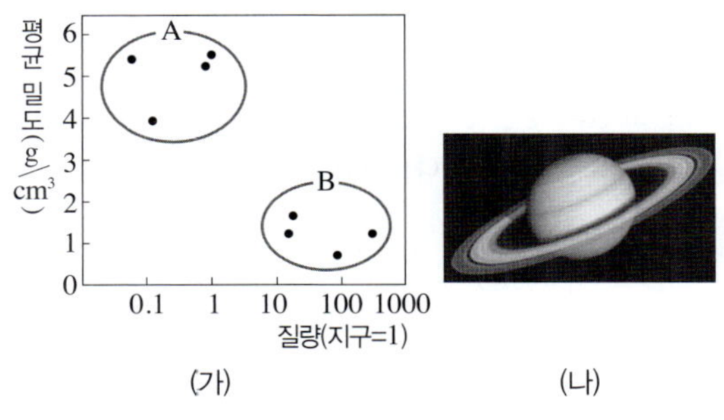

이에 대한 설명으로 옳은 것만을 〈보기〉에서 있는 대로 고른 것은?

〈 보기 〉
ㄱ. 자전 속도는 A가 B보다 느리다.
ㄴ. 반지름은 A가 B보다 크다.
ㄷ. (나)는 B에 속하는 행성이다.

① ㄱ   ② ㄴ   ③ ㄱ, ㄷ
④ ㄴ, ㄷ   ⑤ ㄱ, ㄴ, ㄷ

125 상

표는 태양계의 행성 중 지구와 행성 A~C의 반지름과 평균 밀도를 나타낸 것이다.

구분	지구	A	B	C
반지름 (지구=1)	1	9.4	0.53	11.2
평균 밀도 (g/cm³)	5.52	0.69	3.94	1.34

이에 대한 설명으로 옳은 것만을 〈보기〉에서 있는 대로 고른 것은?

〈 보기 〉
ㄱ. A는 지구형 행성에 속한다.
ㄴ. B의 표면은 주로 암석으로 이루어져 있다.
ㄷ. 태양으로부터의 거리는 C가 B보다 멀다.

① ㄱ   ② ㄷ   ③ ㄱ, ㄴ
④ ㄴ, ㄷ   ⑤ ㄱ, ㄴ, ㄷ

B 지구의 형성과 생명체의 탄생

126 하

다음은 지구의 형성 과정을 순서 없이 나타낸 것이다.

(가) 미행성체 충돌	(나) 원시 바다 형성
(다) 원시 지각 형성	(라) 핵과 맨틀의 분리
(마) 마그마의 바다 형성	(바) 최초의 생명체 출현

먼저 일어난 것부터 순서대로 옳게 나열한 것은?

① (가) → (나) → (다) → (라) → (마) → (바)
② (가) → (마) → (다) → (라) → (나) → (바)
③ (가) → (마) → (라) → (다) → (나) → (바)
④ (다) → (가) → (마) → (라) → (나) → (바)
⑤ (다) → (나) → (라) → (가) → (마) → (바)

127 중

그림은 지구의 형성 과정을 나타낸 것이다.

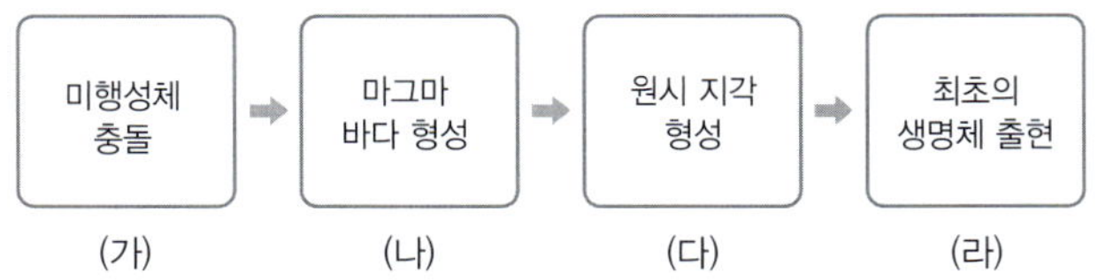

이에 대한 설명으로 옳지 <u>않은</u> 것만을 모두 고르면?(2개)

① (가) 시기에 원시 지구의 크기가 증가하였다.
② (나) 시기에 지구의 대부분이 용융되었다.
③ (가)와 (나) 시기 사이에 핵과 맨틀이 분리되었다.
④ (나)와 (다) 시기 사이에 밀도가 큰 물질이 가라앉아 핵을 형성하였다.
⑤ 지구의 표면 온도는 (나) 시기가 (다) 시기보다 높다.
⑥ (다) 시기 이후에 내린 빗물이 모여 원시 바다가 형성되었다.
⑦ (다)와 (라) 시기 사이에 대기 중에 오존층이 형성되었다.

128 중

그림은 지구의 형성 과정을 나타낸 것이다.

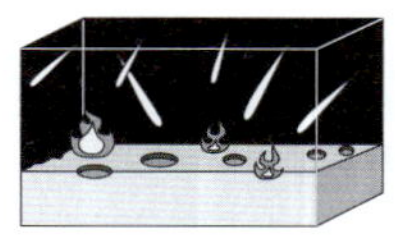

(가) 미행성체 충돌　　　(나) 마그마 바다 형성

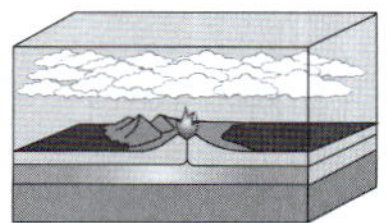
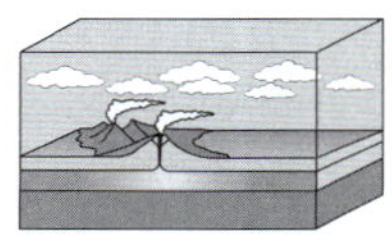

(다) 핵과 맨틀의 분리　　　(라) 원시 지각과 바다 형성

이에 대한 설명으로 옳은 것만을 〈보기〉에서 있는 대로 고른 것은?

보기
ㄱ. (가)의 미행성체에는 철과 규소가 포함되어 있다.
ㄴ. (가) → (나) 과정에서 지구의 표면 온도가 점차 낮아졌다.
ㄷ. (다) 시기에 지구 중심부의 평균 밀도가 이전보다 높아졌다.
ㄹ. (라) 시기에 육지에서 최초의 생명체가 출현하였다.

① ㄱ, ㄴ　　　② ㄱ, ㄷ　　　③ ㄴ, ㄷ
④ ㄴ, ㄹ　　　⑤ ㄷ, ㄹ

129 중

그림 (가)~(라)는 지구의 형성 과정을 나타낸 것이다.

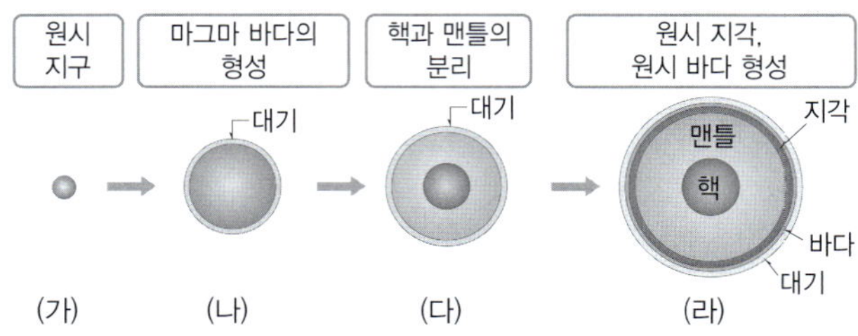

이에 대한 설명으로 옳은 것만을 〈보기〉에서 있는 대로 고른 것은?

보기
ㄱ. (가) → (라) 과정에서 지구의 표면 온도는 계속 상승하였다.
ㄴ. (나) → (다) 과정에서 지구의 질량은 증가하였다.
ㄷ. (라)에서 원시 바다가 형성된 후에 원시 지각이 형성되었다.

① ㄱ　　　② ㄴ　　　③ ㄱ, ㄷ
④ ㄴ, ㄷ　　　⑤ ㄱ, ㄴ, ㄷ

130 중

그림 (가)~(다)는 지구가 진화하는 과정의 일부를 순서 없이 나타낸 것이다.

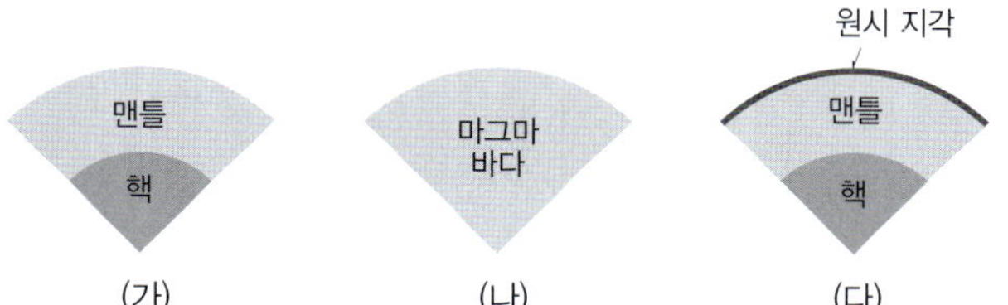

이에 대한 설명으로 옳은 것만을 〈보기〉에서 있는 대로 고른 것은?

보기
ㄱ. (가)는 구성 물질의 밀도 차이에 의해 일어났다.
ㄴ. 지구 표면의 평균 온도는 (나)보다 (다)에서 높다.
ㄷ. 진화 순서는 (가) → (나) → (다)이다.

① ㄱ　　　② ㄴ　　　③ ㄷ
④ ㄱ, ㄴ　　　⑤ ㄴ, ㄷ

131 중

| 서술형 |

지구에서 핵과 맨틀, 원시 지각이 형성될 수 있었던 까닭을 서술하시오.

132 <상>

그림 (가)는 지구 표면과 지구 전체를 구성하는 원소의 질량비를, (나)는 지구의 형성 과정을 나타낸 것이다. Ⅰ~Ⅲ은 각각 철, 산소, 규소 중 하나이다.

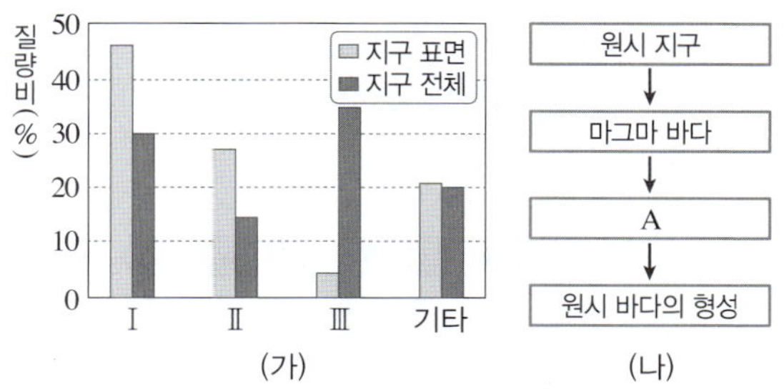

이에 대한 설명으로 옳은 것만을 〈보기〉에서 있는 대로 고른 것은?

— 보기 —
ㄱ. Ⅰ과 Ⅱ는 지각과 맨틀의 주성분이다.
ㄴ. 지구 중심부에서 원소의 질량비는 Ⅲ이 가장 크다.
ㄷ. 지구 표면과 지구 전체 원소의 질량비 차이는 A 시기에 나타났다.

① ㄱ ② ㄷ ③ ㄱ, ㄴ
④ ㄴ, ㄷ ⑤ ㄱ, ㄴ, ㄷ

C 지구와 생명체를 구성하는 원소(질량비)

133 <중>

그림 (가)와 (나)는 사람과 지구를 구성하는 원소의 질량비를 각각 나타낸 것이다.

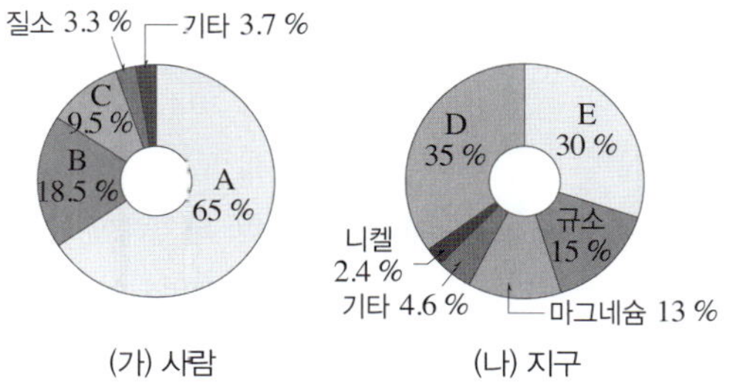

이에 대한 설명으로 옳은 것만을 〈보기〉에서 있는 대로 고른 것은?

— 보기 —
ㄱ. A와 E는 동일한 원소이다.
ㄴ. B와 C는 별의 내부에서 생성될 수 있다.
ㄷ. D는 초신성 폭발 과정에서만 생성될 수 있다.

① ㄱ ② ㄴ ③ ㄱ, ㄷ
④ ㄴ, ㄷ ⑤ ㄱ, ㄴ, ㄷ

---

134 <중>

지구에서 우주 생성 초기에 만들어진 수소와 헬륨 외에 탄소, 철, 납, 구리, 금, 우라늄 등 무거운 원소들이 존재하는 까닭을 서술하시오.

☆빈출
135 <중>

이 문제에서 볼 수 있는 보기는 多

그림 (가)~(다)는 우주, 지구, 사람을 구성하는 원소의 질량비를 각각 나타낸 것이다.

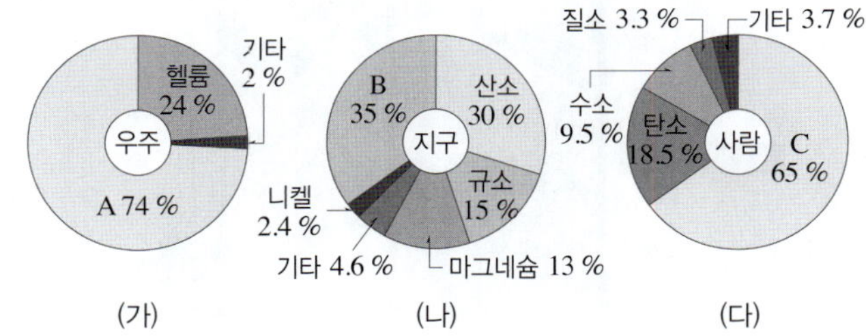

이에 대한 설명으로 옳지 <u>않은</u> 것만을 모두 고르면?(2개)

① A는 빅뱅에 의해 우주 초기에 생성되었다.
② A는 핵융합 반응을 통해 헬륨을 생성할 수 있다.
③ B는 별의 내부에서 생성될 수 있다.
④ B와 C는 지구의 핵을 구성하는 주요 성분이다.
⑤ 지구는 우주보다 무거운 원소의 비율이 높다.
⑥ 지구와 사람을 구성하는 주요 원소는 빅뱅 이후 우주 초기에 생성되었다.

---

136 <상>

그림 (가), (나)는 우주와 지구를 구성하는 주요 원소의 질량비를 순서 없이 나타낸 것이다.

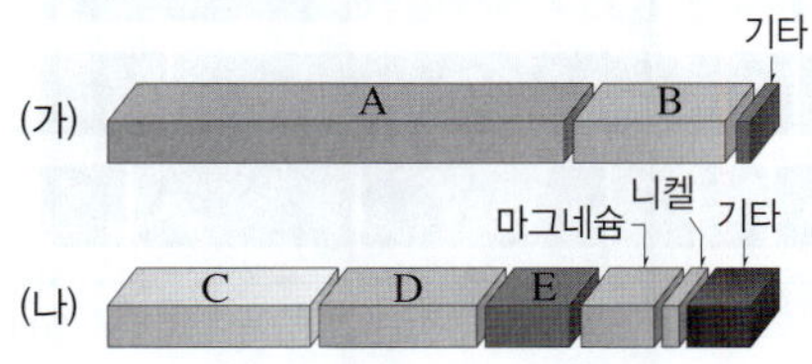

이에 대한 설명으로 옳은 것만을 〈보기〉에서 있는 대로 고른 것은?

— 보기 —
ㄱ. (가)는 우주, (나)는 지구이다.
ㄴ. 구성 원소의 평균 질량은 (가)가 (나)보다 작다.
ㄷ. C는 맨틀의 주요 구성 원소이다.
ㄹ. D와 E는 태양의 내부에서 생성될 수 있다.

① ㄱ, ㄴ ② ㄱ, ㄹ ③ ㄴ, ㄷ
④ ㄴ, ㄹ ⑤ ㄷ, ㄹ

137

그림은 고온의 광원에서 방출된 빛을 프리즘에 통과시켜 관찰하는 과정을 나타낸 것이다. B는 흡수 스펙트럼과 방출 스펙트럼 중 하나이다.

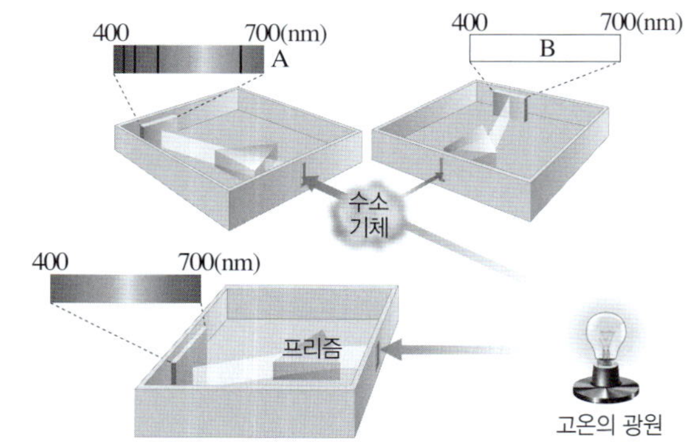

이에 대한 설명으로 옳은 것만을 〈보기〉에서 있는 대로 고른 것은?

> **보기**
> ㄱ. 별의 스펙트럼은 A와 같은 형태로 관찰된다.
> ㄴ. B는 흡수 스펙트럼이다.
> ㄷ. A와 B에서 관찰되는 스펙트럼에서 나타나는 선의 위치는 같다.

① ㄱ　　　　② ㄴ　　　　③ ㄱ, ㄷ
④ ㄴ, ㄷ　　　⑤ ㄱ, ㄴ, ㄷ

138

그림은 태양의 스펙트럼과, 원소 (가)와 (나)가 각각 들어 있는 기체 방전관에서 관찰한 스펙트럼을 나타낸 것이다.

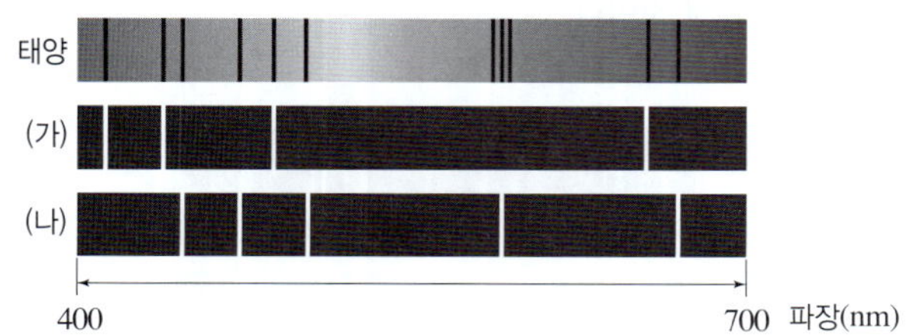

이에 대한 설명으로 옳은 것만을 〈보기〉에서 있는 대로 고른 것은?

> **보기**
> ㄱ. 기체 방전관에서는 방출 스펙트럼이 관측된다.
> ㄴ. 태양의 대기는 (가)와 (나)로만 구성되어 있다.
> ㄷ. 천체의 스펙트럼을 분석하면 우주를 구성하는 원소의 종류와 질량비를 알 수 있다.

① ㄱ　　　　② ㄴ　　　　③ ㄱ, ㄷ
④ ㄴ, ㄷ　　　⑤ ㄱ, ㄴ, ㄷ

139

그림은 초기 우주에서 양성자와 중성자의 결합으로 헬륨 원자핵이 만들어지는 과정을 나타낸 것이다. A와 B는 각각 양성자와 중성자 중 하나이다.

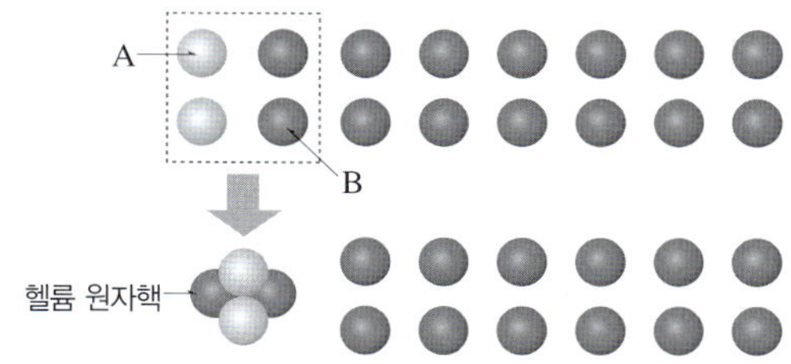

이에 대한 설명으로 옳은 것만을 〈보기〉에서 있는 대로 고른 것은?

> **보기**
> ㄱ. A는 전기적으로 중성이다.
> ㄴ. B는 그 자체로 수소 원자핵이다.
> ㄷ. 헬륨 원자핵이 생성된 이후 우주에서 수소 원자핵과 헬륨 원자핵의 질량비는 약 12 : 1이 되었다.

① ㄱ　　　　② ㄷ　　　　③ ㄱ, ㄴ
④ ㄴ, ㄷ　　　⑤ ㄱ, ㄴ, ㄷ

140

다음은 우주의 역사를 알아보는 보드 게임을 나타낸 것이다.

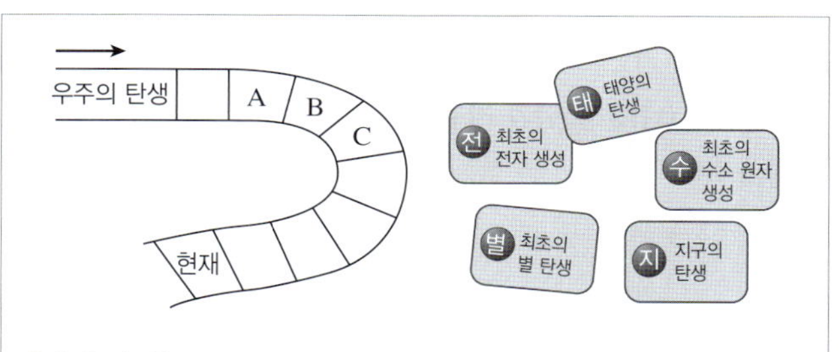

[게임 방법]
• A~C에 주어진 카드를 각각 한 장씩만 배열해야 한다.
• A~C에 들어갈 카드는 시간 순서대로 배열되어야 한다.
　(단, 세 카드의 배열은 연속해서 이어지지 않아도 된다.)

A~C에 넣을 수 있는 카드의 조합이 될 수 <u>없는</u> 것은?

	A	B	C
①	별	수	지
②	수	별	태
③	수	태	지
④	전	수	별
⑤	전	별	지

141

그림 (가)는 천체가 중력에 의해 수축하는 모습을, (나)는 핵융합 반응으로 에너지가 생성되는 과정을 나타낸 것이다.

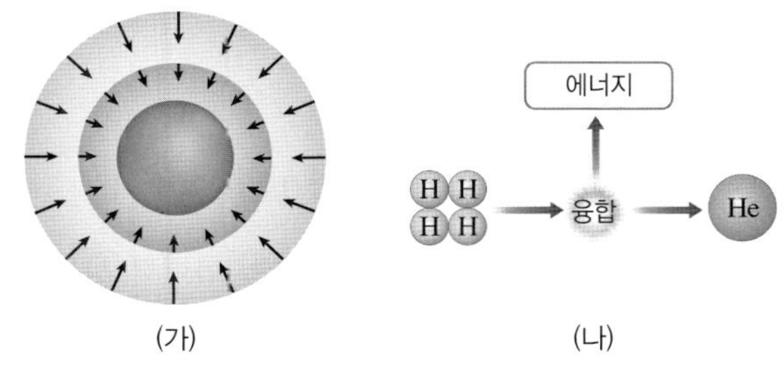

이에 대한 설명으로 옳지 <u>않은</u> 것은?

① 원시별은 주로 (가)에 의해 에너지를 얻는다.
② (가)에서 천체 중심부의 온도가 상승한다.
③ 별의 중심부에서는 (가)와 같은 방법으로 에너지를 생성하지 않는다.
④ 현재 태양은 주로 (나) 과정으로 에너지를 생성한다.
⑤ 별의 질량이 클수록 (나)와 같은 방식으로 에너지를 생성하는 기간이 짧아진다.

142

그림 (가)와 (나)는 모든 핵융합 반응이 끝난 직후 질량이 서로 다른 두 별의 내부 구조를 나타낸 것이다.

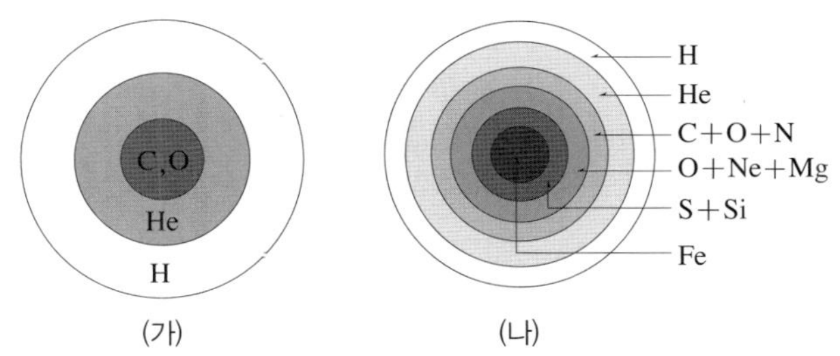

이에 대한 설명으로 옳은 것만을 〈보기〉에서 있는 대로 고른 것은?

| 보기 |
ㄱ. 별의 질량은 (가)가 (나)보다 크다.
ㄴ. 별의 중심부 온도는 (가)가 (나)보다 높다.
ㄷ. 별의 나이는 (가)가 (나)보다 많다.

① ㄱ   ② ㄷ   ③ ㄱ, ㄴ
④ ㄴ, ㄷ   ⑤ ㄱ, ㄴ, ㄷ

143

그림은 태양계의 형성 과정을 나타낸 것이다.

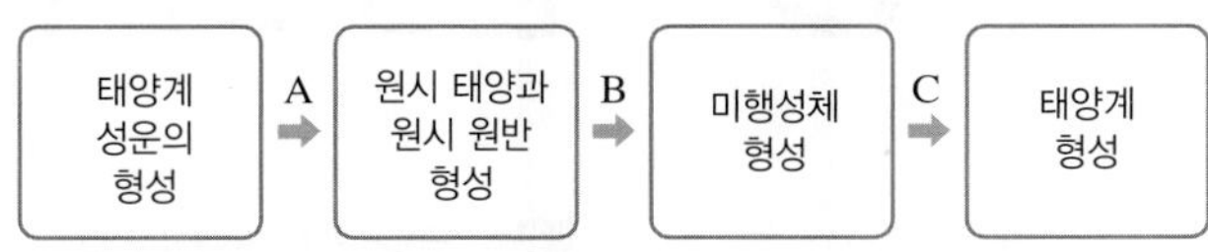

이에 대한 설명으로 옳은 것만을 〈보기〉에서 있는 대로 고른 것은?

| 보기 |
ㄱ. A에서는 태양계 성운이 수축한다.
ㄴ. B에서 원시 원반의 밀도는 균일해진다.
ㄷ. C에서 원시 행성의 크기는 점점 커진다.

① ㄱ   ② ㄴ   ③ ㄱ, ㄷ
④ ㄴ, ㄷ   ⑤ ㄱ, ㄴ, ㄷ

144

그림 (가)는 원소의 생성 과정을 모두 마친 어느 별의 내부 구조를, (나)는 지구를 구성하는 원소의 질량비를 나타낸 것이다. A, B, C는 각각 철, 산소, 규소 중 하나이다.

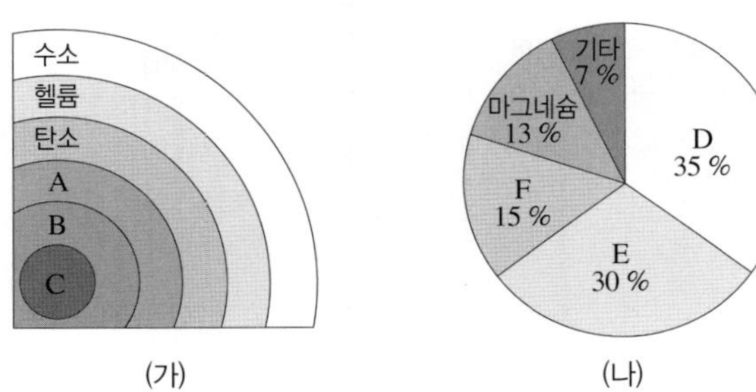

이에 대한 설명으로 옳은 것만을 〈보기〉에서 있는 대로 고른 것은?

| 보기 |
ㄱ. A는 B보다 가벼운 원소이다.
ㄴ. C와 D는 같은 원소이다.
ㄷ. E와 F는 지각과 맨틀을 이루는 주요 구성 원소이다.

① ㄱ   ② ㄷ   ③ ㄱ, ㄴ
④ ㄴ, ㄷ   ⑤ ㄱ, ㄴ, ㄷ

06 원소의 주기성

A 원소와 주기율표

1 원소 물질을 이루고 있는 기본 성분으로, 지금까지 알려진 원소는 약 110종류이다.

2 주기율표 원소들은 ❶ ☐☐☐(양성자수) 순서로 나열되어 있으며, 화학적 성질이 비슷한 원소들이 같은 ❷ ☐☐줄에 오도록 배열되어 있다.

① 주기: 주기율표의 ❸ ☐☐줄, 1주기에서 7주기까지 있다.

② 족: 주기율표의 ❹ ☐☐줄, 1족에서 18족까지 있다. → 같은 족 원소들은 화학적 성질이 비슷하다.

▲ 현대의 주기율표

3 원소의 분류 원소는 성질에 따라 크게 금속 원소와 비금속 원소로 분류한다.

구분	❺ ☐☐ 원소	❻ ☐☐☐ 원소
주기율표에서의 위치	주로 왼쪽과 가운데	주로 오른쪽
실온에서의 상태	고체 (단, 수은은 액체)	기체나 고체 (단, 브로민은 액체)
특징	• 대부분 광택이 있다. • 열을 잘 전달하고 전기가 잘 통한다. • 힘을 가하면 부서지지 않고 모양이 변한다.	• 광택이 없다. • 열을 잘 전달하지 않고 전기가 잘 통하지 않는다. (단, 흑연은 예외) 흑연은 비금속 원소인 탄소로 이루어져 있지만, 자유롭게 움직일 수 있는 전자가 있어 전기 전도성이 있다.

B 알칼리 금속과 할로젠

1 알칼리 금속 주기율표의 ❼ ☐족에서 수소(H)를 제외한 금속 원소

예 리튬(Li), 나트륨(Na), 칼륨(K) 등

① 실온에서 고체 상태이며, 은백색 광택을 띤다.

② 다른 금속에 비해 밀도가 ❽ ☐☐, 칼로 쉽게 잘릴 정도로 무르다.

기출 PICK A-2

주기율표
현대 주기율표는 원소들을 원자 번호(양성자수) 순서로 배열하여 만들었다.

기출 PICK A-3

원소의 분류와 이온의 형성
• 금속 원소는 전자를 잃고 양이온이 되기 쉽다.
• 비금속 원소는 전자를 얻어 음이온이 되기 쉽다.

기출 PICK B-1

1족 원소와 알칼리 금속
수소는 1족에 속하는 원소이지만 비금속 원소이므로 알칼리 금속과 화학적 성질이 다르다.

③ 반응성이 커서 산소, 물과 빠르게 반응한다.

- 공기 중에 두면 산소와 반응하여 광택을 잃는다. → $4M + O_2 \longrightarrow 2M_2O$(M: Li, Na, K 등)
- 물과 격렬하게 반응하여 수소 기체가 발생하고, 수용액은 염기성을 띤다.
  $2M + 2H_2O \longrightarrow 2MOH + H_2$(M: Li, Na, K 등)
- 공기나 물과 접촉하지 않도록 석유나 액체 파라핀에 넣어 보관한다.

┤ 알칼리 금속의 성질 ├

(가) 리튬, 나트륨, 칼륨을 칼로 자르면서 단단한 정도와 단면의 색 변화를 관찰한다.
- 칼로 쉽게 잘라진다. ➡ 알칼리 금속은 무른 금속이다.
- 잘린 단면의 광택이 사라진다. ➡ 알칼리 금속이 공기 중의 ❾ [   ]와 반응하기 때문이다.

(나) 페놀프탈레인 용액을 떨어뜨린 물에 리튬, 나트륨, 칼륨을 쌀알 크기로 잘라 넣고 변화를 관찰한다.
- 물과 반응하여 기체가 발생하고, 수용액이 붉은색으로 변한다. ➡ 알칼리 금속은 물과 반응하여 수소 기체가 발생하고, 수용액은 ❿ [   ]을 띠기 때문이다. → 광택이 사라지는 속도와 물과의 반응 정도는 리튬＜나트륨＜칼륨 순이다. 이를 통해 알칼리 금속의 반응성은 리튬＜나트륨＜칼륨 순임을 알 수 있다.

🖊기출 PICK B -1

페놀프탈레인 용액
용액의 액성을 구별하는 데 사용하는 지시약으로, 산성과 중성에서 무색이고 염기성에서 붉은색을 띤다.

🖊기출 PICK B -1, 2

원자가 전자
같은 족 원소는 원자가 전자 수가 같다. 알칼리 금속의 원자가 전자 수는 1이고, 할로젠의 원자가 전자 수는 7이다.

2 할로젠 주기율표의 ⓫ [   ]족에 속하는 비금속 원소

예 플루오린(F), 염소(Cl), 브로민(Br), 아이오딘(I) 등

① 실온에서 원자 2개가 결합한 분자(이원자 분자)로 존재한다. ➡ F_2, Cl_2, Br_2, I_2
  └ 실온에서의 상태: F_2, Cl_2 기체, Br_2 액체, I_2 고체
② 특유의 색을 띤다. ➡ F_2 옅은 노란색, Cl_2 노란색, Br_2 적갈색, I_2 보라색
③ 반응성이 커서 알칼리 금속, 수소 등 다른 원소와 잘 반응한다.
- 나트륨과 격렬하게 반응하면서 열과 빛을 낸다. → $2Na + X_2 \longrightarrow 2NaX$(X: F, Cl, Br, I 등)
- 수소와 반응하여 수소 화합물(HF, HCl, HBr 등)을 생성하고, 이 화합물은 물에 녹아 ⓬ [   ]을 띤다. → $X_2 + H_2 \longrightarrow 2HX$(X: F, Cl, Br, I 등)

답 ❶ 원자 번호 ❷ 세로 ❸ 가로 ❹ 세로 ❺ 금속 ❻ 비금속 ❼ 1 ❽ 작고 ❾ 산소 ❿ 염기성 ⓫ 17 ⓬ 산성

📋 빈출 자료 보기

정답과 해설 11쪽 ▶▶

145 그림은 주기율표의 일부를 나타낸 것이다.

주기＼족	1	2	13	14	15	16	17	18
1	A							
2	B				C		D	
3							E	

이에 대한 설명으로 옳은 것은 ○, 옳지 **않은** 것은 ×로 표시하시오. (단, A~E는 임의의 원소 기호이다.)

(1) A와 B는 금속 원소이다. (   )
(2) C, D, E는 비금속 원소이다. (   )
(3) B, C, D는 같은 족 원소이다. (   )
(4) D와 E는 화학적 성질이 비슷하다. (   )
(5) D와 E는 원자가 전자 수가 같다. (   )
(6) B는 알칼리 금속이고, D와 E는 할로젠이다. (   )
(7) D와 E는 실온에서 이원자 분자로 존재한다. (   )

146 그림은 알칼리 금속의 성질을 알아보는 실험을 나타낸 것이다.

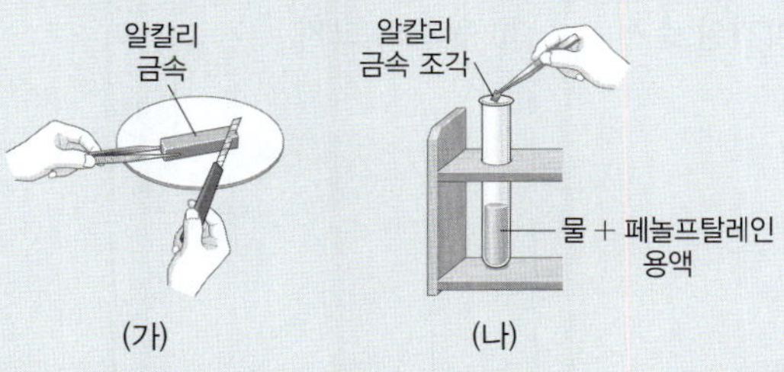

이에 대한 설명으로 옳은 것은 ○, 옳지 **않은** 것은 ×로 표시하시오.

(1) 알칼리 금속은 칼로 쉽게 잘릴 정도로 무르다. (   )
(2) (가)에서 칼로 자른 리튬, 나트륨, 칼륨의 단면은 모두 공기 중의 산소와 반응한다. (   )
(3) (나)에서 리튬, 나트륨, 칼륨 조각을 각각 넣었을 때 수용액은 모두 붉은색으로 변한다. (   )
(4) (나)에서 발생하는 기체는 산소 기체이다. (   )
(5) (나)에서 반응 후 수용액은 산성을 나타낸다. (   )
(6) 리튬, 나트륨, 칼륨은 화학적 성질이 비슷하다. (   )

난이도별 **필수 기출**

상 4문항
중 17문항
하 8문항

A 원소와 주기율표

주기율표

147 하

다음은 현대의 주기율표에 대한 설명이다.

> 현대의 주기율표는 원소들을 [㉠] 순서로 나열하여 원소들의 주기성이 나타나도록 만든 표이다. 주기율표의 가로줄을 [㉡], 세로줄을 [㉢](이)라고 한다.

㉠~㉢으로 적절한 것은?

	㉠	㉡	㉢
①	원자량	주기	족
②	원자량	족	주기
③	중성자수	주기	족
④	원자 번호	주기	족
⑤	원자 번호	족	주기

148 하

현대의 주기율표에서 원소들을 배열한 기준으로 옳은 것은?

① 원자량　　② 원자 번호　　③ 중성자수
④ 발견된 순서　　⑤ 원자의 크기

★빈출 149 하

이 문제에서 볼 수 있는 보기는 多

현대의 주기율표에 대한 설명으로 옳지 <u>않은</u> 것은?

① 원자 번호가 증가하는 순서로 원소를 배열하였다.
② 가로줄을 주기라고 한다.
③ 세로줄을 족이라고 한다.
④ 7개의 주기와 18개의 족으로 구성되어 있다.
⑤ 같은 주기에 속한 원소들은 화학적 성질이 비슷하다.
⑥ 비금속 원소는 주로 주기율표의 오른쪽에 위치한다.

★빈출 150 중

그림은 주기율표의 일부를 나타낸 것이다.

㉡＼㉠	1	2	13	14	15	16	17	18
1	A							
2							B	
3							C	

이에 대한 설명으로 옳은 것만을 〈보기〉에서 있는 대로 고른 것은? (단, A~C는 임의의 원소 기호이다.)

> 보기
> ㄱ. ㉠은 주기, ㉡은 족이다.
> ㄴ. A는 금속 원소이다.
> ㄷ. B와 C는 화학적 성질이 비슷하다.

① ㄱ　　② ㄴ　　③ ㄷ
④ ㄱ, ㄴ　　⑤ ㄴ, ㄷ

★빈출 151 중

그림은 주기율표의 일부를 나타낸 것이다.

주기＼족	1	2	3~12	13	14	15	16	17	18
1	(가)								
2						(나)			(다)
3	(라)								

(가)~(라)에 대한 설명으로 옳은 것만을 〈보기〉에서 있는 대로 고른 것은?

> 보기
> ㄱ. (가)와 (라)는 화학적 성질이 비슷하다.
> ㄴ. (나)와 (다)는 모두 비금속 원소이다.
> ㄷ. 원자 번호는 (라)가 가장 크다.

① ㄱ　　② ㄷ　　③ ㄱ, ㄴ
④ ㄴ, ㄷ　　⑤ ㄱ, ㄴ, ㄷ

금속 원소와 비금속 원소

152 하

다음 설명에 해당하는 원소는?

> • 광택이 있다.
> • 실온에서 고체 상태로 존재한다.
> • 전기가 잘 통한다.

① 수소 ② 헬륨 ③ 질소
④ 나트륨 ⑤ 염소

153 중

그림은 주기율표의 일부를 나타낸 것이다.

주기 \ 족	1	2	13	14	15	16	17	18
1	A							
2	B						C	
3	D		E					

A~E를 금속 원소와 비금속 원소로 옳게 구분한 것은? (단, A~E는 임의의 원소 기호이다.)

	금속 원소	비금속 원소
①	A, B, D	C, E
②	B, D	A, C, E
③	B, D, E	A, C
④	A, B, D, E	C
⑤	C, E	A, B, D

154 중

이 문제에서 볼 수 있는 보기는 多

금속 원소와 비금속 원소에 대한 설명으로 옳은 것만을 모두 고르면?(2개)

① 금속 원소는 전기가 잘 통한다.
② 금속 원소는 열을 잘 전달하지 않는다.
③ 금속 원소는 실온에서 대체로 기체 상태로 존재한다.
④ 금속 원소는 주기율표에서 주로 왼쪽과 가운데에 위치한다.
⑤ 비금속 원소는 특유의 광택이 있다.
⑥ 비금속 원소는 열을 잘 전달한다.
⑦ 비금속 원소는 실온에서 대체로 액체 상태로 존재한다.

155 중

| 서술형 |

금속 원소의 공통적인 성질을 두 가지만 서술하시오.

156 중

그림은 주기율표에서 영역 (가)~(라)를 나타낸 것이다.

주기 \ 족	1	2	13	14	15	16	17	18
1								
2								
3	(가)	(나)					(다)	(라)
4								

이에 대한 설명으로 옳은 것만을 〈보기〉에서 있는 대로 고른 것은?

> ─〈 보기 〉─
> ㄱ. (가)에 속한 원소는 광택이 있다.
> ㄴ. (나)에 속한 원소는 전기가 잘 통한다.
> ㄷ. (다)에 속한 원소는 열을 잘 전달한다.
> ㄹ. (라)에 속한 원소는 실온에서 이원자 분자로 존재한다.

① ㄱ, ㄴ ② ㄱ, ㄷ ③ ㄴ, ㄷ
④ ㄴ, ㄹ ⑤ ㄷ, ㄹ

157 상

그림은 주기율표의 일부를 나타낸 것이고, 표는 원소 A~G를 기준 (가)로 분류한 것이다.

주기 \ 족	1	2	13	14	15	16	17	18
1								A
2	B					C	D	E
3	F		G					

기준 (가)	예	아니요
원소	B, F, G	A, C, D, E

기준 (가)로 적절한 것만을 〈보기〉에서 있는 대로 고른 것은? (단, A~G는 임의의 원소 기호이다.)

> ─〈 보기 〉─
> ㄱ. 광택이 있는가?
> ㄴ. 전기가 잘 통하는가?
> ㄷ. 실온에서 이원자 분자로 존재하는가?

① ㄱ ② ㄷ ③ ㄱ, ㄴ
④ ㄴ, ㄷ ⑤ ㄱ, ㄴ, ㄷ

158 상

다음은 원소 A~D에 대한 자료이다.

- A~D는 각각 주기율표의 빗금 친 부분 중 한 곳에 위치한다.

주기\족	1	2	13	14	15	16	17	18
1								
2								
3								

- A와 B는 같은 족 원소이다.
- B와 C는 같은 주기 원소이다.

이에 대한 설명으로 옳지 <u>않은</u> 것은? (단, A~D는 임의의 원소 기호이다.)

① A는 비금속 원소이다.
② B는 광택이 있다.
③ A와 B는 화학적 성질이 비슷하다.
④ C는 실온에서 이원자 분자로 존재한다.
⑤ D는 비금속 원소이다.

B **알칼리 금속과 할로젠**

알칼리 금속

159 하   이 문제에서 볼 수 있는 보기는 多

알칼리 금속에 대한 설명으로 옳지 <u>않은</u> 것은?

① 주기율표의 1족에 속한다.
② 칼로 잘릴 정도로 무르다.
③ 다른 금속에 비해 밀도가 작다.
④ 공기 중의 산소와 잘 반응한다.
⑤ 물과 반응하여 산소 기체가 발생한다.
⑥ 물과 반응한 수용액은 염기성을 나타낸다.

160 하

그림은 주기율표의 일부를 나타낸 것이다.

(가)에 속한 원소들의 성질로 옳은 것만을 〈보기〉에서 있는 대로 고른 것은?

〈보기〉

ㄱ. 전기가 잘 통한다.
ㄴ. 실온에서 고체 상태로 존재한다.
ㄷ. 물에 넣어 보관한다.

① ㄱ   ② ㄷ   ③ ㄱ, ㄴ
④ ㄴ, ㄷ   ⑤ ㄱ, ㄴ, ㄷ

161 중

그림은 리튬을 칼로 잘랐을 때 단면의 광택이 사라지고 표면에 물질 X가 생성되는 모습을 나타낸 것이다.

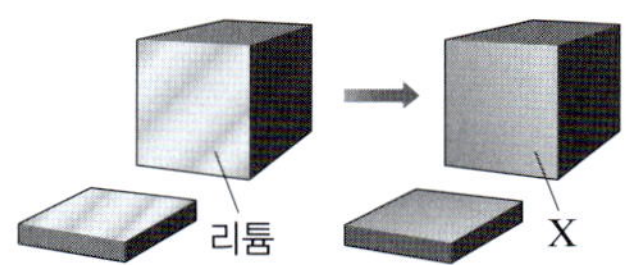

이에 대한 설명으로 옳은 것만을 〈보기〉에서 있는 대로 고른 것은?

〈보기〉

ㄱ. X는 리튬과 산소가 반응하여 생성된 물질이다.
ㄴ. X는 고체 상태에서 전기 전도성이 있다.
ㄷ. 리튬은 공기 중에 보관한다.

① ㄱ   ② ㄷ   ③ ㄱ, ㄴ
④ ㄴ, ㄷ   ⑤ ㄱ, ㄴ, ㄷ

162 중 | 서술형 |

알칼리 금속은 석유나 액체 파라핀에 넣어 보관한다. 그 까닭을 알칼리 금속의 성질과 관련하여 서술하시오.

163  중

| 서술형 |

다음은 알칼리 금속의 성질을 알아보는 실험 과정과 결과를 나타낸 것이다.

[실험 과정]

(가) 시험관 3개에 물을 각각 $\frac{1}{3}$씩 넣고 페놀프탈레인 용액을 1방울~2방울씩 떨어뜨린다.

(나) (가)의 시험관에 리튬, 나트륨, 칼륨 조각을 각각 넣은 후 변화를 관찰한다.

[실험 결과]

알칼리 금속	리튬	나트륨	칼륨
물과의 반응	잘 반응하여 기체 발생	격렬하게 반응하여 기체 발생	매우 격렬하게 반응하여 기체 발생
수용액의 색 변화	붉은색	㉠	㉡

(1) 알칼리 금속과 물의 반응에서 발생하는 기체의 이름을 쓰시오.

(2) ㉠과 ㉡을 쓰고, 그 까닭을 서술하시오.

★빈출 164 중

다음은 알칼리 금속의 성질을 알아보는 실험이다.

[실험 과정]

(가) 리튬(Li)을 칼로 잘라 단면의 변화를 관찰한다.

(나) 물이 들어 있는 비커에 쌀알 크기의 리튬 조각을 넣은 후 변화를 관찰한다.

(다) (나)의 비커에 페놀프탈레인 용액을 1방울~2방울 떨어뜨린 후 변화를 관찰한다.

(라) 리튬 대신 나트륨(Na), 칼륨(K)을 사용하여 과정 (가)~(다)를 반복한다.

[실험 결과]

• 칼로 자른 금속의 단면은 모두 ㉠광택을 잃었다.

• Li, Na, K은 모두 물 위에 떠서 반응했다.

• 반응 후 수용액은 모두 붉은색을 나타냈다.

이에 대한 설명으로 옳은 것만을 〈보기〉에서 있는 대로 고른 것은?

〈보기〉

ㄱ. ㉠은 금속이 산소와 반응했기 때문이다.

ㄴ. 칼륨은 물보다 밀도가 작다.

ㄷ. 알칼리 금속과 물이 반응한 수용액은 염기성을 나타낸다.

① ㄱ ② ㄴ ③ ㄱ, ㄷ
④ ㄴ, ㄷ ⑤ ㄱ, ㄴ, ㄷ

★빈출 165 중

다음은 금속 나트륨(Na)의 성질을 알아보는 실험이다.

[실험 과정]

(가) 나트륨 조각을 칼로 잘라 단면의 변화를 관찰한다.

(나) 물이 담긴 시험관에 페놀프탈레인 용액을 1방울~2방울 떨어뜨린 후 나트륨 조각을 넣고 변화를 관찰한다.

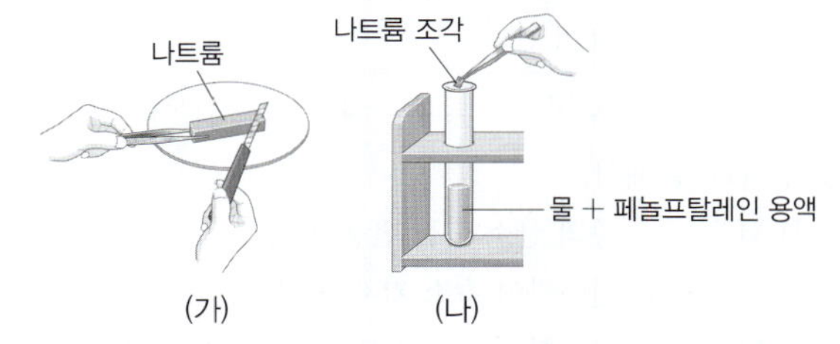

[실험 결과]

• 나트륨 조각의 단면이 은백색에서 ㉠회색으로 변했다.

• 나트륨 조각이 물과 격렬하게 반응하여 ㉡ 기체가 발생하였고, 수용액은 ㉢ 을 나타냈다.

이에 대한 설명으로 옳은 것만을 모두 고르면?(2개)

① 나트륨은 매우 단단한 금속이다.

② ㉠의 회색을 띠는 물질은 고체 상태에서 전기 전도성이 있다.

③ '이산화 탄소'는 ㉡으로 적절하다.

④ '붉은색'은 ㉢으로 적절하다.

⑤ 나트륨은 석유, 액체 파라핀 등에 넣어 보관해야 한다.

⑥ 나트륨 대신 리튬(Li)으로 실험하면 자른 단면의 광택이 변하지 않는다.

⑦ 나트륨 대신 칼륨(K)으로 실험하면 수용액의 색은 나트륨을 사용했을 때와 다르다.

166 중

| 서술형 |

다음은 금속 나트륨(Na)의 성질을 알아보는 실험이다.

[실험 과정]

페놀프탈레인 용액을 1방울~2방울 넣은 물에 쌀알 크기의 나트륨 조각을 넣는다.

[실험 결과]

• 나트륨이 물 위에 떠서 격렬하게 반응했다.

• 기체가 발생하면서 수용액은 붉은색으로 변했다.

(1) 나트륨과 물의 밀도를 비교하시오.

(2) 나트륨 대신 칼륨(K)을 사용하여 실험할 때 수용액의 색 변화를 예상하여 쓰고, 그 까닭을 서술하시오.

167 

다음은 알칼리 금속(M)의 성질을 알아보기 위해 학생 A가 수행한 실험이다.

> [실험 과정]
> (가) ________________ ㉠ ________________
> (나) 물이 든 시험관에 M 조각을 넣은 후 발생하는 기체를 모아 성냥불을 대어 본다.
> (다) ________________ ㉡ ________________
>
> [실험 결과 및 해석]
> • (가) M은 공기 중의 산소와 잘 반응한다.
> • (나) M은 물과 반응하여 수소 기체를 생성한다.
> • (다) M과 물이 반응한 수용액은 염기성을 나타낸다.

실험 결과 및 해석을 바탕으로 학생 A가 수행한 실험 과정 ㉠과 ㉡으로 적절한 내용을 각각 서술하시오.

할로젠

168 하

다음은 세 가지 원소를 나타낸 것이다.

F   Cl   Br

이 원소들의 공통점으로 옳은 것만을 〈보기〉에서 있는 대로 고른 것은?

> ─── 보기 ───
> ㄱ. 17족에 속한다.
> ㄴ. 전자를 잃고 양이온이 되기 쉽다.
> ㄷ. 실온에서 이원자 분자로 존재한다.

① ㄱ   ② ㄴ   ③ ㄱ, ㄷ
④ ㄴ, ㄷ   ⑤ ㄱ, ㄴ, ㄷ

169  하

할로젠에 대한 설명으로 옳은 것만을 모두 고르면?(2개)

① 특유의 색을 띤다.
② 주기율표의 18족에 속한다.
③ 실온에서 모두 고체 상태로 존재한다.
④ 반응성이 커서 알칼리 금속과 잘 반응한다.
⑤ 수소와 반응하여 생성된 수소 화합물의 수용액은 염기성을 나타낸다.

알칼리 금속과 할로젠

170 중

그림은 주기율표에서 원소를 3개씩 묶은 영역 (가)~(다)를 나타낸 것이다.

이에 대한 설명으로 옳은 것만을 〈보기〉에서 있는 대로 고른 것은?

> ─── 보기 ───
> ㄱ. (가)는 무른 금속 원소이다.
> ㄴ. (나)에 속한 원소는 화학적 성질이 비슷하다.
> ㄷ. (다)는 할로젠이다.

① ㄱ   ② ㄴ   ③ ㄱ, ㄷ
④ ㄴ, ㄷ   ⑤ ㄱ, ㄴ, ㄷ

☆빈출 171 중

그림은 주기율표의 일부를 나타낸 것이다.

주기 \ 족	1	2	13	14	15	16	17	18
1	A							
2							B	
3	C							D

이에 대한 설명으로 옳은 것만을 〈보기〉에서 있는 대로 고른 것은? (단, A~D는 임의의 원소 기호이다.)

> ─── 보기 ───
> ㄱ. A와 C는 모두 알칼리 금속이다.
> ㄴ. A와 B가 반응하여 생성된 물질의 수용액은 산성을 나타낸다.
> ㄷ. C와 D는 서로 반응하지 않는다.

① ㄱ   ② ㄴ   ③ ㄱ, ㄷ
④ ㄴ, ㄷ   ⑤ ㄱ, ㄴ, ㄷ

172 중

표는 2주기에 속하는 원소 A와 B에 대한 자료이다. A와 B는 각각 1족 또는 17족에 속한다.

원소	A	B
실온에서의 상태	고체	기체
물과의 반응	X 기체 발생	—
수소 화합물 수용액의 액성	—	㉠

이에 대한 설명으로 옳은 것만을 〈보기〉에서 있는 대로 고른 것은? (단, A와 B는 임의의 원소 기호이다.)

〈 보기 〉
ㄱ. X는 수소이다.
ㄴ. B는 실온에서 이원자 분자로 존재한다.
ㄷ. '산성'은 ㉠으로 적절하다.

① ㄱ   ② ㄴ   ③ ㄱ, ㄷ
④ ㄴ, ㄷ   ⑤ ㄱ, ㄴ, ㄷ

173 중

다음은 원소 A~C의 원소 카드와 주기율표에서 원소 ㉠~㉢의 위치를 나타낸 것이다. ㉠~㉢은 각각 A~C 중 하나이다.

A	B	C
연한 노란색 기체 전기가 잘 통하지 않음 대부분의 원소와 반응	무색 기체 전기가 잘 통하지 않음. 반응성 거의 없음.	은백색 고체 전기가 잘 통함. 물과 격렬히 반응

주기＼족	1	…	17	18
2			㉡	
3	㉠			㉢

㉠~㉢에 해당하는 원소로 옳은 것은? (단, A~C는 임의의 원소 기호이다.)

	㉠	㉡	㉢
①	A	B	C
②	A	C	B
③	B	A	C
④	C	A	B
⑤	C	B	A

174 중

표는 원소 A~D의 주기와 족에 대한 자료이다.

원소	A	B	C	D
주기	2	2	3	3
족	1	17	1	17

이에 대한 설명으로 옳은 것만을 〈보기〉에서 있는 대로 고른 것은? (단, A~D는 임의의 원소 기호이다.)

〈 보기 〉
ㄱ. A는 물과 반응하여 수소 기체를 발생시킨다.
ㄴ. B와 C가 반응하여 화합물을 형성한다.
ㄷ. D는 실온에서 이원자 분자로 존재한다.

① ㄱ   ② ㄴ   ③ ㄱ, ㄷ
④ ㄴ, ㄷ   ⑤ ㄱ, ㄴ, ㄷ

175 상   이 문제에서 볼 수 있는 보기는 多

표는 2, 3주기에 속하는 원소 A~D에 대한 자료를 나타낸 것이다. A~D는 각각 알칼리 금속 또는 할로젠이다.

원소	A	B	C	D
실온에서의 상태	고체	㉠	기체	㉡
원자가 전자 수	x	7	y	1

이에 대한 설명으로 옳은 것만을 모두 고르면? (단, A~D는 임의의 원소 기호이다.)(2개)

① A는 전기가 잘 통하지 않는다.
② B는 금속 원소이다.
③ C는 실온에서 이원자 분자로 존재한다.
④ B와 C는 화학적 성질이 비슷하다.
⑤ $x=7$이다.
⑥ $y=1$이다.
⑦ ㉠은 '고체'이고, ㉡은 '기체'이다.

07 원자의 전자 배치

A 원자의 구조

1 원자의 구조 원자는 원자핵과 전자로, 원자핵은 양성자와 중성자로 이루어져 있다.

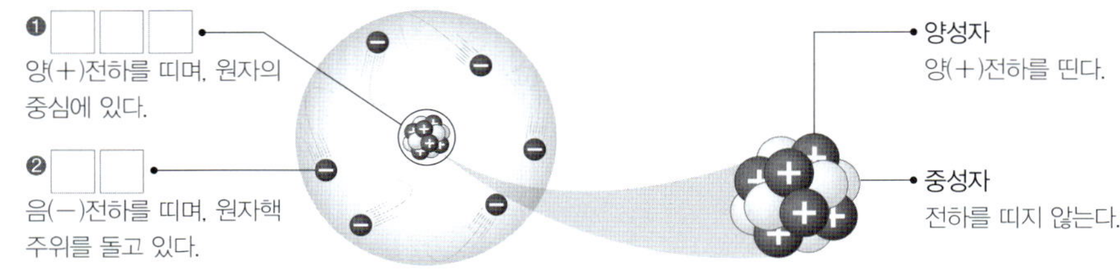

▲ 원자의 구조

① 한 원자에서 양성자수와 전자 수는 같다. ➡ 원자는 전기적으로 중성이다.
② 양성자수는 원자마다 다르다. ➡ 양성자수로 ❸□□ □□를 정한다.

> 원자의 양성자수＝전자 수＝원자 번호

B 원자의 전자 배치

1 전자 껍질 원자핵 주위의 전자가 운동하는 특정한 에너지 준위의 궤도

┤ **보어의 원자 모형과 전자 껍질** ├

• 보어의 원자 모형에서 전자는 특정한 에너지 준위를 가지는 궤도를 따라 운동하며, 이 궤도를 전자 껍질이라고 한다.
  └ 전자 껍질에서 전자가 가지는 특정한 에너지값을 에너지 준위라고 한다.
• 전자 껍질의 에너지 준위는 원자핵에 가까울수록 낮다.

2 전자 배치의 원리
① 전자는 원자핵에 가까운 전자 껍질부터 차례로 배치된다.
② 각 전자 껍질에 배치될 수 있는 최대 전자 수는 정해져 있다. ➡ 첫 번째 전자 껍질에는 최대 ❹□개, 두 번째 전자 껍질에는 최대 ❺□개가 배치된다.

┤ **나트륨의 전자 배치** ├
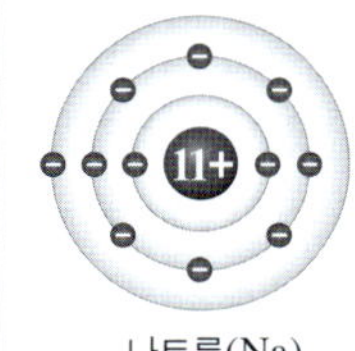

• 양성자수가 11이므로 전자 수도 11이다. ➡ 원자 번호는 11이다.
• 첫 번째 전자 껍질: 에너지 준위가 가장 낮아 전자 2개가 먼저 채워진다.
• 두 번째 전자 껍질: 첫 번째 전자 껍질에 채우고 남은 전자 중 8개의 전자가 채워진다.
• 세 번째 전자 껍질: 첫 번째와 두 번째 전자 껍질에 채우고 남은 전자 1개가 채워진다.

3 원자가 전자 원자의 전자 배치에서 가장 ❻□□ 전자 껍질에 들어 있으면서 화학 결합에 참여하는 전자
예 나트륨의 전자 배치에서 원자가 전자 수는 1이다.
① 화학 결합과 화학 반응에 참여하므로 원소의 화학적 성질을 결정한다.
② 원자가 전자 수가 같은 원소들은 화학적 성질이 비슷하다.

1 같은 주기 원소와 같은 족 원소의 전자 배치

같은 주기 원소	전자가 들어 있는 ❼☐☐☐☐가 같다. ➡ 전자가 들어 있는 전자 껍질 수는 주기 번호와 같다.
같은 족 원소	• ❽☐☐☐☐☐가 같다. • 같은 족 원소들은 화학적 성질이 비슷하다. (단, 수소 및 3~12족 원소는 예외) • 원자가 전자 수는 원소가 속한 족 번호의 끝자리 수오- 같다. (단, 18족 원소는 제외) • 18족 원소는 화학 결합에 참여하는 전자가 없으므로 원자가 전자 수가 ❾☐이다.

기출 PICK C-1

주기율표의 주기와 족
• 주기율표에서 같은 가로줄에 있다. ➡ 주기가 같다. ➡ 전자가 들어 있는 전자 껍질 수가 같다.
• 주기율표에서 같은 세로줄에 있다. ➡ 족이 같다. ➡ 원자가 전자 수가 같다. ➡ 화학적 성질이 비슷하다.

주기＼족	1	2	13	14	15	16	17	18
1	H (1+)							He (2+)
2	Li (3+)	Be (4+)	B (5+)	C (6+)	N (7+)	O (8+)	F (9+)	Ne (10+)
3	Na (11+)	Mg (12+)	Al (13+)	Si (14+)	P (15+)	S (16+)	Cl (17+)	Ar (18+)
원자가 전자 수	1	2	3	4	5	6	7	0

▲ 원자 번호 1~18까지 원자의 전자 배치

2 원소의 주기성이 나타나는 까닭 주기율표에서 원자 번호가 증가함에 따라 원소의 화학적 성질을 결정하는 원자가 전자의 수가 주기적으로 변하기 때문이다.

답 ❶ 원자핵 ❷ 전자 ❸ 원자 번호 ❹ 2 ❺ 8 ❻ 바깥 ❼ 전자 껍질 수 ❽ 원자가 전자 수 ❾ 0

빈출 자료 보기

정답과 해설 13쪽 ▶▶

176 그림은 원자 A~D의 전자 배치를 모형으로 나타낸 것이다.

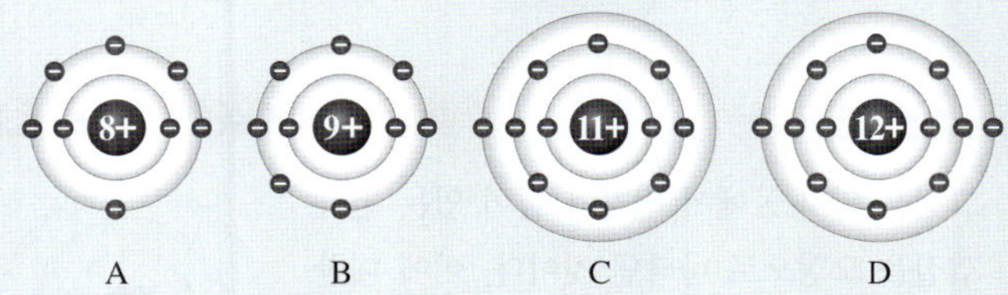

A (8+)　B (9+)　C (11+)　D (12+)

이에 대한 설명으로 옳은 것은 ○, 옳지 <u>않은</u> 것은 ×로 표시하시오. (단, A~D는 임의의 원소 기호이다.)

(1) A와 B는 같은 주기 원소이다. ( )
(2) 원자가 전자 수는 B>A이다. ( )
(3) 양성자수는 C>D이다. ( )
(4) D는 3주기 2족 원소이다. ( )
(5) A와 D는 모두 비금속 원소이다. ( )
(6) B와 C는 화학적 성질이 비슷하다. ( )
(7) C와 물이 반응하여 수소 기체가 발생한다. ( )

177 그림은 주기율표의 일부를 나타낸 것이다.

주기＼족	1	2	13	14	15	16	17	18
1	A							B
2				C			D	
3	E							

이에 대한 설명으로 옳은 것은 ○, 옳지 <u>않은</u> 것은 ×로 표시하시오. (단, A~E는 임의의 원소 기호이다.)

(1) A의 원자가 전자 수는 1이다. ( )
(2) A와 B는 전자가 들어 있는 전자 껍질 수가 같다. ( )
(3) C의 양성자수는 6이다. ( )
(4) 원자가 전자 수는 B>D이다. ( )
(5) 전자가 들어 있는 전자 껍질 수는 D>C이다. ( )
(6) A~E 중 원자 번호가 가장 큰 것은 E이다. ( )
(7) A와 E는 화학적 성질이 비슷하다. ( )

A 원자의 구조

178 하

원자의 구조에 대한 설명으로 옳은 것만을 〈보기〉에서 있는 대로 고른 것은?

─── 보기 ───
ㄱ. 원자핵은 양성자와 중성자로 이루어져 있다.
ㄴ. 원자를 구성하는 양성자수와 전자 수는 같다.
ㄷ. 원자 번호는 중성자수에 따라 결정된다.

① ㄱ
② ㄷ
③ ㄱ, ㄴ
④ ㄴ, ㄷ
⑤ ㄱ, ㄴ, ㄷ

179 상 이 문제에서 볼 수 있는 보기는 多

표는 원자 A∼C를 구성하는 입자 ㉠∼㉢의 수를 나타낸 것이다. ㉠∼㉢은 각각 양성자, 중성자, 전자 중 하나이고, ㉠은 원자핵을 구성하는 입자이다.

구분	입자 수		
	㉠	㉡	㉢
A	6	7	6
B	7	8	x
C	y	10	9

이에 대한 설명으로 옳은 것만을 모두 고르면? (단, A∼C는 임의의 원소 기호이다.)(2개)

① ㉡은 음(−)전하를 띤다.
② ㉢은 원자핵을 구성하는 입자이다.
③ A의 원자 번호는 7이다.
④ $x=7$이다.
⑤ $y=10$이다.
⑥ B와 C는 같은 주기 원소이다.

B 원자의 전자 배치

☆빈출
180 하

원자의 전자 배치에 대한 설명으로 옳지 <u>않은</u> 것은?

① 전자는 원자핵에 가까운 전자 껍질부터 차례대로 채워진다.
② 원자핵에서 멀수록 전자 껍질의 에너지 준위는 높아진다.
③ 모든 전자 껍질에 배치될 수 있는 최대 전자 수는 8이다.
④ 같은 족 원소는 원자가 전자 수가 같다.
⑤ 같은 주기 원소는 전자가 들어 있는 전자 껍질 수가 같다.

181 하

그림은 원자 X의 전자 배치를 모형으로 나타낸 것이다. 주기율표에서 X가 몇 주기, 몇 족 원소인지 쓰시오. (단, X는 임의의 원소 기호이다.)

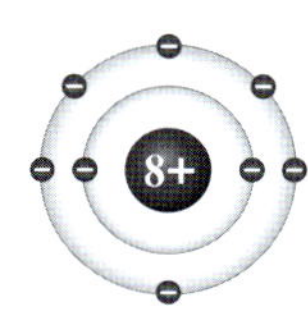

182 중 이 문제에서 볼 수 있는 보기는 多

그림은 원자 X에서 전자가 들어 있는 전자 껍질을 모형으로 나타낸 것이다. 이에 대한 설명으로 옳은 것만을 모두 고르면? (단, X는 임의의 원소 기호이다.)(2개)

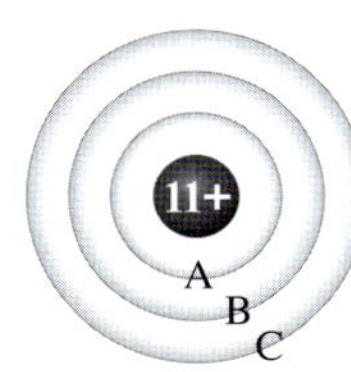

① X의 전자 수는 11이다.
② 전자 껍질의 에너지 준위는 A>B>C이다.
③ X는 3주기 원소이다.
④ 전자 껍질에 들어 있는 전자 수는 A에서가 B에서보다 크다.
⑤ 전자는 C → B → A 순으로 채워진다.
⑥ B에 들어 있는 전자는 화학 결합에 참여한다.
⑦ X의 원자가 전자 수는 2이다.

183 중

그림은 원자 A~C의 전자 배치를 모형으로 나타낸 것이다.

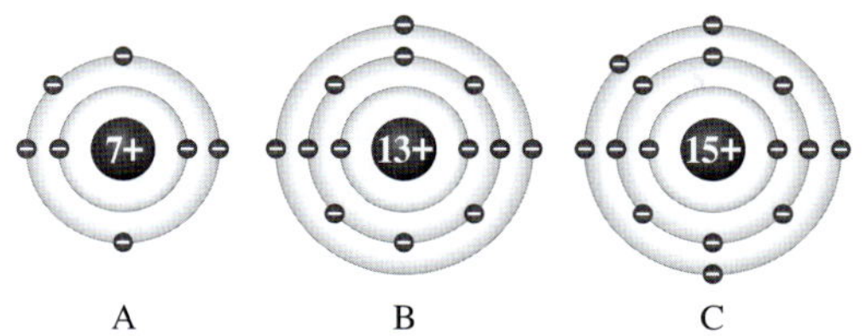

A~C에 대한 설명으로 옳은 것만을 〈보기〉에서 있는 대로 고른 것은? (단, A~C는 임의의 원소 기호이다.)

───〈 보기 〉───
ㄱ. A와 C는 같은 족 원소이다.
ㄴ. B와 C는 같은 주기 원소이다.
ㄷ. 금속 원소는 한 가지이다.

① ㄱ
② ㄴ
③ ㄱ, ㄷ
④ ㄴ, ㄷ
⑤ ㄱ, ㄴ, ㄷ

184 중

이 문제에서 볼 수 있는 보기는 多

그림은 원자 A~C의 전자 배치를 모형으로 나타낸 것이다.

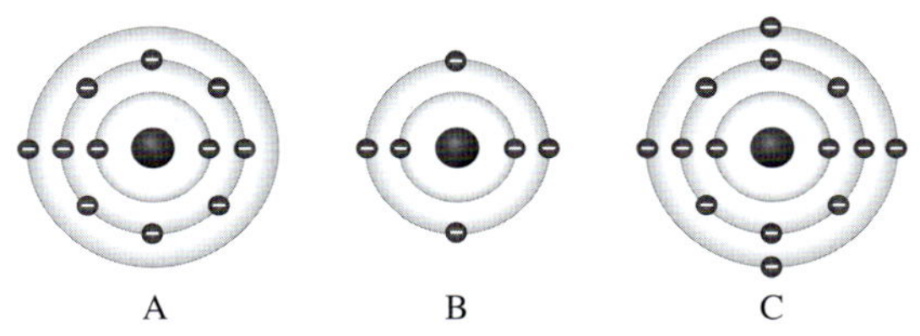

이에 대한 설명으로 옳은 것만을 모두 고르면? (단, A~C는 임의의 원소 기호이다.)(2개)

① A는 3주기 원소이다.
② B의 원자가 전자 수는 6이다.
③ C는 14족 원소이다.
④ A와 C는 화학적 성질이 비슷하다.
⑤ 원자 번호는 A > C이다.
⑥ B와 C는 같은 주기 원소이다.

185 중

| 서술형 |

질소(N) 원자와 마그네슘(Mg) 원자의 전자 배치를 모형으로 나타내시오.

질소(N)	마그네슘(Mg)

186 중

그림은 원자 A와 B의 전자 배치를 모형으로 나타낸 것이다.

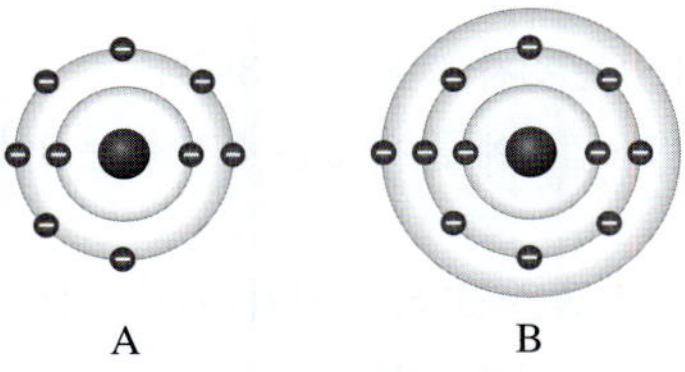

A가 B보다 큰 값을 갖는 것만을 〈보기〉에서 있는 대로 고른 것은? (단, A와 B는 임의의 원소 기호이다.)

───〈 보기 〉───
ㄱ. 양성자수
ㄴ. 원자가 전자 수
ㄷ. 전자가 들어 있는 전자 껍질 수

① ㄱ
② ㄴ
③ ㄱ, ㄷ
④ ㄴ, ㄷ
⑤ ㄱ, ㄴ, ㄷ

187 중

표는 원자 A~D의 전자 배치에서 첫 번째~세 번째 전자 껍질에 들어 있는 전자 수를 나타낸 것이다.

구분		A	B	C	D
전자 수	첫 번째 전자 껍질	2	2	2	2
	두 번째 전자 껍질	8	1	6	8
	세 번째 전자 껍질	2	—	—	7

이에 대한 설명으로 옳은 것만을 〈보기〉에서 있는 대로 고른 것은? (단, A~D는 임의의 원소 기호이다.)

───〈 보기 〉───
ㄱ. B와 C는 모두 2주기 원소이다.
ㄴ. A는 금속 원소이다.
ㄷ. D는 실온에서 이원자 분자로 존재한다.

① ㄱ
② ㄷ
③ ㄱ, ㄴ
④ ㄴ, ㄷ
⑤ ㄱ, ㄴ, ㄷ

188 ^중

다음은 원자 X의 전자 배치에 대한 자료이다.

- 전자가 들어 있는 전자 껍질 수는 3이다.
- 가장 바깥 전자 껍질에 들어 있는 전자 수는 2이다.

X에 대한 설명으로 옳은 것만을 〈보기〉에서 있는 대로 고른 것은?
(단, X는 임의의 원소 기호이다.)

〈 보기 〉

ㄱ. 전기가 잘 통한다.
ㄴ. 실온에서 기체 상태로 존재한다.
ㄷ. 나트륨(Na)과 화학적 성질이 비슷하다.

① ㄱ　　　② ㄴ　　　③ ㄱ, ㄷ
④ ㄴ, ㄷ　　　⑤ ㄱ, ㄴ, ㄷ

189 ^중　　이 문제에서 볼 수 있는 보기는 多

그림은 원자 A~D의 전자 배치에서 원자가 전자 수와 전자가 들어 있는 전자 껍질 수를 나타낸 것이다.

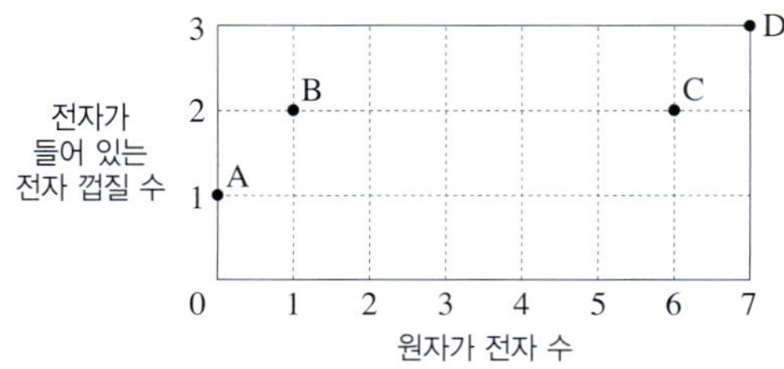

이에 대한 설명으로 옳지 <u>않은</u> 것은? (단, A~D는 임의의 원소 기호이다.)

① 원자 번호는 C > B이다.
② A는 비금속 원소이다.
③ C의 양성자수는 8이다.
④ D는 할로젠이다.
⑤ B와 C는 화학적 성질이 비슷하다.
⑥ D의 수소 화합물을 물에 녹이면 산성을 띤다.

190 ^중

표는 원소 A~D의 원자 번호를 나타낸 것이다.

원소	A	B	C	D
원자 번호	2	3	11	17

이에 대한 설명으로 옳은 것만을 〈보기〉에서 있는 대로 고른 것은?
(단, A~D는 임의의 원소 기호이다.)

〈 보기 〉

ㄱ. A의 원자가 전자 수는 2이다.
ㄴ. B와 C는 화학적 성질이 비슷하다.
ㄷ. C와 D는 같은 주기 원소이다.

① ㄱ　　　② ㄴ　　　③ ㄱ, ㄷ
④ ㄴ, ㄷ　　　⑤ ㄱ, ㄴ, ㄷ

191 ^중

표는 2, 3주기 원소 A~C에 대한 자료이다. 원자 번호는 C가 B보다 크다.

원소	A	B	C
원자가 전자 수	x	6	y
원자 번호	3	z	16

$x+y+z$는? (단, A~C는 임의의 원소 기호이다.)

① 12　　　② 13　　　③ 14
④ 15　　　⑤ 16

C 전자 배치의 주기성

★빈출
192 ^중

그림은 주기율표의 일부를 나타낸 것이다.

주기＼족	1	2	13	14	15	16	17	18
1	A							
2	B					C		D
3							E	

이에 대한 설명으로 옳은 것만을 〈보기〉에서 있는 대로 고른 것은?
(단, A~E는 임의의 원소 기호이다.)

〈 보기 〉

ㄱ. A와 B는 화학적 성질이 비슷하다.
ㄴ. C와 D는 전자가 들어 있는 전자 껍질 수가 같다.
ㄷ. D와 E는 원자가 전자 수가 같다.

① ㄱ　　　② ㄴ　　　③ ㄱ, ㄷ
④ ㄴ, ㄷ　　　⑤ ㄱ, ㄴ, ㄷ

193 ⓒ | 서술형 |

그림은 주기율표의 일부를 나타낸 것이다. (단, A~E는 임의의 원소 기호이다.)

주기＼족	1	2	13	14	15	16	17	18
1	A							
2	B							
3	C						D	E

(1) A~E를 금속 원소 또는 비금속 원소로 분류하시오.

(2) 원자 C와 D의 전자 배치에서 공통점을 한 가지 쓰시오.

194 ⓒ | 서술형 |

주기율표에서 원소의 주기성이 나타나는 까닭을 원자의 전자 배치의 주기성과 관련하여 서술하시오.

195 ⓒ

표는 원소 X, Na, F, Y에 대한 자료이다. X와 Y는 알칼리 금속과 할로젠 중 하나이다.

원소	X	Na	F	Y
전자 배치 모형		(11+)	(9+)	
성질	• 칼로 자를 수 있을 정도로 무르다. • 물과 반응하여 기체가 발생한다.		• 실온에서 이원자 분자로 존재한다. • 특유의 색깔을 띤다.	

이에 대한 설명으로 옳은 것만을 〈보기〉에서 있는 대로 고른 것은? (단, X와 Y는 임의의 원소 기호이다.)

> ───〈 보기 〉───
> ㄱ. X는 1주기 원소이다.
> ㄴ. X의 원자가 전자 수는 1이다.
> ㄷ. Y의 전자 배치에서 가장 바깥 전자 껍질에 들어 있는 전자 수는 7이다.

① ㄱ   ② ㄴ   ③ ㄱ, ㄷ
④ ㄴ, ㄷ   ⑤ ㄱ, ㄴ, ㄷ

196 ⓢ

그림은 원자 A~C를 주어진 기준에 따라 분류한 것이다. A~C는 각각 Li, Na, Br 중 하나이다.

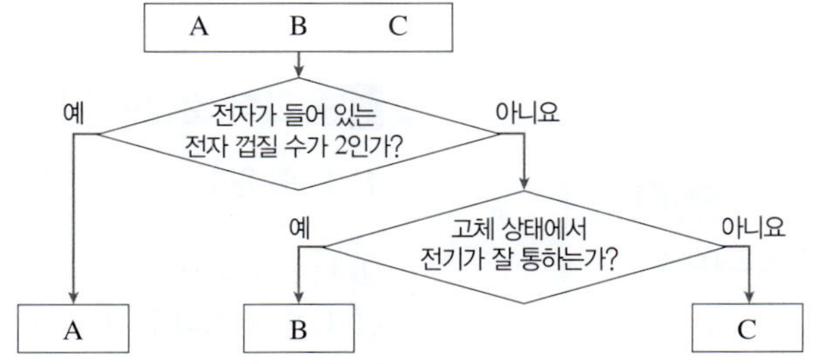

이에 대한 설명으로 옳은 것만을 〈보기〉에서 있는 대로 고른 것은?

> ───〈 보기 〉───
> ㄱ. A와 B는 화학적 성질이 비슷하다.
> ㄴ. 원자가 전자 수는 C가 A보다 크다.
> ㄷ. 전자가 들어 있는 전자 껍질 수는 C가 B보다 크다.

① ㄱ   ② ㄴ   ③ ㄱ, ㄷ
④ ㄴ, ㄷ   ⑤ ㄱ, ㄴ, ㄷ

197 ⓢ

다음은 원소 A~E에 대한 자료이다.

> • A~E는 각각 주기율표의 빗금 친 부분 중 하나에 위치한다.
>
> 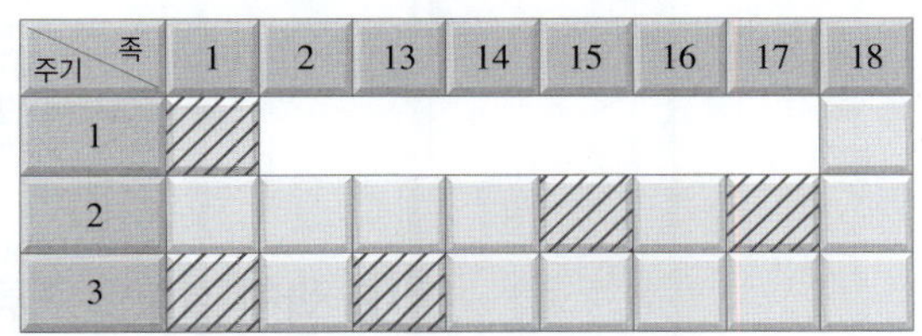
>
> | 주기＼족 | 1 | 2 | 13 | 14 | 15 | 16 | 17 | 18 |
> |---|---|---|---|---|---|---|---|---|
> | 1 | ▨ | | | | | | | |
> | 2 | | ▨ | | | ▨ | | ▨ | |
> | 3 | ▨ | | ▨ | | | | | |
>
> • 원자가 전자 수는 A와 E가 같다.
> • 원자 번호는 C가 B보다 크다.
> • 전자가 들어 있는 전자 껍질 수는 D와 E가 같다.

이에 대한 설명으로 옳은 것만을 〈보기〉에서 있는 대로 고른 것은? (단, A~E는 임의의 원소 기호이다.)

> ───〈 보기 〉───
> ㄱ. 원자가 전자 수는 B가 E보다 크다.
> ㄴ. 전자가 들어 있는 전자 껍질 수는 A가 B보다 크다.
> ㄷ. 원자 번호는 E가 C보다 크다.

① ㄱ   ② ㄴ   ③ ㄱ, ㄷ
④ ㄴ, ㄷ   ⑤ ㄱ, ㄴ, ㄷ

08 화학 결합의 원리와 종류

A 화학 결합의 원리

1 18족 원소 헬륨(He), 네온(Ne), 아르곤(Ar) 등 주기율표의 18족에 속하는 원소
→ 다른 원소와 잘 반응하지 않고 기체 상태로 존재하므로 비활성 기체라고 불린다.
① 다른 원소와 화학 결합을 형성하지 않고 원자 상태로 존재한다. → 원자가 전자 수가 ❶[ ]이다.
② 18족 원소의 전자 배치: 가장 바깥 전자 껍질에 전자가 2개 또는 8개 채워진 안정한 전자 배치를 이룬다.

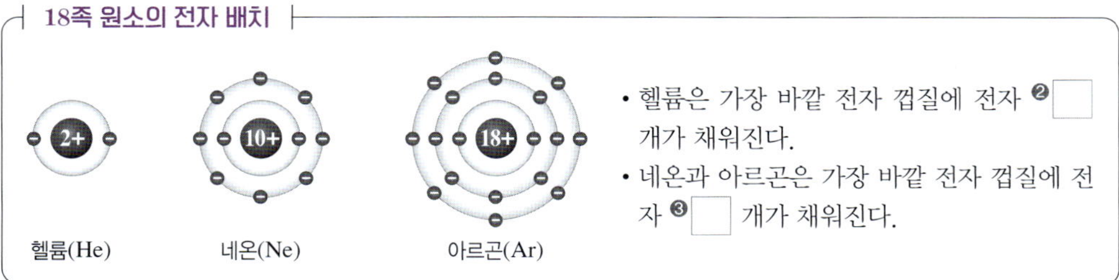

2 화학 결합이 형성되는 까닭 원소들이 화학 결합을 형성하여 ❹[ ]족 원소와 같은 전자 배치를 이루어 안정해지려고 하기 때문이다.

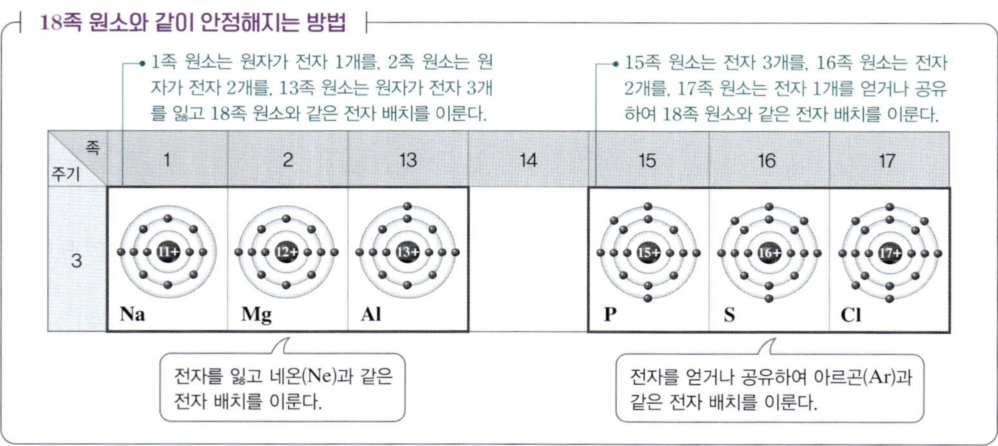

B 화학 결합의 종류

1 이온 결합 양이온과 음이온 사이의 정전기적 인력으로 형성되는 결합
→ 서로 다른 전하를 띤 입자 사이에 끌어당기는 힘

① 이온의 형성

양이온	음이온
❺[ ] 원소의 원자는 전자를 잃고 양이온이 되면 18족 원소와 같은 전자 배치를 이룬다.	❻[ ] 원소의 원자는 전자를 얻어 음이온이 되면 18족 원소와 같은 전자 배치를 이룬다.

② 이온 결합의 형성: 금속 원소의 원자와 비금속 원소의 원자가 서로 전자를 주고받아 양이온과 음이온을 생성하고, 이 이온들 사이에 정전기적 인력으로 결합이 형성된다.

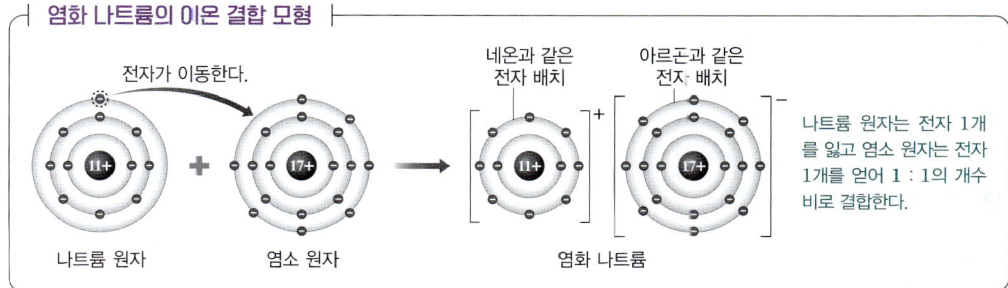

염화 나트륨의 이온 결합 모형

2 공유 결합 비금속 원소의 원자들이 전자쌍을 ❼ □□하여 형성되는 결합

① 공유 전자쌍: 두 원자에 서로 공유되어 결합에 참여하는 전자쌍
② 공유 결합의 형성: 비금속 원소의 원자들이 서로 전자를 내놓아 전자쌍을 만들고, 이 전자쌍을 공유하여 결합한다.

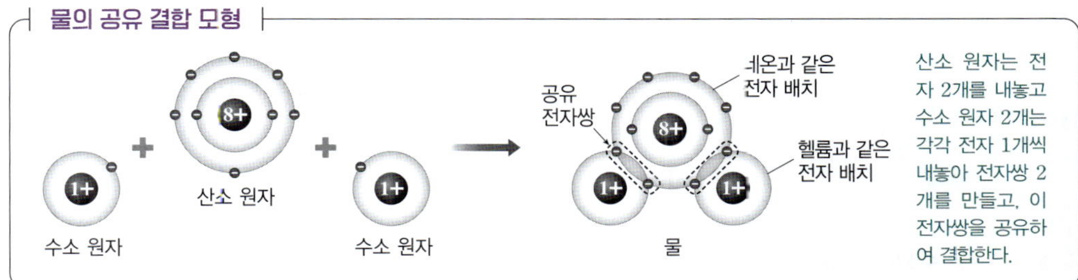

물의 공유 결합 모형

③ 공유 결합의 종류

구분	단일 결합	이중 결합	삼중 결합
정의	전자쌍 1개를 공유하는 결합	전자쌍 2개를 공유하는 결합	전자쌍 3개를 공유하는 결합
모형	플루오린 분자(F_2)	산소 분자(O_2)	질소 분자(N_2)

빈출 자료 보기

정답과 해설 15쪽 ▶▶

198 그림 (가)와 (나)는 원자 A~C가 화합물 AB와 CB_2를 생성하는 반응을 모형으로 나타낸 것이다.

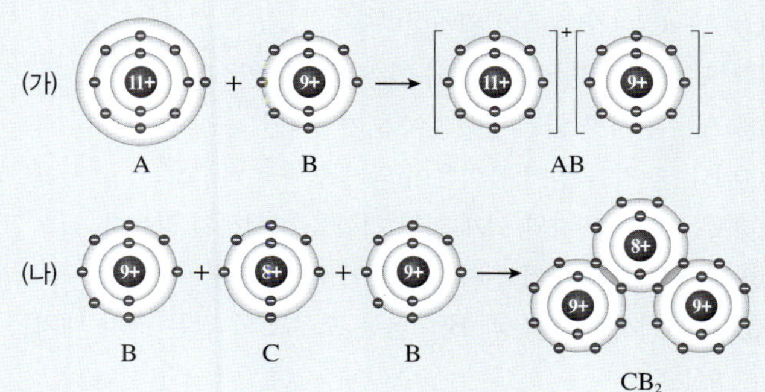

이에 대한 설명으로 옳은 것은 ○, 옳지 않은 것은 ×로 표시하시오. (단, A~C는 임의의 원소 기호이다.)

(1) A는 금속 원소이다. (　　)
(2) B와 C는 모두 비금속 원소이다. (　　)
(3) AB는 공유 결합 물질이다. (　　)
(4) CB_2는 이온 결합 물질이다. (　　)
(5) A와 C로 이루어진 화합물은 이온 결합 물질이다. (　　)
(6) CB_2에서 B와 C는 모두 네온과 같은 전자 배치를 이룬다. (　　)
(7) AB를 형성할 때 전자는 B에서 A로 이동한다. (　　)
(8) CB_2에서 공유 전자쌍 수는 2이다. (　　)

A 화학 결합의 원리

199 하

18족 원소에 대한 설명으로 옳은 것만을 〈보기〉에서 있는 대로 고른 것은?

───〈 보기 〉───
ㄱ. 비활성 기체라고 불린다.
ㄴ. 실온에서 이원자 분자로 존재한다.
ㄷ. 원자가 전자 수가 0이다.

① ㄱ   ② ㄴ   ③ ㄱ, ㄷ
④ ㄴ, ㄷ   ⑤ ㄱ, ㄴ, ㄷ

 200 중

이 문제에서 볼 수 있는 보기는 多

다음은 세 가지 원소를 나타낸 것이다.

헬륨(He), 네온(Ne), 아르곤(Ar)

이에 대한 설명으로 옳지 <u>않은</u> 것만을 모두 고르면?(2개)

① 비활성 기체이다.
② 주기율표에서 같은 족에 속한다.
③ 비금속 원소로 전자를 얻어 음이온이 되기 쉽다.
④ 전자 배치에서 가장 바깥 전자 껍질에 전자가 2개 또는 8개가 채워진다.
⑤ 비금속 원소와 전자쌍을 공유하여 분자를 잘 형성한다.
⑥ 헬륨은 광고용 풍선 기구에 이용된다.
⑦ 네온은 광고판에 이용된다.
⑧ 아르곤은 이중창의 충전 기체로 이용된다.

201 중

| 서술형 |

그림은 원자 X의 전자 배치를 모형으로 나타낸 것이다. X의 원자가 전자 수를 쓰고, 그 까닭을 함께 서술하시오. (단, X는 임의의 원소 기호이다.)

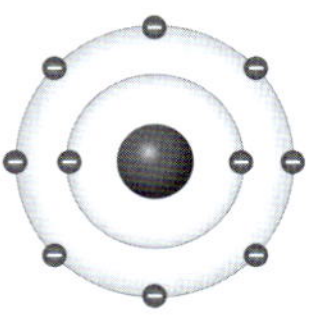

★빈출 202 중

그림은 원자 A~C의 전자 배치를 모형으로 나타낸 것이다.

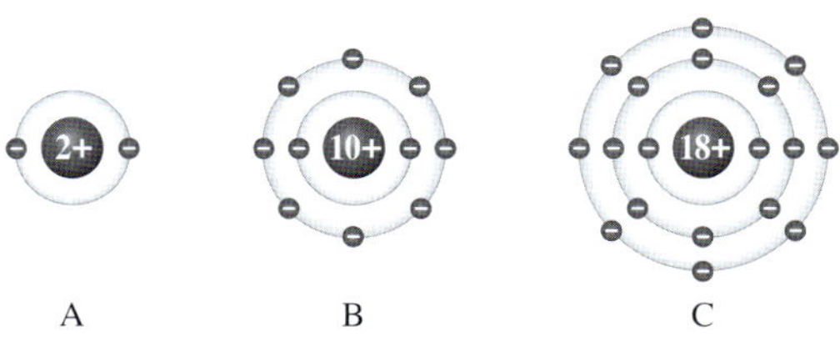

A~C의 공통점으로 옳은 것만을 〈보기〉에서 있는 대로 고른 것은? (단, A~C는 임의의 원소 기호이다.)

───〈 보기 〉───
ㄱ. 비금속 원소이다.
ㄴ. 원자가 전자 수가 0이다.
ㄷ. 수소와 반응하여 수소 화합물을 잘 형성한다.

① ㄱ   ② ㄷ   ③ ㄱ, ㄴ
④ ㄴ, ㄷ   ⑤ ㄱ, ㄴ, ㄷ

★빈출 203 중

이 문제에서 볼 수 있는 보기는 多

그림은 원자 A~C의 전자 배치를 모형으로 나타낸 것이다.

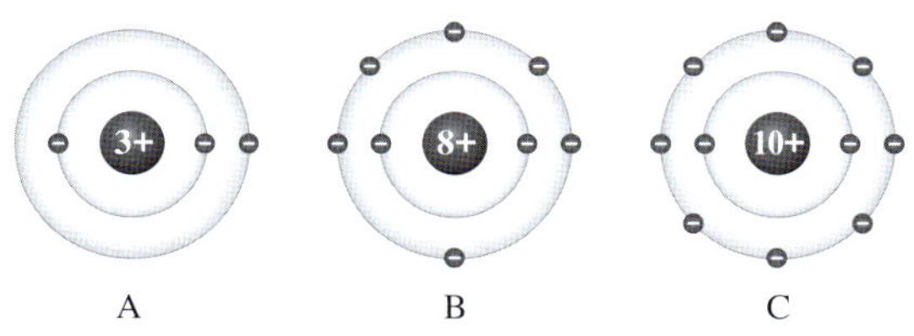

이에 대한 설명으로 옳지 <u>않은</u> 것은? (단, A~C는 임의의 원소 기호이다.)(2개)

① A~C는 같은 주기 원소이다.
② A는 금속 원소이고, B와 C는 비금속 원소이다.
③ A는 전자를 잃고 양이온이 되기 쉽다.
④ B는 전자를 얻어 음이온이 되기 쉽다.
⑤ C는 다른 원자와 쉽게 화학 결합을 형성하지 않는다.
⑥ A~C 중 원자가 전자 수는 C가 가장 크다.
⑦ A_2B에서 A 이온과 B 이온은 모두 C와 같은 전자 배치를 이룬다.

★빈출 204 중

그림은 주기율표의 일부를 나타낸 것이다. 이에 대한 설명으로 옳은 것만을 〈보기〉에서 있는 대로 고른 것은? (단, A~C는 임의의 원소 기호이다.)

주기＼족	1	2	17	18
1				A
2	B			
3				C

─〈 보기 〉─
ㄱ. 가장 바깥 전자 껍질에 들어 있는 전자 수는 A와 C가 같다.
ㄴ. B^+은 A와 같은 전자 배치를 이룬다.
ㄷ. 원자가 전자 수는 C가 B보다 크다.

① ㄱ   ② ㄴ   ③ ㄱ, ㄷ
④ ㄴ, ㄷ   ⑤ ㄱ, ㄴ, ㄷ

205 중

| 서술형 |

18족 원소를 제외한 원자들이 화학 결합을 형성하는 까닭을 전자 배치와 관련하여 서술하시오.

206 중

표는 2주기 원소 A~D의 전자 배치에서 원자가 전자 수에 대한 자료이다.

원소	A	B	C	D
원자가 전자 수	0	1	6	7

이에 대한 설명으로 옳은 것만을 〈보기〉에서 있는 대로 고른 것은? (단, A~D는 임의의 원소 기호이다.)

─〈 보기 〉─
ㄱ. A는 실온에서 이원자 분자로 존재한다.
ㄴ. C와 D는 모두 비금속 원소이다.
ㄷ. BD에서 B 이온과 D 이온은 모두 A와 같은 전자 배치를 이룬다.

① ㄱ   ② ㄴ   ③ ㄱ, ㄷ
④ ㄴ, ㄷ   ⑤ ㄱ, ㄴ, ㄷ

★빈출 207 중

그림은 주기율표의 일부를 나타낸 것이다.

주기＼족	1	2	13	14	15	16	17	18
1								A
2	B					C		D
3			E					

이에 대한 설명으로 옳은 것만을 〈보기〉에서 있는 대로 고른 것은? (단, A~E는 임의의 원소 기호이다.)

─〈 보기 〉─
ㄱ. A와 B^+의 전자 배치는 같다.
ㄴ. C^{2-}과 E^{3+}의 전자 수는 같다.
ㄷ. B와 D는 이온 결합을 형성한다.

① ㄱ   ② ㄷ   ③ ㄱ, ㄴ
④ ㄴ, ㄷ   ⑤ ㄱ, ㄴ, ㄷ

B 화학 결합의 종류

이온 결합

208 하

다음은 어떤 화학 결합이 형성되는 원리에 대한 설명이다.

3주기 2족 원소인 마그네슘(Mg)은 전자 ⃞ ㉠ 개를 잃고 양이온이 되면 ⃞ ㉡ 과 같은 전자 배치를 이룬다. 2주기 16족 원소인 산소(O)는 전자 ⃞ ㉢ 개를 얻어 음이온이 되면 ⃞ ㉣ 과 같은 전자 배치를 이룬다. 마그네슘 이온(Mg^{2+})과 산화 이온(O^{2-}) 사이에 형성되는 화학 결합을 ⃞ ㉤ 이라고 한다.

㉠~㉤으로 적절하지 <u>않은</u> 것은?

① ㉠ – 2   ② ㉡ – 네온(Ne)
③ ㉢ – 2   ④ ㉣ – 헬륨(He)
⑤ ㉤ – 이온 결합

209 하

이온 결합 물질로 옳은 것은?

① CO_2, LiF   ② O_2, CH_4 ③ KCl, HCl
④ LiF, $MgCl_2$ ⑤ CH_4, Na_2O

210 중

그림은 마그네슘(Mg) 원자와 염소(Cl) 원자의 전자 배치를 모형으로 나타낸 것이다.

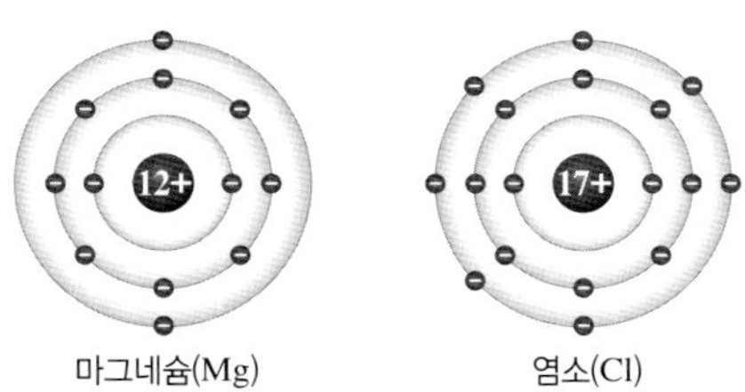

마그네슘과 염소로 이루어진 안정한 화합물의 화학식을 쓰시오.

211 중

그림은 원자 A~C의 전자 배치를 모형으로 나타낸 것이다.

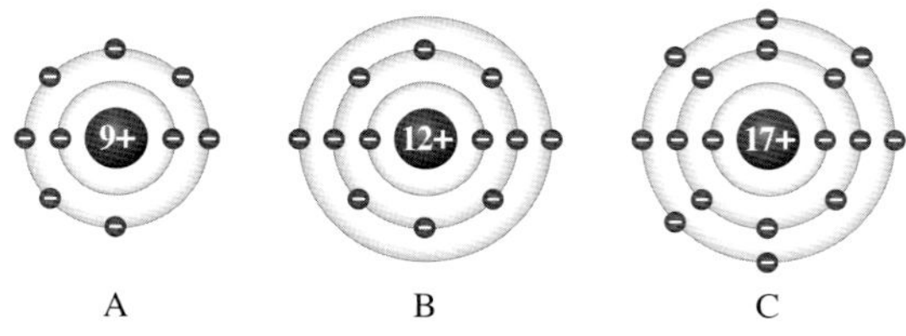

이에 대한 설명으로 옳은 것만을 〈보기〉에서 있는 대로 고른 것은? (단, A~C는 임의의 원소 기호이다.)

> ─〈 보기 〉─
> ㄱ. A와 C는 화학적 성질이 비슷하다.
> ㄴ. A와 B는 2 : 1로 결합하여 안정한 화합물을 형성한다.
> ㄷ. B와 C로 이루어진 안정한 화합물에서 B 이온과 C 이온의 전자 배치는 같다.

① ㄱ　　　　② ㄷ　　　　③ ㄱ, ㄴ
④ ㄴ, ㄷ　　　⑤ ㄱ, ㄴ, ㄷ

212 중

| 서술형 |

그림은 원자 A와 B가 화합물 (가)를 형성하는 반응을 모형으로 나타낸 것이다. (단, A와 B는 임의의 원소 기호이다.)

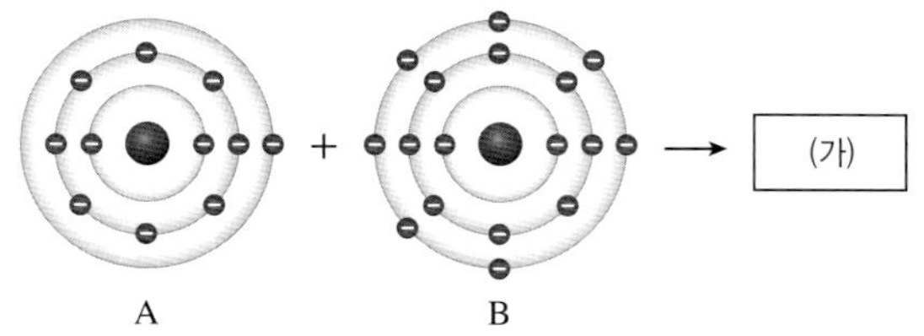

(1) (가)를 형성할 때 전자의 이동을 화학 결합의 원리와 관련하여 서술하시오.

(2) (가)의 화학 결합의 종류를 쓰시오.

★빈출 213 중

그림은 A^-, B, C^{2+}의 전자 배치를 모형으로 나타낸 것이다.

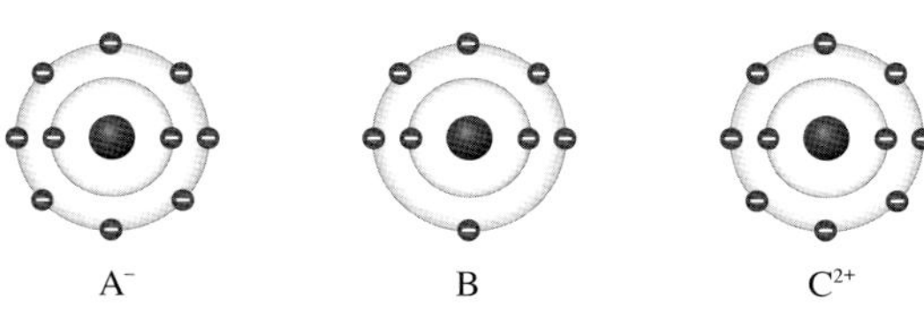

이에 대한 설명으로 옳은 것만을 〈보기〉에서 있는 대로 고른 것은? (단, A~C는 임의의 원소 기호이다.)

> ─〈 보기 〉─
> ㄱ. A와 C는 같은 주기 원소이다.
> ㄴ. B와 C가 화학 결합을 형성할 때 전자는 C에서 B로 이동한다.
> ㄷ. CA_2에서 A 이온과 C 이온은 모두 네온과 같은 전자 배치를 이룬다.

① ㄱ　　　　② ㄴ　　　　③ ㄱ, ㄷ
④ ㄴ, ㄷ　　　⑤ ㄱ, ㄴ, ㄷ

★빈출 214 중

그림은 화합물 AB를 화학 결합 모형으로 나타낸 것이다.

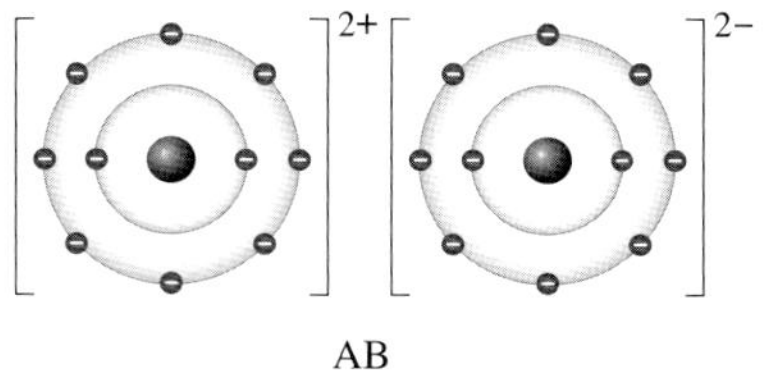

이에 대한 설명으로 옳은 것만을 〈보기〉에서 있는 대로 고른 것은? (단, A와 B는 임의의 원소 기호이다.)

> ─〈 보기 〉─
> ㄱ. A와 B는 같은 주기 원소이다.
> ㄴ. 원자가 전자 수는 B가 A보다 4만큼 크다.
> ㄷ. AB가 형성될 때 전자는 B에서 A로 이동한다.

① ㄱ　　　　② ㄴ　　　　③ ㄱ, ㄷ
④ ㄴ, ㄷ　　　⑤ ㄱ, ㄴ, ㄷ

215 중

다음은 나트륨과 염소의 반응을 알아보는 실험 과정과 결과를 나타낸 것이다.

[실험 과정]

액체 X 속에 보관되어 있는 나트륨 조각을 염소 기체가 들어 있는 삼각 플라스크에 넣어 반응시킨다.

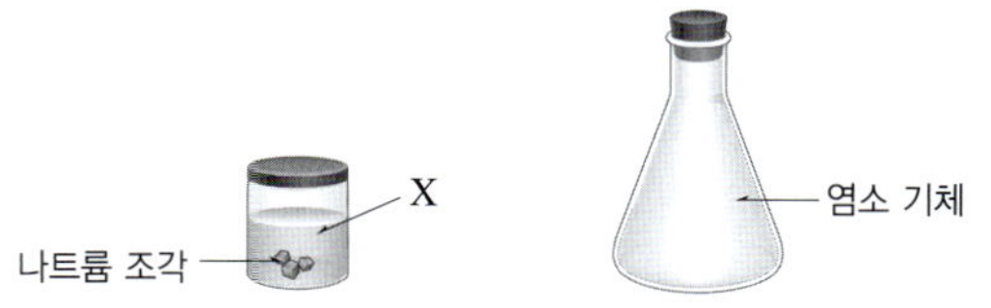

[실험 결과]

• 삼각 플라스크 속에 흰색 고체 물질 Y가 생성되었다.

이에 대한 설명으로 옳은 것만을 〈보기〉에서 있는 대로 고른 것은?

〈보기〉

ㄱ. '물'은 X로 적절하다.

ㄴ. Y가 형성될 때 전자는 나트륨에서 염소로 이동한다.

ㄷ. Y는 이온 결합 물질이다.

① ㄱ   ② ㄷ   ③ ㄱ, ㄴ

④ ㄴ, ㄷ   ⑤ ㄱ, ㄴ, ㄷ

216 중

그림은 주기율표의 일부를 나타낸 것이다.

주기＼족	1	2	13	14	15	16	17	18
1	A							
2	B					C	D	
3		E						

이온 결합 물질만을 〈보기〉에서 있는 대로 고른 것은? (단, A~E는 임의의 원소 기호이다.)

〈보기〉

ㄱ. A_2C ㄴ. B_2C

ㄷ. ED_2 ㄹ. CD_2

① ㄱ, ㄴ   ② ㄱ, ㄷ   ③ ㄴ, ㄷ

④ ㄴ, ㄹ   ⑤ ㄷ, ㄹ

217 중

표는 원자 A~D의 전자 배치에서 첫 번째~세 번째 전자 껍질에 들어 있는 전자 수에 대한 자료이다.

구분		A	B	C	D
전자 수	첫 번째 전자 껍질	2	2	2	2
	두 번째 전자 껍질	8	6	8	8
	세 번째 전자 껍질	2	—	—	7

이에 대한 설명으로 옳은 것만을 〈보기〉에서 있는 대로 고른 것은? (단, A~D는 임의의 원소 기호이다.)

〈보기〉

ㄱ. A^{2+}의 전자 배치는 C와 같다.

ㄴ. A와 D로 이루어진 화합물은 이온 결합 물질이다.

ㄷ. A와 B는 1 : 1로 결합하여 안정한 화합물을 형성한다.

① ㄱ   ② ㄴ   ③ ㄱ, ㄷ

④ ㄴ, ㄷ   ⑤ ㄱ, ㄴ, ㄷ

218 상

표는 원자 X~Z에 대한 자료이다.

원자	X	Y	Z
양성자수	9	10	13

이에 대한 설명으로 옳은 것만을 〈보기〉에서 있는 대로 고른 것은? (단, X~Z는 임의의 원소 기호이다.)

〈보기〉

ㄱ. X와 Y는 같은 주기 원소이다.

ㄴ. ZX_3는 이온 결합 물질이다.

ㄷ. ZX_3에서 X 이온과 Z 이온의 전자 배치는 모두 Y와 같다.

① ㄱ   ② ㄷ   ③ ㄱ, ㄴ

④ ㄴ, ㄷ   ⑤ ㄱ, ㄴ, ㄷ

219 상

다음은 화합물 X_2Y에 대한 자료이다.

- X_2Y는 양이온과 음이온이 정전기적 인력으로 결합한 물질이다.
- X_2Y에서 X와 Y의 이온은 모두 네온과 같은 전자 배치를 이룬다.

이에 대한 설명으로 옳은 것만을 〈보기〉에서 있는 대로 고른 것은? (단, X와 Y는 임의의 원소 기호이다.)

— 보기 —
ㄱ. X와 Y는 모두 2주기 원소이다.
ㄴ. X_2Y를 형성할 때 전자는 X에서 Y로 이동한다.
ㄷ. X와 Y의 원자가 전자 수의 합은 7이다.

① ㄱ   ② ㄴ   ③ ㄱ, ㄷ
④ ㄴ, ㄷ   ⑤ ㄱ, ㄴ, ㄷ

공유 결합

220 하

공유 결합에 대한 설명으로 옳은 것만을 〈보기〉에서 있는 대로 고른 것은?

— 보기 —
ㄱ. 비금속 원소의 원자들 사이에 형성된다.
ㄴ. 결합이 형성될 때 두 원자 사이에 전자쌍을 공유한다.
ㄷ. 단일 결합은 두 원자 사이에 전자쌍 1개를 공유하는 결합이다.

① ㄱ   ② ㄷ   ③ ㄱ, ㄴ
④ ㄴ, ㄷ   ⑤ ㄱ, ㄴ, ㄷ

221 하

공유 결합 물질로 옳은 것만을 〈보기〉에서 있는 대로 고른 것은?

— 보기 —
ㄱ. HCl   ㄴ. MgO
ㄷ. NH_3 ㄹ. CO_2

① ㄱ, ㄴ   ② ㄷ, ㄹ   ③ ㄱ, ㄴ, ㄷ
④ ㄱ, ㄷ, ㄹ   ⑤ ㄴ, ㄷ, ㄹ

222 중

그림은 원자 A, B의 전자 배치를 모형으로 나타낸 것이다.

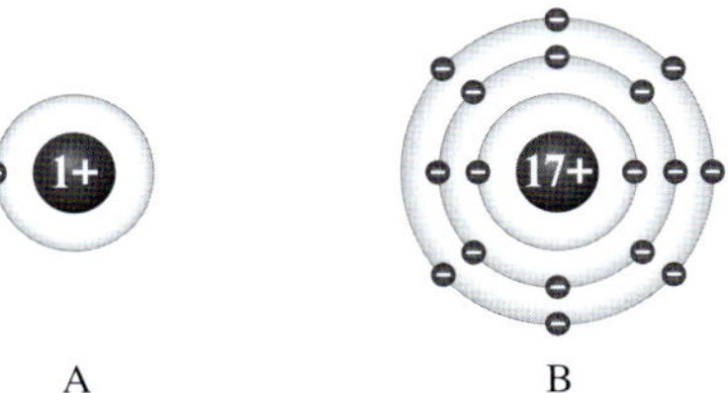

이에 대한 설명으로 옳은 것만을 〈보기〉에서 있는 대로 고른 것은? (단, A와 B는 임의의 원소 기호이다.)

— 보기 —
ㄱ. AB가 형성될 때 전자는 A에서 B로 이동한다.
ㄴ. AB는 공유 결합 물질이다.
ㄷ. AB에서 B는 아르곤과 같은 전자 배치를 이룬다.

① ㄱ   ② ㄴ   ③ ㄱ, ㄷ
④ ㄴ, ㄷ   ⑤ ㄱ, ㄴ, ㄷ

223 빈출 중   이 문제에서 볼 수 있는 보기는 多

그림은 수소(H) 원자와 산소(O) 원자의 전자 배치와 물(H_2O) 분자의 화학 결합을 모형으로 나타낸 것이다.

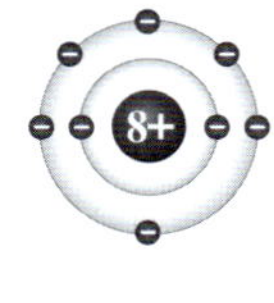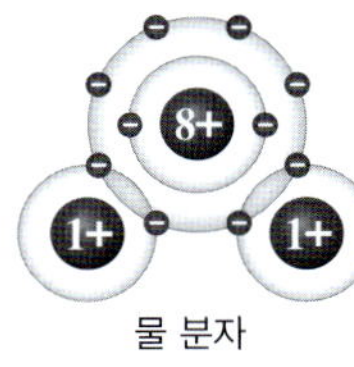

이에 대한 설명으로 옳지 않은 것은?

① 수소는 1족 원소이다.
② H_2O은 공유 결합 물질이다.
③ H_2O에서 산소는 네온과 같은 전자 배치를 이룬다.
④ H_2O에서 수소는 헬륨과 같은 전자 배치를 이룬다.
⑤ H_2O에서 공유 전자쌍 수는 4이다.
⑥ H_2O에서 수소 원자와 산소 원자는 단일 결합을 형성한다.

224 중

그림은 물질 X_2를 화학 결합 모형으로
나타낸 것이다. 이에 대한 설명으로 옳은
것만을 〈보기〉에서 있는 대로 고른 것은?
(단, X는 임의의 원소 기호이다.)

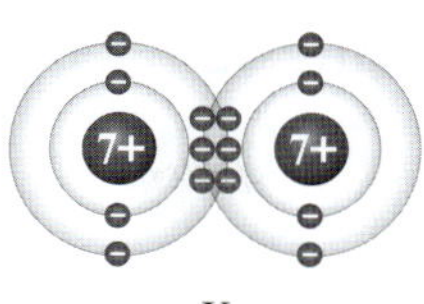

> ──────〈 보기 〉──────
> ㄱ. X의 원자가 전자 수는 7이다.
> ㄴ. X_2는 공유 결합 물질이다.
> ㄷ. X_2에서 공유 전자쌍 수는 3이다.

① ㄱ   ② ㄴ   ③ ㄱ, ㄷ
④ ㄴ, ㄷ   ⑤ ㄱ, ㄴ, ㄷ

★빈출
225 중

그림은 물질 A_2와 B_2A를 화학 결합 모형으로 나타낸 것이다.

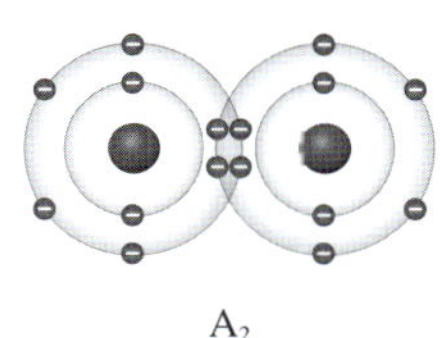
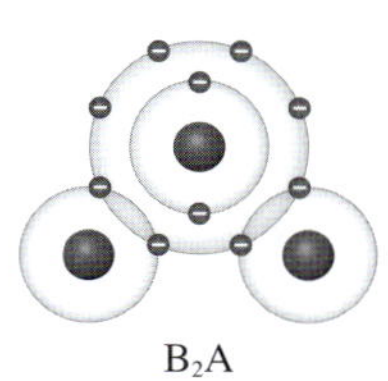

이에 대한 설명으로 옳은 것만을 〈보기〉에서 있는 대로 고른 것은?
(단, A와 B는 임의의 원소 기호이다.)

> ──────〈 보기 〉──────
> ㄱ. A의 원자가 전자 수는 6이다.
> ㄴ. B_2A는 공유 결합 물질이다.
> ㄷ. A_2와 B_2A에는 모두 이중 결합이 있다.

① ㄱ   ② ㄷ   ③ ㄱ, ㄴ
④ ㄴ, ㄷ   ⑤ ㄱ, ㄴ, ㄷ

226 중

그림은 화합물 ABC를 화학 결합 모형으로 나타낸 것이다.

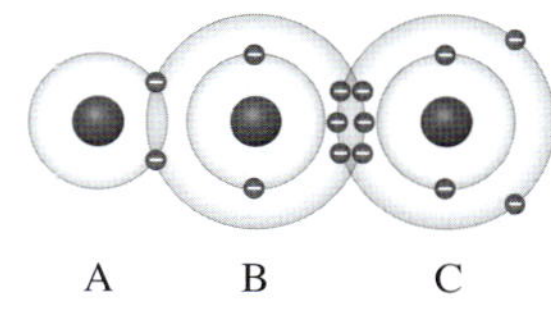

A~C의 원자가 전자 수의 합을 구하시오. (단, A~C는 임의의
원소 기호이다.)

★빈출
227 중

그림은 물질 X_2와 YZ_3를 화학 결합 모형으로 나타낸 것이다.

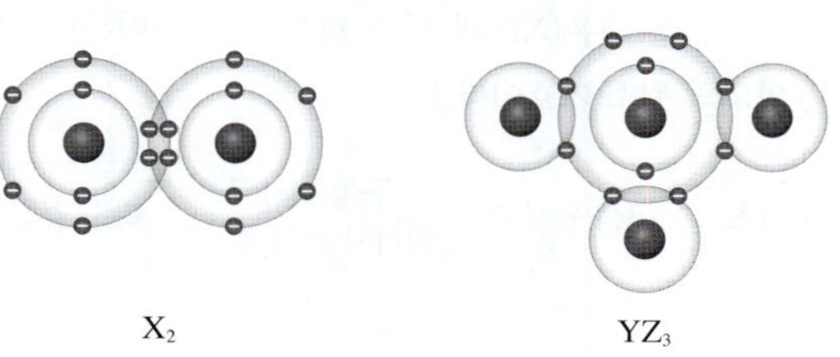

이에 대한 설명으로 옳은 것만을 〈보기〉에서 있는 대로 고른 것은?
(단, X~Z는 임의의 원소 기호이다.)

> ──────〈 보기 〉──────
> ㄱ. X와 Y는 같은 주기 원소이다.
> ㄴ. YZ_3는 공유 결합 물질이다.
> ㄷ. 공유 전자쌍 수는 X_2가 YZ_3보다 크다.

① ㄱ   ② ㄷ   ③ ㄱ, ㄴ
④ ㄴ, ㄷ   ⑤ ㄱ, ㄴ, ㄷ

228 중

그림은 물질 X_2, Y_2, Z_2를 화학 결합 모형으로 나타낸 것이다.

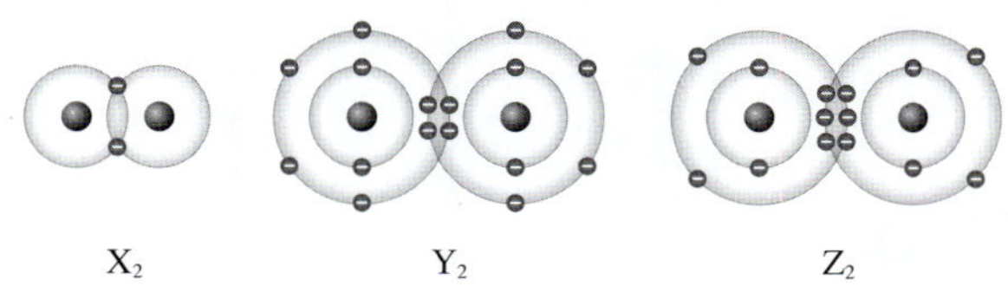

이에 대한 설명으로 옳은 것만을 〈보기〉에서 있는 대로 고른 것은?
(단, X~Z는 임의의 원소 기호이다.)

> ──────〈 보기 〉──────
> ㄱ. X의 원자가 전자 수는 2이다.
> ㄴ. 원자 번호는 Z가 Y보다 크다.
> ㄷ. 공유 전자쌍 수는 Y_2가 X_2보다 크다.

① ㄱ   ② ㄷ   ③ ㄱ, ㄴ
④ ㄴ, ㄷ   ⑤ ㄱ, ㄴ, ㄷ

229 상

| 서술형 |

표는 분자 X에 대한 자료이다. A, B는 2주기 비금속 원소이며,
X에서 A와 B는 네온(Ne)과 같은 전자 배치를 이룬다. (단, A
와 B는 임의의 원소 기호이다.)

구성 원소	구성 원자 수	구성 원자의 원자가 전자 수 합	다중 결합 유무
A, B	3	20	없음

제시된 자료를 근거로 X를 화학 결합 모형으로 나타내시오.

이온 결합과 공유 결합

230 중

그림은 물(H_2O)과 산화 마그네슘(MgO)을 화학 결합 모형으로
나타낸 것이다.

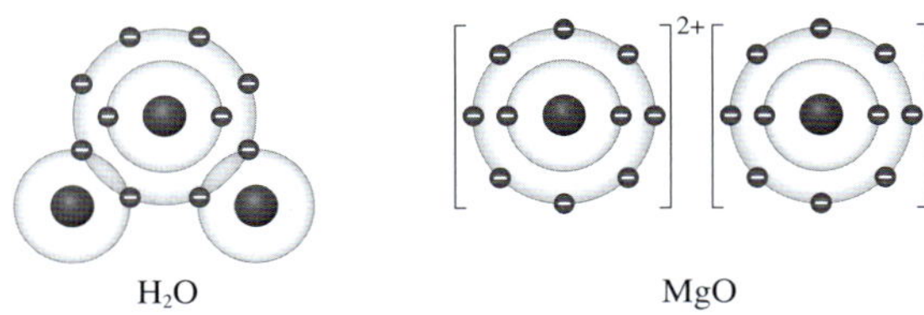

H_2O MgO

이에 대한 설명으로 옳은 것만을 〈보기〉에서 있는 대로 고른 것은?

〈 보기 〉

ㄱ. 원자가 전자 수는 O가 Mg보다 크다.
ㄴ. H_2O은 공유 결합 물질이다.
ㄷ. MgO에서 구성 입자는 모두 네온과 같은 전자 배치를 이
룬다.

① ㄱ ② ㄷ ③ ㄱ, ㄴ
④ ㄴ, ㄷ ⑤ ㄱ, ㄴ, ㄷ

231 중

| 서술형 |

그림은 화합물 AB와 CB를 화학 결합 모형으로 나타낸 것이다.
(단, A~C는 임의의 원소 기호이다.)

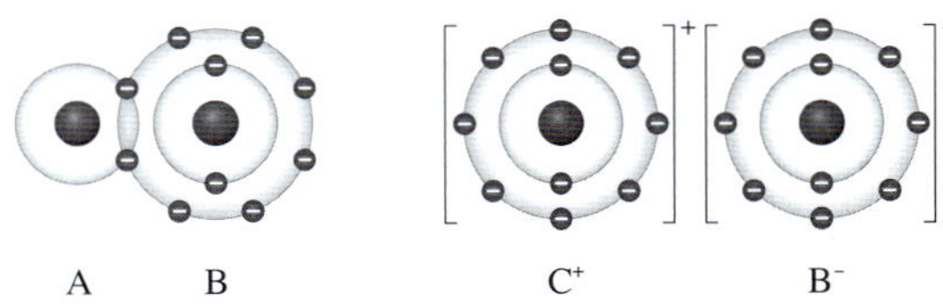

A B C^+ B^-

AB와 CB의 화학 결합의 차이점을 전자를 언급하여 서술하시오.

232 중 빈출

그림은 이온 A^+, B^{2-}, C^-의 전자 배치를 모형으로 나타낸 것이다.

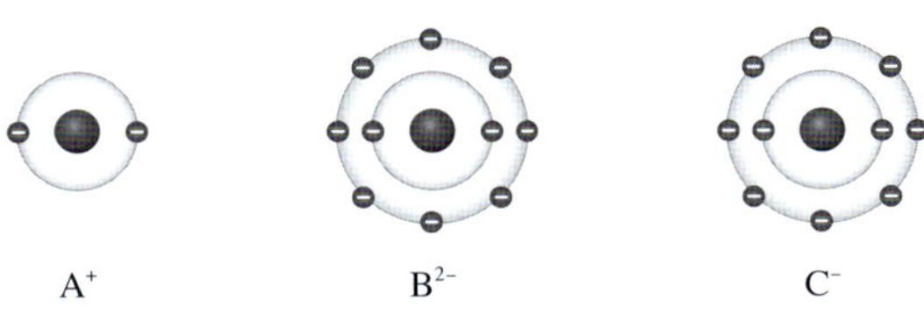

A^+ B^{2-} C^-

이에 대한 설명으로 옳은 것만을 〈보기〉에서 있는 대로 고른 것은?
(단, A~C는 임의의 원소 기호이다.)

〈 보기 〉

ㄱ. A와 C는 같은 족 원소이다.
ㄴ. AC는 이온 결합 물질이다.
ㄷ. 공유 전자쌍 수는 B_2가 C_2보다 크다.

① ㄱ ② ㄷ ③ ㄱ, ㄴ
④ ㄴ, ㄷ ⑤ ㄱ, ㄴ, ㄷ

233 중

그림은 세 가지 물질을 주어진 기준에 따라 분류한 것이다.

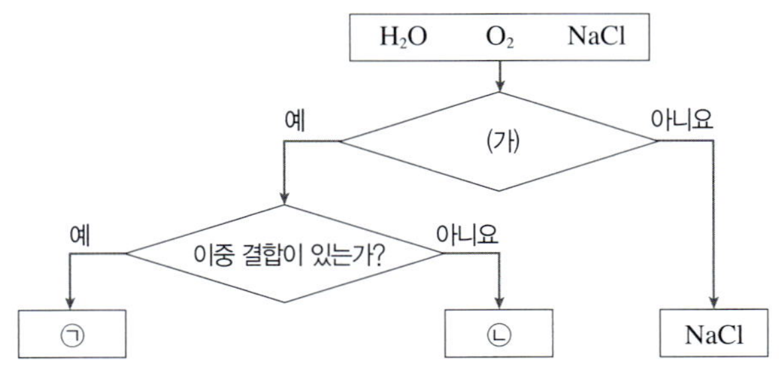

이에 대한 설명으로 옳은 것만을 〈보기〉에서 있는 대로 고른 것은?

〈 보기 〉

ㄱ. '전자쌍을 공유하여 형성된 물질인가?'는 기준 (가)로 적
절하다.
ㄴ. ㉠과 ㉡은 모두 비금속 원소로 이루어진다.
ㄷ. ㉡은 H_2O이다.

① ㄱ ② ㄷ ③ ㄱ, ㄴ
④ ㄴ, ㄷ ⑤ ㄱ, ㄴ, ㄷ

234 충

그림은 원자 A~D의 전자 배치에서 원자가 전자 수와 전자가 들어 있는 전자 껍질 수를 나타낸 것이다.

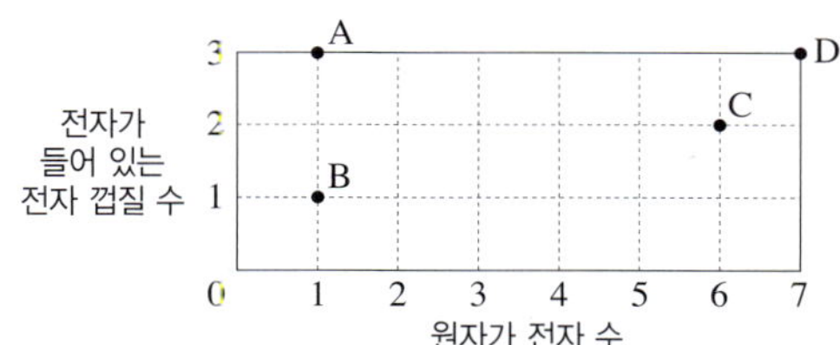

이에 대한 설명으로 옳은 것만을 〈보기〉에서 있는 대로 고른 것은? (단, A~D는 임의의 원소 기호이다.)

〈보기〉
ㄱ. BD는 공유 결합 물질이다.
ㄴ. A_2C에서 A 이온과 C 이온은 같은 전자 배치를 이룬다.
ㄷ. CD_2에서 공유 전자쌍 수는 4이다.

① ㄱ ② ㄷ ③ ㄱ, ㄴ
④ ㄴ, ㄷ ⑤ ㄱ, ㄴ, ㄷ

235 상

이 문제에서 볼 수 있는 보기는 多

그림은 주기율표의 일부를 나타낸 것이고, 표는 원소 A~F로 이루어진 물질에 대한 자료이다. (가)~(라)를 구성하는 원자 또는 이온은 모두 18족 원소의 전자 배치를 이룬다.

주기 \ 족	1	2	13	14	15	16	17	18
1	A							
2				B		C		
3	D	E				F		

물질	(가)	(나)	(다)	(라)
구성 원소	A, C	A, B	C, D	E, F
화학식을 구성 하는 원자 수	3	5	3	x

이에 대한 설명으로 옳은 것만을 모두 고르면? (단, A~F는 임의의 원소 기호이다.)(2개)

① (가)는 이온 결합 물질이다.
② (나)에는 이중 결합이 있다.
③ (라)는 공유 결합 물질이다.
④ (다)에서 C 이온과 D 이온의 전자 배치는 모두 네온과 같다.
⑤ (가)와 (다)의 화학식에서 C의 원자 수는 같다.
⑥ (나)와 (다)의 화학 결합의 종류는 같다.
⑦ $x=5$이다.

236 상

표는 네온(Ne)과 전자 수가 같은 원소 A~C의 이온에 대한 자료이다.

이온	A 이온	B 이온	C 이온
양성자수	8	9	12

이에 대한 설명으로 옳은 것만을 〈보기〉에서 있는 대로 고른 것은? (단, A~C는 임의의 원소 기호이고, Ne의 원자 번호는 10이다.)

〈보기〉
ㄱ. A와 B는 같은 주기 원소이다.
ㄴ. AB_2는 공유 결합 물질이다.
ㄷ. CB_2에서 B 이온과 C 이온의 전자 배치는 서로 같다.

① ㄱ ② ㄷ ③ ㄱ, ㄴ
④ ㄴ, ㄷ ⑤ ㄱ, ㄴ, ㄷ

237 상

다음은 물질 X와 Y에 대한 자료이다.

- 그림은 주기율표에서 A~D의 위치를 나타낸 것이다.

주기 \ 족	1	2	13	14	15	16	17	18
2	A					B		
3		C					D	

- X와 Y는 원소 A~D 중 두 가지 원소로 이루어진다.
- X와 Y의 화학 결합의 종류는 서로 다르다.
- X는 금속 원소를 포함하며, 구성 입자는 모두 네온과 같은 전자 배치를 이룬다.
- Y의 화학식을 구성하는 원자 수는 3이다.

이에 대한 설명으로 옳은 것만을 〈보기〉에서 있는 대로 고른 것은? (단, A~D는 임의의 원소 기호이다.)

〈보기〉
ㄱ. Y는 공유 결합 물질이다.
ㄴ. X의 화학식을 구성하는 원자 수는 2이다.
ㄷ. Y에서 구성 입자는 모두 네온과 같은 전자 배치를 이룬다.

① ㄱ ② ㄷ ③ ㄱ, ㄴ
④ ㄴ, ㄷ ⑤ ㄱ, ㄴ, ㄷ

09 화학 결합과 물질의 성질

A 이온 결합 물질

1 이온 결합 물질 이온 결합으로 생성된 물질

① 수많은 양이온과 음이온이 연속적으로 결합하여 규칙적으로 배열된 입체 구조를 이룬다. └ 결정이라고 한다.

② 화학식: 이온 결합으로 형성된 물질은 전기적으로 ❶[ ]이므로 양이온의 총 전하량과 음이온의 총 전하량의 합이 0이 될 수 있도록 이온의 개수비를 가장 간단한 정수비로 나타낸다.

> (양이온의 전하×양이온의 수)+(음이온의 전하×음이온의 수)=0

→ 이온의 종류에 따라 결합하는 이온의 개수비가 달라진다.

┤ 염화 나트륨의 모형과 화학식 ├

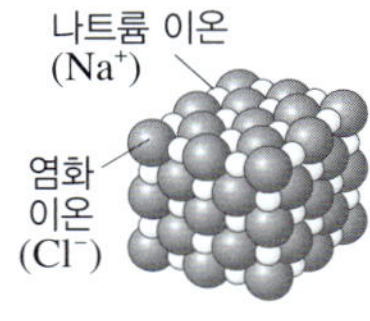

수많은 Na^+과 Cl^-이 1 : 1의 개수비로 결합하여 결정을 이룬다.

$$NaCl$$
이온의 개수비 (1은 생략)

양이온과 음이온의 개수비를 가장 간단한 정수로 나타낸다.

▲ 염화 나트륨의 모형
▲ 염화 나트륨의 화학식

③ 우리 주변의 이온 결합 물질

물질	이용	물질	이용
염화 나트륨($NaCl$)	소금의 주성분	탄산 칼슘($CaCO_3$)	달걀 껍데기의 주성분
염화 칼슘($CaCl_2$)	제설제, 습기 제거제	탄산수소 나트륨 ($NaHCO_3$)	제빵 소다의 주성분

2 이온 결합 물질의 성질

① 고체 상태: 이온들이 강하게 결합하여 이동할 수 없으므로 전기 전도성이 ❷[ ]다.

② 수용액 상태: 이온들이 자유롭게 이동할 수 있으므로 전기 전도성이 ❸[ ]다.

┤ 염화 나트륨 수용액의 전기 전도성 ├

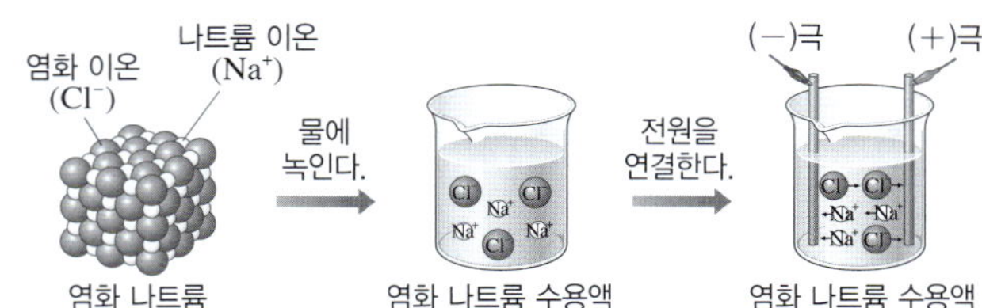

염화 나트륨 수용액에 전원을 연결하면 Na^+은 (−)극으로, Cl^-은 (+)극으로 이동하여 전류가 흐른다.

B 공유 결합 물질

1 공유 결합 물질 공유 결합으로 생성된 물질

① 일반적으로 일정한 수의 원자들이 결합하여 ❹[ ]를 이룬다.

② 우리 주변의 공유 결합 물질

물질	이용	물질	이용
질소(N_2)	과자 봉지의 충전재	설탕($C_{12}H_{22}O_{11}$)	음식의 조미료
메테인(CH_4)	도시가스의 주성분	에탄올(C_2H_5OH)	소독용 알코올

2 공유 결합 물질의 성질 고체 상태와 수용액 상태에서 대부분 전기 전도성이 ⑤ ☐ 다.
➡ 전기적으로 중성인 분자로 이루어져 있고 물에 녹아 분자로 존재하기 때문이다.

┌ **설탕 수용액의 전기 전도성** ┐

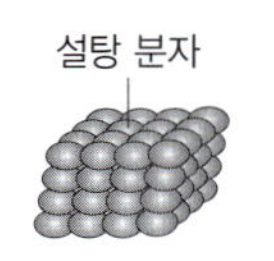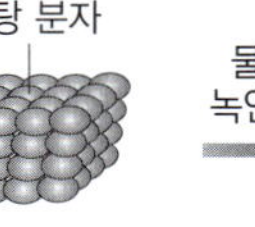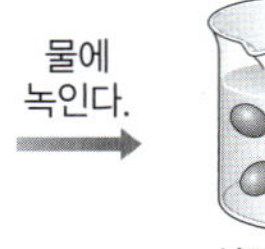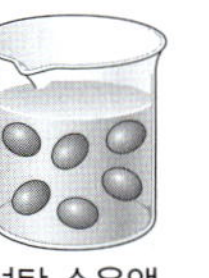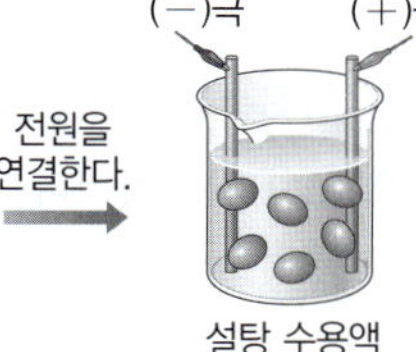

설탕은 분자로 이루어져 있다.

설탕을 물에 녹이면 이온으로 나누어 지지 않고 분자로 존재한다.

설탕 수용액에 전원을 연결해도 분자들이 어느 극으로도 이동하지 않으므로 전류가 흐르지 않는다.

┌ **결합의 종류에 따른 물질의 전기 전도성** ┐

염화 나트륨, 염화 칼슘, 황산 구리(Ⅱ), 설탕, 포도당에 각각 전기 전도성 측정기를 꽂아 전류가 흐르는지 관찰하고, 각 물질을 증류수에 녹인 수용액에 전기 전도성 측정기를 꽂아 전류가 흐르는지 관찰한다.

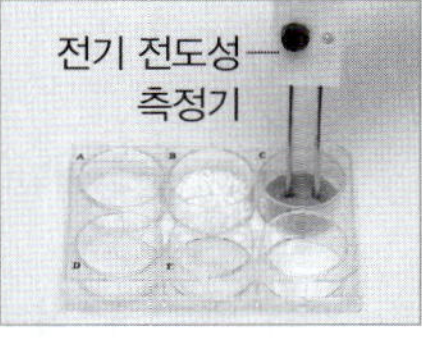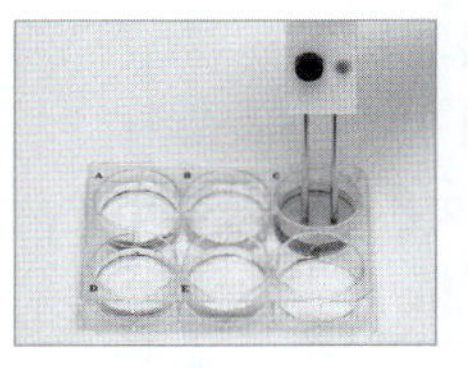

• 물질의 전기 전도성

(○: 전기 전도성 있음, ×: 전기 전도성 없음)

구분		염화 나트륨	염화 칼슘	황산 구리(Ⅱ)	설탕	포도당
전기 전도성	고체	×	×	×	×	×
	수용액	○	○	○	×	×

• ⑥ ☐ 결합 물질: 염화 나트륨, 염화 칼슘, 황산 구리(Ⅱ) ➡ 고체 상태에서는 전기 전도성이 없지만 수용액 상태에서는 전기 전도성이 있다.
• ⑦ ☐ 결합 물질: 설탕, 포도당 ➡ 고체 상태와 수용액 상태에서 모두 전기 전도성이 없다.

기출 PICK B-2

전기 전도성이 있는 공유 결합 물질
• 흑연은 고체 상태에서 자유롭게 이동할 수 있는 전자가 있어 전기 전도성이 있다.
• 염화 수소, 암모니아, 아세트산 등과 같이 수용액에서 이온화하는 물질은 수용액 상태에서 전기 전도성이 있다.

기출 PICK A B

이온 결합 물질과 공유 결합 물질의 전기 전도성

구분	고체	수용액
이온 결합 물질	×	○
공유 결합 물질	×	×

답 ❶ 중성 ❷ 없 ❸ 있 ❹ 분자 ❺ 없 ❻ 이온 ❼ 공유

빈출 자료 보기

정답과 해설 19쪽 ▶▶

238 그림은 물질 (가)와 (나)의 고체 상태 모형을 나타낸 것이다. (가)와 (나)는 각각 염화 나트륨과 설탕 중 하나이다.

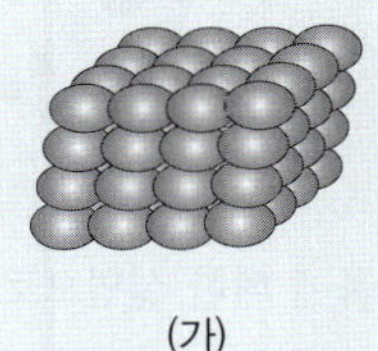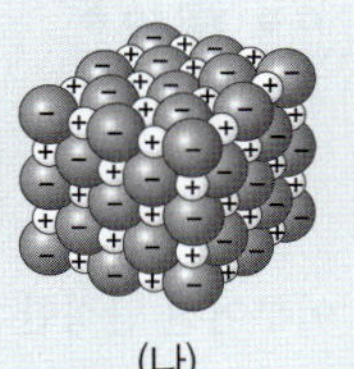

이에 대한 설명으로 옳은 것은 ○, 옳지 않은 것은 ×로 표시하시오.

(1) (가)는 공유 결합 물질이다. (   )
(2) (나)는 이온 결합 물질이다. (   )
(3) (가)는 전기적으로 중성인 분자로 이루어져 있다. (   )
(4) (나)는 전하를 띠는 이온으로 이루어져 있다. (   )
(5) 고체 상태에서 (가)와 (나)는 모두 전기 전도성이 없다. (   )
(6) 수용액 상태에서 (가)는 전기 전도성이 있고, (나)는 전기 전도성이 없다. (   )

239 표는 물질 A와 B의 전기 전도성을 확인한 실험 결과를 나타낸 것이다. A와 B는 각각 염화 칼슘과 포도당 중 하나이다.

구분		A	B
전기 전도성	고체	없음	없음
	수용액	없음	있음

이에 대한 설명으로 옳은 것은 ○, 옳지 않은 것은 ×로 표시하시오.

(1) A의 구성 원소는 모두 비금속 원소이다. (   )
(2) B의 구성 원소에는 금속 원소가 있다. (   )
(3) 고체 상태의 A에는 이온이 존재하지 않는다. (   )
(4) 고체 상태의 B는 분자로 존재한다. (   )
(5) A가 물에 녹으면 양이온과 음이온으로 나누어진다. (   )
(6) 수용액 상태의 B에서는 이온들이 자유롭게 이동할 수 있다. (   )

A 이온 결합 물질

240 하

이온 결합 물질에 대한 설명으로 옳지 <u>않은</u> 것은?

① 실온에서 양이온과 음이온이 규칙적으로 배열된 입체 구조를 이룬다.
② 고체 상태에서 전기 전도성이 없다.
③ 고체 상태에서 이온이 존재하지 않는다.
④ 수용액 상태에서 전기 전도성이 있다.
⑤ 염화 칼슘, 탄산수소 나트륨은 이온 결합 물질이다.

241 중

이 문제에서 볼 수 있는 보기는 多

그림은 물질 X를 모형으로 나타낸 것이다. 이에 대한 설명으로 옳은 것만을 모두 고르면? (단, A와 B는 3주기에 속하는 임의의 원소 기호이다.) (2개)

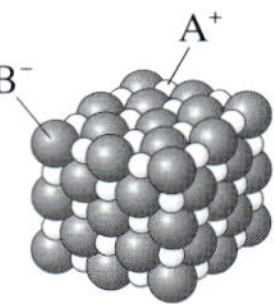

① A는 비금속 원소이다.
② B는 금속 원소이다.
③ 원자 번호는 A>B이다.
④ X는 이온 결합 물질이다.
⑤ X는 물에 녹아 A^+과 B^-으로 나누어진다.
⑥ X는 고체 상태에서 전기 전도성이 있다.
⑦ X는 수용액 상태에서 전기 전도성이 없다.

242 중

| 서술형 |

다음은 고체 상태와 수용액 상태에서 염화 나트륨의 전기 전도성을 알아보기 위한 실험과 결과를 나타낸 것이다.

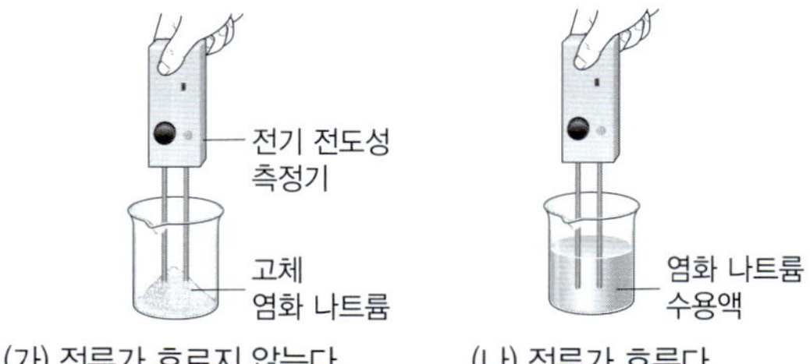

(가), (나)와 같은 결과가 나타나는 까닭을 서술하시오.

243 중

빈출

그림은 염화 나트륨(NaCl)의 고체 상태와 수용액 상태를 각각 모형으로 나타낸 것이다.

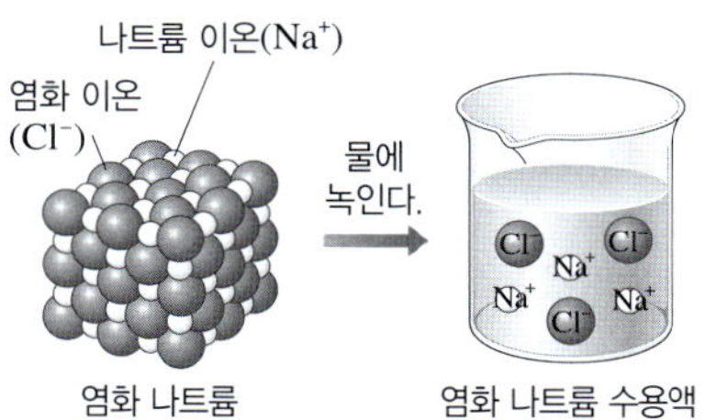

이에 대한 설명으로 옳은 것만을 〈보기〉에서 있는 대로 고른 것은?

― 보기 ―
ㄱ. 염화 나트륨은 실온에서 결정 상태로 존재한다.
ㄴ. 염화 나트륨은 고체 상태에서 전기 전도성이 없다.
ㄷ. 염화 나트륨은 수용액 상태에서 전기 전도성이 있다.

① ㄱ   ② ㄴ   ③ ㄱ, ㄷ
④ ㄴ, ㄷ   ⑤ ㄱ, ㄴ, ㄷ

244 중

그림은 이온 A^{2+}과 B^-의 전자 배치를 모형으로 나타낸 것이다.

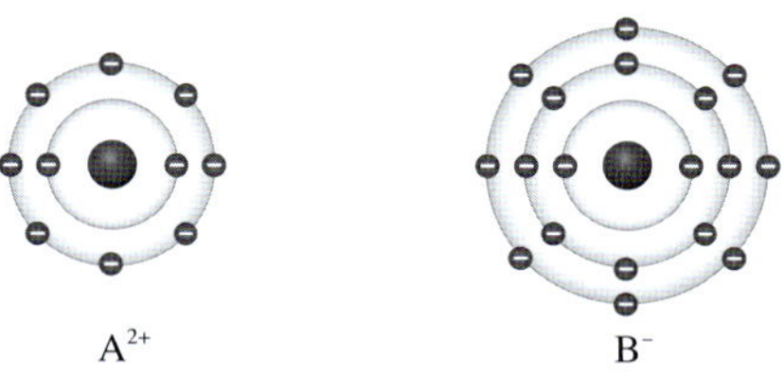

A와 B로 이루어진 안정한 화합물에 대한 설명으로 옳은 것만을 〈보기〉에서 있는 대로 고른 것은? (단, A와 B는 임의의 원소 기호이다.)

― 보기 ―
ㄱ. 화학식은 A_2B이다.
ㄴ. 이온 결합 물질이다.
ㄷ. 수용액 상태에서 전기 전도성이 있다.

① ㄱ   ② ㄴ   ③ ㄱ, ㄷ
④ ㄴ, ㄷ   ⑤ ㄱ, ㄴ, ㄷ

B 공유 결합 물질

공유 결합 물질

245 하

다음은 세 가지 물질을 나타낸 것이다.

> 포도당   설탕   에탄올

이 물질들의 공통점으로 옳은 것만을 〈보기〉에서 있는 대로 고른 것은?

> ─── 보기 ───
> ㄱ. 공유 결합 물질이다.
> ㄴ. 비금속 원소로 이루어진다.
> ㄷ. 수용액은 전기 전도성이 있다.

① ㄱ 　　② ㄷ 　　③ ㄱ, ㄴ
④ ㄴ, ㄷ 　　⑤ ㄱ, ㄴ, ㄷ

246 중 | 서술형 |

그림은 설탕을 물에 녹인 수용액의 전기 전도성을 알아보기 위한 실험을 나타낸 것이다.

설탕 수용액의 전기 전도성 유무를 그 까닭과 함께 서술하시오.

이온 결합 물질과 공유 결합 물질

247 하

염화 칼륨(KCl)과 설탕($C_{12}H_{22}O_{11}$)을 구별할 수 있는 실험 방법으로 옳은 것만을 〈보기〉에서 있는 대로 고른 것은?

> ─── 보기 ───
> ㄱ. 물에 대한 용해성을 확인한다.
> ㄴ. 고체 상태에서 전기 전도성을 확인한다.
> ㄷ. 수용액 상태에서 전기 전도성을 확인한다.

① ㄱ 　　② ㄷ 　　③ ㄱ, ㄴ
④ ㄴ, ㄷ 　　⑤ ㄱ, ㄴ, ㄷ

248 중

표는 일상생활에서 이용되는 물질 A~C에 대한 자료이다. A~C는 각각 뷰테인, 염화 칼슘, 탄산수소 나트륨 중 하나이다.

물질	A	B	C
이용	휴대용 가스레인지 연료의 주성분이다.	빵을 만들 때 사용하는 제빵 소다의 성분이다.	제설제의 성분이다.

A~C를 이온 결합 물질과 공유 결합 물질로 옳게 분류한 것은?

	이온 결합 물질	공유 결합 물질
①	A	B, C
②	A, B	C
③	B	A, C
④	C	A, B
⑤	B, C	A

249 중

그림은 주기율표의 일부를 나타낸 것이다.

주기 \ 족	1	2	13	14	15	16	17	18
1	A							
2				B		C		
3	D						E	

A~E로 이루어진 물질에 대한 설명으로 옳은 것만을 〈보기〉에서 있는 대로 고른 것은? (단, A~E는 임의의 원소 기호이다.)

> ─── 보기 ───
> ㄱ. BA_4는 양이온과 음이온이 정전기적 인력으로 결합한 물질이다.
> ㄴ. BC_2는 실온에서 분자로 존재한다.
> ㄷ. DE는 수용액 상태에서 전기 전도성이 있다.

① ㄱ 　　② ㄴ 　　③ ㄱ, ㄷ
④ ㄴ, ㄷ 　　⑤ ㄱ, ㄴ, ㄷ

이 문제에서 볼 수 있는 보기는 多

그림은 원자 A~D의 전자 배치를 모형으로 나타낸 것이다.

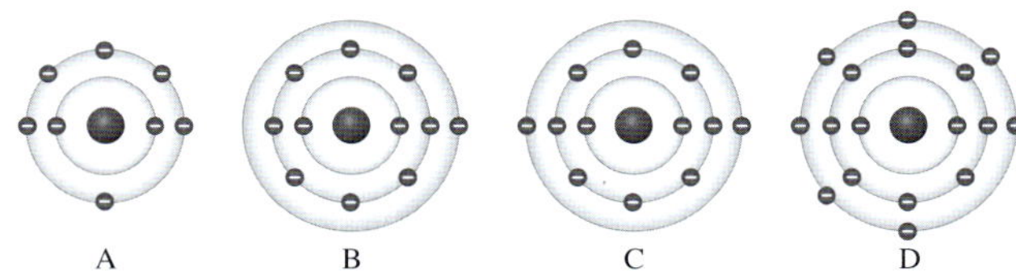

이에 대한 설명으로 옳지 <u>않은</u> 것을 모두 고르면? (단, A~D는 임의의 원소 기호이다.)(2개)

① A_2는 실온에서 분자로 존재한다.
② BD는 실온에서 결정 상태로 존재한다.
③ A와 C로 이루어진 물질의 화학식은 CA_2이다.
④ A와 D로 이루어진 물질은 공유 결합 물질이다.
⑤ B_2A는 고체 상태에서 전기 전도성이 있다.
⑥ BD는 수용액 상태에서 전기 전도성이 있다.

251 중

| 서술형 |

그림은 물질 X와 Y의 화학 결합 모형과 주기율표에서 원소 A~F의 위치를 나타낸 것이다. (단, A~F는 임의의 원소 기호이다.)

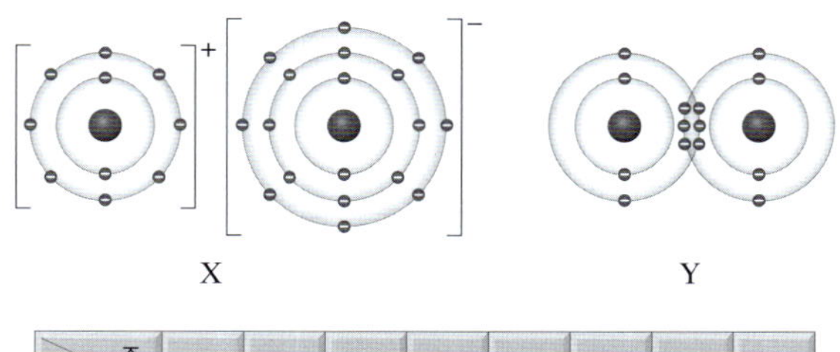

주기 \ 족	1	2	13	14	15	16	17	18
1	A							
2					B		C	
3	D	E					F	

(1) X와 Y의 화학식을 A~F로 표현하시오.

(2) 물질 X의 고체 상태와 수용액 상태에서 전기 전도성의 유무를 그 까닭과 함께 서술하시오.

그림은 물질 (가)와 (나)의 고체 상태에서 입자의 배열을 모형으로 나타낸 것이다. (가)와 (나)는 각각 염화 나트륨(NaCl)과 설탕($C_{12}H_{22}O_{11}$) 중 하나이다.

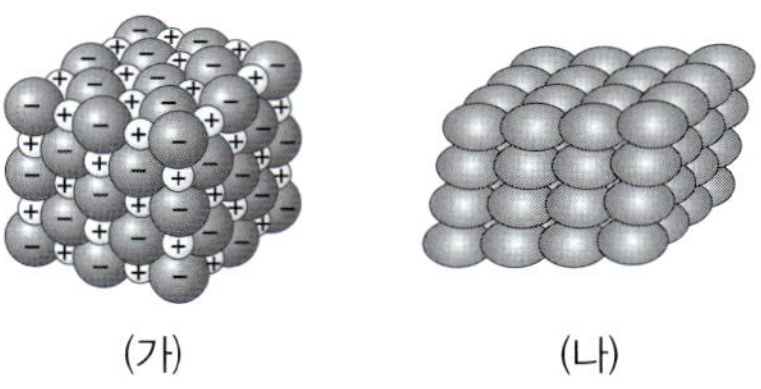

(가)와 (나)에 대한 설명으로 옳은 것만을 〈보기〉에서 있는 대로 고른 것은?

보기
ㄱ. (가)는 금속 원소와 비금속 원소로 이루어진다.
ㄴ. (나)는 수용액 상태에서 분자로 존재한다.
ㄷ. 모두 고체 상태에서 전기 전도성이 없다.

① ㄱ　　　　② ㄷ　　　　③ ㄱ, ㄴ
④ ㄴ, ㄷ　　　⑤ ㄱ, ㄴ, ㄷ

그림은 물질 A와 B의 수용액을 모형으로 나타낸 것이다. A와 B는 각각 포도당과 염화 칼륨 중 하나이다.

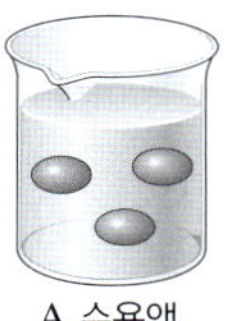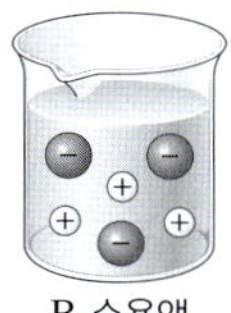

이에 대한 설명으로 옳은 것만을 〈보기〉에서 있는 대로 고른 것은?

보기
ㄱ. A는 공유 결합 물질이다.
ㄴ. B의 구성 원소에는 금속 원소가 있다.
ㄷ. B는 고체 상태에서 전기 전도성이 있다.

① ㄱ　　　　② ㄷ　　　　③ ㄱ, ㄴ
④ ㄴ, ㄷ　　　⑤ ㄱ, ㄴ, ㄷ

★빈출 254 중

그림은 화합물 (가)와 (나)의 고체 상태와 수용액 상태를 모형으로 나타낸 것이다. (가)와 (나)는 각각 염화 나트륨과 설탕 중 하나이다.

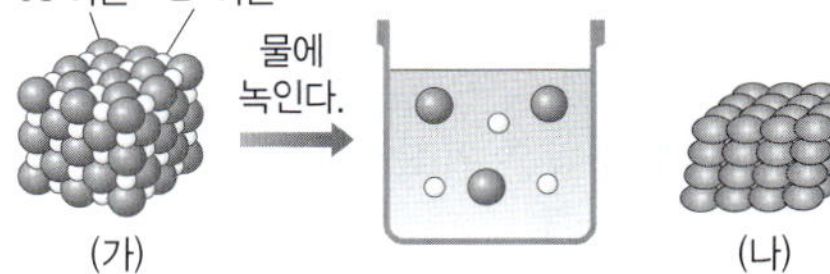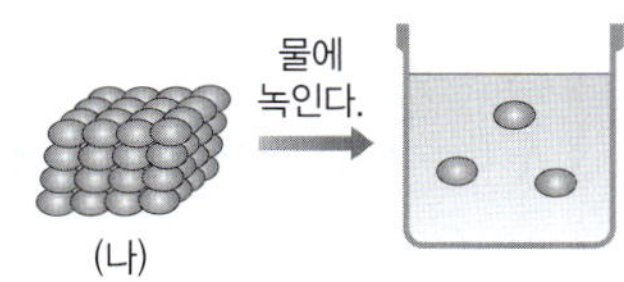

이에 대한 설명으로 옳은 것만을 〈보기〉에서 있는 대로 고른 것은?

─ 보기 ─
ㄱ. (가)는 이온 결합 물질이다.
ㄴ. (나)는 비금속 원소로 이루어진다.
ㄷ. (나)는 수용액 상태에서 전기 전도성이 있다.

① ㄱ   ② ㄷ   ③ ㄱ, ㄴ
④ ㄴ, ㄷ   ⑤ ㄱ, ㄴ, ㄷ

★빈출 255 중

다음은 물질 A~C의 전기 전도성을 알아보는 실험이다. A~C는 각각 염화 나트륨(NaCl), 염화 칼륨(KCl), 포도당($C_6H_{12}O_6$) 중 하나이다.

[실험 과정]
(가) 고체 상태의 물질 A~C를 홈판의 홈에 각각 넣고 전류가 흐르는지 확인한다.
(나) 각 물질을 증류수에 녹인 후 전류가 흐르는지 확인한다.

[실험 결과]

(○: 전류가 흐름. ×: 전류가 흐르지 않음.)

구분	A	B	C
고체	×	×	×
수용액	×	○	○

이에 대한 설명으로 옳은 것만을 〈보기〉에서 있는 대로 고른 것은?

─ 보기 ─
ㄱ. A의 구성 원소는 모두 비금속 원소이다.
ㄴ. B는 양이온과 음이온이 정전기적 인력으로 결합한 물질이다.
ㄷ. B와 C에 들어 있는 음이온의 종류는 같다.

① ㄱ   ② ㄷ   ③ ㄱ, ㄴ
④ ㄴ, ㄷ   ⑤ ㄱ, ㄴ, ㄷ

★빈출 256 중

다음은 물질 A~D의 전기 전도성을 알아보는 실험이다. A~D는 각각 염화 칼슘, 황산 구리(Ⅱ), 설탕, 포도당 중 하나이다.

[실험 과정]
(가) 전기 전도성 측정기를 이용하여 고체 상태의 A~D의 전기 전도성을 확인한다.
(나) (가)의 물질을 각각 물에 녹인 후 수용액에서 전기 전도성을 확인한다.

[실험 결과]

구분		A	B	C	D
전기 전도성	고체	㉠	㉡	없음	없음
	수용액	없음	있음	있음	없음

이에 대한 설명으로 옳지 <u>않은</u> 것은?

① '없음'은 ㉠으로 적절하다.
② '있음'은 ㉡으로 적절하다.
③ A는 공유 결합 물질이다.
④ B는 이온 결합 물질이다.
⑤ C는 양이온과 음이온이 정전기적 인력으로 결합한 물질이다.
⑥ D의 구성 원소는 모두 비금속 원소이다.
⑦ A와 D는 수용액 상태에서 분자로 존재한다.

257 중

다음은 기준 ㉠, ㉡에 대한 물질 A, B의 해당 여부와 기준 ㉠, ㉡을 순서 없이 나타낸 것이다. A, B는 각각 염화 나트륨(NaCl)과 포도당($C_6H_{12}O_6$) 중 하나이다.

구분	㉠	㉡
A	예	예
B	예	아니요

기준
• 비금속 원소를 포함하는가?
• 수용액에서 전기 전도성이 있는가?

이에 대한 설명으로 옳은 것만을 〈보기〉에서 있는 대로 고른 것은?

─ 보기 ─
ㄱ. ㉠은 '비금속 원소를 포함하는가?'이다.
ㄴ. A는 실온에서 결정 상태로 존재한다.
ㄷ. B는 공유 결합 물질이다.

① ㄱ   ② ㄴ   ③ ㄱ, ㄷ
④ ㄴ, ㄷ   ⑤ ㄱ, ㄴ, ㄷ

258

표는 원자 X, Y와 안정한 이온인 Z^-에 대한 자료이다. X~Z는 2주기 원소이고, (가)~(다)는 양성자수, 중성자수, 전자 수 중 하나이다.

구분	X	Y	Z^-
(가)	a	7	$b+1$
(나)	5	$\frac{1}{2}(a+b)$	b
(다)	$a+1$	8	$b+1$

이에 대한 설명으로 옳은 것만을 〈보기〉에서 있는 대로 고른 것은? (단, X~Z는 임의의 원소 기호이다.)

〈보기〉
ㄱ. (가)는 전자 수이다.
ㄴ. X~Z 중 중성자수는 Y가 가장 크다.
ㄷ. X의 양성자수와 중성자수의 합은 11이다.

① ㄱ ② ㄴ ③ ㄱ, ㄷ
④ ㄴ, ㄷ ⑤ ㄱ, ㄴ, ㄷ

259

표는 원자 번호 20 이하인 원자 A~C에 대한 자료이다.

구분	A	B	C
$\dfrac{\text{원자가 전자 수}}{\text{전자가 들어 있는 전자 껍질 수}}$	$\dfrac{1}{2}$	2	$\dfrac{3}{2}$
주기율표의 족 번호	2	16	㉠

이에 대한 설명으로 옳은 것만을 〈보기〉에서 있는 대로 고른 것은? (단, A~C는 임의의 원소 기호이다.)

〈보기〉
ㄱ. 양성자수는 C<A이다.
ㄴ. B는 2주기 원소이다.
ㄷ. ㉠은 3이다.

① ㄱ ② ㄷ ③ ㄱ, ㄴ
④ ㄴ, ㄷ ⑤ ㄱ, ㄴ, ㄷ

260

다음은 1, 2주기 원소 A~C에 대한 자료이다.

- A~C 중에는 원자가 전자 수가 같은 원소가 있다.
- A~C의 양성자수는 다음과 같다.

원소	A	B	C
양성자수	x	$x+2$	$x+6$

이에 대한 설명으로 옳은 것만을 〈보기〉에서 있는 대로 고른 것은? (단, A~C는 임의의 원소 기호이다.)

〈보기〉
ㄱ. $x=2$이다.
ㄴ. A와 B는 화학적 성질이 비슷하다.
ㄷ. B와 C는 전자가 들어 있는 전자 껍질 수가 같다.

① ㄱ ② ㄷ ③ ㄱ, ㄴ
④ ㄴ, ㄷ ⑤ ㄱ, ㄴ, ㄷ

261

그림은 2, 3주기 원자 또는 이온 A~D의 전자 수와 $\dfrac{\text{양성자수}}{\text{전자 수}}$를 나타낸 것이다.

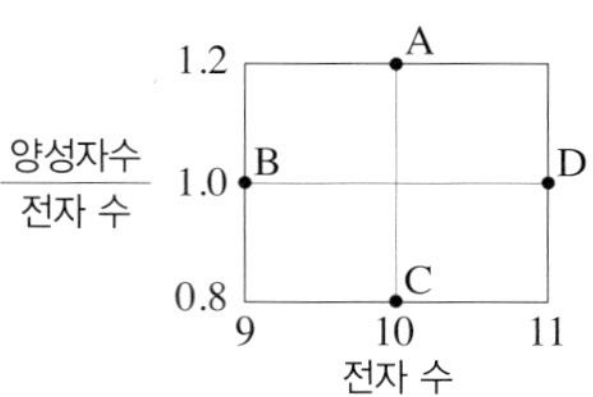

A~D에 대한 설명으로 옳은 것만을 〈보기〉에서 있는 대로 고른 것은?

〈보기〉
ㄱ. 양성자수는 A가 가장 크다.
ㄴ. B와 D는 화학적 성질이 비슷하다.
ㄷ. C는 원자가 전자 2개를 얻어 형성된 음이온이다.

① ㄱ ② ㄴ ③ ㄱ, ㄷ
④ ㄴ, ㄷ ⑤ ㄱ, ㄴ, ㄷ

262

그림은 네 가지 원소를 주어진 기준에 따라 분류한 것이다. A∼D는 각각 Li, F, Ne, Mg 중 하나이고, 원자 번호는 B>D>C이다.

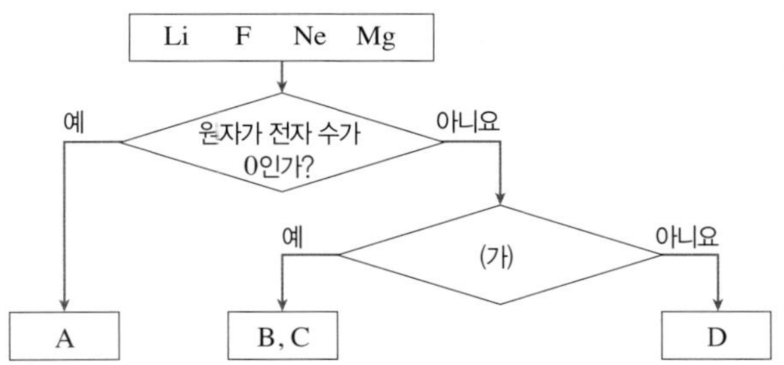

이에 대한 설명으로 옳은 것만을 〈보기〉에서 있는 대로 고른 것은?

─ 보기 ─
ㄱ. '2주기 원소인가?'는 (가)로 적절하다.
ㄴ. B와 D로 이루어진 안정한 화합물에서 B 이온과 D 이온의 전자 배치는 모두 A와 같다.
ㄷ. C와 D는 1 : 1로 결합하여 안정한 화합물을 형성한다.

① ㄱ   ② ㄷ   ③ ㄱ, ㄴ
④ ㄴ, ㄷ   ⑤ ㄱ, ㄴ, ㄷ

263

다음은 원소 A∼D에 대한 자료이다.

- A∼D는 주기율표의 빗금 친 부분에 각각 위치한다.

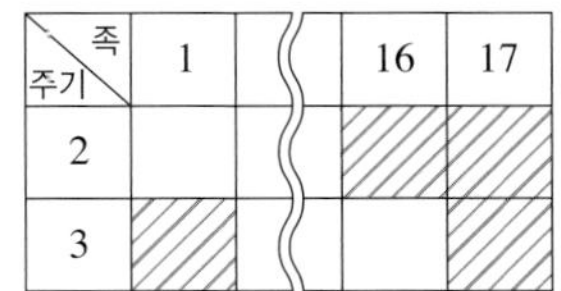

족 주기	1	～	16	17
2				
3				

- A와 D는 원자가 전자 수가 같다.
- 전자가 들어 있는 전자 껍질 수는 D>B이다.
- B와 C로 이루어진 화합물은 이온 결합 물질이다.

이에 대한 설명으로 옳은 것만을 〈보기〉에서 있는 대로 고른 것은? (단, A∼D는 임의의 원소 기호이다.)

─ 보기 ─
ㄱ. C는 물과 반응하여 수소 기체를 생성한다.
ㄴ. A와 B로 이루어진 물질은 공유 결합 물질이다.
ㄷ. C와 D는 1 : 2로 결합하여 안정한 화합물을 형성한다.

① ㄱ   ② ㄷ   ③ ㄱ, ㄴ
④ ㄴ, ㄷ   ⑤ ㄱ, ㄴ, ㄷ

264

그림은 화합물 ABC를 화학 결합 모형으로 나타낸 것이다. 전자 수는 C<B이다.

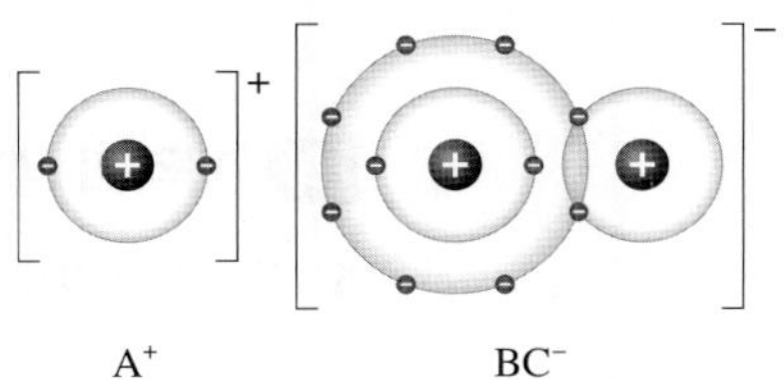

이에 대한 설명으로 옳은 것만을 〈보기〉에서 있는 대로 고른 것은? (단, A∼C는 임의의 원소 기호이다.)

─ 보기 ─
ㄱ. A와 물이 반응하면 C로 이루어진 기체가 발생한다.
ㄴ. A∼C의 원자가 전자 수의 합은 9이다.
ㄷ. A와 B로 이루어진 안정한 화합물의 화학식은 A_2B이다.

① ㄱ   ② ㄴ   ③ ㄱ, ㄷ
④ ㄴ, ㄷ   ⑤ ㄱ, ㄴ, ㄷ

265

다음은 원소 A∼E에 대한 자료이다.

- ㉠∼㉤은 각각 원소 A∼E 중 하나이다.

족 주기	1	2	13	14	15	16	17	18
2	㉠						㉡	㉢
3	㉣					㉤		

- A와 B는 같은 족 원소이다.
- B와 E는 3주기 원소이다.
- 원자 번호는 A가 D보다 크다.
- 원자가 전자 수는 D가 C보다 크다.

이에 대한 설명으로 옳은 것만을 〈보기〉에서 있는 대로 고른 것은? (단, A∼E는 임의의 원소 기호이다.)

─ 보기 ─
ㄱ. C는 물과 반응하여 수소 기체를 생성한다.
ㄴ. A와 E가 화학 결합을 형성할 때 전자는 A에서 E로 이동한다.
ㄷ. B와 D로 이루어진 물질은 공유 결합 물질이다.

① ㄱ   ② ㄴ   ③ ㄱ, ㄷ
④ ㄴ, ㄷ   ⑤ ㄱ, ㄴ, ㄷ

10 지각을 구성하는 물질의 규칙성

A 지각과 생명체를 구성하는 물질

1 지각과 생명체를 구성하는 물질

기출 PICK A-1

지각과 생명체의 구성 물질 비교

구분	지각	생명체
가장 많은 양의 원소	산소	
주요 구성 물질	규산염 광물	탄소 화합물

구분	지각	생명체
주요 구성 원소	지각(질량비) 산소 46.6 % 규소 27.7 % 알루미늄 8.1 % 철 5.0 % 칼슘 3.6 % 나트륨 2.8 % 칼륨 2.6 % 마그네슘 2.1 % 기타 1.5 % • 산소>❶□□>알루미늄>철>기타	생명체(질량비) 산소 65.0 % 탄소 18.5 % 수소 9.5 % 칼슘 1.5 % 질소 3.3 % 인 1.0 % 기타 1.2 % • 산소>❷□□>수소>질소>기타
	지각과 생명체에 공통적으로 ❸□□가 많은 까닭 : 산소는 수소, 탄소, 규소 등 다른 원소와 쉽게 결합하여 다양한 물질을 만들 수 있기 때문	
주요 구성 물질	• 지각은 암석으로, 암석은 광물로, 광물은 원소의 화학 결합으로 이루어져 있다. • 지각을 이루는 광물의 대부분은 ❹□□ □ 광물이다.	• 생명체는 단백질, 핵산, 탄수화물, 지질 등으로 이루어져 있다. • 생명체를 구성하는 유기물은 탄소로 이루어진 탄소 화합물이다.
	• 지각과 생명체는 구성 원소의 종류나 비율이 다르지만, 일정한 구조를 가진 기본 단위체가 결합하여 다양한 물질을 이루고 있다. • 규산염 광물은 규산염 사면체를, 단백질은 아미노산을, 핵산은 뉴클레오타이드를 기본 단위체로 하여 만들어진다.	

┌ 대부분 별의 진화 과정
2 지각과 생명체를 구성하는 원소의 기원 수소, 헬륨은 빅뱅 이후 우주 초기에 생성되었고, 헬륨~철은 별의 내부에서 핵융합 반응으로 생성되었다. 철보다 무거운 원소(예 니켈, 구리, 금, 납, 우라늄 등)는 초신성 폭발 과정에서 생성되었다.

원소의 기원

원소	원소의 기원
수소, 헬륨	빅뱅 이후 우주 초기
헬륨~철	별 내부에서의 핵융합 반응
철보다 무거운 원소	초신성 폭발

B 규산염 광물

1 규산염 광물 규소와 ❺□□로 이루어진 규산염 사면체를 기본 단위체로 하여 규산염 사면체들이 일정한 규칙에 따라 화학적으로 결합하여 만들어진 광물

① 규소(Si) : 14족 원소로, 원자가 전자 수가 4이다. ➡ 최대 4개의 원자와 결합 가능

② 규산염(Si－O) 사면체 : ❻□□□ 광물을 이루고 있는 기본 단위체로, 규소(Si) 원자 1개와 산소(O) 원자 ❼□개가 공유 결합하여 사면체를 이룬다.

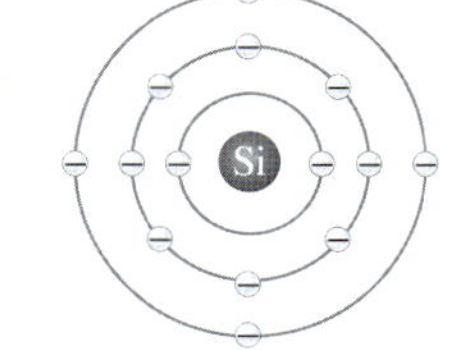
▲ 규소의 전자 배치

┌ **규산염(Si－O) 사면체** ┐

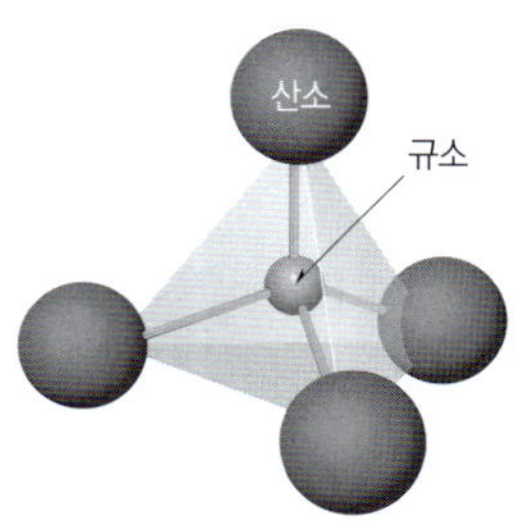

• 사면체의 중심부에 규소 원자 1개가 위치하고, 사면체의 각 꼭짓점에 산소 원자 4개가 위치한다. ➡ 정사면체 모양
• 전기적으로 －4가의 음전하를 띤다. ➡ ❽□이온과 결합하거나 다른 규산염 사면체와 ❾□□를 공유하면서 결합하여 전기적으로 중성이다.

③ 결합 구조: 규산염 광물은 규산염 사면체들 사이에 산소 원자를 공유하는 형태에 따라 독립형 구조, 단사슬 구조, 복사슬 구조, 판상 구조, 망상 구조로 나눈다.

독립형 구조	단사슬 구조	복사슬 구조	판상 구조	망상 구조
규산염 사면체 1개가 독립적으로 양이온과 결합	규산염 사면체가 한 줄로 길게 이어진 형태로 결합	단사슬 ❿□개가 연결되어 두 줄로 길게 이어진 형태로 결합	규산염 사면체가 산소 3개를 공유하여 판 모양으로 결합	규산염 사면체가 산소 4개를 공유하여 입체적으로 결합

풍화에 ⓫□함 ◄──────────────────────► 풍화에 ⓬□함

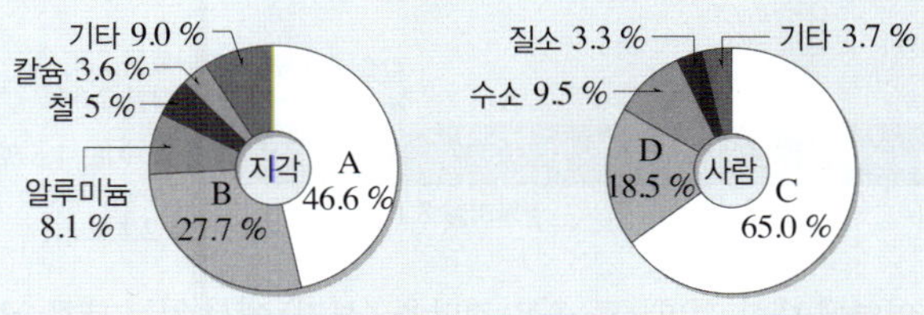				
예 감람석	예 휘석	예 각섬석	예 흑운모	예 석영

④ 대표적인 규산염 광물의 성질

구분	감람석	휘석	각섬석	흑운모	장석	석영
결합 구조	득립형	단사슬	복사슬	판상	망상	
결정형	짧은 기둥	짧은 기둥	긴 기둥	얇은 판	두꺼운 판	육각 기둥
쪼개짐	없음 (깨짐)	쪼개짐 (2방향)	쪼개짐 (2방향)	쪼개짐 (1방향)	쪼개짐 (2방향)	없음 (깨짐)

⑤ 규산염 광물의 색: 감람석, 휘석, 각섬석, 흑운모는 어두운색을 띠고 장석, 석영은 밝은색을 띤다. ➡ 어두운색을 띠는 광물은 철과 마그네슘이 상대적으로 많이 포함되어 있다.

2 비규산염 광물 규산염 광물을 제외한 광물로, 탄산염 광물(방해석), 산화 광물(적철석), 원소 광물(금) 등이 있다.

구분	Si : O
독립형 구조	1 : 4
단사슬 구조	1 : 3
복사슬 구조	4 : 11
판상 구조	2 : 5
망상 구조	1 : 2

기출 PICK B-1

장석과 석영
- 장석: 규산염 사면체의 규소 일부를 대신하여 알루미늄 등의 양이온이 결합하여 이루어져 있다.
- 석영: 규산염 사면체를 이루는 모든 산소를 다른 규산염 사면체와 공유하여 산소와 규소로만 이루어져 있다.

답 ❶ 규소 ❷ 탄소 ❸ 산소 ❹ 규산염 ❺ 산소 ❻ 규산염 ❼ 4 ❽ 양 ❾ 산소 ❿ 2 ⓫ 약 ⓬ 강

빈출 자료 보기

정답과 해설 22쪽 ▶▶

266 그림은 지각과 생명체(사람)를 구성하는 원소의 질량비를 나타낸 것이다.

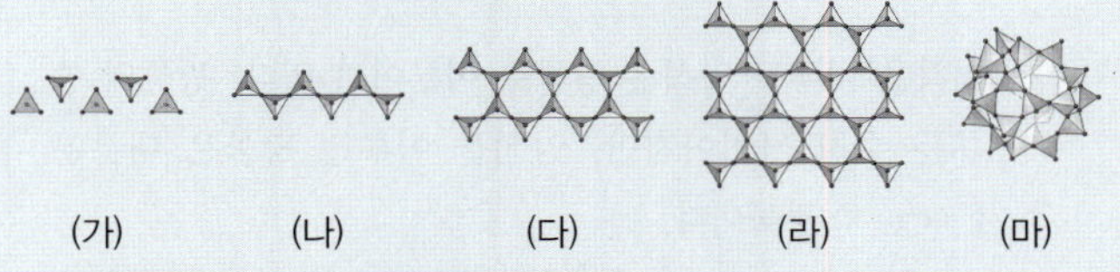

이에 대한 설명으로 옳은 것은 ○, 옳지 않은 것은 ×로 표시하시오.

(1) A와 C는 모두 산소이다. ( )
(2) B와 D는 모두 14족 원소이다. ( )
(3) A는 원자가 전자 수가 4이다. ( )
(4) B는 초신성 폭발 과정에서 생성되었다. ( )
(5) C는 질량이 태양 정도인 별의 내부에서 핵융합 반응으로 만들어질 수 있다. ( )
(6) D는 빅뱅 이후 우주 초기에 생성되었다. ( )

267 그림 (가)~(마)는 규산염 광물의 다양한 결합 구조를 나타낸 것이다.

(가)　　(나)　　(다)　　(라)　　(마)

이에 대한 설명으로 옳은 것은 ○, 옳지 않은 것은 ×로 표시하시오.

(1) (가)~(마)는 모두 규산염 사면체를 기본 단위체로 한다. ( )
(2) (나)에서 규소와 산소의 개수비는 1 : 3이다. ( )
(3) (다)는 감람석에서 볼 수 있는 결합 구조이다. ( )
(4) (라)의 광물에 힘을 가하면 얇은 판 모양으로 쪼개진다. ( )
(5) (마)는 규산염 사면체 사이에 결합을 형성하지 않는다. ( )
(6) (가)는 (라)보다 풍화에 강하다. ( )
(7) (나)는 (마)보다 규소에 대한 산소의 개수비가 작다. ( )

난이도별 필수 기출

상 6문항
중 16문항
하 8문항

A 지각과 생명체를 구성하는 물질

268 하

지각을 구성하는 주요 원소를 질량비가 큰 것부터 옳게 나열한 것은?

① 철>산소>규소>마그네슘
② 철>규소>산소>마그네슘
③ 규소>산소>철>마그네슘
④ 산소>알루미늄>규소>철
⑤ 산소>규소>알루미늄>철

269 하

지각을 구성하는 물질에 대한 설명으로 옳지 <u>않은</u> 것은?

① 지각은 암석으로 이루어져 있다.
② 지각을 구성하는 원소 중 가장 풍부한 원소는 산소이다.
③ 지각을 구성하는 원소는 대부분 초신성 폭발로 만들어졌다.
④ 지각을 구성하는 물질은 대부분 규산염 광물로 이루어져 있다.
⑤ 지각은 일정한 구조를 가진 기본 단위체가 결합하여 다양한 물질을 이루고 있다.

270 하

다음은 지각을 구성하는 물질에 대한 설명이다.

> (가) 지각을 이루는 암석은 광물로 이루어져 있다. 광물의 종류는 수천 가지이지만, 암석을 이루는 광물은 대부분 (㉠) 광물이다.
> (나) (㉠) 광물은 (㉡)와 산소를 주성분으로 한다.

㉠과 ㉡에 들어갈 말을 옳게 짝 지은 것은?

	㉠	㉡
①	규산염	규소
②	규산염	탄소
③	비규산염	산소
④	탄산염	규소
⑤	탄산염	탄소

빈출 271 중

이 문제에서 볼 수 있는 보기는 多

그림은 지각을 구성하는 원소의 질량비를 나타낸 것이다.

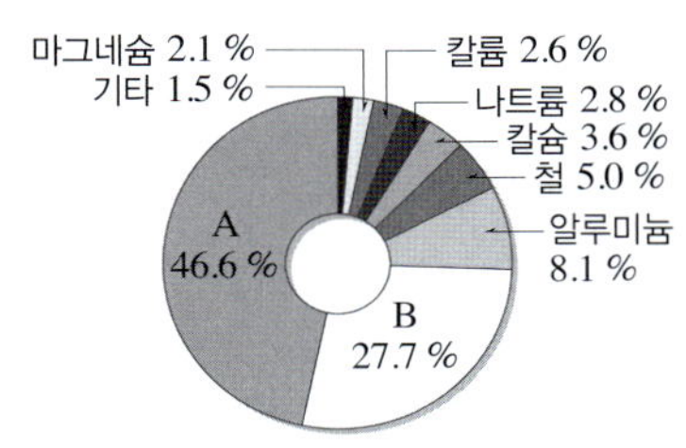

이에 대한 설명으로 옳은 것만을 모두 고르면?(2개)

① A는 규소이다.
② A는 빅뱅 이후 우주 초기에 생성되었다.
③ B는 최대 4개의 원자와 공유 결합을 형성할 수 있다.
④ A와 B는 같은 주기 원소이다.
⑤ 지구 전체에서는 A가 B보다 적다.
⑥ A와 B가 결합하여 규산염 광물의 기본 단위체를 형성한다.
⑦ 지구 전체를 구성하는 원소의 질량비는 지각을 구성하는 원소의 질량비와 같다.

272 중

그림은 지구 내부의 어느 영역을 구성하는 원소의 질량비를 나타낸 것이다. 이 영역은 지각, 맨틀, 핵 중 하나이다.

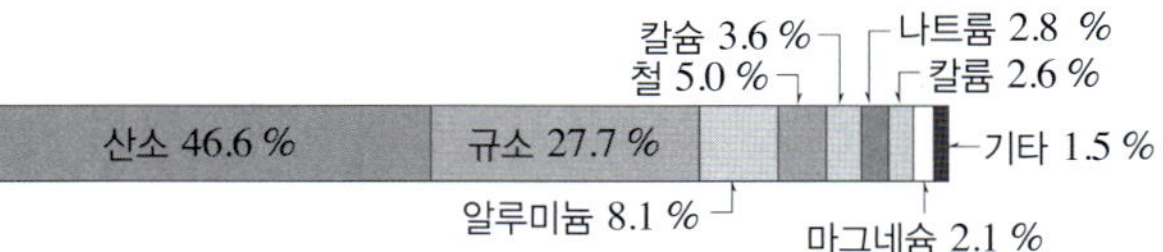

이 영역에 대한 설명으로 옳은 것만을 〈보기〉에서 있는 대로 고른 것은?

> ─── 보기 ───
> ㄱ. 이 영역은 지각이다.
> ㄴ. 금속 성분보다 암석 성분이 풍부하다.
> ㄷ. 구성 원소들은 대부분 빅뱅 이후 우주 초기에 만들어졌다.

① ㄱ
② ㄴ
③ ㄷ
④ ㄱ, ㄴ
⑤ ㄴ, ㄷ

273 중

이 문제에서 볼 수 있는 보기는 多

그림 (가)와 (나)는 지각과 사람을 구성하는 원소의 질량비를 순서 없이 나타낸 것이다.

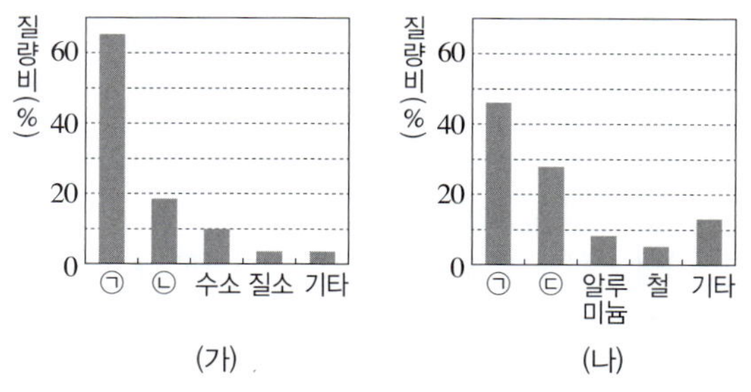

이에 대한 설명으로 옳은 것만을 모두 고르면?(3개)

① (가)는 사람을 구성하는 원소의 질량비이다.
② (나)는 탄소 화합물이 대부분을 차지한다.
③ ㉠은 규소이다.
④ ㉠과 ㉢은 공유 결합을 형성한다.
⑤ ㉡과 ㉢은 최외각 전자 수가 같다.
⑥ ㉠~㉢은 모두 질량이 태양 정도인 별의 내부에서 생성될 수 있다.

274 중

| 서술형 |

지각과 생명체를 구성하는 원소 중 공통적으로 가장 풍부한 원소는 무엇인지 쓰고, 그 까닭을 서술하시오.

275 중

표는 우주, 지각, 생명체를 구성하는 주요 원소의 질량비를 (가)~(다)로 순서 없이 나타낸 것이다.

구분	주요 구성 원소
(가)	(A)>헬륨>산소>…
(나)	산소>(B)>알루미늄>…
(다)	산소>(C)>수소>…

이에 대한 설명으로 옳은 것만을 〈보기〉에서 있는 대로 고른 것은?

〈 보기 〉

ㄱ. A는 별의 내부에서 핵융합 반응으로 생성되었다.
ㄴ. (나)는 생명체이다.
ㄷ. B와 C는 모두 산소와 공유 결합을 형성한다.

① ㄱ   ② ㄷ   ③ ㄱ, ㄴ
④ ㄴ, ㄷ   ⑤ ㄱ, ㄴ, ㄷ

276 상

표 (가)와 (나)는 지구와 지각을 구성하는 원소의 질량비를 나타낸 것이다.

원소	질량비(%)		원소	질량비(%)
A	35.0		B	46.6
산소	30.0		C	27.7
규소	15.0		알루미늄	8.1
마그네슘	13.0		철	5.0
니켈	2.4		칼슘	3.6
황	1.9		나트륨	2.8
칼슘	1.1		칼륨	2.6
알루미늄	1.1		마그네슘	2.1
기타	0.5		기타	1.5

(가) 지구 전체   (나) 지각

이에 대한 설명으로 옳은 것만을 〈보기〉에서 있는 대로 고른 것은?

〈 보기 〉

ㄱ. 평균 밀도는 (가)가 (나)보다 작다.
ㄴ. A는 대부분 핵에 존재한다.
ㄷ. B와 C는 결합하여 규산염 사면체를 이룬다.

① ㄱ   ② ㄴ   ③ ㄷ
④ ㄱ, ㄴ   ⑤ ㄴ, ㄷ

277 상

그림 (가)~(다)는 우주, 지구, 사람을 구성하는 원소의 질량비(%)를 순서 없이 나타낸 것이다.

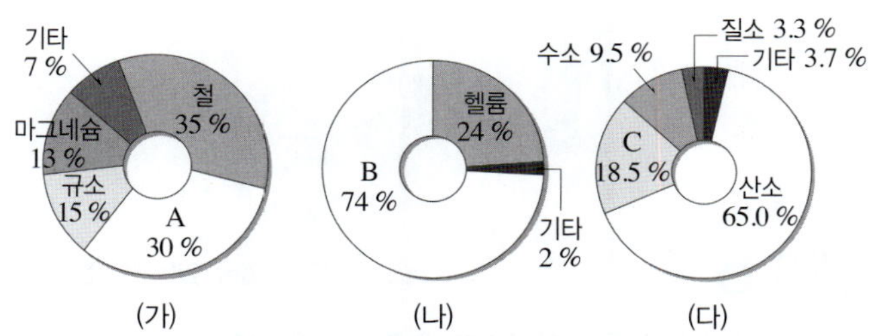

이에 대한 설명으로 옳은 것만을 〈보기〉에서 있는 대로 고른 것은?

〈 보기 〉

ㄱ. A는 산소이다.
ㄴ. (나)에서 헬륨은 B와 결합하여 다양한 화합물을 형성한다.
ㄷ. C 원자 1개는 최대 2개의 B 원자와 공유 결합을 형성할 수 있다.

① ㄱ   ② ㄴ   ③ ㄷ
④ ㄱ, ㄴ   ⑤ ㄴ, ㄷ

규산염 광물

278 하

규산염 사면체를 이루는 두 원소에 대한 설명으로 옳은 것만을
〈보기〉에서 있는 대로 고른 것은?

― 보기 ―
ㄱ. 산소와 규소이다.
ㄴ. 두 원소는 같은 주기 원소이다.
ㄷ. 두 원소는 모두 원자가 전자 수가 4이다.
ㄹ. 지각에서 가장 풍부한 두 원소로 이루어져 있다.

① ㄱ, ㄷ   ② ㄱ, ㄹ   ③ ㄴ, ㄷ
④ ㄴ, ㄹ   ⑤ ㄷ, ㄹ

279 하

그림은 규산염 사면체를 이루는 어떤 원
자의 전자 배치를 나타낸 것이다. 이에
대한 설명으로 옳지 <u>않은</u> 것은?

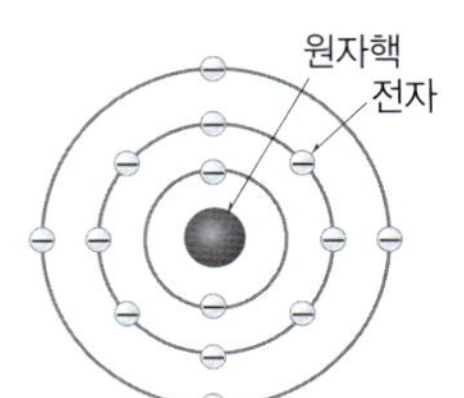

① 규소의 전자 배치이다.
② 14족 원소에 해당한다.
③ 원자가 전자 수가 4이다.
④ 지각에서 가장 풍부한 원소이다.
⑤ 규산염 사면체의 중심에 위치한다.

280 중   이 문제에서 볼 수 있는 보기는 多

규산염 사면체에 대한 설명으로 옳은 것만을 모두 고르면?(3개)

① 규산염 광물을 형성하는 기본 단위체에 해당한다.
② 규소 원자 4개와 산소 원자 1개가 결합한 구조이다.
③ 규산염 사면체의 중심에 산소 원자가 위치한다.
④ 전기적으로 양전하를 띠고 있다.
⑤ 양이온과 결합을 형성할 수 있다.
⑥ 인접한 규산염 사면체와 규소를 공유하여 결합을 형성할 수
　있다.
⑦ 규산염 사면체의 결합 구조에 따라 다양한 광물이 만들어질
　수 있다.

★ 빈출 281 중

그림은 규산염 사면체의 구조를 나타낸 것
이다. 이에 대한 설명으로 옳은 것만을 〈보기〉
에서 있는 대로 고른 것은?

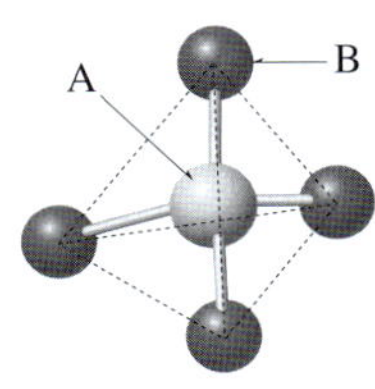

― 보기 ―
ㄱ. A와 B는 이온 결합하고 있다.
ㄴ. 규산염 사면체 간에 B가 공유되어 다양한 규산염 광물이
　　만들어진다.
ㄷ. 전기적으로 음전하를 띠고 있어 양이온과 결합할 수 있다.

① ㄱ   ② ㄴ   ③ ㄷ
④ ㄱ, ㄷ   ⑤ ㄴ, ㄷ

282 중   이 문제에서 볼 수 있는 보기는 多

규산염 광물의 종류와 성질에 대한 설명으로 옳지 <u>않은</u> 것만을
모두 고르면?(2개)

① 암석을 이루는 광물은 대부분 규산염 광물이다.
② 장석과 석영은 망상 구조를 갖는다.
③ 휘석은 기둥 모양으로 결정이 생성된다.
④ 감람석은 깨지는 성질이 있다.
⑤ 흑운모는 얇은 판 모양으로 쪼개지는 성질이 있다.
⑥ 감람석은 석영보다 풍화에 강하다.
⑦ 규산염 사면체 간 공유하는 산소의 수는 감람석이 흑운모보
　다 많다.

283 상 | 서술형 |

규산염 사면체가 양이온과 결합하여 안정한 광물이 될 수 있는
까닭을 서술하시오.

[284~285] 그림 (가)~(라)는 서로 다른 규산염 광물의 결합 구조를 나타낸 것이다.

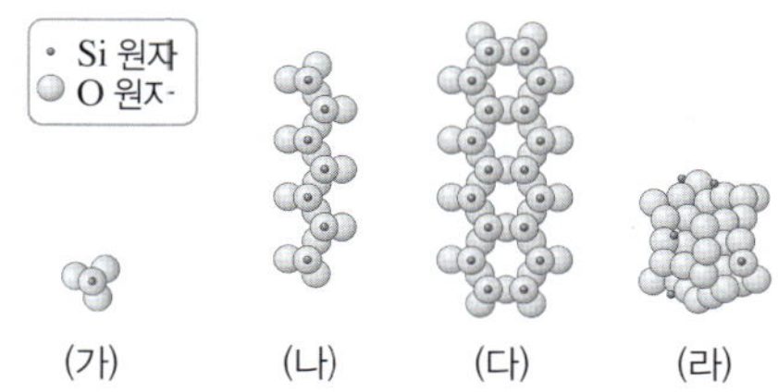

284 하

(가)~(라)에 해당하는 광물을 옳게 짝 지은 것은?

① (가) – 흑운모　　② (나) – 각섬석　　③ (다) – 석영

④ (다) – 감람석　　⑤ (라) – 장석

빈출 285 하

이에 대한 설명으로 옳지 <u>않은</u> 것은?

① (가)는 규산염 사면체가 하나씩 독립적으로 존재한다.

② (나)는 한 줄로 길게 연결되어 있다.

③ (다)는 얇은 판 모양의 결정 형태를 갖는다.

④ (라)는 입체적으로 강하게 결합해 있다.

⑤ (가)에서 (라)로 갈수록 대체로 풍화에 강하다.

빈출 286 하

규산염 광물의 결합 구조에 대한 설명으로 옳지 <u>않은</u> 것은?

① 이웃한 규산염 사면체들과의 결합 방식에 따라 다양한 결합 구조가 형성된다.

② 규산염 사면체 1개가 독립적으로 양이온과 결합한 구조는 독립형 구조이다.

③ 휘석은 단사슬 구조를 갖는 광물이다.

④ 망상 구조는 규산염 사면체 사이에 공유하는 산소가 4개이다.

⑤ 규산염 광물의 결합 구조가 복잡할수록 풍화에 약하다.

287 중

그림 (가)는 규산염 사면체의 구조를, (나)는 규산염 광물의 결합 구조를 나타낸 것이다.

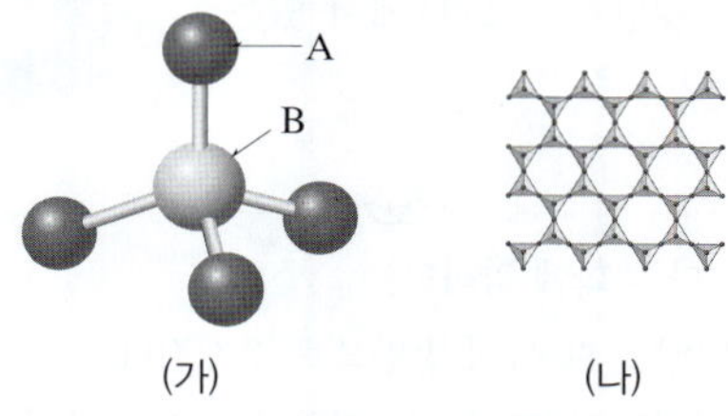

이에 대한 설명으로 옳은 것만을 〈보기〉에서 있는 대로 고른 것은?

〈 보기 〉

ㄱ. (가)의 A는 지각에서 가장 풍부한 원소이다.

ㄴ. (가)는 전기적으로 음전하를 띤다.

ㄷ. (나)는 (가)의 B를 공유하며 결합한 구조이다.

ㄹ. (나)의 결합 구조를 갖는 광물로는 흑운모가 있다.

① ㄱ, ㄴ　　　　② ㄱ, ㄷ　　　　③ ㄷ, ㄹ

④ ㄱ, ㄴ, ㄹ　　⑤ ㄴ, ㄷ, ㄹ

288 중

그림은 규산염 사면체의 결합으로 만들어진 광물의 결합 구조를 나타낸 것이다.

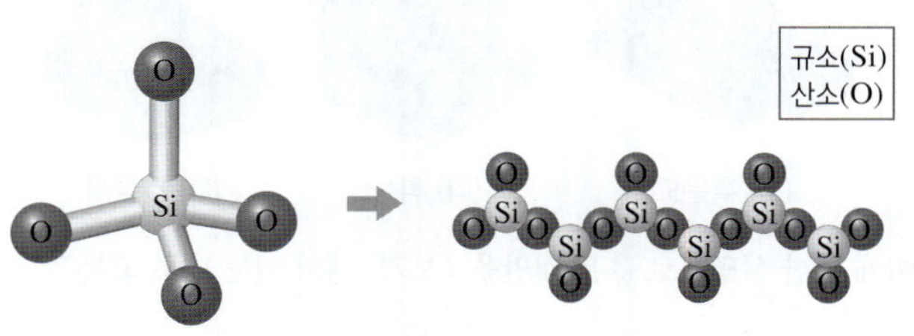

이에 대한 설명으로 옳은 것만을 〈보기〉에서 있는 대로 고른 것은?

〈 보기 〉

ㄱ. 단사슬 구조이다.

ㄴ. 규소와 산소는 이온 결합을 한다.

ㄷ. 석영은 이 결합 구조를 갖는 광물보다 풍화에 약하다.

① ㄱ　　　　　② ㄷ　　　　　③ ㄱ, ㄴ

④ ㄴ, ㄷ　　　⑤ ㄱ, ㄴ, ㄷ

그림은 암석을 이루는 주요 광물인 감람
석의 모습을 나타낸 것이다. 이에 대한
설명으로 옳은 것만을 〈보기〉에서 있는
대로 고른 것은?

---- 보기 ----

ㄱ. 각섬석보다 풍화에 약하다.
ㄴ. 충격을 받았을 때 특정 방향으로 쪼개진다.
ㄷ. 기본 단위체가 판 모양으로 결합한 결정 구조이다.

① ㄱ   ② ㄴ   ③ ㄷ
④ ㄱ, ㄴ   ⑤ ㄱ, ㄴ, ㄷ

290 중

그림 (가)~(다)는 서로 다른 종류의 광물을 나타낸 것이다.

(가) 흑운모   (나) 휘석   (다) 각섬석

이에 대한 설명으로 옳은 것만을 〈보기〉에서 있는 대로 고른 것은?

---- 보기 ----

ㄱ. (가)~(다)는 모두 규산염 광물이다.
ㄴ. (가)는 깨지는 성질이 나타난다.
ㄷ. (나)와 (다)는 기본 단위체가 길게 이어진 결합 구조를 갖
   고 있다.
ㄹ. 규산염 사면체 간 공유하는 산소의 수는 (다)가 가장 많다.

① ㄱ, ㄴ   ② ㄱ, ㄷ   ③ ㄴ, ㄹ
④ ㄱ, ㄷ, ㄹ   ⑤ ㄴ, ㄷ, ㄹ

291 중

그림은 광물을 분류하기 위해 나
타낸 벤 다이어그램이다. A와 B
에 해당하는 광물을 옳게 짝 지은
것은?

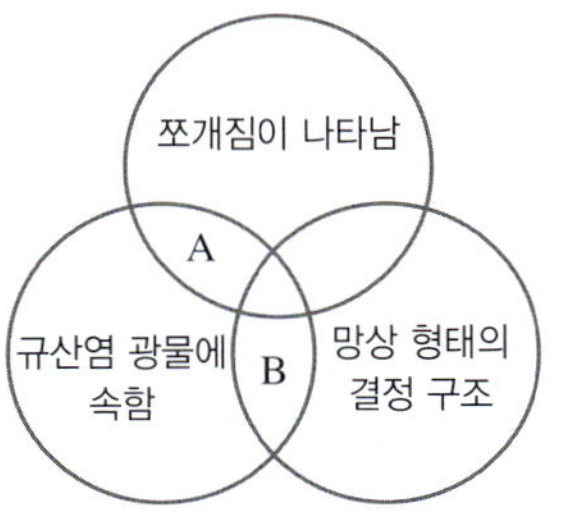

	A	B
①	석영	감람석
②	휘석	석영
③	장석	흑운모
④	감람석	장석
⑤	흑운모	각섬석

292 중

다음은 어떤 광물에 대한 설명이다.

- 규소와 산소만으로 이루어져 있으며, 규산염 사면체의
  (A) 4개를 모두 다른 규산염 사면체와 공유하는 결합
  구조를 갖고 있다.
- 충격을 주었을 때 깨지는 특성이 있으며, 풍화에 매우 강하다.

이 광물에 대한 설명으로 옳은 것만을 〈보기〉에서 있는 대로 고른
것은?

---- 보기 ----

ㄱ. 휘석이다.
ㄴ. A는 산소이다.
ㄷ. 결합 구조는 망상 구조이다.

① ㄱ   ② ㄴ   ③ ㄱ, ㄷ
④ ㄴ, ㄷ   ⑤ ㄱ, ㄴ, ㄷ

293 중 | 서술형 |

석영과 장석은 모두 규산염 사면체가 망상 구조로 결합하여 풍화
에 강하지만, 석영과 장석의 외형적인 특징이나 성질은 다르다.
석영과 장석을 구분할 수 있는 방법을 쪼개짐과 관련지어 서술하
시오.

294 ^중

표는 여러 가지 규산염 광물의 특징을 나타낸 것이다.

광물	결합 구조	쪼개짐
석영	망상 구조	없음
A	단사슬 구조	있음
B	독립형 구조	( )

이에 대한 설명으로 옳은 것만을 〈보기〉에서 있는 대로 고른 것은?

───〈 보기 〉───

ㄱ. 각섬석은 A에 해당한다.

ㄴ. B는 쪼개짐이 나타난다.

ㄷ. 규산염 사면체 간 공유하는 산소의 수는 석영 > A > B
　　이다.

① ㄱ　　　　　② ㄴ　　　　　③ ㄷ
④ ㄱ, ㄴ　　　⑤ ㄴ, ㄷ

295 ^상

다음은 규산염 광물의 결합 구조를 이해하기 위한 실험이다.

[실험 과정]

(가) 종이모형 전개도와 빵 끈을 이용하여 사면체 모형을 여러
　　개 만든다.

(나) ㉠사면체의 모형을 빵 끈을 이용하여 한 줄로 길게 이어
　　진 모형을 만든다.

[실험 결과]

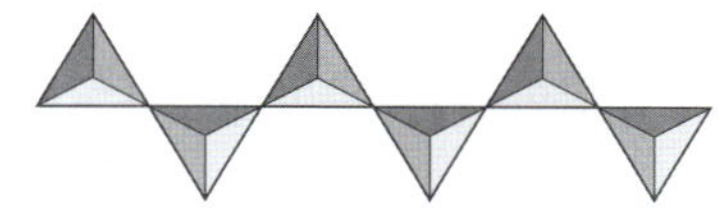

이에 대한 설명으로 옳은 것만을 〈보기〉에서 있는 대로 고른 것은?

───〈 보기 〉───

ㄱ. (가)의 사면체 모형은 규산염 사면체에 해당한다.

ㄴ. ㉠은 사면체 간의 이온 결합을 나타낸다.

ㄷ. 실험 결과의 결합 구조를 갖는 규산염 광물은 얇은 판 모
　　양의 결정 형태를 갖는다.

① ㄱ　　　　　② ㄴ　　　　　③ ㄱ, ㄷ
④ ㄴ, ㄷ　　　⑤ ㄱ, ㄴ, ㄷ

296 ^상

그림 (가)와 (나)는 감람석과 장석의 결합 구조를 순서 없이 나타낸
것이다.

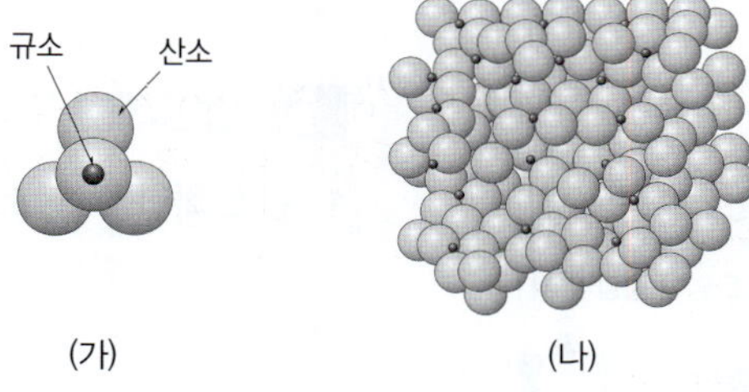

이에 대한 설명으로 옳지 <u>않은</u> 것은?

① (가)는 깨짐이 나타난다.

② (가)는 Si : O의 결합 비율이 1 : 4이다.

③ (나)는 망상 구조이다.

④ 석영은 (나)와 같은 결합 구조를 갖는다.

⑤ $\dfrac{\text{Si 원자의 수}}{\text{O 원자의 수}}$ 는 (가)가 (나)보다 크다.

297 ^상

표는 규산염 광물 (가)~(다)의 주요 구성 원소와 특징을 나타낸
것이다. (가)~(다)는 각각 감람석, 흑운모, 석영 중 하나이다.

광물	주요 구성 원소	쪼개짐
(가)	산소, 규소	( )
(나)	산소, 규소, 철, 마그네슘	없음
(다)	산소, 규소, 알루미늄, 철, 칼륨, 마그네슘	있음

이에 대한 설명으로 옳은 것만을 〈보기〉에서 있는 대로 고른 것은?

───〈 보기 〉───

ㄱ. (가)는 쪼개짐이 나타난다.

ㄴ. (가)는 (나)보다 풍화에 강하다.

ㄷ. 규산염 사면체 간 공유하는 산소의 수는 (나)가 (다)보다
　　적다.

① ㄱ　　　　　② ㄴ　　　　　③ ㄱ, ㄷ
④ ㄴ, ㄷ　　　⑤ ㄱ, ㄴ, ㄷ

11 생명체를 구성하는 물질의 규칙성

A 생명체를 구성하는 물질

1 탄소 화합물 탄소가 수소, 산소, 질소 등과 공유 결합하여 이루어진 화합물이다. 탄소는 여러 원소와 결합하여 다양한 화합물을 형성할 뿐 아니라, 탄소 원자끼리 공유 결합하여 사슬 모양, 고리 모양, 가지 모양 등 다양한 구조를 이룬다.

2 생명체를 구성하는 물질 단백질, 핵산, 탄수화물, 지질 등이 있다. → 모두 탄소 화합물이다.

구분	구성 원소	특징	종류
❶ ☐☐☐	탄소(C), 수소(H), 산소(O), 질소(N) → 황(S)을 포함하기도 한다.	• 생명체의 주요 구성 물질 • 에너지원 • 기본 단위체 : ❷ ☐☐☐	효소, 호르몬, 항체 등
❸ ☐☐	탄소(C), 수소(H), 산소(O), 질소(N), 인(P)	• 유전정보의 저장 및 전달, 단백질 합성에 관여 • 기본 단위체 : ❹ ☐☐☐☐	DNA, RNA
탄수화물	탄소(C), 수소(H), 산소(O)	• 주요 에너지원 • 기본 단위체 : 단당류	포도당(단당류), 녹말(다당류) 등
지질	탄소(C), 수소(H), 산소(O) → 인지질은 인(P)을 포함한다.	• 에너지원 • 인지질 : 세포막의 주성분	중성지방, 인지질, 스테로이드

3 기본 단위체로 구성된 생명체 구성 물질 단백질과 핵산은 기본 단위체가 일정한 규칙에 따라 결합하여 형성되는 고분자 화합물이며, 결합하는 기본 단위체의 종류와 배열 순서에 따라 다양한 고분자 화합물이 형성되어 생명체에서 다양한 기능을 수행한다.

B 단백질

1 단백질의 기본 단위체 아미노산으로, ❺ ☐ 종류가 있다.

2 ❻ ☐☐☐☐☐ **결합** 2개의 아미노산이 결합할 때 두 아미노산 사이에서 ❼ ☐ 분자 1개가 빠져나오면서 형성되는 결합이다. → 공유 결합의 일종

곁사슬의 종류에 따라 아미노산의 종류가 달라진다.

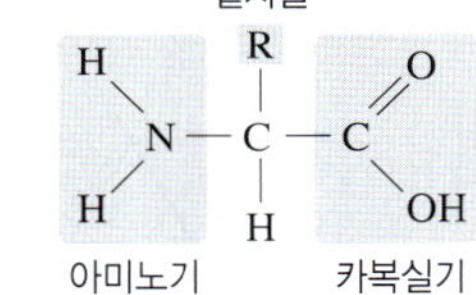

▲ 아미노산의 구조

3 단백질의 형성 많은 수의 아미노산이 펩타이드결합으로 연결되어 긴 사슬 모양의 ❽ ☐☐☐☐☐☐ 를 형성한다. → 폴리펩타이드를 구성하는 아미노산의 종류와 수, 배열 순서에 따라 폴리펩타이드가 구부러지고 접혀, 고유한 입체 구조를 가진 단백질이 형성된다.

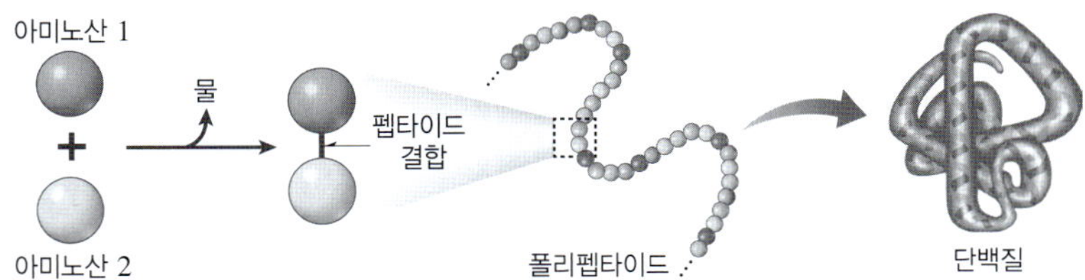

단백질은 열과 산 등에 의해 입체 구조가 바뀌면(변성되면) 기능을 잃는다.

4 단백질의 종류와 기능 단백질의 입체 구조에 따라 단백질의 종류와 기능이 결정된다.
① 몸의 주요 구성 물질 : 머리카락과 손톱(케라틴), 근육(마이오신과 액틴), 적혈구(헤모글로빈), 피부와 뼈(콜라겐), 수정체(크리스탈린) 등
② 화학 반응 촉진(❾ ☐☐ 의 주성분), 생리작용 조절(호르몬), 몸의 방어작용(항체), 에너지원

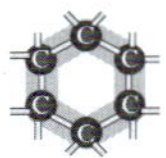

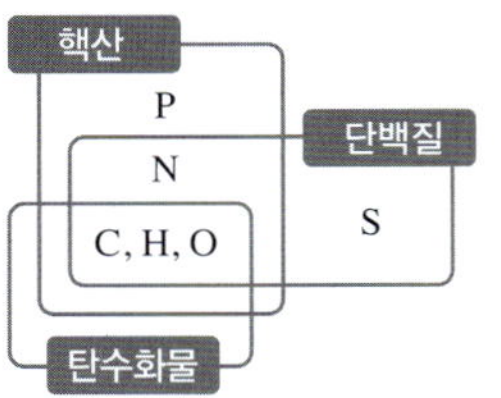

사람을 구성하는 물질
사람을 구성하는 물질 중 가장 많은 양을 차지하는 것은 물이고, 탄소 화합물 중에서 가장 많은 양을 차지하는 것은 단백질이다.

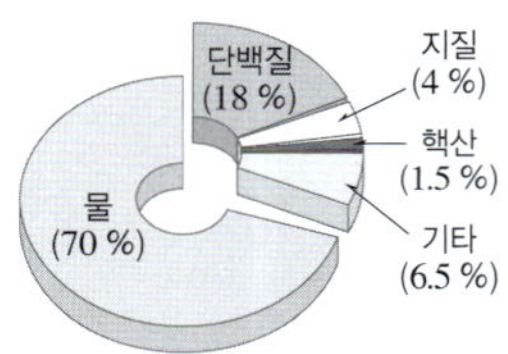

• 단백질 : 아미노산(20종류)
• 핵산 : 뉴클레오타이드(8종류)
• 탄수화물 : 단당류

• 펩타이드결합이 일어날 때 물 분자 1개가 빠져나온다.
• 여러 개의 아미노산이 펩타이드결합으로 연결되어 폴리펩타이드를 형성한다.
→ 폴리펩타이드의 펩타이드결합 수와 빠져나온 물 분자의 수는 '아미노산의 수 - 1'이다.

C 핵산

1 핵산의 기본 단위체 뉴클레오타이드 ➡ [10] ☐☐, 당, 염기가 [11] ☐ : ☐ : ☐ 로 결합되어 있다.

2 핵산의 형성 한 뉴클레오타이드의 인산이 다른 뉴클레오타이드의 당과 공유 결합으로 연결되며, 이러한 결합이 반복되어 폴리뉴클레오타이드를 형성한다.

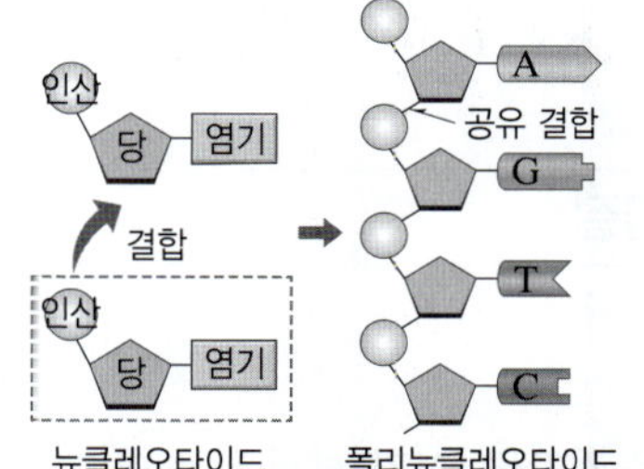

▲ 폴리뉴클레오타이드의 형성

3 핵산의 종류 DNA와 RNA가 있다.

DNA	구분	RNA
• 폴리뉴클레오타이드 두 가닥이 꼬여 있는 [12] ☐☐☐☐ 구조 • 당－인산 골격이 바깥쪽에, 염기가 안쪽에 배열되어 있다.	분자 구조	폴리뉴클레오타이드 한 가닥으로 된 [13] ☐☐☐☐ 구조
디옥시라이보스 → 5탄당이며, 라이보스에서 산소 하나가 없다.	당	[14] ☐☐☐☐ → 5탄당
아데닌(A), 구아닌(G), 사이토신(C), 타이민(T) → DNA에만 있다.	염기	아데닌(A), 구아닌(G), 사이토신(C), 유라실(U) → RNA에만 있다.
유전정보 [15] ☐☐	기능	유전정보 전달, 단백질합성에 관여

당－인산 골격

4 DNA 염기의 상보결합 이중나선 DNA를 구성하는 두 가닥의 폴리뉴클레오타이드는 염기의 상보적인 결합으로 연결된다.

① 아데닌(A)은 항상 타이민(T)과 결합하고, 구아닌(G)은 항상 사이토신(C)과 결합한다.
 → 두 가닥의 폴리뉴클레오타이드 중 한 가닥의 염기서열을 알면 다른 가닥의 염기서열을 알 수 있다.
② 아데닌(A)과 타이민(T)의 비율이 같고(A＝T), 구아닌(G)과 사이토신(C)의 비율이 같다(G＝C).
 예 어떤 DNA에서 아데닌(A)의 비율이 30 %이면, 타이민(T)의 비율도 30 %이다.

마주 보는 두 염기는 수소결합으로 연결되어 있다.

▲ DNA 염기의 상보결합

5 DNA의 다양한 유전정보 저장

① 아데닌(A), 구아닌(G), 사이토신(C), 타이민(T)을 갖는 4종류의 뉴클레오타이드가 다양한 순서로 결합하여 염기서열이 다양한 DNA가 만들어진다.
 → 아미노산 결합 순서에 따라 입체 구조가 달라지는 단백질과 달리 DNA는 염기서열에 상관없이 모두 이중나선구조이다.
② 유전정보는 DNA의 [16] ☐☐☐☐ 에 저장되어 [16] ☐☐☐☐ 이 다르면 저장되는 유전정보도 다르다.

기출 PICK C -1

뉴클레오타이드의 종류
DNA와 RNA를 구성하는 뉴클레오타이드는 당의 종류가 다르므로 같은 염기(A, G, C)를 가지더라도 서로 다른 종류이다. 따라서 DNA와 RNA를 구성하는 뉴클레오타이드는 각각 4종류로, 핵산을 구성하는 뉴클레오타이드는 총 8종류이다.

기출 PICK C -3

DNA와 RNA의 구분
① 이중나선이면 DNA이고, 단일 가닥이면 RNA이다.
② 당이 디옥시라이보스이면 DNA이고, 라이보스이면 RNA이다.
③ 염기 중 타이민(T)이 있으면 DNA이고, 유라실(U)이 있으면 RNA이다.

기출 PICK C -4

물질 결합의 구분
• 아미노산 사이의 결합: 펩타이드결합(공유 결합)
• 뉴클레오타이드 사이의 당－인산 결합: 공유 결합
• 이중나선 DNA의 염기 사이의 결합: 수소결합

답 ❶ 단백질 ❷ 아미노산 ❸ 핵산 ❹ 뉴클레오타이드 ❺ 20 ❻ 펩타이드 ❼ 물 ❽ 폴리펩타이드 ❾ 효소 ❿ 인산 ⓫ 1, 1, 1 ⓬ 이중나선 ⓭ 단일 가닥 ⓮ 라이보스 ⓯ 저장 ⓰ 염기서열

빈출 자료 보기

정답과 해설 24쪽 ▶▶

298 그림은 핵산의 종류 중 하나의 일부를 나타낸 것이다.

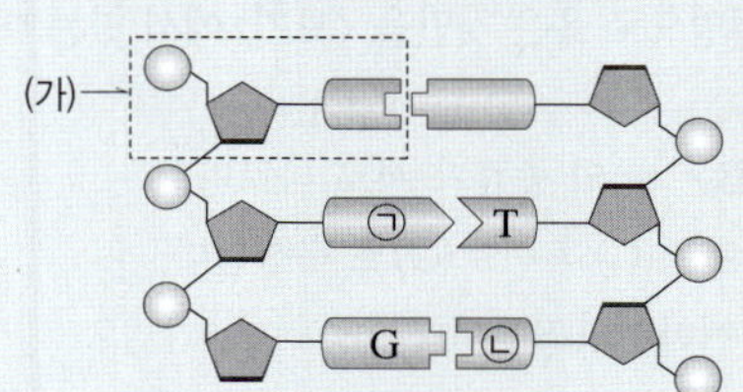

이에 대한 설명으로 옳은 것은 ○, 옳지 <u>않은</u> 것은 ×로 표시하시오.

(1) 이 핵산은 DNA이다. ( )
(2) (가)는 뉴클레오타이드이다. ( )
(3) (가)의 당은 라이보스이다. ( )
(4) (가)는 인산 : 당 : 염기가 2 : 1 : 1로 결합되어 있다. ( )
(5) ㉠은 아데닌(A), ㉡은 사이토신(C)이다. ( )
(6) G과 ㉡ 사이의 결합은 공유 결합이다. ( )
(7) 이 핵산을 구성하는 기본 단위체는 4종류이다. ( )
(8) 이 핵산의 주된 기능은 유전정보의 전달이다. ( )

A 생명체를 구성하는 물질

299 하

탄소 화합물에 대한 설명으로 옳은 것만을 〈보기〉에서 있는 대로 고른 것은?

───── 보기 ─────

ㄱ. 탄소가 수소, 산소, 질소 등과 결합하여 이루어진 화합물이다.
ㄴ. 단백질, 탄수화물, 지질, 핵산은 모두 탄소 화합물이다.
ㄷ. 탄소는 최대 6개의 원자와 공유 결합이 가능하다.
ㄹ. 탄소 원자끼리 결합하여 사슬 모양이나 고리 모양의 구조를 만들 수 있다.

① ㄱ, ㄷ ② ㄱ, ㄹ ③ ㄴ, ㄷ
④ ㄱ, ㄴ, ㄹ ⑤ ㄴ, ㄷ, ㄹ

300 중

이 문제에서 볼 수 있는 보기는 多

생명체 구성 물질에 대한 설명으로 옳지 <u>않은</u> 것만을 모두 고르면?(2개)

① 물, 단백질, 핵산, 탄수화물, 지질 등이 있다.
② 탄수화물은 생명체의 주요 에너지원으로 사용된다.
③ 탄수화물의 기본 단위체는 단당류이다.
④ 단백질은 유전정보를 저장하거나 전달하는 역할을 한다.
⑤ 단백질은 효소의 주성분으로, 생명체의 화학 반응을 촉진한다.
⑥ 지질은 호르몬과 항체의 성분이다.
⑦ 세포막의 주성분인 인지질은 지질의 한 종류이다.

301 중

그림은 사람을 구성하는 물질의 질량비를 나타낸 것이다. 이에 대한 설명으로 옳지 <u>않은</u> 것은?

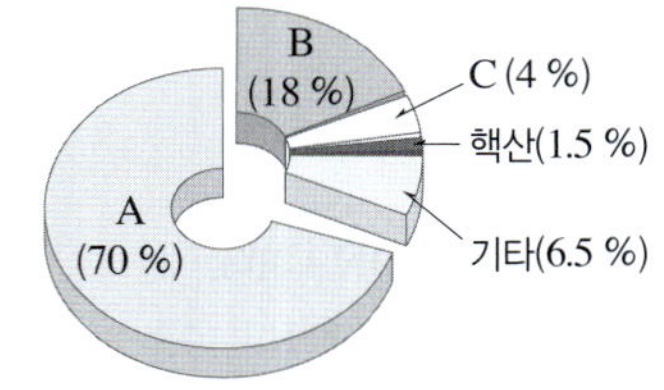

① A는 물이다.
② B는 기본 단위체가 일정한 규칙에 따라 결합하여 형성되는 고분자 화합물이다.
③ C는 탄소를 기본 골격으로 한다.
④ B와 C는 생명체에서 에너지원으로 사용된다.
⑤ 탄소 화합물이 90 % 이상을 차지한다.

302 중

그림은 생명체를 구성하는 물질 (가)~(다)를 구성하는 원소를 나타낸 것이다. (가)~(다)는 단백질, 탄수화물, 핵산을 순서 없이 나타낸 것이다.

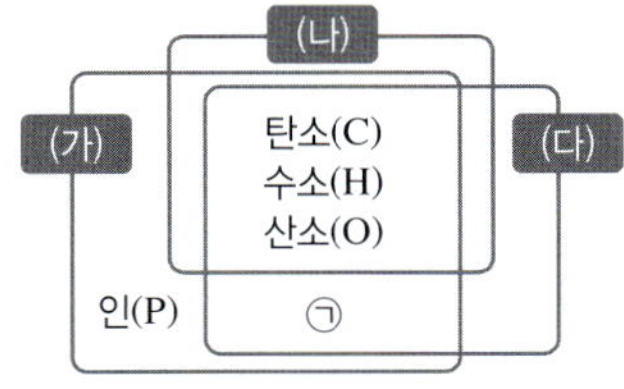

(1) (가)~(다), ㉠에 해당하는 물질의 이름을 각각 쓰시오.

(2) (가)~(다)의 기본 단위체를 각각 쓰시오.

B 단백질

303 중

그림은 어떤 탄소 화합물의 기본 단위체의 구조를 나타낸 것이다. 이에 대한 설명으로 옳은 것만을 〈보기〉에서 있는 대로 고른 것은?

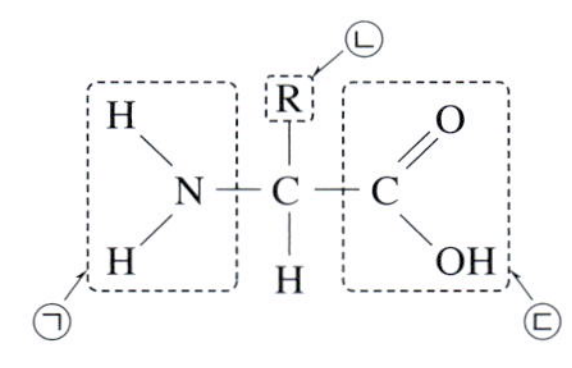

───── 보기 ─────

ㄱ. 아미노산의 구조를 나타낸 것이다.
ㄴ. ㉠은 아미노기이고, ㉢은 곁사슬이다.
ㄷ. ㉡에 따라 기본 단위체의 종류가 결정된다.

① ㄱ ② ㄴ ③ ㄷ ④ ㄱ, ㄴ ⑤ ㄱ, ㄷ

304 중

그림 (가)는 단백질의 기본 단위체 A와 B가 결합하는 과정을, (나)는 단백질을 구성하는 기본 단위체의 구조를 나타낸 것이다. A와 B는 서로 다른 종류이다.

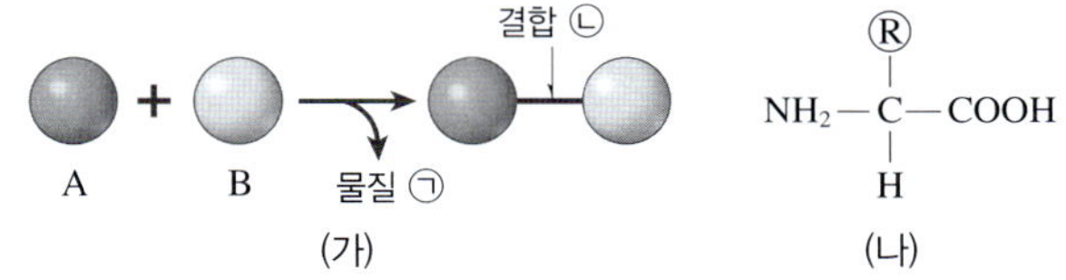

이에 대한 설명으로 옳은 것만을 〈보기〉에서 있는 대로 고른 것은?

───── 보기 ─────

ㄱ. A와 B는 Ⓡ의 종류가 서로 다르다.
ㄴ. ㉠은 탄소(C)와 산소(O)로 구성된다.
ㄷ. ㉡은 펩타이드결합이다.

① ㄱ ② ㄴ ③ ㄷ ④ ㄱ, ㄷ ⑤ ㄴ, ㄷ

305 중

그림은 단백질합성 과정의 일부를 나타낸 것이다. ㉠은 단백질의 기본 단위체이고, ㉡은 기본 단위체 사이의 결합이다.

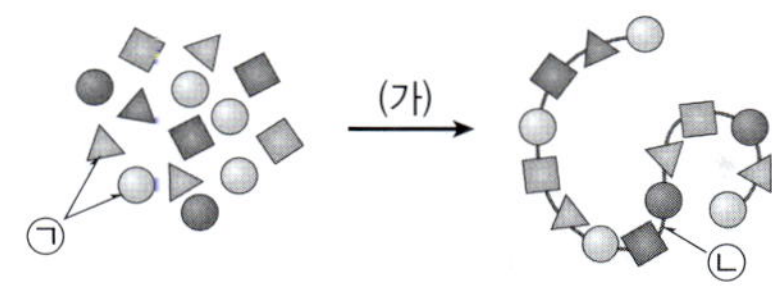

이에 대한 설명으로 옳은 것만을 〈보기〉에서 있는 대로 고른 것은?

────〈 보기 〉────
ㄱ. 생명체에 존재하는 ㉠은 20종류이다.
ㄴ. (가) 과정에서 이산화 탄소가 빠져나온다.
ㄷ. 200개의 아미노산으로 구성된 단백질에는 ㉡이 201개 있다.

① ㄱ   ② ㄴ   ③ ㄷ
④ ㄱ, ㄴ   ⑤ ㄴ, ㄷ

306 중
| 서술형 |

7개의 아미노산이 결합하여 만들어질 수 있는 단백질은 이론상 몇 종류인지, 그렇게 생각한 까닭을 포함하여 서술하시오.

307 중

이 문제에서 볼 수 있는 보기는 多

그림은 헤모글로빈의 합성 과정 중 일부를 나타낸 것이다.

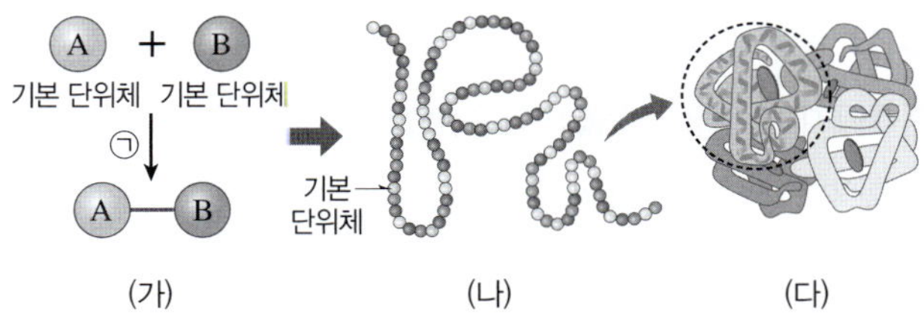

이에 대한 설명으로 옳지 <u>않은</u> 것만을 모두 고르면?(3개)

① A와 B는 뉴클레오타이드이다.
② ㉠ 과정마다 한 분자의 물이 첨가된다.
③ (나)는 (가)의 결합이 반복되어 형성된 폴리펩타이드이다.
④ (나)에서 기본 단위체의 수와 펩타이드결합의 수는 같다.
⑤ (나)가 구부러지고 접혀 (다)의 일부분을 구성한다.
⑥ (나)를 이루는 기본 단위체의 종류와 수, 배열 순서에 따라 (다)의 입체 구조가 결정된다.
⑦ 헤모글로빈은 여러 개의 폴리펩타이드로 이루어져 있다.

308 중

그림은 5개의 아미노산이 단백질 Ⅰ과 Ⅱ를 합성하는 과정의 일부를 나타낸 것이다. ㉮～㉲는 각각 서로 다른 종류의 아미노산이다.

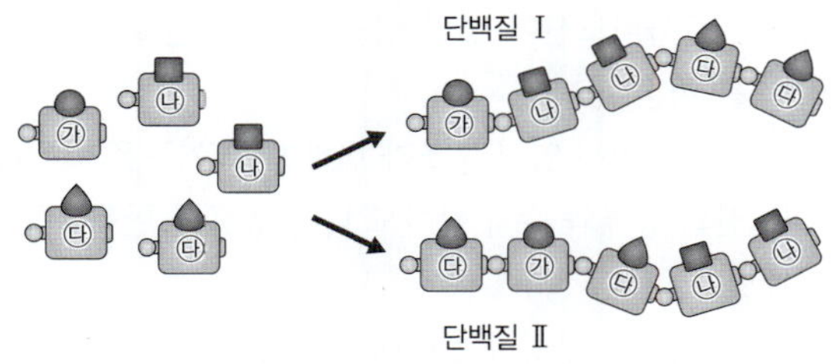

이에 대한 설명으로 옳은 것만을 〈보기〉에서 있는 대로 고른 것은?

────〈 보기 〉────
ㄱ. Ⅰ에는 4개의 펩타이드결합이 있다.
ㄴ. Ⅱ가 생성되는 과정에서 5개의 물 분자가 빠져나온다.
ㄷ. Ⅰ과 Ⅱ는 구성하는 아미노산의 종류와 수가 같으므로 같은 입체 구조를 형성한다.

① ㄱ   ② ㄴ   ③ ㄱ, ㄴ
④ ㄱ, ㄷ   ⑤ ㄴ, ㄷ

309 중

그림 (가)는 사람의 피부를 구성하는 콜라젠을, (나)는 적혈구를 구성하는 헤모글로빈을 나타낸 것이다.

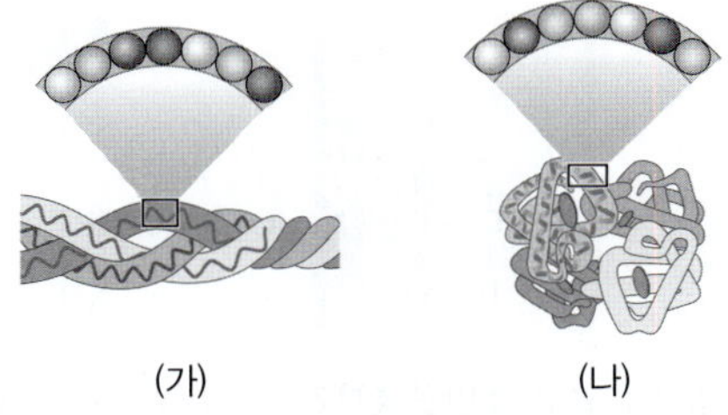

이에 대한 설명으로 옳은 것만을 〈보기〉에서 있는 대로 고른 것은?

────〈 보기 〉────
ㄱ. (가)와 (나)는 모두 단백질이다.
ㄴ. (가)와 (나)의 아미노산 배열 순서는 같다.
ㄷ. (가)와 (나)의 기능은 입체 구조에 의해 결정된다.

① ㄴ   ② ㄷ   ③ ㄱ, ㄴ
④ ㄱ, ㄷ   ⑤ ㄱ, ㄴ, ㄷ

310 중

단백질에 대한 설명으로 옳지 <u>않은</u> 것만을 모두 고르면?(2개)

① 에너지원으로는 사용되지 않는다.
② 많은 수의 아미노산이 펩타이드결합으로 연결되어 폴리펩타이드를 이룬다.
③ 열과 산 등에 의해 입체 구조가 변하면 그 기능을 잃는다.
④ 아미노산의 종류와 수가 같아도 다른 종류의 단백질을 형성할 수 있다.
⑤ 케라틴은 근육을 구성하는 단백질이다.
⑥ 헤모글로빈은 적혈구를 구성하는 단백질로, 산소 운반에 관여한다.
⑦ 호르몬의 성분으로 생리작용을 조절한다.
⑧ 항체는 몸의 방어작용을 담당하는 단백질이다.

311 중

| 서술형 |

마이오신과 케라틴은 모두 아미노산이 기본 단위체이지만, 구조와 기능이 서로 다른 까닭을 서술하시오.

312 상

그림은 생명체를 구성하는 단백질 X의 형성 과정 중 일부를 나타낸 것이다.

$$H_2N - \overset{R_1}{\underset{H}{C}} - COOH \quad + \quad H_2N - \overset{R_2}{\underset{H}{C}} - COOH$$

$$\downarrow (가)$$

$$H_2N - \overset{R_1}{\underset{H}{C}} - \overset{}{\underset{O}{C}} - \overset{H}{\underset{}{N}} - \overset{R_2}{\underset{H}{C}} - COOH$$

(ㄱ)

이에 대한 설명으로 옳은 것만을 〈보기〉에서 있는 대로 고른 것은?

──〈 보기 〉──
ㄱ. (가) 과정에서 한 기본 단위체의 곁사슬과 다른 기본 단위체의 아미노기 사이에 결합이 형성된다.
ㄴ. ㉠은 펩타이드결합으로, 공유 결합의 일종이다.
ㄷ. X의 기본 단위체는 탄소 화합물이다.

① ㄱ ② ㄴ ③ ㄷ
④ ㄱ, ㄴ ⑤ ㄴ, ㄷ

C 핵산

핵산의 형성과 종류

313 하

그림은 DNA의 기본 단위체 X를 나타낸 것이다. 이에 대한 설명으로 옳은 것만을 〈보기〉에서 있는 대로 고른 것은?

──〈 보기 〉──
ㄱ. X는 뉴클레오타이드이다.
ㄴ. ㉠은 라이보스이다.
ㄷ. ㉡은 4종류가 있다.

① ㄱ ② ㄴ ③ ㄷ
④ ㄱ, ㄷ ⑤ ㄴ, ㄷ

314 하

| 서술형 |

그림은 어떤 이중나선 DNA에서 한쪽 가닥의 폴리뉴클레오타이드에 있는 염기서열을 나타낸 것이다.

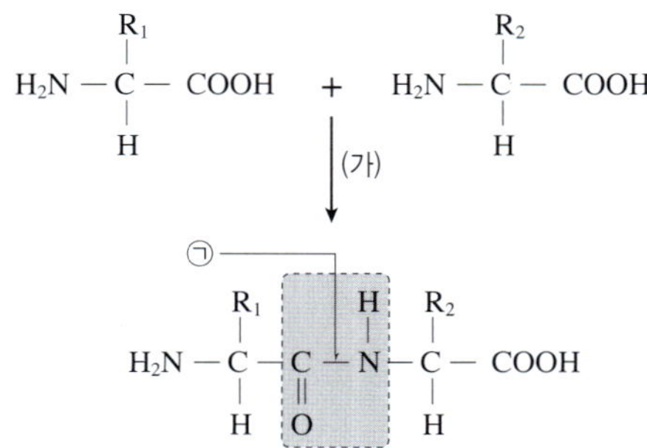

이 DNA의 다른 가닥의 염기서열을 왼쪽부터 순서대로 쓰고, 그렇게 생각한 까닭을 서술하시오.

315 중

핵산에 대한 설명으로 옳지 <u>않은</u> 것만을 모두 고르면?(2개)

① 핵산은 유전정보를 저장하거나 전달하는 역할을 한다.
② 핵산의 기본 단위체는 인산, 당, 염기가 1 : 1 : 1로 결합되어 있다.
③ 뉴클레오타이드가 결합하여 폴리뉴클레오타이드를 형성한다.
④ DNA는 두 가닥의 폴리뉴클레오타이드로 되어 있다.
⑤ RNA는 단일 가닥 구조를 하고 있다.
⑥ RNA는 유전정보를 저장하는 역할을 한다.
⑦ DNA의 당은 디옥시라이보스이고, RNA의 당은 라이보스이다.
⑧ DNA를 이루는 염기에는 아데닌(A)과 유라실(U)이 있다.
⑨ 이중나선 DNA에서 구아닌(G)은 항상 사이토신(C)과 염기 쌍을 형성한다.

316 ⊚

그림은 핵산 X의 기본 단위체 중 하나를 나타낸 것이다. X는 DNA 와 RNA 중 하나이다. 이에 대한 설명으로 옳은 것만을 〈보기〉에서 있는 대로 고른 것은?

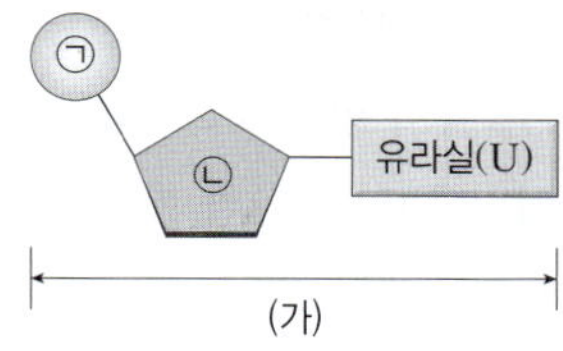

〈 보기 〉
ㄱ. (가)는 뉴클레오타이드이다.
ㄴ. ㉠은 당, ㉡은 인산이다.
ㄷ. X는 두 가닥의 폴리뉴클레오타이드로 구성된다.

① ㄱ   ② ㄷ   ③ ㄱ, ㄴ
④ ㄴ, ㄷ   ⑤ ㄱ, ㄴ, ㄷ

317 ⊚

| 서술형 |

DNA와 RNA의 차이점을 다음 요소를 고려하여 각각 서술하시오.

• 구조   • 당   • 염기   • 기능

318 ⊚

그림은 DNA의 일부를 나타낸 것이다.

이에 대한 설명으로 옳은 것만을 〈보기〉에서 있는 대로 고른 것은?

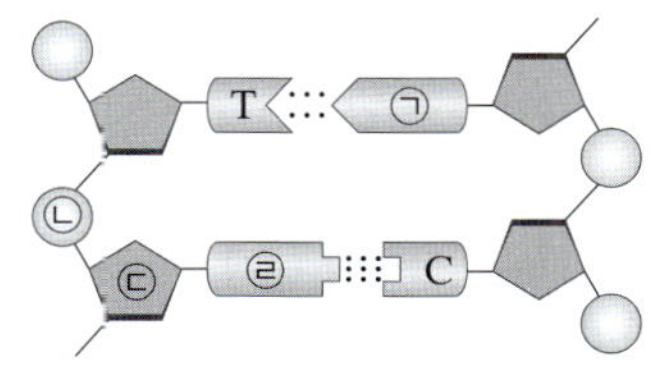

〈 보기 〉
ㄱ. ㉠은 아데닌(A), ㉣은 구아닌(G)이다.
ㄴ. ㉡+㉢은 뉴클레오타이드이다.
ㄷ. ㉡, ㉢, ㉣은 1 : 1 : 1로 결합되어 있다.
ㄹ. 한 가닥의 폴리뉴클레오타이드에서 두 뉴클레오타이드는 당과 인산의 공유 결합으로 연결된다.

① ㄱ, ㄴ   ② ㄴ, ㄹ   ③ ㄷ, ㄹ
④ ㄱ, ㄴ, ㄷ   ⑤ ㄱ, ㄷ, ㄹ

319 ⊚

그림은 생명체를 구성하는 두 종류의 핵산 (가)와 (나)를 나타낸 것이다. (가)와 (나)는 각각 DNA와 RNA 중 하나이다.

(가)   (나)

이에 대한 설명으로 옳지 않은 것을 모두 고르면?(2개)

① (가)와 (나)는 모두 여러 개의 뉴클레오타이드가 결합하여 형성된다.
② (가)와 (나)를 구성하는 당의 종류는 같다.
③ 유라실(U)은 (가)를 구성하는 염기이다.
④ (가)는 단백질합성에 관여한다.
⑤ (나)는 두 가닥의 폴리뉴클레오타이드가 염기 사이의 공유 결합으로 연결되어 있다.
⑥ (나)에서 아데닌(A)의 수와 타이민(T)의 수는 항상 같다.
⑦ (나)를 구성하는 두 가닥의 폴리뉴클레오타이드에서 각 가닥의 염기는 특정 염기하고만 결합한다.
⑧ (나)에서 뉴클레오타이드의 결합 순서에 따라 저장되는 유전정보가 달라진다.

320 ⊚

그림은 두 종류의 핵산을 나타낸 것이다. (가)와 (나)는 각각 DNA와 RNA 중 하나이고, ㉠~㉣은 아데닌(A), 사이토신(C), 유라실(U), 타이민(T)을 순서 없이 나타낸 것이다.

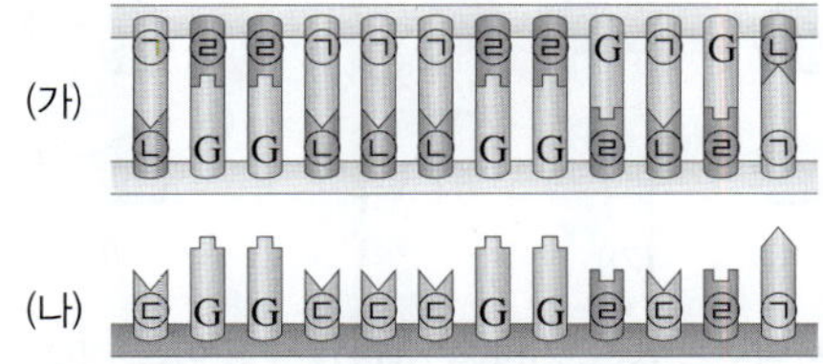

이에 대한 설명으로 옳은 것만을 〈보기〉에서 있는 대로 고른 것은?

〈 보기 〉
ㄱ. 아데닌(A)은 ㉡이다.
ㄴ. (가)는 유전정보를 전달하고, (나)는 유전정보를 저장한다.
ㄷ. (가)에 존재하는 염기의 조성 비율은 ㉠+㉣=G+㉡의 관계가 성립한다.

① ㄱ   ② ㄴ   ③ ㄷ
④ ㄱ, ㄷ   ⑤ ㄴ, ㄷ

321 ⓭

그림은 핵산 X를 구성하고 있는 폴리뉴클레오타이드 중 일부를 나타낸 것이다. X는 DNA와 RNA 중 하나이다.

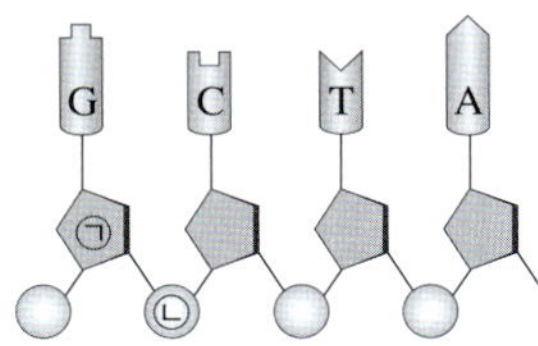

이에 대한 설명으로 옳은 것만을 〈보기〉에서 있는 대로 고른 것은?

> ── 〈 보기 〉 ──
> ㄱ. X는 RNA이다.
> ㄴ. ㉠은 디옥시라이보스이다.
> ㄷ. ㉠과 ㉡은 수소결합으로 연결되어 있다.

① ㄱ   ② ㄴ   ③ ㄷ
④ ㄱ, ㄷ   ⑤ ㄴ, ㄷ

☆빈출 322 ⓘ

그림은 어떤 생물이 가지고 있는 두 종류의 핵산 (가)와 (나)의 구조 중 일부를 나타낸 것이다. (가)와 (나)는 각각 RNA와 DNA 중 하나이고, ㉠~㉢은 사이토신(C), 유라실(U), 타이민(T)을 순서 없이 나타낸 것이다.

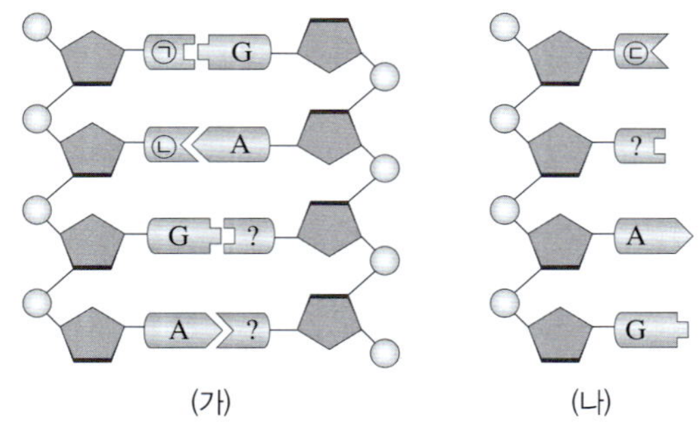

(가)   (나)

이에 대한 설명으로 옳은 것만을 〈보기〉에서 있는 대로 고른 것은?

> ── 〈 보기 〉 ──
> ㄱ. (가)는 염기서열에 유전정보를 저장한다.
> ㄴ. ㉠은 사이토신(C), ㉡은 타이민(T), ㉢은 유라실(U)이다.
> ㄷ. (가)에서 ㉠의 비율이 17 %라면 ㉡의 비율도 17 %이다.
> ㄹ. (나)에서 당－인산 골격은 뉴클레오타이드 사이의 수소결합으로 형성된다.

① ㄱ, ㄴ   ② ㄱ, ㄷ   ③ ㄷ, ㄹ
④ ㄱ, ㄴ, ㄹ   ⑤ ㄴ, ㄷ, ㄹ

323 △

그림은 두 가닥의 폴리뉴클레오타이드 Ⅰ과 Ⅱ로 구성된 어떤 DNA의 일부를 나타낸 것이다. Ⅰ에 존재하는 아데닌(A)과 타이민(T)의 비율의 합은 60 %이고, Ⅱ에 존재하는 구아닌(G)의 비율은 30 %이다.

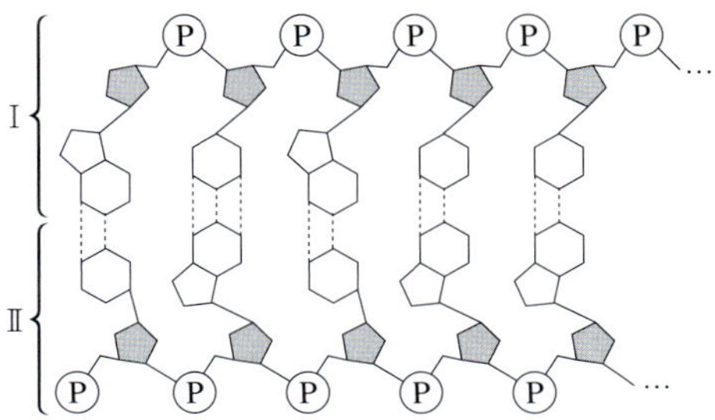

이에 대한 설명으로 옳은 것만을 〈보기〉에서 있는 대로 고른 것은?

> ── 〈 보기 〉 ──
> ㄱ. Ⅰ과 Ⅱ는 염기 사이의 수소결합으로 연결된다.
> ㄴ. Ⅰ에 존재하는 구아닌(G)의 비율은 30 %이다.
> ㄷ. Ⅱ에 존재하는 아데닌(A)과 타이민(T)의 비율의 합은 60 % 이다.

① ㄱ   ② ㄴ   ③ ㄷ
④ ㄱ, ㄷ   ⑤ ㄴ, ㄷ

생명체를 구성하는 물질의 비교

324 ⓶

DNA와 단백질을 이루는 기본 단위체의 이름과 각 기본 단위체는 몇 종류인지 각각 쓰시오.

☆빈출 325 ⓭

그림은 생명체를 구성하는 물질인 단백질과 핵산의 공통점과 차이점을 나타낸 것이다. 이에 대한 설명으로 옳은 것만을 〈보기〉에서 있는 대로 고른 것은?

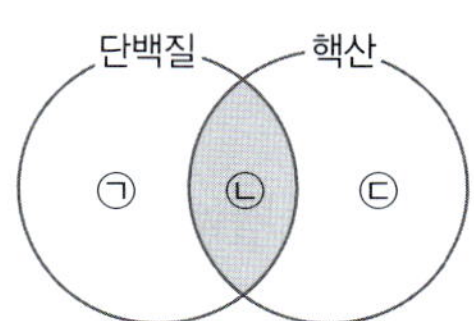

> ── 〈 보기 〉 ──
> ㄱ. '탄소 화합물이다.'는 ㉠에 해당한다.
> ㄴ. '기본 단위체의 반복적인 결합으로 형성된다.'는 ㉡에 해당한다.
> ㄷ. '펩타이드결합을 갖는다.'는 ㉢에 해당한다.

① ㄱ   ② ㄴ   ③ ㄱ, ㄴ
④ ㄴ, ㄷ   ⑤ ㄱ, ㄴ, ㄷ

326 ⟨중⟩

그림은 생명체를 구성하는 두 가지 물질의 기본 단위체를 나타낸 것이다.

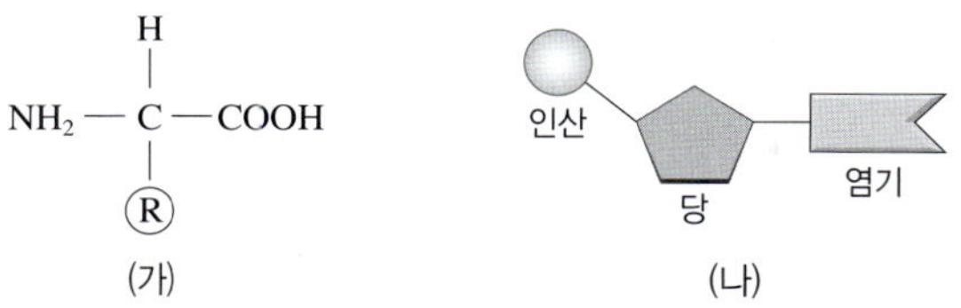

이에 대한 설명으로 옳지 <u>않은</u> 것은?

① 기본 단위체의 종류는 (가)가 (나)보다 많다.

② 10개의 (가)가 연결될 때에는 물 9분자가 빠져나온다.

③ (가)가 반복적으로 결합하여 폴리뉴클레오타이드가, (나)가 반복적으로 결합하여 폴리펩타이드가 만들어진다.

④ (가)와 (나)의 구성 원소에 모두 질소(N)가 있다.

⑤ 항체의 주성분은 (가)로 구성되고, 유전정보를 저장하거나 전달하는 물질은 (나)로 구성된다.

[327~328] 그림은 생명체를 구성하는 핵산, 단백질, 탄수화물을 구분하는 과정을 나타낸 것이다.

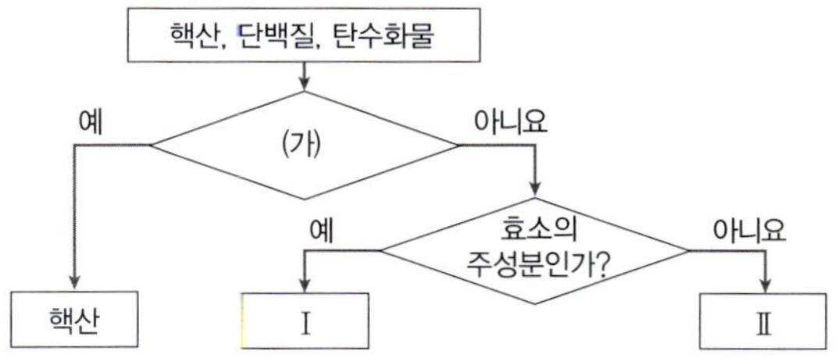

327 ⟨중⟩

이에 대한 설명으로 옳은 것만을 〈보기〉에서 있는 대로 고른 것은?

─ 보기 ─

ㄱ. '뉴클레오타이드를 갖는가?'는 (가)에 해당한다.

ㄴ. I은 인산과 당이 결합된 구조를 갖는다.

ㄷ. II의 구성 원소는 C, H, O, N이다.

① ㄱ   ② ㄴ   ③ ㄱ, ㄷ
④ ㄴ, ㄷ   ⑤ ㄱ, ㄴ, ㄷ

328 ⟨중⟩

| 서술형 |

(가)에 해당하는 분류 기준 <u>한 가지</u>를 서술하시오.

329 ⟨상⟩

표 (가)는 물질 I~III에서 특징 ㉠~㉢의 유무를, (나)는 ㉠~㉢을 순서 없이 나타낸 것이다. I~III은 녹말, 단백질, RNA를 순서 없이 나타낸 것이다.

특징 물질	㉠	㉡	㉢
I	○	×	○
II	○	ⓐ	○
III	ⓑ	×	○

(○: 있음, ×: 없음)

(가)

특징(㉠~㉢)
• 탄소 화합물이다.
• 구성 원소에 질소(N)가 있다.
• 기본 단위체가 4종류이다.

(나)

이에 대한 설명으로 옳은 것만을 〈보기〉에서 있는 대로 고른 것은?

─ 보기 ─

ㄱ. 단백질은 I이다.

ㄴ. ⓐ와 ⓑ는 모두 '×'이다.

ㄷ. '구성 원소에 산소(O)가 있다.'는 I~III 모두에 해당하는 특징이다.

① ㄱ   ② ㄴ   ③ ㄷ
④ ㄱ, ㄷ   ⑤ ㄴ, ㄷ

330 ⟨상⟩

표 (가)는 생명체를 구성하는 물질 I~III이 갖는 특징을, (나)는 특징 ㉠~㉢을 순서 없이 나타낸 것이다. I~III은 단백질, 탄수화물, 핵산을 순서 없이 나타낸 것이다.

물질	특징
I	㉠
II	㉡, ㉢
III	㉢

(가)

특징(㉠~㉢)
• 에너지원으로 사용된다.
• 구성 원소에 인(P)을 갖는다.
• 방어작용을 담당하는 항체의 주성분이다.

(나)

이에 대한 설명으로 옳은 것만을 〈보기〉에서 있는 대로 고른 것은?

─ 보기 ─

ㄱ. I은 구성 물질로 당을 갖는다.

ㄴ. II의 기본 단위체는 20종류이다.

ㄷ. III은 사람을 구성하는 탄소 화합물 중 가장 많은 양을 차지한다.

ㄹ. 중성지방은 III의 한 종류이다.

① ㄱ, ㄴ   ② ㄱ, ㄹ   ③ ㄷ, ㄹ
④ ㄱ, ㄴ, ㄷ   ⑤ ㄴ, ㄷ, ㄹ

12 물질의 전기적 성질

A 전기적 성질에 따른 물질의 구분

1 원자의 전기적 성질

① 원자의 구조: 양(＋)전하를 띠는 원자핵과 음(－)전하를 띠는 ❶ ☐☐ 로 이루어져 있다. ➡ 전자는 ❷ ☐☐☐ 에 의해 원자에 속박되어 있다.
  • 중성자와 양성자로 이루어져 있다.

② 자유 전자: 원자에서 떨어져 나와 자유롭게 이동할 수 있는 전자

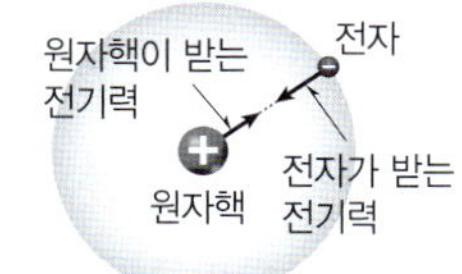

▲ 원자의 구조

2 전기적 성질에 따른 물질의 구분

구분	도체	반도체	부도체 → 절연체
전기적 성질	❸ ☐☐☐☐ 가 많아 전류가 잘 흐른다.	특정 조건에서 자유 전자가 생겨 전류가 흐른다.	자유 전자가 거의 없어 전류가 잘 흐르지 않는다.
전기 전도성	높다. → 전기 저항이 작다.	도체와 부도체의 중간이다.	낮다. → 전기 저항이 크다.
예	금, 은, 철, 구리, 알루미늄 등	규소(Si), 저마늄(Ge) 등	고무, 유리, 나무, 플라스틱 등
전압을 걸었을 때	자유 전자가 전지의 (＋)극 쪽으로 이동하여 전류가 흐른다. └ 전류의 방향과 전자의 이동 방향은 반대이다.		전자는 원자에 속박되어 있어 전류가 잘 흐르지 않는다.

B 반도체의 전기적 성질

1 반도체의 종류
  • 규소(Si), 저마늄(Ge) 등

① 순수 반도체: 원자가 전자가 ❹ ☐ 개인 원소로만 이루어져 있다. ➡ 전류가 잘 흐르지 않는다.

② 불순물 반도체: 순수 반도체에 불순물을 첨가하여 전기적 성질을 변화시킨 반도체 ➡ 전류가 흐른다.

┤ 순수 반도체와 불순물 반도체에서 전자의 결합과 이동 ├

원자가 전자가 5개인 인(P)을 첨가하면 전자 1개가 남는다. ➡ 자유 전자의 이동에 의해 전류가 흐른다.

원자가 전자가 모두 ❺ ☐☐☐☐ 을 하고 있다. ➡ 전류가 잘 흐르지 않는다. └ 전기 전도성이 낮다.

원자가 전자가 3개인 붕소(B)를 첨가하면 전자의 빈 자리가 생긴다. ➡ 전자가 빈 자리로 이동하며 전류가 흐른다.

2 반도체 소자의 특징
  • 반도체를 이용하여 만든 부품

구분	특징
다이오드	n형 반도체와 p형 반도체를 결합한 소자로, 전류를 한 방향으로만 흐르게 하는 ❻ ☐☐ 작용을 한다. • 교류를 직류로 바꾸는 작용
발광 다이오드	전류가 흐르면 빛이 방출된다. → 첨가하는 원소에 따라 방출되는 빛의 색이 다르다.
유기 발광 다이오드	전류가 흐르면 유기 물질 자체에서 빛이 방출된다. → 얇고 가벼우며, 휘어진다.
❼ ☐☐☐☐	전류, 전압을 증폭시키는 증폭 작용, 전류를 제어하는 스위치 작용을 한다.
집적 회로	매우 많은 트랜지스터나 다이오드 등을 하나의 칩으로 만든 것이다. └ 데이터를 처리하거나 저장한다.

기출 PICK A -2

전기적 성질에 따른 물질의 구분
• 도체: 자유 전자가 많다.
• 부도체: 자유 전자가 거의 없다.
• 반도체: 특정 조건에서 자유 전자가 생긴다.

반도체에서 자유 전자가 생기는 특정 조건
빛을 비추거나, 열을 가하거나, 불순물을 첨가한다.

전압을 걸었을 때, 도체와 부도체에서 전자의 움직임
⊕원자핵 •전자

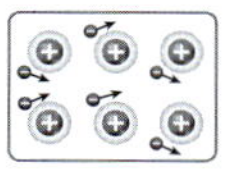
▲ 도체

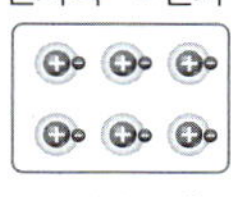
▲ 부도체

기출 PICK B -1

순수 반도체와 불순물 반도체의 전기적 성질
• 순수 반도체: 전류가 잘 흐르지 않는다.
• 불순물 반도체: 전류가 잘 흐른다.

n형 반도체와 p형 반도체
• n형 반도체: 자유 전자가 존재한다.
• p형 반도체: 전자의 빈 자리가 존재한다.

기출 PICK B -2

다이오드의 정류 작용
교류를 직류로 변환하는 작용으로, 어댑터 등에 이용된다.

발광 다이오드에서 전류 흐름
발광 다이오드도 다이오드와 같이 전류가 한 방향으로만 흐를 수 있다.

발광 다이오드에서 에너지 전환
전류가 흐르면 빛이 방출되므로 전기 에너지가 빛에너지로 전환된다.

II

C 물질의 전기적 성질 활용

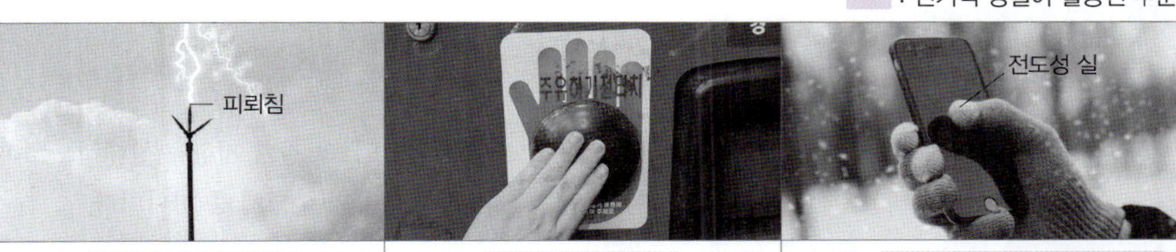

- 도체: 피뢰침의 끝 부분을 통해 번개의 전류가 안전하게 땅으로 이동한다.
- 도체: 정전기 방지 패드에 손을 접촉하면 손에 있던 전자들이 정전기 방지 패드로 이동한다.
- 도체: 스마트폰 터치 장갑의 끝 부분에는 전류가 흐를 수 있는 전도성 실이 섞여 있다.

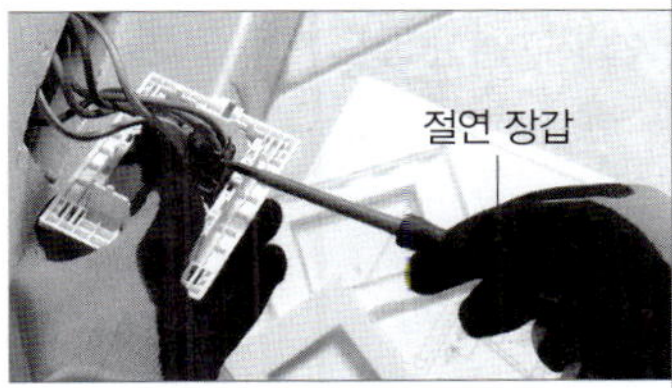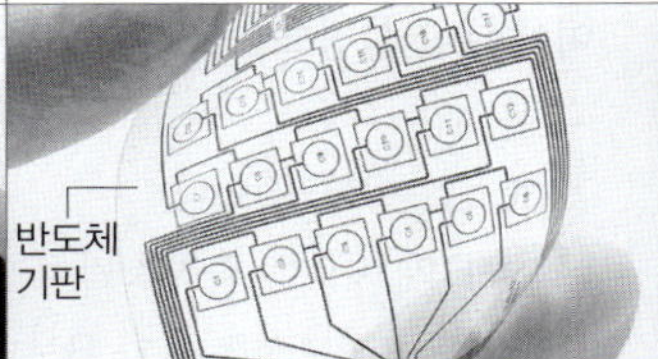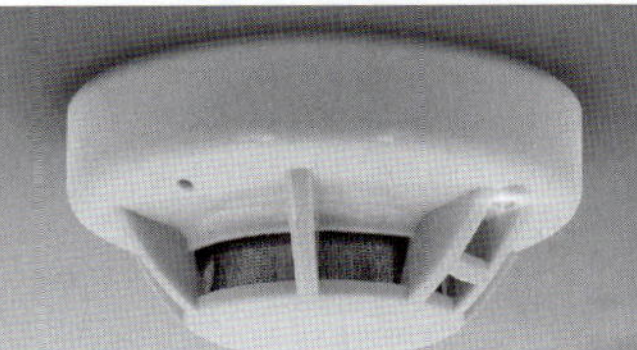

- 부도체: 절연 장갑은 전기 작업 중 사람에게 전류가 흐르지 않도록 보호해 준다.
- 부도체: 반도체 기판의 코팅 물질은 반도체 소자를 보호하고, 불필요한 신호를 차단한다.
- 반도체: 센서 내부의 반도체 소자는 외부 변화에 따른 전기 전도도의 변화를 감지한다.

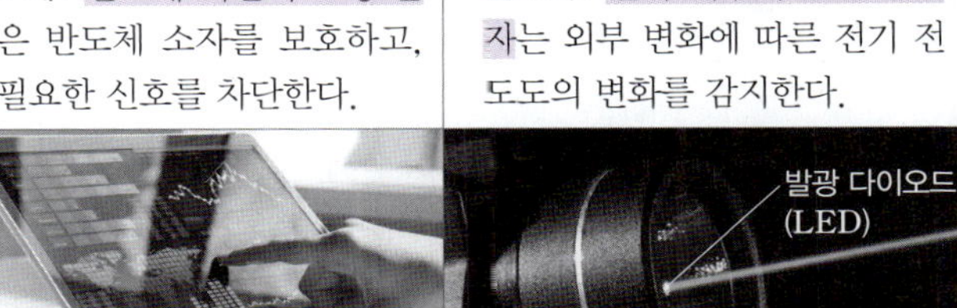

- 부도체: 반도체를 보호함과 동시에 빛을 투과시키기 위해 투명한 강화 유리로 되어 있다.
- 반도체: 태양 전지는 빛을 받으면 전압이 발생한다.
- 부도체: 반도체를 보호함과 동시에 화면을 보기 위해 투명한 강화 유리로 되어 있다.
- 반도체: 투명 전극을 통해 손가락의 미세한 전류를 감지한다.
- 부도체: 플라스틱으로 반도체를 보호하고, 전류가 외부로 흐르는 것을 방지한다.
- 도체: 발광 다이오드(LED)를 통해 빛이 방출된다.

📎 기출 PICK C

물질의 전기적 성질 활용
- 도체: 전류가 통해야 하는 곳에 사용한다.
- 부도체: 전류가 통하지 않아야 하는 곳에 사용한다.
- 반도체: 특정 조건에서 빛을 내거나 특성이 변하는 성질을 이용하는 곳에 사용한다.
  예 자동문이나 화재 경보기와 같은 센서, 조건에 따라 색이 변하는 창문, 자율주행 자동차의 센서, 인공지능 장치 등

태양 전지에서 에너지 전환
빛을 받으면 전압이 발생하므로 빛에너지가 전기 에너지로 전환된다.

회로에 연결된 태양 전지
태양 전지를 회로에 연결하여 빛을 비추면 회로에 전류가 흐른다.

답 ❶ 전자 ❷ 전기력 ❸ 자유 전자 ❹ 4 ❺ 공유 결합 ❻ 정류 ❼ 트랜지스터

빈출 자료 보기

정답과 해설 26쪽 ▶▶

331 그림 (가), (나), (다)는 순수 반도체, n형 반도체, p형 반도체를 구성하는 원소와 원자가 전자의 배열을 순서 없이 나타낸 것이다.

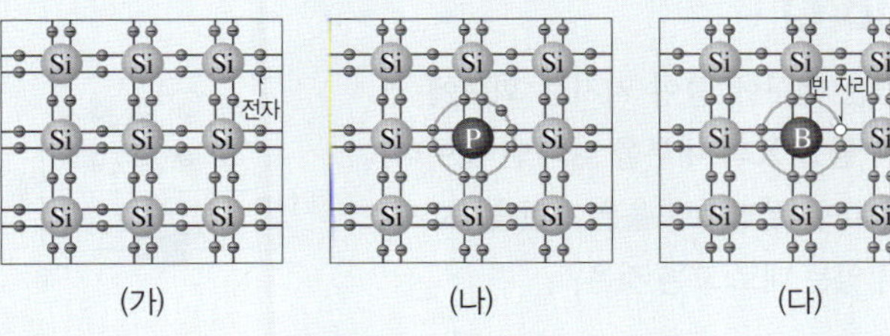

이에 대한 설명으로 옳은 것은 ○, 옳지 않은 것은 ×로 표시하시오.

(1) (가)는 순수 반도체이다. ( )

(2) (나)는 p형 반도체이다. ( )

(3) (나)에는 공유 결합에 참여하지 않은 전자가 존재한다. ( )

(4) (다)는 n형 반도체이다. ( )

(5) 전압을 걸었을 때, (가)에서보다 (다)에서 전류가 잘 흐른다. ( )

332 그림 (가), (나), (다)는 반도체의 전기적 성질을 이용하기 위해 만든 반도체 소자이다.

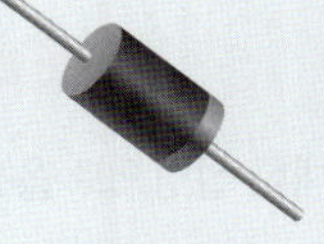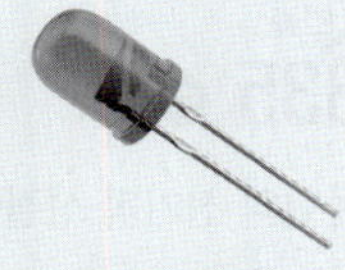

(가) 트랜지스터 (나) 다이오드 (다) 발광 다이오드

이에 대한 설명으로 옳은 것은 ○, 옳지 않은 것은 ×로 표시하시오.

(1) (가)는 전기 신호를 증폭하는 역할을 한다. ( )

(2) (가)는 순수 반도체를 이용하여 만든다. ( )

(3) (나)는 교류를 직류로 바꿔주는 역할을 한다. ( )

(4) (나)는 p형 반도체와 n형 반도체를 결합하여 만든다. ( )

(5) (다)는 전류가 흐르면 빛이 방출된다. ( )

(6) (다)는 첨가하는 원소에 따라 방출되는 빛의 색이 다르다. ( )

333 하

다음은 원자의 구조에 대한 설명이다.

> 지구를 구성하는 다양한 물질은 원자로 이루어져 있고, 원자는 (㉠)전하를 띠는 원자핵과 음(−)전하를 띠는 (㉡)로 이루어져 있으며, 원자핵은 (㉢)와 중성자로 이루어져 있다.

㉠, ㉡, ㉢에 들어갈 알맞은 말을 쓰시오.

334 하

그림은 원자의 구조를 나타낸 것으로, B는 A에 속박되어 있다. 이에 대한 설명으로 옳은 것만을 〈보기〉에서 있는 대로 고른 것은?

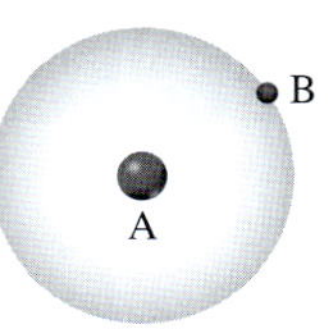

보기
> ㄱ. A는 중성자로만 이루어져 있다.
> ㄴ. B는 음(−)전하를 띤다.
> ㄷ. A와 B 사이에는 서로 밀어내는 힘이 작용한다.

① ㄱ   ② ㄴ   ③ ㄱ, ㄷ
④ ㄴ, ㄷ   ⑤ ㄱ, ㄴ, ㄷ

★빈출
335 중

이 문제에서 볼 수 있는 보기는 多

물질의 전기적 성질에 대한 설명으로 옳은 것만을 모두 고르면?

(2개)

① 금, 은, 구리는 반도체이다.
② 규소(Si), 저마늄(Ge)은 부도체이다.
③ 고무, 유리, 플라스틱은 부도체이다.
④ 부도체는 도체보다 전기 저항이 작다.
⑤ 전기 저항이 작아 전류가 잘 흐르는 물질은 도체이다.
⑥ 반도체는 특정 조건에서 도체보다 전기 저항이 작아진다.
⑦ 반도체는 온도나 압력을 가해도 전기 전도성이 변하지 않는다.

★빈출
336 중

그림은 물질 A, 규소(Si), 물질 B의 전기 저항을 상대적으로 나타낸 것이다. A와 B는 각각 도체와 부도체 중 하나이다.

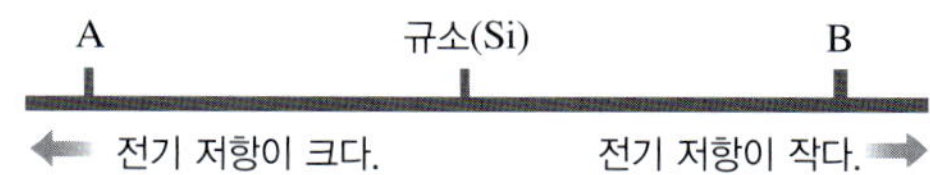

이에 대한 설명으로 옳은 것만을 〈보기〉에서 있는 대로 고른 것은?

보기
> ㄱ. A는 부도체이다.
> ㄴ. B의 예로는 플라스틱이 있다.
> ㄷ. 전기 전도성은 A가 B보다 높다.

① ㄱ   ② ㄷ   ③ ㄱ, ㄴ
④ ㄴ, ㄷ   ⑤ ㄱ, ㄴ, ㄷ

337 중

그림과 같이 도체 또는 부도체인 막대 A와 B로 회로를 구성하였다. 스위치를 닫았더니 B를 연결했을 때만 검류계에 전류가 흘렀다. 이에 대한 설명으로 옳은 것만을 〈보기〉에서 있는 대로 고른 것은? (단, A와 B는 크기와 모양이 동일하고, 전지의 전압은 일정하다.)

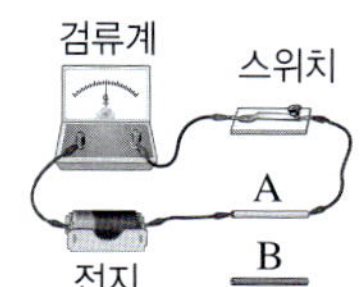

보기
> ㄱ. A는 부도체이다.
> ㄴ. B의 예로는 알루미늄이 있다.
> ㄷ. 단위 부피당 자유 전자의 수는 A가 B보다 많다.

① ㄱ   ② ㄷ   ③ ㄱ, ㄴ
④ ㄴ, ㄷ   ⑤ ㄱ, ㄴ, ㄷ

338 중

그림은 전구에 불이 켜지는 회로에 연결된 물질 X의 내부를 나타낸 것이다. 이에 대한 설명으로 옳은 것만을 〈보기〉에서 있는 대로 고른 것은?

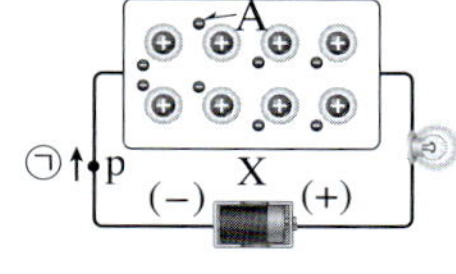

보기
> ㄱ. X는 부도체이다.
> ㄴ. A는 자유 전자이다.
> ㄷ. p 지점을 지나는 전자의 이동 방향은 ㉠과 반대이다.

① ㄱ   ② ㄴ   ③ ㄱ, ㄷ
④ ㄴ, ㄷ   ⑤ ㄱ, ㄴ, ㄷ

B 반도체의 전기적 성질

★빈출 339 하

그림은 규소(Si)로만 이루어진 반도체의 원자가 전자의 배열을 나타낸 것이다. 이에 대한 설명으로 옳은 것만을 〈보기〉에서 있는 대로 고른 것은?

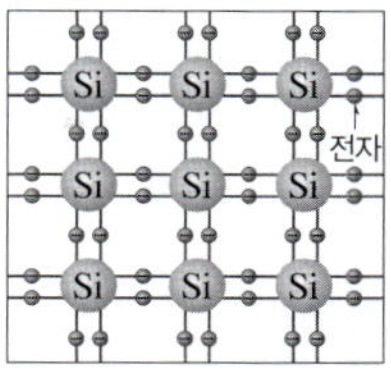

〈 보기 〉

ㄱ. 규소(Si)의 원자가 전자는 8개이다.
ㄴ. 규소(Si)로만 이루어진 반도체는 불순물 반도체보다 전류가 잘 흐른다.
ㄷ. 규소(Si)에 원자가 전자가 3개인 불순물 원소를 첨가하면 전기 전도성이 높아진다.

① ㄱ   ② ㄷ   ③ ㄱ, ㄴ
④ ㄴ, ㄷ   ⑤ ㄱ, ㄴ, ㄷ

340 하

다음은 불순물 반도처에 대한 설명이다.

불순물 반도체는 원자가 전자가 (㉠)개인 원소로만 이루어진 순수 반도처에 불순물을 첨가하여 전기 전도성을 높인 반도체이다. 순수 탄도체에 원자가 전자가 5개인 원소를 첨가한 것을 (㉡)형 반도체라 하고, 원자가 전자가 3개인 원소를 첨가한 것을 (㉢)형 반도체라고 한다.

㉠, ㉡, ㉢에 들어갈 알맞은 말을 쓰시오.

341 하

다음 설명에 해당하는 반도체의 종류는?

규소(Si)에 불순물 원소인 붕소(B)를 첨가하면 공유 결합에 전자 1개가 부족하여 전자의 빈 자리가 생긴다. 이 반도체에 전압을 걸어 주면 전자가 빈 자리를 채우면서 전류가 흐른다.

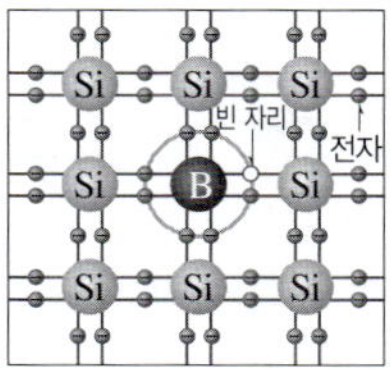

① n형 반도체
② p형 반도체
③ 순수 반도체
④ 고분자 반도체
⑤ p−n 접합 반도체

★빈출 342 하

반도체를 이용한 예로 옳지 <u>않은</u> 것은?(2개)

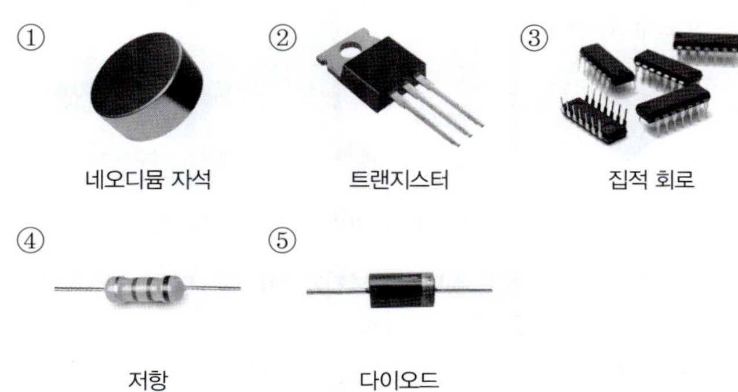

① 네오디뮴 자석   ② 트랜지스터   ③ 집적 회로
④ 저항   ⑤ 다이오드

343 하

다음은 유기 발광 다이오드(OLED)에 대한 설명이다.

유기 발광 다이오드(OLED)는 전류가 흐르면 유기 물질 자체에서 빛이 방출되는 소자로, 얇고 가벼워 휘어지는 디스플레이에 이용된다.

유기 발광 다이오드에서 일어나는 에너지 전환 과정을 쓰시오.

★빈출 344 중

| 서술형 |

그림은 저마늄(Ge)에 인(P)을 첨가하여 만든 반도체 A의 원소와 원자가 전자의 배열을 나타낸 것이다.

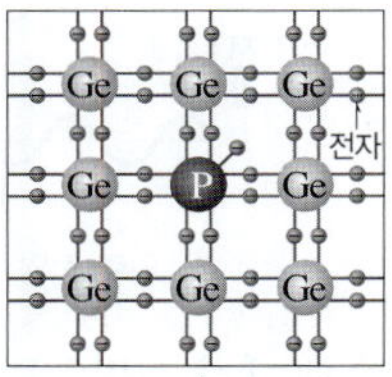

(1) A는 n형 반도체와 p형 반도체 중 어떤 반도체인지 쓰시오.

(2) 인(P)의 원자가 전자의 수를 쓰시오.

(3) A에 전압을 걸었을 때, 전류가 흐르는 까닭을 서술하시오.

345 중

그림 (가), (나), (다)는 반도체의 전기적 성질을 이용하기 위해 만든 반도체 소자이다.

(가) 트랜지스터   (나) 발광 다이오드   (다) 집적 회로

이에 대한 설명으로 옳은 것만을 〈보기〉에서 있는 대로 고른 것은?

──〈 보기 〉──
ㄱ. (가)는 전류의 세기를 증폭시킬 수 있다.
ㄴ. (나)는 전류가 흐르면 빛이 방출된다.
ㄷ. (다)는 순수 반도체로 만든다.

① ㄱ   ② ㄷ   ③ ㄱ, ㄴ
④ ㄴ, ㄷ   ⑤ ㄱ, ㄴ, ㄷ

346 중

| 서술형 |

그림 (가)는 반도체 소자 A를 이용하여 구성한 회로를, (나)는 교류 전원에서 입력되는 전류를, (다)는 디지털 전류계에서 전류가 한 방향으로만 출력되는 것을 나타낸 것이다.

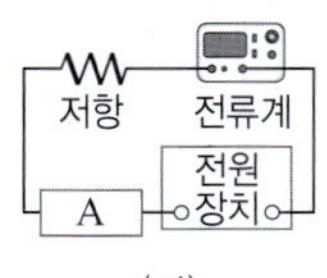 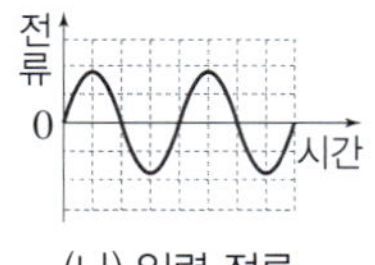 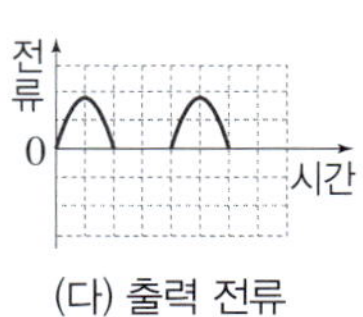

(가)   (나) 입력 전류   (다) 출력 전류

(1) A는 무엇인지 쓰시오.

(2) 위의 회로에서 A는 어떤 작용을 하였는지 까닭과 함께 서술하시오.

347 중

그림은 교류 신호가 반도체 소자 A를 지나 세기가 증폭된 신호로 출력되는 것을 나타낸 것이다.

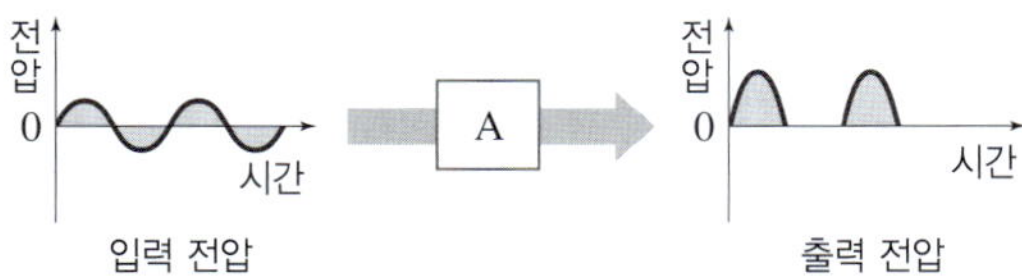

입력 전압   출력 전압

A에 대한 설명으로 옳은 것만을 모두 고르면?(2개)

① 트랜지스터이다.
② 순수 반도체로 만든다.
③ 전류가 흐르면 빛이 방출된다.
④ 스피커의 소리를 증폭시킬 수 있다.
⑤ 얇고, 가벼워 휘어지는 특성이 있다.

348 상

| 서술형 |

순수 반도체와 n형 반도체 중 전기 전도성이 높은 반도체를 쓰고, 그 까닭을 다음 용어를 모두 포함하여 서술하시오.

┌─────────────────────────────┐
│ 공유 결합, 원자가 전자, 자유 전자 │
└─────────────────────────────┘

349 상

그림 (가)는 원자 A, B, 규소(Si)의 원자가 전자를 모형으로 나타낸 것이고, (나)는 A와 규소(Si)로 이루어진 불순물 반도체 X, B와 규소(Si)로 이루어진 불순물 반도체 Y로 만든 다이오드를 나타낸 것이다.

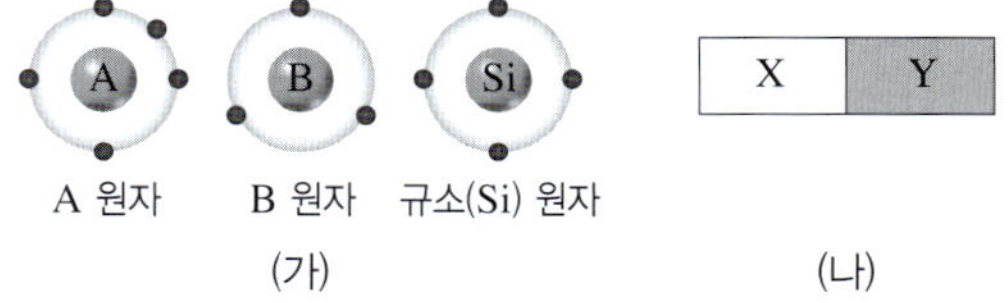

A 원자   B 원자   규소(Si) 원자   X   Y

(가)   (나)

이에 대한 설명으로 옳은 것만을 〈보기〉에서 있는 대로 고른 것은?

──〈 보기 〉──
ㄱ. Y는 n형 반도체이다.
ㄴ. (나)는 전류를 한 방향으로만 흐르게 한다.
ㄷ. 교류 전원에 (나)를 연결하면 회로에는 전류가 흘렀다 안 흘렀다 한다.

① ㄱ   ② ㄴ   ③ ㄱ, ㄷ
④ ㄴ, ㄷ   ⑤ ㄱ, ㄴ, ㄷ

350 상

그림은 다이오드에 전구를 연결하여 구성한 회로를 나타낸 것이고, 표는 스위치의 연결 위치에 따라 전구에 불이 켜지는지를 나타낸 것이다.

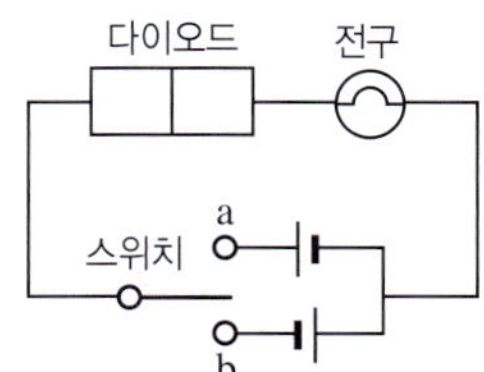

스위치	전구
a에 연결	불이 켜진다.
b에 연결	㉠

이에 대한 설명으로 옳은 것만을 〈보기〉에서 있는 대로 고른 것은?

──〈 보기 〉──
ㄱ. ㉠은 '불이 켜진다.'이다.
ㄴ. 다이오드는 순수 반도체로 만든다.
ㄷ. 다이오드는 정류 작용을 한다.

① ㄱ   ② ㄷ   ③ ㄱ, ㄴ
④ ㄴ, ㄷ   ⑤ ㄱ, ㄴ, ㄷ

★빈출
351 하

그림은 전선으로, A는 전선 내부의 구리 도선이고, B는 전선의 외피이다. 이에 대한 설명으로 옳은 것만을 〈보기〉에서 있는 대로 고른 것은?

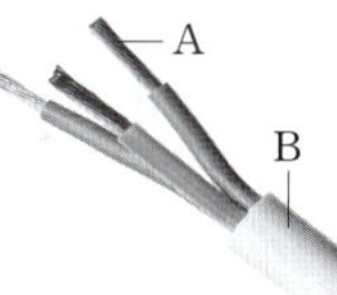

─── 보기 ───
ㄱ. A는 도체이다.
ㄴ. B는 유리와 전기적 성질이 같다.
ㄷ. 전선은 빛을 받으면 전류가 흐른다.

① ㄱ　　　② ㄷ　　　③ ㄱ, ㄴ
④ ㄴ, ㄷ　　　⑤ ㄱ, ㄴ, ㄷ

352 중
| 서술형 |

다음은 발광 다이오드(LED) 전구에 대한 설명이다.

발광 다이오드(LED) 전구는 도체, 반도체, 부도체로 이루어진 제품으로, ㉠전원 연결부를 통해 전류가 공급되면 ㉡덮개 내부에 있는 ㉢부품에서 빛이 방출된다.

㉠, ㉡, ㉢은 각각 도체, 반도체, 부도체 중 어떤 전기적 성질을 이용한 제품인지 까닭과 함께 서술하시오.

★빈출
353 중

그림 (가)~(바)는 각각 도체, 부도체, 반도체의 성질을 이용한 제품이다.

(가) 절연 장갑

(나) 피뢰침

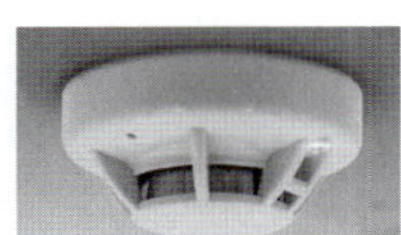

(다) 감지기의 센서

(라) 스마트폰 장갑의 전도성 실

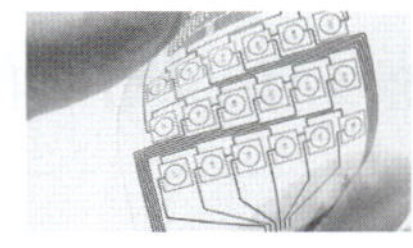

(마) 반도체 기판의 코팅 물질

(바) 레이저 포인터의 발광 다이오드(LED)

(가)~(바)는 어떤 전기적 성질을 활용한 제품인지 구분하시오.

도체: (　　　　), 부도체: (　　　　), 반도체: (　　　　)

354 중

그림은 일상생활에서 볼 수 있는 발광 다이오드(LED) 신호등으로, A는 빨간색 빛을 내는 LED, B는 초록색 빛을 내는 LED이고, C는 신호등의 외부이다. 이에 대한 설명으로 옳은 것만을 〈보기〉에서 있는 대로 고른 것은?

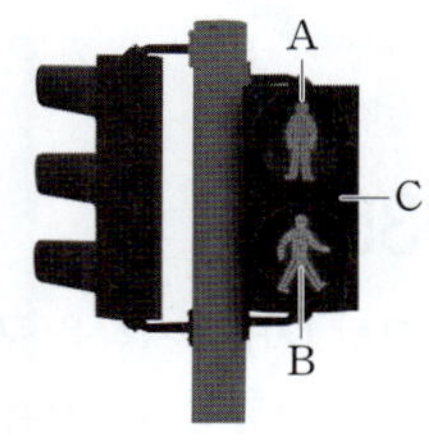

─── 보기 ───
ㄱ. LED는 전기 에너지를 빛에너지로 전환한다.
ㄴ. A와 B에 걸어준 전압의 크기가 달라 방출되는 빛의 색이 다르다.
ㄷ. C의 전기적 성질은 부도체이다.

① ㄱ　　　② ㄴ　　　③ ㄷ
④ ㄱ, ㄷ　　　⑤ ㄴ, ㄷ

355 중
| 서술형 |

그림은 스마트 기기의 터치스크린이다. 이 터치스크린에서 부도체와 반도체의 역할을 각각 한 가지씩 서술하시오.

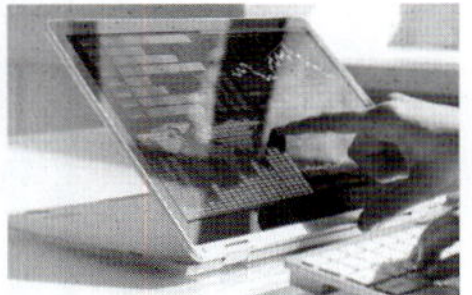

356 상

그림 (가), (나), (다)는 일상생활에서 볼 수 있는 전기적 성질을 활용한 예이다.

(가) 어댑터

(나) 태양 전지

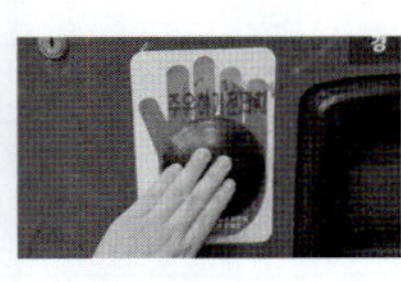

(다) 정전기 방지 패드

이에 대한 설명으로 옳은 것만을 〈보기〉에서 있는 대로 고른 것은?

─── 보기 ───
ㄱ. (가)에는 정류 작용을 하는 반도체 소자가 들어 있다.
ㄴ. (나)는 빛에너지를 전기 에너지로 전환한다.
ㄷ. (다)는 도체의 전기적 성질을 활용한 예이다.

① ㄱ　　　② ㄷ　　　③ ㄱ, ㄴ
④ ㄴ, ㄷ　　　⑤ ㄱ, ㄴ, ㄷ

357

그림 (가)는 지각을 구성하는 원소의 질량비를, (나)는 암석을 이루는 광물의 대부분을 차지하는 광물의 기본 단위체를 나타낸 것이다.

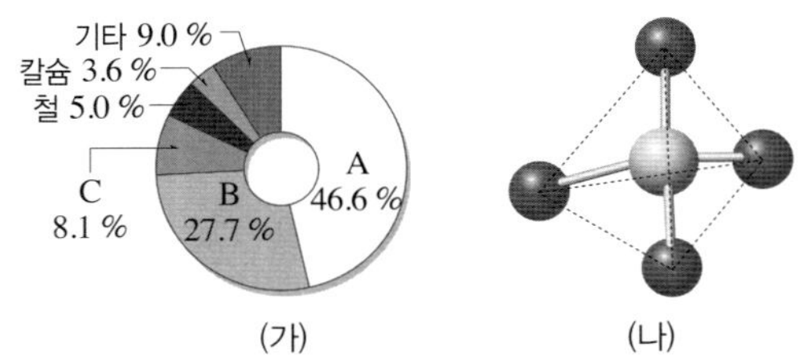

(가)   (나)

이에 대한 설명으로 옳은 것만을 〈보기〉에서 있는 대로 고른 것은?

┌ 보기 ├─────────────────────────
ㄱ. A~C 중 원자 번호가 가장 작은 것은 A이다.
ㄴ. (나)는 (가)의 A와 B로 이루어져 있다.
ㄷ. B와 C는 모두 생명체를 이루는 주요 원소이다.
└──────────────────────────────

① ㄱ   ② ㄴ   ③ ㄷ
④ ㄱ, ㄴ   ⑤ ㄱ, ㄷ

358

표는 규산염 광물 (가)~(다)의 결합 구조와 주요 구성 원소를 나타낸 것이다. (가)~(다)는 각각 감람석, 휘석, 석영 중 하나이다.

광물	결합 구조	주요 구성 원소
(가)	망상 구조	(㉠)
(나)	독립형 구조	O, Si, Fe, Mg
(다)	( ) 구조	O, Si, Fe, Mg

이에 대한 설명으로 옳은 것만을 〈보기〉에서 있는 대로 고른 것은?

┌ 보기 ├─────────────────────────
ㄱ. ㉠에는 철과 마그네슘 등의 금속 원소가 포함된다.
ㄴ. $\dfrac{\text{Si 원자의 수}}{\text{O 원자의 수}}$ 는 (가)>(다)>(나)이다.
ㄷ. (다)는 깨짐이 나타난다.
└──────────────────────────────

① ㄱ   ② ㄴ   ③ ㄷ
④ ㄱ, ㄷ   ⑤ ㄴ, ㄷ

359

다음은 규산염 광물의 결합 구조를 알아보는 실험이다.

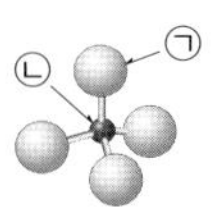

(가) ㉠큰 스타이로폼 공 4개와 ㉡작은 스타이로폼 공 1개를 이쑤시개로 연결하여 그림과 같은 규산염 사면체 모형을 만든다.

옆에서 본 모습

(나) ㉢규산염 사면체 모형 여러 개를 결합하여 길게 이어진 사슬 구조를 만든다.

[실험 결과]

결합 구조	Ⅰ	Ⅱ
위에서 본 모습		

이에 대한 설명으로 옳은 것만을 〈보기〉에서 있는 대로 고른 것은?

┌ 보기 ├─────────────────────────
ㄱ. ㉠에 해당하는 원소는 규산염 광물에서 가장 많은 질량비를 차지한다.
ㄴ. ㉢은 규산염 사면체 사이에 ㉠을 공유하는 과정에 해당한다.
ㄷ. 실험 결과에서 $\dfrac{\text{㉠의 수}}{\text{㉡의 수}}$ 는 결합 구조 Ⅱ가 Ⅰ보다 작다.
└──────────────────────────────

① ㄱ   ② ㄴ   ③ ㄱ, ㄷ   ④ ㄴ, ㄷ   ⑤ ㄱ, ㄴ, ㄷ

360

그림은 생명체를 구성하는 탄소 화합물 P의 일부를 공과 연결 막대로 표현한 모형이다. P는 단백질, 핵산, 탄수화물 중 하나이며, x, y, z는 탄소, 산소, 질소 원자를 순서 없이 나타낸 것이다. 서로 다른 4개의 공은 x~z와 수소이고, 연결 막대 1개는 공유 전자쌍 1개를 나타낸다.

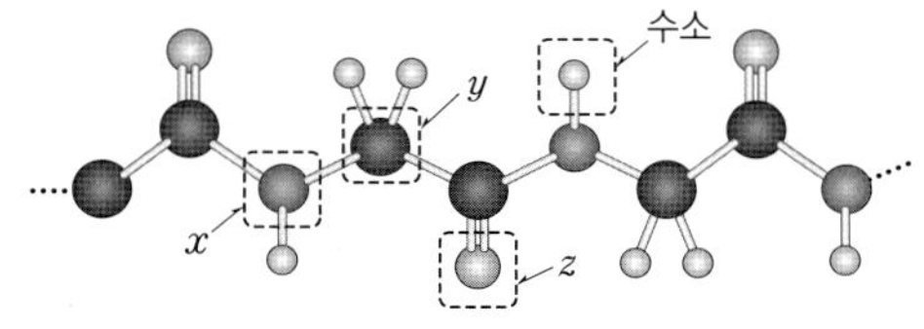

이에 대한 설명으로 옳은 것만을 〈보기〉에서 있는 대로 고른 것은?

┌ 보기 ├─────────────────────────
ㄱ. P는 탄수화물이다.
ㄴ. 질소는 x이다.
ㄷ. P는 펩타이드결합으로 기본 단위체가 연결된다.
└──────────────────────────────

① ㄱ   ② ㄴ   ③ ㄷ   ④ ㄱ, ㄴ   ⑤ ㄴ, ㄷ

361

표 (가)는 생명체의 구성 물질 Ⅰ~Ⅲ에서 특징 ㉠~㉢의 유무를, (나)는 ㉠~㉢을 순서 없이 나타낸 것이다. Ⅰ~Ⅲ은 각각 DNA, 녹말, 인슐린 중 하나이다.

	구분	㉠	㉡	㉢
(가)	Ⅰ	×	ⓐ	ⓑ
	Ⅱ	×	?	×
	Ⅲ	ⓒ	○	○

(○: 있음, ×: 없음)

특징(㉠~㉢)
• 기본 단위체의 결합으로 형성된다.
• 구성 물질에 단당류가 있다.
• 구성 원소에 인(P)이 있다.

(나)

이에 대한 설명으로 옳은 것만을 〈보기〉에서 있는 대로 고른 것은?

| 보기 |
ㄱ. 인슐린은 Ⅱ이다.
ㄴ. ⓐ~ⓒ는 모두 '○'이다.
ㄷ. '구성 물질에 단당류가 있다.'는 ㉠이다.

① ㄱ ② ㄷ ③ ㄱ, ㄴ
④ ㄴ, ㄷ ⑤ ㄱ, ㄴ, ㄷ

362

그림은 핵산 Ⅰ과 Ⅱ에 존재하는 염기의 조성 비율을 나타낸 것이다. Ⅰ과 Ⅱ는 각각 DNA와 RNA 중 하나이고, ㉠~㉢은 염기 사이토신(C), 유라실(U), 타이민(T)을 순서 없이 나타낸 것이다.

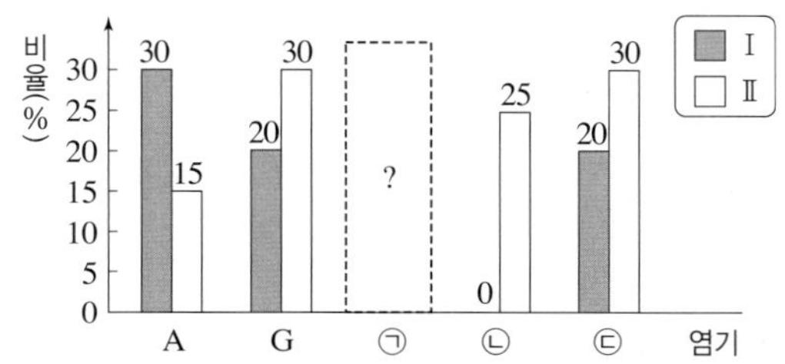

이에 대한 설명으로 옳은 것만을 〈보기〉에서 있는 대로 고른 것은?

| 보기 |
ㄱ. DNA는 Ⅱ이다.
ㄴ. 타이민(T)은 ㉠이다.
ㄷ. $\dfrac{\text{C의 비율}+\text{T의 비율}}{\text{A의 비율}+\text{G의 비율}}$ 은 Ⅱ에서가 Ⅰ에서보다 크다.

① ㄱ ② ㄴ ③ ㄷ
④ ㄱ, ㄷ ⑤ ㄴ, ㄷ

363

표는 동일한 모양의 막대 P, Q의 전기 저항과 물질 X, Y의 전기 전도도를 비교한 것으로, P, Q는 각각 X, Y 중 하나로 이루어져 있다. 이에

구분	크기 비교
전기 저항	P>Q
전기 전도도	X>Y

대한 설명으로 옳은 것만을 〈보기〉에서 있는 대로 고른 것은?

| 보기 |
ㄱ. P는 Y로 이루어져 있다.
ㄴ. 단위 부피당 물질 내 자유 전자의 수는 P가 Q보다 적다.
ㄷ. 전류가 잘 흘러야 하는 제품의 재료로 적합한 것은 X이다.

① ㄱ ② ㄷ ③ ㄱ, ㄴ
④ ㄴ, ㄷ ⑤ ㄱ, ㄴ, ㄷ

364

그림과 같이 발광 다이오드(LED)를 이용하여 회로를 구성하였다. X, Y는 p형 반도체와 n형 반도체를 순서 없이 나타낸 것으로, 저마늄(Ge)에 원자가 전자가 각각 x개, y개인 원소를 첨가한 것이고, Y에는 전자의 빈 자리가 존재한다. 스위치 S를 a에 연결하였더니 LED에서 빛이 방출되었다. 이에 대한 설명으로 옳은 것만을 〈보기〉에서 있는 대로 고른 것은?

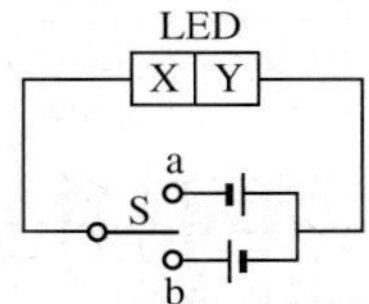

| 보기 |
ㄱ. X는 n형 반도체이다.
ㄴ. $x>y$이다.
ㄷ. S를 b에 연결하면 LED에서 빛이 방출된다.

① ㄱ ② ㄷ ③ ㄱ, ㄴ
④ ㄴ, ㄷ ⑤ ㄱ, ㄴ, ㄷ

365

그림과 같이 태양 전지, 동일한 다이오드 A와 B, 동일한 전구 P와 Q로 구성한 회로의 태양 전지에 빛을 비추었더니 P가 켜졌다. 이에 대한 설명으로 옳은 것만을 〈보기〉에서 있는 대로 고른 것은?

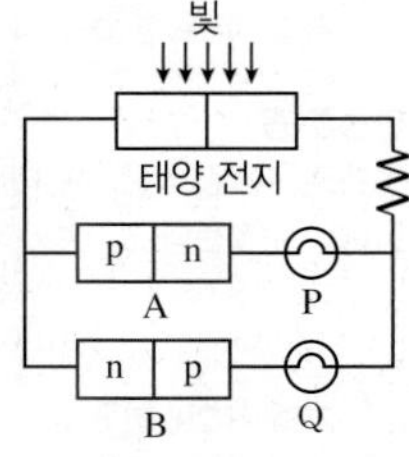

| 보기 |
ㄱ. 태양 전지는 빛을 받으면 전압이 발생한다.
ㄴ. 다이오드는 증폭 작용을 한다.
ㄷ. 태양 전지에 빛을 비추면 Q는 켜진다.

① ㄱ ② ㄷ ③ ㄱ, ㄴ
④ ㄴ, ㄷ ⑤ ㄱ, ㄴ, ㄷ

13
지구시스템의 구성 요소

A 지구시스템의 구성 요소

1 지구시스템 <u>지구를 구성하는 지권, 기권, 수권, 생물권, ❶☐☐☐</u>이 서로 영향을 주고받으며 이루어진 시스템
└ '태양계'라는 더 큰 시스템을 구성하는 하나의 요소에 해당한다.

2 지권 지구의 표면과 지구 내부를 포함하는 영역
① 지권의 구성 물질: 지각과 맨틀은 <u>규산염 물질</u>로, 외핵과 내핵은 ❷☐☐과 니켈로 이루어져 있다.
② 성층 구조: 구성 성분과 물질의 상태에 따라 구분 └ 주로 산소와 규소로 구성

<table>
<tr><td>지각</td><td>지구의 단단한 겉 부분으로, 대륙 지각은 해양 지각보다 두께가 두껍고 밀도가 작다. └ 대륙 지각은 화강암질 암석으로, 해양 지각은 현무암질 암석으로 구성</td></tr>
<tr><td>❸☐☐</td><td>지권 부피의 약 80 %를 차지, 고체 상태이지만 유동성이 있어 대류가 일어난다.</td></tr>
<tr><td>외핵</td><td>❹☐☐ 상태이며, 외핵의 대류로 지구 자기장이 형성된 것으로 추정한다.</td></tr>
<tr><td>내핵</td><td>고체 상태로 온도, 압력, 밀도가 가장 높다.</td></tr>
</table>

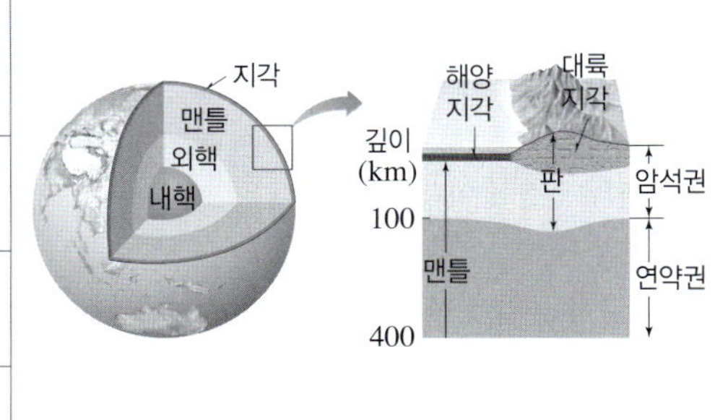

3 기권 지구를 둘러싸고 있는 두께 약 1000 km의 대기층
① 대기의 조성: 질소(약 78 %) > 산소(약 21 %) > 기타(아르곤, 수증기, 이산화 탄소 등)
② 성층 구조: 높이에 따른 기온 분포에 따라 구분

<table>
<tr><td>열권</td><td>높이 올라갈수록 기온이 상승하고, 공기가 매우 희박하여 낮과 밤의 기온 차가 크며, 오로라가 나타난다.</td></tr>
<tr><td>중간권</td><td>높이 올라갈수록 기온이 하강하고, ❺☐☐가 일어나지만 기상 현상은 나타나지 않으며, 유성이 나타난다.</td></tr>
<tr><td>❻☐☐☐</td><td>높이 올라갈수록 기온이 상승하고, 대류가 일어나지 않는 안정한 층이며, 오존층에서 자외선을 흡수한다.</td></tr>
<tr><td>대류권
지표의 영향을 가장 많이 받는 층</td><td>높이 올라갈수록 기온이 하강하고, 기상 현상과 대류가 일어나며, 고위도에서 저위도로 갈수록 대류권 계면의 높이가 높게 나타난다. └ 수증기의 양이 많기 때문</td></tr>
</table>

4 수권 지구상에 존재하는 물
① 수권의 분포: 대부분은 해수이고, 육수(육지의 물)는 빙하 > 지하수 > 강과 호수 순이다. └ 고체 상태이며, 극지방과 고산 지대에 분포
② 해수의 성층 구조: 깊이에 따른 수온 분포에 따라 구분 └ 고위도 해역은 표층 수온이 매우 낮기 때문에 성층 구조가 뚜렷하게 나타나지 않는다.

<table>
<tr><td>혼합층</td><td>바람의 혼합 작용으로 깊이에 따른 <u>수온</u>이 거의 일정한 층으로, 바람이 강할수록 혼합층의 두께가 두껍게 발달한다. ➡ 중위도 해역에서 혼합층이 두껍게 발달한다. └ 태양 복사 에너지를 흡수하여 수온이 높다.</td></tr>
<tr><td>❼☐☐</td><td>수심이 깊어질수록 수온이 급격히 낮아지는 층 ➡ 안정하므로 해수의 연직 운동이 일어나기 어려워 혼합층과 심해층 사이의 물질 교환과 에너지 이동을 차단한다. └ 저위도 해역에서는 수온 약층에서 깊이에 따른 수온 차가 크게 나타난다.</td></tr>
<tr><td>심해층</td><td><u>수온이 낮고</u> 깊이에 따른 수온 변화가 거의 없는 층으로, 위도나 계절에 관계 없이 수온이 거의 일정하다. └ 수심이 깊어질수록 태양 복사 에너지가 적게 도달하기 때문</td></tr>
</table>

기출 PICK A -2

지권의 성층 구조
• 지구 중심으로 갈수록 온도, 압력, 밀도가 증가한다.
• 지권 중 가장 큰 부피를 차지하는 층은 맨틀이다.
• 외핵은 액체 상태이다.

기출 PICK A -3

기권의 성층 구조
• 대류가 일어나지 않는다.
기온이 상승하는 구간
• 성층권: 오존이 자외선을 흡수하기 때문
• 열권: 태양 복사 에너지를 직접 흡수하기 때문
기온이 하강하는 구간
대류권, 중간권: 높이 올라갈수록 지표가 방출하는 복사 에너지가 적게 도달하기 때문
• 대류가 일어난다.

대기의 분포
중력의 영향으로 대기 질량의 약 99 %가 높이 약 30 km 이내에 분포한다.

기출 PICK A -3, 4

안정한 층
성층권, 수온 약층 ➡ 대류가 일어나지 않는다.

기출 PICK A -4

수권의 성층 구조
• 바람이 강하게 불수록 혼합층의 두께가 두꺼워지고, 수온 약층이 시작되는 깊이가 깊어진다.
• 혼합층은 태양 에너지의 영향으로 위도에 따른 수온 차가 크고, 기권의 영향을 가장 많이 받는다.

5 생물권 인간과 미생물을 포함한 지구상의 모든 생명체 → 태양계 내 행성 중 지구에서만 생물권이 나타난다.

┌ **지구에 생명체가 존재하는 까닭** ┤

• 액체 상태의 ❽ ☐ 이 존재한다. • 적절한 농도의 대기에 의해 온실 효과가 일어난다.
• 태양풍과 우주선을 막아주는 자기장이 존재한다.
• 태양으로부터 안정적으로 에너지를 공급받아 생명체가 살 수 있는 환경이 조성된다.

6 외권 지상 1000 km 이상의 영역으로 지구를 둘러싸고 있는 우주 공간 → 외권에 있는 지구 ❾ ☐☐☐ 은 태양풍과 우주선으로부터 지구상의 생명체를 보호해 준다.
└ 외권으로부터 오는 태양 복사 에너지는 지구시스템의 가장 중요한 에너지원이다.

B 지구시스템 구성 요소의 상호작용

→ 지구시스템의 구성 요소들 사이에서는 끊임 없이 물질의 순환과 에너지의 이동이 일어나며, 지구시스템에서 일어나는 자연 현상은 여러 권역이 함께 작용한 경우가 많다.

영향\근원	기권	수권	지권	생물권
기권	전선 형성, 대기 대순환	ⓒ 표층 해류, 파도, 엘니뇨	Ⓐ 풍화·침식 작용, 사구, 버섯바위 형성	Ⓓ 광합성, 호흡
수권	ⓒ 태풍 발생, 구름 형성, 증발	물의 순환	Ⓑ U자곡, 석회동굴, 해안 침식, ❿ ☐☐☐ 생성	Ⓕ 서식처와 물 제공
지권	Ⓐ 화산 가스 분출, 황사, 화석 연료 연소	Ⓑ 지진 해일(쓰나미) 발생	대륙의 이동	Ⓔ 서식처 제공
생물권	Ⓓ 호흡, 광합성, 증산 작용	Ⓕ 생물에 의한 수권의 물질 흡수	Ⓔ 풍화 작용, 화석 연료 생성, 석회암 생성	먹이 사슬 유지

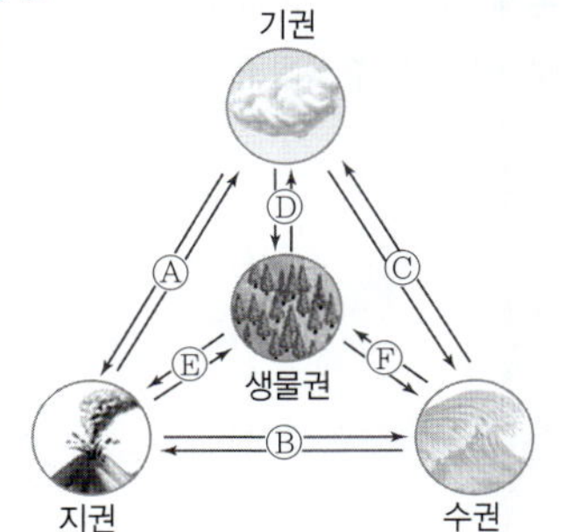

빈출 자료 보기

정답과 해설 29쪽 ▶▶

366 그림은 높이에 따른 기권의 성층 구조를 나타낸 것이다. 이에 대한 설명으로 옳은 것은 ○, 옳지 않은 것은 ×로 표시하시오.

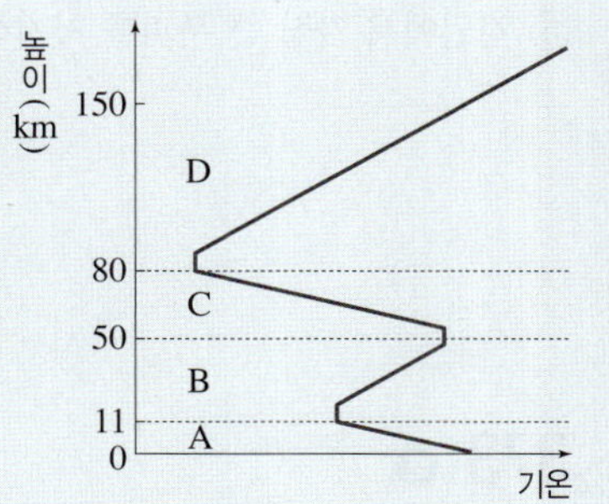

(1) A 층에서는 대류가 일어나지만 기상 현상이 나타나지 않는다. ( )

(2) 지표의 영향을 가장 많이 받는 층은 A이다. ( )

(3) B 층은 대류가 활발하게 일어나는 층이다. ( )

(4) C 층에서는 대류가 일어나고, 기상 현상이 나타난다. ( )

(5) C 층에서는 오로라가 발생한다. ( )

(6) 낮과 밤의 기온 차가 가장 큰 구간은 D 층이다. ( )

(7) 지표면에 가까워질수록 공기의 밀도가 높아진다. ( )

367 그림은 지구시스템을 구성하는 요소들의 상호작용을 나타낸 것이다. 이에 대한 설명으로 옳은 것은 ○, 옳지 않은 것은 ×로 표시하시오.

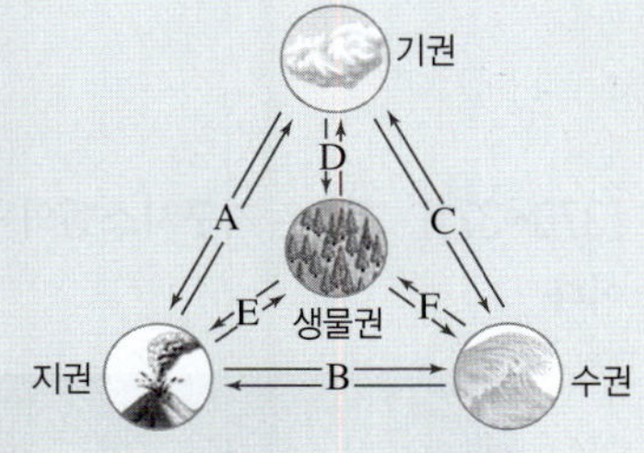

(1) 해식절벽이 형성되는 것은 A에 해당한다. ( )

(2) 빙하로 인해 U자곡이 형성되는 것은 A에 해당한다. ( )

(3) 해저 지진으로 해일이 발생하는 것은 B에 해당한다. ( )

(4) 열대 바다에서 증발한 막대한 양의 수증기가 태풍을 형성하는 것은 C에 해당한다. ( )

(5) 식물이 대기 중의 이산화 탄소를 흡수하여 광합성을 하는 것은 D에 해당한다. ( )

(6) 생물체가 땅속에 묻혀 화석 연료가 생성되는 것은 E에 해당한다. ( )

(7) 사막의 모래가 떠올라 황사가 발생하는 것은 E에 해당한다. ( )

(8) 어류가 바다에서 서식하는 것은 F에 해당한다. ( )

A 지구시스템의 구성 요소

지구시스템

368 하

다음 설명에 해당하는 명칭을 쓰시오.

- 태양계의 역학적 시스템 안에 존재하는 한 구성 요소이다.
- 지구를 구성하는 요소들이 서로 영향을 주고받으면서 이루어진 하나의 시스템이다.

369 하

지구시스템에 대한 설명으로 옳은 것은?

① 지구는 한 가지 구성 요소로만 이루어진 시스템이다.
② 지구시스템을 구성하는 각 권역들은 다른 권역의 영향을 받지 않고 독립적으로 존재한다.
③ 지구는 태양계의 하위 구성 요소 중 하나이다.
④ 달은 너무 작아서 지구에 영향을 미치지 못한다.
⑤ 지구 자체는 하나의 시스템으로 보기 어렵다.

[370~371] 그림은 지구시스템의 구성 요소 A~E를 나타낸 것이다.

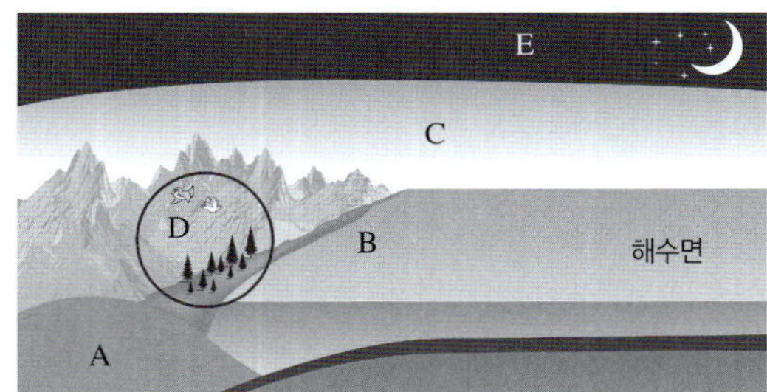

370 하

A~E 중 성층 구조가 나타나는 권역에 해당하는 기호와 명칭을 각각 쓰시오.

371 중

이 문제에서 볼 수 있는 보기는 多

A~E에 대한 설명으로 옳지 <u>않은</u> 것만을 모두 고르면?(2개)

① A는 생물에게 서식 공간을 제공한다.
② A를 구성하는 물질 중 일부는 고체 상태가 아니다.
③ B는 육지에서 대부분 빙하의 형태로 분포한다.
④ B의 대부분을 차지하는 해수는 깊이에 따른 수온 분포에 따라 대류층, 중간층, 열층으로 구분한다.
⑤ C에서 대기 질량의 약 99 %가 대류권과 성층권에 분포한다.
⑥ D는 태양계 내 행성 중 지구에서만 존재한다.
⑦ A~D 영역과 E 영역 사이에서의 에너지 이동은 일어나지 않는다.

지권

372 하

지권에 대한 설명으로 옳지 <u>않은</u> 것은?

① 내핵은 외핵보다 밀도가 크다.
② 맨틀에서는 대류가 일어난다.
③ 지각은 주로 철과 니켈로 구성되어 있다.
④ 지구의 중심으로 갈수록 온도와 압력이 증가한다.
⑤ 지권에서 가장 큰 부피를 차지하는 층은 맨틀이다.

373 중

그림은 지권의 성층 구조를 나타낸 것이다. 이에 대한 설명으로 옳은 것은?

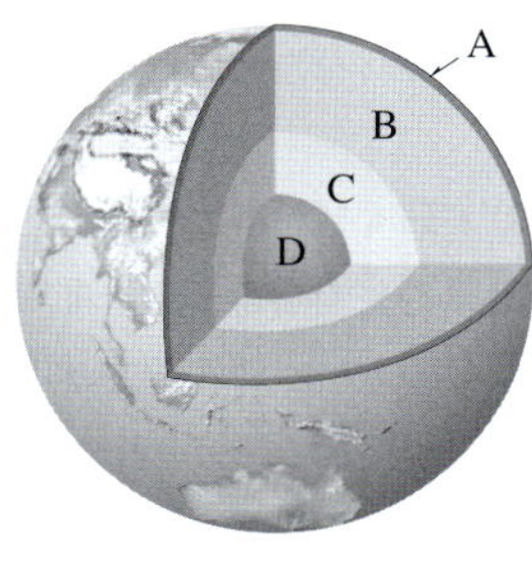

① A는 지각, B는 외핵이다.
② 밀도가 가장 작은 층은 A이다.
③ B의 주성분은 철과 니켈이다.
④ C는 고체 상태이지만 유동성이 있어 대류가 일어난다.
⑤ D는 주로 규산염 광물이 대부분인 암석으로 이루어져 있다.

374 중

표는 지권의 성층 구조 A~D의 특징을 나타낸 것이다.

구분	평균 밀도(g/cm³)	주요 구성 원소
A	약 2.7~3.0	산소, 규소
B	약 4.5	산소, 규소, 마그네슘
C	약 11.8	철, 니켈
D	약 16.0	철, 니켈

이에 대한 설명으로 옳은 것만을 〈보기〉에서 있는 대로 고른 것은?

＜ 보기 ＞
ㄱ. A 층과 B 층은 주로 규산염 물질로 이루어져 있다.
ㄴ. D 층에서 대류가 일어나 지구 자기장을 형성한다.
ㄷ. A~D 층 중 온도가 가장 낮은 층은 C 층이다.
ㄹ. B와 C 층 경계에서 밀도 변화가 가장 크다.

① ㄱ, ㄹ ② ㄴ, ㄷ ③ ㄷ, ㄹ
④ ㄱ, ㄴ, ㄷ ⑤ ㄱ, ㄴ, ㄹ

375 중

그림 (가)는 구성 성분에 따라 구분한 지권의 성층 구조를, (나)는 물리적 성질에 따라 구분한 지권의 성층 구조를 나타낸 것이다.

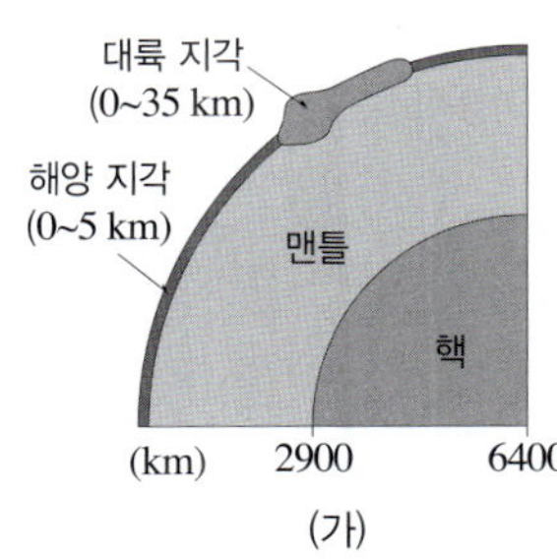

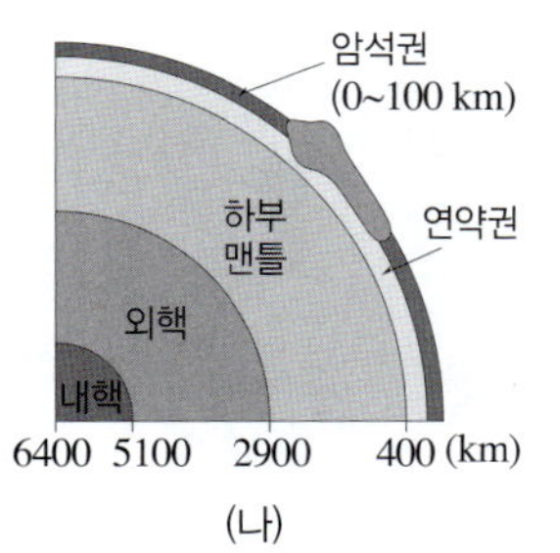

이에 대한 설명으로 옳은 것만을 〈보기〉에서 있는 대로 고른 것은?

＜ 보기 ＞
ㄱ. 연약권은 지각의 일부이다.
ㄴ. 대륙 지각은 해양 지각보다 두께가 두껍고, 밀도가 작다.
ㄷ. 내핵과 외핵은 구성 성분이 같고, 모두 고체 상태이다.

① ㄱ ② ㄴ ③ ㄱ, ㄷ
④ ㄴ, ㄷ ⑤ ㄱ, ㄴ, ㄷ

376 중

| 서술형 |

그림은 지권의 성층 구조를 나타낸 것이다.

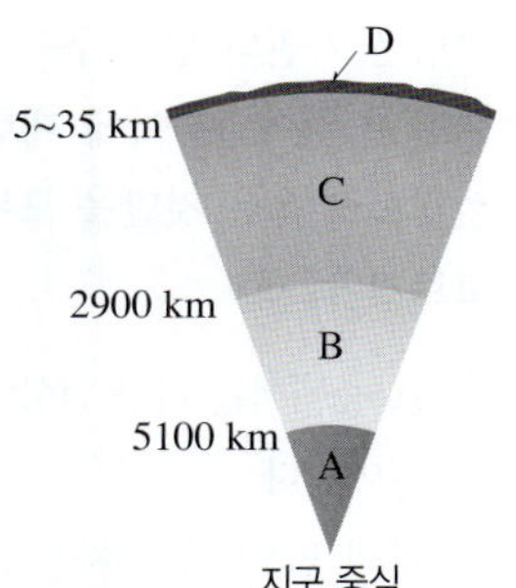

(1) A~D 중 지구 자기장의 형성과 관계가 있는 층의 기호를 쓰고, 그 까닭을 물질의 상태 및 구성 성분과 관련지어 서술하시오.

(2) 지구 자기장이 생명체에 미친 영향을 서술하시오.

기권

377 하

기권에서 지표면으로부터 높이 올라갈수록 감소하는 물리량만을 〈보기〉에서 있는 대로 고른 것은?

＜ 보기 ＞
ㄱ. 기온 ㄴ. 기압
ㄷ. 중력 ㄹ. 공기의 밀도

① ㄱ, ㄴ ② ㄱ, ㄹ ③ ㄴ, ㄷ
④ ㄱ, ㄷ, ㄹ ⑤ ㄴ, ㄷ, ㄹ

378 중

기권에 대한 설명으로 옳은 것은?

① 대류권의 두께는 모든 위도에서 같다.
② 성층권은 안정하여 대류가 일어나지 않는다.
③ 오존층은 태양의 가시광선을 흡수하여 생명체를 보호한다.
④ 중간권에서는 대류에 의한 기상 현상이 나타난다.
⑤ 열권에서는 지구 복사 에너지를 흡수하여 높이 올라갈수록 기온이 높아진다.

379 중

| 서술형 |

대류권과 중간권의 공통점과 차이점을 모두 서술하시오.

380  중

그림은 기권의 성층 구조를 나타낸 것이다. 이에 대한 설명으로 옳은 것만을 모두 고르면?(2개)

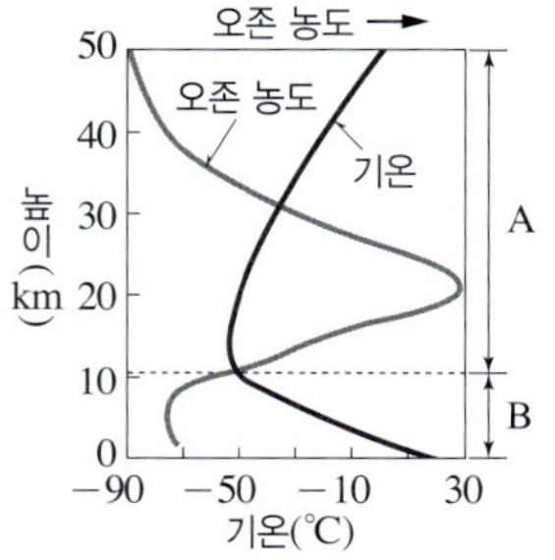

① A 층에서는 기상 현상이 일어난다.

② 낮과 밤의 기온 차는 A 층에서 가장 크다.

③ B 층은 대류가 일어나는 층이다.

④ C 층에는 오존층이 존재한다.

⑤ D 층의 기온 분포는 태양 복사 에너지의 영향을 받는다.

⑥ A 층과 C 층은 모두 안정한 층이다.

⑦ C 층에서는 오로라가, D 층에서는 유성이 관측된다.

381 상

| 서술형 |

그림은 기권에서 높이에 따른 오존 농도와 기온 분포를 나타낸 것이다. A와 B는 각각 대류권과 성층권 중 하나이다.

(1) A에서 높이 올라갈수록 기온이 높아지는 까닭을 서술하시오.

(2) A와 B 중 대류 현상이 일어나는 곳의 기호를 쓰고, 그렇게 판단한 까닭을 기온 분포와 관련지어 서술하시오.

수권

382 하

수권에 대한 설명으로 옳지 않은 것은?

① 수권의 대부분은 해수가 차지한다.

② 혼합층의 두께는 바람의 세기에 따라 달라진다.

③ 수온 약층은 깊이에 따라 수온 변화가 거의 없다.

④ 육지에 존재하는 수권의 대부분은 빙하가 차지한다.

⑤ 심해층의 수온은 위도나 계절에 관계 없이 거의 일정하다.

383 하

다음 설명에 해당하는 수권의 해수층 이름을 쓰시오.

- 태양 복사 에너지의 영향으로 위도에 따라 수온 차이가 크다.
- 해수가 바람에 의해 잘 섞이는 층으로, 깊이에 따른 수온이 거의 일정하다.

384 중

그림은 중위도 지방의 어느 해역에서 깊이에 따른 수온의 연직 분포를 나타낸 것이다. 이에 대한 설명으로 옳지 않은 것만을 모두 고르면?(2개)

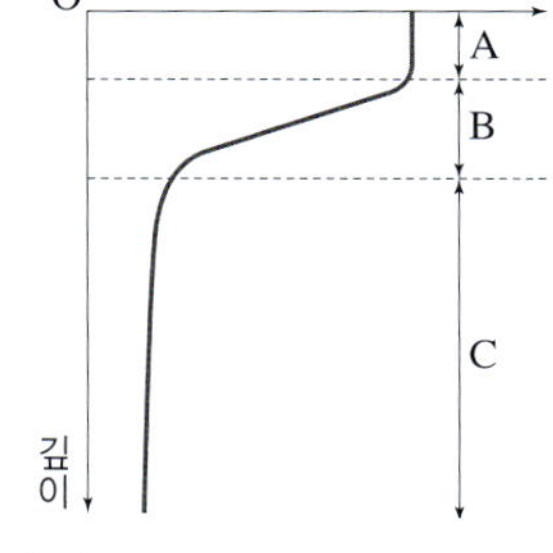

① A는 바람에 의한 혼합 작용이 활발하지 않다.

② A는 고위도로 갈수록 수온이 낮아진다.

③ A는 기권의 영향을 가장 많이 받는 해수층이다.

④ B는 A와 C 사이의 물질 교환을 차단한다.

⑤ B는 저위도일수록 뚜렷하게 발달한다.

⑥ C는 계절에 따라 수온 변화가 크다.

⑦ C는 광합성을 하는 생물이 살아가기 어렵다.

385 중

그림 (가)와 (나)는 수권의 분포와 기권의 대기 구성 성분을 나타낸 것이다.

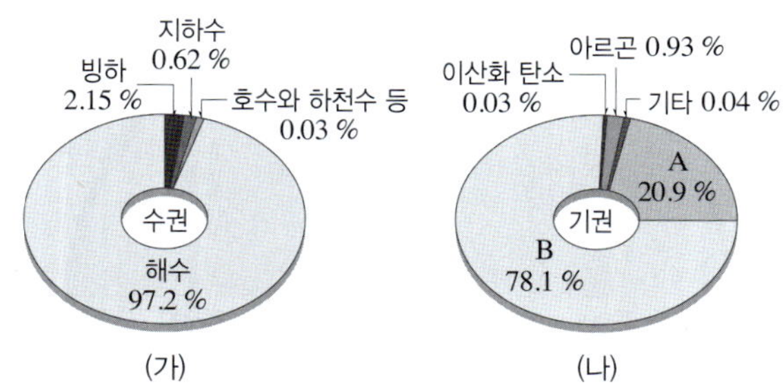

이에 대한 설명으로 옳은 것만을 〈보기〉에서 있는 대로 고른 것은?

〈보기〉

ㄱ. 수권에서 물은 모두 액체 상태로 존재한다.

ㄴ. A는 해수에 녹아 생명체의 호흡에 이용된다.

ㄷ. B는 식물의 광합성에 의해 생성된다.

① ㄱ　　　　② ㄴ　　　　③ ㄱ, ㄷ

④ ㄴ, ㄷ　　　　⑤ ㄱ, ㄴ, ㄷ

386 중

| 서술형 |

수권에서 육지의 물이 어떤 형태로 가장 많이 분포하고, 어느 지역에 분포하는지 서술하시오.

빈출
387 상

그림은 위도가 서로 다른 A~C 해역의 깊이에 따른 수온 분포를 나타낸 것이다.

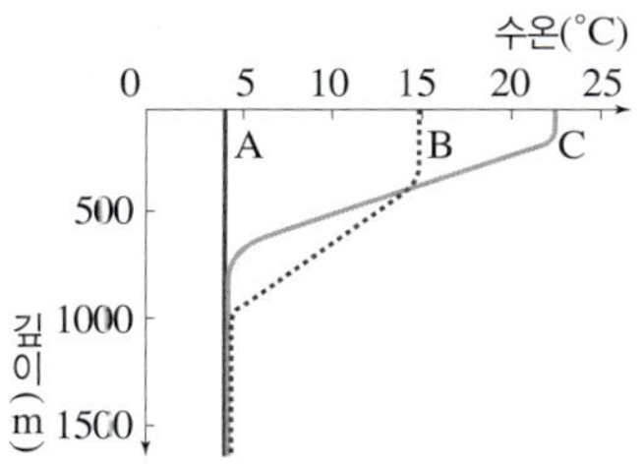

이에 대한 설명으로 옳은 것만을 〈보기〉에서 있는 대로 고른 것은?

〈보기〉
ㄱ. A 해역에는 수온 약층이 발달한다.
ㄴ. 수온 약층의 깊이에 따른 수온 변화가 가장 큰 해역은 B 해역이다.
ㄷ. 해수의 성층 구조는 A 해역보다 B 해역에서 뚜렷하게 나타난다.
ㄹ. 바람은 B 해역이 C 해역보다 강하게 분다.

① ㄱ, ㄴ ② ㄱ, ㄷ ③ ㄴ, ㄷ
④ ㄴ, ㄹ ⑤ ㄷ, ㄹ

388 상

그림은 어느 해역에서 1년 동안 수심 약 0~20 m, 40 m, 60 m, 100 m의 해수 수온을 관측하여 나타낸 것이다.

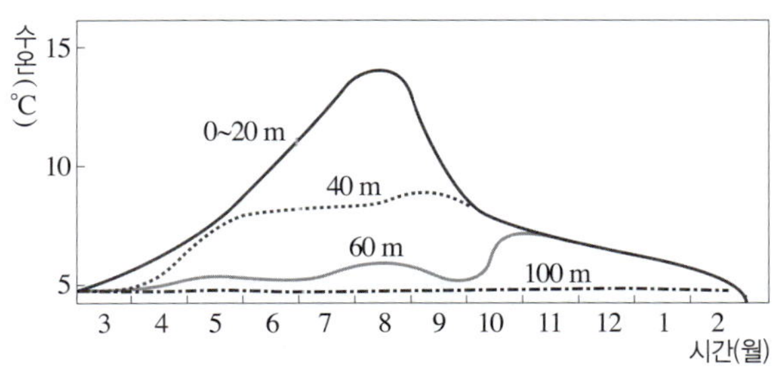

이에 대한 설명으로 옳지 <u>않은</u> 것은?

① 혼합층의 두께는 8월이 5월보다 얇다.
② 8월은 2월보다 해수의 연직 운동이 약하다.
③ 1년 중 수온 약층은 8월경에 가장 불안정하다.
④ 5월에는 수심 약 40 m까지 혼합층이 나타난다.
⑤ 수온 약층의 깊이에 따른 수온 변화는 8월에 가장 크다.

389 상

그림은 기권과 수권 중 해수의 성층 구조를 모식적으로 나타낸 것이다.

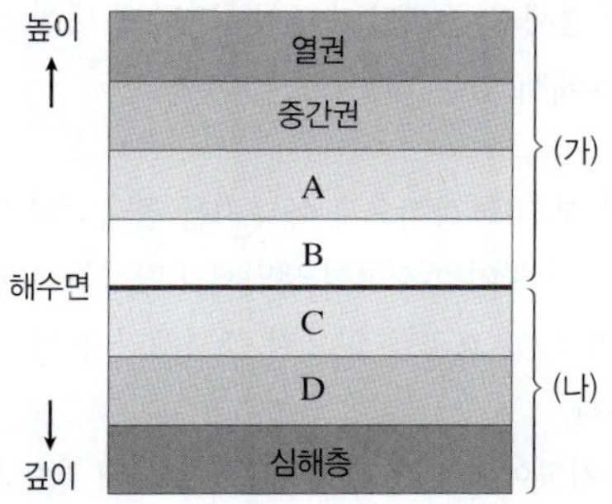

이에 대한 설명으로 옳은 것만을 〈보기〉에서 있는 대로 고른 것은?

〈보기〉
ㄱ. (가)와 (나)는 모두 구성 성분에 따라 층을 구분한 것이다.
ㄴ. A 층과 D 층은 안정한 층이다.
ㄷ. B 층과 C 층은 평균 온도가 높을수록 두꺼워진다.

① ㄱ ② ㄴ ③ ㄱ, ㄷ
④ ㄴ, ㄷ ⑤ ㄱ, ㄴ, ㄷ

빈출
390 상

그림 (가)와 (나)는 각각 기권과 수권 중 해수의 연직 수온 분포를 나타낸 것이다.

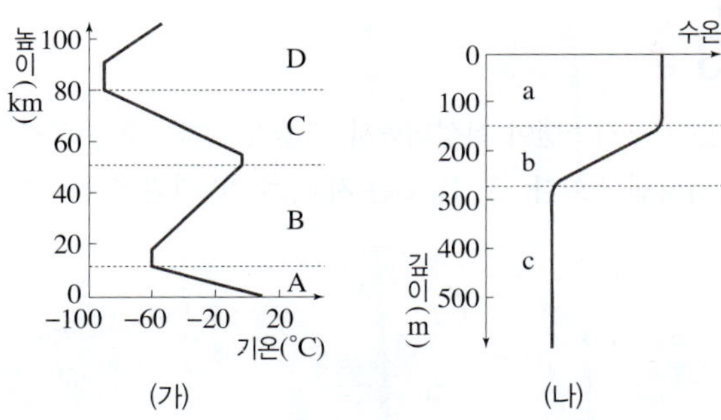

이에 대한 설명으로 옳은 것만을 〈보기〉에서 있는 대로 고른 것은?

〈보기〉
ㄱ. (가)에서 생물이 가장 많이 분포하는 구간은 A 층이다.
ㄴ. (나)에서 c 층은 저위도 해역과 고위도 해역의 수온 차이가 작다.
ㄷ. A 층과 a 층의 두께는 저위도보다 중위도 해역에서 더 두껍다.
ㄹ. B 층과 b 층에서는 연직 운동이 활발하게 일어난다.

① ㄱ, ㄴ ② ㄴ, ㄷ ③ ㄷ, ㄹ
④ ㄱ, ㄴ, ㄹ ⑤ ㄱ, ㄷ, ㄹ

391 (하)

지구에서만 생명체가 존재할 수 있는 까닭에 대한 설명으로 옳은
것만을 〈보기〉에서 있는 대로 고른 것은?

─〈 보기 〉─
ㄱ. 태양으로부터 안정적으로 에너지를 공급받고 있다.
ㄴ. 액체 상태의 물이 존재하여 생명체가 탄생하는 데 유리하다.
ㄷ. 오존층이 온실 효과를 일으켜 생명체가 살기 적합한 환경
　을 만든다.
ㄹ. 지구 자기장이 태양풍과 우주선으로부터 생명체를 보호해
　준다.

① ㄱ, ㄴ　　　② ㄴ, ㄷ　　　③ ㄷ, ㄹ
④ ㄱ, ㄴ, ㄹ　　⑤ ㄱ, ㄷ, ㄹ

392 (하)

그림 (가), (나)와 같은 자연 현상을 일으키며, 지구의 기권 밖에
존재하는 지구시스템의 구성 요소를 쓰시오.

(가) 오로라　　　　　　(나) 유성

★빈출
393 (상)

그림은 지구시스템이 형성되면서 생물권이 차지하는 공간적 분
포를 나타낸 것이다. A, B, C는 지권, 수권, 기권 중 하나이다.

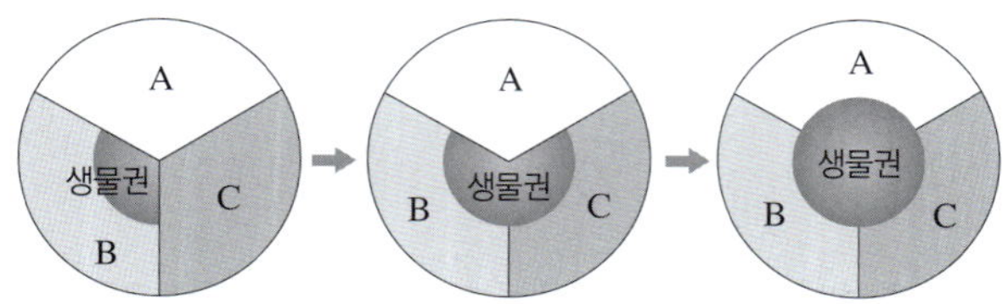

이에 대한 설명으로 옳은 것만을 〈보기〉에서 있는 대로 고른 것은?

─〈 보기 〉─
ㄱ. 생물권이 가장 먼저 형성된 B는 지권이다.
ㄴ. 생물권이 분포하는 범위는 점점 확대되었다.
ㄷ. 현재 생물권은 A, B, C 영역에 모두 영향을 미친다.
ㄹ. 생물권의 공간이 C로 확장될 수 있었던 원인은 오존층 형
　성이다.

① ㄱ, ㄴ　　　② ㄱ, ㄹ　　　③ ㄷ, ㄹ
④ ㄱ, ㄴ, ㄷ　　⑤ ㄴ, ㄷ, ㄹ

[394~395] 그림은 지구시스템 구
성 요소의 상호작용을 나타낸 것이다.

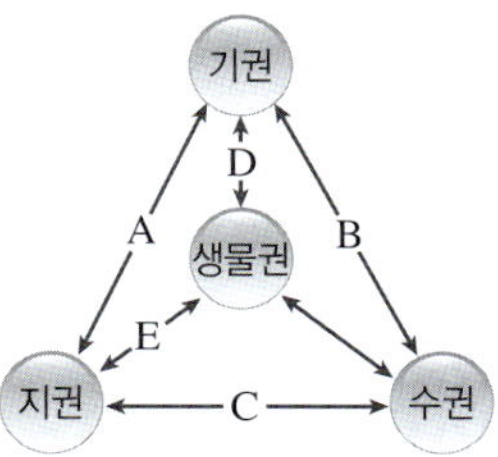

394 (하)

A∼E 중 표층 해수에 연중 지속적으로 부는 바람에 의해 표층
해류가 형성되는 현상에 해당하는 상호작용을 골라 쓰시오.

395 (하)

지구시스템의 구성 요소 사이에서 일어나는 자연 현상과 상호작
용을 잘못 짝 지은 것은?

	자연 현상	상호작용
①	호흡	D
②	태풍 발생	B
③	화산 가스 분출	A
④	지진 해일 발생	C
⑤	화석 연료 연소	E

★빈출
396 (중)

그림은 지구시스템의 권역과 각 권역 사이의 상호작용으로 일어
나는 현상의 예를 나타낸 것이다.

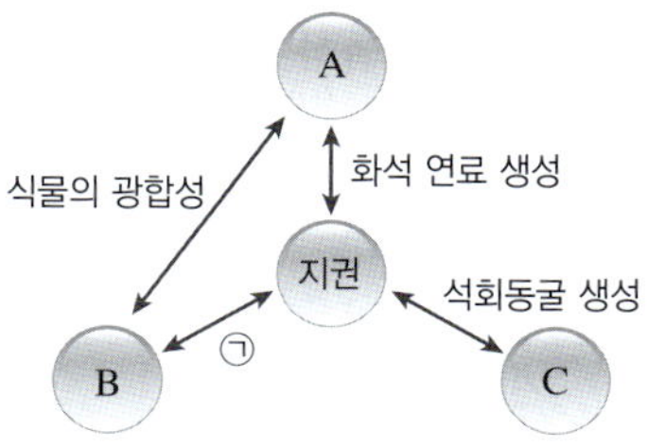

이에 대한 설명으로 옳은 것만을 〈보기〉에서 있는 대로 고른 것은?

─〈 보기 〉─
ㄱ. A는 기권, C는 수권이다.
ㄴ. 화산재에 의한 지구의 평균 기온 변화는 ㉠에 해당한다.
ㄷ. 각 권역이 상호작용하는 과정에서 물질의 순환과 에너지
　의 흐름이 일어난다.

① ㄱ　　　② ㄷ　　　③ ㄱ, ㄴ
④ ㄴ, ㄷ　　⑤ ㄱ, ㄴ, ㄷ

397 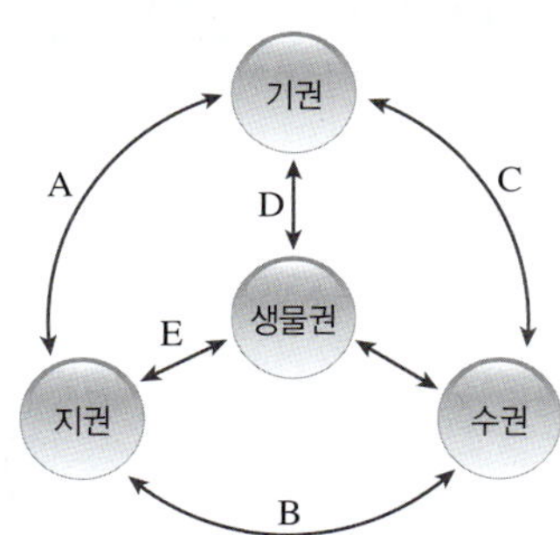

그림은 지구시스템 구성 요소의 상호작용을 나타낸 것이다.

A~E에 해당하는 자연 현상의 예로 옳지 <u>않은</u> 것만을 모두 고르면?(2개)

① A – 모래 먼지가 바람에 날려 황사를 일으킨다.
② B – 유수에 의해 운반된 퇴적물이 쌓여 퇴적암이 형성된다.
③ C – 증산 작용으로 식물체에서 물이 빠져나가 수증기가 된다.
④ C – 이산화 탄소가 해수에 녹아 탄산 이온이 된다.
⑤ D – 식물이 광합성을 하여 이산화 탄소를 흡수하고 산소를 배출한다.
⑥ E – 대형 산불이 발생하여 대기 중 미세 먼지가 급증한다.

★빈출
398 중

그림은 지구시스템의 구성 요소 A~D 사이의 상호작용을, 표는 A~D 사이에서 일어난 상호작용의 예 ㉠~㉢을 나타낸 것이다.

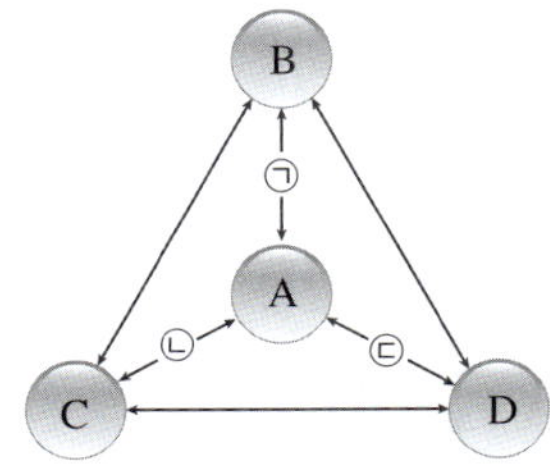

㉠	화산 가스가 분출하여 대기 조성이 변한다.
㉡	수온이 상승하여 더 강한 태풍이 형성된다.
㉢	바람에 의해 씨앗이 멀리 퍼뜨려진다.

이에 대한 설명으로 옳은 것만을 〈보기〉에서 있는 대로 고른 것은?

> ─── 보기 ───
> ㄱ. A는 수권에 해당한다.
> ㄴ. U자곡은 B와 C의 상호작용으로 형성된다.
> ㄷ. 화산재에 의한 지구의 평균 기온 변화는 A와 D의 상호작용으로 나타난다.

① ㄱ ② ㄴ ③ ㄱ, ㄷ
④ ㄴ, ㄷ ⑤ ㄱ, ㄴ, ㄷ

399 중

| 서술형 |

지구시스템의 상호작용 중 수권이 지권에 영향을 미치는 자연 현상의 예를 <u>두 가지</u> 서술하시오.

400 중

| 서술형 |

그림은 지구시스템의 구성 요소 A~D 사이의 상호작용을, 표는 A~D 사이에서 일어난 상호작용의 예 ㉠~㉢을 나타낸 것이다.

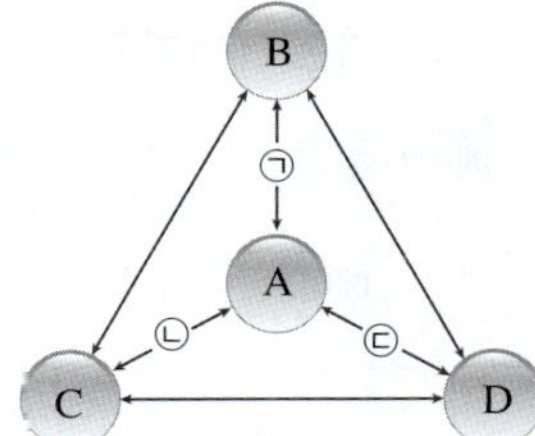

㉠	식물의 뿌리로 물을 흡수한다.
㉡	해식 절벽이 형성된다.
㉢	바닷물이 증발한다.

(1) ㉠~㉢은 각각 어느 권역 간의 상호작용인지 서술하시오.

(2) 그림에서 지구시스템의 구성 요소 A~D의 이름을 각각 쓰시오.

401 상

표는 지구시스템의 구성 요소가 상호작용하여 일어나는 자연 현상을 나타낸 것이다.

근원 \ 영향	기권	수권	지권	생물권
기권	기단의 상호작용	A	B	
수권		물의 순환	C	
지권	D		대륙 이동	
생물권		E		먹이 사슬

이에 대한 설명으로 옳지 <u>않은</u> 것은?

① 폭풍 해일이 발생하는 과정은 A에 해당한다.
② 버섯바위가 형성되는 것은 B에 해당한다.
③ 파도가 바닷가의 자갈을 둥글게 만드는 것은 C에 해당한다.
④ 사막에서 사구가 형성되는 것은 D에 해당한다.
⑤ 생물의 사체가 부패하여 호수의 용존 산소량이 감소하는 것은 E에 해당한다.

14 지구시스템의 에너지와 물질 순환

A 지구시스템의 에너지원

1 지구시스템의 에너지원

① 에너지량의 상대적 비율: 태양 에너지≫지구 내부 에너지>조력 에너지
   지구시스템의 모든 권역에 영향을 미친다.

② 생명 활동의 주요 에너지원: 태양 에너지

③ 태양 에너지, 지구 내부 에너지, 조력 에너지는 운동 에너지, 열에너지 등 다양한 형태로 전환될 수 있지만, 다른 에너지원으로 전환되지 않는다. → 태양 에너지 ↔ 지구 내부 에너지 ↔ 조력 에너지로 전환되지 않는다.

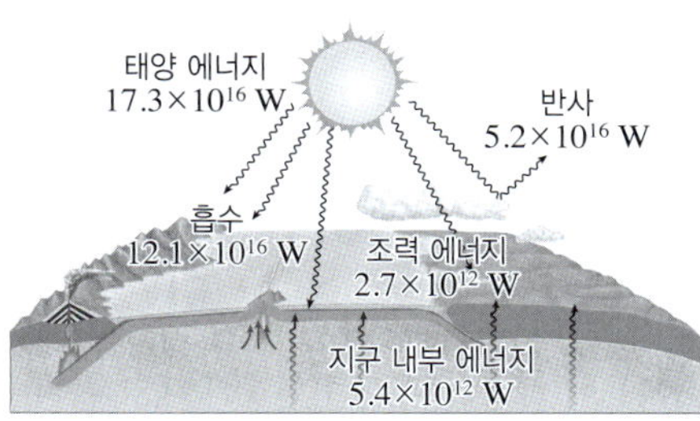

▲ 지구시스템의 주요 에너지의 양

에너지원	발생 원인	자연 현상의 예
❶ ☐☐ 에너지	태양의 수소 핵융합 반응	광합성, 풍화·침식 작용, 대기와 해수의 순환, 기상 현상 등
지구 내부 에너지	지구 내부의 방사성 원소 붕괴열, 지구 형성 과정에서 축적된 열	판의 운동, 지진, 화산 활동, 맨틀 대류, 지구 자기장 형성 등 → 액체 상태인 외핵의 대류로 형성된다.
❷ ☐☐ 에너지	달과 태양의 인력	밀물과 썰물, 주기적인 해수면 변화 등

→ 지구에 미치는 조력 에너지의 크기는 달이 태양보다 크다. ➡ 달은 태양보다 질량이 작지만 지구로부터의 거리가 가깝기 때문

B 물의 순환

1 물의 순환과 에너지 흐름 물은 고체, 액체, 기체로 상태가 변하면서 각 권역을 순환하는데, 이때 에너지도 함께 이동한다.

① 물의 순환을 일으키는 주된 에너지원: ❸ ☐☐ 에너지

② 물의 이동 예시

물의 이동	예시
수권 → 기권	바다, 강, 호수의 물이 태양 에너지를 ❹ ☐☐ 하여 증발해 수증기가 된다.
기권 → 지권	수증기가 에너지를 방출하면서 응결하여 구름을 형성하고, 비나 눈 등으로 내려 지표로 이동한다. → 물이 순환하는 과정에서 여러 가지 날씨 변화가 일어난다.
지권 → 기권	화산 폭발 시 대기 중으로 수증기가 방출된다.(지구 내부 에너지)
수권 → ❺ ☐☐☐	지표와 바다에 내린 강수의 일부는 생물에 흡수된다.
생물권 → 기권	식물의 잎에 있는 기공에서 증산 작용이 일어난다.

2 물수지 평형 육지, 바다, 대기에서 물의 양은 일정하게 유지되어 물수지 평형을 이루고 있다.
➡ 지구시스템 전체 물의 양은 변하지 않는다. → 각 권역에서 물을 얻은 양(유입량)=물을 잃은 양(유출량)이다.

물의 순환과 물수지 평형

- 지구 전체: 총 증발량=총 강수량
- 바다에서 유입량=유출량
   바다 강수(284)+지표 유출(36)=바다 증발(320)
- 육지에서 유입량=유출량
   육지 강수(96)=육지 증발(60)+지표 유출(36)
- 대기에서 유입량=유출량
   육지 증발(60)+바다 증발(320)=육지 강수(96)+바다 강수(284)
- 육지의 물이 바다로 이동하므로 바다는 증발량>강수량이고, 육지는 강수량>증발량이다.

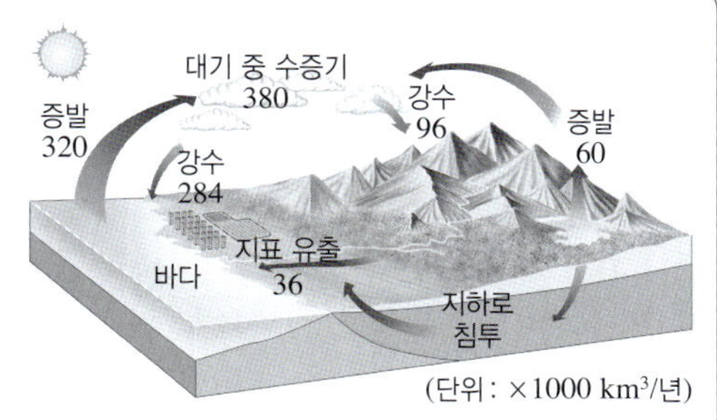

기출 PICK A -1

지구시스템의 에너지량 크기 비교

태양 에너지가 전체 에너지량의 99.9 % 이상을 차지한다.
➡ 태양 에너지≫지구 내부 에너지>조력 에너지

각 권역에서 태양 에너지 역할

기권	기상 현상, 대기의 순환 등
수권	물의 순환, 표층 해류 등
지권	풍화·침식 작용 등
생물권	광합성, 꽃의 개화 시기 등

기출 PICK B -1

물의 순환을 일으키는 주된 에너지
태양 에너지

기출 PICK B -2

물의 순환과 물수지 평형
- 육지에서 바다로 물이 유출되기 때문에 바다에서는 증발량이 강수량보다 많고 육지에서는 강수량이 증발량보다 많다.
- 각 권역에서 물의 양은 계속 늘어나거나 줄어들지 않고 일정하게 유지된다.
- 지구의 평균 기온이 상승하더라도 지구시스템 전체 물의 양은 변하지 않기 때문에 물수지 평형을 이룬다.

III

C 탄소의 순환

1 탄소의 분포 탄소는 각 권역에서 다양한 형태로 존재한다.

① 탄소는 대부분 지권에 분포한다. ➡ 주로 탄산염 형태로 석회암을 이루고 있으며, 일부는 화석 연료로 저장되어 있다.

② 탄소는 생명체를 이루는 주요 성분이다.

구분	지권	수권	생물권	❻☐
주요 존재 형태	탄산염(석회암), 화석 연료	❼☐ 이온(CO_3^{2-}), 탄산수소 이온(HCO_3^-)	유기물 (탄소 화합물)	이산화 탄소(CO_2), 메테인(CH_4)

이산화 탄소나 탄산 이온이 생물체에 흡수 ➡

2 탄소의 순환 탄소는 각 권역을 순환하는데, 이때 에너지의 흐름이 함께 일어난다. ➡ 탄소가 각 권역 사이를 이동해도 지구시스템 전체 탄소의 양은 일정하다.

① 화산 폭발에 의해 이산화 탄소가 방출된다. ➡ 지권 → 기권
　└ 지구 내부 에너지 방출

② 식물이 이산화 탄소를 흡수하여 광합성을 한다. ➡ ❽☐ → 생물권
　└ 태양 에너지 흡수

③ 생물의 호흡으로 이산화 탄소가 발생한다. ➡ 생물권 → 기권

④ 이산화 탄소가 해수에 용해된다. ➡ 기권 → 수권

⑤ 강물과 지하수가 암석의 탄산 칼슘을 녹여 바다로 운반한다. ➡ 지권 → 수권

⑥ 해수의 탄산 이온이 탄산염으로 퇴적되어 석회암이 되거나 석회질 생물체의 유해가 해저에 쌓여 석회암이 된다. ➡ ❾☐ → 지권 또는 생물권 → 지권

⑦ 생물이 땅에 묻혀 화석 연료가 된다. ➡ 생물권 → 지권

⑧ 화석 연료의 연소로 이산화 탄소가 발생한다. ➡ 지권 → 기권

⑨ 지구 온난화로 수온이 상승하면 해수에 녹아 있던 탄산 이온이 이산화 탄소 형태로 대기로 방출된다. ➡ 수권 → 기권

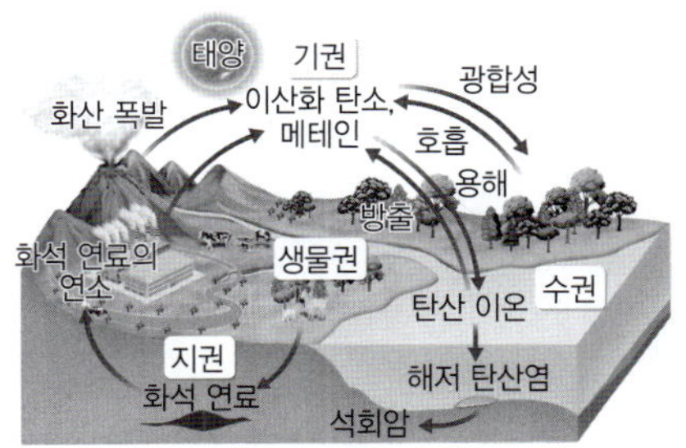

▲ 탄소의 순환

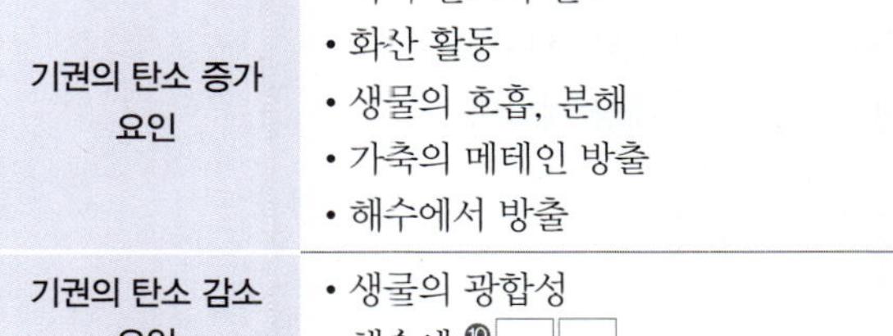

기권의 탄소 증가 요인	• 화석 연료의 연소 • 화산 활동 • 생물의 호흡, 분해 • 가축의 메테인 방출 • 해수에서 방출
기권의 탄소 감소 요인	• 생물의 광합성 • 해수에 ❿☐

빈출 자료 보기

정답과 해설 31쪽 ▶▶

402 그림은 지구시스템에서 탄소가 이동하는 과정을 나타낸 것이다.

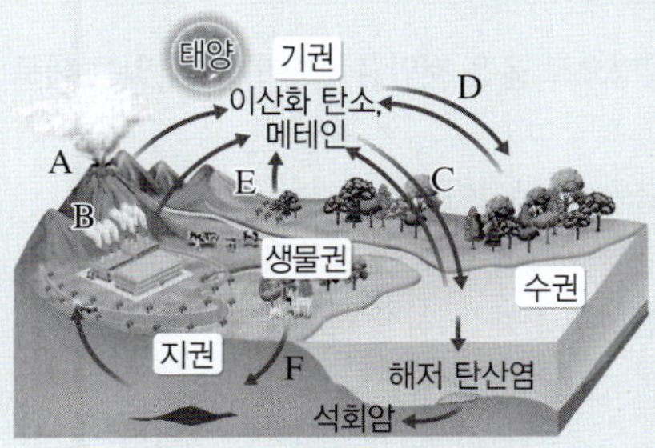

이에 대한 설명으로 옳은 것은 ○, 옳지 않은 것은 ✕로 표시하시오.

(1) A를 통해 탄소가 지권에서 기권으로 이동한다. (　　)

(2) 현재 기권의 탄소가 증가하는 주요 원인은 B이다. (　　)

(3) 수온이 상승하면 C가 증가한다. (　　)

(4) D가 증가하면 기권의 탄소량이 증가한다. (　　)

(5) 생물의 사체가 분해될 때도 E와 같은 탄소 이동이 일어난다. (　　)

(6) F가 증가하면 지구 전체 탄소의 양이 증가한다. (　　)

(7) 탄소는 기권에 가장 많이 분포한다. (　　)

(8) 탄소는 수권에서 주로 이산화 탄소 형태로 존재한다. (　　)

(9) 탄소가 순환하는 과정에서 에너지의 흐름이 함께 일어난다. (　　)

A 지구시스템의 에너지원

★빈출 403 하

그림은 지구시스템의 에너지원을 구분하는 과정을 나타낸 것이다.

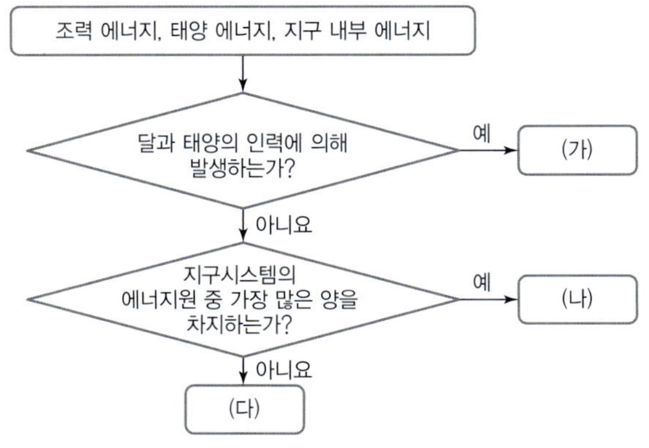

(가)~(다)에 해당하는 에너지원을 옳게 짝 지은 것은?

	(가)	(나)	(다)
①	조력 에너지	태양 에너지	지구 내부 에너지
②	조력 에너지	지구 내부 에너지	태양 에너지
③	태양 에너지	지구 내부 에너지	조력 에너지
④	지구 내부 에너지	태양 에너지	조력 에너지
⑤	지구 내부 에너지	조력 에너지	태양 에너지

404 하

지구시스템에서 지구 내부 에너지에 의해 나타나는 자연 현상만을 〈보기〉에서 있는 대로 고른 것은?

〈 보기 〉
ㄱ. 태풍　　ㄴ. 판의 운동　　ㄷ. 지진 해일
ㄹ. 화산 활동　　ㅁ. 밀물과 썰물　　ㅂ. 지구 자기장 형성

① ㄱ, ㄴ, ㅂ
② ㄱ, ㄹ, ㅁ
③ ㄱ, ㄷ, ㅁ, ㅂ
④ ㄴ, ㄷ, ㄹ, ㅁ
⑤ ㄴ, ㄷ, ㄹ, ㅂ

405 하

| 서술형 |

지구시스템의 에너지원 중 자연 현상을 일으키고 생명 활동을 유지하는 데 가장 큰 역할을 하는 에너지원의 이름을 쓰고, 이 에너지원은 어떻게 생성되는지 서술하시오.

★빈출 406 중

그림은 지구시스템의 주요 에너지원을 나타낸 것이다.

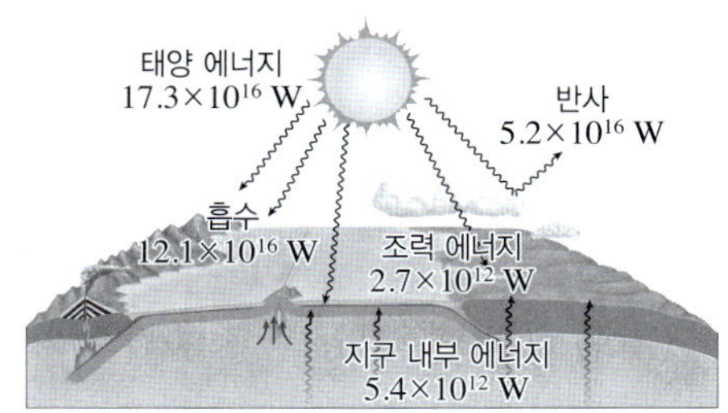

이에 대한 설명으로 옳지 <u>않은</u> 것만을 모두 고르면?(2개)

① 지구시스템의 에너지원 중 태양 에너지가 가장 많은 양을 차지한다.
② 지구에 들어오는 태양 에너지 중 약 70 %가 지구에 흡수되어 자연 현상을 일으킨다.
③ 표층 해류는 태양 에너지에 의해 발생한다.
④ 지구 내부 에너지의 일부는 조력 에너지로 전환된다.
⑤ 지구 내부 에너지에 의해 습곡 산맥이 형성된다.
⑥ 지구 내부 에너지의 발생 원인은 수소 핵융합 반응이다.
⑦ 조력 에너지는 태양보다 달의 영향이 더 크게 작용한다.

407 중

표는 지구시스템의 에너지원과 그 역할을 나타낸 것이다.

에너지원	역할
A	밀물과 썰물을 일으킨다.
B	지각 변동의 원인이 된다.
C	식물이 광합성할 때 사용된다.

이에 대한 설명으로 옳은 것만을 〈보기〉에서 있는 대로 고른 것은?

〈 보기 〉
ㄱ. A는 조력 에너지이다.
ㄴ. B는 맨틀 대류를 일으켜 대륙을 이동시킨다.
ㄷ. C는 암석의 풍화와 침식 작용을 일으킨다.

① ㄱ
② ㄷ
③ ㄱ, ㄴ
④ ㄴ, ㄷ
⑤ ㄱ, ㄴ, ㄷ

408 상

표는 지구시스템의 주요 에너지의 양과 발생 원인을 나타낸 것이다.

에너지원	에너지의 양(W)	발생 원인
A	2.7×10^{12}	달과 태양의 인력
B	㉠	수소 핵융합 반응
C	5.4×10^{12}	㉡

이에 대한 설명으로 옳은 것만을 〈보기〉에서 있는 대로 고른 것은?

〈 보기 〉
ㄱ. A에 의해 해수면의 높이가 주기적으로 변한다.
ㄴ. B는 태양 에너지이다.
ㄷ. ㉠은 5.4×10^{12}보다 작다.
ㄹ. ㉡은 태양의 증력 수축이다.

① ㄱ, ㄴ   ② ㄱ, ㄹ   ③ ㄷ, ㄹ
④ ㄱ, ㄴ, ㄷ   ⑤ ㄴ, ㄷ, ㄹ

409 상

그림은 지구시스템의 에너지원을 나타낸 것이다.

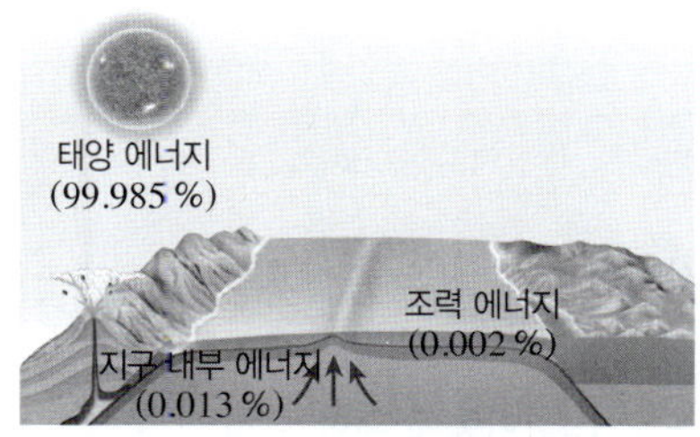

이에 대한 설명으로 옳은 것만을 〈보기〉에서 있는 대로 고른 것은?

〈 보기 〉
ㄱ. 조력 에너지는 달보다 태양의 영향이 더 크게 작용한다.
ㄴ. 지구 내부 에너지로 인해 지구 자기장이 형성된다.
ㄷ. 세 가지 에너지원은 모두 지표면을 변화시키고, 다양한 지형이 형성되는 데 기여한다.

① ㄱ   ② ㄴ   ③ ㄱ, ㄷ
④ ㄴ, ㄷ   ⑤ ㄱ, ㄴ, ㄷ

B 물의 순환

410 하

지구시스템에서 일어나는 물의 순환에 대한 설명으로 옳은 것만을 〈보기〉에서 있는 대로 고른 것은?

〈 보기 〉
ㄱ. 수증기는 에너지를 흡수하면서 응결해 구름이 된다.
ㄴ. 유수에 의해 지형이 변하는 것은 수권과 지권의 상호작용으로 일어난다.
ㄷ. 물의 순환을 일으키는 주된 에너지원은 태양 에너지이다.

① ㄱ   ② ㄷ   ③ ㄱ, ㄴ   ④ ㄴ, ㄷ   ⑤ ㄱ, ㄴ, ㄷ

411 중

그림은 물의 순환을 모식적으로 나타낸 것이다.

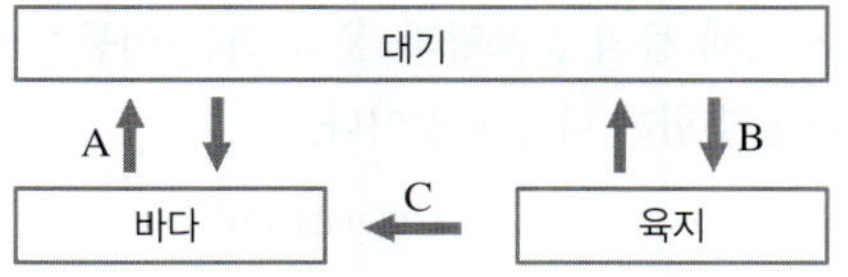

이에 대한 설명으로 옳은 것은?

① A는 에너지를 방출하면서 나타난다.
② B는 증발을 나타낸다.
③ C 과정에서 지표를 변화시킨다.
④ 지구시스템에서 총 증발량은 총 강수량보다 많다.
⑤ 물의 순환은 주로 조력 에너지에 의해 일어난다.

★빈출 412 중

이 문제에서 볼 수 있는 보기는 多

그림은 물의 순환 과정을 나타낸 것이다.

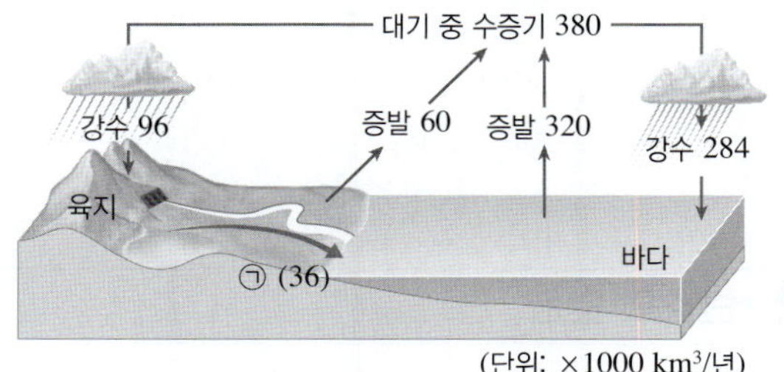

이에 대한 설명으로 옳은 것만을 모두 고르면?(2개)

① 해식 절벽은 ㉠에 의해 형성된 지형이다.
② 대기 중의 수증기는 대부분 바다에서 증발한 것이다.
③ 바다에서는 증발량이 강수량보다 많으므로 해수의 양은 점점 감소한다.
④ 바다에서 물의 유입량과 유출량은 같다.
⑤ 육지에서 바다로 유출되는 물의 양은 강수량과 같다.
⑥ 지구의 평균 기온이 상승하면 지구시스템 전체 물의 양이 늘어난다.

413 상

| 서술형 |

표는 1년 동안 지구의 총 강수량을 100이라고 할 때, 지구 전체의 평균적인 물의 순환을 상대적인 값으로 나타낸 것이다.

증발량		강수량	
육지	바다	육지	바다
A	84	25	75

(1) A의 값을 구하고, 풀이 과정을 서술하시오.

(2) 육지에서 바다로 이동하는 물의 상대적인 양을 구하고, 풀이 과정을 서술하시오.

414 상

그림은 지구 전체 물의 분포량과 물의 연간 이동량을 평균적인 물의 순환 과정과 함께 나타낸 것이다.

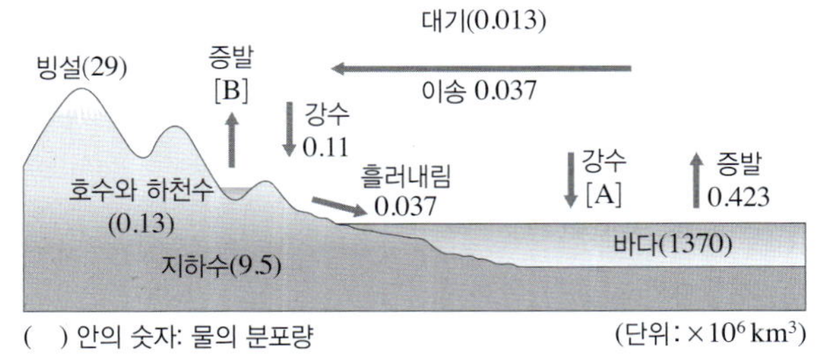

이에 대한 설명으로 옳은 것만을 〈보기〉에서 있는 대로 고른 것은?

> **보기**
> ㄱ. A는 B보다 크다.
> ㄴ. '흘러내림'은 육지의 강수량에서 A를 뺀 값이다.
> ㄷ. 빙설은 육수의 약 50 %를 차지한다.

① ㄱ ② ㄷ ③ ㄱ, ㄴ
④ ㄴ, ㄷ ⑤ ㄱ, ㄴ, ㄷ

C 탄소의 순환

415 하

지구시스템에서 자연 현상이 일어날 때 각 권역 사이에서 탄소가 이동하는 과정을 옳게 짝 지은 것은?

	자연 현상의 예	탄소의 이동
①	생물의 호흡	기권 → 생물권
②	석회암의 생성	기권 → 지권
③	식물의 광합성	생물권 → 기권
④	화석 연료의 생성	수권 → 지권
⑤	화석 연료의 연소	지권 → 기권

416 중

그림은 탄소 순환 과정의 일부를 나타낸 것이다.

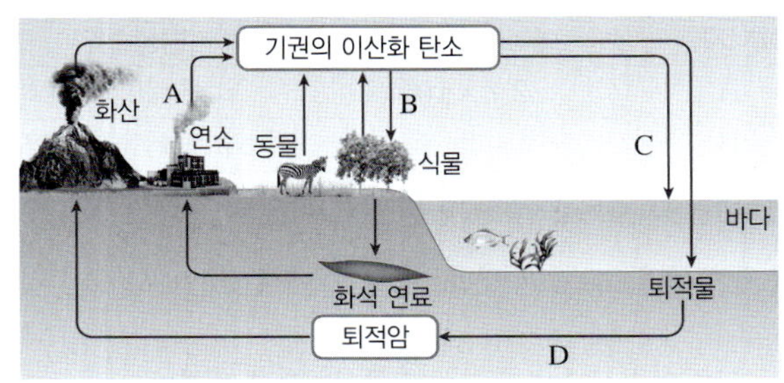

이에 대한 설명으로 옳지 <u>않은</u> 것만을 모두 고르면?(2개)

① 탄소는 지권에 가장 많이 분포한다.
② A가 증가하면 지구 온난화가 일어난다.
③ B를 통해 이산화 탄소가 포도당으로 전환된다.
④ 탄소는 수권에서 탄산 이온의 형태로 존재한다.
⑤ 바다의 수온이 상승하면 C가 증가한다.
⑥ D에서 생성되는 암석은 대부분 석탄이다.

417 중

| 서술형 |

그림은 지구시스템의 탄소 순환 과정을 나타낸 것이다.

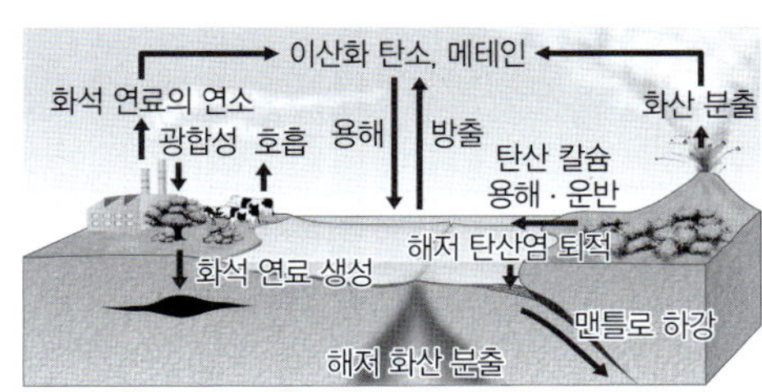

(1) 기권의 탄소가 증가하는 요인과 감소하는 요인을 각각 <u>두 가지</u> 서술하시오.

(2) 생물권의 탄소가 기권으로 이동하는 요인을 쓰고, 탄소의 존재 형태가 어떻게 전환되는지 서술하시오.

빈출 418 중

그림은 지구시스템 구성 요소의 상호작용을 나타낸 것이다. 각 구성 요소 사이에서 일어나는 탄소의 이동에 대한 설명으로 옳은 것만을 〈보기〉에서 있는 대로 고른 것은?

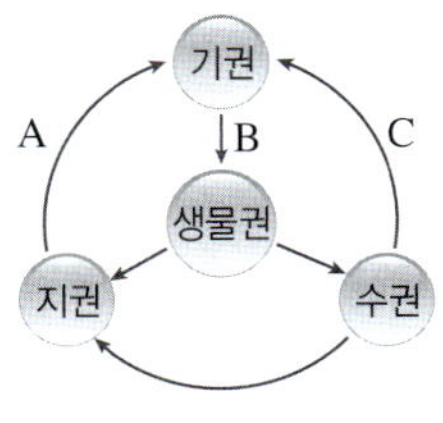

> **보기**
> ㄱ. 화산 활동으로 A 과정이 나타난다.
> ㄴ. B 과정에서 지구 내부 에너지를 이용한다.
> ㄷ. 수온이 상승하면 C 과정이 활발해진다.

① ㄱ ② ㄴ ③ ㄱ, ㄷ
④ ㄴ, ㄷ ⑤ ㄱ, ㄴ, ㄷ

419 중

그림은 지구에서 탄소가 순환하는 과정의 일부를 나타낸 것이다.

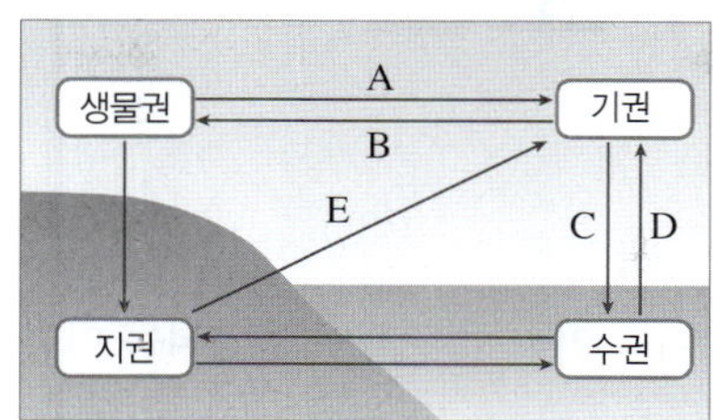

이에 대한 설명으로 옳은 것만을 〈보기〉에서 있는 대로 고른 것은?

─ 보기 ─

ㄱ. 대형 산불이 발생하면 A 과정이 증가한다.

ㄴ. B 과정이 증가하면 대기 중 이산화 탄소의 양이 감소한다.

ㄷ. 해수의 수온이 상승하면 C가 D보다 활발해진다.

ㄹ. E 과정이 증가하면 지구 전체의 빙하 면적이 감소할 수 있다.

① ㄱ, ㄷ ② ㄱ, ㄹ ③ ㄴ, ㄷ
④ ㄱ, ㄴ, ㄹ ⑤ ㄴ, ㄷ, ㄹ

[420~421] 그림은 탄소의 순환 과정과 탄소의 분포량을 나타낸 것이다.

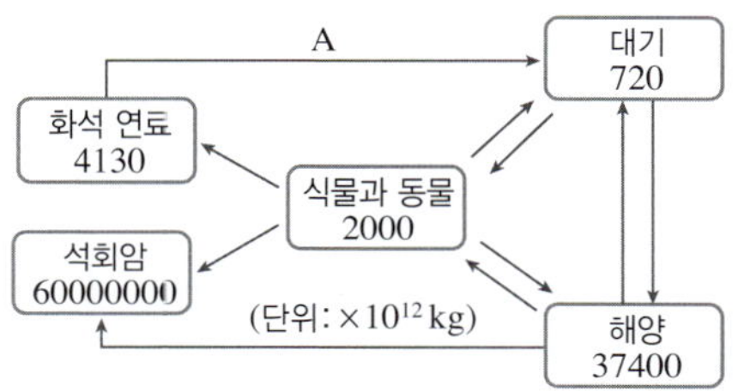

420 중

이에 대한 설명으로 옳은 것만을 〈보기〉에서 있는 대로 고른 것은?

─ 보기 ─

ㄱ. 화석 연료의 연소로 A 과정이 일어난다.

ㄴ. 지권에서 탄소는 석유 형태로 가장 많이 분포한다.

ㄷ. 생물권보다 기권에 탄소가 많이 분포한다.

① ㄱ ② ㄷ ③ ㄱ, ㄴ
④ ㄴ, ㄷ ⑤ ㄱ, ㄴ, ㄷ

421 중

| 서술형 |

수권, 기권, 생물권에서 탄소는 주로 어떤 형태로 존재하는지 각각 서술하시오.

422 상

그림은 지구시스템의 구성 요소에서 탄소의 순환 과정을 나타낸 것이다.

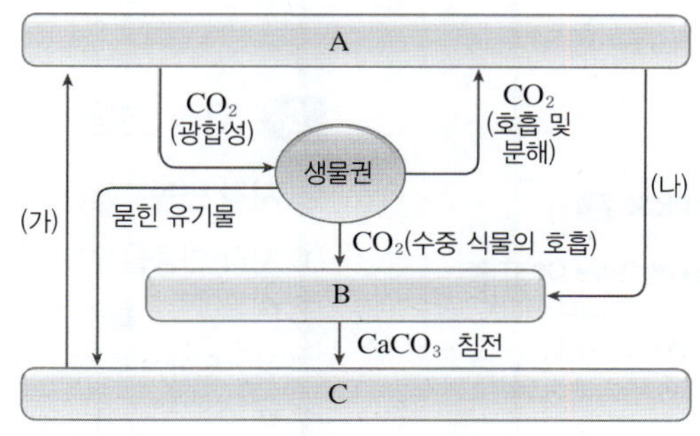

이에 대한 설명으로 옳은 것은?

① A는 지권, B는 기권, C는 수권이다.
② A의 이산화 탄소량이 증가하면 B의 산성화가 일어날 수 있다.
③ (가) 과정을 통해 기권의 탄소량은 감소한다.
④ (가) 과정은 인간 활동에 의해서만 일어난다.
⑤ (나) 과정에서 태양 에너지가 화학 에너지로 저장된다.

423 상

그림은 지구시스템을 구성하는 각 권역 사이의 탄소 순환을, 표는 a~d 과정의 예를 나타낸 것이다. (가), (나), (다)는 각각 지권, 기권, 수권 중 하나이다.

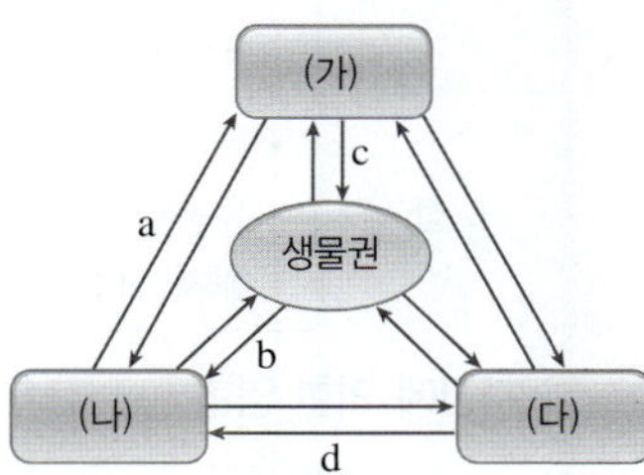

과정	예
a	화산 가스의 분출
b	㉠
c	광합성
d	탄산염의 침전

이에 대한 설명으로 옳은 것만을 〈보기〉에서 있는 대로 고른 것은?

─ 보기 ─

ㄱ. (다)는 수권이다.

ㄴ. 화석 연료의 생성은 ㉠에 해당한다.

ㄷ. ㉠이 증가하면 지구 전체의 탄소량은 증가한다.

ㄹ. 최근에 인간의 활동으로 a 과정이 활발해져도 지구시스템은 균형을 유지한다.

① ㄱ, ㄴ ② ㄴ, ㄷ ③ ㄷ, ㄹ
④ ㄱ, ㄴ, ㄹ ⑤ ㄱ, ㄷ, ㄹ

15 지각 변동과 판 구조론

A 지각 변동

1 지각 변동 화산 활동, 지진, 습곡 산맥 형성, 대륙 이동 등 지각이 변형되는 여러 가지 활동

① 지각 변동을 일으키는 에너지원 : ❶ ☐☐☐☐ ☐☐☐☐

② ❷☐☐ 활동 : 지하의 마그마가 지표로 분출하는 현상 ➡ 화산 분출물은 화산 가스, 화산 쇄설물, 용암으로 구분한다.
　수증기, 이산화 탄소, 질소, 이산화 황 등 ●
　입자의 크기에 따라 화산 암괴, 화산력, 화산재 등으로 구분한다. ●

③ ❸☐☐ : 지구 내부에 축적된 에너지가 방출되면서 일시적으로 땅이 흔들리는 현상
　• 발생 원인: 단층, 화산 폭발, 지하 동굴 붕괴 등 ➡ 지진파의 형태로 사방으로 에너지가 전달된다.

2 변동대 화산 활동이나 지진 등의 지각 변동이 자주 일어나는 지역

① 화산대 : 화산 활동이 활발한 지역으로, 띠 모양으로 나타난다.
② 지진대 : 지진이 자주 발생하는 지역으로, 띠 모양으로 나타난다.
　• 주로 판 경계를 따라 분포
③ 화산대와 지진대의 분포 : 화산대와 지진대는 대체로 일치하며, 대륙 주변부에 주로 분포한다.
　➡ 화산 활동과 지진이 주로 ❹☐☐ ☐☐에서 발생하기 때문

▲ 화산대

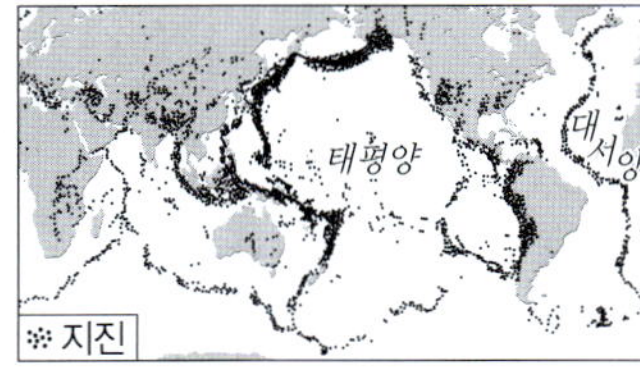

▲ 지진대

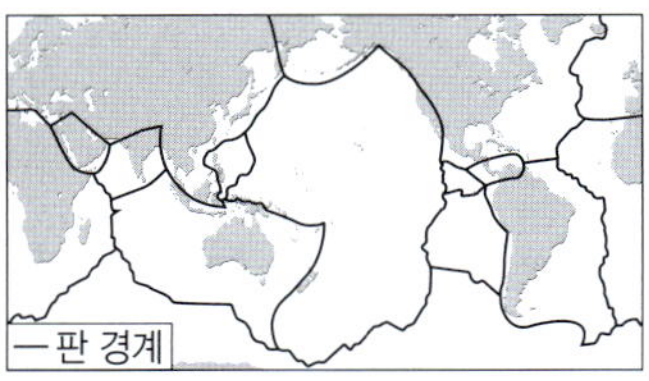

▲ 판 경계

3 지권의 변화가 지구시스템에 미치는 영향

① 화산 활동에 의한 영향

피해	• 화산 가스에 포함된 수증기, 이산화 탄소 등에 의한 대기의 조성 변화 ➡ 지권 → 기권 • 화산 가스에 포함된 이산화 황 등으로 산성비가 내려 생태계 파괴 ➡ 지권 → 생물권 • 화산재가 햇빛을 가려 지구의 평균 기온이 일시적으로 하강 ➡ 지권 → ❺☐☐ • 화산재가 항공기 운항에 방해되어 경제적 피해 발생 • 용암으로 인한 산불로 인명 피해, 재산 피해 발생
이점	• 무기질이 풍부한 화산재가 쌓여 토양이 비옥해진다. • 유용한 광물 자원, 관광 자원(온천 등), 지열 발전 — 지구 내부 에너지를 이용하여 전기 생산 • 해저 화산으로부터 염류가 공급된다. ➡ 지권 → 수권

② 지진에 의한 영향

피해	• 건물, 도로 등의 붕괴로 교통 마비, 인명 피해 발생 • 가스 누출과 전기 누전 등으로 인한 화재나 산사태 등 간접적인 피해가 발생 • 해저 지진으로 지진 해일(쓰나미)이 발생 ➡ 지권 → ❻☐☐
이점	• 지진파를 분석하여 지구 내부 구조와 물질 연구 • 지진파를 이용하여 지하의 구조나 지하자원을 탐사

┤ **지권의 변화에 의한 피해를 줄이기 위한 대책** ├

• 인공위성을 이용하여 지속적으로 지형 변화를 관측하고 분석하여 예측의 정확도를 높이기
• 화산 폭발의 전조 현상을 감시하기 → 지표 온도 상승, 화산 가스 분출, 지진 발생 횟수 증가, 지형 변화 등을 관측하여 화산 폭발 시점을 예측하기
• 화산 분출구 주변에 제방, 댐, 수로를 건설하여 용암의 이동 경로를 조절하기
• 건물에 내진 설계 적용하기, 지진 경보 시스템 구축하기, ❼☐☐ 교육 및 대피 훈련 실시하기

1 판의 구조

① 암석권: 지각과 상부 맨틀의 일부를 포함한 두께 약 100 km의 단단한 부분 ➡ 암석권은 여러 조각으로 나누어져 있는데, 각각의 조각을 ❽ ☐ 이라고 한다. 판은 대륙판과 해양판으로 구분한다.

구분	구성	구성 물질	두께	밀도
대륙판	대륙 지각＋상부 맨틀 일부	화강암질 암석	두껍다.	❾ ☐☐ .
❿ ☐☐☐	해양 지각＋상부 맨틀 일부	현무암질 암석	얇다.	크다.

현무암질 암석이 화강암질 암석보다 밀도가 크기 때문

② ⓫ ☐☐☐ : 암석권 아래의 깊이 약 100 km～400 km 부분 ➡ 고체 상태이지만 맨틀 물질이 부분적으로 용융되어 있어 유동성이 있기 때문에 대류가 일어나며, 연약권에서 일어나는 맨틀 대류에 의해 판이 이동한다.

2 ⓬ ☐☐☐☐ 지구 표면은 10여 개의 크고 작은 판으로 이루어져 있고, 판의 상대적인 운동으로 화산 활동이나 지진 등의 지각 변동이 일어난다는 이론

① 판 이동의 원동력: 맨틀 ⓭ ☐☐ → 맨틀 대류를 일으키는 에너지원은 지구 내부 에너지이다.

② 판의 이동: 판은 약 1 cm/년～10 cm/년의 속력으로 이동하고, 판마다 이동 속력과 이동 방향이 다르다.

③ 판 경계: 두 판의 상대적인 이동 방향에 따라 발산형, 수렴형, 보존형 경계로 구분한다.

• 발산형 경계: 판과 판이 서로 멀어지는 경계
• 수렴형 경계: 판과 판이 서로 모이는 경계
• 보존형 경계: 판과 판이 서로 어긋나는 경계

우리나라는 유라시아판에 속한다.

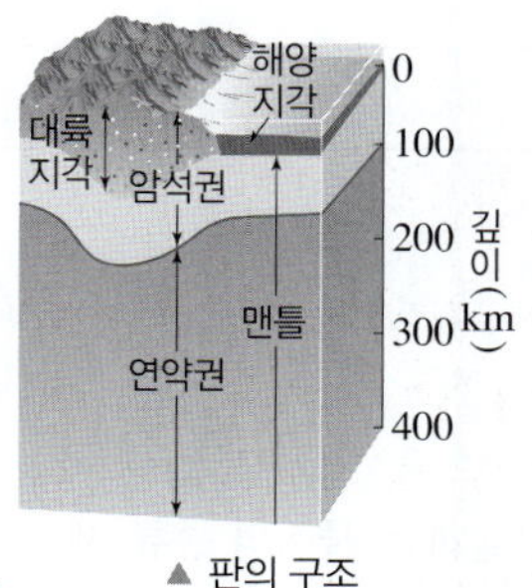

▲ 판의 구조

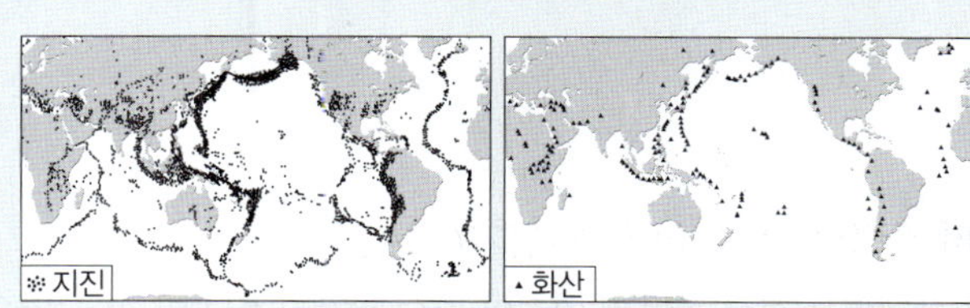

▲ 전 세계 판의 분포와 이동

📎 **기출 PICK B-1**

암석권과 연약권의 구성

암석권	연약권
대륙 지각, 해양 지각, 맨틀	맨틀
고체 상태	

대륙판과 해양판의 두께와 밀도
대륙 지각이 해양 지각보다 두께가 두껍고 밀도가 작으므로 대륙 지각을 포함하는 대륙판은 해양 지각을 포함하는 해양판보다 두께가 두껍고, 밀도가 작다.

📎 **기출 PICK B-2**

전 세계 판의 분포와 이동
• 판이 이동하면서 판 경계 부근에서 화산 활동이나 지진과 같은 지각 변동이 일어난다.
➡ 지권의 변화 발생
• 연약권에서 일어나는 맨틀 대류에 의해 연약권 위에 떠 있는 판이 맨틀 대류를 따라 이동한다.
• 판의 이동으로 판과 판이 서로 멀어지거나 모여들거나 어긋나는 경계를 형성한다.

답 ❶ 지구 내부 에너지 ❷ 화산 ❸ 지진 ❹ 판 경계 ❺ 기권 ❻ 수권 ❼ 안전 ❽ 판 ❾ 작다 ❿ 해양판 ⓫ 연약권 ⓬ 판 구조론 ⓭ 대류

빈출 자료 보기

정답과 해설 33쪽 ▶▶

424 그림은 전 세계 지진과 화산의 분포를 나타낸 것이다.

※지진   ·화산

이에 대한 설명으로 옳은 것은 ○, 옳지 않은 것은 ×로 표시하시오.

(1) 지각 변동을 일으키는 에너지원은 조력 에너지이다. (　　)

(2) 지진대는 화산대보다 광범위한 지역에서 나타난다. (　　)

(3) 변동대는 주로 판 경계를 따라 띠 모양으로 나타난다. (　　)

(4) 지진이 발생하는 모든 지역에서 화산 활동이 일어난다. (　　)

(5) 태평양 중심 부근에는 판 경계가 발달해 있다. (　　)

(6) 대서양 연안보다 태평양 연안에서 지진이 활발하다. (　　)

(7) 태평양 연안의 지진대와 화산대는 거의 일치한다. (　　)

(8) 태양의 활동이 활발할 때 지진과 화산 활동도 활발하다. (　　)

A 지각 변동

화산 활동과 지진

425 하

화산 폭발 시 지표면과 대기로 분출하는 물질의 종류 세 가지를 쓰시오.

426 중

그림 (가)는 화산 분출물을, (나)는 A의 성분을 나타낸 것이다.

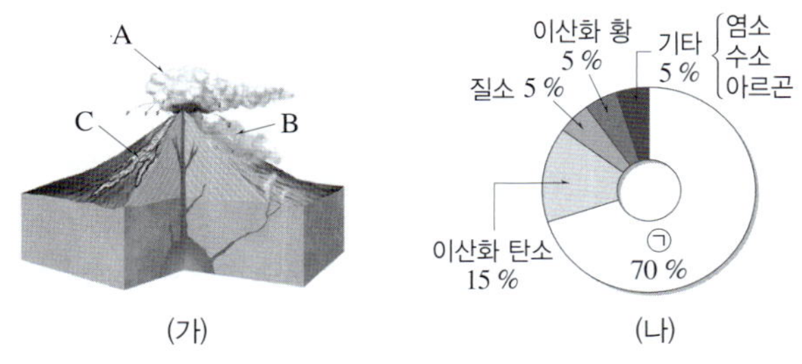

(가)   (나)

이에 대한 설명으로 옳은 것만을 〈보기〉에서 있는 대로 고른 것은?

> **보기**
> ㄱ. A에 의해 산성비가 내린다.
> ㄴ. B는 햇빛의 반사율을 감소시킨다.
> ㄷ. C는 마그마에서 가스가 빠져나가고 남은 액체 상태의 물질이다.
> ㄹ. (나)의 ㉠은 산소이다.

① ㄱ, ㄴ 　② ㄱ, ㄷ 　③ ㄷ, ㄹ
④ ㄱ, ㄴ, ㄹ 　⑤ ㄴ, ㄷ, ㄹ

427 중
| 서술형 |

표는 2010년에 아이티와 칠레에서 발생한 지진을 비교한 것이다.

구분	아이티	칠레
발생일	1월 12일	2월 17일
규모	7.0	8.8
진앙으로부터의 거리	15 km	115 km
사망자 수	316,000명	521명
건축물의 내진 설계	부족	의무

칠레보다 아이티에서 지진 피해가 더 컸던 까닭을 두 가지 서술하시오.

428 중 빈출

그림 (가)는 화산 활동을, 그림 (나)는 지진이 발생한 모습을 나타낸 것이다.

(가)   (나)

이에 대한 설명으로 옳은 것만을 〈보기〉에서 있는 대로 고른 것은?

> **보기**
> ㄱ. (가)는 주변 지형을 변화시킨다.
> ㄴ. (나)는 지층에 축적된 에너지가 서서히 방출되면서 발생한다.
> ㄷ. (가)와 (나)는 대륙의 중앙부에서 많이 발생한다.

① ㄱ 　② ㄷ 　③ ㄱ, ㄴ
④ ㄴ, ㄷ 　⑤ ㄱ, ㄴ, ㄷ

변동대

429 하

변동대에 대한 설명으로 옳지 <u>않은</u> 것은?

① 지각 변동의 에너지원은 지구 내부 에너지이다.
② 변동대는 주로 판 경계를 따라 띠 모양으로 나타난다.
③ 화산대와 지진대는 판 경계와 대체로 일치한다.
④ 지진대는 화산대보다 광범위한 지역에서 나타난다.
⑤ 화산 활동과 지진은 태평양 연안보다 대서양 연안에서 주로 발생한다.

430 하
| 서술형 |

전 세계에서 화산 활동과 지진이 자주 발생하는 곳이 띠 모양으로 대체로 일치하는 까닭을 판 구조론의 관점에서 서술하시오.

431 (중)

그림 (가)와 (나)는 전 세계 지진과 화산의 분포를 나타낸 것이다.

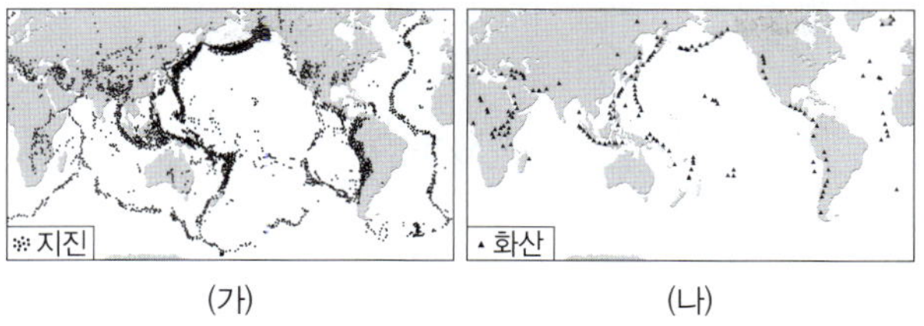

이에 대한 설명으로 옳은 것만을 모두 고르면?(2개)

① 지진과 화산 활동은 판 경계에서 주로 발생한다.
② 지진대와 화산대는 대체로 일치하지 않는다.
③ 태평양 연안보다 대서양 연안에서 화산 활동이 활발하다.
④ 태양 에너지에 의해 지진과 화산 활동이 일어난다.
⑤ 지진이 발생하는 모든 지역에서는 화산 활동이 일어난다.
⑥ 태평양 중심 부근에서 일어난 화산 활동은 판의 운동 때문이다.
⑦ 지진과 화산 활동은 지구시스템에 긍정적인 영향을 미치기도 한다.

432 (중)

다음은 튀르키예 부근에서 발생한 지진에 대한 보도 기사의 일부이다.

> 2023년 2월 6일 튀르키예 남동부 지역에서 규모 7.8의 강진이 발생하였고, 이후 2100여 회에 달하는 여진이 이어져 건물 수백만 채가 무너지는 등 큰 피해가 일어났다. 이 지역은 과거에도 지진이 발생하였다.

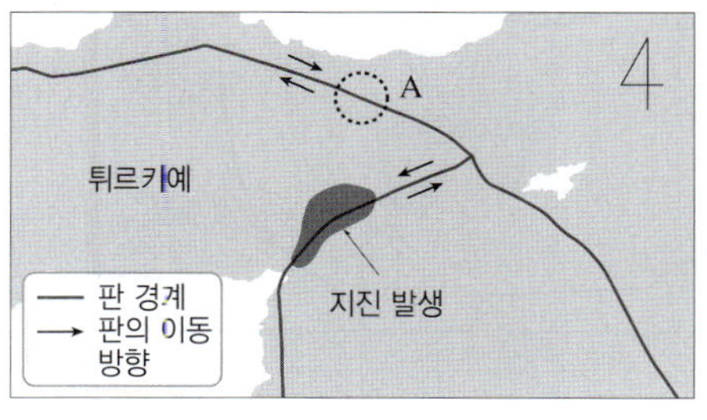

이에 대한 설명으로 옳은 것만을 〈보기〉에서 있는 대로 고른 것은?

> **보기**
> ㄱ. A는 두 판이 서로 어긋나는 경계이다.
> ㄴ. 지진은 주로 판 중심부에서 발생한다.
> ㄷ. 지진은 지권에 누적된 태양 에너지가 갑자기 방출되면서 일어나는 현상이다.

① ㄱ   ② ㄷ   ③ ㄱ, ㄴ
④ ㄴ, ㄷ   ⑤ ㄱ, ㄴ, ㄷ

433 (상)

그림 (가)는 어느 지역에서 화산 활동 전후로 2년 동안 발생한 지진의 진원 분포를, (나)는 연도별 화산 주변 지표면의 높이 변화를 나타낸 것이다.

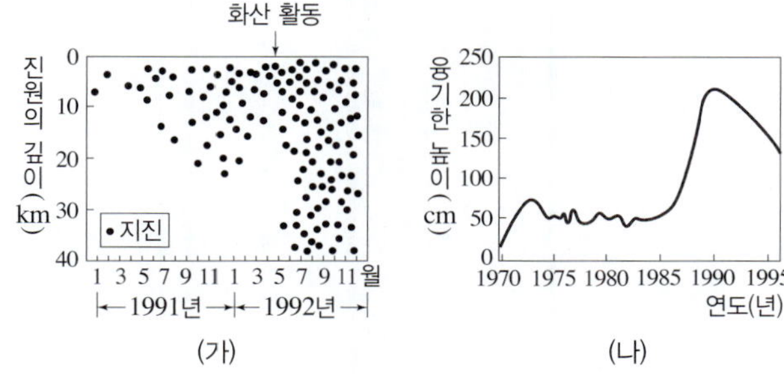

이에 대한 설명으로 옳은 것만을 〈보기〉에서 있는 대로 고른 것은?

> **보기**
> ㄱ. 화산 활동은 지진에 의해 발생한다.
> ㄴ. 화산 활동이 일어나면 지형이 변한다.
> ㄷ. (가)에서 화산 폭발 후 발생한 지진은 대부분 심발 지진이다.

① ㄱ   ② ㄴ   ③ ㄷ   ④ ㄱ, ㄴ   ⑤ ㄴ, ㄷ

지권의 변화가 지구시스템에 미치는 영향

434 (하)

화산 활동과 지진에 대한 설명으로 옳지 <u>않은</u> 것만을 모두 고르면?(2개)

① 화산 활동으로 지구 내부 물질이 지표로 방출된다.
② 화산 가스는 산성비를 내리게 한다.
③ 대기 중으로 방출된 다량의 화산재는 일시적으로 지구의 평균 기온을 낮춘다.
④ 화산 활동으로 항공기 운항이 중단될 수 있다.
⑤ 특이한 화산 지형 경관을 관광 자원으로 이용한다.
⑥ 해저에서 발생한 지진은 육지에 피해를 주지 않는다.
⑦ 지진이 자주 발생하는 지역 주변에 댐과 수로를 건설한다.
⑧ 지구 내부 구조를 파악하기 위해 지진파를 이용한다.

435 (하)

화산 활동의 특징 및 화산 활동이 우리에게 미치는 영향에 대한 설명으로 옳지 <u>않은</u> 것은?

① 화산 쇄설물은 모양에 따라 구분한다.
② 퇴적된 화산재로 인해 비옥한 토양이 형성될 수 있다.
③ 마그마가 식으면서 유용한 광물 자원이 생성될 수 있다.
④ 화산 지대의 온천은 관광 자원으로 활용된다.
⑤ 화산 지대의 지열 에너지를 난방, 발전에 활용할 수 있다.

436 중 | 서술형 |

화산 활동은 지구시스템에 많은 피해를 주지만 긍정적인 영향을 주기도 한다. 화산 활동이 지구시스템에 미치는 이로운 점을 <u>세 가지</u> 서술하시오.

437 중

화산 활동과 지진이 지구시스템에 미치는 영향에 대한 설명으로 옳은 것만을 〈보기〉에서 있는 대로 고른 것은?

── 보기 ──

ㄱ. 해저 화산의 분출로 새로운 섬이 생기면 생물에게 새로운 서식처를 제공할 수 있다.
ㄴ. 화산 가스로 인해 대기 조성이 변하는 것은 지권이 수권에 미친 영향이다.
ㄷ. 지진은 산사태를 일으킬 수 있다.

① ㄱ ② ㄴ ③ ㄷ
④ ㄱ, ㄷ ⑤ ㄴ, ㄷ

438 중

지권의 변화가 지구시스템에 미치는 피해와 대책에 대한 설명으로 옳은 것만을 〈보기〉에서 있는 대로 고른 것은?

── 보기 ──

ㄱ. 지진은 물 오염, 화재 등을 일으키기도 한다.
ㄴ. 화산 폭발의 전조 현상을 감시하기 위해 지표 온도 상승, 화산 가스 분출 등을 관측한다.
ㄷ. 지진 피해를 줄이기 위한 대책으로 건물에 내진 설계를 적용한다.

① ㄱ ② ㄴ ③ ㄱ, ㄷ
④ ㄴ, ㄷ ⑤ ㄱ, ㄴ, ㄷ

439 상 | 서술형 |

그림은 1991년에 분출한 필리핀 피나투보 화산의 분출 전후로 지구의 평균 기온 변화를 나타낸 것이다.

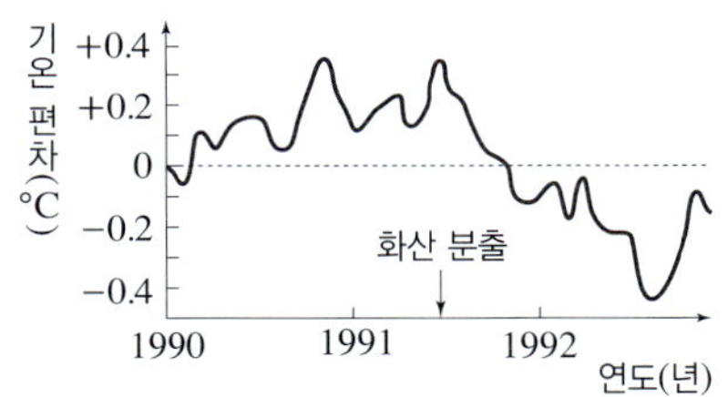

(1) 피나투보 화산의 분출 원인이 되는 지구시스템의 에너지원을 쓰시오.

(2) 피나투보 화산의 분출 후 약 1년 동안 지구의 평균 기온 변화가 나타나는 까닭을 서술하시오.

(3) 피나투보 화산의 분출 전후로 지구의 평균 기온 변화가 나타나는 것은 지구시스템의 어느 권역 간의 상호작용인지 쓰시오.

440 상

다음은 남태평양의 통가 화산 폭발에 대한 보도 기사의 일부이다.

2022년 1월 15일 남태평양 통가 왕국의 해저 화산이 폭발하였다. ㉠화산재와 뜨거운 ㉡가스가 수십 km 높이까지 방출되었고 미국, 칠레, 일본 등 환태평양의 거의 모든 해안가에 ㉢지진 해일 경보가 내려졌으며, 지진 해일로 인해 인명 피해가 발생하였다.

이에 대한 설명으로 옳은 것만을 〈보기〉에서 있는 대로 고른 것은?

── 보기 ──

ㄱ. 두 판이 멀어지는 경계 부근에서 발생하였다.
ㄴ. 성층권에 ㉠이 대량으로 유입되면 일시적으로 지구의 평균 기온이 상승할 수 있다.
ㄷ. ㉡으로 인해 산성비 피해가 일어날 수 있다.
ㄹ. ㉢은 지권과 수권의 상호작용으로 발생한다.

① ㄱ, ㄴ ② ㄱ, ㄷ ③ ㄷ, ㄹ
④ ㄱ, ㄴ, ㄹ ⑤ ㄴ, ㄷ, ㄹ

441 하

판에 대한 설명으로 옳은 것은?

① 연약권의 조각이다.
② 해양 지각에 해당한다.
③ 암석권과 연약권을 포함한다.
④ 두께가 약 5 km~35 km이다.
⑤ 지각과 상부 맨틀의 일부를 포함한다.

442 중

| 서술형 |

그림은 판의 구조를 나타낸 것이다.

(1) A, B의 이름을 각각 쓰시오.

(2) 대륙판과 해양판의 두께, 밀도를 비교하여 서술하시오.

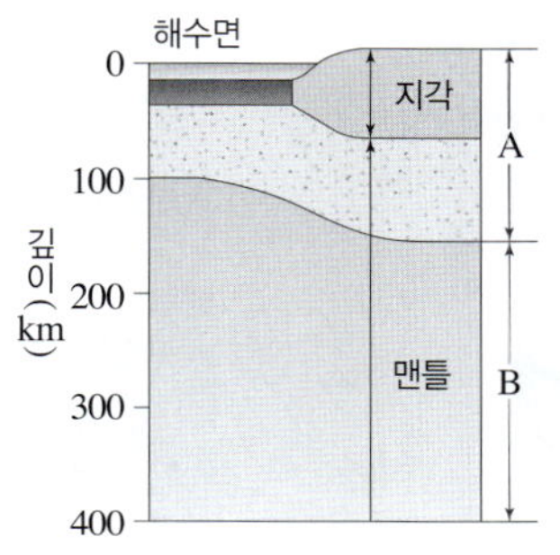

443 빈출 중

이 문제에서 볼 수 있는 보기는 多

그림은 지구 내부 구조의 일부를 나타낸 것이다.

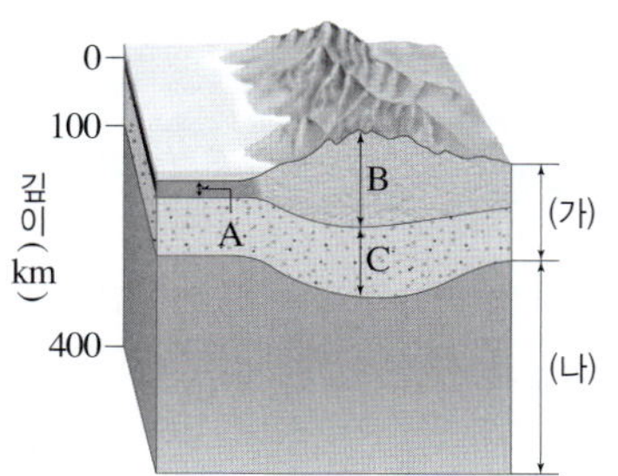

이에 대한 설명으로 옳지 않은 것만을 모두 고르면?(2개)

① (가)는 암석권이다.
② (나)는 부분적으로 용융되어 있어 대류가 일어난다.
③ (가)는 고체 상태, (나)는 액체 상태이다.
④ A는 B보다 밀도가 크다.
⑤ B는 대륙판을 나타낸다.
⑥ C는 맨틀이다.

444 빈출 중

이 문제에서 볼 수 있는 보기는 多

그림은 전 세계 판의 분포와 이동 방향 및 속도를 나타낸 것이다.

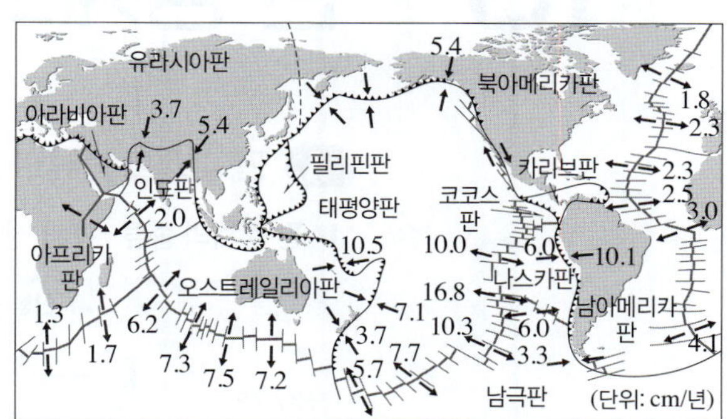

이에 대한 설명으로 옳지 않은 것만을 모두 고르면?(2개)

① 지구 표면은 여러 개의 크고 작은 판으로 이루어져 있다.
② 하나의 판을 둘러싼 경계는 모든 지점에서 측정되는 판의 이동 속도가 같다.
③ 서로 인접한 판 경계에서 판의 운동으로 지권의 변화가 일어난다.
④ 판 경계는 두 판의 상대적인 이동 방향에 따라 2가지 유형으로 나눌 수 있다.
⑤ 판 이동의 원동력은 연약권에서 일어나는 맨틀 대류이다.
⑥ 대서양 중앙, 태평양, 인도양에는 발산형 경계가 형성되어 있다.

445 중

| 서술형 |

그림은 남아메리카의 지진, 화산, 판 경계를 나타낸 것이다. 칠레와 브라질에서 일어나는 지진과 화산 활동의 빈도를 비교하고, 그 까닭을 판 경계와 관련지어 서술하시오.

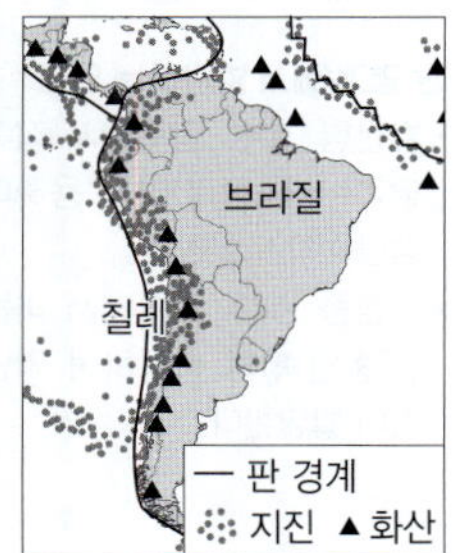

446 상

| 서술형 |

다음은 판 구조론에 대한 대화 내용이다. 판 구조론에 대해 잘못 알고 있는 내용을 찾아 옳게 고치시오.

- 학생 A: 판 경계에서 일어나는 여러 가지 지각 변동은 태양 에너지에 의해 발생해.
- 학생 B: 지구 내부에서 액체 상태인 외핵이 대류하면서 판이 서서히 움직이고 있어.
- 학생 C: 판은 서로 다른 속력으로 이동하기 때문에 시간이 지날수록 태평양과 대서양의 크기는 변해.

16 판 경계의 지각 변동

A 판 경계의 종류와 지각 변동

1 판 경계의 종류 판의 상대적인 이동 방향에 따라 구분한다.

구분	발산형 경계	보존형 경계	수렴형 경계
상대적인 판의 이동 방향	이웃한 두 판이 서로 멀어지는 경우	이웃한 두 판이 서로 어긋나면서 이동하는 경우	이웃한 두 판이 서로 가까워지는 경우
맨틀 대류 및 판의 생성	맨틀 대류가 ❶◻◻하는 곳에서 해양 지각이 생성되면서 판이 생성된다.	판이 생성되거나 소멸되지 않는다.	맨틀 대류가 ❷◻◻하는 곳에서 판이 수렴하여 소멸한다.

2 발산형 경계와 보존형 경계의 지각 변동

구분	발산형 경계		보존형 경계
	해양판과 해양판	대륙판과 대륙판	(화산 활동이 일어나지 않는다.)
모식도			
지각 변동	화산 활동, ❸◻◻ 지진, 정단층		천발 지진
지형	❹◻◻	열곡대	❺◻◻
예	대서양 중앙 해령	동아프리카 열곡대	산안드레아스 단층

3 수렴형 경계의 지각 변동

섭입형 경계에서는 두 판 중 밀도가 큰 해양판이 소멸하고, 충돌형 경계에서는 대륙판이 솟아오른다. (화산 활동이 거의 일어나지 않는다.)

구분	섭입형		충돌형
	해양판과 해양판	해양판과 대륙판	대륙판과 대륙판
모식도			
지각 변동	화산 활동, 천발 지진, 중발 지진, 심발 지진, 역단층		천발 지진, 중발 지진, 역단층
지형	❻◻◻, 호상 열도	해구, 습곡 산맥	❼◻◻
예	마리아나 해구	페루─칠레 해구, 안데스산맥	히말라야산맥

해구에서 대륙 쪽으로 갈수록 지진의 발생 깊이가 깊어진다.

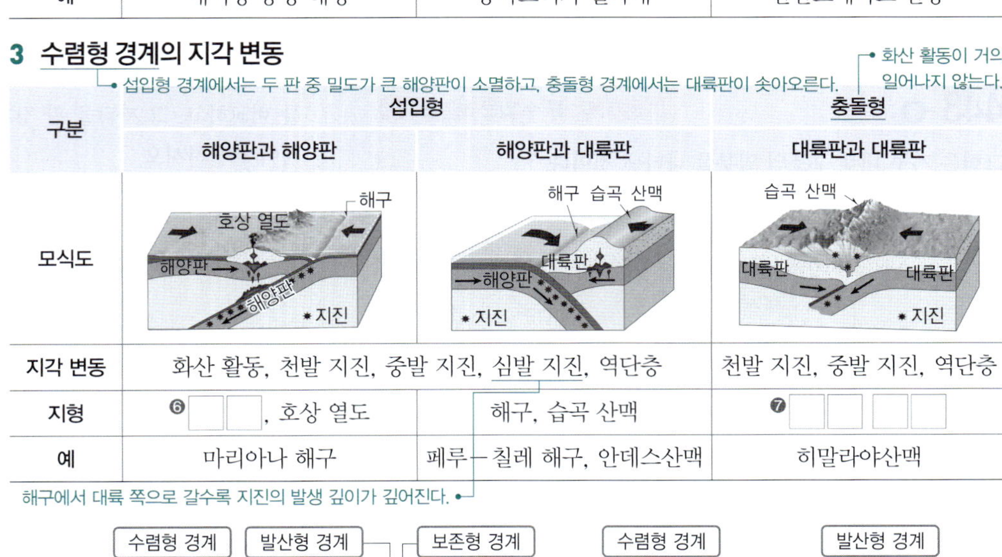

▲ 판 경계의 종류와 지형

해령에서 멀어질수록 해양 지각의 나이가 증가한다.

기출 PICK A-2

해령과 변환 단층에서의 지각 변동

주로 발산하는 판의 이동 속도 차이로 해령과 해령 사이에 수직으로 변환 단층이 발달한다. 따라서 해령과 변환 단층을 따라 천발 지진이 발생하고, 화산 활동은 해령에서만 일어난다.

기출 PICK A-2, 3

판 경계에서 발달하는 단층

- 발산형 경계: 양쪽에서 잡아당기는 힘(장력)이 작용하여 정단층이 발달한다.
- 수렴형 경계: 양쪽에서 미는 힘(횡압력)이 작용하여 역단층이 발달한다.

기출 PICK A-3

수렴형 경계의 지각 변동

- 섭입형 경계: 상대적으로 밀도가 큰 판이 밀도가 작은 판 아래로 섭입하면서 지진이 발생하기 때문에 천발 지진, 중발 지진, 심발 지진이 발생하고, 섭입하는 과정에서 마그마가 생성되어 분출하므로 지진과 화산 활동은 주로 밀도가 작은 판 쪽에서 나타난다.
- 충돌형 경계: 판의 밀도 차이가 크지 않기 때문에 판이 깊은 곳까지 들어가지 못하여 천발 지진, 중발 지진만 발생하며, 화산 활동이 거의 일어나지 않는다.

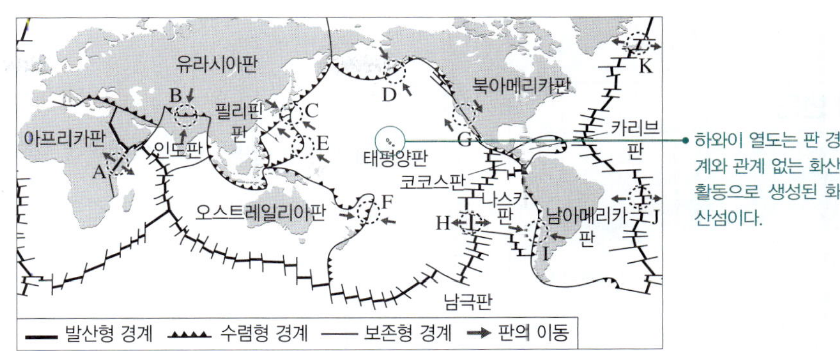

기출 PICK B

판 경계에 따른 지각 변동

발산형	천발 지진, 화산 활동
보존형	천발 지진
수렴형	• 충돌형: 천발~중발 지진 • 섭입형: 천발~심발 지진, 화산 활동

구분	A	B	C	D	E	F
판 경계	발산형	수렴형(충돌형)	수렴형(섭입형)			
예	동아프리카 열곡대	히말라야산맥	일본 해구	알류샨 해구	마리아나 해구	통가 해구

구분	G	H	I	J	K
판 경계	❽ ☐☐☐	발산형	수렴형(섭입형)	❾ ☐☐☐	
예	산안드레아스 단층	동태평양 해령	페루—칠레 해구, 안데스산맥	대서양 중앙 해령	아이슬란드 열곡대

┤ **우리나라 주변의 판 경계** ├

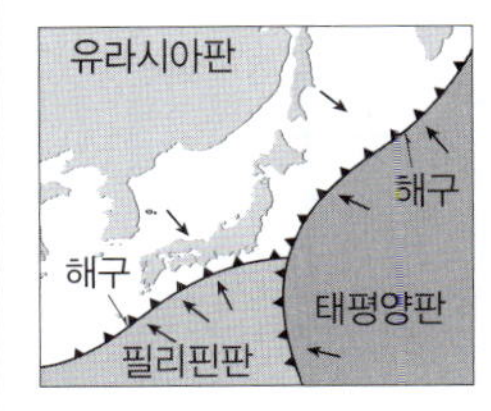

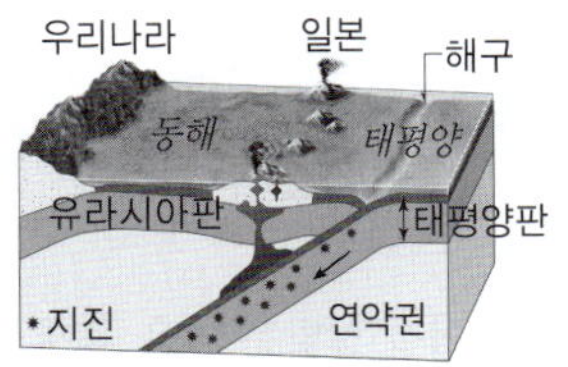

• 대륙판인 유라시아판 아래로 해양판인 필리핀판과 태평양판이 ❿☐☐하고 있다.
→ 밀도: 유라시아판 < 필리핀판 < 태평양판
• 해구에서 대륙 쪽으로 갈수록 진원의 깊이가 깊어진다.
• 화산 활동은 밀도가 작은 유라시아판 쪽에서 활발하고, 일본 열도는 해구와 나란하게 분포한다.

답 ❶ 상승 ❷ 하강 ❸ 천발 ❹ 해령 ❺ 변환 단층 ❻ 해구 ❼ 습곡 산맥 ❽ 보존형 ❾ 발산형 ❿ 섭입

빈출 자료 보기

정답과 해설 35쪽 ▶▶

447 그림은 판 경계에서 발달하는 지형을 나타낸 것이다.

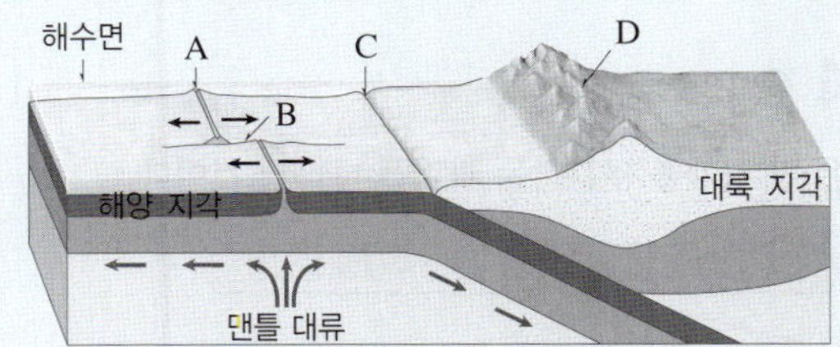

이에 대한 설명으로 옳은 것은 ○, 옳지 않은 것은 ×로 표시하시오.

(1) A에서는 새로운 해양 지각이 생성된다. ( )
(2) B에서는 화산 활동과 지진이 활발하게 일어난다. ( )
(3) C는 맨틀 대류의 상승부에서 나타나는 해구이다. ( )
(4) C에서는 해양판이 대륙판 아래로 섭입하여 소멸한다. ( )
(5) D에서는 화산 활동이 일어나지 않는다. ( )
(6) A, B, C에서는 모두 지진이 발생한다. ( )
(7) A가 속한 판이 D가 속한 판보다 밀도가 작다. ( )

448 그림은 전 세계의 판 경계를 나타낸 것이다.

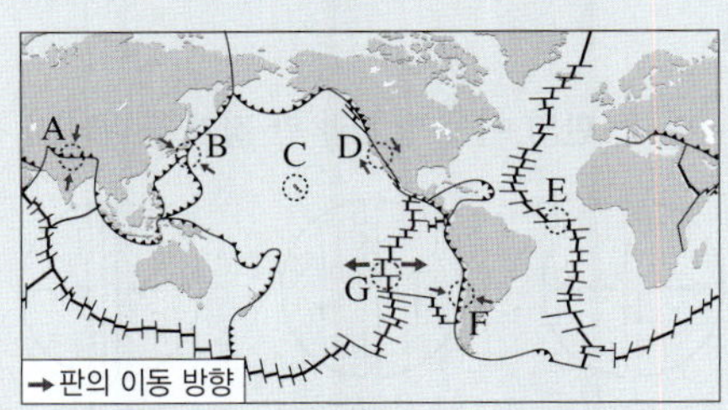

이에 대한 설명으로 옳은 것은 ○, 옳지 않은 것은 ×로 표시하시오.

(1) A는 대륙판과 대륙판이 가까워지는 경계이다. ( )
(2) B에서는 호상 열도가 생성된다. ( )
(3) C는 수렴형 경계에서 형성된 화산섬들이다. ( )
(4) D에서는 심발 지진이 발생한다. ( )
(5) E에서는 화산 활동이 활발하다. ( )
(6) F에서는 해구와 습곡 산맥이 형성될 수 있다. ( )
(7) G에서는 해령과 해령 사이에 보존형 경계가 존재한다. ( )

A 판 경계의 종류와 지각 변동

판 경계의 구분과 지각 변동

449 하 | 서술형 |

표는 판 경계를 분류한 것이다.

판 경계	지각 변동	지형
수렴형 경계	지진, (㉠)	(㉡), 호상 열도, 습곡 산맥
발산형 경계	지진, 화산 활동	(㉢), 열곡대
보존형 경계	지진	(㉣)

(1) 판 경계를 3가지로 구분한 기준을 쓰시오.

(2) ㉠~㉣에 들어갈 알맞은 지각 변동 및 지형을 각각 쓰시오.

450 하

그림은 판 경계를 구분하고, 판 경계에 해당하는 대표적인 지형의 예를 나타낸 것이다.

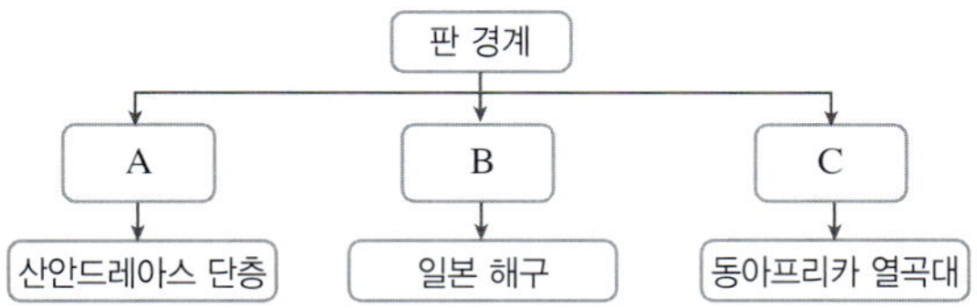

A~C에 해당하는 판 경계의 종류를 각각 쓰시오.

451 빈출 중

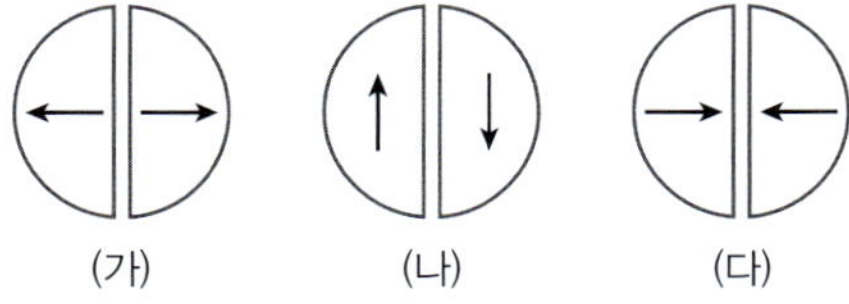
그림 (가)~(다)는 판의 이동 방향과 판 경계를 나타낸 것이다.

이에 대한 설명으로 옳은 것은?

① (가)에서는 새로운 해양 지각이 생성될 수 있다.
② 발산형 경계는 (나)이다.
③ 맨틀 대류의 상승부에서 형성되는 판 경계는 (나)이다.
④ 천발 지진은 (가), (나)에서만 나타난다.
⑤ (다)가 해양판과 해양판의 경계일 경우에는 밀도가 더 작은 판이 섭입한다.

452 중 이 문제에서 볼 수 있는 보기는 多

수렴형 경계에 대한 설명으로 옳은 것만을 모두 고르면?(2개)

① 두 판이 서로 어긋나며 스쳐 지나간다.
② 히말라야산맥은 수렴형 경계에서 발달한 습곡 산맥이다.
③ 지진이 일어나지 않는다.
④ 맨틀 대류가 하강하는 곳에서 형성된다.
⑤ 횡압력이 작용하여 정단층이 주로 발달한다.
⑥ 새로운 판이 생성되어 양쪽으로 멀어진다.
⑦ 대양의 한가운데에 해저 산맥이 발달한다.

453 중

그림은 판 경계에서 발달하는 지형을 특징에 따라 구분하는 과정을 나타낸 것이다.

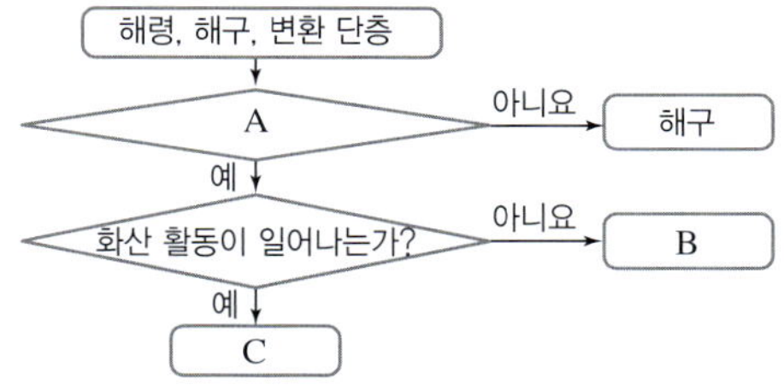

A, B, C에 들어갈 알맞은 말을 옳게 짝 지은 것은?

	A	B	C
①	역단층이 발달하는가?	변환 단층	해령
②	역단층이 발달하는가?	해령	변환 단층
③	천발 지진만 발생하는가?	변환 단층	해령
④	맨틀 대류의 상승부에 있는가?	해령	변환 단층
⑤	맨틀 대류의 상승부에 있는가?	변환 단층	해령

454 중 | 서술형 |

그림은 판 경계를 구분하는 과정을 나타낸 것이다.

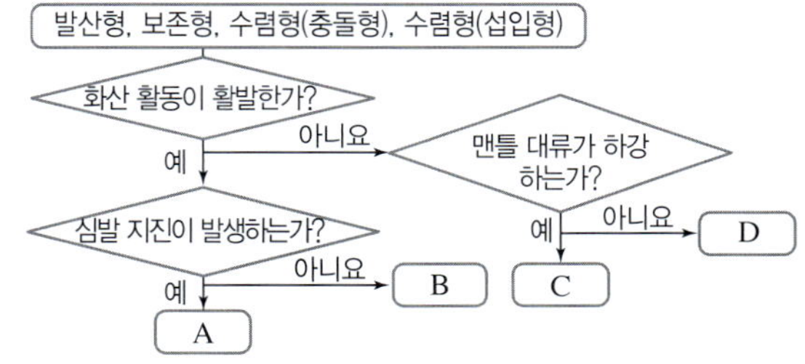

(1) A~D에 해당하는 판 경계의 종류를 각각 쓰시오.

(2) A~D에 발달하는 지형을 각각 한 가지씩만 쓰시오.

455 ⓐ

그림은 판 경계와 판의 이동 방향을 모식적으로 나타낸 것이다.

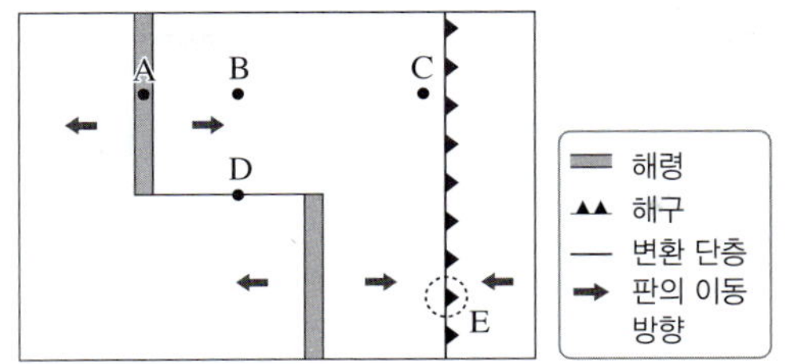

이에 대한 설명으로 옳은 것만을 〈보기〉에서 있는 대로 고른 것은?

───〈 보기 〉───

ㄱ. A에서는 화산 활동이 활발하게 일어난다.

ㄴ. B에서 C로 갈수록 해양 지각의 나이가 적어진다.

ㄷ. D에서는 천발 지진이 발생한다.

ㄹ. E는 판이 생성되는 경계이다.

① ㄱ, ㄴ   ② ㄱ, ㄷ   ③ ㄴ, ㄷ
④ ㄴ, ㄹ   ⑤ ㄷ, ㄹ

456 ⓐ

그림 (가)는 판 Ⅰ과 Ⅱ의 경계를, (나)는 두 판의 밀도와 이동 방향을 나타낸 것이다.

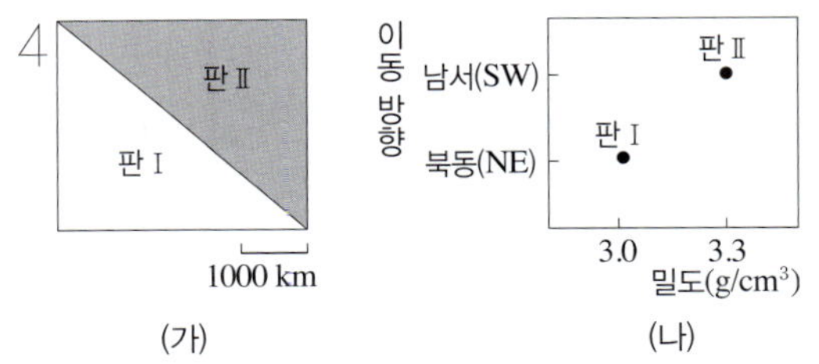

이에 대한 설명으로 옳은 것만을 〈보기〉에서 있는 대로 고른 것은?

───〈 보기 〉───

ㄱ. 판 Ⅰ과 판 Ⅱ는 서로 다른 방향으로 멀어진다.

ㄴ. 화산 활동은 판 Ⅱ보다 판 Ⅰ에서 더 활발하다.

ㄷ. 진원의 깊이는 두 판의 경계에서 판 Ⅰ 쪽으로 갈수록 깊어진다.

① ㄱ   ② ㄷ   ③ ㄱ, ㄴ
④ ㄴ, ㄷ   ⑤ ㄱ, ㄴ, ㄷ

457 ⓐ

그림은 해양판 A, B의 경계와 진앙 분포를, 표는 두 판의 이동 방향과 속력을 나타낸 것이다.

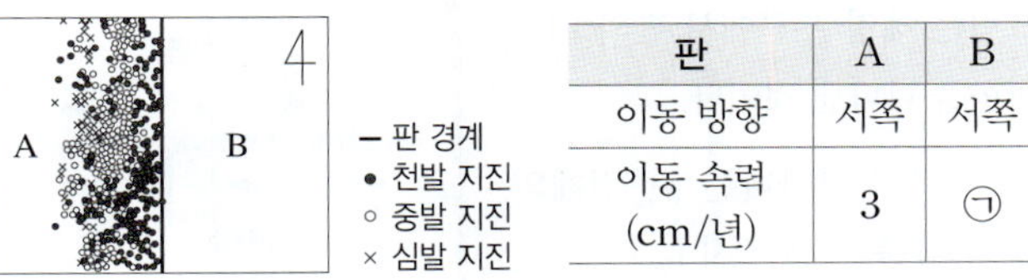

판	A	B
이동 방향	서쪽	서쪽
이동 속력 (cm/년)	3	㉠

이에 대한 설명으로 옳은 것만을 〈보기〉에서 있는 대로 고른 것은?

───〈 보기 〉───

ㄱ. 판 경계는 보존형 경계이다.

ㄴ. 판 A와 B의 경계에서는 해구가 발달한다.

ㄷ. 판 B는 A보다 밀도가 작다.

ㄹ. ㉠은 3보다 크다.

① ㄱ, ㄴ   ② ㄱ, ㄷ   ③ ㄴ, ㄷ   ④ ㄴ, ㄹ   ⑤ ㄷ, ㄹ

458 ⓐ

그림 (가)는 어느 해령 부근에서 발생한 지진의 진앙 분포를, (나)는 A−B에서 측정한 해양 지각의 나이를 나타낸 것이다. (가)에서 A−O와 O−B의 거리는 같다.

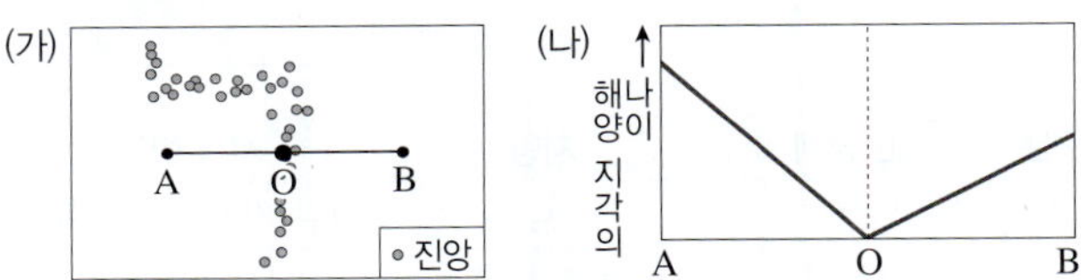

이에 대한 설명으로 옳은 것만을 〈보기〉에서 있는 대로 고른 것은?

───〈 보기 〉───

ㄱ. A−B 사이에는 해령이 존재한다.

ㄴ. A를 포함하는 판은 B를 포함하는 판보다 이동 속력이 작다.

ㄷ. O에서는 화산 활동이 일어나지 않는다.

① ㄱ   ② ㄴ   ③ ㄷ   ④ ㄱ, ㄴ   ⑤ ㄱ, ㄷ

459 ⓐ | 서술형 |

그림은 판 경계에서 발달하는 세 지형을 질문 카드를 사용하여 분류하는 과정이다.

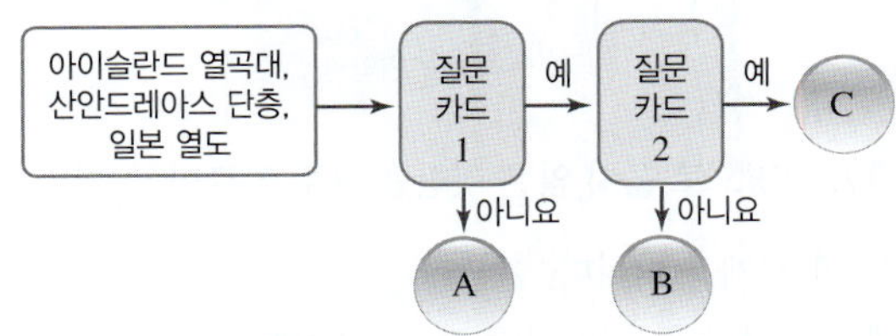

질문 카드 1, 2에 적합한 질문을 제시하고, 질문에 따라 A, B, C에 해당하는 지형을 쓰시오. (단, 질문에서는 발산형, 수렴형, 보존형 경계를 직접 묻지 않는다.)

판 경계 부근의 모식도와 지각 변동

460 하

그림은 해령 부근에서 판의 이동
방향을 나타낸 것이다.

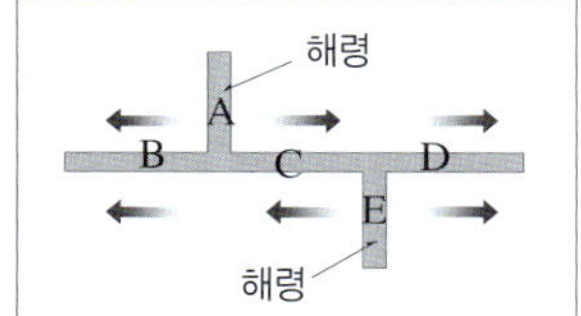

(1) 그림에 나타나는 판 경계의
종류를 <u>모두</u> 쓰시오.

(2) A~E 지점 중 지진은 활발하지만 화산 활동이 일어나지 않
는 지점을 쓰시오.

461 하

| 서술형 |

그림은 판 경계와 판의 이동 방
향을 나타낸 모식도이다. 표의
㉠~㉤에 들어갈 알맞은 말을
쓰시오.

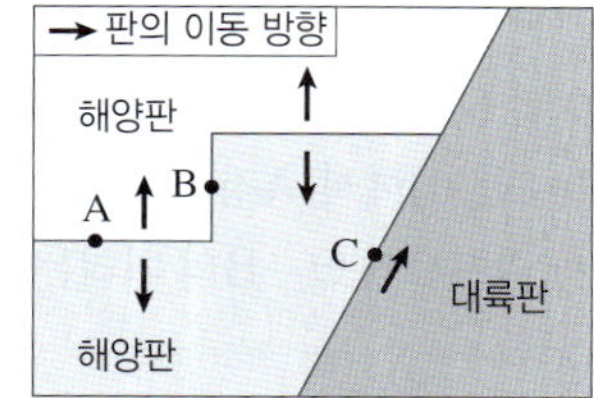

구분	판 경계	지형	지각 변동
A	㉠	㉡	천발 지진, 화산 활동
B	㉢	변환 단층	㉣
C	수렴형 경계	㉤	천발~심발 지진, 화산 활동

☆빈출 462 중

이 문제에서 볼 수 있는 보기는 多

그림은 해령 부근의 판 경계를 모식적으로 나타낸 것이다.

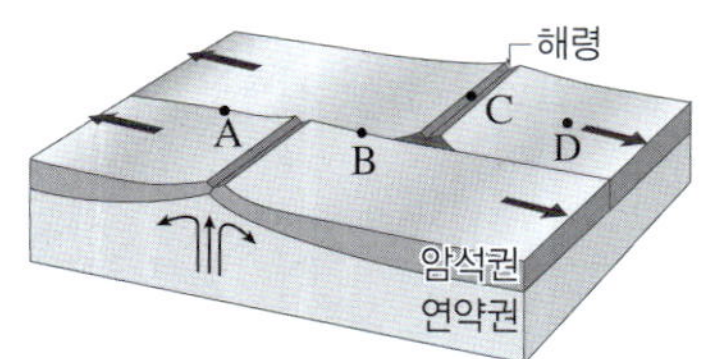

이에 대한 설명으로 옳지 <u>않은</u> 것만을 모두 고르면?(2개)

① A는 판 경계가 아니다.
② B에서는 화산 활동과 천발 지진이 발생한다.
③ 판이 충돌하여 소멸하는 곳은 B이다.
④ C에서는 정단층이 우세하게 발달한다.
⑤ A와 D는 서로 다른 판에 위치한다.
⑥ C에서 D로 갈수록 해양 지각의 나이는 많아진다.

☆빈출 463 중

그림 (가)와 (나)는 안데스산맥과 히말라야산맥 주변의 판 경계
모습을 순서 없이 나타낸 것이다.

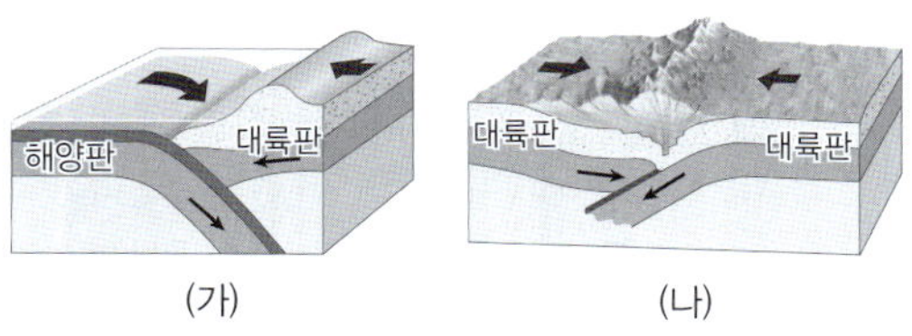

이에 대한 설명으로 옳지 <u>않은</u> 것은?

① (가)에서는 안데스산맥과 같은 습곡 산맥이 형성된다.
② 현재의 판 이동이 유지된다면 (나)의 습곡 산맥은 높이가 계
속 높아질 것이다.
③ 화산 활동은 (나)보다 (가)에서 활발하게 일어난다.
④ 심발 지진은 (나)보다 (가)에서 자주 발생한다.
⑤ (가)와 (나)는 모두 맨틀 대류의 상승부에 위치한다.

464 중

| 서술형 |

그림 (가)~(다)는 서로 다른 지역의 수렴형 경계를 나타낸 모식
도이다.

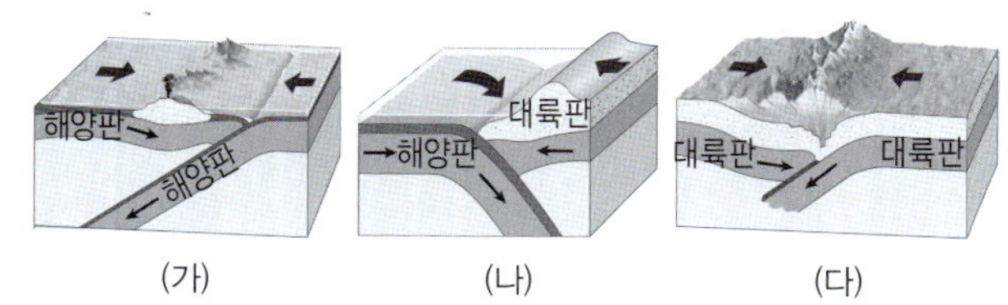

(가)~(다)에서 발달하는 지형을 각각 서술하시오.

465 중

그림 (가)와 (나)는 서로 다른 판 경계를 나타낸 모식도이다.

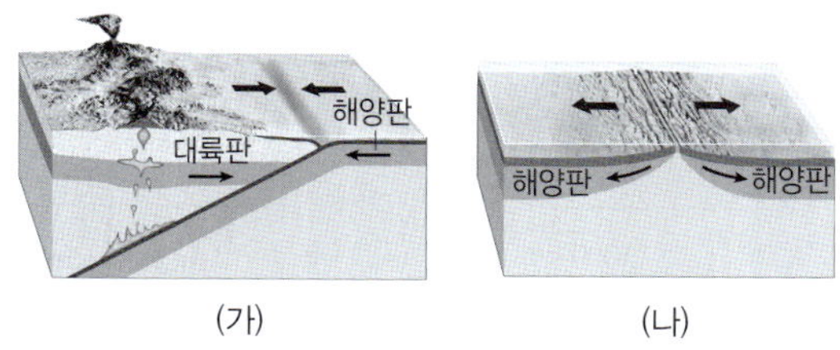

이에 대한 설명으로 옳은 것만을 〈보기〉에서 있는 대로 고른 것은?

> ─── 보기 ───
> ㄱ. (가)에서 판의 밀도는 해양판이 대륙판보다 크다.
> ㄴ. (나)는 판의 발산형 경계이다.
> ㄷ. (나)에서는 판 경계에 가까울수록 해양 지각의 나이가 적
> 어진다.

① ㄱ   ② ㄷ   ③ ㄱ, ㄴ
④ ㄴ, ㄷ   ⑤ ㄱ, ㄴ, ㄷ

466 중

그림 (가)~(다)는 서로 다른 판 경계를 나타낸 모식도이다.

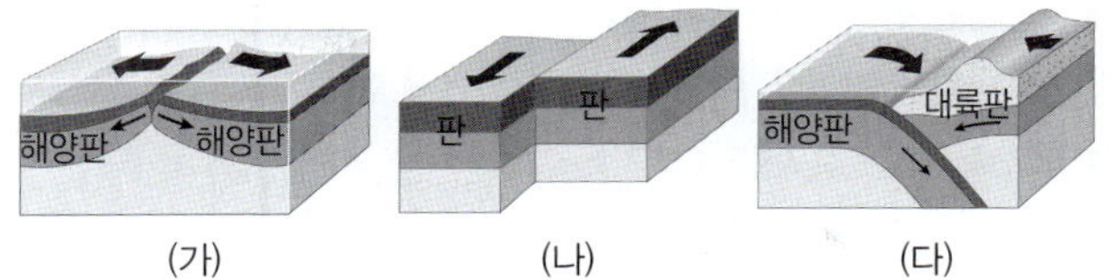

이에 대한 설명으로 옳은 것만을 〈보기〉에서 있는 대로 고른 것은?

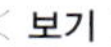

> ─〈 보기 〉─
>
> ㄱ. (가)에서는 주로 역단층이 나타난다.
> ㄴ. (가), (나)에서는 화산 활동이 활발하게 일어난다.
> ㄷ. (가)~(다) 중 (다)에서만 심발 지진이 일어난다.
> ㄹ. (다)에서는 해양 지각이 소멸된다.

① ㄱ, ㄴ   ② ㄱ, ㄹ   ③ ㄴ, ㄷ   ④ ㄴ, ㄹ   ⑤ ㄷ, ㄹ

467 중

그림은 판 경계를 모식적으로 나타낸 것이다.

이 문제에서 볼 수 있는 보기는 多

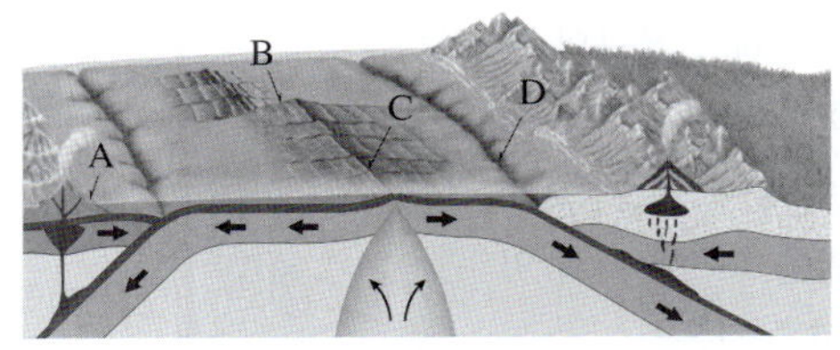

이에 대한 설명으로 옳지 않은 것만을 모두 고르면?(2개)

① A에는 히말라야산맥과 같은 습곡 산맥이 형성된다.
② B에서는 판과 판이 서로 어긋난다.
③ C에서는 화산 활동이 활발하다.
④ D는 새로운 해양 지각이 생성되는 해령이다.
⑤ A와 D는 두 판이 서로 가까워지는 경계 부근에서 형성된다.
⑥ B, C, D에서는 모두 천발 지진이 발생한다.

468 상

그림은 태평양과 대서양의 판 운동을 모식적으로 나타낸 것이다.

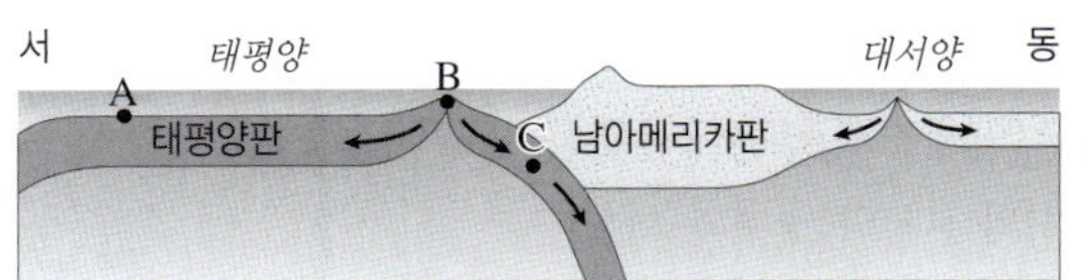

이에 대한 설명으로 옳은 것만을 〈보기〉에서 있는 대로 고른 것은?

> ─〈 보기 〉─
>
> ㄱ. 심해 퇴적물의 두께는 A 지점이 B 지점보다 얇다.
> ㄴ. C를 포함하는 판은 남아메리카판보다 밀도가 크다.
> ㄷ. 대서양 연안보다 태평양 연안에서 지진이 자주 발생한다.

① ㄱ   ② ㄴ   ③ ㄷ   ④ ㄱ, ㄷ   ⑤ ㄴ, ㄷ

---

469 하

그림은 전 세계에 분포하는 판의 경계와 이동 방향을 나타낸 것이다.

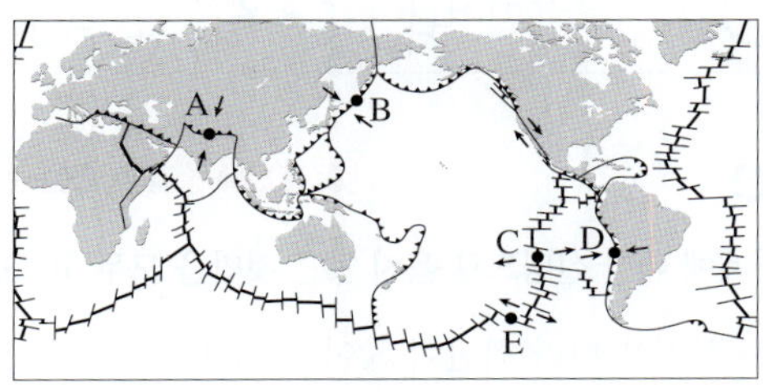

A~E에 대한 설명으로 옳은 것은?

① A에서는 해구가 형성된다.
② B에서는 지진과 화산 활동이 활발하다.
③ C에서는 호상 열도가 형성된다.
④ D는 해양판과 해양판이 만나는 경계이다.
⑤ E에서는 습곡 산맥이 형성된다.

[470~472] 그림은 전 세계의 주요 판 경계를 나타낸 것이다.

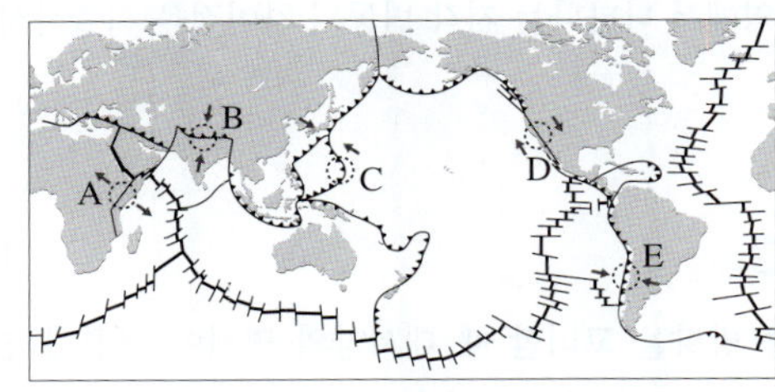

470 하

A~E 중에서 화산 활동이 활발한 지역을 모두 쓰시오.

471 하

A~E 지역의 명칭을 옳게 짝 지은 것만을 모두 고르면?(2개)

① A─히말라야산맥   ② B─동아프리카 열곡대
③ C─마리아나 해구   ④ D─동태평양 해령
⑤ E─안데스산맥

472 중

A~E 중 그림과 같은 지역에 해당하는 판 경계는?

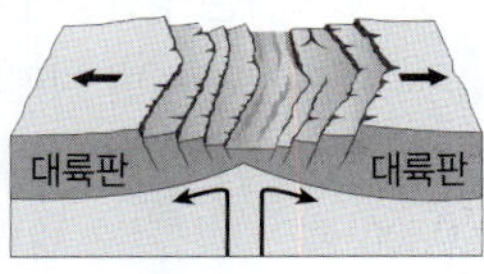

① A   ② B   ③ C
④ D   ⑤ E

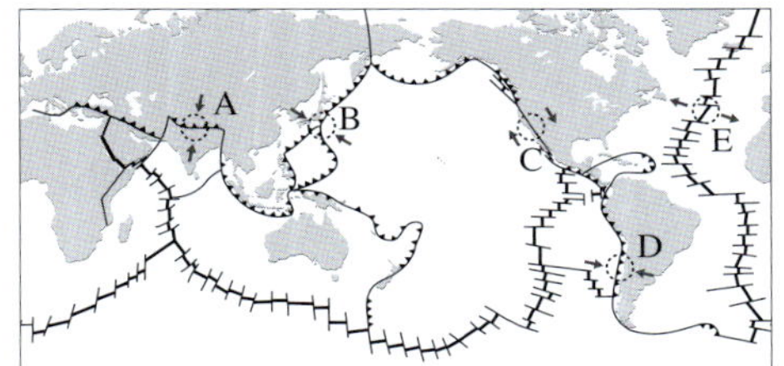

★빈출 473  중

이 문제에서 **볼 수 있는 보기는** 多

A~E 경계에 대한 설명으로 옳지 <u>않은</u> 것만을 모두 고르면?(2개)

① A에는 산맥을 따라 화산이 많이 분포한다.
② B에서는 해구와 나란하게 호상 열도가 형성된다.
③ C에서는 화산 활동이 일어나지 않는다.
④ D는 대륙판이 생성되는 경계이다.
⑤ 해령이 형성되는 곳은 E이다.
⑥ 인접한 두 판의 밀도 차이는 D가 E보다 크다.
⑦ A에는 역단층이, E에는 정단층이 주로 나타난다.

474 중 | 서술형 |

A 경계 부근과 D 경계 부근에서 공통적으로 형성되는 지형을 쓰고, 그 지역에서 나타나는 지각 변동의 차이점을 서술하시오.

475 중 | 서술형 |

판의 이동 방향을 고려할 때 대서양의 면적이 어떻게 변하는지 예상하고, 그렇게 판단한 까닭을 서술하시오.

476 중

그림은 동아프리카 지역에서 판의 이동 방향을 나타낸 것이다. 이에 대한 설명으로 옳은 것만을 〈보기〉에서 있는 대로 고른 것은?

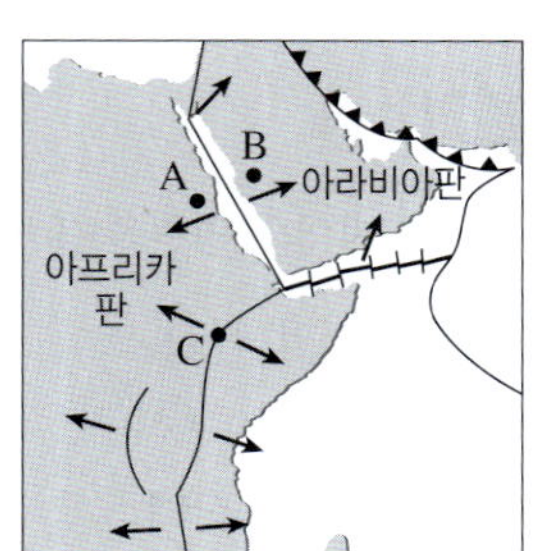

┌─────── 보기 ───────┐
ㄱ. A와 B 사이의 바다는 점차 넓어질 것이다.
ㄴ. A와 B 사이에는 해구가 발달한다.
ㄷ. C에서는 정단층이 우세하고, 열곡대가 발달할 것이다.
ㄹ. C에서는 심발 지진과 화산 활동이 일어난다.
└────────────────────┘

① ㄱ, ㄷ   ② ㄱ, ㄹ   ③ ㄴ, ㄷ
④ ㄴ, ㄹ   ⑤ ㄷ, ㄹ

★빈출 477 중

그림은 북아메리카 대륙의 서쪽에 분포하는 판 경계와 판의 이동 방향을 나타낸 것이다. 이에 대한 설명으로 옳은 것만을 〈보기〉에서 있는 대로 고른 것은?

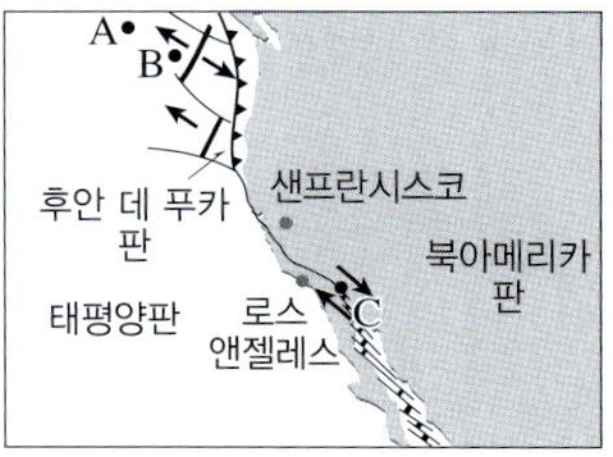

┌─────── 보기 ───────┐
ㄱ. 해양 지각의 나이는 A가 B보다 많다.
ㄴ. C에서는 천발 지진이 자주 발생할 것이다.
ㄷ. 후안 데 푸카판은 대륙판이다.
ㄹ. 샌프란시스코와 로스앤젤레스는 점점 가까워질 것이다.
└────────────────────┘

① ㄱ, ㄴ   ② ㄱ, ㄷ   ③ ㄷ, ㄹ
④ ㄱ, ㄴ, ㄹ   ⑤ ㄴ, ㄷ, ㄹ

478 중

그림은 뉴질랜드 부근의 판 경계와 화산 분포를 나타낸 것이다. 이에 대한 설명으로 옳은 것만을 〈보기〉에서 있는 대로 고른 것은?

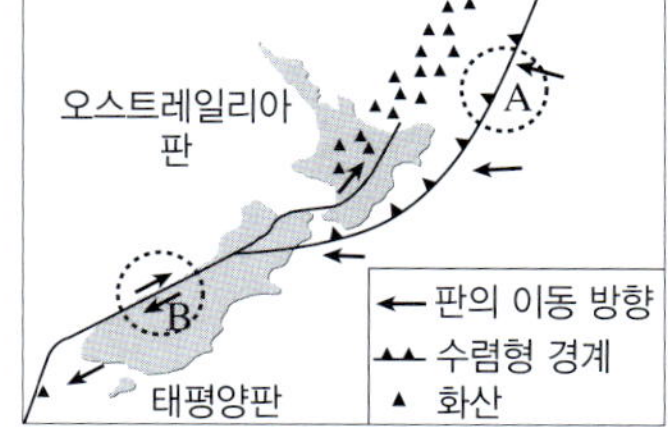

┌─────── 보기 ───────┐
ㄱ. 태평양판이 오스트레일리아판보다 밀도가 크다.
ㄴ. A를 경계로 진원의 깊이는 태평양판 쪽으로 갈수록 더 깊어진다.
ㄷ. B에서는 화산 활동이 일어난다.
└────────────────────┘

① ㄱ   ② ㄷ   ③ ㄱ, ㄴ
④ ㄴ, ㄷ   ⑤ ㄱ, ㄴ, ㄷ

479 중 | 서술형 |

그림은 알래스카 부근에서 두 판 (가)와 (나)의 경계와 화산의 분포를 나타낸 것이다.

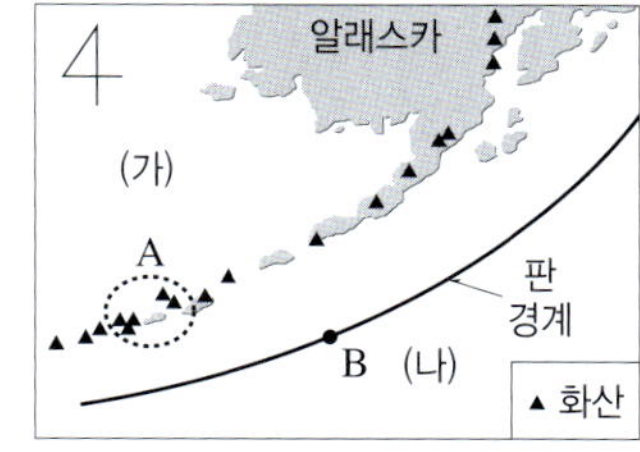

(1) A에 형성된 지형과 판 경계 B의 종류를 쓰시오.

(2) 판 (가)에서 A 지형이 형성된 까닭을 판 (가)와 (나)의 밀도를 비교하여 서술하시오.

480 중

그림은 우리나라 주변 판의 운동을 나타낸 모식도이다.

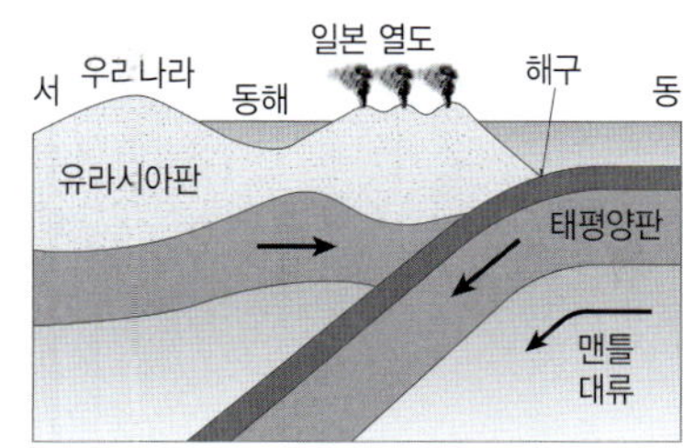

이에 대한 설명으로 옳지 <u>않은</u> 것은?

① 판의 밀도는 태평양판이 유라시아판보다 크다.
② 일본 열도는 해구를 가로질러 생성된다.
③ 해구에서 우리나라로 갈수록 진원의 깊이는 깊어진다.
④ 화산 활동은 주로 유라시아판에서 일어난다.
⑤ 해구에서는 해양판이 섭입하면서 소멸된다.

★ 빈출
481 상 이 문제에서 볼 수 있는 보기는 多

그림은 우리나라 주변에 분포하는 판 A~C의 운동으로 인해 발생한 지진의 진앙 분포를 나타낸 것이다.

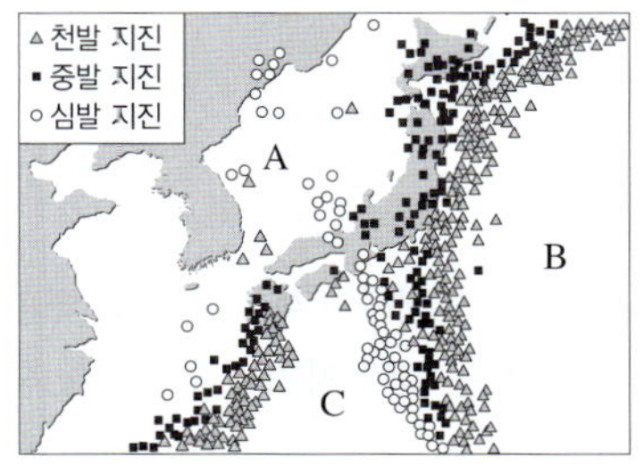

이에 대한 설명으로 옳은 것만을 〈보기〉에서 있는 대로 고른 것은?

〈 보기 〉
ㄱ. A, B, C는 모두 해양판이다.
ㄴ. A는 유라시아판, B는 태평양판, C는 필리핀판이다.
ㄷ. 판의 밀도는 A가 C보다 작다.
ㄹ. 일본 열도의 동쪽에서 서쪽으로 갈수록 진원의 깊이가 깊어진다.
ㅁ. A와 B의 경계, A와 C의 경계는 수렴형 경계이고, B와 C의 경계는 보존형 경계이다.

① ㄱ, ㅁ
② ㄱ, ㄴ, ㅁ
③ ㄱ, ㄷ, ㄹ
④ ㄴ, ㄷ, ㄹ
⑤ ㄴ, ㄷ, ㄹ, ㅁ

---

482 상

그림은 인도양 어느 지역의 판 경계와 진앙 분포를 나타낸 것이다.

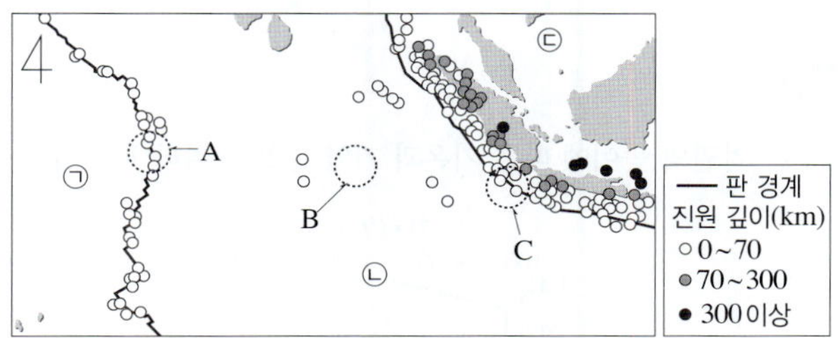

이에 대한 설명으로 옳은 것만을 〈보기〉에서 있는 대로 고른 것은?

〈 보기 〉
ㄱ. A는 맨틀 대류의 하강부에 위치한다.
ㄴ. A에서 B로 갈수록 심해 퇴적물의 두께가 두껍다.
ㄷ. 이웃한 판의 밀도 차이는 A가 C보다 크다.
ㄹ. ⓒ 판 아래로 ⓛ 판이 섭입한다.

① ㄱ, ㄴ
② ㄱ, ㄷ
③ ㄴ, ㄹ
④ ㄱ, ㄷ, ㄹ
⑤ ㄴ, ㄷ, ㄹ

---

483 상

그림은 우리나라와 일본 주변에서 발생한 지진의 진원 분포를 나타낸 것이다.

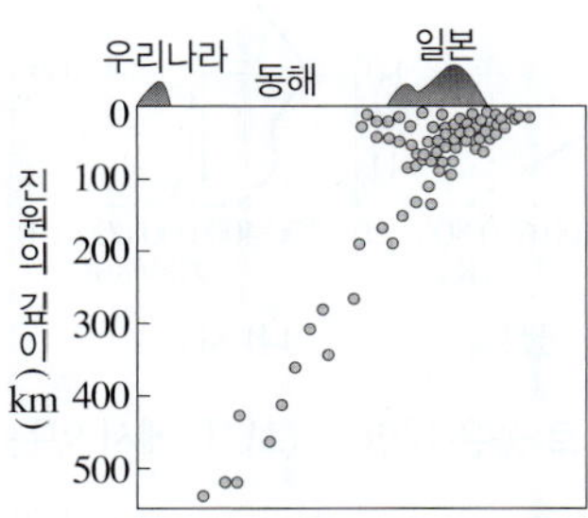

이에 대한 설명으로 옳은 것만을 〈보기〉에서 있는 대로 고른 것은?

〈 보기 〉
ㄱ. 일본은 판의 수렴형 경계 부근에 위치한다.
ㄴ. 우리나라의 동해에는 해구가 발달한다.
ㄷ. 일본이 포함된 판은 인접한 판에 비해 밀도가 크다.

① ㄱ
② ㄴ
③ ㄱ, ㄷ
④ ㄴ, ㄷ
⑤ ㄱ, ㄴ, ㄷ

484

그림은 기권의 높이에 따른 기온과 기압 분포를 나타낸 것이다.

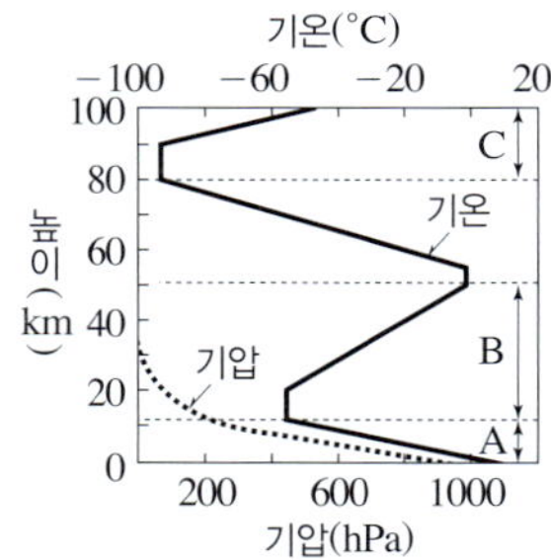

이에 대한 설명으로 옳은 것만을 〈보기〉에서 있는 대로 고른 것은?

〈보기〉
ㄱ. 기압 분포는 중력과 관계가 있다.
ㄴ. 높이가 높아질수록 대기의 양은 일정하게 감소한다.
ㄷ. A 층과 B 층을 구분하는 높이는 고위도로 갈수록 낮아진다.
ㄹ. B와 C 층은 대류 현상이 일어난다.

① ㄱ, ㄷ   ② ㄱ, ㄹ   ③ ㄴ, ㄷ
④ ㄱ, ㄴ, ㄹ   ⑤ ㄴ, ㄷ, ㄹ

485

그림 (가)~(다)는 금성, 지구, 화성의 연직 기온 분포를 각각 나타낸 것이다.

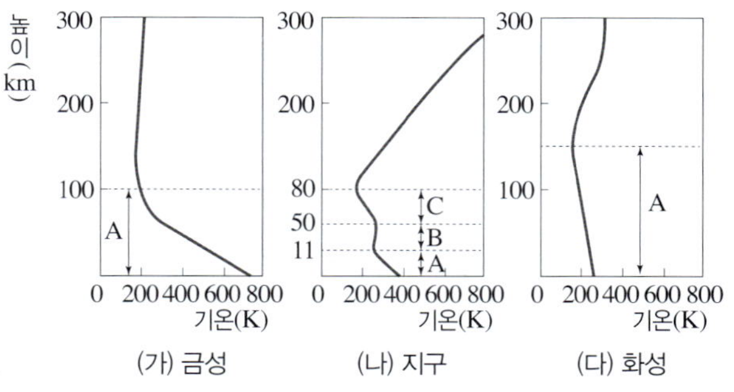

이에 대한 설명으로 옳은 것만을 〈보기〉에서 있는 대로 고른 것은?

〈보기〉
ㄱ. A 층은 지표 복사 에너지의 영향으로 높이 올라갈수록 기온이 낮아진다.
ㄴ. B 층은 안정한 층이다.
ㄷ. 금성이나 화성보다 지구의 기권 성층 구조가 복잡한 까닭은 C 층에 오존층이 존재하기 때문이다.

① ㄱ   ② ㄷ   ③ ㄱ, ㄴ
④ ㄴ, ㄷ   ⑤ ㄱ, ㄴ, ㄷ

486

그림은 기권과 지권의 성층 구조를 모식적으로 나타낸 것이다.

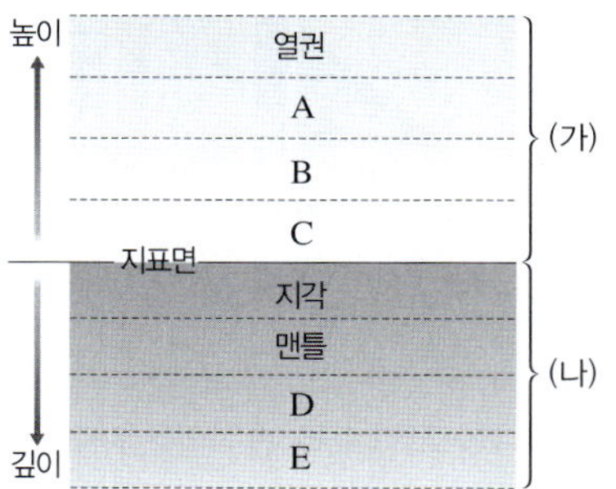

이에 대한 설명으로 옳은 것만을 〈보기〉에서 있는 대로 고른 것은?

〈보기〉
ㄱ. 대류가 일어나는 층은 A, C, E이다.
ㄴ. 육상 생물의 출현과 B의 높이에 따른 온도 분포는 모두 오존층 때문이다.
ㄷ. D와 E의 주요 구성 성분은 같다.
ㄹ. (가)와 (나)는 모두 온도 분포에 따라 구분한 성층 구조이다.

① ㄱ, ㄷ   ② ㄱ, ㄹ   ③ ㄴ, ㄷ
④ ㄱ, ㄴ, ㄹ   ⑤ ㄴ, ㄷ, ㄹ

487

그림은 지구 탄생 이후 현재까지의 지구 환경 변화를 모식적으로 나타낸 것이다. A와 B는 각각 자기권과 오존층 중 하나이다.

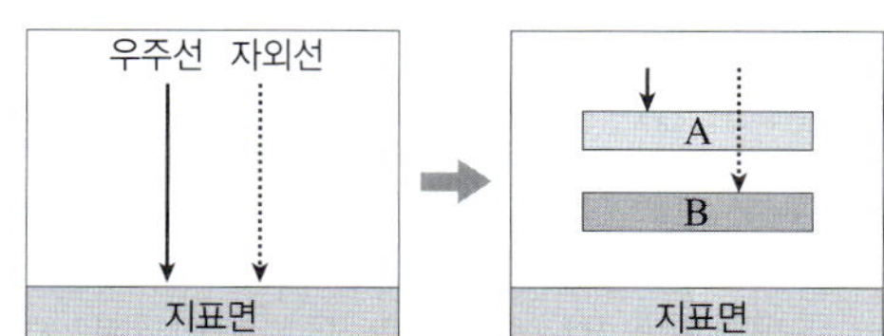

이에 대한 설명으로 옳은 것만을 〈보기〉에서 있는 대로 고른 것은?

〈보기〉
ㄱ. A는 지구의 자기권이다.
ㄴ. A는 B보다 나중에 형성되었다.
ㄷ. B가 형성된 이후에 지구시스템에 생물권이 나타났다.

① ㄱ   ② ㄷ   ③ ㄱ, ㄴ
④ ㄴ, ㄷ   ⑤ ㄱ, ㄴ, ㄷ

488

그림 (가)는 지구시스템에서 물의 순환을, (나)는 지구시스템 구성 요소의 상호작용을 나타낸 것이다.

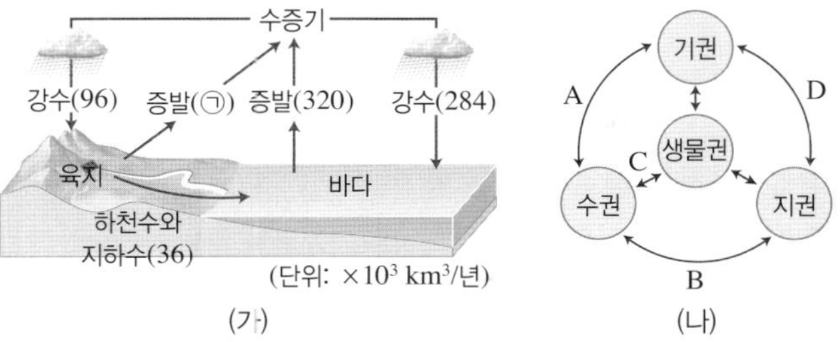

이에 대한 설명으로 옳은 것만을 〈보기〉에서 있는 대로 고른 것은?

—〈 보기 〉—

ㄱ. ⑤은 70이다.

ㄴ. 바다에서는 물의 유입량보다 유출량이 많다.

ㄷ. 석회동굴의 형성은 B의 예에 해당한다.

ㄹ. A~D 중 지구 온난화에 의해 증발량과 강수량이 증가하는 현상은 A에 속한다.

① ㄱ, ㄴ   ② ㄱ, ㄹ   ③ ㄷ, ㄹ

④ ㄱ, ㄴ, ㄷ   ⑤ ㄴ, ㄷ, ㄹ

489

그림은 지구시스템의 각 권역 사이에서 일어나는 탄소 순환 과정의 일부를, 표는 각 권역에 존재하는 탄소 질량비를 나타낸 것이다.

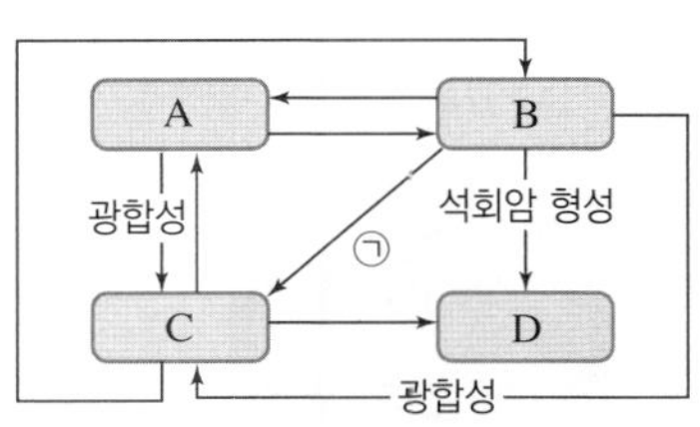

구분	탄소 질량비(%)
생물권	0.011
기권	0.004
수권	0.194
지권	99.791

이에 대한 설명으로 옳은 것만을 〈보기〉에서 있는 대로 고른 것은?

—〈 보기 〉—

ㄱ. 수권은 C이다.

ㄴ. 화석 연료의 연소는 ⑤ 과정에 해당한다.

ㄷ. 탄소의 양은 A~D 중 D에 가장 많다.

① ㄱ   ② ㄷ   ③ ㄱ, ㄴ

④ ㄴ, ㄷ   ⑤ ㄱ, ㄴ, ㄷ

490

그림은 서로 다른 해양 A와 B에서 어떤 지형의 정상부에 발달한 열곡으로부터 거리에 따른 해양 지각의 연령을 나타낸 것이다.

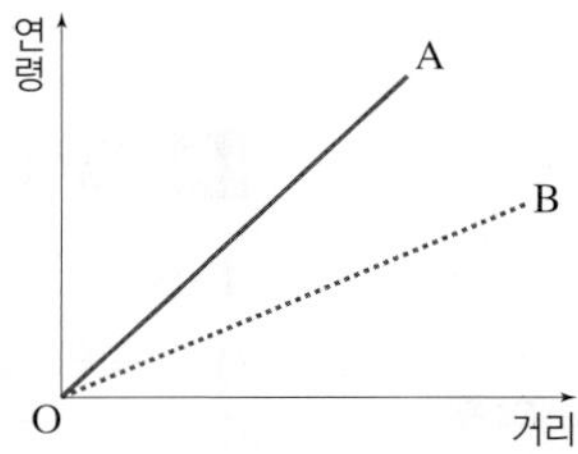

이에 대한 설명으로 옳은 것만을 〈보기〉에서 있는 대로 고른 것은?

—〈 보기 〉—

ㄱ. 판의 이동 속력은 해양 A보다 해양 B에서 더 느리다.

ㄴ. 해양 A에서는 열곡 정상으로부터 거리가 멀어질수록 심해 퇴적물의 두께가 두꺼워진다.

ㄷ. 열곡 정상으로부터 같은 거리에 위치한 지점의 수심은 해양 A가 해양 B보다 깊다.

ㄹ. 해양 A와 B에는 모두 발산형 경계가 존재한다.

① ㄱ, ㄷ   ② ㄱ, ㄹ   ③ ㄴ, ㄷ

④ ㄱ, ㄴ, ㄹ   ⑤ ㄴ, ㄷ, ㄹ

491

그림은 어느 지역에 존재하는 서로 다른 두 판 A, B의 경계 부근에서 섭입하는 판의 깊이를 나타낸 것이다.

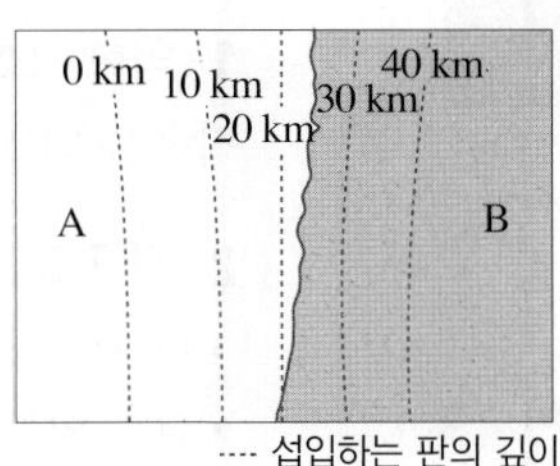

이에 대한 설명으로 옳은 것만을 〈보기〉에서 있는 대로 고른 것은?

—〈 보기 〉—

ㄱ. 판 A보다 B의 밀도가 더 크다.

ㄴ. 판 A와 B 사이에는 해구가 발달한다.

ㄷ. 화산 활동은 판 A에서 활발하게 일어난다.

① ㄱ   ② ㄴ   ③ ㄱ, ㄷ

④ ㄴ, ㄷ   ⑤ ㄱ, ㄴ, ㄷ

17 중력과 역학 시스템

A 중력

1 중력 질량이 있는 모든 물체 사이에 작용하는 서로 당기는 힘 → 지구 중력의 방향은 지구 중심 방향 (=연직 아래 방향)

① 중력의 크기: 물체의 ❶[   ]이 클수록, 물체 사이의 거리가 ❷[   ] 울수록 크다.
② 중력의 작용: 물체가 서로 접촉해 있거나 떨어져 있어도 작용한다. → 지구 표면 근처에서 물체에 작용하는 중력=질량×중력 가속도(9.8 m/s²)

두 물체 사이에 작용하는 중력

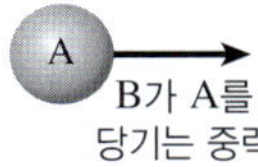

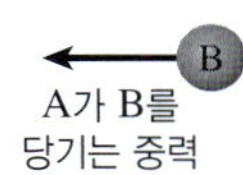

→ A가 B를 당기는 중력과 B가 A를 당기는 중력은 서로 크기가 ❸[   ]고, 방향은 ❹[   ]이다.

기출 PICK A -1

지구 표면 근처에서 물체에 작용하는 중력
지구 표면 근처에서 물체에 작용하는 중력=물체의 질량×중력 가속도(9.8 m/s²)이다.

두 물체 사이에 작용하는 중력
두 물체 사이에 작용하는 중력은 크기가 같고, 방향은 반대이다.
ᄆ 지구가 물체를 당기는 힘과 물체가 지구를 당기는 힘은 크기가 같고, 방향은 반대이다.

2 무게와 질량

구분	무게	질량
정의	물체에 작용하는 중력의 크기	물체의 고유한 양
단위	N(뉴턴) → 힘의 단위와 같다.	g(그램), kg(킬로그램)
특징	측정 장소에 따라 물체에 작용하는 중력의 크기가 달라지므로 무게가 달라진다.	측정 장소가 바뀌어도 물체의 양은 변하지 않으므로 질량은 변하지 않는다.
관계	질량이 ❺[ ]수록 무게도 크다. → 지구에서 물체의 무게=질량×중력 가속도의 크기 지구에서 질량이 1 kg인 물체의 무게는 1 kg×9.8 m/s²=9.8 N이다.	

기출 PICK A -2

무게와 질량
• 무게: 질량×중력 가속도의 크기로, 장소에 따라 다르다.
• 질량: 물체의 고유한 양으로, 장소가 바뀌어도 변하지 않는다.

달에서 물체의 질량과 무게

중력은 달에서가 지구에서의 $\frac{1}{6}$ 배이다. → 달에서 무게=지구에서 무게×$\frac{1}{6}$

지구
• 사과의 질량=0.3 kg
• 사과의 무게=0.3 kg× 9.8 m/s²=2.94 N

달
• 사과의 질량=0.3 kg
• 사과의 무게=2.94 N×$\frac{1}{6}$ =0.49 N

기출 PICK B -2

중력과 대류 현상
지구에서 촛불의 모양이 위로 길쭉한 것은 중력에 의한 대류 현상 때문이다. 우주 정거장에서는 무중력 상태이므로 대류 현상이 일어나지 않아 촛불의 모양이 둥글다.

지구 　 우주 정거장
▲ 장소에 따른 촛불의 모양

답 ❶ 질량 ❷ 가까 ❸ 같 ❹ 반대 ❺ 클 ❻ 역학 ❼ 공전

B 역학 시스템

1 역학 시스템 자연은 여러 힘(중력, 전기력, 자기력, 탄성력, 마찰력 등)이 물체 사이에서 상호작용을 하면서 일정한 질서에 따라 운동 체계를 유지하는 ❻[   ] 시스템으로 구성되어 있다.

2 지구 표면과 지구 주위에서 중력이 작용하여 나타나는 현상
• 비나 눈이 아래로 내리고, 나무에 매달린 사과는 아래로 떨어진다.
• 달과 인공위성이 중력에 의해 지구 주위를 ❼[   ]한다.
• 수증기를 포함한 공기의 대류에 의해 기상 현상이 일어난다.

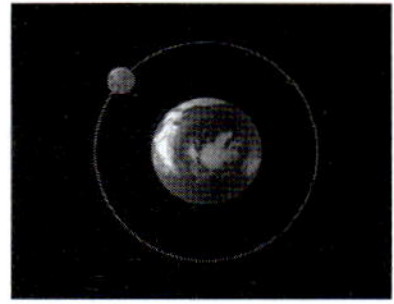
◀ 달의 공전

빈출 자료 보기

정답과 해설 39쪽 ▶▶

492 그림은 질량이 m_1인 물체 A와 질량이 m_2인 물체 B가 거리 r만큼 떨어져 있는 모습을 나타낸 것으로, F_1, F_2는 각각 A, B에 작용하는 힘이다.

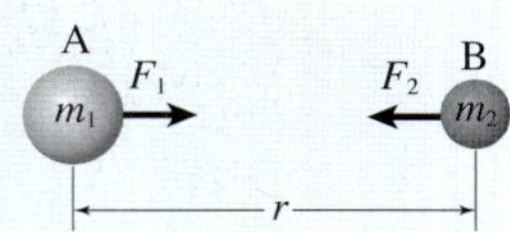

이에 대한 설명으로 옳은 것은 ○, 옳지 않은 것은 ×로 표시하시오.

(1) m_1이 커지면 F_1의 크기만 커진다. 　 (　　)
(2) r가 작아지면 F_2의 크기만 커진다. 　 (　　)
(3) F_1과 F_2는 크기가 같고, 방향은 반대이다. 　 (　　)

 난이도별 필수 기출

상 2문항
중 6문항
하 8문항

A 중력

493 하

다음은 지구 중력에 대한 설명이다.

> 지구가 물체에 작용하는 중력의 방향은 지구 중심을 향하는 방향이다. 중력의 크기는 물체의 질량이 (㉠), 물체와 지구 사이의 거리가 (㉡) 크다.

㉠, ㉡에 들어갈 알맞은 말을 쓰시오.

494 하

중력에 대한 설명으로 옳은 것만을 모두 고르면? (단, 중력 가속도는 9.8 m/s²이다.)(2개)

① 중력은 물체가 가진 고유한 양이다.
② 중력은 질량을 가진 모든 물체 사이에 작용한다.
③ 물체가 서로 접촉해 있거나 멀리 떨어져 있어도 작용한다.
④ 물체의 속력이 클수록 물체에 작용하는 중력의 크기도 크다.
⑤ 지구 표면 근처에서 질량이 1 kg인 물체에 작용하는 중력의 크기는 1 N이다.

 빈출
495 하

그림은 물체 A와 B 사이에 작용하는 두 힘을 나타낸 것이다.

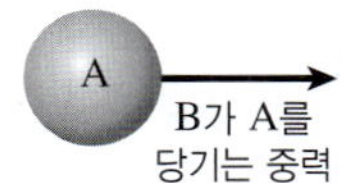
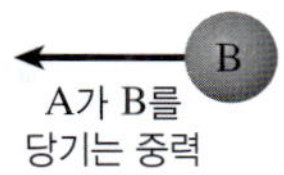

이에 대한 설명으로 옳은 것만을 〈보기〉에서 있는 대로 고른 것은?

> 보기
> ㄱ. A와 B 사이에 작용하는 두 힘의 크기는 같다.
> ㄴ. A의 질량이 작아지면 A가 B를 당기는 중력의 크기는 작아진다.
> ㄷ. A와 B 사이의 거리가 가까워지면 B가 A를 당기는 중력의 크기는 커진다.

① ㄱ 　② ㄷ 　③ ㄱ, ㄴ
④ ㄴ, ㄷ 　⑤ ㄱ, ㄴ, ㄷ

496 하

질량과 무게에 대한 설명으로 옳은 것만을 모두 고르면?(2개)

① 무게는 어디에서나 일정하다.
② 무게와 질량은 같은 물리량이다.
③ 물체의 질량이 클수록 무게가 크다.
④ 질량과 무게의 단위는 N(뉴턴)으로 같다.
⑤ 천체의 크기가 동일할 때, 무거운 천체에서 측정할수록 물체의 무게가 크다.

 빈출
497 하

그림은 사과나무에 매달려 정지해 있는 사과 A와 땅으로 떨어지고 있는 사과 B를 나타낸 것이다. 질량은 A가 B보다 작다.

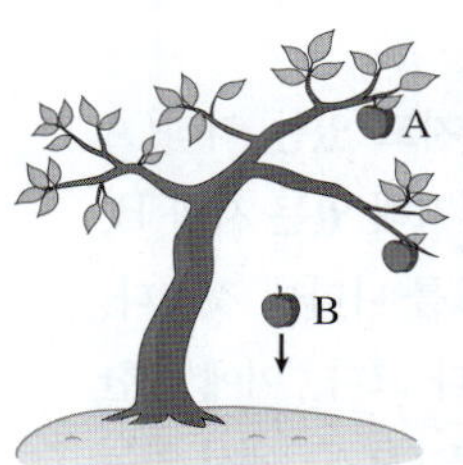

이에 대한 설명으로 옳은 것만을 〈보기〉에서 있는 대로 고른 것은?

> 보기
> ㄱ. A에는 중력이 작용하지 않는다.
> ㄴ. 무게는 A와 B가 같다.
> ㄷ. B에 작용하는 중력의 방향은 연직 아래 방향이다.

① ㄱ 　② ㄴ 　③ ㄷ
④ ㄱ, ㄴ 　⑤ ㄴ, ㄷ

498 하

그림은 지구와 달에서 동일한 사과에 작용하는 중력의 크기를 상대적인 화살표의 길이로 나타낸 것이다. 지구에서 사과의 질량은 300 g이다.

달에서 사과의 질량과 무게를 각각 구하시오. (단, 지구에서 중력 가속도는 9.8 m/s²이고, 중력은 지구에서가 달에서의 6배이다.)

499 ⑧

그림은 물체 A와 B가 서로에게 작용하는 중력을 나타낸 것으로, 질량은 A가 B보다 크다.

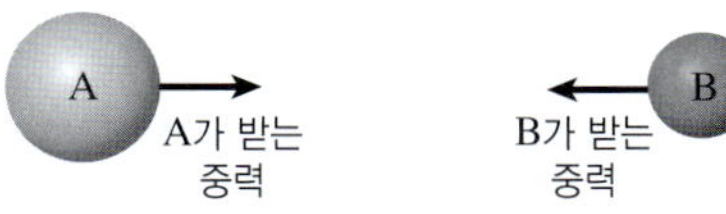

이에 대한 설명으로 옳은 것만을 〈보기〉에서 있는 대로 고른 것은?

> ─── 보기 ───
> ㄱ. A의 질량이 클수록 A가 받는 중력의 크기가 크다.
> ㄴ. A가 받는 중력의 크기는 B가 받는 중력의 크기보다 크다.
> ㄷ. A와 B 사이의 거리가 멀어지면 B가 받는 중력의 크기는 작아진다.

① ㄱ   ② ㄷ   ③ ㄱ, ㄴ
④ ㄱ, ㄷ   ⑤ ㄱ, ㄴ, ㄷ

500 ⑧

그림은 땅으로 떨어지고 있는 사과 A와 나무에 매달려 정지해 있는 사과 B, 하늘에 떠 있는 달 C를 나타낸 것이다. 질량은 지구가 C보다 크다. 이에 대한 설명으로 옳은 것만을 〈보기〉에서 있는 대로 고른 것은?

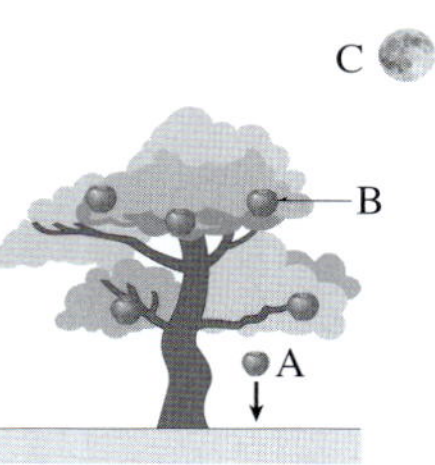

> ─── 보기 ───
> ㄱ. A에 작용하는 중력은 일정하다.
> ㄴ. B에는 중력이 작용하지 않는다.
> ㄷ. C가 지구를 당기는 힘의 크기는 지구가 C를 당기는 힘의 크기보다 작다.

① ㄱ   ② ㄷ   ③ ㄱ, ㄴ
④ ㄴ, ㄷ   ⑤ ㄱ, ㄴ, ㄷ

501 ⑧

| 서술형 |

그림은 질량이 있는 물체 A와 B 사이에 작용하는 중력을 나타낸 것이다. A와 B 사이에 작용하는 중력의 크기를 크게 하려면 A 또는 B의 질량을 크게 해야 한다.

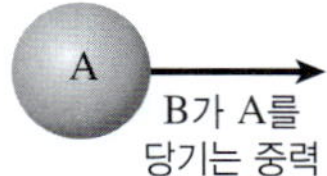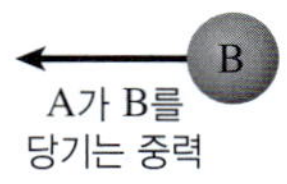

중력의 크기를 크게 하는 다른 방법은 무엇인지 까닭과 함께 서술하시오.

502 ⑧

그림은 지구와 지구 밖의 어느 지점에 있는 물체를 나타낸 것으로, A~E는 특정 방향을 나타낸 것이다.

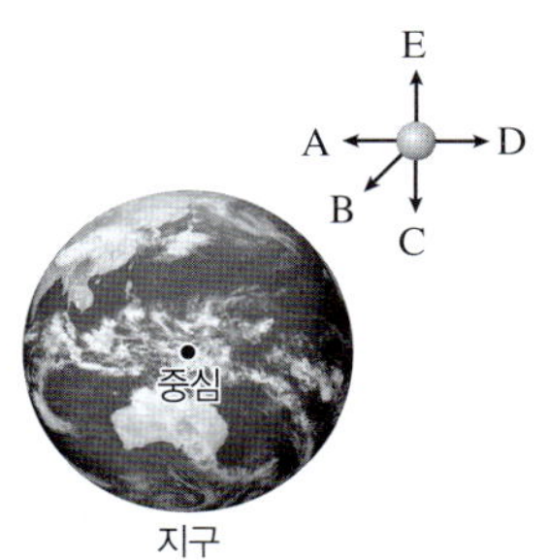

이에 대한 설명으로 옳은 것만을 〈보기〉에서 있는 대로 고른 것은?

> ─── 보기 ───
> ㄱ. 물체에 작용하는 중력의 방향은 C이다.
> ㄴ. 질량에 관계없이 물체에 작용하는 중력의 크기는 일정하다.
> ㄷ. 지구가 물체를 당기는 힘의 크기는 물체가 지구를 당기는 힘의 크기와 같다.

① ㄱ   ② ㄴ   ③ ㄷ
④ ㄱ, ㄴ   ⑤ ㄴ, ㄷ

503 ⑧

이 문제에서 볼 수 있는 보기는 多

그림은 질량이 60 kg인 학생 A와 질량이 48 kg인 학생 B가 지구 표면 위의 사과나무 옆에 서 있는 모습을 나타낸 것이다.

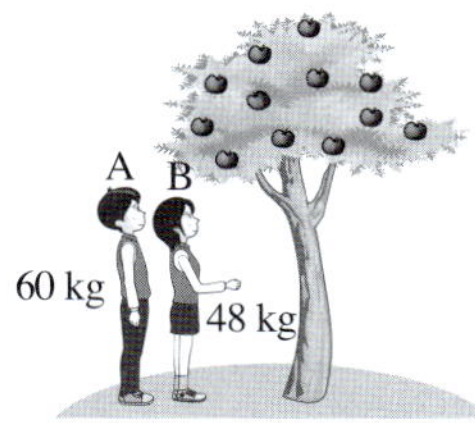

이에 대한 설명으로 옳은 것만을 모두 고르면? (단, 중력 가속도는 $9.8 \ \text{m/s}^2$이고, 중력은 지구에서가 달에서의 6배이다.)(2개)

① 무게는 A가 B보다 작다.
② 나무에 매달려 있는 사과에 작용하는 중력은 0이다.
③ B에 작용하는 중력의 방향은 지구 중심 방향이다.
④ 달에서 A의 질량은 10 kg이다.
⑤ 달에서 B의 질량은 8 kg이다.
⑥ B의 무게는 지구에서가 달에서의 6배이다.
⑦ 달에서 A의 무게는 588 N이다.
⑧ 달에서 B의 무게는 470.4 N이다.

504 (상)

그림은 물체 A와 B에 각각 작용하는 중력 F_1과 F_2를 나타낸 것이다. A, B의 질량은 각각 m_1, m_2이고, A와 B는 r만큼 떨어져 있다.

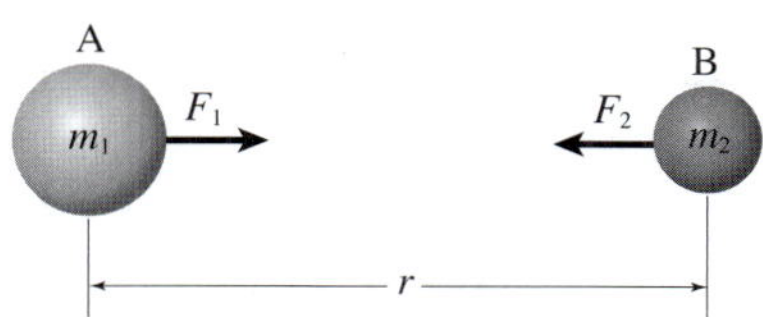

이에 대한 설명으로 옳은 것만을 모두 고르면?(2개)

① F_1은 A가 B를 당기는 힘이다.
② F_2는 B가 A를 당기는 힘이다.
③ F_1과 F_2는 서로 상호작용 하는 힘이다.
④ F_1과 F_2는 크기가 같고, 방향은 반대인 힘이다.
⑤ r가 작아지면 F_1과 F_2의 크기는 모두 작아진다.
⑥ m_1이 커지면 F_1은 커지지만 F_2는 변하지 않는다.
⑦ A와 B 사이에 작용하는 중력에 의해 A와 B 사이의 거리는 점점 멀어진다.

505 (상)

| 서술형 |

그림은 물체 A와 B가 떨어져 있을 때, A, B에 각각 힘 F_1, F_2가 작용하고 있는 모습을 나타낸 것이다.

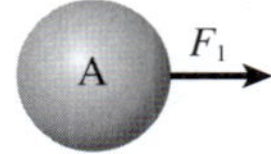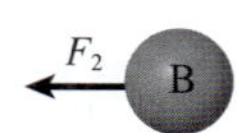

(1) A, B 사이에 작용하는 F_1, F_2와 같이 질량이 있는 물체 사이에 작용하는 힘을 쓰시오.

(2) F_1의 값을 감소시킬 수 있는 방법 두 가지를 쓰시오.

(3) F_1의 크기가 30 N일 때, F_2의 크기를 구하고, 그 까닭을 서술하시오.

B 역학 시스템

506 (하)

역학 시스템에 대한 설명으로 옳은 것만을 모두 고르면?(2개)

① 자연계는 역학 시스템으로 구성되어 있다.
② 여러 가지 힘이 물체 사이에서 상호작용 한다.
③ 각 요소들은 정해진 질서 없이 항상 변하고 있다.
④ 자연계는 중력에 의해서만 역학 시스템이 유지된다.
⑤ 원자핵과 전자 사이에서는 자기력이 중요한 역할을 한다.

507 (하)

중력과 관련이 있는 현상이 <u>아닌</u> 것은?

① 비나 눈이 아래로 내린다.
② 수도꼭지에서 물줄기가 아래로 떨어진다.
③ 공기의 대류 현상에 의해 기상 현상이 일어난다.
④ 자동차의 가속 페달을 밟으면 자동차가 점점 빨라진다.
⑤ 인공위성이 지구를 벗어나지 못하고 지구 주위를 공전한다.

508 (중)

| 서술형 |

그림 (가)는 지구에서의, (나)는 우주 정거장에서의 촛불의 모양이다.

(가)   (나)

이와 같이 촛불의 모양이 서로 다르게 나타나는 까닭을 중력과 관련지어 서술하시오.

18 중력을 받는 물체의 운동

질량이 다른 물체의 자유 낙하
질량이 달라도 자유 낙하 하는 물체의 가속도는 중력 가속도로 같으므로 같은 높이에서 동시에 자유 낙하 하는 물체는 지면에 동시에 도달한다.

자유 낙하 하는 물체의 속도
정지 상태에서 가만히 놓아 자유 낙하 시킨 물체의 3초 후 속도는 $3\ s \times 9.8\ \text{m/s}^2 = 29.4\ \text{m/s}$ 이다.

방향이 있는 물리량
속도, 가속도 등은 방향이 있는 물리량으로, 운동 방향의 한쪽 방향을 ($+$)로 나타내면 반대 방향은 ($-$)로 나타낸다.

자유 낙하 하는 물체의 구간 평균 속도와 물체가 이동한 거리
• 구간 평균 속도
$$= \frac{\text{구간 이동 거리}}{\text{시간 간격}}$$
$$= \frac{\text{처음 속도} + \text{나중 속도}}{2}$$
• 물체가 이동한 거리
$= $ 구간 평균 속도 $\times$ 걸린 시간
예 정지 상태에서 가만히 놓아 자유 낙하 시킨 물체의 속도는 1초일 때, 9.8 m/s이므로 0초부터 1초까지 구간 평균 속도는 $\frac{0 + 9.8\ \text{m/s}}{2} = 4.9\ \text{m/s}$이고, 이동 거리는 $4.9\ \text{m/s} \times 1\ \text{s} = 4.9\ \text{m}$이다.

수평 방향으로 던진 물체의 운동
• 수평 방향: 힘이 작용하지 않아 등속 직선 운동을 한다.
• 연직 방향: 중력만을 받아 자유 낙하 운동을 하므로 등가속도 운동을 한다.

A 중력에 의한 지구 표면에서 물체의 운동

1 자유 낙하 운동 공기 저항을 무시할 때, 물체가 ❶ ⬜⬜ 만을 받으며 낙하하는 운동

① 질량에 관계없이 속도가 1초마다 9.8 m/s씩 증가하는 ❷ ⬜⬜⬜⬜ 운동을 한다.

② 지구 표면 근처에서 자유 낙하 하는 물체의 가속도는 중력 가속도로, 물체의 ❸ ⬜⬜ 에 관계없이 $9.8\ \text{m/s}^2$ 으로 일정하다.

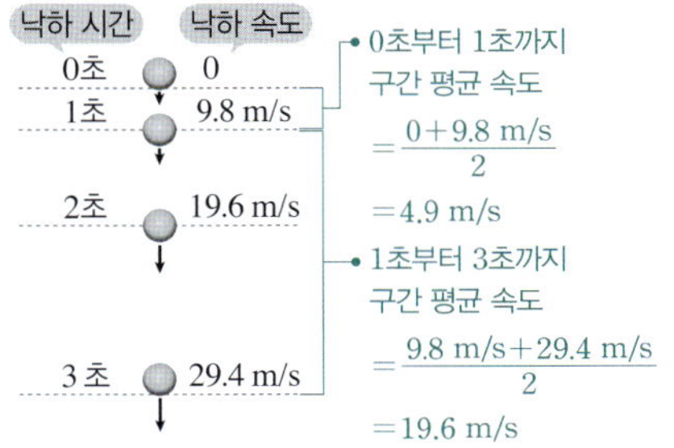

┤ 자유 낙하 하는 물체의 가속도 ├

• 가속도 : 단위 시간당 속도 변화량으로, 운동 방향과 가속도의 방향이 같으면 속도가 증가하고, 반대이면 속도가 감소한다.
└ 속도가 변하는 운동을 가속도 운동이라고 한다.

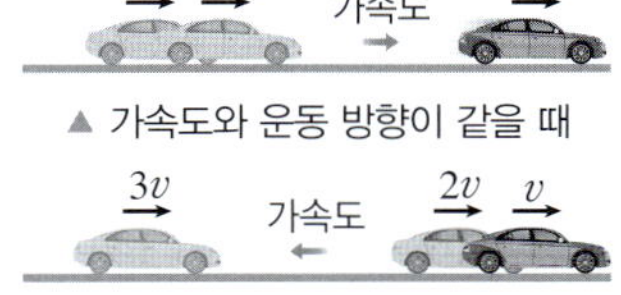

$$\text{가속도} = \frac{\text{속도 변화량}}{\text{걸린 시간}} = \frac{\text{나중 속도} - \text{처음 속도}}{\text{걸린 시간}} \quad [\text{단위: m/s}^2]$$

• 자유 낙하 하는 물체의 가속도

시간 간격(s)	0~1	1~2	2~3	3~4	4~5
구간 이동 거리(m)	4.9	14.7	24.5	34.3	44.1
구간 평균 속도(m/s)	4.9	14.7	24.5	34.3	44.1
단위 시간당 속도 변화량 = 가속도(m/s²)	9.8	9.8	9.8	9.8	

0초부터 1초까지 구간 평균 속도$= \dfrac{0초일\ 때\ 속도 + 1초일\ 때\ 속도}{2} = \dfrac{0 + 9.8\ \text{m/s}}{2} = 4.9\ \text{m/s}$

2 수평 방향으로 던진 물체의 운동

① 수평 방향의 운동 : 수평 방향으로는 물체에 힘이 작용하지 않으므로 ❹ ⬜⬜⬜⬜ 운동을 한다.

② 연직 방향의 운동 : 연직 방향으로는 중력만을 받아 ❺ ⬜⬜⬜⬜ 운동을 한다. → 자유 낙하 운동

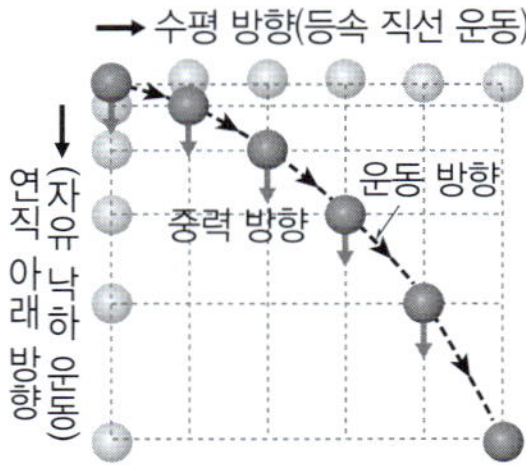

구분	수평 방향	연직 방향
힘	0	중력이 일정하게 작용
운동	등속 직선 운동	등가속도(자유 낙하) 운동
속도	일정	일정하게 증가
가속도	0	$9.8\ \text{m/s}^2$으로 일정

③ 운동 그래프 분석

구분	수평 방향 운동(등속 직선 운동)		연직 방향 운동(등가속도 운동)	
	위치 ─ 시간 그래프	속도 ─ 시간 그래프	위치 ─ 시간 그래프	속도 ─ 시간 그래프
그래프	위치 / 기울기 = 속도 / 0 / 시간	속도 / 0 / 시간	위치 / 기울기 증가 / 0 / 시간	속도 / 기울기 = 가속도 / 0 / 시간
특징	속도(기울기) 일정	속도 일정 ➡ 기울기 0	속도(기울기) 증가	가속도(기울기) 일정

B 지구 주위를 공전하는 물체의 원운동

1 수평 방향으로 속력을 달리하여 던진 물체의 운동

① 수평 방향으로 던진 물체의 속력이 클수록 수평 방향으로 이동하는 거리가 크다. ➡ 수평 방향의 이동 거리＝수평 방향의 속력×이동 시간

② 수평 방향으로 던진 물체의 속력이 달라도 연직 방향의 가속도가 중력 가속도로 같으므로 같은 높이에서 동시에 던져진 물체는 수평면에 ❻ ☐☐ 에 도달한다.

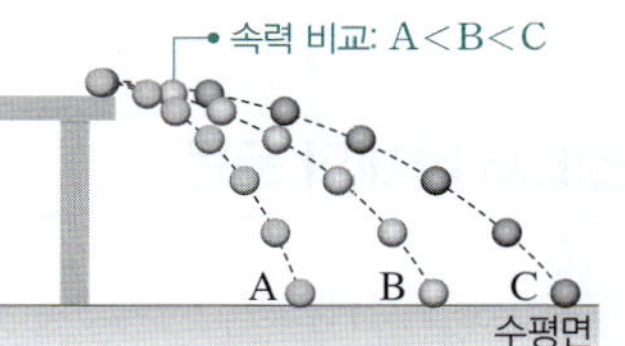

┤ **뉴턴의 사고 실험** ├

지구 표면 근처의 같은 지점에서 동일한 물체 A, B, C를 수평 방향으로 속력을 달리하여 발사했을 때, 발사 속력이 클수록 물체는 수평 방향으로 더 멀리 나아가 떨어진다. 이때 물체는 수평 방향으로 충분히 큰 속력으로 발사하게 되면 물체는 C와 같이 지구 주위를 원운동하게 된다. 즉 C는 지구 주위를 공전한다.

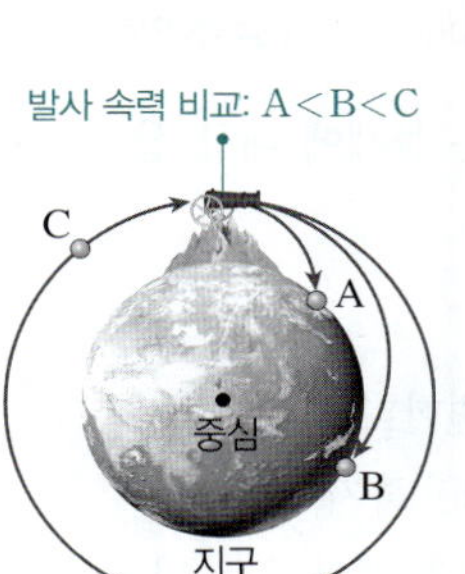

- A, B, C는 지구 중심 방향으로 중력을 받아 지구 ❼ ☐☐ 방향의 가속도 운동을 한다.
- A, B, C의 가속도의 크기는 같다.
- C는 중력에 의해 지구 중심 방향으로 떨어지지만 지구가 둥글기 때문에 지구 표면에 닿지 않고 지구 주위를 공전한다. ➡ 달이 지구로 떨어지지 않고 지구 주위를 공전하는 원리와 같다.

2 지구 주위를 공전하는 달과 인공위성의 원운동 지구 주위를 원운동하는 물체의 운동은 지구 중심 방향으로 당기는 지구 중력에 의한 지구 중심 방향의 ❽ ☐☐ 운동이다.

원운동하는 달에 작용하는 중력의 방향과 달의 운동 방향은 수직이다.

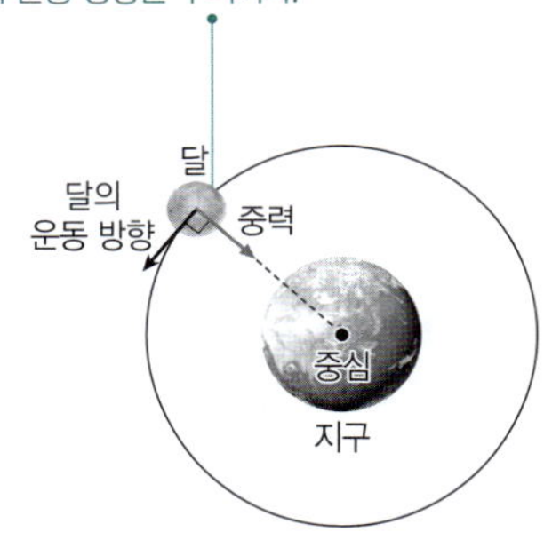

▲ 지구 주위를 공전하는 달의 원운동

인공위성은 지구 중심 방향으로 떨어지는 가속도 운동을 하지만 지구가 둥글기 때문에 인공위성과 지구 중심 사이의 거리가 일정하게 유지된다.

▲ 지구 주위를 공전하는 인공위성의 원운동

빈출 자료 보기

정답과 해설 40쪽 ▶▶

509 그림은 지구 표면 근처의 같은 높이에서 공 A를 자유 낙하 시키는 동시에 공 B를 수평 방향으로 던졌을 때, A와 B의 위치를 일정한 시간 간격으로 나타낸 것이다.

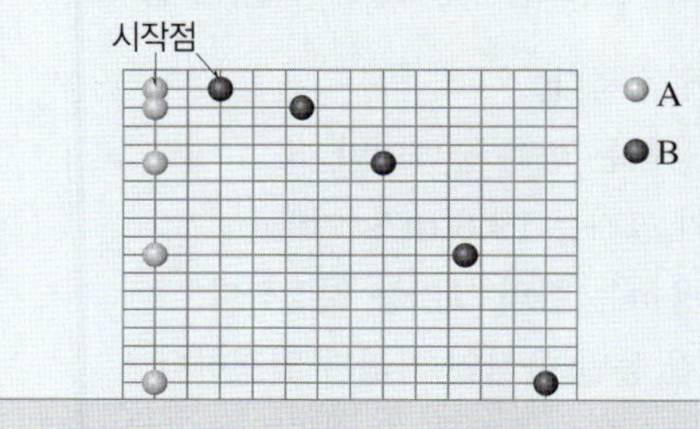

이에 대한 설명으로 옳은 것은 ○, 옳지 않은 것은 ×로 표시하시오. (단, 중력 가속도는 9.8 m/s²이고, 물체의 크기와 공기 저항은 무시한다.)

(1) A의 질량이 커지면 가속도가 커진다. (　　)

(2) A의 속력은 1초마다 9.8 m/s씩 증가한다. (　　)

(3) B의 수평 방향의 속력은 일정하다. (　　)

(4) B가 받는 힘의 방향은 연직 아래 방향이다. (　　)

(5) B의 질량만 크게 해서 던져도 지면의 같은 곳에 떨어진다. (　　)

(6) 지면에는 A가 B보다 먼저 도달한다. (　　)

(7) 연직 방향의 단위 시간당 속도 변화량의 크기는 A와 B가 같다. (　　)

A 중력에 의한 지구 표면에서 물체의 운동

자유 낙하 운동

빈출 510 하

이 문제에서 볼 수 있는 보기는 多

지구 표면 근처에서 자유 낙하 하는 물체에 대한 설명으로 옳은 것만을 모두 고르면?(2개)

① 물체는 등속 직선 운동을 한다.

② 물체의 가속도의 방향은 계속 변한다.

③ 공기 저항이 없을 때, 중력은 작용하지 않는다.

④ 물체에 작용하는 중력의 방향은 물체의 운동 방향과 같다.

⑤ 중력만을 받으며 낙하하는 물체로, 이 물체의 가속도를 중력 가속도라고 한다.

⑥ 공기 저항을 무시한다면 같은 높이에서 질량만 다른 물체를 떨어뜨린 경우 물체를 떨어뜨린 순간부터 지면에 도달할 때까지 걸린 시간은 물체의 질량이 클수록 짧다.

빈출 511 하

그림은 사과나무에 매달려 정지해 있는 사과 A와 떨어지고 있는 사과 B를 나타낸 것으로, 질량은 A와 B가 같다.

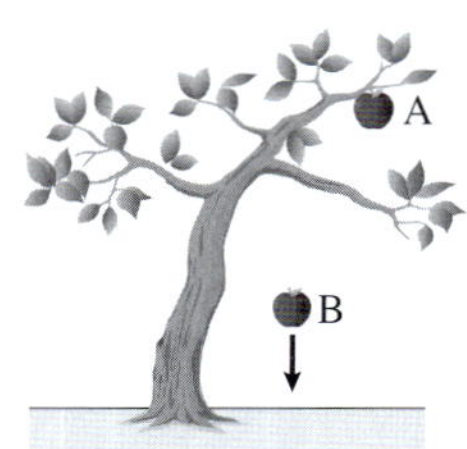

이에 대한 설명으로 옳은 것만을 〈보기〉에서 있는 대로 고른 것은? (단, 공기 저항은 무시한다.)

— 보기 —
ㄱ. A에 작용하는 중력은 0이다.
ㄴ. B의 속력은 매초 일정하게 증가한다.
ㄷ. A와 B에 작용하는 중력의 크기는 같다.

① ㄱ   ② ㄷ   ③ ㄱ, ㄴ
④ ㄴ, ㄷ   ⑤ ㄱ, ㄴ, ㄷ

빈출 512 하

그림은 지구 표면 근처에서 정지해 있던 물체가 자유 낙하 하는 모습을 1초 간격으로 나타낸 것이다. 3초일 때, 물체의 속력(m/s)을 구하시오. (단, 중력 가속도는 $9.8 \ m/s^2$이다.)

빈출 513 하

그림과 같이 질량이 각각 5 kg, 1 kg인 물체 A, B를 같은 높이에서 동시에 가만히 놓았다. 이에 대한 설명으로 옳은 것만을 〈보기〉에서 있는 대로 고른 것은? (단, 중력 가속도는 $9.8 \ m/s^2$이고, 물체의 크기와 공기 저항은 무시한다.)

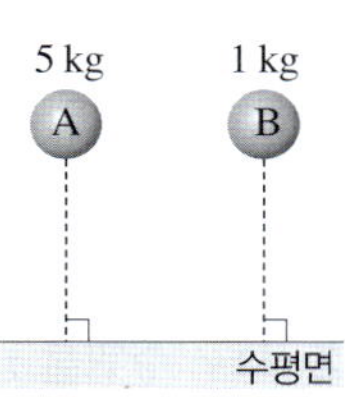

— 보기 —
ㄱ. A에 작용하는 중력의 크기는 49 N이다.
ㄴ. 가속도의 크기는 A와 B가 같다.
ㄷ. 물체를 놓은 순간부터 수평면에 도달할 때까지 걸린 시간은 A가 B보다 작다.

① ㄱ   ② ㄷ   ③ ㄱ, ㄴ
④ ㄴ, ㄷ   ⑤ ㄱ, ㄴ, ㄷ

514 중

이 문제에서 볼 수 있는 보기는 多

그림은 지구 표면 근처에서 자유 낙하 하는 질량이 2 kg인 공을 일정한 시간 간격으로 나타낸 것이다. 공의 운동에 대한 설명으로 옳은 것만을 모두 고르면? (단, 중력 가속도는 $9.8 \ m/s^2$이다.)(2개)

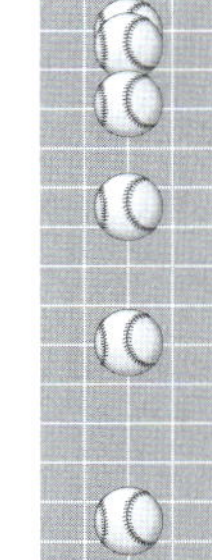

① 속력이 일정하다.

② 공에 작용하는 힘은 중력이다.

③ 가속도의 크기는 $19.6 \ m/s^2$이다.

④ 공에 작용하는 힘의 크기는 일정하다.

⑤ 일정 시간 동안 움직인 거리가 일정하다.

⑥ 질량이 클수록 구간별 공 사이의 간격이 더 넓게 나타난다.

515 ⓒ
| 서술형 |

그림은 같은 높이에서 질량이 각각 m, $2m$, $3m$인 물체 A, B, C를 동시에 가만히 놓아 자유 낙하 시킨 모습을 나타낸 것이다.

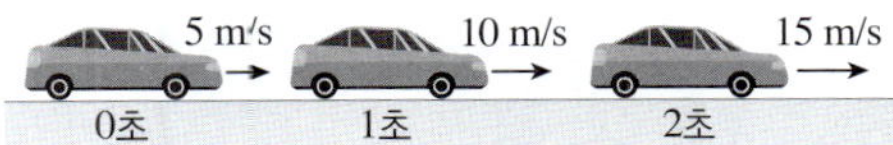

(1) 같은 시간 동안 A, B, C의 속력 변화의 비(A : B : C)를 구하시오. (단, 공기 저항은 무시한다.)

(2) (1)과 같이 생각한 까닭을 서술하시오.

516 ⓒ
| 서술형 |

그림은 일정한 가속도로 운동하는 자동차의 속력을 1초 간격으로 나타낸 것이다.

(1) 자동차의 운동 방향과 가속도의 방향은 같은지, 반대인지 까닭과 함께 서술하시오.

(2) 자동차의 가속도의 크기(m/s²)를 풀이 과정과 함께 구하시오.

(3) 3초일 때, 자동차의 속력(m/s)을 풀이 과정과 함께 구하시오.

517 ⓒ

표는 직선상에서 등가속도 운동을 하는 물체의 위치를 시간에 따라 분석한 결과이다.

시간(s)	0	1	2	3
위치(m)	0	3	㉠	27
구간 거리(m)		3	9	㉡

(1) ㉠의 값을 구하시오.

(2) ㉡의 값을 구하시오.

(3) 물체의 가속도의 크기(m/s²)를 구하시오.

518 ⓢ

그림은 인형이 나무에 매달려 정지해 있는 모습을 나타낸 것이다. 실을 끊었더니 인형은 1초 동안 4.9 m를 낙하하였다. 인형에 대한 설명으로 옳은 것만을 〈보기〉에서 있는 대로 고른 것은? (단, 중력 가속도는 9.8 m/s²이고, 공기 저항과 인형의 크기는 무시한다.)

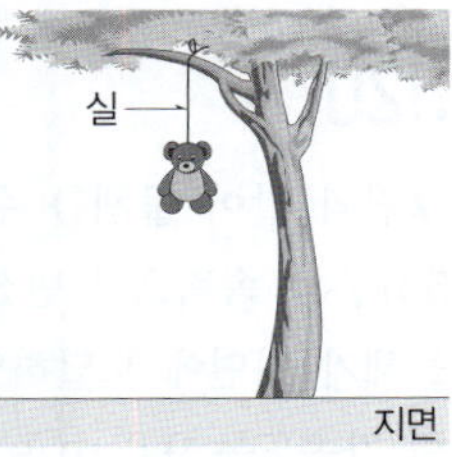

〈 보기 〉
> ㄱ. 인형에 작용하는 힘의 크기는 점점 증가한다.
> ㄴ. 속력은 2초일 때가 1초일 때보다 9.8 m/s만큼 크다.
> ㄷ. 1초부터 2초까지 낙하한 거리는 0초부터 1초까지 낙하한 거리의 3배이다.

① ㄱ   ② ㄷ   ③ ㄱ, ㄴ
④ ㄴ, ㄷ   ⑤ ㄱ, ㄴ, ㄷ

519 ⓢ
| 서술형 |

그림은 질량이 각각 m, $2m$인 물체 A, B를 높이가 각각 h, $4h$인 곳에서 동시에 가만히 놓았더니 수평면에 도달하는 순간 속력이 각각 v_1, v_2가 된 순간을 나타낸 것이다. A를 놓은 순간부터 수평면에 도달할 때까지 걸린 시간은 1초이다. (단, 중력 가속도는 9.8 m/s²이고, 물체의 크기와 공기 저항은 무시한다.)

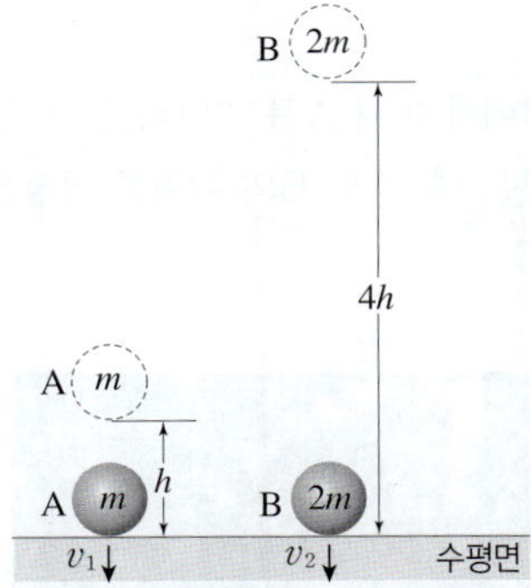

(1) A, B의 가속도의 크기를 각각 a_A, a_B라고 할 때, $a_A : a_B$를 구하시오.

(2) A, B에 작용하는 중력의 크기를 각각 F_A, F_B라고 할 때, $F_A : F_B$를 구하시오.

(3) h(m)를 풀이 과정과 함께 구하시오.

(4) $v_1 : v_2$를 풀이 과정과 함께 구하시오.

수평 방향으로 던진 물체의 운동

520 _하

그림과 같이 물체를 수평 방향으로
5 m/s의 속력으로 던졌더니 3초 후
물체가 지면에 도달하였다. (단, 중
력 가속도는 9.8 m/s²이고, 물체의
크기와 공기 저항은 무시한다.)

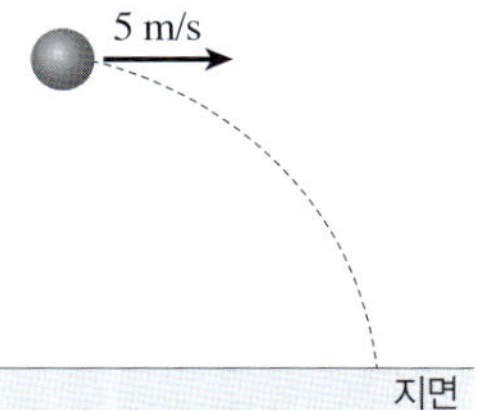

(1) 물체는 수평 방향과 연직 방향으로 각각 어떤 운동을 하는
지 쓰시오.

(2) 물체가 지면에 도달하는 순간 물체의 수평 방향의 속력
(m/s)을 구하시오.

(3) 물체가 던져진 순간부터 지면에 도달할 때까지 수평 방향으
로 이동한 거리(m)를 구하시오.

(4) 물체가 지면에 도달하는 순간 물체의 연직 방향의 속력
(m/s)을 구하시오.

★ 빈출
521 _하

그림은 같은 높이에서 물체 A를 가만히 놓는 순간 물체 B를 수
평 방향으로 던졌을 때, A와 B의 위치를 일정한 시간 간격으로
나타낸 것이다.

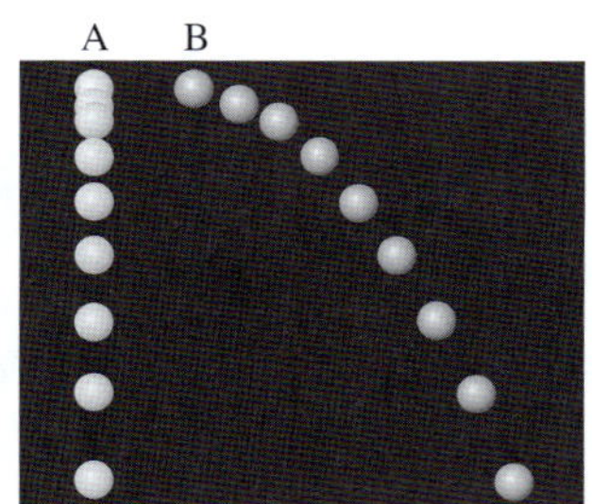

이에 대한 설명으로 옳은 것만을 모두 고르면? (단, 물체의 크기
와 공기 저항은 무시한다.)(2개)

① A에는 연직 방향으로만 힘이 작용한다.
② B에 작용하는 힘의 방향은 계속 변한다.
③ B에 작용하는 힘의 크기는 수평 방향이 연직 방향보다 크다.
④ 연직 방향의 가속도의 크기는 A가 B보다 작다.
⑤ A와 B는 지면에 동시에 도달한다.

★ 빈출
522 _하

이 문제에서 볼 수 있는 보기는 多

그림은 동일한 동전 A와 B 중 A는 자 위에, B는 책상 위에 올
려놓고 자를 ㉠ 방향으로 빠르게 쳐서 A와 B를 동시에 운동하
게 했을 때, A와 B의 위치를 일정한 시간 간격으로 나타낸 것이다.

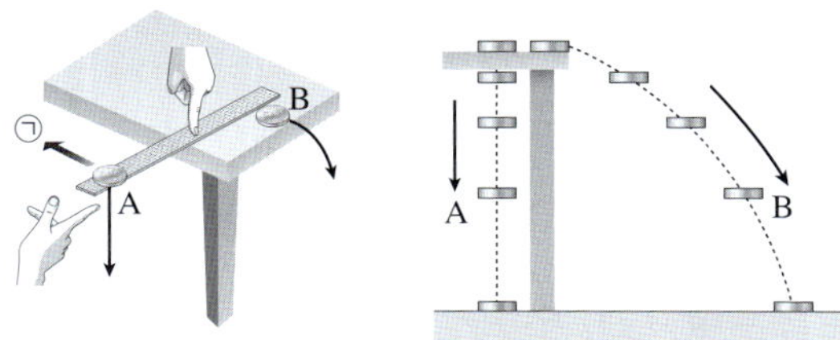

이에 대한 설명으로 옳은 것만을 모두 고르면? (단, 동전의 크기,
모든 마찰과 공기 저항은 무시한다.)(2개)

① A는 자유 낙하 운동을 한다.
② A의 속력은 일정하게 감소한다.
③ B는 연직 아래 방향으로는 등속 직선 운동을 한다.
④ B에 수평 방향으로 작용하는 힘의 크기는 점점 감소한다.
⑤ A와 B의 가속도의 크기는 같다.
⑥ 바닥에는 A가 B보다 먼저 도달한다.

523 _중

그림과 같이 질량이 1 kg인 물체를 건물의 옥상에서 수평 방향
으로 5 m/s의 속력으로 던졌더니 물체는 수평 방향으로 15 m
를 이동하여 지면에 도달하였다.

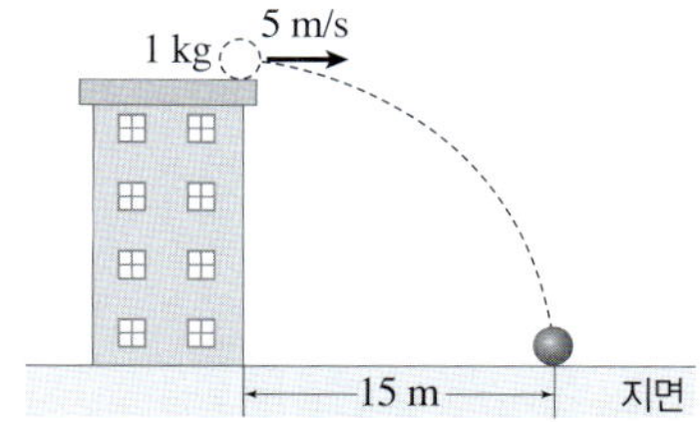

이에 대한 설명으로 옳은 것만을 〈보기〉에서 있는 대로 고른 것
은? (단, 중력 가속도는 9.8 m/s²이고, 물체의 크기와 공기 저항
은 무시한다.)

┌─── 보기 ───┐

ㄱ. 물체가 수평 방향으로 받는 힘의 크기는 4.9 N이다.
ㄴ. 물체가 던져진 순간부터 지면에 도달할 때까지 걸린 시간
　　은 3초이다.
ㄷ. 물체가 지면에 도달하는 순간 물체의 수평 방향의 속력은
　　5 m/s이다.
ㄹ. 물체에 작용하는 중력의 크기는 9.8 N이다.

① ㄱ, ㄴ　　　　② ㄴ, ㄷ　　　　③ ㄷ, ㄹ
④ ㄱ, ㄴ, ㄷ　　⑤ ㄴ, ㄷ, ㄹ

★빈출 524 중

그림과 같이 옥상에서 물체를 수평 방향으로 10 m/s의 속력으로 던졌더니 물체는 수평 방향으로 20 m를 이동하여 지면에 도달하였다. 물체의 운동에 대한 설명으로 옳은 것만을 〈보기〉에서 있는 대로 고른 것은? (단, 중력 가속도는 9.8 m/s²이고, 물체의 크기와 공기 저항은 무시한다.)

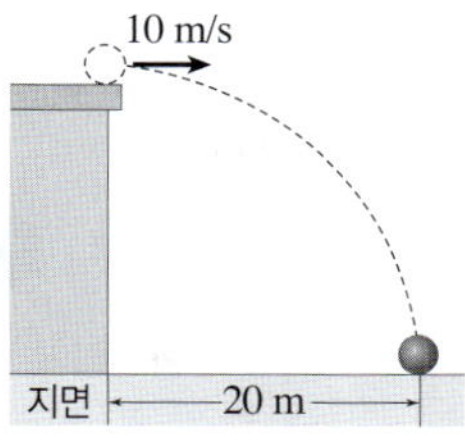

─── 보기 ───
ㄱ. 물체가 던져진 순간부터 지면에 도달할 때까지 걸린 시간은 2초이다.
ㄴ. 물체가 지면에 도달하는 순간 물체의 연직 방향의 속력은 19.6 m/s이다.
ㄷ. 수평 방향의 속력이 2배가 되면 물체가 던져진 순간부터 지면에 도달할 때까지 걸린 시간은 2초보다 크다.

① ㄱ　　　② ㄷ　　　③ ㄱ, ㄴ
④ ㄴ, ㄷ　　　⑤ ㄱ, ㄴ, ㄷ

★빈출 525 중

그림은 지구 표면 근처의 같은 높이에서 물체 A를 가만히 잡고 있다가 놓는 순간 물체 B를 수평 방향으로 던졌을 때, A와 B의 위치를 일정한 시간 간격으로 나타낸 것이다.

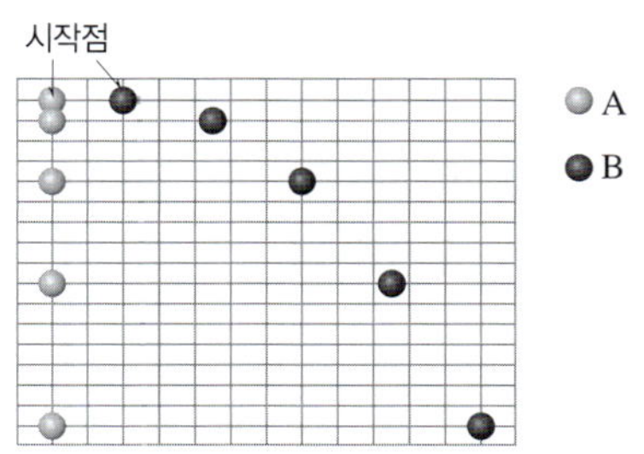

이에 대한 설명으로 옳은 것만을 〈보기〉에서 있는 대로 고른 것은? (단, 물체의 크기와 공기 저항은 무시한다.)

─── 보기 ───
ㄱ. A에 작용하는 힘의 방향과 운동 방향은 같다.
ㄴ. 지면에는 A가 B보다 먼저 도달한다.
ㄷ. 연직 방향의 단위 시간당 속도 변화량의 크기는 B가 A보다 크다.

① ㄱ　　　② ㄴ　　　③ ㄱ, ㄷ
④ ㄴ, ㄷ　　　⑤ ㄱ, ㄴ, ㄷ

★빈출 526 중

그림은 같은 높이에서 질량이 1 kg인 물체 A를 가만히 놓는 순간 질량이 2 kg인 물체 B를 수평 방향으로 던지는 모습을 나타낸 것이다.

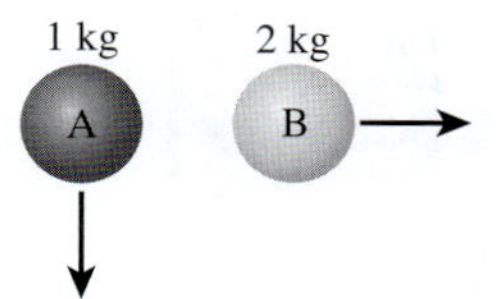

이에 대한 설명으로 옳은 것만을 모두 고르면? (단, 중력 가속도는 9.8 m/s²이고, 물체의 크기와 공기 저항은 무시한다.)(2개)

① A에 작용하는 중력의 크기는 1 N이다.
② A의 연직 방향의 속력은 감소한다.
③ B의 연직 방향의 속력은 일정하다.
④ B의 가속도의 크기는 9.8 m/s²이다.
⑤ B는 수평 방향으로는 가속도 운동을 한다.
⑥ B의 수평 방향의 단위 시간당 이동 거리는 일정하다.
⑦ 연직 방향의 단위 시간당 속도 변화량의 크기는 B가 A의 2배이다.

527 중

그림과 같이 지면으로부터 같은 높이에서 물체 A를 가만히 잡고 있다가 놓는 순간 물체 B를 수평 방향으로 v의 속력으로 던졌더니 1초 후 A와 B는 지면에서 동시에 만나 충돌하였다. 0초일 때, A와 B 사이의 수평 거리는 10 m이다.

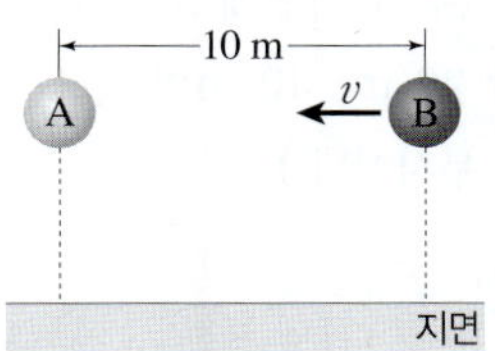

이에 대한 설명으로 옳은 것만을 〈보기〉에서 있는 대로 고른 것은? (단, 중력 가속도는 9.8 m/s²이고, 물체의 크기와 공기 저항은 무시한다.)

─── 보기 ───
ㄱ. v=10 m/s이다.
ㄴ. A를 놓는 순간부터 0.5초가 지났을 때, 지면으로부터 높이는 A와 B가 같다.
ㄷ. B를 던진 순간부터 0.5초가 지났을 때, 연직 방향의 속력은 A와 B가 같다.

① ㄱ　　　② ㄴ　　　③ ㄱ, ㄷ
④ ㄴ, ㄷ　　　⑤ ㄱ, ㄴ, ㄷ

528 중

그림은 마찰이 없는 수평면에서 물체가 점 p에서 점 q까지 4초 동안 20 m를 등속 직선 운동 한 후 q에서 점 r까지 3초 동안 운동하는 모습을 나타낸 것이다. q에서 r까지 수평 거리는 d이다.

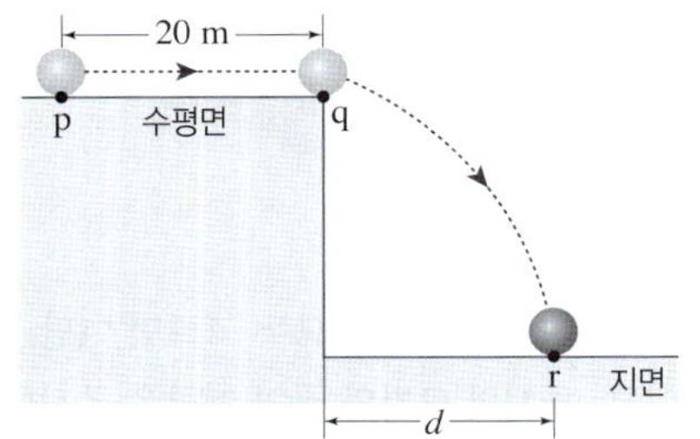

이에 대한 설명으로 옳은 것만을 〈보기〉에서 있는 대로 고른 것은? (단, 물체의 크기와 공기 저항은 무시한다.)

<보기>

ㄱ. 수평면에서 물체의 속력은 5 m/s이다.
ㄴ. $d=15$ m이다.
ㄷ. r에서 물체의 수평 방향의 속력은 5 m/s이다.

① ㄱ   ② ㄴ   ③ ㄱ, ㄷ
④ ㄴ, ㄷ   ⑤ ㄱ, ㄴ, ㄷ

529 중

그림은 지면으로부터 높이가 같은 두 지점에서 공 A, B를 수평 방향으로 각각 5 m/s, v의 속력으로 던진 모습을 나타낸 것으로, A, B가 던져진 순간부터 지면에 도달할 때까지 수평 방향으로 이동한 거리는 각각 20 m, 40 m이다. (단, 물체의 크기, 모든 마찰과 공기 저항은 무시한다.)

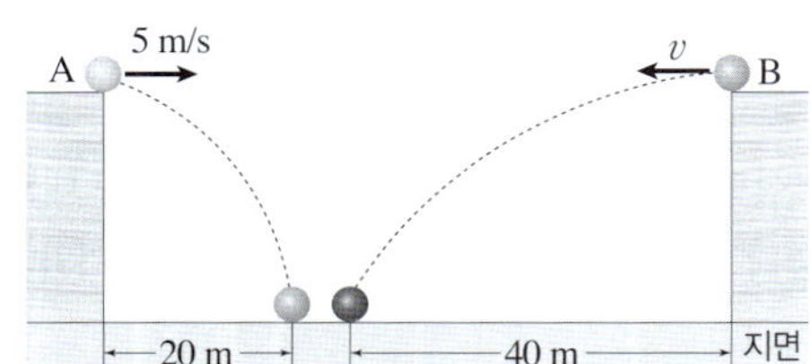

(1) A가 던져진 순간부터 지면에 도달할 때까지 걸린 시간을 구하시오.

(2) B가 던져진 순간부터 지면에 도달할 때까지 걸린 시간을 구하시오.

(3) v(m/s)를 구하시오.

[530~531] 그림은 지면으로부터 같은 높이에서 질량이 2 kg인 물체 A를 가만히 놓는 순간 질량이 1 kg인 물체 B를 수평 방향으로 던지는 모습을 나타낸 것이다.

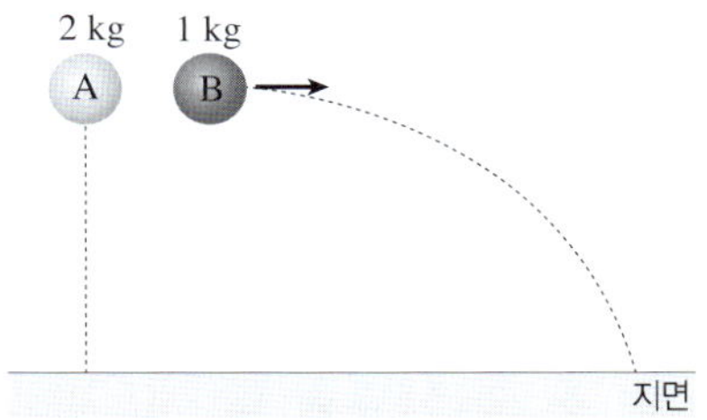

530 중

이에 대한 설명으로 옳은 것만을 〈보기〉에서 있는 대로 고른 것은? (단, 물체의 크기와 공기 저항은 무시한다.)

<보기>

ㄱ. A와 B는 지면에 동시에 도달한다.
ㄴ. 지면에 도달하는 순간 A의 속력은 B의 연직 방향의 속력의 2배이다.
ㄷ. 물체에 작용하는 중력의 크기는 A와 B가 같다.

① ㄱ   ② ㄷ   ③ ㄱ, ㄴ
④ ㄴ, ㄷ   ⑤ ㄱ, ㄴ, ㄷ

☆ 빈출
531 중

그림은 B의 속력과 이동 거리를 시간에 따라 순서 없이 나타낸 것이다.

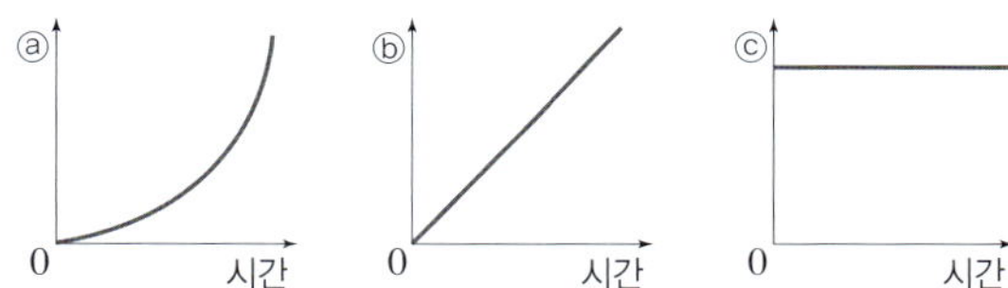

그래프의 세로 축 ⓐ, ⓑ, ⓒ에 들어갈 물리량을 옳게 짝 지은 것은? (단, 공기 저항은 무시한다.)

	ⓐ	ⓑ	ⓒ
①	수평 방향 속력	연직 방향 속력	수평 방향 이동 거리
②	수평 방향 속력	연직 방향 이동 거리	연직 방향 속력
③	수평 방향 이동 거리	연직 방향 이동 거리	수평 방향 속력
④	연직 방향 이동 거리	연직 방향 속력	수평 방향 속력
⑤	연직 방향 이동 거리	수평 방향 속력	연직 방향 속력

그림은 책상 끝에서 질량이 5 kg인 물체를 수평 방향으로 4 m/s의 속력으로 던졌더니 포물선 경로를 그리며 지면에 도달한 모습을 나타낸 것이다. 물체를 던진 순간부터 지면에 도달할 때까지 걸린 시간은 3초이고, 처음 던진 곳으로부터 Q까지 수평 거리 R는 물체를 던진 순간부터 지면에 도달할 때까지 이동한 수평 거리의 $\frac{2}{3}$ 배이다.

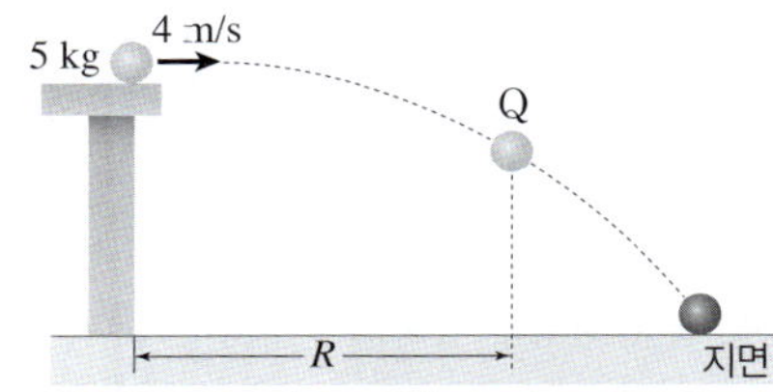

이에 대한 설명으로 옳은 것만을 〈보기〉에서 있는 대로 고른 것은? (단, 중력 가속도는 9.8 m/s²이고, 물체의 크기와 공기 저항은 무시한다.)

〈 보기 〉

ㄱ. $R=8$ m이다.

ㄴ. Q에서 물체의 연직 방향의 속력은 9.8 m/s이다.

ㄷ. 물체의 질량만을 10 kg으로 바꿔 던지면 $R=4$ m이다.

ㄹ. 물체를 던진 순간부터 0.5초가 지났을 때, 물체의 연직 방향의 속력은 수평 방향의 속력보다 크다.

① ㄱ, ㄴ ② ㄱ, ㄹ ③ ㄴ, ㄷ
④ ㄷ, ㄹ ⑤ ㄴ, ㄷ, ㄹ

533 상

| 서술형 |

그림과 같이 수평 방향으로 물체 A를 v의 속력으로 던지는 순간 같은 높이에서 물체 B를 가만히 놓았더니 1초 후 점 P에서 A와 B가 충돌하였다. 0초일 때, A와 B 사이의 거리는 10 m이다. (단, 중력 가속도는 9.8 m/s²이고, 물체의 크기와 공기 저항은 무시한다.)

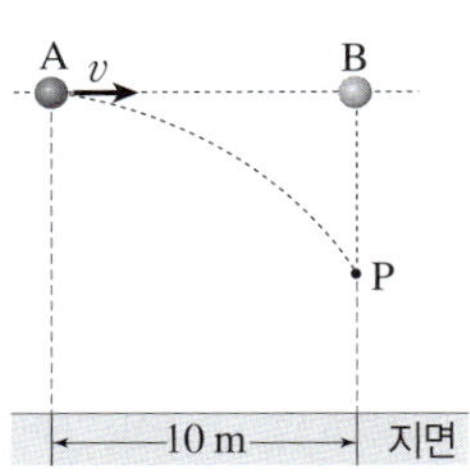

(1) v(m/s)를 풀이 과정과 함께 구하시오.

(2) v가 커지면 1초 후 A와 B는 충돌하는지, 충돌하지 않는지 까닭과 함께 서술하시오.

(3) B의 질량이 커지면 P에서 A와 B는 충돌하는지, 충돌하지 않는지 까닭과 함께 서술하시오.

534 상

그림과 같이 물체 A와 B를 서로 다른 높이에서 수평 방향으로 동시에 던졌더니 A와 B는 수평면의 같은 지점에 떨어졌다.

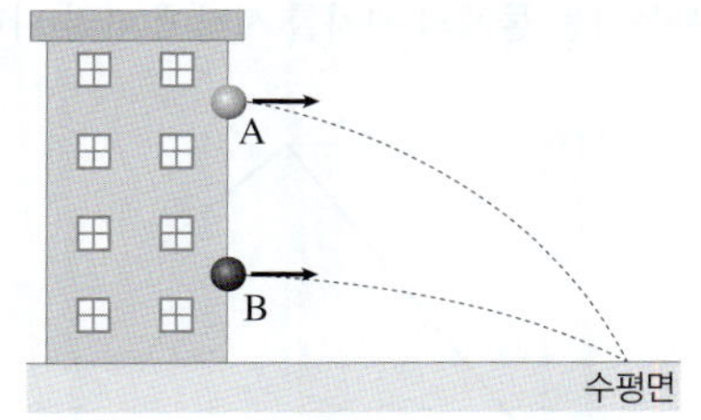

이에 대한 설명으로 옳은 것만을 〈보기〉에서 있는 대로 고른 것은? (단, 물체의 크기와 공기 저항은 무시한다.)

〈 보기 〉

ㄱ. 가속도의 크기는 A와 B가 같다.

ㄴ. A와 B는 수평면에 동시에 도달한다.

ㄷ. 수평 방향으로 던진 속력은 A와 B가 같다.

① ㄱ ② ㄷ ③ ㄱ, ㄴ
④ ㄴ, ㄷ ⑤ ㄱ, ㄴ, ㄷ

535 상

그림 (가)와 (나)는 A와 B를 지면으로부터 높이가 각각 4.9 m와 19.6 m인 곳에서 수평 방향으로 각각 v_0, $2v_0$의 속력으로 던지는 모습을 나타낸 것이다. A, B가 수평면에 도달할 때까지 수평 방향으로 이동한 거리는 각각 L_1, L_2이고, A가 던져진 순간부터 수평면에 도달할 때까지 걸린 시간은 1초이다.

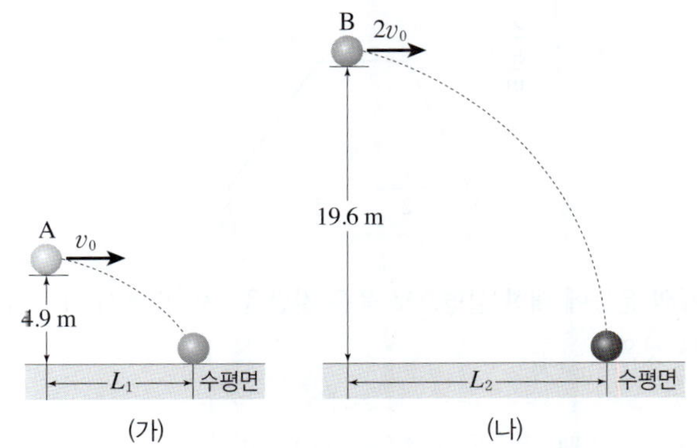

$\dfrac{L_2}{L_1}$는? (단, 중력 가속도는 9.8 m/s²이고, 물체의 크기와 공기 저항은 무시한다.)

① 1 ② 2 ③ 3
④ 4 ⑤ 5

536 하

그림은 직선 운동하는 물체의 위치를 시간에 따라 나타낸 것이다.

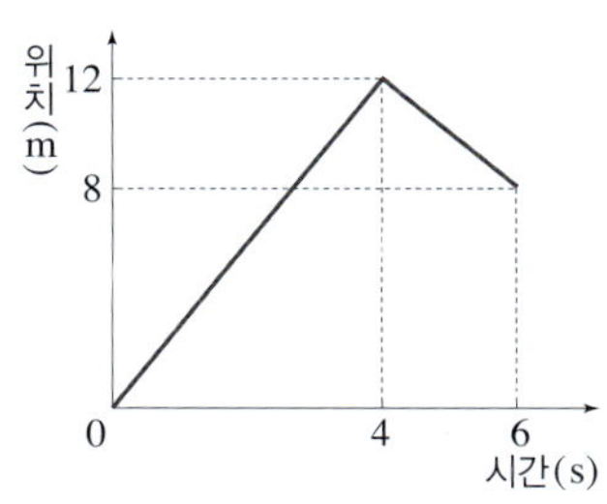

물체의 운동에 대한 설명으로 옳은 것만을 〈보기〉에서 있는 대로 고른 것은?

― 보기 ―
ㄱ. 0초부터 4초까지 등속 직선 운동을 한다.
ㄴ. 2초일 때, 속력은 3 m/s이다.
ㄷ. 4초일 때, 운동 방향이 바뀐다.
ㄹ. 5초일 때, 가속도의 크기는 2 m/s²이다.

① ㄱ, ㄴ ② ㄴ, ㄷ ③ ㄷ, ㄹ
④ ㄱ, ㄴ, ㄷ ⑤ ㄴ, ㄷ, ㄹ

537 하

그림은 직선 운동하는 물체의 속도를 시간에 따라 나타낸 것이다.

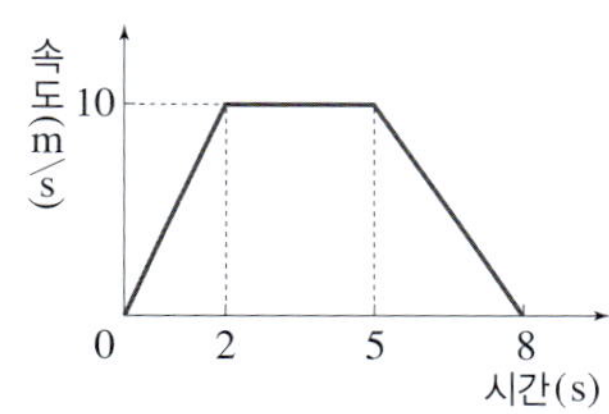

물체의 운동에 대한 설명으로 옳은 것만을 〈보기〉에서 있는 대로 고른 것은?

― 보기 ―
ㄱ. 1초일 때, 가속도의 크기는 5 m/s²이다.
ㄴ. 2초부터 5초까지 물체는 정지해 있다.
ㄷ. 6초일 때, 운동 방향과 가속도의 방향은 반대이다.

① ㄱ ② ㄴ ③ ㄷ
④ ㄱ, ㄷ ⑤ ㄴ, ㄷ

538 중

그림은 마찰이 없는 수평면에 정지해 있던 물체의 속도를 시간에 따라 나타낸 것이다.

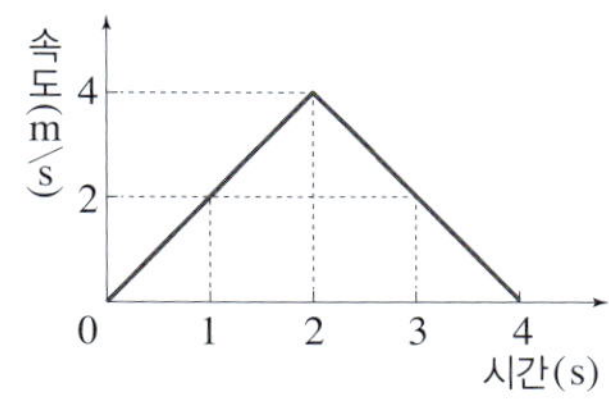

물체의 운동에 대한 설명으로 옳은 것만을 〈보기〉에서 있는 대로 고른 것은?

― 보기 ―
ㄱ. 1초일 때, 운동 방향과 가속도의 방향은 같다.
ㄴ. 가속도의 크기는 1초일 때와 3초일 때가 같다.
ㄷ. 운동 방향은 1초일 때와 3초일 때가 반대이다.

① ㄱ ② ㄷ ③ ㄱ, ㄴ
④ ㄴ, ㄷ ⑤ ㄱ, ㄴ, ㄷ

539 상

| 서술형 |

그림은 직선 운동하는 물체의 속도를 시간에 따라 나타낸 것이다.

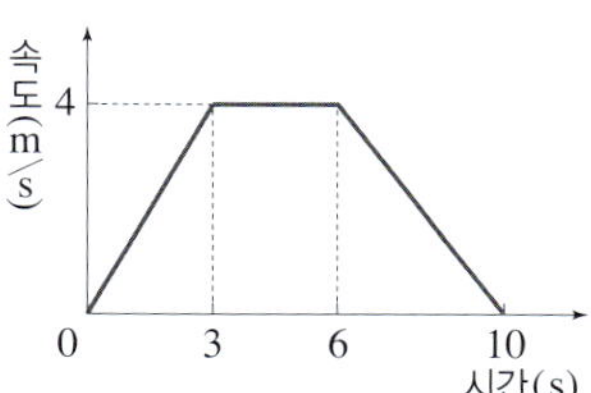

(1) 2초일 때, 물체는 등가속도 운동과 등속 직선 운동 중 어떤 운동을 하는지 까닭과 함께 서술하시오.

(2) 5초일 때, 물체는 등가속도 운동과 등속 직선 운동 중 어떤 운동을 하는지 까닭과 함께 서술하시오.

(3) 7초일 때, 물체의 운동 방향과 가속도의 방향은 같은지, 반대인지 까닭과 함께 서술하시오.

(4) 2초일 때와 7초일 때, 물체의 가속도의 크기를 각각 a_1, a_2라고 할 때, $a_1 : a_2$를 풀이 과정과 함께 구하시오.

540  하

그림은 질량이 각각 m, $2m$, $3m$인 물체 A, B, C를 동일한 위치에서 수평 방향으로 동시에 던졌을 때, A, B, C의 위치를 일정한 시간 간격으로 나타낸 것이다.

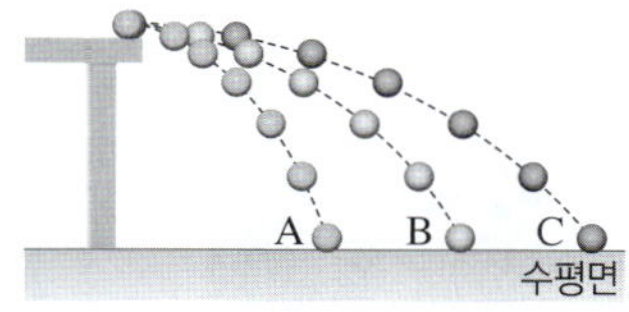

이에 대한 설명으로 옳은 것만을 〈보기〉에서 있는 대로 고른 것은? (단, 물체의 크기와 공기 저항은 무시한다.)

─── 보기 ───
ㄱ. 수평면에는 A가 가장 먼저 도달한다.
ㄴ. 수평 방향으로 던진 속력은 C가 가장 크다.
ㄷ. 물체에 작용하는 중력의 크기는 B와 C가 같다.

① ㄱ   ② ㄴ   ③ ㄱ, ㄷ
④ ㄴ, ㄷ   ⑤ ㄱ, ㄴ, ㄷ

541 중

| 서술형 |

그림은 지면으로부터 같은 높이에서 질량이 각각 m, $2m$, $3m$인 공 A, B, C를 동시에 수평 방향으로 각각 v, $2v$, $3v$의 속력으로 던졌을 때, A, B, C의 위치를 일정한 시간 간격으로 나타낸 것이다. (단, 물체의 크기와 공기 저항은 무시한다.)

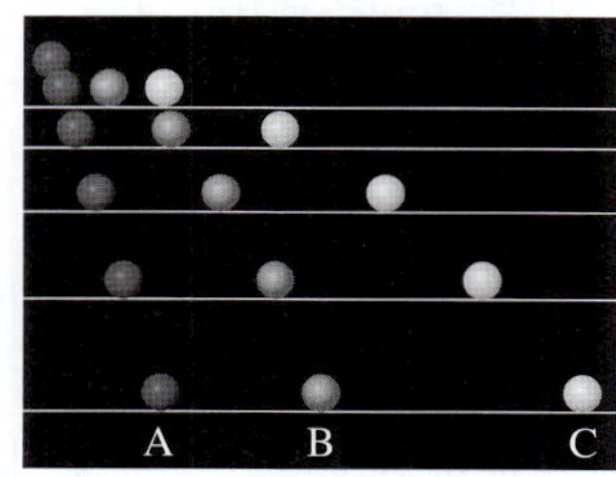

(1) A, B, C에 작용하는 중력의 크기를 각각 F_A, F_B, F_C라고 할 때, $F_A : F_B : F_C$를 풀이 과정과 함께 구하시오.

(2) A, B, C가 지면에 도달하는 순간 수평 방향으로 이동한 거리를 각각 s_A, s_B, s_C라고 할 때, $s_A : s_B : s_C$를 풀이 과정과 함께 구하시오.

542  중

그림은 지구 표면 근처의 같은 높이에서 질량이 각각 m, m, $2m$인 물체 A, B, C를 수평 방향으로 동시에 발사했을 때, A, B, C의 운동 경로를 나타낸 것이다. A, B는 지면에 떨어지고, C는 지구 주위를 공전한다.

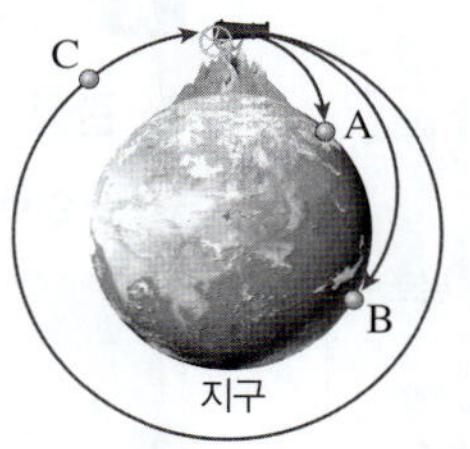

이에 대한 설명으로 옳은 것만을 〈보기〉에서 있는 대로 고른 것은? (단, 물체의 크기와 공기 저항은 무시한다.)

─── 보기 ───
ㄱ. 발사 속력은 A가 가장 작다.
ㄴ. 물체에 작용하는 중력의 크기는 A와 B가 같다.
ㄷ. C에 작용하는 힘은 0이다.
ㄹ. C의 질량이 $2m$보다 커지면 C는 지면으로 떨어진다.

① ㄱ, ㄴ   ② ㄴ, ㄷ   ③ ㄷ, ㄹ
④ ㄱ, ㄴ, ㄷ   ⑤ ㄴ, ㄷ, ㄹ

543 상

그림은 동일한 인공위성 A와 B가 지구를 중심으로 일정한 속력으로 원운동하고 있는 모습을 나타낸 것이다.

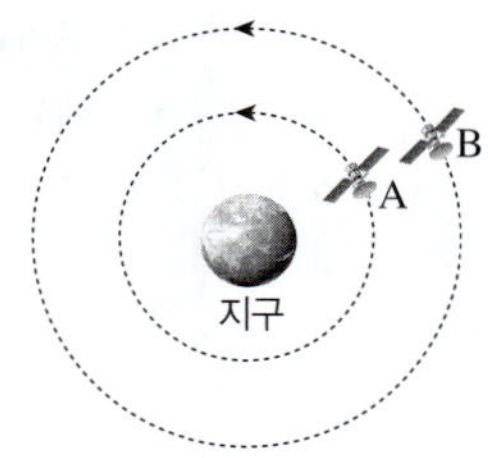

이에 대한 설명으로 옳은 것만을 〈보기〉에서 있는 대로 고른 것은? (단, A와 B에는 지구에 의한 중력만 작용한다.)

─── 보기 ───
ㄱ. A의 가속도는 0이다.
ㄴ. B에 작용하는 힘은 B의 운동 방향과 수직이다.
ㄷ. 인공위성에 작용하는 중력의 크기는 A가 B보다 크다.

① ㄱ   ② ㄴ   ③ ㄱ, ㄷ
④ ㄴ, ㄷ   ⑤ ㄱ, ㄴ, ㄷ

19 운동량과 충격량

A 관성

1 관성 물체가 현재의 ❶⬜⬜⬜를 유지하려는 성질

① 관성에 의한 현상

▨ : 관성을 나타내는 물체

현상	버스가 갑자기 출발하면 승객이 뒤로 넘어지려고 한다.	종이를 튕기면 종이만 빠져나가고, 동전은 컵 속으로 떨어진다.	휴지를 빠르게 잡아당기면 풀어지지 않고 끊어진다.	깔개를 털면 먼지가 깔개에서 분리된다.
까닭	승객은 정지한 상태를 유지하려 한다.	동전은 정지한 상태를 유지하려 한다.	휴지는 정지한 상태를 유지하려 한다.	먼지는 정지한 상태를 유지하려 한다.
현상	버스가 갑자기 정지하면 승객이 앞으로 넘어지려고 한다.	달리던 자전거 페달을 멈추어도 바퀴는 계속 회전한다.	자루를 바닥에 내리치면 헐거웠던 머리가 단단히 박힌다.	달리던 사람이 돌부리에 걸려 넘어진다.
까닭	승객은 움직이는 상태를 유지하려 한다.	바퀴는 움직이는 상태를 유지하려 한다.	머리는 움직이는 상태를 유지하려 한다.	사람은 움직이는 상태를 유지하려 한다.

② 관성의 크기: 물체의 ❷⬜⬜이 클수록 크다.

➡ 질량이 ❸⬜ 물체일수록 물체의 운동 상태를 변화시키기 어렵다.

> **질량이 클수록 관성이 커 나타나는 현상**
> • 짐을 가득 실은 트럭은 빈 트럭보다 출발이 느리다.
> • 작은 보트에 비해 큰 유람선은 방향을 바꾸기 어렵다.
> • 두 팽이가 같은 속력으로 돌고 있을 때, 질량이 큰 팽이가 더 오랫동안 돈다.
> • 두루마리 휴지가 많이 남아 있을수록 빠르게 잡아당겼을 때, 더 쉽게 끊어진다.
> • 그네를 밀어줄 때, 무거운 친구를 밀어줄 때가 가벼운 친구를 밀어줄 때보다 더 큰 힘이 든다.

2 관성 법칙 물체에 작용하는 알짜힘이 0이면 물체의 운동 상태가 변하지 않는다.

➡ 정지한 물체는 계속 ❹⬜⬜해 있고, 운동하던 물체는 ❺⬜⬜⬜ 운동을 한다.

> **갈릴레이의 사고 실험**
> • A: 공기 저항을 무시할 때, 마찰이 없는 곡면의 점 O에서 공을 놓으면 공은 반대편 곡면을 따라 처음 높이까지 올라간다.
> • B: 곡면의 기울기를 작게 할수록 이동하는 거리는 증가하지만 마찰이 없는 한 처음 높이까지 올라간다.
> • C: 곡면을 수평으로 만들면 공에 작용하는 알짜힘이 0이므로 공은 계속 등속 직선 운동을 한다.

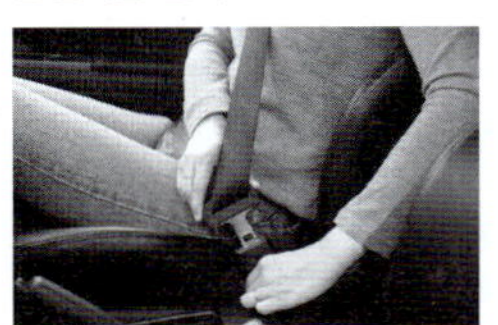

1 운동량(p) 운동하는 물체의 운동 정도를 나타내는 물리량

> 운동량＝질량×속도, $p=mv$ [단위: kg·m/s]

① 운동량의 방향: 속도의 방향과 같다. → 물체의 운동 방향과 같다.
② 운동량의 크기: 물체의 질량이 **❻**[ ]수록, 속도의 크기가 **❼**[ ]수록 크다.

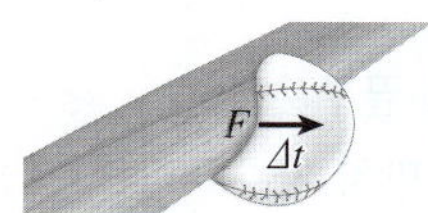

▲ 운동량 질량이 m인 물체가 v의 속도로 운동할 때, 운동량 $p=mv$이다.

2 충격량(I) 물체가 받은 충격의 정도를 나타내는 물리량

> 충격량＝힘×시간, $I=F\varDelta t$ [단위: N·s]

① 충격량의 방향: 물체에 작용한 힘의 방향과 같다.
② 충격량의 크기: 힘의 크기가 **❽**[ ]수록, 힘을 받은 시간이 **❾**[ ]수록 크다.
③ 힘–시간 그래프: 그래프 아랫부분의 넓이는 힘과 시간을 곱한 값이므로 **❿**[ ][ ][ ]이다.

> 힘(평균 힘)＝$\dfrac{\text{충격량}}{\text{충돌 시간}}$＝$\dfrac{\text{그래프 아랫부분의 넓이}}{\text{충돌 시간}}$

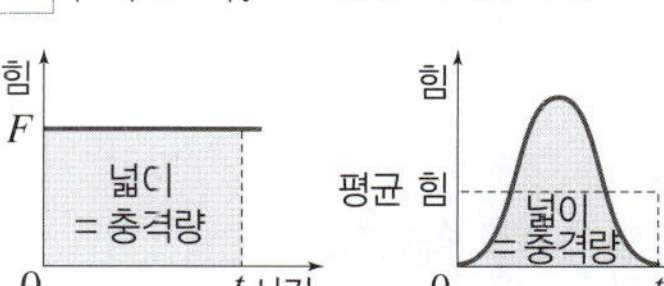

▲ 힘이 일정할 때   ▲ 힘이 일정하지 않을 때

▲ 충격량 힘 F를 시간 $\varDelta t$ 동안 물체에 작용할 때, 충격량 $I=F\varDelta t$이다.

3 충격량과 운동량의 관계 충돌 시 물체가 받은 충격량은 운동량의 **⓫**[ ][ ][ ]과 같다.

> 충격량＝운동량의 변화량＝나중 운동량－처음 운동량

① 충돌과 운동량의 변화: 달리던 자동차 A가 정지해 있던 자동차 B와 충돌하면 A는 운동 방향과 반대 방향으로 힘을 받아 운동량이 **⓬**[ ]하고, B는 A의 운동 방향으로 힘을 받아 운동량이 **⓭**[ ]한다.
② 두 물체가 받은 충격량의 관계: 두 물체가 충돌할 때, 두 물체가 받은 충격량은 크기가 **⓮**[ ]고, 방향은 **⓯**[ ][ ]이다.
③ 운동량–시간 그래프: 그래프에서 운동량의 변화량은 충격량을 나타내고,

기울기 $\dfrac{p}{t}$＝$\dfrac{\text{운동량의 변화량}}{\text{시간}}$＝$\dfrac{\text{충격량}}{\text{시간}}$＝물체에 작용한 **⓰**[ ]이다.
힘은 물체에 작용하는 알짜힘이다.

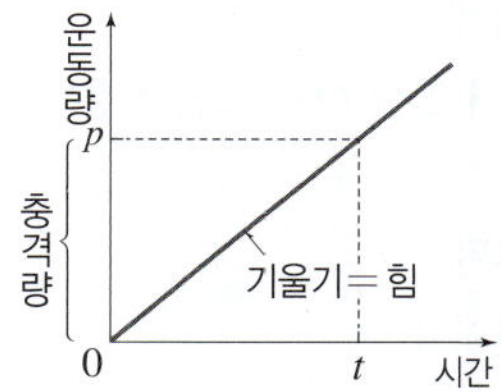

▲ A, B가 받은 충격량은 크기가 같고, 방향은 반대이다.

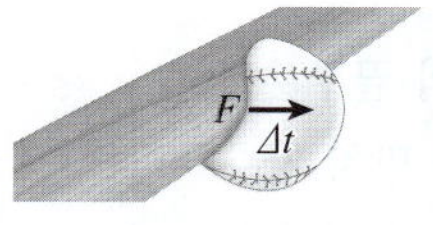

기출 PICK B-2

충격량을 크게 하는 방법
물체에 작용하는 힘의 크기를 크게 하거나, 힘을 작용하는 시간을 길게 한다.

기출 PICK B-3

빨대를 이용한 충격량 실험
빨대에 면봉을 넣고 불어서 날아간 거리를 비교한다.

• 부는 힘이 클수록 면봉이 멀리 날아간다. ➡ 힘의 크기가 클수록 면봉이 받은 충격량의 크기가 크다.
• 빨대의 길이가 길수록 면봉이 멀리 날아간다. ➡ 힘을 받는 시간이 길수록 면봉이 받은 충격량의 크기가 크다.

답 ❶ 운동 상태 ❷ 질량 ❸ 큰 ❹ 정지 ❺ 등속 직선 ❻ 클 ❼ 클 ❽ 클 ❾ 길 ❿ 충격량 ⓫ 변화량 ⓬ 감소 ⓭ 증가 ⓮ 같 ⓯ 반대 ⓰ 힘

빈출 자료 보기

정답과 해설 43쪽 ▶▶

544 그림과 같이 달리던 버스가 갑자기 멈추면 버스 안에 탄 사람의 몸이 앞으로 쏠린다. 이와 같은 원리로 설명할 수 있는 현상은 ○, 설명할 수 <u>없는</u> 현상은 ×로 표시하시오.

(1) 깔개를 털면 먼지가 떨어진다. ( )
(2) 노를 저으면 배가 앞으로 나아간다. ( )
(3) 로켓이 가스를 분사하며 위로 나아간다. ( )
(4) 달리던 사람이 돌부리에 걸려 넘어진다. ( )
(5) 축구공을 세게 찰수록 축구공의 속력이 크다. ( )

545 그림은 마찰이 없는 수평면에서 질량이 m인 물체가 벽을 향해 $2v$의 속력으로 진행하다가 벽과 충돌한 후 반대 방향으로 v의 속력으로 운동하는 모습을 나타낸 것이다. 물체에 대한 설명으로 옳은 것은 ○, 옳지 <u>않은</u> 것은 ×로 표시하시오.

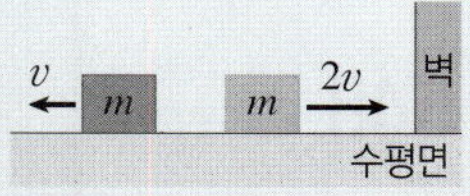

(1) 벽과 충돌 직전 운동량의 크기는 $2mv$이다. ( )
(2) 충돌 과정에서 운동량의 변화량의 크기는 mv이다. ( )
(3) 충돌 과정에서 벽으로부터 받은 충격량의 크기는 $3mv$이다. ( )
(4) 충돌 과정에서 물체가 벽으로부터 받은 힘의 크기는 벽이 물체로부터 받은 힘의 크기보다 크다. ( )

A 관성

☆빈출
546 하

그림은 망치의 자루를 잡고 자루의 끝부분을 바닥에 부딪치게 하여 망치 머리를 망치 자루에 단단하게 고정하는 모습을 나타낸 것이다. 이와 같은 원리로 설명할 수 있는 현상으로 옳은 것만을 〈보기〉에서 있는 대로 고른 것은?

┌─── 보기 ───
ㄱ. 대포를 쏘면 포신이 뒤로 밀린다.
ㄴ. 달리던 버스가 정지할 때, 손잡이가 앞쪽으로 쏠린다.
ㄷ. 동전이 놓여 있는 종이를 컵 위에 놓고 손가락으로 종이를 튕기면 종이는 날아가고 동전은 컵 속으로 떨어진다.

① ㄱ　　　　② ㄷ　　　　③ ㄱ, ㄴ
④ ㄴ, ㄷ　　　⑤ ㄱ, ㄴ, ㄷ

☆빈출
547 하

그림과 같이 동전이 놓여 있는 종이를 컵 위에 놓고 종이를 갑자기 잡아당겼더니 동전이 컵 속으로 떨어졌다. 이에 대한 설명으로 옳은 것만을 〈보기〉에서 있는 대로 고른 것은?

┌─── 보기 ───
ㄱ. 무거운 동전일수록 관성이 크다.
ㄴ. 관성을 나타내는 물체는 종이이다.
ㄷ. 종이의 속력이 크면 동전은 종이와 함께 운동할 것이다.

① ㄱ　　　　② ㄷ　　　　③ ㄱ, ㄴ
④ ㄴ, ㄷ　　　⑤ ㄱ, ㄴ, ㄷ

548 중

관성에 대한 설명으로 옳은 것만을 모두 고르면?(2개)

① 질량이 클수록 크기가 작다.
② 현재의 운동 상태를 유지하려는 성질이다.
③ 깔개에서 먼지를 털어내는 것은 관성의 예이다.
④ 로켓이 가스를 분사하며 나아가는 것은 관성의 예이다.
⑤ 두 팽이가 같은 속력으로 돌고 있을 때, 질량이 작은 팽이가 더 오랫동안 돈다.

☆빈출
549 중

그림은 휴지를 빠르게 잡아당겼을 때, 휴지가 풀어지지 않고 끊어지는 모습을 나타낸 것이다. 이와 같은 현상을 설명할 때와 같은 원리를 적용할 수 있는 현상으로 옳은 것만을 〈보기〉에서 있는 대로 고른 것은?

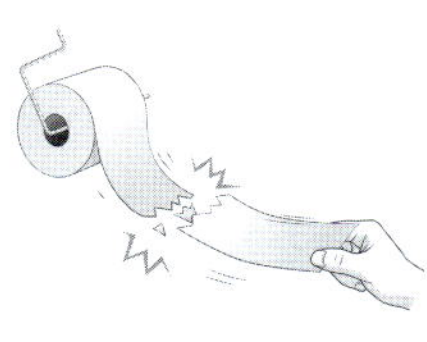

┌─── 보기 ───
ㄱ. 지구와 달 사이에는 서로 당기는 힘이 작용한다.
ㄴ. 유조선은 항구에 도착하기 한참 전부터 엔진을 끈다.
ㄷ. 경사면을 굴러 내려간 공이 수평면에서도 계속 운동한다.

① ㄱ　　　　② ㄴ　　　　③ ㄱ, ㄷ
④ ㄴ, ㄷ　　　⑤ ㄱ, ㄴ, ㄷ

550 중

그림은 갈릴레이의 사고 실험을 모식적으로 나타낸 것으로, 곡면의 점 O에 놓은 물체 A와 B는 반대편 곡면을 따라 처음 높이까지 올라간다. 이때 물체 C와 같이 수평면으로 진행한다면 물체는 멈추지 않고 계속 운동할 것이다. 이에 대한 설명으로 옳은 것만을 〈보기〉에서 있는 대로 고른 것은? (단, 모든 마찰과 공기 저항은 무시한다.)

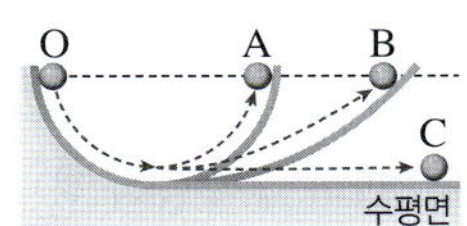

┌─── 보기 ───
ㄱ. 관성에 대한 사고 실험이다.
ㄴ. B는 가속도 운동을 한다.
ㄷ. C는 수평면에서 등속 직선 운동을 한다.

① ㄱ　　　　② ㄴ　　　　③ ㄱ, ㄷ
④ ㄴ, ㄷ　　　⑤ ㄱ, ㄴ, ㄷ

☆빈출
551 중
| 서술형 |

그림은 일상생활에서 볼 수 있는 자동차 내부의 안전띠이다.

(1) 달리던 자동차가 충돌했을 때, 탑승자의 몸이 앞으로 쏠리는 까닭을 서술하시오.

(2) 안전띠가 필요한 까닭을 서술하시오.

B 운동량과 충격량

운동량

552 하

그림은 질량이 150 g인 야구공이 20 m/s의 일정한 속력으로 날아가는 모습을 나타낸 것이다.

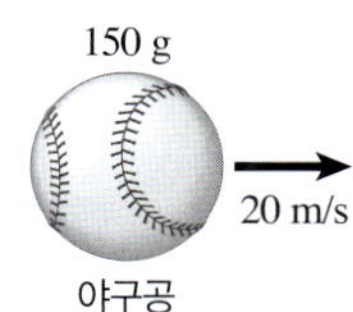

야구공의 운동량의 크기(kg·m/s)를 구하시오.

빈출
553 하

그림은 질량이 각각 50 g, 150 g, 5 kg인 골프공, 야구공, 볼링공이 각각 70 m/s, 10 m/s, 2 m/s의 일정한 속력으로 날아가는 모습을 나타낸 것이다.

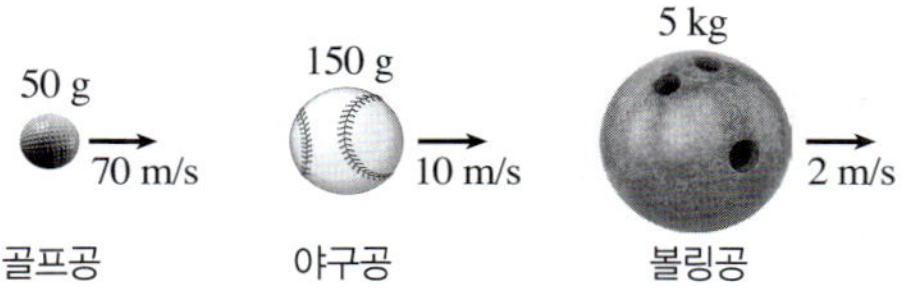

운동량의 크기를 옳게 비교한 것은?

① 골프공＞야구공＞볼링공
② 야구공＞골프공＞볼링공
③ 볼링공＞야구공＞골프공
④ 야구공＞볼링공＞골프공
⑤ 볼링공＞골프공＞야구공

554 하

그림은 마찰이 없는 수평면에서 질량이 2 kg인 물체 A는 3 m/s의 속력으로, 질량이 m인 물체 B는 6 m/s의 속력으로 운동하고 있는 모습을 나타낸 것이다.

B의 운동량의 크기가 A의 3배일 때, B의 질량(kg)을 구하시오.

충격량과 운동량의 관계

555 하

그림은 질량이 150 g인 야구공이 20 m/s의 속력으로 벽과 충돌한 후 반대 방향으로 10 m/s의 속력으로 튀어나오는 모습을 나타낸 것이다. 야구공이 벽으로부터 받은 충격량의 크기(N·s)를 구하시오. (단, 야구공은 직선상에서 운동하고, 공기 저항은 무시한다.)

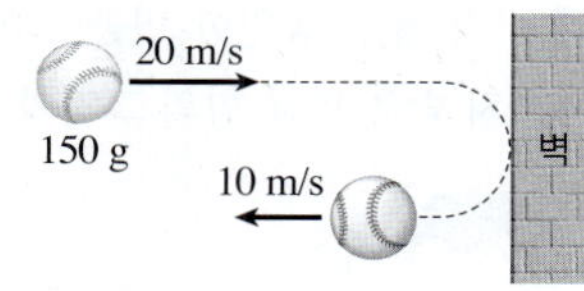

556 하

그림과 같이 마찰이 없는 수평면에서 오른쪽으로 15 m/s의 속력으로 운동하고 있는 질량이 5 kg인 물체에 10 N의 일정한 힘을 왼쪽으로 2초 동안 작용하였다.

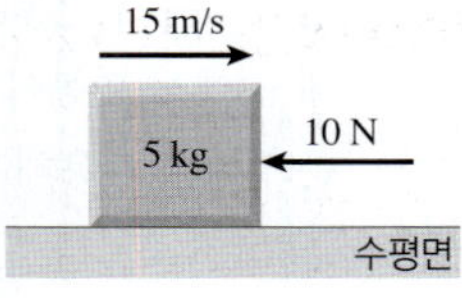

(1) 2초 동안 물체가 받은 충격량의 크기(N·s)와 방향을 구하시오.

(2) 2초 동안 힘이 작용하기 전후의 물체의 운동량의 변화량(kg·m/s)의 크기와 방향을 구하시오.

빈출
557 하

그림은 직선상에서 운동하는 질량이 2 kg인 물체의 운동량을 시간에 따라 나타낸 것이다. 0초부터 2초까지 물체에는 일정한 힘이 작용한다. 이에 대한 설명으로 옳은 것만을 〈보기〉에서 있는 대로 고른 것은?

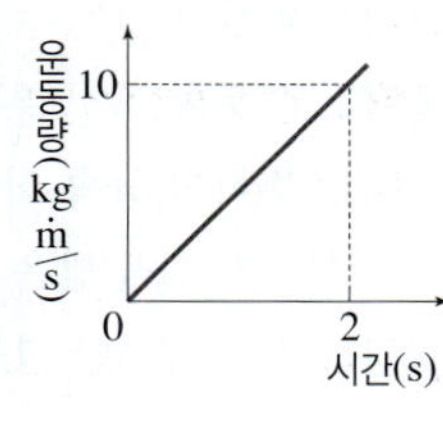

―――〈 보기 〉―――
ㄱ. 2초일 때, 물체의 속력은 5 m/s이다.
ㄴ. 0초부터 2초까지 물체가 받은 충격량의 크기는 10 N·s이다.
ㄷ. 0초부터 2초까지 물체에 작용한 힘의 크기는 5 N이다.

① ㄱ   ② ㄴ   ③ ㄱ, ㄷ
④ ㄴ, ㄷ   ⑤ ㄱ, ㄴ, ㄷ

558 하

그림은 빨대의 입구에 반으로 자른 면봉을 넣고 수평 방향으로 부는 모습을 나타낸 것이고, 표는 길이만 다른 빨대 A, B의 입구에 각각 놓인 동일한 면봉이 빨대를 부는 순간부터 빨대를 떠날 때까지 받은 평균 힘의 크기와 시간을 나타낸 것이다.

구분	A	B
면봉이 받은 평균 힘의 크기	F	F
면봉이 빨대 속에서 힘을 받은 시간	t	$2t$

이에 대한 설명으로 옳은 것만을 〈보기〉에서 있는 대로 고른 것은?

─── 보기 ───
ㄱ. 빨대의 길이는 A가 B보다 짧다.
ㄴ. 빨대 끝을 빠져 나가는 순간 면봉의 속력은 A에서가 B에서보다 크다.
ㄷ. 빨대 속에서 면봉이 받는 평균 힘의 크기가 일정할 때, 빨대 속에서 면봉이 받는 충격량의 크기를 크게 하려면 짧은 빨대를 사용해야 한다.

① ㄱ
② ㄴ
③ ㄱ, ㄷ
④ ㄴ, ㄷ
⑤ ㄱ, ㄴ, ㄷ

559 하

그림은 마찰이 없는 수평면에서 질량이 2 kg인 물체가 3 m/s의 속력으로 등속 직선 운동을 하다가 구간 A를 통과한 후 속력이 5 m/s 변하여 등속 직선 운동을 하는 모습을 나타낸 것으로, A에서 물체가 힘을 받은 시간은 2초이다. (단, 물체의 운동 방향은 일정하고, A에서만 힘을 받는다.)

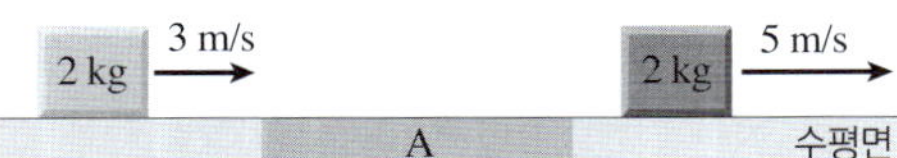

(1) A에서 물체의 운동량의 변화량의 크기(kg·m/s)를 구하시오.

(2) A에서 물체가 받은 충격량의 크기(N·s)를 구하시오.

(3) A에서 물체가 받은 평균 힘의 크기(N)를 구하시오.

560 하

그림 (가)와 (나)는 동일한 면봉을 동일한 빨대의 출구와 입구에 각각 넣고 같은 크기의 힘으로 불어 수평 방향으로 발사하는 모습을 나타낸 것이다. 빨대 속에서 면봉이 받은 평균 힘의 크기는 (가)에서와 (나)에서가 같다.

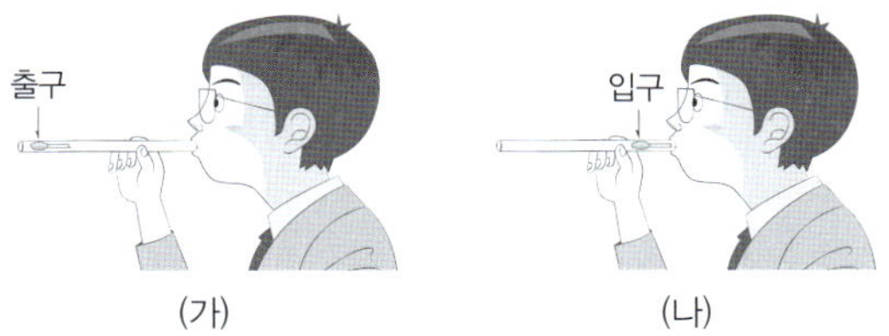

이에 대한 설명으로 옳은 것만을 〈보기〉에서 있는 대로 고른 것은?

─── 보기 ───
ㄱ. 빨대 속에서 면봉이 받은 충격량의 크기는 (가)에서가 (나)에서보다 크다.
ㄴ. 빨대 끝을 빠져나갈 때, 면봉의 속력은 (가)에서가 (나)에서보다 작다.
ㄷ. (나)에서가 (가)에서보다 빨대를 빠져나간 면봉이 더 멀리 날아간다.

① ㄱ
② ㄴ
③ ㄱ, ㄷ
④ ㄴ, ㄷ
⑤ ㄱ, ㄴ, ㄷ

561 중

그림 (가), (나)는 질량이 각각 m, $2m$인 물체 A, B가 각각 $4v$, $2v$의 속력으로 벽을 향해 등속 직선 운동을 하다가 벽과 충돌한 후 반대 방향으로 각각 $2v$, v의 속력으로 튀어나오는 모습을 나타낸 것이다.

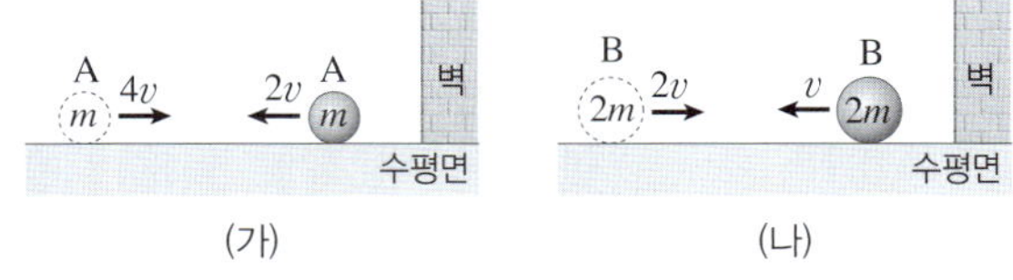

이에 대한 설명으로 옳은 것만을 〈보기〉에서 있는 대로 고른 것은? (단, A와 B는 동일한 수평면에서 운동하고, 모든 마찰과 공기 저항은 무시한다.)

─── 보기 ───
ㄱ. 충돌 전 운동량의 크기는 A가 B의 2배이다.
ㄴ. 충돌 전후 B의 운동량의 변화량의 크기는 $6mv$이다.
ㄷ. 벽으로부터 받은 충격량의 크기는 A가 B보다 크다.

① ㄱ
② ㄴ
③ ㄱ, ㄷ
④ ㄴ, ㄷ
⑤ ㄱ, ㄴ, ㄷ

562 중

그림 (가)는 마찰이 없는 수평면에서 물체 A가 v_0의 속력으로 정지해 있는 물체 B를 향해 운동하고 있는 것을 나타낸 것이다. A, B의 질량은 m으로 같고, A, B는 충돌 후 등속 직선 운동을 한다. (나)는 충돌하는 동안 A가 B로부터 받는 힘을 시간에 따라 나타낸 것으로, 그래프 아랫부분의 넓이는 $\frac{2}{3}mv_0$이다. (단, 공기 저항은 무시한다.)

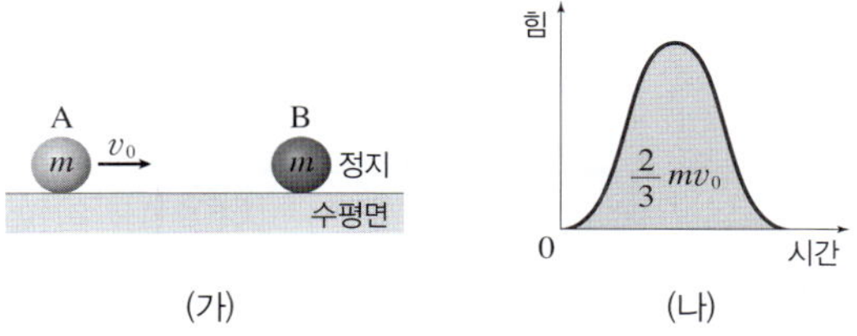

(1) 충돌 후 A의 속력을 풀이 과정과 함께 구하시오.

(2) 충돌하는 동안 B가 받은 충격량의 크기를 풀이 과정과 함께 구하시오.

(3) 충돌 후 B의 속력을 풀이 과정과 함께 구하시오.

563 중

그림 (가)와 같이 마찰이 없는 수평면에서 질량이 m인 물체가 v의 속력으로 운동하다가 벽과 충돌한 후 정지하였다. (나)는 충돌 과정에서 물체가 벽으로부터 받는 힘을 시간에 따라 나타낸 것으로, 그래프 아랫부분의 넓이는 S이다.

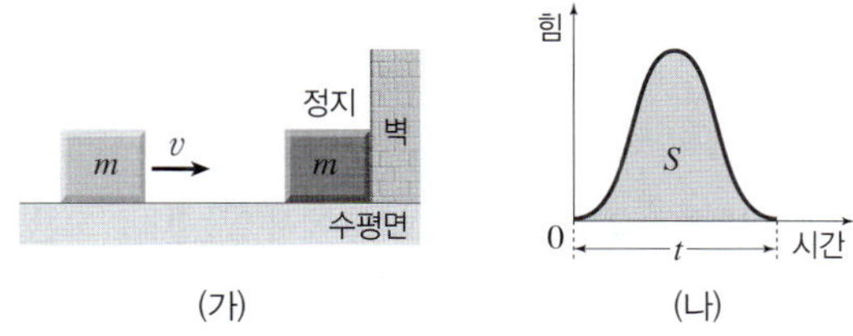

이에 대한 설명으로 옳은 것만을 〈보기〉에서 있는 대로 고른 것은?

ㄱ. 충돌 전후 물체의 운동량의 변화량의 크기는 S이다.
ㄴ. 벽이 물체로부터 받은 충격량의 크기는 S이다.
ㄷ. 물체가 벽으로부터 받은 평균 힘의 크기는 $\frac{S}{t}$이다.

① ㄱ ② ㄷ ③ ㄱ, ㄴ
④ ㄴ, ㄷ ⑤ ㄱ, ㄴ, ㄷ

564 중

그림 (가)는 동일한 발사체를 A는 빨대의 입구에, B는 빨대의 출구에 넣고 입으로 불어 수평 방향으로 발사하는 모습을 나타낸 것으로, 빨대 속에서 발사체가 받은 평균 힘의 크기는 같고, B에서 빨대의 출구를 빠져나가는 순간 발사체의 속력은 v이다. (나)의 P, Q는 (가)의 A, B에서 빨대를 통과하는 동안 발사체가 받는 힘을 시간에 따라 순서 없이 나타낸 것이다.

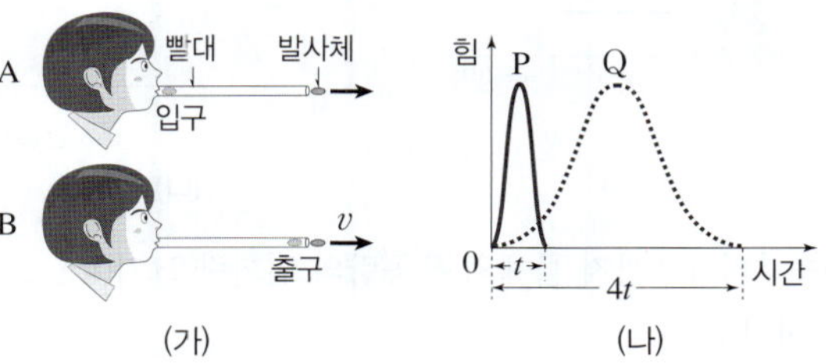

이에 대한 설명으로 옳은 것만을 〈보기〉에서 있는 대로 고른 것은?

ㄱ. Q는 A를 나타낸 그래프이다.
ㄴ. (나)에서 그래프 아랫부분의 넓이는 Q가 P의 4배이다.
ㄷ. A에서 빨대를 빠져나오는 순간 발사체의 속력은 $4v$이다.

① ㄱ ② ㄷ ③ ㄱ, ㄴ
④ ㄴ, ㄷ ⑤ ㄱ, ㄴ, ㄷ

565 중

그림 (가)는 마찰이 없는 수평면에서 각각 $2v$, v의 속력으로 다가오는 질량이 m으로 같은 축구공 A, B를 수평 방향으로 발로 차는 모습을 나타낸 것이다. (나)는 (가)에서 A, B가 발로부터 받는 힘을 시간에 따라 나타낸 것으로, 충돌 시간은 A는 t, B는 $2t$이고, 그래프 아랫부분의 넓이는 $3mv$로 같다.

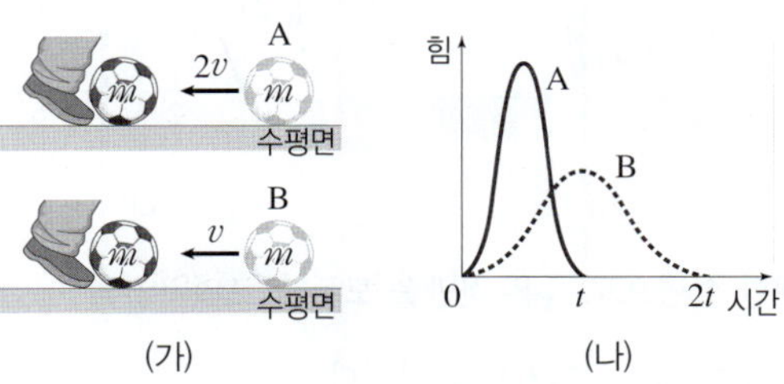

(1) 충돌하는 동안 A, B가 발로부터 받은 평균 힘의 크기를 각각 F_A, F_B라고 할 때, $F_A : F_B$를 풀이 과정과 함께 구하시오.

(2) A, B가 충돌 후 발을 떠나는 순간의 속력을 각각 v_A, v_B라고 할 때, $v_A : v_B$를 풀이 과정과 함께 구하시오.

566 중

그림 (가)는 질량이 2 kg인 물체가 4 m/s의 속력으로 마찰이 없는 수평면에서 운동하는 모습을 나타낸 것이고, (나)는 물체에 운동 방향과 같은 방향으로 작용한 힘을 시간에 따라 나타낸 것이다.

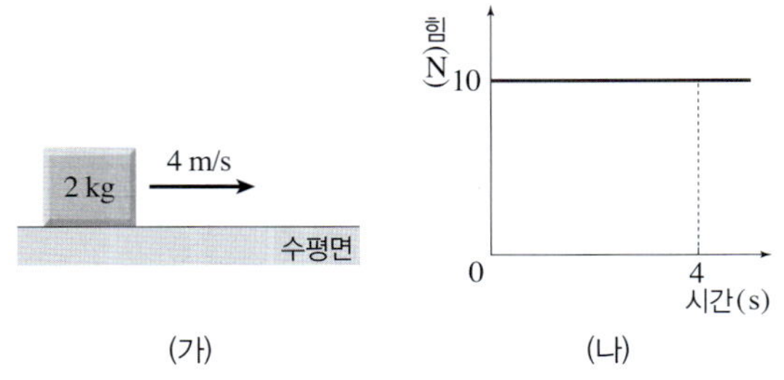

(1) 0초부터 4초까지 물체의 운동량의 변화량 크기(kg·m/s)를 구하시오.

(2) 4초일 때, 물체의 운동량의 크기(kg·m/s)를 구하시오.

(3) 4초일 때, 물체의 속력(m/s)을 구하시오.

567 중

이 문제에서 볼 수 있는 보기는 多

그림 (가)는 마찰이 없는 수평면에 정지해 있는 질량이 4 kg인 물체에 힘 F를 작용한 것을 나타낸 것이고, (나)는 물체의 운동량을 시간에 따라 나타낸 것이다.

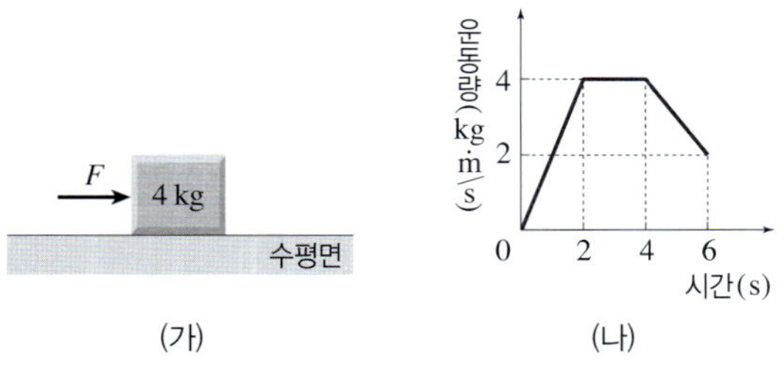

이에 대한 설명으로 옳은 것만을 모두 고르면?(2개)

① 1초일 때, F의 크기는 2 N이다.

② 3초일 때, 물체는 정지한 상태이다.

③ 3초일 때, 물체는 등가속도 운동을 한다.

④ 3초일 때, 물체의 속력은 4 m/s이다.

⑤ 5초일 때, F의 크기는 2 N이다.

⑥ 0초부터 2초까지 물체가 받은 충격량의 크기는 4 N·s이다.

⑦ 4초부터 6초까지 물체가 받은 충격량의 크기는 6 N·s이다.

568 중

이 문제에서 볼 수 있는 보기는 多

그림은 질량이 각각 $3m$, m, m인 물체 A, B, C를 수평면으로부터 각각 $4h$, $4h$, h인 높이에서 동시에 가만히 놓아 자유 낙하 시킨 모습을 나타낸 것으로, A, B, C는 수평면과 충돌 후 정지한다.

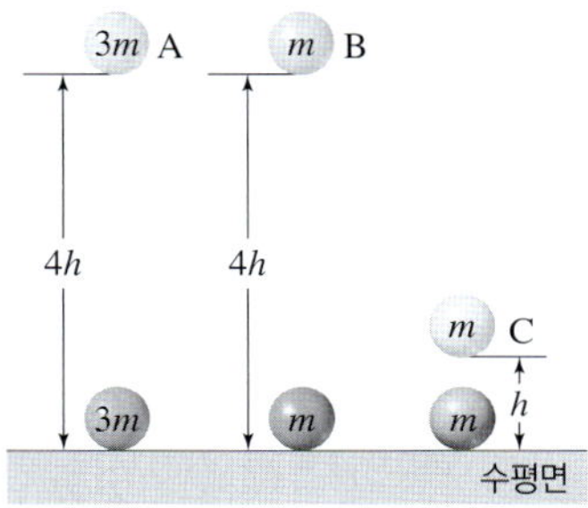

이에 대한 설명으로 옳은 것만을 모두 고르면? (단, 물체의 크기와 공기 저항은 무시한다.)(2개)

① 수평면에 충돌하기 직전 속력은 A와 B가 같다.

② 수평면에 충돌하기 직전 속력은 B와 C가 같다.

③ 충돌 과정에서 운동량의 변화량의 크기는 A와 B가 같다.

④ 충돌 과정에서 운동량의 변화량의 크기는 B와 C가 같다.

⑤ 수평면으로부터 받은 충격량의 크기는 A가 B보다 크다.

⑥ 수평면으로부터 받은 충격량의 크기는 B가 C보다 작다.

569 상

그림 (가)는 수평인 얼음판에서 6 m/s의 속력으로 운동하는 질량이 60 kg인 선수 A가 같은 방향으로 2 m/s의 속력으로 운동하는 질량이 40 kg인 선수 B를 뒤에서 미는 모습을, (나)는 A가 B를 밀고 난 후 B의 속력이 5 m/s가 되는 모습을 나타낸 것이다.

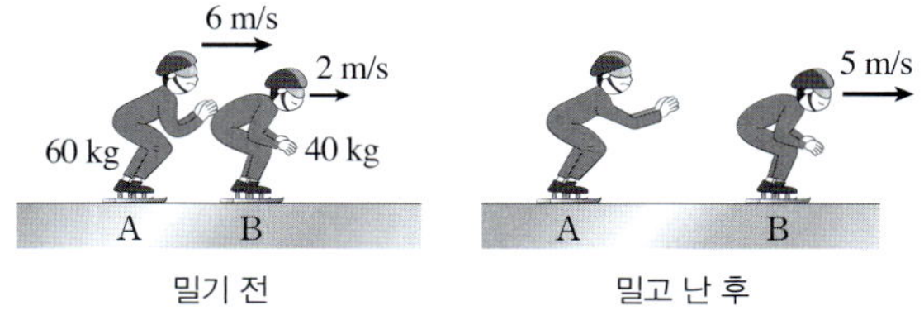

이에 대한 설명으로 옳은 것만을 〈보기〉에서 있는 대로 고른 것은? (단, A와 B는 동일 직선상에서 운동하고, 선수의 크기, 모든 마찰과 공기 저항은 무시한다.)

─── 보기 ───

ㄱ. 미는 동안 B가 A로부터 받은 평균 힘의 크기는 A가 B로부터 받은 평균 힘의 크기보다 크다.

ㄴ. (나)에서 A의 속력은 4 m/s이다.

ㄷ. 밀고 난 후 A의 운동 방향은 밀기 전과 반대이다.

① ㄱ   ② ㄴ   ③ ㄱ, ㄷ

④ ㄴ, ㄷ   ⑤ ㄱ, ㄴ, ㄷ

570 상

그림 (가)는 동일한 수평면에서 질량이 각각 $4m$, $2m$인 물체 A, B가 벽을 향해 각각 $2v$, $3v$의 속력으로 운동하는 모습을 나타낸 것으로, A는 벽과 충돌 후 반대 방향으로 튀어 나와 등속 직선 운동을 하고, B는 정지한다. (나)의 ㉠, ㉡은 A, B가 충돌하는 동안 벽으로부터 받는 힘을 시간에 따라 순서 없이 나타낸 것으로, 그래프 아랫부분의 넓이는 각각 $2S$, $3S$이다.

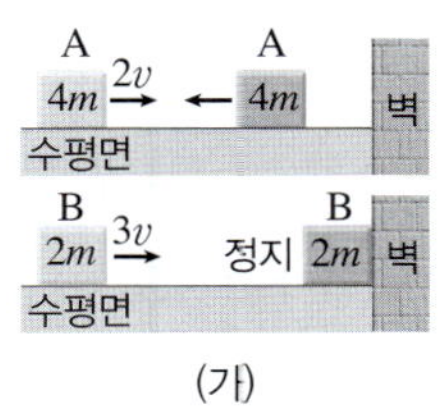
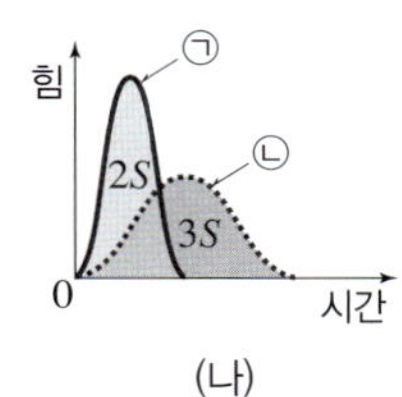

(가)   (나)

이에 대한 설명으로 옳은 것만을 〈보기〉에서 있는 대로 고른 것은? (단, 모든 마찰과 공기 저항은 무시한다.)

> ── 보기 ──
> ㄱ. ㉡은 B이다.
> ㄴ. $S=3mv$이다.
> ㄷ. 벽과 충돌 후 A의 속력은 v이다.

① ㄱ   ② ㄴ   ③ ㄱ, ㄷ
④ ㄴ, ㄷ   ⑤ ㄱ, ㄴ, ㄷ

571 상

그림 (가)는 수평면에서 질량이 m인 물체 A가 정지해 있는 질량이 $2m$인 물체 B와 충돌한 후 A, B가 충돌하기 전 A의 운동 방향과 같은 방향으로 각각 운동하는 모습을 나타낸 것이다. A의 운동량의 크기는 충돌 전 $2p$이고, 충돌 후 p이다. (나)는 A와 B가 충돌하는 동안 B가 A로부터 받는 힘을 시간에 따라 나타낸 것으로, A와 B의 충돌 시간은 t이다.

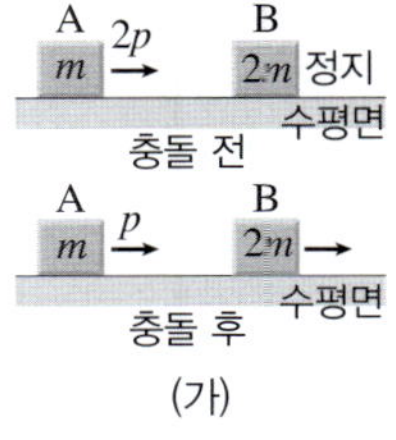
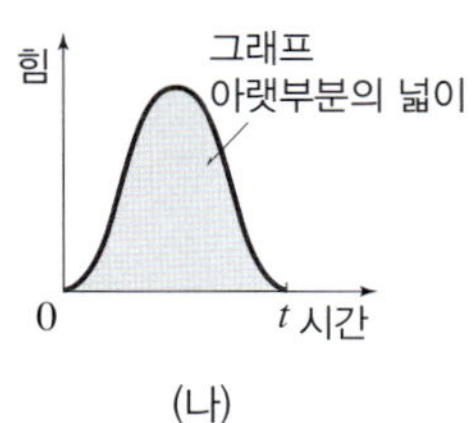

(가)   (나)

이에 대한 설명으로 옳은 것만을 〈보기〉에서 있는 대로 고른 것은? (단, 물체의 크기, 모든 마찰과 공기 저항은 무시한다.)

> ── 보기 ──
> ㄱ. 충돌 후 속력은 A가 B의 2배이다.
> ㄴ. 그래프 아랫부분의 넓이는 p이다.
> ㄷ. 충돌 과정에서 A가 B로부터 받은 평균 힘의 크기는 $\dfrac{2p}{t}$이다.

① ㄱ   ② ㄷ   ③ ㄱ, ㄴ
④ ㄴ, ㄷ   ⑤ ㄱ, ㄴ, ㄷ

★빈출 572 상

그림 (가)는 마찰이 없는 수평면 위에 정지해 있는 질량이 2 kg인 물체에 일정한 방향으로 힘이 작용하는 모습을 나타낸 것이고, (나)는 물체가 받는 힘을 시간에 따라 나타낸 것이다.

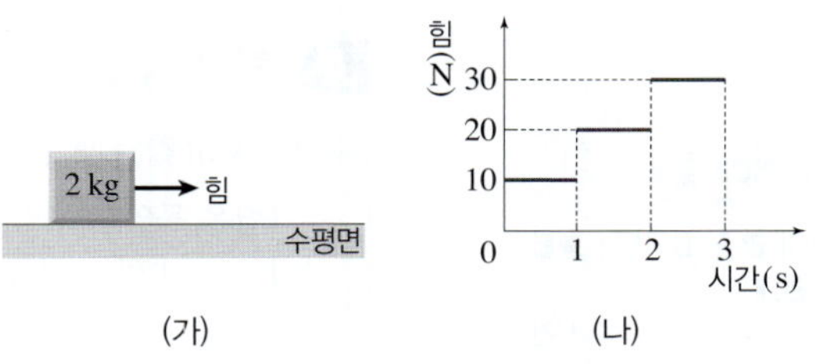

(가)   (나)

이에 대한 설명으로 옳은 것만을 〈보기〉에서 있는 대로 고른 것은? (단, 모든 마찰과 공기 저항은 무시한다.)

> ── 보기 ──
> ㄱ. 0초부터 1초까지 물체가 받은 충격량의 크기는 10 N·s 이다.
> ㄴ. 물체의 운동량의 크기는 2초일 때가 1초일 때의 3배이다.
> ㄷ. 3초일 때, 물체의 속력은 30 m/s이다.

① ㄱ   ② ㄴ   ③ ㄱ, ㄷ
④ ㄴ, ㄷ   ⑤ ㄱ, ㄴ, ㄷ

573 상

그림 (가)는 마찰이 없는 수평면에서 운동하는 질량이 1 kg인 물체 A가 정지해 있던 질량이 2 kg인 물체 B와 정면으로 충돌한 후 한 덩어리가 되어 운동하는 모습을 나타낸 것이고, (나)는 A와 B의 속도를 시간에 따라 나타낸 것이다.

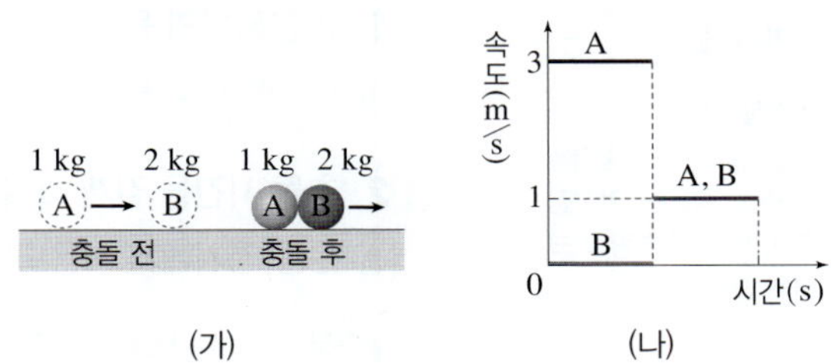

(가)   (나)

이에 대한 설명으로 옳은 것만을 〈보기〉에서 있는 대로 고른 것은?

> ── 보기 ──
> ㄱ. 충돌 전 A의 운동량의 크기는 3 kg·m/s이다.
> ㄴ. 충돌 과정에서 B가 받은 충격량의 크기는 2 N·s이다.
> ㄷ. 충돌 과정에서 A가 받은 충격량은 B의 운동량의 변화량과 같다.

① ㄱ   ② ㄷ   ③ ㄱ, ㄴ
④ ㄴ, ㄷ   ⑤ ㄱ, ㄴ, ㄷ

20 충돌과 안전장치

A 힘과 충돌 시간의 관계

충격량이 같을 때, 힘과 충돌 시간의 관계

그림은 동일한 두 달걀을 같은 높이에서 단단한 바닥 A와 푹신한 방석 B에 각각 떨어뜨린 모습과 이때 달걀이 받는 힘을 시간에 따라 나타낸 것이다.

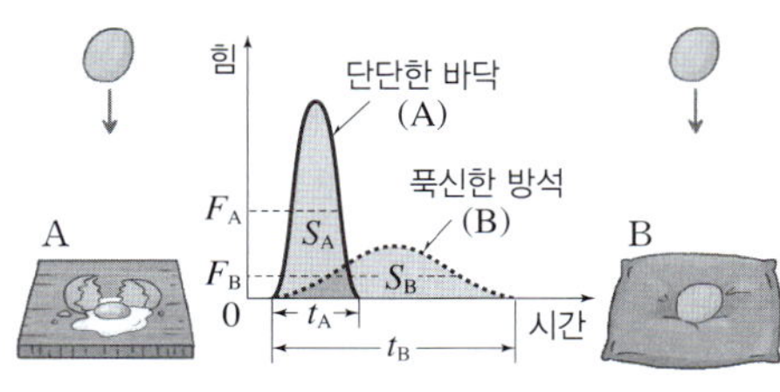

구분	크기 비교
그래프 아랫부분의 넓이	$S_A = S_B$
충격량(운동량의 변화량)	$I_A = I_B$
힘을 받은 시간(충돌 시간)	$t_A < t_B$
평균 힘의 크기	$F_A > F_B$

• **충돌 직전 달걀의 운동량**: 두 달걀이 같은 높이에서 낙하하므로 충돌 직전 두 달걀의 속도가 같다.
  ➡ 두 달걀의 질량과 충돌 직전 속도가 같으므로 충돌 직전 두 달걀의 ❶ ▢ 이 같다.
• **충돌 직후 달걀의 운동량**: 충돌 직후 두 달걀은 정지하므로 운동량은 0이다.
• 두 달걀의 처음 운동량과 나중 운동량이 같으므로 운동량의 ❷ ▢ 이 같다.
  ➡ 충돌 과정에서 두 달걀이 받은 ❸ ▢ 이 같다($I_A = I_B$).
• 충돌 시간은 A에서가 B에서보다 짧다($t_A < t_B$).
• 충격량＝평균 힘×충돌 시간이므로 달걀이 받은 ❹ ▢ 의 크기는 A에서가 B에서보다 크다($F_A > F_B$).
• 충돌 시간이 짧을수록 달걀이 받는 힘의 크기가 커진다.
  ➡ A에 떨어진 달걀은 깨지고, B에 떨어진 달걀은 깨지지 않는다.
  달걀이 받는 힘의 최댓값은 A에서가 B에서보다 크므로 A에 떨어진 달걀이 깨진다.
  ➡ 충격량(운동량의 변화량)이 같을 때, 충돌 시간이 ❺ ▢ 수록 물체가 받는 힘의 크기가 커지고, 충돌 시간이 ❻ ▢ 수록 물체가 받는 힘의 크기가 작아진다.

B 충돌과 안전장치

1 안전장치의 원리 안전장치는 ❼ ▢ (안전띠)에 의해 몸이 쏠리는 것을 방지하거나 충돌이 일어났을 때, 힘이 작용하는 ❽ ▢ 을 길게 하여 사람이 받는 힘의 크기가 작아지도록 한다.
└ 충격량은 변화가 없다. ➡ 평균 힘은 충돌 시간에 반비례한다.

2 충돌 시간을 길게 하여 충격을 줄이는 안전장치의 예

① 운동 경기에서 사용되는 안전장치
▨ : 충격을 줄이는 안전장치

구분	보호대 안쪽의 스펀지	두꺼운 글러브	스펀지 매트
원리	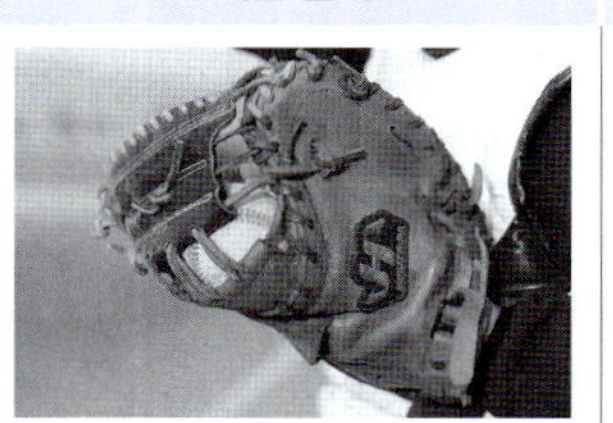		
	보호대 안쪽의 스펀지는 다른 선수와 충돌할 때, 충돌 시간을 길게 하여 몸이 받는 힘의 크기를 줄여 준다.	두꺼운 글러브는 야구 선수가 공을 받을 때, 충돌 시간을 길게 하여 손이 받는 힘의 크기를 줄여 준다.	스펀지 매트는 높이뛰기 선수가 착지할 때, 충돌 시간을 길게 하여 몸이 받는 힘의 크기를 줄여 준다.

② 교통수단에서 사용되는 안전장치

구분	에어백	범퍼	도로에 설치된 보호 난간
원리	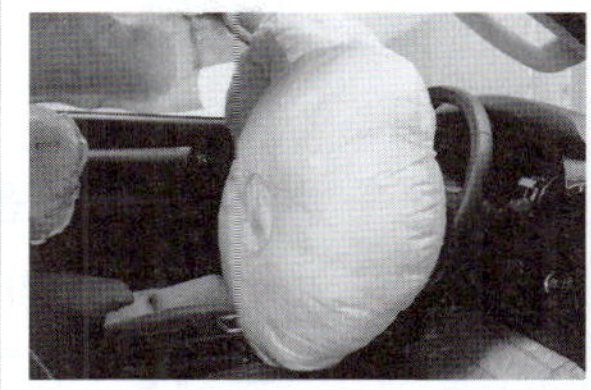 자동차의 에어백은 자동차가 충돌할 때, 충돌 시간을 길게 하여 탑승자가 받는 힘의 크기를 줄여 준다.	 자동차의 범퍼는 자동차가 충돌할 때, 충돌 시간을 길게 하여 자동차가 받는 힘의 크기를 줄여 준다.	 도로에 설치된 보호 난간은 자동차가 충돌할 때, 충돌 시간을 길게 하여 자동차가 받는 힘의 크기를 줄여 준다.

③ 일상생활에서 사용되는 안전장치

구분	기둥의 스펀지	에어 매트	뽁뽁이
원리	 기둥의 스펀지는 사람이 기둥에 부딪혔을 때, 충돌 시간을 길게 하여 몸이 받는 힘의 크기를 줄여 준다.	 에어 매트는 떨어진 사람이 정지할 때까지 충돌 시간을 길게 하여 몸이 받는 힘의 크기를 줄여 준다.	 뽁뽁이는 물건이 충돌에 의해 힘을 받을 때, 충돌 시간을 길게 하여 물건이 받는 힘의 크기를 줄여 준다.

빈출 자료 보기

정답과 해설 46쪽 ▶▶

574 그림 (가)는 동일한 유리컵 A와 B를 같은 높이에서 각각 시멘트 바닥과 푹신한 방석에 떨어뜨렸을 때, 시멘트 바닥에 떨어진 A만 깨지는 모습을 나타낸 것이고, (나)는 충돌 과정에서 A, B가 받는 힘을 시간에 따라 나타낸 것으로, S_A, S_B는 각각 그래프 아랫부분의 넓이이다.

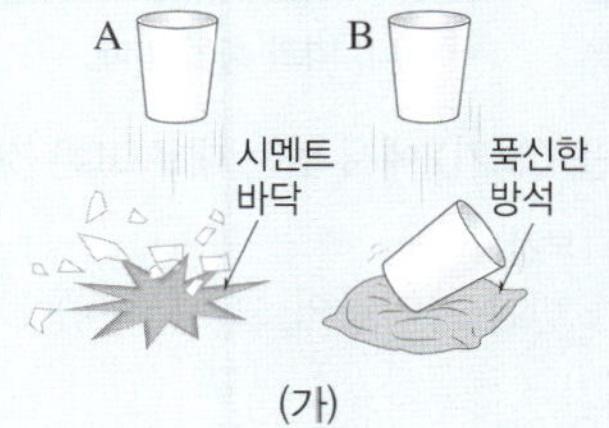

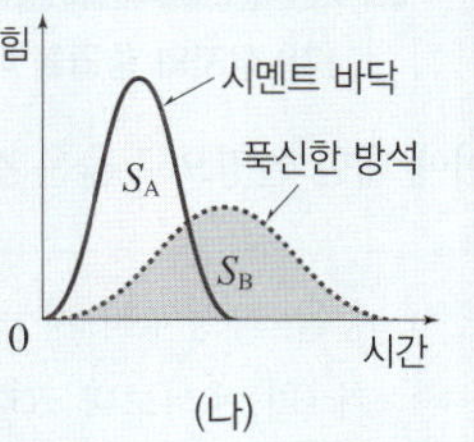

이에 대한 설명으로 옳은 것은 ○, 옳지 않은 것은 ×로 표시하시오. (단, 공기 저항은 무시한다.)

(1) (나)에서 그래프 아랫부분의 넓이는 충격량이다. (　　)

(2) (나)에서 S_A와 S_B는 같다. (　　)

(3) 유리컵이 힘을 받은 시간은 A가 B보다 길다. (　　)

(4) 유리컵이 받은 평균 힘의 크기는 B가 A보다 크다. (　　)

575 그림은 교통수단과 일상생활에서 사용되는 안전장치인 에어백과 에어 매트이다.

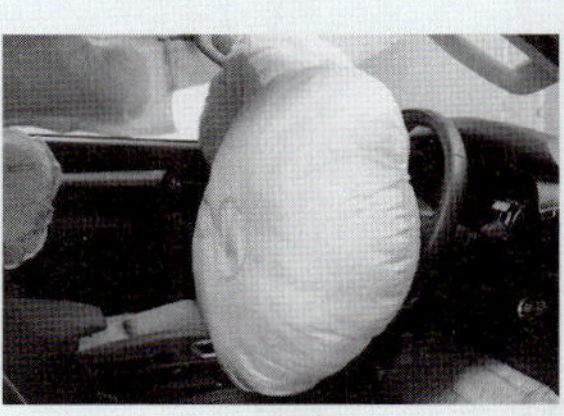

에어백	에어 매트

이에 대한 설명으로 옳은 것은 ○, 옳지 않은 것은 ×로 표시하시오.

(1) 에어백은 충돌이 일어났을 때, 탑승자가 힘을 받는 시간을 길게 한다. (　　)

(2) 에어백은 충돌이 일어났을 때, 탑승자의 운동량의 변화량의 크기를 감소시킨다. (　　)

(3) 에어 매트는 떨어진 사람이 받는 충격량을 감소시킨다. (　　)

(4) 에어 매트는 떨어진 사람이 힘을 받는 시간을 길게 한다. (　　)

(5) 야구 경기에서 포수가 공을 받을 때, 손을 뒤로 빼면서 받는 까닭은 에어 매트가 충격을 줄이는 원리와 같다. (　　)

A 힘과 충돌 시간의 관계

576 중

그림 (가)는 동일한 달걀 A와 B를 같은 높이에서 각각 단단한 바닥과 푹신한 방석에 떨어뜨렸을 때, 단단한 바닥에 떨어진 A만 깨지는 모습을 나타낸 것이고, (나)는 충돌 과정에서 A, B가 받는 힘을 시간에 따라 나타낸 것이다.

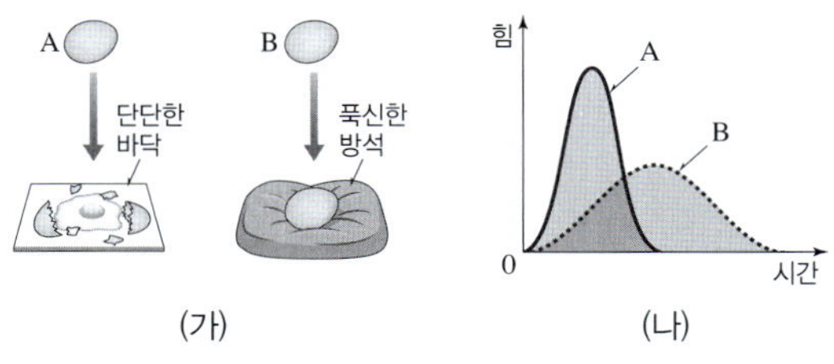

이에 대한 설명으로 옳은 것만을 모두 고르면? (단, 공기 저항은 무시한다.)(2개)

① 충돌 시간은 A가 B보다 길다.
② 운동량의 변화량의 크기는 A가 B보다 크다.
③ 달걀이 받은 충격량의 크기는 A와 B가 같다.
④ 달걀이 받은 평균 힘의 크기는 B가 A보다 크다.
⑤ (나)에서 그래프 아랫부분의 넓이는 B가 A보다 크다.
⑥ A와 B가 각각 바닥과 방석에 충돌하기 직전 속력은 같다.

577 중

그림은 동일한 물풍선 A와 B를 같은 높이에서 각각 단단한 바닥과 푹신한 방석에 떨어뜨렸을 때, 단단한 바닥에 떨어진 A만 터지는 모습을 나타낸 것이다.

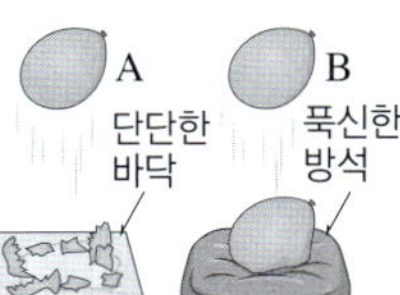

단단한 바닥에 떨어진 A만 터지고, 푹신한 방석에 떨어진 B는 터지지 <u>않는</u> 까닭을 다음 용어를 모두 포함하여 서술하시오. (단, 공기 저항은 무시한다.)

> 운동량의 변화량, 충격량, 힘, 충돌 시간

578 중

그림 (가)는 야구 선수가 날아오는 공을 받기 위해 손을 움직이는 모습을 나타낸 것이고, (나)의 A와 B는 야구 선수가 날아오는 공을 각각 손을 앞으로 내밀면서 받을 때와 뒤로 빼면서 받을 때, 손이 공으로부터 받는 힘을 시간에 따라 순서 없이 나타낸 것으로, 그래프 아랫부분의 넓이는 A와 B가 같다.

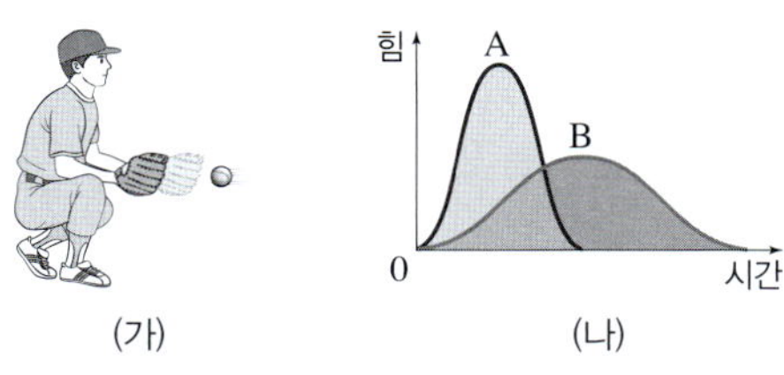

이에 대한 설명으로 옳은 것만을 〈보기〉에서 있는 대로 고른 것은?

> 보기
> ㄱ. A는 손을 앞으로 내밀면서 받은 경우이다.
> ㄴ. 손이 받은 충격량의 크기는 A에서가 B에서보다 작다.
> ㄷ. 손이 받은 평균 힘의 크기는 A에서와 B에서가 같다.

① ㄱ ② ㄷ ③ ㄱ, ㄴ
④ ㄴ, ㄷ ⑤ ㄱ, ㄴ, ㄷ

579 중

그림 (가)는 운동하는 자동차가 상자와 충돌하여 정지하는 모습을, (나)는 (가)에서와 같은 속력으로 운동하는 동일한 자동차가 벽과 충돌하여 정지하는 모습을 나타낸 것이다. 충돌 시간은 (가)에서가 (나)에서보다 길다.

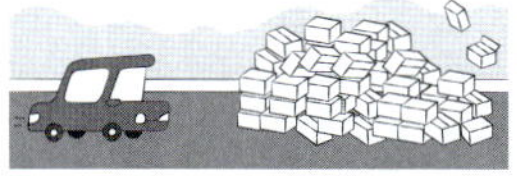
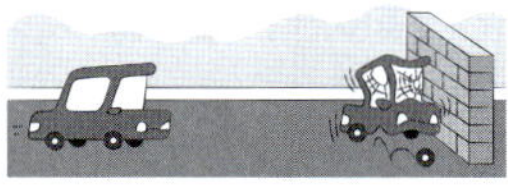

(가) 상자와 충돌할 때 (나) 벽과 충돌할 때

이에 대한 설명으로 옳은 것만을 〈보기〉에서 있는 대로 고른 것은?

> 보기
> ㄱ. 충돌 과정에서 자동차가 받은 충격량의 크기는 (나)에서가 (가)에서보다 크다.
> ㄴ. 충돌 과정에서 자동차가 받은 평균 힘의 크기는 (나)에서가 (가)에서보다 크다.
> ㄷ. (나)에서 충돌할 때, 벽이 자동차로부터 받은 평균 힘의 크기는 자동차가 벽으로부터 받은 평균 힘의 크기와 같다.

① ㄱ ② ㄷ ③ ㄱ, ㄴ
④ ㄴ, ㄷ ⑤ ㄱ, ㄴ, ㄷ

580 상

그림 (가)는 질량만 다른 동일한 유리컵 A와 B를 같은 높이에서 각각 시멘트 바닥과 푹신한 방석에 떨어뜨렸을 때, 시멘트 바닥에 떨어진 A만 깨지는 모습을 나타낸 것으로, A, B의 질량은 각각 m, $2m$이다. (나)는 충돌 과정에서 A와 B가 받는 힘을 시간에 따라 순서 없이 나타낸 것으로, S_1, S_2는 각각 그래프 아랫부분의 넓이이다. (단, 공기 저항은 무시한다.)

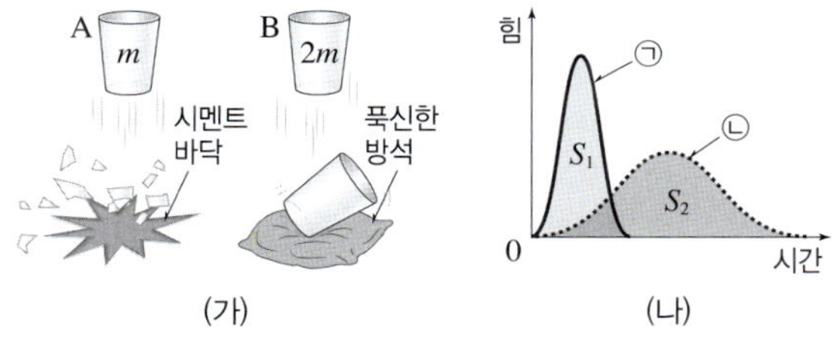

(가) (나)

(1) ㉠, ㉡ 중 A를 나타낸 그래프를 고르시오.

(2) $S_1 : S_2$의 값을 구하시오.

581 상

그림 (가)는 동일한 공을 같은 높이에서 각각 시멘트 바닥과 모래판에 가만히 떨어뜨린 모습을 나타낸 것이고, (나)는 시멘트 바닥과 모래판에 떨어진 공이 받는 힘을 시간에 따라 순서 없이 나타낸 것이다. 시멘트 바닥에 떨어진 공은 충돌 후 위로 튀어 올랐지만 모래판에 떨어진 공은 충돌 후 정지하였다.

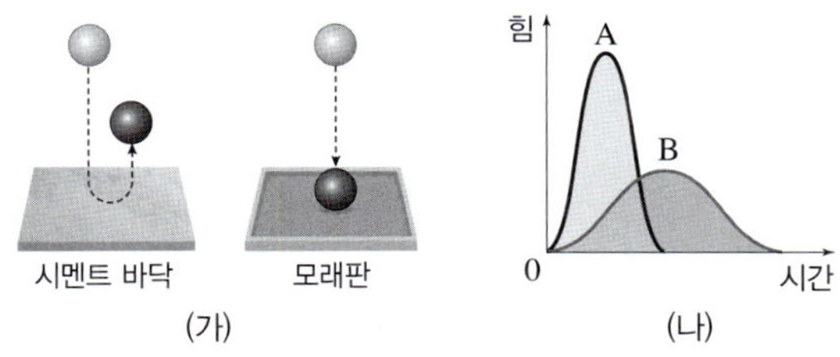

(가) (나)

이에 대한 설명으로 옳은 것만을 〈보기〉에서 있는 대로 고른 것은? (단, 공기 저항은 무시한다.)

〈 보기 〉
ㄱ. B는 모래판에 공이 떨어진 경우이다.
ㄴ. 그래프 아랫부분의 넓이는 A와 B가 같다.
ㄷ. 충돌하기 직전 공의 속력은 시멘트 바닥에서와 모래판에서가 같다.
ㄹ. 충돌 과정에서 공이 받은 평균 힘의 크기는 시멘트 바닥에서와 모래판에서가 같다.

① ㄱ, ㄴ ② ㄱ, ㄷ ③ ㄴ, ㄷ
④ ㄴ, ㄹ ⑤ ㄷ, ㄹ

582 상
| 서술형 |

그림 (가)는 야구 선수가 공을 받는 방법을 나타낸 것으로, A는 손을 뒤로 빼면서, B는 손을 움직이지 않고 공을 받는 경우이다. (나)의 P, Q는 (가)의 A, B에서 손이 공으로부터 받는 힘을 시간에 따라 순서 없이 나타낸 것이다. (단, A와 B에서 공은 동일하고, 충돌 직전 공의 속력은 같다.)

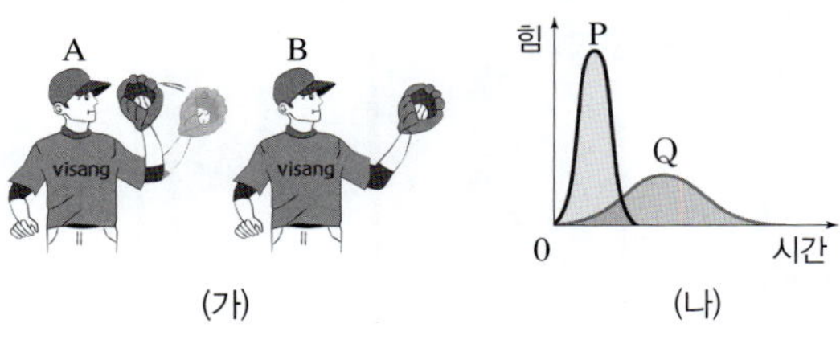

(가) (나)

(1) (나)에서 그래프 아랫부분의 넓이가 의미하는 물리량은 무엇인지 쓰시오.

(2) (나)의 P, Q 중 A를 나타낸 그래프는 어떤 것인지 까닭과 함께 서술하시오.

(3) 날아오는 공을 받을 때, 손의 부상을 줄이기 위해서는 공을 어떻게 받아야 하는지 A, B 중 고르고, 그 까닭을 서술하시오.

583 상

그림 (가)는 질량이 m인 자동차가 v의 속력으로 짚더미에 충돌하는 모습을, (나)는 질량이 $2m$인 자동차가 $2v$의 속력으로 콘크리트 벽에 충돌하는 모습을 나타낸 것이다. 자동차와 짚더미의 충돌 시간은 $2t$이고, 자동차와 콘크리트 벽의 충돌 시간은 t이다. 충돌 후 자동차는 (가)에서와 (나)에서 모두 정지하였고, 자동차는 (가) 또는 (나)에서만 파손되었다.

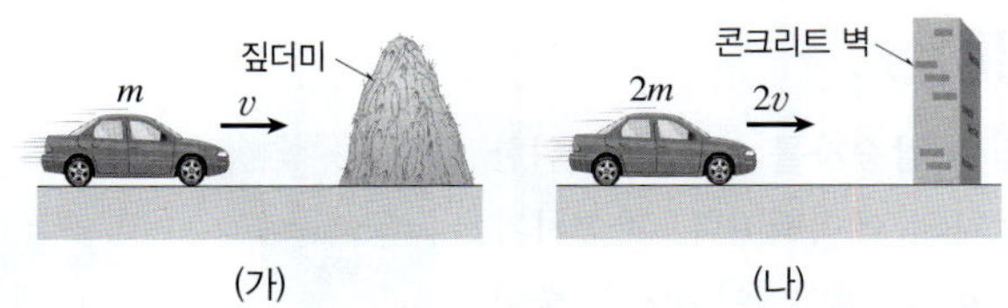

(가) (나)

이에 대한 설명으로 옳은 것만을 〈보기〉에서 있는 대로 고른 것은?

〈 보기 〉
ㄱ. 충돌 과정에서 자동차가 받은 충격량의 크기는 (나)에서가 (가)에서의 4배이다.
ㄴ. 충돌 과정에서 자동차가 받은 평균 힘의 크기는 (나)에서가 (가)에서의 8배이다.
ㄷ. 자동차가 파손된 경우는 (나)이다.

① ㄱ ② ㄷ ③ ㄱ, ㄴ
④ ㄴ, ㄷ ⑤ ㄱ, ㄴ, ㄷ

584 ^하

안전장치 중 주된 원리와 역할이 나머지 넷과 <u>다른</u> 것은?

① 자동차의 안전띠
② 자동차의 에어백
③ 헬멧 안쪽의 스펀지
④ 인명 구조용 에어 매트
⑤ 공기가 충전된 포장재

585 ^하

그림은 충격과 관련된 안전장치이다.

도로에 설치된 보호 난간 　　　농구대 기둥의 스펀지

도로에 설치된 보호 난간은 자동차가 충돌할 때, 사고 피해를 줄여 주고, 농구대 기둥의 스펀지는 사람이 기둥에 부딪혔을 때, 사람이 받는 피해를 줄여 준다.

이 안전장치가 충격을 줄이는 방법에 대한 다음 문장에서 ㉠, ㉡에 알맞은 말을 각각 쓰시오.

움직이던 물체가 충돌에 의해 정지할 때, (㉠)을/를 길게 하면 같은 충격량을 받더라도 물체가 받는 (㉡)의 크기를 줄일 수 있다.

586 ^하

그림은 탑승자를 보호하기 위한 자동차의 에어백이다. 자동차가 충돌할 때, 에어백이 충격을 줄이는 원리에 대한 설명으로 옳은 것만을 〈보기〉에서 있는 대로 고른 것은?

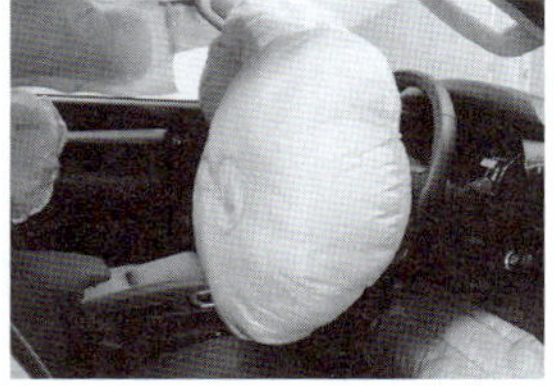

보기
ㄱ. 충격량을 작게 한다.
ㄴ. 충돌 시간을 길게 한다.
ㄷ. 평균 힘의 크기를 작게 한다.

① ㄱ
② ㄷ
③ ㄱ, ㄴ
④ ㄴ, ㄷ
⑤ ㄱ, ㄴ, ㄷ

★빈출 587 ^하

그림은 깨지기 쉬운 제품의 충격을 완화하기 위해 공기가 충전된 포장재로 유리컵을 포장하는 모습이다. 이와 같은 원리가 적용된 경우만을 〈보기〉에서 있는 대로 고른 것은?

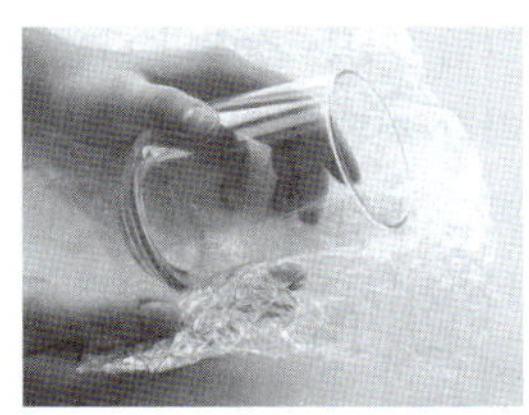

보기
ㄱ. 자동차의 범퍼
ㄴ. 구조용 에어 매트
ㄷ. 보호대 안쪽의 스펀지

① ㄱ
② ㄴ
③ ㄱ, ㄷ
④ ㄴ, ㄷ
⑤ ㄱ, ㄴ, ㄷ

588 ^하

그림은 두꺼운 야구 글러브이다. 날아오는 공을 받을 때, 이에 대한 설명으로 옳은 것만을 〈보기〉에서 있는 대로 고른 것은?

보기
ㄱ. 글러브는 손이 받는 충격량의 크기를 줄여 준다.
ㄴ. 글러브는 손과 공이 충돌하는 시간을 길게 한다.
ㄷ. 공이 정지할 때까지 손이 받는 평균 힘의 크기는 글러브를 끼고 받을 때와 맨손으로 받을 때가 같다.

① ㄴ
② ㄷ
③ ㄱ, ㄴ
④ ㄱ, ㄷ
⑤ ㄱ, ㄴ, ㄷ

★빈출 589 ^하

그림은 착지할 때, 무릎을 살짝 굽혀 땅과의 충돌 피해를 줄이려고 하는 모습이다. 이러한 동작에 적용되는 원리에 대한 설명으로 옳은 것만을 〈보기〉에서 있는 대로 고른 것은?

보기
ㄱ. 사람이 힘을 받는 시간이 길어진다.
ㄴ. 사람이 받는 충격량의 크기가 감소한다.
ㄷ. 사람이 받는 평균 힘의 크기가 감소한다.

① ㄱ
② ㄴ
③ ㄱ, ㄴ
④ ㄴ, ㄷ
⑤ ㄱ, ㄴ, ㄷ

590 충

그림은 높이뛰기 선수가 매트 위로 착지하는 모습이다. 매트를 사용하는 목적과 관련이 있는 원리에 해당하는 것만을 〈보기〉에서 있는 대로 고른 것은?

─── 보기 ───
ㄱ. 물체의 질량이 클수록 관성이 크다.
ㄴ. 물체가 받은 충격량이 클수록 운동량이 많이 변한다.
ㄷ. 충격량이 일정할 때, 힘이 작용한 시간이 길수록 평균 힘의 크기가 감소한다.

① ㄱ   ② ㄷ   ③ ㄱ, ㄴ
④ ㄴ, ㄷ   ⑤ ㄱ, ㄴ, ㄷ

591 충

그림은 글러브를 낀 포수가 날아오는 야구공을 받는 모습이다. 날아오는 공을 받을 때, 이에 대한 설명으로 옳은 것만을 〈보기〉에서 있는 대로 고른 것은?

─── 보기 ───
ㄱ. 손을 앞으로 뻗으면서 받는 경우 손이 받는 충격량의 크기가 커진다.
ㄴ. 손을 뒤로 빼면서 받는 경우 손이 받는 평균 힘의 크기가 작아진다.
ㄷ. 포수의 글러브에 충전재를 더 넣고 공을 받으면 손에 힘이 작용하는 시간이 길어진다.

① ㄱ   ② ㄷ   ③ ㄱ, ㄴ
④ ㄴ, ㄷ   ⑤ ㄱ, ㄴ, ㄷ

592 충

그림은 안전성 진단을 위해 자동차를 벽에 충돌시키는 실험을 나타낸 것이다. 이에 대한 설명으로 옳은 것만을 〈보기〉에서 있는 대로 고른 것은?

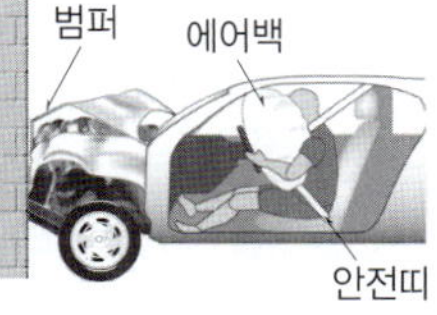

─── 보기 ───
ㄱ. 안전띠는 관성에 의한 사고를 대비한 안전장치이다.
ㄴ. 범퍼는 단단할수록 벽과 충돌하는 시간이 길어진다.
ㄷ. 에어백은 사람에게 작용하는 평균 힘의 크기를 줄여 준다.

① ㄱ   ② ㄴ   ③ ㄱ, ㄷ
④ ㄴ, ㄷ   ⑤ ㄱ, ㄴ, ㄷ

593 충

그림은 높은 곳에서 떨어지는 사람을 구조하기 위한 에어 매트이다. 이와 같은 원리로 설명할 수 있는 현상을 〈보기〉에서 있는 대로 고른 것은?

─── 보기 ───
ㄱ. 빨대 속에 면봉을 넣고 빨대를 불 때, 빨대의 길이가 길수록 면봉이 더 멀리까지 날아간다.
ㄴ. 잘 찌그러지는 재질의 범퍼를 사용하면 자동차의 충돌 사고가 일어났을 때, 운전자의 부상을 줄일 수 있다.
ㄷ. 노를 세게 저을수록 배가 빠르게 앞으로 나아간다.

① ㄱ   ② ㄴ   ③ ㄱ, ㄷ
④ ㄴ, ㄷ   ⑤ ㄱ, ㄴ, ㄷ

594 충 | 서술형 |

그림과 같이 학교 주변 도로에서는 안전을 위해 자동차가 천천히 운행하도록 규정 속도를 정하여 안내하고 있다. 학교 주변 도로에서 자동차의 속도를 제한하는 까닭을 자동차의 운동량과 충격량과 관련지어 서술하시오.

595 상 | 서술형 |

그림 (가)는 자동차 충돌 사고가 일어났을 때, 자동차의 범퍼가 찌그러진 모습이고, (나)는 자동차의 범퍼 앞부분에 단단한 철제 보호대를 설치한 모습이다.

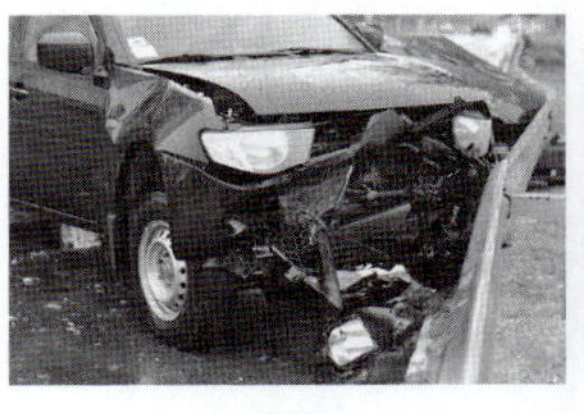

(가)   (나)

(나)와 같이 범퍼 앞부분에 단단한 철제 보호대를 설치하면 자동차 충돌 사고가 일어났을 때, 위험한 까닭을 서술하시오.

최고 수준 도전 기출

596

표는 행성 A~D에서 물체의 질량을 나타낸 것이고, 그림은 행성 A~D에서 물체를 자유 낙하 시켰을 때, 물체의 속력을 시간에 따라 나타낸 것이다.

행성	물체의 질량(kg)
A	10
B	20
C	50
D	100

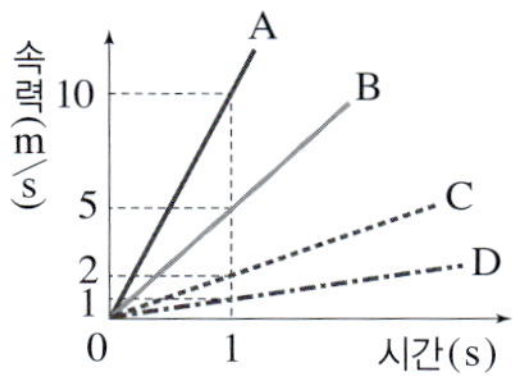

이에 대한 설명으로 옳은 것만을 〈보기〉에서 있는 대로 고른 것은?

〈보기〉
ㄱ. A~D에서 행성의 중력 가속도의 크기는 모두 같다.
ㄴ. A~D에서 각 물체에 작용하는 중력의 크기는 모두 같다.
ㄷ. B에서 자유 낙하 시킨 물체를 A로 가져가 자유 낙하 시키면 B에서 자유 낙하시켰을 때와 가속도의 크기가 같다.

① ㄱ 　　② ㄴ 　　③ ㄱ, ㄷ
④ ㄴ, ㄷ 　　⑤ ㄱ, ㄴ, ㄷ

597

그림과 같이 동일한 물체 A, B, C를 수평면으로부터 높이가 각각 $9h$, $4h$, h인 곳에서 동시에 가만히 놓아 자유 낙하 시켰다. C는 가만히 놓은 순간부터 1초가 지났을 때, 수평면에 도달하였다.

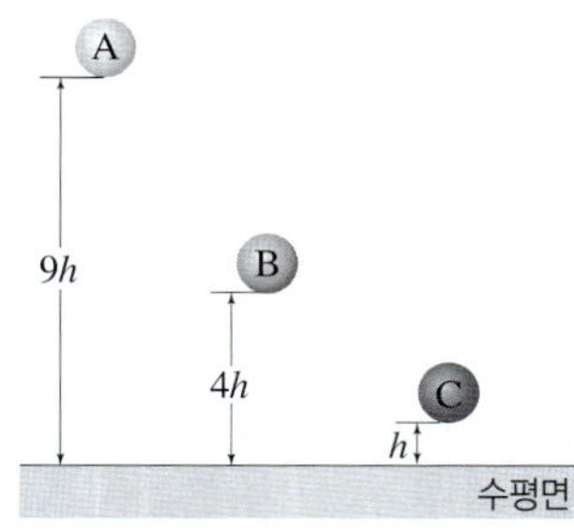

수평면에 도달하는 순간 A, B의 속력을 각각 v_A, v_B라고 할 때, $v_A : v_B$는? (단, 중력 가속도는 9.8 m/s^{2}이고, 물체의 크기와 공기 저항은 무시한다.)

① 1 : 1 　　② 2 : 1 　　③ 3 : 1
④ 3 : 2 　　⑤ 4 : 1

598

그림은 지구의 P 지점에서 동일한 물체 A, B를 수평 방향으로 각각 v_A, v_B의 속력으로 발사한 모습을 나타낸 것으로, A는 완전한 원 궤도를 따라 운동하고, B는 타원 궤도를 따라 운동한다.

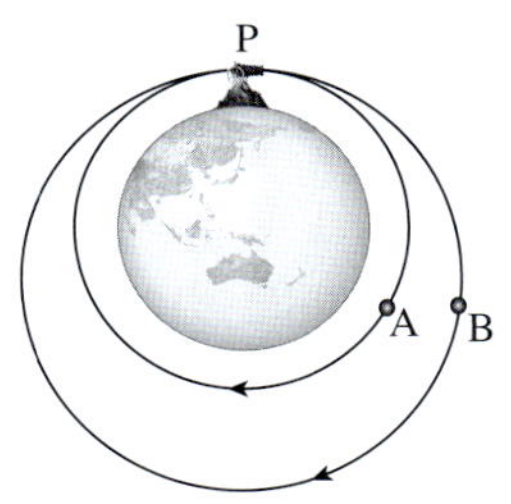

이에 대한 설명으로 옳은 것만을 〈보기〉에서 있는 대로 고른 것은? (단, 지구는 완전한 구형이고, 공기 저항은 무시한다.)

〈보기〉
ㄱ. 수평 방향으로 발사한 A의 속력이 v_A보다 작으면 A는 지면에 떨어진다.
ㄴ. $v_A < v_B$이다.
ㄷ. B에 작용하는 중력의 크기의 최솟값은 A에 작용하는 중력의 크기와 같다.

① ㄱ 　　② ㄷ 　　③ ㄱ, ㄴ
④ ㄴ, ㄷ 　　⑤ ㄱ, ㄴ, ㄷ

599

그림과 같이 건물의 옥상에서 물체 A를 수평 방향으로 던지는 동시에 같은 높이에서 B를 자유 낙하 시켰다. A와 B가 지면에 도달할 때까지 A와 B의 운동을 나타낸 그래프로 옳은 것은? (단, 공기 저항은 무시하고, 지면에 도달할 때까지 A와 B는 충돌하지 않는다.)

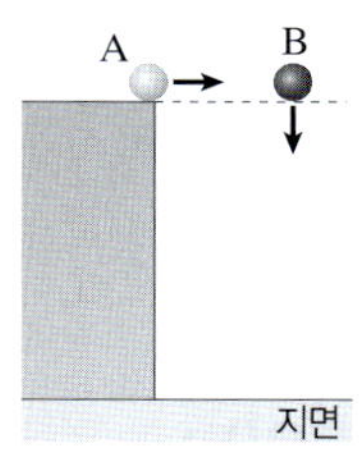

① A의 연직 방향
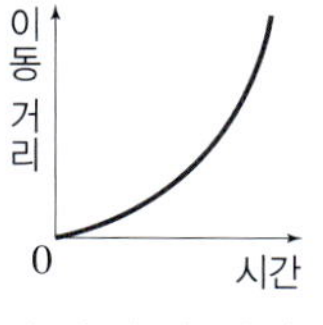

② B의 연직 방향
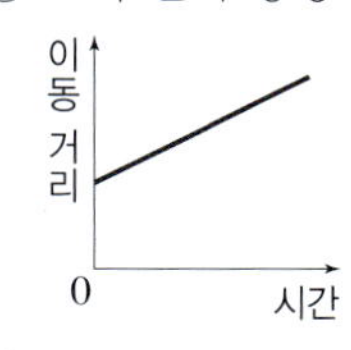

③ A의 연직 방향
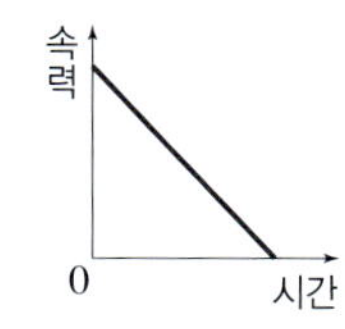

④ A의 수평 방향
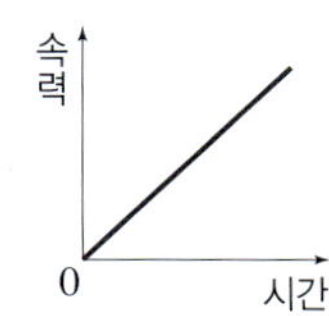

⑤ B의 연직 방향
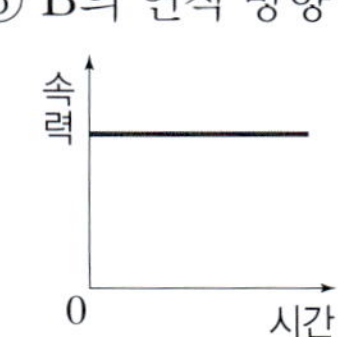

600

그림은 질량이 2 kg인 공을 지면으로부터 높이가 19.6 m인 곳에서 가만히 놓았더니 2초 후 지면에 충돌한 후 9.8 m/s의 속력으로 튀어 오르는 모습을 나타낸 것이다. 이에 대한 설명으로 옳은 것만을 〈보기〉에서 있는 대로 고른 것은? (단, 중력 가속도는 9.8 m/s²이고, 물체는 직선상에서 운동하며, 물체의 크기와 공기 저항은 무시한다.)

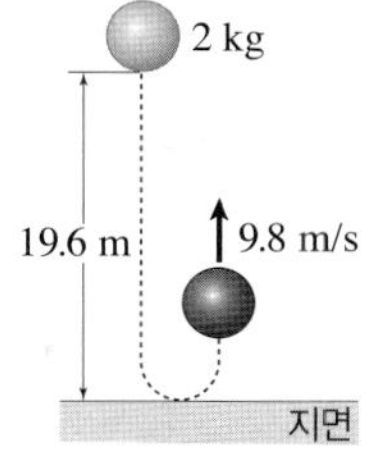

─── 보기 ───
ㄱ. 충돌 직전 공의 운동량의 크기는 39.2 kg·m/s이다.
ㄴ. 충돌하는 동안 공이 받은 충격량의 크기는 19.6 N·s이다.
ㄷ. 충돌하는 동안 공이 받은 충격량의 크기는 공의 운동량의 변화량보다 작다.

① ㄱ　　　　　② ㄷ　　　　　③ ㄱ, ㄴ
④ ㄴ, ㄷ　　　　⑤ ㄱ, ㄴ, ㄷ

601

그림 (가)는 마찰이 없는 수평면에 정지해 있던 질량이 m인 물체 A와 질량이 $2m$인 물체 B에 각각 힘 F_A와 F_B를 수평 방향으로 작용하여 나란하게 직선 운동시키는 모습을 나타낸 것이고, (나)는 힘이 작용하기 시작한 순간부터 힘 F_A와 F_B를 시간에 따라 나타낸 것이다.

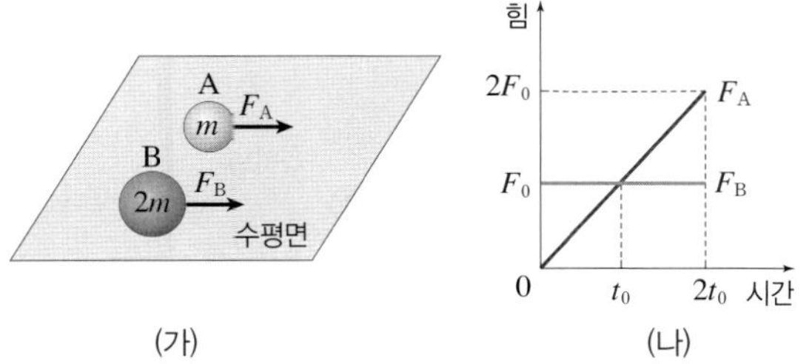

이에 대한 설명으로 옳은 것만을 〈보기〉에서 있는 대로 고른 것은? (단, 모든 마찰과 공기 저항은 무시한다.)

─── 보기 ───
ㄱ. 0초부터 t_0까지 물체가 받은 충격량의 크기는 A와 B가 같다.
ㄴ. t_0일 때, 속력은 A와 B가 같다.
ㄷ. $2t_0$일 때, 운동량의 크기는 A가 B보다 크다.

① ㄱ　　　　　② ㄴ　　　　　③ ㄱ, ㄷ
④ ㄴ, ㄷ　　　　⑤ ㄱ, ㄴ, ㄷ

602

그림 (가)는 수평면에서 벽을 향해 운동하던 물체 A 또는 B가 벽과 충돌한 후 반대 방향으로 튀어나오는 모습을 나타낸 것이고, (나)는 물체 A와 B가 벽과 충돌하는 동안 받는 힘을 시간에 따라 나타낸 것이다. A와 B의 질량과 벽과 충돌하기 직전의 속력은 같고, 그래프 아랫부분의 넓이는 A가 B의 $\frac{2}{3}$ 배이다.

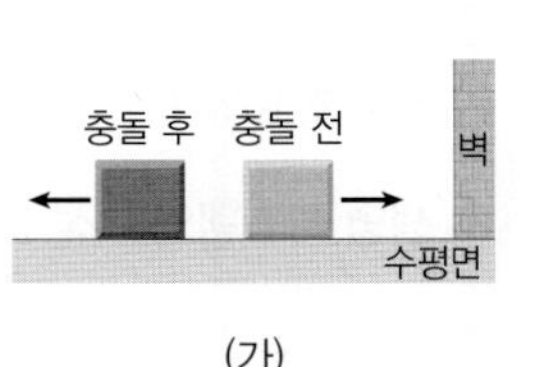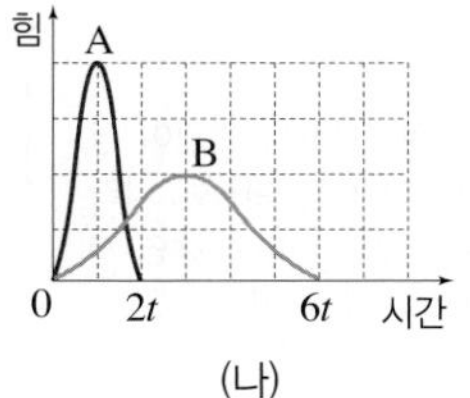

이에 대한 설명으로 옳은 것만을 〈보기〉에서 있는 대로 고른 것은? (단, 모든 마찰과 공기 저항은 무시한다.)

─── 보기 ───
ㄱ. 벽으로부터 받은 충격량의 크기는 A가 B의 $\frac{2}{3}$ 배이다.
ㄴ. 벽과 충돌 직후 속력은 B가 A보다 크다.
ㄷ. 벽으로부터 받은 평균 힘의 크기는 A가 B의 2배이다.

① ㄱ　　　　　② ㄴ　　　　　③ ㄱ, ㄷ
④ ㄴ, ㄷ　　　　⑤ ㄱ, ㄴ, ㄷ

603

그림은 빨대의 입구에 공을 넣고 수평 방향으로 부는 모습을 나타낸 것이다. 표는 질량만 다른 공 A와 B의 물리량을 비교한 것으로, ⊙과 ⓒ은 빨대를 떠나는 순간의 속력과 운동량의 크기를 순서 없이 나타낸 것이다. 질량은 A가 B보다 크고, 빨대 속에서 받은 충격량의 크기는 A와 B가 같다.

물리량	크기 비교
⊙	A가 B보다 작다.
ⓒ	ⓒ
힘을 받은 시간	A가 B보다 길다.

이에 대한 설명으로 옳은 것만을 〈보기〉에서 있는 대로 고른 것은? (단, 모든 마찰과 공기 저항은 무시한다.)

─── 보기 ───
ㄱ. ⊙은 '빨대를 떠나는 순간의 속력'이다.
ㄴ. ⓒ은 'A와 B가 같다.'이다.
ㄷ. 빨대 속에서 공이 받은 평균 힘의 크기는 A가 B보다 작다.

① ㄱ　　　　　② ㄴ　　　　　③ ㄱ, ㄷ
④ ㄴ, ㄷ　　　　⑤ ㄱ, ㄴ, ㄷ

21 생명 시스템과 세포

A 생명 시스템의 구성

1 생명 시스템 구성 요소 사이의 상호작용으로 생명 현상이 나타나는 체계이다. 생명체는 몸을 구성하는 여러 요소가 상호작용하며 다양한 생명활동을 수행하는 하나의 생명 시스템으로, 외부 환경요인과도 끊임없이 상호작용한다.

2 생명 시스템의 구성 단계 세포 → 조직 → 기관 → 개체 → 다세포생물의 구성 단계

세포	생명 시스템을 구성하는 구조적·기능적 단위
❶ ☐☐	모양과 기능이 비슷한 세포의 모임
❷ ☐☐	여러 조직이 모여 고유한 형태와 기능을 나타내는 것
개체	여러 기관이 모여 정교한 체계를 갖추고 독립적으로 생명활동을 하는 하나의 생명체 → 단세포생물의 경우 하나의 세포가 하나의 개체를 이룬다.

① 동물의 구성 단계: 세포 → 조직 → 기관 → ❸ ☐☐☐ → 개체
② 식물의 구성 단계: 세포 → 조직 → ❹ ☐☐☐ → 기관 → 개체

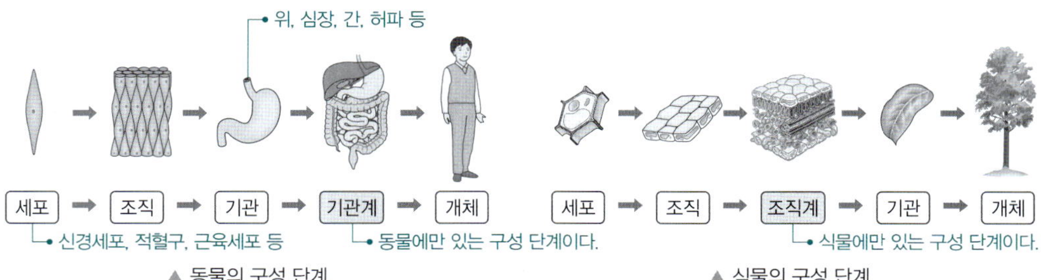

B 세포의 구조와 기능

1 세포의 구조 세포는 세포막으로 둘러싸여 있으며, 내부는 핵과 세포질로 구분된다. 세포질에는 다양한 세포소기관이 있다.

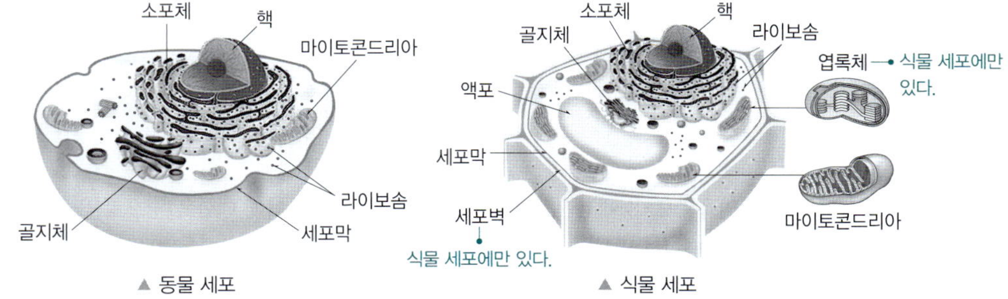

2 세포소기관의 기능

❺ ☐	유전정보를 저장하고 있는 DNA가 있어 세포의 구조와 기능을 결정하고, 생명 활동을 조절한다. 핵막으로 둘러싸여 있다.
❻ ☐☐☐☐	DNA의 유전정보에 따라 아미노산을 연결하여 단백질을 합성하는 장소이다. 작은 알갱이 모양으로, 막으로 둘러싸여 있지 않다. → 소포체에 붙어 있거나 세포질에 존재한다.

소포체	라이보솜에서 합성한 단백질을 골지체나 세포의 다른 곳으로 운반하는 통로 역할을 한다. 막으로 둘러싸인 납작한 주머니와 관으로 되어 있으며, 핵막과 연결되어 있다.
❼ ☐☐☐	세포에서 합성한 단백질을 세포 밖으로 분비하는 데 관여한다. 막으로 둘러싸인 납작한 주머니가 포개져 있는 모양이다. → 소포체에서 운반된 단백질 등을 저장했다가 막으로 싸서 세포 밖으로 분비하며, 단백질의 변형이 일어나기도 한다.
마이토콘드리아	산소를 이용하여 유기물을 분해하는 세포호흡이 일어나 세포가 생명활동을 하는 데 사용하는 에너지를 생산한다. 막으로 둘러싸여 있다.
❽ ☐☐☐	빛에너지를 흡수하여 이산화 탄소와 물을 원료로 포도당을 합성하는 광합성이 일어난다. 막으로 둘러싸여 있다.
액포	물, 색소, 노폐물 등을 저장하며, 성숙한 식물 세포에 크게 발달해 있다. 막으로 둘러싸여 있다.
세포막	세포를 둘러싸고 있는 얇은 막으로, 세포 내부를 외부와 분리하여 독립된 공간으로 만든다. 세포 안팎으로의 물질 출입을 조절한다.
❾ ☐☐☐	식물 세포의 세포막 바깥에 있는 단단한 벽으로, 세포를 보호하고 세포의 형태를 유지한다. → 주성분은 셀룰로스이다.

① 에너지 전환에 관여하는 세포소기관
• 엽록체: 광합성을 통해 빛에너지를 포도당의 ❿ ☐☐ 에너지로 전환한다. → 식물 세포에만 있다.
• 마이토콘드리아: 세포호흡을 통해 유기물의 화학 에너지를 세포가 생명활동에 사용하는 형태의 화학 에너지(ATP)로 전환한다. → 동물 세포와 식물 세포에 모두 있다.
② 단백질의 합성과 이동에 관여하는 세포소기관: 핵 속에 있는 DNA의 유전정보에 따라 ⓫ ☐☐ ☐ 에서 단벽질을 합성한다. → 합성된 단백질은 ⓬ ☐☐☐ 를 통해 골지체로 이동한다.
→ 골지체에서 단백질을 막으로 싸서 소낭을 형성한다. → 소낭이 세포막과 합쳐지면서 단백질이 세포 밖으로 분비된다.

빈출 자료 보기

정답과 해설 49쪽 ▶▶

604 그림 (가)와 (나)는 식물과 동물의 구성 단계를 순서 없이 나타낸 것이다.

(가) 세포 ➡ 조직 ➡ A ➡ 기관계 ➡ 개체

(나) 세포 ➡ B ➡ C ➡ 기관 ➡ 개체

이에 대한 설명으로 옳은 것은 ○, 옳지 <u>않은</u> 것은 ×로 표시하시오.

(1) 세포는 생명 시스템의 기본 단위이다.　　　(　　)
(2) A는 기관, B는 조직, C는 조직계이다.　　　(　　)
(3) A는 모양과 기능이 비슷한 세포들로 구성된다.　　　(　　)
(4) A는 동물과 식물에 모두 있는 구성 단계이다.　　　(　　)
(5) 심장은 A의 예에 해당한다.　　　(　　)
(6) 표피조직은 B의 예에 해당한다.　　　(　　)
(7) C는 식물에는 없고, 동물에만 있는 구성 단계이다.　　　(　　)
(8) 잎은 C의 예에 해당한다.　　　(　　)
(9) 순환계와 호흡계는 기관의 예에 해당한다.　　　(　　)

605 그림 (가)와 (나)는 식물 세포와 동물 세포의 구조를 순서 없이 나타낸 것이다. A~H는 각각 골지체, 라이보솜, 마이토콘드리아, 세포막, 세포벽, 소포체, 엽록체, 핵 중 하나이다.

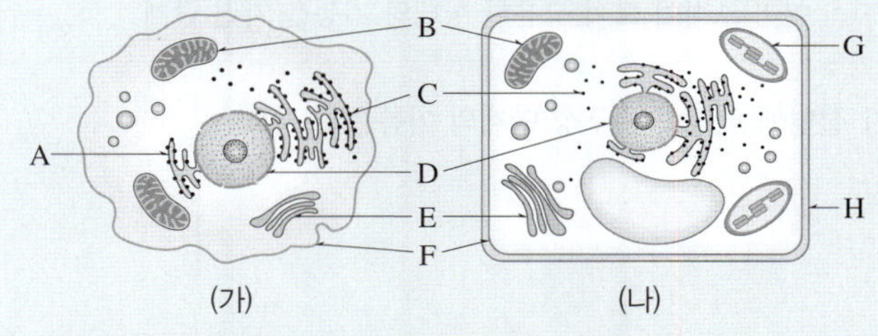

이에 대한 설명으로 옳은 것은 ○, 옳지 <u>않은</u> 것은 ×로 표시하시오.

(1) (가)는 식물 세포이고, (나)는 동물 세포이다.　　　(　　)
(2) A와 E는 단백질의 이동에 관여한다.　　　(　　)
(3) B에서 빛에너지를 이용하여 포도당을 합성한다.　　　(　　)
(4) C에서 단백질이 합성된다.　　　(　　)
(5) D에는 유전물질인 DNA가 들어 있다.　　　(　　)
(6) F는 세포 안팎으로 물질이 출입하는 것을 조절한다.　　　(　　)
(7) A와 G는 동물 세포와 식물 세포 모두에서 볼 수 있다.　　　(　　)
(8) 에너지 전환이 일어나는 세포소기관은 B와 G이다.　　　(　　)

A 생명 시스템의 구성

606 하

다음은 생명 시스템에 대한 학생 A~C의 대화 내용이다.

제시한 내용이 옳은 학생만을 있는 대로 고른 것은?

① A ② C ③ A, B
④ B, C ⑤ A, B, C

607 하

다음은 생명 시스템의 구성 단계인 세포, 조직, 기관, 개체에 대한 설명을 순서 없이 나열한 것이다.

> ㉠ 모양과 기능이 비슷한 세포가 모인 단계
> ㉡ 여러 기관이 모여 독립적으로 생명활동을 할 수 있는 단계
> ㉢ 생명 시스템을 이루는 기본 단위
> ㉣ 여러 조직이 모여 고유한 형태와 기능을 가진 단계

각 설명에 해당하는 구성 단계의 이름을 쓰시오.

608 하

식물의 구성 단계를 순서대로 옳게 나열한 것은?

① 세포 → 조직 → 조직계 → 기관 → 개체
② 세포 → 조직 → 기관 → 기관계 → 개체
③ 조직 → 세포 → 기관 → 기관계 → 개체
④ 조직 → 조직계 → 기관 → 세포 → 개체
⑤ 기관 → 조직 → 기관계 → 세포 → 개체

★빈출 609 중

그림은 생명 시스템의 구성 단계를 나타낸 것이다.

이에 대한 설명으로 옳지 않은 것만을 모두 고르면?(2개)

① 세포는 생명 시스템을 구성하는 구조적 단위이다.
② 세포는 생명활동이 일어나는 기능적 단위이다.
③ 단세포생물에서는 세포 하나가 곧 하나의 개체이다.
④ (가)는 크기와 모양이 비슷한 세포가 모여 구성된다.
⑤ 다양한 (가)가 모여 고유한 형태와 기능을 가진 (나)를 이룬다.
⑥ 식물에서는 (나)가 모여 조직계를 이룬다.
⑦ 사람은 (나) 단계부터 독립적인 생명활동이 가능하다.

610 중

다음은 동물의 구성 단계를 나타낸 것이다.

> (가) → 조직 → (나) → (다) → 개체

이에 대한 설명으로 옳은 것만을 〈보기〉에서 있는 대로 고른 것은?

> ─〈 보기 〉─
> ㄱ. (가)는 세포, (다)는 기관계이다.
> ㄴ. 소화계는 (나)의 예에 해당한다.
> ㄷ. (나)는 여러 종류의 조직으로 구성되어 있다.
> ㄹ. (다)는 식물에도 있는 구성 단계이다.

① ㄱ, ㄴ ② ㄱ, ㄷ ③ ㄴ, ㄹ
④ ㄱ, ㄷ, ㄹ ⑤ ㄴ, ㄷ, ㄹ

611 중

| 서술형 |

그림은 사람의 구성 단계를 나타낸 것이다.

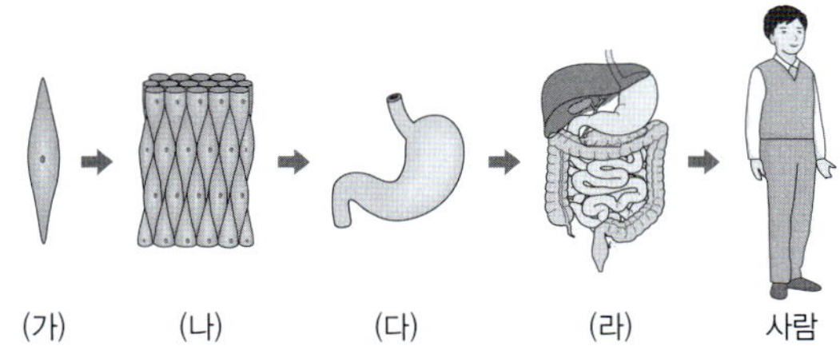

(1) (다)에 해당하는 예를 두 가지만 쓰시오.

(2) (가)~(라) 중 동물에만 있는 구성 단계를 고르고, 그 단계의 특징을 예를 포함하여 서술하시오.

612   (상)

표는 생물 (가)와 (나)에서 구성 단계 A~C의 유무를 나타낸 것이다. (가)와 (나)는 개와 소나무를 순서 없이 나타낸 것이고, A~C는 기관, 조직, 조직계를 순서 없이 나타낸 것이다.

구분	A	B	C
(가)	㉠	없음	㉢
(나)	있음	㉡	있음

이에 대한 설명으로 옳은 것만을 〈보기〉에서 있는 대로 고른 것은?

---- 보기 ----
ㄱ. ㉠~㉢은 모두 '있음'이다.
ㄴ. 식물의 줄기는 B의 예에 해당한다.
ㄷ. (가)는 개이고, (나)는 소나무이다.

① ㄱ ② ㄴ ③ ㄱ, ㄷ
④ ㄴ, ㄷ ⑤ ㄱ, ㄴ, ㄷ

B 세포의 구조와 기능

세포소기관의 구조와 기능

613  (하) 이 문제에서 볼 수 있는 보기는 多

세포에 대한 설명으로 옳지 <u>않은</u> 것만을 모두 고르면?(2개)

① 세포막에 의해 세포 안과 주변 환경이 분리된다.
② 동물 세포의 내부는 핵과 세포질로 구분된다.
③ 식물 세포의 세포질에는 엽록체, 마이토콘드리아, 라이보솜 등과 같은 세포소기관이 존재한다.
④ 세포소기관은 유기적으로 상호작용하여 생명활동을 수행한다.
⑤ 한 생물을 이루는 세포는 모양과 기능이 모두 같다.
⑥ 아메바와 같은 단세포생물은 하나의 세포로 모든 생명활동을 수행한다.
⑦ 독립된 생명 시스템으로, 외부와 상호작용하지 않는다.

614 (하)

다음과 같은 특징을 가지는 세포소기관은?

유전정보를 저장하고 있는 DNA가 있어 세포의 구조와 기능을 결정하고 생명활동을 조절한다.

①  ② 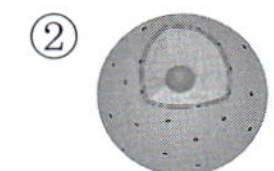 ③ 

④ 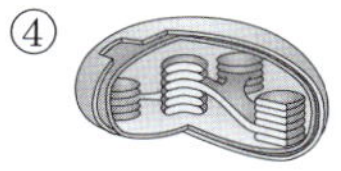 ⑤ 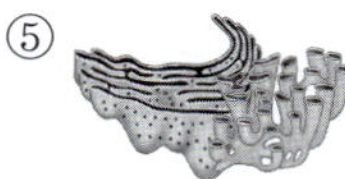

615 (하)

다음은 여러 세포소기관의 특징을 나타낸 것이다.

㉠ 단백질의 합성 장소이다.
㉡ 물, 색소, 노폐물 등을 저장한다.
㉢ 세포 내 물질의 이동 통로이다.

㉠~㉢에 해당하는 세포소기관을 옳게 짝 지은 것은?

	㉠	㉡	㉢
①	라이보솜	액포	핵
②	라이보솜	액포	소포체
③	라이보솜	골지체	소포체
④	핵	소포체	액포
⑤	핵	액포	소포체

[616~617] 그림은 세포소기관 A와 B의 구조를 나타낸 것이다. A와 B는 각각 마이토콘드리아와 엽록체 중 하나이다.

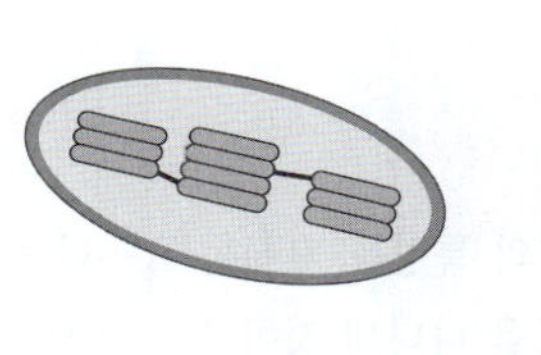 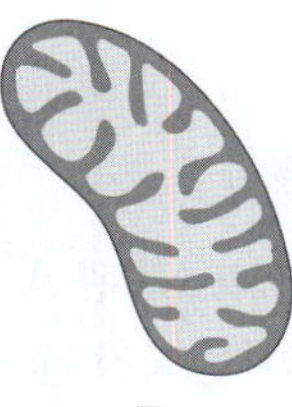

616 (중)

이에 대한 설명으로 옳은 것은?

① A는 세포호흡이 일어나는 장소이다.
② B는 이산화 탄소를 흡수하고, 산소를 방출한다.
③ A와 B는 모두 이중막으로 둘러싸여 있다.
④ A는 포도당 분해에, B는 포도당 합성에 관여한다.
⑤ A는 식물 세포에만 있고, B는 동물 세포에만 있다.

617 (중) | 서술형 |

A와 B의 이름과 그 세포소기관에서 일어나는 에너지 전환을 각각 서술하시오.

618 중

그림은 라이보솜, 소포체, 엽록체를 특징에 따라 구분하는 과정을 나타낸 것이다.

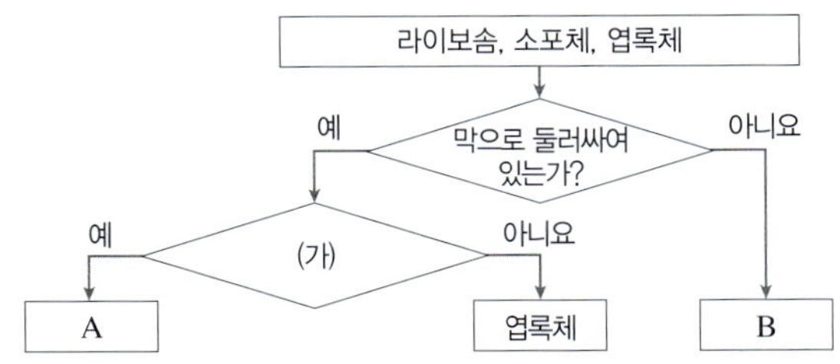

이에 대한 설명으로 옳은 것만을 〈보기〉에서 있는 대로 고른 것은?

─── 보기 ───
ㄱ. A는 단백질이 이동하는 통로가 된다.
ㄴ. B는 유전정보에 따라 단백질을 합성하는 장소이다.
ㄷ. '동물 세포에 존재하는가?'는 (가)에 해당한다.

① ㄱ ② ㄷ ③ ㄱ, ㄴ
④ ㄴ, ㄷ ⑤ ㄱ, ㄴ, ㄷ

619 중

표 (가)는 세포소기관 A~C의 특징을, (나)는 A~C 중 일부 또는 모두가 가진 특징 ㉠~㉢을 나타낸 것이다. A~C는 각각 라이보솜, 마이토콘드리아, 엽록체 중 하나이다.

세포소기관	특징
A	단백질합성이 일어나는 장소이다.
B	유기물을 분해하여 에너지를 생산한다.
C	광합성이 일어난다.

(가)

특징
㉠ 막으로 둘러싸여 있다.
㉡ 에너지 전환에 관여한다.
㉢ 동물 세포와 식물 세포에 모두 존재한다.

(나)

이에 대한 설명으로 옳은 것만을 〈보기〉에서 있는 대로 고른 것은?

─── 보기 ───
ㄱ. ㉠은 A~C중 A만 가지는 특징이다.
ㄴ. B는 ㉠~㉢을 모두 가진다.
ㄷ. C가 존재하는 세포에서는 세포벽이 관찰된다.

① ㄱ ② ㄷ ③ ㄱ, ㄴ
④ ㄴ, ㄷ ⑤ ㄱ, ㄴ, ㄷ

빈출
620 상

표 (가)는 세포소기관 A~C에서 특징 ㉠~㉢의 유무를, (나)는 ㉠~㉢을 순서 없이 나타낸 것이다. A~C는 각각 세포막, 엽록체, 핵 중 하나이다.

특징 세포소기관	㉠	㉡	㉢
A	○	○	×
B	○	ⓐ	?
C	ⓑ	×	○

(○: 있음, ×: 없음)

(가)

특징(㉠~㉢)
• 동물 세포에서 관찰할 수 있다.
• 물과 이산화 탄소를 원료로 포도당을 합성한다.
• 세포의 생명활동을 조절한다.

(나)

이에 대한 설명으로 옳은 것만을 〈보기〉에서 있는 대로 고른 것은?

─── 보기 ───
ㄱ. A는 핵이다.
ㄴ. B는 주변 환경과 세포를 분리하고, 세포 안팎으로의 물질 출입을 조절한다.
ㄷ. ㉡은 '동물 세포에서 관찰할 수 있다.'이다.
ㄹ. ⓐ와 ⓑ는 모두 '×'이다.

① ㄱ, ㄴ ② ㄱ, ㄷ ③ ㄷ, ㄹ
④ ㄱ, ㄴ, ㄹ ⑤ ㄴ, ㄷ, ㄹ

빈출
621 상

표 (가)는 세포소기관 A~C에서 특징 ㉠~㉢의 유무를, (나)는 ㉠~㉢을 순서 없이 나타낸 것이다. A~C는 각각 마이토콘드리아, 액포, 엽록체 중 하나이다.

특징 세포소기관	㉠	㉡	㉢
A	○	○	○
B	○	○	×
C	×	○	×

(○: 있음, ×: 없음)

(가)

특징(㉠~㉢)
• 빛에너지를 화학 에너지로 전환한다.
• 식물 세포에 존재한다.
• 이중막으로 둘러싸여 있다.

(나)

이에 대한 설명으로 옳은 것만을 〈보기〉에서 있는 대로 고른 것은?

─── 보기 ───
ㄱ. A는 엽록체이다.
ㄴ. C는 물, 색소, 노폐물을 저장한다.
ㄷ. '이중막으로 둘러싸여 있다.'는 ㉠이다.

① ㄱ ② ㄷ ③ ㄱ, ㄴ
④ ㄴ, ㄷ ⑤ ㄱ, ㄴ, ㄷ

622 상

표 (가)는 세포소기관 A~C에서 특징 ㉠~㉢의 유무를, (나)는 ㉠~㉢을 순서 없이 나타낸 것이다. A~C는 각각 골지체, 소포체, 세포벽 중 하나이다.

특징 세포 소기관	㉠	㉡	㉢
A	없음	있음	있음
B	없음	있음	없음
C	있음	없음	없음

(가)

특징(㉠~㉢)
• 토끼의 간세포에서 관찰된다.
• 주성분은 셀룰로스이다.
• 단백질을 세포 밖으로 분비한다.

(나)

이에 대한 설명으로 옳은 것만을 〈보기〉에서 있는 대로 고른 것은?

─── 보기 ───
ㄱ. A의 막은 핵막과 연결되어 있다.
ㄴ. B는 소포체이다.
ㄷ. '주성분은 셀룰로스이다.'는 ㉠이다.

① ㄱ　　② ㄷ　　③ ㄱ, ㄴ　　④ ㄴ, ㄷ　　⑤ ㄱ, ㄴ, ㄷ

동물 세포의 구조와 기능

623 하

동물 세포에 대한 설명으로 옳은 것만을 〈보기〉에서 있는 대로 고른 것은?

─── 보기 ───
ㄱ. 라이보솜에서 단백질이 합성된다.
ㄴ. 마이토콘드리아에서 에너지 전환이 일어난다.
ㄷ. 세포벽을 경계로 외부와 독립된 공간이 형성된다.

① ㄱ　　② ㄷ　　③ ㄱ, ㄴ　　④ ㄴ, ㄷ　　⑤ ㄱ, ㄴ, ㄷ

624 중

그림은 동물 세포의 구조를 나타낸 것이다. A~E는 각각 골지체, 라이보솜, 마이토콘드리아, 소포체, 핵 중 하나이다. 이에 대한 설명으로 옳지 않은 것은?

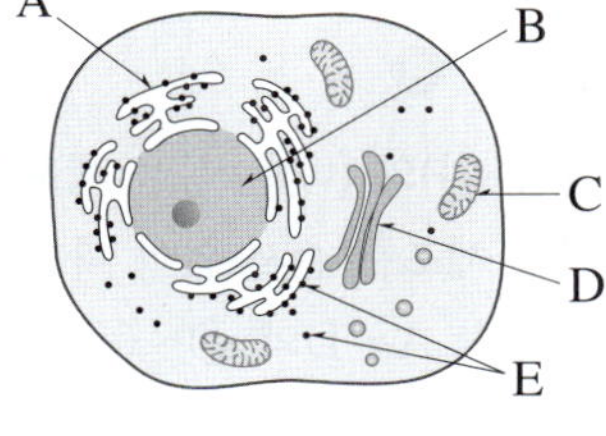

① A – 단백질의 이동 통로인 소포체이다.
② B – 유전물질이 있어 생명활동을 조절하는 핵이다.
③ C – 세포에서 쓰이는 에너지를 생산하는 마이토콘드리아이다.
④ D – 단백질의 이동에 관여하는 골지체이다.
⑤ E – 아미노산을 합성하는 장소인 라이보솜이다.

[625~626] 그림은 동물 세포의 구조를 나타낸 것이다. A~E는 골지체, 라이보솜, 마이토콘드리아, 소포체, 핵을 순서 없이 나타낸 것이다.

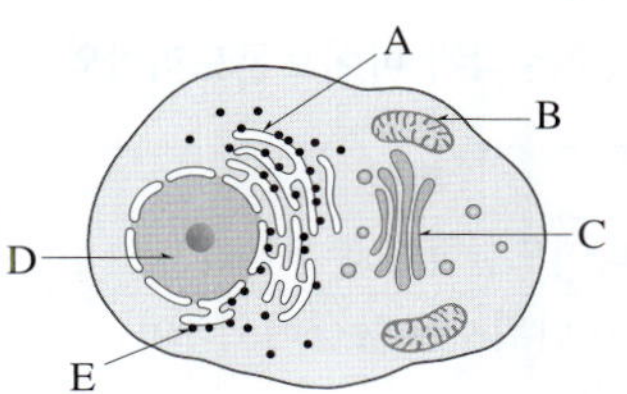

625 중

 이 문제에서 볼 수 있는 보기는 多

이에 대한 설명으로 옳은 것만을 모두 고르면?(2개)

① A는 DNA의 유전정보에 따라 아미노산을 연결하여 단백질을 합성한다.
② B는 빛에너지를 흡수하여 포도당을 합성한다.
③ B는 근육세포와 같이 에너지가 많이 필요한 세포에 많이 들어 있다.
④ C는 노폐물과 양분을 저장한다.
⑤ D에는 DNA와 RNA가 모두 존재한다.
⑥ E는 모두 소포체에 붙어 있다.
⑦ A~E 중 막으로 둘러싸인 세포소기관은 3개이다.

626 중

A~E의 막 구조를 옳게 짝 지은 것은?

	막 없음	단일막 구조	이중막 구조
①	A	B, D	C, E
②	B, D	A, E	C
③	C, E	B, D	A
④	E	A, C	B, D
⑤	E	B, D	A, C

627 중

| 서술형 |

그림은 어떤 동물 세포의 구조를, 표는 A~C의 특징을 순서 없이 나타낸 것이다. ㉠~㉢은 A~C를 순서 없이 나타낸 것이며, A~C는 각각 라이보솜, 마이토콘드리아, 핵 중 하나이다.

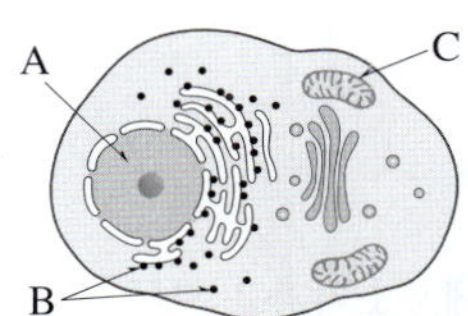

세포소기관	특징
㉠	세포호흡이 일어난다.
㉡	(가)
㉢	단백질을 합성한다.

㉠~㉢에 해당하는 세포소기관을 그림에서 찾아 기호를 쓰고, (가)에 해당하는 특징을 서술하시오.

628 ▲

표는 생명체를 구성하는 물질 A와 B의 특징을, 그림은 동물 세포의 구조를 나타낸 것이다. A와 B는 각각 단백질과 DNA 중 하나이고, ㉠과 ㉡은 각각 마이토콘드리아와 핵 중 하나이다.

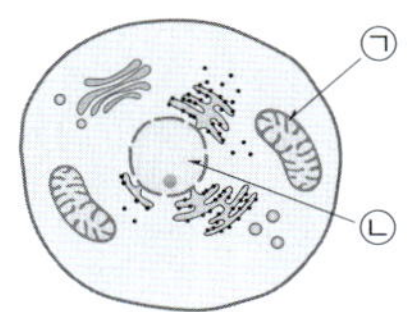

물질	특징
A	펩타이드결합이 존재한다.
B	기본 단위체는 뉴클레오타이드이다.

이에 대한 설명으로 옳은 것만을 〈보기〉에서 있는 대로 고른 것은?

ㄱ. A는 ㉠에서 합성된다.
ㄴ. ㉠에서 빛에너지가 화학 에너지로 전환된다.
ㄷ. ㉡ 속의 B에 저장되어 있는 유전정보에 따라 단백질합성이 일어난다.

① ㄱ   ② ㄴ   ③ ㄷ
④ ㄴ, ㄷ   ⑤ ㄱ, ㄴ, ㄷ

식물 세포의 구조와 기능

[629~630] 그림은 식물 세포의 구조를 나타낸 것이다. A~E는 라이보솜, 마이토콘드리아, 세포벽, 엽록체, 핵을 순서 없이 나타낸 것이다.

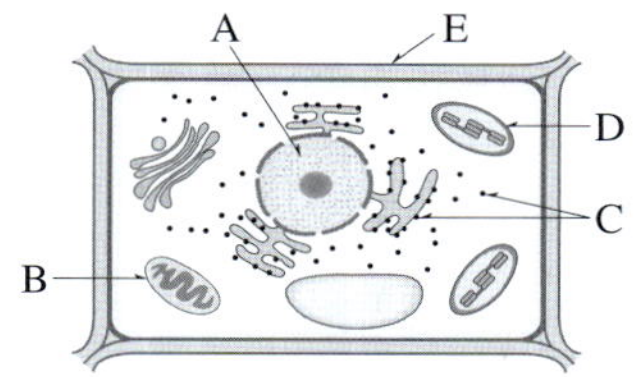

629 ▼

다음과 같은 특징을 가진 세포소기관의 기호와 이름을 쓰시오.

- 이중막으로 둘러싸여 있다.
- 에너지 전환이 일어난다.
- 빛에너지를 이용하여 유기물을 합성한다.

빈출
630 ▼

동물 세포에는 없고 식물 세포에만 있는 세포소기관을 모두 고른 것은?

① A, B   ② A, E   ③ B, C
④ C, D   ⑤ D, E

빈출
631 ▲

그림은 식물 세포의 구조를 나타낸 것이다. A~G는 골지체, 라이보솜, 마이토콘드리아, 세포막, 액포, 엽록체, 핵을 순서 없이 나타낸 것이다. 이에 대한 설명으로 옳지 <u>않은</u> 것만을 모두 고르면?(2개)

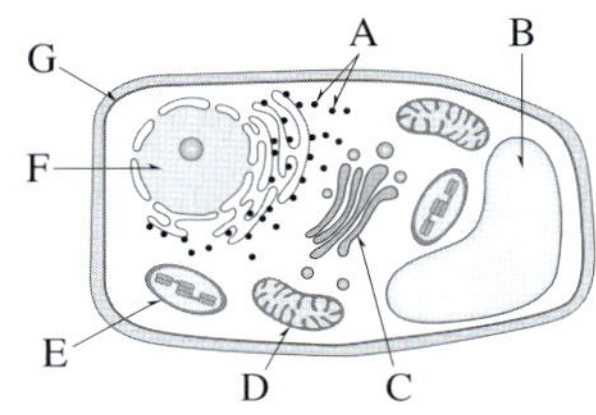

① A는 아미노산을 결합하여 단백질을 합성한다.
② B는 성숙한 식물 세포에서 크게 발달한다.
③ C는 세포를 보호하고 세포의 형태를 유지한다.
④ D와 E는 이중막으로 둘러싸여 있다.
⑤ E는 세포가 생명활동을 하는 데 필요한 에너지를 생산한다.
⑥ F에는 유전물질인 DNA가 있다.
⑦ G는 세포 안팎으로 물질이 출입하는 것을 조절한다.

632 ▲

그림은 어떤 세포의 구조를, 표는 이 세포에서 일어나는 화학 반응을 나타낸 것이다. A~D는 라이보솜, 마이토콘드리아, 액포, 엽록체를 순서 없이 나타낸 것이다.

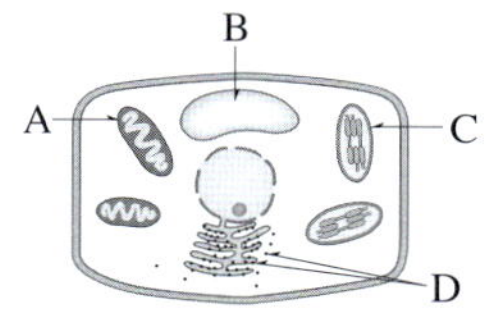

이에 대한 설명으로 옳은 것만을 〈보기〉에서 있는 대로 고른 것은?

ㄱ. A와 D는 동물 세포와 식물 세포에서 모두 관찰된다.
ㄴ. B는 세포호흡이 일어나 ATP를 생산한다.
ㄷ. C에서 표의 반응이 일어난다.

① ㄱ   ② ㄴ   ③ ㄷ   ④ ㄱ, ㄷ   ⑤ ㄴ, ㄷ

식물 세포와 동물 세포의 공통점과 차이점

빈출
633 ▲

| 서술형 |

그림 (가)와 (나)는 동물 세포와 식물 세포를 순서 없이 나타낸 것이다. A~D와 ㉠~㉣은 각각 골지체, 라이보솜, 마이토콘드리아, 세포막, 세포벽, 소포체, 엽록체, 핵 중 하나이다.

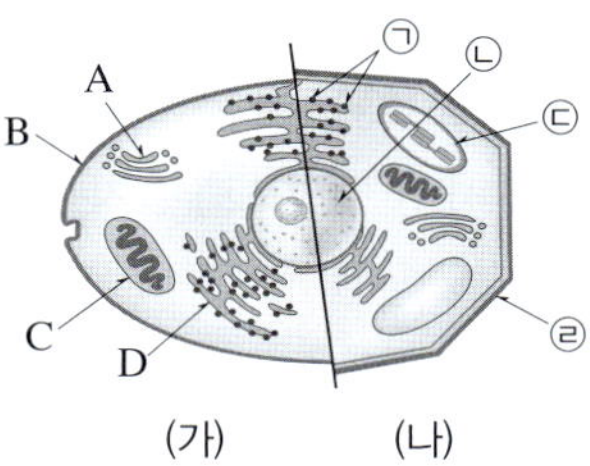

(가)와 (나) 중 식물 세포의 기호를 쓰고, 그렇게 판단한 까닭을 세포소기관의 기호와 이름을 포함하여 서술하시오.

634  상

이 문제에서 볼 수 있는 보기는  多

그림 (가)와 (나)는 동물 세포와 식물 세포의 구조를 순서 없이 나타낸 것이다. A~D는 라이보솜, 마이토콘드리아, 엽록체, 핵을 순서 없이 나타낸 것이다.

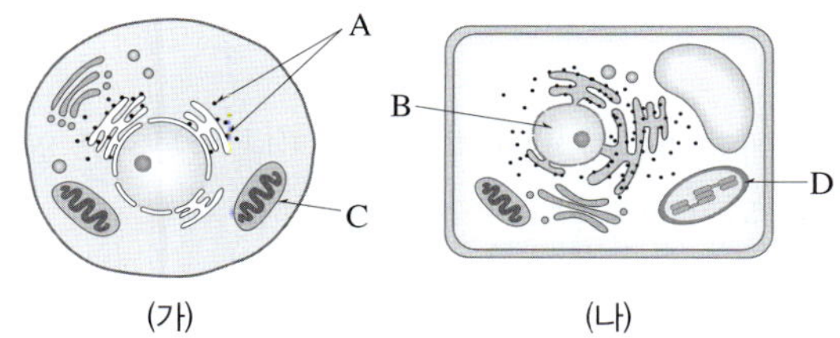

이에 대한 설명으로 옳지 <u>않은</u> 것만을 모두 고르면?(2개)

① (가)는 동물 세포, (나)는 식물 세포이다.
② (가)에는 엽록체가 존재한다.
③ A에서 합성되는 물질의 기본 단위체는 아미노산이다.
④ A는 인지질로 된 막으로 둘러싸여 있다.
⑤ A와 D에서는 탄소 화합물의 합성이 일어난다.
⑥ B에는 핵산이 존재한다.
⑦ B의 막에는 소포체가 연결되어 있다.
⑧ B는 DNA가 있어 세포의 생명활동을 조절한다.
⑨ C에서 세포호흡이 일어나 생명활동에 사용되는 형태의 에너지를 생산한다.
⑩ D는 이산화 탄소와 물을 원료로 포도당을 합성한다.

635 상

그림 (가)와 (나)는 동물 세포와 식물 세포를 순서 없이 나타낸 것이다. A~E는 골지체, 라이보솜, 마이토콘드리아, 세포벽, 엽록체를 순서 없이 나타낸 것이다.

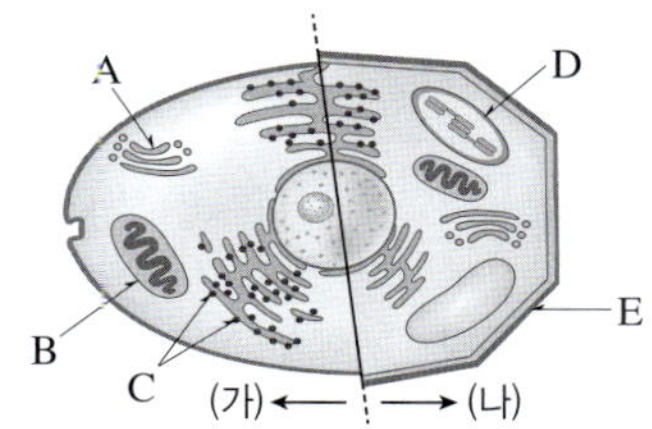

이에 대한 설명으로 옳지 <u>않은</u> 것만을 모두 고르면?(2개)

① A에서는 단백질의 변형이 일어난다.
② B에서 유기물의 분해로 발생한 에너지의 일부는 ATP에 저장된다.
③ B는 동물 세포에만 있고, D와 E는 식물 세포에만 있다.
④ C는 소포체에 붙어 있거나 세포질에 퍼져 있다.
⑤ (나)로 구성된 생물은 기관계를 가지고 있다.

단백질의 합성과 이동

빈출
636 하

다음은 세포소기관이 유기적으로 상호작용하는 과정을 나타낸 것이다.

> 핵 속에 있는 DNA의 유전정보에 따라 라이보솜에서는 (㉠)을 합성하고, 합성된 (㉠)은 소포체로 이동한 후 (㉡)를 거쳐 세포 밖으로 분비된다.

㉠과 ㉡에 해당하는 말을 옳게 짝 지은 것은?

	㉠	㉡		㉠	㉡
①	단백질	골지체	②	단백질	액포
③	단백질	엽록체	④	지방	골지체
⑤	지방	액포			

[637~638] 그림은 단백질의 합성과 이동에 관여하는 세포소기관을 나타낸 것이다. A~E는 골지체, 라이보솜, 세포막, 소포체, 핵을 순서 없이 나타낸 것이다.

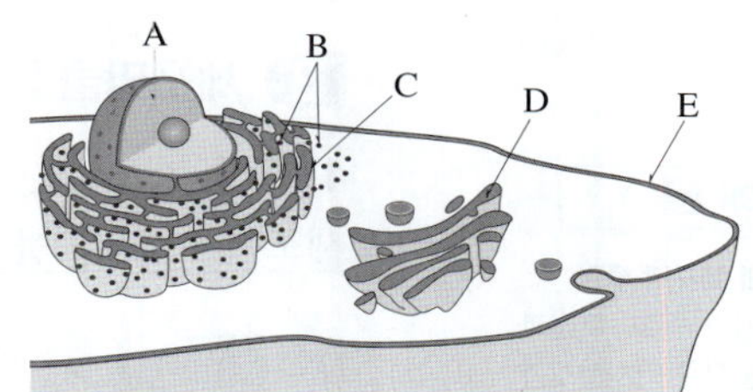

637 중

이에 대한 설명으로 옳지 <u>않은</u> 것은?

① 세포에서 단백질이 합성되어 분비되는 경로는 B → C → D → E이다.
② B에서 아미노산 사이에 펩타이드결합을 형성하여 단백질을 합성한다.
③ B에서 합성된 단백질은 모두 세포 밖으로 분비된다.
④ D는 합성된 단백질을 막으로 싸서 세포 밖으로 분비한다.
⑤ E를 통해 세포 안팎으로 물질이 이동한다.

638 중
| 서술형 |

세포에서 단백질이 합성되고 이동하는 과정을 그림에 나타낸 세포소기관의 기호와 이름을 모두 포함하여 서술하시오.

22 세포막의 특성과 물질의 이동

A 세포막의 구조와 선택적 투과성

1 세포막의 구조 인지질 ❶[   ]에 단백질(막단백질)이 파묻혀 있거나 관통하고 있는 구조로, 인지질은 유동성이 있어 단백질이 고정되어 있지 않고 움직일 수 있다.

> • 세포막의 주성분
> ❷[   ] : 친수성 머리(인산 포함)와 소수성 꼬리(지방산으로 구성)로 구성된다.
> ❸[   ] : 인지질 2중층에 파묻혀 있거나, 표면에 붙어 있거나 관통하고 있다. 관통하는 막단백질은 물질 이동에 관여하기도 한다.
> • 세포 안팎은 물이 풍부하므로 인지질의 친수성을 띠는 부분은 바깥쪽으로 배열하고, 소수성을 띠는 부분은 안쪽으로 서로 마주 보며 배열하여 인지질 2중층을 이룬다.

2 ❹[   ] 세포막이 물질의 종류, 크기에 따라 어떤 물질은 잘 투과시키고, 어떤 물질은 잘 투과시키지 않는 성질로, 물질은 특성에 따라 각기 다른 방식으로 세포막을 통해 이동한다. ➡ 세포막은 선택적 투과를 통해 세포 안팎으로 물질이 출입하는 것을 조절한다.

B 세포막을 통한 물질의 이동

1 확산 세포막을 경계로 물질이 농도가 ❺[   ] 쪽에서 ❻[   ] 쪽으로 이동하는 현상으로, 세포에서 에너지를 사용하지 않는다. → 분자가 스스로 운동하여 이동하기 때문이다.

구분	인지질 2중층을 통한 ❼[ ] 확산	막단백질을 통한 ❽[ ] 확산
이동 방식	 물질이 인지질 2중층을 직접 통과하여 이동한다.	 물질이 막단백질을 통해 이동한다. └ 통로 단백질
이동 물질	기체 분자(산소, 이산화 탄소 등), 지용성 물질(지방산, 글리세롤) 등	크기가 큰 수용성 물질(포도당, 아미노산 등), 전하를 띠는 물질(Na^+, K^+ 등)
예	허파꽈리(폐포)와 모세혈관 사이에서 일어나는 산소와 이산화 탄소의 이동	신경세포에서 Na^+의 유입, 혈액 속의 포도당이 조직세포로 확산
확산 속도	 세포 안팎의 농도 차가 커질수록 확산 속도가 계속 증가한다.	 세포 안팎의 농도 차가 커질수록 확산 속도가 증가하지만, 일정 농도 차 이상에서는 확산 속도가 증가하지 않는다.

기출 PICK A-1

막단백질의 위치
세포막을 이루는 인지질 2중층은 유동성이 있어서 막단백질도 고정되어 있지 않고 그 위치가 바뀔 수 있다.

기출 PICK B-1

물질의 성질과 세포막 투과
• 분자의 크기가 작고 지질과 잘 섞이는 물질은 인지질 2중층을 직접 통과하여 이동한다.
• 분자의 크기가 크고 지질과 잘 섞이지 않거나 전하를 띠는 물질은 인지질 2중층을 잘 통과하지 못하여 막단백질을 통해 이동한다.

단순확산의 확산 속도
분자의 크기가 작을수록, 온도가 높을수록, 세포 안팎의 농도 차가 클수록, 지질에 대한 용해도가 클수록 빠르게 확산한다.

촉진확산의 확산 속도
세포 안팎의 농도 차가 어느 수준 이상이면 확산 속도가 일정해지는데, 이는 물질 이동에 관여하는 막단백질이 모두 물질을 이동시키고 있기 때문이다.
→ 특정 막단백질은 특정 물질만을 이동시키며, 막단백질의 수는 한정되어 있다.

2 삼투 세포막을 경계로 세포 안팎의 용액 농도가 다를 때, 용액의 농도가 ❾◻◻ 쪽에서 ❿◻◻ 쪽으로 물이 세포막을 통해 이동하는 현상으로, 세포에서 에너지를 사용하지 않는다.

• 세포를 세포 안과 농도가 다른 용액에 넣으면 삼투에 의해 물이 이동하여 세포의 모양이 달라질 수 있다.

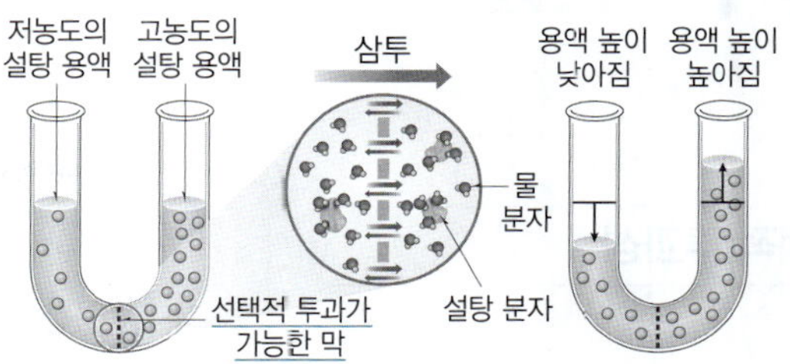

▲ 삼투 → 용질이 크기가 크거나 전하를 띠고 있어서 막을 통과할 수 없을 때 일어난다.

확산과 삼투
• 확산: 용질이 이동
    고농도 → 저농도
• 삼투: 물이 이동
    저농도 → 고농도
    ┗ 용질의 농도

등장액에서 세포의 부피 변화가 없는 까닭
물이 세포 안팎으로 이동하지 않아서가 아니라 세포 안으로 들어오는 물의 양과 밖으로 빠져나가는 물의 양이 같기 때문이다.

삼투 현상의 예
• 식물의 뿌리털에서 토양의 물을 흡수한다.
• 배추를 소금물에 절이면 숨이 죽는다.
• 과일에 설탕을 뿌리면 수분이 빠져나온다.

구분	세포 안보다 농도가 낮은 용액 (저장액)	세포 안과 농도가 같은 용액 (등장액)	세포 안보다 농도가 높은 용액 (고장액)
동물 세포 (적혈구)	물 물	물 물	물 물
	세포 안으로 물이 많이 들어와 세포의 부피가 커진다. → 세포막이 터질 수도 있다(용혈).	세포 안팎으로 이동하는 물의 양이 같아 세포의 부피가 변하지 않는다.	세포 밖으로 물이 많이 빠져나가 세포의 부피가 작아진다. → 쭈그러든다.
식물 세포	물 물 액포	물 물	물 물
	세포 안으로 물이 많이 들어와 세포가 팽팽해진다(팽윤). → 세포벽이 있어 세포가 일정 크기 이상 커지지 않고 터지지도 않는다.	세포 안팎으로 이동하는 물의 양이 같아 세포의 부피가 변하지 않는다.	세포 밖으로 물이 많이 빠져나가 세포막이 세포벽과 분리된다(원형질분리).

답 ❶ 2중층 ❷ 인지질 ❸ 단백질 ❹ 선택적 투과성 ❺ 높은 ❻ 낮은 ❼ 단순 ❽ 촉진 ❾ 낮은 ❿ 높은

빈출 자료 보기

정답과 해설 51쪽 ▶▶

639 그림은 세포막을 통해 물질 A와 B가 이동하는 방식을 나타낸 것이다.

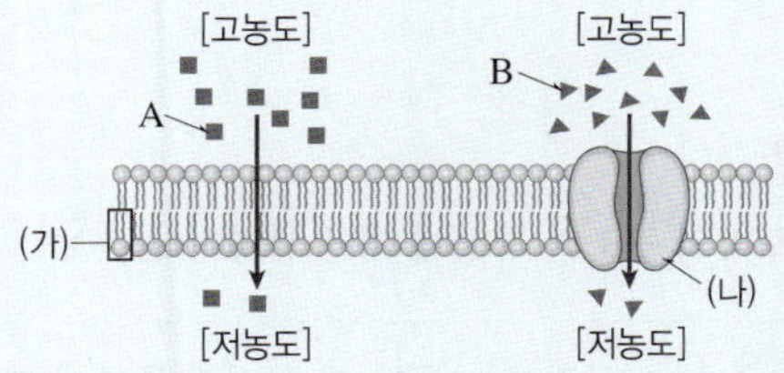

이에 대한 설명으로 옳은 것은 ○, 옳지 않은 것은 ×로 표시하시오.

(1) (가)는 인지질, (나)는 단백질이다. ( )

(2) 세포막에서 (가)와 (나)의 위치는 고정되어 있다. ( )

(3) A와 B는 농도가 높은 쪽에서 낮은 쪽으로 이동한다. ( )

(4) A와 같은 방식으로 이동하는 물질의 예로 산소, 이산화 탄소 등이 있다. ( )

(5) B와 같은 방식으로 이동하는 물질의 예로 포도당, 아미노산 등이 있다. ( )

(6) A가 이동하는 방식을 촉진확산, B가 이동하는 방식을 단순확산이라고 한다. ( )

(7) A와 B가 이동할 때 세포에서 에너지를 사용한다. ( )

640 그림은 등장액에 들어 있던 식물 세포를 서로 다른 농도의 소금물 A와 B에 넣고 일정 시간이 지났을 때의 모습을 나타낸 것이다.

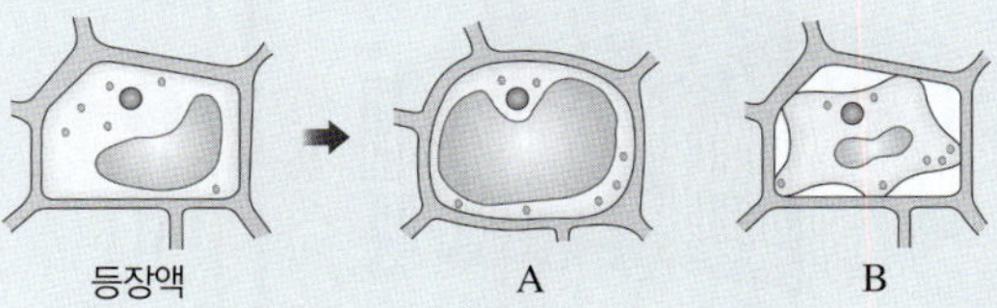

이에 대한 설명으로 옳은 것은 ○, 옳지 않은 것은 ×로 표시하시오.

(1) A와 B에 넣은 세포의 부피가 변하는 것은 삼투가 일어났기 때문이다. ( )

(2) 등장액에 넣은 세포에서는 세포 안팎으로 물이 이동하지 않는다. ( )

(3) A에 넣은 세포에서는 세포 안으로 들어오는 물의 양이 세포 밖으로 빠져나가는 물의 양보다 많다. ( )

(4) B에 넣은 세포에서는 세포 안의 농도가 B에 넣기 전보다 높아진다. ( )

(5) B에 넣은 세포에서는 세포막과 세포벽이 분리되었다. ( )

(6) A는 세포 안보다 농도가 높고, B는 세포 안보다 농도가 낮다. ( )

난이도별 필수 기출

상 6문항
중 18문항
하 4문항

A 세포막의 구조와 선택적 투과성

빈출
641 하

다음은 세포막에 대한 학생 A~C의 발표 내용이다.

> • 학생 A: 세포막은 세포를 외부 환경과 분리하며, 세포 안팎으로 물질이 출입하는 것을 조절합니다.
> • 학생 B: 세포막은 인지질과 단백질로 구성되어 있습니다.
> • 학생 C: 인지질은 물과 잘 섞이는 꼬리 부분과 물과 잘 섞이지 않는 머리 부분으로 이루어져 있습니다.

발표 내용이 옳은 학생만을 있는 대로 고른 것은?

① A   ② C   ③ A, B
④ B, C   ⑤ A, B, C

빈출
642 중   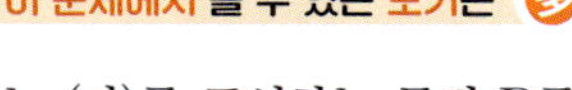
이 문제에서 볼 수 있는 보기는 多

그림 (가)는 세포막의 구조를, (나)는 (가)를 구성하는 물질 B를 확대한 모습을 나타낸 것이다.

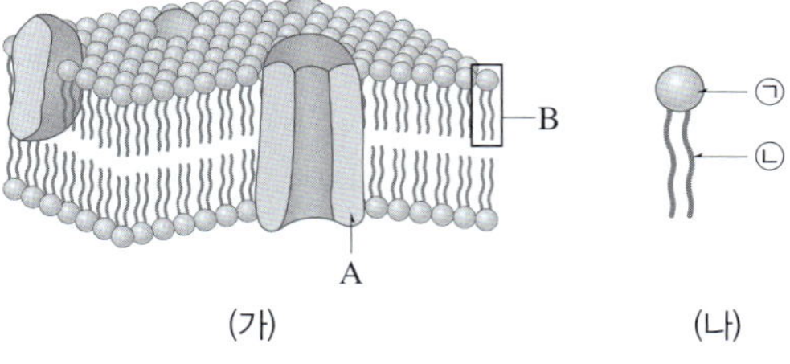

(가)   (나)

이에 대한 설명으로 옳지 <u>않은</u> 것만을 모두 고르면?(2개)

① A는 단백질이다.
② 이산화 탄소가 세포막을 통과할 때에는 A를 통해 이동한다.
③ 물질이 A를 통해 확산하는 것을 촉진확산이라고 한다.
④ B는 세포막에서 2중층을 이루고 있다.
⑤ B로만 이루어진 부분을 통해서도 물질이 이동한다.
⑥ ㉠은 소수성, ㉡은 친수성을 띤다.
⑦ 물과의 친화력은 ㉠이 ㉡보다 크다.
⑧ 세포막을 통해 물질이 이동할 때 물질의 종류와 크기에 따라 이동 방식이 다르다.

643 중

그림 (가)는 인지질을 물에 넣었을 때의 모습을, (나)는 세포막의 구조를 나타낸 것이다.

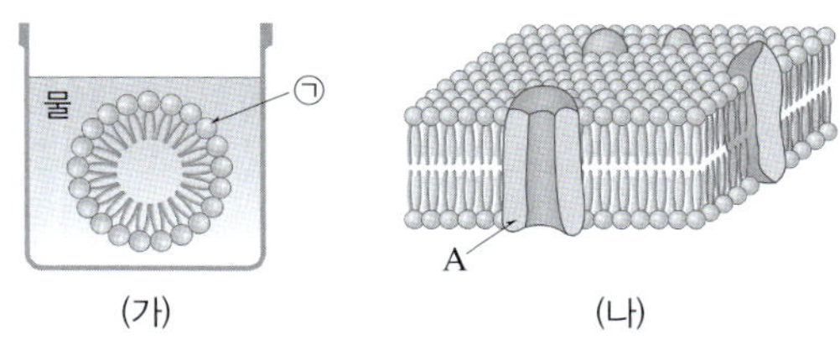

(가)   (나)

이에 대한 설명으로 옳지 <u>않은</u> 것은?

① ㉠은 인지질의 친수성 부분이다.
② A는 라이보솜에서 합성된다.
③ A는 물질의 이동 통로 역할을 한다.
④ 세포막에서 인지질과 단백질은 위치가 고정되어 있다.
⑤ 단백질은 인지질 2중층에 파묻혀 있거나 관통하고 있다.

644 중 | 서술형 |

그림은 세포막의 구조 일부를 나타낸 것이다.

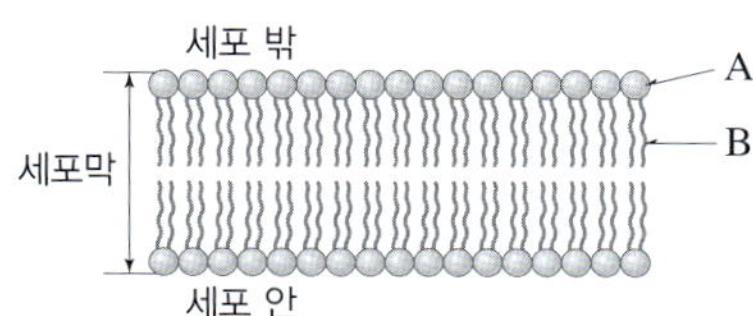

세포막에서 인지질이 2중층을 형성하고 있는 까닭을 인지질의 A와 B 부분의 성질과 관련지어 서술하시오.

645 상

다음은 세포막의 구조와 특성에 대한 설명이다.

> 세포막을 통해 물질이 이동할 때 물질의 종류에 따라 투과 정도가 다른 특성을 (㉠)이라고 한다. 산소, 이산화 탄소와 같은 기체 분자는 (㉡)을 통해 이동하고, 포도당, 아미노산과 같은 수용성 물질은 (㉢)을 통해 이동한다.

이에 대한 설명으로 옳은 것만을 〈보기〉에서 있는 대로 고른 것은?

> ─── 보기 ───
> ㄱ. 세포막은 ㉠을 통해 세포 안팎으로의 물질 출입을 조절한다.
> ㄴ. 지질에 대한 용해도가 클수록 ㉡을 통과하기 쉽다.
> ㄷ. ㉢의 종류에 따라 이동시키는 물질이 다르다.

① ㄱ   ② ㄷ   ③ ㄱ, ㄴ   ④ ㄴ, ㄷ   ⑤ ㄱ, ㄴ, ㄷ

B 세포막을 통한 물질의 이동

확산

646 중

이 문제에서 볼 수 있는 보기는 多

그림 (가)와 (나)는 물질 A와 B가 세포막을 통해 이동하는 방식을 나타낸 것이다. 알갱이의 수가 많을수록 농도가 높다.

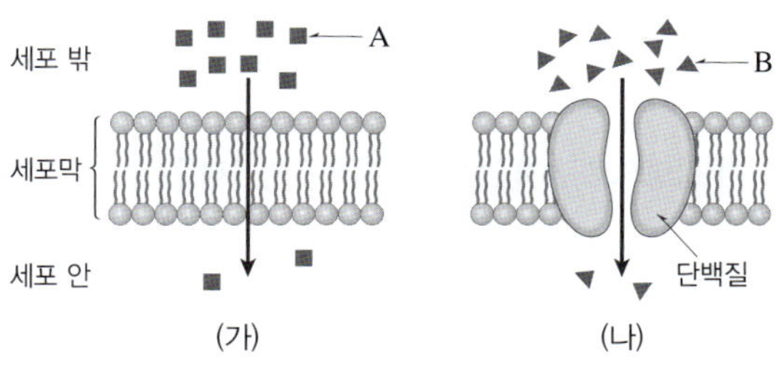

이에 대한 설명으로 옳지 <u>않은</u> 것만을 모두 고르면?(2개)

① A의 예로 산소, 이산화 탄소, 지방산 등이 있다.
② B의 예로 Na^+, 포도당 등이 있다.
③ B가 이동할 때 세포에서 에너지를 사용하지 않는다.
④ A와 B의 농도는 세포 밖이 세포 안보다 높다.
⑤ (가)와 (나)에서 물질의 이동 원리는 삼투이다.
⑥ 분자의 크기가 큰 수용성 물질은 (가)의 방식으로 이동하기 어렵다.
⑦ 허파꽈리와 모세혈관 사이의 기체 교환은 (나)의 방식으로 일어난다.
⑧ 신경세포에서 Na^+의 유입은 (나)의 방식으로 일어난다.
⑨ (가)와 (나)에서 물질은 분자 스스로 운동하여 이동한다.

647 중

| 서술형 |

그림은 세포막을 통해 물질이 이동하는 두 가지 방식을 나타낸 것이다.

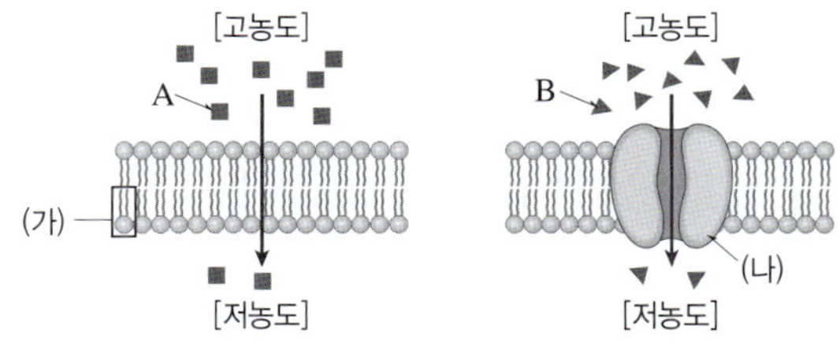

(1) 세포막의 구성 성분인 (가)와 (나)의 이름을 각각 쓰시오.

(2) A와 B가 세포막을 통해 이동하는 공통 원리를 서술하시오.

(3) B와 같은 방식으로 이동하는 물질의 특성을 A와 같은 방식으로 이동하는 물질과 비교하여 서술하시오.

[648~649] 그림은 세포막을 통한 두 가지 확산 방식에서 세포 안팎의 농도 차에 따른 물질의 이동 속도를 나타낸 것이다.

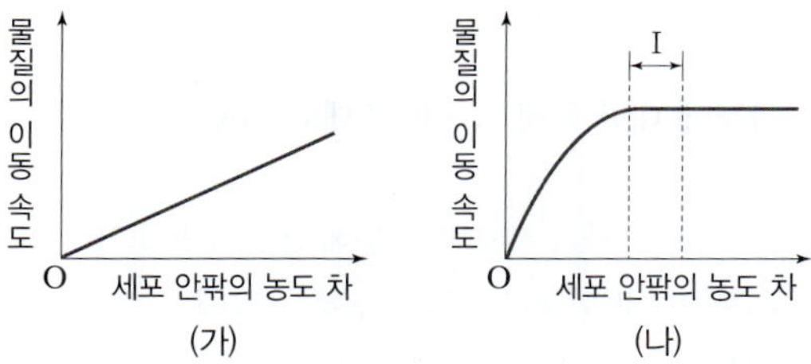

648 중

| 서술형 |

(가)와 (나)는 각각 단순확산과 촉진확산 중 어느 것에 해당하는지 쓰고, 그렇게 생각한 까닭을 서술하시오.

649 중

이에 대한 설명으로 옳은 것만을 〈보기〉에서 있는 대로 고른 것은?

보기
ㄱ. (가)에서 물질은 인지질 2중층을 직접 통과한다.
ㄴ. 세포막을 통한 아미노산의 이동 속도 변화는 (나)와 같다.
ㄷ. (나)의 구간 Ⅰ에서 물질의 이동 속도가 일정한 까닭은 막 단백질이 물질을 이동시키지 않기 때문이다.

① ㄱ   ② ㄷ   ③ ㄱ, ㄴ
④ ㄴ, ㄷ   ⑤ ㄱ, ㄴ, ㄷ

650 상

그림 (가)는 세포막을 통한 물질의 두 가지 이동 방식을, (나)는 세포 안팎의 농도 차에 따른 물질 X의 이동 속도를, (다)는 X가 들어 있는 용액에 세포를 넣은 후 시간에 따른 세포 안 X의 농도를 나타낸 것이다. X의 이동 방식은 Ⅰ과 Ⅱ 중 하나이며, (다)의 A는 세포 안팎의 농도가 같아졌을 때의 X의 농도이다.

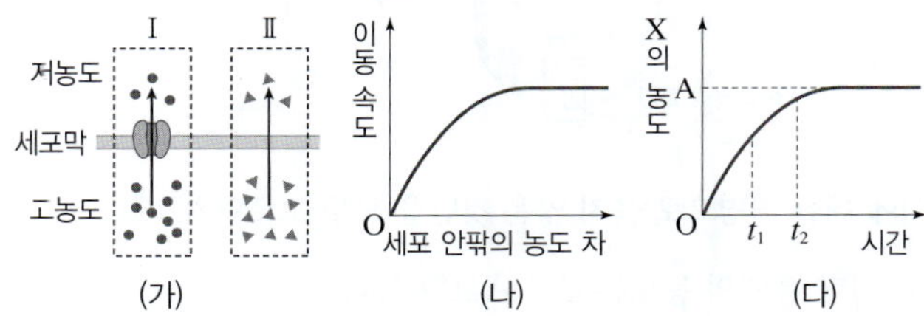

이에 대한 설명으로 옳은 것만을 〈보기〉에서 있는 대로 고른 것은?

보기
ㄱ. X의 이동 방식은 Ⅰ이다.
ㄴ. 이온은 Ⅱ의 방식으로 세포막을 통해 이동한다.
ㄷ. (다)에서 X의 세포 안팎의 농도 차는 $t_1 > t_2$이다.

① ㄱ   ② ㄴ   ③ ㄱ, ㄷ
④ ㄴ, ㄷ   ⑤ ㄱ, ㄴ, ㄷ

651 하

다음은 삼투에 대한 학생 A~C의 대화 내용이다.

- 학생 A: 물 분자가 세포막을 통해 용질의 농도가 높은 쪽에서 낮은 쪽으로 이동하는 것을 삼투라고 해.
- 학생 B: 세포를 세포 안과 농도가 다른 용액에 넣으면 삼투가 일어나서 세포의 모양이 달라질 수 있어.
- 학생 C: 삼투가 일어날 때 세포에서 에너지를 사용하지 않아.

제시한 내용이 옳은 학생만을 있는 대로 고른 것은?

① A 　② C 　③ A, B
④ B, C 　⑤ A, B, C

652 하

| 서술형 |

우리 주변에서 볼 수 있는 삼투 현상의 예를 두 가지만 서술하시오.

653 중

빈출

이 문제에서 볼 수 있는 보기는 多

그림은 선택적 투과가 가능한 막을 사이에 두고 농도가 다른 설탕 용액 A와 B를 넣고, 일정 시간이 지난 후 더 이상 수면의 높이에 변화가 없을 때의 모습을 나타낸 것이다.

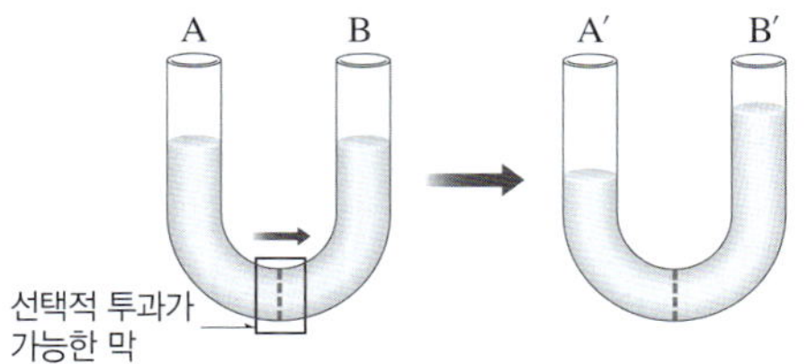

이에 대한 설명으로 옳지 않은 것만을 모두 고르면?(2개)

① 설탕 용액의 농도는 B가 A보다 높다.
② 용액의 농도가 높은 쪽에서 낮은 쪽으로 설탕 분자가 이동하였다.
③ A 쪽에서 B 쪽으로 이동하는 물의 양이 B 쪽에서 A 쪽으로 이동하는 물의 양보다 많다.
④ 용액의 농도는 A′가 A보다 높다.
⑤ 용액의 농도는 B′가 B보다 낮다.
⑥ 설탕의 양은 A와 A′가 같다.
⑦ A′와 B′ 사이에 막을 통한 물의 이동은 없다.

654 중

다음은 물 분자는 통과하고, 설탕 분자는 통과하지 못하는 어떤 인공막을 이용한 실험이다.

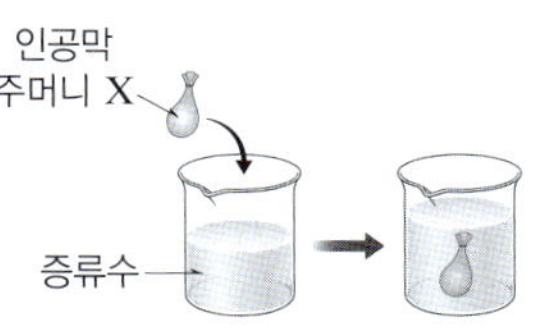

(가) 인공막 주머니 X에 10 % 설탕 용액을 넣고, 용액이 새지 않도록 묶은 후 X의 부피를 측정한다.
(나) X를 증류수가 들어 있는 비커에 넣고, 일정 시간 후 더 이상 부피가 변화하지 않을 때, X의 부피를 측정한다.

이에 대한 설명으로 옳지 않은 것은? (단, 인공막은 늘어날 수 있다.)

① 인공막 안팎으로 삼투에 의해 물이 이동한다.
② X의 부피는 (가)에서가 (나)에서보다 작다.
③ 실험을 진행하는 동안 물이 X의 안으로 많이 이동하였다.
④ (나)에서 X 속 설탕 용액의 농도는 10 %보다 낮아진다.
⑤ (나)에서 증류수 대신 20 % 설탕 용액으로 실험하면 X는 부피 변화가 없을 것이다.

655 상

다음은 삼투와 관련된 실험이다.

- 반투과성 막을 경계로 ㉠과 ㉡으로 분리된 U자관 Ⅰ과 Ⅱ에 그림과 같이 농도가 서로 다른 설탕 용액 A, B, C를 같은 양씩 넣는다. 물 분자는 막을 통과하고, 설탕 분자는 막을 통과하지 못한다.

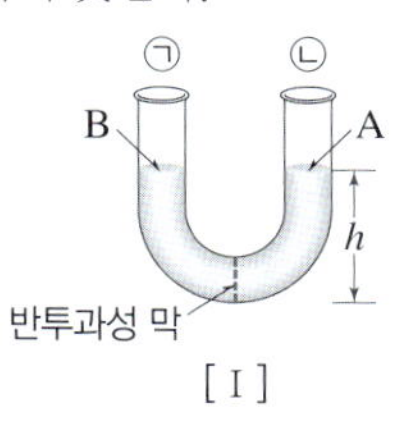

- 그림은 일정 시간 동안 Ⅰ과 Ⅱ에서 ㉡ 쪽 용액의 높이를 측정한 결과이다.

이에 대한 설명으로 옳은 것만을 〈보기〉에서 있는 대로 고른 것은?

보기

ㄱ. 설탕 용액의 농도는 C<B<A이다.
ㄴ. Ⅰ에서 t_1일 때 ㉠ 쪽에서 ㉡ 쪽으로 이동하는 물의 양은 ㉡ 쪽에서 ㉠ 쪽으로 이동하는 물의 양보다 많다.
ㄷ. 세포액의 농도가 C와 같은 적혈구를 B에 넣으면 부피가 커진다.

① ㄱ 　② ㄱ, ㄴ 　③ ㄱ, ㄷ 　④ ㄴ, ㄷ 　⑤ ㄱ, ㄴ, ㄷ

동물 세포의 삼투

656 (중)

이 문제에서 볼 수 있는 보기는 多

그림은 사람의 적혈구를 서로 다른 농도의 소금물 A~C에 넣었을 때의 변화를 나타낸 것이다. A에 넣은 적혈구는 부피 변화가 없다.

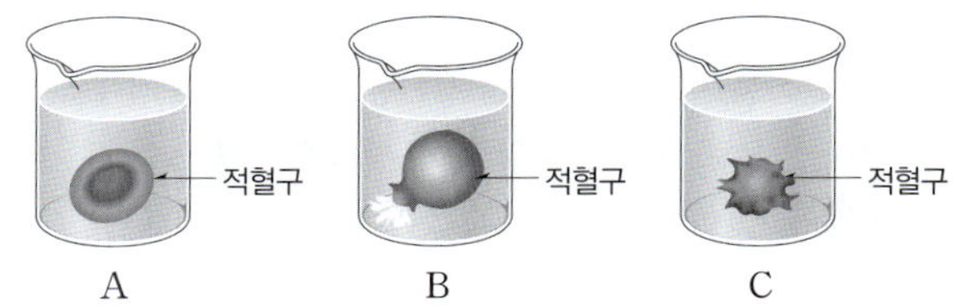

이에 대한 설명으로 옳지 <u>않은</u> 것을 모두 고르면?(2개)

① 적혈구의 부피가 변화한 원리는 삼투이다.

② A의 농도는 적혈구의 세포액과 같다.

③ B에서 적혈구의 부피가 변한 것은 소금과 물이 농도가 높은 쪽에서 낮은 쪽으로 이동하였기 때문이다.

④ C에서 적혈구의 부피가 감소한 까닭은 물이 세포 밖으로 많이 이동하였기 때문이다.

⑤ 적혈구를 C에 넣으면 세포액 농도가 높아진다.

⑥ 소금물의 농도는 C<A<B이다.

657 (중)

다음은 삼투 현상을 알아보기 위한 실험이다.

- 표와 같은 용액이 들어 있는 시험관 Ⅰ~Ⅲ에 사람의 적혈구를 각각 넣는다.

시험관	Ⅰ	Ⅱ	Ⅲ
용액	4 % NaCl 수용액	증류수	0.9 % NaCl 수용액

- 그림의 A~C는 Ⅰ~Ⅲ에서 관찰된 적혈구의 모습을 순서 없이 나타낸 것이다. B의 적혈구는 부피 변화가 없다.

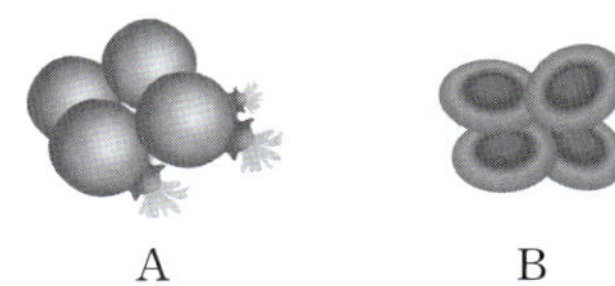

이에 대한 설명으로 옳은 것만을 〈보기〉에서 있는 대로 고른 것은?

〈 보기 〉
ㄱ. Ⅰ에서 관찰된 적혈구는 A이다.

ㄴ. Ⅱ에서 관찰된 적혈구에서는 용혈 현상이 나타났다.

ㄷ. Ⅲ에서 관찰된 적혈구에서는 세포 안팎으로 이동하는 용질의 양이 같다.
---

① ㄱ　　② ㄴ　　③ ㄱ, ㄷ　　④ ㄴ, ㄷ　　⑤ ㄱ, ㄴ, ㄷ

---

658 (중)

| 서술형 |

그림은 사람의 적혈구를 용액 X에 일정 시간 동안 담가 두었을 때의 변화를 나타낸 것이다.

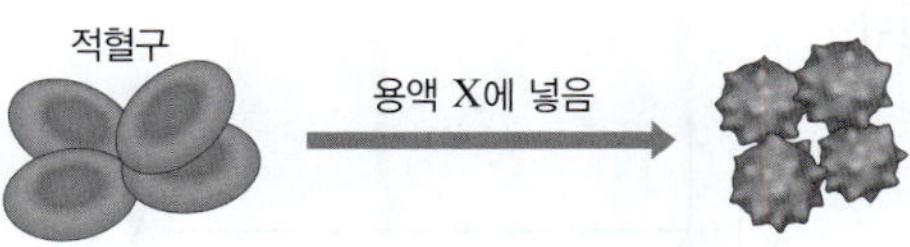

X는 적혈구 안보다 농도가 높은지 낮은지, 그렇게 생각한 까닭과 함께 서술하시오.

659 (중)

다음은 세포막을 통한 물질의 이동에 대한 실험이다.

[실험 과정]

(가) 겉껍데기가 제거된 달걀 2개를 준비하여 각각 질량을 측정한다.

(나) 달걀을 증류수와 10 % 소금물이 들어 있는 비커에 하나씩 넣는다.

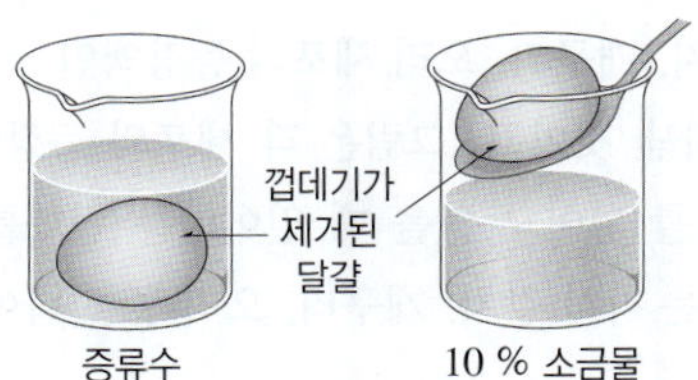

(다) 30분 후 달걀을 꺼내 질량을 측정한다.

[실험 결과]

용액의 종류	달걀의 질량(g)	
	용액에 넣기 전	용액에 넣은 후
증류수	60.9	㉠63.2
10 % 소금물	61.5	60.1

이에 대한 설명으로 옳은 것만을 〈보기〉에서 있는 대로 고른 것은?

〈 보기 〉
ㄱ. (가)의 달걀 안의 농도는 증류수보다 높고, 10 % 소금물보다 낮다.

ㄴ. 질량이 ㉠인 달걀 안의 농도는 증류수에 넣기 전보다 낮다.

ㄷ. 식물의 뿌리에서 토양의 물을 흡수하는 것도 이와 같은 원리에 의해 일어난다.
---

① ㄱ　　　　② ㄷ　　　　③ ㄱ, ㄴ

④ ㄴ, ㄷ　　　⑤ ㄱ, ㄴ, ㄷ

660 상

그림은 부피가 같은 어떤 동물의 적혈구 A, B를 농도가 서로 다른 설탕 용액 I과 II에 각각 넣은 후 적혈구의 부피 변화를 측정한 결과이다.

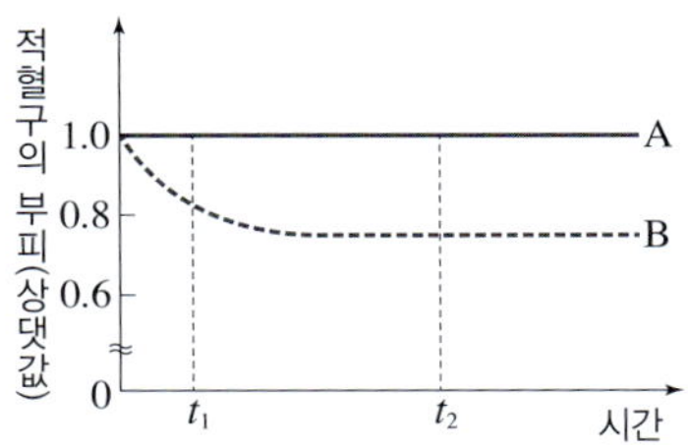

이에 대한 설명으로 옳은 것만을 〈보기〉에서 있는 대로 고른 것은?

─〈 보기 〉─

ㄱ. 설탕 용액의 농도는 I이 II보다 높다.

ㄴ. B의 세포액 농도는 t_2일 때가 t_1일 때보다 높다.

ㄷ. t_2일 때 적혈구의 세포액 농도는 B에서가 A에서보다 높다.

ㄹ. t_2일 때 A와 B에서 물은 적혈구의 세포막을 통해 더 이상 이동하지 않는다.

① ㄱ, ㄴ   ② ㄱ, ㄷ   ③ ㄴ, ㄷ

④ ㄱ, ㄴ, ㄹ   ⑤ ㄴ, ㄷ, ㄹ

661 상

표는 사람, 갈치, 개구리, 오리 세포의 등장액인 소금물의 농도를 순서 없이 나타낸 것이고, 그림은 각 세포의 등장액인 소금물에 사람의 적혈구를 넣어 두었을 때 일어나는 변화를 나타낸 것이다. (가)~(다)는 각각 갈치, 개구리, 오리 중 하나이다.

구분	사람	(가)	(나)	(다)
등장액인 소금물 농도(%)	0.9	0.62	0.84	1.40

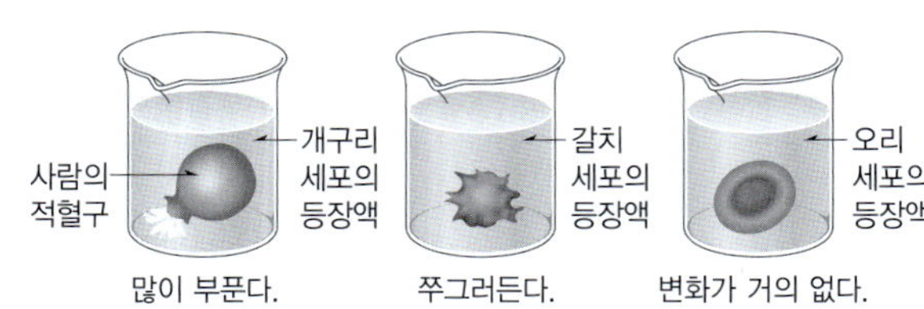

이에 대한 설명으로 옳은 것만을 〈보기〉에서 있는 대로 고른 것은?

─〈 보기 〉─

ㄱ. (가)는 개구리, (나)는 오리, (다)는 갈치이다.

ㄴ. 사람의 적혈구를 (다) 세포의 등장액에 넣으면 쭈그러든다.

ㄷ. 개구리의 세포를 갈치 세포의 등장액에 넣으면 세포가 쭈그러든다.

① ㄱ   ② ㄷ   ③ ㄱ, ㄴ

④ ㄴ, ㄷ   ⑤ ㄱ, ㄴ, ㄷ

662 하

다음은 식물 세포의 삼투에 대한 학생 A~C의 대화 내용이다.

- 학생 A: 삼투가 일어나면서 액포의 크기도 변해.
- 학생 B: 원형질분리는 세포벽이 있어서 나타나는 현상이야.
- 학생 C: 식물 세포를 세포 안보다 농도가 낮은 용액에 넣으면 세포 밖으로 나가는 물의 양이 세포 안으로 들어오는 양보다 많아.

제시한 내용이 옳은 학생만을 있는 대로 고른 것은?

① A   ② B   ③ A, B   ④ A, C   ⑤ B, C

663 빈출 중

이 문제에서 볼 수 있는 보기는 多

그림은 식물 세포 (가)를 농도가 서로 다른 설탕 용액 A~C에 각각 넣고, 일정 시간이 지난 후의 모습을 나타낸 것이다.

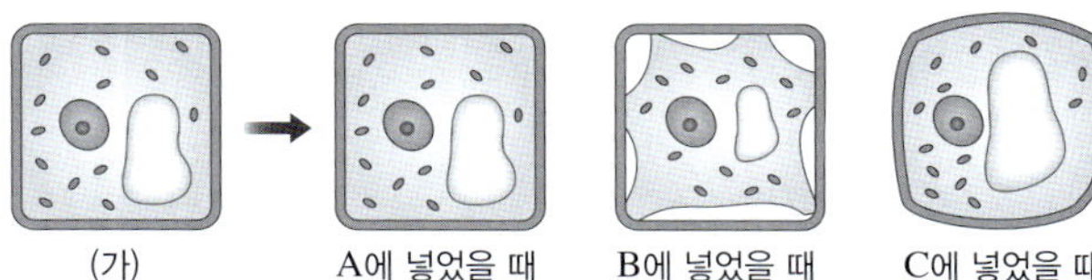

이에 대한 설명으로 옳지 않은 것을 모두 고르면?(2개)

① A에 넣은 세포에서는 세포 안팎으로 물이 이동하지 않는다.

② B에 넣은 세포에서는 세포막과 세포벽이 분리되었다.

③ B에 넣은 세포에서는 물이 세포 밖으로 많이 빠져나갔다.

④ C에 넣은 세포에서는 설탕 분자가 세포 안으로 많이 들어와 세포의 부피가 증가하였다.

⑤ 설탕 용액의 농도는 A가 C보다 높다.

⑥ 배추를 소금물에 담가 배추의 숨이 죽었을 때의 세포 상태는 B에 넣은 세포와 같다.

664 빈출 중

| 서술형 |

그림은 양파의 표피 조각을 농도가 서로 다른 설탕 용액 (가)~(다)에 넣어 두었다가 관찰한 결과를 나타낸 것이다.

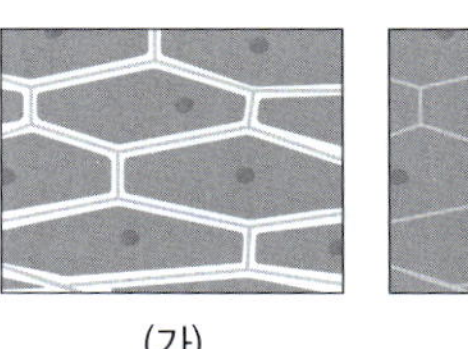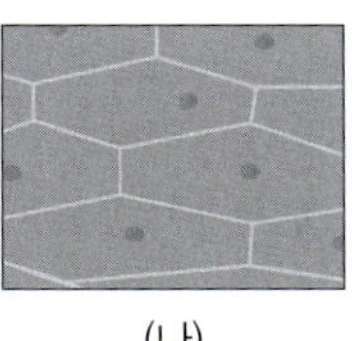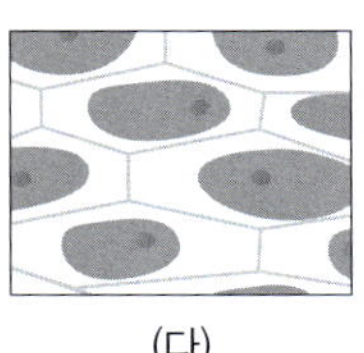

(가)~(다)의 농도를 비교하고, 그렇게 생각한 까닭을 서술하시오.

665  중

그림은 식물 세포 (가)를 서로 다른 농도의 소금물 A와 B에 넣고
일정 시간이 지났을 때의 모습을 나타낸 것이다.

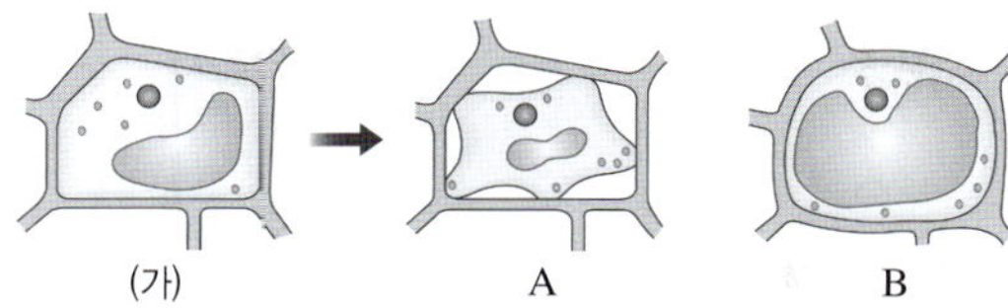

이에 대한 설명으로 옳은 것만을 〈보기〉에서 있는 대로 고른 것은?

〈 보기 〉
ㄱ. 소금물의 농도는 A가 B보다 높다.
ㄴ. A에 넣었을 때 세포 안은 A에 넣기 전보다 농도가 낮아
   졌다.
ㄷ. B에 들어 있는 세포는 시간이 더 지나면 터질 수 있다.

① ㄱ   ② ㄷ   ③ ㄱ, ㄴ
④ ㄴ, ㄷ   ⑤ ㄱ, ㄴ, ㄷ

667 중

그림 (가)와 (나)는 적혈구와 식물 세포를 각각 농도가 서로 다른
소금물에 넣고 일정 시간이 지났을 때의 모습을 나타낸 것이다.

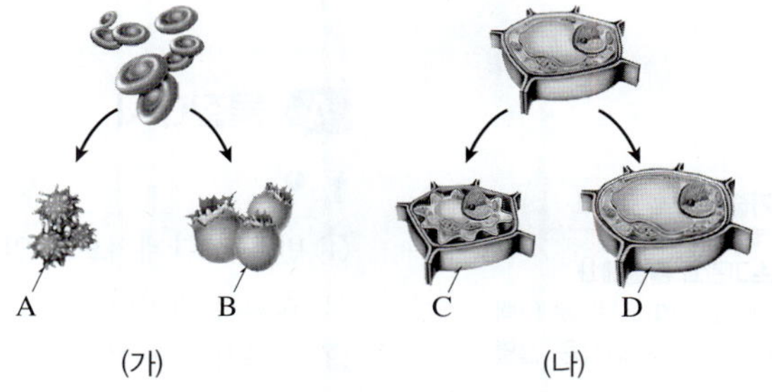

이에 대한 설명으로 옳은 것만을 〈보기〉에서 있는 대로 고른 것은?

〈 보기 〉
ㄱ. A를 넣은 용액은 B를 넣은 용액보다 농도가 낮다.
ㄴ. C에서 세포막과 세포벽이 분리된 것은 세포 밖으로 물이
   많이 빠져나갔기 때문이다.
ㄷ. D가 B처럼 터지지 않는 까닭은 액포가 있기 때문이다.

① ㄱ   ② ㄴ   ③ ㄱ, ㄷ
④ ㄴ, ㄷ   ⑤ ㄱ, ㄴ, ㄷ

666 중

다음은 세포막을 통한 물질의 이동에 대한 실험이다.

[실험 과정]
(가) 한 변의 길이가 1 cm인 정육면체 모양의 감자 조각을 3개
    준비한다.
(나) 비커 3개에 증류수, 0.9 % 소금물, 10 % 소금물을 같은
    양씩 넣고, 감자 조각을 1개씩 넣는다.
(다) 30분 후 감자 조각을 꺼내 질량 변화를 조사한다.
[실험 결과]
⊙은 '질량 감소'와 '질량 증가' 중 하나이다.

구분	증류수	0.9 % 소금물	10 % 소금물
감자 조각의 질량 변화	⊙	변화 없음	?

이에 대한 설명으로 옳은 것만을 〈보기〉에서 있는 대로 고른 것은?

〈 보기 〉
ㄱ. ⊙은 '질량 증가'이다.
ㄴ. 0.9 % 소금물은 감자 세포 안과 농도가 같다.
ㄷ. 10 % 소금물에 넣은 감자의 세포는 팽팽해진 상태이다.

① ㄱ   ② ㄷ   ③ ㄱ, ㄴ
④ ㄴ, ㄷ   ⑤ ㄱ, ㄴ, ㄷ

668 상

다음은 양파 표피세포 A를 이용한 삼투 실험이다.

[실험 과정]
(가) A를 설탕 용액 ⊙에 넣고 시간에 따른 세포의 부피를 측
    정한다.
(나) (가)의 A를 ⊙과 농도가 다른 설탕 용액 ⓛ으로 옮기고,
    시간에 따른 세포의 부피를 측정한다.
[실험 결과]

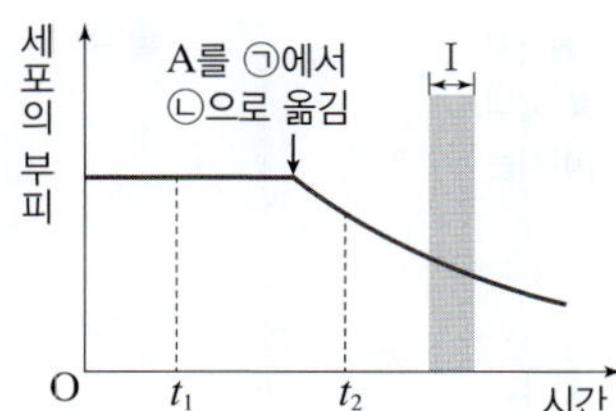

이에 대한 설명으로 옳은 것만을 〈보기〉에서 있는 대로 고른 것은?

〈 보기 〉
ㄱ. ⊙은 A의 세포 안과 농도가 같다.
ㄴ. 설탕 용액의 농도는 ⓛ이 ⊙보다 높다.
ㄷ. 구간 Ⅰ에서 $\dfrac{세포\ 안으로\ 이동하는\ 물의\ 양}{세포\ 밖으로\ 이동하는\ 물의\ 양}$ 은 1보다 크다.

① ㄱ   ② ㄷ   ③ ㄱ, ㄴ
④ ㄴ, ㄷ   ⑤ ㄱ, ㄴ, ㄷ

23 생명 시스템에서의 화학 반응

A 물질대사

세포소기관과 물질대사
- 라이보솜: 아미노산으로 단백질을 합성 ➡ 동화작용, 흡열 반응
- 마이토콘드리아: 유기물을 이산화 탄소와 물로 분해 ➡ 이화작용, 발열 반응
- 엽록체: 이산화 탄소와 물로 포도당을 합성 ➡ 동화작용, 흡열 반응

1 ❶ □□□□ 생명체에서 일어나는 모든 화학 반응
① 반응이 단계적으로 일어나며, 반드시 에너지 출입이 함께 일어난다.
② 효소가 관여한다.
③ 동화작용과 이화작용으로 구분한다.

구분	❷ □□작용	❸ □□작용
정의	저분자 물질로 고분자 물질을 합성하는 과정 **예** 광합성, 단백질합성 등	고분자 물질을 저분자 물질로 분해하는 과정 **예** 세포호흡, 소화 등
에너지 출입	반응물의 에너지＜생성물의 에너지 ➡ 반응 과정에서 에너지가 흡수되는 ❹ □□ 반응 **예** 광합성: 반응물(이산화 탄소와 물)의 에너지＜생성물(포도당과 산소)의 에너지	반응물의 에너지＞생성물의 에너지 ➡ 반응 과정에서 에너지가 방출되는 ❺ □□ 반응 **예** 세포호흡: 반응물(포도당과 산소)의 에너지＞생성물(이산화 탄소와 물)의 에너지

2 물질대사(세포호흡)와 생명체 밖 화학 반응(포도당의 연소)의 비교

세포호흡과 포도당 연소의 공통점
- 반응물(포도당, 산소)과 생성물(이산화 탄소, 물)이 같다. ➡ 반응열의 크기가 같다.
- 발열 반응이다.
- 같은 양의 포도당이 분해되었을 때 발생하는 에너지의 총량이 같다.

세포호흡과 에너지
세포호흡으로 방출되는 에너지의 일부는 ATP에 화학 에너지 형태로 저장되고, 나머지는 열로 방출된다.

구분	세포호흡으로 포도당 분해	포도당의 연소
반응 온도	체온 정도의 낮은 온도	400 ℃ 이상의 높은 온도
효소	다양한 효소가 관여한다.	효소가 관여하지 않는다.
반응과 에너지 출입	단계적으로 반응이 일어나 에너지가 소량씩 방출된다. 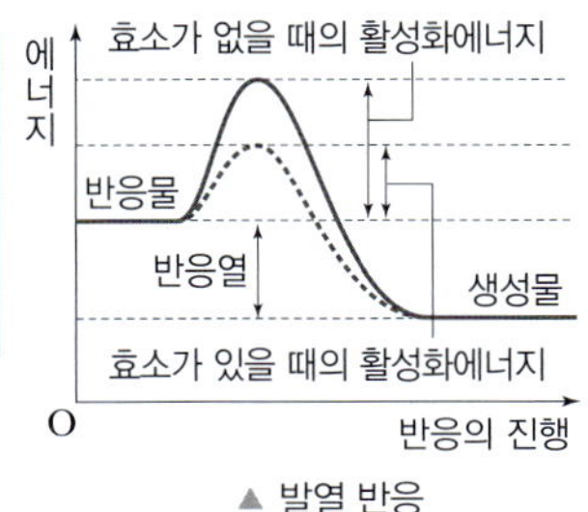	순간적으로 열과 빛을 내면서 한꺼번에 많은 에너지가 방출된다. 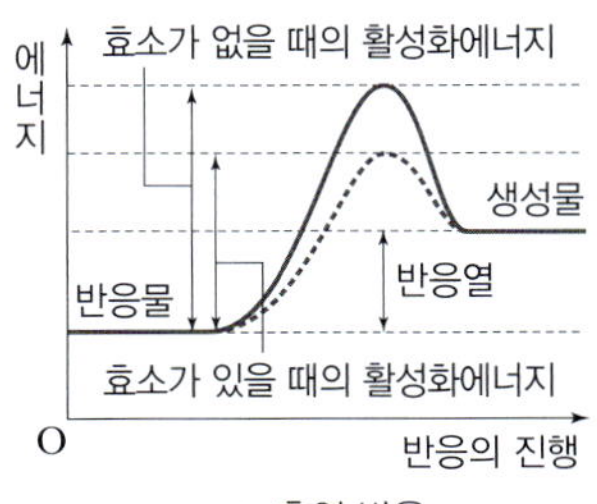

활성화에너지
화학 반응이 일어나는 데 필요한 최소한의 에너지로, 활성화에너지가 작을수록 반응이 빠르게 일어난다.

반응열
반응물과 생성물의 에너지 차이로, 화학 반응이 일어날 때 방출되거나 흡수된다. 효소는 반응열에 영향을 미치지 않아, 반응열의 크기는 효소의 유무에 관계없이 일정하다.

B 효소의 작용과 활용

1 효소의 작용 효소는 생체촉매로서, 물질대사의 ❻ □□□ □□□를 낮추어 화학 반응이 빠르게 일어나게 한다.
반응 과정에서 소모되거나 변하지 않으면서 반응 속도를 바꾸는 물질

2 효소의 특성

① 효소의 주성분: ❼ ☐☐☐ → 효소마다 고유한 입체 구조를 가지며, 입체 구조는 온도와 pH 의 영향을 받는다.

② ❽ ☐☐☐☐☐ : 효소는 입체 구조에 맞는 반응물(기질)하고만 결합하여 작용한다. **예** 아밀레이스는 녹말을 엿당으로 분해하는 반응은 촉진하지만, 단백질을 분해하는 반응에는 작용하지 못한다.

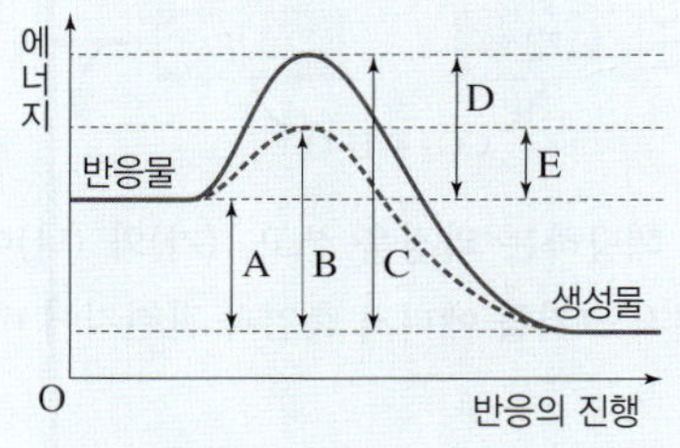

③ 효소의 재사용: 효소는 반응 전후에 구조와 성질이 변하지 않으므로 생성물과 분리된 후 반복적으로 사용된다.

효소의 작용 원리 실험

→ 감자 대신 동물의 간을 이용하여 실험해도 같은 결과가 나온다.

과산화 수소는 자연적으로 분해되나 반응 속도가 매우 느리기 때문

구분	기포 발생	꺼져 가는 향의 불씨를 넣었을 때	과산화 수소수를 추가했을 때
A	발생하지 않음	변화 없음	변화 없음
B	기포가 발생함	불씨가 살아남	기포가 다시 발생함
C	발생하지 않음	변화 없음	변화 없음

- ❾ ☐☐☐☐☐ : 과산화 수소(H_2O_2)를 물과 산소로 분해하는 반응($2H_2O_2 \rightarrow 2H_2O + O_2$)을 촉진하는 효소이다. → 대부분의 세포에 존재한다.
- 시험관 B: 꺼져 가는 향의 불씨가 살아난 것으로부터 발생하는 기포의 성분이 ❿ ☐☐ 임을 알 수 있으며, 과산화 수소수를 추가했을 때 기포가 다시 발생하는 것으로부터 효소는 재사용이 가능함을 알 수 있다.
- 시험관 C: 기포가 발생하지 않는 것은 높은 온도에서 효소가 변성되어 기능을 잃었기 때문이다.

3 효소와 생명 현상

효소는 광합성, 세포호흡, 영양소의 소화, 몸을 구성하는 물질의 합성 등 생명활동에 필요한 모든 화학 반응에 관여한다.

4 효소의 활용

효소는 생명체 밖에서도 작용할 수 있으므로 다양한 분야에 활용된다.

- 세탁 세제에 단백질분해효소와 지방분해효소가 들어 있다.
- 섬유소분해효소를 이용해 청바지를 탈색한다.
- 소화제에 단백질분해효소, 지방분해효소, 녹말분해효소가 들어 있다.
- 요검사지, 혈당 측정기에는 포도당 산화효소가 들어 있다.
- 키위즙이나 파인애플즙의 단백질분해효소를 활용하여 고기를 연하게 한다.
- 미생물의 효소를 활용하여 김치, 된장, 치즈, 포도주 등의 발효식품을 만든다.

정답과 해설 53쪽 ▶▶

669 그림은 어떤 화학 반응에서 효소가 있을 때와 없을 때의 에너지 변화를 나타낸 것이다.

이에 대한 설명으로 옳은 것은 ○, 옳지 않은 것은 ×로 표시하시오.

(1) 이화작용이 일어날 때의 에너지 변화이다. ( )
(2) 이 화학 반응은 흡열 반응이다. ( )
(3) 효소가 없을 때의 활성화에너지는 D이다. ( )
(4) 효소가 있을 때의 활성화에너지는 B이다. ( )
(5) 효소는 D의 크기를 감소시킨다. ( )
(6) 반응열은 C이다. ( )
(7) A의 크기는 효소의 유무에 따라 달라지지 않는다. ( )

A 물질대사

물질대사의 특징과 구분

670 하

물질대사에 대한 설명으로 옳지 <u>않은</u> 것은?

① 생명체에서 일어나는 화학 반응이다.
② 반응이 단계적으로 일어난다.
③ 효소가 관여한다.
④ 반드시 에너지가 출입한다.
⑤ 저분자 물질로 고분자 물질을 합성하는 이화작용과 고분자 물질을 저분자 물질로 분해하는 동화작용으로 나뉜다.

★ 빈출
671 중

그림은 생명체에서 일어나는 화학 반응을 나타낸 것이다. (가)와 (나)는 각각 동화작용과 이화작용 중 하나이다.

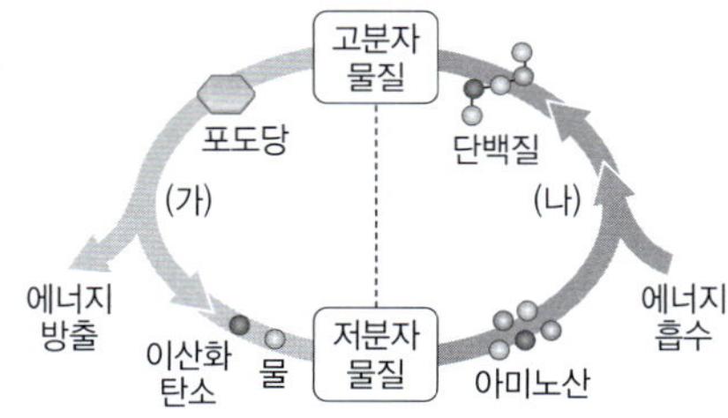

이에 대한 설명으로 옳지 <u>않은</u> 것만을 모두 고르면?(2개)

① (가)와 (나)는 모두 물질대사이다.
② (가)와 (나) 과정에는 모두 효소가 관여한다.
③ (가)와 (나)는 모두 반응이 단계적으로 일어난다.
④ (가)는 동화작용이고, (나)는 이화작용이다.
⑤ 광합성은 (가)의 예에 해당하고, 소화는 (나)의 예에 해당한다.
⑥ (가)에서는 반응물이 가진 에너지가 생성물이 가진 에너지보다 크다.
⑦ (나)는 흡열 반응이다.

672 중

그림 (가)는 생명체에서 일어나는 어떤 화학 반응의 에너지 변화를, (나)는 (가) 반응의 반응물과 생성물의 시간에 따른 농도를 나타낸 것이다. A와 B는 각각 반응물과 생성물 중 하나이다.

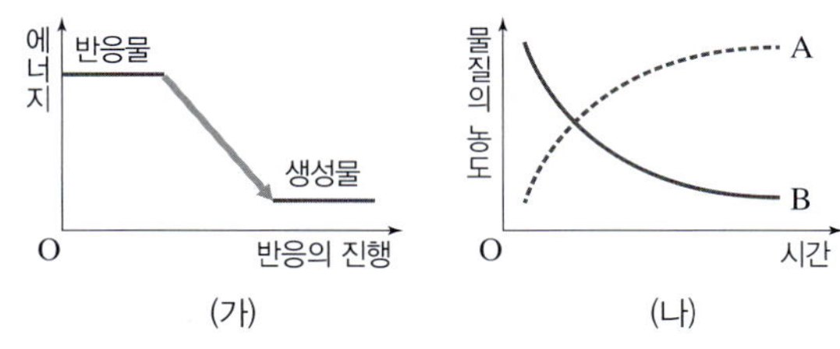

이에 대한 설명으로 옳지 <u>않은</u> 것은?

① 이 반응은 이화작용이다.
② 반응이 일어나는 동안 에너지가 방출된다.
③ 고분자 물질이 저분자 물질로 분해되는 반응이다.
④ A는 생성물이고, B는 반응물이다.
⑤ A는 B보다 분자의 크기가 크다.

673 중

그림은 두 종류의 물질대사 과정을 나타낸 것이다. 이에 대한 설명으로 옳은 것만을 〈보기〉에서 있는 대로 고른 것은?

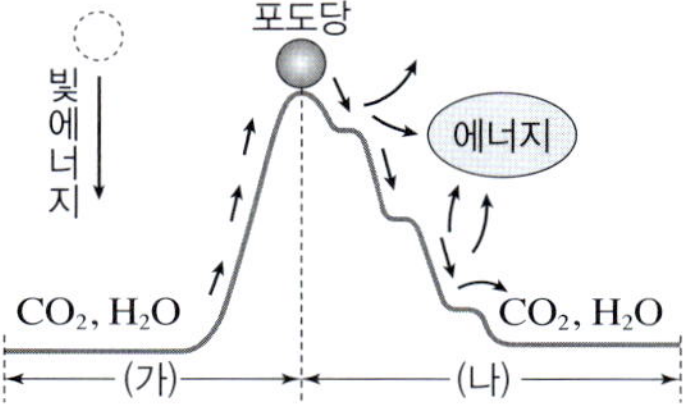

< 보기 >
ㄱ. (가)는 고분자 물질이 저분자 물질로 분해되는 과정이다.
ㄴ. (가)는 발열 반응, (나)는 흡열 반응에 해당한다.
ㄷ. (가)는 동화작용, (나)는 이화작용에 해당한다.

① ㄱ ② ㄴ ③ ㄷ ④ ㄱ, ㄴ ⑤ ㄴ, ㄷ

674 중

| 서술형 |

그림은 두 종류의 물질대사 과정을 나타낸 것이다. (가)와 (나)는 각각 광합성과 세포호흡 중 하나이다.

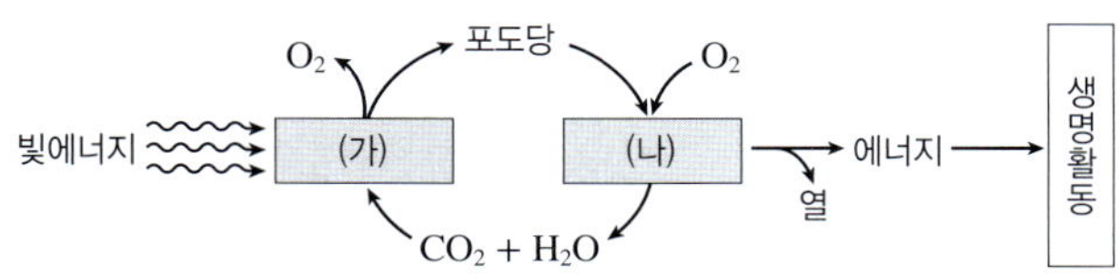

(가)와 (나)에 해당하는 과정을 쓰고, (가)와 (나)에서 반응물과 생성물의 에너지 크기를 에너지 출입과 관련지어 비교하시오.

675 (상)

그림 (가)는 식물 세포의 구조를, (나)는 생명체에서 일어나는 어떤 화학 반응의 에너지 변화를 나타낸 것이고, 표는 식물 세포에서 일어나는 세 가지 반응을 나타낸 것이다. A~C는 각각 라이보솜, 마이토콘드리아, 엽록체 중 하나이다.

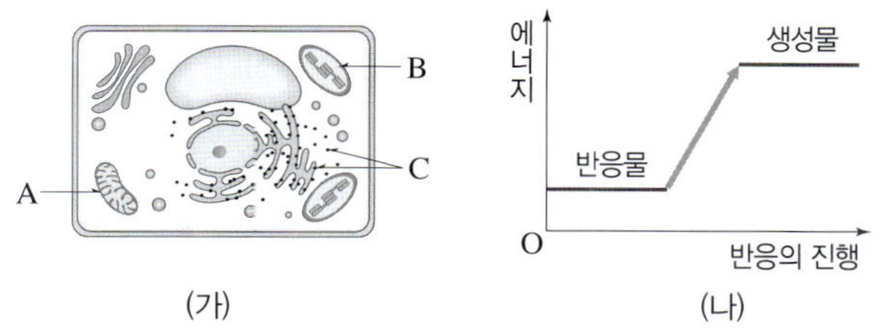

㉠ 포도당 + 산소 ⟶ 이산화 탄소 + 물
㉡ 이산화 탄소 + 물 ⟶ 포도당 + 산소
㉢ 아미노산 + …… + 아미노산 ⟶ 단백질

이에 대한 설명으로 옳은 것만을 〈보기〉에서 있는 대로 고른 것은?

〈 보기 〉
ㄱ. ㉠은 주로 A에서, ㉡은 B에서, ㉢은 C에서 일어난다.
ㄴ. ㉠이 일어날 대 (나)와 같은 에너지 변화를 보인다.
ㄷ. ㉠~㉢ 중 동화작용에 해당하는 화학 반응은 2개이다.

① ㄱ ② ㄴ ③ ㄱ, ㄷ ④ ㄴ, ㄷ ⑤ ㄱ, ㄴ, ㄷ

세포호흡과 연소

676 (중)

이 문제에서 볼 수 있는 보기는 多

그림 (가)와 (나)는 포도당이 세포호흡으로 분해될 때와 연소될 때의 에너지 변화를 순서 없이 나타낸 것이다.

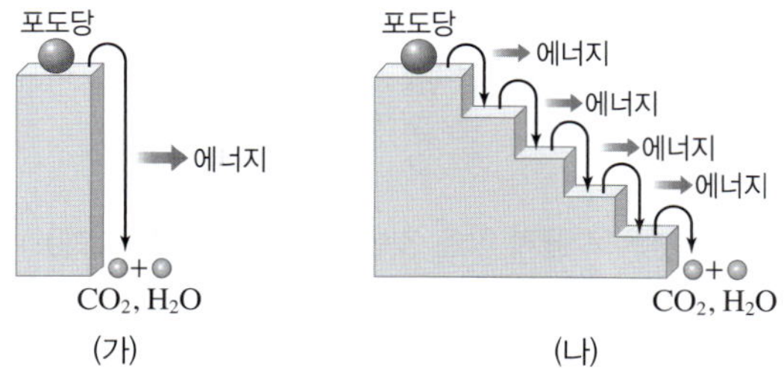

이에 대한 설명으로 옳지 않은 것만을 모두 고르면?(3개)

① (가)에서 반응물의 에너지는 생성물의 에너지보다 크다.
② (가)와 (나)는 모두 이화작용이다.
③ (나)는 (가)보다 낮은 온도에서 일어난다.
④ 1분자의 포도당으로부터 방출되는 에너지양은 (가)에서가 (나)에서보다 많다.
⑤ (가)는 반응이 한꺼번에, (나)는 반응이 단계적으로 진행된다.
⑥ (가)와 (나) 모두 에너지가 방출되는 발열 반응이다.
⑦ (가)와 (나)에 모두 효소가 관여한다.

677 (중)

| 서술형 |

포도당이 생명체 밖에서 연소되는 과정과 세포호흡으로 분해되는 과정의 공통점과 차이점을 한 가지씩 서술하시오.

B

효소의 작용과 활용

효소의 작용

678 (하)

효소에 대한 설명으로 옳은 것만을 〈보기〉에서 있는 대로 고른 것은?

〈 보기 〉
ㄱ. 생명체 내에서 화학 반응이 빠르게 일어나도록 도와주는 생체촉매이다.
ㄴ. 활성화에너지를 높여 반응이 쉽게 일어나도록 한다.
ㄷ. 주성분은 탄수화물이다.
ㄹ. 효소가 있으면 체온 정도의 온도에서도 반응이 일어난다.

① ㄱ, ㄴ ② ㄱ, ㄹ ③ ㄴ, ㄷ
④ ㄱ, ㄴ, ㄹ ⑤ ㄴ, ㄷ, ㄹ

679 (중)

이 문제에서 볼 수 있는 보기는 多

그림은 생명체에서 어떤 화학 반응이 일어날 때 효소의 유무에 따른 에너지 변화를 나타낸 것이다.

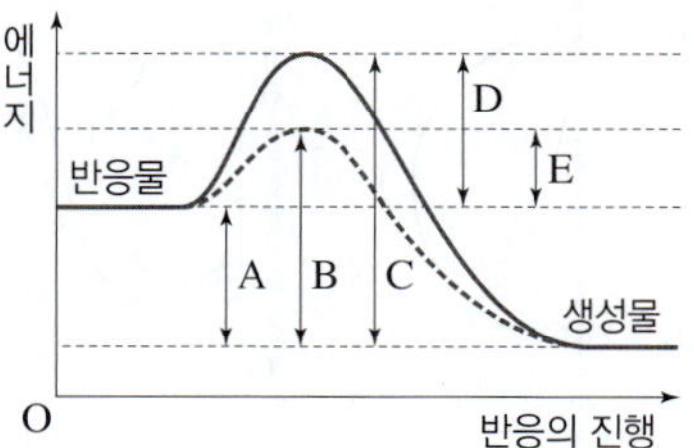

이에 대한 설명으로 옳지 않은 것만을 모두 고르면?(2개)

① 이 반응은 이화작용이다.
② 반응물의 에너지가 생성물의 에너지보다 크다.
③ 반응 과정에서 에너지가 흡수되는 흡열 반응이다.
④ 효소가 있을 때의 활성화에너지는 B이다.
⑤ 효소가 있을 때에는 효소가 없을 때보다 활성화에너지가 'D−E'만큼 작아진다.
⑥ 효소가 있을 때와 없을 때 A의 크기는 같다.
⑦ 반응물이 생성물로 되면서 'C−D'만큼의 반응열이 방출된다.

이 문제에서 볼 수 있는 보기는 多

그림은 어떤 물질대사에서 효소가 있을 때와 없을 때의 에너지 변화를 나타낸 것이다.

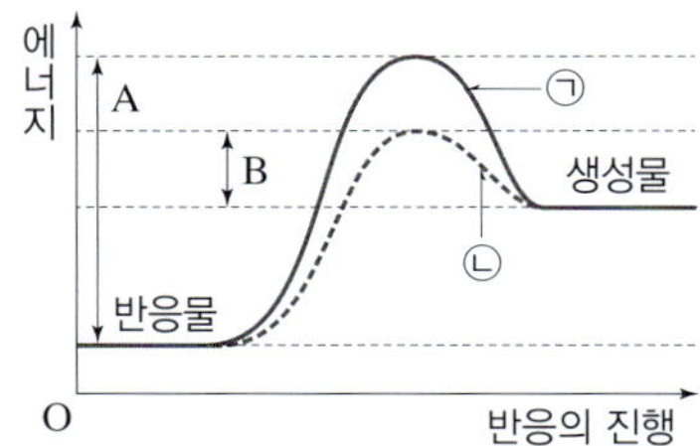

이에 대한 설명으로 옳지 <u>않은</u> 것만을 모두 고르면?(2개)

① 이 반응은 흡열 반응이다.
② 이화작용이 일어날 때의 에너지 변화이다.
③ 효소가 없을 때의 활성화에너지는 A이다.
④ 효소가 있을 때의 활성화에너지는 B이다.
⑤ ㉠과 ㉡ 중 효소가 있을 때의 에너지 변화는 ㉡이다.
⑥ 활성화에너지의 크기는 반응열보다 크다.
⑦ 효소의 유무에 관계없이 반응물과 생성물의 에너지 크기는 변하지 않는다.

681 상

그림 (가)는 물질대사 ⓐ와 ⓑ에서 일어나는 물질의 변화를, (나)는 ⓐ와 ⓑ 중 한 과정에서 효소가 있을 때와 없을 때의 에너지 변화를 나타낸 것이다.

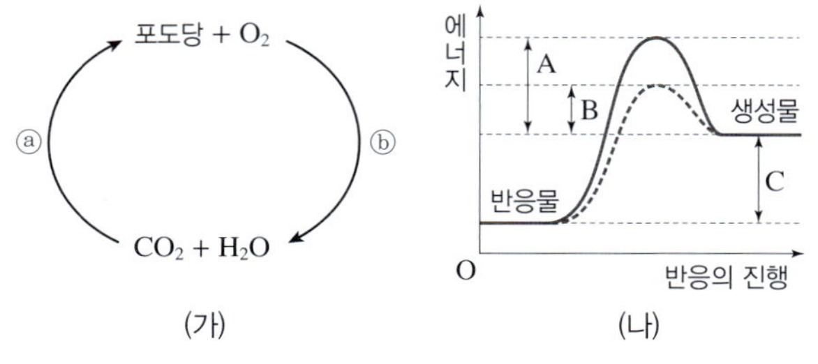

이에 대한 설명으로 옳은 것만을 〈보기〉에서 있는 대로 고른 것은?

보기
ㄱ. ⓐ 과정의 반응열은 C이다.
ㄴ. (나)는 ⓑ에서의 에너지 변화이다.
ㄷ. (나)에서 효소가 있을 때와 없을 때의 활성화에너지 차이는 'A−B'이다.

① ㄱ
② ㄴ
③ ㄱ, ㄷ
④ ㄴ, ㄷ
⑤ ㄱ, ㄴ, ㄷ

682 상

그림은 과산화 수소가 물과 산소로 분해되는 반응에서 조건 A와 B일 때 시간에 따른 과산화 수소의 상대량을, 표는 두 조건에서 반응이 일어날 때 활성화에너지와 반응열을 나타낸 것이다. A와 B는 각각 효소가 있을 때와 없을 때 중 하나이다.

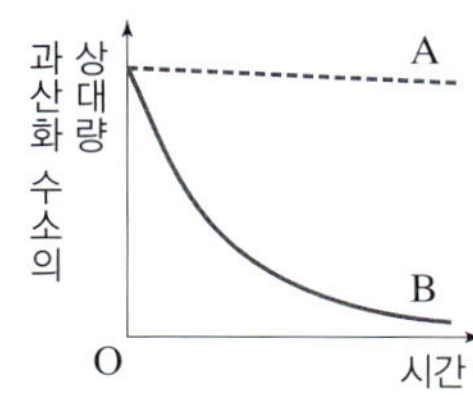

구분	활성화 에너지	반응열
A	ⓐ	ⓑ
B	ⓒ	ⓓ

이에 대한 설명으로 옳은 것만을 〈보기〉에서 있는 대로 고른 것은?

보기
ㄱ. A는 효소가 없을 때이다.
ㄴ. $\dfrac{ⓒ}{ⓐ}$는 1보다 크다.
ㄷ. ⓑ는 ⓓ보다 작다.

① ㄱ
② ㄴ
③ ㄷ
④ ㄱ, ㄷ
⑤ ㄱ, ㄴ, ㄷ

효소의 특성

이 문제에서 볼 수 있는 보기는 多

그림은 어떤 효소의 작용을 나타낸 것이다.

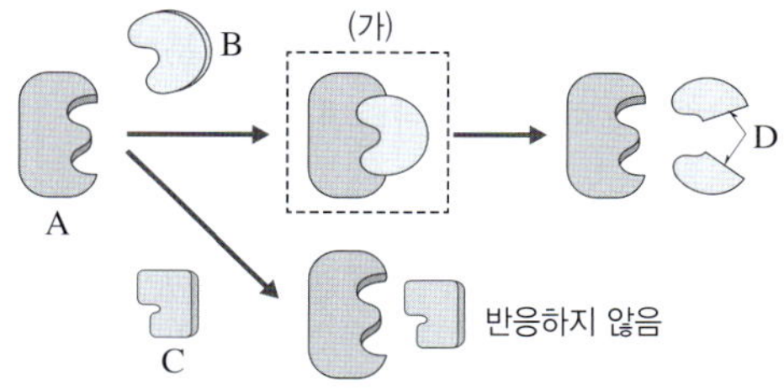

이에 대한 설명으로 옳지 <u>않은</u> 것만을 모두 고르면?(3개)

① A는 반응물이다.
② A는 D가 생성되는 반응의 활성화에너지를 낮춘다.
③ A는 B의 분해를 촉진한다.
④ 반응이 끝나면 A는 재사용이 가능하다.
⑤ A의 주성분은 단백질이다.
⑥ 열에 의해 A의 구조가 변형되면 A는 B와 결합할 수 없다.
⑦ C는 농도가 높아지면 A와 반응할 수 있다.
⑧ 효소가 관여하는 반응은 'A+B → D'로 나타낼 수 있다.
⑨ 이 효소는 발열 반응을 촉진한다.
⑩ (가)는 효소기질복합체이다.
⑪ (가) 상태에서 이 반응의 활성화에너지가 낮아진다.

684 중

| 서술형 |

그림은 효소의 작용을 나타낸 것이다.

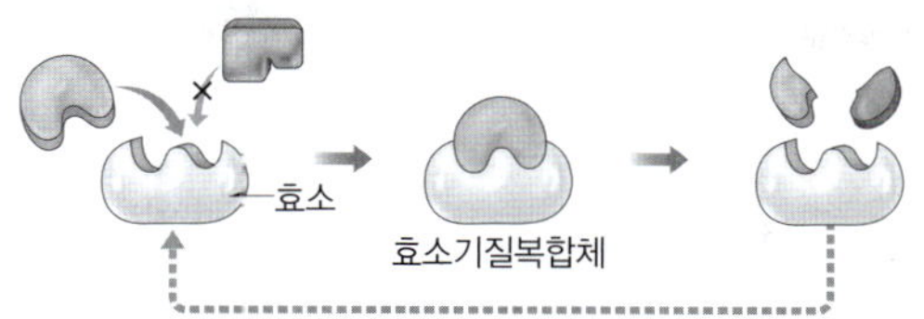

이 자료를 통해 알 수 있는 효소의 특성 두 가지를 서술하시오.

685 중

그림 (가)는 어떤 효소의 반응을, (나)는 이 반응에서 효소가 있을 때와 없을 때의 에너지 변화를 나타낸 것이다.

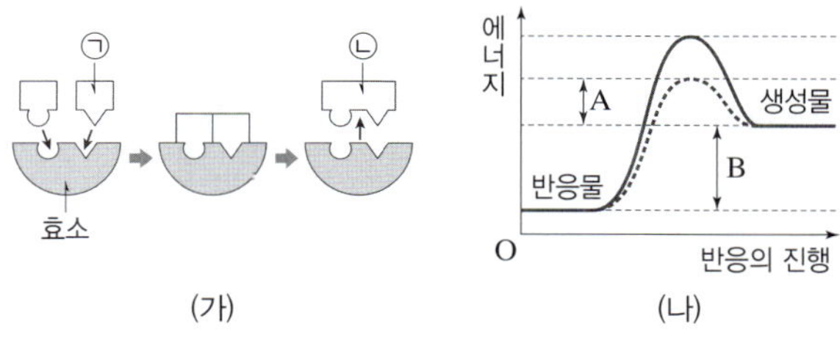

이에 대한 설명으로 옳은 것만을 〈보기〉에서 있는 대로 고른 것은?

< 보기 >

ㄱ. (가) 반응이 일어날 때 에너지가 방출된다.

ㄴ. 1분자당 에너지양은 ㉡이 ㉠보다 많다.

ㄷ. (가) 반응의 활성화에너지는 'A+B'이다.

① ㄱ　　② ㄴ　　③ ㄱ, ㄷ　　④ ㄴ, ㄷ　　⑤ ㄱ, ㄴ, ㄷ

686 중

그림 (가)는 효소 X가 관여하는 화학 반응을, (나)는 효소 X의 농도가 일정할 때 시간에 따른 ㉠과 ㉡의 농도를 나타낸 것이다. ㉠과 ㉡은 각각 ⓐ와 ⓑ 중 하나이다.

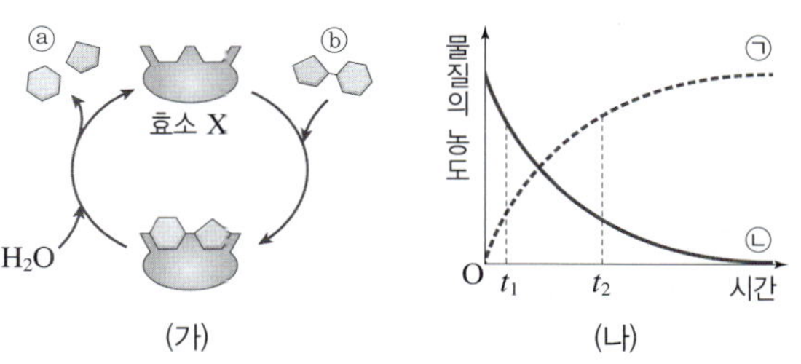

이에 대한 설명으로 옳은 것만을 〈보기〉에서 있는 대로 고른 것은?

< 보기 >

ㄱ. X는 이화작용을 촉진한다.

ㄴ. ⓐ는 ㉡이다.

ㄷ. 활성화에너지는 t_1일 때가 t_2일 때보다 크다.

① ㄱ　　② ㄴ　　③ ㄱ, ㄷ　　④ ㄴ, ㄷ　　⑤ ㄱ, ㄴ, ㄷ

687 중

그림 (가)는 효소 A~C가 관여하는 반응에서 pH에 따른 반응 속도를, (나)는 효소 B가 관여하는 반응에서 온도에 따른 반응 속도를 나타낸 것이다.

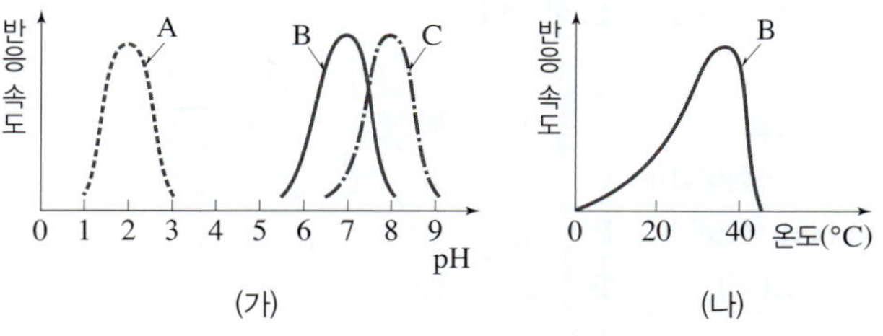

이에 대한 설명으로 옳은 것만을 〈보기〉에서 있는 대로 고른 것은?

< 보기 >

ㄱ. 효소의 종류에 따라 잘 작용할 수 있는 pH가 다르다.

ㄴ. 40 °C일 때 B의 반응 속도가 느려진 까닭은 효소의 입체 구조가 변형되었기 때문이다.

ㄷ. 온도와 pH는 효소의 작용에 영향을 미친다.

① ㄱ　　　　② ㄷ　　　　③ ㄱ, ㄴ

④ ㄴ, ㄷ　　　⑤ ㄱ, ㄴ, ㄷ

688 상

그림은 어떤 효소가 관여하는 반응에서 시간에 따른 물질의 농도를 나타낸 것이다. ㉠~㉣은 반응물, 생성물, 반응물과 결합하지 않은 효소, 효소기질복합체를 순서 없이 나타낸 것이다.

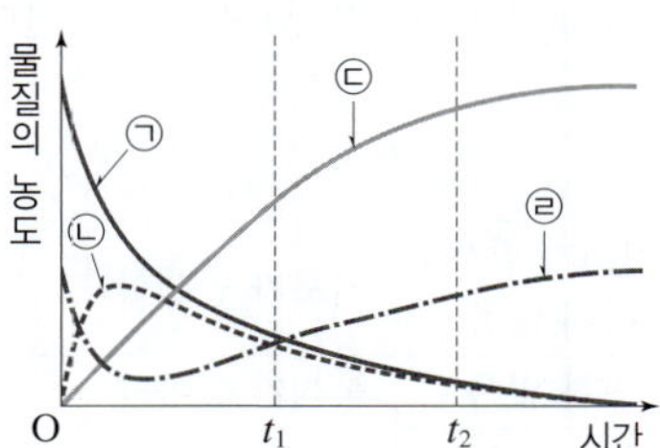

이에 대한 설명으로 옳은 것만을 〈보기〉에서 있는 대로 고른 것은?

< 보기 >

ㄱ. ㉠은 반응물이다.

ㄴ. ㉡은 효소기질복합체이다.

ㄷ. ㉣은 ㉢과 결합할 수 있는 구조를 가지고 있다.

ㄹ. $\dfrac{t_1\text{일 때 반응물과 결합하지 않은 효소의 농도}}{t_2\text{일 때 반응물과 결합하지 않은 효소의 농도}}$ 는 1보다 크다.

① ㄱ, ㄴ　　　　② ㄴ, ㄹ　　　　③ ㄷ, ㄹ

④ ㄱ, ㄴ, ㄷ　　⑤ ㄱ, ㄷ, ㄹ

표는 효소 X에 의해 반응물 A가 생성물 B로 전환되는 반응에서 실험 Ⅰ~Ⅲ의 조건을, 그림은 Ⅰ~Ⅲ에서 시간에 따른 B의 농도를 나타낸 것이다. X는 37 ℃에서 가장 잘 작용하며, ㉠~㉢은 각각 Ⅰ~Ⅲ의 결과 중 하나이다.

실험	Ⅰ	Ⅱ	Ⅲ
A의 농도(상댓값)	1	1	1
X의 농도(상댓값)	1	2	2
온도(℃)	25	25	37

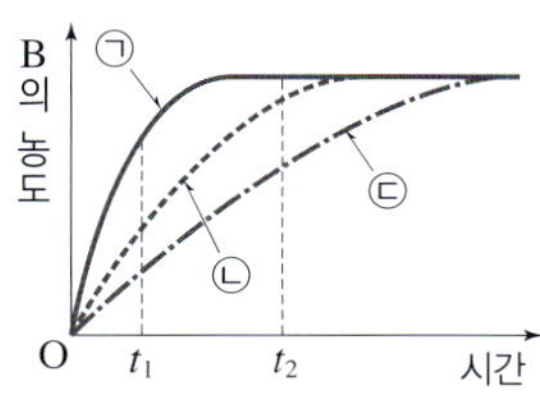

이에 대한 설명으로 옳은 것만을 〈보기〉에서 있는 대로 고른 것은?

> **보기**
> ㄱ. Ⅰ~Ⅲ 중 반응 속도가 가장 빠른 것은 Ⅲ이다.
> ㄴ. ㉢은 Ⅰ이다.
> ㄷ. ㉠에서 A와 결합한 X의 수는 t_1일 때가 t_2일 때보다 많다.

① ㄱ 　 ② ㄴ 　 ③ ㄷ 　 ④ ㄱ, ㄷ 　 ⑤ ㄴ, ㄷ

효소의 작용 원리 실험

빈출
690 중　　　이 문제에서 볼 수 있는 보기는 多

다음은 효소의 작용을 알아보기 위한 실험이다.

> (가) 시험관 A~C에 3 % 과산화 수소수를 5 mL씩 넣고, B에는 생감자 조각을, C에는 삶은 감자 조각을 넣은 후, A~C에서 기포가 발생하는지 관찰한다.
> (나) 꺼져 가는 향의 불씨를 A~C에 넣고 변화를 관찰한다.
> (다) 기포 발생이 끝난 뒤, A~C에 3 % 과산화 수소수를 2 mL씩 더 넣고 기포가 발생하는지 관찰한다.
>
> [실험 결과]
>
> | 구분 | A | B | C |
> |---|---|---|---|
> | (가) | 기포가 발생하지 않음 | 기포가 발생함 | ⓐ |
> | (나) | 변화 없음 | 불씨가 살아남 | ⓑ |
> | (다) | 기포가 발생하지 않음 | 기포가 다시 발생함 | 기포가 발생하지 않음 |

이에 대한 설명으로 옳은 것만을 모두 고르면?(2개)

① ⓐ는 '기포가 발생함'이다.
② ⓑ는 '불씨가 살아남'이다.
③ (나)의 B를 통해 발생한 기체는 수소임을 알 수 있다.
④ (다)를 통해 효소는 재사용할 수 없다는 것을 알 수 있다.
⑤ 감자에 들어 있는 효소는 과산화 수소의 분해를 촉진한다.
⑥ 감자를 삶으면 카탈레이스의 활성이 떨어진다.

---

691 중　　　| 서술형 |

효소의 작용을 알아보기 위해 시험관 A~C에 그림과 같은 물질을 넣었더니 시험관 B에서만 기포가 발생하였다.

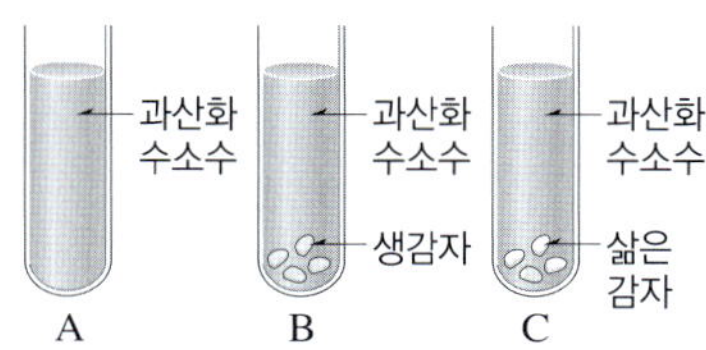

(1) B에서 기포가 발생하는 까닭을 효소와 반응물, 생성물의 이름을 모두 포함하여 서술하시오.

(2) C에서 기포가 발생하지 않은 까닭을 서술하시오.

[692~693] 다음은 과산화 수소의 분해에 관한 실험이다.

시험관 A~D에 표와 같이 물질을 넣고, A~D에서 기포가 발생하는지 관찰한다.

시험관	A	B	C	D
3 % 과산화 수소수	3 mL	3 mL	3 mL	5 mL
생간 조각	—	4개	—	4개
삶은 간 조각	—	—	4개	—
증류수	2 mL	2 mL	2 mL	—

[실험 결과]

시험관	A	B	C	D
기포 발생량	—	+++	—	+++++

(+의 수가 많을수록 발생량이 많음)

692 중　　　| 서술형 |

A, B, C의 결과를 비교하여 알 수 있는 효소의 특성을 두 가지 서술하시오.

693 중

이에 대한 설명으로 옳은 것만을 〈보기〉에서 있는 대로 고른 것은?

> **보기**
> ㄱ. 간에는 이화작용을 촉진하는 카탈레이스가 있다.
> ㄴ. 기포 발생이 끝난 후 B와 D에 생간 조각을 더 넣으면 기포가 다시 발생한다.
> ㄷ. 생성물의 양은 반응물의 양에 비례한다.

① ㄱ 　 ② ㄴ 　 ③ ㄷ
④ ㄱ, ㄷ 　 ⑤ ㄱ, ㄴ, ㄷ

★빈출
694 상

다음은 효소의 작용에 관한 실험이다.

- 삼각 플라스크 A~C에 표와 같이 물질을 넣은 후, 각각의 입구에 고무풍선을 끼우고 풍선의 변화를 관찰하였다.

구분	3 % 과산화 수소수	감자즙	증류수
A	45 mL	0 mL	5 mL
B	45 mL	2 mL	3 mL
C	45 mL	5 mL	0 mL

- 관찰 결과 그림과 같이 A의 고무풍선은 변화가 없었으며, B와 C의 고무풍선은 부풀어 올랐다.

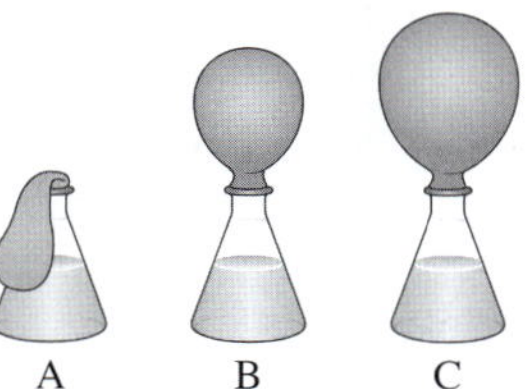

이에 대한 설명으로 옳은 것만을 〈보기〉에서 있는 대로 고른 것은?

〈 보기 〉
ㄱ. 과산화 수소의 분해는 발열 반응이다.
ㄴ. 과산화 수소의 분해는 A에서 가장 많이 일어났다.
ㄷ. 반응물의 양이 일정할 때 효소의 농도가 높을수록 반응이 빠르게 일어난다.
ㄹ. 충분한 시간이 지나도 B의 고무풍선은 C보다 작을 것이다.

① ㄱ, ㄷ   ② ㄴ, ㄹ   ③ ㄷ, ㄹ
④ ㄱ, ㄴ, ㄷ   ⑤ ㄱ, ㄴ, ㄹ

695 상

그림 (가)는 효소의 농도가 일정할 때 반응물의 농도에 따른 초기 반응 속도를, (나)는 효소와 반응물의 결합 정도를 나타낸 것이다. 반응물의 농도가 S_1과 S_2일 때 효소와 반응물의 결합 정도는 각각 A~C 중 하나이다.

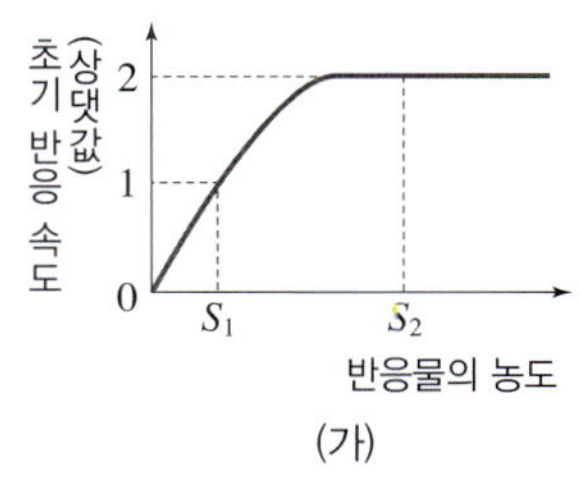
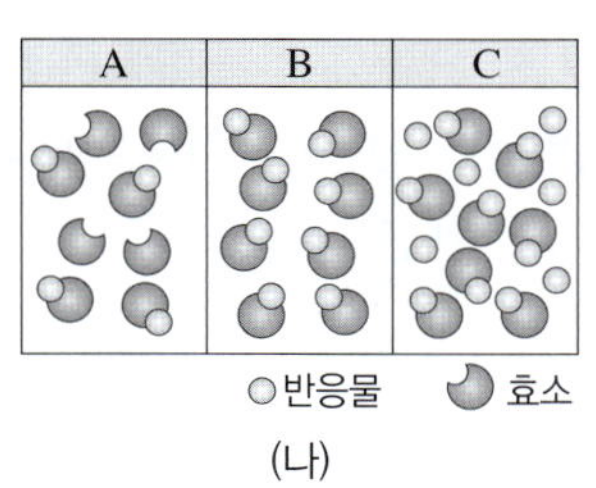

이에 대한 설명으로 옳은 것만을 〈보기〉에서 있는 대로 고른 것은?

〈 보기 〉
ㄱ. S_1일 때 효소와 반응물의 결합 정도는 C이다.
ㄴ. 활성화에너지의 크기는 S_1일 때가 S_2일 때의 2배이다.
ㄷ. S_2일 때 반응물을 더 넣어도 초기 반응 속도는 변함없다.

① ㄱ   ② ㄴ   ③ ㄷ   ④ ㄱ, ㄷ   ⑤ ㄱ, ㄴ, ㄷ

효소와 생명 현상 및 효소의 활용

696 하

이 문제에서 볼 수 있는 보기는 多

효소가 관여하는 생명 현상에 해당하지 **않는** 것만을 모두 고르면?(2개)

① 식물의 뿌리에서 토양의 물을 흡수한다.
② 몸에 필요한 단백질을 합성하여 성장한다.
③ 세포호흡을 통해 생명활동에 필요한 에너지를 생산한다.
④ 음식물 속의 녹말, 단백질, 지방이 소화기관에서 소화된다.
⑤ 포도당이 작은창자에서 세포막의 막단백질을 통해 이동한다.
⑥ 간세포는 독성이 강한 암모니아를 독성이 약한 요소로 전환한다.
⑦ 식물이 빛에너지를 이용하여 이산화 탄소와 물로 포도당을 합성한다.

★빈출
697 중

이 문제에서 볼 수 있는 보기는 多

다음은 효소가 일상생활에 활용되는 사례이다.

(가) 일반 합성 세제에 비해서 ⓐ효소가 첨가된 세제의 세척력이 더 좋다.
(나) 식혜를 만드는 과정에서는 밥과 엿기름을 넣고 따뜻하게 유지하는 과정이 필요하다.
(다) 효소를 이용해 청바지를 탈색한다.
(라) 효소를 소화제에 첨가하여 소화를 돕는다.
(마) 고기를 양념에 재울 때 키위즙이나 파인애플즙을 넣으면 고기가 연해진다.
(바) 김치, 된장, 치즈, 포도주 등의 발효식품을 만든다.

이에 대한 설명으로 옳지 **않은** 것만을 모두 고르면?(2개)

① 효소는 생명체 안에서만 작용한다.
② (가)의 ⓐ에는 때의 주성분인 단백질과 지방을 분해하는 효소들이 들어 있다.
③ (나)의 엿기름에는 녹말을 분해하는 아밀레이스가 들어 있다.
④ (나)에서 온도를 높일수록 효소에 의한 반응 속도는 계속 빨라진다.
⑤ (다)에서는 섬유소분해효소를 이용한다.
⑥ (라)에서는 단백질, 지방, 녹말 등의 분해를 촉진하는 효소들을 이용한다.
⑦ (마)에서 키위즙이나 파인애플즙에 있는 단백질분해효소가 고기를 연하게 한다.
⑧ (바)에서 발효식품은 미생물에 있는 효소의 작용으로 만들어진다.

24 생명 시스템에서 정보의 흐름

A 유전자와 단백질

1 형질 눈동자 색, 피부색, 혈액형 등과 같이 생물이 나타내는 여러 가지 특성이다. ➡ 핵 속의 ❶[ ][ ][ ]에 저장된 유전정보에 의해 결정된다.

2 ❷[ ][ ][ ] DNA에서 유전정보가 저장되어 있는 특정 부위이다.

3 유전자와 형질 각 유전자에는 특정 ❸[ ][ ][ ]을 만드는 데 필요한 유전정보가 저장되어 있다. ➡ 유전정보에 따라 합성된 단백질의 작용으로 형질이 나타난다. └ 아미노산서열에 대한 정보

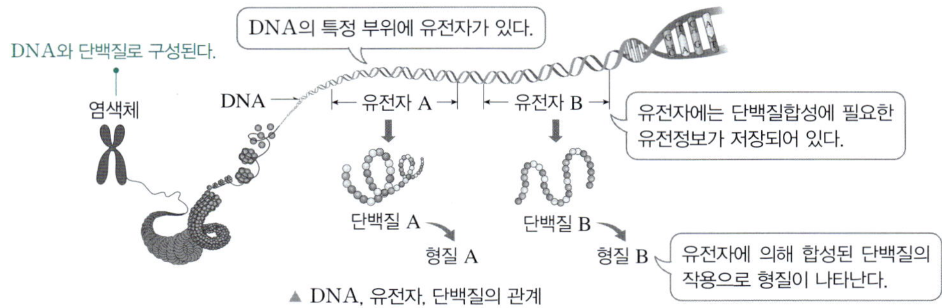

▲ DNA, 유전자, 단백질의 관계

유전자에 의해 형질이 나타나는 과정

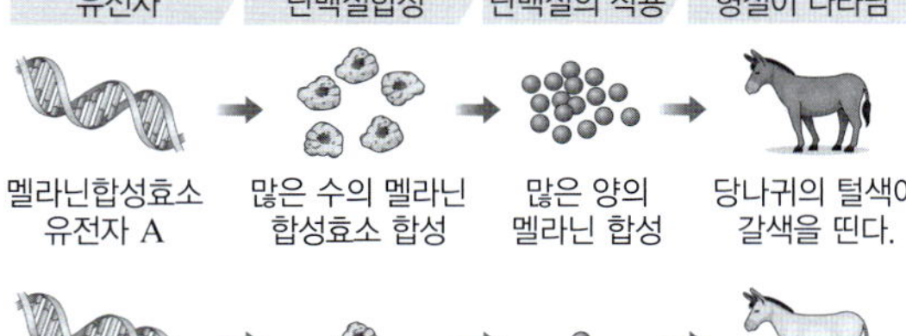

- DNA에 멜라닌합성효소 유전자가 있다. → 유전자의 유전정보로부터 단백질인 멜라닌합성효소가 합성된다. → 효소의 작용으로 멜라닌이 합성된다. → 멜라닌에 의해 털색이 나타난다.
- 털색이 갈색과 흰색으로 다른 까닭: 유전자의 유전정보가 다르다. → 멜라닌합성효소의 합성량이 다르다. → 멜라닌 합성량이 다르다. → 털색이 다르다. ➡ 유전자가 다르면 형질도 다르게 나타난다.

B 유전정보의 흐름

1 세포 내 유전정보의 흐름(생명중심원리) 세포에서 DNA의 유전정보는 ❹[ ][ ][ ]를 거쳐 단백질로 합성된다. DNA → RNA → 단백질

❺[ ][ ] DNA의 유전정보가 RNA로 전달되는 과정이다. → 핵 속에서 일어난다.

❻[ ][ ] RNA의 유전정보로부터 단백질이 합성되는 과정이다. → 세포질의 라이보솜에서 일어난다.

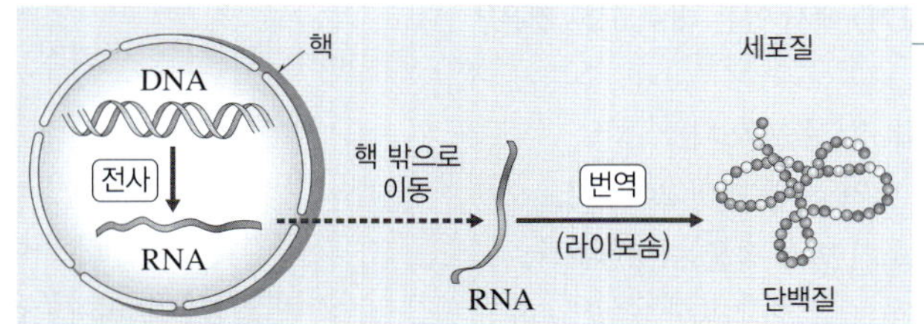

▲ 세포 내 유전정보의 흐름

2 유전정보의 저장과 유전부호

① DNA에는 염기 A, G, C, T을 갖는 4종류의 뉴클레오타이드가 특정한 순서로 배열되어 있다.
　➡ 유전자에는 단백질의 ❼ [　　　] 서열에 대한 정보가 ❽ [　] 서열의 형태로 저장되어 있다.
② 유전부호: DNA와 RNA의 염기서열이 특정 아미노산을 지정하는 규칙으로, 각 유전부호는 연속된 3개의 염기로 이루어져 있으며, 하나의 아미노산을 지정한다. ➡ 지구상의 모든 생명체는 같은 유전부호 체계를 사용한다(유전부호 체계의 공통성).
　• ❾ [　　] 조합: DNA의 유전부호
　• 코돈: RNA의 유전부호로, 64종류가 있다.

3 전사와 번역 과정

① 전사: 이중나선 DNA를 이루는 두 가닥의 폴리뉴클레오타이드 중 한 가닥의 염기에 상보적인 염기를 가진 RNA 뉴클레오타이드가 결합하여 RNA가 합성된다.
② 번역: RNA의 각 ❿ [　] 이 지정하는 아미노산이 펩타이드결합에 의해 순서대로 연결되어 단백질이 합성된다.

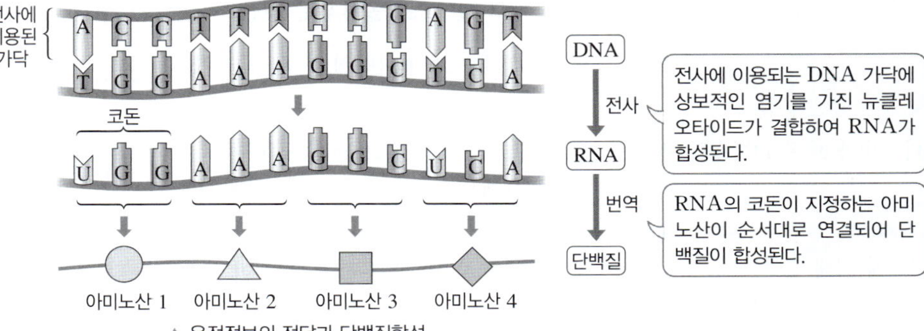

▲ 유전정보의 전달과 단백질합성

4 유전자 이상에 의한 유전병

① 유전자 이상: 유전자를 구성하는 ⓫ [　　] 의 염기서열에 이상이 생기는 것이다.
② 유전자 이상에 의한 유전병: DNA의 염기서열이 바뀌면 전사와 번역 과정이 정상적으로 일어나지 않거나 바뀐 염기서열로부터 비정상 단백질이 만들어져 유전병이 나타날 수 있다.
　예 낫모양적혈구빈혈증, 페닐케톤뇨증, 백색증 등

기출 PICK B-2

유전부호
DNA의 염기는 4종류, 단백질의 아미노산은 20종류이다. ➡ DNA의 염기 3개가 조합되면 총 64(=4³)종류의 유전부호가 생겨 20종류의 아미노산을 모두 지정할 수 있다.

기출 PICK B-3

상보적인 염기
• DNA의 두 가닥 사이

가닥 Ⅰ	A	G	C	T
가닥 Ⅱ	T	C	G	A

• DNA 가닥과 RNA 사이

DNA	A	G	C	T
RNA	U	C	G	A

기출 PICK B-4

유전병
• 낫모양적혈구빈혈증: 헤모글로빈 유전자의 이상으로 비정상 헤모글로빈이 만들어져 적혈구가 낫 모양으로 되어 빈혈 증상이 나타난다.
• 백색증: 멜라닌합성효소 유전자의 이상으로 멜라닌합성효소를 만들지 못해 피부, 털 등이 흰색을 나타낸다.

답 ❶ DNA ❷ 유전자 ❸ 단백질 ❹ RNA ❺ 전사 ❻ 번역 ❼ 아미노산 ❽ 염기 ❾ 3염기 ❿ 코돈 ⓫ DNA

빈출 자료 보기

정답과 해설 56쪽 ▶▶

698 그림은 사람의 세포에서 유전정보가 전달되어 단백질 X가 합성되는 과정을 나타낸 것이다.

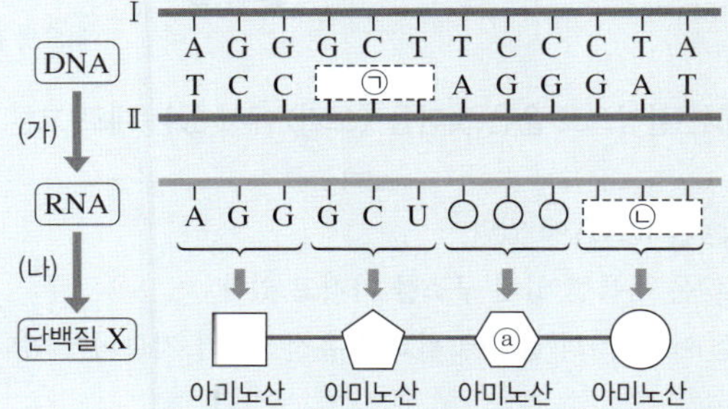

이에 대한 설명으로 옳은 것은 ○, 옳지 <u>않은</u> 것은 ×로 표시하시오.

이에 대한 설명으로 옳은 것은 ○, 옳지 <u>않은</u> 것은 ×로 표시하시오.

(1) (가)는 번역이다. (　　)
(2) (가)에서 DNA의 염기서열이 RNA의 염기서열로 바뀐다. (　　)
(3) (나)에서 RNA의 염기서열이 단백질의 아미노산서열로 바뀐다. (　　)
(4) (나)에서 펩타이드결합이 형성된다. (　　)
(5) (가)와 (나)는 모두 핵 속에서 일어난다. (　　)
(6) DNA 가닥 Ⅰ과 Ⅱ 중 전사에 이용된 가닥은 Ⅰ이다. (　　)
(7) DNA에서 ㉠의 염기서열은 CGA이다. (　　)
(8) RNA에서 ㉡의 염기서열은 GAU이다. (　　)
(9) 아미노산 ⓐ를 지정하는 코돈은 TCC이다. (　　)
(10) 단백질 X에는 4개의 펩타이드결합이 있다. (　　)

A 유전자와 단백질

699 하

유전자에 대한 설명으로 옳은 것만을 〈보기〉에서 있는 대로 고른 것은?

— 보기 —
ㄱ. 단백질합성에 필요한 정보가 저장되어 있다.
ㄴ. 염기서열 형태로 유전정보가 저장되어 있다.
ㄷ. 유전자에 이상이 생기면 유전병이 나타날 수 있다.

① ㄱ   ② ㄷ   ③ ㄱ, ㄴ   ④ ㄴ, ㄷ   ⑤ ㄱ, ㄴ, ㄷ

700 중

다음은 유전자와 형질에 대한 설명이다. ㉠과 ㉡은 DNA와 유전자를 순서 없이 나타낸 것이다.

형질은 (㉠)에 저장된 유전정보에 의해 결정되며, 유전정보가 저장되어 있는 특정 부위를 (㉡)라고 한다.

이에 대한 설명으로 옳지 **않은** 것은?

① ㉠은 DNA이다.
② ㉠은 이중나선구조로 되어 있다.
③ 사람의 염색체는 ㉠과 단백질로 구성된다.
④ 하나의 ㉠에 하나의 ㉡이 있다.
⑤ 특정 ㉡에는 특정 단백질에 대한 정보가 들어 있다.

701 중

그림은 세포에서 관찰되는 구조를 나타낸 것이다. A~C는 DNA, 염색체, 유전자를 순서 없이 나타낸 것이다.

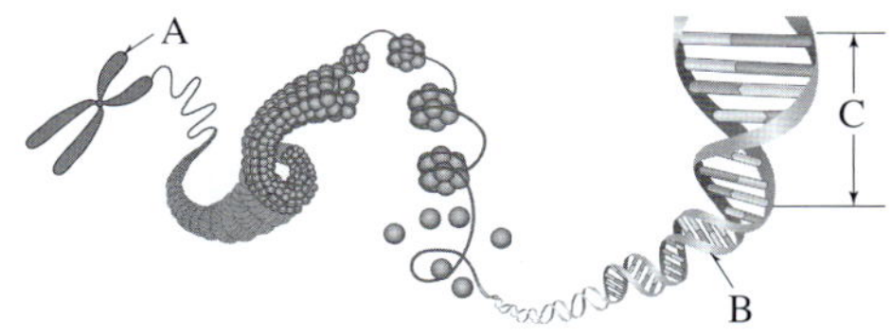

이에 대한 설명으로 옳은 것만을 〈보기〉에서 있는 대로 고른 것은?

— 보기 —
ㄱ. A는 염색체, B는 DNA이다.
ㄴ. C의 유전정보에 따라 형질이 결정된다.
ㄷ. C에는 아미노산 합성에 필요한 정보가 저장되어 있다.

① ㄱ   ② ㄴ   ③ ㄷ   ④ ㄱ, ㄴ   ⑤ ㄴ, ㄷ

★빈출 702 중

그림은 유전자와 단백질 사이의 관계를 나타낸 것이다. ㉠과 ㉡은 각각 DNA와 염색체 중 하나이다.

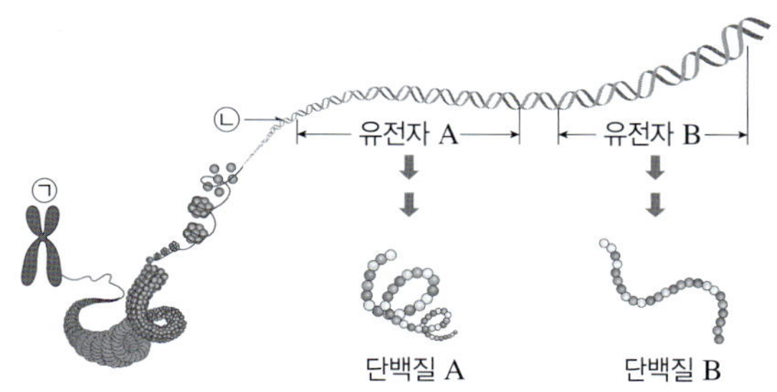

이에 대한 설명으로 옳지 **않은** 것만을 모두 고르면?(2개)

① ㉠은 DNA와 단백질로 구성되어 있다.
② 유전자 A와 B는 ㉠의 특정 위치에 있다.
③ ㉡은 한 가닥의 폴리뉴클레오타이드로 구성된다.
④ 뉴클레오타이드는 ㉡의 기본 단위체이다.
⑤ 유전자 A와 B에 저장된 유전정보는 같다.
⑥ 단백질 A와 B는 구조와 기능이 서로 다르다.
⑦ 단백질 A와 B는 모두 기본 단위체가 펩타이드결합으로 연결되어 있다.
⑧ 단백질 A와 B의 작용으로 서로 다른 형질이 나타난다.

★빈출 703 중

그림은 어떤 식물에서 꽃 색깔이 붉은색을 띠게 되는 과정을 나타낸 것이다. ㉠~㉢은 붉은 색소, 붉은 색소 합성효소, 붉은 색소 합성효소 유전자를 순서 없이 나타낸 것이다.

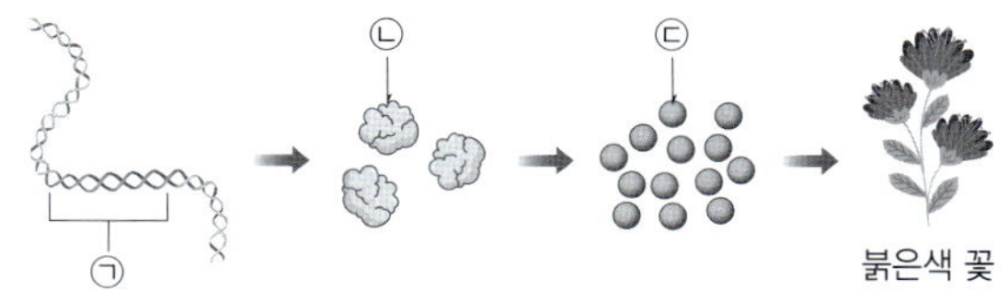

이에 대한 설명으로 옳은 것만을 〈보기〉에서 있는 대로 고른 것은?

— 보기 —
ㄱ. ㉠은 DNA에 있다.
ㄴ. ㉡은 독특한 입체 구조를 가지고 있다.
ㄷ. ㉡에는 ㉢의 합성에 필요한 유전정보가 저장되어 있다.

① ㄱ   ② ㄷ   ③ ㄱ, ㄴ
④ ㄱ, ㄷ   ⑤ ㄴ, ㄷ

704 중

그림은 우리 몸에서 소화효소가 합성되어 우유 속의 젖당을 분해하는 과정을 나타낸 것이다. ㉠과 ㉡은 젖당분해효소 유전자와 젖당분해효소를 순서 없이 나타낸 것이다.

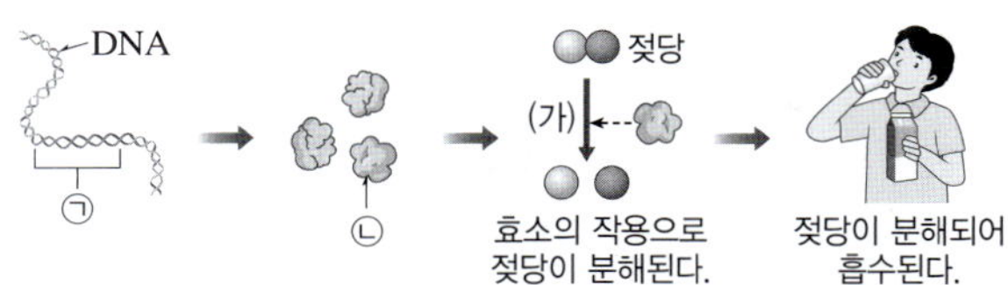

이에 대한 설명으로 옳은 것만을 〈보기〉에서 있는 대로 고른 것은?

< 보기 >
ㄱ. ㉠과 ㉡의 기본 단위체는 같다.
ㄴ. ㉠에 이상이 있는 사람은 우유 속에 들어 있는 젖당을 잘 분해하지 못할 수 있다.
ㄷ. (가)에서 ㉡에 의해 젖당이 분해되는 물질대사가 촉진된다.

① ㄱ   ② ㄷ   ③ ㄱ, ㄴ
④ ㄱ, ㄷ   ⑤ ㄴ, ㄷ

705 중

그림은 당나귀에서 서로 다른 털색이 나타나는 과정을 나타낸 것이다. (가)와 (나)에서 멜라닌의 양이 서로 다르다.

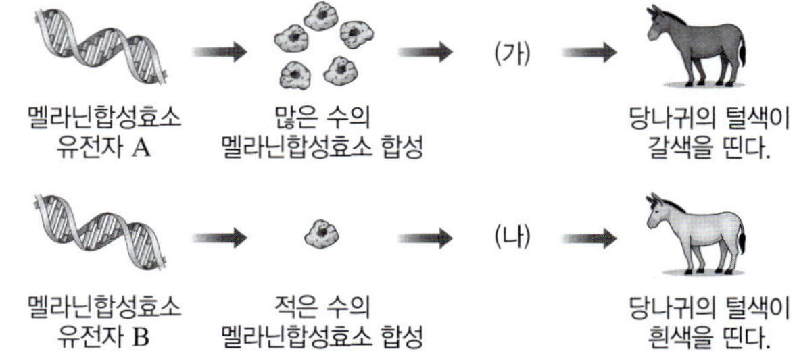

이에 대한 설명으로 옳은 것만을 〈보기〉에서 있는 대로 고른 것은?

< 보기 >
ㄱ. 멜라닌의 양은 (가)에서가 (나)에서보다 많다.
ㄴ. 멜라닌합성효소 유전자 A와 B에 멜라닌 합성에 대한 정보가 저장되어 있다.
ㄷ. 유전자는 합성되는 단백질의 종류에는 영향을 미치지만, 양에는 영향을 미치지 않는다.

① ㄱ   ② ㄴ   ③ ㄷ
④ ㄱ, ㄴ   ⑤ ㄴ, ㄷ

생명중심원리

☆빈출 706 하　　　　　　| 서술형 |

다음은 세포에서 일어나는 유전정보의 흐름을 설명한 것이다.

세포에서 유전정보는 DNA에서 RNA를 거쳐 단백질로 전달되는데, 이러한 흐름을 설명하는 원리를 (㉠)(이)라고 한다. 이때 DNA에 저장된 유전정보가 RNA로 전달되는 과정을 (㉡)(이)라고 하고, RNA의 유전정보로부터 단백질이 합성되는 과정을 (㉢)(이)라고 한다.

( ) 안에 알맞은 말을 쓰고, 사람의 세포에서 ㉡과 ㉢이 일어나는 장소를 서술하시오.

707 하

유전부호에 대한 설명으로 옳은 것만을 〈보기〉에서 있는 대로 고른 것은?

< 보기 >
ㄱ. DNA의 유전부호는 코돈이고, RNA의 유전부호는 3염기조합이다.
ㄴ. 연속된 3개의 염기로 이루어진다.
ㄷ. 코돈은 64종류이며, 한 종류의 아미노산을 지정하는 코돈은 한 종류 이상이다.

① ㄱ   ② ㄷ   ③ ㄱ, ㄴ   ④ ㄴ, ㄷ   ⑤ ㄱ, ㄴ, ㄷ

☆빈출 708 중　　　이 문제에서 볼 수 있는 보기는 多

그림은 사람의 세포에서 일어나는 유전정보의 흐름을 나타낸 것이다. (가)와 (나)는 각각 DNA와 RNA 중 하나이고, ㉠과 ㉡은 번역과 전사를 순서 없이 나타낸 것이다.

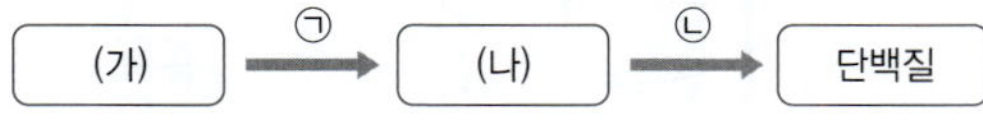

이에 대한 설명으로 옳은 것만을 모두 고르면?(2개)

① (가)에 유전자가 있다.
② (가)의 두 폴리뉴클레오타이드 가닥이 모두 ㉠에 이용된다.
③ (나)는 이중나선구조이다.
④ (나)에는 디옥시라이보스가 있다.
⑤ ㉠은 번역이다.
⑥ ㉠과 ㉡은 같은 세포소기관에서 일어난다.
⑦ ㉡에서 (나)의 염기서열이 단백질의 아미노산서열로 바뀐다.

그림은 사람의 세포에서 일어나는 유전정보의 흐름을 나타낸 것이다.

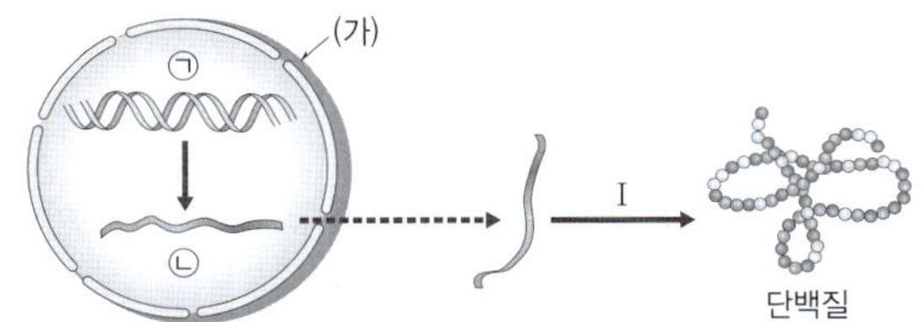

이에 대한 설명으로 옳은 것만을 모두 고르면?(3개)

① (가)는 핵이다.
② ㉠을 구성하는 염기에는 유라실(U)이, ㉡을 구성하는 염기에는 타이민(T)이 있다.
③ 유전자는 유전정보가 저장된 ㉡의 특정 부위이다.
④ ㉠ → ㉡으로 유전정보가 전달되는 과정을 번역이라고 한다.
⑤ ㉠과 ㉡ 모두 염기서열에 유전정보가 들어 있다.
⑥ I 과정에서 아미노산이 결합하여 폴리뉴클레오타이드를 형성한다.
⑦ I은 세포질의 라이보솜에서 일어난다.

710 중

| 서술형 |

사람의 세포에서 일어나는 유전정보의 흐름을 각 과정의 이름과 의미, 일어나는 장소를 포함하여 서술하시오.

711 중

그림 (가)는 동물 세포의 구조를, (나)는 이 세포에서 일어나는 유전정보의 흐름을 나타낸 것이다. ㉠~㉢은 각각 골지체, 라이보솜, 핵 중 하나이다.

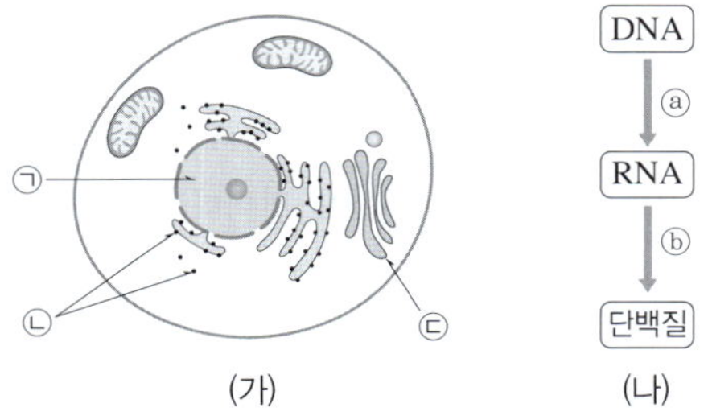

이에 대한 설명으로 옳은 것만을 〈보기〉에서 있는 대로 고른 것은?

― 보기 ―
ㄱ. DNA는 ㉠에서 세포질로 이동한 후 ⓐ에 이용된다.
ㄴ. ㉡과 ㉢은 단백질의 합성과 분비에 관여한다.
ㄷ. ⓑ 과정에서 3개의 염기로 된 유전부호가 1개의 아미노산을 지정한다.

① ㄱ   ② ㄷ   ③ ㄱ, ㄴ   ④ ㄱ, ㄷ   ⑤ ㄴ, ㄷ

712 상

표는 세포소기관 (가)~(다)의 특징을, 그림은 세포 내 유전정보의 흐름을 나타낸 것이다. (가)~(다)는 라이보솜, 소포체, 핵을 순서 없이 나타낸 것이고, ㉠~㉢은 단백질, DNA, RNA를 순서 없이 나타낸 것이다.

구분	특징
(가)	세포의 생명활동을 조절한다.
(나)	?
(다)	단백질의 운반 통로 역할을 한다.

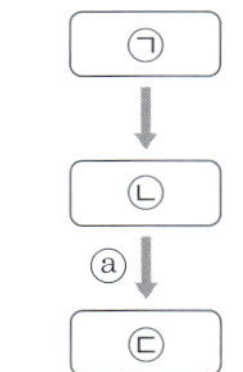

이에 대한 설명으로 옳은 것만을 〈보기〉에서 있는 대로 고른 것은?

― 보기 ―
ㄱ. (가)에 ㉠~㉢이 모두 있다.
ㄴ. 'ⓐ가 일어나 단백질을 합성한다.'는 (나)의 특징에 해당한다.
ㄷ. (다)에서 ㉠의 염기서열이 ㉡의 염기서열로 바뀐다.

① ㄱ   ② ㄴ   ③ ㄱ, ㄴ
④ ㄱ, ㄷ   ⑤ ㄴ, ㄷ

713 상

그림은 세포에서 일어나는 유전정보의 흐름과 관련된 물질을 구분하는 과정을 나타낸 것이다. (가)와 (나)는 '전사가 일어나 만들어지는가?'와 '번역이 일어나 만들어지는가?'를 순서 없이 나타낸 것이다. ㉠~㉢은 DNA, RNA, 단백질을 순서 없이 나타낸 것이며, ㉡과 ㉢ 중 하나에만 아데닌(A)이 있다.

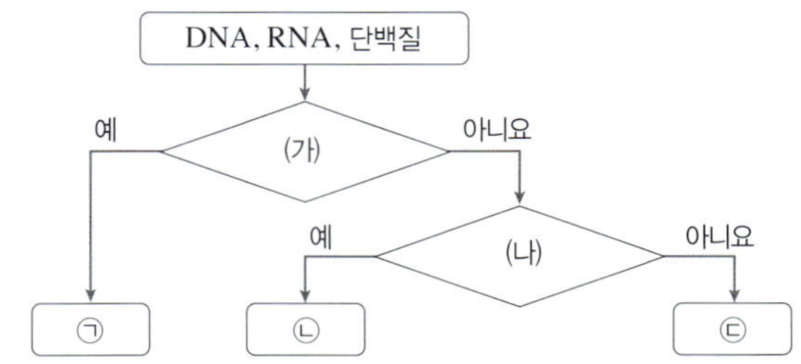

이에 대한 설명으로 옳은 것만을 〈보기〉에서 있는 대로 고른 것은?

― 보기 ―
ㄱ. (가)는 '번역이 일어나 만들어지는가?'이다.
ㄴ. ㉡의 유전부호는 3염기조합이다.
ㄷ. ㉢을 구성하는 아데닌(A)의 수와 타이민(T)의 수는 같다.

① ㄱ   ② ㄷ   ③ ㄱ, ㄴ
④ ㄱ, ㄷ   ⑤ ㄴ, ㄷ

714 ^상 | 서술형 |

다음은 대장균을 이용하여 사람의 인슐린을 생산하는 과정이다.

> 사람의 인슐린 유전자를 대장균의 DNA에 삽입하여 대장균에 주입하면 대장균 내에서 전사와 번역 과정을 거쳐 사람의 인슐린 단백질이 합성된다.

이 과정이 가능한 까닭을 유전부호 체계와 관련지어 서술하시오.

전사와 번역

715 ^{빈출} ^중

그림은 (가)와 (나) 두 가닥으로 구성된 어떤 사람의 DNA 일부와 이로부터 전사된 RNA를 나타낸 것이다. ⓐ는 하나의 아미노산을 지정한다.

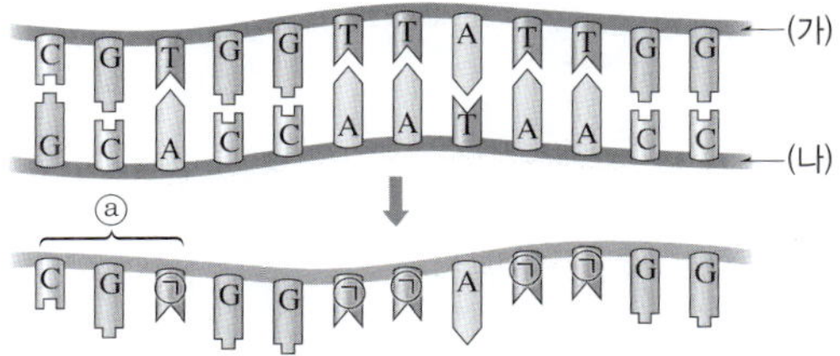

이에 대한 설명으로 옳지 <u>않은</u> 것은?

① ⓐ는 코돈이다.
② RNA는 (가) 가닥으로부터 전사되었다.
③ (가) 가닥에 있는 뉴클레오타이드는 12개이다.
④ 이 과정은 핵 속에서 일어난다.
⑤ ㉠에 해당하는 염기는 유라실(U)이다.

716 ^중

그림은 동물 세포에서 일어나는 유전정보의 흐름을 나타낸 것이다.

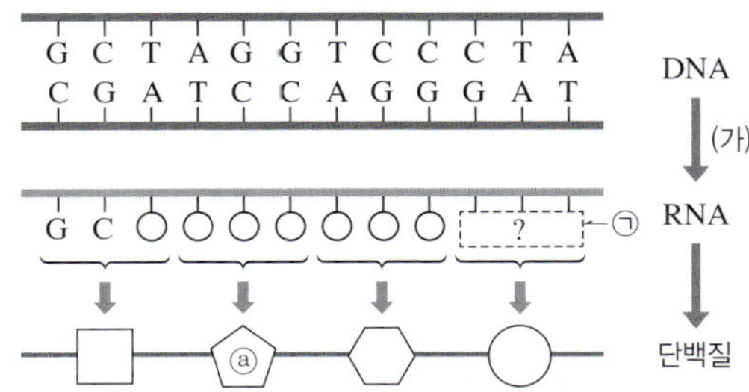

이에 대한 설명으로 옳은 것만을 〈보기〉에서 있는 대로 고른 것은?

> ── 보기 ──
> ㄱ. (가)는 라이보솜에서 일어난다.
> ㄴ. ㉠의 염기서열은 CUA이다.
> ㄷ. 아미노산 ⓐ를 지정하는 코돈은 UCC이다.

717 ^{빈출} ^중

그림은 세포에서 일어나는 유전정보의 흐름을 나타낸 것이다. RNA의 왼쪽 첫 번째 염기부터 번역되며, ⓐ와 ⓑ는 아미노산이다.

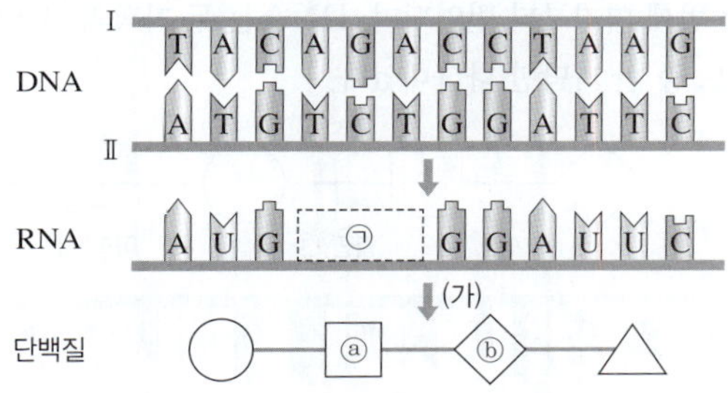

이에 대한 설명으로 옳지 <u>않은</u> 것만을 모두 고르면?(2개)

① 전사가 일어날 때 DNA 이중나선이 풀린다.
② I과 II 중 전사에 이용된 가닥은 II이다.
③ ㉠의 염기서열은 TCT이다.
④ ⓑ를 지정하는 코돈은 GGA이다.
⑤ (가)가 일어나는 세포소기관은 막으로 둘러싸여 있지 않다.
⑥ (가) 과정에서 ⓐ와 ⓑ 사이에 펩타이드결합이 형성된다.
⑦ DNA의 염기서열이 달라지면 아미노산서열이 달라질 수 있다.

718 ^중 | 서술형 |

그림은 어떤 RNA의 염기서열을 나타낸 것이다.

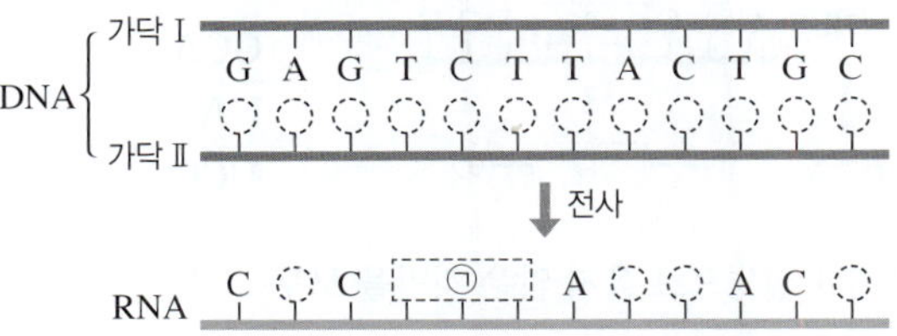

(1) 이 RNA의 전사에 이용된 DNA 가닥의 염기서열을 쓰시오.

(2) 이 RNA로부터 만들어지는 단백질은 최대 몇 개의 아미노산으로 구성되는지 쓰고, 그렇게 생각한 까닭을 서술하시오.

719 ^중

그림은 어떤 세포에서 일어나는 전사 과정을 나타낸 것이다.

이에 대한 설명으로 옳은 것만을 〈보기〉에서 있는 대로 고른 것은? (단, 이 RNA의 모든 유전부호는 번역된다.)

> ── 보기 ──
> ㄱ. DNA의 가닥 I이 전사에 이용되었다.
> ㄴ. ㉠에는 DNA에 없는 종류의 염기가 포함되어 있다.
> ㄷ. 이 RNA가 번역된 단백질에는 펩타이드결합이 4개 있다.

① ㄱ　　② ㄴ　　③ ㄷ　　④ ㄱ, ㄴ　　⑤ ㄴ, ㄷ

720 중

그림은 세포 내 유전정보의 흐름을 순서 없이 나타낸 것이다.
(가)~(다)는 각각 DNA, RNA, 단백질 중 하나이고, RNA의
왼쪽 첫 번째 염기부터 번역되며, DNA는 두 가닥의 폴리뉴클레
오타이드 중 한 가닥만 나타내었다.

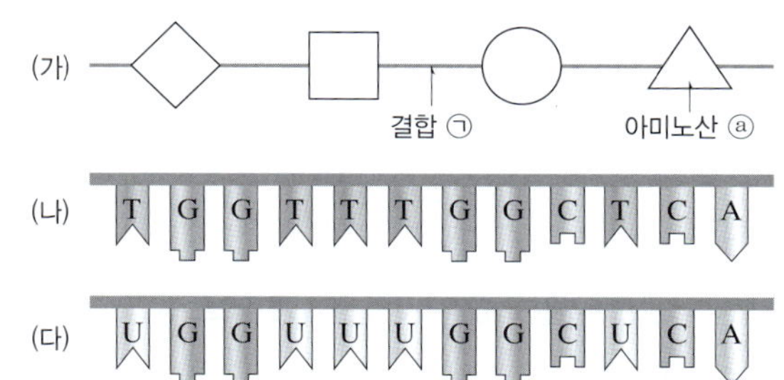

이에 대한 설명으로 옳은 것만을 〈보기〉에서 있는 대로 고른 것은?

> **보기**
> ㄱ. ㉠은 펩타이드결합이다.
> ㄴ. (나)가 전사에 이용되어 (다)가 합성되었다.
> ㄷ. ⓐ를 지정하는 코돈에 유라실(U)이 있다.

① ㄱ   ② ㄴ   ③ ㄱ, ㄷ
④ ㄴ, ㄷ   ⑤ ㄱ, ㄴ, ㄷ

722 중

그림은 세포 내 유전정보의 흐름을, 표는 일부 코돈이 지정하는
아미노산을 나타낸 것이다.

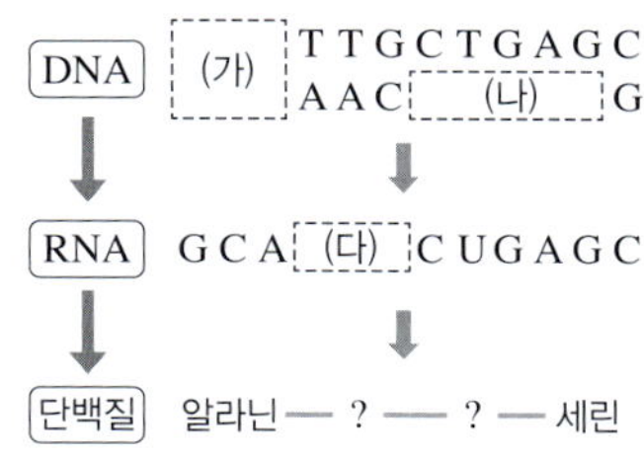

코돈	아미노산
AAC	아스파라진
AGC, UCG	세린
CGA	아르지닌
CUG, UUG	류신
GCA	알라닌

이에 대한 설명으로 옳은 것만을 〈보기〉에서 있는 대로 고른 것은?

> **보기**
> ㄱ. (가)에서 아데닌(A)의 수와 구아닌(G)의 수가 같다.
> ㄴ. (나)에서 타이민(T)의 수는 (다)에서 유라실(U)의 수의 절
> 반이다.
> ㄷ. 단백질의 아미노산서열은 알라닌−아스파라진−류신−
> 세린이다.

① ㄱ   ② ㄴ   ③ ㄱ, ㄷ
④ ㄴ, ㄷ   ⑤ ㄱ, ㄴ, ㄷ

★빈출 721 중

이 문제에서 볼 수 있는 보기는 多

그림은 어떤 세포에서 일어나는 유전정보의 흐름을, 표는 일부
코돈이 지정하는 아미노산을 나타낸 것이다.

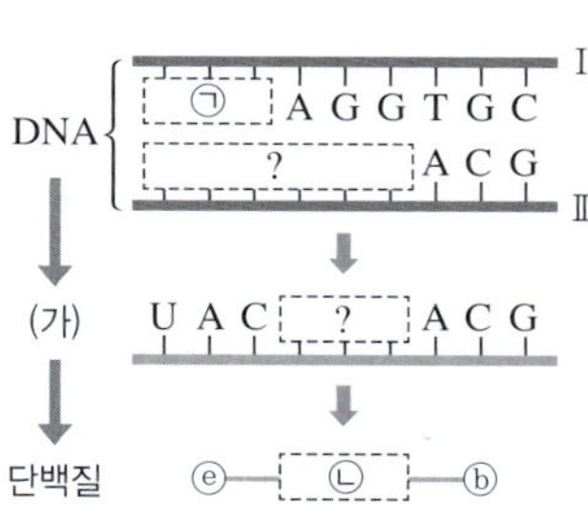

코돈	아미노산
AGG	ⓐ
ACG	ⓑ
AUG	ⓒ
GCA	ⓓ
UAC	ⓔ
UCC	ⓕ

이에 대한 설명으로 옳지 <u>않은</u> 것만을 모두 고르면?(3개)

① 전사에 이용된 DNA 가닥은 Ⅱ이다.
② DNA의 아데닌(A)은 (가)의 유라실(U)로 전사된다.
③ (가)를 구성하는 당은 라이보스이다.
④ (가)에는 3개의 코돈이 있다.
⑤ ㉠의 염기서열은 TAC이다.
⑥ ㉡은 ⓕ이다.
⑦ 단백질을 구성하는 아미노산은 2종류이다.
⑧ ⓔ와 ㉡의 결합은 동화작용에 해당한다.

723 상

그림은 어떤 유전자를 구성하는 DNA 가닥 Ⅰ과 Ⅱ의 염기서열
을, 표는 이 유전자가 전사되어 만들어진 RNA의 염기 수를 나
타낸 것이다. DNA 가닥 Ⅰ과 Ⅱ, RNA를 구성하는 염기 수는
모두 같다.

> DNA 가닥 Ⅰ … A○GG○TCGCTACTTACATTGA
>   가닥 Ⅱ … T(㉠)AGCGATGAATGTAACT

구분	염기 수(개)				
	A	G	C	T	U
RNA	5	4	x	y	$2x$

이에 대한 설명으로 옳은 것만을 〈보기〉에서 있는 대로 고른 것은?

> **보기**
> ㄱ. 전사에 이용된 DNA 가닥은 Ⅰ이다.
> ㄴ. $x+y=4$이다.
> ㄷ. ㉠의 염기서열은 ACCA이다.

① ㄱ   ② ㄴ   ③ ㄷ
④ ㄱ, ㄴ   ⑤ ㄴ, ㄷ

그림은 세포 내 유전정보의 흐름 일부를, 표는 일부 코돈이 지정하는 아미노산을 나타낸 것이다. ㉠~㉢은 아데닌(A), 유라실(U), 타이민(T)을 순서 없이 나타낸 것이며, RNA의 왼쪽 첫 번째 염기부터 번역된다.

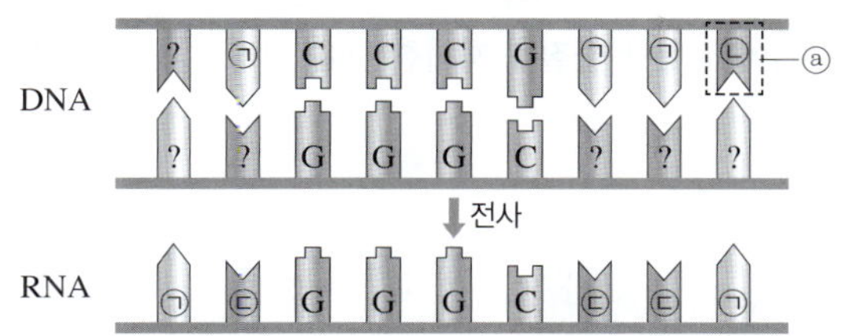

코돈	AUG	AUC	GGC	UUA	UUC
아미노산	(가)	(나)	(다)	(라)	(마)

(1) 염기 ㉠~㉢의 이름을 각각 쓰시오.

(2) DNA의 염기 ⓐ가 구아닌(G)으로 바뀔 때 합성되는 단백질의 아미노산서열은 어떻게 달라지는지 코돈의 변화를 포함하여 서술하시오. (단, 제시된 코돈만 이용한다.)

725 상 빈출

그림은 어떤 세포에서 일어나는 유전정보의 흐름을, 표는 일부 코돈이 지정하는 아미노산을 나타낸 것이다.

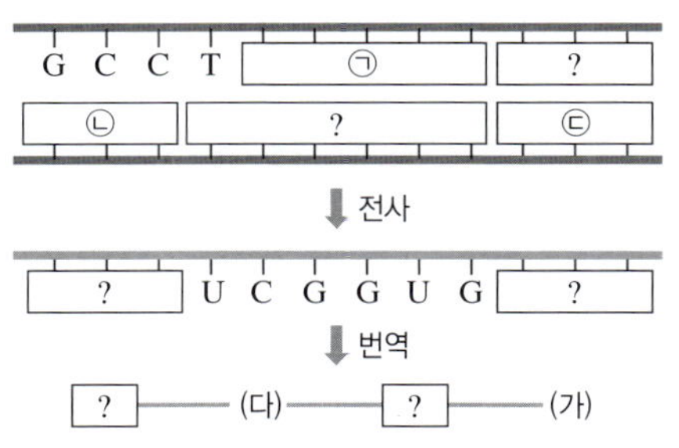

코돈	아미노산
AUG	(가)
CAC	(나)
UCG	(다)
GCC	(라)
GUG	(마)

이에 대한 설명으로 옳은 것만을 〈보기〉에서 있는 대로 고른 것은?

> ── 보기 ──
> ㄱ. ㉠에서 구아닌(G)의 수는 ㉡과 ㉢에서 사이토신(C)의 수를 더한 값과 같다.
> ㄴ. 단백질의 아미노산서열은 (라)−(다)−(마)−(가)이다.
> ㄷ. 전사에 이용된 DNA 가닥에서 (다)를 지정하는 염기서열은 TCG이다.

① ㄱ   ② ㄴ   ③ ㄷ
④ ㄱ, ㄴ   ⑤ ㄴ, ㄷ

726 상

다음은 어떤 세포에 있는 DNA ㉠, RNA ㉡, 단백질 ㉢에 대한 설명이다.

> • 이중나선 ㉠의 한 가닥이 전사에 이용되어 ㉡이 합성되었다.
> • ㉡은 15개의 뉴클레오타이드로 구성된다.
> • ㉡에 염기서열이 AUGCGU인 부위가 있다.
> • ㉢에 5개의 펩타이드결합이 있다.

이에 대한 설명으로 옳은 것만을 〈보기〉에서 있는 대로 고른 것은?

> ── 보기 ──
> ㄱ. ㉠에 염기서열이 ATGCGT인 부위가 있다.
> ㄴ. ㉡에 최대 15개의 코돈이 있다.
> ㄷ. ㉡이 번역에 이용되어 ㉢이 합성되었다.

① ㄱ   ② ㄷ   ③ ㄱ, ㄴ   ④ ㄱ, ㄷ   ⑤ ㄴ, ㄷ

유전자 이상에 의한 유전병

727 중 | 서술형 |

유전자에 이상이 생기면 유전병이 나타나는 까닭을 유전정보의 흐름과 관련지어 서술하시오.

728 상 빈출

그림은 사람의 정상 적혈구와 낫모양적혈구가 형성되는 과정을 나타낸 것이다. 낫모양적혈구는 헤모글로빈 유전자의 염기 1개가 바뀌는 이상으로 형성된다. 글루탐산과 발린은 아미노산이다.

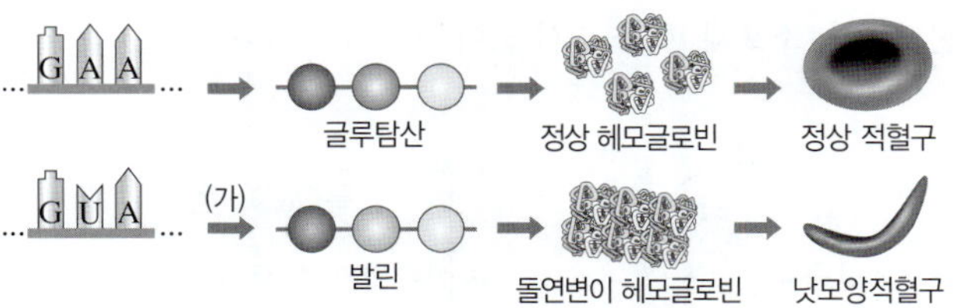

이에 대한 설명으로 옳은 것만을 〈보기〉에서 있는 대로 고른 것은? (단, 주어진 자료 이외는 고려하지 않는다.)

> ── 보기 ──
> ㄱ. (가)에서 전사와 번역이 모두 일어난다.
> ㄴ. 정상 헤모글로빈과 돌연변이 헤모글로빈은 아미노산서열이 서로 다르다.
> ㄷ. 헤모글로빈 유전자에서 전사에 이용되는 DNA 가닥의 염기 A이 T으로 바뀐 결과 낫모양적혈구가 형성되었다.

① ㄱ   ② ㄴ   ③ ㄱ, ㄷ
④ ㄴ, ㄷ   ⑤ ㄱ, ㄴ, ㄷ

729

표 (가)는 세포소기관 A~C의 특징을, (나)는 동물 세포와 식물 세포에서 세포소기관 Ⅰ과 Ⅱ의 유무를 나타낸 것이다. A~C는 라이보솜, 엽록체, 핵을 순서 없이 나타낸 것이고, Ⅰ과 Ⅱ는 A와 B를 순서 없이 나타낸 것이다.

세포소기관	특징
A	㉠
B	세포의 생명활동을 조절한다.
C	?

구분	Ⅰ	Ⅱ
동물 세포	ⓐ	×
식물 세포	○	?

(○: 있음, ×: 없음)

(가)   (나)

이에 대한 설명으로 옳은 것만을 〈보기〉에서 있는 대로 고른 것은?

---- 보기 ----
ㄱ. ⓐ는 '○'이다.
ㄴ. C에서 단백질의 합성이 일어난다.
ㄷ. '포도당의 분해가 일어난다.'는 ㉠에 해당한다.

① ㄱ   ② ㄴ   ③ ㄷ
④ ㄱ, ㄴ   ⑤ ㄴ, ㄷ

730

그림은 세포소기관 A~C의 공통점과 차이점을, 표는 세포소기관의 특징 ㉠~㉢을 순서 없이 나타낸 것이다. A~C는 마이토콘드리아, 소포체, 핵을 순서 없이 나타낸 것이다.

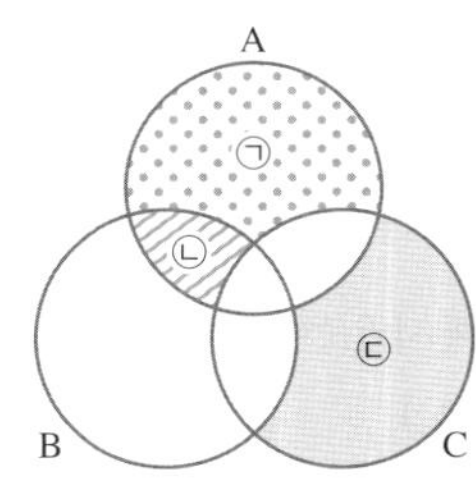

특징(㉠~㉢)
• 이중막으로 둘러싸여 있다.
• ATP가 생성된다.
• (ⓐ   )

이에 대한 설명으로 옳은 것만을 〈보기〉에서 있는 대로 고른 것은?

---- 보기 ----
ㄱ. A에서 유기물의 분해가 일어난다.
ㄴ. C는 단백질을 세포 밖으로 분비한다.
ㄷ. '납작한 주머니와 관으로 되어 있다.'는 ⓐ에 해당한다.

① ㄱ   ② ㄴ   ③ ㄱ, ㄷ
④ ㄴ, ㄷ   ⑤ ㄱ, ㄴ, ㄷ

731

그림 (가)는 세포막의 구조를, (나)는 A를 형광 물질로 표지하고, 일부 부위에서 형광 물질을 제거한 다음 일정 시간이 지난 후 관찰한 결과를 나타낸 것이다.

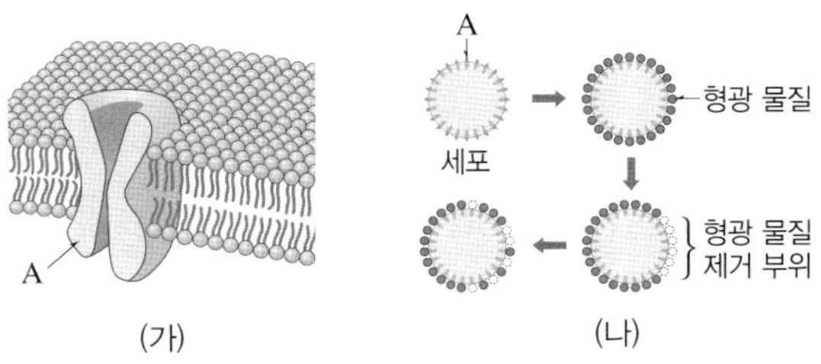

이에 대한 설명으로 옳은 것만을 〈보기〉에서 있는 대로 고른 것은?

---- 보기 ----
ㄱ. A는 물질을 선택적으로 투과시킨다.
ㄴ. A의 구성 성분에 지방산이 포함된다.
ㄷ. (나)를 통해 세포막을 구성하는 단백질의 위치는 유동적이라는 것을 알 수 있다.

① ㄱ   ② ㄴ   ③ ㄱ, ㄷ
④ ㄴ, ㄷ   ⑤ ㄱ, ㄴ, ㄷ

732

다음은 식물 세포 X를 이용한 삼투 실험이다.

• 세포액과 농도가 같은 용액에 들어 있던 X를 용액 ㉠에 넣었다가 일정 시간 후 용액 ㉡으로 옮긴다. ㉠과 ㉡은 각각 X의 세포액보다 농도가 높은 용액과 낮은 용액 중 하나이다.
• 그림은 시간에 따른 X의 부피를 측정한 결과를 나타낸 것이다.

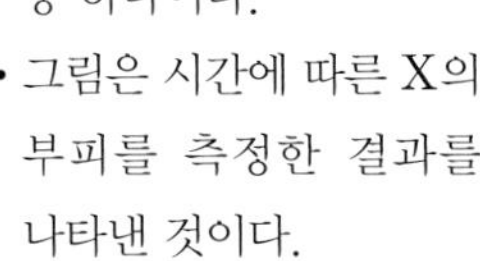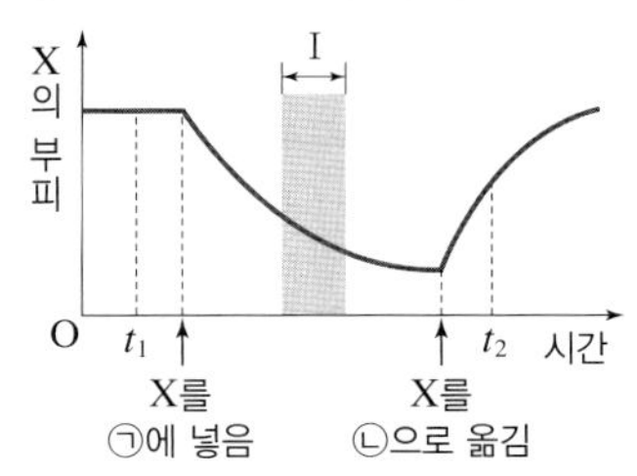

이에 대한 설명으로 옳은 것만을 〈보기〉에서 있는 대로 고른 것은?

---- 보기 ----
ㄱ. ㉠은 X의 세포액보다 농도가 낮다.
ㄴ. 세포 밖으로 이동하는 물의 양 / 세포 안으로 이동하는 물의 양 은 t_1일 때가 t_2일 때보다 크다.
ㄷ. 구간 Ⅰ에서 X의 세포액 농도는 감소한다.

① ㄱ   ② ㄴ   ③ ㄷ
④ ㄱ, ㄴ   ⑤ ㄴ, ㄷ

733

그림 (가)는 효소 X에 의한 반응에서 시간에 따른 물질 ㉠과 ㉡
의 농도를, (나)는 X에 의한 반응에서 시간에 따른 ㉠의 총량을
나타낸 것이다. ㉠과 ㉡은 각각 반응물과 생성물 중 하나이고,
A는 X와 ㉡ 중 하나이다.

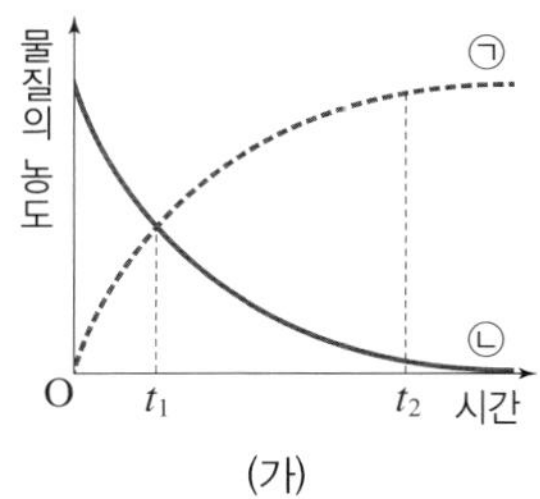
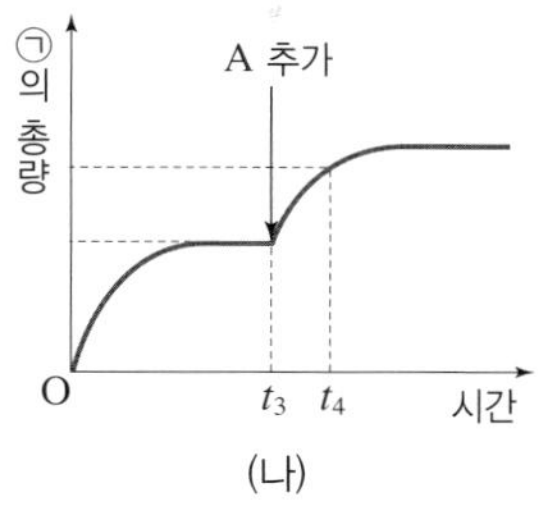

이에 대한 설명으로 옳은 것만을 〈보기〉에서 있는 대로 고른 것은?

〈보기〉
ㄱ. A는 ㉡이다.
ㄴ. X에 의한 반응 속도는 t_2일 때가 t_1일 때보다 빠르다.
ㄷ. 효소기질복합체의 농도는 t_3일 때가 t_4일 때보다 높다.

① ㄱ ② ㄴ ③ ㄷ
④ ㄱ, ㄴ ⑤ ㄴ, ㄷ

734

그림 (가)는 효소 A와 B에 의한 반응에서 온도에 따른 반응 속도
를, (나)는 효소 X에 의한 반응에서 온도가 10 ℃, 30 ℃, 70 ℃
일 때 반응물의 농도 변화를 나타낸 것이다. X는 A와 B 중 하나
이고, ㉠~㉢은 각각 10 ℃, 30 ℃, 70 ℃ 중 하나이다.

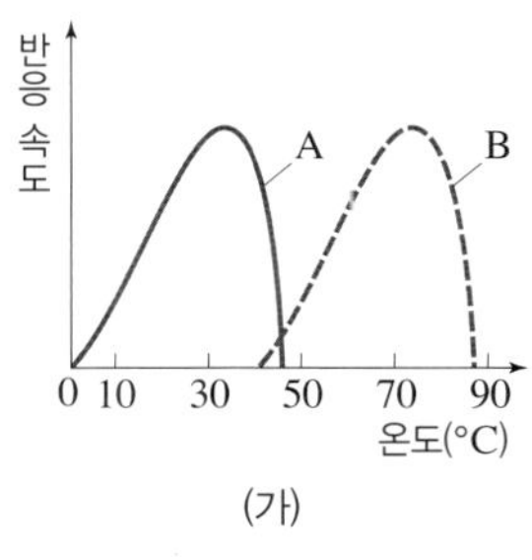
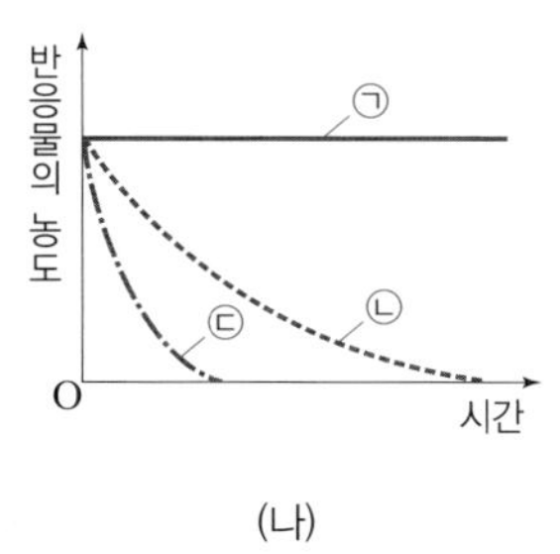

이에 대한 설명으로 옳은 것만을 〈보기〉에서 있는 대로 고른 것은?

〈보기〉
ㄱ. X는 A이다.
ㄴ. ㉠은 70 ℃, ㉢은 30 ℃이다.
ㄷ. ㉠일 때에는 A가 B보다 활성이 높다.

① ㄱ ② ㄴ ③ ㄷ
④ ㄱ, ㄴ ⑤ ㄱ, ㄷ

735

표는 폴리뉴클레오타이드 가닥 Ⅰ~Ⅲ을 구성하는 염기의 비율을
나타낸 것이다. Ⅰ~Ⅲ 중 두 가닥은 유전자 (가)를 구성하며, 나
머지 한 가닥은 (가)에서 전사된 RNA이다. ㉠~㉢은 사이토신
(C), 유라실(U), 타이민(T)을 순서 없이 나타낸 것이며, Ⅰ~Ⅲ
에서 뉴클레오타이드의 수는 모두 같다.

가닥	구성하는 염기의 비율(%)					
	A	G	㉠	㉡	㉢	계
Ⅰ	30	25	x	25	?	100
Ⅱ	30	25	25	x	?	100
Ⅲ	25	20	x	30	y	100

이에 대한 설명으로 옳은 것만을 〈보기〉에서 있는 대로 고른 것은?

〈보기〉
ㄱ. $x+y=25$이다.
ㄴ. ㉠은 유라실(U)이다.
ㄷ. (가)에서 전사에 이용된 DNA 가닥은 Ⅰ이다.

① ㄱ ② ㄷ ③ ㄱ, ㄴ ④ ㄱ, ㄷ ⑤ ㄴ, ㄷ

736

다음은 정상 유전자 x와 돌연변이 유전자 y에 대한 자료이다.

- x에서 전사에 이용된 DNA 가닥은 Ⅰ이고, y에서 전사에 이
용된 DNA 가닥은 Ⅱ이다.
- Ⅰ의 염기서열은 TACGCTAGCCGTGAC이다.
- x에 의해 단백질 X가 합성되며, X의 아미노산서열은 ⓑ-
ⓓ-ⓕ-ⓒ-ⓔ이다.
- Ⅱ는 Ⅰ에서 1개의 염기가 제거되고, 다른 부위에 1개의 염
기가 삽입된 것이다. Ⅰ과 Ⅱ의 염기 수는 같다.
- y에 의해 단백질 Y가 합성되며, Y의 아미노산서열은 ⓑ-ⓓ-ⓐ
-ⓒ-ⓔ이다.
- 표는 일부 코돈이 지정하는 아미노산을 나타낸 것이다.

코돈	아미노산
AUC	ⓐ
AUG	ⓑ
GCA	ⓒ
CGA	ⓓ
CUG	ⓔ
UCG	ⓕ

이에 대한 설명으로 옳은 것만을 〈보기〉에서 있는 대로 고른 것은?
(단, 제시된 코돈만을 고려한다.)

〈보기〉
ㄱ. Ⅰ이 전사되어 합성된 RNA에서 유라실(U)의 수는 3이다.
ㄴ. Ⅱ는 Ⅰ에서 사이토신(C)이 제거되고, 타이민(T)이 삽입
된 것이다.
ㄷ. y에서 전사에 이용되지 않는 DNA 가닥에 염기서열이
GAATCG인 부위가 있다.

① ㄱ ② ㄴ ③ ㄱ, ㄴ ④ ㄴ, ㄷ ⑤ ㄱ, ㄴ, ㄷ

MEMO

기출 PICK

실전대비 BOOK

통합과학 1

실전 대비 BOOK

선택형 대비

I. 과학의 기초
1. 과학의 기초 2

II. 물질과 규칙성
1. 자연의 구성 원소 6
2. 물질의 규칙성과 성질 14

III. 시스템과 상호작용
1. 지구시스템 26
2. 역학 시스템 34
3. 생명 시스템 42

서술형 대비

I. 과학의 기초
1. 과학의 기초 50

II. 물질과 규칙성
1. 자연의 구성 원소 51
2. 물질의 규칙성과 성질 54

III. 시스템과 상호작용
1. 지구시스템 60
2. 역학 시스템 63
3. 생명 시스템 67

선택형 대비 1회   1. 과학의 기초 | 01강~02강

_______ 반 _______ 번 이름_______________

737

1 그림 (가)와 (나)는 시간을 측정하는 두 가지 도구를 나타낸 것이다.

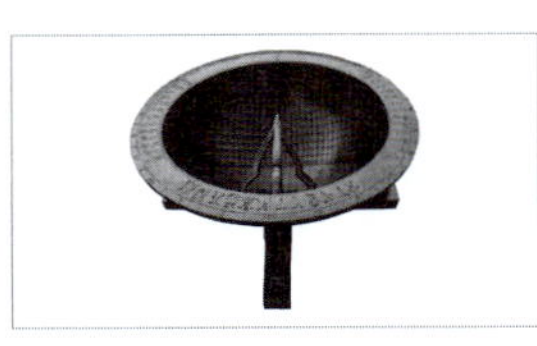

(가) 앙부일구   (나) 세슘 원자시계

이에 대한 설명으로 옳은 것만을 〈보기〉에서 있는 대로 고른 것은?

〈보기〉
ㄱ. (가)는 과거의 측정 방법이다.
ㄴ. (나)를 이용하면 시간을 정밀하게 측정할 수 있다.
ㄷ. 측정할 수 있는 시간의 규모는 과거와 현대가 비슷하다.

① ㄱ   ② ㄷ   ③ ㄱ, ㄴ
④ ㄴ, ㄷ   ⑤ ㄱ, ㄴ, ㄷ

738

2 다음은 다양한 규모의 자연 세계를 나타낸 것이다.

(가) 수소 원자의 지름   (나) 적혈구의 지름
(다) 고양이의 몸길이   (라) 은하의 지름

이에 대한 설명으로 옳은 것만을 〈보기〉에서 있는 대로 고른 것은?

〈보기〉
ㄱ. 공간 규모는 (다)가 (가)보다 크다.
ㄴ. (가)~(라)의 물리량은 모두 기본량 중 길이에 해당한다.
ㄷ. 측정 대상의 규모에 따라 적절한 측정 도구를 사용해야 한다.

① ㄱ   ② ㄴ   ③ ㄱ, ㄷ
④ ㄴ, ㄷ   ⑤ ㄱ, ㄴ, ㄷ

739

3 기본량에 대한 설명으로 옳은 것만을 〈보기〉에서 있는 대로 고른 것은?

〈보기〉
ㄱ. 길이, 부피, 밀도는 모두 기본량이다.
ㄴ. 기본량의 단위는 국제단위계를 사용한다.
ㄷ. 기본량은 다른 기본량을 이용하여 나타낼 수 있다.

① ㄱ   ② ㄴ   ③ ㄱ, ㄷ
④ ㄴ, ㄷ   ⑤ ㄱ, ㄴ, ㄷ

740

4 기본량과 국제단위계의 단위를 옳게 짝 지은 것은?

	기본량	단위
①	온도	℃
②	길이	mol
③	질량	kg
④	시간	m
⑤	전류	cd

741

5 그림은 자전거의 속력계를 나타낸 것이다. 이에 대한 설명으로 옳은 것만을 〈보기〉에서 있는 대로 고른 것은?

〈보기〉
ㄱ. 속력은 기본량이다.
ㄴ. m와 s는 국제단위계의 기본 단위이다.
ㄷ. 속력은 길이와 시간을 이용하여 설명할 수 있다.

① ㄱ   ② ㄷ   ③ ㄱ, ㄴ
④ ㄴ, ㄷ   ⑤ ㄱ, ㄴ, ㄷ

742

6 다음은 과학 탐구에서 활용하는 어떤 활동에 대한 설명이다.

> (㉠)은 물체의 질량, 길이, 부피 등의 양을 재는 활동이다. 정확하고 일관성 있는 결과를 얻으려면 (㉠)의 기준이 되는 단위, 방법, 도구 등을 정한 (㉡)이 필요하다.

㉠과 ㉡에 알맞은 말을 옳게 짝 지은 것은?

	㉠	㉡
①	측정	어림
②	측정	기본량
③	측정	측정 표준
④	어림	측정
⑤	어림	측정 표준

743

7 다음은 미터와 미터원기에 대한 자료이다.

> 18세기 말 프랑스에서는 지구의 북극에서 적도까지 거리의 1000만 분의 1을 1 m로 정의했다. 과학자들은 이를 활용하여 미터원기를 제작했고, 1875년 미터협약을 맺어 미터원기를 (㉠)으로 활용했다. 현재는 1983년 빛을 이용하여 새롭게 정의한 1 m를 (㉠)으로 활용한다.

이에 대한 설명으로 옳은 것만을 〈보기〉에서 있는 대로 고른 것은?

> ── 〈 보기 〉──
> ㄱ. ㉠에는 '측정 표준'이 적절하다.
> ㄴ. m는 길이의 국제단위계 단위이다.
> ㄷ. 빛을 이용하여 정의한 1 m는 미터원기로 정의한 1 m보다 정밀하다.

① ㄱ ② ㄴ ③ ㄱ, ㄷ
④ ㄴ, ㄷ ⑤ ㄱ, ㄴ, ㄷ

744

8 신호와 정보에 대한 설명으로 옳은 것만을 〈보기〉에서 있는 대로 고른 것은?

> ── 〈 보기 〉──
> ㄱ. 자연의 신호는 대부분 아날로그 신호이다.
> ㄴ. 센서를 이용하여 자연의 신호를 측정한다.
> ㄷ. 센서를 활용하여 얻은 디지털 정보는 저장과 분석이 어렵다.

① ㄱ ② ㄷ ③ ㄱ, ㄴ
④ ㄴ, ㄷ ⑤ ㄱ, ㄴ, ㄷ

745

9 센서의 종류와 각 센서에서 감지하는 신호에 대한 설명으로 옳은 것만을 〈보기〉에서 있는 대로 고른 것은?

> ── 〈 보기 〉──
> ㄱ. 광센서는 빛을 감지한다.
> ㄴ. 화학 센서는 연기, 가스 등을 감지한다.
> ㄷ. 압력 센서는 물체의 운동 변화를 감지한다.

① ㄱ ② ㄷ ③ ㄱ, ㄴ
④ ㄴ, ㄷ ⑤ ㄱ, ㄴ, ㄷ

746

10 일상생활에서 정보 통신 기술이 활용되는 사례와 거리가 가장 먼 것은?

① 디지털 교과서를 활용하여 수업을 한다.
② 발전소에서 에너지 생산량을 원격으로 관리한다.
③ 원격 진료로 환자에게 실시간 맞춤형 처방을 한다.
④ 까치가 낮게 나는 모습을 관찰하고 강우를 예측한다.
⑤ 실시간 교통 정보 앱을 활용하여 최적의 경로를 탐색한다.

실전대비 BOOK

선택형 대비 2회   1. 과학의 기초 | 01강~02강

_______ 반 _______ 번 이름_______________

747

1 자연 세계의 시간과 공간에 대한 설명으로 옳은 것만을 〈보기〉에서 있는 대로 고른 것은?

───〈 보기 〉───
ㄱ. 자연에서 일어나는 현상들은 시간 규모와 공간 규모가 매우 다양하다.
ㄴ. 자연 세계는 크게 미시 세계와 거시 세계로 구분할 수 있다.
ㄷ. 시간과 길이를 측정할 때는 규모와 관계없이 같은 방법을 사용해야 한다.

① ㄱ　　　　② ㄷ　　　　③ ㄱ, ㄴ
④ ㄴ, ㄷ　　　⑤ ㄱ, ㄴ, ㄷ

748

2 시간과 공간을 측정하는 현대적인 방법에 대한 설명으로 옳은 것만을 〈보기〉에서 있는 대로 고른 것은?

───〈 보기 〉───
ㄱ. 원자처럼 눈에 보이지 않는 규모의 세계는 측정할 수 없다.
ㄴ. 세슘 원자시계를 이용하여 시간을 정밀하게 측정할 수 있다.
ㄷ. 빛을 쏘아 빛이 왕복한 시간을 재서 길이를 정밀하게 측정할 수 있다.

① ㄱ　　　　② ㄴ　　　　③ ㄱ, ㄷ
④ ㄴ, ㄷ　　　⑤ ㄱ, ㄴ, ㄷ

749

3 다음은 기본량과 유도량에 대한 학생 A~C의 대화이다.

• 학생 A: 부피의 단위는 길이의 단위만으로 나타낼 수 있어.
• 학생 B: 질량의 단위를 이용해서 속력을 나타낼 수 있어.
• 학생 C: 밀도의 단위는 길이와 질량의 단위를 조합해서 나타낼 수 있어.

제시한 내용이 옳은 학생만을 있는 대로 고른 것은?

① A　　　　② B　　　　③ A, C
④ B, C　　　⑤ A, B, C

750

4 표는 자연 세계를 크게 두 가지로 구분한 것이다. (가)와 (나)는 각각 거시 세계와 미시 세계 중 하나이다.

(가)	(나)
나무, 동물, 천체 등	원자, 분자, 이온 등

이에 대한 설명으로 옳은 것만을 〈보기〉에서 있는 대로 고른 것은?

───〈 보기 〉───
ㄱ. (가)는 인간의 감각으로 관찰할 수 있는 세계이다.
ㄴ. (나)의 시간 규모와 공간 규모는 과거에는 측정할 수 없었다.
ㄷ. 공간 규모는 (나)가 (가)보다 크다.

① ㄱ　　　　② ㄷ　　　　③ ㄱ, ㄴ
④ ㄴ, ㄷ　　　⑤ ㄱ, ㄴ, ㄷ

751

5 다음은 일기 예보의 일부이다.

제6호 태풍이 제주도 남쪽 80 km 떨어진 해상에서 10 km/h의 ㉠속력으로 북상하고 있습니다. 태풍의 중심 ㉡기압은 960 hPa이고, 남부 지방에 최대 200 mm 이상의 비가 내리겠습니다. 내일 아침 최저 ㉢기온은 23 ℃~26 ℃로 예상됩니다.

이에 대한 설명으로 옳은 것만을 〈보기〉에서 있는 대로 고른 것은?

───〈 보기 〉───
ㄱ. ㉢은 국제단위계의 단위로 나타냈다.
ㄴ. ㉠~㉢의 물리량 중 기본량은 두 가지이다.
ㄷ. 속력은 길이와 시간을 조합한 유도량이다.

① ㄱ　　　　② ㄷ　　　　③ ㄱ, ㄴ
④ ㄴ, ㄷ　　　⑤ ㄱ, ㄴ, ㄷ

752

6 측정과 어림에 대한 설명으로 옳은 것만을 〈보기〉에서 있는 대로 고른 것은?

< 보기 >
ㄱ. 측정할 때는 적절한 단위와 측정 도구가 필요하다.
ㄴ. 어림은 근거 없이 막연하게 양을 추정하는 활동이다.
ㄷ. 어림은 효율적인 측정 도구와 측정 방법을 선택하는 데 도움이 된다.

① ㄱ   ② ㄴ   ③ ㄱ, ㄷ
④ ㄴ, ㄷ   ⑤ ㄱ, ㄴ, ㄷ

753

7 측정 표준의 유용성과 필요성에 대한 설명으로 옳은 것만을 〈보기〉에서 있는 대로 고른 것은?

< 보기 >
ㄱ. 여러 산업 분야의 협업에 유용하다.
ㄴ. 원활한 의사소통과 공정한 거래를 할 수 있다.
ㄷ. 측정 방법이 달라 생기는 혼란이나 사고를 방지할 수 있다.

① ㄱ   ② ㄷ   ③ ㄱ, ㄴ
④ ㄴ, ㄷ   ⑤ ㄱ, ㄴ, ㄷ

754

8 측정 표준을 활용하는 사례와 거리가 가장 먼 것은?

① 규격화된 자동차의 부품을 제작한다.
② 혈당량을 측정하여 건강을 관리한다.
③ 인물의 특징을 살려 캐리커처를 그린다.
④ 식품의 영양 성분을 분석하여 표시한다.
⑤ 미세 먼지 농도를 측정하여 행동 요령을 안내한다.

755

9 다음의 ㉠과 ㉡에 알맞은 말을 옳게 짝 지은 것은?

> 지진이 발생하면 파동의 형태로 지진파가 전달된다. 이때 지진파는 (㉠)이고, 지진파를 측정하고 분석하여 알게 되는 지진이 발생한 위치, 지구 내부 구조와 변화 등은 (㉡)이다.

	㉠	㉡
①	신호	센서
②	신호	정보
③	센서	정보
④	정보	신호
⑤	정보	센서

756

10 그림 (가)와 (나)는 아날로그 신호와 디지털 신호를 순서 없이 나타낸 것이다.

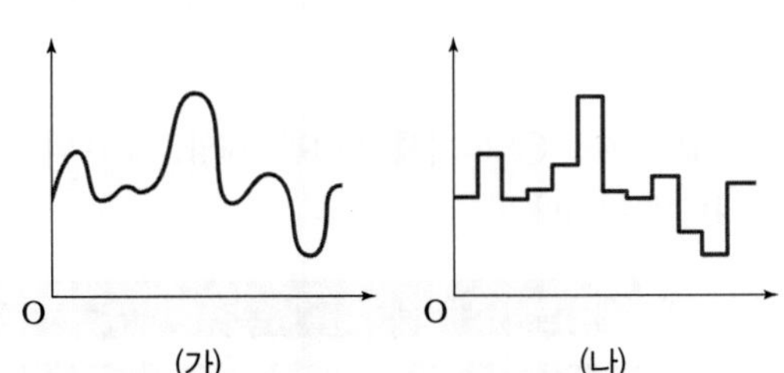

(가)   (나)

이에 대한 설명으로 옳은 것만을 〈보기〉에서 있는 대로 고른 것은?

< 보기 >
ㄱ. 자연의 신호는 대부분 (나)의 형태로 나타난다.
ㄴ. (나)는 (가)보다 신호를 저장하거나 재생, 전송하는 데 편리하다.
ㄷ. (가)를 (나)로 변환하면 원래 가지고 있던 정보가 손실될 수 있다.

① ㄱ   ② ㄴ   ③ ㄱ, ㄷ
④ ㄴ, ㄷ   ⑤ ㄱ, ㄴ, ㄷ

선택형 대비 ①회 1. 자연의 구성 원소 | 03강~05강

_______ 반 _______ 번 이름_______________

1 그림 (가)~(다)는 서로 다른 종류의 스펙트럼이 형성되는 경우를 나타낸 것이다.

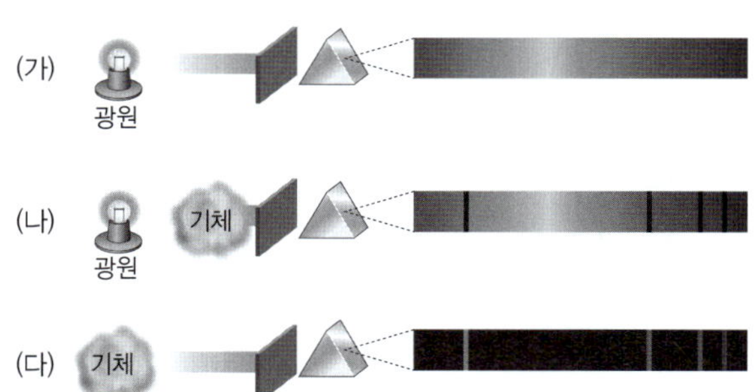

이에 대한 설명으로 옳은 것만을 〈보기〉에서 있는 대로 고른 것은?

< 보기 >
ㄱ. (가)는 기체 방전관에서 방출된 빛의 스펙트럼과 같은 종류이다.
ㄴ. 기체의 온도는 (나)가 (다)보다 높다.
ㄷ. (나)와 (다)의 기체는 구성 원소가 같다.

① ㄱ   ② ㄴ   ③ ㄷ
④ ㄱ, ㄴ   ⑤ ㄴ, ㄷ

2 그림은 원소 ㉠의 기체 방전관, 태양, 별 A의 스펙트럼을 나타낸 것이다.

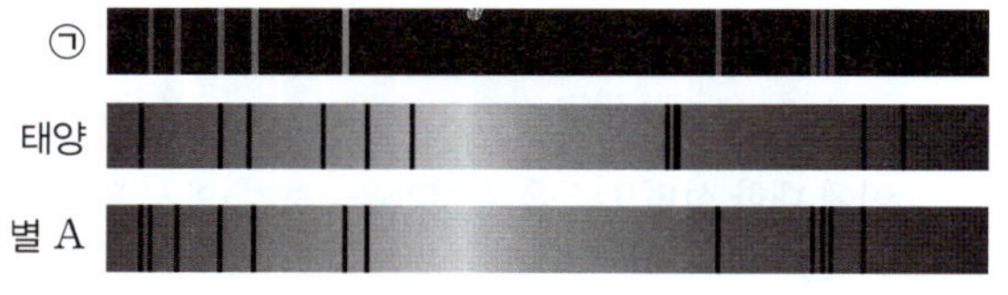

이에 대한 설명으로 옳은 것만을 〈보기〉에서 있는 대로 고른 것은?

< 보기 >
ㄱ. ㉠의 기체 방전관에서는 방출 스펙트럼이 관찰된다.
ㄴ. 태양의 대기에는 ㉠이 포함되어 있다.
ㄷ. 별 A의 대기는 2개 이상의 원소로 구성되어 있다.

① ㄱ   ② ㄴ   ③ ㄱ, ㄷ
④ ㄴ, ㄷ   ⑤ ㄱ, ㄴ, ㄷ

3 물질을 구성하는 입자에 대한 설명으로 옳은 것만을 〈보기〉에서 있는 대로 고른 것은?

< 보기 >
ㄱ. 쿼크와 전자는 우주 초기에 만들어진 기본 입자이다.
ㄴ. 양성자는 양전하를 띠고, 중성자는 음전하를 띤다.
ㄷ. 양성자는 그 자체로 헬륨 원자핵이 된다.
ㄹ. 물질은 원자로 이루어져 있고, 원자는 원자핵과 전자로 이루어져 있다.

① ㄱ, ㄹ   ② ㄴ, ㄷ   ③ ㄱ, ㄴ, ㄷ
④ ㄱ, ㄷ, ㄹ   ⑤ ㄴ, ㄷ, ㄹ

4 그림 (가)와 (나)는 빅뱅 이후 우주 초기에 헬륨 원자핵이 생성되는 과정을 나타낸 것이다.

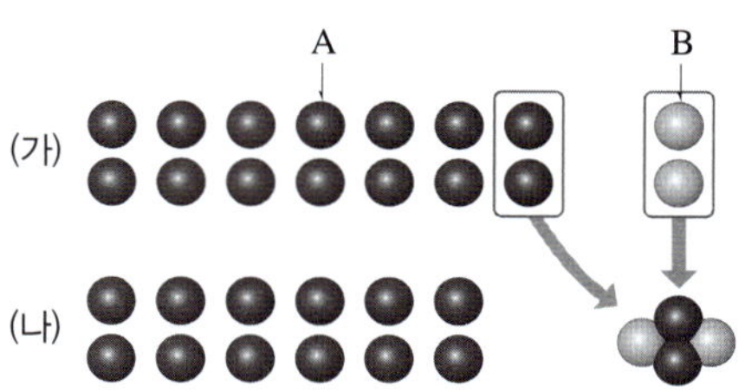

이에 대한 설명으로 옳은 것은?

① A는 수소 원자, B는 헬륨 원자이다.
② 빅뱅 후 약 38만 년이 지났을 때 일어난 일이다.
③ (가) 시기에 양성자와 중성자의 개수비는 3 : 1이다.
④ (가) 이전 우주 초기에는 A와 B의 수가 비슷하였다.
⑤ (나) 시기에 수소 원자핵과 헬륨 원자핵의 질량비는 약 12 : 1이다.

761

5 다음은 우주 초기에 생성된 물질을 나열한 것이다.

> (가) 양성자와 중성자   (나) 쿼크와 전자
> (다) 원자   (라) 헬륨 원자핵

(가)~(라)의 물질을 생성 순서대로 옳게 나열한 것은?

① (가)―(나)―(다)―(라)   ② (가)―(다)―(나)―(라)
③ (나)―(가)―(라)―(다)   ④ (나)―(다)―(가)―(라)
⑤ (다)―(나)―(가)―(라)

762

6 빅뱅 우주론에 따른 입자의 생성 과정에 대한 설명으로 옳은 것만을 〈보기〉에서 있는 대로 고른 것은?

――― 〈 보기 〉―――
ㄱ. 빅뱅 후 약 3분이 지났을 때 중성자와 양성자가 생성되었다.
ㄴ. 빅뱅 후 약 38만 년이 지났을 때 헬륨 원자가 생성되었다.
ㄷ. 헬륨 원자핵이 생성되었을 때 우주에 존재하는 수소 원자핵과 헬륨 원자핵의 개수비는 약 3 : 1이었다.

① ㄱ   ② ㄴ   ③ ㄱ, ㄷ
④ ㄴ, ㄷ   ⑤ ㄱ, ㄴ, ㄷ

763

7 그림은 우주의 진화에 따른 입자의 생성 과정을 나타낸 것이다.

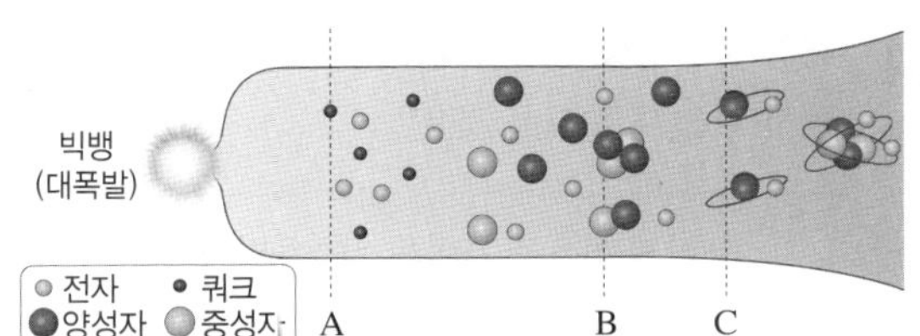

이에 대한 설명으로 옳지 <u>않은</u> 것은?

① A 시기에는 물질을 이루는 기본 입자만 존재하였다.
② B 시기는 빅뱅이 일어난 후 약 3분이 지났을 때이다.
③ 우주의 온도는 A>B>C이다.
④ C 시기에 우주 배경 복사가 우주 전역으로 방출되었다.
⑤ C 시기에 우주의 온도는 약 10억 K으로 낮아져 헬륨 원자가 만들어졌다.

764

8 그림은 어떤 별의 중심부에서 일어나는 핵융합 반응을 나타낸 것이다.

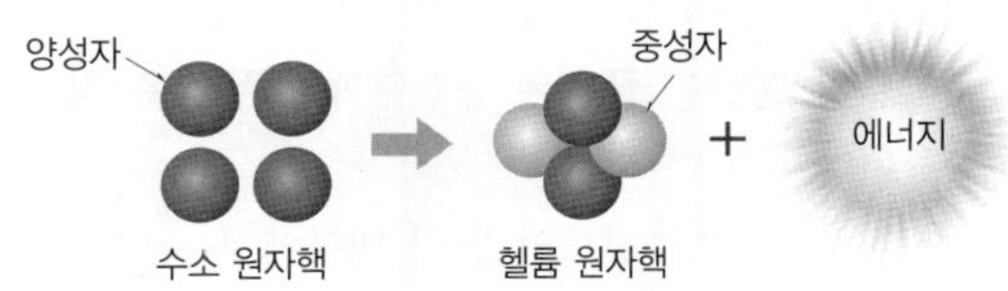

이에 대한 설명으로 옳은 것은?

① 헬륨 핵융합 반응이다.
② 원시별의 중심핵에서 일어나는 반응이다.
③ 수소 원자핵 4개의 질량은 헬륨 원자핵 1개의 질량과 같다.
④ 태양의 중심핵에서도 같은 핵융합 반응이 일어나고 있다.
⑤ 이와 같은 핵융합 반응이 일어나면서 별의 중심부는 점점 수축한다.

765

9 별의 탄생 과정에 대한 설명으로 옳은 것만을 〈보기〉에서 있는 대로 고른 것은?

――― 〈 보기 〉―――
ㄱ. 성운을 이루는 기체는 주로 수소와 헬륨이다.
ㄴ. 성운이 중력에 의해 뭉쳐지면 밀도가 점점 높아져 원시별을 형성한다.
ㄷ. 원시별은 핵융합 반응을 통해 에너지를 얻어 내부 온도가 상승한다.

① ㄱ   ② ㄷ   ③ ㄱ, ㄴ
④ ㄴ, ㄷ   ⑤ ㄱ, ㄴ, ㄷ

766

10 그림은 어느 별의 내부에서 작용하는 힘을 나타낸 것이다.
이 별의 종류와 이 별의 중심부에서 일어나는 핵융합 반응의 종류를 옳게 짝 지은 것은?

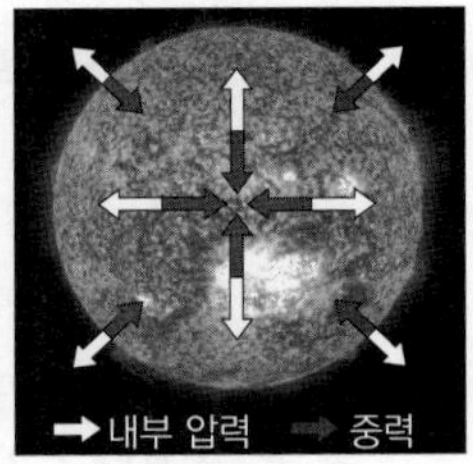

	별의 종류	핵융합 반응
①	원시별	탄소 핵융합 반응
②	초거성	수소 핵융합 반응
③	주계열성	수소 핵융합 반응
④	주계열성	헬륨 핵융합 반응
⑤	적색 거성	탄소 핵융합 반응

11 별의 진화와 원소의 생성에 대한 설명으로 옳지 <u>않은</u> 것은?

① 수소는 빅뱅 이후 우주 초기에 생성된다.

② 주계열성에서는 핵융합 반응으로 헬륨이 생성된다.

③ 별의 질량이 클수록 중심부에서 무거운 원소가 생성된다.

④ 질량이 태양 정도인 별의 내부에서는 탄소와 산소까지 생성된다.

⑤ 질량이 태양의 10배 이상인 별의 중심부에서는 철 핵융합 반응까지 일어난다.

12 그림은 질량이 서로 다른 별의 진화 과정을 나타낸 것이다.

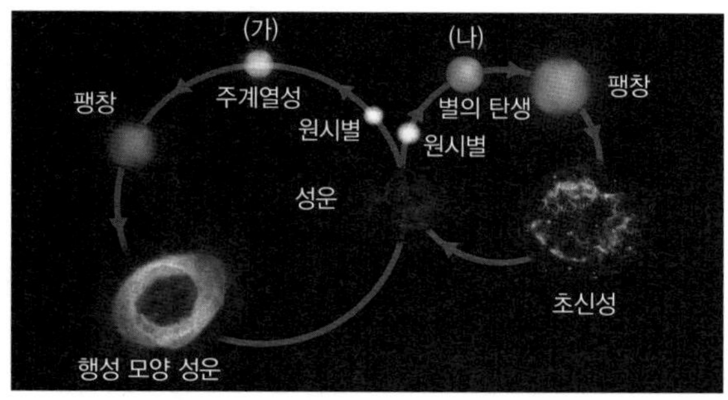

이에 대한 설명으로 옳은 것만을 〈보기〉에서 있는 대로 고른 것은?

> ─ 보기 ─
> ㄱ. (가)는 (나)보다 질량이 작은 별의 진화 과정이다.
> ㄴ. 탄소는 (가)와 (나)의 과정에서 모두 생성된다.
> ㄷ. 철보다 무거운 원소는 (가)의 행성 모양 성운에 의해 우주 공간으로 방출된다.
> ㄹ. (가)의 진화 과정은 (나)의 진화 과정보다 빠르게 진행된다.

① ㄱ, ㄴ   ② ㄴ, ㄹ   ③ ㄱ, ㄴ, ㄷ
④ ㄱ, ㄷ, ㄹ   ⑤ ㄴ, ㄷ, ㄹ

13 그림 (가)와 (나)는 각각 질량이 서로 다른 두 별의 중심부에서 핵융합 반응이 더 이상 일어나지 않을 때 별의 내부 구조와 생성된 원소를 나타낸 것이다.

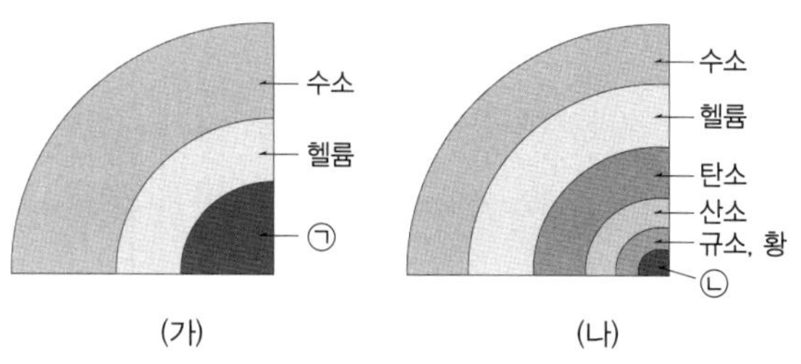

이에 대한 설명으로 옳은 것만을 〈보기〉에서 있는 대로 고른 것은?

> ─ 보기 ─
> ㄱ. ㉠은 ㉡보다 무거운 원소이다.
> ㄴ. 별의 중심부에서 최고 온도는 (가)보다 (나)가 높다.
> ㄷ. (가) 이후에는 행성 모양 성운에 의해, (나) 이후에는 초신성 폭발에 의해 물질이 우주 공간으로 방출된다.

① ㄱ   ② ㄴ   ③ ㄱ, ㄷ
④ ㄴ, ㄷ   ⑤ ㄱ, ㄴ, ㄷ

14 태양계의 형성 과정에 대한 설명으로 옳은 것만을 〈보기〉에서 있는 대로 고른 것은?

> ─ 보기 ─
> ㄱ. 태양계 성운은 가벼운 원소로만 이루어져 있었다.
> ㄴ. 성운이 수축하면서 회전하는 과정에서 회전 속도는 점차 빨라졌다.
> ㄷ. 성운의 회전에 의해 주변부에 납작한 원반 모양이 형성되었다.
> ㄹ. 원시 원반에서 미행성체들이 충돌하여 원시 행성을 형성하였다.

① ㄱ, ㄷ   ② ㄴ, ㄹ   ③ ㄱ, ㄴ, ㄷ
④ ㄱ, ㄷ, ㄹ   ⑤ ㄴ, ㄷ, ㄹ

15 그림은 태양계 성운에서 형성된 원시 원반에서 원시 태양으로부터의 거리에 따른 물질 분포와 온도를 나타낸 것이다.

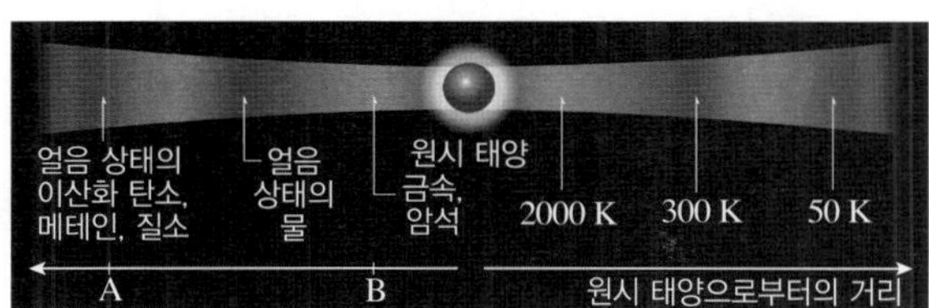

이에 대한 설명으로 옳은 것만을 〈보기〉에서 있는 대로 고른 것은?

〈보기〉
ㄱ. 원시 태양에서 멀어질수록 녹는점이 높은 물질이 고체 상태로 존재하였다.
ㄴ. A에서는 얼음이나 메테인이 응축된 미행성체가 수소, 헬륨 등을 끌어들여 크게 성장하였다.
ㄷ. B에서 만들어진 행성은 지구형 행성이다.

① ㄱ   ② ㄴ   ③ ㄱ, ㄷ
④ ㄴ, ㄷ   ⑤ ㄱ, ㄴ, ㄷ

16 다음은 지구의 형성 과정 일부를 나타낸 것이다.

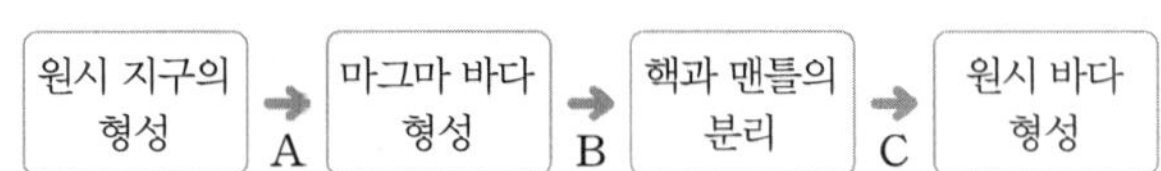

이에 대한 설명으로 옳은 것만을 〈보기〉에서 있는 대로 고른 것은?

〈보기〉
ㄱ. A 과정에서 지구의 크기와 질량은 증가하였다.
ㄴ. B 과정에서 밀도가 큰 물질은 위로 떠올라 맨틀을 이루었다.
ㄷ. C 과정에서 지구의 온도가 낮아지고 원시 지각이 형성되었다.

① ㄱ   ② ㄴ   ③ ㄱ, ㄷ
④ ㄴ, ㄷ   ⑤ ㄱ, ㄴ, ㄷ

17 다음은 원시 지구의 진화 과정을 순서 없이 나타낸 것이다.

(가) 원시 바다의 형성
(나) 핵과 맨틀의 분리
(다) 미행성체의 충돌
(라) 마그마 바다 형성
(마) 원시 지각의 형성
(바) 최초의 생명체 출현

먼저 일어난 것부터 순서대로 옳게 나열한 것은?

① (가) → (마) → (다) → (라) → (바) → (나)
② (나) → (라) → (가) → (마) → (바) → (다)
③ (다) → (라) → (나) → (마) → (가) → (바)
④ (다) → (라) → (나) → (가) → (마) → (바)
⑤ (라) → (다) → (나) → (마) → (가) → (바)

18 그림은 사람과 지구를 구성하는 원소의 질량비를 나타낸 것이다.

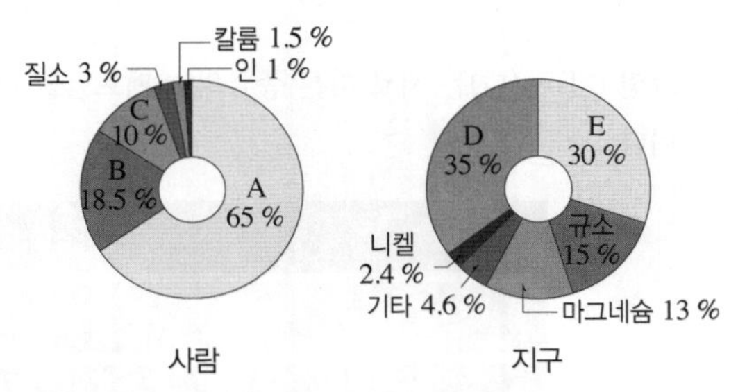

이에 대한 설명으로 옳은 것만을 〈보기〉에서 있는 대로 고른 것은?

〈보기〉
ㄱ. A와 D는 같은 원소이다.
ㄴ. B와 E는 우주의 나이가 약 38만 년이었을 때 생성된 것이다.
ㄷ. C는 우주에서 가장 많은 양을 차지하는 원소이다.

① ㄱ   ② ㄴ   ③ ㄷ
④ ㄱ, ㄴ   ⑤ ㄴ, ㄷ

실전 대비 BOOK

선택형 대비 ^{2회} 1. 자연의 구성 원소 | 03강~05강

_____ 반 _____ 번 이름_____

775

1 다음은 서로 다른 종류의 스펙트럼 특징을 설명한 것이다.

> (가) 고온의 기체를 구성하는 원소가 특정 파장의 빛을 방출할 때 검은 바탕에 밝은색 선이 나타난다.
>
> (나) 고온의 천체에서 방출된 빛이 저온의 기체를 통과하면서 특정 파장의 빛이 흡수되는 경우, 연속 스펙트럼에 검은색 선이 나타난다.

(가), (나)의 스펙트럼의 종류를 옳게 짝 지은 것은?

	(가)	(나)
①	연속 스펙트럼	방출 스펙트럼
②	연속 스펙트럼	흡수 스펙트럼
③	흡수 스펙트럼	방출 스펙트럼
④	방출 스펙트럼	연속 스펙트럼
⑤	방출 스펙트럼	흡수 스펙트럼

776

2 그림 (가)~(다)는 서로 다른 종류의 스펙트럼을 나타낸 것이다.

이에 대한 설명으로 옳은 것만을 〈보기〉에서 있는 대로 고른 것은?

> ── 보기 ───
> ㄱ. (가)에 나타난 선은 방출선이다.
> ㄴ. 태양의 스펙트럼은 (나)와 같은 모습으로 관찰된다.
> ㄷ. (다)에는 (가)의 원소가 포함되어 있다.

① ㄱ ② ㄴ ③ ㄱ, ㄷ
④ ㄴ, ㄷ ⑤ ㄱ, ㄴ, ㄷ

777

3 그림은 원소 ㉠~㉣이 들어 있는 기체 방전관과 별 A의 스펙트럼을 나타낸 것이다.

㉠~㉣ 중 별 A의 대기에 들어 있는 원소를 있는 대로 고른 것은?

① ㉠, ㉣ ② ㉡, ㉢ ③ ㉠, ㉡, ㉣
④ ㉡, ㉢, ㉣ ⑤ ㉠, ㉡, ㉢, ㉣

778

4 그림은 원자를 구성하는 입자를 나타낸 것이다.

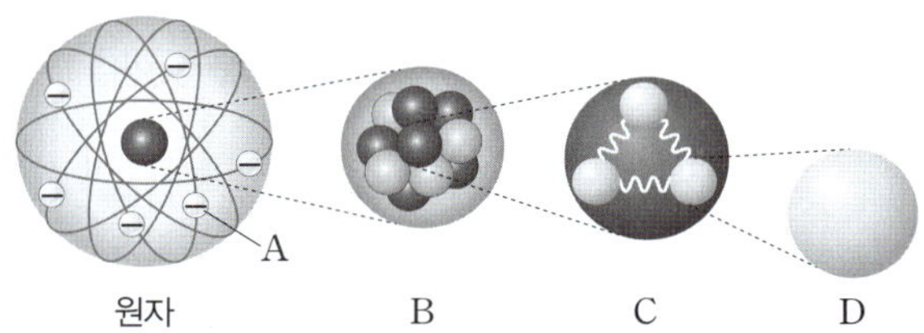

이에 대한 설명으로 옳은 것만을 〈보기〉에서 있는 대로 고른 것은?

> ── 보기 ───
> ㄱ. A는 (−) 전하를 띠고, B는 (+) 전하를 띤다.
> ㄴ. B를 구성하는 C는 양성자 또는 중성자이다.
> ㄷ. 기본 입자는 C와 D이다.
> ㄹ. C가 그대로 B가 되는 경우도 있다.

① ㄱ, ㄹ ② ㄴ, ㄷ ③ ㄱ, ㄴ, ㄷ
④ ㄱ, ㄷ, ㄹ ⑤ ㄴ, ㄷ, ㄹ

779

5 빅뱅 우주론에 대한 설명으로 옳은 것만을 〈보기〉에서 있는 대로 고른 것은?

———〈 보기 〉———
ㄱ. 우주는 온도와 밀도가 높은 한 점에서 탄생하였다.
ㄴ. 우주가 팽창함에 따라 우주의 온도는 계속 감소한다.
ㄷ. 우주가 팽창하여도 우주의 밀도와 질량은 일정하게 유지된다.
ㄹ. 우주에 존재하는 수소와 헬륨의 질량비가 약 3 : 1 인 것을 설명할 수 있다.

① ㄱ, ㄹ 　② ㄴ, ㄷ 　③ ㄱ, ㄴ, ㄹ
④ ㄱ, ㄷ, ㄹ 　⑤ ㄴ, ㄷ, ㄹ

[6~7] 그림은 빅뱅 우주론에서 설명하는 입자의 생성 과정을 모식적으로 나타낸 것이다.

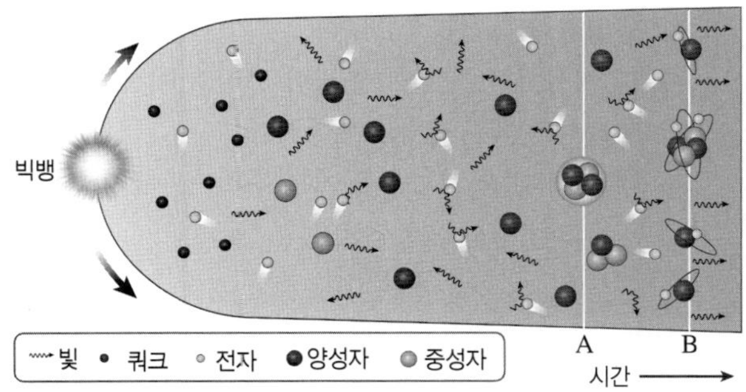

780

6 A와 B 시기에 생성된 물질을 옳게 짝 지은 것은?

	A	B
①	수소 원자핵	헬륨 원자핵
②	헬륨 원자핵	수소 원자
③	헬륨 원자	헬륨 원자핵
④	헬륨 원자	수소 원자
⑤	기본 입자	헬륨 원자

781

7 이에 대한 설명으로 옳은 것은?

① 우주의 온도는 A 시기가 B 시기보다 낮았다.
② 우주의 밀도는 A 시기가 B 시기보다 작았다.
③ A 시기에 우주 배경 복사가 방출되었다.
④ A 시기 직전에 양성자와 중성자의 개수는 같았다.
⑤ B 시기에 빛과 물질이 분리되어 투명한 우주가 되었다.

782

8 그림은 어느 별의 중심부에서 일어나는 핵융합 반응을 나타낸 것이다.

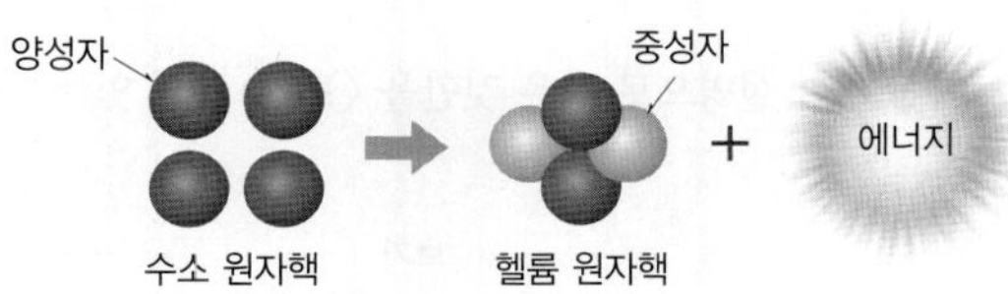

이와 같은 핵융합 반응이 일어나는 별에 대한 설명으로 옳은 것만을 〈보기〉에서 있는 대로 고른 것은?

———〈 보기 〉———
ㄱ. 질량이 클수록 수명이 길다.
ㄴ. 별의 일생에서 가장 긴 시간을 보낸다.
ㄷ. 이와 같은 핵융합 반응이 일어나는 동안 별의 크기는 점점 커진다.

① ㄱ 　② ㄴ 　③ ㄱ, ㄷ
④ ㄴ, ㄷ 　⑤ ㄱ, ㄴ, ㄷ

783

9 표는 우주에 존재하는 다양한 원소들을 나열한 것이다.

(가)	수소, 헬륨
(나)	금, 납, 우라늄
(다)	탄소, 산소
(라)	네온, 규소, 황, 철

이에 대한 설명으로 옳은 것만을 〈보기〉에서 있는 대로 고른 것은?

———〈 보기 〉———
ㄱ. (가)는 빅뱅 이후 우주 초기에 생성되었다.
ㄴ. (나)와 (라)는 초신성 폭발에 의해 생성되었다.
ㄷ. (다)는 별의 진화 과정 중 별의 내부에서 생성되었다.

① ㄱ 　② ㄴ 　③ ㄱ, ㄷ
④ ㄴ, ㄷ 　⑤ ㄱ, ㄴ, ㄷ

10 다음은 어느 별의 진화 경로를 나타낸 것이다.

별 A 탄생 ➡ 별 B ➡ 행성 모양 성운

이에 대한 설명으로 옳은 것만을 〈보기〉에서 있는 대로 고른 것은?

─〈 보기 〉─
ㄱ. 질량이 태양 정도인 별의 진화 경로이다.
ㄴ. 별 A의 크기는 일정하게 유지된다.
ㄷ. A → B 과정에서 철보다 무거운 원소가 우주 공간으로 방출된다.

① ㄱ   ② ㄷ   ③ ㄱ, ㄴ
④ ㄴ, ㄷ   ⑤ ㄱ, ㄴ, ㄷ

11 그림은 어느 별의 내부에서 모든 핵융합 반응이 종료된 직후의 내부 구조를 나타낸 것이다.

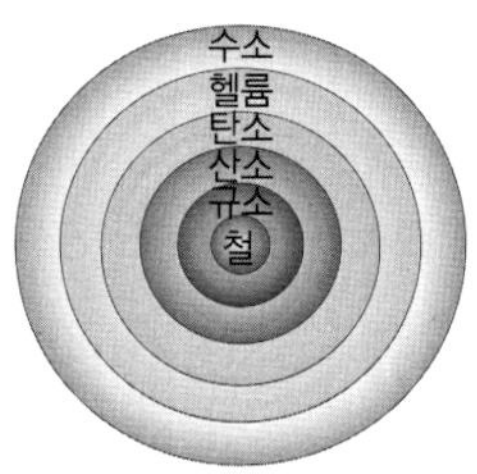

이에 대한 설명으로 옳은 것만을 〈보기〉에서 있는 대로 고른 것은?

─〈 보기 〉─
ㄱ. 중심부로 갈수록 무거운 원소가 분포한다.
ㄴ. 중심부에서 철 핵융합 반응이 일어나지 않는 까닭은 철의 원자핵이 매우 안정하기 때문이다.
ㄷ. 이후 중심부는 급격히 수축하다가 폭발하면서 초신성이 된다.

① ㄱ   ② ㄴ   ③ ㄱ, ㄷ
④ ㄴ, ㄷ   ⑤ ㄱ, ㄴ, ㄷ

12 그림 (가)~(라)는 태양계의 형성 과정을 순서 없이 나타낸 것이다.

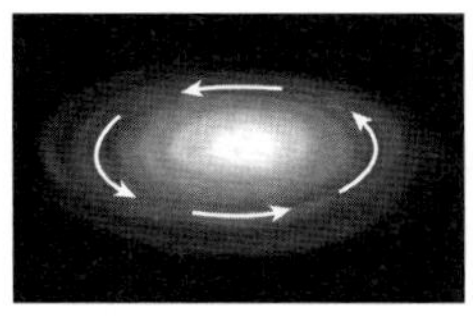
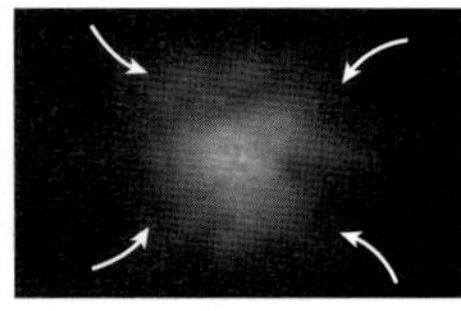
(가) 원시 원반과 원시 태양 형성   (나) 태양계 성운의 수축

(다) 미행성체 형성   (라) 원시 행성 형성

이에 대한 설명으로 옳은 것은?

① 태양계는 (가) − (다) − (나) − (라) 순으로 형성되었다.
② (가)에서 성운이 회전함에 따라 성운 내부의 온도와 밀도가 증가하였다.
③ (나)의 태양계 성운에는 철보다 무거운 원소가 포함되지 않았다.
④ (다)에서 원시 원반에 형성된 고리의 회전 방향은 원시 태양의 회전 방향과 반대이다.
⑤ (라)에서 태양 가까운 곳에는 주로 녹는점이 낮은 물질이 모여 행성을 형성하였다.

13 지구형 행성과 목성형 행성에 대한 설명으로 옳지 <u>않은</u> 것은?

① 지구형 행성은 목성형 행성보다 질량과 반지름이 작다.
② 지구형 행성은 목성형 행성보다 평균 밀도가 크다.
③ 지구형 행성은 목성형 행성보다 행성을 구성하는 물질의 녹는점이 비교적 낮다.
④ 지구형 행성은 주로 암석 성분으로 이루어져 있고, 목성형 행성은 주로 기체 성분으로 이루어져 있다.
⑤ 지구형 행성은 온도가 높은 환경, 목성형 행성은 온도가 낮은 환경에서 형성되었다.

14 그림은 태양계 행성을 물리량 X와 반지름에 따라 A와 B로 분류한 것이다.

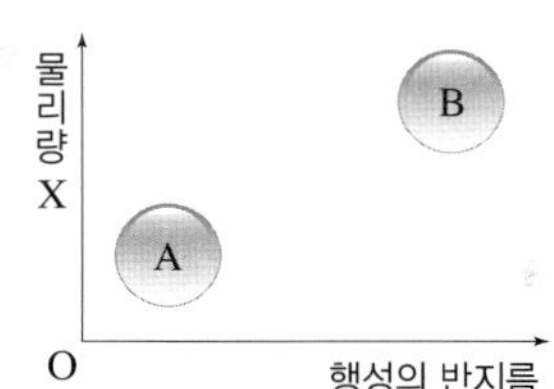

이에 대한 설명으로 옳은 것만을 〈보기〉에서 있는 대로 고른 것은?

---- 보기 ----
ㄱ. 행성을 구성하는 물질의 녹는점은 A보다 B가 낮다.
ㄴ. 태양으로부터의 거리는 물리량 X로 적합하다.
ㄷ. 생성 당시의 온도는 A가 B보다 높다.
----

① ㄱ　　　② ㄴ　　　③ ㄱ, ㄷ
④ ㄴ, ㄷ　　　⑤ ㄱ, ㄴ, ㄷ

15 그림 (가)~(라)는 원시 지구의 형성 과정을 순서대로 나타낸 것이다.

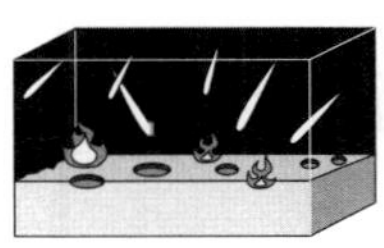
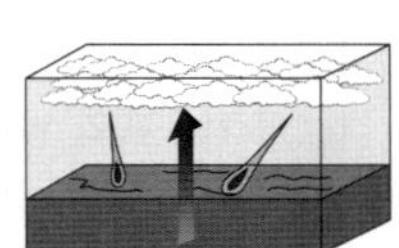
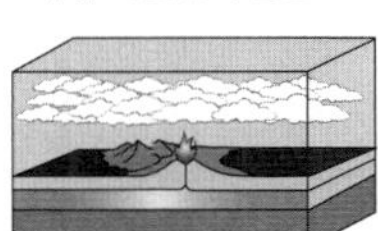
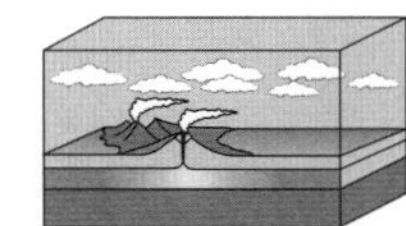

이에 대한 설명으로 옳지 <u>않은</u> 것은?

① (가) 시기에는 지구의 온도가 상승하였다.
② (나) 시기에 지구 전체는 용융된 상태였다.
③ (다)에서 철, 니켈 등 밀도가 큰 물질들은 지구 중심 쪽으로 이동하였다.
④ (라)에서 원시 지각이 형성된 후에 원시 바다가 형성되었다.
⑤ 최초의 생명체는 (다)와 (라) 사이에 탄생하였다.

16 그림은 원시 지구의 형성 과정을 나타낸 것이다.

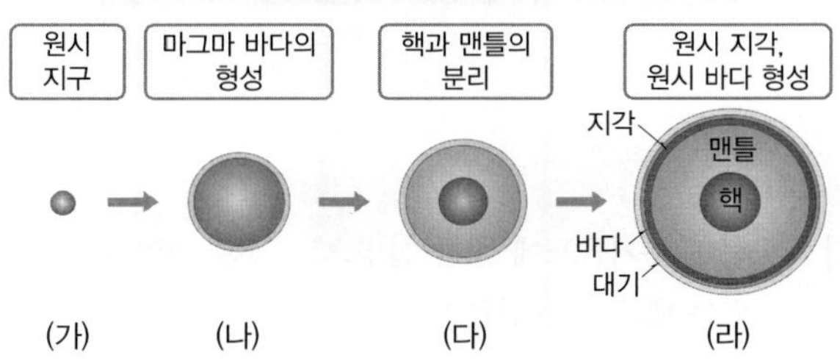

이에 대한 설명으로 옳은 것만을 〈보기〉에서 있는 대로 고른 것은?

---- 보기 ----
ㄱ. (가) → (나)에서 지표는 점차 냉각되었다.
ㄴ. 지구 중심부의 밀도는 (나)보다 (다)에서 컸다.
ㄷ. 생명체는 (라) 이후에 바다에서 출현하였다.
----

① ㄱ　　　② ㄴ　　　③ ㄱ, ㄷ
④ ㄴ, ㄷ　　　⑤ ㄱ, ㄴ, ㄷ

17 그림은 우주, 지구, 사람을 구성하는 원소의 질량비를 나타낸 것이다.

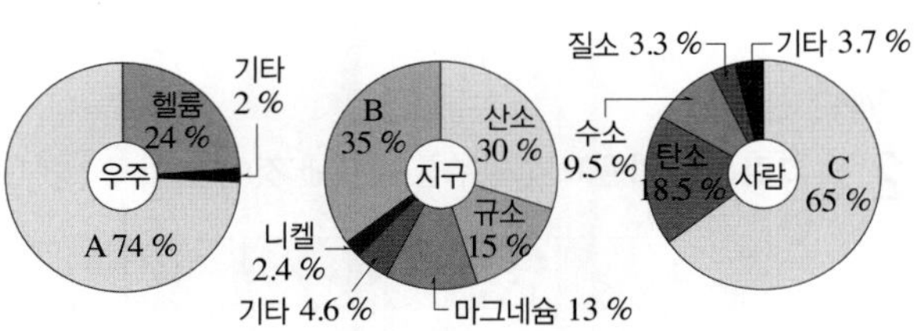

이에 대한 설명으로 옳은 것만을 〈보기〉에서 있는 대로 고른 것은?

---- 보기 ----
ㄱ. A, B, C는 모두 별의 내부에서 핵융합 반응을 통해 생성되었다.
ㄴ. B는 주로 지구의 핵에 많이 분포한다.
ㄷ. 지구와 사람을 구성하는 주요 원소는 대부분 별의 진화 과정에서 생성되었다.
----

① ㄱ　　　② ㄴ　　　③ ㄱ, ㄷ
④ ㄴ, ㄷ　　　⑤ ㄱ, ㄴ, ㄷ

선택형 대비 1회 | 2. 물질의 규칙성과 성질 | 06강~09강

_____ 반 _____ 번 이름______________

792

1 현대 주기율표에 대한 설명으로 옳은 것만을 〈보기〉에서 있는 대로 고른 것은?

〈 보기 〉
ㄱ. 양성자수가 증가하는 순서대로 배열되어 있다.
ㄴ. 같은 족 원소는 화학적 성질이 비슷하다.
ㄷ. 1족부터 7족까지 있다.

① ㄱ
② ㄷ
③ ㄱ, ㄴ
④ ㄴ, ㄷ
⑤ ㄱ, ㄴ, ㄷ

793

2 그림은 주기율표의 일부를 나타낸 것이다.

ⓛ＼ⓖ	1	2	13	14	15	16	17	18
2	A							
3						B	C	

이에 대한 설명으로 옳은 것만을 〈보기〉에서 있는 대로 고른 것은? (단, A∼C는 임의의 원소 기호이다.)

〈 보기 〉
ㄱ. ⓛ은 주기이다.
ㄴ. A는 열을 잘 전달하고, 전기가 잘 통한다.
ㄷ. B와 C는 화학적 성질이 비슷하다.

① ㄱ
② ㄴ
③ ㄱ, ㄷ
④ ㄴ, ㄷ
⑤ ㄱ, ㄴ, ㄷ

794

3 그림은 주기율표의 일부를 나타낸 것이다.

주기＼족	1	2	13	14	15	16	17	18
1	(가)							
2		(나)			(다)			
3						(라)		

(가)~(라)에 대한 설명으로 옳은 것만을 〈보기〉에서 있는 대로 고른 것은?

〈 보기 〉
ㄱ. (나)와 (다)는 주기가 같다.
ㄴ. 비금속 원소는 세 가지이다.
ㄷ. 양성자수는 (라)가 가장 크다.

① ㄱ
② ㄷ
③ ㄱ, ㄴ
④ ㄴ, ㄷ
⑤ ㄱ, ㄴ, ㄷ

795

4 나트륨(Na)에 대한 설명으로 옳은 것만을 〈보기〉에서 있는 대로 고른 것은?

〈 보기 〉
ㄱ. 광택이 없다.
ㄴ. 힘을 가하면 부서진다.
ㄷ. 주기율표의 왼쪽에 위치한다.

① ㄱ
② ㄴ
③ ㄷ
④ ㄱ, ㄴ
⑤ ㄱ, ㄷ

796

5 비금속 원소에 대한 설명으로 옳지 <u>않은</u> 것은?

① 특유의 광택이 있다.
② 전기가 잘 통하지 않는다.
③ 열을 잘 전달하지 않는다.
④ 주기율표에서 주로 오른쪽에 위치한다.
⑤ 실온에서의 상태는 주로 기체 또는 고체이다.

797

6 다음은 알칼리 금속에 대한 세 학생의 대화이다.

> • 학생 A: 주기율표의 1족에 속하는 원소는 모두 알칼리 금속이야.
> • 학생 B: 알칼리 금속은 칼로 잘릴 정도로 무르지.
> • 학생 C: 알칼리 금속은 물속에 넣어 보관해.

제시한 내용이 옳은 학생만을 있는 대로 고른 것은?

① A　　　　② B　　　　③ A, C
④ B, C　　　⑤ A, B, C

798

7 다음은 알칼리 금속인 리튬(Li)의 성질을 알아보는 실험이다.

> [실험 과정]
> (가) 리튬 조각을 칼로 잘라 단면의 변화를 관찰한다.
> (나) 물이 담긴 시험관에 페놀프탈레인 용액을 1방울~2방울 떨어뜨린 후 리튬 조각을 넣고 변화를 관찰한다.
>
> 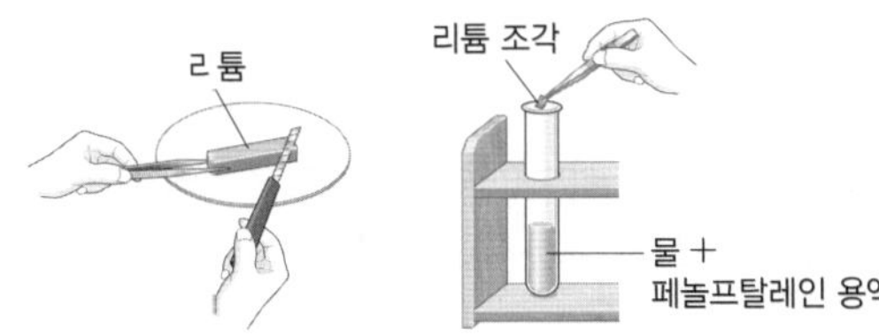
>
>
> (다) 리튬 대신 나트륨(Na) 또는 칼륨(K)으로 과정 (가), (나)를 반복한다.
>
> [실험 결과]
> • (가)에서 리튬 조각의 단면이 은백색에서 회색으로 변하였다.
> • (나)에서 반응 후 수용액은 붉은색으로 변하였다.
> • (다)에서 리튬 대신 나트륨, 칼륨으로 실험하였을 때 리튬과 비슷한 결과가 나타났다.

(다)에서 금속의 종류를 바꾸어 실험하여도 비슷한 결과가 나타난 까닭으로 적절한 것만을 〈보기〉에서 있는 대로 고른 것은?

> ─── 보기 ───
> ㄱ. 리튬, 나트륨, 칼륨은 같은 주기 원소이기 때문이다.
> ㄴ. 리튬, 나트륨, 칼륨은 같은 족 원소이기 때문이다.
> ㄷ. 리튬, 나트륨, 칼륨의 화학적 성질이 비슷하기 때문이다.

① ㄱ　　　　② ㄷ　　　　③ ㄱ, ㄴ
④ ㄴ, ㄷ　　　⑤ ㄱ, ㄴ, ㄷ

799

8 다음은 알칼리 금속인 나트륨(Na)의 성질을 알아보는 실험이다.

> [실험 과정]
> • 페놀프탈레인 용액을 1방울~2방울 넣은 물에 쌀알 크기의 나트륨 조각을 넣는다.
>
> [실험 결과]
> • 나트륨이 물 위에 떠서 격렬하게 반응하였다.
> • ㉠기체가 발생하면서 수용액은 붉은색으로 변하였다.

이에 대한 설명으로 옳은 것만을 〈보기〉에서 있는 대로 고른 것은?

> ─── 보기 ───
> ㄱ. 밀도는 나트륨이 물보다 크다.
> ㄴ. ㉠은 1주기 원소로 이루어져 있다.
> ㄷ. 나트륨 대신 칼륨(K)으로 실험하면 수용액은 붉은색으로 변하지 않는다.

① ㄱ　　② ㄴ　　③ ㄷ　　④ ㄱ, ㄴ　⑤ ㄴ, ㄷ

800

9 다음은 (가)에 대한 자료이다.

> 주기율표의 17족에 속하는 원소를 ｜ (가) ｜(이)라고 한다.

이에 대한 설명으로 옳은 것만을 〈보기〉에서 있는 대로 고른 것은?

> ─── 보기 ───
> ㄱ. (가)는 금속 원소이다.
> ㄴ. F과 Cl는 모두 (가)에 속한다.
> ㄷ. (가)에 속한 원소는 실온에서 이원자 분자로 존재한다.

① ㄱ　　② ㄷ　　③ ㄱ, ㄴ　④ ㄴ, ㄷ　⑤ ㄱ, ㄴ, ㄷ

801

10 다음은 세 가지 원소를 나타낸 것이다.

> 헬륨(He), 네온(Ne), 아르곤(Ar)

세 가지 원소의 공통점으로 옳은 것만을 〈보기〉에서 있는 대로 고른 것은?

> ─── 보기 ───
> ㄱ. 18족에 속한다.
> ㄴ. 가장 바깥 전자 껍질에 전자가 8개 채워져 있다.
> ㄷ. 다른 원소와 화학 결합을 형성한다.

① ㄱ　　② ㄷ　　③ ㄱ, ㄴ　④ ㄴ, ㄷ　⑤ ㄱ, ㄴ, ㄷ

11 그림은 원자 A~C의 전자 배치를 모형으로 나타낸 것이다.

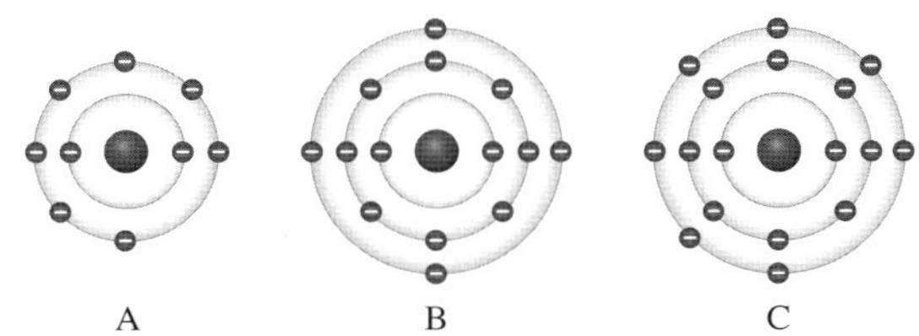

A   B   C

A~C에 대한 설명으로 옳은 것만을 〈보기〉에서 있는 대로 고른 것은? (단, A~C는 임의의 원소 기호이다.)

> ─〈 보기 〉─
> ㄱ. A와 C는 원자가 전자 수가 같다.
> ㄴ. B와 C는 같은 주기 원소이다.
> ㄷ. 원자 번호가 가장 큰 것은 C이다.

① ㄱ   ② ㄴ   ③ ㄱ, ㄷ
④ ㄴ, ㄷ   ⑤ ㄱ, ㄴ, ㄷ

12 다음은 원소 A~D에 대한 자료이다.

> • A~D는 각각 주기율표의 빗금 친 부분 중 한 곳에 위치한다.
>
> | 주기 \ 족 | 1 | 2 | 13 | 14 | 15 | 16 | 17 | 18 |
> |---|---|---|---|---|---|---|---|---|
> | 1 | ▨ | | | | | | | |
> | 2 | | | | | | | ▨ | |
> | 3 | ▨ | | | | | | ▨ | |
>
> • A와 B는 주기가 서로 다르다.
> • B와 C는 화학적 성질이 비슷하다.
> • C와 D가 반응하여 생성된 물질은 산성을 나타낸다.

이에 대한 설명으로 옳은 것만을 〈보기〉에서 있는 대로 고른 것은? (단, A~D는 임의의 원소 기호이다.)

> ─〈 보기 〉─
> ㄱ. C는 할로젠이다.
> ㄴ. D는 금속 원소이다.
> ㄷ. 원자 번호는 B < C이다.

① ㄴ   ② ㄷ   ③ ㄱ, ㄴ
④ ㄱ, ㄷ   ⑤ ㄱ, ㄴ, ㄷ

13 다음은 원소 A~F에 대한 자료이다.

> • 그림은 주기율표에서 A~F의 위치를 나타낸 것이다.
>
> | 주기 \ 족 | 1 | 2 | 13 | 14 | 15 | 16 | 17 | 18 |
> |---|---|---|---|---|---|---|---|---|
> | 2 | | | | A | B | | C | |
> | 3 | D | E | | | | F | | |
>
> • ⬜ ㉠ 은/는 A보다 전자가 들어 있는 전자 껍질 수는 1만큼 크고, 원자가 전자 수는 2만큼 작다.

㉠은? (단, A~F는 임의의 원소 기호이다.)

① B   ② C   ③ D
④ E   ⑤ F

14 그림은 원자 A~C의 전자 배치를 모형으로 나타낸 것이다.

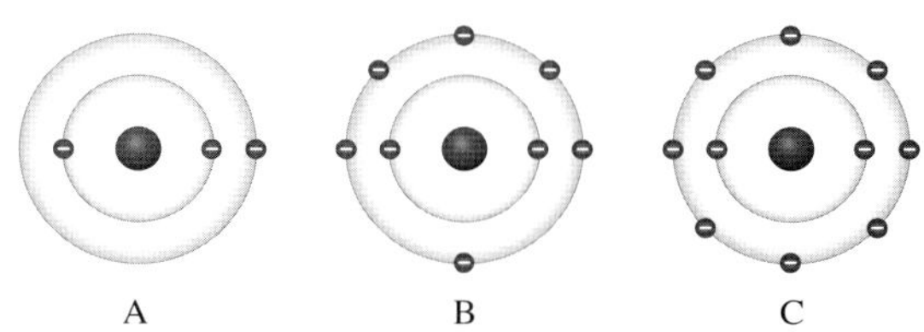

A   B   C

A~C에 대한 설명으로 옳은 것만을 〈보기〉에서 있는 대로 고른 것은? (단, A~C는 임의의 원소 기호이다.)

> ─〈 보기 〉─
> ㄱ. A_2B에서 구성 입자는 모두 C와 같은 전자 배치를 이룬다.
> ㄴ. A와 C는 공유 결합을 형성한다.
> ㄷ. 원자가 전자 수가 가장 큰 것은 B이다.

① ㄱ   ② ㄷ   ③ ㄱ, ㄴ
④ ㄴ, ㄷ   ⑤ ㄱ, ㄴ, ㄷ

15 그림은 주기율표의 일부를 나타낸 것이다.

주기 \ 족	1	2	13	14	15	16	17	18
2						A		B
3				C			D	

A^{2-}, C^{3+}, D^- 중 원자 B와 전자 배치가 같은 것만을 있는 대로 고른 것은? (단, A~D는 임의의 원소 기호이다.)

① A^{2-} ② D^- ③ A^{2-}, C^{3+}
④ C^{3+}, D^- ⑤ A^{2-}, C^{3+}, D^-

16 그림은 물질 A₂와 B₂C를 화학 결합 모형으로 나타낸 것이다.

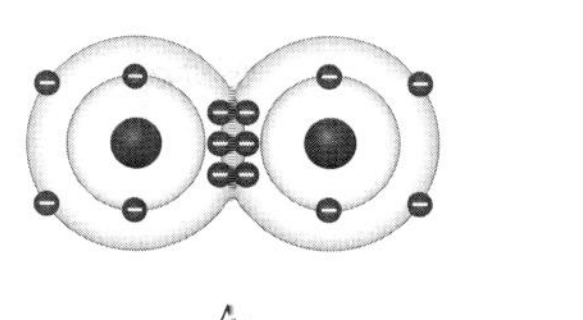
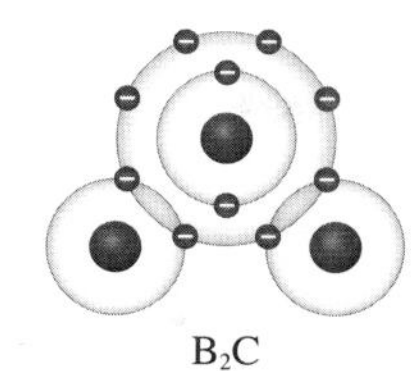

A₂   B₂C

이에 대한 설명으로 옳은 것만을 〈보기〉에서 있는 대로 고른 것은? (단, A~C는 임의의 원소 기호이다.)

> ── 보기 ──
> ㄱ. A는 15족 원소이다.
> ㄴ. A₂와 B₂C는 모두 공유 결합 물질이다.
> ㄷ. A₂와 B₂C의 공유 전자쌍 수의 차는 1이다.

① ㄱ   ② ㄷ   ③ ㄱ, ㄴ   ④ ㄴ, ㄷ   ⑤ ㄱ, ㄴ, ㄷ

17 그림은 수소(H) 원자와 산소(O) 원자의 전자 배치와, 물(H₂O) 분자의 화학 결합을 모형으로 나타낸 것이다.

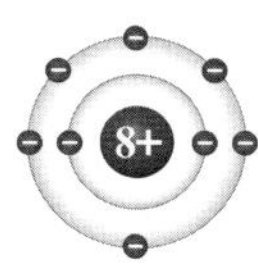
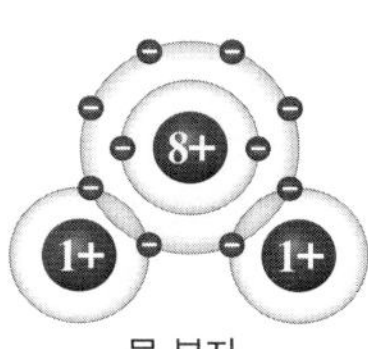

수소 원자   산소 원자   물 분자

H₂O에 대한 설명으로 옳은 것만을 〈보기〉에서 있는 대로 고른 것은?

> ── 보기 ──
> ㄱ. 이온 결합 물질이다.
> ㄴ. 공유 전자쌍 수는 2이다.
> ㄷ. 이중 결합이 있다.

① ㄱ   ② ㄴ   ③ ㄱ, ㄴ   ④ ㄱ, ㄷ   ⑤ ㄴ, ㄷ

18 그림은 A²⁻, B, C²⁺의 전자 배치를 모형으로 나타낸 것이다.

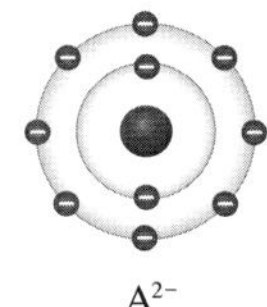
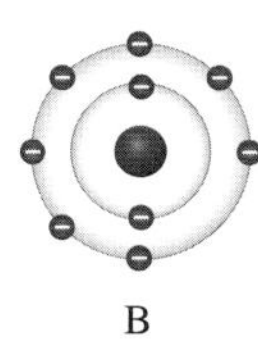
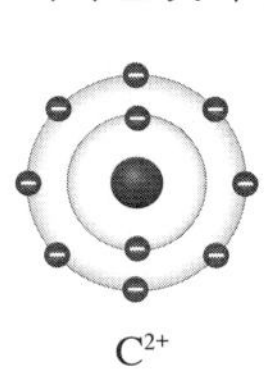

A²⁻   B   C²⁺

이에 대한 설명으로 옳은 것만을 〈보기〉에서 있는 대로 고른 것은? (단, A~C는 임의의 원소 기호이다.)

> ── 보기 ──
> ㄱ. 전자 수는 A<B이다.
> ㄴ. A와 B가 화학 결합을 형성할 때 전자는 A에서 B로 이동한다.
> ㄷ. CA는 이온 결합 물질이다.

① ㄱ   ② ㄴ   ③ ㄱ, ㄷ   ④ ㄴ, ㄷ   ⑤ ㄱ, ㄴ, ㄷ

19 그림은 물질 (가)와 (나)의 고체 상태에서 입자의 배열을 모형으로 나타낸 것이다. (가)와 (나)는 염화 나트륨(NaCl)과 설탕(C₁₂H₂₂O₁₁)을 순서 없이 나타낸 것이다.

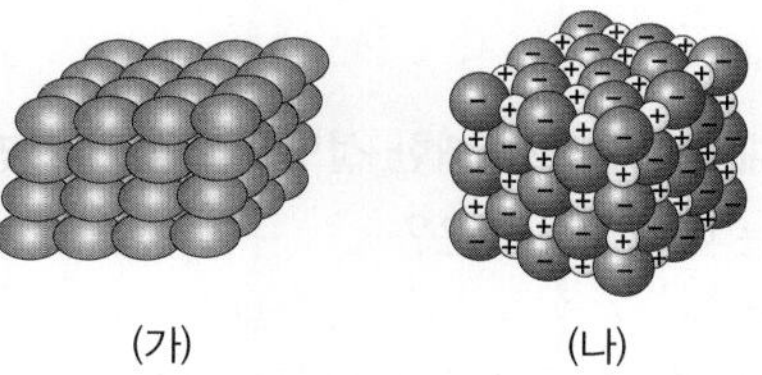

(가)   (나)

(가)와 (나)에 대한 설명으로 옳은 것만을 〈보기〉에서 있는 대로 고른 것은?

> ── 보기 ──
> ㄱ. (가)는 공유 결합 물질이다.
> ㄴ. (나)는 비금속 원소만으로 이루어져 있다.
> ㄷ. 모두 수용액 상태에서 전기 전도성이 있다.

① ㄱ   ② ㄷ   ③ ㄱ, ㄴ
④ ㄴ, ㄷ   ⑤ ㄱ, ㄴ, ㄷ

20 그림은 물질 (가)와 (나)의 고체 상태와 수용액 상태를 모형으로 나타낸 것이다. (가)와 (나)는 각각 염화 나트륨과 설탕 중 하나이다.

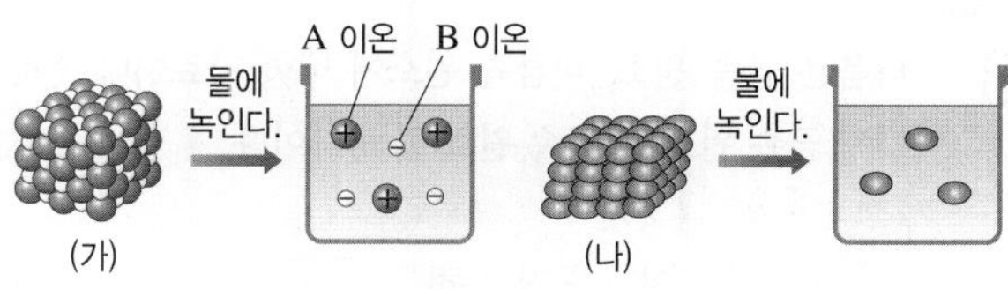

이에 대한 설명으로 옳은 것만을 〈보기〉에서 있는 대로 고른 것은? (단, A와 B는 임의의 원소 기호이다.)

> ── 보기 ──
> ㄱ. B는 금속 원소이다.
> ㄴ. (나)는 공유 결합 물질이다.
> ㄷ. (가)의 고체 상태와 수용액 상태 중 전기 전도성이 있는 것은 한 가지이다.

① ㄱ   ② ㄷ   ③ ㄱ, ㄴ
④ ㄴ, ㄷ   ⑤ ㄱ, ㄴ, ㄷ

선택형 대비 2회 2. 물질의 규칙성과 성질 | 06강~09강

_______ 반 _______ 번 이름_______

812

1 현대 주기율표에 대한 설명으로 옳은 것만을 〈보기〉에서 있는 대로 고른 것은?

─〈 보기 〉─
ㄱ. 주기는 주기율표의 가로줄이다.
ㄴ. 금속 원소는 주로 주기율표의 오른쪽에 위치한다.
ㄷ. 원자 번호가 증가하는 순서로 원소를 배열하였다.

① ㄱ　　② ㄴ　　③ ㄱ, ㄷ ④ ㄴ, ㄷ ⑤ ㄱ, ㄴ, ㄷ

813

2 그림은 주기율표의 일부를 나타낸 것이다.

주기＼족	1	2	13	14	15	16	17	18
1	A							
2	B						C	
3							D	

화학적 성질이 비슷한 원소의 조합으로 적절한 것만을 〈보기〉에서 있는 대로 고른 것은? (단, A~D는 임의의 원소 기호이다.)

─〈 보기 〉─
ㄱ. (A, B)　　ㄴ. (B, C)　　ㄷ. (C, D)

① ㄱ　　② ㄷ　　③ ㄱ, ㄴ ④ ㄱ, ㄷ ⑤ ㄴ, ㄷ

814

3 다음은 금속 원소, 비금속 원소에 대한 자료이다. ㉠, ㉡은 각각 금속 원소, 비금속 원소 중 하나이다.

┌───────────────────────┐
│ ㉠ 는 전기가 잘 통하고, ㉡ 는 전기가 잘 통하지 않는다. │
└───────────────────────┘

㉠, ㉡에 대한 설명으로 옳은 것만을 〈보기〉에서 있는 대로 고른 것은?

─〈 보기 〉─
ㄱ. ㉠은 금속 원소이다.
ㄴ. ㉡은 실온에서 대부분 기체 또는 고체로 존재한다.
ㄷ. 특유의 광택이 있는 것은 ㉡이다.

① ㄱ　　② ㄷ　　③ ㄱ, ㄴ ④ ㄱ, ㄷ ⑤ ㄴ, ㄷ

815

4 다음은 원소 A~D에 대한 자료이다.

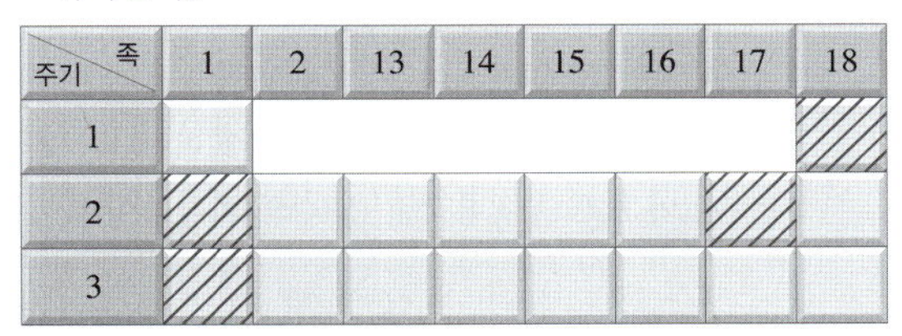

• A~D는 각각 주기율표의 빗금 친 부분 중 한 곳에 위치한다.

주기＼족	1	2	13	14	15	16	17	18
1								▨
2	▨						▨	
3	▨							

• A와 B는 화학적 성질이 비슷하다.
• B와 C는 같은 주기 원소이다.

A~D에 대한 설명으로 옳은 것만을 〈보기〉에서 있는 대로 고른 것은? (단, A~D는 임의의 원소 기호이다.)

─〈 보기 〉─
ㄱ. C는 실온에서 이원자 분자로 존재한다.
ㄴ. D는 비활성 기체이다.
ㄷ. 원자 번호가 가장 큰 것은 A이다.

① ㄱ　　② ㄷ　　③ ㄱ, ㄴ
④ ㄴ, ㄷ　　⑤ ㄱ, ㄴ, ㄷ

816

5 다음은 원소 (가)에 대한 자료이다.

• 금속 원소이다.
• 주기율표의 1족에 속한다.

(가)에 대한 설명으로 옳은 것만을 〈보기〉에서 있는 대로 고른 것은?

─〈 보기 〉─
ㄱ. 칼로 잘릴 정도로 무르다.
ㄴ. 다른 금속에 비해 밀도가 크다.
ㄷ. 물과 반응한 수용액은 산성을 나타낸다.

① ㄱ　　② ㄷ　　③ ㄱ, ㄴ
④ ㄴ, ㄷ　　⑤ ㄱ, ㄴ, ㄷ

817

6 다음은 알칼리 금속인 리튬(Li)의 성질을 알아보는 실험이다.

> **[실험 과정]**
> (가) 리튬을 칼로 잘라 단면의 변화를 관찰한다.
> (나) 쌀알 크기의 리튬 조각을 물이 들어 있는 비커에 넣은 후 변화를 관찰한다.
> (다) (나)의 비커에 페놀프탈레인 용액을 1방울~2방울 떨어뜨린 후 변화를 관찰한다.
>
> **[실험 결과]**
> • 칼로 자른 금속의 단면은 ⊙광택을 잃었다.
> • 리튬은 ⓒ물 위에 떠서 반응하였다.
> • 반응 후 ⓒ수용액은 붉은색을 나타내었다.

이에 대한 설명으로 옳은 것만을 〈보기〉에서 있는 대로 고른 것은?

> ─── 보기 ───
> ㄱ. ⊙은 리튬이 산소와 반응하였기 때문이다.
> ㄴ. ⓒ은 리튬이 물보다 밀도가 작기 때문이다.
> ㄷ. ⓒ은 수용액이 염기성을 띠기 때문이다.

① ㄱ　② ㄴ　③ ㄱ, ㄷ　④ ㄴ, ㄷ　⑤ ㄱ, ㄴ, ㄷ

818

7 다음은 알칼리 금속인 나트륨(Na)의 성질을 알아보는 실험이다.

> **[실험 과정]**
> (가) 나트륨 조각을 칼로 잘라 단면의 변화를 관찰한다.
> (나) 물이 담긴 시험관에 페놀프탈레인 용액을 1방울~2방울 떨어뜨린 후 나트륨 조각을 넣고 변화를 관찰한다.
>
> **[실험 결과]**
> • (가)에서 나트륨 조각의 단면이 은백색에서 ⊙회색으로 변하였다.
> • (나)에서 나트륨 조각이 물과 격렬하게 반응하여 ⓒ 기체가 발생하였고, 수용액의 색은 ⓒ 을 나타내었다.

이에 대한 설명으로 옳은 것만을 〈보기〉에서 있는 대로 고른 것은?

> ─── 보기 ───
> ㄱ. ⊙에서 회색을 띠는 물질은 나트륨이다.
> ㄴ. ⓒ은 수소이다.
> ㄷ. '붉은색'은 ⓒ으로 적절하다.

① ㄱ　② ㄷ　③ ㄱ, ㄴ　④ ㄴ, ㄷ　⑤ ㄱ, ㄴ, ㄷ

819

8 표는 2, 3주기에 속하는 원소 A~D에 대한 자료이다. A~D는 각각 알칼리 금속 또는 할로젠이며, $x > y$이다.

원소	A	B	C	D
실온에서의 상태	고체		기체	
원자가 전자 수	⊙	x	ⓒ	y

이에 대한 설명으로 옳은 것만을 〈보기〉에서 있는 대로 고른 것은? (단, A~D는 임의의 원소 기호이다.)

> ─── 보기 ───
> ㄱ. A는 전기가 잘 통한다.
> ㄴ. ⓒ－⊙＝6이다.
> ㄷ. B와 C의 화학적 성질은 비슷하다.

① ㄱ　　② ㄷ　　③ ㄱ, ㄴ
④ ㄴ, ㄷ　　⑤ ㄱ, ㄴ, ㄷ

820

9 다음은 원자의 전자 배치에 대한 세 학생의 대화이다.

> • 학생 A: 전자는 원자핵에 가까운 전자 껍질부터 차례대로 배치돼.
> • 학생 B: 원자핵에서 멀수록 전자 껍질의 에너지 준위는 낮아.
> • 학생 C: 첫 번째 전자 껍질과 두 번째 전자 껍질에 배치될 수 있는 최대 전자 수는 같아.

제시한 내용이 옳은 학생만을 있는 대로 고른 것은?

① A　　② A, B　　③ A, C
④ B, C　　⑤ A, B, C

821

10 그림은 주기율표의 일부를 나타낸 것이다.

주기 \ 족	1	2	13	14	15	16	17	18
2	A					C		
3		B				D		

이에 대한 설명으로 옳은 것만을 〈보기〉에서 있는 대로 고른 것은? (단, A~D는 임의의 원소 기호이다.)

> ─── 보기 ───
> ㄱ. A와 C는 전자가 들어 있는 전자 껍질 수가 같다.
> ㄴ. 원자가 전자 수는 D가 C보다 크다.
> ㄷ. B의 첫 번째 전자 껍질과 세 번째 전자 껍질에 들어 있는 전자 수는 같다.

① ㄱ　　② ㄴ　　③ ㄱ, ㄷ
④ ㄴ, ㄷ　　⑤ ㄱ, ㄴ, ㄷ

11 다음은 원소 A에 대한 자료이다.

> • 3주기 원소이다.
> • 원자가 전자 수는 2이다.

A의 전자 배치를 모형으로 나타낸 것으로 적절한 것은?
(단, A는 임의의 원소 기호이다.)

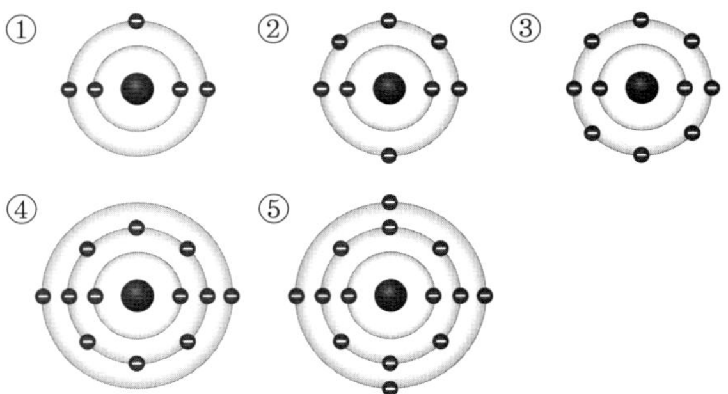

12 그림은 원자 A~C의 전자 배치를 모형으로 나타낸 것이다.

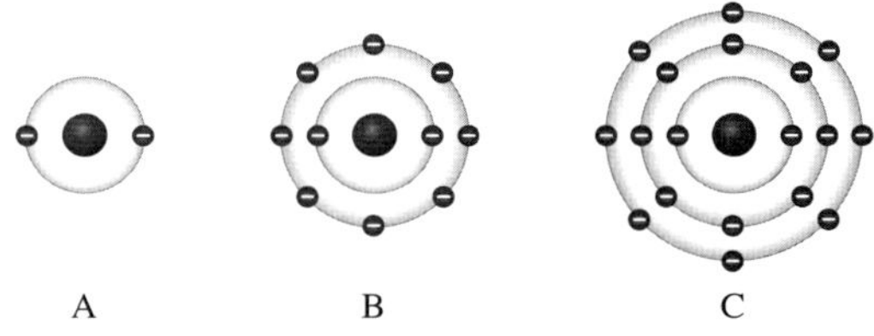

A~C에 대한 설명으로 옳은 것만을 〈보기〉에서 있는 대로 고른 것은? (단, A~C는 임의의 원소 기호이다.)

> ──〈 보기 〉──
> ㄱ. B는 2주기 원소이다.
> ㄴ. A와 C의 원자가 전자 수는 같다.
> ㄷ. 다른 원소와 화학 결합을 형성하지 않는다.

① ㄱ　② ㄷ　③ ㄱ, ㄴ　④ ㄴ, ㄷ　⑤ ㄱ, ㄴ, ㄷ

13 그림은 주기율표의 일부를 나타낸 것이다. 이에 대한 설명으로 옳은 것만을 〈보기〉에서 있는 대로 고른 것은? (단, A~D는 임의의 원소 기호이다.)

족 주기	1	2	17	18
1				A
2				B
3	C			D

> ──〈 보기 〉──
> ㄱ. C^+은 B와 같은 전자 배치를 이룬다.
> ㄴ. B와 C는 이온 결합을 형성한다.
> ㄷ. A와 D의 가장 바깥 전자 껍질에 들어 있는 전자 수는 같다.

① ㄱ　② ㄴ　③ ㄱ, ㄷ　④ ㄴ, ㄷ　⑤ ㄱ, ㄴ, ㄷ

14 그림은 주기율표의 일부를 나타낸 것이다.

족 주기	1	2	13	14	15	16	17	18
2	A							B
3		C					D	E

이에 대한 설명으로 옳은 것만을 〈보기〉에서 있는 대로 고른 것은? (단, A~E는 임의의 원소 기호이다.)

> ──〈 보기 〉──
> ㄱ. B와 E는 공유 결합을 형성한다.
> ㄴ. A와 B는 이온 결합을 형성한다.
> ㄷ. C와 D로 이루어진 안정한 화합물의 화학식은 C_2D 이다.

① ㄱ　② ㄴ　③ ㄱ, ㄷ　④ ㄴ, ㄷ　⑤ ㄱ, ㄴ, ㄷ

15 다음은 물(H_2O) 분자에 대한 자료이다.

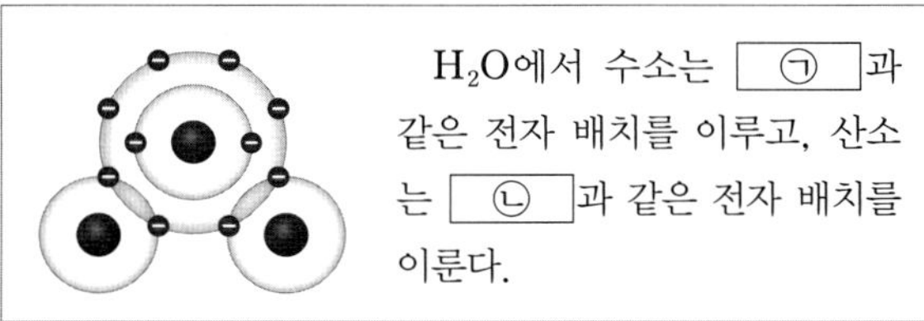

H_2O에서 수소는 ⃞ ㉠ ⃞ 과 같은 전자 배치를 이루고, 산소는 ⃞ ㉡ ⃞ 과 같은 전자 배치를 이룬다.

㉠, ㉡으로 옳은 것은?

	㉠	㉡		㉠	㉡
①	He	He	②	He	Ne
③	Ne	He	④	Ne	Ne
⑤	Ne	Ar			

16 그림은 화합물 AB와 CD를 화학 결합 모형으로 나타낸 것이다.

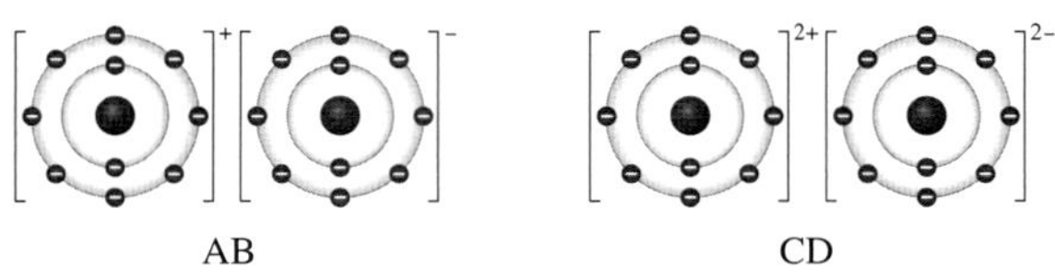

이에 대한 설명으로 옳은 것만을 〈보기〉에서 있는 대로 고른 것은? (단, A~D는 임의의 원소 기호이다.)

> ──〈 보기 〉──
> ㄱ. AB가 형성될 때 전자는 A에서 B로 이동한다.
> ㄴ. A와 D는 같은 주기 원소이다.
> ㄷ. B와 C는 2 : 1로 결합하여 안정한 화합물을 형성한다.

① ㄱ　② ㄴ　③ ㄱ, ㄷ　④ ㄴ, ㄷ　⑤ ㄱ, ㄴ, ㄷ

17 그림은 물질 A₂, B₂, AC₃를 화학 결합 모형으로 나타낸 것이다.

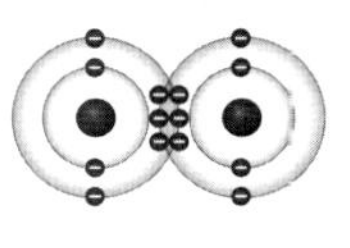
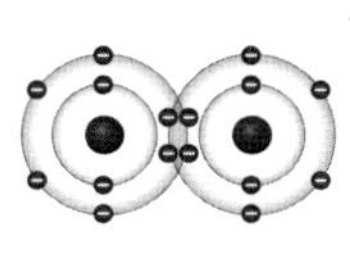
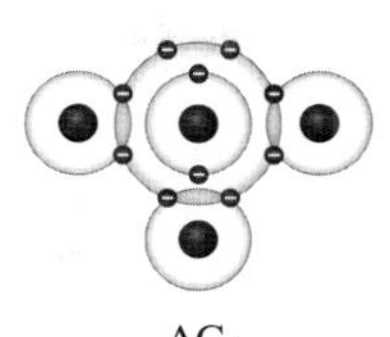

A_2 · · · · · · B_2 · · · · · · AC_3

이에 대한 설명으로 옳은 것만을 〈보기〉에서 있는 대로 고른 것은? (단, A~C는 임의의 원소 기호이다.)

─── 보기 ───
ㄱ. A_2와 AC_3에서 A는 모두 네온(Ne)과 같은 전자 배치를 이룬다.
ㄴ. A와 C는 같은 주기 원소이다.
ㄷ. 공유 전자쌍 수는 B_2가 C_2보다 크다.

① ㄴ 　　② ㄷ 　　③ ㄱ, ㄴ
④ ㄱ, ㄷ 　　⑤ ㄴ, ㄷ

18 그림은 물(H₂O)과 플루오린화 나트륨(NaF)을 화학 결합 모형으로 나타낸 것이다.

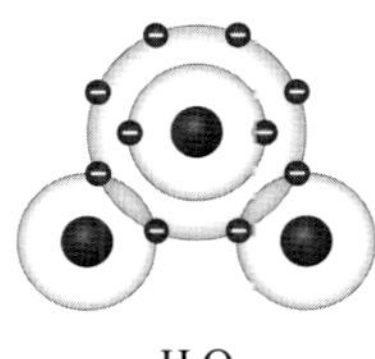
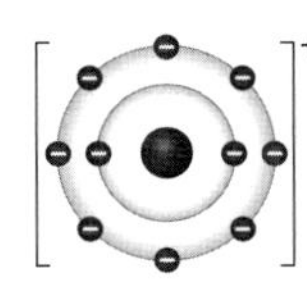
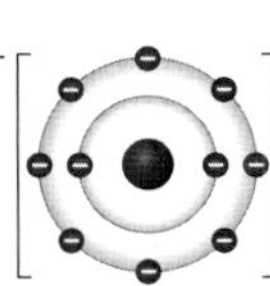

H_2O · · · · · · NaF

이에 대한 설명으로 옳은 것만을 〈보기〉에서 있는 대로 고른 것은?

─── 보기 ───
ㄱ. 두 물질을 이루는 화학 결합의 종류는 같다.
ㄴ. NaF은 수용액 상태에서 전기 전도성이 있다.
ㄷ. H_2O의 구성 입자는 모두 네온(Ne)과 같은 전자 배치를 이룬다.

① ㄱ 　　② ㄴ 　　③ ㄱ, ㄴ
④ ㄱ, ㄷ 　　⑤ ㄴ, ㄷ

19 그림은 물질 A와 B의 수용액을 모형으로 나타낸 것이다. A와 B는 각각 설탕과 염화 칼륨 중 하나이다.

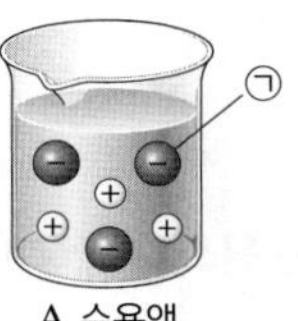
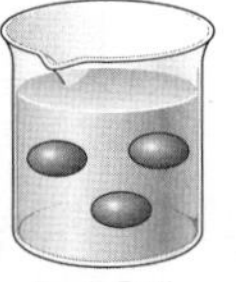

A 수용액 · · · · · · B 수용액

이에 대한 설명으로 옳은 것만을 〈보기〉에서 있는 대로 고른 것은?

─── 보기 ───
ㄱ. ㉠은 염화 이온이다.
ㄴ. B는 고체 상태에서 전기 전도성이 있다.
ㄷ. 두 수용액 중 전기 전도성이 있는 것은 A 수용액이다.

① ㄴ 　　② ㄷ 　　③ ㄱ, ㄴ
④ ㄱ, ㄷ 　　⑤ ㄴ, ㄷ

20 다음은 물질 A~C의 전기 전도성을 알아보는 실험이다. A~C는 각각 염화 칼슘, 설탕, 포도당 중 하나이고, (가)와 (나)는 각각 고체, 수용액 중 하나이다.

[실험 과정]
(가) 전기 전도성 측정기를 이용하여 고체 A~C의 전기 전도성을 확인한다.
(나) (가)의 A~C에 각각 증류수를 조금씩 넣어 녹인 뒤 수용액의 전기 전도성을 확인한다.

[실험 결과]

구분		A	B	C
전기 전도성	(가)	없음	없음	㉠
	(나)	있음	㉡	㉢

이에 대한 설명으로 옳은 것만을 〈보기〉에서 있는 대로 고른 것은?

─── 보기 ───
ㄱ. (가)는 고체이다.
ㄴ. B는 공유 결합 물질이다.
ㄷ. ㉠~㉢에 들어갈 말은 모두 같다.

① ㄱ 　　② ㄷ 　　③ ㄱ, ㄴ
④ ㄴ, ㄷ 　　⑤ ㄱ, ㄴ, ㄷ

선택형 대비 1회

2. 물질의 규칙성과 성질 | 10강~12강

_______ 반 _______ 번 이름 _______________

832

1 그림은 지각을 구성하는 원소의 질량비를 나타낸 것이다.

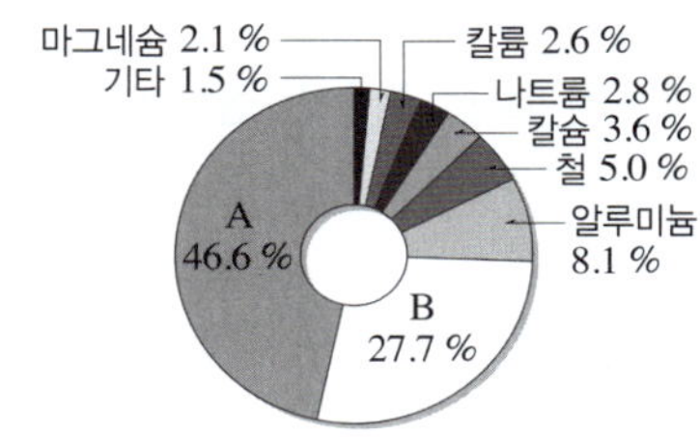

이에 대한 설명으로 옳지 <u>않은</u> 것은?

① A는 산소이다.

② B는 원자가 전자가 4개이다.

③ 지구 전체를 구성하는 원소 중에는 A가 가장 많다.

④ A와 B는 모두 별 내부에서의 핵융합 반응으로 생성되었다.

⑤ A와 B가 공유 결합하여 규산염 광물의 기본 단위체를 형성한다.

833

2 그림은 규산염 사면체의 구조를 나타낸 것이다.

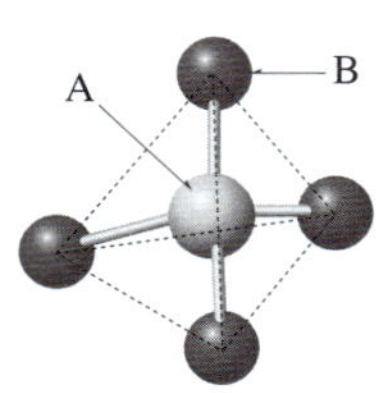

이에 대한 설명으로 옳은 것만을 〈보기〉에서 있는 대로 고른 것은?

〈 보기 〉

ㄱ. A와 B는 공유 결합하고 있다.

ㄴ. 규산염 광물을 형성하는 기본 단위체이다.

ㄷ. 규산염 사면체 간에 B가 공유되어 다양한 규산염 광물을 만든다.

① ㄱ   ② ㄷ   ③ ㄱ, ㄴ

④ ㄴ, ㄷ   ⑤ ㄱ, ㄴ, ㄷ

834

3 규산염 광물의 결합 구조에 대한 설명으로 옳은 것은?

① 흑운모는 망상 구조로 이루어져 있다.

② 휘석은 단위체 하나가 독립적으로 양이온과 결합하여 이루어진 광물이다.

③ 규산염 광물의 결합 구조가 복잡할수록 풍화에 강하다.

④ 규산염 사면체들 사이에 규소를 공유하면서 결합한다.

⑤ 단사슬 구조는 판상 구조보다 규산염 사면체 간 공유하는 산소의 수가 많다.

835

4 그림은 단백질합성 과정 중 일부를 나타낸 것이다.

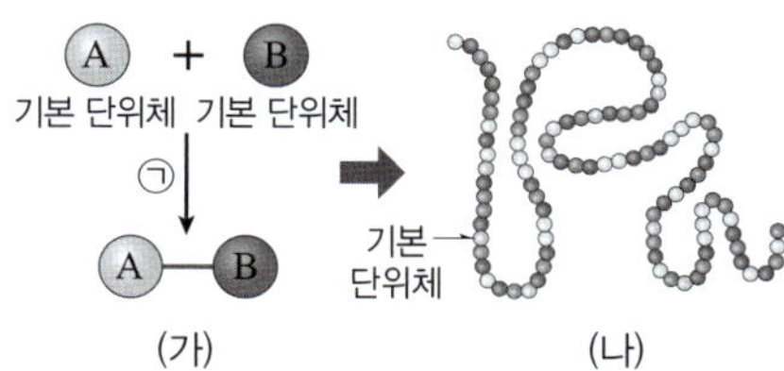

이에 대한 설명으로 옳은 것만을 〈보기〉에서 있는 대로 고른 것은?

〈 보기 〉

ㄱ. A와 B는 아미노산이다.

ㄴ. ㉠ 과정에서 한 분자의 물이 빠져나온다.

ㄷ. (나)에서 기본 단위체의 수와 펩타이드결합의 수는 같다.

① ㄱ   ② ㄴ   ③ ㄱ, ㄴ

④ ㄱ, ㄷ   ⑤ ㄴ, ㄷ

836

5 단백질에 대한 설명으로 옳은 것만을 〈보기〉에서 있는 대로 고른 것은?

〈 보기 〉

ㄱ. 호르몬의 성분으로 생리작용을 조절한다.

ㄴ. 많은 수의 아미노산이 펩타이드결합으로 연결되어 폴리펩타이드가 형성된다.

ㄷ. 아미노산의 종류와 수가 같아도 다른 종류의 단백질을 형성할 수 있다.

① ㄴ   ② ㄷ   ③ ㄱ, ㄴ

④ ㄱ, ㄷ   ⑤ ㄱ, ㄴ, ㄷ

837

6 그림은 생명체를 구성하는 두 종류의 핵산 (가)와 (나)를 나타낸 것이다. (가)와 (나)는 DNA와 RNA를 순서 없이 나타낸 것이다.

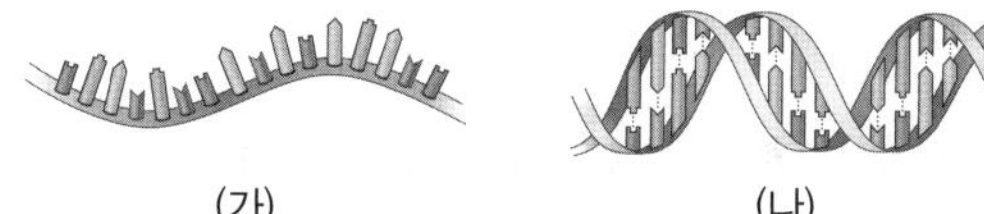

(가)　　　　　(나)

이에 대한 설명으로 옳은 것만을 〈보기〉에서 있는 대로 고른 것은?

> **〈보기〉**
> ㄱ. (가)는 단백질합성에 관여한다.
> ㄴ. (나)에서 아데닌(A)의 수와 타이민(T)의 수는 항상 같다.
> ㄷ. (가)와 (나)에 모두 인산이 있다.

① ㄱ　　　　② ㄷ　　　　③ ㄱ, ㄴ
④ ㄴ, ㄷ　　　⑤ ㄱ, ㄴ, ㄷ

838

7 표 (가)는 생명체를 구성하는 물질 Ⅰ~Ⅲ이 갖는 특징을 나타낸 것이고, (나)는 특징 ㉠~㉢을 순서 없이 나타낸 것이다. Ⅰ~Ⅲ은 단백질, 탄수화물, 핵산을 순서 없이 나타낸 것이다.

물질	특징	특징(㉠~㉢)
Ⅰ	㉠	• 에너지원으로 사용된다.
Ⅱ	㉡, ㉢	• 구성 원소로 인(P)을 갖는다.
Ⅲ	㉢	• 방어작용을 담당하는 항체의 주성분이다.
(가)		(나)

이에 대한 설명으로 옳은 것만을 〈보기〉에서 있는 대로 고른 것은?

> **〈보기〉**
> ㄱ. Ⅰ은 구성 물질로 당을 갖는다.
> ㄴ. Ⅱ의 기본 단위체는 뉴클레오타이드이다.
> ㄷ. ㉡은 '구성 원소로 인(P)을 갖는다.'이다.

① ㄱ　　　　② ㄷ　　　　③ ㄱ, ㄴ
④ ㄴ, ㄷ　　　⑤ ㄱ, ㄴ, ㄷ

839

8 물질의 전기적 성질에 대한 설명으로 옳지 <u>않은</u> 것은?

① 금, 은, 구리는 도체이다.
② 전선의 내부 도선은 부도체로, 외피는 도체로 만든다.
③ 단위 부피당 자유 전자의 수는 도체가 부도체보다 많다.
④ 전기 저항이 커서 전류가 잘 흐르지 않는 물질을 부도체라고 한다.
⑤ 특정 조건에서 자유 전자가 생겨 전류가 흐르게 되는 물질은 반도체이다.

840

9 그림 (가)와 (나)는 순수 반도체와 불순물 반도체를 구성하는 원소와 원자가 전자의 배열을 순서 없이 나타낸 것이다.

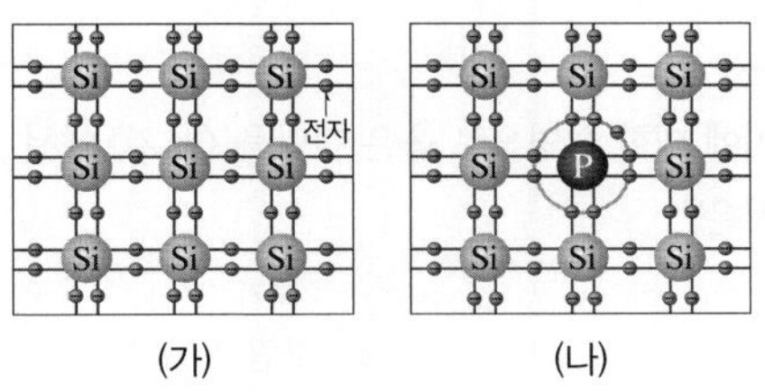

(가)　　　　　(나)

이에 대한 설명으로 옳은 것만을 〈보기〉에서 있는 대로 고른 것은?

> **〈보기〉**
> ㄱ. (가)는 (나)보다 전기 전도성이 낮다.
> ㄴ. (나)는 p형 반도체이다.
> ㄷ. (가)에 원자가 전자가 3개인 원소를 첨가하면 (나)와 같은 반도체를 만들 수 있다.

① ㄱ　　　　② ㄷ　　　　③ ㄱ, ㄴ
④ ㄴ, ㄷ　　　⑤ ㄱ, ㄴ, ㄷ

841

10 그림 (가), (나), (다)는 반도체의 전기적 성질을 이용하기 위해 만든 반도체 소자이다.

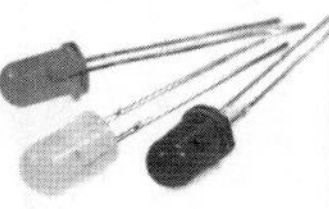

(가) 트랜지스터　　　(나) 발광 다이오드　　　(다) 집적 회로

이에 대한 설명으로 옳은 것만을 〈보기〉에서 있는 대로 고른 것은?

> **〈보기〉**
> ㄱ. (가)는 전기 신호를 증폭한다.
> ㄴ. (나)는 빛을 받으면 전류가 흐른다.
> ㄷ. (다)는 데이터를 처리하거나 저장한다.

① ㄱ　　　　② ㄴ　　　　③ ㄱ, ㄷ
④ ㄴ, ㄷ　　　⑤ ㄱ, ㄴ, ㄷ

선택형 대비 2회 2. 물질의 규칙성과 성질 | 10강~12강

_____ 반 _____ 번 이름_____________

842

1 그림 (가)와 (나)는 지각과 사람을 구성하는 원소의 질량비를 순서 없이 나타낸 것이다.

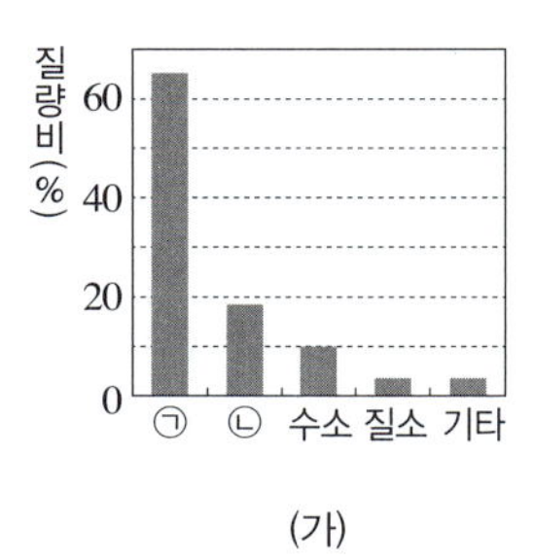
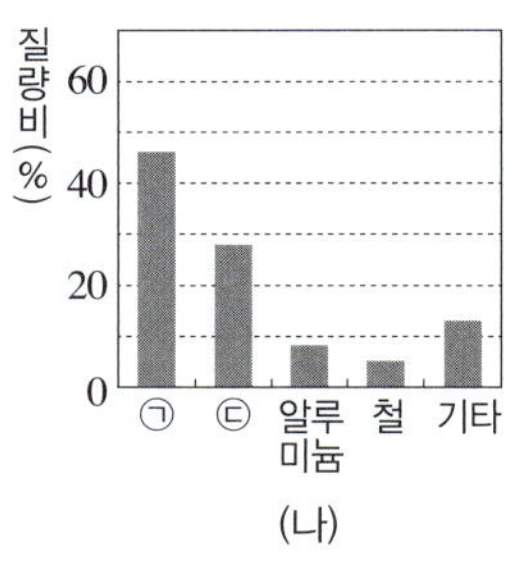

이에 대한 설명으로 옳은 것만을 〈보기〉에서 있는 대로 고른 것은?

〈보기〉
ㄱ. (가)는 지각, (나)는 사람을 구성하는 원소의 질량 비이다.
ㄴ. ⓒ은 대부분 빅뱅 직후에 만들어졌다.
ㄷ. ㉠과 ⓒ은 공유 결합을 하여 규산염 광물의 기본 단위체를 형성한다.

① ㄱ   ② ㄷ   ③ ㄱ, ㄴ
④ ㄴ, ㄷ   ⑤ ㄱ, ㄴ, ㄷ

843

2 그림은 규산염 사면체의 구조를 나타낸 것이다.

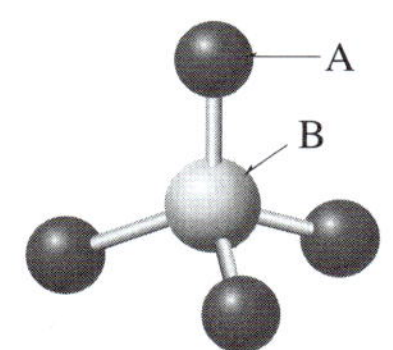

이에 대한 설명으로 옳지 <u>않은</u> 것은?

① A는 산소, B는 규소이다.
② A는 지각에서 가장 풍부한 원소이다.
③ 규산염 사면체는 전기적으로 양전하를 띤다.
④ 규산염 사면체 사이에 A를 공유하며 결합한다.
⑤ 규산염 사면체 1개가 독립적으로 양이온과 결합할 수 있다.

844

3 그림 (가)~(라)는 서로 다른 규산염 광물의 결합 구조를 나타낸 것이다.

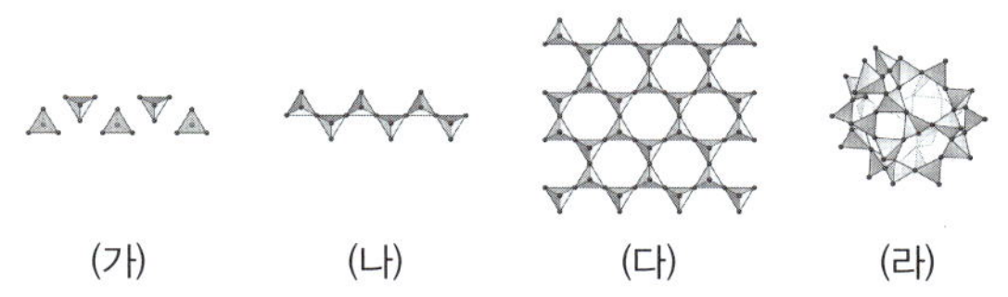

이에 대한 설명으로 옳은 것만을 〈보기〉에서 있는 대로 고른 것은?

〈보기〉
ㄱ. (가)는 규소와 산소만으로 광물을 이룬다.
ㄴ. (나)의 대표적인 광물에는 휘석이 있다.
ㄷ. 규산염 사면체 간 공유하는 산소의 수는 (가)에서 (라)로 갈수록 많다.

① ㄱ   ② ㄷ   ③ ㄱ, ㄴ
④ ㄴ, ㄷ   ⑤ ㄱ, ㄴ, ㄷ

845

4 그림은 헤모글로빈의 합성 과정 중 일부를 나타낸 것이다.

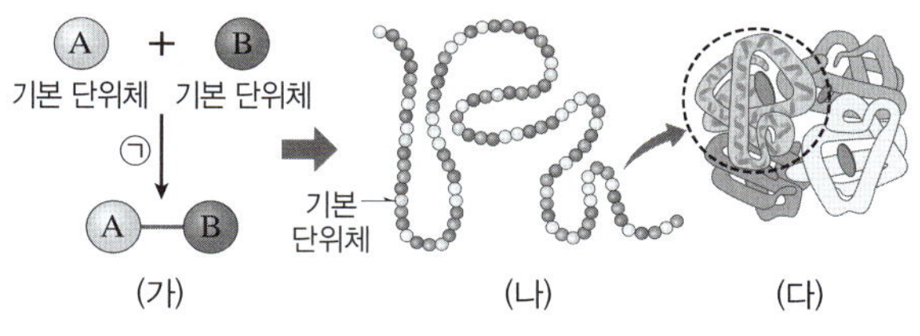

이에 대한 설명으로 옳은 것만을 〈보기〉에서 있는 대로 고른 것은?

〈보기〉
ㄱ. ㉠ 과정에서 한 분자의 이산화 탄소가 빠져나온다.
ㄴ. (나)는 (가)가 반복되어 형성된 폴리펩타이드이다.
ㄷ. (나)를 이루는 기본 단위체의 종류와 수, 배열 순서에 따라 (다)의 입체 구조가 결정된다.

① ㄱ   ② ㄴ   ③ ㄱ, ㄴ
④ ㄱ, ㄷ   ⑤ ㄴ, ㄷ

846

5 그림은 생명체를 구성하는 두 종류의 핵산 (가)와 (나)를 나타낸 것이다. (가)와 (나)는 DNA와 RNA를 순서 없이 나타낸 것이다.

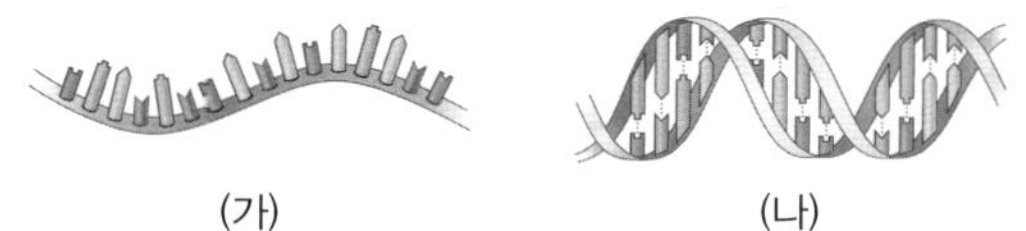

(가)　　　　　　　(나)

이에 대한 설명으로 옳은 것만을 〈보기〉에서 있는 대로 고른 것은?

〈보기〉
ㄱ. (가)를 구성하는 염기에 유라실(U)이 있다.
ㄴ. (나)는 유전정보를 저장한다.
ㄷ. (가)와 (나)를 구성하는 당의 종류는 같다.

① ㄴ　　　　　② ㄷ　　　　　③ ㄱ, ㄴ
④ ㄱ, ㄷ　　　　⑤ ㄱ, ㄴ, ㄷ

847

6 그림은 DNA의 일부를 나타낸 것이다. 이에 대한 설명으로 옳은 것만을 〈보기〉에서 있는 대로 고른 것은? (단, 돌연변이는 고려하지 않는다.)

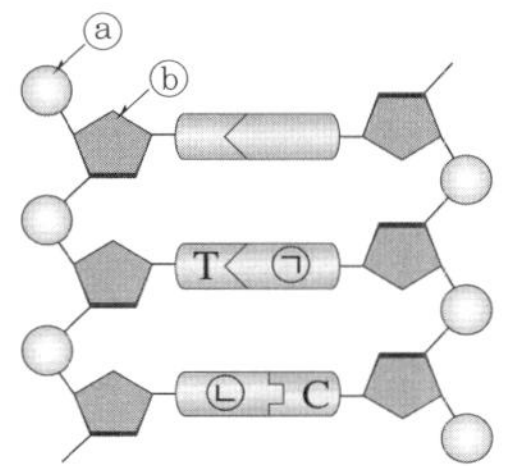

〈보기〉
ㄱ. ⓐ+ⓑ는 뉴클레오타이드이다.
ㄴ. ㉠은 아데닌(A), ㉡은 구아닌(G)이다.
ㄷ. 이 DNA에서 ㉠의 비율이 20 %라면 ㉡의 비율도 20 %이다.

① ㄴ　　　　　② ㄷ　　　　　③ ㄱ, ㄴ
④ ㄱ, ㄷ　　　　⑤ ㄱ, ㄴ, ㄷ

848

7 그림은 생명체를 구성하는 물질인 단백질과 핵산의 공통점과 차이점을 나타낸 것이다. 이에 대한 설명으로 옳은 것만을 〈보기〉에서 있는 대로 고른 것은?

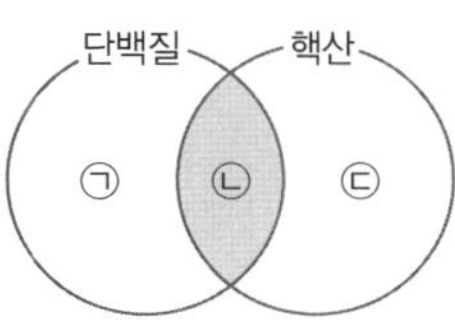

〈보기〉
ㄱ. '펩타이드결합이 있다.'는 ㉠에 해당한다.
ㄴ. '기본 단위체의 결합으로 형성된다.'는 ㉡에 해당한다.
ㄷ. '구성 물질로 당을 갖는다.'는 ㉢에 해당한다.

① ㄱ　　　　　② ㄴ　　　　　③ ㄱ, ㄷ
④ ㄴ, ㄷ　　　　⑤ ㄱ, ㄴ, ㄷ

849

8 그림은 원자의 구조를 나타낸 것으로, B는 A에 속박되어 있다. 이에 대한 설명으로 옳은 것은?

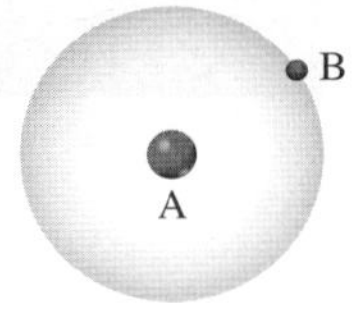

① A는 음(−)전하를 띤다.
② B는 양(+)전하를 띤다.
③ A는 전자, B는 원자핵이다.
④ A와 B 사이에는 서로 밀어내는 힘이 작용한다.
⑤ A와 B 사이에 작용하는 전기력에 의해 B가 A에 속박되어 있다.

850

9 그림은 저마늄(Ge)에 인(P)을 첨가하여 만든 반도체 A의 원소와 원자가 전자의 배열을 나타낸 것이다. 이에 대한 설명으로 옳은 것만을 〈보기〉에서 있는 대로 고른 것은?

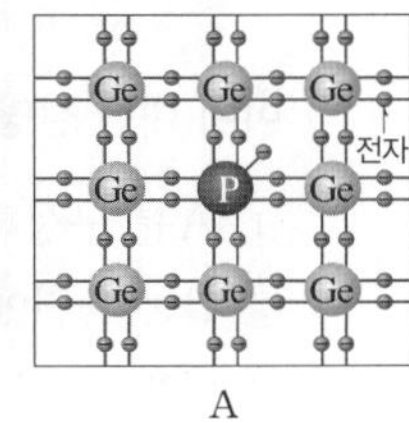

〈보기〉
ㄱ. A는 n형 반도체이다.
ㄴ. 인(P)의 원자가 전자는 3개이다.
ㄷ. A는 공유 결합을 하고 남은 자유 전자의 이동에 의해 전류가 흐른다.

① ㄱ　　　　　② ㄴ　　　　　③ ㄷ
④ ㄱ, ㄷ　　　　⑤ ㄴ, ㄷ

851

10 그림 (가)는 절연 장갑이고, (나)는 태양 전지이다.

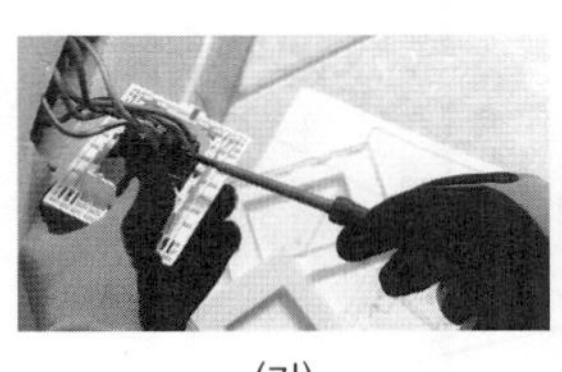

(가)　　　　　　　(나)

이에 대한 설명으로 옳은 것만을 〈보기〉에서 있는 대로 고른 것은?

〈보기〉
ㄱ. (가)는 부도체를 이용한 제품이고, (나)는 반도체를 이용한 제품이다.
ㄴ. (가)에서 절연 장갑은 사람에게 전류가 잘 흐르게 하는 역할을 한다.
ㄷ. (나)에서는 빛에너지가 전기 에너지로 전환된다.

① ㄱ　　　　　② ㄴ　　　　　③ ㄷ
④ ㄱ, ㄷ　　　　⑤ ㄴ, ㄷ

선택형 대비 1회 1. 지구시스템 | 13강~16강

______ 반 ______ 번 이름 ______________

852

1 그림은 지구시스템의 구성 요소 A∼E를 나타낸 것이다.

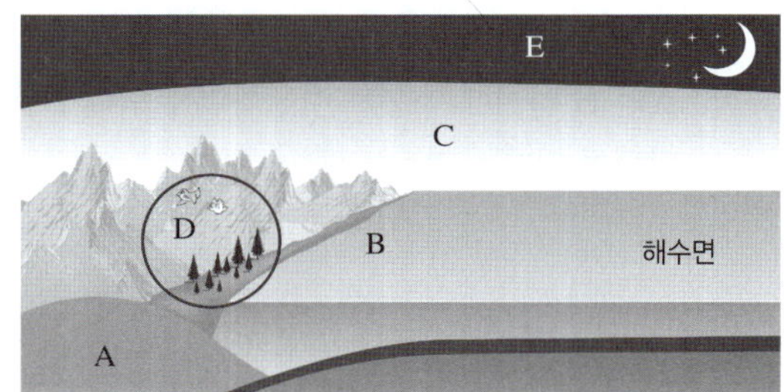

이에 대한 설명으로 옳은 것은?

① A를 구성하는 물질은 모두 고체 상태이다.

② B는 육지에서 대부분 지하수의 형태로 분포한다.

③ C에서는 높이 올라갈수록 기온이 계속 낮아진다.

④ D는 지구시스템의 구성 요소 중 가장 나중에 형성되었다.

⑤ A∼D 영역과 E 영역 사이에서는 에너지 이동은 일어나지만, 물질의 이동은 일어나지 않는다.

853

2 그림은 기권의 층상 구조를 나타낸 것이다.

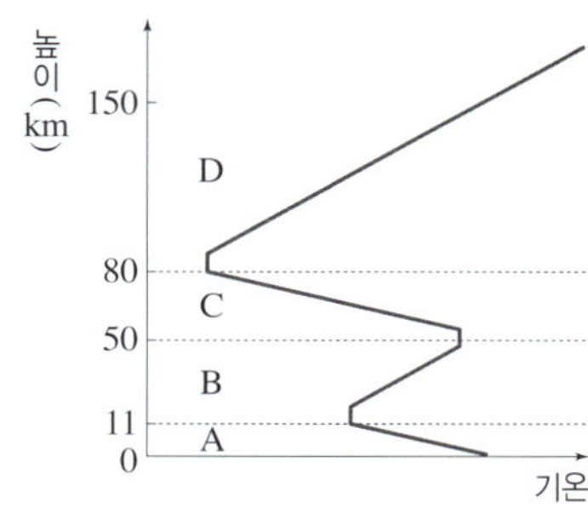

A∼D 층에 대한 설명으로 옳지 <u>않은</u> 것은?

① A 층의 기온 분포는 지구 복사 에너지의 영향이 크다.

② B 층은 매우 안정한 층이다.

③ A 층과 C 층에서는 대류가 일어난다.

④ 기권에서 기온이 가장 낮은 곳은 C 층과 D 층의 경계 부근이다.

⑤ D 층에는 오존층이 존재하여 태양에서 오는 해로운 자외선을 흡수한다.

854

3 그림은 중위도 지방의 어느 해역에서 깊이에 따른 수온의 연직 분포를 나타낸 것이다.

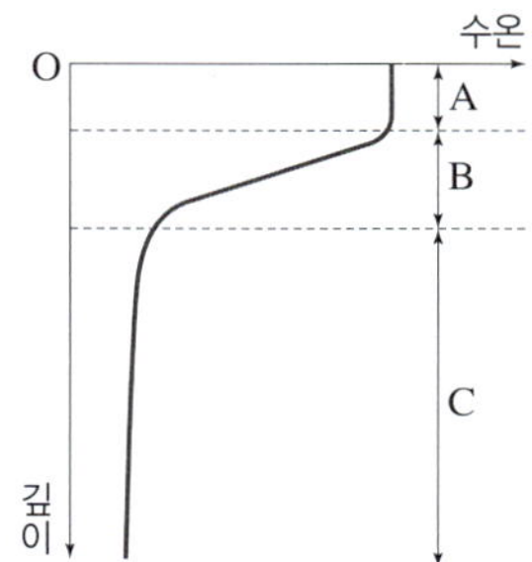

이에 대한 설명으로 옳은 것만을 〈보기〉에서 있는 대로 고른 것은?

〈 보기 〉

ㄱ. A 층의 온도 분포는 태양 복사 에너지와 바람의 영향을 받는다.

ㄴ. B 층은 A 층과 C 층 사이의 물질 교환을 차단한다.

ㄷ. 계절이나 위도에 따른 수온 변화가 가장 큰 층은 C이다.

① ㄱ　　　　② ㄷ　　　　③ ㄱ, ㄴ

④ ㄴ, ㄷ　　　　⑤ ㄱ, ㄴ, ㄷ

855

4 그림은 지구시스템의 구성 요소와 각 권역 사이의 상호작용을, 표는 A∼D 사이에 일어난 상호작용의 예를 나타낸 것이다.

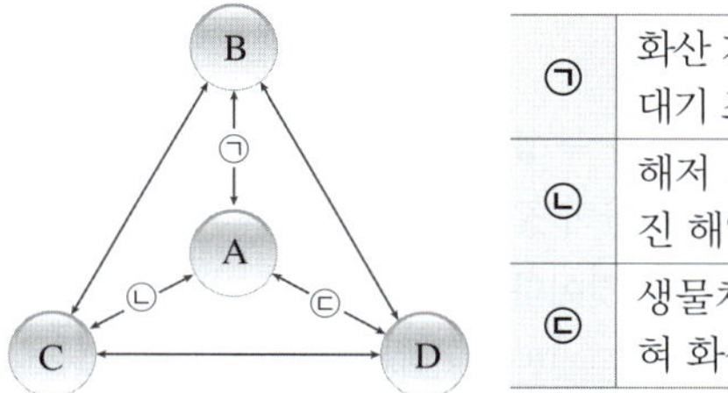

㉠	화산 가스가 분출하여 대기 조성이 변한다.
㉡	해저 지진에 의해 지진 해일이 발생한다.
㉢	생물체가 땅속에 묻혀 화석 연료가 된다.

지구시스템의 구성 요소 A∼D를 옳게 짝 지은 것은?

	A	B	C	D
①	지권	기권	수권	생물권
②	지권	수권	기권	생물권
③	기권	지권	생물권	수권
④	수권	지권	기권	생물권
⑤	생물권	기권	지권	수권

856

5 그림은 지구시스템의 주요 에너지원을 나타낸 것이다.

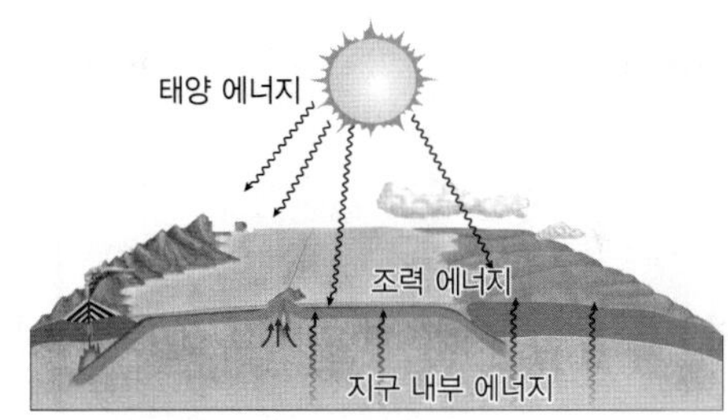

이에 대한 설명으로 옳은 것만을 〈보기〉에서 있는 대로 고른 것은?

――〈 보기 〉――
ㄱ. 밀물과 썰물은 태양 에너지에 의해 발생한다.
ㄴ. 화산 활동과 지진은 지구 내부 에너지에 의해 발생한다.
ㄷ. 지구시스템의 에너지원 중 태양 에너지가 가장 많은 양을 차지한다.

① ㄱ ② ㄷ ③ ㄱ, ㄴ
④ ㄴ, ㄷ ⑤ ㄱ, ㄴ, ㄷ

857

6 그림은 물의 순환 과정을 나타낸 것이다.

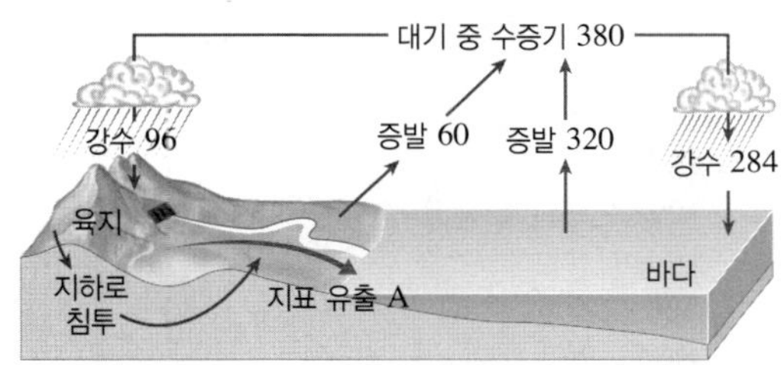

이에 대한 설명으로 옳은 것만을 〈보기〉에서 있는 대로 고른 것은?

――〈 보기 〉――
ㄱ. 바다에서 물이 증발할 때는 에너지를 흡수한다.
ㄴ. 육지에서 지표로 유출되는 양 A의 값은 36이다.
ㄷ. 육지에서는 강수량이 증발량보다 많으므로 육지의 물의 양은 증가한다.
ㄹ. 물의 순환 과정에서 물질의 이동은 일어나지만 에너지의 이동은 일어나지 않는다.

① ㄱ, ㄴ ② ㄴ, ㄹ ③ ㄱ, ㄴ, ㄷ
④ ㄱ, ㄷ, ㄹ ⑤ ㄴ, ㄷ, ㄹ

858

7 그림은 탄소 순환 과정의 일부를 나타낸 것이다.

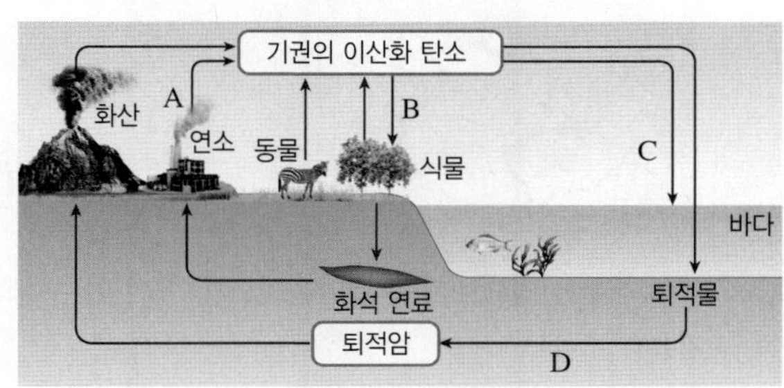

이에 대한 설명으로 옳은 것만을 〈보기〉에서 있는 대로 고른 것은?

――〈 보기 〉――
ㄱ. A를 통해 탄소는 지권에서 기권으로 이동한다.
ㄴ. B 과정에서 탄소의 이동은 호흡을 통해 일어난다.
ㄷ. 지구의 온도가 높아지면 C 과정으로 이동하는 탄소의 양이 증가한다.
ㄹ. D에서 생성되는 암석은 대부분 석회암이다.

① ㄱ, ㄹ ② ㄴ, ㄷ ③ ㄱ, ㄴ, ㄷ
④ ㄱ, ㄷ, ㄹ ⑤ ㄴ, ㄷ, ㄹ

859

8 그림은 지구시스템 구성 요소 간의 상호작용을 나타낸 것이다.

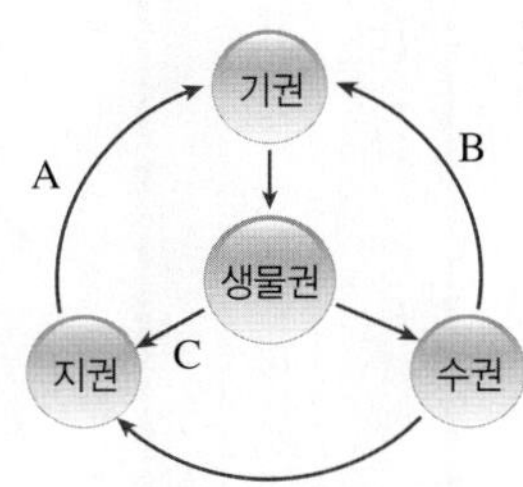

A~C에서 일어나는 탄소 이동에 대한 설명으로 옳은 것만을 〈보기〉에서 있는 대로 고른 것은?

――〈 보기 〉――
ㄱ. 화석 연료의 연소로 A 과정이 나타난다.
ㄴ. B 과정은 여름철보다 겨울철에 활발하다.
ㄷ. C 과정이 증가하면 지구 전체의 탄소량은 증가한다.

① ㄱ ② ㄴ ③ ㄱ, ㄴ
④ ㄴ, ㄷ ⑤ ㄱ, ㄴ, ㄷ

9 그림은 전 세계 지진과 화산의 분포를 나타낸 것이다.

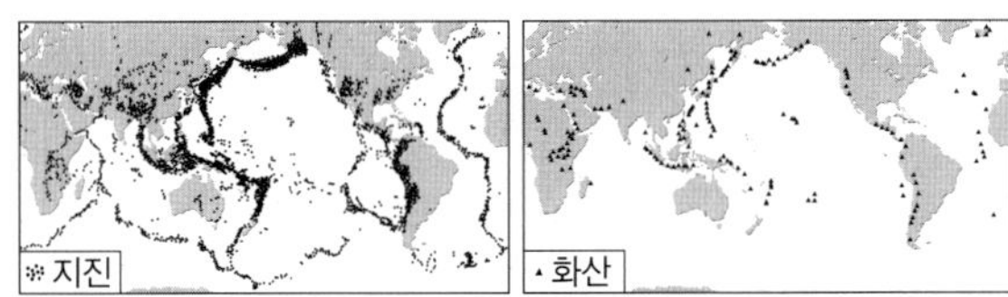

이에 대한 설명으로 옳은 것만을 〈보기〉에서 있는 대로 고른 것은?

───〈 보기 〉───

ㄱ. 화산 활동이 일어나는 모든 지역에서는 지진이 일어난다.

ㄴ. 태평양 연안은 대서양 연안보다 지진이 활발하다.

ㄷ. 대서양 중심 부근에는 판 경계가 발달해 있다.

ㄹ. 지진과 화산 활동은 태양 에너지에 의해 발생한다.

① ㄱ, ㄷ　　　② ㄴ, ㄹ　　　③ ㄱ, ㄴ, ㄷ
④ ㄱ, ㄷ, ㄹ　　⑤ ㄴ, ㄷ, ㄹ

10 화산 활동과 지진에 대한 설명으로 옳은 것은?

① 화산 가스는 대부분 이산화 탄소로 이루어져 있다.

② 화산 활동 시 분출되는 고체 상태 물질은 용암이다.

③ 화산재가 쌓이면 토양이 황폐해져서 식물이 자랄 수 없게 된다.

④ 지진파를 분석하여 지구 내부 구조를 탐사하기도 한다.

⑤ 해저에서 발생한 지진은 조력 에너지에 의해 해일을 일으킬 수 있다.

11 화산 활동이 지구시스템에 미치는 영향으로 옳지 <u>않은</u> 것은?

① 화산재는 항공기 운항에 방해가 될 수 있다.

② 화산재는 온실 효과를 일으켜 지구의 기온을 높인다.

③ 용암에 의해 산불이 발생해 인명이나 재산 피해를 가져 온다.

④ 화산 지대에서는 지열을 이용해 전기를 생산한다.

⑤ 마그마가 식으면서 유용한 광물 자원이 생성될 수 있다.

12 그림은 지각과 맨틀의 일부를 나타낸 것이다.

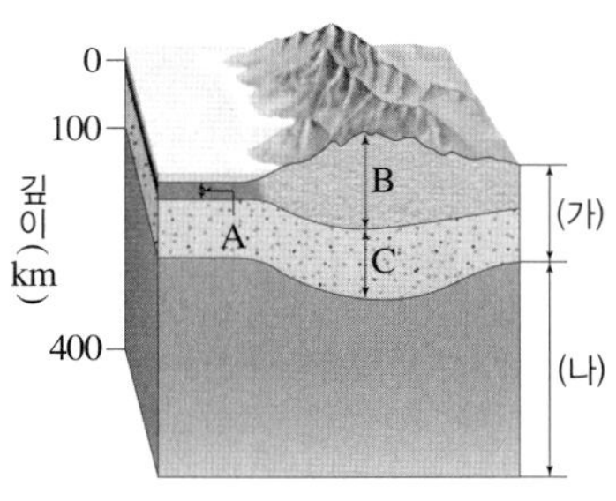

이에 대한 설명으로 옳은 것만을 〈보기〉에서 있는 대로 고른 것은?

───〈 보기 〉───

ㄱ. A는 B보다 밀도가 크다.

ㄴ. C는 부분 용융되어 있다.

ㄷ. (가)는 지각, (나)는 맨틀이다.

① ㄱ　　　② ㄴ　　　③ ㄱ, ㄴ
④ ㄴ, ㄷ　　⑤ ㄱ, ㄴ, ㄷ

13 그림은 전 세계 판의 분포와 이동 방향 및 속도를 나타낸 것이다.

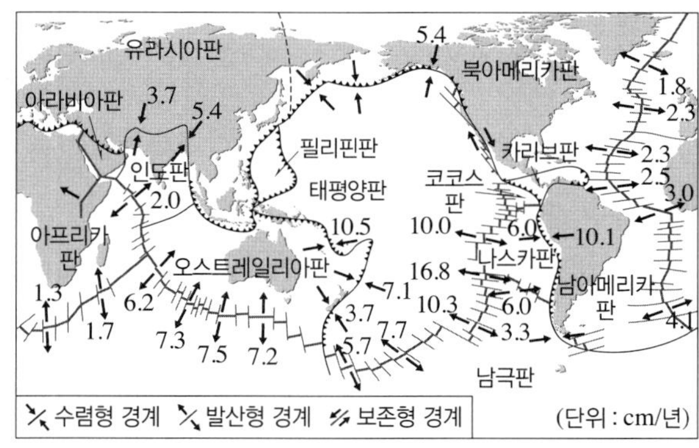

이에 대한 설명으로 옳은 것만을 〈보기〉에서 있는 대로 고른 것은?

───〈 보기 〉───

ㄱ. 판의 이동 방향과 이동 속도는 판마다 다르다.

ㄴ. 서로 인접한 판의 운동으로 지권의 변화가 일어난다.

ㄷ. 판의 이동 속도는 태평양에서가 대서양에서보다 빠르다.

① ㄱ　　　② ㄷ　　　③ ㄱ, ㄴ
④ ㄴ, ㄷ　　⑤ ㄱ, ㄴ, ㄷ

14 그림 (가)와 (나)는 서로 다른 지역의 수렴형 경계를 나타낸 모식도이다.

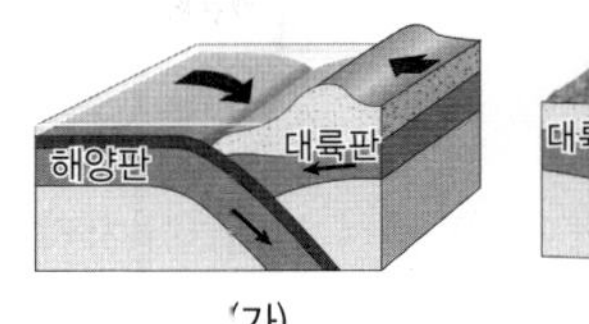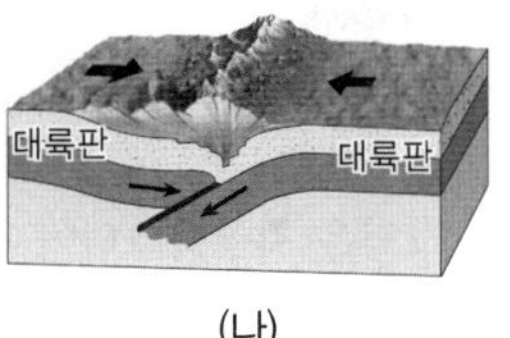

이에 대한 설명으로 옳은 것만을 〈보기〉에서 있는 대로 고른 것은?

─〈 보기 〉─
ㄱ. (가)는 섭입형 경계, (나)는 충돌형 경계이다.
ㄴ. 판 경계 부근에서 발생하는 지진의 진원 깊이는 (가)보다 (나)가 깊다.
ㄷ. 대표적인 지형으로 (가)는 안데스산맥, (나)는 히말라야산맥이 있다.

① ㄱ　　　② ㄴ　　　③ ㄱ, ㄷ
④ ㄴ, ㄷ　　　⑤ ㄱ, ㄴ, ㄷ

15 그림은 해령 부근의 판 경계를 모식적으로 나타낸 것이다.

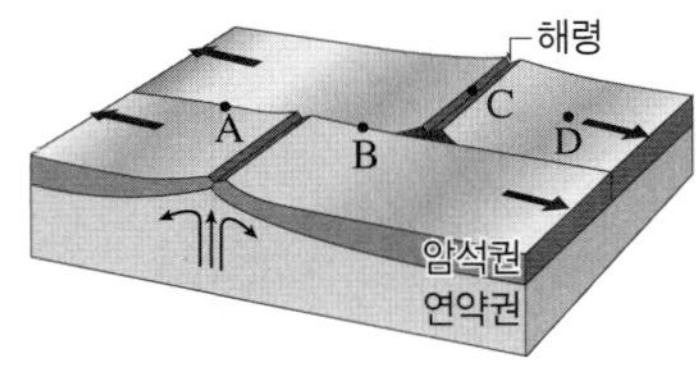

이에 대한 설명으로 옳은 것만을 〈보기〉에서 있는 대로 고른 것은?

─〈 보기 〉─
ㄱ. A는 변환 단층이다.
ㄴ. B와 C에서는 천발 지진이 활발하다.
ㄷ. C에서 D로 갈수록 해양 지각의 나이가 많아진다.

① ㄱ　　　② ㄴ　　　③ ㄱ, ㄷ
④ ㄴ, ㄷ　　　⑤ ㄱ, ㄴ, ㄷ

16 그림은 전 세계의 주요 판 경계를 나타낸 것이다.

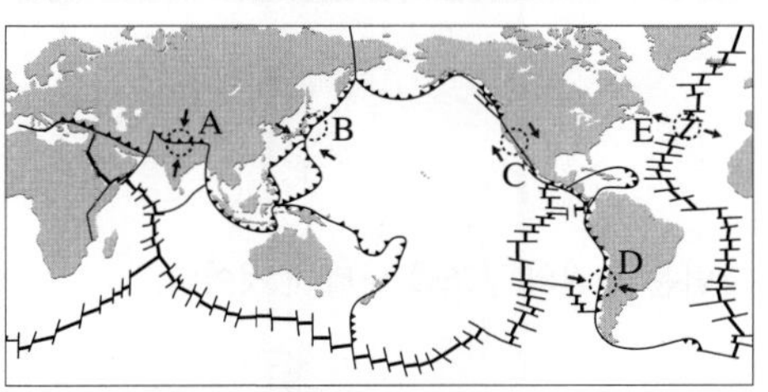

이에 대한 설명으로 옳은 것만을 〈보기〉에서 있는 대로 고른 것은?

─〈 보기 〉─
ㄱ. A와 C에서는 화산 활동이 일어나지 않는다.
ㄴ. B에서는 해구와 나란하게 호상열도가 발달한다.
ㄷ. C에서는 새로운 판이 생성된다.
ㄹ. D에서는 역단층이, E에서는 정단층이 주로 나타난다.

① ㄱ, ㄷ　　　② ㄴ, ㄹ　　　③ ㄱ, ㄴ, ㄹ
④ ㄱ, ㄷ, ㄹ　　　⑤ ㄴ, ㄷ, ㄹ

17 그림은 알래스카 부근에서 판 (가)와 (나)의 경계와 화산의 분포를 나타낸 것이다.

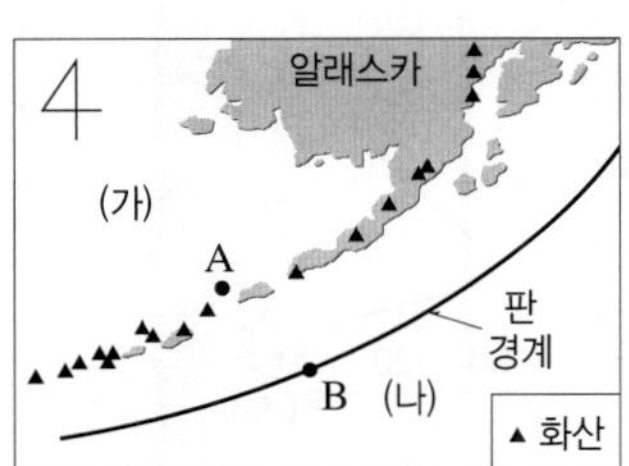

이에 대한 설명으로 옳은 것만을 〈보기〉에서 있는 대로 고른 것은?

─〈 보기 〉─
ㄱ. A에는 호상열도가 발달한다.
ㄴ. B는 발산형 경계이다.
ㄷ. 판의 평균 밀도는 (가)가 (나)보다 크다.

① ㄱ　　　② ㄴ　　　③ ㄱ, ㄷ
④ ㄴ, ㄷ　　　⑤ ㄱ, ㄴ, ㄷ

선택형 대비 2회   1. 지구시스템 | 13강~16강

_______ 반 _______ 번 이름_______

1 그림은 지권의 구조를 나타낸 것이다.

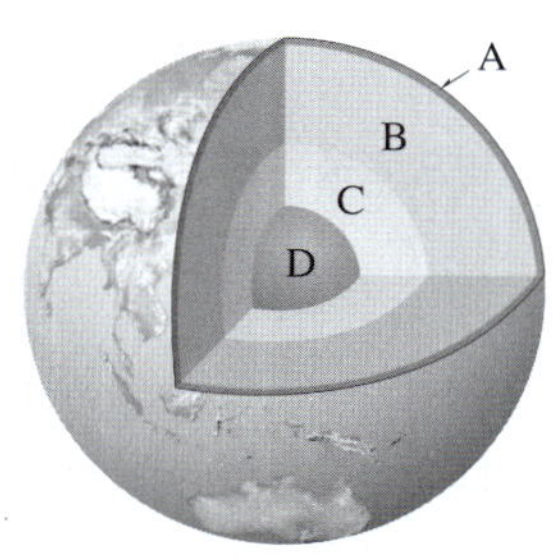

이에 대한 설명으로 옳은 것만을 〈보기〉에서 있는 대로 고른 것은?

> **보기**
>
> ㄱ. A는 대륙 지각과 해양 지각으로 구분한다.
> ㄴ. B의 주성분은 A보다 C와 비슷하다.
> ㄷ. A~D 중 밀도가 가장 큰 층은 D이다.

① ㄱ　　　　② ㄴ　　　　③ ㄱ, ㄷ
④ ㄴ, ㄷ　　　⑤ ㄱ, ㄴ, ㄷ

2 그림 (가)와 (나)는 각각 기권과 수권의 연직 온도 분포를 나타낸 것이다.

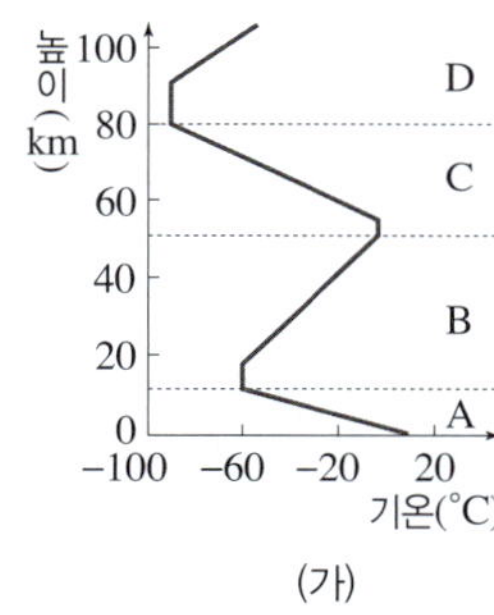

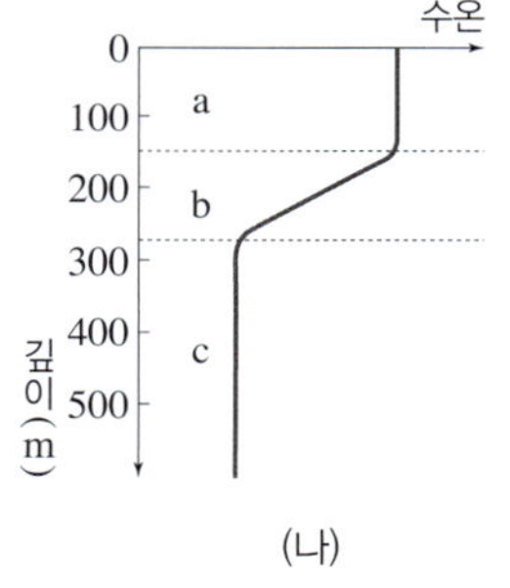

이에 대한 설명으로 옳은 것은?

① (가)에서 생물이 가장 많이 분포하는 구간은 A 층이다.
② (나)와 같은 층상 구조는 고위도 해역에서 가장 뚜렷하게 나타난다.
③ a 층은 저위도 해역에서 가장 두껍게 나타난다.
④ B 층과 b 층에서는 연직 운동이 활발하게 일어난다.
⑤ 태양 복사 에너지의 영향을 가장 많이 받는 층은 A 층과 a 층이다.

3 그림은 지구시스템이 형성되면서 생물권이 차지하는 공간적 분포를 나타낸 것이다.

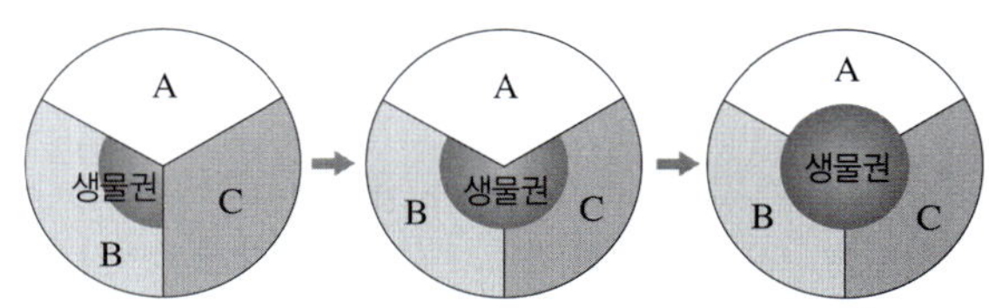

지구시스템의 구성 요소 A, B, C를 옳게 짝 지은 것은?

	A	B	C
①	지권	기권	수권
②	지권	수권	기권
③	기권	지권	수권
④	기권	수권	지권
⑤	수권	기권	지권

4 그림은 지구시스템을 구성하는 요소들의 상호작용을 나타낸 것이다.

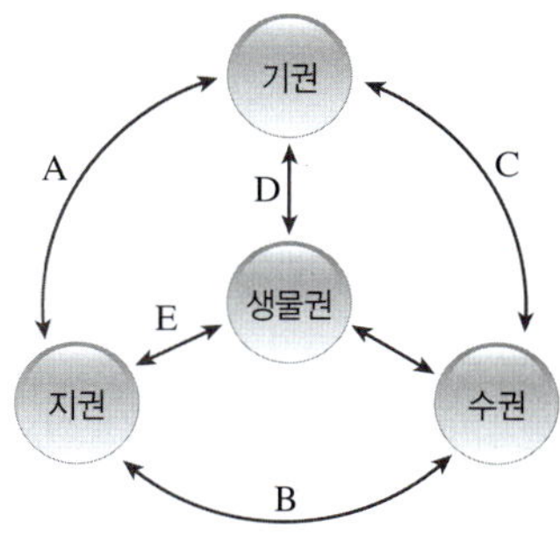

A~E에 해당하는 상호작용의 예로 옳은 것은?

① A – 파도의 침식 작용으로 해식 동굴이 형성된다.
② B – 사막에 사구가 형성된다.
③ C – 해저 지진에 의해 지진 해일이 발생한다.
④ D – 이산화 탄소가 해양에 용해된다.
⑤ E – 식물의 뿌리에 의해 암석이 부서진다.

873

5 지구시스템의 구성 요소가 상호작용하여 일어나는 자연 현상의 예로 옳지 <u>않은</u> 것은?

① 열대 해상에서 태풍이 발생하는 것은 기권과 수권의 상호작용이다.

② 바람에 의한 풍화·침식 작용으로 버섯바위가 형성되는 것은 기권과 생물권의 상호작용이다.

③ 무역풍의 약화로 엘니뇨가 발생하는 것은 기권과 수권의 상호작용이다.

④ 지하수가 석회암 지대를 흐르면서 석회 동굴을 형성하는 것은 지권과 수권의 상호작용이다.

⑤ 화산이 폭발하여 화산재가 대기 중에 머무르면서 태양 빛을 가려 기온이 하강하는 것은 지권과 기권의 상호작용이다.

[6~7] 그림은 지구시스템의 에너지원을 나타낸 것이다. A~C는 각각 태양 에너지, 지구 내부 에너지, 조력 에너지 중 하나이다.

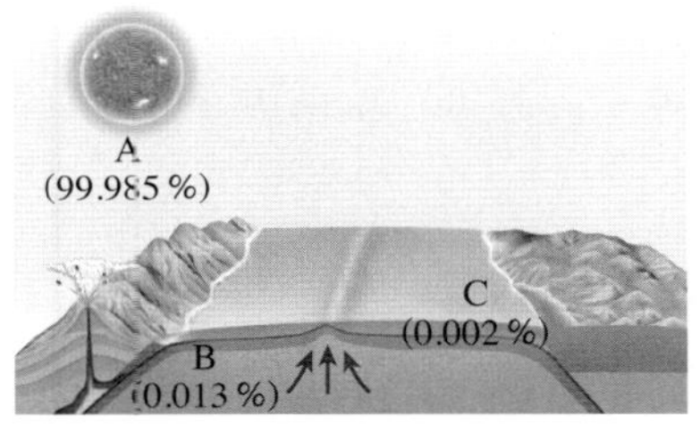

874

6 A~C에 대한 설명으로 옳은 것만을 〈보기〉에서 있는 대로 고른 것은?

〈 보기 〉

ㄱ. A는 지구상의 생명체가 생명 활동을 유지하게 하는 데 가장 큰 역할을 한다.

ㄴ. B는 수소 핵융합 반응에 의해 생성된다.

ㄷ. 지구에 흡수된 A는 B와 C로 전환된다.

① ㄱ 　　② ㄴ　　 ③ ㄱ, ㄷ

④ ㄴ, ㄷ　　 ⑤ ㄱ, ㄴ, ㄷ

875

7 A에 의해 나타나는 자연 현상으로 옳은 것은?

① 물의 순환　　 ② 맨틀 대류　　 ③ 지진 해일

④ 밀물과 썰물　　 ⑤ 지구 자기장 형성

876

8 그림은 지구시스템의 탄소 순환 과정을 나타낸 것이다.

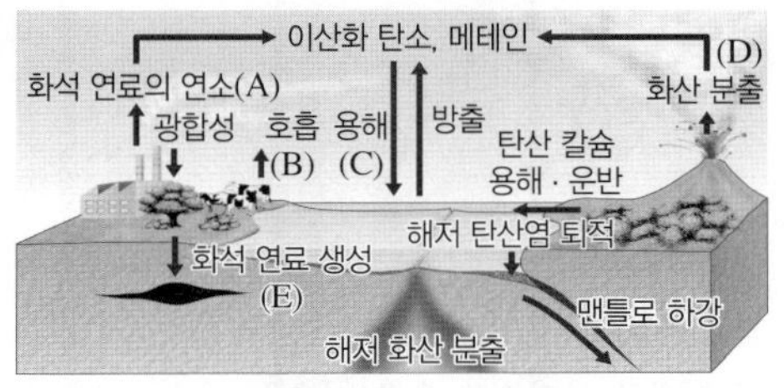

이에 대한 설명으로 옳지 <u>않은</u> 것은?

① A에서 탄소는 지권에서 기권으로 이동한다.

② B에서 이산화 탄소가 포도당으로 전환된다.

③ 탄소는 C를 통해 수권에 탄산 이온 형태로 저장된다.

④ D가 증가하면 기권의 탄소량이 증가한다.

⑤ E를 통해 생물권의 탄소가 지권으로 이동한다.

877

9 그림은 지구에서 탄소가 순환하는 과정의 일부를 나타낸 것이다.

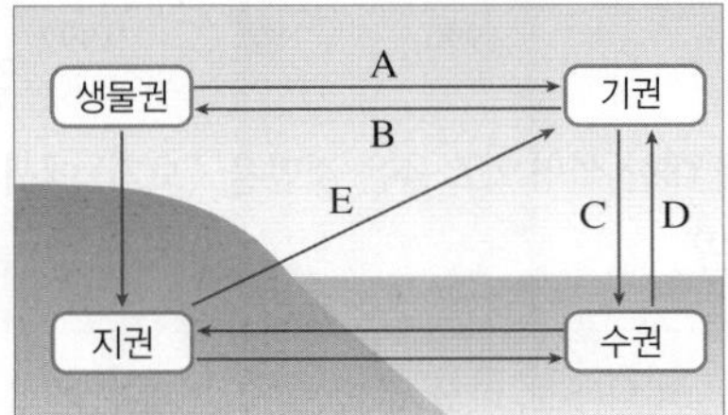

이에 대한 설명으로 옳은 것은?

① A에서 태양의 빛에너지를 이용한다.

② 사막화가 진행되면 B는 증가한다.

③ 표층 수온이 상승하면 C는 증가한다.

④ E에서 탄소와 에너지의 이동이 함께 일어난다.

⑤ A, D, E가 증가하면 지구 전체의 탄소량이 증가하여 지구 온난화가 일어난다.

10 그림은 전 세계 지진대와 화산대를 나타낸 것이다.

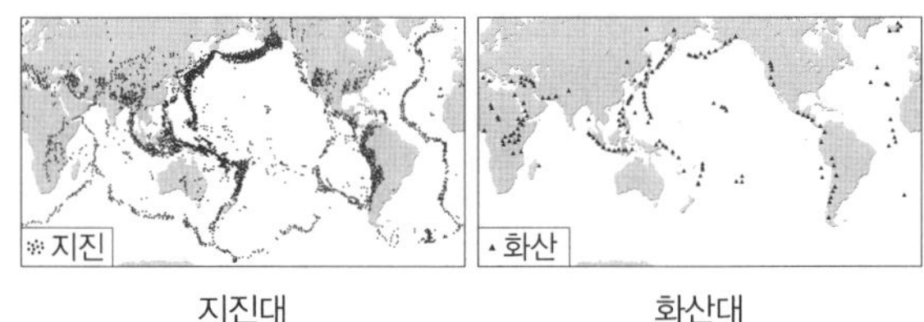

이에 대한 설명으로 옳은 것은?

① 화산대와 지진대는 거의 일치한다.

② 화산대는 지진대보다 광범위하게 나타난다.

③ 화산 활동과 지진은 대부분 판의 내부에서 발생한다.

④ 태평양의 내부에는 판의 경계가 분포하지 않는다.

⑤ 태양 활동이 활발할 때 화산 활동이 활발하게 일어난다.

11 그림은 1991년 필리핀 피나투보 화산의 분출 전후로 지구의 평균 기온 변화를 나타낸 것이다.

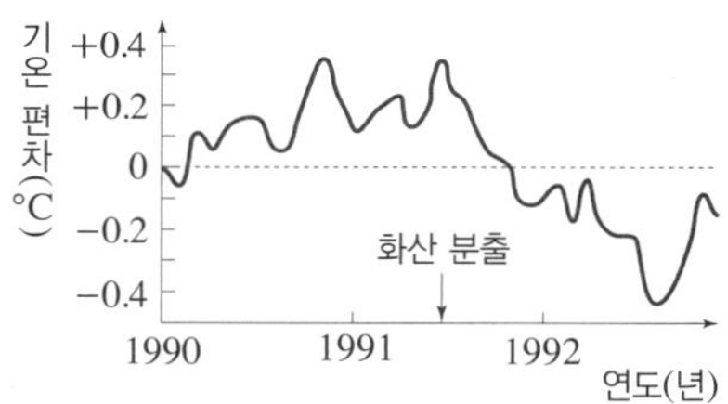

이에 대한 설명으로 옳은 것만을 〈보기〉에서 있는 대로 고른 것은?

보기

ㄱ. 피나투보 화산 분출은 지구 내부 에너지에 의해 발생하였다.

ㄴ. 화산 분출 후 지구의 평균 기온은 일시적으로 낮아졌다.

ㄷ. 화산 분출에 의한 지구의 평균 기온 변화는 지권과 외권의 상호작용이다.

① ㄱ   ② ㄷ   ③ ㄱ, ㄴ

④ ㄴ, ㄷ   ⑤ ㄱ, ㄴ, ㄷ

12 그림은 전 세계 판의 분포와 판의 이동 방향 및 이동 속도를 나타낸 것이다.

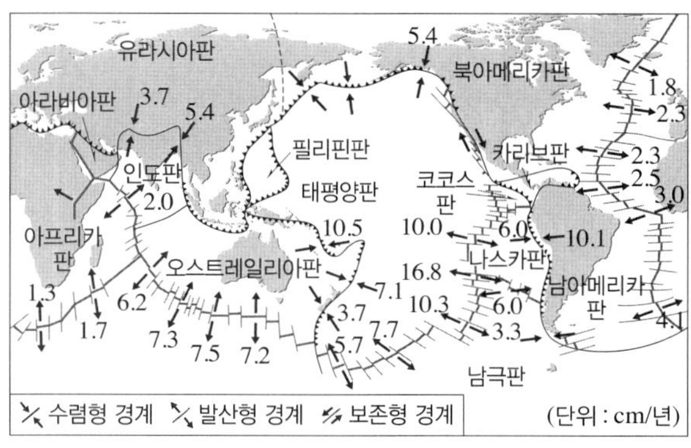

이에 대한 설명으로 옳은 것만을 〈보기〉에서 있는 대로 고른 것은?

보기

ㄱ. 태평양 가장자리에는 주로 수렴형 경계가 발달한다.

ㄴ. 대서양 중앙부에는 수렴형 경계, 발산형 경계, 보존형 경계가 모두 발달한다.

ㄷ. 하나의 판을 둘러싼 경계는 모든 지점에서 측정되는 이동 속도와 이동 방향이 같다.

① ㄱ   ② ㄴ   ③ ㄱ, ㄷ

④ ㄴ, ㄷ   ⑤ ㄱ, ㄴ, ㄷ

13 그림 (가)~(다)는 서로 인접한 두 판의 상대적인 이동 방향을 나타낸 것이다.

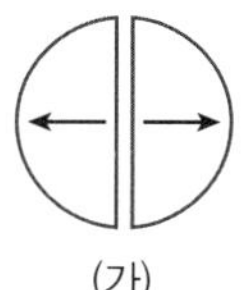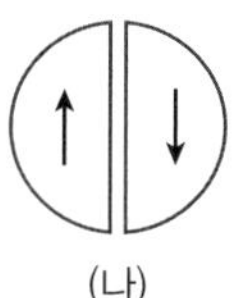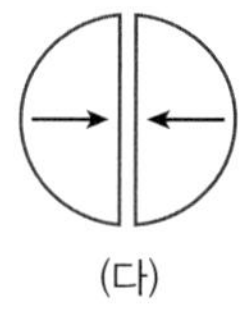

이에 대한 설명으로 옳은 것만을 〈보기〉에서 있는 대로 고른 것은?

보기

ㄱ. (가)는 발산형 경계로 맨틀 대류 상승부에 발달한다.

ㄴ. (가)와 (나)에서는 화산 활동이 활발하게 일어난다.

ㄷ. (다)는 섭입형 경계와 충돌형 경계로 구분할 수 있다.

① ㄱ   ② ㄴ   ③ ㄱ, ㄷ

④ ㄴ, ㄷ   ⑤ ㄱ, ㄴ, ㄷ

14 그림은 판 경계와 판의 이동 방향을 모식적으로 나타낸 것이다.

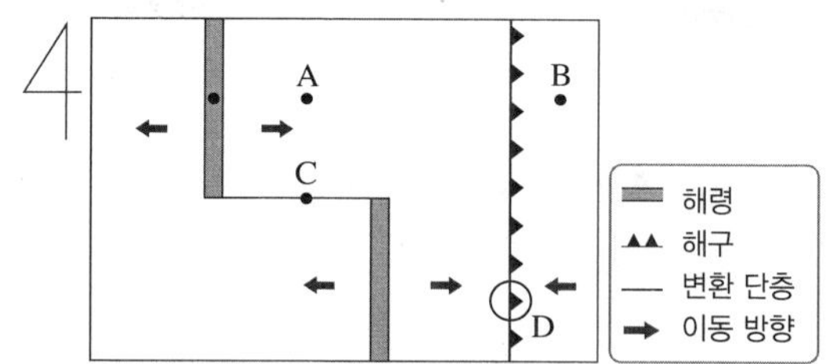

이에 대한 설명으로 옳은 것만을 〈보기〉에서 있는 대로 고른 것은?

─ 보기 ─
ㄱ. A가 속한 판은 B가 속한 판보다 밀도가 크다.
ㄴ. C에서는 천발 지진이 일어난다.
ㄷ. D를 경계로 동쪽으로 갈수록 지진의 발생 깊이는 깊어진다.

① ㄱ　　　② ㄷ　　　③ ㄱ, ㄴ
④ ㄴ, ㄷ　　　⑤ ㄱ, ㄴ, ㄷ

15 그림은 판 경계에서 발달하는 지형을 나타낸 것이다.

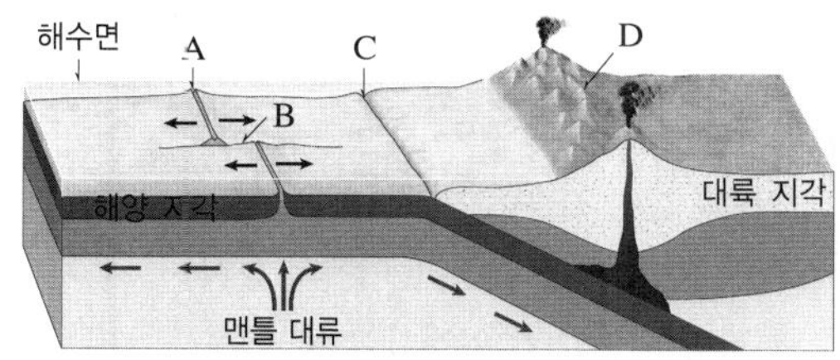

이에 대한 설명으로 옳은 것만을 〈보기〉에서 있는 대로 고른 것은?

─ 보기 ─
ㄱ. A는 맨틀 대류의 상승부에 발달한 해구이다.
ㄴ. B에서는 지진과 화산 활동이 활발하게 일어난다.
ㄷ. C에서는 오래된 해양 지각이 소멸된다.
ㄹ. D에서는 심발 지진이 발생할 수 있다.

① ㄱ, ㄴ　　　② ㄷ, ㄹ　　　③ ㄱ, ㄴ, ㄷ
④ ㄱ, ㄷ, ㄹ　　　⑤ ㄴ, ㄷ, ㄹ

16 그림은 전 세계에 분포하는 판의 경계와 이동 방향을 나타낸 것이다.

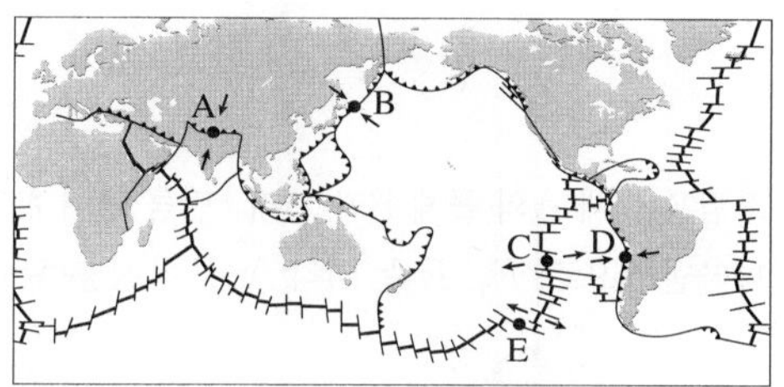

이에 대한 설명으로 옳은 것만을 〈보기〉에서 있는 대로 고른 것은?

─ 보기 ─
ㄱ. 수렴형 경계는 A와 B이다.
ㄴ. 이웃한 판의 밀도 차는 C가 D보다 작다.
ㄷ. E에서는 해구가 형성된다.

① ㄱ　　　② ㄴ　　　③ ㄱ, ㄷ
④ ㄴ, ㄷ　　　⑤ ㄱ, ㄴ, ㄷ

17 그림은 우리나라 주변에 분포하는 판 A~C의 운동으로 발생한 지진과 진원의 깊이를 나타낸 것이다.

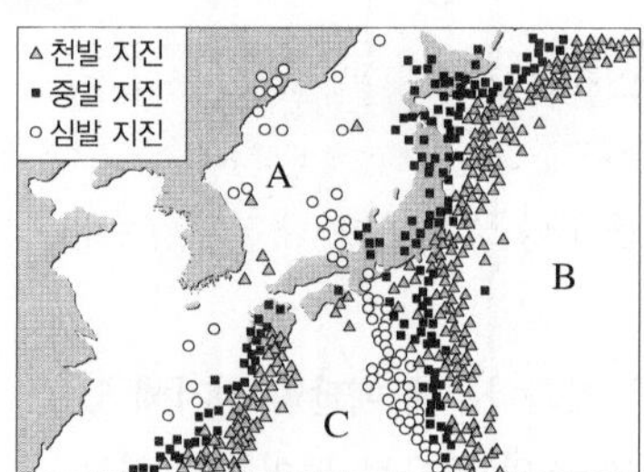

이에 대한 설명으로 옳은 것은?

① A와 C는 대륙판, B는 해양판이다.
② 판의 평균 밀도는 A>C>B이다.
③ 태평양에서 일본 열도 쪽으로 갈수록 진원의 깊이가 대체로 깊어진다.
④ A와 B의 경계는 수렴형 경계, A와 C의 경계는 발산형 경계이다.
⑤ A, B, C 사이의 각 경계에서 화산 활동은 일어나지 않는다.

선택형 대비 1회 2. 역학 시스템 | 17강~20강

_____ 반 _____ 번 이름_____________

---

1 그림은 물체 A와 물체 B가 거리 r만큼 떨어져 있는 모습을 나타낸 것으로, F_1, F_2는 각각 A, B에 작용하는 힘이다.

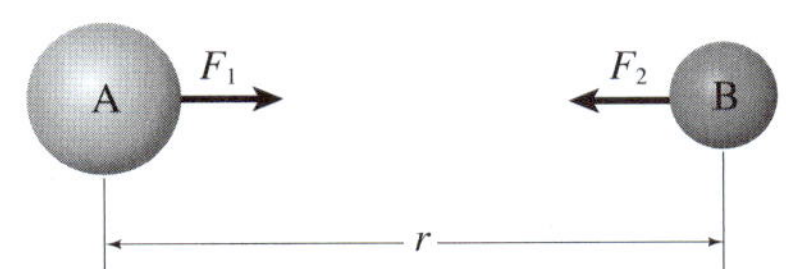

이에 대한 설명으로 옳은 것만을 〈보기〉에서 있는 대로 고른 것은?

> 〈보기〉
> ㄱ. F_1의 크기는 F_2의 크기보다 크다.
> ㄴ. F_2는 A가 B를 당기는 힘이다.
> ㄷ. r가 커지면 F_1, F_2의 크기는 모두 작아진다.

① ㄱ　　　　② ㄷ　　　　③ ㄱ, ㄴ
④ ㄴ, ㄷ　　　⑤ ㄱ, ㄴ, ㄷ

---

2 그림은 지구와 지구 밖의 어느 지점에 있는 물체를 나타낸 것이다. 물체에 작용하는 중력의 방향은?

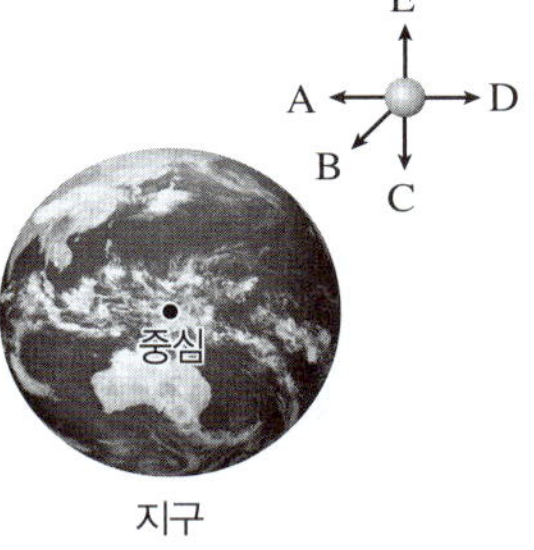

① A　　　② B
③ C　　　④ D
⑤ E

---

3 그림은 사과나무에 매달려 정지해 있는 사과 A와 땅으로 떨어지고 있는 사과 B를 나타낸 것이다. 질량은 A와 B가 같다. 이에 대한 설명으로 옳은 것은?

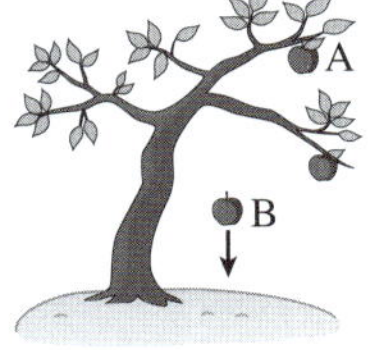

① A에는 중력이 작용하지 않는다.
② A에 작용하는 중력의 방향은 연직 위 방향이다.
③ B에 작용하는 중력의 방향은 연직 아래 방향이다.
④ 무게는 B가 A보다 크다.
⑤ 달에서 A와 B의 질량을 측정하면 B의 질량이 A의 질량보다 크다.

---

4 역학 시스템에 대한 설명으로 옳은 것만을 〈보기〉에서 있는 대로 고른 것은?

> 〈보기〉
> ㄱ. 자연은 여러 가지 힘에 의해서 질서를 유지하는 역학 시스템으로 구성되어 있다.
> ㄴ. 여러 가지 힘이 물체들 사이에 상호작용하면서 운동 체계를 유지한다.
> ㄷ. 질량이 있는 물체 사이에는 전기력이 작용하고, 전자와 원자핵 사이에는 중력이 작용하면서 역학 시스템을 구성한다.

① ㄱ　　　　② ㄴ　　　　③ ㄷ
④ ㄱ, ㄴ　　　⑤ ㄴ, ㄷ

---

5 그림은 지구 표면 근처에서 정지해 있던 물체가 자유 낙하 하는 물체의 모습을 1초 간격으로 나타낸 것이다. 1초일 때와 3초일 때, 속력의 비(1초 : 3초)는?

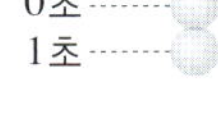

① 1 : 1　　　② 1 : 2
③ 1 : 3　　　④ 1 : 6
⑤ 1 : 9

---

6 그림과 같이 질량이 각각 5 kg, 1 kg인 물체 A, B를 같은 높이에서 동시에 가만히 놓았다. 이에 대한 설명으로 옳은 것만을 〈보기〉에서 있는 대로 고른 것은? (단, 물체의 크기와 공기 저항은 무시한다.)

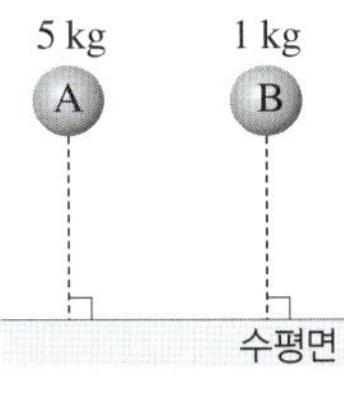

> 〈보기〉
> ㄱ. 가속도의 크기는 A가 B보다 크다.
> ㄴ. A와 B는 수평면에 동시에 도달한다.
> ㄷ. 물체에 작용하는 중력의 크기는 A가 B보다 크다.

① ㄱ　　　　② ㄴ　　　　③ ㄱ, ㄴ
④ ㄴ, ㄷ　　　⑤ ㄱ, ㄴ, ㄷ

892

7 그림은 같은 높이에서 공 A를 자유 낙하 시키는 동시에 공 B를 수평 방향으로 던졌을 때, A와 B의 위치를 일정한 시간 간격으로 나타낸 것이다.

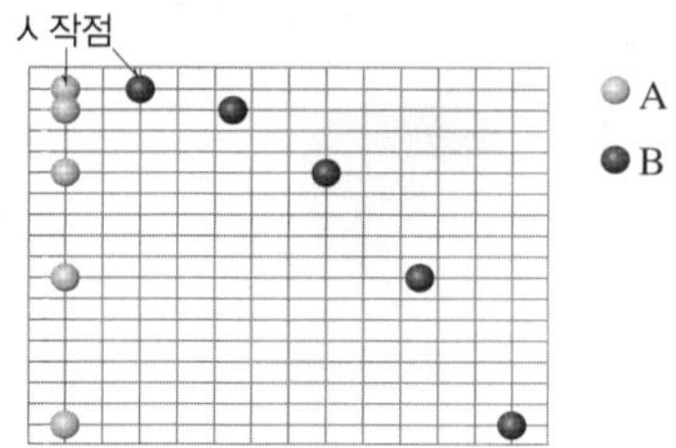

이에 대한 설명으로 옳은 것만을 모두 고르면?(2개)

① A와 B는 지면에 동시에 도달한다.
② 매 순간 A와 B의 연직 방향의 속력은 같다.
③ B의 질량이 커지면 B의 가속도의 크기도 커진다.
④ 연직 방향의 단위 시간당 속도 변화량의 크기는 B가 A보다 크다.
⑤ A에는 연직 방향으로만 힘이 작용하고, B에는 수평 방향으로만 힘이 작용한다.

893

8 그림과 같이 옥상에서 물체를 수평 방향으로 10 m/s의 속력으로 던졌더니 물체는 수평 방향으로 20 m를 이동하여 지면에 도달하였다.

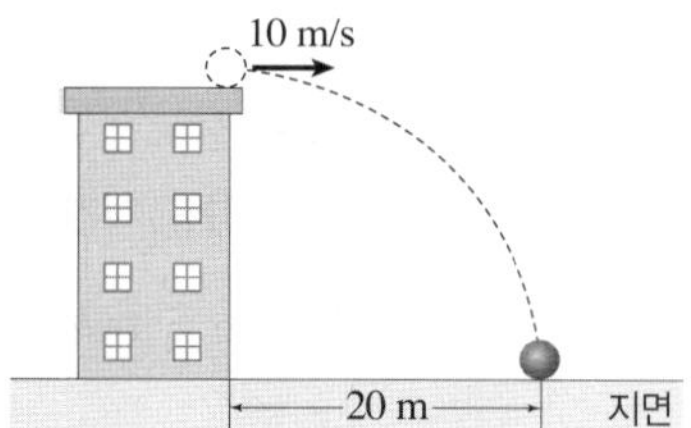

물체가 지면에 도달하는 순간 연직 방향의 속력과 지면에 도달할 때까지 걸린 시간을 옳게 짝 지은 것은? (단, 중력 가속도는 9.8 m/s²이고, 물체의 크기와 공기 저항은 무시한다.)

	연직 방향의 속력	걸린 시간
①	0	2초
②	9.8 m/s	2초
③	19.6 m/s	2초
④	9.8 m/s	4초
⑤	19.6 m/s	4초

894

9 그림 (가)는 책상 위에서 수평 방향으로 던진 물체의 운동을 나타낸 것이고, (나)는 물체의 ㉠을 시간에 따라 나타낸 것이다.

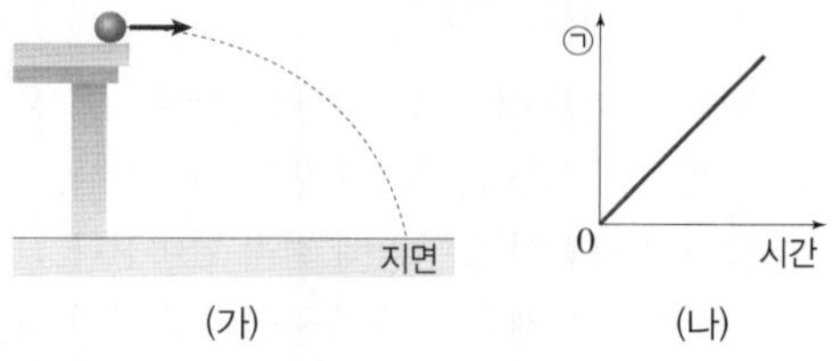

(나)의 세로 축 ㉠에 들어갈 물리량으로 적절한 것만을 〈보기〉에서 있는 대로 고른 것은?

보기
ㄱ. 수평 방향 속력
ㄴ. 수평 방향 이동 거리
ㄷ. 연직 방향 속력
ㄹ. 연직 방향 이동 거리

① ㄱ, ㄴ
② ㄱ, ㄷ
③ ㄱ, ㄹ
④ ㄴ, ㄷ
⑤ ㄴ, ㄹ

895

10 그림은 직선 운동하는 물체의 속도를 시간에 따라 나타낸 것이다. 물체에 대한 설명으로 옳은 것만을 〈보기〉에서 있는 대로 고른 것은?

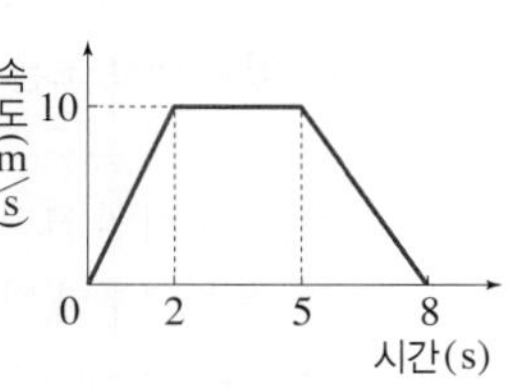

보기
ㄱ. 가속도의 방향은 1초일 때와 7초일 때가 같다.
ㄴ. 2초부터 5초까지 가속도는 0이다.
ㄷ. 가속도의 크기는 1초일 때가 7초일 때보다 크다.

① ㄱ
② ㄷ
③ ㄱ, ㄴ
④ ㄴ, ㄷ
⑤ ㄱ, ㄴ, ㄷ

896

11 그림은 질량이 각각 m, $2m$, $3m$인 물체 A, B, C를 같은 위치에서 수평 방향으로 동시에 던졌을 때, A, B, C의 위치를 일정한 시간 간격으로 나타낸 것이다. 수평 방향으로 던진 속력을 옳게 비교한 것은?

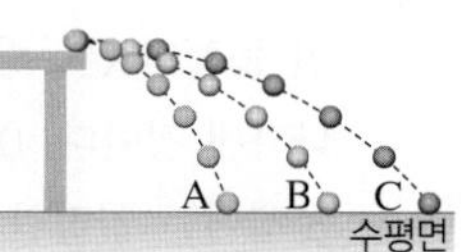

① A=B=C
② A>B>C
③ A=B>C
④ B=C>A
⑤ C>B>A

12 그림과 같이 달리던 버스가 갑자기 멈추면 버스 안에 탄 사람의 몸이 앞으로 쏠린다. 이와 같은 원리로 설명할 수 있는 현상은?

① 노를 저으면 배가 앞으로 나아간다.
② 로켓이 가스를 분사하며 위로 나아간다.
③ 달리던 사람이 돌부리에 걸려 넘어진다.
④ 축구공을 세게 찰수록 축구공의 속력이 더 빨라진다.
⑤ 높은 곳에서 떨어뜨린 물체는 속력이 점점 빨라진다.

13 그림은 마찰이 없는 수평면에서 질량이 m인 물체가 벽을 향해 $2v$의 속력으로 운동하다가 벽과

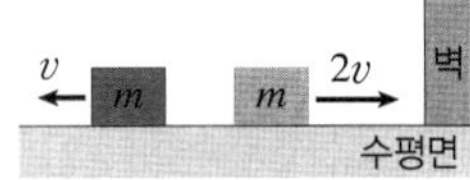

충돌한 후 반대 방향으로 v의 속력으로 튀어 나오는 모습을 나타낸 것이다. 물체에 대한 설명으로 옳은 것만을 〈보기〉에서 있는 대로 고른 것은?

〈 보기 〉

ㄱ. 운동량의 크기는 충돌 전이 충돌 후보다 작다.
ㄴ. 벽으로부터 받은 충격량의 크기는 mv이다.
ㄷ. 물체가 벽으로부터 받은 힘의 크기는 벽이 물체로부터 받은 힘의 크기와 같다.

① ㄱ   ② ㄴ   ③ ㄷ
④ ㄱ, ㄷ   ⑤ ㄴ, ㄷ

14 그림은 직선 운동하는 질량이 2 kg인 물체의 운동량을 시간에 따라 나타낸 것이다. 0초부터 2초까지 물체에는 일정한 힘이 작용한다. 0초부터 2초까지 물체에 작용한 힘의 크기는?

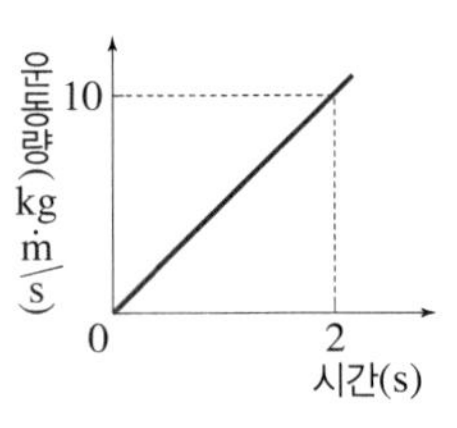

① 2 N   ② 5 N   ③ 10 N
④ 15 N   ⑤ 20 N

15 그림 (가)와 (나)는 동일한 면봉을 동일한 빨대의 출구와 입구에 각각 넣고 같은 크기의 힘으로 불어 수평 방향으로 발사하는 모습을 나타낸 것이다. 빨대 속에서 면봉이 받은 평균 힘의 크기는 (가)에서와 (나)에서가 같다.

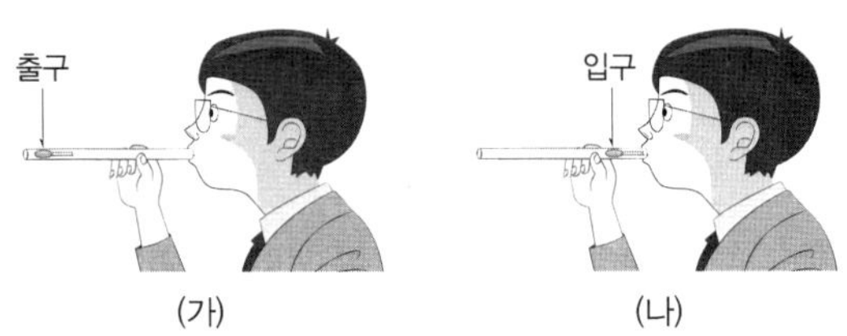

이에 대한 설명으로 옳은 것만을 〈보기〉에서 있는 대로 고른 것은?

〈 보기 〉

ㄱ. 면봉이 힘을 받은 시간은 (나)에서가 (가)에서보다 길다.
ㄴ. 빨대 끝을 빠져나갈 때, 운동량의 크기는 (나)에서가 (가)에서보다 크다.
ㄷ. 빨대에서 빠져나온 면봉이 수평 방향으로 이동한 거리는 (가)에서와 (나)에서가 같다.

① ㄱ   ② ㄷ   ③ ㄱ, ㄴ
④ ㄴ, ㄷ   ⑤ ㄱ, ㄴ, ㄷ

16 그림 (가)는 수평면에서 물체 A가 v_0의 속력으로 정지해 있는 물체 B를 향해 등속 직선 운동 하고 있는 모습을 나타낸 것으로, A와 B의 질량은 m으로 같다. (나)는 충돌하는 동안 A가 B로부터 받는 힘을 시간에 따라 나타낸 것으로, 그래프 아랫부분의 넓이는 $\frac{2}{3}mv_0$이다.

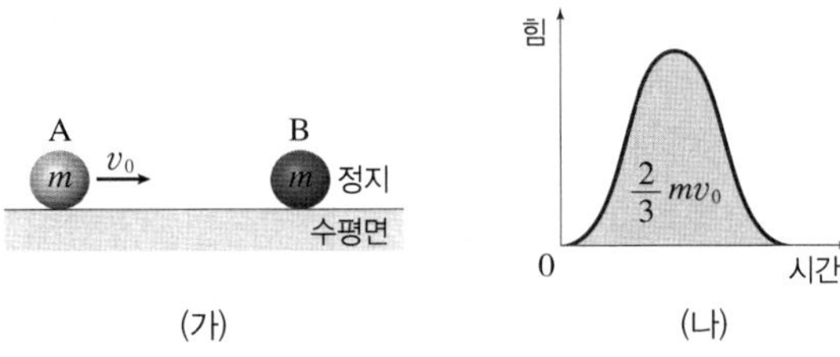

충돌 직후 B의 속력은?

① $\frac{1}{3}v_0$ ② $\frac{1}{2}v_0$ ③ $\frac{2}{3}v_0$
④ v_0 ⑤ $\frac{4}{3}v_0$

17 그림은 질량이 각각 $3m$, m, m인 물체 A, B, C를 수평면으로부터 각각 $4h$, $4h$, h인 높이에서 동시에 가만히 놓아 자유 낙하 시킨 모습을 나타낸 것으로, A, B, C는 수평면과 충돌 후 정지한다.

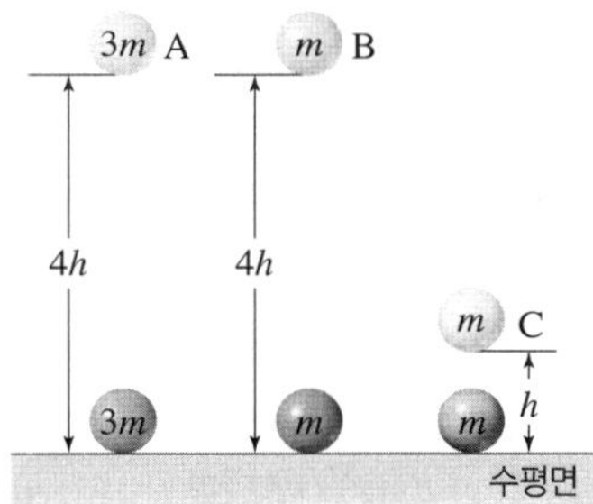

수평면에 충돌 직전 A, B, C의 속력과 수평면과 충돌하는 동안 A, B, C가 받은 충격량의 크기를 옳게 비교한 것은?

	속력 비교	충격량의 크기 비교
①	A>B>C	A>B>C
②	A>B=C	A>B=C
③	A>B=C	A>B>C
④	A=B>C	A>B>C
⑤	A=B>C	A=B>C

18 그림 (가)는 동일한 유리컵 A와 B를 같은 높이에서 각각 시멘트 바닥과 푹신한 방석에 떨어뜨렸을 때, 시멘트 바닥에 떨어진 A만 깨지는 모습을 나타낸 것이다. (나)의 ㉠, ㉡은 충돌 과정에서 A, B가 받는 힘을 시간에 따라 순서 없이 나타낸 것으로, S_1, S_2는 각각 그래프 아랫부분의 넓이이다.

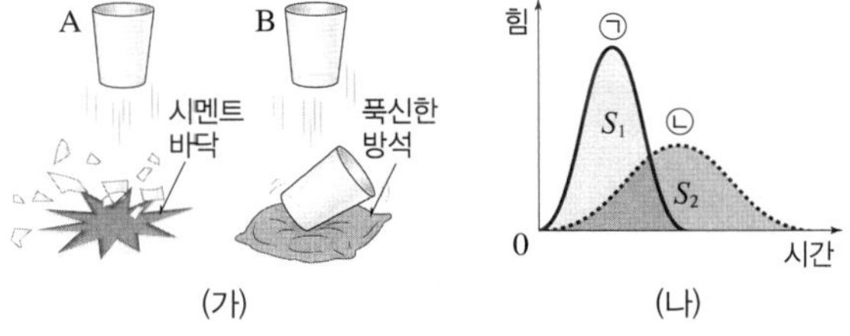

이에 대한 설명으로 옳지 <u>않은</u> 것은?

① S_1과 S_2는 같다.
② ㉠은 A가 받는 힘을 시간에 따라 나타낸 것이다.
③ ㉡은 B가 받는 힘을 시간에 따라 나타낸 것이다.
④ 충돌 직전 운동량의 크기는 A가 B보다 크다.
⑤ 유리컵이 받은 평균 힘의 크기는 A가 B보다 크다.

19 그림 (가)와 (나)는 마찰이 없는 수평면에서 같은 속력으로 운동하던 동일한 자동차가 각각 상자와 벽에 충돌하여 정지한 모습을 나타낸 것이다. 충돌 시간은 (가)에서가 (나)에서보다 길다.

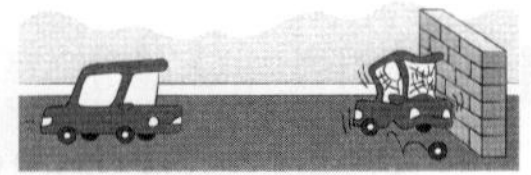

(가) 상자와 충돌할 때   (나) 벽과 충돌할 때

이에 대한 설명으로 옳은 것만을 〈보기〉에서 있는 대로 고른 것은?

〈 보기 〉
ㄱ. 충돌 과정에서 자동차의 운동량 변화량의 크기는 (나)에서가 (가)에서보다 크다.
ㄴ. 충돌 과정에서 자동차가 받은 평균 힘의 크기는 (나)에서가 (가)에서보다 크다.
ㄷ. (나)의 충돌 과정에서 자동차가 받은 충격량의 크기는 벽이 받은 충격량의 크기와 같다.

① ㄱ   ② ㄷ   ③ ㄱ, ㄴ
④ ㄴ, ㄷ   ⑤ ㄱ, ㄴ, ㄷ

20 그림은 탑승자를 보호하기 위한 자동차의 에어백이다.

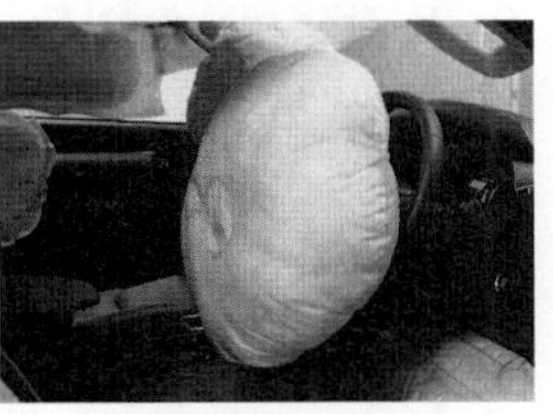

충돌 시 에어백에 대한 설명으로 옳은 것만을 〈보기〉에서 있는 대로 고른 것은?

〈 보기 〉
ㄱ. 탑승자가 받는 충격량의 크기를 감소시킨다.
ㄴ. 탑승자가 받는 평균 힘의 크기를 감소시킨다.
ㄷ. 자동차의 범퍼도 에어백과 같은 원리를 이용한 안전장치이다.

① ㄱ   ② ㄷ   ③ ㄱ, ㄴ
④ ㄴ, ㄷ   ⑤ ㄱ, ㄴ, ㄷ

선택형 대비 2회   2. 역학 시스템 | 17강~20강

_____반 _____번 이름______________

906

1 중력에 대한 설명으로 옳은 것은?

① 중력은 서로 밀어내는 방향으로 작용한다.
② 물체에 작용하는 중력의 크기를 질량이라고 한다.
③ 중력은 물체가 서로 접촉해 있을 때만 작용하는 힘이다.
④ 물체의 질량이 클수록 물체에 작용하는 중력의 크기가 작다.
⑤ 중력은 질량이 있는 물체 사이에서 작용하는 힘이다.

907

2 그림은 물체 A와 B 사이에 작용하는 중력을 나타낸 것으로, 질량은 A가 B보다 크다.

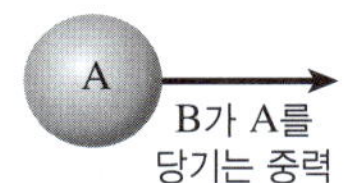
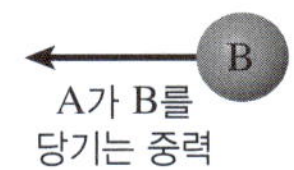

B가 A를 당기는 중력의 크기가 F일 때, A가 B를 당기는 중력의 크기는?

① 0   ② $\dfrac{1}{2}F$ ③ F

④ $2F$ ⑤ $4F$

908

3 그림은 물체 A와 B 사이에 작용하는 중력을 나타낸 것이다. A, B의 질량은 각각 m_1, m_2이고, A와 B 사이의 거리는 r이다.

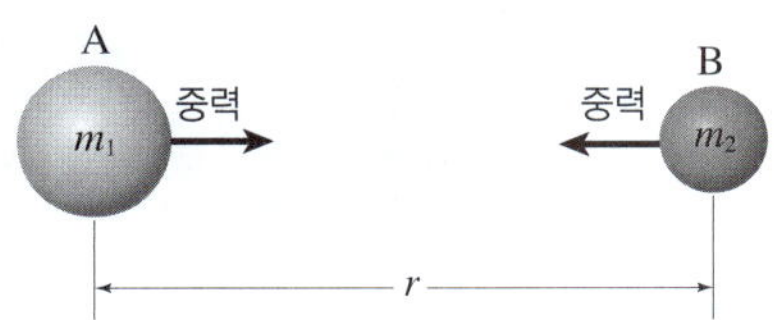

A와 B 사이에 작용하는 중력의 크기가 커지는 경우로 옳은 것만을 〈보기〉에서 있는 대로 고른 것은?

〈 보기 〉
ㄱ. m_1을 크게 한다.
ㄴ. m_2를 크게 한다.
ㄷ. r를 크게 한다.

① ㄱ   ② ㄷ   ③ ㄱ, ㄴ
④ ㄴ, ㄷ   ⑤ ㄱ, ㄴ, ㄷ

909

4 다음은 어떤 힘이 작용하여 일어나는 현상인가?

• 수도꼭지에서 물줄기가 아래로 떨어진다.
• 공기의 대류 현상에 의해 기상 현상이 일어난다.
• 인공위성이 지구 주위를 공전한다.

① 중력   ② 부력   ③ 탄성력
④ 마찰력   ⑤ 전기력

910

5 자유 낙하 하는 물체에 대한 설명으로 옳지 <u>않은</u> 것은?

① 중력만이 작용한다.
② 등가속도 운동을 한다.
③ 가속도의 크기는 물체의 질량이 클수록 크다.
④ 물체에 작용하는 힘의 방향은 물체의 운동 방향과 같다.
⑤ 같은 높이에서 낙하하는 물체가 지면에 도달할 때까지 걸린 시간은 물체의 질량에 관계없이 모두 같다.

911

6 그림은 등가속도 운동을 하는 자동차의 속력을 1초 간격으로 나타낸 것이다.

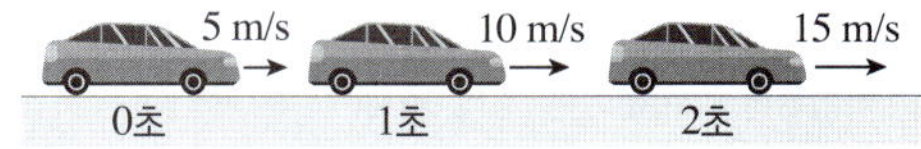

자동차의 운동에 대한 설명으로 옳은 것만을 〈보기〉에서 있는 대로 고른 것은?

〈 보기 〉
ㄱ. 운동 방향과 가속도의 방향은 같다.
ㄴ. 가속도의 크기는 5 m/s²이다.
ㄷ. 4초일 때, 속력은 25 m/s이다.

① ㄱ   ② ㄷ   ③ ㄱ, ㄴ
④ ㄴ, ㄷ   ⑤ ㄱ, ㄴ, ㄷ

7 그림과 같이 물체를 수평 방향으로 5 m/s의 속력으로 던졌더니 3초 후 물체가 지면에 도달하였다. 이때 물체가 수평 방향으로 이동한 거리는 R이다.

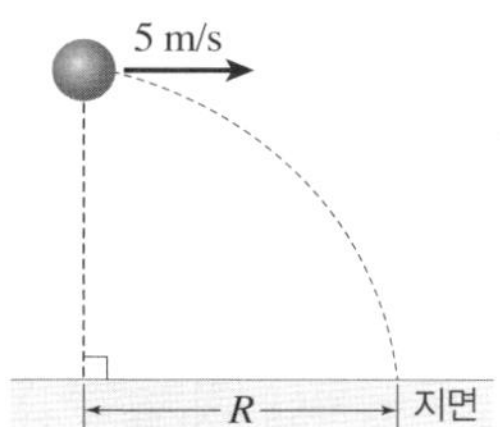

이에 대한 설명으로 옳은 것만을 〈보기〉에서 있는 대로 고른 것은? (단, 중력 가속도는 9.8 m/s²이고, 물체의 크기와 공기 저항은 무시한다.)

> ─── 보기 ───
> ㄱ. 물체가 지면에 도달하는 순간 물체의 수평 방향의 속력은 15 m/s이다.
> ㄴ. $R=15$ m이다.
> ㄷ. 물체가 지면에 도달하는 순간 물체의 연직 방향의 속력은 29.4 m/s이다.

① ㄱ   ② ㄷ   ③ ㄱ, ㄴ
④ ㄴ, ㄷ   ⑤ ㄱ, ㄴ, ㄷ

8 그림은 같은 높이에서 물체 A를 가만히 놓는 순간 물체 B를 수평 방향으로 던졌을 때, A, B의 위치를 일정한 시간 간격으로 나타낸 것이다. A, B의 질량은 같다. 이에 대한 설명으로 옳은 것만을 〈보기〉에서 있는 대로 고른 것은? (단, 물체의 크기와 공기 저항은 무시한다.)

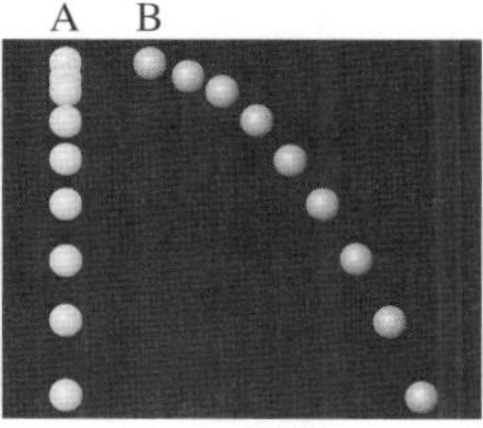

> ─── 보기 ───
> ㄱ. B의 속력은 일정하다.
> ㄴ. A와 B에 작용하는 힘의 크기는 같다.
> ㄷ. 매 순간 지면으로부터의 높이는 A와 B가 같다.

① ㄱ   ② ㄷ   ③ ㄱ, ㄴ
④ ㄴ, ㄷ   ⑤ ㄱ, ㄴ, ㄷ

9 그림은 지면으로부터 높이가 같은 두 지점에서 공 A, B를 수평 방향으로 각각 5 m/s, v의 속력으로 던진 모습을 나타낸 것으로, A, B가 던져진 순간부터 지면에 도달할 때까지 수평 방향으로 이동한 거리는 각각 20 m, 40 m이다.

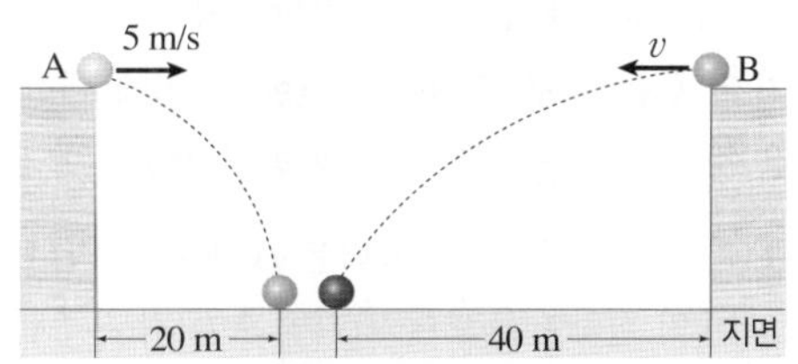

이에 대한 설명으로 옳은 것만을 〈보기〉에서 있는 대로 고른 것은? (단, 물체의 크기와 공기 저항은 무시한다.)

> ─── 보기 ───
> ㄱ. A가 던져진 순간부터 지면에 도달할 때까지 걸린 시간은 4초이다.
> ㄴ. B가 던져진 순간부터 지면에 도달할 때까지 걸린 시간은 8초이다.
> ㄷ. $v=10$ m/s이다.

① ㄱ   ② ㄴ   ③ ㄷ
④ ㄱ, ㄷ   ⑤ ㄴ, ㄷ

10 그림은 지면으로부터 같은 높이에서 질량이 각각 m, $2m$, $3m$인 공 A, B, C를 동시에 수평 방향으로 각각 v, $2v$, $3v$의 속력으로 던졌을 때, A, B, C의 위치를 일정한 시간 간격으로 나타낸 것이다. 이에 대한 설명으로 옳은 것만을 〈보기〉에서 있는 대로 고른 것은? (단, 물체의 크기와 공기 저항은 무시한다.)

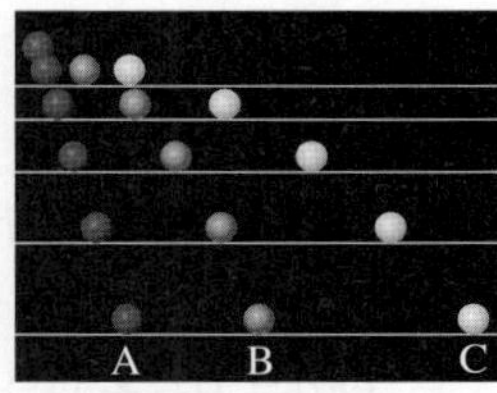

> ─── 보기 ───
> ㄱ. 가속도의 크기는 A와 B가 같다.
> ㄴ. 물체에 작용하는 중력의 크기는 C가 B의 $\frac{2}{3}$배이다.
> ㄷ. 던져진 순간부터 지면에 도달할 때까지 수평 방향으로 이동한 거리는 C가 A의 3배이다.

① ㄱ   ② ㄴ   ③ ㄷ
④ ㄱ, ㄷ   ⑤ ㄴ, ㄷ

11 그림은 지구 표면 근처의 같은 높이에서 질량이 각각 m, m, $2m$인 물체 A, B, C를 수평 방향으로 동시에 발사했을 때, A, B, C의 운동 경로를 나타낸 것이다. A, B는 지면에 떨어지고, C는 지구 주위를 공전한다. 이에 대한 설명으로 옳은 것은? (단, 물체의 크기와 공기 저항은 무시한다.)

① 수평 방향의 발사 속력은 A가 가장 작다.
② A의 질량이 m보다 커지면 A는 지구 주위를 공전한다.
③ B의 질량이 m보다 작아지면 B는 지구 주위를 공전한다.
④ C에는 중력이 작용하지 않는다.
⑤ C의 질량이 $2m$보다 작아지면 C는 지면에 떨어진다.

12 물체의 관성에 대한 설명으로 옳은 것만을 〈보기〉에서 있는 대로 고른 것은?

> ─── 보기 ───
> ㄱ. 물체의 질량이 클수록 관성이 크다.
> ㄴ. 물체의 속력이 빠를수록 관성이 크다.
> ㄷ. 현재의 운동 상태를 방해하려는 성질이다.

① ㄱ 　② ㄷ 　③ ㄱ, ㄴ
④ ㄴ, ㄷ 　⑤ ㄱ, ㄴ, ㄷ

13 그림은 질량이 각각 50 g, 150 g, 5 kg인 골프공, 야구공, 볼링공이 각각 70 m/s, 10 m/s, 2 m/s의 속력으로 날아가는 모습을 나타낸 것이다.

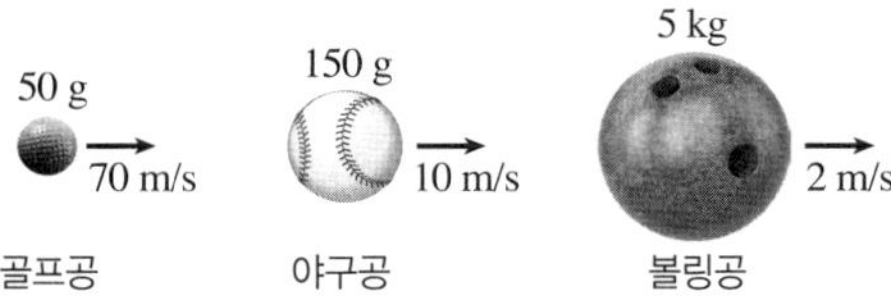

운동량의 크기가 (가)가장 큰 공과 (나)가장 작은 공을 옳게 짝 지은 것은?

	(가)	(나)		(가)	(나)
①	골프공	야구공	②	골프공	볼링공
③	야구공	골프공	④	볼링공	골프공
⑤	볼링공	야구공			

14 그림은 빨대의 입구에 반으로 자른 면봉을 넣고 수평 방향으로 부는 모습을 나타낸 것이고, 표는 길이만 다른 빨대 A, B의 입구에 각각 놓인 동일한 면봉이 빨대를 부는 순간부터 빨대를 떠날 때까지 받은 평균 힘의 크기와 시간을 나타낸 것이다.

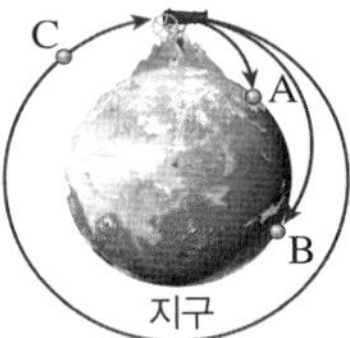

구분	A	B
면봉이 받은 평균 힘의 크기	F	F
면봉이 빨대 속에서 힘을 받은 시간	t	$2t$

이에 대한 설명으로 옳지 <u>않은</u> 것은?

① 빨대의 길이는 A가 B보다 길다.
② A에서 면봉이 받은 충격량의 크기는 Ft이다.
③ B에서 면봉이 받은 충격량의 크기는 $2Ft$이다.
④ 면봉의 운동량의 변화량의 크기는 B에서가 A에서의 2배이다.
⑤ 빨대 끝을 빠져나가는 순간 면봉의 속력은 B에서가 A에서의 2배이다.

15 그림 (가), (나)는 질량이 각각 m, $2m$인 물체 A, B가 각각 $4v$, $2v$의 속력으로 벽을 향해 등속 직선 운동을 하다가 벽과 충돌한 후 반대 방향으로 각각 $2v$, v의 속력으로 등속 직선 운동을 하는 모습을 나타낸 것이다.

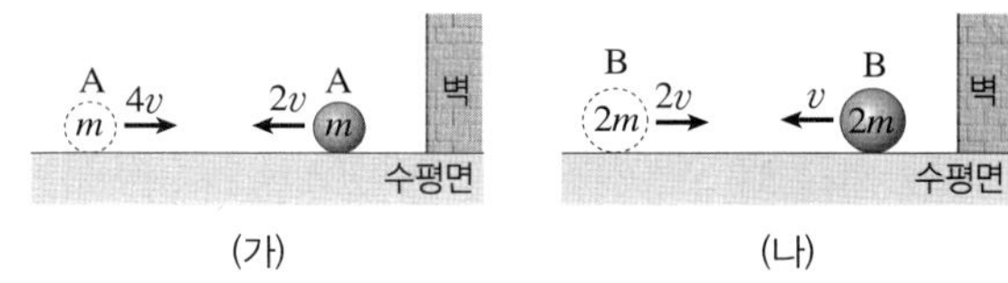

A, B가 벽으로부터 받은 충격량의 크기를 각각 F_A, F_B라고 할 때, $F_A : F_B$는?

① 1 : 1 　② 1 : 2 　③ 2 : 1
④ 3 : 2 　⑤ 4 : 1

16 그림은 마찰이 없는 수평면 위에 정지해 있는 질량이 2 kg인 물체에 일정한 방향으로 힘을 작용했을 때, 물체가 받은 힘을 시간에 따라 나타낸 것이다. 3초일 때, 물체의 속력은?

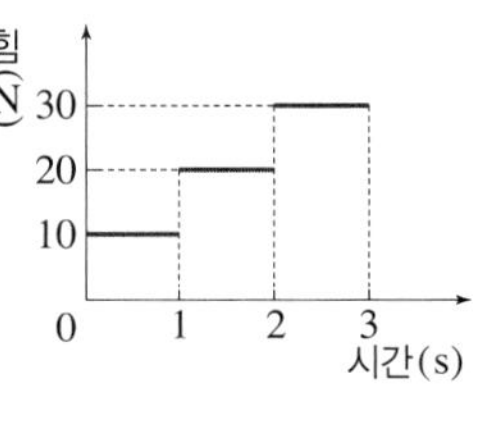

① 10 m/s 　② 20 m/s 　③ 30 m/s
④ 40 m/s 　⑤ 60 m/s

17 그림 (가)는 마찰이 없는 수평면에 정지해 있는 질량이 4 kg인 물체에 힘 F가 작용하는 것을 나타낸 것이고, (나)는 물체의 운동량을 시간에 따라 나타낸 것이다.

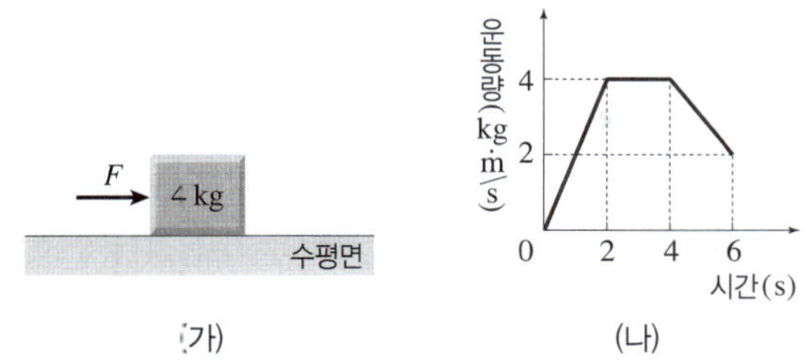

물체의 운동에 대한 설명으로 옳지 <u>않은</u> 것은?

① 0초부터 2초까지 등가속도 운동을 한다.
② 0초부터 4초까지 물체가 받은 충격량의 크기는 4 N·s 이다.
③ F의 크기는 1초일 때와 5초일 때가 같다.
④ 2초일 때, 물체의 속력은 1 m/s이다.
⑤ 2초부터 4초까지 등속 직선 운동을 한다.

18 그림 (가)는 수평면에서 각각 $2v$, v의 속력으로 다가오는 질량이 m으로 같은 축구공 A, B를 수평 방향으로 발로 차는 모습을 나타낸 것이다. (나)는 (가)에서 A, B가 발로부터 받는 힘을 시간에 따라 나타낸 것으로, 충돌 시간은 A는 t, B는 $2t$이고, 그래프 아랫부분의 넓이는 $3mv$로 같다.

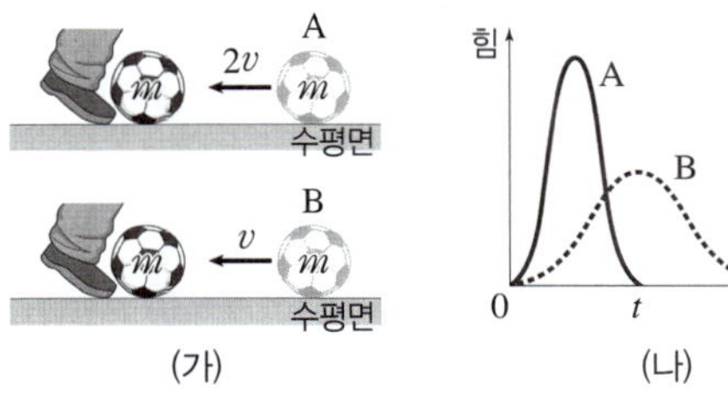

이에 대한 설명으로 옳은 것만을 〈보기〉에서 있는 대로 고른 것은? (단, 모든 마찰과 공기 저항은 무시한다.)

〈 보기 〉

ㄱ. 충돌하는 동안 공이 발로부터 받은 충격량의 크기는 A가 B보다 크다.
ㄴ. 충돌 전후 공의 운동량의 변화량의 크기는 A와 B가 같다.
ㄷ. 충돌 직후 공의 속력은 A와 B가 같다.

① ㄱ 　　② ㄴ 　　③ ㄷ
④ ㄱ, ㄷ 　　⑤ ㄴ, ㄷ

19 그림 (가)는 야구 선수가 날아오는 야구공을 받기 위해 손을 움직이는 모습을 나타낸 것이다. (나)의 A, B는 야구 선수가 동일한 두 공을 각각 손을 앞으로 내밀면서 받을 때와 뒤로 빼면서 받을 때, 손이 공으로부터 받는 힘을 시간에 따라 순서 없이 나타낸 것으로, 그래프 아랫부분의 넓이는 A와 B가 같다.

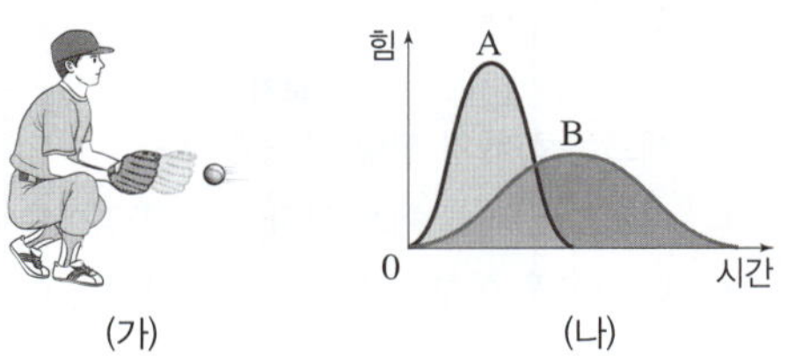

이에 대한 다음 설명의 ㉠, ㉡, ㉢에 들어갈 말을 옳게 짝지은 것은?

(나)의 (㉠)는 손을 앞으로 내밀면서 공을 받은 경우이고, (㉡)는 손을 뒤로 빼면서 공을 받은 경우이다. 손이 받은 평균 힘의 크기는 (㉢).

	㉠	㉡	㉢
①	A	B	A에서와 B에서가 같다.
②	A	B	A에서가 B에서보다 작다.
③	A	B	A에서가 B에서보다 크다.
④	B	A	A에서가 B에서보다 작다.
⑤	B	A	A에서가 B에서보다 크다.

20 그림은 높은 곳에서 떨어지는 사람을 구조하기 위한 에어 매트이다. 에어 매트와 같은 원리로 설명할 수 있는 현상만을 모두 고르면?(2개)

① 자동차의 범퍼를 단단하게 만들어 벽과 충돌할 때, 충돌 시간을 짧게 한다.
② 농구대 기둥의 스펀지는 사람이 기둥에 부딪혔을 때, 충격을 줄여 준다.
③ 빨대의 입구에 면봉을 넣고 입으로 불 때, 빨대의 길이가 길수록 면봉이 더 멀리까지 날아간다.
④ 잘 찌그러지는 재질의 범퍼를 사용하면 자동차의 충돌 사고가 일어났을 때, 운전자의 부상을 줄일 수 있다.
⑤ 야구 경기에서 포수가 공을 받을 때, 손을 앞으로 내밀면서 받아 손이 받는 평균 힘의 크기를 증가시킨다.

선택형 대비 1회   3. 생명 시스템 | 21강~24강

_____반 _____번 이름_____

926

1 세포에 대한 설명으로 옳은 것만을 〈보기〉에서 있는 대로 고른 것은?

〈보기〉
ㄱ. 세포는 하나의 생명 시스템이다.
ㄴ. 세포막에 의해 세포 안과 주변 환경이 분리된다.
ㄷ. 한 생물을 이루는 세포는 모양과 기능이 모두 같다.

① ㄱ   ② ㄴ   ③ ㄷ
④ ㄱ, ㄴ   ⑤ ㄱ, ㄷ

927

2 그림은 생명 시스템의 구성 단계를 나타낸 것이다.

이에 대한 설명으로 옳은 것만을 〈보기〉에서 있는 대로 고른 것은?

〈보기〉
ㄱ. (가)는 크기와 모양이 비슷한 세포가 모여 구성된다.
ㄴ. 식물에서는 (나)가 모여 조직계를 이룬다.
ㄷ. 다양한 (가)가 모여 고유한 형태와 기능을 가진 (나)를 이룬다.

① ㄴ   ② ㄷ   ③ ㄱ, ㄴ
④ ㄱ, ㄷ   ⑤ ㄱ, ㄴ, ㄷ

928

3 그림 (가)는 세포막의 구조를, (나)는 (가)를 구성하는 물질 B를 확대한 모습을 나타낸 것이다.

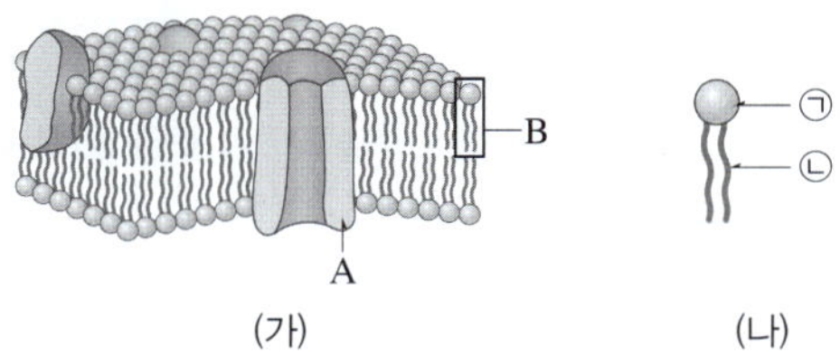

이에 대한 설명으로 옳은 것만을 〈보기〉에서 있는 대로 고른 것은?

〈보기〉
ㄱ. A는 단백질이다.
ㄴ. B는 세포막에서 2중층을 이루고 있다.
ㄷ. ㉠은 소수성, ㉡은 친수성을 띤다.

① ㄱ   ② ㄴ   ③ ㄱ, ㄴ
④ ㄱ, ㄷ   ⑤ ㄴ, ㄷ

929

4 그림 (가)와 (나)는 식물 세포와 동물 세포의 구조를 순서 없이 나타낸 것이다. A~D는 라이보솜, 마이토콘드리아, 엽록체, 핵을 순서 없이 나타낸 것이다.

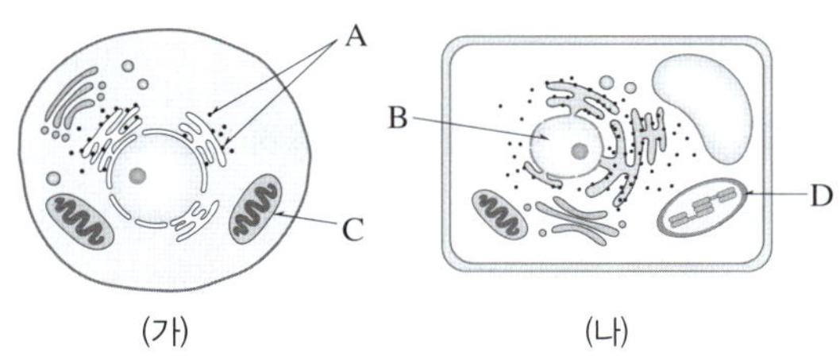

이에 대한 설명으로 옳은 것만을 〈보기〉에서 있는 대로 고른 것은?

〈보기〉
ㄱ. (가)는 동물 세포, (나)는 식물 세포이다.
ㄴ. A에서 포도당이 합성된다.
ㄷ. 에너지 전환이 일어나는 세포소기관은 C와 D이다.

① ㄱ   ② ㄷ   ③ ㄱ, ㄴ
④ ㄱ, ㄷ   ⑤ ㄴ, ㄷ

930

5 표 (가)는 세포소기관 A~C에서 특징 ㉠~㉢의 유무를 나타낸 것이고, (나)는 ㉠~㉢을 순서 없이 나타낸 것이다. A~C는 엽록체, 세포막, 핵을 순서 없이 나타낸 것이다.

특징 세포소기관	㉠	㉡	㉢
A	○	○	×
B	○	ⓐ	?
C	ⓑ	×	○

(○: 있음, ×: 없음)

(가)

특징(㉠~㉢)
• 동물 세포에서 관찰된다.
• 포도당을 합성한다.
• 세포의 생명활동을 조절한다.

(나)

이에 대한 설명으로 옳은 것만을 〈보기〉에서 있는 대로 고른 것은?

〈보기〉
ㄱ. B는 세포막이다.
ㄴ. ㉠은 '동물 세포에서 관찰된다.'이다.
ㄷ. ⓐ는 '○', ⓑ는 '×'이다.

① ㄴ   ② ㄷ   ③ ㄱ, ㄴ
④ ㄱ, ㄷ   ⑤ ㄱ, ㄴ, ㄷ

---

6 931

그림 (가)와 (나)는 물질 A와 B가 세포막을 통해 이동하는 방식을 나타낸 것이다. 알갱이의 수가 많을수록 농도가 높다.

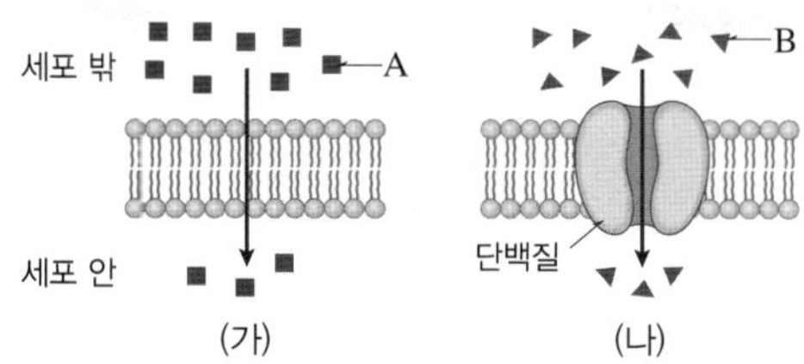

이에 대한 설명으로 옳은 것만을 〈보기〉에서 있는 대로 고른 것은?

───〈 보기 〉───

ㄱ. A의 예로 산소가 있다.

ㄴ. 허파꽈리와 모세혈관 사이의 기체 교환은 (나)의 방식으로 일어난다.

ㄷ. (가)와 (나)에서 물질은 스스로 운동하여 이동한다.

① ㄱ　　② ㄴ　　③ ㄱ, ㄴ　④ ㄱ, ㄷ　⑤ ㄴ, ㄷ

7 932

그림은 선택적 투과가 가능한 막을 사이에 두고 농도가 다른 설탕 용액 A와 B를 각각 (가)와 (나)에

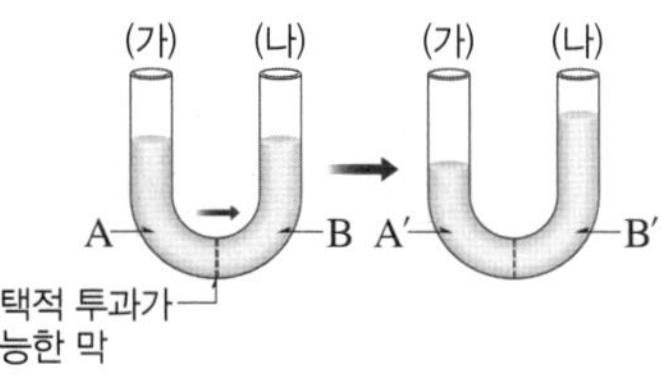

넣고, 일정 시간이 지난 후 더 이상 수면의 높이 변화가 없을 때의 모습을 나타낸 것이다. 이에 대한 설명으로 옳은 것만을 〈보기〉에서 있는 대로 고른 것은?

───〈 보기 〉───

ㄱ. 설탕 용액의 농도는 A가 B보다 높다.

ㄴ. (가)에서 (나)로 이동하는 물의 양이 (나)에서 (가)로 이동하는 물의 양보다 많다.

ㄷ. 설탕 용액의 농도는 A가 A′보다 높다.

① ㄱ　　② ㄴ　　③ ㄱ, ㄴ　④ ㄱ, ㄷ　⑤ ㄴ, ㄷ

8 933

효소에 대한 설명으로 옳은 것만을 〈보기〉에서 있는 대로 고른 것은?

───〈 보기 〉───

ㄱ. 주성분은 단백질이다.

ㄴ. 체온 정도의 온도에서도 반응이 일어나도록 한다.

ㄷ. 활성화에너지를 높여 반응이 빠르게 일어나도록 한다.

① ㄱ　　② ㄴ　　③ ㄱ, ㄴ　④ ㄱ, ㄷ　⑤ ㄴ, ㄷ

9 934

그림 (가)~(다)는 서로 다른 농도의 소금물 A~C에 사람의 적혈구를 각각 넣은 다음 일정 시간이 경과했을 때 관찰된 적혈구의 모습을 나타낸 것이다.

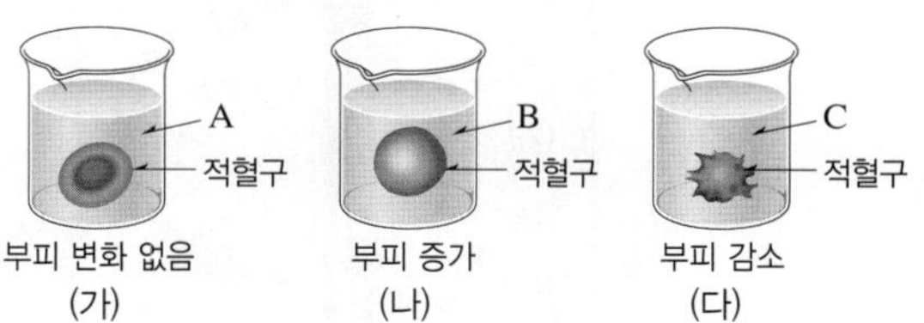

이에 대한 설명으로 옳은 것만을 〈보기〉에서 있는 대로 고른 것은?

───〈 보기 〉───

ㄱ. 적혈구의 부피가 변화한 원리는 삼투이다.

ㄴ. 소금물의 농도는 C<A<B이다.

ㄷ. (다)에서 물이 적혈구 안에서 밖으로 많이 이동하였다.

① ㄱ　　　　　② ㄴ　　　　　③ ㄱ, ㄷ

④ ㄴ, ㄷ　　　　⑤ ㄱ, ㄴ, ㄷ

10 935

다음은 효소의 작용을 알아보기 위한 실험이다.

(가) 시험관 A~C에 표와 같은 물질을 넣고, 각 시험관에서 기포가 발생하는지 관찰한다.

시험관	A	B	C
3 % 과산화 수소수	4 mL	4 mL	4 mL
생감자 조각	—	4개	—
삶은 감자 조각	—	—	4개

(나) 향에 불을 붙였다가 끈 뒤 남은 불씨를 A~C에 각각 넣고 불씨의 변화를 관찰한다.

[실험 결과]

구분	A	B	C
(가)	기포가 발생하지 않음	기포가 발생함	ⓐ
(나)	변화 없음	㉠불씨가 살아남	?

이에 대한 설명으로 옳은 것만을 〈보기〉에서 있는 대로 고른 것은? (단, 제시된 조건 이외의 다른 조건은 동일하다.)

───〈 보기 〉───

ㄱ. ⓐ는 '기포가 발생함'이다.

ㄴ. ㉠을 통해 B에서 발생한 기체가 산소임을 알 수 있다.

ㄷ. (가)의 A 결과를 통해 감자를 삶으면 효소가 작용하지 않는다는 것을 알 수 있다.

① ㄴ　　　　　② ㄷ　　　　　③ ㄱ, ㄴ

④ ㄱ, ㄷ　　　　⑤ ㄱ, ㄴ, ㄷ

11 그림은 사람에서 일어나는 화학 반응을 나타낸 것이다. (가)와 (나)는 동화작용과 이화작용을 순서 없이 나타낸 것이다.

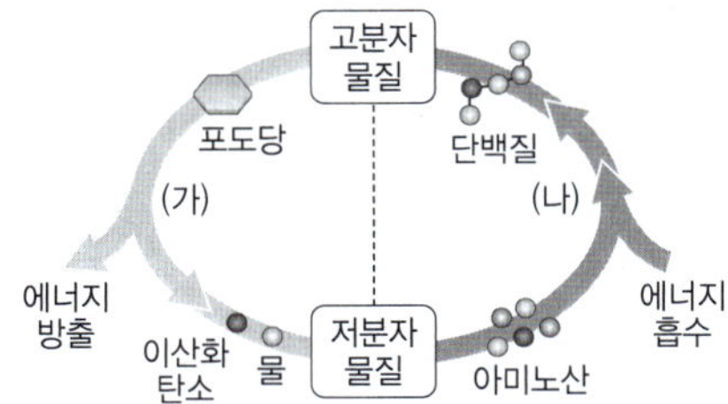

이에 대한 설명으로 옳은 것만을 〈보기〉에서 있는 대로 고른 것은?

> **보기**
> ㄱ. (가)와 (나)는 모두 물질대사이다.
> ㄴ. (나)에서는 물질이 합성된다.
> ㄷ. 광합성은 (가)에 해당한다.

① ㄱ   ② ㄴ   ③ ㄱ, ㄴ
④ ㄱ, ㄷ   ⑤ ㄴ, ㄷ

12 그림은 생명체에서 어떤 화학 반응이 일어날 때 효소의 유무에 따른 에너지 변화를 나타낸 것이다.

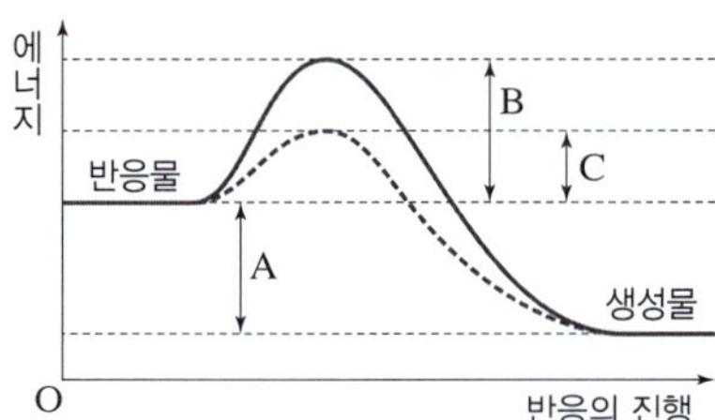

이에 대한 설명으로 옳은 것만을 〈보기〉에서 있는 대로 고른 것은?

> **보기**
> ㄱ. 이화작용이 일어날 때의 에너지 변화이다.
> ㄴ. 효소가 있을 때와 없을 때 A의 크기는 같다.
> ㄷ. B와 C 중 효소가 있을 때의 활성화에너지는 B이다.

① ㄱ   ② ㄴ   ③ ㄷ
④ ㄱ, ㄴ   ⑤ ㄱ, ㄷ

13 다음은 효소가 일상생활에 활용되는 사례이다.

> (가) 일반 세탁 세제에 비해서 ㉠효소가 첨가된 세제의 세척력이 더 좋다.
> (나) 밥과 엿기름을 넣고 일정 온도에 두면 ㉡녹말이 엿당으로 분해되는 반응이 촉진되어 단맛이 나는 식혜가 만들어진다.
> (다) ㉢효소를 이용해 청바지를 탈색한다.

이에 대한 설명으로 옳은 것만을 〈보기〉에서 있는 대로 고른 것은?

> **보기**
> ㄱ. ㉠에는 단백질과 지방을 분해하는 효소가 들어 있다.
> ㄴ. (나)에서 엿기름에 들어 있는 효소에 의해 활성화에너지가 증가하여 ㉡이 일어난다.
> ㄷ. ㉢은 섬유소분해효소이다.

① ㄱ   ② ㄴ   ③ ㄱ, ㄷ
④ ㄴ, ㄷ   ⑤ ㄱ, ㄴ, ㄷ

14 그림은 어떤 효소의 작용을 나타낸 것이다.

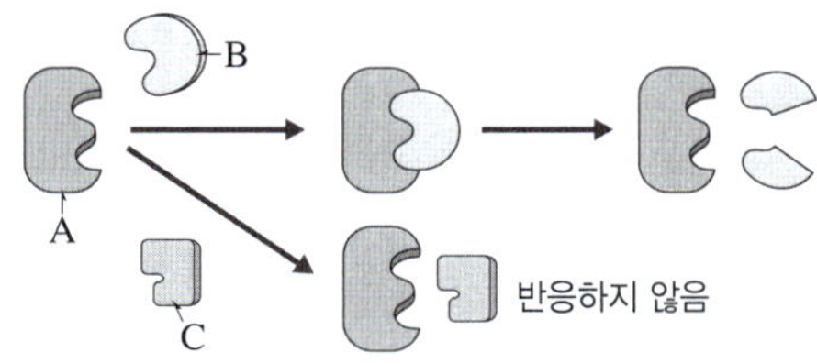

이에 대한 설명으로 옳은 것만을 〈보기〉에서 있는 대로 고른 것은?

> **보기**
> ㄱ. A는 이 반응의 활성화에너지를 낮춘다.
> ㄴ. A는 B의 분해를 촉진한다.
> ㄷ. B는 반응물, C는 생성물이다.

① ㄱ   ② ㄴ   ③ ㄱ, ㄴ
④ ㄱ, ㄷ   ⑤ ㄴ, ㄷ

15 그림은 식물 세포 (가)를 농도가 서로 다른 설탕 용액 A~C에 각각 넣고, 일정 시간이 지난 후의 모습을 나타낸 것이다.

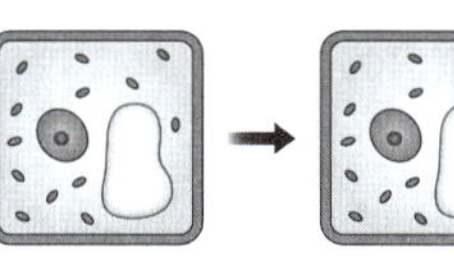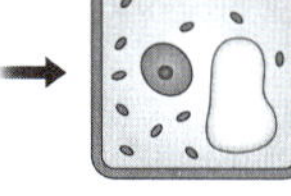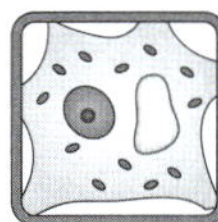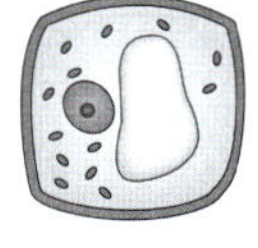

이에 대한 설명으로 옳은 것만을 〈보기〉에서 있는 대로 고른 것은?

> **보기**
> ㄱ. A에 넣은 세포에서는 세포 안팎으로 물이 이동하지 않는다.
> ㄴ. B에 넣은 세포에서 세포막과 세포벽이 분리되었다.
> ㄷ. C에 넣은 세포에서는 설탕 분자가 세포 안으로 많이 들어와 세포의 부피가 증가하였다.

① ㄱ   ② ㄴ   ③ ㄱ, ㄷ
④ ㄴ, ㄷ   ⑤ ㄱ, ㄴ, ㄷ

16 그림은 유전자와 단백질 사이의 관계를 나타낸 것이다. 유전자 A가 전사되어 합성된 RNA를 구성하는 염기의 수는 120개이다.

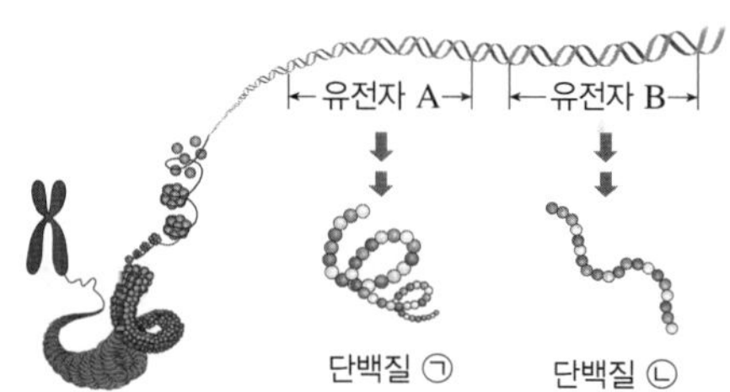

이에 대한 설명으로 옳은 것만을 〈보기〉에서 있는 대로 고른 것은? (단, 돌연변이는 고려하지 않는다.)

> ───── 보기 ─────
> ㄱ. 유전자 A와 B는 DNA의 특정한 부분에 있다.
> ㄴ. 단백질 ㉠과 ㉡은 구조와 기능이 서로 다르다.
> ㄷ. ㉠은 40개의 아미노산으로 구성된다.

① ㄱ ② ㄷ ③ ㄱ, ㄴ ④ ㄴ, ㄷ ⑤ ㄱ, ㄴ, ㄷ

17 그림은 사람의 정상 적혈구와 낫모양적혈구가 형성되는 과정을 나타낸 것이다. 낫모양적혈구는 헤모글로빈 유전자의 이상으로 형성된다.

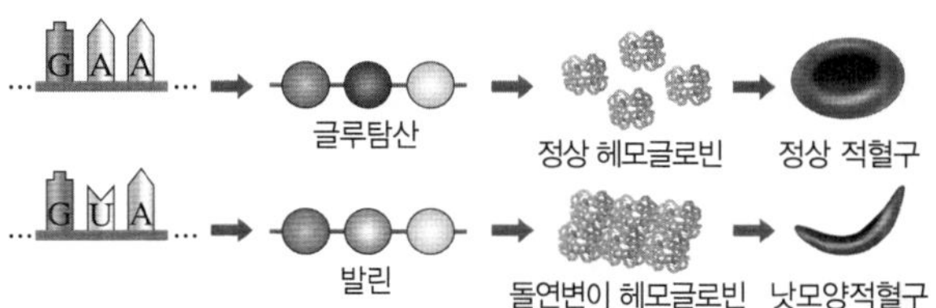

이에 대한 설명으로 옳은 것만을 〈보기〉에서 있는 대로 고른 것은? (단, 제시된 아미노산 이외의 아미노산은 같다.)

> ───── 보기 ─────
> ㄱ. 정상 헤모글로빈 유전자에서 염기 하나가 바뀌어 낫모양적혈구가 형성되었다.
> ㄴ. 코돈 GAA와 GUA는 같은 아미노산을 지정한다.
> ㄷ. 돌연변이 헤모글로빈의 아미노산 수는 정상 헤모글로빈의 아미노산 수보다 적다.

① ㄱ ② ㄷ ③ ㄱ, ㄴ ④ ㄱ, ㄷ ⑤ ㄴ, ㄷ

18 그림은 사람의 세포에서 일어나는 유전정보의 흐름을 나타낸 것이다. (가)와 (나)는 DNA와 RNA를 순서 없이, ㉠과 ㉡은 번역과 전사를 순서 없이 나타낸 것이다.

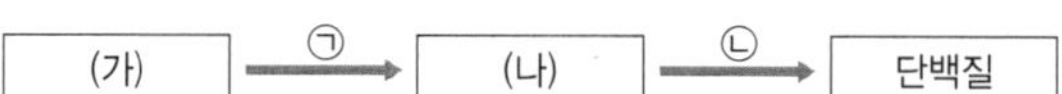

이에 대한 설명으로 옳은 것만을 〈보기〉에서 있는 대로 고른 것은?

> ───── 보기 ─────
> ㄱ. (가)에 유전자가 있다.
> ㄴ. (나)의 염기에는 타이민(T)이 있다.
> ㄷ. ㉠과 ㉡은 같은 세포소기관에서 일어난다.

① ㄱ ② ㄴ ③ ㄱ, ㄴ ④ ㄱ, ㄷ ⑤ ㄴ, ㄷ

19 그림은 세포에서 일어나는 유전정보의 흐름을 나타낸 것이다. RNA의 왼쪽 첫 번째 염기부터 번역된다.

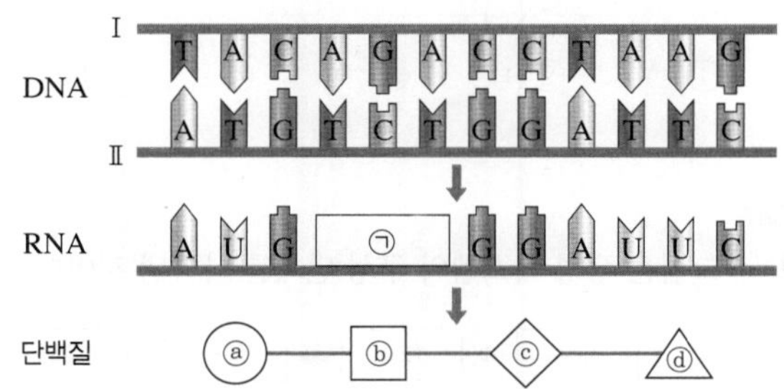

이에 대한 설명으로 옳은 것만을 〈보기〉에서 있는 대로 고른 것은? (단, 돌연변이는 고려하지 않는다.)

> ───── 보기 ─────
> ㄱ. 전사가 일어날 때 Ⅰ과 Ⅱ는 분리된다.
> ㄴ. ㉠의 염기서열은 UCU이다.
> ㄷ. 아미노산 ⓒ를 지정하는 코돈은 CCT이다.

① ㄱ ② ㄴ ③ ㄱ, ㄴ ④ ㄱ, ㄷ ⑤ ㄴ, ㄷ

20 그림은 어떤 세포에서 일어나는 유전정보의 흐름을, 표는 일부 코돈이 지정하는 아미노산을 나타낸 것이다.

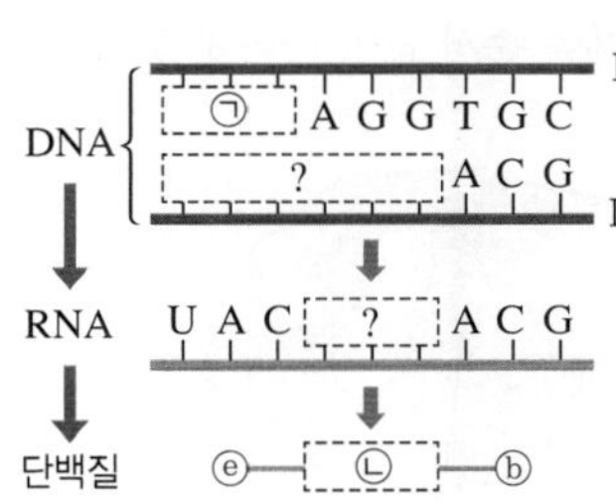

코돈	아미노산
AGG	ⓐ
ACG	ⓑ
AUG	ⓒ
GCA	ⓓ
UAC	ⓔ
UCC	ⓕ

이에 대한 설명으로 옳은 것만을 〈보기〉에서 있는 대로 고른 것은? (단, 돌연변이는 고려하지 않는다.)

> ───── 보기 ─────
> ㄱ. 전사에 이용된 가닥은 Ⅱ이다.
> ㄴ. ㉠의 염기서열은 TAC이다.
> ㄷ. ㉡은 ⓕ이다.

① ㄴ ② ㄷ ③ ㄱ, ㄴ
④ ㄱ, ㄷ ⑤ ㄱ, ㄴ, ㄷ

선택형 대비 2회   3. 생명 시스템 | 21강~24강

_______ 반 _______ 번 이름_______________

946

1 세포에 대한 설명으로 옳은 것만을 〈보기〉에서 있는 대로 고른 것은?

─〈 보기 〉─
ㄱ. 세포는 생명활동이 일어나는 기능적 단위이다.
ㄴ. 독립된 시스템으로 외부와 상호작용하지 않는다.
ㄷ. 단세포생물에서는 하나의 세포가 곧 하나의 개체이다.

① ㄱ　　② ㄴ　　③ ㄱ, ㄴ　④ ㄱ, ㄷ　⑤ ㄴ, ㄷ

947

2 그림은 생명 시스템의 구성 단계를 나타낸 것이다.

세포 ➡ (가) ➡ (나) ➡ 개체

이에 대한 설명으로 옳은 것만을 〈보기〉에서 있는 대로 고른 것은?

─〈 보기 〉─
ㄱ. (가)는 모양과 기능이 비슷한 세포가 모인 단계이다.
ㄴ. (나)는 기관이다.
ㄷ. 동물에서는 (나)가 모여 기관계를 이룬다.

① ㄴ　　② ㄷ　　③ ㄱ, ㄴ　④ ㄱ, ㄷ　⑤ ㄱ, ㄴ, ㄷ

948

3 그림 (가)와 (나)는 식물 세포와 동물 세포의 구조를 순서 없이 나타낸 것이다. A~E는 골지체, 라이보솜, 마이토콘드리아, 세포벽, 엽록체를 순서 없이 나타낸 것이다.

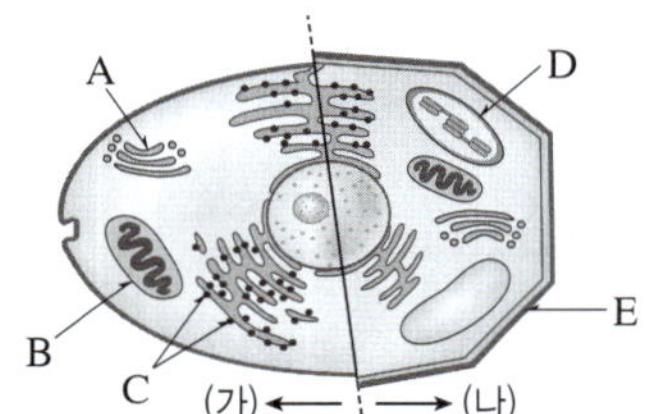

이에 대한 설명으로 옳은 것만을 〈보기〉에서 있는 대로 고른 것은?

─〈 보기 〉─
ㄱ. A에서는 단백질합성이 일어난다.
ㄴ. B는 동물 세포에만 있고, D와 E는 식물 세포에만 있다.
ㄷ. C는 소포체에 붙어 있거나 세포질에 퍼져 있다.

① ㄱ　　② ㄷ　　③ ㄱ, ㄴ　④ ㄴ, ㄷ　⑤ ㄱ, ㄴ, ㄷ

949

4 표 (가)는 세포소기관 A~C에서 특징 ㉠~㉢의 유무를 나타낸 것이고, (나)는 ㉠~㉢을 순서 없이 나타낸 것이다. A~C는 액포, 엽록체, 마이토콘드리아를 순서 없이 나타낸 것이다.

특징 세포소기관	㉠	㉡	㉢
A	○	○	○
B	○	○	×
C	×	○	×

(○: 있음, ×: 없음)

(가)

특징(㉠~㉢)
• 빛에너지를 이용하여 포도당을 합성한다.
• 식물 세포에 존재한다.
• 에너지 전환에 관여한다.

(나)

이에 대한 설명으로 옳은 것만을 〈보기〉에서 있는 대로 고른 것은?

─〈 보기 〉─
ㄱ. B는 마이토콘드리아이다.
ㄴ. C는 물, 색소, 노폐물을 저장한다.
ㄷ. ㉠은 '식물 세포에 존재한다.'이다.

① ㄱ　　　② ㄷ　　　③ ㄱ, ㄴ
④ ㄱ, ㄷ　　⑤ ㄴ, ㄷ

950

5 그림 (가)는 세포막의 구조를, (나)는 (가)를 구성하는 물질 B를 확대한 모습을 나타낸 것이다.

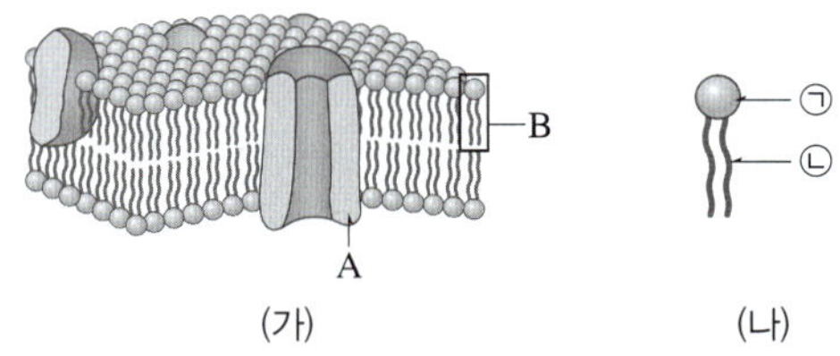

이에 대한 설명으로 옳은 것만을 〈보기〉에서 있는 대로 고른 것은?

─〈 보기 〉─
ㄱ. A에는 펩타이드결합이 존재한다.
ㄴ. 물과의 친화력은 ㉡이 ㉠보다 크다.
ㄷ. 세포막을 통해 물질이 이동할 때 물질의 종류와 크기에 관계없이 이동 방식은 같다.

① ㄱ　　　② ㄴ　　　③ ㄱ, ㄷ
④ ㄴ, ㄷ　　⑤ ㄱ, ㄴ, ㄷ

951

6 그림 (가)와 (나)는 물질 A와 B가 세포막을 통해 이동하는 방식을 나타낸 것이다. 알갱이의 수가 많을수록 농도가 높다.

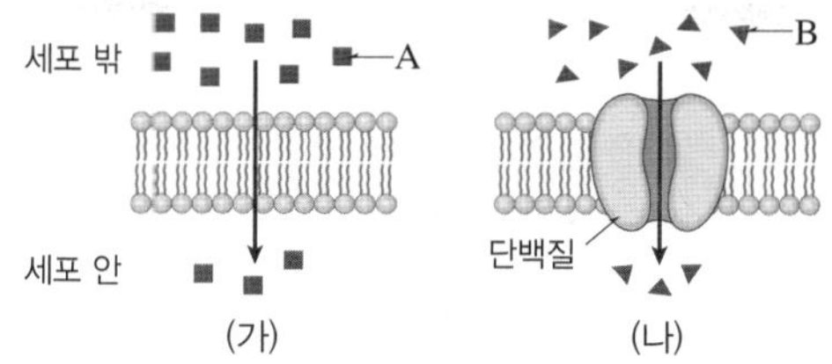

이에 대한 설명으로 옳은 것만을 〈보기〉에서 있는 대로 고른 것은?

───〈 보기 〉───
ㄱ. (가)에서 물질의 이동 원리는 확산이다.
ㄴ. B의 예로 Na^+, 포도당 등이 있다.
ㄷ. (가)와 (나)에서 물질은 농도가 높은 쪽에서 낮은 쪽으로 이동한다.

① ㄱ   ② ㄷ   ③ ㄱ, ㄴ
④ ㄴ, ㄷ   ⑤ ㄱ, ㄴ, ㄷ

952

7 그림은 선택적 투과가 가능한 막을 사이에 두고 농도가 다른 설탕 용액 A와 B를 각각 (가)와 (나)에 넣고, 일정 시간이 지난 후 더 이상 수면의 높이 변화가 없을 때의 모습을 나타낸 것이다. 이에 대한 설명으로 옳은 것만을 〈보기〉에서 있는 대로 고른 것은?

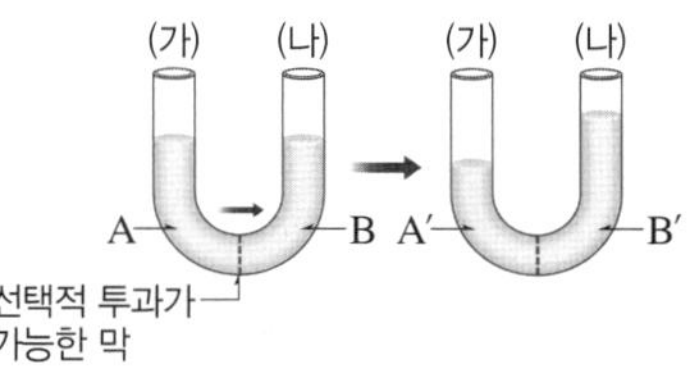

───〈 보기 〉───
ㄱ. (가)에서 (나)로 설탕 분자가 이동하였다.
ㄴ. 설탕 용액의 농도는 B′이 B보다 낮다.
ㄷ. 설탕의 양은 A′이 A보다 많다.

① ㄱ   ② ㄴ   ③ ㄱ, ㄷ
④ ㄴ, ㄷ   ⑤ ㄱ, ㄴ, ㄷ

953

8 효소에 대한 설명으로 옳은 것만을 〈보기〉에서 있는 대로 고른 것은?

───〈 보기 〉───
ㄱ. 생명체에서 화학 반응이 빠르게 일어나도록 도와주는 생체촉매이다.
ㄴ. 화학 반응의 활성화에너지를 낮춘다.
ㄷ. 효소의 종류에 관계없이 입체 구조가 같다.

① ㄱ   ② ㄴ   ③ ㄱ, ㄴ
④ ㄱ, ㄷ   ⑤ ㄴ, ㄷ

954

9 그림은 사람의 적혈구를 용액 X에 일정 시간 동안 담가 두었을 때의 변화를 나타낸 것이다.

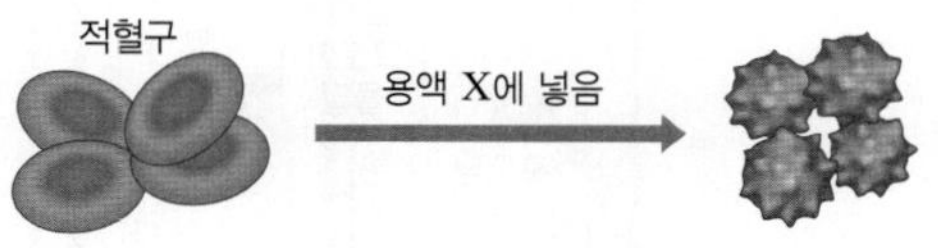

이에 대한 설명으로 옳은 것만을 〈보기〉에서 있는 대로 고른 것은?

───〈 보기 〉───
ㄱ. X는 적혈구 안보다 농도가 낮다.
ㄴ. X에 넣은 적혈구에서는 원형질분리가 일어났다.
ㄷ. 적혈구의 부피가 변한 것은 물이 세포 밖으로 많이 이동하였기 때문이다.

① ㄴ   ② ㄷ   ③ ㄱ, ㄴ ④ ㄱ, ㄷ ⑤ ㄴ, ㄷ

955

10 다음은 효소의 작용을 알아보기 위한 실험이다.

(가) 시험관 A~C에 표와 같은 물질을 넣고, 각 시험관에서 기포가 발생하는지 관찰한다.

시험관	A	B	C
3 % 과산화 수소수	4 mL	4 mL	4 mL
생감자 조각	—	4개	—
삶은 감자 조각	—	—	4개

(나) 향에 불을 붙였다가 끈 뒤 남은 불씨를 A~C에 각각 넣고 불씨의 변화를 관찰한다.

(다) 기포 발생이 끝난 뒤, A~C에 3 % 과산화 수소수를 2 mL씩 더 넣고 기포가 발생하는지 관찰한다.

[실험 결과]

구분	A	B	C
(가)	기포가 발생하지 않음	기포가 발생함	?
(나)	변화 없음	불씨가 살아남	ⓐ
(다)	기포가 발생하지 않음	㉠기포가 다시 발생함	기포가 발생하지 않음

이에 대한 설명으로 옳은 것만을 〈보기〉에서 있는 대로 고른 것은? (단, 제시된 조건 이외의 다른 조건은 동일하다.)

───〈 보기 〉───
ㄱ. 감자에 있는 효소는 과산화 수소의 분해를 촉진한다.
ㄴ. ⓐ는 '불씨가 살아남'이다.
ㄷ. ㉠을 통해 효소가 재사용될 수 있음을 알 수 있다.

① ㄱ   ② ㄴ   ③ ㄱ, ㄷ ④ ㄴ, ㄷ ⑤ ㄱ, ㄴ, ㄷ

956

11 그림은 사람에서 일어나는 화학 반응을 나타낸 것이다. (가)와 (나)는 동화작용과 이화작용을 순서 없이 나타낸 것이다.

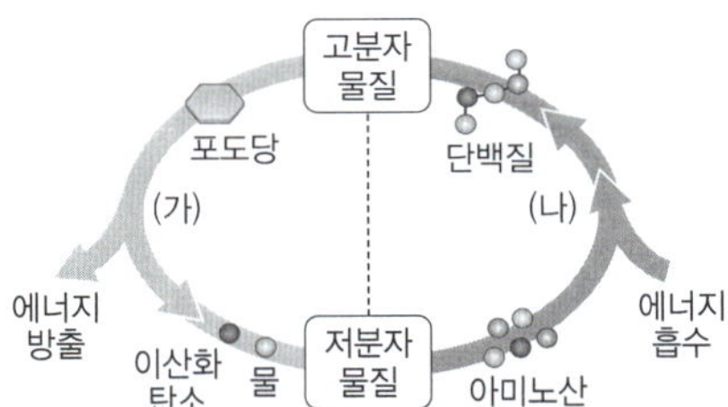

이에 대한 설명으로 옳은 것만을 〈보기〉에서 있는 대로 고른 것은?

〈 보기 〉

ㄱ. (가)는 동화작용이고, (나)는 이화작용이다.
ㄴ. (가)와 (나) 과정에는 모두 효소가 관여한다.
ㄷ. (가)와 (나)는 모두 반응이 단계적으로 일어난다.

① ㄱ ② ㄴ ③ ㄱ, ㄴ ④ ㄱ, ㄷ ⑤ ㄴ, ㄷ

957

12 그림은 생명체에서 어떤 화학 반응이 일어날 때 효소의 유무에 따른 에너지 변화를 나타낸 것이다.

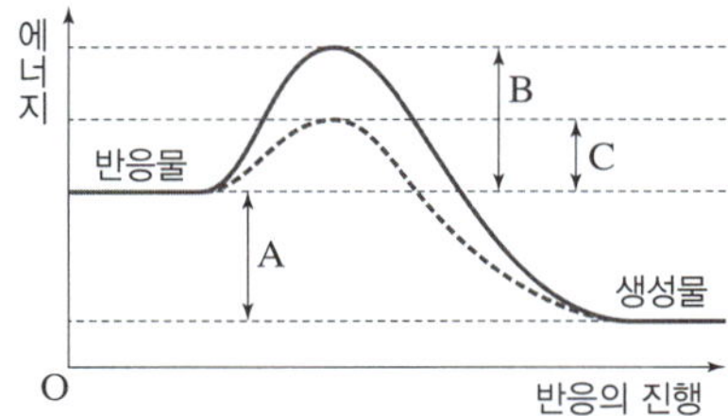

이에 대한 설명으로 옳은 것만을 〈보기〉에서 있는 대로 고른 것은?

〈 보기 〉

ㄱ. 효소에 의해 A가 줄어든다.
ㄴ. B와 C 중 효소가 없을 때의 활성화에너지는 C이다.
ㄷ. 반응물의 에너지가 생성물의 에너지보다 크다.

① ㄴ ② ㄷ ③ ㄱ, ㄴ ④ ㄱ, ㄷ ⑤ ㄱ, ㄴ, ㄷ

958

13 다음은 효소가 일상생활에 활용되는 사례이다.

(가) ㉠효소를 소화제에 첨가하여 소화를 돕는다.
(나) 밥과 엿기름을 넣고 일정 온도에 두면 ㉡녹말이 엿당으로 분해되는 반응이 촉진되어 단맛이 나는 식혜가 만들어진다.
(다) 고기를 양념에 재울 때 ㉢키위즙이나 파인애플즙을 넣으면 고기가 연해진다.

이에 대한 설명으로 옳은 것만을 〈보기〉에서 있는 대로 고른 것은?

〈 보기 〉

ㄱ. ㉠에는 단백질, 지방 등의 분해를 촉진하는 효소가 해당된다.
ㄴ. 온도를 높일수록 ㉡이 계속 빨라진다.
ㄷ. ㉢에 있는 단백질분해효소가 고기를 연하게 한다.

① ㄱ ② ㄴ ③ ㄱ, ㄴ ④ ㄱ, ㄷ ⑤ ㄴ, ㄷ

959

14 그림은 어떤 효소의 작용을 나타낸 것이다.

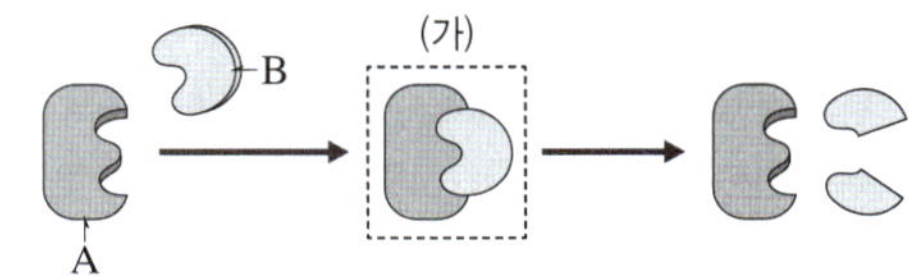

이에 대한 설명으로 옳은 것만을 〈보기〉에서 있는 대로 고른 것은?

〈 보기 〉

ㄱ. A의 주성분은 단백질이다.
ㄴ. 반응이 진행됨에 따라 B의 농도는 감소한다.
ㄷ. (가) 상태에서 이 반응의 활성화에너지가 낮아진다.

① ㄱ ② ㄴ ③ ㄱ, ㄴ ④ ㄴ, ㄷ ⑤ ㄱ, ㄴ, ㄷ

960

15 그림은 세포액과 같은 농도의 소금물에 들어 있던 식물 세포를 서로 다른 농도의 소금물 A와 B에 각각 넣고 일정 시간이 지났을 때의 모습을 나타낸 것이다. (가)는 식물 세포를 소금물 A에, (나)는 식물 세포를 소금물 B에 넣었을 때의 모습이다.

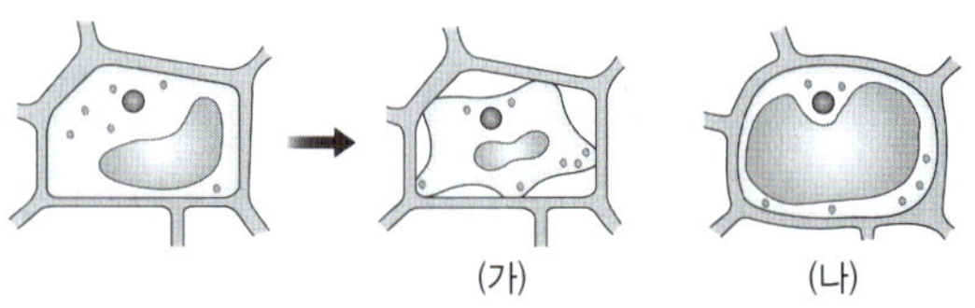

이에 대한 설명으로 옳은 것만을 〈보기〉에서 있는 대로 고른 것은?

〈 보기 〉

ㄱ. 소금물의 농도는 A가 B보다 높다.
ㄴ. 배추를 소금물에 담가 배추의 숨이 죽었을 때의 세포 상태는 (가)와 같다.
ㄷ. B에 넣은 세포에서는 세포막을 통해 물이 세포 밖으로 많이 이동하였다.

① ㄴ ② ㄷ ③ ㄱ, ㄴ ④ ㄱ, ㄷ ⑤ ㄱ, ㄴ, ㄷ

961

16 그림은 유전자와 단백질 사이의 관계를 나타낸 것이다. 단백질 ⓛ은 20개의 아미노산으로 구성된다.

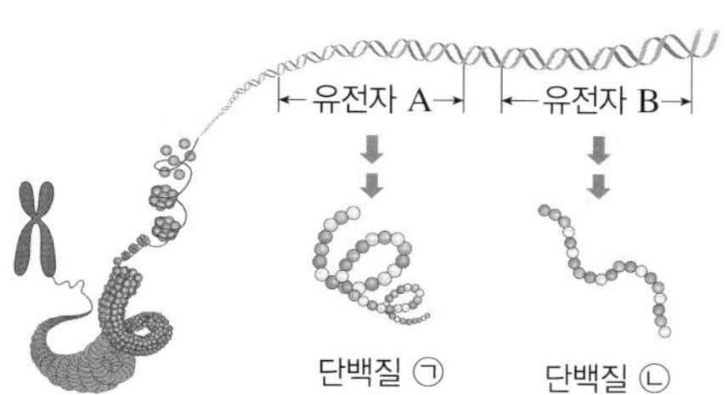

이에 대한 설명으로 옳은 것만을 〈보기〉에서 있는 대로 고른 것은? (단, 돌연변이는 고려하지 않는다.)

> ─〈 보기 〉─
> ㄱ. 뉴클레오타이드는 ㉠의 기본 단위체이다.
> ㄴ. A와 B에 저장된 유전정보는 같다.
> ㄷ. B가 전사되어 합성된 RNA를 구성하는 염기의 수는 60개이다.

① ㄱ   ② ㄷ   ③ ㄱ, ㄴ
④ ㄱ, ㄷ   ⑤ ㄴ, ㄷ

962

17 그림은 어떤 식물에서 꽃 색 형질이 표현되는 과정을 나타낸 것이다. ㉠~㉢은 붉은 색소, 붉은 색소 합성효소, 붉은 색소 합성효소 유전자를 순서 없이 나타낸 것이다.

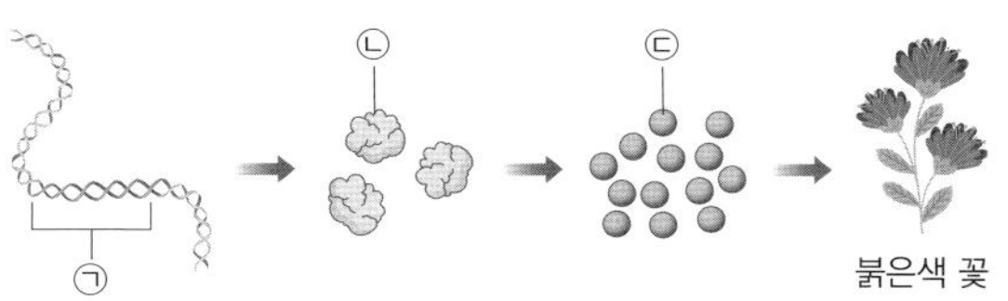

이에 대한 설명으로 옳은 것만을 〈보기〉에서 있는 대로 고른 것은?

> ─〈 보기 〉─
> ㄱ. ㉠은 DNA에 있다.
> ㄴ. ㉡에는 염기 유라실(U)이 있다.
> ㄷ. ㉠에 이상이 생기면 ㉢이 생성되지 않는다.

① ㄴ   ② ㄷ   ③ ㄱ, ㄴ
④ ㄱ, ㄷ   ⑤ ㄱ, ㄴ, ㄷ

963

18 그림은 사람의 세포에서 일어나는 유전정보의 흐름을 나타낸 것이다. (가)는 세포 내 구조이고, ㉠과 ㉡은 RNA와 DNA를 순서 없이 나타낸 것이다.

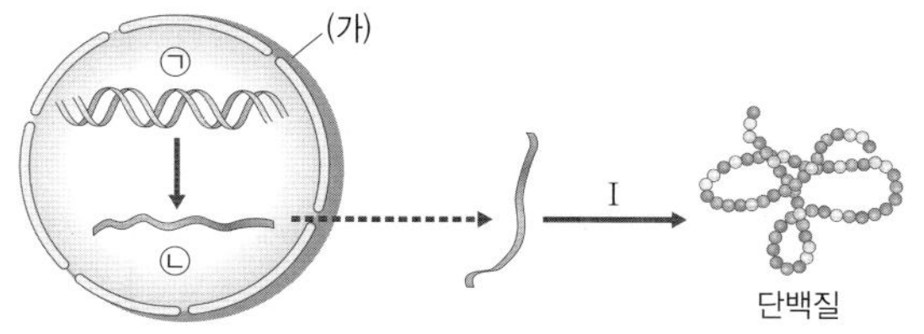

이에 대한 설명으로 옳은 것만을 〈보기〉에서 있는 대로 고른 것은?

> ─〈 보기 〉─
> ㄱ. ㉠을 구성하는 염기에는 유라실(U)이 있다.
> ㄴ. Ⅰ은 세포질의 라이보솜에서 일어난다.
> ㄷ. '구성 성분에 당이 있는가?'는 ㉠과 ㉡을 구분하는 기준이 된다.

① ㄴ   ② ㄷ   ③ ㄱ, ㄴ ④ ㄱ, ㄷ ⑤ ㄱ, ㄴ, ㄷ

964

19 그림은 세포에서 일어나는 유전정보의 흐름을 나타낸 것이다. RNA의 왼쪽 첫 번째 염기부터 번역된다.

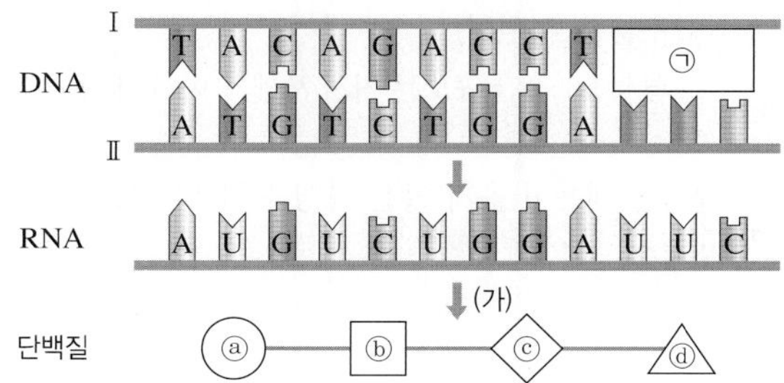

이에 대한 설명으로 옳은 것만을 〈보기〉에서 있는 대로 고른 것은? (단, 돌연변이는 고려하지 않는다.)

> ─〈 보기 〉─
> ㄱ. Ⅰ과 Ⅱ 중 전사에 이용된 가닥은 Ⅱ이다.
> ㄴ. ㉠의 염기서열은 AAG이다.
> ㄷ. (가)에서 ⓐ와 ⓑ 사이에 펩타이드결합이 형성된다.

① ㄱ   ② ㄴ   ③ ㄱ, ㄴ ④ ㄱ, ㄷ ⑤ ㄴ, ㄷ

965

20 그림은 세포 내 유전정보의 흐름을, 표는 일부 코돈이 지정하는 아미노산을 나타낸 것이다.

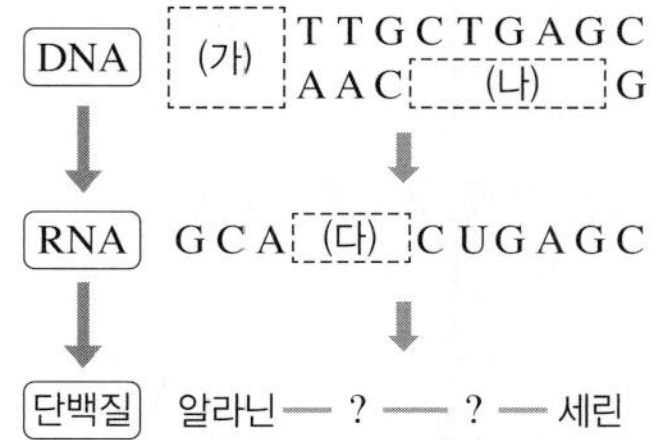

코돈	아미노산
AAC	아스파라진
AGC, UCG	세린
CGA	아르지닌
CUG, UUG	류신
GCA	알라닌

이에 대한 설명으로 옳은 것만을 〈보기〉에서 있는 대로 고른 것은? (단, 돌연변이는 고려하지 않는다.)

> ─〈 보기 〉─
> ㄱ. (가)에서 아데닌(A)의 수와 타이민(T)의 수가 같다.
> ㄴ. (나)에서 사이토신(C)의 수는 (다)에서 구아닌(G)의 수의 2배이다.
> ㄷ. 단백질을 구성하는 아미노산은 4종류이다.

① ㄴ   ② ㄷ   ③ ㄱ, ㄴ ④ ㄱ, ㄷ ⑤ ㄱ, ㄴ, ㄷ

서술형 대비

01. 과학의 기본량

난이도 하 | 966

1 다음은 자연 세계의 시간과 공간에 대한 학생 A~C의 대화이다.

> • 학생 A: 자연 현상은 시간과 공간으로 설명할 수 있어.
> • 학생 B: 자연 세계는 크게 미시 세계와 거시 세계로 구분할 수 있어.
> • 학생 C: 공간 규모는 거시 세계가 미시 세계보다 작아.

제시한 내용이 옳지 <u>않은</u> 학생을 <u>한 명</u> 고르고, 옳게 고쳐 쓰시오.

967

2 표는 두 가지 유도량과 단위를 나타낸 것이다.

유도량	속력	밀도
단위	m/s	kg/m^3

단위를 참고하여 속력과 밀도가 각각 어떤 기본량으로부터 유도되었는지 서술하시오.

난이도 중 | 968

3 표는 어떤 노트북의 제품 상세 정보를 나타낸 것이다.

(가) 정격 전류	2 A
(나) 배터리 용량	4 Ah
(다) 최대 사용 시간	10시간 30분
(라) 중앙처리장치[CPU] 온도	평균 42 °C
(마) 질량	약 1.4 kg

(1) (가)~(마) 중 기본량에 해당하고 국제단위계를 사용한 것을 모두 고르시오.

(2) (가)~(마) 중 유도량에 해당하는 것을 고르고, 그 유도량이 어떤 기본량으로부터 유도되었는지 서술하시오.

02. 측정 표준과 정보

난이도 하 | 969

4 과학 탐구에서 측정과 어림의 의미를 각각 서술하시오.

난이도 중 | 970

5 측정 표준은 일상생활, 과학 기술, 산업 등 다양한 분야에서 유용하게 활용된다. 측정 표준의 유용성과 필요성에 대해 <u>한 가지</u> 서술하시오.

971

6 다음은 현대 사회에서 디지털 정보가 활용되는 사례이다.

> 음악, 영화, 게임 등 다양한 콘텐츠를 디지털 방식으로 저장하고 빠르게 전송할 수 있게 되면서 문화 예술 분야는 크게 변화하고 있다. 또 디지털 정보는 쉽게 편집할 수 있어서 누구나 콘텐츠를 직접 만들고 공유할 수 있게 되었다.

이 밖에 디지털 정보가 활용되는 사례를 <u>한 가지</u> 서술하시오.

서술형 대비

03. 우주 초기 원소의 생성

난이도 하 972

1 그림은 우주의 탄생과 진화를 설명하는 어느 우주론의 모형을 나타낸 것이다.

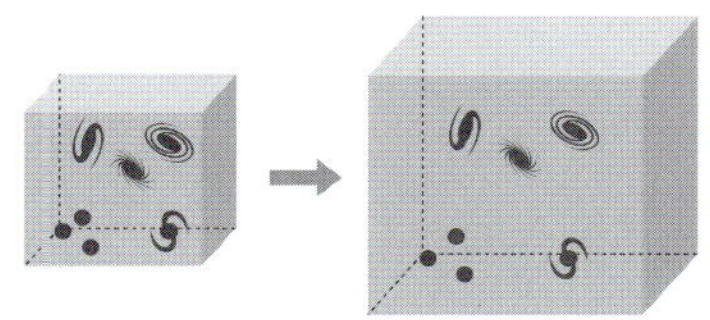

(1) 이에 해당하는 우주론의 이름을 쓰시오.

(2) 시간이 지남에 따라 우주의 온도와 밀도가 어떻게 변하는지 쓰고, 그 까닭을 서술하시오.

난이도 중 973

2 그림 (가)와 (나)는 서로 다른 종류의 스펙트럼이 형성되는 경우를 나타낸 것이다.

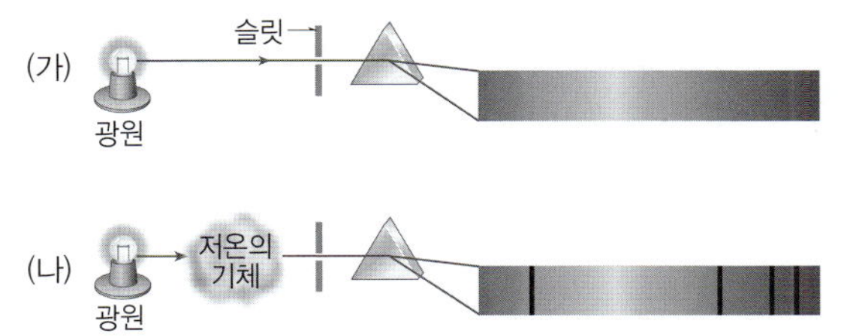

(1) (가)에서 형성되는 스펙트럼의 종류를 쓰고, 생성 원리를 서술하시오.

(2) (나)에서 형성되는 스펙트럼의 종류를 쓰고, 스펙트럼에 검은 선이 나타나는 까닭을 서술하시오.

974

3 그림은 임의의 원소 a, b, c의 스펙트럼과 고온의 어떤 별의 빛이 대기를 통과한 후 관측한 스펙트럼을 나타낸 것이다.

a~c 원소 중 이 별의 대기를 구성하는 원소를 쓰고, 그 까닭을 서술하시오.

난이도 상 975

4 그림은 빅뱅 후 우주에서 헬륨 원자핵이 생성되기 직전 양성자와 중성자의 개수비를 나타낸 것이다. (단, 헬륨 원자핵은 양성자 2개와 중성자 2개가 결합하여 생성된다.)

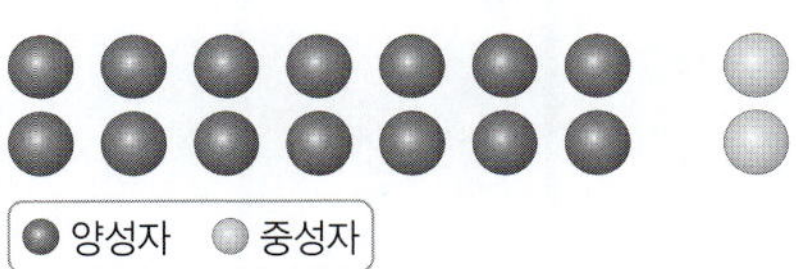

(1) 양성자와 중성자의 개수비를 쓰시오.

(2) 헬륨 원자핵이 생성된 후, 수소 원자핵과 헬륨 원자핵의 개수비를 쓰시오.

(3) 헬륨 원자핵이 생성된 후, 수소 원자핵과 헬륨 원자핵의 질량비를 구하고, 풀이 과정을 서술하시오.

5 성운에서 생성된 원시별이 스스로 빛을 내는 별로 진화하는 동안 크기와 중심부의 온도 변화를 서술하시오.

977

6 그림은 중심부에서 수소 핵융합 반응이 일어나는 별의 내부에서 작용하는 힘 A, B를 나타낸 것이다.

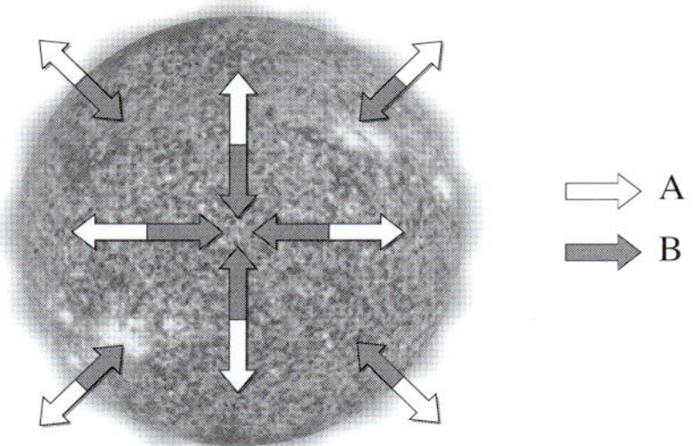

(1) A, B의 이름을 각각 쓰시오.

(2) 중심부에서 수소 핵융합 반응이 진행되는 동안 별의 크기는 어떻게 변화하는지 쓰고, 그 까닭을 서술하시오.

978
7 별의 질량과 수명과의 관계를 설명하고, 그 까닭을 서술하시오.

979
8 질량이 태양 정도인 별의 내부에서 일생 동안 생성될 수 있는 원소를 쓰고, 원소가 생성되는 과정을 서술하시오.

980
9 그림은 핵융합 반응이 중단된 어느 별의 내부 구조를 나타낸 것이다.

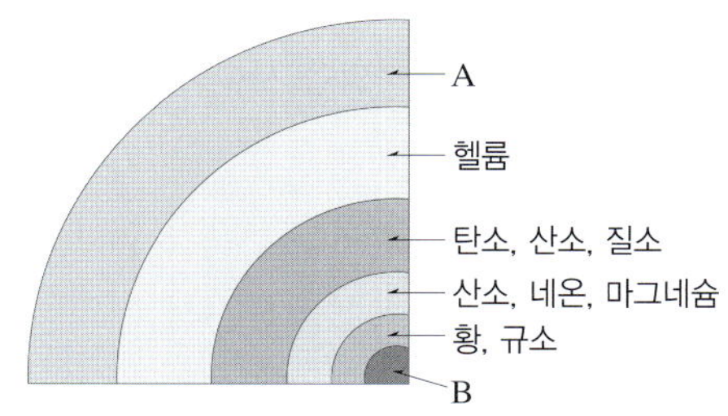

(1) 원소 A, B의 이름을 각각 쓰시오.

(2) 별의 중심부에서 B가 생성된 후 더 이상 핵융합 반응을 하지 <u>않는</u> 까닭을 서술하시오.

(3) 별의 내부에서 B까지 생성될 수 있는 별의 질량 조건을 서술하시오.

981
10 우주에서 별의 탄생과 진화가 반복될수록 우주를 구성하는 수소와 다른 원소의 비율은 어떻게 변화할지 쓰고, 그 까닭을 서술하시오.

11 그림은 태양계가 형성되는 과정의 일부를 나타낸 것이다.

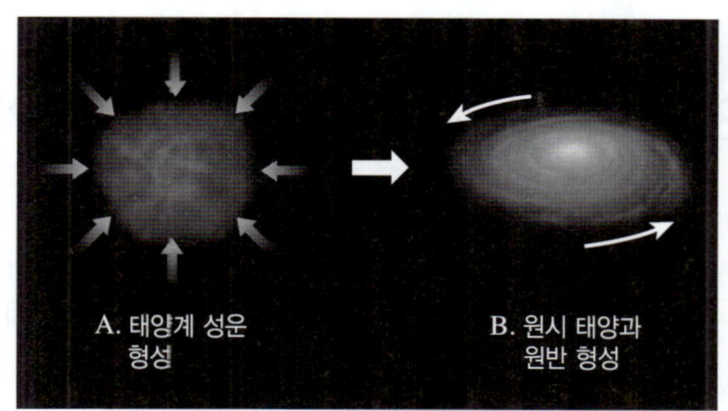

(1) A에서 B로 변화할 때 태양계 성운의 중심부 온도와 밀도 변화를 서술하시오.

(2) B에서 원시 원반이 형성되는 과정을 서술하시오.

12 지구형 행성과 목성형 행성의 평균 밀도를 비교하고, 그 까닭을 서술하시오.

13 그림 (가)~(다)는 원시 지구의 진화 과정을 순서 없이 나타낸 것이다.

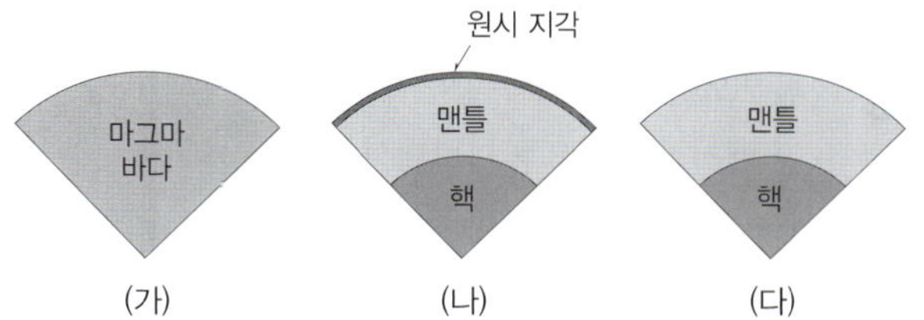

(가)~(다)를 시간 순서대로 나열하고, (다)에서 핵과 맨틀의 층상 구조가 형성되는 과정을 서술하시오.

14 그림 (가)와 (나)는 지구가 형성되는 과정 중 일부를 순서 없이 나타낸 것이다.

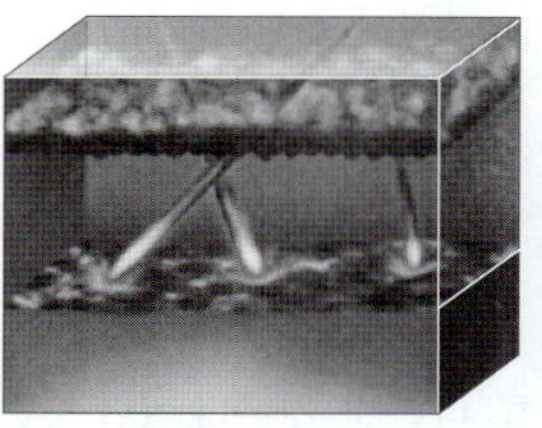
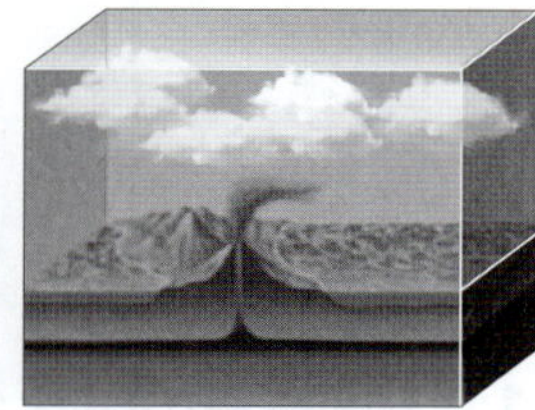

(가) 마그마의 바다 형성　　　　(나) 원시 지각 형성

(1) (가)와 (나)를 시간 순서대로 나열하시오.

(2) (가)와 (나) 중 지구 표면의 온도가 더 높았던 시기를 쓰시오.

(3) (가) 시기와 (나) 시기의 지구의 반지름을 부등호로 비교하고, 그 까닭을 서술하시오.

(4) (가)와 (나) 중 지구 중심부의 평균 밀도가 더 높았던 시기를 쓰고, 그 까닭을 서술하시오.

15 그림 (가)~(다)는 우주, 지구, 사람을 구성하는 주요 원소의 질량비를 순서 없이 나타낸 것이다. 단위는 %이다.

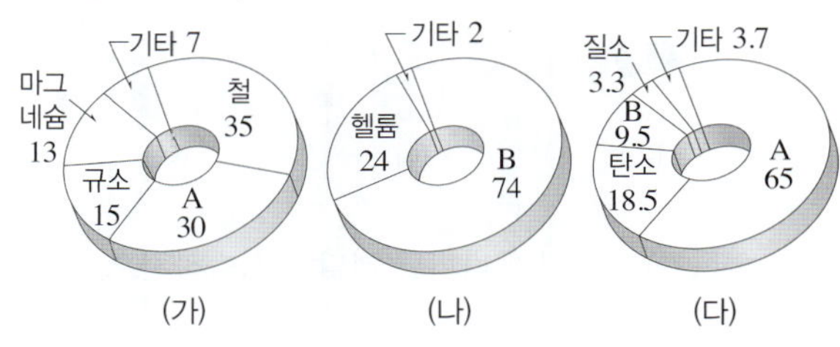

(1) (가)~(다)는 무엇에 해당하는지 각각 쓰시오.

(2) A와 B에 해당하는 원소를 쓰고, 각 원소가 어떻게 생성되었는지 서술하시오.

서술형 대비

06. 원소의 주기성

난이도 하　987

1 그림은 주기율표의 일부를 나타낸 것이다. (단, A~E는 임의의 원소 기호이다.)

주기 \ 족	1	2	13	14	15	16	17	18
1	A							
2	B					C	D	
3							E	

(1) A~E를 각각 금속 원소와 비금속 원소로 분류하시오.

(2) A~E 중 화학적 성질이 비슷한 원소를 찾아 쓰고, 판단 근거를 서술하시오.

난이도 중　988

2 다음은 리튬(Li)의 성질을 알아보기 위한 실험이다.

[실험 과정 및 결과]
(가) 물기가 없는 유리판 위에 리튬을 올려놓고 칼로 잘 랐더니 단면의 은백색 광택이 사라졌다.
(나) 물이 들어 있는 비커에 쌀알 크기의 리튬 조각을 넣었더니 물 위에 떠서 반응하면서 금속 표면에서 기포가 발생했다.
(다) (나)의 비커에 페놀프탈레인 용액을 떨어뜨렸더니 수용액이 　㉠　으로 변했다.

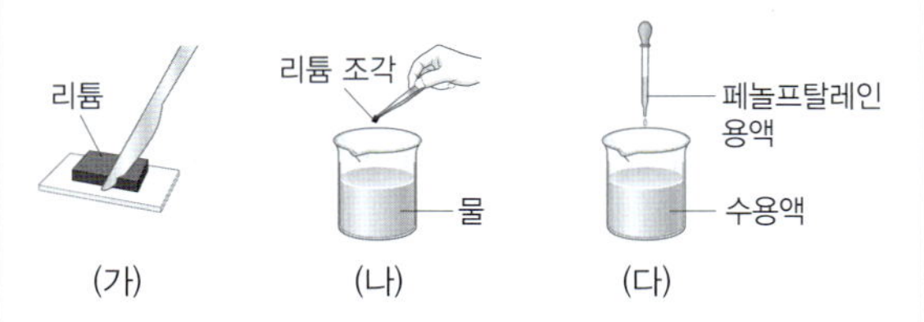

(1) (가)의 결과가 나타난 까닭을 서술하시오.

(2) (나)의 결과를 근거로 리튬의 밀도를 물과 비교하시오.

(3) (다)에서 ㉠으로 적절한 것을 쓰고, 판단 근거를 서술하시오.

989

3 다음은 알칼리 금속의 성질을 알아보기 위한 실험이다.

[실험 과정 및 결과]
(가) 물이 담긴 페트리 접시에 페놀프탈레인 용액을 떨어뜨린 후 칼륨 조각을 넣으면 물과 격렬하게 반응하고, 수용액이 붉은색으로 변한다.

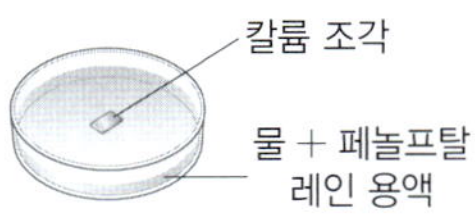

(나) 칼륨 대신 리튬과 나트륨으로 실험을 반복하면 　㉠　.

㉠으로 적절한 실험 결과를 쓰고, 판단 근거를 서술하시오.

07. 원자의 전자 배치

난이도 하　990

4 그림은 주기율표의 일부를 나타낸 것이다.

주기 \ 족	1	2	13	14	15	16	17	18
1								
2		A					B	

원자 A, B의 전자 배치에서 공통점과 차이점을 각각 한 가지씩 서술하시오. (단, A와 B는 임의의 원소 기호이다.)

난이도 중　991

5 플루오린(F) 원자와 알루미늄(Al) 원자의 가장 안정한 전자 배치를 모형으로 나타내시오.

플루오린(F)	알루미늄(Al)

6 다음은 원자 X의 전자 배치에 대한 자료이다.

주기 \ 족	1	2	13	14	15	16	17	18
2	A							
3						B		

- X의 전자 배치에서 전자가 들어 있는 전자 껍질 수는 A와 같다.
- X의 전자 배치에서 원자가 전자 수는 B와 같다.

원자 X의 전자 배치를 다음 조건에 따라 모형으로 나타내시오. (단, A, B, X는 임의의 원소 기호이다.)

〈 조건 〉
- 원자핵의 전하를 표시하시오.
- 전자는 ⊖으로 나타내시오.

08. 화학 결합의 원리와 종류

난이도 하 993

7 그림은 원자 A~C의 전자 배치를 모형으로 나타낸 것이다.

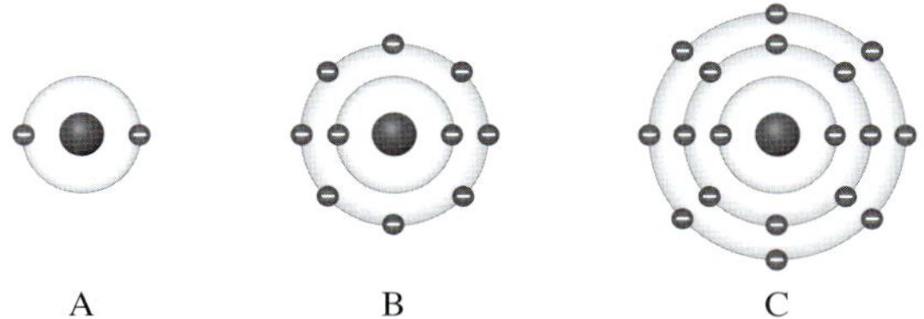

A~C의 공통적인 화학적 성질을 다음 내용을 포함하여 서술하시오.

- 전자 배치
- 화학 결합

8 그림은 원자 A~C의 전자 배치를 모형으로 나타낸 것이다.

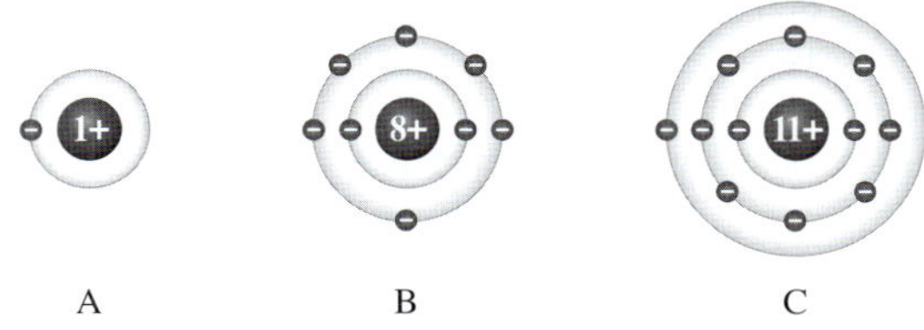

화합물 A_2B와 C_2B를 이온 결합 물질과 공유 결합 물질로 분류하고, 판단 근거를 함께 서술하시오. (단, A~C는 임의의 원소 기호이다.)

9 그림은 원자 A와 B의 전자 배치를 모형으로 나타낸 것이다. (단, A와 B는 임의의 원소 기호이다.)

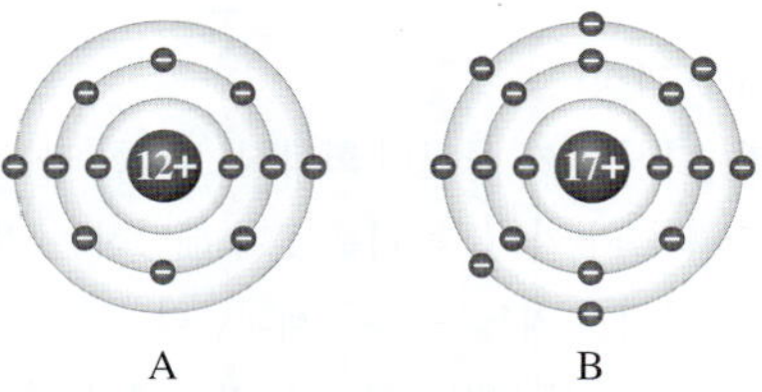

(1) A와 B의 원자가 전자 수를 각각 쓰시오.

(2) A와 B가 화학 결합을 형성하는 과정을 다음 내용을 포함하여 서술하시오

- 18족 원소의 전자 배치
- 양이온, 음이온
- 전자 이동
- 정전기적 인력

(3) A와 B로 이루어진 안정한 화합물의 화학식을 쓰시오.

10 그림은 수소(H)와 질소(N)의 전자 배치를 모형으로 나타낸 것이다.

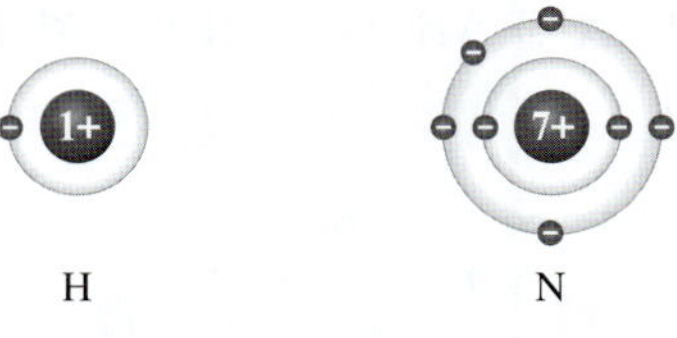

(1) 암모니아(NH_3)의 형성 과정을 다음 내용을 포함하여 서술하시오.

- 18족 원소의 전자 배치
- 전자쌍
- 공유

(2) 암모니아의 화학 결합을 모형으로 나타내시오.

11 다음은 다섯 가지 물질을 분류하는 탐구 활동의 과정과 결과를 나타낸 것이다.

> [탐구 과정]
> (가) 다섯 가지 물질의 화학식이 적힌 카드를 준비한다.
> (나) (가)의 카드 중 기준 I에 해당하는 카드만 남기고, 나머지 카드는 모두 제외한다.
> (다) (나)에서 남은 카드 중 기준 II에 해당하는 카드만 남기고, 나머지 카드는 모두 제외한다.
>
> [탐구 결과]
>
> 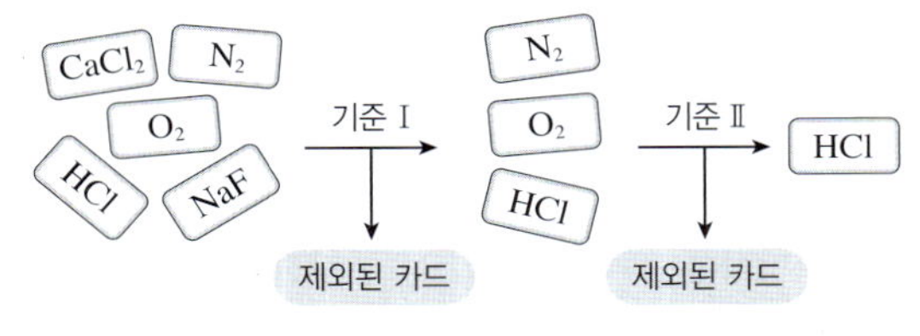
>

기준 I과 기준 II로 적절한 것을 각각 <u>한 가지씩</u> 서술하시오.

12 그림은 화합물 ABC와 DB를 화학 결합 모형으로 나타낸 것이다.

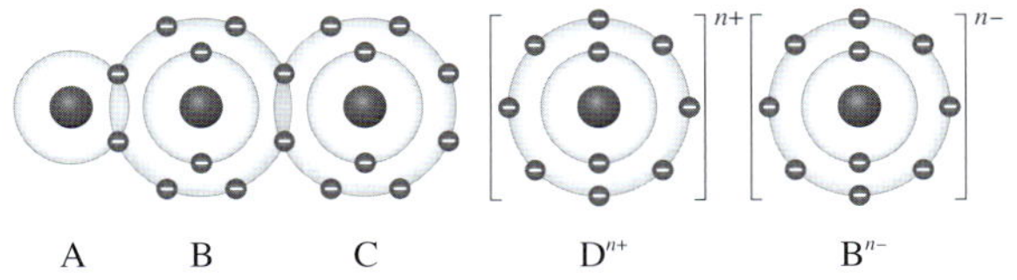

(1) n을 구하고, 판단 근거를 서술하시오.

(2) C와 D로 이루어진 안정한 화합물의 화학 결합의 종류와 화학식을 쓰시오.

---

13 표는 염화 나트륨, 황산 구리(II), 포도당, 설탕의 전기 전도성을 확인한 실험 결과를 나타낸 것이다.

물질	전기 전도성	
	고체	수용액
염화 나트륨	없음	㉠
황산 구리(II)	없음	있음
포도당	없음	㉡
설탕	없음	없음

㉠과 ㉡에 적절한 결과를 쓰고, 판단 근거를 서술하시오.

14 다음은 고체 상태와 수용액 상태에서 물질 A와 B의 전기 전도성을 알아보기 위한 실험과 결과를 나타낸 것이다. A와 B는 각각 염화 칼륨과 설탕 중 하나이다.

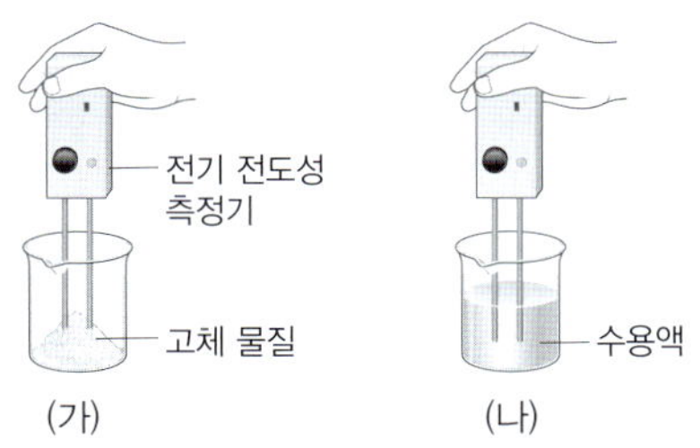

과정		(가)	(나)
전기 전도성	A	없음	없음
	B	없음	있음

(1) A에 해당하는 물질을 쓰고, 수용액 상태에서 전기 전도성이 없는 까닭을 서술하시오.

(2) B에 해당하는 물질을 쓰고, 고체 상태에서는 전기 전도성이 없지만 수용액 상태에서는 전기 전도성이 있는 까닭을 서술하시오.

Ⅱ-2 **물질의 규칙성과 성질** | 10강~12강

서술형 대비

실전 대비 BOOK

10. 지각을 구성하는 물질의 규칙성

난이도 하 | **1001**

1 그림 (가)와 (나)는 지각과 사람을 구성하는 원소의 질량비를 나타낸 것이다.

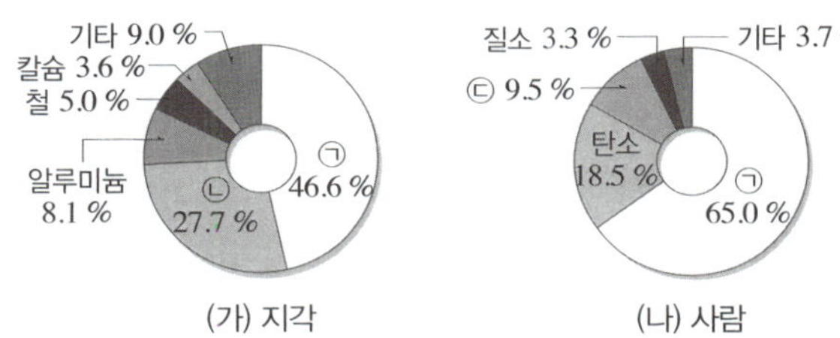

(1) ㉠~㉢에 해당하는 원소의 이름을 각각 쓰시오.

(2) (가)와 (나)에서 제시한 원소 ㉠~㉢, 알루미늄, 탄소 중 원자가 전자 수가 같은 두 원소를 쓰고, 그 까닭을 서술하시오.

1002

2 암석을 이루고 있는 주된 광물을 조암 광물이라고 하는데, 조암 광물 중 90 % 이상은 규산염 광물이, 나머지는 비규산염 광물이 차지한다. 이와 같이 대부분의 암석이 규산염 광물로 이루어져 있는 까닭을 서술하시오.

1003

3 그림은 규산염 사면체의 구조를 나타낸 것이다.

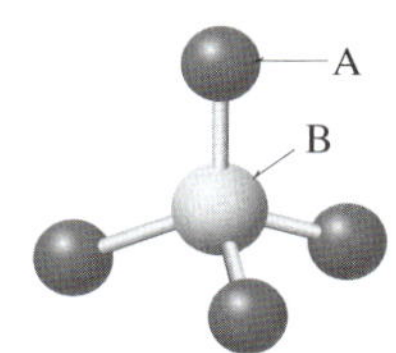

A와 B에 해당하는 원소의 이름을 각각 쓰고, 결합의 종류와 방법을 서술하시오.

난이도 중 | **1004**

4 그림 (가)와 (나)는 서로 다른 규산염 광물의 결합 구조를 나타낸 것이다.

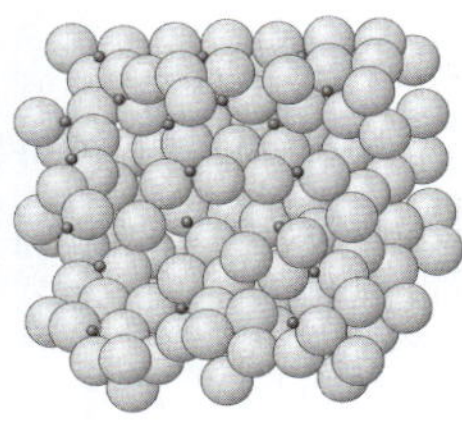

(1) (가)와 (나)의 결합 구조에 해당하는 광물의 예를 한 가지씩 쓰시오.

(2) (가)와 (나)에 해당하는 광물에 충격을 가했을 때 공통적으로 나타나는 특징을 결합 구조와 관련지어 서술하시오.

1005

5 그림은 석영의 결합 구조를 나타낸 것이다. 석영의 결합 구조의 특징을 광물의 풍화에 강한 정도와 관련지어 서술하시오.

1006

6 그림은 규산염 광물인 감람석, 석영, 흑운모를 구분하는 과정을 나타낸 것이다.

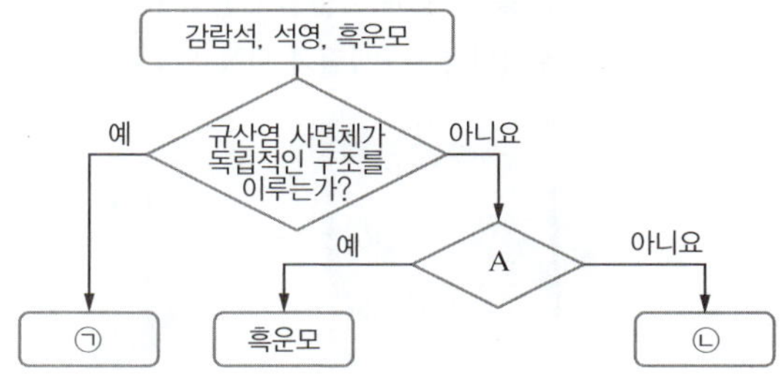

(1) ㉠과 ㉡에 해당하는 광물을 각각 쓰시오.

(2) A에 들어갈 수 있는 구분 기준을 결합 구조와 관련지어 서술하시오.

난이도 **하** 1007

7 표는 생명체를 구성하는 물질 A~C에 대한 설명이다. A~C는 단백질, 탄수화물, 핵산을 순서 없이 나타낸 것이다.

물질	특징
A	단당류, 이당류, 다당류로 구분된다.
B	케라틴, 액틴 등이 있다.
C	DNA와 RNA가 있다.

A~C의 기능을 한 가지씩 서술하시오.

1008

8 그림은 단백질의 합성 과정을 나타낸 것이다.

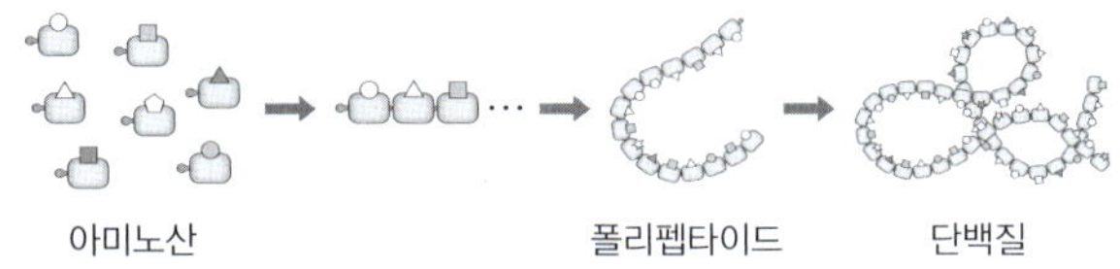

생명체에 존재하는 아미노산은 20종류이지만, 단백질의 종류와 기능은 매우 다양하다. 그 까닭을 서술하시오.

난이도 **중** 1009

9 그림은 생명체를 구성하는 물질 (가)와 (나)의 예를 나타낸 것이다. (가)와 (나)는 단백질과 DNA를 순서 없이 나타낸 것이다.

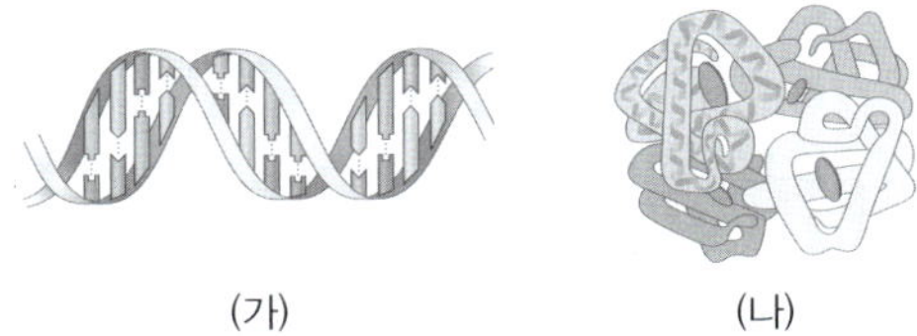

(1) (가)와 (나)의 기본 단위체의 이름을 각각 쓰시오.

(2) (가)와 (나)의 공통점을 두 가지만 서술하시오.

1010

10 그림은 핵산 X의 구조를 나타낸 것이다.

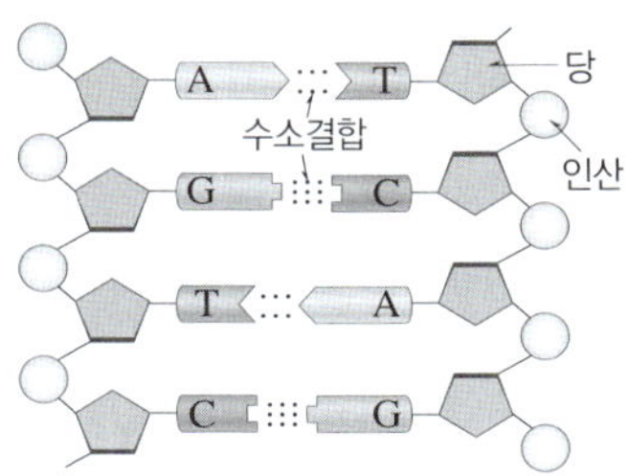

X는 DNA와 RNA 중 어느 것인지 쓰고, 그렇게 생각한 까닭을 두 가지 서술하시오.

1011

11 이중나선 DNA의 모형을 만들기 위해 뉴클레오타이드 모형을 표와 같이 준비하였다. 주어진 재료를 이용하여 만들 수 있는 DNA 모형 중 가장 긴 것은 몇 개의 뉴클레오타이드 모형으

뉴클레오타이드 모형	수(개)
아데닌(A)	30
구아닌(G)	40
타이민(T)	50
사이토신(C)	60
유라실(U)	40

로 구성되는지 그렇게 생각한 까닭과 함께 서술하시오.

난이도 **상** 1012

12 다음은 DNA X에 대한 자료이다.

- X를 구성하는 당은 모두 200개이다.
- 사이토신(C)은 55개 존재한다.
- 두 가닥의 폴리뉴클레오타이드 I과 II가 이중나선구조를 이룬다.
- I에 존재하는 아데닌(A)은 20개이다.
- I에 존재하는 타이민(T)과 II에 존재하는 구아닌(G)의 수는 같다.

I에 존재하는 구아닌(G)은 몇 개인지 풀이 과정과 함께 구하시오.

난이도 하 | 1013

13 그림은 n형 반도체와 p형 반도체를 결합하여 만든 반도체 소자이다.

(1) 이 반도체 소자의 이름을 쓰시오.

(2) 이 반도체는 회로에서 어떤 작용을 하는지 서술하시오.

1014

14 그림은 전선으로, (가)는 전선 내부의 구리 도선이고, (나)는 전선의 외피이다.

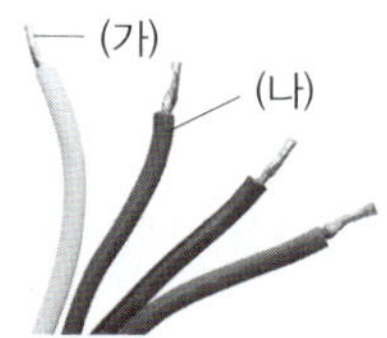

(가)와 (나)의 구성 소재는 도체, 반도체, 부도체 중 어떤 것인지 전기적 성질과 관련지어 서술하시오.

난이도 중 | 1015

15 그림과 같이 지구를 구성하는 물질은 도체, 부도체로 분류할 수 있다.

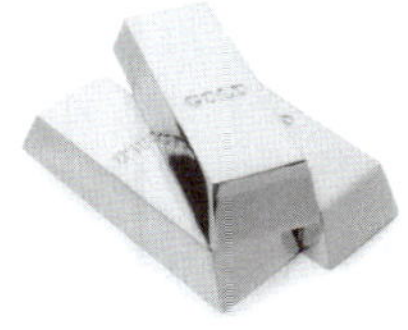

(1) 각 분류에 해당하는 물질을 두 가지씩 쓰시오.
도체: (   ), 부도체: (   )

(2) 위와 같이 분류한 기준을 다음 용어를 모두 포함하여 서술하시오.

> 자유 전자, 전류

1016

16 그림은 저마늄(Ge)에 인듐(In)을 첨가한 반도체 A와 저마늄(Ge)에 비소(As)를 첨가한 반도체 B를 나타낸 것이다. A와 B는 n형 반도체와 p형 반도체를 순서 없이 나타낸 것이다.

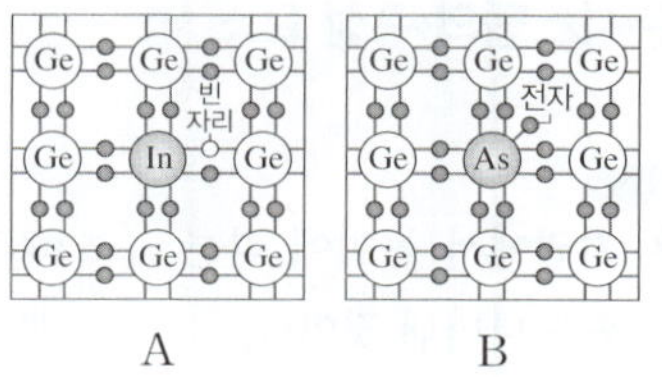

(1) A와 B에 첨가한 불순물 원소의 원자가 전자의 수를 쓰시오.
A: (   ), B: (   )

(2) A와 B는 각각 어떤 반도체인지 다음 용어를 모두 포함하여 서술하시오.

> 전자의 빈 자리, 공유 결합

1017

17 그림은 태양 전지이다.

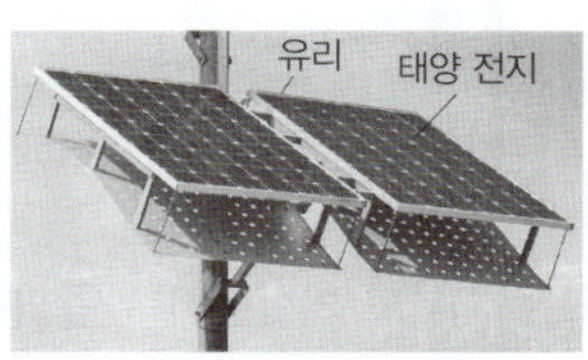

태양 전지에서 부도체와 반도체의 전기적 성질이 활용된 부분을 각각 골라 역할을 한 가지씩 서술하시오.

1018

18 그림은 장갑을 낀 채로 스마트폰을 작동시키는 모습을 나타낸 것이다.

장갑을 껴도 스마트폰을 작동시킬 수 있는 까닭을 전기적 성질과 관련지어 서술하시오.

서술형 대비

13. 지구시스템의 구성 요소

난이도 하 **1019**

1 그림은 기권에서 높이에 따른 기온 분포를 나타낸 것이다.

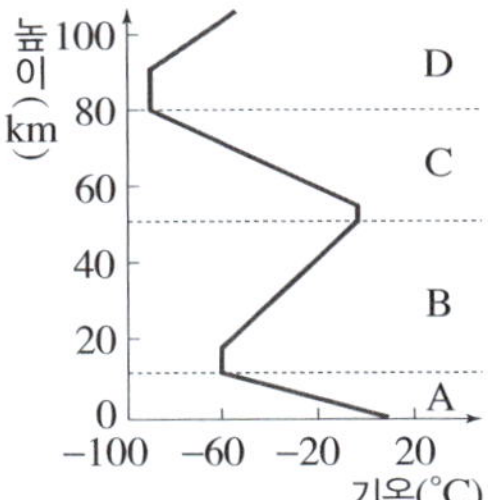

(1) A~D 층의 이름을 각각 쓰시오.

(2) A~D 층 중 대류 현상이 일어나는 두 층의 기호를 쓰고, 두 층의 차이점을 서술하시오.

난이도 중 **1020**

2 지구시스템의 상호작용 중 지권에서 기권으로 영향을 미치는 자연 현상의 예를 **두 가지** 서술하시오.

1021

3 그림 (가)는 고위도 지방에서 관측되는 오로라를, (나)는 지권의 성층 구조를 나타낸 것이다.

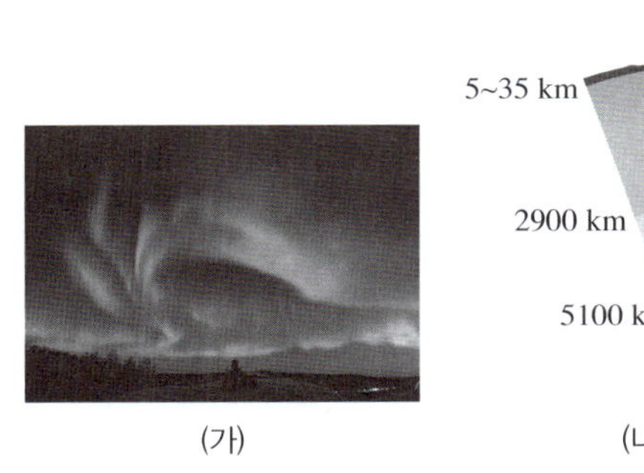

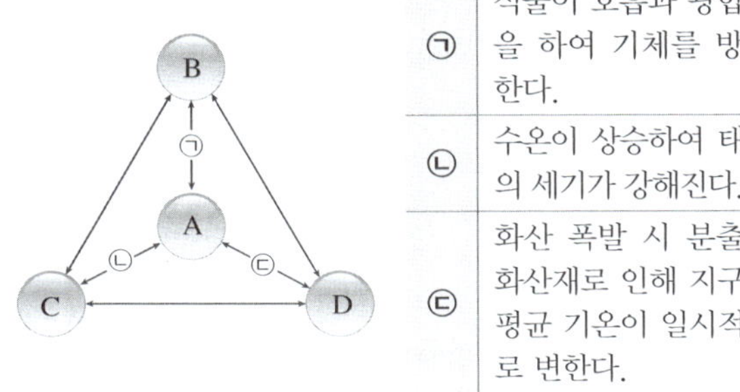

(가)　　　　　　(나)

(1) 기권에서 오로라가 발생하는 층의 이름을 쓰고, 오로라가 발생하는 과정을 지구시스템에서 구성 요소의 상호작용으로 서술하시오.

(2) 고위도 지방에서만 오로라가 관측되는 것은 지구 자기장 때문이다. 그림 (나)의 A~D 중 지구 자기장 형성과 관련된 층의 기호를 쓰시오.

난이도 상 **1022**

4 그림은 지구시스템의 구성 요소 A~D 사이의 상호작용을, 표는 A~D 사이에서 일어난 상호작용의 예 ㉠~㉢을 나타낸 것이다.

㉠	식물이 호흡과 광합성을 하여 기체를 방출한다.
㉡	수온이 상승하여 태풍의 세기가 강해진다.
㉢	화산 폭발 시 분출된 화산재로 인해 지구의 평균 기온이 일시적으로 변한다.

(1) ㉠~㉢은 각각 어느 권역 간의 상호작용인지 서술하시오.

(2) 그림에서 지구시스템의 구성 요소 A~D의 이름을 각각 쓰시오.

14. 지구시스템의 에너지와 물질 순환

난이도 하 **1023**

5 표는 지구시스템의 에너지량의 상대적 비율과 에너지의 발생 원인을 나타낸 것이다.

구분	에너지량의 상대적 비율(%)	에너지의 발생 원인
태양 에너지	99.985	수소 핵융합 반응
(가)	0.013	지구 내부의 방사성 원소의 붕괴열, 지구 형성 과정에서 축적된 열
(나)	0.002	달과 태양의 인력

(1) (가), (나)에 해당하는 에너지원을 각각 쓰시오.

(2) 세 가지 에너지원으로 인해 일어나는 자연 현상의 예를 각각 **한 가지**씩 서술하시오.

난이도 중 **1024**

6 바다에서 증발량이 강수량보다 많은데도 불구하고 물의 평형이 유지되는 까닭을 서술하시오.

1025

7 탄소가 가장 많이 분포하는 지구시스템의 구성 요소를 쓰고, 이 구성 요소에서 탄소의 분포량이 감소하였을 때 지구시스템의 전체 탄소량은 어떻게 변화하는지 서술하시오.

난이도 **상**　**1026**

8 그림은 지구 전체의 평균적인 물의 순환 과정을 나타낸 것이다.

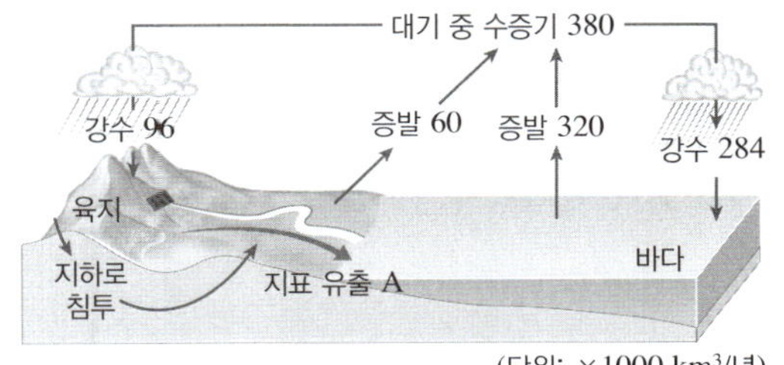

(1) 물의 순환을 일으키는 주요 에너지원을 쓰시오.

(2) A의 값을 구하는 과정을 서술하시오.

(3) 지구 온난화로 지구의 평균 기온이 상승하면 지구 전체 물의 양은 어떻게 변화하는지 서술하시오.

1027

9 그림 (가)는 지구가 탄생한 이후부터 현재까지 대기 중 기체의 분압을, (나)는 지구시스템에서 구성 요소의 상호작용을 나타낸 것이다.

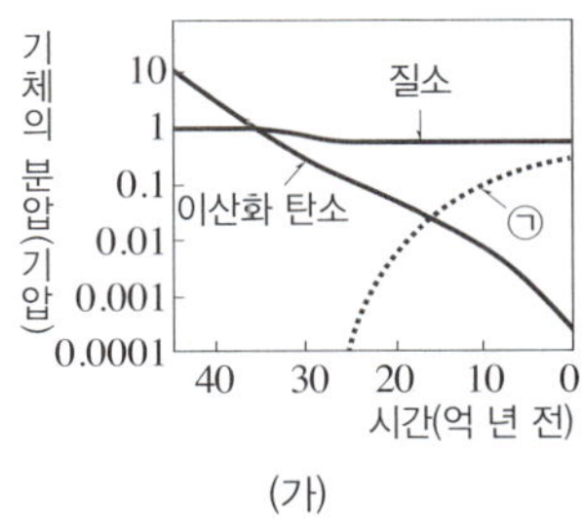

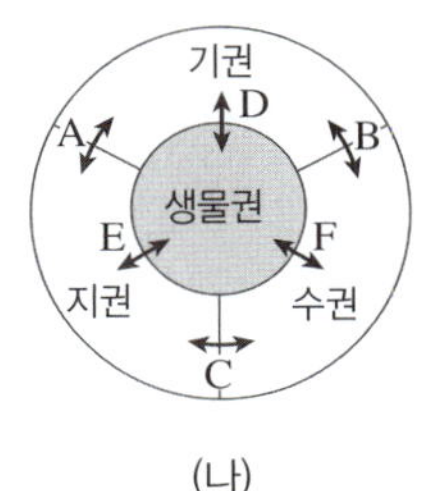

(1) (나)의 A~F 중 (가)에서 약 25억 년 전 이전에 시간이 지남에 따라 이산화 탄소가 감소한 까닭과 관련이 있는 지구시스템의 상호작용에 해당하는 기호를 쓰고, 탄소의 존재 형태가 어떻게 전환되었는지 서술하시오.

(2) ㉠에 해당하는 기체의 이름을 쓰고, 대기 중 ㉠과 이산화 탄소량의 변화 관계를 지구시스템의 상호작용으로 서술하시오.

난이도 **하**　**1028**

10 지진은 우리에게 피해를 주지만 긍정적인 영향을 주기도 한다. 지진이 우리에게 유용하게 이용되는 예를 한 가지 서술하시오.

난이도 **중**　**1029**

11 그림은 지구 내부 구조의 일부 모습을 나타낸 것이다.

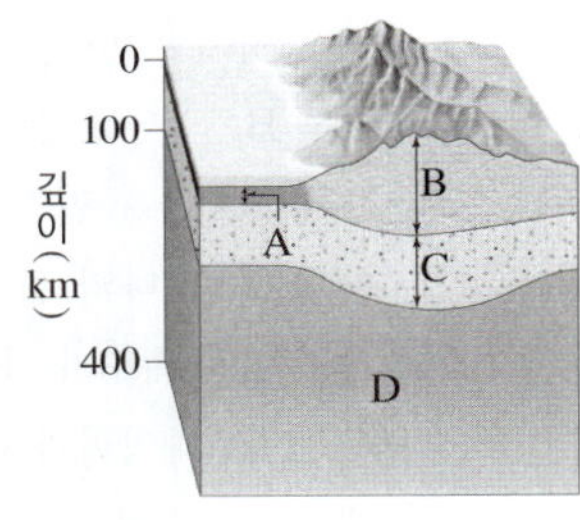

(1) A~D를 이용하여 해양판과 대륙판에 해당하는 부분을 서술하시오.

(2) A~D 중 대류가 일어나는 부분의 기호를 쓰고, 대류가 일어나는 까닭을 서술하시오.

1030

12 그림은 전 세계의 지진 분포를 나타낸 것이다.

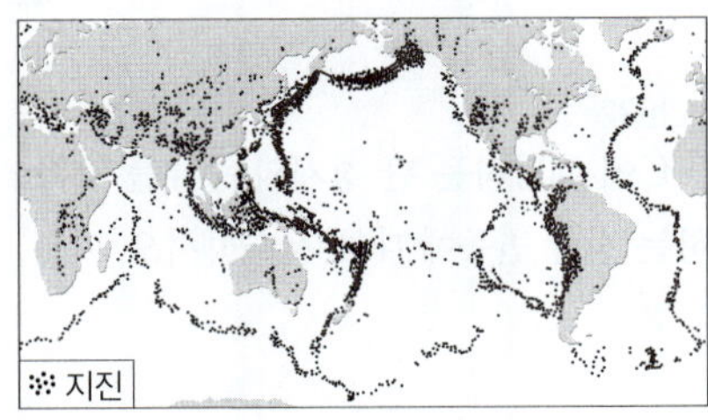

(1) 지진을 일으키는 지구시스템의 에너지원을 쓰시오.

(2) 지진이 자주 발생하는 지역이 분포하는 특징을 쓰고, 그런 형태로 나타나는 까닭을 서술하시오.

13 그림은 전 세계 판의 분포와 이동 방향 및 이동 속도(cm/년)를 나타낸 것이다.

이에 대한 학생들의 대화에서 <u>잘못</u> 알고 있는 내용을 모두 찾아 옳게 고치시오.

- 학생 A: 지구 내부에서 고체 상태이지만 부분 용융이 일어나 유동성이 있는 판이 대류하면서 맨틀이 서서히 움직이고 있어.
- 학생 B: 대서양 중앙의 판 경계보다 태평양 연안의 판 경계를 이루는 판의 이동 속도가 더 느려.
- 학생 C: 하나의 판이더라도 경계를 이루는 부분마다 판의 이동 속도가 다를 수 있어.
- 학생 D: 해양판과 해양판이 멀어지는 경계는 대부분 해양판에 습곡 산맥을 만들어.

16. 판 경계의 지각 변동

[14~15] 그림은 판의 이동과 판 경계에서 발달하는 지형을 나타낸 것이다.

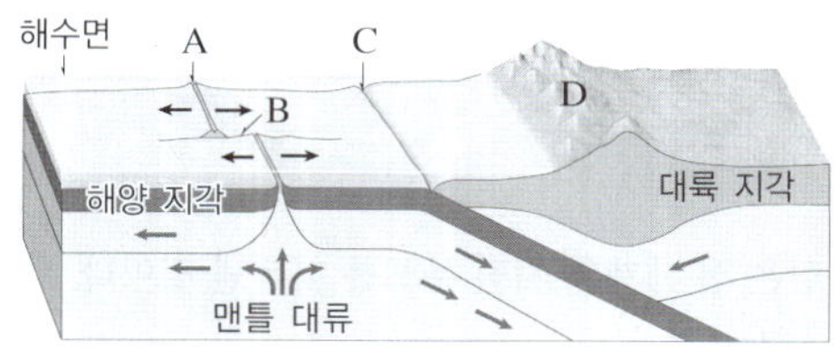

14 A~C에 해당하는 판 경계의 종류를 각각 쓰고, D에서 발생하는 지각 변동에 대해 서술하시오.

15 A와 C에서 발달하는 지형을 각각 쓰고, A에서 C로 갈수록 해양 지각의 나이가 어떻게 변하는지 서술하시오.

16 그림은 동아프리카 열곡대, 산안드레아스 단층, 안데스산맥을 특징에 따라 구분하는 과정을 나타낸 것이다.

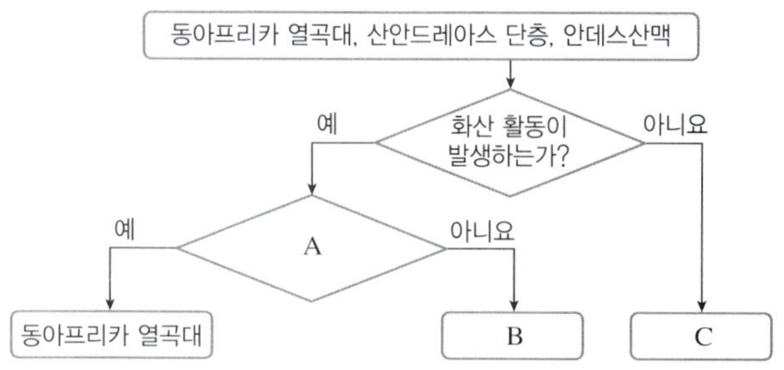

(1) A에 들어갈 알맞은 문장을 <u>한 가지</u> 서술하시오.

(2) B, C에 해당하는 지역을 각각 쓰시오.

17 밀도가 비슷한 두 대륙판이 가까워지는 판 경계에서 나타나는 지각 변동의 특징을 서술하시오.

18 그림은 어느 지역의 판 경계 부근에서 발생한 지진의 진앙 위치와 진원 깊이를 나타낸 것이다. ⓒ은 해양판이다.

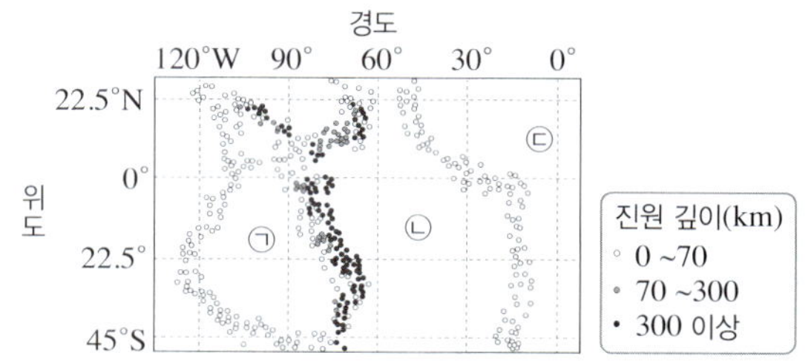

(1) ㉠~㉢ 중 수렴형 경계를 이루는 두 판의 기호를 쓰고, 그 까닭을 판 경계 부근에 있는 두 판의 밀도와 관련지어 서술하시오.

(2) 새로운 해양판이 생성되는 판 경계를 이루는 두 판의 기호를 쓰고, 판 경계에서 형성되는 지형을 <u>두 가지</u> 서술하시오.

서술형 대비

난이도 상 중 하

Ⅲ-2 **역학 시스템** | 17강~20강

17. 중력과 역학 시스템

난이도 하 | 1037

1 그림은 물체 A와 B 사이에 작용하는 중력을 나타낸 것이다.

A와 B 사이에 작용하는 중력의 크기를 증가시킬 수 있는 방법 두 가지를 서술하시오.

난이도 중 | 1038

2 그림 (가)는 질량이 각각 m, M인 물체가 거리 r만큼 떨어져 있는 모습을, (나)는 (가)에서 물체 사이의 거리를 $2r$만큼 떨어뜨린 모습을 나타낸 것이다.

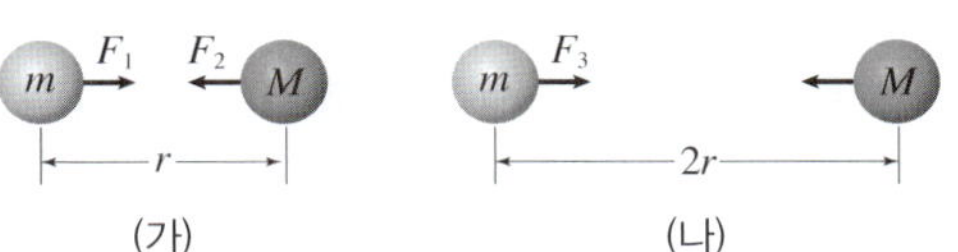

F_1, F_2, F_3의 대소 관계를 풀이 과정과 함께 구하시오.

난이도 1039

3 그림은 지구와 달에서 동일한 사과에 작용하는 중력의 크기를 상대적인 화살표의 길이로 나타낸 것이다. 달에서 사과에 작용하는 중력의 크기는 0.49 N이다.

지구에서 사과의 질량(kg)과 무게(N)를 풀이 과정과 함께 구하시오. (단, 지구에서 중력 가속도는 9.8 m/s²이고, 중력은 지구에서가 달에서의 6배이다.)

18. 중력을 받는 물체의 운동

난이도 하 | 1040

4 그림은 같은 높이에서 질량이 각각 m, $2m$인 물체 A, B를 동시에 가만히 놓아 자유 낙하 시키는 모습을 나타낸 것이다. A, B가 운동을 시작한 순간부터 지면에 도달할 때까지 걸린 시간을 각각 t_A, t_B라고 할 때, t_A, t_B의 대소 관계를 풀이 과정과 함께 구하시오. (단, 물체의 크기와 공기 저항은 무시한다.)

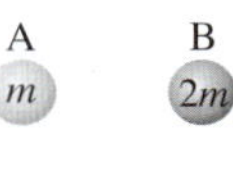

1041

5 표는 일정한 가속도로 직선 운동을 하는 자동차의 속력을 시간에 따라 나타낸 것이다.

시간(s)	0	1	2	3
속력(m/s)	10	15	20	25

이 자동차의 가속도의 크기(m/s²)를 풀이 과정과 함께 구하시오.

1042

6 그림과 같이 수평 방향으로 물체를 던지면 물체가 곡선 경로를 따라 운동한다.

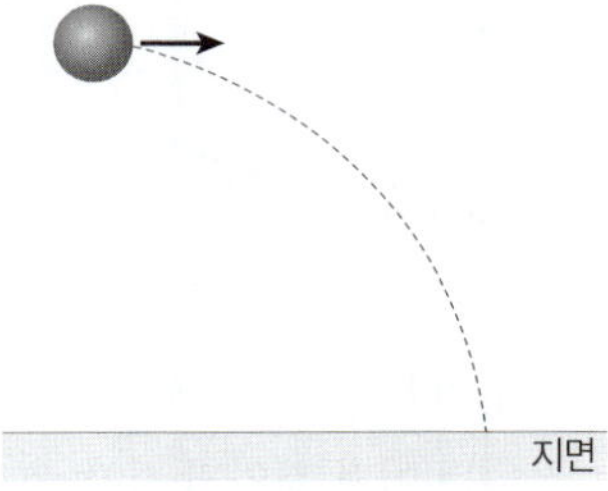

물체는 수평 방향과 연직 방향으로 각각 등가속도 운동과 등속 직선 운동 중 어떤 운동을 하는지 까닭과 함께 서술하시오. (단, 공기 저항은 무시한다.)

7 그림은 지면으로부터 같은 높이에서 질량이 2 kg인 물체 A를 가만히 놓는 순간 질량이 1 kg인 물체 B를 수평 방향으로 던지는 모습을 나타낸 것이다.

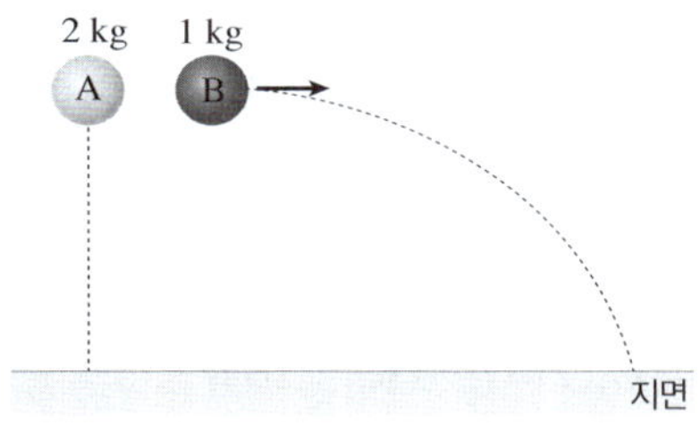

A, B가 운동을 시작한 순간부터 지면에 도달할 때까지 걸린 시간을 각각 t_A, t_B라고 할 때, t_A, t_B의 대소 관계를 풀이 과정과 함께 구하시오. (단, 물체의 크기와 공기 저항은 무시한다.)

8 그림은 지구 표면 근처에서 자유 낙하 하는 물체의 모습을 나타낸 것으로, p를 지나는 순간 물체의 속력은 9.8 m/s이다. 물체는 p를 지나는 순간부터 2초 후 q를 지난다. q를 지나는 순간 물체의 속력(m/s)을 풀이 과정과 함께 구하시오. (단, 중력 가속도는 9.8 m/s²이고, 공기 저항은 무시한다.)

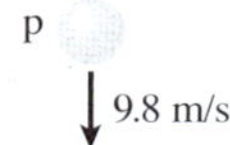
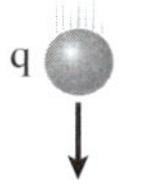

9 그림 (가), (나), (다)는 여러 가지 운동의 속도를 시간에 따라 나타낸 것이다.

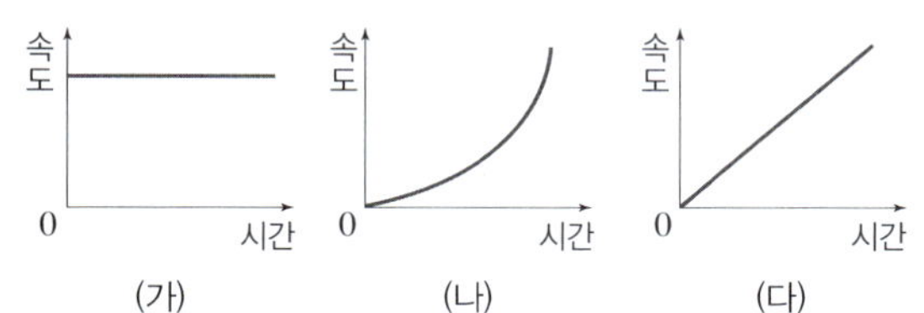

(1) (가), (나), (다) 중 등속 직선 운동과 등가속도 운동을 하는 경우는 어떤 것인지 각각 쓰시오.

등속 직선 운동: (　　　), 등가속도 운동: (　　　)

(2) (1)과 같이 생각한 까닭을 서술하시오.

10 그림은 같은 높이에서 동일한 공 A, B, C를 수평 방향으로 각각 v_A, v_B, v_C의 속력으로 동시에 던졌을 때, A, B, C의 위치를 일정한 시간 간격으로 나타낸 것이다. (단, 공의 크기와 공기 저항은 무시한다.)

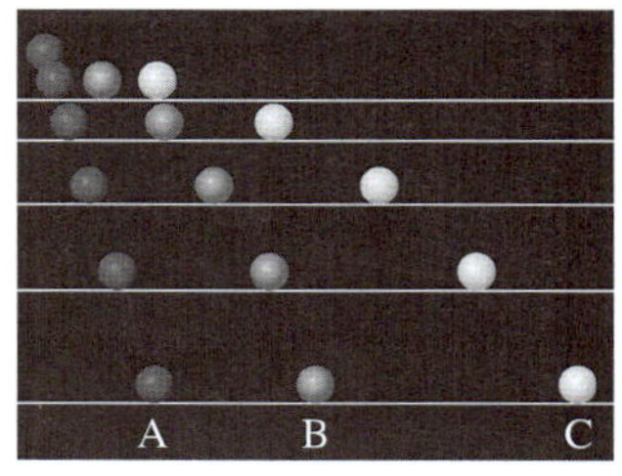

(1) v_A, v_B, v_C의 대소 관계를 구하시오.

(2) A, B, C가 운동을 시작한 순간부터 지면에 도달할 때까지 걸린 시간을 각각 t_A, t_B, t_C라고 할 때, t_A, t_B, t_C의 대소 관계를 풀이 과정과 함께 구하시오.

11 그림은 지구 표면 근처의 같은 높이에서 동일한 물체 A, B, C를 수평 방향으로 동시에 발사했을 때, A, B, C의 운동 경로를 나타낸 것이다. 물체의 운동이 A, B, C의 경로와 같이 서로 다르게 나타나는 까닭을 서술하시오.

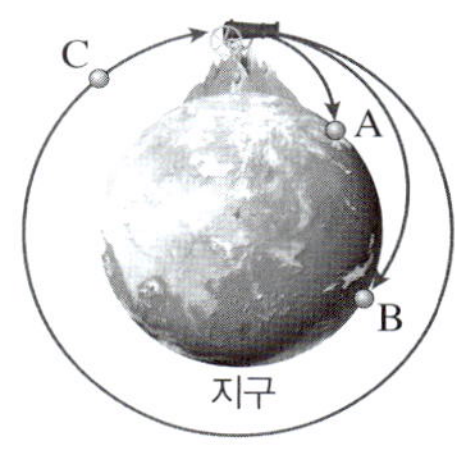

12 그림과 같이 지면 위에서 물체를 화살표 방향으로 던졌다. (단, 공기 저항은 무시한다.)

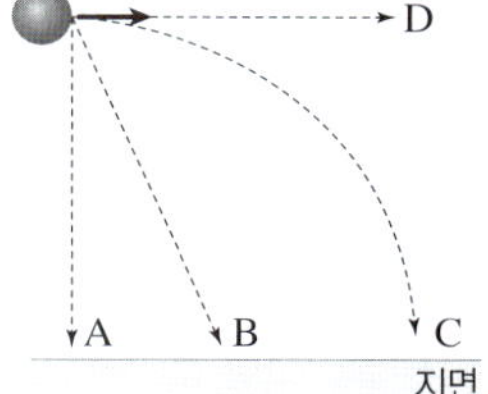

(1) A~D 중 중력이 작용할 때, 물체의 운동 경로를 쓰시오.

(2) A~D 중 중력이 작용하지 않을 때, 물체의 운동 경로를 쓰시오.

(3) (2)의 경우 어떤 운동을 하는지 서술하시오.

1049

13 그림과 같이 지면으로부터 높이가 h인 곳에서 물체를 수평 방향으로 5 m/s의 속력으로 던졌더니 물체가 수평 방향으로 10 m를 이동했을 때, 지면에 도달하였다. (단, 중력 가속도는 9.8 m/s²이고, 물체의 크기와 공기 저항은 무시한다.)

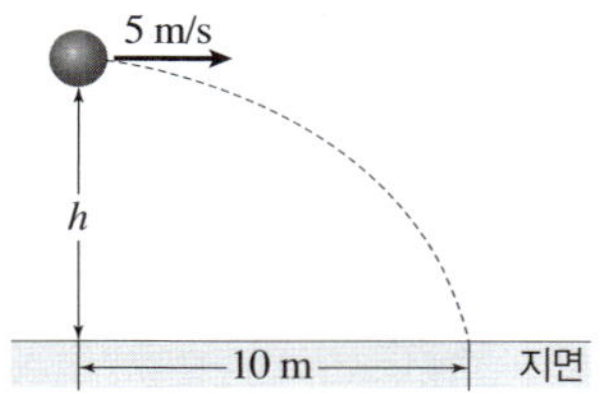

(1) 물체가 운동을 시작한 순간부터 지면에 도달할 때까지 걸린 시간을 구하시오.

(2) 물체가 지면에 도달하는 순간 물체의 연직 방향의 속력(m/s)을 풀이 과정과 함께 구하시오.

(3) h(m)를 풀이 과정과 함께 구하시오.

1050

14 그림은 책상 끝에 있는 공을 수평 방향으로 10 m/s의 속력으로 던지는 모습을 나타낸 것으로, 물체가 던져진 순간부터 지면에 도달할 때까지 걸린 시간은 5초이다.

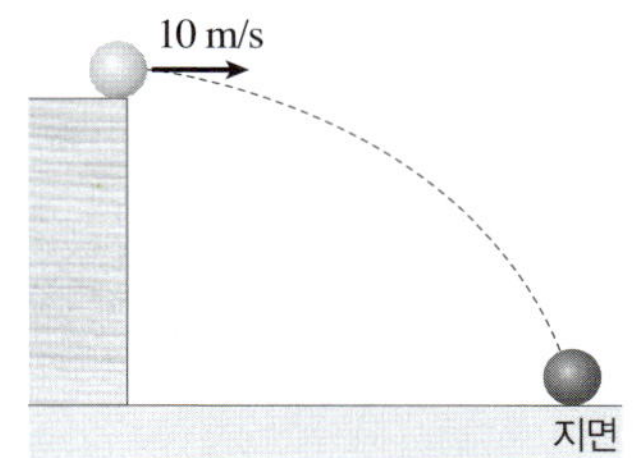

0초부터 5초까지 시간에 따른 물체의 속력을 1초 간격으로 수평 방향과 연직 방향으로 나누어 각각 그리시오. (단, 중력 가속도는 10 m/s²이고, 공기 저항은 무시하며, 그래프에는 시각별 속력 값을 나타내시오.)

(1) 수평 방향

(2) 연직 방향

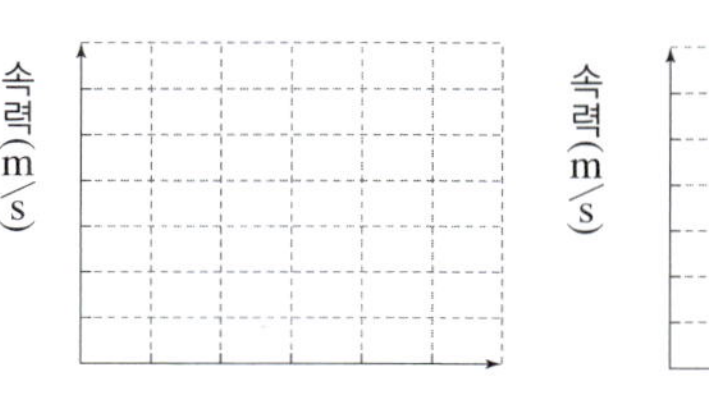

난이도 하 **1051**

15 그림은 물체 A, B, C의 질량과 속력을 나타낸 것이다.

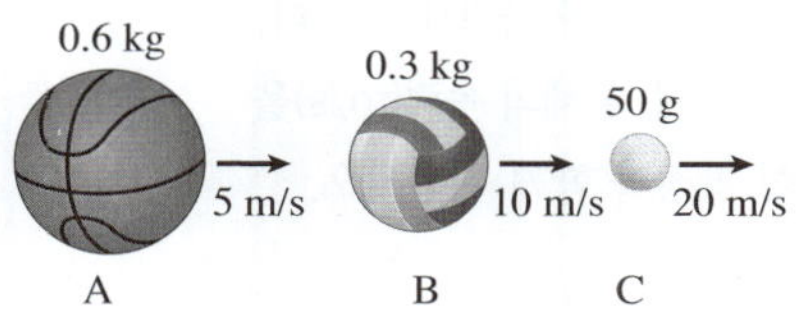

A, B, C의 운동량의 크기를 각각 p_A, p_B, p_C라고 할 때, $p_A : p_B : p_C$의 크기를 풀이 과정과 함께 구하시오.

1052

16 그림은 질량이 150 g인 야구공이 20 m/s의 속력으로 벽에 수직으로 충돌한 후 반대 방향으로 10 m/s의 속력으로 튀어나오는 모습을 나타낸 것이다.

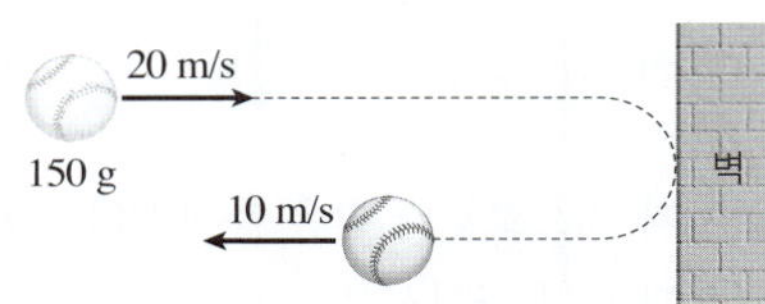

공이 벽으로부터 받은 충격량의 크기(N·s)를 풀이 과정과 함께 구하시오. (단, 공은 직선상에서 운동하고, 모든 마찰과 공기 저항은 무시한다.)

1053

17 그림은 40 m/s의 속력으로 날아오던 질량이 50 g인 테니스공이 라켓과 충돌 후 반대 방향으로 80 m/s의 속력으로 날아가는 모습을 나타낸 것이다. 테니스공이 라켓과 충돌한 시간이 0.1초일 때, 테니스공이 라켓으로부터 받은 평균 힘의 크기(N)를 풀이 과정과 함께 구하시오. (단, 공은 직선상에서 운동하고, 모든 마찰과 공기 저항은 무시한다.)

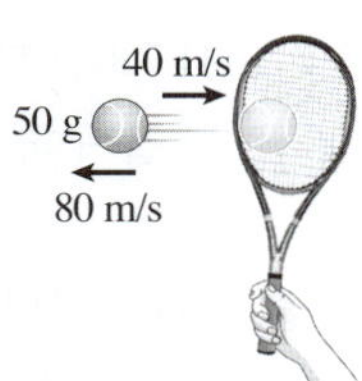

1054

18 그림은 마찰이 없는 수평면에 정지해 있는 질량이 3 kg인 물체에 수평 방향으로 작용한 힘을 시간에 따라 나타낸 것이다. 10초일 때, 물체의 속력(m/s)을 풀이 과정과 함께 구하시오.

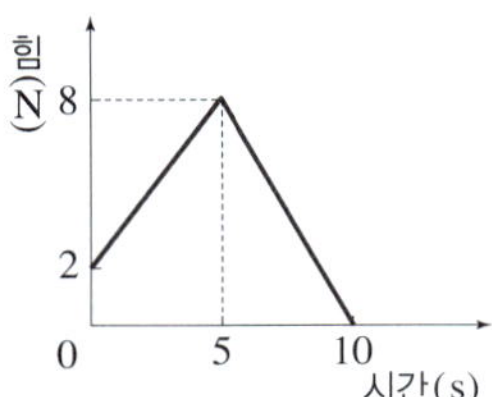

1055

19 그림은 마찰이 없는 수평면 위에서 10 m/s의 속력으로 운동하던 질량이 2 kg인 물체가 벽과 충돌한 후 반대 방향으로 5 m/s의 속력으로 운동하는 모습을 나타낸 것으로, 물체가 벽과 충돌하는 시간은 2초이다. (단, 공기 저항은 무시한다.)

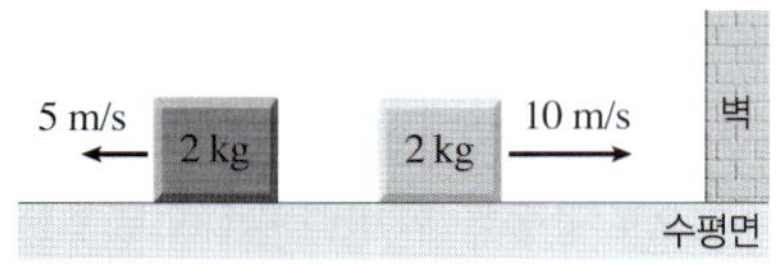

(1) 벽과 충돌하기 전 물체의 운동량의 크기(kg·m/s)를 구하시오.

(2) 물체가 벽으로부터 받은 충격량의 크기(N·s)를 풀이 과정과 함께 구하시오.

(3) 물체가 벽으로부터 받은 평균 힘의 크기(N)를 풀이 과정과 함께 구하시오.

난이도 상 **1056**

20 그림은 직선상에서 운동하고 있는 질량이 5 kg인 물체의 운동량을 시간에 따라 나타낸 것이다.

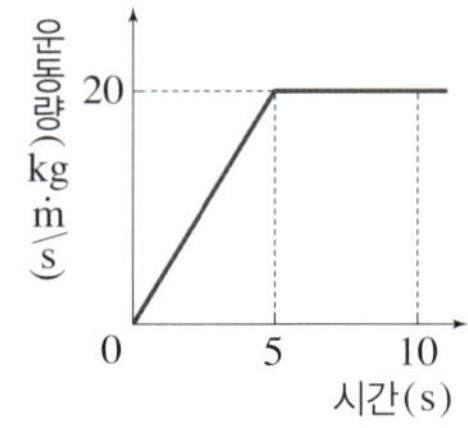

(1) 7초일 때, 물체의 속력(m/s)을 구하시오.

(2) 0초부터 10초까지 물체가 받은 충격량의 크기(N·s)를 풀이 과정과 함께 구하시오.

(3) 0초부터 5초까지 물체에 작용한 힘의 크기(N)를 풀이 과정과 함께 구하시오.

20. 충돌과 안전장치

난이도 하 **1057**

21 그림은 동일한 달걀 A, B를 같은 높이에서 가만히 떨어뜨렸을 때, 단단한 바닥에 떨어진 A만 깨지는 모습을 나타낸 것이다. 단단한 바닥에 떨어진 A만 깨진 까닭을 운동량의 변화량과 관련지어 서술하시오.

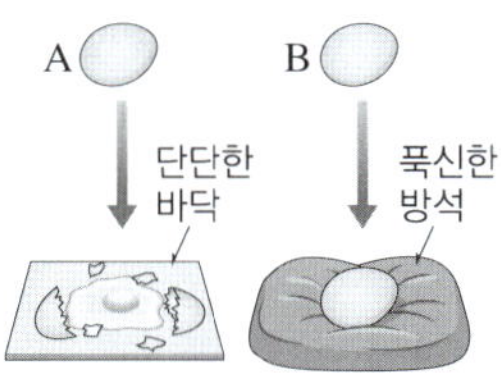

난이도 중 **1058**

22 그림은 자동차의 충돌 사고에서 에어백이 작용한 경우와 작용하지 않은 경우에 탑승자가 받는 힘을 시간에 따라 나타낸 것이다.

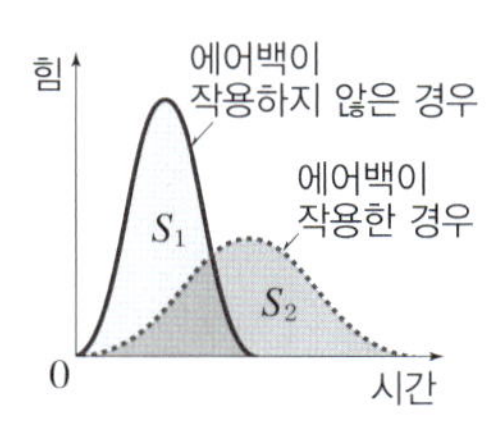

(1) 그래프 아랫부분의 넓이 S_1과 S_2가 나타내는 물리량은 무엇인지 쓰시오.

(2) S_1과 S_2가 같을 때, 에어백이 필요한 까닭을 다음 용어를 모두 포함하여 서술하시오.

> 평균 힘, 충돌 시간

1059

23 그림은 야구 선수가 날아오는 공을 손을 뒤로 빼면서 받는 모습을 나타낸 것이다. 이와 같이 공을 잡으면 손의 부상을 줄일 수 있는 까닭을 충돌 시간과 관련지어 서술하시오.

서술형 대비

난이도 상 중 하

Ⅲ -3 **생명 시스템** | 21강~24강

21. 생명 시스템과 세포

난이도 하 1060

1 그림 (가)와 (나)는 식물과 동물의 구성 단계를 순서 없이 나타낸 것이다.

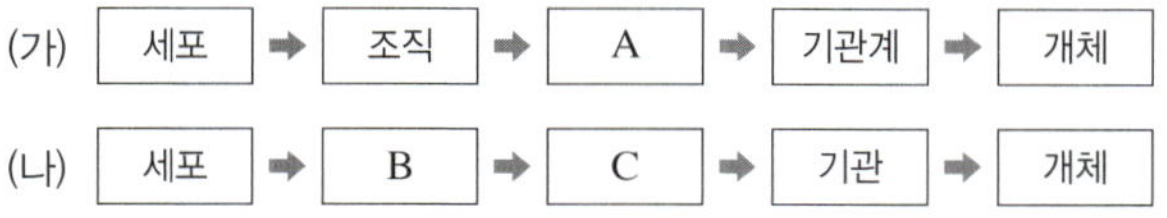

(1) A~C에 해당하는 구성 단계의 이름을 각각 쓰시오.

(2) (가)와 (나) 중 동물의 구성 단계에 해당하는 것을 고르고, 그렇게 생각한 까닭을 서술하시오.

난이도 중 1061

2 엽록체와 마이토콘드리아의 공통점과 차이점을 한 가지씩 서술하시오.

1062

3 그림은 어떤 세포의 구조를 나타낸 것이다. A~C는 라이보솜, 세포벽, 엽록체를 순서 없이 나타낸 것이다.

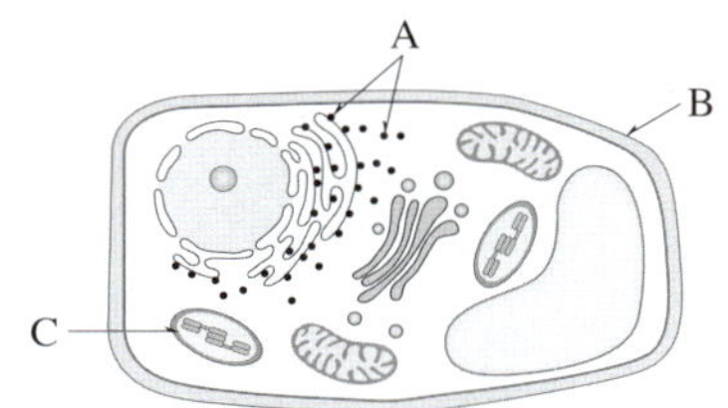

(1) A~C의 이름과 기능을 각각 서술하시오.

(2) 위 세포는 동물 세포와 식물 세포 중 어느 것에 해당하는지 쓰고, 그렇게 생각한 까닭을 A~C를 바탕으로 서술하시오.

1063

4 그림은 어떤 세포에서 일어나는 단백질의 합성과 이동 과정을 나타낸 것이다. A~C는 골지체, 소포체, 핵을 순서 없이 나타낸 것이다.

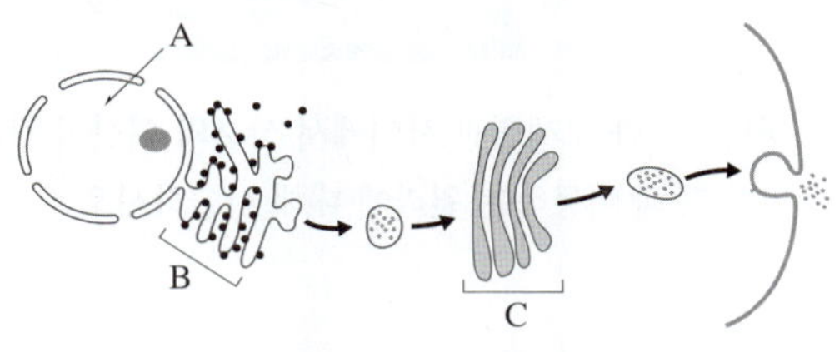

A~C의 이름과 그 기능을 단백질과 관련지어 서술하시오.

22. 세포막의 특성과 물질의 이동

난이도 중 1064

5 그림 (가)는 세포막을 구성하는 인지질의 구조를, (나)는 인지질로 이룰 수 있는 세 가지 배열을 나타낸 것이다.

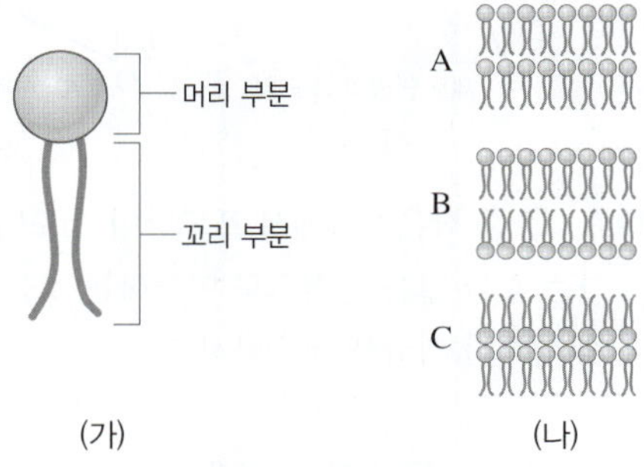

A~C 중 세포막에서 볼 수 있는 인지질 2중층의 배열을 고르고, 그렇게 배열하는 까닭을 다음 요소를 고려하여 서술하시오.

> 인지질의 특성, 세포 환경

6 그림은 허파꽈리에서 이루어지는 기체 교환을 나타낸 것이다.

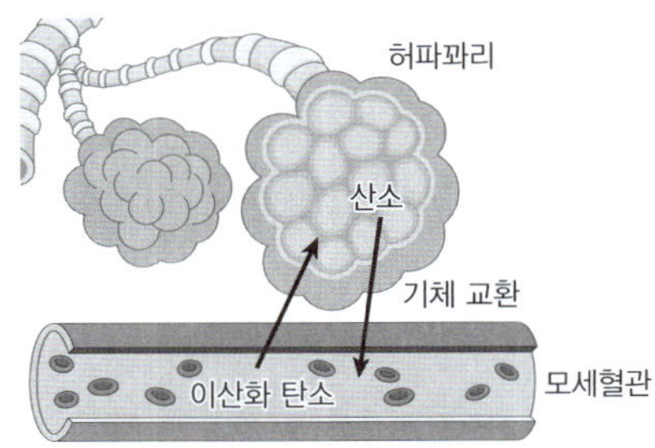

허파꽈리와 모세혈관 사이에서 산소와 이산화 탄소가 세포막을 통해 이동하는 원리에 대해 서술하시오.

7 그림 (가)는 세포막을 경계로 물질이 이동하는 두 가지 방식을, (나)는 세포 안팎의 농도 차에 따른 물질의 이동 속도를 나타낸 것이다. 알갱이의 수가 많을수록 농도가 높다.

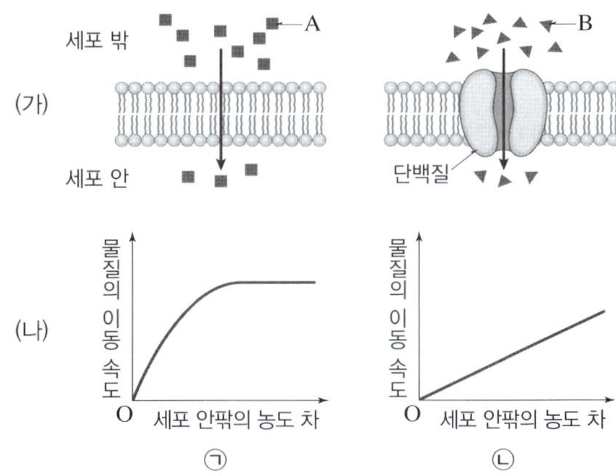

(1) A, B 중 작은창자에서 포도당이 세포막을 통해 이동하는 것과 같은 방식으로 이동하는 것을 고르고, 그렇게 생각한 까닭을 서술하시오.

(2) A, B의 이동 속도에 해당하는 그래프를 (나)에서 각각 고르시오.

(3) (나)의 ㉠에서 세포 안팎의 농도 차가 일정 수준 이상으로 커지면 물질의 이동 속도가 일정해지는 까닭을 서술하시오.

8 그림은 같은 종류의 식물 세포를 농도가 다른 설탕 용액 A~C에 넣고, 충분한 시간이 지난 후의 모습을 나타낸 것이다.

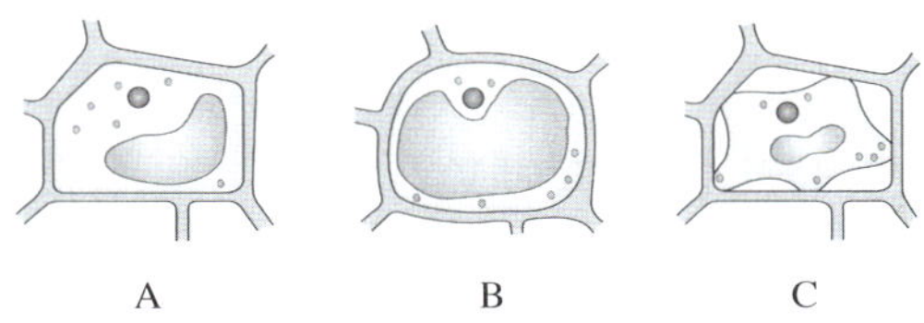

A~C의 농도를 비교하고, 그렇게 생각한 까닭을 등장액, 저장액, 고장액 용어를 포함하여 서술하시오. (단, A에 넣은 식물 세포의 부피는 변화가 없다.)

23. 생명 시스템에서의 화학 반응

난이도 하 1068

9 그림은 생명체에서 일어나는 물질대사를 (가)와 (나)로 구분한 것이다.

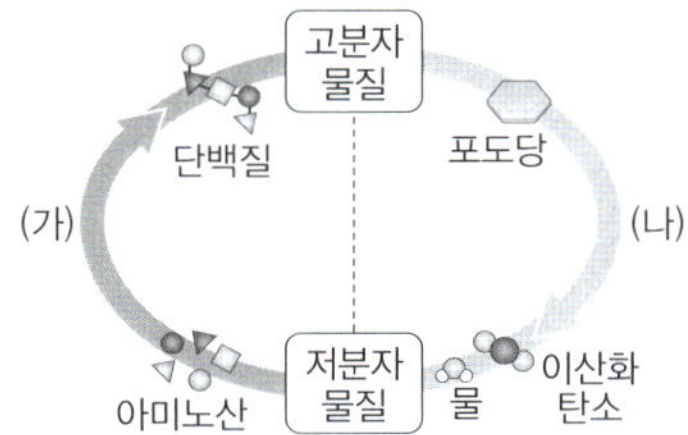

(가)와 (나) 과정에서 일어나는 에너지 출입을 (가), (나) 작용의 이름과 의미를 포함하여 서술하시오.

난이도 중 1069

10 포도당이 연소될 때와 달리 세포에서는 체온 정도의 낮은 온도에서도 포도당이 분해될 수 있다. 그 까닭을 물질대사에 관여하는 물질의 이름과 기능을 포함하여 서술하시오.

11 그림 (가)는 어떤 효소가 관여하는 반응을, (나)는 (가)의 화학 반응에서 효소가 있을 때와 없을 때의 에너지 변화를 나타낸 것이다.

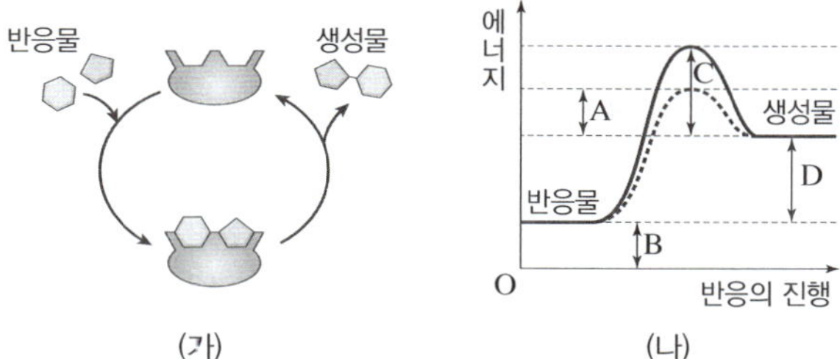

(1) (가)는 동화작용과 이화작용 중 어느 것에 해당하는지 쓰고, 그렇게 생각한 까닭을 (나)를 이용하여 서술하시오.

(2) 활성화에너지의 정의를 서술하고, (나)에서 효소가 있을 때와 없을 때의 활성화에너지를 A~D를 이용하여 나타내시오.

12 그림은 온도에 따른 효소의 반응 속도를 나타낸 것이다. 최적 온도 이상의 온도에서 반응 속도가 급격히 감소하는 까닭을 효소의 주성분과 관련지어 서술하시오.

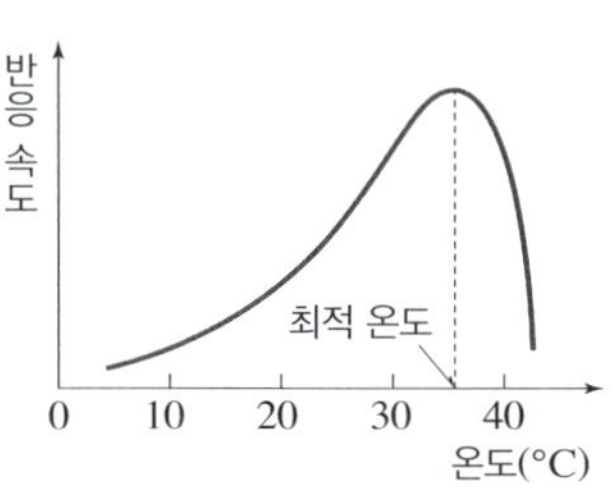

13 그림은 효소의 작용을 나타낸 것이다.

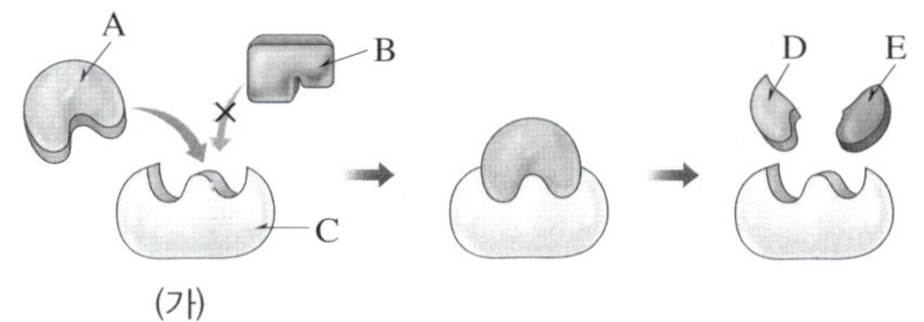

(1) 이 화학 반응의 반응식을 A~E를 사용하여 표현하시오.

(2) (가)에서 알 수 있는 효소의 특성을 서술하시오.

14 다음은 효소의 작용을 알아보기 위한 실험이다.

[실험 과정]

(가) 시험관 A~C에 표와 같이 물질을 넣고, 각 시험관에서 기포가 발생하는지 관찰한다.

시험관	A	B	C
3 % 과산화 수소수	4 mL	4 mL	4 mL
생감자 조각	−	4개	−
생간 조각	−	−	4개

(나) 향에 불을 붙였다가 끈 뒤 남은 불씨를 A~C에 각각 넣고 불씨의 변화를 관찰한다.

(다) 기포 발생이 끝난 뒤, B와 C에 3 % 과산화 수소수를 2 mL씩 더 넣고 기포가 발생하는지 관찰한다.

[실험 결과]

구분	A	B	C
(가)	기포가 발생하지 않음	기포가 발생함	기포가 발생함
(나)	변화 없음	불씨가 타오름	㉠
(다)	기포가 발생하지 않음	㉡기포가 다시 발생함	기포가 다시 발생함

(1) 생감자와 생간에 들어 있는 과산화 수소 분해효소의 이름을 쓰시오.

(2) ㉠에 해당하는 결과를 쓰고, 그 까닭을 서술하시오.

(3) ㉡의 결과가 나온 까닭을 효소의 성질과 관련지어 서술하시오.

15 생명체에 (1)효소의 종류가 매우 많은 까닭과 그럼에도 (2)생명체에 존재하는 각 효소의 양은 많지 않은 까닭을 물질대사와 효소의 특성과 관련지어 서술하시오.

난이도 하 1075

16 그림은 세포에서 관찰되는 어떤 물질의 구조를 나타낸 것이다. A~C는 DNA, 염색체, 유전자를 순서 없이 나타낸 것이다.

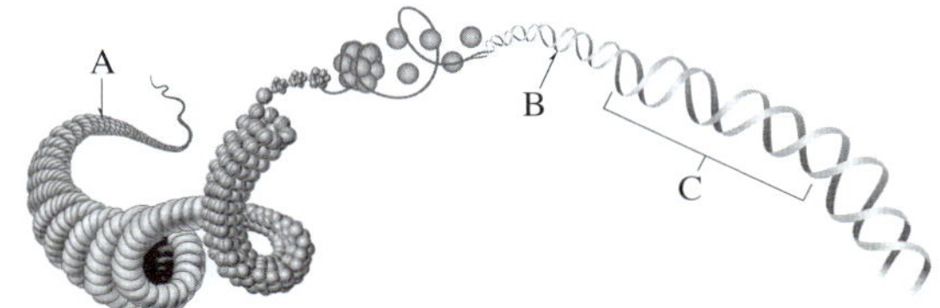

A~C 중 유전자의 기호를 쓰고, 유전자의 의미를 서술하시오.

난이도 중 1076

17 그림은 어떤 식물의 꽃이 붉은색을 띠는 과정을 나타낸 것이다.

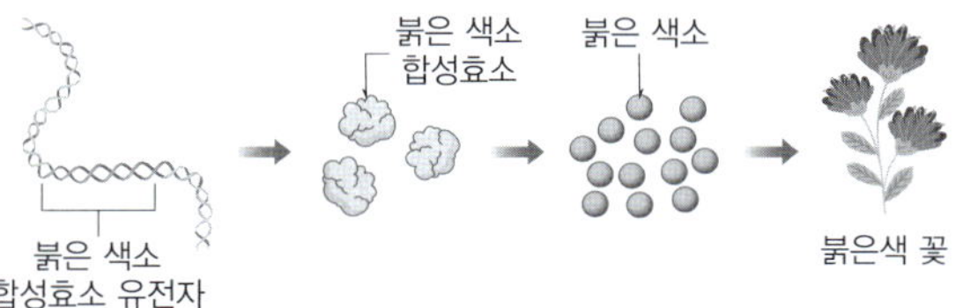

꽃이 붉은색을 띠게 되는 과정을 유전정보의 흐름과 관련지어 서술하시오.

1077

18 그림 (가)는 세포에서의 유전정보의 흐름을, (나)는 ㉠~㉢ 중 하나를 나타낸 것이다. ㉠~㉢은 단백질, DNA, RNA를 순서 없이 나타낸 것이다.

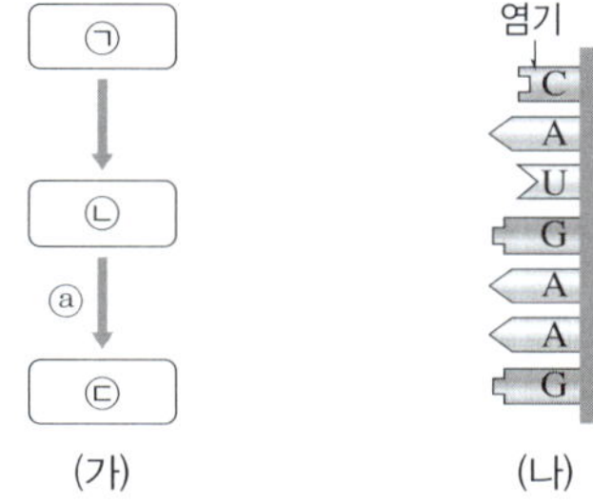

(1) (나)는 ㉠~㉢ 중 어느 것인지 기호와 이름을 모두 쓰고, 그렇게 생각한 까닭을 서술하시오.

(2) ⓐ 과정의 이름을 쓰고, 이 과정에서 일어나는 현상을 서술하시오.

1078

19 그림은 어떤 유전자의 전사 과정을 나타낸 것이다. ㉠~㉢은 아데닌(A), 유라실(U), 타이민(T)을 순서 없이 나타낸 것이다.

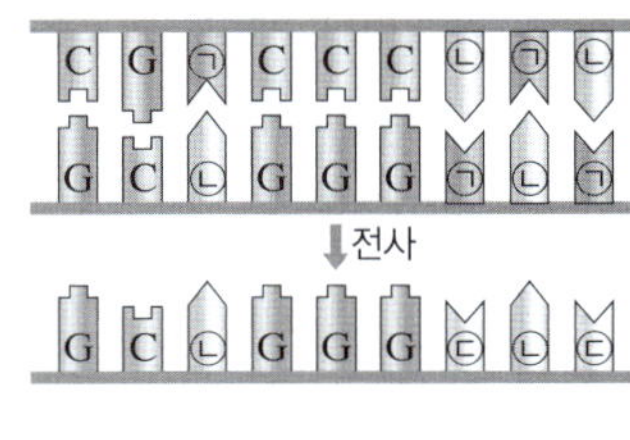

(1) ㉠~㉢에 해당하는 염기를 그렇게 생각한 까닭과 함께 서술하시오.

(2) RNA에서 세 번째로 번역되는 코돈을 쓰고, 그렇게 생각한 까닭을 서술하시오. (단, RNA의 왼쪽 첫 번째 염기부터 모든 염기가 번역된다.)

난이도 상 1079

20 그림은 어떤 세포에서 일어나는 유전정보의 흐름을, 표는 일부 코돈이 지정하는 아미노산을 나타낸 것이다.

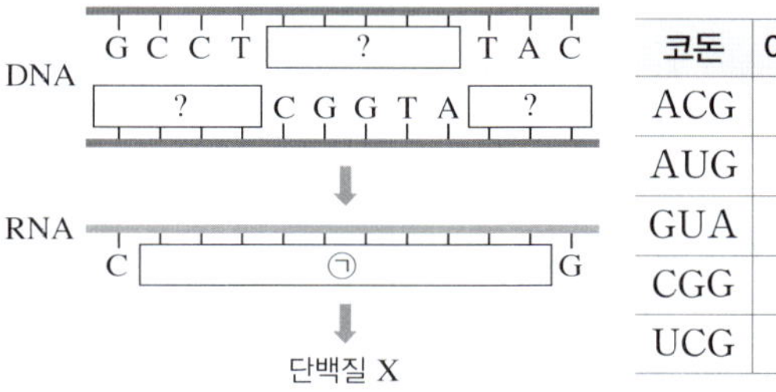

코돈	아미노산
ACG	(가)
AUG	(나)
GUA	(다)
CGG	(라)
UCG	(마)

(1) ㉠ 부위의 염기서열을 쓰시오.

(2) 단백질 X의 아미노산서열을 쓰고, X에 몇 개의 펩타이드결합이 있는지 그렇게 생각한 까닭과 함께 서술하시오. (단, 번역은 왼쪽 첫 번째 염기부터 일어나며, RNA의 모든 염기가 유전부호로 이용된다.)

1080

21 표는 이중나선 DNA를 이루는 두 가닥의 폴리뉴클레오타이드와 이 중 한 가닥으로부터 전사된 RNA의 염기 조성을 순서 없이 나타낸 것이다. (가)~(다) 중 2개는 DNA를 이루는 가닥이고, 나머지 하나는 RNA이다.

구분	염기 조성(%)					
	A	G	T	C	U	계
(가)	17	27	㉠	33	㉡	100
(나)	23	㉢	17	27	0	100
(다)	㉣	33	0	㉤	17	100

㉠+㉡+㉢+㉣+㉤의 값을 풀이 과정과 함께 구하시오.

MEMO

MEMO

기출 PICK

정답과 해설

통합과학 1

 책 속의 가접 별책 (특허 제 0557442호)

'정답과 해설'은 본책에서 쉽게 분리할 수 있도록 제작되었으므로
유통 과정에서 분리될 수 있으나 파본이 아닌 정상제품입니다.

01 과학의 기본량

빈출 자료 보기

5쪽

001 (1) ◯ (2) ◯ (3) × (4) ◯ (5) ◯ (6) ◯
002 (1) ◯ (2) ◯ (3) ◯ (4) × (5) × (6) ◯ (7) ◯ (8) ×

001 바로알기 | (3) 미시 세계는 인간의 감각으로 관찰할 수 없는 세계이고, 거시 세계는 인간의 감각으로 관찰할 수 있는 세계이다.

002 바로알기 | (4) 온도의 국제단위계 단위는 K(켈빈)이다.
(5) 부피는 유도량에 해당한다.
(8) 밀도의 단위는 질량의 단위인 kg을 부피의 단위인 m^3로 나누어 kg/m^3로 나타낸다. 즉, 밀도의 단위는 질량과 길이의 단위를 이용하여 나타낼 수 있다.

난이도별 필수 기출

6쪽~9쪽

003 ⑤ **004** ④ **005** ㉠ 세슘 원자시계, ㉡ 속력 **006** ②
007 ④ **008** ⑤ **009** 해설 참조 **010** ③ **011** ①
012 ⑤ **013** ② **014** ④ **015** ④ **016** ③ **017** ④
018 ③ **019** ㉠ 길이, ㉡ 시간 **020** ②, ⑤ **021** ② **022** ⑤
023 ①

003 자연 세계는 원자 수준의 아주 작은 규모의 세계인 미시 세계와 미시 세계보다 훨씬 큰 규모의 세계인 거시 세계로 구분할 수 있다.

004 바로알기 | ㄱ, ㄷ. 미시 세계는 원자 수준의 아주 작은 규모의 세계이고 거시 세계는 미시 세계보다 훨씬 큰 규모의 세계이다. 나노 단위를 다루고 원자의 크기를 다루는 세계는 미시 세계에 해당한다.

006 ③ 빛을 이용하여 길이를 정밀하게 측정하기 위해서는 빛의 속력과 빛이 진행한 시간의 곱으로 빛이 진행한 거리를 구해야 한다. 따라서 정밀한 시간 측정 기술이 필요하다.
바로알기 | ② 빛을 쏘아 빛이 왕복한 시간을 재서 길이를 측정하는 것은 현대의 측정 방법이다.

007 바로알기 | ㄱ. 아침 안개를 보고 날씨가 맑은 시간을 예상하는 것은 경험에 따른 방법이다.

008 ㄷ. (가)는 원자, 분자, 이온 등 아주 작은 규모의 세계인 미시 세계이다. (나)는 나무, 동물, 천체 등 미시 세계보다 훨씬 큰 규모의 세계인 거시 세계이다.
바로알기 | ㄱ. 미시 세계인 (가)의 시간 규모와 공간 규모는 현대적인 측정 기술이 없었던 과거에는 측정할 수 없었다.
ㄴ. 거시 세계인 (나)는 인간의 감각으로 관찰할 수 있는 세계이다.

009 **모범 답안** 두 세계에서 다루는 현상의 규모가 매우 다르기 때문이다. 미시 세계에서는 원자 수준의 아주 작은 규모에서 일어나는 현상을 다루고, 거시 세계에서는 상대적으로 큰 규모에서 일어나는 현상을 다룬다.

010 ㄹ. 자연 현상은 규모가 매우 다양하므로 측정 대상의 규모에 따라 적절한 방법으로 시간과 공간을 측정해야 한다.
바로알기 | ㄱ, ㄴ. (가) 수소 원자의 지름은 미시 세계에 해당하고, (다) 고양이의 몸길이는 거시 세계에 해당한다.

011 바로알기 | ② 지속 시간은 1 as가 1일보다 짧다. 1 as는 10^{-18} s이다.
③ (가)는 맨눈으로 관측할 수 없는 미시 세계이다.
④, ⑤ (가)는 미시 세계, (나)는 거시 세계에 해당한다. (가)와 (나)는 규모가 매우 다르므로 같은 도구를 사용하여 관찰할 수 없다.

012 바로알기 | ㄱ. (가) 앙부일구는 태양의 위치 변화에 따른 그림자의 길이로 시간을 측정한다.
ㄴ. (나) 세슘 원자시계는 원자에서 나오는 빛의 진동수를 이용하여 시간을 정밀하게 측정한다.

013 ② cm는 길이에 해당하는 단위이다.

014 바로알기 | ④ 기본량은 시간, 길이, 질량, 전류, 온도, 광도, 물질량으로, 총 7개가 있다. 속력은 유도량이다.

015 바로알기 | ㄱ. 기본량의 단위는 국제단위계를 사용한다.

016 사람의 평균 수명, 달의 공전 주기는 모두 시간에 해당한다.

017 바로알기 |

	기본량	단위
①	시간	s
②	길이	m
③	질량	kg
⑤	물질량	mol

018 ③ 온도의 기본 단위는 K(켈빈)이고, 질량의 기본 단위는 kg(킬로그램)이다.

019 m(미터)는 길이의 단위이고, s(초)는 시간의 단위이다.

020 ⑥ 부피와 넓이는 모두 길이를 이용하여 나타낸다.
⑦ 속력은 이동 거리를 시간으로 나누어 나타낼 수 있으므로 속력의 단위는 길이의 단위인 m와 시간의 단위인 s를 이용하여 m/s로 나타낸다.
바로알기 | ② 기본량은 총 7개가 있으며 각각 다른 단위를 사용한다.
⑤ 압력은 단위 면적에 수직으로 작용하는 힘으로, 유도량에 해당한다.

021 바로알기 | ② 온도는 기본량이며, 기본 단위는 K(켈빈)이다. A(암페어)는 전류의 단위이다.

022 ㄱ, ㄴ. 밀도는 단위 부피당 질량으로, 밀도의 단위는 질량의 단위인 kg을 부피의 단위인 m^3로 나누어 kg/m^3로 나타낸다.
ㄷ. ㉡은 시간이며, 국제단위계의 단위는 s이다.

023 ㄱ. 전류의 국제단위계 단위는 A(암페어)이다.
바로알기 | ㄴ. 온도의 국제단위계 단위는 K(켈빈)이다.
ㄷ. (나) 배터리 용량은 4000 mAh로, 전류 단위(mA, 밀리암페어)와 시간 단위(h, 시)가 조합된 유도량이다.

빈출 자료 보기 11쪽
024 (1) ○ (2) ○ (3) × (4) ○ (5) × (6) × (7) ○

024 바로알기 | (3) (가)는 디지털 신호이고, (나)는 아날로그 신호이다.
(5) 자연의 신호는 대부분 (나)와 같은 아날로그 신호의 형태로 나타난다.
(6) 디지털 기기에서는 (가)와 같은 디지털 신호를 사용한다.

난이도별 필수 기출 12쪽~15쪽

025 ③	026 ②, ③	027 ①	028 ④	029 ④	030 ③
031 해설 참조		032 ⑤	033 ⑤	034 ③	035 ②
036 ④	037 해설 참조		038 ③	039 ④	040 ③
041 ①	042 ③	043 ⑤	044 ③		

025 ③ (가) 어림은 측정 도구 없이 어떠한 양을 추정하는 활동이고, (나) 측정은 측정 도구를 사용하여 물체의 질량, 길이, 부피 등의 양을 재는 활동이다.

026 바로알기 | ② 어림은 과학적인 사고 과정, 자료, 측정 경험 등을 바탕으로 수행한다.
③ 측정과 어림은 과학 탐구에서뿐만 아니라 일상생활, 산업, 과학 연구 분야 등에서도 활용된다.

027 바로알기 | ㄴ. 어떠한 양을 측정할 때 공통으로 사용할 수 있는 단위에 대한 기준은 측정 표준에 해당한다.
ㄷ. 측정 표준은 일상생활, 과학 기술, 산업 등 다양한 분야에서 유용하게 활용된다.

028 바로알기 | ④ 예술 작품에 대한 평가는 정확한 기준이 없고 주관적이다.

029 바로알기 | ㄱ. 42와 43 사이를 10 등분하여 읽으면 용액의 부피는 42.5 mL이다.

030 바로알기 | ㄴ. 어림은 측정 도구 없이 어떠한 양을 추정하는 활동이다.

031 **모범 답안** • 기온을 측정하여 폭염주의보 발령 지역을 안내한다.
• 제한 속도를 안내하고 과속 차량을 단속한다.
• 미세 먼지의 농도를 측정하여 행동 요령을 안내한다.
• 소리의 세기를 측정하여 공사장의 소음 등을 규제한다.
• 식품에 들어 있는 영양 성분을 표시한다.
• 혈당량을 측정하여 혈당을 관리한다. 등

032 측정 표준을 이용하여 제공되는 정보는 신뢰할 수 있고 연구 결과의 신뢰도를 높이며 연구 결과의 공유와 연구자 사이의 소통을 원활하게 한다.

033 ㄱ, ㄴ. 미터원기는 시간이 지남에 따라 변형되거나 손상되지만 빛의 속력은 일정하므로 ㉠을 통해 전 세계에서 정확하고 일관된 측정이 가능하다.

034 ㄱ. 큐빗은 길이를 측정할 때 사용한 단위이므로 고대 이집트의 측정 표준이다.
바로알기 | ㄴ. 사람마다 팔꿈치에서부터 가운뎃손가락 끝까지의 길이가 다르므로 1큐빗의 길이는 일정하지 않다.

035 바로알기 | ② 자연의 신호는 대부분 아날로그 신호이다.

036 바로알기 | ㄱ. 빛을 감지하는 센서는 광센서이다.

037 **모범 답안** 학생 B: 디지털 신호는 불연속적인 값으로 나타나는 신호야.(또는 아날로그 신호는 연속적으로 변하는 신호야.)

038 바로알기 | ㄴ. 교육 분야에서는 스마트 기기와 인터넷을 이용하고 시간과 장소에 상관없는 원격 교육이 디지털 정보를 활용하는 사례이다.

039 ㄴ. 가스 누설 경보기는 공기 중 가스의 농도를 감지하여 경고하는 장치이므로 화학 센서가 이용된다.
ㄹ. 온도 센서는 온도 변화를 감지하는 장치로, 자동차 엔진의 온도를 측정하여 관리하는 시스템에 이용된다.
바로알기 | ㄱ. 전자 혈압계는 혈액의 압력을 측정하므로 압력 센서가 이용된다.
ㄷ. 비접촉형 온도계에는 적외선을 감지하는 광센서가 이용된다.

040 바로알기 | ㄷ. 센서는 아날로그 신호를 감지하여 전기 신호로 바꾼다.

041 (가)는 디지털 신호, (나)는 아날로그 신호이다.
ㄱ. 디지털 기기에서는 (가)와 같은 디지털 신호를 사용하여 정보를 처리한다.
ㄴ. 자연의 신호는 대부분 (나)와 같은 아날로그 신호로 나타난다.
바로알기 | ㄷ. 디지털 신호((가))는 아날로그 신호((나))보다 정보의 저장이 쉽다.
ㄹ. 아날로그 신호를 디지털 신호로 변환하면 원래 가지고 있던 정보가 왜곡되거나 일부를 잃을 수 있다.

042 ㄱ. 열화상 카메라에는 적외선을 감지하는 센서가 있다.
바로알기 | ㄴ. 인체에서 나오는 적외선은 아날로그 신호이다.

043 ㄱ. 교실 내의 온도 변화는 온도 센서를 활용하여 측정한다.
ㄴ. (나)의 온도 그래프(㉠)는 온도 센서로 측정된 신호를 분석하여 산출된 정보이다.
ㄷ. (다)에서 온라인으로 공유하는 교실 내 실시간 온도 변화 정보(㉡)는 디지털 정보이다.

044 ㄱ. 센서를 이용하여 자연의 신호를 측정한다.
ㄷ. 지진 문자 알림 시스템은 정보 통신 기술이 활용되는 사례이다.
바로알기 | ㄴ. 디지털 신호는 신호를 저장하거나 재생, 전송하는 데 편리하다. 자연의 신호는 디지털 신호로 변환되어 디지털 기기에서 처리된다.

03 우주 초기 원소의 생성

빈출 자료 보기
17쪽

045 (1) ○ (2) ○ (3) × (4) ○ (5) ○ (6) ○ (7) ×
046 (1) ○ (2) ○ (3) × (4) × (5) ○ (6) ○

045 바로알기 | (3) (다)와 (라)는 검은색 바탕에 밝은색의 방출선이 나타나는 방출 스펙트럼이다.
(7) 한 가지 원소에 의해 여러 개의 흡수선이나 방출선이 나타날 수 있다.

046 바로알기 | (3), (4) 쿼크의 결합으로 양성자(=수소 원자핵)와 중성자가 생성된 시기는 A 시기이다.

난이도별 필수 기출
18쪽~23쪽

047 ③　　**048** ③　　**049** (가) 방출 스펙트럼, (나) 흡수 스펙트럼
050 해설 참조　　**051** ④　　**052** ⑤　　**053** ②　　**054** ②
055 ②, ⑤　**056** 해설 참조　　**057** ③　　**058** ③　　**059** ③
060 ①, ③　**061** (다) → (가) → (라) → (나) → (마)　　**062** ②
063 ⑤　　**064** ③　　**065** ②　　**066** ②　　**067** ③　　**068** ③
069 ③　　**070** ③　　**071** 해설 참조　　**072** ③　　**073** ②
074 ①　　**075** ②

047 **바로알기** | ㄷ. 빛은 파장이 짧을수록 더 크게 굴절하므로 파장은 A보다 B가 짧다.

048 ㄷ. 원소의 종류에 따라 스펙트럼에 나타나는 방출선이나 흡수선의 위치와 개수가 다르고, 원소의 함량비(질량비)에 따라 스펙트럼에 나타나는 방출선이나 흡수선의 폭이 다르다.
바로알기 | ㄴ. 기체 방전관에서는 기체의 종류에 따라 다른 방출 스펙트럼이 나타난다.

049 (가) 별 주위에 있는 고온의 성운에서 방출하는 빛을 분광기에 통과시키면 검은 바탕에 밝은 방출선이 나타나는 방출 스펙트럼이 나타난다.
(나) 별빛이 별의 대기를 통과하면 특정 파장의 빛이 흡수되어, 연속 스펙트럼에 검은색 흡수선이 나타나는 흡수 스펙트럼이 나타난다.

050 별이 방출하는 빛이 대기를 통과하면 대기를 구성하는 원소에 의해 특정 파장의 빛이 흡수되어 흡수 스펙트럼이 나타난다. 흡수 스펙트럼의 흡수선의 위치(파장)를 원소의 스펙트럼과 비교하여 별에 포함된 원소의 종류를 알 수 있고, 흡수선의 선폭(세기)을 통해 별을 구성하는 원소의 질량비를 알 수 있다.
모범 답안 흡수 스펙트럼, 별에 포함된 원소의 종류와 질량비를 알 수 있다.

051 ㄱ. (가)는 모든 파장에서 연속적인 색이 나타나는 연속 스펙트럼이다.
ㄴ. (나)는 고온의 광원에서 방출된 빛이 저온의 기체를 통과할 때 특정 파장의 빛이 저온의 기체에 의해 흡수되어 나타나는 흡수 스펙트럼이다. 따라서 (나)의 기체는 광원보다 온도가 낮다.
ㄹ. (나)와 (다)는 스펙트럼에서 흡수선과 방출선의 위치가 다르므로 서로 다른 원소에 의해 형성되었다.

바로알기 | ㄷ. 방출 스펙트럼(다)에 나타나는 방출선은 위치(파장)에 따라 색이 다르다.

052 ㄱ, ㄴ. (가)에서는 백열전구에서 방출된 빛의 특정 파장을 저온의 기체가 흡수하여 흡수 스펙트럼이 나타난다. 흡수 스펙트럼에는 연속 스펙트럼을 바탕으로 검은색 흡수선이 나타난다.
ㄷ. 스펙트럼에서 선의 위치와 개수는 원소의 종류에 따라 달라지므로 흡수선을 분석하면 저온의 기체 성분을 알 수 있다.

053 ㄷ. (나)와 (다)의 스펙트럼에 나타나는 흡수선과 방출선의 위치가 모두 일치하므로 (나)와 (다)의 기체는 같은 원소로 이루어져 있다.
바로알기 | ㄱ. 연속 스펙트럼(가)에는 연속적인 색의 띠가 나타난다.
ㄴ. (나)의 검은색 선은 고온의 광원에서 방출된 빛 중 특정 파장이 저온의 기체에 의해 흡수되어 빛이 도달하지 못해 형성된 흡수선이다.

054 ㄴ. (나)는 흡수 스펙트럼으로, 고온의 별 표면에서 방출된 빛이 저온의 기체를 통과할 때 저온의 기체가 특정 파장의 빛을 흡수하여 나타난다.
바로알기 | ㄱ. (가)는 방출선이 나타나는 방출 스펙트럼이다.
ㄷ. (가)는 (나)의 흡수선과 다른 파장의 방출선이 나타나므로 (나)의 별에는 (가)의 원소가 포함되어 있지 않다.

055 ② 태양 빛은 태양의 대기를 통과해 오기 때문에 (가)와 같은 흡수 스펙트럼으로 관찰된다.
⑤ 백열전구에서는 (다)와 같은 연속 스펙트럼이 나타난다.
바로알기 | ① (가)는 흡수 스펙트럼, (나)는 방출 스펙트럼이다.
③ (가)는 흡수 스펙트럼으로 고온의 광원에서 방출된 빛의 특정 파장이 저온의 기체에 흡수되어 나타난다.
④ (나)의 스펙트럼에는 다섯 개의 방출선이 나타나지만, 방출선의 개수와 방출선을 형성한 기체를 구성하는 원소의 가짓수는 관련이 없다.
⑥ (가)와 (나)에 나타나는 선의 위치(파장)가 다르므로 (가)와 (나)는 다른 원소에 의해 형성된 스펙트럼이다.

056 A~D에서는 방출 스펙트럼이, 태양과 미지의 별에서는 흡수 스펙트럼이 관찰된다.
모범 답안 (1) 방출 스펙트럼
(2) A, A의 스펙트럼에 나타나는 방출선의 위치(파장)가 태양과 미지의 별의 스펙트럼에 나타나는 흡수선의 위치(파장)에 모두 포함되기 때문이다.

057 ㄱ. 별의 스펙트럼은 흡수선이 나타나는 흡수 스펙트럼이고, 원소의 스펙트럼은 방출선이 나타나는 방출 스펙트럼이다.
ㄴ. 별의 흡수 스펙트럼에는 수소(H), 헬륨(He), 나트륨(Na)의 흡수선 외에 칼슘의 흡수선과 일치하지 않는 흡수선이 추가로 나타난다. 따라서 이 별의 대기에는 수소, 헬륨, 나트륨 외 1가지 이상의 원소가 존재한다.
바로알기 | ㄷ. 별의 스펙트럼에 나타나는 흡수선의 위치를 통해 별을 구성하는 원소의 종류를 알 수 있다.

058 A는 수소, B는 헬륨, C는 수소와 헬륨 외에 기타 원소이다.
ㄱ. 수소(A) 원자핵은 곧 양성자이며, 양성자는 쿼크 3개로 이루어져 있다.
ㄴ. 헬륨(B) 원자핵은 양성자 2개와 중성자 2개로 이루어져 있다.
바로알기 | ㄷ. 수소와 헬륨을 제외한 원소(C)는 별의 진화 과정에서 생성된다.

059 ㄱ. 원자(A)는 포함하고 있는 양성자와 전자의 개수가 같아 전기적으로 중성이다.

ㄴ. 전자(B)와 쿼크는 기본 입자에 속한다.

바로알기 | ㄷ. C는 중성자이다. 그 자체로 수소 원자핵이 되는 입자는 양성자이다.

060 **바로알기 |** ② 전자는 음(−)전하를 띤다.
④ 양성자 1개는 그 자체로 수소 원자핵이 된다.
⑤ 원자핵 내 양성자의 수에 따라 원자 번호가 정해진다.
⑥ 원자는 양(+)전하를 띤 원자핵과 음(−)전하를 띤 전자가 결합하여 만들어진다.
⑦ 원자는 같은 수의 양성자와 전자를 포함하고 있어 전기적으로 중성이다.

061 (다) 빅뱅이 일어나고 가장 먼저 (가) 쿼크, 전자 등의 기본 입자가 생성되었다. 쿼크 3개가 결합하여 (라) 양성자와 중성자가 만들어졌고, 빅뱅 후 약 3분이 지나 양성자 2개와 중성자 2개가 결합하여 (나) 헬륨 원자핵이 생성되었다. 빅뱅 후 약 38만 년에는 원자핵과 전자가 결합하여 (마) 수소 원자와 헬륨 원자가 생성되었다.

062 ①, ③ 빅뱅 우주론에 따르면 우주는 모든 물질과 에너지가 모인 작은 한 점이 폭발하며 생성되었고, 우주가 팽창하면서 우주의 온도와 밀도가 감소한다.
④ 우주 배경 복사는 빅뱅 우주론의 증거가 된다.
⑤ 우주에 존재하는 수소와 헬륨의 질량비가 약 3 : 1인 것은 빅뱅 우주론에서 예측하였으며, 우주를 구성하는 천체들의 스펙트럼을 관측·분석하여 알아내었다.

바로알기 | ② 빅뱅 우주론에 따르면 우주의 질량은 일정하나 우주가 팽창하여 우주의 온도와 밀도가 감소한다.

063 **바로알기 |** ① 가장 먼저 생성된 입자는 전자와 쿼크이다.
② 빅뱅 후 약 3분에 양성자 2개와 중성자 2개가 결합하여 헬륨 원자핵이 생성되었다.
③ 헬륨 원자핵이 생성되었을 때 우주에 존재하는 수소 원자핵과 헬륨 원자핵의 개수비는 약 12 : 1이었다. 이때 수소 원자핵과 헬륨 원자핵의 질량비는 약 3 : 1이 되었다.
④ 빅뱅 후 약 38만 년에 원자핵과 전자가 결합하여 수소 원자와 헬륨 원자가 생성되었다.

064 ㄱ. 수소(가)는 우주 전체 질량의 약 74 %를 차지한다.
ㄴ. 양성자와 중성자의 질량은 거의 비슷하므로 헬륨 원자핵(B)의 질량은 수소 원자핵(A) 질량의 약 4배이다.

바로알기 | ㄷ. 양성자는 전자(C)보다 나중에 생성되었다.

065 ㄱ, ㄴ. 헬륨 원자핵이 생성되기 직전에 양성자와 중성자의 개수비가 약 7 : 1로 양성자의 개수가 중성자보다 더 많았으므로 A는 양성자, B는 중성자이다.
ㄷ. 양성자 1개는 그 자체로 수소 원자핵이다. 양성자와 중성자의 질량은 거의 비슷하기 때문에 헬륨 원자핵 1개의 질량은 수소 원자핵 1개 질량의 약 4배이다. (나) 시기에 수소 원자핵과 헬륨 원자핵 개수비가 약 12 : 1이므로 질량비는 약 3 : 1이 된다.

066 ㄷ. 빅뱅 후 약 38만 년(B 시기)이 지났을 때 원자가 생성되면서 빛이 우주 공간으로 자유롭게 퍼져 나갈 수 있어 우주가 투명해졌다.

바로알기 | ㄱ. 우주의 온도는 시간이 지날수록 점점 낮아지므로 A 시기보다 B 시기에 더 낮다.
ㄴ. 빅뱅 후 약 3분(A 시기) 직전에 양성자와 중성자의 개수비가 약 7 : 1이었다.

067 ㄱ, ㄴ. 빅뱅 후 약 38만 년에 원자핵과 전자가 결합하여 생성되었고, 빛이 우주 공간으로 자유롭게 퍼져 나갈 수 있게 되었다.

바로알기 | ㄷ. 이 시기에 우주의 온도는 약 3000 K이었다.

068 ㄴ. 빅뱅 후 약 3분(B 시기) 직전(헬륨 원자핵이 생성되기 직전)에 양성자와 중성자의 개수비는 약 7 : 1이었다.
ㄷ. 빅뱅 후 약 38만 년(C 시기)에 원자핵과 전자가 결합하여 원자가 생성되었고, 빛이 우주 공간으로 자유롭게 퍼져 나갈 수 있게 되었다.

바로알기 | ㄱ. 기본 입자가 생성되었던 A 시기에 우주의 온도는 매우 높았다. 우주의 온도가 약 3000 K이었던 시기는 원자가 생성된 C 시기이다.
ㄹ. 우주의 밀도는 시간이 지날수록 감소한다. 따라서 B 시기가 A 시기보다 우주의 밀도가 작다.

069 ㄱ. 우주는 약 138억 년 전 빅뱅에 의해 형성되었다.
ㄴ. 양성자와 중성자는 생성 당시 개수가 비슷했으나 시간이 지남에 따라 중성자가 양성자로 변해 양성자의 개수가 더 많아졌고, 헬륨 원자핵이 생성되기 직전에 양성자와 중성자의 개수비가 약 7 : 1이 되었다.

바로알기 | ㄷ. 전자는 기본 입자로, (나) 시기에 생성되었다.

070 ㄱ. 양(+)전하를 띠는 원자핵과 음(−)전하를 띠는 전자(㉠)가 결합하여 전기적으로 중성인 원자가 생성되었다.
ㄷ. (나) 이후 우주에 존재하는 수소 원자와 헬륨 원자의 질량비는 약 3 : 1이므로, 수소 원자들의 총 질량은 헬륨 원자들의 총 질량보다 크다.

바로알기 | ㄴ. 빅뱅 이후 우주가 팽창하면서 온도는 낮아지고 양성자, 중성자는 원자보다 먼저 생성되었다. 따라서 우주의 온도는 (나)일 때가 (가)일 때보다 낮다.

071 헬륨보다 무거운 원소가 생성되려면 헬륨이 생성될 때보다 온도와 밀도가 높아야 한다.

[모범 답안] 우주가 팽창하면서 우주의 온도가 계속 낮아져 더 무거운 원소의 원자핵이 생성되기에는 에너지가 충분하지 않았기 때문이다.

072 ㄱ. 양성자(C)는 그 자체로 수소 원자핵이 된다. 따라서 '수소 원자핵에 해당하는가?'는 (가)에 적합하다.
ㄷ. 전자(B) 1개와 양성자(C) 1개의 전하량이 같으므로 결합하면 전기적으로 중성인 수소 원자가 된다.

바로알기 | ㄴ. A는 쿼크에 해당한다.

073 ㄱ. 원자핵(A)과 양성자(B)는 양(+)전하를 띠고, 전자(C)는 음(−)전하를 띤다.
ㄹ. 우주의 밀도는 시간이 지날수록 감소한다. 따라서 Ⅰ에서 Ⅱ로 갈수록 우주의 밀도는 감소한다.

바로알기 | ㄴ. 전자(C)는 Ⅰ 시기 이전에 생성되었다.
ㄷ. 빅뱅 후 약 38만 년(Ⅱ)에 원자가 생성되면서 우주로 퍼져 나간 빛은 우주 배경 복사라 불리며, 현재도 우주의 모든 방향에서 관측된다.

074 양성자 2개는 중성자 2개와 결합하여 헬륨 원자핵 1개를 생성한다. 양성자와 중성자의 개수비가 3 : 1(=6 : 2)일 때 이와 같은 과정으로 헬륨 원자핵이 생성되면, 수소 원자핵과 헬륨 원자핵의 개수비는 4 : 1되고, 질량비는 약 4 : 4=약 1 : 1이 된다.

075 ㄷ. Ⅱ(A) 시기는 원자가 생성되어 빛이 자유롭게 퍼져 나간 이후의 시기이므로 Ⅱ(A) 시기의 우주는 투명하였다.

바로알기 | ㄱ. Ⅰ은 원자핵과 전자가 결합하기 전, 빛이 우주로 자유롭게 퍼져 나가기 전이므로 빅뱅 후 약 38만 년 이전인 B 시기에 해당한다.
ㄴ. 최초의 별은 빅뱅 후 수억 년이 지나서 탄생하였다.

빈출 자료 보기
25쪽

076 (1) ○ (2) × (3) × (4) ○ (5) ○ (6) × (7) ○ (8) ×

076 (가)는 질량이 태양 정도인 별이고, (나)는 질량이 태양의 10배 이상인 별이다.

(1) A는 헬륨 핵융합 반응으로 생성된 탄소이다. B는 규소 핵융합 반응으로 생성된 철이다.

(4) 별의 수명은 별의 질량이 클수록 짧다.

(5) 질량이 태양 정도인 별은 핵융합 반응이 중단된 후 별의 바깥층이 우주 공간으로 퍼져 나가 행성 모양의 성운을 형성한다.

바로알기 | (2), (3) 별의 질량이 클수록 중심부의 온도가 높아 더 무거운 원소의 핵융합 반응이 일어날 수 있게 된다. (가)는 탄소까지만 생성되었으므로 별의 질량은 (가)가 (나)보다 작고, 중심부의 온도는 (가)가 (나)보다 낮다.

(6) 질량이 태양 정도인 별이 핵융합 반응을 마치면 (가)와 같은 구조가 된다. 따라서 태양은 점차 (가)와 같은 구조로 진화한다.

(8) 별은 일생의 대부분을 중심부에서 수소 핵융합 반응으로 에너지를 방출하면서 보낸다.

난이도별 필수 기출
26쪽~31쪽

077 ④ **078** ③ **079** 해설 참조 **080** ① **081** ④
082 ③, ⑦ **083** ⑤ **084** 해설 참조 **085** ① **086** ①
087 (1) 수소, 헬륨 (2) 탄소, 질소, 철, 규소, 헬륨, 산소 (3) 우라늄, 금, 납
088 ㉠ 탄소, ㉡ 철, ㉢ 초신성 **089** ② **090** 해설 참조
091 ④ **092** ① **093** ② **094** ③ **095** ②
096 (1) A (2) 헬륨, 탄소, 산소 **097** ③ **098** 해설 참조
099 ⑤ **100** ② **101** ③ **102** ④ **103** ①
104 해설 참조 **105** ③ **106** ②

077 별의 탄생 과정은 (라) 수소와 헬륨 등의 성간 물질이 모여 가스 구름인 성운 형성 → (가) 성운 내의 온도가 낮고 밀도가 높은 곳에서 물질이 모여서 원시별 형성 → (다) 원시별이 수축하면서 온도와 압력 상승 → (나) 중심부에서 수소 핵융합 반응을 시작하여 스스로 빛을 방출하는 별의 탄생 순이다.

078 ㄷ. 성운은 성간 물질로 이루어져 있으며, 성간 물질은 일부 티끌을 제외하면 대부분 수소와 헬륨으로 이루어져 있다.

바로알기 | ㄱ. 별의 진화 단계는 다음과 같다. (나) 성운 형성 → (다) 원시별 형성 → 원시별이 수축하여 중심부의 온도가 1000만 K에 도달 → (가) 중심부에서 수소 핵융합 반응이 일어나 스스로 빛을 내는 별인 주계열성 탄생이다.

ㄴ. (가) 단계의 에너지원은 별의 중심부에서 수소 핵융합 반응으로 방출되는 에너지이고, (다) 단계의 에너지원은 중력 수축에 의한 열에너지이다.

079 성운이 중력에 의해 수축하는 과정에서 성운을 이루는 기체 입자의 운동이 활발해져 온도가 상승한다.

모범 답안 성운이 원시별로 진화하는 과정에서 중력에 의해 계속 수축하였기 때문이다.

080 ㄱ. 성운은 주로 수소와 헬륨 기체로 이루어진 성간 물질이 모여 구름처럼 보이는 천체이다.

바로알기 | ㄴ. 성운에서 온도가 낮고 밀도가 높은 곳을 중심으로 중력이 커져 수축이 일어나 원시별이 형성되고, 원시별이 중력 수축으로 중심부의 온도가 높아져 1000만 K 이상이 되면 수소 핵융합 반응이 일어나는 별이 탄생한다.

ㄷ. 하나의 성운에서는 여러 개의 별이 탄생할 수 있다.

081 ㄴ. 별의 중심부에서 수소 핵융합 반응이 일어나는 동안에는 중력과 내부 압력이 평형을 이루기 때문에 별의 크기가 일정하게 유지된다.

ㄹ. 태양은 현재 중심부에서 수소 핵융합 반응이 일어나고 있는 진화 단계에 있다.

바로알기 | ㄱ. 수소 원자핵 4개가 융합하여 헬륨 원자핵 1개를 생성하는 반응은 수소 핵융합 반응이다.

ㄷ. 핵융합 반응이 일어날 때 반응 전에 비해 반응 후에 질량이 감소하며, 감소한 질량은 에너지로 방출된다. 따라서 핵융합 반응하기 전 수소 원자핵 4개의 질량이 핵융합 반응 후인 헬륨 원자핵 1개의 질량보다 크다.

082 ③ 성운이 중력에 의해 수축하는 과정에서 성운을 이루는 기체 입자의 운동이 활발해져 온도가 상승한다.

⑦ 별은 중심부에서 일어나는 수소 핵융합 반응에 의한 에너지로 스스로 빛을 낸다.

바로알기 | ① 성운은 성간 물질로 이루어져 있으며, 성간 물질은 일부 티끌을 제외하면 대부분 수소와 헬륨으로 이루어져 있다.

② 원시별은 주로 성운에서 온도가 낮고 밀도가 높은 곳을 중심으로 중력에 의해 수축하여 탄생한다.

④ 하나의 성운에서는 여러 개의 원시별이 탄생할 수 있다.

⑤ 원시별은 중력에 의해 수축하고 있기 때문에 중력이 내부 압력보다 크다.

⑥ 원시별의 중심부 온도가 1000만 K에 도달하면 수소 핵융합 반응이 일어날 수 있다.

083 ㄱ, ㄴ. A는 내부 압력, B는 중력이다. 중력(B)은 별의 질량 때문에 나타나는 힘이다.

ㄷ. 이 별은 중심부에서 수소 핵융합 반응이 일어나는 동안 내부 압력(A)과 중력(B)이 평형을 이루기 때문에 크기가 일정하게 유지된다.

✔ 개념 보충

중심부에서 수소 핵융합 반응을 하는 별이 크기를 일정하게 유지하는 까닭
별 내부의 수소 핵융합 반응에 의해 발생하는 에너지는 별을 이루는 기체 물질을 밖으로 밀어내는 기체압(내부 압력)을 생성시킨다. 그러나 별은 자체 중력이 있고, 중력은 물질을 중심부로 끌어가면서 수축하려고 한다. 이러한 기체압과 중력이 평형을 이루면서 별의 크기가 일정하게 유지된다.

084 별의 중심부에서 수소가 모두 헬륨으로 바뀌면 수소 핵융합 반응이 중단되어 내부 압력이 작아져 내부 압력보다 중력이 커서 중심

부가 수축하게 된다. 중심부가 수축하면 중력 수축에 의한 열에너지로 온도가 높아진다.

모범 답안 A<B, 별의 중심부가 중력에 의해 수축하여 크기가 작아지고, 온도가 높아진다.

085 ㄱ. 별의 질량이 클수록 핵융합 반응이 빠르게 일어나기 때문에 수명이 짧다.

바로알기 | ㄴ. 별은 일생의 대부분을 중심부에서 수소 핵융합 반응을 하면서 보낸다.

ㄷ. 별의 중심부에서 수소 핵융합 반응이 일어나는 동안 중력과 내부 압력이 평형을 이루어 크기가 일정하게 유지된다.

086 현재 태양의 중심부에서는 수소 핵융합 반응이 일어나고 있다. ㄱ, ㄷ. 수소 핵융합 반응은 별 내부의 온도가 1000만 K 이상일 때 일어날 수 있으며, 반응 후 헬륨 원자핵이 생성된다.

바로알기 | ㄴ. 질량이 태양과 비슷한 별에서는 수소 핵융합 반응이 일어난다.

ㄹ. 핵융합 반응이 일어날 때 반응 전에 비해 반응 후에 질량이 감소하며, 감소한 질량은 에너지로 방출된다. 따라서 핵융합 반응 시 반응물의 질량보다 생성물의 질량이 작다.

087 (1) 우주에 존재하는 원소 중 수소와 헬륨은 빅뱅 이후 우주 초기에 생성되었다.
(2) 빅뱅 이후 수억 년이 지나 별이 탄생하였고, 별의 진화 과정 중 별의 내부에서 핵융합 반응으로 헬륨에서 철까지의 원소가 생성되었다.
(3) 질량이 태양의 10배 이상인 별은 내부에서 핵융합 반응이 끝난 이후 초신성 폭발 과정에서 철보다 무거운 원소(예 우라늄, 금, 납 등)가 생성되었다.

088 질량이 태양 정도인 별의 중심부에서는 핵융합 반응에 의해 헬륨, 탄소(㉠), 산소까지 생성된다. 질량이 태양의 10배 이상인 별의 중심부에서는 더 무거운 원소를 생성하는 핵융합 반응이 순차적으로 일어나 헬륨, 탄소, 산소, 질소, 네온, 마그네슘, 황, 규소, 그리고 철(㉡)까지 생성된다. 철(㉡)까지 생성된 후 별은 폭발하여 초신성(㉢)이 되고, 초신성 폭발 과정에서 엄청난 에너지가 방출되어 철(㉡)보다 무거운 원소가 생성된다.

089 ㄷ. 더 무거운 원소의 핵융합 반응이 일어나기 위해서는 더 높은 온도가 필요하고, 탄소와 산소는 철보다 가벼운 원소이다. 따라서 D(규소 핵융합 반응)는 A(헬륨 핵융합 반응)보다 더 높은 온도에서 일어난다.

바로알기 | ㄱ. 별의 크기가 일정하게 유지되는 별의 진화 단계에서는 별의 중심부에서 수소 핵융합 반응만 일어난다. 수소 핵융합 반응으로 헬륨이 생성된다.

ㄴ. 태양보다 질량이 작은 별에서는 산소 핵융합 반응(C)이 일어날 수 없다.

090 철보다 무거운 원소는 초신성 폭발 과정에서 방출되는 큰 에너지 환경에서만 생성될 수 있다.

모범 답안 질량이 태양의 10배 이상인 별이 초신성 폭발 과정에서 생성된다.

091 ㄴ. 초신성 폭발의 잔해에는 초신성이 폭발할 때 생성된 철보다 무거운 원소(우라늄, 납, 구리 등)가 포함되어 있다.

ㄷ. 초신성 폭발의 잔해는 질량이 태양의 10배 이상인 별이 핵융합 반응을 마치고 중심부가 급격히 수축하다가 폭발하여 생성된다. 성간 물질이 모여 수축하여 만들어지는 것은 성운이다.

바로알기 | ㄱ. 초신성 폭발의 잔해는 초신성 폭발 과정에서 생성된 원소, 별을 구성하는 원소가 우주 공간으로 방출되어 형성된 것이다.

092 ㄱ. 질량이 태양 정도인 별은 최종적으로 별의 바깥층 물질이 우주로 방출되어 행성 모양의 성운(가)을 형성한다.

바로알기 | ㄴ. 초신성 폭발의 잔해(나)에는 질량이 태양의 10배 이상인 별이 진화하는 과정에서 생성된 모든 원소가 포함되어 있다.

ㄷ. (가)는 질량이 태양 정도인 별의 진화 단계이고, (나)는 질량이 태양의 10배 이상인 별의 진화 단계이다.

093 ㄱ. 행성 모양의 성운은 질량이 태양 정도인 별의 진화 단계에서 나타나고, 초신성 폭발은 질량이 태양의 10배 이상인 별의 진화 단계에서 나타난다.

ㄹ. B의 내부에서는 수소 핵융합 반응부터 규소 핵융합 반응까지 일어난다.

바로알기 | ㄴ. A는 질량이 태양 정도인 별의 중심부에서 수소 핵융합 반응이 끝난 이후의 단계이다. 질량이 태양 정도인 별의 내부에서는 탄소 핵융합 반응이 일어날 수 있을 만큼 중심부의 온도가 상승하지 못하기 때문에 탄소 핵융합 반응이 일어날 수 없다.

ㄷ. 질량이 태양 정도인 별의 진화 과정은 (가)이다.

094 ㄱ. 원시별이 중력 수축에 의한 에너지(A)에 의해 중심부의 온도가 상승하여 1000만 K에 도달하게 되면 수소 핵융합 반응(B)이 일어날 수 있다.

ㄴ. 수소 핵융합 반응(B)이 일어날 때는 별의 내부에서 중력과 내부 압력이 평형을 이루어 크기가 일정하게 유지된다. 별의 중심부에서 수소가 고갈되어 수소 핵융합 반응(B)이 종료되면 중심부는 수축하여 온도가 상승하고, 온도가 1억 K에 도달하게 되면 헬륨 핵융합 반응(C)이 일어나게 된다. 이때 별의 바깥층은 팽창하여 중심부에서 수소 핵융합 반응(B)이 일어날 때보다 크기가 커진다.

바로알기 | ㄷ. 질량이 태양 정도인 별의 내부에서는 헬륨 핵융합 반응(C)까지 일어날 수 있다.

095 **바로알기** | ㄴ, ㄷ. 행성 모양의 성운은 질량이 태양 정도인 별의 마지막 진화 단계에서 나타난다. 철보다 무거운 원소는 질량이 태양의 10배 이상인 별의 초신성 폭발 단계에서 생성되어 우주로 방출된다.

096 행성 모양의 성운이 나타나므로 질량이 태양 정도인 별의 진화 과정을 나타낸 것이다. A는 중심부에서 수소 핵융합 반응이 일어나 별의 크기가 일정하게 유지되는 단계이고, B는 가열된 중심핵 바깥의 수소층에서 수소 핵융합 반응이 일어나 헬륨이 생성되고 중심부에서 헬륨 핵융합 반응이 일어나 탄소와 산소가 생성되는 단계이다.

097 ㄴ. (나)에서 철이 생성된 이후 초신성 폭발이 일어나 철보다 무거운 원소가 생성된다.

ㄷ. 별의 질량이 클수록 핵융합 반응으로 더 무거운 원소를 생성할 수 있으므로 질량은 (가)가 (나)보다 작다.

바로알기 | ㄱ. (가)의 내부에서는 헬륨 핵융합 반응으로 탄소와 산소까지만 생성되었다.

ㄹ. 별은 질량이 클수록 핵융합 반응이 빠르게 일어나 수명이 짧다. (가)는 (나)보다 질량이 작은 별이므로 수명이 더 길다.

098 헬륨에서 철까지의 원소는 별 내부의 핵융합 반응으로 생성된다. 질량이 태양 정도인 별은 헬륨 핵융합 반응으로 탄소와 산소까지 생성할 수 있고, 질량이 태양의 10배 이상인 별은 규소 핵융합 반응으로 철까지 생성할 수 있다.

[모범 답안] 별 내부에서의 핵융합 반응으로 생성된다.

099 ㄷ. 질량이 태양의 10배 이상인 별(B)은 (나)의 여러 가지 핵융합 반응 단계에서 규소 핵융합 반응을 통해 별의 중심부에서 철까지 생성할 수 있다.

ㄹ. 질량이 태양 정드인 별(A)은 질량이 태양의 10배 이상인 별(B)보다 핵융합 반응이 천천히 일어나 수명이 길기 때문에 (가)와 (나) 단계에 머무는 기간이 더 길다.

바로알기 | ㄱ. A는 헬륨 핵융합 반응까지만 일어나므로 질량이 태양 정도인 별이고, B는 초신성 폭발이 나타나므로 질량이 태양의 10배 이상인 별이다.

ㄴ. (가) 단계는 별의 중심부에서 수소 핵융합 반응이 일어나므로, 별의 일생의 대부분을 차지한다.

100 ② 별은 일생의 대부분을 중심부에서 수소 핵융합 반응으로 헬륨을 생성하면서 보낸다.

바로알기 | ① 수소는 빅뱅 이후 우주 초기에 쿼크가 결합하여 생성되었으며, 별의 진화 과정에서 새롭게 생성되지 않는다.

③ 우주에 존재하는 대부분의 헬륨은 빅뱅 이후 우주 초기에 양성자 2개와 중성자 2개가 결합하여 생성된 헬륨 원자핵과 전자가 결합하여 만들어졌다.

④ 별의 질량이 클수록 핵융합 반응이 빠르게 일어난다.

⑤ 철 원자핵은 매우 안정하기 때문에 철 원자핵이 결합하여 더 무거운 원소가 생성되는 철 핵융합 반응이 일어날 수 없다.

101 ㄱ. A는 질량이 태양 정도인 별이고, B는 질량이 태양의 10배 이상인 별이다.

ㄴ. 별의 내부에서는 Ⅰ, Ⅱ 단계를 거치는 동안 계속해서 수소 핵융합 반응이 일어난다. 따라서 별의 수소 함량은 Ⅰ 단계보다 Ⅱ 단계에서 더 적다.

바로알기 | ㄷ. 별은 질량이 작을수록 수명이 길어 진화하는 데 더 오랜 시간이 걸린다. A는 B보다 질량이 작으므로 Ⅰ 단계에서 Ⅲ 단계까지 진화하는 데 걸리는 시간이 길다.

102 ㄴ, ㄷ. 별의 중심부(C)는 중력에 의해 수축하고 있으므로 온도가 높아지고, 그 바깥층인 B의 수소가 가열되어 수소 핵융합 반응이 일어난다.

바로알기 | ㄱ. 별의 중심부에서 수소 핵융합 반응이 멈춘 상태이므로 중심부(C)의 주요 성분은 헬륨이다.

103 ㄱ. 그림의 별은 중심부에서 핵융합 반응에 의해 철까지 생성되었다. 철은 태양보다 질량이 10배 이상인 별에서만 생성되므로 이 별은 질량이 태양의 10배 이상이다.

ㄴ. 더 무거운 원소의 핵융합 반응이 일어나려면 더 높은 온도가 필요하다. 규소는 산소보다 무거운 원소이기 때문에 규소 핵융합 반응은 산소 핵융합 반응보다 높은 온도에서 일어난다.

바로알기 | ㄷ. 별의 중심부로 갈수록 무거운 원소의 핵융합 반응이 일어나 점점 무거운 원소가 생성된다.

ㄹ. 질량이 태양의 10배 이상인 별은 내부에서 핵융합 반응이 멈추면 초신성 폭발이 일어나 그 잔해가 우주로 방출된다. 행성 모양의 성운은 질량이 태양 정도인 별의 진화 단계의 마지막에 나타난다.

104 그림은 질량이 태양의 10배 이상인 별 내부의 모든 핵융합 반응이 종료된 모습이다.

(1) A는 가장 바깥층에 반응하지 못하고 남아 있는 수소이고, B는 수소 핵융합 반응으로 생성된 헬륨이다.

(2) C는 규소 핵융합 반응으로 생성된 철이다. 철 원자핵은 매우 안정하기 때문에 철 핵융합 반응이 일어날 수 없다.

[모범 답안] (1) A: 수소, B: 헬륨
(2) 철, 규소 핵융합 반응으로 생성된다.

105 ㄴ. (가)는 질량이 태양 정도인 별이고, (나)는 질량이 태양의 10배 이상인 별이다. 따라서 별의 질량은 (가)가 (나)보다 작다.

ㄷ. 별의 중심부 온도가 높을수록 더 무거운 원소를 생성하는 핵융합 반응이 일어난다. 철(B)이 탄소(A)보다 무거운 원소이므로 별의 중심부 온도는 (가)가 (나)보다 낮다.

바로알기 | ㄱ. A는 탄소, B는 철이다.

ㄹ. 이후 질량이 태양 정도인 별(가)은 행성 모양의 성운을 형성하고, 질량이 태양의 10배 이상인 별(나)은 초신성 폭발을 일으킨다.

106 ㄴ. 더 무거운 원소의 핵융합 반응이 일어나려면 더 높은 온도가 필요하다. (나) 시기의 중심부에 더 무거운 원소가 생성되었으므로 별의 중심부 온도는 (나) 시기일 때가 (가)보다 높다.

바로알기 | ㄱ. 별의 내부에서 철까지 생성되었으므로 별의 질량은 태양의 10배 이상 크다.

ㄷ. 별의 중심부에서는 가벼운 원소부터 무거운 원소까지 순차적으로 생성되므로 (나)가 (가)보다 늦은 시기의 별의 내부 구조이다.

05 태양계와 지구의 형성

빈출 자료 보기　　　　　33쪽

107 (1) × (2) ○ (3) ○ (4) × (5) ○ (6) ×
108 (1) ○ (2) × (3) × (4) ○ (5) ○ (6) ×

107 바로알기 | (1) 태양계 성운에는 별의 내부에서의 핵융합 반응과 초신성 폭발로 생성된 원소도 존재하였다.

(4) 미행성체는 서로 충돌하면서 합쳐져 크기가 커졌다.

(6) 태양과 가까울수록 녹는점이 높고 무거운 물질로 이루어진 원시 행성이 형성되었다.

108 바로알기 | (2) 원시 지각을 이루는 주성분은 산소와 규소이다.

(3) 마그마 바다는 미행성체의 충돌에 의한 열로 지구의 대부분이 녹아 형성되었다.

(6) 원시 지구가 진화하는 동안 계속해서 미행성체가 충돌했기 때문에 지구의 크기는 점점 커졌다.

109 (다) → (라) → (마) → (가) → (나)　　**110** ㉠ 초신성,
㉡ 미행성체, ㉢ 원시 행성, ㉣ 지구형, ㉤ 목성형 **111** ②　　**112** ⑤
113 ⑤, ⑥　**114** ②　　**115** ①　　**116** ③　　**117** ㄷ, ㅁ, ㅂ
118 ⑤　　**119** ④　　**120** 해설 참조　　**121** ②　　**122** ⑤
123 ③　　**124** ③　　**125** ②　　**126** ③　　**127** ③, ⑦ **128** ②
129 ②　　**130** ①　　**131** 해설 참조　　　　**132** ⑤　　**133** ①
134 해설 참조　　　**135** ④, ⑥ **136** ①

109　태양계의 형성 과정은 (다) 태양계 성운의 형성 → (라) 태양계
성운의 수축과 회전 → (마) 원시 태양과 원시 원반의 형성 → (가) 미행
성체 형성 → (나) 원시 행성 형성이다.

110　우리은하에 있던 초신성(㉠)의 폭발로 인해 성운 내부의 밀도
가 불균일해져 태양계 성운이 만들어졌고, 태양계 성운이 수축하면서
회전하기 시작하였다. 성운의 회전 속도가 증가하면서 중심부에 원시
태양이, 주변부에 원시 원반이 형성되었다. 원시 원반을 이루는 물질들
이 뭉쳐 미행성체(㉡)를 형성하였고, 미행성체가 서로 충돌하고 합쳐
져 원시 행성(㉢)을 형성하였다. 태양과 가까운 곳에서는 무거운 물질
로 이루어진 지구형(㉣) 행성이, 먼 곳에서는 가벼운 물질로 이루어진
목성형(㉤) 행성이 형성되었다.

111　ㄴ. 원시 태양과 원시 원반은 회전하는 성운 내에서 형성되었
기 때문에 원시 태양(A)과 원시 원반(B)의 회전 방향은 같다.
바로알기 | ㄱ. A는 태양계 성운의 중심부로 원시 태양이 형성되는 곳
이며, B는 원시 원반으로 원시 행성이 형성되는 곳이다.
ㄷ. 태양계 성운은 초신성 폭발로 형성되었으므로 A와 B는 철보다 무
거운 원소를 포함한다.

112　⑤ 태양과 가까운 곳은 온도가 높아서 녹는점이 높은 물질들
만 남을 수 있었다. 따라서 태양에 가까운 곳에서 만들어진 행성은 녹
는점이 높은 물질로 구성되었다.
바로알기 | ① 태양계 성운이 수축하면서 회전 속도가 빨라져서 납작
한 원반을 형성하였다.
② 태양계 성운이 수축함에 따라 성운의 회전 반경이 작아지면서 회전
속도가 빨라졌다.
③ 미행성체들이 서로 충돌하여 합쳐지면서 원시 행성이 형성되었다.
④ 성운의 중심부에 대부분의 물질이 모여서 원시 태양이 형성되었다.
원시 태양은 중력 수축으로 중심부의 온도가 상승하다가 수소 핵융합
반응이 일어나 스스로 빛을 방출하면서 태양이 되었다.

113　⑤ 원시 태양과 원시 원반에 있는 미행성체는 회전하는 태양
계 성운 내에서 형성되었기 때문에 원시 태양과 미행성체의 회전 방향
은 같다.
⑥ 행성의 형성 후 남은 가스와 먼지는 태양풍에 의해 태양계 바깥쪽
으로 보내졌다.
바로알기 | ① 태양계의 형성 순서는 (나) 태양계 성운의 형성 → (가)
원시 태양과 원시 원반 형성 → (다) 미행성체 형성 → (라) 원시 행성
형성이다.
② (가)의 중심부에 위치한 원시 태양은 수축하여 온도와 압력이 점점
높아진다.

③ 태양계 성운에는 별의 내부에서의 핵융합 반응과 초신성 폭발로 생
성된 무거운 원소도 존재한다.
④ 태양계 성운은 온도가 낮고 밀도가 높은 곳을 중심으로 수축한다.
⑦ 태양으로부터 멀수록 주로 가벼운 기체로 이루어진 행성이 형성되
었다.

114　ㄴ. B 과정에서 태양계 성운의 중심부에 원시 태양이 형성되
었고, 원시 태양은 수축할수록 온도가 점점 높아졌다.
바로알기 | ㄱ. A 과정에서 성운의 밀도가 불균일하여 밀도가 높은 곳
을 중심으로 수축하면서 회전하였다.
ㄷ. C 과정에서 원시 태양과 가까울수록 원시 원반에서 무거운 원소가
포함된 미행성체가 형성되었다.

115　ㄱ. (가) 과정에서 태양계 성운이 수축하면서 중심부에서 온도
와 밀도가 높아져 원시 태양이 형성되었다.
ㄴ. (나) 과정에서 미행성체가 서로 충돌하고 병합하여 원시 행성을 형
성하였다.
바로알기 | ㄷ, ㄹ. 목성형 행성(B)은 지구형 행성(A)보다 가벼운 원소
로 이루어져 있어 평균 밀도가 작지만, 크기가 매우 크기 때문에 질량
은 크다.

116　ㄱ. 태양계의 형성 순서는 (가) 태양계 성운의 형성과 수축 →
원시 태양과 원시 원반 형성 → (다) 미행성체 형성 → (나) 원시 행성
형성이다.
ㄴ. 태양계 성운(가)은 대부분 수소와 헬륨 기체로 이루어져 있다.
바로알기 | ㄷ. 목성형 행성(A)은 지구형 행성(B)보다 가벼운 물질로
이루어져 있어 평균 밀도가 작다.

117　ㄷ. 지구형 행성은 목성형 행성보다 무거운 물질로 이루어져
있어서 평균 밀도가 크다.
ㅁ. 지구형 행성은 목성형 행성보다 자전 속도가 느리므로 자전 주기가
길다.
ㅂ. 지구형 행성은 목성형 행성보다 태양으로부터 가까운 거리의 온도
가 높은 환경에서 형성되어 구성 물질의 녹는점이 높다.
바로알기 | ㄱ, ㄴ. 지구형 행성은 목성형 행성보다 무거운 물질로 이
루어져 있어 평균 밀도가 크지만, 크기가 매우 작아 질량이 작다.
ㄹ. 지구형 행성은 위성이 없거나 적고, 목성형 행성은 위성이 많다.

118　• 학생 A: 지구형 행성에 속하는 화성은 목성형 행성에 속하는
목성보다 무거운 원소로 이루어져 있어 평균 밀도가 높다.
• 학생 B: 목성형 행성에 속하는 토성은 지구형 행성에 속하는 금성보
다 태양으로부터 먼 거리의 온도가 낮은 환경에서 형성되었다.
• 학생 C: 목성형 행성이 지구형 행성보다 질량과 반지름이 크기 때문
에 태양계 성운을 구성하는 성분 중 목성형 행성을 구성하는 가벼운 기
체 성분이 더 많았다는 것을 알 수 있다.

119　ㄴ, ㄹ. 지구형 행성은 태양과 가까운 거리에서 무거운 성분이
모여 형성되었고, 목성형 행성은 태양과 먼 거리에서 가벼운 성분이 모
여 형성되었다. 따라서 지구형 행성은 주로 무거운 금속(철, 니켈 등),
암석 성분(규소 등)으로 이루어져 있고, 목성형 행성은 주로 가벼운 기
체 성분(수소, 헬륨 등)으로 이루어져 있다.
바로알기 | ㄱ. 지구형 행성은 목성형 행성보다 무거운 원소로 이루어
져 있어 평균 밀도가 크지만, 크기가 매우 작기 때문에 질량이 작다.

ㄷ. 목성형 행성은 태양으로부터 먼 거리에서 형성되었기 때문에 지구형 행성보다 녹는점이 낮고 가벼운 물질로 이루어져 있다.

120 [모범 답안] (1) 지구형 행성은 태양으로부터 가까워 온도가 높은 환경에서 녹는점이 높고 무거운 물질이 모여 형성되었고, 목성형 행성은 태양으로부터 멀어 온도가 낮은 환경에서 녹는점이 낮고 가벼운 물질이 모여 형성되었기 때문이다.
(2) 태양계 성운의 구성 성분 중 가벼운 기체 성분이 무거운 암석이나 금속 성분보다 훨씬 많고 빠르게 성장했기 때문이다.

121 ㄴ. 지구형 행성 궤도(A)에 속하는 원시 행성을 구성하는 물질의 녹는점은 목성형 행성 궤도(B)에 속하는 원시 행성을 구성하는 물질의 녹는점보다 높다.
바로알기 | ㄱ. 화성은 지구형 행성에 속하기 때문에 원시 화성의 궤도는 지구형 행성 궤도(A)에 위치한다.
ㄷ. 지구형 행성 궤도(A)에 속한 원시 행성은 목성형 행성 궤도(B)에 속한 원시 행성보다 무거운 원소로 이루어져 있어 평균 밀도가 크다.

122 ㄱ. 태양과의 거리가 가까울수록 온도가 높아 가벼운 기체 성분은 날아가고, 무거운 성분이 응집되기 쉽다. 태양과의 거리가 멀수록 온도가 낮아 운동이 둔해진 가벼운 기체 성분이 응집되기 쉽다.
ㄴ. 지구형 행성은 목성형 행성보다 태양으로부터 가까운 거리의 온도가 높은 환경에서 형성되었다.
ㄷ. 지구형 행성은 주로 무거운 금속(철, 니켈)과 암석 성분(규산염)으로 이루어져 있다.

123 ㄱ. (가)가 지구형 행성일 때 태양으로부터의 거리는 지구형 행성이 목성형 행성보다 더 가까우므로 태양으로부터의 거리는 X에 적합하다.
ㄴ. 평균 밀도는 목성형 행성이 지구형 행성보다 더 작다. 따라서 Y가 평균 밀도일 때 (나)에는 목성형 행성에 속하는 목성이 포함된다.
바로알기 | ㄷ. X가 질량, Y가 반지름이라면 목성형 행성이 지구형 행성보다 두 물리량에서 모두 크게 나타나야 한다. 따라서 X가 질량일 때 반지름은 Y로 적합하지 않다.

124 A는 질량이 작고 평균 밀도가 큰 지구형 행성이고, B는 질량이 크고 평균 밀도가 작은 목성형 행성이다.
ㄱ. 지구형 행성(A)은 목성형 행성(B)보다 자전 속도가 느리므로 자전 주기가 길다.
ㄷ. (나)는 고리가 있으므로 목성형 행성(B)에 속한다.
바로알기 | ㄴ. 반지름은 지구형 행성(A)이 목성형 행성(B)보다 작다.

125 ㄴ. B는 지구보다 반지름이 작으므로 지구형 행성에 속한다. 지구형 행성의 표면은 주로 암석으로 이루어져 있다.
ㄷ. C는 지구보다 상대적으로 반지름이 크고, 평균 밀도가 작으므로 목성형 행성에 속한다. 따라서 C는 지구형 행성에 속하는 B보다 태양으로부터의 거리가 멀다.
바로알기 | ㄱ. A는 지구보다 상대적으로 반지름이 크고, 평균 밀도가 작으므로 목성형 행성에 속한다.

126 ③ 지구의 형성 과정은 (가) 미행성체 충돌 → (마) 마그마의 바다 형성 → (라) 핵과 맨틀의 분리 → (다) 원시 지각 형성 → (나) 원시 바다 형성 → (바) 최초의 생명체 출현이다.

127 ① (가) 시기에는 미행성체가 충돌하고 합쳐져 원시 지구의 크기가 증가하였다.
② (나) 시기에는 미행성체의 충돌에 의한 열에너지로 원시 지구의 온도가 상승하여 지구의 대부분이 용융되었다.
④ 마그마 바다가 형성(나)되면서 물질이 자유롭게 이동할 수 있게 되어 상대적으로 무거운 물질은 가라앉아 핵을 형성하였고, 가벼운 물질은 떠올라 맨틀을 형성하였다.
⑤ 마그마 바다가 형성(나)된 후 미행성체의 충돌이 줄어들면서 지구 표면이 식어 원시 지각이 형성(다)되었다. 따라서 지구의 표면 온도는 (나) 시기가 (다) 시기보다 높다.
바로알기 | ③ 마그마 바다가 형성된 이후에 핵과 맨틀로 분리되었다.
⑦ 최초의 생명체는 대기 중에 오존층이 형성되기 이전에 바다에서 탄생하였다. 오존층은 (라) 시기 이후에 형성되었다.

128 ㄱ. 지구는 미행성체가 서로 충돌하면서 합쳐져 형성되었다. 현재 지구에 철과 규소가 존재하기 때문에 (가)의 미행성체에는 철과 규소가 포함되어 있다.
ㄷ. (다) 시기에 무거운 물질이 가라앉아 핵을 형성하기 때문에 지구 중심부의 평균 밀도가 이전보다 높아졌다.
바로알기 | ㄴ. (가) → (나) 과정에서 미행성체의 충돌에 의한 열에너지로 지구 표면의 온도가 상승하였다.
ㄹ. (라) 시기 이후에 바다에서 최초의 생명체가 탄생하였다.

129 ㄴ. 원시 지구가 진화하는 동안 미행성체의 충돌이 계속되었기 때문에 모든 시기에 지구의 질량은 증가하였다.
바로알기 | ㄱ. (가) → (나) 시기에 미행성체의 충돌에 의한 열에너지로 인해 지구의 표면 온도가 상승하였다. (다) → (라) 시기에는 미행성체의 충돌이 줄어들었기 때문에 지구 표면이 식었으므로 (가) → (라) 동안 지구의 표면 온도는 상승하다가 하강하였다.
ㄷ. (라)에서 원시 지각이 먼저 형성되고, 이후에 대기 중의 수증기가 응결하여 내린 빗물이 원시 지각의 낮은 곳에 모여서 원시 바다가 형성되었다.

130 ㄱ. (가)에서 밀도가 높은 물질은 가라앉아 핵을 형성하였고, 밀도가 낮은 물질은 떠올라 맨틀을 형성하였다. 따라서 핵과 맨틀의 분리는 구성 물질의 밀도 차이에 의해 일어났다.
바로알기 | ㄴ. 지구 표면의 평균 온도는 마그마 바다가 형성되었던 (나) 시기에 가장 높았다.
ㄷ. 원시 지구의 형성 과정은 미행성체의 충돌 → (나) 마그마 바다 형성 → (가) 핵과 맨틀 분리 → (다) 원시 지각 형성 → 원시 바다 형성 → 최초의 생명체 출현이다.

131 원시 지구 탄생 초기에는 미행성체의 충돌에 의한 열에너지로 인해 지구의 온도가 상승하여 지구의 대부분이 용융된 상태인 마그마 바다가 형성되었다. 따라서 마그마 바다에서 무거운 물질은 가라앉고, 가벼운 물질은 떠오르는 물질의 이동이 가능하여 핵과 맨틀이 형성될 수 있었다. 이후 미행성체의 충돌이 줄어들면서 지구 표면이 식어 원시 지각이 형성되었으며, 대기가 식어 대기 중 수증기가 응결하여 비로 내렸고, 빗물이 원시 지각의 낮은 곳에 모여 원시 바다가 형성될 수 있었다.
[모범 답안] 핵과 맨틀은 마그마 바다 상태에서 밀도 차이에 의해 물질이 이동할 수 있었기 때문에 형성될 수 있었고, 원시 지각은 미행성체의 충돌이 줄어들어 지구 표면이 식었기 때문에 형성될 수 있었다.

132 ㄱ. 산소(Ⅰ)와 규소(Ⅱ)는 지각과 맨틀의 주성분이다.

ㄴ, ㄷ. 철(Ⅲ)은 상대적으로 밀도가 커서 핵과 맨틀이 분리되었던 시기(A)에 대부분 지구 중심부로 가라앉아 핵을 형성하였고, 산소(Ⅰ)와 규소(Ⅱ)는 상대적으로 밀도가 작아 위로 떠올라 맨틀을 형성하였다. 따라서 지구 중심부에서 원소의 질량비는 철(Ⅲ)이 가장 크며, A 시기의 핵과 맨틀의 분리로 인해 지구 표면과 지구 전체 원소의 질량비 차이가 나타난다.

133 ㄱ. A와 E는 산소이다.

바로알기 | ㄴ. 탄소(B)는 별의 내부에서 핵융합 반응으로 생성될 수 있지만, 수소(C)는 빅뱅에 의해서만 우주 초기에 생성되었다.

ㄷ. 철(D)은 별 내부에서 핵융합 반응으로 생성된다. 초신성 폭발 과정에서는 철보다 무거운 원소가 생성될 수 있다.

134 헬륨보다 무거운 원소 중에 철까지는 별의 내부에서 핵융합 반응으로 생성되며, 철보다 무거운 원소는 초신성이 폭발할 때 생성되어 우주 공간으로 방출된다. 지구와 태양계에는 헬륨보다 무거운 다양한 원소들이 존재하는데, 이는 태양계가 초신성 폭발 시 방출된 물질을 포함한 성운에서 형성되었기 때문이다.

모범 답안 지구는 태양계에 속하는데, 태양계는 초신성이 폭발할 때 방출된 물질을 포함하고 있던 태양계 성운에서 형성되었기 때문이다.

135 ① 수소(A)는 빅뱅에 의해 우주 초기에 생성되었다.

② 수소(A)는 핵융합 반응으로 헬륨을 생성할 수 있다.

③ 철(B)은 질량이 태양의 10배 이상인 별의 내부에서 핵융합 반응을 통해 생성된다.

⑤ 우주는 대부분 가벼운 원소인 수소와 헬륨으로 이루어져 있지만, 지구는 철, 산소, 규소 등 상대적으로 무거운 원소의 비율이 높다.

바로알기 | ④ 지구의 핵을 구성하는 주요 성분은 철(B)과 니켈이다. 산소(C)는 지각, 맨틀, 사람(생명체)을 구성하는 주요 성분이다.

⑥ 지구와 사람을 구성하는 주요 원소는 수소를 제외하면 별의 내부에서의 핵융합 반응으로 생성되거나, 초신성 폭발 과정에서 생성되었다.

136 ㄱ, ㄴ. 우주(가)는 대부분 가벼운 원소인 수소(A)와 헬륨(B)으로 이루어져 있고, 지구(나)는 주로 철(C), 산소(D), 규소(E) 등 상대적으로 무거운 원소로 이루어져 있다. 따라서 구성 원소의 평균 질량은 우주(가)가 지구(나)보다 작다.

바로알기 | ㄷ. 철(C)은 주로 지구의 핵을 구성하고 있다.

ㄹ. 산소(D)는 태양의 진화 과정 중 태양 내부의 핵융합 반응으로 생성될 수 있지만, 규소(E)는 질량이 태양의 10배 이상인 별의 내부에서만 생성될 수 있다.

137 ③	138 ③	139 ③	140 ①	141 ③	142 ②
143 ③	144 ⑤				

137 ㄱ. 별의 표면에서 방출된 빛이 대기를 통과하면서 특정 파장의 빛이 흡수되기 때문에 별의 스펙트럼은 A와 같은 흡수 스펙트럼으로 관찰된다.

ㄷ. A와 B는 동일한 수소 기체에 의해 나타나기 때문에 A에서 나타난 흡수선과 B에서 나타난 방출선의 위치(파장)는 같다.

바로알기 | ㄴ. B는 고온의 광원에 의해 가열된 수소 기체가 특정 파장의 빛을 방출하여 나타난 방출 스펙트럼이다.

138 ㄱ. 기체 방전관에서는 검은 바탕에 방출선이 나타나므로 방출 스펙트럼이 관측된다.

바로알기 | ㄴ. 태양의 스펙트럼에는 원소 (가)와 (나)로 인해 형성된 흡수선 외에 다른 흡수선이 나타난다. 따라서 태양의 대기에는 (가)와 (나) 외에 다른 원소가 존재한다.

139 ㄱ. 중성자(A)는 전하를 띠지 않아 전기적으로 중성이다.

ㄴ. 양성자(B)는 그 자체로 수소 원자핵이 된다.

바로알기 | ㄷ. 헬륨 원자핵이 생성된 이후 우주에서는 수소 원자핵과 헬륨 원자핵의 개수비가 약 12 : 1이 되었다. 양성자와 중성자의 질량이 거의 비슷하기 때문에 헬륨 원자핵 1개의 질량은 수소 원자핵 1개 질량의 약 4배가 된다. 따라서 헬륨 원자핵이 생성된 이후 우주에서 수소 원자핵과 헬륨 원자핵의 질량비는 약 3 : 1이 되었다.

140 우주의 탄생으로부터 5개의 카드를 시간 순서대로 배열하면 최초의 전자 생성(전) → 최초의 수소 원자 생성(수) → 최초의 별 탄생(별) → 태양의 탄생(태) → 지구의 탄생(지)이다. 따라서 A~C에 넣을 수 있는 카드의 조합은 전수별, 전수태, 전수지, 전별태, 전별지, 전태지, 수별태, 수별지, 수태지, 별태지이다.

141 ①, ② 원시별 단계에서는 중력 수축에 의해 열이 발생하여 온도가 상승한다.

④ 현재 태양은 중심부에서 수소 핵융합 반응(나)이 일어나는 단계에 있다.

⑤ 별의 질량이 클수록 핵융합 반응이 활발하게 일어나므로 (나)와 같은 방식으로 에너지를 생성하는 기간이 짧아진다.

바로알기 | ③ 별의 중심부에서는 수소 핵융합 반응이 끝나면 중력에 의해 중심부가 수축하며 에너지를 생성하여 중심부의 온도가 상승한다.

142 ㄷ. 별의 질량이 클수록 핵융합 반응이 활발하게 일어나므로 수명이 짧다. 따라서 (가)가 (나)보다 별의 질량이 더 작으므로 별의 나이는 (가)가 (나)보다 많다.

바로알기 | ㄱ, ㄴ. 별의 질량이 클수록 별의 중심부가 도달할 수 있는 온도가 높아지고, 중심부 온도가 높을수록 점점 더 무거운 원소를 생성하는 핵융합 반응이 일어난다. (나)의 중심부에서 더 무거운 원소가 생성되었으므로 (가)는 (나)보다 별의 질량이 작고, 중심부 온도가 낮다.

143 ㄱ. 태양계 성운이 형성된 이후(A) 온도는 낮고 밀도가 높은 곳을 중심으로 회전하며 수축하여 원시 태양과 원시 원반이 형성되었다.

ㄷ. 미행성체는 형성된 이후(C) 서로 충돌하고 합쳐져 크기가 점점 커져 원시 행성을 형성하였고, 원시 행성은 미행성체의 충돌로 크기가 점점 커졌다.

바로알기 | ㄴ. 원시 태양과 가까운 곳은 밀도가 큰 물질이, 원시 태양과 먼 곳은 밀도가 작은 물질이 모여 원시 원반을 형성하였다. 따라서 B에서 원시 원반의 밀도는 균일해지지 않는다.

144 ㄱ. 산소(A)는 규소(B)보다 가벼운 원소이다.

ㄴ. C와 D는 철이다.

ㄷ. 산소(E)와 규소(F)는 지각과 맨틀을 이루는 주요 구성 원소이다.

빈출 자료 보기　　　　　　　　43쪽

145 (1) × (2) ○ (3) × (4) ○ (5) ○ (6) ○ (7) ○
146 (1) ○ (2) ○ (3) ○ (4) × (5) × (6) ○

145 **바로알기** | (1) A와 B는 같은 족에 속하는 원소이지만 A는 수소(H)로 비금속 원소이고, B는 알칼리 금속이다.
(3) 주기율표의 가로줄을 주기, 세로줄을 족이라고 한다. B, C, D는 같은 주기 원소이며 족은 모두 다르다.

146 **바로알기** | (4), (5) 알칼리 금속은 물과 반응하여 수소 기체가 발생하고, 수용액은 염기성을 나타낸다.

난이도별 필수 기출　　　　　　　44쪽~49쪽

147 ④　**148** ②　**149** ⑤　**150** ③　**151** ④　**152** ④
153 ③　**154** ①, ④　**155** 해설 참조　**156** ①　**157** ③
158 ③　**159** ⑤　**160** ③　**161** ①　**162** 해설 참조
163 해설 참조　**164** ⑤　**165** ④, ⑤　**166** 해설 참조
167 해설 참조　**168** ③　**169** ①, ④　**170** ③　**171** ②
172 ⑤　**173** ④　**174** ⑤　**175** ③, ④

147 ④ 현대의 주기율표는 원소들을 원자 번호 순서로 나열하여 만들었으며, 가로줄을 주기, 세로줄을 족이라고 한다.

148 ② 현대의 주기율표에서 원소들은 원자 번호가 증가하는 순서로 나열되어 있다.

149 ① 현대의 주기율표는 원소들을 원자 번호 순서로 배열하였다.
②, ③, ④ 주기율표의 가로줄을 주기라고 하며, 1주기에서 7주기까지 있다. 주기율표의 세로줄을 족이라고 하며, 1족에서 18족까지 있다.
⑥ 주기율표에서 금속 원소는 주로 왼쪽과 가운데에 위치하고, 비금속 원소는 주로 오른쪽에 의치한다.
바로알기 | ⑤ 같은 족에 속한 원소들은 화학적 성질이 비슷하다. 같은 주기에 속한 원소들은 금속 원소와 비금속 원소를 모두 포함하며, 원소에 따라 화학적 성질이 다르다.

150 ㄷ. B와 C는 같은 족에 속한 원소로, 화학적 성질이 비슷하다.
바로알기 | ㄱ. ㉠은 주기율표의 세로줄인 족이고, ㉡은 주기율표의 가로줄인 주기이다.
ㄴ. A는 1주기 1족 원소인 수소(H)이므로 비금속 원소이다.

151 (가)는 수소(H), (나)는 탄소(C), (다)는 네온(Ne), (라)는 나트륨(Na)이다.
ㄷ. 주기율표는 원소들을 원자 번호 순서로 나열하여 만들었으므로 (가)~(라) 중 (라)의 원자 번호가 가장 크다.

바로알기 | ㄱ. (가)와 (라)는 같은 족에 속하는 원소이지만, (가)는 비금속 원소인 수소이고, (라)는 알칼리 금속인 나트륨이므로 화학적 성질은 다르다.

152 ④ 자료의 설명은 금속 원소에 해당한다. 제시된 원소 중 금속 원소는 나트륨이다.
바로알기 | ①, ②, ③, ⑤ 수소, 헬륨, 질소, 염소는 비금속 원소이다.

153 ③ 금속 원소는 주로 주기율표의 왼쪽과 가운데에 위치하고, 비금속 원소는 주로 주기율표의 오른쪽에 위치한다. 단, 수소(H)는 비금속 원소이지만 1족에 위치한다. A는 수소(H), B는 리튬(Li), C는 산소(O), D는 나트륨(Na), E는 알루미늄(Al)이므로 금속 원소는 B, D, E이고, 비금속 원소는 A, C이다.

154 ①, ④ 금속 원소는 전기가 잘 통하며, 주기율표에서 주로 왼쪽과 가운데에 위치한다.
바로알기 | ②, ③ 금속 원소는 열을 잘 전달하고, 실온에서 대체로 고체 상태로 존재한다.
⑤ 비금속 원소는 광택이 없고, 금속 원소는 광택이 있다.
⑥, ⑦ 비금속 원소는 열을 잘 전달하지 않고, 실온에서 대체로 기체나 고체 상태로 존재한다.

155 **모범 답안** 금속 원소는 대부분 광택이 있고, 열을 잘 전달하고, 전기가 잘 통하며, 힘을 가하면 부서지지 않고 모양이 변한다. 중 두 가지

156 ㄱ. (가)는 수소(H)를 제외한 1족 원소가 속한 영역이므로 금속 원소이다. 따라서 (가)에 속한 원소는 광택이 있다.
ㄴ. (나)에 속한 원소는 금속 원소로 전기가 잘 통한다.
바로알기 | ㄷ. (다)에 속한 원소는 비금속 원소로, 열을 잘 전달하지 않는다.
ㄹ. (라)는 18족 원소이며, 화학 결합을 형성하지 않고 실온에서 원자 상태로 존재한다.

157 A는 헬륨(He), B는 리튬(Li), C는 산소(O), D는 플루오린(F), E는 네온(Ne), F는 나트륨(Na), G는 알루미늄(Al)이다. B, F, G는 금속 원소이고, A, C, D, E는 비금속 원소이므로 기준 (가)는 금속 원소의 성질이 적절하다.
ㄱ, ㄴ. 금속 원소는 광택이 있고 전기가 잘 통하며, 비금속 원소는 광택이 없고 전기가 잘 통하지 않는다. 따라서 기준 (가)로 '광택이 있는가?'와 '전기가 잘 통하는가?'는 적절하다.
바로알기 | ㄷ. 실온에서 이원자 분자로 존재하는 원소는 C, D만 해당한다.

158 • A와 B는 같은 족 원소이다. ➡ A와 B는 각각 1주기 1족 또는 3주기 1족 원소 중 하나이다.
• B와 C는 같은 주기 원소이다. ➡ B는 3주기 1족 원소이고, C는 3주기 17족 원소이다. 이에 따라 A는 1주기 1족 원소이고, D는 2주기 18족 원소이다.

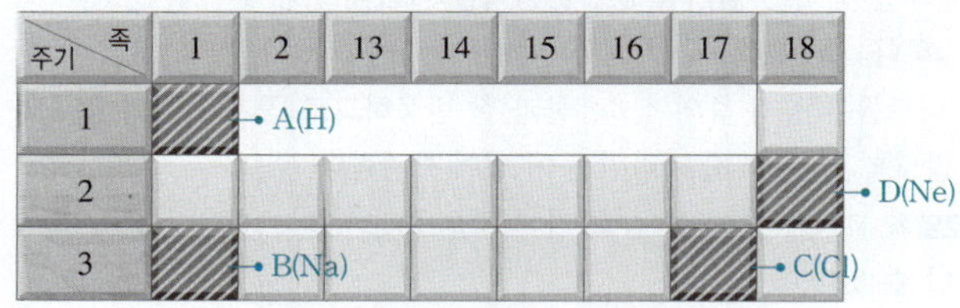

주기 \ 족	1	2	13	14	15	16	17	18
1	▶ A(H)							
2								◀ D(Ne)
3	▶ B(Na)							◀ C(Cl)

① A는 수소(H)이므로 비금속 원소이다.
② B는 알칼리 금속이므로 광택이 있다.
④ C는 할로젠으로, 실온에서 원자 2개가 결합한 이원자 분자로 존재한다.
⑤ D는 18족에 속하는 비금속 원소이다.
바로알기 | ③ A와 B는 같은 족에 속한 원소이지만 A는 비금속 원소인 수소(H)이고, B는 금속 원소이므로 화학적 성질이 서로 다르다.

159 ① 알칼리 금속은 주기율표의 1족에서 수소(H)를 제외한 금속 원소이다.
②, ③ 알칼리 금속은 다른 금속에 비해 밀도가 작고, 칼로 잘릴 정도로 무르다.
④ 알칼리 금속은 공기 중의 산소와 반응하여 광택을 잃는다.
⑥ 알칼리 금속이 물과 반응한 수용액은 염기성을 나타낸다.
바로알기 | ⑤ 알칼리 금속과 물이 반응하여 수소 기체가 발생한다.

160 주기율표에서 (가) 영역은 수소(H)를 제외한 1족 원소로, 알칼리 금속이다.
ㄱ. 알칼리 금속은 금속 원소이므로 전기가 잘 통한다.
ㄴ. 알칼리 금속은 실온에서 고체 상태로 존재한다.
바로알기 | ㄷ. 알칼리 금속은 반응성이 커서 공기 중의 산소, 물과 잘 반응하므로 공기나 물과 접촉하지 않도록 석유, 액체 파라핀 등에 넣어 보관한다.

161 ㄱ. 알칼리 금속은 반응성이 커서 공기 중의 산소와 반응하여 산화물을 생성하므로 광택이 사라진다. 즉, X는 리튬과 산소가 반응하여 생성된 물질이다.
바로알기 | ㄴ. X는 리튬 이온(Li^+)과 산화 이온(O^{2-})으로 이루어진 이온 결합 물질이므로 고체 상태에서 전기 전도성이 없다.
ㄷ. 리튬은 공기 중의 산소, 물과 잘 반응하므로 공기나 물과 접촉하지 않도록 석유, 액체 파라핀 등에 넣어 보관한다.

162 **모범 답안** 알칼리 금속은 물이나 공기 중의 산소와 잘 반응하므로 물이나 산소와 접촉하지 않게 석유나 액체 파라핀에 넣어 보관한다.

163 **모범 답안** (1) 수소 기체
(2) ㉠ 붉은색, ㉡ 붉은색, 알칼리 금속은 화학적 성질이 비슷하고, 리튬이 물과 반응한 수용액이 붉은색을 나타냈으므로 나트륨, 칼륨도 물과 반응한 수용액은 붉은색을 나타낸다.

164 ㄱ. 알칼리 금속이 공기 중의 산소와 반응하므로 자른 단면을 공기 중에 두면 광택이 사라진다.
ㄴ. 칼륨이 물 위에 떠서 반응하는 것으로 보아 칼륨은 물보다 밀도가 작다.
ㄷ. 알칼리 금속과 물이 반응한 수용액에 페놀프탈레인 용액을 떨어뜨렸을 때 붉은색을 나타내는 것으로 보아 알칼리 금속과 물이 반응한 수용액은 염기성을 나타낸다.

165 ④ 나트륨과 물이 반응한 수용액은 염기성을 나타내고, 페놀프탈레인 용액은 염기성에서 붉은색을 나타내므로 '붉은색'은 ㉢으로 적절하다.
⑤ 나트륨은 공기 중의 산소, 물과 잘 반응하므로 공기나 물과 접촉하지 않도록 석유, 액체 파라핀 등에 넣어 보관한다.
바로알기 | ① 나트륨을 칼로 자른 것으로 보아 나트륨은 무른 금속임을 알 수 있다.

② 나트륨은 공기 중의 산소와 반응하여 이온 결합 물질을 형성한다.
㉠의 회색을 띠는 물질은 이온 결합 물질이므로 고체 상태에서 전기 전도성이 없다.
③ 나트륨은 물과 반응하여 수소 기체가 발생하므로 '수소'는 ㉡으로 적절하다.
⑥, ⑦ 리튬, 나트륨, 칼륨은 알칼리 금속으로, 화학적 성질이 비슷하다. 따라서 나트륨 대신 리튬이나 칼륨으로 실험해도 자른 단면의 광택이 사라지고, 반응 후 수용액은 붉은색을 나타낸다.

166 (1) 나트륨이 물 위에 떠서 반응하는 것으로 보아 나트륨의 밀도는 물보다 작다.
모범 답안 (1) 나트륨의 밀도는 물보다 작다.
(2) 칼륨으로 실험해도 수용액은 붉은색으로 변한다. 칼륨과 나트륨은 같은 족에 속하는 원소로 화학적 성질이 비슷하기 때문이다.

167 **모범 답안** 과정 (가)의 결과 M이 공기 중의 산소와 잘 반응한다고 판단한 것으로 보아 ㉠으로 '금속을 자른 단면의 변화를 관찰한다.'가 적절하다.
과정 (다)의 결과 M과 물이 반응한 수용액이 염기성이라고 판단한 것으로 보아 ㉡으로 '반응한 수용액에 페놀프탈레인 용액과 같은 지시약을 넣고 색 변화를 관찰한다.'가 적절하다.

168 ㄱ. 플루오린(F), 염소(Cl), 브로민(Br)은 모두 17족에 속하는 할로젠이다.
ㄷ. 할로젠은 실온에서 원자 2개가 결합한 이원자 분자로 존재한다.
바로알기 | ㄴ. 할로젠은 비금속 원소로, 전자를 얻어 음이온이 되기 쉽다.

169 ① F_2은 옅은 노란색, Cl_2는 노란색, Br_2은 적갈색, I_2은 보라색을 띤다.
④ 할로젠은 반응성이 큰 비금속 원소로, 알칼리 금속과 잘 반응하여 이온 결합 물질을 형성한다.
바로알기 | ② 할로젠은 주기율표의 17족에 속한다.
③ 할로젠은 실온에서 물질에 따라 기체 상태(F_2, Cl_2), 액체 상태(Br_2), 고체 상태(I_2)로 존재한다.
⑤ 할로젠이 수소와 반응하여 생성된 수소 화합물은 물에 녹아 수소 이온(H^+)을 내놓으므로 수용액은 산성을 나타낸다.

170 ㄱ. (가)에 속한 원소는 알칼리 금속이다. 알칼리 금속은 칼로 잘릴 정도로 무르다.
ㄷ. (다)에 속한 원소는 17족 원소인 할로젠이다.
바로알기 | ㄴ. (나)에 속한 원소는 같은 주기 원소로, 화학적 성질이 서로 다르다.

171 A는 수소(H), B는 플루오린(F), C는 나트륨(Na), D는 염소(Cl)이다.
ㄴ. A는 수소이고, B는 할로젠이다. 수소와 할로젠이 반응하여 생성된 화합물은 물에 녹아 산성을 나타낸다.
바로알기 | ㄱ. 알칼리 금속은 주기율표의 1족에서 수소를 제외한 금속 원소이므로 C는 알칼리 금속이고 A는 알칼리 금속이 아니다.
ㄷ. C는 알칼리 금속이고, D는 할로젠이다. 알칼리 금속과 할로젠은 반응성이 커서 서로 잘 반응한다.

172 실온에서 고체 상태로 존재하는 A는 1족 원소인 알칼리 금속이고, 기체 상태로 존재하는 B는 17족 원소인 할로젠이다.

ㄱ. A는 알칼리 금속으로, 물과 반응하여 수소 기체가 발생한다. 따라서 X는 수소이다.

ㄴ. B는 할로젠으로, 실온에서 원자 2개가 결합한 이원자 분자로 존재한다.

ㄷ. 할로젠인 B가 수소와 반응하여 생성된 수소 화합물은 물에 녹아 산성을 나타낸다. 따라서 '산성'은 ㉠으로 적절하다.

173 ㉠은 알칼리 금속이다. 알칼리 금속은 광택이 있고 전기가 잘 통하며, 물과 반응하므로 ㉠은 C이다.

㉡은 할로젠이다. 할로젠은 특유의 색을 띠고, 반응성이 커서 다른 원소와 잘 반응하므로 ㉡은 A이다.

㉢은 18족 원소이다. 18족 원소는 화학적으로 안정하여 다른 원소와 잘 반응하지 않으므로 ㉢은 B이다.

174 A는 리튬(Li), B는 플루오린(F), C는 나트륨(Na), D는 염소(Cl)이다.

ㄱ. A는 알칼리 금속으로, 물과 반응하여 수소 기체가 발생한다.

ㄴ. B는 할로젠이고, C는 알칼리 금속이다. 알칼리 금속과 할로젠은 반응성이 커서 서로 잘 반응하여 화합물을 형성한다.

ㄷ. D는 할로젠으로, 실온에서 원자 2개가 결합한 이원자 분자로 존재한다.

175 2, 3주기 원소이고 실온에서 고체 상태인 A는 알칼리 금속이고, 기체 상태인 C는 할로젠이다. 원자가 전자 수가 7인 B는 17족 원소인 할로젠이고, 원자가 전자 수가 1인 D는 1족 원소인 알칼리 금속이다.

원소	A	B	C	D
실온에서의 상태	고체	㉠ 기체	기체	㉡ 고체
원자가 전자 수	$x=1$	7	$y=7$	1

③ C는 할로젠으로, 실온에서 원자 2개가 결합한 이원자 분자로 존재한다.

④ B와 C는 할로젠이므로 화학적 성질이 비슷하다.

바로알기 | ① A는 금속 원소이므로 전기가 잘 통한다.

② B는 할로젠으로, 비금속 원소이다.

⑤ A는 1족에 속하는 알칼리 금속이므로 $x=1$이다.

⑥ C는 17족에 속하는 할로젠이므로 $y=7$이다.

⑦ B는 2, 3주기에 속하는 할로젠이므로 ㉠은 '기체'이다. D는 알칼리 금속이므로 ㉡은 '고체'이다.

07 | 원자의 전자 배치

빈출 자료 보기   51쪽

176 (1) ○ (2) ○ (3) × (4) ○ (5) × (6) × (7) ○

177 (1) ○ (2) ○ (3) ○ (4) × (5) × (6) ○ (7) ×

176 바로알기 | (3) 한 원자에서 양성자수와 전자 수는 같다. 전자 수가 C<D이므로 양성자수도 C<D이다.

(5) A는 산소(O)이므로 비금속 원소이고, D는 마그네슘(Mg)이므로 금속 원소이다.

(6) B는 17족 원소이고 C는 1족 원소이므로 B와 C는 화학적 성질이 다르다.

177 바로알기 | (4) B는 18족 원소이므로 원자가 전자 수가 0이고, D는 17족 원소이므로 원자가 전자 수가 7이다. 따라서 원자가 전자 수는 D>B이다.

(5) C와 D는 같은 주기 원소이므로 전자가 들어 있는 전자 껍질 수는 같다.

(7) A와 E는 같은 족에 속한 원소이지만 A는 비금속 원소인 수소(H)이고, E는 금속 원소이므로 화학적 성질이 다르다.

난이도별 필수 기출   52쪽~55쪽

178 ③   **179** ④, ⑥   **180** ③   **181** 2주기, 16족

182 ①, ③   **183** ⑤   **184** ①, ③   **185** 해설 참조

186 ②   **187** ⑤   **188** ①   **189** ⑤   **190** ④   **191** ④

192 ④   **193** 해설 참조   **194** 해설 참조   **195** ④

196 ⑤   **197** ③

178 ㄱ. 원자는 원자핵과 전자로, 원자핵은 양성자와 중성자로 이루어져 있다.

ㄴ. 원자를 구성하는 양성자수와 전자 수가 같아 원자는 전기적으로 중성이다.

바로알기 | ㄷ. 양성자수는 원자마다 다르며, 양성자수로 원자 번호를 정한다.

179 ㉠은 원자핵을 구성하는 입자이므로 양성자와 중성자 중 하나이다. 또 원자를 구성하는 양성자수와 전자 수는 같으며, A에서 ㉠과 ㉢의 수가 같은 것으로 보아 ㉠은 양성자이고, ㉢은 전자이다. 이로부터 ㉡은 중성자임을 알 수 있다.

④ B에서 양성자수가 7이므로 전자 수는 7이다. 따라서 $x=7$이다.

⑥ 원자 번호는 B가 7, C가 9이므로 B는 2주기 15족 원소인 질소(N)이고, C는 2주기 17족 원소인 플루오린(F)이다. 따라서 B와 C는 같은 주기 원소이다.

바로알기 | ① ㉡은 중성자이므로 전하를 띠지 않는다.

② ㉢은 전자이므로 원자핵을 구성하는 입자가 아니다. 원자핵은 양성자와 중성자로 이루어져 있다.

③ 원자 번호는 원자를 구성하는 양성자수와 같다. A는 양성자수가 6이므로 원자 번호도 6이다.

⑤ C에서 전자 수가 9이므로 양성자수는 9이다. 따라서 $y=9$이다.

180 ①, ② 원자핵에 가까울수록 전자 껍질의 에너지 준위가 낮고, 원자의 전자 배치에서 전자는 에너지 준위가 낮은 전자 껍질부터 차례대로 채워진다.

바로알기 | ③ 첫 번째 전자 껍질에는 전자가 최대 2개 채워지고, 두 번째 전자 껍질에는 전자가 최대 8개 채워진다.

181 X의 전자 배치에서 전자가 들어 있는 전자 껍질 수는 2이고, 가장 바깥 전자 껍질에 들어 있는 전자 수는 6이다.

182 ① 원자를 구성하는 양성자수와 전자 수는 같다. X는 양성자 수가 11이므로 전자 수도 11이다.
③ X의 전자 배치에서 전자가 들어 있는 전자 껍질 수가 3이므로 X는 3주기 원소이다.

 ② 전자 껍질의 에너지 준위는 원자핵에 가까울수록 낮으므로 전자 껍질의 에너지 준위는 C>B>A이다.
④ 첫 번째 전자 껍질에는 전자가 최대 2개 채워지고, 두 번째 전자 껍질에는 전자가 최대 8개 채워지므로 전자 껍질에 들어 있는 전자 수는 B에서가 A에서보다 크다.
⑤ 원자의 전자 배치에서 전자는 에너지 준위가 낮은 전자 껍질부터, 즉 원자핵에 가까운 전자 껍질부터 차례대로 채워진다. 따라서 전자는 A → B → C 순으로 채워진다.
⑥ 가장 바깥 전자 껍질인 C에 들어 있는 전자가 화학 결합에 참여한다.
⑦ X의 전자 수는 11이므로 X의 전자 배치에서 A에 2개, B에 8개, C에 1개가 채워진다. 따라서 X의 원자가 전자 수는 1이다.

183 A는 질소(N), B는 알루미늄(Al), C는 인(P)이다.
ㄱ. A와 C는 원자가 전자 수가 5로 같으므로 같은 족 원소이다.
ㄴ. B와 C는 전자가 들어 있는 전자 껍질 수가 3으로 같으므로 같은 주기 원소이다.
ㄷ. A와 C는 비금속 원소이고, B는 금속 원소이다.

184 A는 나트륨(Na), B는 탄소(C), C는 규소(Si)이다.
① A는 전자가 들어 있는 전자 껍질 수가 3이므로 3주기 원소이다.
③ C는 가장 바깥 전자 껍질에 들어 있는 전자 수가 4이므로 원자가 전자 수는 4이고, 14족 원소이다.

 ② B는 가장 바깥 전자 껍질에 들어 있는 전자 수가 4이므로 원자가 전자 수는 4이다.
④ 원자가 전자 수는 A가 1, C가 4이다. A와 C는 원자가 전자 수가 다르므로 화학적 성질이 다르다.
⑤ 원자를 구성하는 양성자수와 전자 수는 같으며, 원자 번호는 양성자수와 같다. 전자 수가 C>A이므로 원자 번호는 C>A이다.
⑥ B는 2주기 원소이고, C는 3주기 원소이다. B와 C는 원자가 전자 수가 같으므로 같은 족 원소이다.

185 질소(N)의 원자 번호는 7이고 마그네슘(Mg)의 원자 번호는 12이므로 질소의 전자 수는 7, 마그네슘의 전자 수는 12이다.

모범 답안	
질소(N)	마그네슘(Mg)

186 A는 플루오린(F), B는 나트륨(Na)이다. A는 2주기 17족 원소이고, B는 3주기 1족 원소이다.
ㄴ. 원자가 전자 수는 A가 7, B가 1이므로 A>B이다.

 ㄱ. 전자 수는 A가 9, B가 11이다. 전자 수가 B>A이므로 양성자수도 B>A이다.
ㄷ. 전자가 들어 있는 전자 껍질 수는 A가 2, B가 3이므로 B>A이다.

187 A는 마그네슘(Mg), B는 리튬(Li), C는 산소(O), D는 염소(Cl)이다.
ㄱ. B와 C는 전자가 들어 있는 전자 껍질 수가 2로 같으므로 2주기 원소이다.
ㄴ. A는 3주기 2족 원소인 마그네슘(Mg)이므로 금속 원소이다.
ㄷ. D는 3주기 17족 원소인 할로젠이므로 실온에서 이원자 분자로 존재한다.

188 X는 전자가 들어 있는 전자 껍질 수가 3이므로 3주기 원소이고, 가장 바깥 전자 껍질에 들어 있는 전자 수가 2이므로 2족 원소이다. 따라서 X는 3주기 2족 원소인 마그네슘(Mg)이다.
ㄱ. X는 금속 원소이므로 전기가 잘 통한다.

 ㄴ. X는 실온에서 고체 상태로 존재한다.
ㄷ. X와 나트륨(Na)은 족이 다르므로 화학적 성질이 다르다.

189 원자의 전자 배치에서 전자가 들어 있는 전자 껍질 수는 주기와 같고, 원자가 전자 수는 족 번호의 끝자리 수와 같다.(단, 18족 원소는 제외) 이로부터 A는 1주기 18족 원소인 헬륨(He), B는 2주기 1족 원소인 리튬(Li), C는 2주기 16족 원소인 산소(O), D는 3주기 17족 원소인 염소(Cl)이다.
① B와 C는 전자가 들어 있는 전자 껍질 수는 2로 같지만 원자가 전자 수는 B가 1, C가 6이므로 전자 수는 C>B이다. 따라서 원자 번호는 C>B이다.
② A는 1주기 18족 원소인 헬륨이므로 비금속 원소이다.
③ C는 원자 번호 8인 산소이므로 양성자수가 8이다.
④ D는 17족 원소이므로 할로젠이다.
⑥ D는 할로젠으로, 할로젠의 수소 화합물은 물에 녹아 산성을 띤다.

 ⑤ B와 C는 원자가 전자 수가 다르므로 화학적 성질이 다르다.

190 A는 헬륨(He), B는 리튬(Li), C는 나트륨(Na), D는 염소(Cl)이다. A~D의 전자 배치에서 첫 번째~세 번째 전자 껍질에 들어 있는 전자 수는 다음과 같다.

구분		A He	B Li	C Na	D Cl
원자 번호		2	3	11	17
전자 수	첫 번째 전자 껍질	2	2	2	2
	두 번째 전자 껍질	–	1	8	8
	세 번째 전자 껍질	–	–	1	7

ㄴ. B와 C는 원자가 전자 수가 1로 같으므로 화학적 성질이 비슷하다.
ㄷ. C와 D는 전자가 들어 있는 전자 껍질 수가 3으로 같으므로 같은 주기 원소이다.

 ㄱ. A의 전자 배치에서 첫 번째 전자 껍질에 전자가 최대로 2개 채워지므로 A의 원자가 전자 수는 0이다.

191 A는 리튬(Li), B는 산소(O), C는 황(S)이다.
A는 원자 번호가 3이므로 전자 수도 3이다. A의 전자 배치에서 첫 번째 전자 껍질에 2개, 두 번째 전자 껍질에 1개의 전자가 채워지므로 A의 원자가 전자 수(x)는 1이다.
C는 원자 번호가 16이므로 전자 수도 16이다. C의 전자 배치에서 첫 번째 전자 껍질에 2개, 두 번째 전자 껍질에 8개, 세 번째 전자 껍질에 6개의 전자가 채워지므로 C의 원자가 전자 수(y)는 6이다.
B의 원자가 전자 수는 6이고, 원자 번호는 C가 B보다 크므로 B는 2주기 16족 원소이다. B의 전자 배치에서 첫 번째 전자 껍질에 2개, 두

번째 전자 껍질에 6개의 전자가 채워지므로 전자 수는 8이고 원자 번호(z)도 8이다.

192 A는 수소(H), B는 리튬(Li), C는 질소(N), D는 플루오린(F), E는 염소(Cl)이다.
ㄴ. C와 D는 같은 주기 원소이므로 전자가 들어 있는 전자 껍질 수가 같다.
ㄷ. D와 E는 같은 족 원소이므로 원자가 전자 수가 같다.
바로알기 | ㄱ. A와 B는 같은 족에 속한 원소이지만 A는 비금속 원소인 수소이고, B는 금속 원소이므로 화학적 성질이 다르다.

193 A는 수소(H), B는 리튬(Li), C는 나트륨(Na), D는 염소(Cl), E는 아르곤(Ar)이다.
모범 답안 (1) B, C는 금속 원소이고, A, D, E는 비금속 원소이다.
(2) C와 D는 3주기 원소이므로 전자가 들어 있는 전자 껍질 수가 3으로 같다.

194 **모범 답안** 원자 번호가 증가함에 따라 원자의 전자 배치에서 원자가 전자 수가 주기적으로 변하기 때문이다.

195 X는 나트륨(Na)과 화학적 성질이 비슷하므로 알칼리 금속이고, Y는 플루오린(F)과 화학적 성질이 비슷하므로 할로젠이다.
ㄴ. X는 1족에 속하는 알칼리 금속이므로 원자가 전자 수가 1이다.
ㄷ. Y는 17족에 속하는 할로젠으로, 원자가 전자 수가 7이므로 가장 바깥 전자 껍질에 들어 있는 전자 수는 7이다.
바로알기 | ㄱ. X는 1족에 속하는 알칼리 금속이다. 그런데 1주기 1족 원소는 비금속 원소인 수소(H)이므로 X는 1주기 원소가 아니다.

196 리튬(Li)은 2주기 1족 원소, 나트륨(Na)은 3주기 1족 원소, 브로민(Br)은 4주기 17족 원소이므로 전자가 들어 있는 전자 껍질 수가 2인 A는 Li이다. 고체 상태에서 전기가 잘 통하는 것은 금속 원소인 Na이므로 B는 Na, C는 Br이다.
ㄱ. A와 B는 1족에 속하는 알칼리 금속이므로 화학적 성질이 비슷하다.
ㄴ. 원자가 전자 수는 A가 1이고, C가 7이다.
ㄷ. 전자가 들어 있는 전자 껍질 수는 B가 3이고, C가 4이다.

197 • 원자가 전자 수는 A와 E가 같다. ➡ A와 E는 각각 1주기 1족 원소와 3주기 1족 원소 중 하나이다.
• 전자가 들어 있는 전자 껍질 수는 D와 E가 같다. ➡ E는 3주기 1족 원소이고, D는 3주기 13족 원소이다. 이에 따라 A는 1주기 1족 원소이다.
• 원자 번호는 C가 B보다 크다. ➡ B는 2주기 15족 원소이고, C는 2주기 17족 원소이다.

주기 \ 족	1	2	13	14	15	16	17	18
1	•A(H)							
2					•B(N)		•C(F)	
3	•E(Na)		•D(Al)					

ㄱ. B는 15족 원소이고, E는 1족 원소이므로 원자가 전자 수는 B가 E보다 크다.
ㄷ. E는 3주기 1족 원소이고, C는 2주기 17족 원소이므로 원자 번호는 E가 C보다 크다.
바로알기 | ㄴ. A는 1주기 원소이고, B는 2주기 원소이므로 전자가 들어 있는 전자 껍질 수는 B가 A보다 크다.

08 화학 결합의 원리와 종류

198 (1) ○ (2) ○ (3) × (4) × (5) ○ (6) ○ (7) × (8) ○

198 바로알기 | (3) AB는 양이온과 음이온이 정전기적 인력으로 결합한 이온 결합 물질이다.
(4) CB_2는 B 원자와 C 원자가 전자쌍을 공유하여 결합한 공유 결합 물질이다.
(7) AB를 형성할 때 A는 전자를 잃고 양이온이 되고 B는 전자를 얻어 음이온이 되므로 전자는 A에서 B로 이동한다.

난이도별 필수 기출   58쪽~65쪽

199 ③	200 ③, ⑤	201 해설 참조	202 ③
203 ⑥, ⑦	204 ②	205 해설 참조	206 ②	207 ③
208 ④	209 ④	210 $MgCl_2$	211 ③
212 해설 참조	213 ④	214 ②	215 ④	216 ③
217 ⑤	218 ⑤	219 ④	220 ⑤	221 ④	222 ④
223 ⑤	224 ④	225 ③	226 10	227 ⑤	228 ②
229 해설 참조	230 ⑤	231 해설 참조	232 ④
233 ⑤	234 ④	235 ④, ⑤ 236 ⑤	237 ③

199 ㄱ. 18족 원소는 다른 원소와 잘 반응하지 않고 기체 상태로 존재하므로 비활성 기체라고 불린다.
ㄷ. 18족 원소는 전자 배치에서 가장 바깥 전자 껍질에 전자가 최대로 채워져 화학 결합에 참여하는 전자가 없으므로 원자가 전자 수는 0이다.
바로알기 | ㄴ. 18족 원소는 화학 결합을 형성하지 않고 실온에서 원자 상태로 존재한다.

200 ①, ② 헬륨(He), 네온(Ne), 아르곤(Ar)은 18족 원소이며, 비활성 기체라고 불린다.
④ 헬륨은 가장 바깥 전자 껍질에 전자가 2개 채워지고, 네온과 아르곤은 가장 바깥 전자 껍질에 전자가 8개 채워진다.
바로알기 | ③, ⑤ 18족 원소는 비금속 원소이지만 전자를 얻거나 잃으려는 경향성이 거의 없으며, 다른 원소와 화학 결합을 형성하지 않는다.

201 **모범 답안** 원자가 전자 수는 0이다. X는 가장 바깥 전자 껍질에 전자가 최대로 채워진 안정한 전자 배치를 이루어 화학 결합에 참여하는 전자가 없기 때문이다.

202 A는 헬륨(He), B는 네온(Ne), C는 아르곤(Ar)이다.
ㄱ. A~C는 주기율표의 18족에 속하는 비금속 원소이다.
ㄴ. 18족 원소는 전자 배치에서 가장 바깥 전자 껍질에 전자가 최대로 채워져 화학 결합에 참여하는 전자가 없으므로 원자가 전자 수는 0이다.
바로알기 | ㄷ. 18족 원소는 다른 원소와 거의 반응하지 않으므로 수소와 반응하여 수소 화합물을 형성하지 않는다.

203 A는 리튬(Li), B는 산소(O), C는 네온(Ne)이다.
① A~C는 전자가 들어 있는 전자 껍질 수가 2로 같으므로 모두 2주기 원소이다.
③ A는 금속 원소이므로 전자를 잃고 양이온이 되기 쉽다.
④ B는 비금속 원소이므로 전자를 얻어 음이온이 되기 쉽다.
⑤ C는 18족 원소이므로 다른 원자와 화학 결합을 형성하지 않는다.
바로알기 | ⑥ 원자가 전자 수는 A가 1, B가 6, C가 0이므로 B가 가장 크다.
⑦ A_2B를 형성할 때 A는 전자 1개를 잃고 헬륨과 같은 전자 배치를 이루고, B는 전자 2개를 얻어 네온, 즉 C와 같은 전자 배치를 이룬다.

204 A는 헬륨(He), B는 리튬(Li), C는 아르곤(Ar)이다.
ㄴ. B^+은 B 원자가 전자 1개를 잃고 형성된 양이온이므로 B^+의 전자 배치는 A와 같다.
바로알기 | ㄱ. 가장 바깥 전자 껍질에 들어 있는 전자 수는 A가 2이고, C가 8이다.
ㄷ. 원자가 전자 수는 B가 1이고, C가 0이므로 B가 C보다 크다.

205 **모범 답안** 18족 원소를 제외한 원자들은 전자를 주고받거나 전자쌍을 공유하는 화학 결합을 하여 18족 원소와 같이 가장 바깥 전자 껍질에 전자를 최대로 채운 안정한 전자 배치를 이루려고 하기 때문이다.

206 A는 네온(Ne), B는 리튬(Li), C는 산소(O), D는 플루오린(F)이다.
바로알기 | ㄱ. A는 18족 원소인 네온이므로 화학 결합을 형성하지 않고 실온에서 원자 상태로 존재한다.
ㄷ. BD는 B^+과 D^-으로 이루어진 이온 결합 물질이다. BD에서 B 이온은 헬륨(He)과 같은 전자 배치를 이루고, D 이온은 네온, 즉 A와 같은 전자 배치를 이룬다.

207 A는 헬륨(He), B는 리튬(Li), C는 산소(O), D는 네온(Ne), E는 알루미늄(Al)이다.
ㄱ. B^+은 B 원자가 전자 1개를 잃고 형성된 양이온이므로 B^+의 전자 배치는 A와 같다.
ㄴ. C^{2-}은 C 원자가 전자 2개를 얻어 형성된 음이온이고, E^{3+}은 E 원자가 전자 3개를 잃고 형성된 양이온이므로 모두 네온(Ne)과 같은 전자 배치를 이룬다. 따라서 두 이온의 전자 수는 같다.
바로알기 | ㄷ. D는 18족 원소이므로 다른 원소와 화학 결합을 형성하지 않는다.

208 마그네슘(Mg)은 전자 2개를 잃고 양이온이 되면 네온(Ne)과 같은 전자 배치를 이룬다. 산소(O)는 전자 2개를 얻어 음이온이 되면 네온(Ne)과 같은 전자 배치를 이룬다. 마그네슘 이온(Mg^{2+})과 산화 이온(O^{2-})은 정전기적 인력으로 이온 결합을 형성한다.

209 LiF, KCl, $MgCl_2$, Na_2O은 금속 원소와 비금속 원소로 이루어진 이온 결합 물질이다.
바로알기 | CO_2, O_2, CH_4, HCl는 비금속 원소로 이루어진 공유 결합 물질이다.

210 마그네슘(Mg)은 18족 원소인 네온(Ne)과 같은 전자 배치를 이루기 위해 전자 2개를 잃고 마그네슘 이온(Mg^{2+})이 된다. 염소(Cl)는 18족 원소인 아르곤(Ar)과 같은 전자 배치를 이루기 위해 전자 1개를 얻어 염화 이온(Cl^-)이 된다. Mg^{2+}과 Cl^-은 1 : 2로 결합하므로 화합물의 화학식은 $MgCl_2$이다.

211 A는 플루오린(F), B는 마그네슘(Mg), C는 염소(Cl)이다.
ㄱ. A와 C는 모두 17족 원소이므로 화학적 성질이 비슷하다.
ㄴ. A는 전자 1개를 얻어 A^-을 형성하고, B는 전자 2개를 잃고 B^{2+}을 형성한다. 따라서 A와 B는 2 : 1로 결합하여 안정한 화합물을 형성한다.
바로알기 | ㄷ. B는 전자 2개를 잃고 네온(Ne)과 같은 전자 배치를 이루고, C는 전자 1개를 얻어 아르곤(Ar)과 같은 전자 배치를 이룬다. 따라서 B와 C로 이루어진 안정한 화합물에서 B 이온은 네온의 전자 배치를, C 이온은 아르곤의 전자 배치를 이룬다.

212 **모범 답안** (1) 18족 원소와 같은 전자 배치를 이루기 위해 A는 전자 1개를 잃고 양이온이 되고 B는 전자 1개를 얻어 음이온이 된다. 따라서 전자는 A에서 B로 이동한다.
(2) 이온 결합

213 A는 플루오린(F), B는 산소(O), C는 마그네슘(Mg)이다.
ㄴ. B는 비금속 원소이고, C는 금속 원소이므로 B와 C가 화학 결합을 형성할 때 전자는 C에서 B로 이동한다.
ㄷ. CA_2는 C^{2+}과 A^-으로 이루어진 이온 결합 물질로, A 이온과 C 이온은 모두 네온(Ne)과 같은 전자 배치를 이룬다.
바로알기 | ㄱ. A^-은 A 원자가 전자 1개를 얻어 형성된 음이온이므로 A는 2주기 17족 원소이다. C^{2+}은 C 원자가 전자 2개를 잃고 형성된 양이온이므로 C는 3주기 2족 원소이다. 따라서 A와 C는 주기가 다르다.

214 A는 마그네슘(Mg), B는 산소(O)이다.
ㄴ. 원자가 전자 수는 A가 2이고, B가 6이므로 B가 A보다 4만큼 크다.
바로알기 | ㄱ. AB는 A^{2+}과 B^{2-}으로 이루어진다. A^{2+}은 A 원자가 전자 2개를 잃고 형성된 양이온이므로 A는 3주기 2족 원소이다. B^{2-}은 B 원자가 전자 2개를 얻어 형성된 음이온이므로 B는 2주기 16족 원소이다. 따라서 A와 B는 주기가 다르다.
ㄷ. 이온 결합 물질인 AB가 형성될 때 전자는 금속 원소의 원자인 A에서 비금속 원소의 원자인 B로 이동한다.

215 ㄴ, ㄷ. Y는 금속 원소인 나트륨과 비금속 원소인 염소가 반응하여 생성된 물질이므로 이온 결합 물질이고, Y가 형성될 때 전자는 금속 원소의 원자인 나트륨에서 비금속 원소의 원자인 염소로 이동한다.
바로알기 | ㄱ. 나트륨은 알칼리 금속으로, 물과 격렬하게 반응하므로 물과 닿지 않도록 석유나 액체 파라핀에 넣어 보관한다. 따라서 '물'은 X로 적절하지 않다.

216 A는 수소(H), B는 리튬(Li), C는 산소(O), D는 플루오린(F), E는 마그네슘(Mg)이다.
이온 결합 물질은 금속 원소와 비금속 원소로 이루어진 물질이고, 제시된 원소 중 B, E는 금속 원소이고, A, C, D는 비금속 원소이다.
ㄴ, ㄷ. B_2C, ED_2는 금속 원소와 비금속 원소로 이루어진 이온 결합 물질이다.
바로알기 | ㄱ, ㄹ. A_2C, CD_2는 비금속 원소로 이루어진 공유 결합 물질이다.

217 A는 마그네슘(Mg), B는 산소(O), C는 네온(Ne), D는 염소(Cl)이다.

ㄱ. A^{2+}은 A 원자가 전자 2개를 잃고 형성된 양이온이므로 A^{2+}의 전자 배치는 C와 같다.

ㄴ. A는 3주기 2족 원소로 금속 원소이고, D는 3주기 17족 원소로 비금속 원소이므로 A와 D로 이루어진 화합물은 이온 결합 물질이다.

ㄷ. A는 전자 2개를 잃고 A^{2+}을 형성하고, B는 전자 2개를 얻어 B^{2-}을 형성한다. 따라서 A와 B는 1 : 1로 결합하여 안정한 화합물을 형성한다.

218 X는 플루오린(F), Y는 네온(Ne), Z는 알루미늄(Al)이다. 원자에서 양성자수는 전자 수와 같으므로 X~Z의 전자 배치에서 첫 번째~세 번째 전자 껍질에 들어 있는 전자 수는 다음과 같다.

구분		X	Y	Z
		F	Ne	Al
양성자수		9	10	13
전자 수	첫 번째 전자 껍질	2	2	2
	두 번째 전자 껍질	7	8	8
	세 번째 전자 껍질	—	—	3

ㄱ. X와 Y는 전자가 들어 있는 전자 껍질 수가 2로 같으므로 같은 주기 원소이다.

ㄴ. X는 비금속 원소이고, Z는 금속 원소이다. ZX_3는 금속 원소와 비금속 원소로 이루어지므로 이온 결합 물질이다.

ㄷ. ZX_3는 Z^{3+}과 X^-으로 이루어진다. Z^{3+}은 Z 원자가 전자 3개를 잃고 형성된 양이온이고, X^-은 X 원자가 전자 1개를 얻어 형성된 음이온이다. 따라서 ZX_3에서 X 이온과 Z 이온의 전자 배치는 Y와 같다.

219 X_2Y는 이온 결합 물질이고, 이온 결합 물질의 화학식에서 양이온을 먼저 쓰므로 X는 금속 원소이고, Y는 비금속 원소이다. X_2Y에서 X와 Y가 2 : 1로 결합하고 있으므로 이온의 전하의 크기는 X : Y=1 : 2이다. 또 X_2Y에서 X 이온과 Y 이온의 전자 배치가 네온과 같으므로 X는 3주기 1족 원소이고 Y는 2주기 16족 원소이다.

ㄴ. X_2Y를 형성할 때 전자는 금속 원소의 원자인 X에서 비금속 원소의 원자인 Y로 이동한다.

ㄷ. 원자가 전자 수는 X가 1이고, Y가 6이므로 X와 Y의 원자가 전자 수의 합은 7이다.

바로알기 | ㄱ. X는 3주기 원소이고 Y는 2주기 원소이다.

220 ㄱ, ㄴ. 공유 결합은 비금속 원소의 원자들이 전자쌍을 공유하여 형성되는 화학 결합이다.

ㄷ. 단일 결합은 결합하는 두 원자가 전자쌍 1개를 공유하는 결합이다.

221 ㄱ, ㄷ, ㄹ. HCl, NH_3, CO_2는 비금속 원소로 이루어진 공유 결합 물질이다.

바로알기 | ㄴ. MgO은 금속 원소와 비금속 원소로 이루어진 이온 결합 물질이다.

222 A는 수소(H), B는 염소(Cl)이다.

ㄴ. AB는 비금속 원소로 이루어진 공유 결합 물질이다.

ㄷ. 원자가 전자 수는 A가 1, B가 7이므로 A와 B는 전자쌍 1개를 공유하여 결합을 형성한다. AB에서 A는 헬륨(He)과 같은 전자 배치를 이루고, B는 아르곤(Ar)과 같은 전자 배치를 이룬다.

바로알기 | ㄱ. A와 B는 비금속 원소이므로 AB가 형성될 때 두 원자 사이에 전자쌍을 공유하여 결합이 형성된다.

223 ① 수소는 원자가 전자 수가 1이므로 1족 원소이다.

② H_2O은 원자 사이에 전자쌍을 공유하여 형성된 공유 결합 물질이다.

③ H_2O에서 산소는 가장 바깥 전자 껍질에 전자 8개가 채워지므로 네온(Ne)과 같은 전자 배치를 이룬다.

④ H_2O에서 수소는 가장 바깥 전자 껍질에 전자 2개가 채워지므로 헬륨(He)과 같은 전자 배치를 이룬다.

⑥ H_2O에서 산소 원자는 각 수소 원자와 전자쌍 1개를 공유하므로 단일 결합을 형성한다.

바로알기 | ⑤ H_2O에서 산소 원자는 2개의 수소 원자와 각각 전자쌍 1개를 공유하여 총 2개의 전자쌍을 공유하고 있으므로 H_2O에서 공유 전자쌍 수는 2이다.

224 ㄴ. X_2는 원자 사이에 전자쌍을 공유하여 형성된 공유 결합 물질이다.

ㄷ. X_2에서 두 원자 사이에 전자쌍 3개를 공유하므로 공유 전자쌍 수는 3이다.

바로알기 | ㄱ. X_2에서 두 원자는 전자쌍 3개를 공유하고 X 원자에 공유하지 않은 전자가 2개 있으므로 X의 원자가 전자 수는 5이다.

225 A는 산소(O), B는 수소(H)이다.

ㄱ. A_2에서 두 원자는 전자쌍 2개를 공유하고 A 원자에 공유하지 않은 전자가 4개 있으므로 A의 원자가 전자 수는 6이다.

ㄴ. B_2A는 원자 사이에 전자쌍을 공유하여 형성된 공유 결합 물질이다.

바로알기 | ㄷ. A_2에서는 두 원자 사이에 전자쌍 2개를 공유하므로 이중 결합이 있다. B_2A에서는 A 원자가 2개의 B 원자와 각각 전자쌍 1개를 공유하므로 단일 결합이 있다.

226 A는 수소(H), B는 탄소(C), C는 질소(N)이다.
A 원자는 B 원자와 전자쌍 1개를 공유하므로 A의 원자가 전자 수는 1이다. B 원자는 A 원자와 전자쌍 1개를 공유하고, C 원자와 전자쌍 3개를 공유하므로 B의 원자가 전자 수는 4이다. C 원자는 B 원자와 전자쌍 3개를 공유하고 C 원자에 공유하지 않은 전자가 2개 있으므로 C의 원자가 전자 수는 5이다.

227 X는 산소(O), Y는 질소(N), Z는 수소(H)이다.

ㄱ. 화학 결합 모형에서 X 원자와 Y 원자는 모두 전자가 들어 있는 전자 껍질 수가 2이다. 즉, X와 Y는 2주기 원소이다.

ㄴ. YZ_3는 원자 사이에 전자쌍을 공유하여 형성된 공유 결합 물질이다.

바로알기 | ㄷ. X_2에서 공유 전자쌍 수는 2이고, YZ_3에서 Y 원자와 Z 원자 사이에 단일 결합이 총 3개 있으므로 공유 전자쌍 수는 3이다. 따라서 공유 전자쌍 수는 YZ_3가 X_2보다 크다.

228 X는 수소(H), Y는 산소(O), Z는 질소(N)이다.

ㄷ. 공유 전자쌍 수는 X_2가 1이고, Y_2가 2이다.

바로알기 | ㄱ. X_2에서 두 원자는 전자쌍 1개를 공유하므로 X의 원자가 전자 수는 1이다.

ㄴ. Y_2에서 두 원자는 전자쌍 2개를 공유하고 Y 원자에 공유하지 않은 전자가 4개 있으므로 Y의 원자가 전자 수는 6이다. Z_2에서 두 원자는 전자쌍 3개를 공유하고 Z 원자에 공유하지 않은 전자가 2개 있으므로 Z의 원자가 전자 수는 5이다. Y와 Z는 2주기 원소이므로 원자 번호는 원자가 전자 수가 큰 Y가 Z보다 크다.

229 2주기 비금속 원소 중 전자쌍을 공유하여 분자를 형성하고 네온(Ne)과 같은 전자 배치를 이루는 원소는 탄소(C), 질소(N), 산소(O), 플루오린(F)이다. 이때 X를 구성하는 원자 수가 3이고, X를 구성하는 원자들의 원자가 전자 수 합이 20이고, 다중 결합이 없으므로 가능한 분자는 OF_2이다.

모범 답안

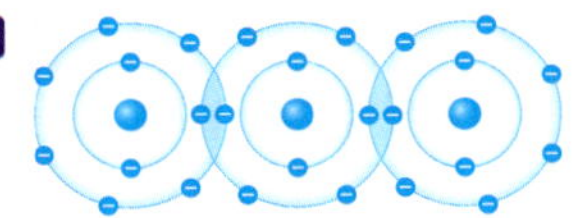

230 ㄱ. 원자가 전자 수는 산소(O)가 6, 마그네슘(Mg)이 2이다.

ㄴ. 물(H_2O)은 원자 사이에 전자쌍을 공유하여 형성된 공유 결합 물질이다.

ㄷ. 산화 마그네슘(MgO)에서 마그네슘 이온(Mg^{2+})과 산화 이온(O^{2-})은 모두 네온(Ne)과 같은 전자 배치를 이룬다.

231 **모범 답안** AB가 형성될 때는 두 원자가 전자를 각각 내놓아 전자쌍을 만들고, 이 전자쌍을 공유하여 결합을 형성한다. CB가 형성될 때는 C는 전자를 잃어 양이온이 되고, B는 전자를 얻어 음이온이 되며 두 이온이 정전기적 인력에 의해 결합한다.

232 • A^+은 A 원자가 전자 1개를 잃고 생성된 양이온이다. ➡ A는 2주기 1족 원소인 리튬(Li)이다.

• B^{2-}은 B 원자가 전자 2개를 얻어 생성된 음이온이다. ➡ B는 2주기 16족 원소인 산소(O)이다.

• C^-은 C 원자가 전자 1개를 얻어 생성된 음이온이다. ➡ C는 2주기 17족 원소인 플루오린(F)이다.

ㄴ. A는 금속 원소이고 C는 비금속 원소이므로 AC는 이온 결합 물질이다.

ㄷ. B는 원자가 전자 수가 6이므로 B_2에서 18족 원소의 전자 배치를 이루려면 전자쌍 2개를 공유해야 한다. C는 원자가 전자 수가 7이므로 C_2에서 18족 원소의 전자 배치를 이루려면 전자쌍 1개를 공유해야 한다. 따라서 공유 전자쌍 수는 B_2가 C_2보다 크다.

바로알기 | ㄱ. A는 1족 원소이고, C는 17족 원소이다.

233 물(H_2O), 산소(O_2)는 비금속 원소로 이루어진 공유 결합 물질이고, 염화 나트륨(NaCl)은 금속 원소와 비금속 원소로 이루어진 이온 결합 물질이다.

ㄱ. 기준 (가)에 적용되는 물질은 공유 결합 물질인 H_2O, O_2이므로 '전자쌍을 공유하여 형성된 물질인가?'는 (가)로 적절하다.

ㄴ. ㉠과 ㉡은 각각 H_2O, O_2 중 하나이므로 모두 비금속 원소로 이루어진다.

ㄷ. H_2O, O_2 중 이중 결합이 있는 것은 O_2이므로 ㉠은 O_2이고, ㉡은 H_2O이다.

234 원자의 전자 배치에서 전자가 들어 있는 전자 껍질 수는 주기와 같고, 원자가 전자 수는 족 번호의 끝자리 수와 같다. 이로부터 A는 나트륨(Na), B는 수소(H), C는 산소(O), D는 염소(Cl)이다.

ㄱ. B와 D는 비금속 원소이므로 BD는 공유 결합 물질이다.

ㄴ. A는 3주기 1족 원소이고, C는 2주기 16족 원소이므로 A^+과 C^{2-}은 모두 네온(Ne)과 같은 전자 배치를 이룬다. A_2C는 A^+과 C^{2-}이 결합한 물질이므로 A_2C에서 A 이온과 C 이온은 같은 전자 배치를 이룬다.

바로알기 | ㄷ. 원자가 전자 수는 C가 6, D가 7이므로 CD_2에서 C 원자는 2개의 D 원자와 각각 전자쌍 1개를 공유한다. 즉, CD_2에서 공유 전자쌍 수는 2이다.

235 A는 수소(H), B는 탄소(C), C는 산소(O), D는 나트륨(Na), E는 마그네슘(Mg), F는 염소(Cl)이다.

물질	(가)	(나)	(다)	(라)
구성 원소	A, C	A, B	C, D	E, F
화학식을 구성하는 원자 수	3	5	3	$x=3$
화학식	A_2C (H_2O)	BA_4 (CH_4)	D_2C (Na_2O)	EF_2 ($MgCl_2$)

④ (다)는 O와 Na으로 이루어진 이온 결합 물질인 Na_2O이며, Na^+과 O^{2-}은 네온(Ne)과 같은 전자 배치를 이룬다. 따라서 (다)에서 C 이온(O^{2-})과 D 이온(Na^+)의 전자 배치는 네온과 같다.

⑤ (가)의 화학식은 A_2C이고, (다)의 화학식은 D_2C이므로 (가)와 (다)의 화학식에서 C의 원자 수는 같다.

바로알기 | ① A와 C는 비금속 원소이므로 A와 C로 이루어진 (가)는 공유 결합 물질이다.

② (나)는 C와 H로 이루어진 CH_4이다. CH_4에서 C 원자는 각 H 원자와 전자쌍 1개를 공유하므로 (나)에는 모두 단일 결합만 있다.

③ E는 금속 원소이고 F는 비금속 원소이므로 E와 F로 이루어진 (라)는 이온 결합 물질이다.

⑥ (나)는 비금속 원소로 이루어진 공유 결합 물질이고, (다)는 금속 원소와 비금속 원소로 이루어진 이온 결합 물질이다.

⑦ E는 3주기 2족 원소이고, F는 3주기 17족 원소이다. E와 F가 화학 결합을 형성할 때 E는 전자 2개를 잃고 E^{2+}이 되고, F는 전자 1개를 얻어 F^-이 된다. E^{2+}과 F^-은 1 : 2로 결합하므로 (라)의 화학식은 EF_2이다. 따라서 $x=3$이다.

236 A는 산소(O), B는 플루오린(F), C는 마그네슘(Mg)이다.

ㄱ. 이온과 원자에서 양성자수는 같으므로 양성자수는 A가 8, B가 9, C가 12이다. 이로부터 A는 2주기 16족 원소, B는 2주기 17족 원소, C는 3주기 2족 원소이다. 따라서 A와 B는 같은 주기 원소이다.

ㄴ. AB_2는 비금속 원소로 이루어진 공유 결합 물질이다.

ㄷ. CB_2는 금속 원소의 양이온인 C^{2+}과 비금속 원소의 음이온인 B^-으로 이루어진 이온 결합 물질이다. C^{2+}과 B^-의 전자 수는 10으로 같으므로 CB_2에서 B 이온과 C 이온의 전자 배치는 서로 같다.

237 A는 리튬(Li), B는 산소(O), C는 마그네슘(Mg), D는 염소(Cl)이다.

ㄱ. X와 Y의 화학 결합의 종류가 서로 다르므로 X와 Y는 각각 이온 결합 물질과 공유 결합 물질 중 하나이다. X는 금속 원소를 포함하므로 X는 이온 결합 물질이고, Y는 공유 결합 물질이다.

ㄴ. X는 이온 결합 물질이고, X의 구성 입자는 모두 네온(Ne)과 같은 전자 배치를 이루므로 X는 C^{2+}과 B^{2-}이 1 : 1로 결합한 물질이다. 따라서 X의 화학식은 CB이며, X의 화학식을 구성하는 원자 수는 2이다.

바로알기 | ㄷ. Y는 공유 결합 물질이므로 비금속 원소인 B와 D로 이루어지고, 화학식을 구성하는 원자 수가 3이므로 Y의 화학식은 $BD_2(OCl_2)$이다. Y에서 B는 네온(Ne)과 같은 전자 배치를 이루고 D는 아르곤(Ar)과 같은 전자 배치를 이룬다.

빈출 자료 보기   67쪽

238 (1) ○ (2) ○ (3) ○ (4) ○ (5) ○ (6) ×
239 (1) ○ (2) ○ (3) ○ (4) × (5) × (6) ○

238 (가)는 전하를 띤 입자가 없으므로 공유 결합 물질인 설탕이고, (나)는 양이온과 음이온으로 이루어져 있으므로 이온 결합 물질인 염화 나트륨이다.

바로알기 | (6) 수용액 상태에서 (가)는 전기적으로 중성인 분자로 존재하므로 전기 전도성이 없고, (나)는 양이온과 음이온이 자유롭게 이동할 수 있으므로 전기 전도성이 있다.

239 고체 상태와 수용액 상태에서 전기 전도성이 없는 A는 공유 결합 물질인 포도당이고, 수용액 상태에서 전기 전도성이 있는 B는 이온 결합 물질인 염화 칼슘이다.

바로알기 | (4) B는 고체 상태에서 양이온과 음이온이 반복하여 규칙적으로 결합한 결정 상태로 존재한다.
(5) A는 물에 녹아 전기적으로 중성인 분자로 존재한다.

난이도별 필수 기출   68쪽~71쪽

240 ③   **241** ④, ⑤   **242** 해설 참조   **243** ⑤   **244** ④
245 ③   **246** 해설 참조   **247** ②   **248** ⑤   **249** ④
250 ③, ⑤   **251** 해설 참조   **252** ⑤   **253** ③   **254** ③
255 ⑤   **256** ②   **257** ⑤

240 ① 이온 결합 물질은 실온에서 양이온과 음이온이 반복하여 규칙적으로 결합한 결정 상태로 존재한다.
② 고체 상태에서 이온들이 자유롭게 이동할 수 없으므로 전기 전도성이 없다.
④ 수용액 상태에서 이온들이 자유롭게 이동할 수 있으므로 전기 전도성이 있다.

바로알기 | ③ 고체 상태에서 양이온과 음이온이 존재하지만, 정전기적 인력으로 결합하고 있어 자유롭게 이동할 수 없다.

241 X는 염화 나트륨(NaCl)이다.
④, ⑤ X는 양이온과 음이온으로 이루어진 이온 결합 물질이며, 물에 녹아 A^+과 B^-으로 나누어진다.

바로알기 | ①, ② X를 형성할 때 A는 전자를 잃고 A^+으로 되고, B는 전자를 얻어 B^-으로 되므로 A는 금속 원소, B는 비금속 원소이다.
③ A와 B가 모두 3주기 원소이므로 비금속 원소인 B가 금속 원소인 A보다 원자 번호가 크다.
⑥ X는 고체 상태에서 이온들이 자유롭게 이동할 수 없으므로 전기 전도성이 없다.
⑦ X는 수용액 상태에서 양이온과 음이온이 자유롭게 이동할 수 있으므로 전기 전도성이 있다.

242 **모범 답안** (가) 고체 상태에서는 양이온과 음이온이 정전기적 인력으로 결합하여 자유롭게 이동할 수 없으므로 전류가 흐르지 않는다. (나) 수

용액 상태에서는 양이온과 음이온이 자유롭게 이동할 수 있으므로 전류가 흐른다.

243 ㄱ. 이온 결합 물질인 염화 나트륨(NaCl)은 실온에서 나트륨 이온(Na^+)과 염화 이온(Cl^-)이 반복하여 규칙적으로 결합한 결정 상태로 존재한다.
ㄴ. 염화 나트륨은 고체 상태에서 이온들이 자유롭게 이동하지 못하므로 전기 전도성이 없다.
ㄷ. 염화 나트륨은 수용액 상태에서 양이온과 음이온이 자유롭게 이동할 수 있으므로 전기 전도성이 있다.

244 A는 마그네슘(Mg), B는 염소(Cl)이고, A와 B로 이루어진 화합물은 염화 마그네슘($MgCl_2$)이다.
ㄴ. A와 B로 이루어진 화합물은 양이온과 음이온이 정전기적 인력으로 결합한 이온 결합 물질이다.
ㄷ. 수용액 상태에서 양이온과 음이온으로 나누어져 자유롭게 이동할 수 있으므로 전기 전도성이 있다.

바로알기 | ㄱ. A^{2+}과 B^-은 $1:2$로 결합하여 안정한 화합물을 형성하므로 화학식은 AB_2이다.

245 ㄱ, ㄴ. 포도당, 설탕, 에탄올은 모두 비금속 원소로 이루어진 공유 결합 물질이다.

바로알기 | ㄷ. 포도당, 설탕, 에탄올은 수용액 상태에서 전기적으로 중성인 분자로 존재하므로 전기 전도성이 없다.

246 **모범 답안** 설탕은 물에 녹아 전기적으로 중성인 분자로 존재하므로 설탕 수용액은 전기 전도성이 없다.

247 염화 칼륨(KCl)은 이온 결합 물질이고, 설탕($C_{12}H_{22}O_{11}$)은 공유 결합 물질이다.
ㄷ. 염화 칼륨 수용액은 전기 전도성이 있고, 설탕 수용액은 전기 전도성이 없다. 따라서 수용액 상태에서 전기 전도성을 확인하여 두 물질을 구별할 수 있다.

바로알기 | ㄱ. 염화 칼륨과 설탕은 모두 물에 잘 녹는다.
ㄴ. 염화 칼륨과 설탕은 모두 고체 상태에서 전기 전도성이 없다.

248 휴대용 가스레인지 연료의 주성분은 뷰테인(C_4H_{10}), 제빵 소다의 성분은 탄산수소 나트륨($NaHCO_3$), 제설제의 성분은 염화 칼슘($CaCl_2$)이다. 탄산수소 나트륨과 염화 칼슘은 금속 원소와 비금속 원소로 이루어진 이온 결합 물질이고, 뷰테인은 비금속 원소로 이루어진 공유 결합 물질이다.

249 A는 수소(H), B는 탄소(C), C는 산소(O), D는 나트륨(Na), E는 염소(Cl)이다.
ㄴ. BC_2는 비금속 원소인 B와 C로 이루어진 공유 결합 물질이며, 실온에서 분자로 존재한다.
ㄷ. DE는 금속 원소인 D와 비금속 원소인 E로 이루어진 이온 결합 물질이며, 수용액 상태에서 전기 전도성이 있다.

바로알기 | ㄱ. A와 B는 비금속 원소이므로 BA_4는 원자 사이에 전자쌍을 공유하여 결합한 물질이다.

250 A는 산소(O), B는 나트륨(Na), C는 마그네슘(Mg), D는 염소(Cl)이다.
① 비금속 원소로 이루어진 A_2는 공유 결합 물질이며, 실온에서 분자로 존재한다.

② B는 금속 원소이고, D는 비금속 원소이므로 BD는 이온 결합 물질이며, 실온에서 결정 상태로 존재한다.
④ A와 D는 모두 비금속 원소이므로 A와 D로 이루어진 물질은 공유 결합 물질이다.
⑥ BD는 이온 결합 물질이고, 수용액 상태에서 전기 전도성이 있다.
바로알기 | ③ A는 전자 2개를 얻어 A^{2-}이 되고 C는 전자 2개를 잃고 C^{2+}이 되므로 A와 C로 이루어진 물질의 화학식은 CA이다.
⑤ B_2A는 이온 결합 물질이고, 고체 상태에서 전기 전도성이 없다.

251 A는 수소(H), B는 질소(N), C는 플루오린(F), D는 나트륨(Na), E는 마그네슘(Mg), F는 염소(Cl)이다.
(1) X를 구성하는 양이온의 전하는 +1이고, 전자 수가 10이므로 이 원소는 원자 번호가 11, 즉 3주기 1족 원소인 D이다. 또 음이온의 전하는 −1이고 전자 수가 18이므로 이 원소는 원자 번호가 17, 즉 3주기 17족 원소인 F이다. 따라서 X의 화학식은 DF이다.
Y는 2주기 15족 원소인 B가 전자쌍 3개를 공유하여 형성된 물질이며, 화학식은 B_2이다.
모범 답안 (1) X: DF, Y: B_2
(2) X는 이온 결합 물질로, 고체 상태에서는 양이온과 음이온이 정전기적 인력으로 결합하고 있어 자유롭게 이동할 수 없으므로 전기 전도성이 없다. 수용액 상태에서는 양이온과 음이온이 자유롭게 이동할 수 있으므로 전기 전도성이 있다.

252 (가)는 양이온과 음이온이 결정을 이루고 있는 것으로 보아 염화 나트륨(NaCl)이고, (나)는 전기적으로 중성인 분자로 이루어진 설탕($C_{12}H_{22}O_{11}$)이다.
ㄱ. (가)는 이온 결합 물질이므로 금속 원소와 비금속 원소로 이루어진다.
ㄴ. (나)는 공유 결합 물질인 설탕으로, 수용액 상태에서 분자로 존재한다.
ㄷ. 고체 상태에서 (가)는 이온들이 자유롭게 이동할 수 없으므로 전기 전도성이 없다. (나)는 전기적으로 중성인 분자로 이루어져 있어 전기 전도성이 없다.

253 ㄱ. A는 물에 녹아 전기적으로 중성인 분자로 존재하므로 공유 결합 물질인 포도당이다.
ㄴ. B는 수용액에서 양이온과 음이온으로 나누어져 있으므로 이온 결합 물질인 염화 칼륨이고, 구성 원소는 금속 원소와 비금속 원소이다.
바로알기 | ㄷ. B는 고체 상태에서 이온이 존재하지만, 이온들이 자유롭게 이동할 수 없으므로 전기 전도성이 없다.

254 ㄱ. (가)는 양이온과 음이온이 정전기적 인력으로 결합한 물질이므로 이온 결합 물질이다.
ㄴ. (나)는 전기적으로 중성인 분자로 이루어진 공유 결합 물질이며, 비금속 원소로 이루어진다.
바로알기 | ㄷ. (나)는 수용액 상태에서 분자로 존재하므로 전기 전도성이 없다.

255 A는 고체 상태와 수용액 상태에서 모두 전기 전도성이 없으므로 공유 결합 물질인 포도당($C_6H_{12}O_6$)이다. B와 C는 고체 상태에서 전기 전도성이 없지만 수용액 상태에서 전기 전도성이 있으므로 이온 결합 물질이다.
ㄱ. A는 공유 결합 물질이므로 구성 원소는 모두 비금속 원소이다.
ㄴ. B는 양이온과 음이온이 정전기적 인력으로 결합한 이온 결합 물질이다.

ㄷ. B와 C는 이온 결합 물질이므로 각각 염화 나트륨(NaCl)과 염화 칼륨(KCl) 중 하나이다. B와 C에 들어 있는 음이온은 염화 이온(Cl^-)으로 같다.

256 수용액 상태에서 전기 전도성이 없는 A와 D는 각각 공유 결합 물질인 설탕과 포도당 중 하나이고, 수용액 상태에서 전기 전도성이 있는 B와 C는 각각 이온 결합 물질인 염화 칼슘과 황산 구리(Ⅱ) 중 하나이다.
①, ③ A는 공유 결합 물질이며, 고체 상태에서 전기 전도성이 없으므로 '없음'은 ㉠으로 적절하다.
⑤ C는 이온 결합 물질이므로 양이온과 음이온이 정전기적 인력으로 결합한 물질이다.
⑥ D는 공유 결합 물질이므로 비금속 원소로 이루어진다.
⑦ A와 D는 공유 결합 물질로, 수용액 상태에서 분자로 존재한다.
바로알기 | ② B는 이온 결합 물질이며, 고체 상태에서 전기 전도성이 없으므로 '없음'은 ㉡으로 적절하다.

257 A는 비금속 원소를 포함하고, 수용액에서 전기 전도성이 있으므로 이온 결합 물질인 염화 나트륨(NaCl)이다. B는 공유 결합 물질인 포도당($C_6H_{12}O_6$)이다.
ㄱ. 기준 ㉠은 A와 B에 모두 해당하므로 ㉠은 '비금속 원소를 포함하는가?'이다.
ㄴ. A는 이온 결합 물질인 염화 나트륨이므로 실온에서 양이온과 음이온이 반복하여 규칙적으로 결합한 결정 상태로 존재한다.
ㄷ. B는 수용액에서 전기 전도성이 없으므로 공유 결합 물질인 포도당이다.

<table>
<tr><td colspan="3">최고 수준 도전 기출</td><td>72쪽~73쪽</td></tr>
</table>

| 258 ③ | 259 ① | 260 ② | 261 ③ | 262 ④ | 263 ③ |
| 264 ③ | 265 ③ | | | | |

258 • Z^-은 Z 원자가 전자 1개를 얻어 형성된 음이온이므로 전자 수는 양성자수보다 1만큼 크다. 따라서 (나)는 양성자수이다. Z는 2주기 원소이므로 Z^-의 전자 배치는 2주기 18족 원소인 네온(Ne)과 같다. ➡ $b+1=10$, $b=9$
• X와 Y는 원자이므로 양성자수와 전자 수가 같다. X의 양성자수가 5이고 (가)를 전자 수라고 가정하면 $a=5$이다. 또 $b=9$이므로 Y에서 (나)의 값이 7이 되어 (가)가 전자 수라는 가정이 옳다. ➡ (다)는 중성자수이다.
ㄱ. (가)는 전자 수, (나)는 양성자수, (다)는 중성자수이다.
ㄷ. X의 양성자수는 5이고, 중성자수는 6이므로 양성자수와 중성자수의 합은 11이다.
바로알기 | ㄴ. (다)가 중성자수이므로 X~Z의 중성자수는 각각 6, 8, 10이다. 따라서 중성자수는 Z가 가장 크다.

259 • A는 $\dfrac{원자가\ 전자\ 수}{전자가\ 들어\ 있는\ 전자\ 껍질\ 수}=\dfrac{1}{2}$이고, 원자가 전자 수가 2이므로 전자가 들어 있는 전자 껍질 수는 4이다.
➡ A는 4주기 2족 원소인 칼슘(Ca)이다.
• B는 $\dfrac{원자가\ 전자\ 수}{전자가\ 들어\ 있는\ 전자\ 껍질\ 수}=2$이고, 원자가 전자 수가 6이므로 전자가 들어 있는 전자 껍질 수는 3이다.

→ B는 3주기 16족 원소인 황(S)이다.

• C는 $\dfrac{\text{원자가 전자 수}}{\text{전자가 들어 있는 전자 껍질 수}}=\dfrac{3}{2}$이므로 2주기 원소라면 원자가 전자 수가 3인 13족 원소이고, 4주기 원소라면 원자가 전자 수가 6인 16족 원소인데 4주기 16족 원소는 원자 번호가 20보다 크므로 조건에 부합하지 않는다.

→ C는 2주기 13족 원소인 붕소(B)이다.

ㄱ. A는 4주기 2족 원소이고, C는 2주기 13족 원소이므로 원자 번호는 C<A이다. 따라서 양성자수는 C<A이다.

바로알기 | ㄴ. B는 3주기 원소이다.

ㄷ. C는 2주기 13족 원소이므로 ㉠은 13이다.

260 • A~C는 1, 2주기 원소이므로 원자 번호(=양성자수)가 가장 작은 A는 1주기 원소이다. → 1주기에 속한 원소는 원자 번호가 1인 수소(H)와 원자 번호가 2인 헬륨(He)이다. → x는 1 또는 2이다.

• $x=2$라고 가정하면 A~C의 원자 번호는 각각 2, 4, 8이고 A~C는 각각 18족, 2족, 16족 원소이다. → A~C 중 원자가 전자 수가 같은 원소, 즉 같은 족 원소가 존재하지 않아 제시된 자료의 조건에 부합하지 않으므로 $x=1$이다.

• $x=1$이므로 A~C의 원자 번호는 각각 1, 3, 7이고, A~C는 각각 1족, 1족, 15족 원소이다.

ㄷ. B와 C는 2주기 원소이므로 전자가 들어 있는 전자 껍질 수가 2로 같다.

바로알기 | ㄱ. $x=2$이면 제시된 자료의 조건에 부합하지 않으므로 $x=1$이다.

ㄴ. A는 비금속 원소인 수소(H)이고, B는 알칼리 금속인 리튬(Li)이므로 A와 B는 화학적 성질이 다르다.

261 전자 수가 10인 A는 $\dfrac{\text{양성자수}}{\text{전자 수}}=1.2$이므로 양성자수는 12이다. B와 D는 $\dfrac{\text{양성자수}}{\text{전자 수}}=1$이므로 원자이다. 따라서 B는 양성자수와 전자 수가 모두 9이고, D는 양성자수와 전자 수가 모두 11이다. 전자 수가 10인 C는 $\dfrac{\text{양성자수}}{\text{전자 수}}=0.8$이므로 양성자수는 8이다. 이를 바탕으로 A~D를 구성하는 양성자수와 전자 수는 다음과 같다.

구분	A	B	C	D
양성자수	12	9	8	11
전자 수	10	9	10	11
원자 또는 이온	양이온	원자	음이온	원자

ㄱ. 양성자수는 A가 12로 가장 크다.

ㄷ. C는 양성자수가 8이고 전자 수가 10이므로 원자가 전자 2개를 얻어 형성된 음이온이다.

바로알기 | ㄴ. B와 D는 양성자수가 다르므로 서로 다른 원소이고, 원자가 전자 수는 B가 7, D가 1이다. 따라서 B와 D는 화학적 성질이 다르다.

262 • 리튬(Li), 플루오린(F), 네온(Ne), 마그네슘(Mg) 중 원자가 전자 수가 0인 원소는 Ne이므로 A는 Ne이다.

• 원자 번호는 Mg>F>Li이므로 B는 Mg, C는 Li, D는 F이다.

ㄴ. B는 Mg이고, D는 F이므로 B와 D가 화학 결합을 형성할 때 B는 전자 2개를 잃고 Ne과 같은 전자 배치를 이루고, D는 전자 1개를 얻어 Ne과 같은 전자 배치를 이룬다. 즉, B와 D로 이루어진 안정한 화합물에서 B 이온과 D 이온의 전자 배치는 A와 같다.

ㄷ. C는 Li이고, D는 F이므로 C와 D가 화학 결합을 형성할 때 C는 전자 1개를 잃고 C^+이 되고, D는 전자 1개를 얻어 D^-이 된다. 따라서 C와 D는 1 : 1로 결합하여 안정한 화합물을 형성한다.

바로알기 | ㄱ. Li, F, Mg 중 2주기 원소는 Li, F이고, 3주기 원소는 Mg이며, 원자 번호는 Mg>F>Li이다. 기준 (가)가 '2주기 원소인가?'라면 D는 Mg이 되어 원자 번호가 B>D>C라는 조건에 부합하지 않는다. 기준 (가)에 적용되는 B, C는 Mg, Li이고, D는 F이므로 '금속 원소인가?' 또는 '전기가 잘 통하는가?' 등이 (가)로 적절하다.

263 • A와 D는 원자가 전자 수가 같다. → A와 D는 같은 족 원소이므로 17족 원소이고 비금속 원소이다.

• 전자가 들어 있는 전자 껍질 수는 D>B이다. → B는 2주기 16족 원소이고, D는 3주기 17족 원소이다. → A는 2주기 17족 원소이다.

• B와 C로 이루어진 화합물은 이온 결합 물질이다. → B는 비금속 원소이므로 C는 금속 원소이며, 3주기 1족 원소이다.

ㄱ. C는 알칼리 금속이므로 물과 반응하여 수소 기체를 생성한다.

ㄴ. A와 B는 모두 비금속 원소이므로 A와 B로 이루어진 물질은 공유 결합 물질이다.

바로알기 | ㄷ. C는 3주기 1족 원소이고, D는 3주기 17족 원소이다. C와 D가 화학 결합을 형성할 때 C는 전자 1개를 잃고 C^+이 되고, D는 전자 1개를 얻어 D^-이 된다. 따라서 C와 D는 1 : 1로 결합하여 안정한 화합물을 형성한다.

264 A^+은 A가 전자 1개를 잃고 형성된 이온인데, 전자 수가 2이므로 A는 2주기 1족 원소인 리튬(Li)이다. BC^-의 전자 배치에서 B와 C는 전자쌍 1개를 공유하므로 C에는 전자가 1개 있다. 즉, C는 수소(H)이고, B는 2주기 16족 원소인 산소(O)이다.

ㄱ. A는 알칼리 금속이므로 물과 반응할 때 C로 이루어진 기체, 즉 수소 기체(H_2)를 생성한다.

ㄷ. A와 B가 화학 결합을 형성할 때 A는 전자 1개를 잃고 A^+이 되고, B는 전자 2개를 얻어 B^{2-}이 된다. 따라서 A와 B는 2 : 1로 결합하여 안정한 화합물을 형성하므로 화학식은 A_2B이다.

바로알기 | ㄴ. A와 C는 1족 원소이므로 원자가 전자 수는 각각 1이고, B는 16족 원소이므로 원자가 전자 수는 6이다. 따라서 A~C의 원자가 전자 수의 합은 8이다.

265

주기＼족	1	2	13	14	15	16	17	18
2	㉠→•C				D→•㉡		㉢→•A	
3	㉣→•E						㉤→•B	

• A와 B는 같은 족 원소이다. → A, B는 각각 (㉠, ㉣), (㉢, ㉤) 중 하나이다.

• B와 E는 3주기 원소이다. → B는 ㉣, ㉤ 중 하나이고, A는 ㉠, ㉢ 중 하나이다.

• 원자 번호는 A가 D보다 크다. → A는 ㉠일 수 없다. → A는 ㉢, B는 ㉤, E는 ㉣이고, D는 ㉠ 또는 ㉡이다.

• 원자가 전자 수는 D가 C보다 크다. → D는 ㉡이고, C는 ㉠이다.

ㄱ. C는 알칼리 금속이므로 물과 반응하여 수소 기체를 생성한다.

ㄷ. B와 D는 모두 비금속 원소이므로 B와 D로 이루어진 물질은 공유 결합 물질이다.

바로알기 | ㄴ. A는 비금속 원소이고 E는 금속 원소이다. A와 E가 화학 결합을 형성할 때 전자는 금속 원소의 원자인 E에서 비금속 원소의 원자인 A로 이동한다.

빈출 자료 보기

75쪽

266 (1) ○ (2) ○ (3) × (4) × (5) ○ (6) ×
267 (1) ○ (2) ○ (3) × (4) ○ (5) × (6) × (7) ×

266 바로알기 | (3) 산소(A)는 원자가 전자 수가 6이다.
(4) 규소(B)는 별 내부에서의 핵융합 반응으로 생성되었다.
(6) 빅뱅 이후 우주 초기에 생성된 원소는 수소이다.

267 바로알기 | (3) 복사슬 구조(다)는 각섬석에서 볼 수 있는 결합 구조이다.
(5) 망상 구조(마)는 규산염 사면체가 산소 4개를 공유하여 입체적으로 결합한 구조이다.
(6) 규산염 사면체 간 공유하는 산소의 수가 많아 결합 구조가 복잡할수록 풍화에 강하므로, 판상 구조(라)는 독립형 구조(가)보다 풍화에 강하다.
(7) 단사슬 구조(나)는 규소(Si)와 산소(O)의 개수비가 1 : 3이고, 망상 구조(마)는 1 : 2이므로 규소에 대한 산소의 개수비는 단사슬 구조(나)가 망상 구조(마)보다 크다.

난이도별 필수 기출

76쪽~81쪽

268 ⑤	269 ③	270 ①	271 ③, ⑥	272 ④	273 ①,
④, ⑤	274 해설 참조		275 ②	276 ⑤	277 ①
278 ②	279 ④	280 ①, ⑤, ⑦		281 ⑤	
282 ⑥, ⑦	283 해설 참조		284 ⑤	285 ③	286 ⑤
287 ④	288 ①	289 ①	290 ②	291 ②	292 ④
293 해설 참조		294 ③	295 ①	296 ⑤	297 ④

268 ⑤ 지각을 구성하는 주요 원소의 질량비는 산소>규소>알루미늄>철>기타 순이다.

269 ① 지각은 암석으로, 암석은 광물로, 광물은 원소의 화학 결합으로 이루어져 있다.
② 지각을 구성하는 주요 원소의 질량비는 산소>규소>알루미늄>철>기타 순이다.
④ 지각을 이루는 광물의 대부분은 규소와 산소를 주성분으로 하는 규산염 광물이다.
⑤ 지각과 생명체는 구성 원소의 종류나 비율이 다르지만, 일정한 구조를 가진 기본 단위체가 결합하여 다양한 물질을 이루고 있다.
바로알기 | ③ 지각을 구성하는 원소는 대부분 헬륨보다 무거운 원소이고, 철보다 무거운 원소의 비율은 낮다. 철보다 무거운 원소는 초신성 폭발 과정에서 생성된다.

270 ① 지각을 이루는 광물의 대부분은 규산염(㉠) 광물이며, 규산염(㉠) 광물은 규소(㉡)와 산소로 이루어진 규산염 사면체를 기본 단위체로 한다.

271 A는 산소, B는 규소이다.
③ 규소(B)는 14족 원소로, 원자가 전자 수가 4이다. 따라서 최대 4개의 원자와 공유 결합을 형성할 수 있다.
⑥ 산소(A)와 규소(B)가 결합하여 규산염 광물의 기본 단위체인 규산염 사면체를 형성한다.
바로알기 | ① A는 지각을 구성하는 주요 원소 중 가장 풍부한 산소이다.
② 산소(A)는 별의 내부에서 핵융합 반응으로 생성되었고, 빅뱅 이후 우주 초기에 생성된 원소는 수소와 헬륨이다.
④ 산소(A)는 2주기 원소, 규소(B)는 3주기 원소이다.
⑤, ⑦ 지구를 구성하는 원소의 질량비는 철>산소>규소>마그네슘>기타 순이므로, 지구 전체에서는 산소(A)가 규소(B)보다 많다.

272 ㄱ, ㄴ. 산소와 규소가 풍부한 것으로 보아 지각을 구성하는 주요 원소의 질량비를 나타낸 것이며, 지각에는 금속 성분보다 암석 성분이 풍부하다.
바로알기 | ㄷ. 지각을 구성하는 주요 원소들은 대부분 별의 진화 과정에서 만들어졌다.

273 (가)는 사람, (나)는 지각을 구성하는 주요 원소의 질량비이고, ㉠은 산소, ㉡은 탄소, ㉢은 규소이다.
① (가)는 수소와 질소가 존재하므로 사람을 구성하는 원소의 질량비이다.
④ 산소(㉠)와 규소(㉢)는 공유 결합하여 규산염 사면체를 이룬다.
⑤ 탄소(㉡)와 규소(㉢)는 최외각 전자 수가 4개로 같다.
바로알기 | ② (나)는 지각을 구성하는 원소의 질량비이므로, 규산염 광물이 대부분을 차지한다.
③ 사람(가)과 지각(나)에 공통적으로 풍부한 원소는 산소(㉠)이다.
⑥ 산소(㉠)와 탄소(㉡)는 질량이 태양 정도인 별의 내부에서 생성될 수 있지만, 규소(㉢)는 질량이 태양의 10배 이상인 별의 내부에서 생성될 수 있다.

274 모범 답안 | 산소, 산소는 수소, 탄소, 규소 등 다른 원소와 쉽게 결합하여 다양한 물질을 만들 수 있기 때문이다.

275 ㄷ. 규소(B)와 탄소(C)는 모두 산소와 결합할 때 서로 전자를 공유하면서 안정한 전자 배치를 이룬다.
바로알기 | ㄱ. (가)는 헬륨이 두 번째로 많으므로 우주이고, 우주(가)에서 가장 많은 양을 차지하는 원소는 수소(A)이다. 수소(A)는 빅뱅 이후 우주 초기에 생성되었다.
ㄴ. (나)는 알루미늄이 존재하므로 지각이다.

276 A는 철, B는 산소, C는 규소이다.
ㄴ. 철(A)은 밀도가 커서 대부분 핵에 존재한다.
ㄷ. 산소(B)와 규소(C)는 공유 결합하여 규산염 사면체를 이룬다.
바로알기 | ㄱ. 원시 지구가 형성될 때, 지각(나)은 상대적으로 가벼운 암석 성분으로 이루어지므로 밀도가 작다.

277 (가)는 지구, (나)는 우주, (다)는 사람을 구성하는 원소의 질량비이다.
ㄱ. 지구(가)에서 두 번째로 많은 양을 차지하는 원소인 A는 산소이다.
바로알기 | ㄴ. 헬륨은 18족 원소이므로 다른 원소와 거의 결합을 형성하지 않는다.
ㄷ. 탄소(C) 원자 1개는 최대 4개의 수소(B) 원자와 공유 결합을 형성할 수 있다.

278 ㄱ. 규산염 사면체는 규산염 광물을 이루고 있는 기본 단위체로, 규소 원자 1개와 산소 원자 4개가 공유 결합하여 규산염 사면체를 이룬다.

ㄹ. 규산염 사면체는 산소와 규소로 이루어져 있으며, 지각을 구성하는 주요 원소의 질량비는 산소>규소>알루미늄>철>기타 순이므로 규산염 사면체는 지각에서 가장 풍부한 두 원소로 이루어져 있다.

바로알기 | ㄴ. 산소는 2주기, 규소는 3주기 원소이다.

ㄷ. 산소는 원자가 전자 수가 6, 규소는 4이다.

279 ①, ② 규산염 사면체는 규소와 산소 원자로 이루어져 있으며, 14족 원소에 해당하므로 규소의 전자 배치이다.

③ 가장 바깥 전자 껍질에 들어 있는 전자가 4개이므로 원자가 전자 수가 4이다.

⑤ 규산염 사면체의 중심부에 규소 원자 1개가 위치하고, 규산염 사면체의 각 꼭짓점에 산소 원자 4개가 위치한다.

바로알기 | ④ 지각에서 가장 풍부한 원소는 산소이다.

280 ① 규산염 광물은 규소와 산소로 이루어진 규산염 사면체를 기본 단위체로 한다.

⑤ 규산염 사면체는 전기적으로 −4가의 음전하를 띠므로, 양이온과 결합하거나 다른 규산염 사면체와 산소를 공유하면서 결합하여 전기적으로 중성을 이룬다.

⑦ 규산염 광물은 규산염 사면체들 사이에 산소 원자를 공유하는 형태에 따라 여러 가지의 결합 구조가 만들어지며, 결합 구조에 따라 다양한 광물이 만들어진다.

바로알기 | ②, ④ 규산염 사면체는 규소 원자 1개와 산소 원자 4개가 공유 결합하여 전기적으로 음전하를 띠고 있다.

③, ⑥ 규산염 사면체의 중심에는 규소 원자가 위치하며, 인접한 규산염 사면체와 산소를 공유하면서 다양한 결합을 형성할 수 있다.

281 A는 규소, B는 산소이다.

ㄴ. 규산염 사면체 간에 산소(B) 원자를 공유하는 형태에 따라 다양한 규산염 광물이 만들어진다.

ㄷ. 규산염 사면체는 전기적으로 음전하를 띠고 있어 양이온과 결합할 수 있다.

바로알기 | ㄱ. 규소(A) 원자 1개와 산소(B) 원자 4개가 공유 결합하여 규산염 사면체를 이룬다.

282 ① 지각은 암석으로, 암석은 광물로 이루어져 있으며 암석을 이루는 광물의 대부분은 규소와 산소를 주성분으로 하는 규산염 광물이다.

② 장석과 석영은 규산염 사면체가 산소 4개를 공유하며 입체적으로 결합한 망상 구조를 갖는다.

③ 휘석은 짧은 기둥 모양으로 결정이 생성된다.

④ 감람석에 힘을 가했을 때 깨짐이 나타난다.

⑤ 흑운모에 힘을 가했을 때 얇은 판 모양으로 쪼개짐이 나타난다.

바로알기 | ⑥ 규산염 광물은 규산염 사면체 간 공유하는 산소의 수가 많아 결합 구조가 복잡할수록 풍화에 강하다. 따라서 독립형 구조인 감람석보다 망상 구조인 석영이 풍화에 강하다.

⑦ 규산염 사면체 간 공유하는 산소의 수는 독립형 구조인 감람석이 0개, 판상 구조인 흑운모가 3개이다.

283 **모범 답안** 규산염 사면체는 전기적으로 −4가의 음전하를 띠고 있기 때문에 양이온과 결합하여 안정한 광물을 형성할 수 있다.

284 ⑤ (가)는 독립형 구조이므로 감람석, (나)는 단사슬 구조이므로 휘석, (다)는 복사슬 구조이므로 각섬석, (라)는 망상 구조이므로 장석, 석영에 해당한다.

285 ① 독립형 구조(가)는 규산염 사면체 1개가 독립적으로 양이온과 결합한 구조이다.

② 단사슬 구조(나)는 규산염 사면체가 한 줄로 길게 이어진 형태로 결합한 구조이다.

④ 망상 구조(라)는 규산염 사면체가 산소 4개를 공유하여 입체적으로 강하게 결합한 구조이다.

⑤ 규산염 사면체 간 공유하는 산소의 수가 많아 결합 구조가 복잡할수록 풍화에 강하다. 따라서 독립형 구조(가)에서 망상 구조(라)로 갈수록 대체로 풍화에 강하다.

바로알기 | ③ 복사슬 구조(다)는 단사슬 2개가 연결되어 두 줄로 길게 이어진 형태로 결합한 구조이다.

286 ① 규산염 광물은 규산염 사면체들 사이에 산소 원자를 공유하는 형태에 따라 독립형 구조, 단사슬 구조, 복사슬 구조 등 다양한 결합 구조가 형성된다.

② 규산염 사면체 1개가 독립적으로 양이온과 결합한 구조는 독립형 구조로, 이러한 결합 구조를 갖는 광물에는 감람석이 있다.

③ 단사슬 구조는 규산염 사면체가 한 줄로 길게 이어진 형태로 결합한 구조로, 휘석은 단사슬 구조를 갖는 광물이다.

바로알기 | ⑤ 규산염 광물은 규산염 사면체 간 공유하는 산소의 수가 많아 결합 구조가 복잡할수록 풍화에 강하다.

287 A는 산소, B는 규소이다.

ㄱ. 지각을 구성하는 주요 원소의 질량비는 산소(A)>규소(B)>알루미늄>철>기타 순이다.

ㄴ. 규산염 사면체(가)는 규소 원자 1개와 산소 원자 4개가 공유 결합하여 전기적으로 음전하를 띠고 있다.

ㄹ. (나)는 규산염 사면체가 산소(A) 3개를 공유하여 판 모양으로 결합한 판상 구조로, 판상 구조를 갖는 광물로는 흑운모가 있다.

바로알기 | ㄷ. (나)는 (가)의 산소(A)를 공유하며 결합한 판상 구조이다.

288 ㄱ. 이 광물의 결합 구조는 규산염 사면체가 한 줄로 길게 이어진 형태로 결합한 단사슬 구조이다.

바로알기 | ㄴ. 규소 원자 1개와 산소 원자 4개가 공유 결합하여 규산염 사면체를 이룬다.

ㄷ. 석영은 규산염 사면체가 산소 4개를 공유하여 입체적으로 결합한 망상 구조를 갖는 광물이고, 단사슬 구조는 규산염 사면체 간 공유하는 산소의 수가 2개이다. 규산염 광물은 규산염 사면체 간 공유하는 산소의 수가 많아 결합 구조가 복잡할수록 풍화에 강하므로 석영은 이 결합 구조를 갖는 광물보다 풍화에 강하다.

289 ㄱ. 규산염 사면체 간 공유하는 산소의 수가 많아 결합 구조가 복잡할수록 풍화에 강하다. 따라서 복사슬 구조를 갖는 각섬석은 독립형 구조를 갖는 감람석보다 풍화에 강하다.

바로알기 | ㄴ. 감람석에 힘을 가했을 때 깨짐이 나타난다.

ㄷ. 감람석은 규산염 사면체 1개가 독립적으로 존재하는 결합 구조를 갖고 있다.

290 ㄱ. 흑운모(가), 휘석(나), 각섬석(다)은 모두 규소와 산소로 이루어진 규산염 사면체를 기본 단위체로 하여 만들어진 규산염 광물이다.

ㄷ. 휘석(나)은 규산염 사면체가 한 줄로 길게 이어진 형태로 결합한 단사슬 구조, 각섬석(다)은 단사슬 2개가 연결되어 두 줄로 길게 이어진 형태로 결합한 복사슬 구조를 갖고 있다.

바로알기 | ㄴ. 흑운모(가)에 힘을 가했을 때 얇은 판 모양으로 쪼개짐이 나타난다.
ㄹ. 규산염 사면체 간 공유하는 산소의 수는 판상 구조를 갖는 흑운모(가)가 3개로 가장 많다.

291 ② A는 쪼개짐이 나타나는 규산염 광물 중 망상 구조가 아닌 광물이므로 휘석, 각섬석, 흑운모가 될 수 있고, B는 망상 구조를 갖는 규산염 광물 중 쪼개짐이 나타나지 않으므로 석영에 해당한다.

292 ㄴ, ㄷ. 석영은 규산염 사면체가 산소(A) 4개를 공유하여 입체적으로 결합한 망상 구조를 갖는다.

바로알기 | ㄱ. 이 광물은 망상 구조를 갖는 석영이다.

293 **모범 답안** 두 광물에 각각 충격을 가했을 때 특정 방향으로 쪼개짐이 나타나는 광물은 장석이고, 방향성 없이 깨지는 광물은 석영이다.

294 ㄷ. 규산염 사면체 간 공유하는 산소의 수는 망상 구조가 4개, 단사슬 구조가 2개, 독립형 구조가 0개이므로 석영 > A > B이다.

바로알기 | ㄱ. 각섬석은 단사슬 2개가 연결되어 두 줄로 길게 이어진 형태로 결합한 복사슬 구조를 갖는다. 단사슬 구조를 갖는 광물로는 휘석이 있다.
ㄴ. 독립형 구조는 규산염 사면체 1개가 독립적으로 양이온과 결합한 구조로, 독립형 구조를 갖는 광물에 힘을 가했을 때 깨짐이 나타난다.

295 ㄱ. 규산염 광물은 규소와 산소로 이루어진 규산염 사면체를 기본 단위체로 하여 만들어진 광물이므로 (가)의 사면체 모형은 규산염 사면체에 해당한다.

바로알기 | ㄴ. 규산염 사면체 간 결합은 산소 원자를 공유하는 결합을 한다.
ㄷ. 실험 결과의 결합 구조를 갖는 규산염 광물은 단사슬 구조로, 기둥 모양의 결정 형태를 갖는다.

296 (가)는 독립형 구조이므로 감람석, (나)는 망상 구조이므로 장석이다.
① (가)에 힘을 가했을 때 깨짐이 나타난다.
② 규산염 사면체 1개가 독립적으로 결합한 독립형 구조인 (가)는 Si : O의 결합 비율이 1 : 4이다.
③ (나)는 규산염 사면체가 산소 4개를 공유하여 입체적으로 결합한 망상 구조이다.
④ 석영의 결합 구조는 망상 구조이다.

바로알기 | ⑤ $\dfrac{\text{Si 원자의 수}}{\text{O 원자의 수}}$ 는 규산염 사면체 사이의 결합 구조가 복잡한 (나)가 (가)보다 크다.

297 (가)는 석영, (나)는 감람석, (다)는 흑운모이다.
ㄴ, ㄷ. 규산염 광물은 규산염 사면체 간 공유하는 산소의 수가 많아 결합 구조가 복잡할수록 풍화에 강하다. 석영(가)은 규산염 사면체 간 공유하는 산소의 수가 4개인 망상 구조, 감람석(나)은 0개인 독립형 구조, 흑운모(다)는 3개인 판상 구조를 갖는 광물이다. 따라서 석영(가)은 감람석(나)보다 풍화에 강하다.

바로알기 | ㄱ. 석영(가)에 힘을 가했을 때 깨짐이 나타난다.

11 생명체를 구성하는 물질의 규칙성

빈출 자료 보기 83쪽

298 (1) ○ (2) ○ (3) × (4) × (5) ○ (6) × (7) ○ (8) ×

298 (1) 그림의 핵산은 두 가닥의 폴리뉴클레오타이드로 이루어져 있고, 염기 타이민(T)이 있으므로 DNA이다.
(5) 타이민(T)과 결합하는 ㉠은 아데닌(A)이고, 구아닌(G)과 결합하는 ㉡은 사이토신(C)이다.
(7) DNA를 이루는 뉴클레오타이드는 염기가 다른 4종류이다.

바로알기 | (3) DNA 뉴클레오타이드(가)의 당은 디옥시라이보스이다.
(4) 뉴클레오타이드(가)는 인산 : 당 : 염기가 1 : 1 : 1로 결합되어 있다.
(6) DNA를 구성하는 두 가닥의 폴리뉴클레오타이드는 염기 사이의 수소결합으로 연결된다.
(8) DNA의 주된 기능은 유전정보의 저장이다.

난이도별 필수 기출 84쪽~89쪽

299 ④ **300** ④, ⑥ **301** ⑤ **302** (1) (가) 핵산 (나) 탄수화물 (다) 단백질 ㉠ 질소(N) (2) (가) 뉴클레오타이드 (나) 단당류 (다) 아미노산
303 ⑤ **304** ④ **305** ① **306** 해설 참조
307 ①, ②, ④ **308** ① **309** ③ **310** ①, ⑤
311 해설 참조 **312** ⑤ **313** ④ **314** 해설 참조
315 ⑥, ⑧ **316** ① **317** 해설 참조 **318** ⑤
319 ②, ⑤ **320** ③ **321** ② **322** ① **323** ④
324 • DNA: 뉴클레오타이드, 4종류 • 단백질: 아미노산, 20종류
325 ② **326** ③ **327** ① **328** 해설 참조 **329** ④
330 ①

299 **바로알기** | ㄷ. 탄소는 원자가 전자가 4개여서 최대 4개의 원자와 공유 결합할 수 있다.

300 ③ 탄수화물의 기본 단위체는 포도당과 같은 단당류이다.
바로알기 | ④ 핵산 중 DNA는 유전정보를 저장하고, RNA는 유전정보를 전달한다.
⑥ 호르몬과 항체의 주성분은 단백질이다.

301 A는 물, B는 단백질, C는 지질이다.
② 단백질(B)은 아미노산이 일정한 규칙에 따라 결합하여 형성된다.
③ 지질(C)은 탄소가 수소, 산소 등과 공유 결합하여 이루어진 탄소 화합물이다.
바로알기 | ⑤ 사람의 구성 물질 중 70 %를 차지하는 물(A)은 탄소 화합물이 아니다.

302 핵산(가)은 탄소(C), 수소(H), 산소(O), 질소(N), 인(P)으로 구성되고, 탄수화물(나)은 탄소(C), 수소(H), 산소(O)로 구성되며, 단백질(다)은 탄소(C), 수소(H), 산소(O), 질소(N)로 구성된다.

303 그림은 단백질의 기본 단위체인 아미노산의 구조를 나타낸 것이다. ㉠은 아미노기, ㉡은 곁사슬, ㉢은 카복실기이다.
ㄷ. 아미노산의 종류는 곁사슬(㉡)의 종류에 따라 결정된다.

304 ㄱ. ®는 곁사슬이며, 아미노산의 종류는 곁사슬의 종류에 따라 결정된다.
바로알기 | ㄴ. ㉠은 물(H_2O) 분자로, 수소(H)와 산소(O)로 구성된다.

305 ㄱ. 단백질의 기본 단위체 ㉠은 아미노산으로, 20종류가 생명체에 존재한다.
바로알기 | ㄴ. 아미노산이 결합하여 폴리펩타이드가 형성되는 (가) 과정에서 물 분자가 빠져나온다.
ㄷ. 200개의 아미노산으로 구성된 단백질에는 펩타이드결합(㉡)이 199개 있다.

306 **모범 답안** 단백질은 아미노산의 종류와 수, 배열 순서에 따라 서로 다른 종류가 만들어진다. 아미노산은 20종류이므로 7개의 아미노산이 결합하여 만들어질 수 있는 단백질은 20^7종류이다.

307 ⑤. ㉠ 헤모글로빈은 4개의 폴리펩타이드로 구성되어 있다.
바로알기 | ① 헤모글로빈은 적혈구를 구성하는 단백질로, 기본 단위체인 A와 B는 아미노산이다.
② ㉠ 과정에서 두 아미노산 사이에 펩타이드결합이 형성될 때 한 분자의 물이 빠져나온다.
④ 폴리펩타이드에서 펩타이드결합의 수는 '아미노산의 수－1'이다.

308 ㄱ. Ⅰ은 5개의 아미노산으로 구성되어 있으므로 4개의 펩타이드결합이 있다.
바로알기 | ㄴ. Ⅱ는 5개의 아미노산으로 구성되어 있으므로 Ⅱ가 생성되는 과정에서 4개의 물 분자가 빠져나온다.
ㄷ. Ⅰ과 Ⅱ는 아미노산의 종류와 수가 같지만, 아미노산의 배열 순서가 달라 서로 다른 입체 구조를 형성한다.

309 ㄷ. 단백질은 종류마다 고유한 입체 구조를 가지며, 입체 구조에 따라 기능이 결정된다.
바로알기 | ㄴ. 콜라겐과 헤모글로빈은 구성하는 아미노산의 종류와 수, 배열 순서가 서로 다르다.

310 ③ 단백질의 기능은 입체 구조에 의해 결정되며, 열과 산 등은 단백질의 입체 구조에 영향을 준다.
④ 아미노산의 종류와 수가 같아도 배열 순서가 다르면 다른 종류의 단백질이 형성된다.
바로알기 | ① 단백질은 에너지원으로도 사용된다.
⑤ 케라틴은 머리카락과 손톱 등을 구성하는 단백질이며, 근육을 구성하는 단백질은 마이오신과 액틴이다.

311 **모범 답안** 마이오신과 케라틴을 구성하는 아미노산의 종류와 수, 배열 순서가 다르기 때문에 입체 구조와 기능이 서로 다르다.

312 ㄴ. 두 아미노산 사이의 결합을 펩타이드결합이라고 하며, 펩타이드결합은 공유 결합의 일종이다.
ㄷ. 단백질과 단백질의 기본 단위체인 아미노산 모두 탄소 화합물이다.
바로알기 | ㄱ. 펩타이드결합은 한 아미노산의 카복실기와 다른 아미노산의 아미노기 사이에 형성된다.

313 ㄱ. DNA의 기본 단위체는 인산, 당, 염기가 1 : 1 : 1로 구성된 뉴클레오타이드이다.
ㄷ. ㉡은 DNA의 염기이므로 A, T, G, C의 4종류가 있다.
바로알기 | ㄴ. DNA를 구성하는 당(㉠)은 디옥시라이보스이다.

314 **모범 답안** GTGTTTGGCTGT. DNA를 이루는 두 가닥의 폴리뉴클레오타이드에서 각 가닥의 아데닌(A)은 항상 타이민(T)과, 구아닌(G)은 항상 사이토신(C)과 상보적으로 결합하기 때문이다.

315 ① 핵산 중 DNA는 유전정보를 저장하고, RNA는 유전정보를 전달한다.
⑨ DNA를 이루는 두 가닥의 폴리뉴클레오타이드에서 각 가닥의 아데닌(A)은 항상 타이민(T)과, 구아닌(G)은 항상 사이토신(C)과 상보적으로 결합한다.
바로알기 | ⑥ RNA는 유전정보를 전달하거나 단백질합성에 관여한다.
⑧ DNA의 염기는 아데닌(A), 타이민(T), 구아닌(G), 사이토신(C)이며, 유라실(U)은 RNA의 염기이다.

316 ㄱ. 핵산의 기본 단위체(가)는 뉴클레오타이드이다.
바로알기 | ㄴ. ㉠은 인산, ㉡은 당이다.
ㄷ. 유라실(U)을 가지는 핵산은 RNA로, 단일 가닥 구조이다.

317 **모범 답안** • DNA는 이중나선구조이고, RNA는 단일 가닥 구조이다.
• DNA의 당은 디옥시라이보스이고, RNA의 당은 라이보스이다.
• DNA의 염기는 아데닌(A), 구아닌(G), 사이토신(C), 타이민(T)이고, RNA의 염기는 아데닌(A), 구아닌(G), 사이토신(C), 유라실(U)이다.
• DNA는 유전정보를 저장하고, RNA는 유전정보의 전달과 단백질합성에 관여한다.

318 ㄱ. DNA를 이루는 두 가닥의 폴리뉴클레오타이드에서 각 가닥의 아데닌(A)은 항상 타이민(T)과, 구아닌(G)은 항상 사이토신(C)과 상보적으로 결합하므로 ㉠은 아데닌(A), ㉣은 구아닌(G)이다.
ㄹ. 한 뉴클레오타이드의 인산이 다른 뉴클레오타이드의 당과 공유 결합으로 연결되며, 이러한 결합이 반복되어 폴리뉴클레오타이드를 형성한다.
바로알기 | ㄴ. 뉴클레오타이드는 인산(㉡), 당(㉢), 염기(㉣)로 구성된다.

319 단일 가닥 구조인 (가)는 RNA이고, 이중나선구조인 (나)는 DNA이다.
③ 유라실(U)은 RNA(가)에만 있는 염기이다.
⑥, ⑦ DNA(나)를 이루는 두 가닥의 폴리뉴클레오타이드에서 각 가닥의 아데닌(A)은 항상 타이민(T)과, 구아닌(G)은 항상 사이토신(C)과 상보적으로 결합하므로 아데닌(A)의 수와 타이민(T)의 수는 항상 같다.
바로알기 | ② RNA(가)의 당은 라이보스이고, DNA(나)의 당은 디옥시라이보스이다.
⑤ DNA(나)는 두 가닥의 폴리뉴클레오타이드가 염기 사이의 수소결합으로 연결되어 있다.

320 두 가닥으로 구성된 (가)는 DNA, 단일 가닥으로 구성된 (나)는 RNA이다.
ㄷ. DNA를 구성하는 두 가닥의 폴리뉴클레오타이드는 아데닌(A)과 타이민(T), 구아닌(G)과 사이토신(C)의 상보적 결합으로 연결되므로 DNA에 존재하는 염기의 조성 비율은 A＝T, G＝C이다. 따라서 A＋C＝G＋T의 관계가 성립한다.
바로알기 | ㄱ. ㉡은 DNA에만 있으므로 타이민(T)이고, 타이민(T)과 결합한 ㉠이 아데닌(A)이다.
ㄴ. DNA(가)는 유전정보를 저장하고, RNA(나)는 유전정보를 전달한다.

321 ㄴ. DNA를 구성하고 있는 당(㉠)은 디옥시라이보스이다.

바로알기 | ㄱ. 폴리뉴클레오타이드를 구성하고 있는 염기 중 타이민(T)이 있는 것으로 보아 X는 DNA이다.

ㄷ. 한 뉴클레오타이드의 당(㉠)과 다른 뉴클레오타이드의 인산(㉡)이 공유 결합으로 연결되며, 이러한 결합이 반복되어 폴리뉴클레오타이드를 이룬다.

322 (가)는 DNA, (나)는 RNA이다.

ㄱ. DNA(가)는 염기서열에 유전정보를 저장한다.

ㄴ. G과 결합하는 ㉠은 C이고, A과 결합하는 ㉡은 T이며, RNA(나)에만 존재하는 ㉢은 U이다.

바로알기 | ㄷ. 이중나선 DNA에서 C과 G, A과 T은 상보적으로 결합하므로 조성 비율이 같다. 따라서 C(㉠)의 비율이 17 %라면 G의 비율도 17 %이고, T(㉡)과 A의 비율은 각각 33 %이다.

ㄹ. 한 뉴클레오타이드의 당과 다른 뉴클레오타이드의 인산이 공유 결합하여 당 — 인산 골격을 이룬다.

323 ㄷ. Ⅰ에 존재하는 아데닌(A)과 타이민(T)의 비율의 합이 60 %이므로 Ⅱ에 존재하는 아데닌(A)과 타이민(T)의 비율의 합도 60 %이다.

바로알기 | ㄴ. Ⅰ에 존재하는 아데닌(A)과 타이민(T)의 비율의 합이 60 %이므로 Ⅰ에 존재하는 사이토신(C)과 구아닌(G)의 비율의 합은 40 %이다. Ⅱ에 존재하는 구아닌(G)의 비율이 30 %이므로 이와 상보 결합하는 Ⅰ에 존재하는 사이토신(C)의 비율도 30 %이다. 따라서 Ⅰ에 존재하는 구아닌(G)의 비율은 10 %이다.

324 DNA를 구성하는 뉴클레오타이드는 염기가 다른 4종류가 있고, 생명체에 존재하는 아미노산은 20종류이다.

325 ㄴ. 단백질과 핵산은 모두 기본 단위체가 반복적으로 결합하여 형성된 고분자 화합물이다.

바로알기 | ㄱ. 단백질과 핵산은 모두 탄소 화합물이다.

ㄷ. 펩타이드결합은 단백질의 기본 단위체인 아미노산과 아미노산 사이의 결합이다.

326 (가)는 아미노산, (나)는 뉴클레오타이드이다.

① 생명체를 구성하는 아미노산(가)은 20종류, 뉴클레오타이드(나)는 8종류이다.

② 두 아미노산 사이에 펩타이드결합이 형성될 때에는 물 1분자가 빠져나온다.

⑤ 항체의 주성분인 단백질은 아미노산(가)으로 구성되고, 유전정보를 저장하거나 전달하는 핵산은 뉴클레오타이드(나)로 구성된다.

바로알기 | ③ 아미노산(가)이 반복적으로 결합하여 폴리펩타이드가, 뉴클레오타이드(나)가 반복적으로 결합하여 폴리뉴클레오타이드가 만들어진다.

327 효소의 주성분은 단백질이므로 Ⅰ은 단백질이고, Ⅱ는 탄수화물이다.

ㄱ. (가)는 핵산에만 해당하는 특징이므로 '뉴클레오타이드를 갖는가?'는 (가)에 해당한다.

바로알기 | ㄴ. 인산과 당, 염기가 1 : 1 : 1로 결합된 구조인 뉴클레오타이드는 핵산의 기본 단위체이다. Ⅰ은 단백질이다.

ㄷ. Ⅱ는 탄수화물로, 구성 원소는 C, H, O이다.

328 **모범 답안** 유전정보를 저장하거나 전달하는가? 기본 단위체가 8종류인가? 인산, 당, 염기로 구성되어 있는가? 등

329 녹말(탄수화물), 단백질, RNA 모두 탄소 화합물이고, 구성 원소에 질소(N)가 있는 것은 단백질과 RNA이며, 기본 단위체가 4종류인 것은 RNA이다. 따라서 Ⅰ은 단백질, Ⅱ는 RNA, Ⅲ은 녹말이고, ㉠은 '구성 원소에 질소(N)가 있다.', ㉡은 '기본 단위체가 4종류이다.', ㉢은 '탄소 화합물이다.'이다.

ㄷ. 녹말, 단백질, RNA 모두 산소(O)를 구성 원소로 갖는다.

바로알기 | ㄴ. ⓐ는 '○', ⓑ는 '×'이다.

330 단백질, 탄수화물, 핵산 중 에너지원으로 사용되는 것은 단백질과 탄수화물이고, 구성 원소에 인(P)을 갖는 것은 핵산이며, 방어작용을 담당하는 항체의 주성분이 되는 것은 단백질이다. 따라서 Ⅰ은 핵산, Ⅱ는 단백질, Ⅲ은 탄수화물이고, ㉠은 '구성 원소에 인(P)을 갖는다.', ㉡은 '방어작용을 담당하는 항체의 주성분이다.', ㉢은 '에너지원으로 사용된다.'이다.

ㄱ. 핵산(Ⅰ)의 기본 단위체인 뉴클레오타이드는 인산, 당, 염기로 구성된다.

ㄴ. 단백질(Ⅱ)의 기본 단위체인 아미노산은 20종류이다.

바로알기 | ㄷ. 사람을 구성하는 탄소 화합물 중 가장 많은 양을 차지하는 것은 단백질(Ⅱ)이다.

ㄹ. 중성지방은 지질의 한 종류이다.

---

12 | 물질의 전기적 성질

빈출 자료 보기 91쪽

331 (1) ○ (2) × (3) ○ (4) × (5) ○

332 (1) ○ (2) × (3) ○ (4) ○ (5) ○ (6) ○

331 바로알기 | (2) (나)는 공유 결합을 하고 전자 1개가 남았으므로 n형 반도체이다.

(4) (다)는 전자의 빈 자리가 존재하므로 p형 반도체이다.

332 바로알기 | (2) 트랜지스터는 불순물 반도체인 n형 반도체와 p형 반도체를 복합적으로 결합하여 만든 반도체 소자이다.

난이도별 필수 기출 92쪽~95쪽

333 ㉠ 양(+), ㉡ 전자, ㉢ 양성자 **334** ②
335 ③, ⑤ **336** ① **337** ③ **338** ② **339** ②
340 ㉠ 4, ㉡ n, ㉢ p **341** ② **342** ①, ④
343 전기 에너지 → 빛에너지 **344** 해설 참조 **345** ③
346 해설 참조 **347** ①, ④ **348** 해설 참조
349 ④ **350** ② **351** ③ **352** 해설 참조
353 도체: (나), (라), 부도체: (가), (마), 반도체: (다), (바) **354** ④
355 해설 참조 **356** ⑤

333 원자는 양(+)(㉠)전하를 띠는 원자핵과 음(−)전하를 띠는 전자(㉡)로 이루어져 있고, 원자핵은 양성자(㉢)와 중성자로 이루어져 있다.

334 ㄴ. B는 전자로, 음(−)전하를 띤다.
바로알기 | ㄱ. A는 원자핵으로, 양성자와 중성자로 이루어져 있다.
ㄷ. 서로 다른 종류의 전하를 띤 A와 B 사이에는 서로 당기는 전기력이 작용한다.

335 **바로알기 |** ① 금, 은, 구리는 도체이다.
② 규소(Si), 저마늄(Ge)은 반도체이다.
④ 부도체는 도체보다 전기 저항이 크다.
⑥, ⑦ 반도체는 특정 조건에서 전기 전도성이 변해 전류가 흐르지만 전기 저항이 도체보다 작아지지는 않는다.

336 ㄱ. A는 반도체인 규소(Si)보다 전기 저항이 크므로 부도체이다.
바로알기 | ㄴ. B는 도체이고, 플라스틱은 부도체이다.
ㄷ. 전기 저항이 클수록 전기 전도성이 낮다. 따라서 전기 전도성은 A가 B보다 낮다.

337 ㄱ. B를 연결했을 때, 전류가 흐르므로 B는 도체이다. 따라서 A는 부도체이다.
ㄴ. 알루미늄은 도체이므로 B의 예이다.
바로알기 | ㄷ. 도체는 부도체보다 단위 부피당 자유 전자의 수가 많다.

338 ㄴ. A는 원자에 속박되어 있지 않은 자유 전자이다.
바로알기 | ㄱ. 전구에 불이 켜졌으므로 X는 도체이다.
ㄷ. 전류의 방향과 전자의 이동 방향은 반대이다. 전류가 (+)극에서 (−)극으로 흐르므로 p 지점을 지나는 전자의 이동 방향은 ㉠이다.

339 ㄷ. 규소(Si)로만 이루어진 순수 반도체에 불순물을 첨가하면 전기 전도성이 높아진다.
바로알기 | ㄱ. 규소(Si)의 원자가 전자는 4개이다.
ㄴ. 규소(Si)로만 이르어진 반도체는 순수 반도체이고, 불순물 반도체는 순수 반도체에 불순물을 첨가하여 전기 전도성을 높인 반도체이다. 따라서 불순물 반도체는 순수 반도체보다 전류가 잘 흐른다.

340 순수 반도체는 원자가 전자가 4(㉠)개인 원소로만 이루어져 있다. 순수 반도체에 원자가 전자가 5개인 원소를 첨가한 것을 n(㉡)형 반도체라 하고, 원자가 전자가 3개인 원소를 첨가한 것을 p(㉢)형 반도체라고 한다.

341 공유 결합 후 전자의 빈 자리가 생기는 반도체는 p형 반도체이다.

342 반도체를 이용한 예는 트랜지스터, 집적 회로, 다이오드이다. 네오디뮴 자석은 자성체를, 저항은 도체를 이용한다.

343 유기 발광 다이오드는 전류가 흐르면 유기 물질 자체에서 빛이 방출된다. 즉 전기 에너지가 빛에너지로 전환된다.

344 (1) 공유 결합에 참여하지 못한 전자가 존재하므로 A는 n형 반도체이다.
(2) n형 반도체는 순수 반도체에 원자가 전자가 5개인 불순물을 첨가하여 만든다.
모범 답안 (1) n형 반도체
(2) 5개
(3) n형 반도체에서는 자유 전자의 이동에 의해 전류가 흐른다.

345 ㄱ. 트랜지스터는 증폭 작용을 하므로 전류의 세기를 증폭시킬 수 있다.
ㄴ. 발광 다이오드는 전류가 흐르면 빛이 방출된다.
바로알기 | ㄷ. 집적 회로는 매우 많은 트랜지스터나 다이오드 등을 하나의 칩으로 만든 것으로, 불순물 반도체로 만든다.

346 (1) 전류를 한 방향으로만 흐르게 하는 반도체 소자는 다이오드이다.
모범 답안 (1) 다이오드
(2) 전류가 한 방향으로만 출력되었으므로 정류 작용을 하였다.

347 ① 전압이 증폭되었으므로 A는 트랜지스터이다.
④ 트랜지스터는 증폭 작용을 하므로 스피커의 소리를 증폭시킬 수 있다.
바로알기 | ② 트랜지스터는 불순물 반도체로 만든다.
③ 전류가 흐르면 빛이 방출되는 반도체 소자는 발광 다이오드이다.
⑤ 얇고, 가벼워 휘어지는 반도체 소자는 유기 발광 다이오드이다.

348 **모범 답안** n형 반도체. 순수 반도체는 원자가 전자가 모두 공유 결합을 하고 있어 자유 전자가 거의 없고, n형 반도체는 공유 결합에 참여하지 못한 전자가 존재한다. 즉 n형 반도체는 순수 반도체보다 자유 전자의 수가 많아 순수 반도체보다 전기 전도성이 높다.

349 ㄴ, ㄷ. p형 반도체와 n형 반도체를 결합하여 만든 다이오드는 전류를 한 방향으로만 흐르게 하는 정류 작용을 한다. 따라서 전류의 방향이 주기적으로 변하는 교류 전원에 다이오드를 연결하면 전류가 흘렀다 안 흘렀다 한다.
바로알기 | ㄱ. Y는 순수 반도체인 규소(Si)에 원자가 전자가 3개인 원자 B가 첨가되었으므로 p형 반도체이다.

350 ㄷ. 다이오드는 전류를 한 방향으로만 흐르게 하는 정류 작용을 한다.
바로알기 | ㄱ. 다이오드의 정류 작용에 의해 전류는 한 방향으로만 흐르므로 전류의 방향이 반대로 바뀌면 회로에 전류가 흐르지 않는다. 즉 ㉠은 '불이 켜지지 않는다.'이다.
ㄴ. 다이오드는 불순물 반도체로 만든다.

351 ㄱ. A는 구리로, 도체이다.
ㄴ. B와 유리는 부도체로, 전기적 성질이 같다.
바로알기 | ㄷ. 전선은 전원이 공급되면 전류가 흐른다.

352 **모범 답안** 전원 연결부는 전류가 흘러야 하는 부분이므로 도체(㉠)이고, 덮개는 외부로 전류가 흐르지 않아야 하므로 부도체(㉡)이며, 전류가 흐르면 빛이 방출되는 부품은 발광 다이오드(LED)로 반도체(㉢)이다.

353 • 절연 장갑은 작업자에게 전류가 흐르지 않게 하는 부도체이다.
• 피뢰침은 번개를 흘려보내야 하는 도체이다.
• 감지기의 센서는 외부 변화에 따라 전기 전도도가 변하는 반도체이다.
• 스마트폰 장갑의 전도성 실은 스마트폰에 전기적 신호를 전달하는 도체이다.
• 반도체 기판의 코팅 물질은 불필요한 신호를 차단하는 부도체이다.
• LED는 전류가 흐르면 빛이 방출되는 반도체이다.

354 ㄱ. LED는 전류가 흐르면 빛이 방출되므로 전기 에너지를 빛에너지로 전환한다.

ㄷ. C는 외부로 전류가 흐르지 않아야 하므로 부도체이다.

바로알기 | ㄴ. 발광 다이오드(LED)는 첨가하는 불순물 원소에 따라 방출되는 빛의 색이 다르다.

355 **모범 답안** 부도체인 강화 유리는 외부 충격으로부터 기기를 보호하고, 반도체인 투명 전극은 손가락의 미세한 전류를 감지한다.

356 ㄱ. 어댑터에는 교류를 직류로 변환하는 다이오드가 들어 있다.
ㄴ. 태양 전지는 빛을 받으면 전압이 발생하므로 빛에너지를 전기 에너지로 전환한다.
ㄷ. 정전기 방지 패드는 도체이므로 손으로 접촉하면 손에 있던 전자들이 정전기 방지 패드로 이동한다.

357 A는 산소, B는 규소, C는 알루미늄이다.
ㄱ. 산소(A)의 원자 번호는 8, 규소(B)의 원자 번호는 14, 알루미늄(C)의 원자 번호는 13이므로 A~C 중 원자 번호가 가장 작은 것은 산소(A)이다.
ㄴ. (나)는 규산염 광물을 이루고 있는 기본 단위체인 규산염 사면체로, 산소(A) 원자 4개와 규소(B) 원자 1개가 공유 결합하여 사면체를 이룬다.

바로알기 | ㄷ. 생명체를 이루는 주요 원소로는 산소(A), 탄소, 수소 등이 있다.

358 (가)는 석영, (나)는 감람석, (다)는 휘석이다.
ㄴ. $\dfrac{\text{Si 원자의 수}}{\text{O 원자의 수}}$ 는 규산염 사면체 사이의 결합 구조가 복잡할수록 크다. 따라서 $\dfrac{\text{Si 원자의 수}}{\text{O 원자의 수}}$ 는 망상 구조(가)＞단사슬 구조(다)＞독립형 구조(나)이다.

바로알기 | ㄱ. 석영(가)은 규산염 사면체를 이루는 모든 산소를 다른 규산염 사면체와 공유하여 산소와 규소로만 이루어져 있으므로, ㉠에는 철과 마그네슘 등의 금속 원소가 포함되지 않는다.
ㄷ. 휘석(다)에 힘을 가했을 때 기둥 모양으로 쪼개짐이 나타난다.

359 ㄱ. ㉠에 해당하는 원소는 산소이므로 규산염 광물에서 가장 많은 질량비를 차지한다.
ㄴ. ㉢은 규산염 사면체 사이에 산소(㉠)를 공유하면서 결합하는 과정에 해당한다.
ㄷ. $\dfrac{\text{산소(㉠)의 수}}{\text{규소(㉡)의 수}}$ 는 결합 구조가 복잡할수록 작다. 따라서 실험 결과에서 $\dfrac{\text{산소(㉠)의 수}}{\text{규소(㉡)의 수}}$ 는 결합 구조 Ⅱ가 Ⅰ보다 작다.

360 ㄴ. 탄소, 산소, 질소는 각각 14족, 16족, 15족 원소로 공유 결합 형성 시 각각 공유 전자쌍 수가 4, 2, 3이다. x는 공유 전자쌍 수가 3이므로 질소이다.

ㄷ. 단백질은 펩타이드결합으로 기본 단위체(아미노산)가 연결된다.

바로알기 | ㄱ. 단백질, 핵산, 탄수화물 중 탄소, 수소, 산소, 질소로만 구성된 물질은 단백질이다.

361 ㄱ, ㄴ. DNA, 녹말, 인슐린(단백질)은 모두 탄소 화합물로, 기본 단위체로 이루어지며, 구성 물질에 단당류가 있는 것은 DNA, 녹말이고, 구성 원소에 인(P)이 있는 것은 DNA이다. 따라서 Ⅰ은 녹말, Ⅱ는 인슐린, Ⅲ은 DNA이고, ㉠은 '구성 원소에 인(P)이 있다.', ㉡은 '기본 단위체의 결합으로 형성된다.', ㉢은 '구성 물질에 단당류가 있다.'이다.

바로알기 | ㄷ. '구성 물질에 단당류가 있다.'는 ㉢이다.

362 염기 U, C, T 중 DNA와 RNA에 공통적으로 존재하는 염기는 C이므로 ㉢은 C이다. DNA는 두 가닥의 폴리뉴클레오타이드가 염기의 상보결합으로 연결되어 있으므로 DNA 이중나선에 존재하는 염기의 비율은 A＝T, G＝C이고, A＋T＋C＋G＝100이다. Ⅱ가 DNA라면, G과 C이 각각 30 %이므로 A과 T이 각각 20 %가 되어야 하지만, A이 15 %이므로 모순이다. 따라서 Ⅱ는 RNA이고, DNA는 Ⅰ이다.
ㄴ. 염기 T은 DNA에만 존재하므로 ㉠이고, RNA에만 존재하는 ㉡은 염기 U이다.

바로알기 | ㄱ. DNA는 Ⅰ이다.
ㄷ. $\dfrac{\text{C의 비율}+\text{T의 비율}}{\text{A의 비율}+\text{G의 비율}}$ 은 DNA(Ⅰ)에서는 1이고, RNA(Ⅱ)에서는 $\dfrac{30(\text{C})+0(\text{T})}{15(\text{A})+30(\text{G})}=\dfrac{2}{3}$ 이다.

363 ㄱ. 전기 저항이 클수록 전기 전도성이 낮다. 전기 전도도는 전기 전도성을 정량적으로 나타내는 물리량으로, 전기 저항이 클수록 전기 전도도가 작다. 따라서 P는 Y로 이루어져 있다.
ㄴ. 전기 전도성이 높을수록 단위 부피당 물질 내 자유 전자의 수가 많다. 따라서 단위 부피당 물질 내 자유 전자의 수는 P가 Q보다 적다.
ㄷ. 전기 전도성이 높을수록 전류가 잘 흐른다. 즉 전류는 전기 전도도가 큰 X에서가 Y에서보다 잘 흐르므로 전류가 잘 흘러야 하는 제품의 재료로 적합한 것은 X이다.

364 ㄱ. Y에는 전자의 빈 자리가 존재하므로 p형 반도체이다. 따라서 X는 n형 반도체이다.
ㄴ. n형 반도체인 X는 원자가 전자가 5개인 불순물 원소를 첨가하여 만들고, p형 반도체인 Y는 원자가 전자가 3개인 불순물 원소를 첨가하여 만든다. 따라서 $x=5$, $y=3$이므로 $x>y$이다.

바로알기 | ㄷ. LED에는 전류가 한 방향으로만 흐를 수 있으므로 S를 a에 연결했을 때, 전류가 흘렀다면 S를 b에 연결하면 전류가 흐르지 않아 LED에서 빛이 방출되지 않는다.

365 ㄱ. 태양 전지는 빛을 받으면 전압이 발생하여 회로에서 전류를 흐르게 한다.

바로알기 | ㄴ. 다이오드는 전류를 한 방향으로만 흐르게 하는 정류 작용을 한다. 증폭 작용을 하는 반도체 소자는 트랜지스터이다.
ㄷ. 다이오드는 전류를 한 방향으로만 흐르게 한다. 태양 전지와 A, B의 연결된 방향이 반대이므로 A에 전류가 흘렀다면 B에는 전류가 흐르지 않는다. 따라서 태양 전지에 빛을 비추었을 때, A와 연결된 P가 켜졌으므로 B와 연결된 Q는 켜지지 않는다.

빈출 자료 보기   99쪽

366 (1) × (2) ○ (3) × (4) × (5) × (6) ○ (7) ○
367 (1) × (2) × (3) ○ (4) ○ (5) ○ (6) ○ (7) × (8) ○

366 바로알기 | (1) 대류권(A)에서는 대류가 일어나고, 대기 중에 수증기가 많이 존재하기 때문에 기상 현상이 나타난다.
(3) 성층권(B)은 높이 올라갈수록 기온이 높아지기 때문에 대류가 일어나지 않는다.
(4) 중간권(C)은 대류가 일어나지만, 수증기가 거의 없어 기상 현상이 나타나지 않는다.
(5) 오로라는 열권(D)에서 나타난다.

367 바로알기 | (1) 해식절벽의 형성은 파도에 의한 침식 작용과 관계가 있으므로 지권과 수권의 상호작용(B)에 해당한다.
(2) U자곡의 형성은 빙하의 침식 작용과 관계가 있으므로 지권과 수권의 상호작용(B)에 해당한다.
(7) 황사는 모래가 강한 바람으로 인해 날아올라갔다가 점차 내려오는 현상이므로 황사 발생은 지권과 기권의 상호작용(A)에 해당한다.

난이도별 필수 기출   100쪽~105쪽

368 지구시스템	**369** ③	**370** A: 지권, B: 수권, C: 기권		
371 ④, ⑦	**372** ③	**373** ②	**374** ①	**375** ②
376 해설 참조	**377** ⑤	**378** ②	**379** 해설 참조	
380 ①, ⑤	**381** 해설 참조	**382** ③		
383 혼합층	**384** ①, ⑥	**385** ②		
386 해설 참조	**387** ⑤	**388** ⑤	**389** ②	**390** ①
391 ④ **392** 외권	**393** ⑤	**394** B	**395** ⑤	**396** ④
397 ③, ⑥	**398** ②	**399** 해설 참조		
400 해설 참조	**401** ④			

368 지구를 구성하는 요소들이 서로 영향을 주고받으면서 이루어진 시스템은 지구시스템이다.

369 ③ 지구는 태양계를 구성하는 요소에 해당한다.
바로알기 | ① 지구는 지권, 기권, 수권, 생물권, 외권으로 이루어진 시스템이다.
② 지구시스템을 구성하는 각 권역들은 상호작용하며 균형을 이루고 있다.
④ 달은 지구에 밀물과 썰물을 일으키며, 해안 지형 변화에 영향을 준다.
⑤ 지구는 지구를 구성하는 요소들이 서로 상호작용하며 이루어진 시스템이다.

370 지구시스템 중 성층 구조가 나타나는 구성 요소는 지권(A), 수권(B), 기권(C)이다.

371 ①, ② 지권(A)은 생물에게 서식처를 제공한다. 지권(A)을 구성하는 지각, 맨틀, 내핵은 고체 상태이지만, 외핵은 액체 상태이다.

③ 수권(B)은 해수와 육수로 구분되고, 육수의 대부분은 빙하가 차지한다.
⑤ 기권(C)에서는 높이 올라갈수록 중력의 영향을 적게 받기 때문에 대기 질량의 약 99 %가 대류권과 성층권에 분포한다.
⑥ 생물권(D)은 태양계 내 행성 중 지구에서만 존재한다.
바로알기 | ④ 수권(B)의 해수는 깊이에 따른 수온 분포에 따라 혼합층, 수온 약층, 심해층으로 구분한다.
⑦ 태양 복사 에너지가 지구에 도달하고, 지구 복사 에너지가 우주로 방출되므로 외권(E)과 다른 권역 간의 에너지 이동이 일어난다.

372 ① 지권은 지구의 중심으로 갈수록 밀도가 커지는 성층 구조를 이루고 있으므로 내핵은 외핵보다 밀도가 크다.
바로알기 | ③ 지각은 주로 산소와 규소로 이루어진 규산염 물질로 구성되어 있다.

373 ② 밀도가 가장 작은 층은 지각(A)이다.
바로알기 | ① A는 지각, B는 맨틀, C는 외핵, D는 내핵이다.
③, ⑤ 지각(A)과 맨틀(B)의 주성분은 규산염 물질이고, 외핵(C)과 내핵(D)의 주성분은 철과 니켈이다.
④ 외핵(C)은 액체 상태로 대류가 일어난다.

374 ㄱ. A와 B 층은 산소와 규소가 주성분이므로 주로 규산염 물질로 이루어진 암석으로 이루어져 있다.
ㄹ. 외핵(C)부터 주성분이 철과 니켈이므로 B와 C 층 경계에서 밀도가 급격히 커진다.
바로알기 | ㄴ. 액체 상태인 외핵(C)에서 일어나는 대류에 의해 지구 자기장이 형성된다.
ㄷ. 지구는 깊이가 깊어질수록 온도가 높아지므로 온도가 가장 낮은 층은 지각(A)이다.

375 ㄴ. 그림에서 대륙 지각은 깊이 0~35 km에 존재하고, 해양 지각은 깊이 0~5 km에 존재하므로 대륙 지각은 해양 지각보다 두께가 두껍다. 밀도는 해양 지각이 대륙 지각보다 크다.
바로알기 | ㄱ. 연약권은 맨틀의 일부이다.
ㄷ. 내핵과 외핵의 주성분은 철과 니켈로 같지만 외핵은 액체 상태이고, 내핵은 고체 상태이다.

376 **모범 답안** (1) B, 외핵은 주성분이 철과 니켈로 구성되어 있고 액체 상태로 대류가 일어나기 때문에 지구 자기장을 형성한다.
(2) 지구 자기장은 태양풍과 우주선이 지표면에 도달하는 것을 막아 생명체를 보호해 준다.

377 ㄴ, ㄷ, ㄹ. 기권에서 지표로부터 높이 올라갈수록 감소하는 물리량은 기압, 중력, 공기의 밀도이다.
바로알기 | ㄱ. 기권에서 높이 올라갈수록 기온이 낮아지는 층은 대류권과 중간권이고, 높이 올라갈수록 기온이 높아지는 층은 성층권과 열권이다.

378 ② 성층권은 높이 올라갈수록 기온이 높아지므로 대류가 일어나지 않는 안정한 층을 이룬다.
바로알기 | ① 대류권 계면의 높이는 극지방에서 평균 6 km이고, 적도 지방에서 평균 16 km~18 km이다. 따라서 대류권의 두께는 위도에 따라 다르다.
③ 높이 약 20 km~30 km에 존재하는 오존층은 생물에 유해한 태양의 자외선을 흡수한다.

④ 중간권에서는 대류가 일어나지만 수증기가 거의 없어 기상 현상이 나타나지 않는다.
⑤ 열권은 태양 복사 에너지를 흡수하기 때문에 높이 올라갈수록 기온이 높아진다.

379 [모범 답안] 대류권과 중간권의 공통점은 대류가 일어나는 것이고, 차이점은 대류권에서만 기상 현상이 나타나고 중간권에서 기상 현상이 나타나지 않는 것이다.

380 ① 기상 현상은 대류권(A)에서만 일어난다.
⑤ 열권(D)은 태양 복사 에너지를 흡수하여 높이 올라갈수록 기온이 높아진다.
[바로알기] | ② 낮과 밤의 기온 차가 가장 큰 층은 D 층이다.
③ B 층은 높이 올라갈수록 기온이 상승하므로 대류가 일어나지 않는 안정한 층이다.
④ 태양의 유해한 자외선을 흡수하는 오존층(높이 약 20 km~30 km)이 존재하는 층은 B이다.
⑥ 대류권(A)과 중간권(C)은 높이 올라갈수록 기온이 낮아지므로 불안정한 층이다.
⑦ 유성은 중간권(C)에서, 오로라는 열권(D)에서 관측된다.

381 A는 성층권, B는 대류권이다.
[모범 답안] (1) A에서는 오존 농도가 높고, 오존이 태양 복사 에너지 중 자외선을 흡수하기 때문에 높이 올라갈수록 기온이 상승한다.
(2) B. 높이 올라갈수록 기온이 하강하여 밀도가 큰 찬 공기는 아래로 내려오고 밀도가 작은 따뜻한 하층 공기는 상승하므로 대류 현상이 일어난다.

382 ② 혼합층은 바람이 세게 불수록 두께가 두꺼워진다.
⑤ 심해층은 태양 복사 에너지가 거의 도달하지 않으므로 수온이 위도나 계절에 관계 없이 거의 일정하다.
[바로알기] | ③ 수온 약층은 깊이에 따라 수온이 급격히 낮아지는 안정한 층이다.

383 해수가 바람에 의해 잘 섞여 깊이에 따른 수온이 거의 일정한 층은 혼합층이다.

384 ② 태양 복사 에너지의 영향을 가장 많이 받는 A는 단위 면적당 도달하는 태양 복사 에너지량이 많아지는 저위도로 갈수록 수온이 높아진다.
④, ⑤ 혼합층(A)과 심해층(C) 사이의 물질 교환을 차단하는 해수층은 수온 약층(B)이다. 수온 약층(B)은 혼합층(A)과 심해층(C)의 수온 차이가 큰 저위도일수록 뚜렷하게 발달한다.
[바로알기] | ① 바람에 의한 혼합 작용은 혼합층(A)에서 활발하다.
⑥ 심해층(C)에는 태양 복사 에너지가 거의 도달하지 않아 계절이나 위도에 따라 수온이 거의 변하지 않고, 광합성이 일어나기 어렵다.

385 ㄴ. 산소(A)는 해수에 녹아 바다에서 서식하는 생명체가 호흡하는 데 이용된다.
[바로알기] | ㄱ. 육지의 물 중에서 가장 많이 차지하는 빙하는 고체 상태이다.
ㄷ. 기권에 가장 많이 존재하는 기체인 B는 질소이다. 식물의 광합성에 의해 생성된 기체는 산소(A)이다.

386 [모범 답안] 빙하의 형태로 가장 많이 분포하며, 빙하는 극지방이나 고산 지대에 분포한다.

387 위도가 낮을수록 해수면의 수온이 높다.
ㄷ. B 해역은 A 해역보다 혼합층, 수온 약층, 심해층이 뚜렷하게 나타난다.
ㄹ. 바람이 세게 불수록 혼합층의 두께가 두껍게 발달한다. 따라서 혼합층의 두께가 두꺼운 B 해역이 C 해역보다 바람이 강하게 분다.
[바로알기] | ㄱ. A는 고위도 해역의 수온 분포로, 깊이에 따른 수온 변화가 거의 없어 수온 약층이 발달하지 않는다.
ㄴ. 혼합층과 심해층 사이에 존재하는 수온 약층의 깊이에 따른 수온 변화가 가장 큰 C는 해수면의 수온이 가장 높은 저위도 해역의 수온 분포이다.

388 ①, ④ 5월에는 깊이 0 m~20 m와 40 m의 수온이 거의 비슷하므로 혼합층의 두께를 약 40 m까지로 추정할 수 있지만, 8월에는 혼합층이 깊이 0 m~20 m만 해당한다.
② 8월은 2월보다 수온 약층이 잘 발달하므로 해수의 연직 운동이 약하다.
[바로알기] | ③ 1년 중 8월에 표층과 깊이 100 m 지점의 수온 차이가 가장 크므로 수온 약층이 가장 안정하게 형성된다.

389 (가)는 기권이고, (나)는 수권 중 해수의 성층 구조이다.
ㄴ. 성층권(A)은 높이 올라갈수록 기온이 상승하므로 안정한 층이고, 수온 약층(D)은 깊이가 깊어질수록 수온이 낮아지므로 안정한 층이다.
[바로알기] | ㄱ. 기권(가)은 높이에 따른 기온 분포, 수권(나)은 깊이에 따른 수온 분포를 기준으로 층을 구분한다.
ㄷ. 대류권(B)은 지표의 기온이 높은 저위도일수록 두께가 두껍지만, 혼합층(C)은 바람이 강하게 불수록 두께가 두꺼워진다.

390 ㄱ. 기권(가)에서 생물이 가장 많이 분포하는 층은 대류권(A)이다.
ㄴ. 심해층(c)에는 태양 복사 에너지가 매우 적게 도달하기 때문에 저위도 해역과 고위도 해역의 심해층의 수온은 거의 비슷하다.
[바로알기] | ㄷ. 대류권(A)은 지표의 기온이 높은 저위도에서 두께가 두껍지만, 혼합층(a)은 저위도 해역보다 바람이 세게 부는 중위도 해역에서 더 두껍게 발달한다.
ㄹ. 성층권(B)과 수온 약층(b)은 모두 하부보다 상부의 온도가 높아 밀도가 작기 때문에 연직 운동인 대류가 거의 일어나지 않는 안정한 층이다.

391 ㄱ, ㄴ. 지구는 태양으로부터 태양 복사 에너지를 받고, 액체 상태의 물이 존재하기 때문에 태양계 내 행성 중 유일하게 생명체가 존재할 수 있었다.
ㄹ. 지구 자기장은 태양풍과 우주선이 지표면에 도달하는 것을 막아준다.
[바로알기] | ㄷ. 적절한 두께의 대기와 온실 기체는 온실 효과를 일으키고, 오존층은 유해한 태양의 자외선을 흡수하여 생명체를 보호해 준다.

392 지구의 기권 밖에 존재하는 지구시스템은 외권이고, 오로라(가)와 유성(나)은 외권과 기권의 상호작용으로 나타나는 현상이다.

393 ㄴ, ㄷ. 생물권이 분포하는 범위는 수권 → 수권, 지권 → 수권(B), 지권(C), 기권(A)으로 점점 확대되었고, 현재 생물은 수권, 지권, 기권에 모두 영향을 미친다.
ㄹ. 오존층이 형성되어 태양의 유해한 자외선이 차단되면서 지구에 육상 생물이 출현할 수 있게 되었다.
[바로알기] | ㄱ. 생물권이 가장 먼저 형성된 권역은 수권인 B이다.

394 표층 해류는 수권과 기권의 상호작용(B)으로 형성된다.

395 ① 호흡은 생물이 산소를 흡수하고 이산화 탄소를 내보내는 것이므로 기권이 생물권에 영향을 주는 상호작용(D)에 해당한다.
② 태풍은 해수가 증발하여 발생하므로 수권이 기권에 영향을 주는 상호작용(B)에 해당한다.
③ 화산 가스는 화산이 폭발하면서 대기 중으로 방출되므로 지권이 기권에 영향을 주는 상호작용(A)에 해당한다.
④ 지진 해일은 해저에 지각 변동이 생겨서 일어나는 해일이므로 지권이 수권에 영향을 주는 상호작용(C)에 해당한다.
바로알기 | ⑤ 화석 연료의 연소는 지권이 기권에 영향을 주는 상호작용(A)에 해당한다.

396 ㄴ. 화산재에 의한 지구의 평균 기온 변화는 지권이 기권에 영향을 주는 상호작용이므로 ㉠에 해당한다.
ㄷ. 지구시스템을 구성하는 각 권역은 서로 상호작용하는 과정에서 물질의 순환과 에너지의 흐름이 일어난다.
바로알기 | ㄱ. 화석 연료의 생성은 생물권이 지권에 영향을 주는 상호작용이므로 A는 생물권이다. 식물의 광합성은 생물권이 기권에 영향을 주는 상호작용이므로 B는 기권이다. 석회동굴은 지하수가 석회암을 녹이면서 생성되므로 수권이 지권에 영향을 주는 상호작용이므로 C는 수권이다.

397 ① 황사는 지권과 기권의 상호작용(A)으로 발생한다.
② 흐르는 물(유수)에 의해 운반된 퇴적물이 쌓여 퇴적암이 형성되는 것은 수권과 지권의 상호작용(B)으로 발생한다.
④ 이산화 탄소가 해수에 녹아 탄산 이온이 되는 것은 기권과 수권의 상호작용(C)으로 발생한다.
⑤ 식물의 광합성 작용은 생물권과 기권의 상호작용(D)으로 발생한다.
바로알기 | ③, ⑥ 식물의 증산 작용, 대형 산불로 인한 대기 중 미세 먼지의 급증 현상은 생물권과 기권의 상호작용(D)으로 발생한다.

398 **바로알기** | ㄱ. ㉠은 지권과 기권의 상호작용, ㉡은 수권과 기권의 상호작용, ㉢은 기권과 생물권의 상호작용에 해당하므로 A는 기권이다.
ㄷ. 화산재가 분출하여 일시적으로 지구의 평균 기온이 하강하는 현상은 지권(B)과 기권(A)의 상호작용에 해당한다.

399 **모범 답안** 지하수가 석회암을 녹여 석회 동굴을 형성한다. 파도에 의해 해식 절벽이 형성된다. 빙하에 의해 U자곡이 형성된다. 흐르는 물에 의해 V자곡이 형성된다. 등

400 **모범 답안** (1) ㉠은 생물권과 수권, ㉡은 수권과 지권, ㉢은 수권과 기권의 상호작용이다.
(2) A: 수권, B: 생물권, C: 지권, D: 기권

401 ① 폭풍 해일은 기권이 수권에 영향을 주는 상호작용(A)에 해당한다.
② 버섯바위는 바람에 의해 형성되므로 기권이 지권에 영향을 주는 상호작용(B)에 해당한다.
③ 파도에 의해 깎여 자갈이 둥글게 만들어지는 것은 수권이 지권에 영향을 주는 상호작용(C)에 해당한다.
⑤ 생물의 사체가 부패하여 호수의 용존 산소량이 감소하는 것은 생물권이 수권에 영향을 주는 상호작용(E)에 해당한다.
바로알기 | ④ 사구는 바람에 의해 모래가 이동하여 쌓여 형성된 언덕이므로 기권이 지권에 영향을 주는 상호작용(B)에 해당한다.

402 (5) 생물의 사체가 분해될 때 이산화 탄소, 메테인 등이 발생하므로 탄소가 생물권에서 기권으로 이동(E)한다.
바로알기 | (3) 수온이 상승하면 기체의 용해도가 낮아져 해수에 녹는 이산화 탄소의 양(C)이 감소한다.
(4) 식물은 이산화 탄소를 이용하여 광합성(D)을 하므로 식물의 광합성(D)이 증가하면 기권의 탄소량이 감소한다.
(6) 화석 연료(F)의 양이 증가하더라도 지구시스템 전체 탄소의 양은 일정하다.
(7) 탄소는 지권에 가장 많이 분포한다.
(8) 탄소는 수권에서 주로 탄산 이온 형태로 존재한다.

403 ① 달과 태양의 인력이 지구에 작용하여 생기는 에너지는 조력 에너지이고, 지구시스템의 에너지원 중에서 가장 많은 양을 차지하는 것은 태양 에너지이다.

404 **바로알기** | ㄱ. 태풍은 태양 에너지에 의해 나타나는 자연 현상이다.
ㅁ. 밀물과 썰물은 조력 에너지에 의해 나타나며, 해안 지역의 생태계와 지형 변화에 영향을 준다.

405 **모범 답안** 태양 에너지, 태양의 내부에서 일어나는 수소 핵융합 반응으로 생성된다.

406 ① 지구시스템의 에너지량을 비교해 보면 태양 에너지≫지구 내부 에너지>조력 에너지이다.
② 지구에 들어오는 태양 에너지의 약 $30\ \%\left(=\dfrac{5.2\times10^{16}}{17.3\times10^{16}}\times100\right)$ 는 반사되고, 약 $70\ \%\left(=\dfrac{12.1\times10^{16}}{17.3\times10^{16}}\times100\right)$ 는 지구의 대기와 지표면이 흡수한다.
③ 표층 해류는 표층 해수에 연중 지속적으로 부는 대기 대순환의 바람에 의해 발생하고, 대기 대순환은 위도별로 흡수하는 태양 에너지량이 다르기 때문에 나타난다.
⑤ 지구 내부 에너지는 맨틀 대류를 일으켜 판의 운동을 발생시키고, 판의 수렴형 경계에서는 습곡 산맥이 형성된다.
⑦ 조력 에너지는 지구와의 거리가 더 가까운 달이 태양보다 영향을 더 크게 준다.
바로알기 | ④ 지구시스템의 에너지원은 서로 전환되지 않는다.

⑥ 지구 내부 에너지의 발생 원인은 지구 내부의 방사성 원소가 붕괴하면서 방출하는 열과 지구의 형성 과정에서 축적된 열이다. 수소 핵융합 반응은 태양 에너지의 발생 원인이다.

407 ㄱ, ㄴ. 밀물과 썰물은 조력 에너지(A)에 의해 발생하는 자연 현상이다. 맨틀 대류를 일으켜 대륙을 이동시키는 에너지는 지구 내부 에너지(B)이다.
ㄷ. C는 태양 에너지로, 물의 순환을 일으켜 암석의 풍화와 침식 작용을 일으킨다.

408 ㄱ, ㄴ. A는 달과 태양의 인력으로 발생하므로 조력 에너지이고, B는 수소 핵융합 반응으로 발생하므로 태양 에너지이다. 지구시스템 에너지원의 양은 태양 에너지≫지구 내부 에너지>조력 에너지 순이므로 C는 지구 내부 에너지이다. 해수면의 높이가 주기적으로 변하는 현상은 조력 에너지(A)에 의해 나타난다.
바로알기 | ㄷ. 태양 에너지(B)는 지구시스템 에너지원 중 가장 많은 양을 차지하므로 ㉠은 지구 내부 에너지(C)의 양인 5.4×10^{12} W보다 크다.
ㄹ. 지구 내부 에너지(C)는 지구 내부의 방사성 원소가 붕괴하면서 방출하는 열, 지구의 형성 과정에서 축적된 열에 의해 발생한다.

409 ㄴ. 지구 내부는 뜨거운 상태로 지구 내부 에너지를 가지고 있으며, 액체 상태인 외핵의 대류로 인해 지구 자기장이 형성되고, 맨틀 대류로 인해 지진과 화산 활동이 발생한다.
ㄷ. 태양 에너지는 기상 현상(비, 눈 등)으로 계곡과 하천 등의 지형을 형성하고, 지구 내부 에너지는 지진과 화산 활동으로 지형을 변화시키며, 조력 에너지는 갯벌을 형성한다.
바로알기 | ㄱ. 조력 에너지는 태양보다 지구와의 거리가 더 가까운 달의 영향이 더 크게 작용한다.

410 ㄴ. 흐르는 물(유수)에 의해 침식, 퇴적되면서 지형이 변하는 것은 수권과 지권의 상호작용에 의해 일어나는 예에 해당한다.
바로알기 | ㄱ. 수증기는 에너지를 방출하면서 응결해 구름을 형성한다.

411 ③ C는 육지에서 바다로 물이 이동하는 것이므로 이때 흐르는 물에 의해 지형이 변화된다.
바로알기 | ① A는 증발 과정이며, 물이 에너지를 흡수하여 수증기가 되는 현상이다.
② B는 대기에서 육지로 비, 눈 등이 내리는 강수를 나타낸다.
④ 지구시스템에서 총 증발량은 총 강수량과 같아 물수지 평형이 유지된다.
⑤ 물의 순환을 일으키는 주된 에너지는 태양 에너지이다.

412 ② 대기 중의 수증기는 바다에서 320 단위, 육지에서 60 단위만큼 증발하므로 대부분 바다에서 증발한 것이다.
④ 바다에서는 증발량이 강수량보다 많지만 육지에서 바다로 유출되는 물(㉠)이 있으므로 바다에서 물의 유입량과 유출량이 같아 해수의 양은 일정하게 유지된다.
바로알기 | ① 해식 절벽은 파도에 의해 침식되어 형성된 지형이다. 지하수와 하천수(㉠)에 의해 형성된 지형은 V자곡, 곡류, 삼각주, 석회 동굴 등이 있다.
⑤ 육지에서 바다로 유출(㉠)되는 물의 양은 강수량−증발량이다.
⑥ 지구의 평균 기온이 상승하더라도 지구시스템 전체 물의 양은 일정하게 유지된다.

413 **모범 답안** (1) 16, 지구 전체에서 총 증발량은 총 강수량과 같으므로 A+84=25+75이다. 따라서 A는 16이다.
(2) 9, 육지로 유입되는 물의 양과 유출되는 물의 양은 같으므로 육지의 강수량은 육지의 증발량과 육지에서 바다로 이동하는 물의 양을 더한 것과 같다. 따라서 육지에서 바다로 이동하는 물의 상대적인 양은 25−16=9이다.

414 ㄱ. 바다에서 유입량(A+0.037)=유출량(0.423)이므로 A는 0.386이고, 육지에서 유입량(0.11)=유출량(B+0.037)이므로 B는 0.073이다. 따라서 A는 B보다 크다.
바로알기 | ㄴ. 흘러내림(0.037)은 육지의 강수량(0.11)에서 육지의 증발량인 B를 뺀 값이다.
ㄷ. 빙설은 29이므로 육수의 총량(29+9.5+0.13=38.63)에서 약 75 %$\left(=\dfrac{29}{38.63} \times 100\right)$를 차지한다.

415 **바로알기** | ① 생물의 호흡 시에는 탄소가 생물권 → 기권으로 이동한다.
② 석회암의 생성 시에는 탄소가 수권 → 지권 또는 생물권 → 지권으로 이동한다.
③ 식물의 광합성 시에는 탄소가 기권 → 생물권으로 이동한다.
④ 화석 연료 생성 시에는 탄소가 생물권 → 지권으로 이동한다.

416 ① 탄소는 대부분 지권에 분포하는데, 지권에서 석회암, 화석 연료의 형태로 존재한다.
② 화석 연료의 연소인 A가 증가하면 대기 중의 이산화 탄소 농도가 증가하므로 지구 온난화가 일어난다.
③ 식물은 이산화 탄소를 흡수하여 광합성(B)을 통해 유기물인 포도당을 생성한다.
④ 탄소는 수권에서 탄산 이온 형태로 존재한다.
바로알기 | ⑤ 수온이 상승하면 기체의 용해도가 감소하여 바다에 녹는(C) 이산화 탄소의 양이 감소한다.
⑥ 수권에 녹아 있던 탄산 이온이 칼슘 이온과 결합하여 침전하면 석회암(D)이 생성된다.

417 **모범 답안** (1) 기권의 탄소가 증가하는 요인에는 화석 연료의 연소, 생물의 호흡과 분해, 화산 분출, 해수에서 방출 등이 있고, 감소하는 요인에는 광합성, 해수에 용해 등이 있다.
(2) 호흡, 유기물인 탄소 화합물이 분해되어 이산화 탄소로 전환된다.

418 ㄱ. 지권에서 화산 활동이 일어나면 대기 중으로 이산화 탄소가 방출된다.
ㄷ. 수온이 상승하면 이산화 탄소가 기권으로 방출되는 C 과정이 활발해진다.
바로알기 | ㄴ. B 과정 중 하나인 광합성이 일어날 때는 태양 에너지를 이용한다.

419 ㄱ. 대형 산불이 발생하면 생명체에 유기물 형태로 저장되어 있던 탄소가 대기 중으로 이산화 탄소로 방출되기 때문에 A 과정이 증가한다.
ㄴ. 식물은 이산화 탄소를 이용하여 광합성을 하기 때문에 B 과정을 통해 대기 중 이산화 탄소의 양이 감소할 수 있다.
ㄹ. E 과정이 증가하면 대기 중 이산화 탄소의 양이 증가하여 지구 온난화가 일어나 지구 전체의 빙하 면적이 감소할 것이다.
바로알기 | ㄷ. 해수의 수온이 상승하면 기체의 용해도가 감소하므로 D(방출)가 C(용해)보다 활발해진다.

420 ㄱ. 화석 연료의 연소로 탄소는 지권에서 기권으로 이동한다.

바로알기 | ㄴ. 지권에서 탄소는 석회암의 형태로 가장 많이 분포한다.

ㄷ. 탄소는 생물권에 2000 단위, 기권에 720 단위가 분포하므로 생물권보다 기권에 탄소가 적게 분포한다.

421 모범 답안 수권에서는 탄산 이온(CO_3^{2-})과 탄산수소 이온(HCO_3^-), 기권에서는 이산화 탄소(CO_2)나 메테인(CH_4), 생물권에서는 유기물(탄소 화합물) 형태로 존재한다.

422 ② A의 이산화 탄소량이 증가하면 물속의 탄산 이온도 많아져 해양 산성화가 진행된다.

바로알기 | ① A는 생물권과 상호작용하여 광합성, 호흡, 분해 등이 나타나므로 기권이다. B는 생물권과 상호작용하여 수중 식물의 호흡이 일어나므로 수권이다. C는 묻힌 유기물, 탄산 칼슘의 침전이 일어나므로 지권이다.

③ 지권(C)에서 기권(A)으로 탄소가 이동하는 (가) 과정을 통해 기권의 탄소량은 증가한다.

④ (가) 과정은 자연적으로 일어나는 화산 폭발, 메테인 수화물의 증발 과정을 통해서도 일어난다.

⑤ (나) 과정은 대기 중 이산화 탄소가 수권에 용해되는 과정을 나타낸다. 태양 에너지를 화학 에너지로 저장하는 것은 광합성이다.

423 ㄱ. a를 통해 탄소는 지권에서 기권으로, c를 통해 탄소는 기권에서 생물권으로, d를 통해 탄소는 수권에서 지권으로 이동한다. 따라서 (가)는 기권, (나)는 지권, (다)는 수권이다.

ㄴ. b는 생물권에서 지권으로 탄소가 이동하므로 화석 연료의 생성은 ㉠에 해당한다.

바로알기 | ㄷ. ㉠을 통해 지권의 탄소는 증가하지만, 생물권의 탄소는 줄어들기 때문에 지구 전체의 탄소량은 일정하다.

ㄹ. 인간의 활동으로 a 과정을 통해 대기 중 이산화 탄소의 양이 증가하여 지구 온난화가 발생하면 현재의 지구시스템은 균형이 깨진다.

15 / 지각 변동과 판 구조론

빈출 자료 보기
113쪽

424 (1) × (2) ○ (3) ○ (4) × (5) × (6) ○ (7) ○ (8) ×

424 바로알기 | (1) 지각 변동을 일으키는 에너지원은 지구 내부 에너지이다.

(4) 화산 활동이 일어나는 곳에는 대부분 지진이 발생하지만, 지진이 발생한 곳에서는 반드시 화산 활동이 일어나는 것은 아니다.

(5) 태평양의 가장자리 부근에는 판 경계가 발달해 있다.

(8) 태양의 활동은 지진, 화산 활동 등의 지각 변동과 관련이 없다.

난이도별 필수 기출
114쪽~117쪽

425 화산 가스, 화산 쇄설물, 용암   **426** ②   **427** 해설 참조
428 ①   **429** ⑤   **430** 해설 참조   **431** ①, ⑦
432 ①   **433** ②   **434** ⑥, ⑦ **435** ①   **436** 해설 참조
437 ④   **438** ⑤   **439** 해설 참조   **440** ③   **441** ⑤
442 해설 참조   **443** ③, ⑤ **444** ②, ④ **445** 해설 참조
446 해설 참조

425 화산 폭발 시 분출하는 물질에는 화산 가스, 화산 쇄설물, 용암이 있다.

426 ㄱ. A는 화산 가스이며, 화산 가스 중 이산화 황 등이 빗물에 녹아내리면 산성비가 된다.

ㄷ. C는 액체 상태인 용암으로, 지하 깊은 곳에서 생성된 마그마가 분출하면서 가스 성분이 빠져 나가고 남은 물질이다.

바로알기 | ㄴ. B는 고체 물질인 화산 쇄설물로 화산 암괴, 화산력, 화산재 등이 있다. 대기 중으로 다량의 화산재가 방출되면 햇빛의 반사율이 증가하여 지구의 평균 기온이 일시적으로 하강할 수 있다.

ㄹ. 화산 가스 중 가장 많은 성분(㉠)은 수증기이다.

427 모범 답안 아이티는 진앙으로부터의 거리가 칠레보다 매우 가까워 지진 피해가 컸을 것이다. 칠레는 건축물에 내진 설계가 적용되어 있어 지진 피해가 적었고, 아이티는 건축물에 내진 설계가 잘 적용되어 있지 않아 지진 피해가 컸을 것이다.

428 ㄱ. (가) 화산 활동으로는 용암이 흘러 굳으면서 주변 지형이 변한다.

바로알기 | ㄴ. (나) 지진은 지구 내부에 축적된 에너지가 급격히 방출되면서 일시적으로 땅이 흔들리는 현상이다.

ㄷ. (가) 화산 활동과 (나) 지진은 주로 판 경계 부근인 대륙의 가장자리에서 발생한다.

429 ① 지각 변동은 주로 판의 운동에 의해 일어나고, 판의 운동은 지구 내부 에너지에 의해 일어난다.

② 변동대는 주로 판 경계를 따라 분포하므로 대륙 주변부에서 길고 좁은 띠 모양으로 나타난다.

③ 화산 활동, 지진 등의 지각 변동은 대부분 판 경계에서 발생하기 때문에 화산대와 지진대는 판 경계와 대체로 일치한다.

④ 화산 활동이 일어나는 곳에서는 대체로 지진이 발생하지만, 지진이 발생하는 곳에서는 항상 화산 활동이 일어나는 것은 아니다. 따라서 지진대는 화산대보다 광범위한 지역에서 나타난다.

바로알기 | ⑤ 태평양 연안을 따라 판 경계가 형성되어 있기 때문에 판 경계가 없는 대서양 연안보다 태평양 연안에서 화산 활동과 지진이 활발하다.

430 모범 답안 화산 활동과 지진은 주로 판 경계에서 발생하기 때문이다.

431 ① 지진, 화산 활동 등과 같은 지각 변동은 판 경계에서 주로 발생한다.

⑦ 지진과 화산 활동은 지구 내부 구조 조사, 해수에 염류 공급, 온천이나 지열 발전 등 긍정적인 영향도 준다.

바로알기 | ② 지진이 일어나는 지역에서 반드시 화산 활동이 일어나는 것은 아니지만 화산대와 지진대는 대체로 일치한다.

③ 태평양 연안은 대서양 연안에서보다 화산 활동이 더 활발하게 일어난다.
④ 지진과 화산 활동 등과 같은 지각 변동은 지구 내부 에너지에 의해 발생한다.
⑤ 지진이 발생하는 지역 중 일부에서는 화산 활동이 함께 일어난다.
⑥ 태평양 중심 부근에서 일어나는 지각 변동은 판의 운동에 의한 판 경계와 관계 없는 화산 활동이다.

432 ㄱ. A 지역에는 두 판이 서로 어긋나면서 이동하는 경계가 있다.
바로알기 | ㄴ. 지진은 주로 판 경계에서 발생한다.
ㄷ. 지진은 지권에 누적된 지구 내부 에너지가 갑자기 방출되면서 땅이 흔들리는 현상이다.

433 ㄴ. (나)에서 화산 활동 후 지표면이 높아졌으므로 화산재나 용암이 쌓여 지형이 변한 것을 알 수 있다.
바로알기 | ㄱ. (가)에서 화산 활동 후 지진의 발생 횟수가 늘어났으므로 화산 활동이 지진의 발생 원인이 된다고 할 수 있다. 일반적으로 화산 활동이 일어날 때 지하에서 생성된 마그마가 지각을 뚫고 상승하는 과정에서 지진이 발생한다.
ㄷ. (가)에서 기록된 지진은 모두 진원의 깊이가 40 km 이하이므로 천발 지진이 발생하였다.

434 ① 화산 활동으로 마그마가 지각을 뚫고 상승하면서 화산 분출물이 방출된다.
② 화산 가스에 포함된 이산화 황 등이 빗물에 녹아 내리면 산성비가 된다.
④ 화산재가 대기 중에 많이 있으면 항공기 엔진에 고장을 일으킬 수 있으므로 항공기 운항이 중단될 수 있다.
바로알기 | ⑥ 해저 지진에 의해 지진 해일이 발생하면 해안 지역에 큰 피해를 줄 수 있다.
⑦ 지진이 자주 발생하는 지역 주변에는 중요 기간 시설의 건설을 피해야 한다.

435 ② 화산 분출물은 무기질이 풍부하여 장기적으로 비옥한 토양을 형성한다.
③ 마그마가 식는 과정에서 유용한 광물이 모여서 광상을 형성하여 여러 가지 광물 자원이 생성될 수 있다.
바로알기 | ① 화산 쇄설물은 입자의 크기에 따라 화산 암괴, 화산력, 화산재 등으로 구분한다.

436 모범 답안 토양이 비옥해진다. 유용한 광물 자원을 얻을 수 있다. 온천과 독특한 화산 지형을 관광 자원으로 활용할 수 있다. 지열을 이용하여 전기를 생산하거나 난방을 할 수 있다 등

437 ㄷ. 지진이 발생하면 땅이 흔들리거나 갈라지면서 산사태가 발생할 수 있다.
바로알기 | ㄴ. 화산 가스로 인해 대기 조성이 변하는 것은 지권이 기권에 영향을 미친 예에 해당한다.

438 ㄴ. 지표 온도 상승, 화산 가스 분출, 지진 발생 횟수 증가, 지형 변화 등의 전조 현상을 관측하여 화산 폭발 시점을 예측한다.
ㄷ. 지진 발생 시 일어날 수 있는 진동이나 지표 파열에 견디도록 건물에 내진 설계를 적용해야 한다.

439 모범 답안 (1) 지구 내부 에너지

(2) 대기 중으로 방출된 다량의 화산재가 햇빛을 반사(차단)하여 지구의 평균 기온이 낮아졌다.
(3) 지권과 기권

440 ㄷ. 화산 가스(ⓛ) 중 이산화 황 등은 빗물에 녹아 산성비로 내려 생태계에 피해를 준다.
ㄹ. 지진 해일(ⓒ)은 해저 지진에 의해 발생한 해일이므로 지권과 수권의 상호작용으로 일어난다.
바로알기 | ㄱ. 이 곳은 두 판이 모여 태평양판이 오스트레일리아판 아래로 섭입하는 경계로, 지진과 화산 활동이 활발하다.
ㄴ. 화산재(㉠)는 햇빛을 차단하여 지구의 평균 기온을 하강시킨다.

441 ⑤ 판은 지각과 상부 맨틀의 일부를 포함하고 있으므로 대륙 지각이나 해양 지각에만 해당하지는 않는다.
바로알기 | ① 암석권의 조각을 판이라고 한다.
③, ④ 단단한 암석으로 이루어진 암석권이 판에 해당한다. 연약권은 암석권 아래에 있는 부분으로, 고체 상태이지만 맨틀 물질이 부분적으로 용융되어 있어 대류가 일어난다.

442 모범 답안 (1) A: 암석권, B: 연약권
(2) 대륙판은 해양판보다 두께가 두껍다. 대륙판은 화강암질 암석으로 이루어진 대륙 지각을 포함하고 있으며, 해양판은 현무암질 암석으로 이루어진 해양 지각을 포함하고 있으므로 대륙판은 해양판보다 밀도가 작다.

443 ①, ⑥ A는 B보다 두께가 얇으므로 해양 지각이고, B는 대륙 지각이다. (가)는 지각(A, B)과 상부 맨틀의 일부(C)를 포함하므로 암석권이다.
② (나)는 암석권 아래에 깊이 약 100 km~400 km 구간에 있으므로 연약권이다. 연약권은 부분 용융 상태이므로 맨틀 대류가 일어난다.
④ 해양 지각(A)은 현무암질 암석으로 이루어져 있고, 대륙 지각(B)은 화강암질 암석으로 이루어져 있기 때문에 해양 지각은 대륙 지각보다 밀도가 크다.
바로알기 | ③ 암석권 (가)와 연약권 (나)는 모두 고체 상태이다.
⑤ B는 대륙 지각이며, 대륙판은 B와 C를 합친 부분이다.

444 ① 지구 표면은 10여 개의 크고 작은 판으로 이루어져 있다.
③ 판의 운동으로 판 경계에서 지진, 화산 활동 등의 지각 변동이 발생하여 지권의 변화가 일어난다.
⑤ 판은 연약권 위에 떠 있으므로 맨틀 대류에 의해 이동한다.
⑥ 발산형 경계는 두 판이 서로 멀어지는 경계이므로 대서양 중앙, 태평양, 인도양에 형성되어 있다.
바로알기 | ② 하나의 판을 둘러싼 경계라도 측정 지점마다 판의 이동 속도가 다르다. 예를 들어, 태평양판 경계 중에서 뉴질랜드 근처의 수렴형 경계에서 판의 이동 속도는 약 3.7 cm/년이지만 나스카판과의 발산형 경계에서 판의 이동 속도는 약 10.0 cm/년이다.
④ 판 경계는 두 판의 상대적인 이동 방향에 따라 발산형 경계, 수렴형 경계, 보존형 경계로 구분한다.

445 모범 답안 칠레가 브라질보다 지진과 화산 활동이 활발하게 일어난다. 칠레는 판 경계 부근에 있기 때문에 지각 변동이 활발하고, 브라질은 판의 내부에 있기 때문에 비교적 안정적이다.

446 모범 답안 • 학생 A: 태양 에너지에 → 지구 내부 에너지에
• 학생 B: 액체 상태인 외핵이 → 고체 상태이지만 부분 용융 상태로 유동성이 있는 맨틀이

빈출 자료 보기   119쪽

447 (1) ○ (2) × (3) × (4) ○ (5) × (6) ○ (7) ×
448 (1) ○ (2) ○ (3) × (4) × (5) × (6) ○ (7) ○

447 A에서는 해령이, B에서는 변환 단층이, C에서는 해구가, D에서는 습곡 산맥이 형성된다.
(6) 판의 경계인 A, B, C에서는 지진이 발생한다.
바로알기 | (2) 변환 단층(B)에서는 화산 활동이 일어나지 않고, 천발 지진이 발생한다.
(3) 해구(C)는 맨틀 대류의 하강부에서 형성된다.
(5) 상대적으로 밀도가 큰 해양판이 밀도가 작은 대륙판 아래로 섭입하기 때문에 대륙판인 D에서는 화산 활동이 일어난다. 대륙판과 대륙판이 충돌할 때는 습곡 산맥이 형성되고, 화산 활동이 거의 일어나지 않는다.
(7) A가 속한 판은 해양판이고, D가 속한 판은 대륙판이다. 따라서 A가 속한 판이 D가 속한 판보다 밀도가 크다.

448 (1) A는 대륙판과 대륙판이 충돌하는 수렴형 경계이다.
(2) B는 밀도가 큰 해양판이 밀도가 작은 대륙판 밑으로 섭입하는 수렴형 경계에 위치하므로 B에서는 호상 열도가 생성될 수 있다.
(6) F는 해양판이 대륙판 밑으로 섭입하는 수렴형 경계이므로 F에서는 해구와 습곡 산맥이 형성될 수 있다.
(7) G에서는 변환 단층이 나타나므로 보존형 경계가 존재한다.
바로알기 | (3) C는 하와이 열도로, 판 경계와 관계 없이 판 내부의 화산 활동으로 생성된 화산섬들이다.
(4) D는 판과 판이 서로 어긋나면서 이동하는 보존형 경계이므로 D에서는 천발 지진이 발생한다.
(5) E는 해령과 해령 사이를 수직으로 끊어 나타나는 변환 단층이므로 E에서는 화산 활동이 일어나지 않는다.

난이도별 필수 기출   120쪽~125쪽

449 해설 참조   **450** A: 보존형 경계, B: 수렴형 경계, C: 발산형 경계   **451** ①   **452** ②, ④   **453** ③   **454** 해설 참조
455 ②   **456** ④   **457** ④   **458** ④   **459** 해설 참조
460 (1) 발산형 경계, 보존형 경계 (2) C   **461** 해설 참조
462 ②, ③   **463** ⑤   **464** 해설 참조   **465** ⑤
466 ⑤   **467** ①, ④   **468** ⑤   **469** ②
470 A, C, E   **471** ③, ⑤   **472** ①   **473** ①, ④
474 해설 참조   **475** 해설 참조   **476** ①   **477** ④
478 ①   **479** 해설 참조   **480** ②   **481** ④   **482** ③
483 ①

449 모범 답안 (1) 두 판의 상대적인 이동 방향
(2) ㉠ 화산 활동, ㉡ 해구, ㉢ 해령, ㉣ 변환 단층

450 산안드레아스 단층은 판과 판이 서로 어긋나게 이동하는 보존형 경계(A)에서 생성된 변환 단층이다. 일본 해구는 태평양판이 유라시아판 밑으로 섭입하는 수렴형 경계(B)에서 생성된 해구이다. 동아프리카 열곡대는 아프리카 대륙의 동쪽을 따라 발달한 열곡대로, 하나의 대륙판이 두 개의 대륙판으로 갈라지는 발산형 경계(C)에서 발달한다.

451 ① 새로운 해양 지각은 발산형 경계인 (가)에서 생성될 수 있다.
바로알기 | ② (가)는 판과 판이 서로 멀어지는 발산형 경계이고, (나)는 판과 판이 서로 어긋나면서 이동하는 보존형 경계이며, (다)는 판과 판이 서로 모여드는 수렴형 경계이다.
③ 맨틀 대류의 상승부에서 형성되는 판 경계는 발산형 경계인 (가)이다.
④ 천발 지진은 모든 판 경계에서 공통적으로 발생하므로 (가), (나), (다)에서 발생한다.
⑤ 해양판과 해양판이 모여들면 상대적으로 밀도가 큰 해양판이 밀도가 작은 해양판 아래로 섭입한다.

452 ② 히말라야산맥은 두 대륙판이 충돌하는 수렴형 경계에서 형성된 습곡 산맥이다.
④ 수렴형 경계에서는 맨틀 대류가 하강하여 판의 충돌이나 섭입이 일어난다.
바로알기 | ① 두 판이 서로 어긋나며 스쳐 지나가는 판의 경계는 보존형 경계이다.
③ 수렴형 경계에서는 판과 판이 충돌하거나 섭입할 때 모두 지진이 일어난다.
⑤ 수렴형 경계에서는 양쪽에서 미는 횡압력이 작용하여 역단층이 주로 발달한다.
⑥ 새로운 판이 생성되어 양쪽으로 멀어지는 판 경계는 발산형 경계이다.
⑦ 대양의 한가운데에 해저 산맥(해령)이 발달하는 판 경계는 발산형 경계이다.

453 ③ 해구에서는 천발~심발 지진이 발생하고, 해령과 변환 단층에서는 천발 지진만 발생하므로 A의 질문에 '천발 지진만 발생하는가?'는 적합하다. 해령과 변환 단층 중 화산 활동은 해령에서만 일어나므로 B는 변환 단층이고, C는 해령이다.

454 화산 활동은 발산형 경계, 수렴형(섭입형) 경계에서 활발하게 일어난다. 맨틀 대류가 하강하는 곳에서는 수렴형 경계가 발달한다. 심발 지진은 수렴형(섭입형) 경계에서만 나타난다. 따라서 수렴형(섭입형) 경계인 A에서는 해구, 호상 열도, 습곡 산맥이 발달한다. 발산형 경계인 B에서는 해령, 열곡대가 발달한다. 수렴형(충돌형) 경계인 C에서는 습곡 산맥이 발달하고, 보존형 경계인 D에서는 변환 단층이 발달한다.
모범 답안 (1) A: 수렴형(섭입형) 경계, B: 발산형 경계, C: 수렴형(충돌형) 경계, D: 보존형 경계
(2) A: 해구, 호상 열도, 습곡 산맥, B: 해령, 열곡대, C: 습곡 산맥, D: 변환 단층

455 ㄱ. A는 해양판과 해양판이 서로 멀어지는 발산형 경계에서 발달한 해령이다. 해령에서는 화산 활동이 활발하다.
ㄷ. D는 판과 판이 서로 어긋나면서 이동하는 보존형 경계에서 발달한 변환 단층으로, 마그마가 생성되지 않아 화산 활동이 일어나지 않고 천발 지진만 발생한다.
바로알기 | ㄴ. 해령에서 멀어질수록, 해구에 가까울수록 해양 지각의

나이는 많아진다. 따라서 B에서 C로 갈수록 해양 지각의 나이가 많아
진다.
ㄹ. E는 해구로, 맨틀 대류의 하강부에 위치하기 때문에 판이 소멸하
는 경계이다.

456 ㄴ. 판이 섭입하는 수렴형 경계에서 밀도가 작은 판 아래에 위
치한 섭입대에서 마그마가 만들어져 분출하므로 화산 활동은 밀도가
작은 판 I에서 활발하게 일어난다.
ㄷ. 지진은 섭입대를 따라 발생하며, 섭입대는 밀도가 작은 판 쪽으로
기울어져 있으므로 진원의 깊이는 두 판의 경계에서 밀도가 작은 판 I
쪽으로 갈수록 깊어진다.
바로알기 | ㄱ. 판 I은 북동쪽 방향으로, 판 II는 남서쪽 방향으로 이동
하여 서로 가까워진다. 밀도가 상대적으로 큰 판 II는 밀도가 작은 판
I 아래로 섭입한다.

457 ㄴ. 판이 섭입하는 수렴형 경계에서는 판 경계를 따라 해구가
발달한다.
ㄹ. 판 A와 B의 이동 방향은 같으면서 두 판의 경계에 섭입하는 수렴
형 경계가 발달하려면 상대적으로 더 동쪽에 있는 판 B의 이동 속력이
판 A보다 커야 한다. 따라서 ㉠은 3보다 크다.
바로알기 | ㄱ, ㄷ. 심발 지진까지 일어나는 것으로 보아 판이 섭입하
는 수렴형 경계이다. 판이 섭입하는 수렴형 경계 부근에서 진원의 깊이
는 판 경계에서 밀도가 작은 판 쪽으로 갈수록 깊어진다. 따라서 판 B
는 판 A보다 밀도가 크다.

458 ㄱ. O에서 A와 B로 갈수록 해양 지각의 나이가 많아지므로
O는 새로운 해양 지각이 생성되는 해령이다.
ㄴ. 해령(O)에서 같은 거리에 있는 해양 지각의 나이 변화를 비교하면
A를 포함하는 판의 해양 지각의 나이 변화율(기울기)이 더 크므로, A
를 포함하는 판이 B를 포함하는 판보다 이동 속력이 작다.
바로알기 | ㄷ. 해령인 O에서는 화산 활동이 활발하게 일어난다.

459 • 질문 카드 1: '화산 활동이 활발한가?'가 되면 화산 활동이
일어나지 않는 A는 산안드레아스 단층이 된다. • 질문 카드 2: '맨틀
대류의 상승부인가?'가 되면 발산형 경계에서 발달한 C는 아이슬란드
열곡대가 되고, B는 일본 열도가 된다.
• 질문 카드 1: '화산 활동이 활발한가?'가 되면 A는 산안드레아스 단
층이 된다. • 질문 카드 2: '맨틀 대류의 하강부인가?'가 되면 B는 아이
슬란드 열곡대, C는 일본 열도가 된다.
모범 답안 • 질문 카드 1: 화산 활동이 활발한가? • 질문 카드 2: 맨틀 대류
의 상승부인가? A: 산안드레아스 단층, B: 일본 열도, C: 아이슬란드 열곡대
• 질문 카드 1: 화산 활동이 활발한가? • 질문 카드 2: 맨틀 대류의 하강부인
가? A: 산안드레아스 단층, B: 아이슬란드 열곡대, C: 일본 열도

460 (1) 판과 판이 서로 멀어지는 A, E는 발산형 경계이고, 판과
판이 서로 어긋나면서 이동하는 C는 보존형 경계이다.
(2) 지진은 활발하지만 화산 활동이 일어나지 않는 변환 단층 구간은 C
이다. B와 D는 판 경계가 아니며, 해령인 A와 E에서는 지진과 화산
활동이 모두 활발하다.

461 A는 해양판과 해양판이 서로 멀어지는 발산형 경계로 해령이
발달하고, 천발 지진과 화산 활동이 활발하다. B는 판과 판이 서로 어
긋나면서 이동하는 보존형 경계로 변환 단층이 발달하고, 천발 지진만
활발하다. C는 해양판이 대륙판 아래로 섭입하는 수렴형 경계로 천발
~심발 지진과 화산 활동이 나타난다.

모범 답안 ㉠ 발산형 경계, ㉡ 해령, ㉢ 보존형 경계, ㉣ 천발 지진, ㉤ 해
구, 습곡 산맥

462 ① A는 판과 판이 서로 같은 방향으로 이동하므로 판 경계가
아니다.
④ 발산형 경계인 C에서는 양쪽에서 잡아당기는 장력이 작용하여 정
단층이 발달한다.
⑤ A와 D는 해령을 중심으로 반대 방향에 있으므로 서로 다른 판에
위치한다.
⑥ 해양 지각의 나이는 해령에서 멀어질수록 많으므로 C에서 D로 갈
수록 많아진다.
바로알기 | ②, ③ B는 판의 생성이나 소멸이 일어나지 않는 보존형
경계로 변환 단층이 발달하고, B에서는 천발 지진이 일어나지만 화산
활동은 일어나지 않는다.

463 ① (가)는 해양판이 대륙판 아래로 섭입하는 수렴형 경계로,
해구, 습곡 산맥이 형성된다. 안데스산맥은 (가)와 같은 판 경계에서
형성된 지형에 해당한다.
② (나)는 대륙판과 대륙판이 충돌하는 수렴형 경계로 히말라야산맥과
같은 습곡 산맥이 형성되고, 현재의 판 이동이 유지된다면 이 습곡 산
맥의 높이는 시간이 지날수록 점점 높아진다.
③ 섭입대가 발달한 (가)에서 형성된 습곡 산맥에서는 화산 활동이 활
발하게 일어난다. (나)에서는 화산 활동이 거의 일어나지 않는다.
④ 섭입대가 발달한 (가)에서는 천발 지진~심발 지진이 발생하고,
(나)에서는 천발 지진~중발 지진이 발생한다.
바로알기 | ⑤ (가)와 (나)는 모두 맨틀 대류의 하강부에 위치한다.

464 (가)는 해양판이 해양판 아래로 섭입하는 수렴형 경계로 해구
가 발달하며, 필리핀 열도와 같은 호상 열도가 형성된다. (나)는 해양
판이 대륙판 아래로 섭입하는 수렴형 경계로 해구가 발달하며, 안데스
산맥과 같은 습곡 산맥이 형성된다. (다)는 대륙판과 대륙판이 충돌하
는 수렴형 경계로 히말라야산맥과 같은 습곡 산맥이 형성된다.
모범 답안 (가)에서는 해구와 호상 열도가, (나)에서는 해구와 습곡 산맥이,
(다)에서는 습곡 산맥이 형성된다.

465 ㄱ. (가)는 해양판이 대륙판 아래로 섭입하므로 판의 밀도는
해양판이 대륙판보다 크다.
ㄴ. (나)는 판과 판이 서로 멀어지므로 발산형 경계이다.
ㄷ. (나)는 판 경계에서 해양 지각이 생성되어 양쪽으로 확장되어 가므
로 판 경계에서 멀어질수록 해양 지각의 나이가 많아진다.

466 ㄷ, ㄹ. (다)에서는 해양판이 대륙판 밑으로 섭입하기 때문에 해
양 지각이 소멸되고, 천발 지진~심발 지진이 일어난다.
바로알기 | ㄱ. 발산형 경계인 (가)에서는 양쪽에서 잡아당기는 장력이
작용하여 정단층이 주로 나타난다.
ㄴ. 화산 활동은 발산형 경계인 (가)와 판이 섭입하는 수렴형 경계인
(다)에서만 일어난다.

467 ② 변환 단층인 B에서는 두 판이 어긋나는 방향으로 이동한다.
③ C는 해양판과 해양판이 서로 멀어지면서 형성된 해령으로, C에서
는 화산 활동이 활발하다.
⑤ A, D는 판과 판이 모여드는 수렴형 경계 부근에 발달하는 지형이다.
⑥ B, C, D는 모두 판 경계에 해당하므로 B, C, D에서는 모두 천발
지진이 발생한다.
바로알기 | ① A는 해양판과 해양판이 모이는 수렴형 경계 부근에서

해구와 나란하게 형성된 호상 열도이다.
④ D는 밀도가 큰 판이 밀도가 작은 판 아래로 섭입하면서 형성된 해구로, D에서는 해양판이 소멸한다.

468 ㄴ. C를 포함하는 판은 남아메리카판 아래로 섭입하므로 판의 밀도는 C를 포함하는 판이 남아메리카판보다 크다.
ㄷ. 태평양 연안에는 판 경계가 존재하지만, 대서양 연안에는 판 경계가 존재하지 않기 때문에 태평양 연안이 대서양 연안보다 지진이 자주 발생한다.
바로알기 | ㄱ. 심해 퇴적물의 두께는 해양 지각의 나이가 많을수록 두껍고, 해양 지각의 나이는 해령에서 멀어질수록 많아진다. 따라서 심해 퇴적물의 두께는 해령에서 먼 A 지점이 B 지점보다 두껍다.

469 ② B에서는 해양판이 대륙판 밑으로 섭입하면서 지진과 화산 활동이 활발하다.
바로알기 | ① A에서는 대륙판과 대륙판이 충돌하여 습곡 산맥이 형성된다.
③ C에서는 해양판과 해양판이 서로 멀어지므로 해령이 형성된다.
④ D는 해양판과 대륙판이 만나는 경계이다.
⑤ E는 해령과 해령 사이에 수직으로 발달한 변환 단층이다.

470 화산 활동이 활발한 지역은 발산형 경계인 A, 수렴형(섭입형) 경계인 C, E이다. B는 수렴형(충돌형) 경계이므로 화산 활동이 거의 일어나지 않고, D는 보존형 경계이므로 화산 활동이 일어나지 않는다.

471 **바로알기** | ①, ②, ④ A는 동아프리카 열곡대, B는 히말라야산맥, D는 산안드레아스 단층이다.

472 ① 그림은 대륙판이 갈라져 서로 멀어지는 방향으로 이동하는 발산형 경계이므로 A에 해당한다.
바로알기 | ② B는 인도판과 유라시아판이 충돌하는 수렴형 경계이다.
③ C는 태평양판이 필리핀판 아래로 섭입하는 수렴형 경계이다.
④ D는 태평양판과 북아메리카판이 서로 스쳐 지나가며 이동하는 보존형 경계이다.
⑤ E는 나스카판이 남아메리카판 아래로 섭입하는 수렴형 경계이다.

473 ② B는 해양판이 대륙판 밑으로 섭입하는 수렴형 경계로, 해구와 호상 열도가 형성된다.
③ C는 판과 판이 서로 어긋나면서 이동하는 보존형 경계이므로 화산 활동이 일어나지 않는다.
⑤ E는 발산형 경계이므로 해령이 형성된다.
⑥ 인접한 두 판의 밀도 차이는 대륙판과 해양판이 인접해 있는 D가 두 해양판이 인접해 있는 E보다 크다.
⑦ 횡압력이 작용하는 수렴형 경계인 A에는 역단층이 주로 나타나고, 장력이 작용하는 발산형 경계인 E에는 정단층이 주로 나타난다.
바로알기 | ① A는 대륙판과 대륙판이 충돌하는 수렴형 경계이므로 지진이 활발하고, 화산 활동은 거의 일어나지 않는다.
④ D는 해양판이 대륙판 밑으로 섭입하는 수렴형 경계이므로 D에서는 해양판이 소멸한다.

474 모범 답안 A와 D 경계에서는 모두 습곡 산맥이 형성된다. A 경계 부근에서는 지진이 활발하고 화산 활동이 거의 없지만, D 경계 부근에서는 지진과 화산 활동이 모두 활발하다.

475 모범 답안 대서양의 면적은 점점 넓어질 것이다. 대서양의 중앙에는

새로운 해양판이 형성되어 양쪽으로 이동하는 발산형 경계가 있고, 해양판이 소멸하는 수렴형 경계(해구)가 없기 때문이다.

476 ㄱ. 두 판이 서로 멀어지는 발산형 경계를 사이에 두고 있으므로 A와 B 사이는 점점 멀어지고, A와 B 사이의 바다(홍해)는 점차 넓어질 것이다.
ㄷ. C는 육지에 발달한 발산형 경계로 열곡대가 발달하고, 장력이 작용하므로 정단층이 나타날 것이다.
바로알기 | ㄴ. A와 B 사이에는 발산형 경계인 해령이 발달한다.
ㄹ. C는 대륙판이 양쪽으로 갈라지는 발산형 경계이므로 천발 지진과 화산 활동이 일어난다.

477 ㄱ. 해양 지각은 해령에서 생성되므로 해령에서 멀리 있는 A가 B보다 해양 지각의 나이가 많다.
ㄴ. C는 두 판이 서로 어긋나면서 이동하는 보존형 경계로, 변환 단층이 발달하기 때문에 천발 지진이 발생한다.
ㄹ. 변환 단층을 사이에 두고 서로 다른 판에 위치한 샌프란시스코와 로스앤젤레스는 판의 이동에 의해 점점 가까워질 것이다.
바로알기 | ㄷ. 후안 데 푸카판은 해령으로부터 생성된 판이므로 해양판이다.

478 ㄱ. 화산이 오스트레일리아판에 분포하므로 상대적으로 밀도가 큰 태평양판이 밀도가 작은 오스트레일리아판 밑으로 섭입한다는 것을 알 수 있다.
바로알기 | ㄴ. A를 경계로 진원의 깊이는 밀도가 상대적으로 작은 오스트레일리아판 쪽으로 갈수록 깊어진다.
ㄷ. B에서는 판과 판이 서로 어긋나면서 이동하는 변환 단층이 존재하므로 천발 지진이 발생하지만 화산 활동은 일어나지 않는다.

479 (1) A는 호상 열도로, 판이 섭입하는 수렴형 경계에 있는 해구와 나란하게 발달하므로 B는 수렴형 경계이다.
(2) 판이 섭입하는 수렴형 경계에서는 판 (나)가 판 (가) 아래로 섭입하면서 섭입대에서 생성된 마그마가 분출하면서 화산섬들을 형성하는데, 이것이 호상 열도이다.
모범 답안 (1) 호상 열도, 수렴형 경계
(2) 판 (가)보다 밀도가 큰 판 (나)가 (가)의 아래로 섭입하면서 판 (가)의 아래에서 마그마가 생성되어 분출하기 때문이다.

480 ①, ③ 유라시아판 아래로 태평양판이 섭입하므로 유라시아판은 태평양판보다 밀도가 작고, 해구에서 우리나라 쪽으로 갈수록 진원의 깊이는 깊어진다.
④ 판이 섭입하는 수렴형 경계에서는 밀도가 작은 판(유라시아판)에서 화산 활동이 활발하다.
⑤ 해구에서는 밀도가 큰 해양판이 섭입하면서 소멸된다.
바로알기 | ② 일본 열도는 판 경계 부근에 있는 해구와 나란하게 형성된 호상 열도이다.

481 ㄷ. 심발 지진이 나타나는 경계는 판이 섭입하는 수렴형 경계이고, 판이 섭입하는 수렴형 경계에서는 주로 밀도가 작은 판에 진앙이 분포한다. 따라서 진앙의 분포를 통해 판의 밀도는 B>A이고, B>C이며, C>A라는 것을 알 수 있다. (B>C>A)
ㄹ. 태평양판이 유라시아판 아래로 들어가는 섭입대를 따라 지진이 발생하므로 일본 열도의 동쪽에서 서쪽으로 갈수록 진원의 깊이가 깊다.
바로알기 | ㄱ. 해양판은 B, C이고, 대륙판은 A이다.
ㅁ. A와 B의 경계, A와 C의 경계, B와 C의 경계는 수렴형 경계이다.

482 ㄴ. A에서는 판 경계를 따라 천발 지진이 발생하므로 발산형 경계인 해령이 분포한다. 해령에서 멀어질수록 해양 지각의 나이가 많아지고, 심해 퇴적물의 두께가 두꺼워진다. 따라서 해령인 A에서 B로 갈수록 심해 퇴적물의 두께가 두꺼워진다.

ㄹ. ⓒ 판과 ⓔ 판의 경계 부근에서 진앙이 북서-남동 방향의 띠 모양으로 분포하며, 판 경계에는 이 방향으로 해구가 형성되어 있다. 판이 섭입하는 수렴형 경계에서는 대부분의 진앙이 분포하는 쪽이 밀도가 작은 판에 해당하므로 ⓔ 판 아래로 ⓒ 판이 섭입하는 것을 알 수 있다.

바로알기 | ㄱ. A는 발산형 경계이므로 맨틀 대류의 상승부에 위치한다.

ㄷ. A는 해령이 위치하는 발산형 경계이므로 이웃한 판의 밀도 차이가 작다. C 부근에는 심발 지진이 발생하는 것으로 보아 판이 섭입하는 수렴형 경계가 존재하므로 이웃한 판의 밀도 차이가 크다.

483 ㄱ. 진원의 깊이가 대륙 쪽으로 갈수록 깊어지는 것으로 보아 일본은 판이 섭입하는 수렴형 경계 부근에 위치한다.

바로알기 | ㄴ. 우리나라의 동해에는 판 경계가 없고, 일본의 동쪽 해양에는 판 경계가 있어서 해구가 발달한다.

ㄷ. 상대적으로 밀도가 큰 판이 밀도가 작은 판 밑으로 섭입하기 때문에 심발 지진이 발생하는 우리나라의 동해와 일본이 포함된 판(유라시아판)이 인접한 판에 비해 밀도가 작다.

최고 수준 도전 기출   126쪽~127쪽

484 ①	**485** ③	**486** ③	**487** ①	**488** ③	**489** ②
490 ⑤	**491** ②				

484 ㄱ. 지표면에 가까울수록 중력의 영향을 많이 받기 때문에 공기의 밀도가 커져 기압이 높아진다.

ㄷ. A 층과 B 층을 구분하는 높이는 대류권 계면이다. 대류권 계면의 높이는 고위도로 갈수록 낮아진다.

바로알기 | ㄴ. 높이가 높아질수록 대기의 양이 급격하게 감소한다. 지구 대기 질량의 약 99 %는 높이 약 32 km 이내에 분포한다.

ㄹ. B와 C 층은 높이 올라갈수록 기온이 상승하므로 대류가 일어나지 않는 안정한 층이다.

485 ㄱ. A 층은 지표에서 방출되는 복사 에너지의 영향으로 높이 올라갈수록 기온이 낮아진다.

ㄴ. B 층은 높이 올라갈수록 기온이 높아지는 안정한 층이다.

바로알기 | ㄷ. 금성이나 화성보다 지구의 기권 성층 구조가 복잡한 까닭은 오존층이 태양 복사 에너지의 일부(자외선)를 흡수하여 높이 올라갈수록 기온이 높아지는 성층권(B 층)이 형성되었기 때문이다.

486 (가)는 기권, (나)는 지권이다. A는 중간권, B는 성층권, C는 대류권, D는 외핵, E는 내핵이다.

ㄴ. 바다에서 출현한 생물이 육상으로 진출하게 된 것은 오존층이 형성되어 태양의 유해한 자외선이 차단되었기 때문이고, 오존층이 태양의 자외선을 흡수하면서 B의 온도가 높이 올라갈수록 상승하게 되었다.

ㄷ. 외핵(D)과 내핵(E)의 주요 성분은 철과 니켈이다.

바로알기 | ㄱ. 대류가 일어나는 층은 A, C, D이다.

ㄹ. (가) 기권은 높이에 따른 온도 분포에 따라 성층 구조를 구분하지만, (나) 지권은 구성 성분과 물질의 상태에 따라 성층 구조를 구분한다.

487 ㄱ. A는 유해한 우주선을 차단시키므로 지구의 자기권이다.

바로알기 | ㄴ. B는 오존층이므로 생물의 광합성에 의해 대기로 방출된 산소가 증가하여 형성되었다. 외핵의 대류에 의해 형성된 A가 B보다 먼저 형성되었다.

ㄷ. 최초의 생물은 바다가 형성된 이후에 출현하였으므로 오존층(B)이 형성되기 전에 생물권이 존재하였다.

488 ㄷ. 석회동굴은 석회암 지대에 지하수가 유입되어 석회암이 지하수에 녹아 형성되고, 지하수에 녹았던 석회질 성분이 다시 침전되어 종유석, 석순 등의 구조물을 형성한다. 따라서 석회동굴의 형성 과정은 수권과 지권의 상호작용인 B의 예에 해당한다.

ㄹ. 지구 온난화가 진행되면 대기의 포화 수증기량이 증가하기 때문에 강수량과 증발량이 모두 증가하는데, 이러한 현상은 수권과 기권의 상호작용인 A에 의해 일어난다.

바로알기 | ㄱ. 육지에 유입되는 물의 양과 유출되는 물의 양이 같으므로 강수(96)=증발(⊙)+하천수와 지하수(36)이다. 따라서 ⊙은 60이다.

ㄴ. 바다에서는 물의 유입량(강수 284+하천수와 지하수 36)과 유출량(증발 320)이 같다.

489 ㄷ. 탄소는 대부분 지권에 분포하므로 탄소의 양은 D에 가장 많다.

바로알기 | ㄱ. 광합성에 의해 기권의 탄소가 생물권으로 이동하므로 A는 기권, C는 생물권이다. 해수 중 탄산 이온은 칼슘 이온과 결합하여 탄산 칼슘으로 침전된 후 석회암을 형성하는데, 이때 탄소가 수권에서 지권으로 이동하므로 B는 수권, D는 지권이다.

ㄴ. 화석 연료의 연소 과정에서 이산화 탄소가 대기 중으로 배출된다. 따라서 화석 연료의 연소 과정에서 지권의 탄소가 기권으로 이동하므로 D → A 과정에 해당한다. ⊙ 과정의 예로는 조개, 산호 등의 바다 생물이 석회질 골격을 만드는 것이 있다.

490 ㄴ. 심해 퇴적물의 두께는 해양 지각의 나이가 많을수록 두껍다. 따라서 열곡 정상으로부터 거리가 멀어질수록 해양 지각의 나이가 많아지므로 심해 퇴적물의 두께가 두꺼워진다.

ㄷ. 나이가 많아서 오래된 해양 지각일수록 냉각·수축이 많이 되어 수심이 깊다. 따라서 열곡 정상으로부터 같은 거리에 위치한 지점에서 해양 지각의 나이가 더 많은 해양 A가 해양 B보다 수심이 깊다.

ㄹ. 해양 A와 B에는 발산형 경계에서 발달하는 해령의 열곡이 존재하므로 모두 발산형 경계가 존재한다.

바로알기 | ㄱ. 같은 연령인 해양 지각이 열곡으로부터 더 멀리 있을수록 판의 이동 속력은 빠르다. 따라서 판의 이동 속력은 해양 A보다 해양 B에서 더 빠르다.

491 ㄴ. 밀도가 다른 두 판이 모여 섭입하는 수렴형 경계에서는 해구가 발달한다.

바로알기 | ㄱ. 섭입하는 판의 깊이가 판 B로 갈수록 깊어지므로 판 A가 B 아래로 섭입하는 것을 알 수 있다. 따라서 판 A가 B보다 밀도가 더 크다.

ㄷ. 화산 활동은 상대적으로 밀도가 작은 판에서 활발하므로 판 A보다 B에서 활발하게 일어난다.

빈출 자료 보기

492 (1) × (2) × (3) ○

492 바로알기 | (1), (2) 두 물체 사이에 작용하는 중력의 크기는 물체의 질량이 클수록, 물체 사이의 거리가 가까울수록 크다. 이때 두 물체 사이에 작용하는 중력의 크기는 같으므로 m_1이 커지거나 r가 작아지면 F_1과 F_2의 크기는 모두 커진다.

난이도별 필수 기출

493 ㉠ 클수록, ㉡ 가까울수록　　**494** ②, ③　　**495** ⑤
496 ③, ⑤　　**497** ③　　**498** 질량: 0.3 kg, 무게: 0.49 N
499 ④　　**500** ①　　**501** 해설 참조　　**502** ③
503 ③, ⑥　　**504** ③, ④　　**505** 해설 참조
506 ①, ②　　**507** ④　　**508** 해설 참조

493 중력의 크기는 물체의 질량이 클수록(㉠), 물체 사이의 거리가 가까울수록(㉡) 크다.

494 ②, ③ 중력은 질량을 가진 모든 물체 사이에 작용하는 서로 당기는 힘으로, 물체가 서로 접촉해 있거나 멀리 떨어져 있어도 작용한다.
바로알기 | ① 물체가 가진 고유한 양은 질량이다.
④ 물체의 속력과 물체에 작용하는 중력의 크기는 서로 관계없다.
⑤ 중력＝질량×중력 가속도이므로 지구 표면 근처에서 질량이 1 kg인 물체에 작용하는 중력의 크기는 1 kg×9.8 m/s²＝9.8 N이다.

495 ㄱ. 두 물체 사이에 작용하는 중력은 크기가 같고, 방향은 반대이다.
ㄴ, ㄷ. 중력의 크기는 물체의 질량이 클수록, 물체 사이의 거리가 가까울수록 크다. 따라서 A의 질량이 작아지면 A가 B를 당기는 중력의 크기는 작아지고, A, B 사이의 거리가 가까워지면 B가 A를 당기는 중력의 크기는 커진다.

496 ③ 무게는 물체에 작용하는 중력의 크기로, 질량×중력 가속도의 크기이다. 즉 무게는 물체의 질량이 클수록 크다.
⑤ 무거운 천체는 질량이 크므로 물체를 당기는 중력의 크기가 크다. 따라서 천체의 크기가 동일할 때, 무거운 천체에서 측정할수록 물체의 무게가 크다.
바로알기 | ①, ② 무게는 물체에 작용하는 중력의 크기로, 장소에 따라 다르고, 질량은 물체의 고유한 양으로, 장소에 따라 변하지 않는다.
④ 질량의 단위는 g(그램), kg(킬로그램)이고, 무게의 단위는 N(뉴턴)이다.

497 ㄷ. 지구 표면 근처에서 물체에 작용하는 중력의 방향은 지구 중심 방향, 즉 연직 아래 방향이다.
바로알기 | ㄱ. 정지해 있는 물체에도 중력이 작용한다.
ㄴ. 중력＝질량×중력 가속도이다. 무게는 물체에 작용하는 중력의 크기로, 질량이 클수록 크다. 따라서 무게는 질량이 작은 A가 B보다 작다.

498 질량은 물체의 고유한 양이므로 달에서 사과의 질량은 지구에서와 같은 0.3 kg이다. 지구에서 사과의 무게는 0.3 kg×9.8 m/s²＝2.94 N이고, 중력은 지구에서가 달에서의 6배이므로 달에서 사과의 무게는 2.94 N×$\frac{1}{6}$＝0.49 N이다.

499 ㄱ, ㄷ. 중력은 물체의 질량이 클수록, 물체 사이의 거리가 가까울수록 크다. 따라서 A의 질량이 클수록 A가 받는 중력의 크기는 크고, A, B 사이의 거리가 멀어지면 B가 받는 중력의 크기는 작아진다.
바로알기 | ㄴ. 두 물체 사이에서 서로에게 작용하는 중력은 크기가 같고, 방향은 반대이다.

500 ㄱ. 지구 표면 근처에서 물체에 작용하는 중력은 일정하다.
바로알기 | ㄴ. 정지해 있는 물체에도 중력이 작용한다.
ㄷ. 두 물체 사이에서 서로에게 작용하는 중력은 크기가 같으므로 C가 지구를 당기는 힘의 크기는 지구가 C를 당기는 힘의 크기와 같다.

501 　모범 답안　 중력은 물체의 질량이 클수록, 물체 사이의 거리가 가까울수록 크다. 따라서 중력의 크기를 크게 하려면 A와 B 사이의 거리를 가깝게 해야 한다.

502 ㄷ. 두 물체 사이에서 서로에게 작용하는 중력은 크기가 같다.
바로알기 | ㄱ. 물체에 작용하는 중력의 방향은 지구 중심 방향이므로 B이다.
ㄴ. 중력＝질량×중력 가속도이므로 물체의 질량이 클수록 물체에 작용하는 중력의 크기가 크다.

503 ③ 물체에 작용하는 중력의 방향은 지구 중심 방향이다.
⑥ 무게는 물체에 작용하는 중력의 크기이다. 중력은 지구에서가 달에서의 6배이므로 B의 무게는 지구에서가 달에서의 6배이다.
바로알기 | ① 무게는 물체에 작용하는 중력의 크기로, 질량이 클수록 크다. 따라서 무게는 질량이 큰 A가 B보다 크다.
② 정지해 있는 물체에도 중력이 작용한다.
④, ⑤ 질량은 장소에 따라 변하지 않는 고유한 양이므로 달에서 A의 질량은 60 kg이고, B의 질량은 48 kg이다.
⑦, ⑧ 달에서의 무게는 지구에서의 $\frac{1}{6}$배이므로 달에서 A의 무게는 60 kg×9.8 m/s²×$\frac{1}{6}$＝98 N이고, B의 무게는 48 kg×9.8 m/s²×$\frac{1}{6}$＝78.4 N이다.

504 ③, ④ 두 물체 사이에서 서로에게 작용하는 중력은 크기가 같고, 방향은 반대이므로 F_1과 F_2는 크기가 같고, 방향은 반대이다.
바로알기 | ① F_1은 B가 A에 작용하는 중력으로, B가 A를 당기는 힘이다.
② F_2는 A가 B에 작용하는 중력으로, A가 B를 당기는 힘이다.
⑤, ⑥ 중력은 물체의 질량이 클수록, 물체 사이의 거리가 가까울수록 크다. 따라서 r가 작아지거나 m_1이 커지면 F_1과 F_2의 크기는 모두 커진다.
⑦ A, B 사이에 작용하는 중력에 의해 서로 당기므로 A, B 사이의 거리는 점점 가까워진다.

505 　모범 답안　 (1) 중력
(2) A 또는 B의 질량을 작게 하거나 A와 B 사이의 거리를 멀리 한다.
(3) 30N, 두 물체 사이에서 서로에게 작용하는 중력은 크기가 같으므로 F_1의 크기가 30 N이면 F_2의 크기도 30 N이다.

506 ① 자연계는 역학 시스템으로 구성되어 있다.

② 여러 가지 힘이 물체 사이에서 상호작용 하면서 체계적으로 일정한 운동 체계를 유지하고 있는 것을 역학 시스템이라고 한다.

바로알기 | ③ 시스템의 각 요소들은 일정한 질서 또는 규칙에 따라 상호작용 하면서 변하고 있으며, 시스템 전체적으로는 균형을 유지하고 있다.

④ 자연계는 중력, 전기력, 자기력 등 여러 가지 힘에 의한 상호작용으로 유지되는 역학 시스템으로 구성된다.

⑤ 원자핵과 전자 사이에는 전기력이 중요한 역할을 한다.

507 ①, ② 중력은 지구 중심 방향으로 당기는 힘이므로 지구 표면 근처에서 물체는 아래로 떨어진다.

③ 공기의 대류 현상은 중력에 의해 밀도가 큰 기체가 아래로 내려가고, 밀도가 작은 기체가 위로 올라가기 때문에 일어난다.

⑤ 인공위성은 지구 중력에 의해 지구를 벗어나지 못하고 지구 주위를 공전한다.

바로알기 | ④ 자동차는 자동차를 가속시키는 힘에 의해 빨라진다.

508 [모범 답안] 지구에서는 중력에 의해 대류 현상이 일어나 촛불의 모양이 길게 나타나고, 우주 정거장과 같이 무중력 상태에서는 대류 현상이 일어나지 않으므로 촛불의 모양이 둥근 모양으로 나타난다.

18 중력을 받는 물체의 운동

빈출 자료 보기 133쪽

509 (1) × (2) ○ (3) ○ (4) ○ (5) ○ (6) × (7) ○

509 바로알기 | (1) 지구 표면 근처에서 자유 낙하 하는 물체의 가속도는 질량에 관계없이 중력 가속도로 일정하다.

(6) A, B는 연직 방향으로는 자유 낙하 하고, 같은 높이에서 동시에 운동하므로 지면에 동시에 도달한다.

난이도별 필수 기출 134쪽~141쪽

510 ④, ⑤	**511** ④	**512** 29.4 m/s	**513** ③
514 ②, ④	**515** 해설 참조	**516** 해설 참조	
517 (1) 12 (2) 15 (3) 6 m/s^2	**518** ④	**519** 해설 참조	
520 (1) 수평 방향: 등속 직선 운동, 연직 방향: 등가속도(자유 낙하) 운동			
(2) 5 m/s (3) 15 m (4) 29.4 m/s		**521** ①, ⑤	
522 ①, ⑤	**523** ⑤	**524** ③	**525** ①
526 ④, ⑥	**527** ⑤	**528** ⑤	
529 (1) 4초 (2) 4초 (3) 10 m/s	**530** ①	**531** ④	**532** ②
533 해설 참조	**534** ①	**535** ④	**536** ④ **537** ④
538 ③	**539** 해설 참조	**540** ②	**541** 해설 참조
542 ①	**543** ④		

510 ④ 물체는 중력에 의해 연직 아래 방향으로 자유 낙하 운동을 하므로 물체에 작용하는 중력의 방향과 물체의 운동 방향이 같다.

⑤ 지구에 의한 중력만 작용하여 자유 낙하 하는 물체의 가속도를 중력 가속도라고 한다.

바로알기 | ①, ② 자유 낙하 하는 물체는 연직 아래 방향으로 가속도가 일정한 등가속도 운동을 한다.

③ 지구 표면 근처의 물체는 지구에 의한 중력이 항상 작용한다.

⑥ 공기 저항을 무시한다면 같은 높이에서 떨어뜨린 물체는 질량에 관계없이 가속도가 중력 가속도로 같으므로 낙하 시간이 같다.

511 ㄴ. B는 자유 낙하 운동을 하므로 등가속도 운동을 한다. 따라서 B의 속력은 매초 일정하게 증가한다.

ㄷ. 중력＝질량×중력 가속도이다. A, B의 질량이 같으므로 A, B에 작용하는 중력의 크기는 같다.

바로알기 | ㄱ. A는 정지해 있지만 지구에 의한 중력이 작용한다.

512 지구 표면 근처에서 자유 낙하 하는 물체의 속력은 1초마다 9.8 m/s씩 증가하므로 3초일 때, 물체의 속력은 3 s×9.8 m/s^2＝29.4 m/s이다.

513 ㄱ. 중력＝질량×중력 가속도이므로 A에 작용하는 중력의 크기는 5 kg×9.8 m/s^2＝49 N이다.

ㄴ. A, B의 가속도는 중력 가속도로 크기가 같다.

바로알기 | ㄷ. A, B의 가속도가 같으므로 같은 높이에서 동시에 자유 낙하 시킨 A, B는 물체를 놓은 순간부터 수평면에 도달할 때까지 걸린 시간이 같다.

514 ②, ④ 자유 낙하 하는 물체에 작용하는 힘은 중력뿐이므로 공에 작용하는 힘의 크기는 일정하다.

바로알기 | ① 자유 낙하 하는 물체의 가속도는 일정하므로 자유 낙하 하는 공의 속력은 일정하게 증가한다.

③ 지구 표면 근처에서 자유 낙하 하는 공의 가속도는 중력 가속도로 크기는 9.8 m/s^{2}이다.

⑤ 공을 일정한 시간 간격으로 나타내었을 때, 일정 시간 동안 움직인 거리는 증가한다.

⑥ 공의 질량이 커져도 가속도는 변하지 않으므로 구간별 공 사이의 간격은 변화가 없다.

515 [모범 답안] (1) 1:1:1

(2) 자유 낙하 하는 물체의 가속도는 중력 가속도로 질량에 관계없이 모두 같기 때문에 같은 시간 동안 A, B, C의 속력 변화는 같다.

516 [모범 답안] (1) 자동차의 속력이 증가하므로 운동 방향과 가속도의 방향은 같다.

(2) 자동차의 가속도가 일정하므로 자동차의 가속도의 크기는

$$\frac{\text{나중 속도} - \text{처음 속도}}{\text{걸린 시간}} = \frac{10 \text{ m/s} - 5 \text{ m/s}}{1 \text{ s}} = 5 \text{ m/s}^2 \text{이다.}$$

(3) 자동차의 가속도가 5 m/s^{2}이므로 자동차의 속력은 1초마다 5 m/s씩 증가한다. 따라서 3초일 때, 자동차의 속력은 15 m/s＋5 m/s＝20 m/s이다.

517 (1) ㉠(m)＝3 m＋9 m＝12(m)이다.

(2) ㉡(m)＝27 m－㉠(m)＝15(m)이다.

(3) 0초부터 1초까지 구간 평균 속력은 $\frac{3 \text{ m}}{1 \text{ s}}$＝3 m/s이고, 1초부터 2초까지 구간 평균 속력은 $\frac{9 \text{ m}}{1 \text{ s}}$＝9 m/s이므로 가속도의 크기는

$$\frac{\text{나중 속도} - \text{처음 속도}}{\text{걸린 시간}} = \frac{9 \text{ m/s} - 3 \text{ m/s}}{1 \text{ s}} = 6 \text{ m/s}^2 \text{이다.}$$

518 지구 표면 근처에서 자유 낙하 하는 물체의 속력은 1초마다 9.8 m/s씩 증가하므로 인형의 구간 평균 속력과 구간 이동 거리를 표로 나타내면 다음과 같다.

시간(s)	0	1	2	3
속력(m/s)	0	9.8	19.6	29.4
구간 평균 속력(m/s)		4.9	14.7	24.5
구간 이동 거리(m)		4.9	14.7	24.5

ㄴ. 가속도가 9.8 m/s²이므로 속력은 2초일 때가 1초일 때보다 9.8 m/s만큼 크다.

ㄷ. 1초부터 2초까지 구간 이동 거리를 x(m)라고 하면 1초부터 2초까지 구간 평균 속력은 $\frac{x}{1}$(m/s)이다. 단위 시간당 속도 변화량(가속도)의 크기는 9.8 m/s²이므로 $\frac{\frac{x}{1}(\text{m/s})-4.9\ \text{m/s}}{1\ \text{s}}=9.8\ \text{m/s}^2$에서 $x=$14.7 m이다. 따라서 1초부터 2초까지 낙하한 거리 14.7 m는 0초부터 1초까지 낙하한 거리 4.9 m의 3배이다.

바로알기 | ㄱ. 지구 표면 근처에서 운동하는 물체에 작용하는 힘은 중력으로 크기가 일정하다.

519 (1) A, B의 가속도는 중력 가속도로 같으므로 $a_A:a_B=1:1$이다.

(2) 중력=질량×중력 가속도이다. A, B의 중력 가속도는 같으므로 $F_A:F_B=m:2m=1:2$이다.

모범 답안 (1) 1 : 1

(2) 1 : 2

(3) 구간 이동 거리=구간 평균 속력×걸린 시간이고, A를 놓은 순간부터 1초 후 수평면에 도달하였으므로 수평면에 도달하는 순간 A의 속력은 9.8 m/s이다. 따라서 구간 h에서 A의 평균 속력은 $\frac{0+9.8\ \text{m/s}}{2}=4.9$ m/s이므로 $h=4.9$ m/s×1 s=4.9 m이다.

(4) B를 놓은 순간부터 수평면에 도달할 때까지 걸린 시간을 t_B라고 하면 구간 $4h$에서 B의 평균 속력은 $\frac{0+9.8\ \text{m/s}^2×t_B}{2}$이고, $4h=$19.6 m이므로 19.6 m$=\frac{9.8\ \text{m/s}^2×t_B}{2}×t_B$에서 $t_B=2$ s이다. 따라서 $v_2=2$ s×9.8 m/s²=19.6 m/s이므로 $v_1:v_2=1:2$이다.

520 (1) 수평 방향으로 던진 물체는 수평 방향으로는 힘을 받지 않아 등속 직선 운동을 하고, 연직 방향으로는 중력만을 받아 등가속도(자유 낙하) 운동을 한다.

(2) 수평 방향으로는 등속 직선 운동을 하므로 물체가 지면에 도달하는 순간 물체의 수평 방향의 속력은 5 m/s이다.

(3) 물체가 던져진 순간부터 지면에 도달할 때까지 수평 방향의 이동 거리=수평 방향의 속력×걸린 시간=5 m/s×3 s=15 m이다.

(4) 연직 방향으로는 중력에 의해 물체의 연직 방향의 속력이 1초마다 9.8 m/s씩 증가한다. 물체는 던져진 순간부터 3초 후 지면에 도달하므로 물체가 지면에 도달하는 순간 물체의 연직 방향의 속력은 3 s×9.8 m/s²=29.4 m/s이다.

521 ① A는 자유 낙하 운동을 하므로 A에는 연직 방향으로만 힘(중력)이 작용한다.

⑤ A, B는 연직 방향으로는 자유 낙하 운동을 하여 가속도가 같으므로 같은 높이에서 동시에 운동하는 A, B는 지면에 동시에 도달한다.

바로알기 | ② B에는 중력만 작용한다. 따라서 B에 작용하는 힘의 방향은 연직 아래 방향으로 일정하다.

③ B에는 연직 방향으로는 중력이 작용하고, 수평 방향으로는 힘이 작용하지 않는다. 즉 B에 작용하는 힘의 크기는 수평 방향이 연직 방향보다 작다.

④ A, B는 중력에 의한 가속도 운동을 하므로 연직 방향의 가속도의 크기는 중력 가속도로 같다.

522 ① A는 연직 아래 방향으로 떨어지므로 자유 낙하 운동을 한다.

⑤ A, B에 작용하는 힘은 중력뿐이므로 A, B의 가속도의 크기는 중력 가속도로 같다.

바로알기 | ② 자유 낙하 하는 A는 가속도가 일정하므로 속력은 일정하게 증가한다.

③ B는 연직 방향으로는 중력만을 받아 등가속도 운동을 한다.

④ B는 연직 방향으로만 힘을 받고, 수평 방향으로는 힘을 받지 않는다.

⑥ A, B는 연직 방향으로는 자유 낙하 운동을 하여 가속도가 같으므로 같은 높이에서 동시에 운동하는 A, B는 바닥에 동시에 도달한다.

523 ㄴ. 물체가 던져진 순간부터 지면에 도달할 때까지 걸린 시간은 수평 방향으로 이동한 거리가 15 m이므로 $\frac{15\ \text{m}}{5\ \text{m/s}}=3$ s이다.

ㄷ. 물체는 수평 방향으로는 힘을 받지 않아 등속 직선 운동을 하므로 물체가 지면에 도달하는 순간 물체의 수평 방향의 속력은 5 m/s이다.

ㄹ. 중력=질량×중력 가속도이므로 물체에 작용하는 중력의 크기는 1 kg×9.8 m/s²=9.8 N이다.

바로알기 | ㄱ. 물체는 수평 방향으로는 힘을 받지 않으므로 물체가 수평 방향으로 받는 힘은 0이다.

524 ㄱ. 물체가 던져진 순간부터 지면에 도달할 때까지 걸린 시간은 수평 방향으로 이동한 거리가 20 m이므로 $\frac{20\ \text{m}}{10\ \text{m/s}}=2$ s이다.

ㄴ. 중력에 의해 1초마다 연직 방향으로 물체의 속력이 9.8 m/s씩 증가하므로 물체가 지면에 도달하는 순간, 즉 2초일 때, 물체의 연직 방향의 속력은 2 s×9.8 m/s²=19.6 m/s이다.

바로알기 | ㄷ. 물체의 수평 방향의 속력이 증가하여도 연직 방향의 가속도는 변하지 않으므로 물체가 던져진 순간부터 지면에 도달할 때까지 걸린 시간은 2초로 변하지 않는다.

525 ㄱ. A는 자유 낙하 운동을 하므로 A에 작용하는 힘의 방향과 운동 방향은 같다.

바로알기 | ㄴ. A, B는 연직 방향으로는 자유 낙하 운동을 하여 가속도가 같으므로 같은 높이에서 동시에 운동하는 A, B는 지면에 동시에 도달한다.

ㄷ. 단위 시간당 속도 변화량은 가속도이다. A, B의 가속도가 같으므로 연직 방향의 단위 시간당 속도 변화량의 크기는 A, B가 같다.

526 ④ B의 가속도는 중력 가속도로, 크기는 9.8 m/s²이다.

⑥ B는 수평 방향으로는 속도가 일정한 등속 직선 운동을 하므로 이동 거리=속력×시간에서 수평 방향의 단위 시간당 이동 거리는 일정하다.

바로알기 | ① 중력=질량×중력 가속도이므로 A에 작용하는 중력의 크기는 1 kg×9.8 m/s²=9.8 N이다.

②, ③ A, B는 중력에 의해 연직 방향의 속력이 증가한다.

⑤ B는 수평 방향으로는 힘을 받지 않으므로 등속 직선 운동을 한다.

⑦ 단위 시간당 속도 변화량은 가속도이다. A, B의 가속도가 같으므로 연직 방향의 단위 시간당 속도 변화량의 크기는 A, B가 같다.

527 ㄱ. B는 1초 동안 수평 방향으로 10 m를 이동하므로 $v=\dfrac{10\ \text{m}}{1\ \text{s}}=10\ \text{m/s}$이다.

ㄴ. A, B의 연직 방향의 가속도가 같고, 같은 높이에서 동시에 운동하므로 운동을 시작한 순간부터 연직 방향으로 낙하한 거리는 A, B가 매 순간 같다. 따라서 A를 놓는 순간부터 0.5초가 지났을 때, 지면으로부터 높이는 A, B가 같다.

ㄷ. A, B의 연직 방향의 가속도가 같고, 같은 높이에서 동시에 운동하므로 연직 방향의 속도는 매 순간 같다. 따라서 B가 던져진 순간부터 0.5초가 지났을 때, 연직 방향의 속도는 A, B가 같다.

528 ㄱ. 물체는 p에서 q까지 4초 동안 20 m를 이동하므로 수평면에서 물체의 속력은 $\dfrac{20\ \text{m}}{4\ \text{s}}=5\ \text{m/s}$이다.

ㄴ, ㄷ. 물체의 수평 방향의 속력은 5 m/s로 일정하므로 q에서 r까지 수평 방향의 이동 거리 $d=5\ \text{m/s}\times3\ \text{s}=15\ \text{m}$이다.

529 (1) A는 수평 방향으로는 등속 직선 운동을 한다. 이동 거리=속력×시간이므로 A가 던져진 순간부터 지면에 도달할 때까지 걸린 시간은 $\dfrac{20\ \text{m}}{5\ \text{m/s}}=4\ \text{s}$이다.

(2) A, B의 연직 방향의 가속도가 같고, B는 A와 같은 높이에서 운동하므로 B가 던져진 순간부터 지면에 도달할 때까지 걸린 시간은 A와 같다. 즉 B가 던져진 순간부터 지면에 도달할 때까지 걸린 시간은 4초이다.

(3) B는 던져진 순간부터 지면에 도달하는 4초 동안 수평 방향으로 40 m를 이동하므로 $v=\dfrac{40\ \text{m}}{4\ \text{s}}=10\ \text{m/s}$이다.

530 ㄱ. A, B의 연직 방향의 가속도는 질량에 관계없이 중력 가속도로 같다. 따라서 같은 높이에서 동시에 운동하는 A, B는 지면에 동시에 도달한다.

바로알기 | ㄴ. A, B의 연직 방향의 가속도는 중력 가속도로 같으므로 지면에 도달하는 순간 A의 속력은 B의 연직 방향의 속력과 같다.

ㄷ. 중력=질량×중력 가속도이다. 질량은 A가 B의 2배이므로 물체에 작용하는 중력의 크기는 A가 B의 2배이다.

531 ⓐ 연직 방향 이동 거리: 연직 방향으로는 등가속도 운동을 하므로 속력이 일정하게 증가한다. 이동 거리−시간 그래프에서 기울기의 크기는 속력이므로 등가속도 운동의 이동 거리−시간 그래프는 기울기가 일정하게 증가하는 형태로 나타난다.

ⓑ 연직 방향 속력: 연직 방향으로는 등가속도 운동을 하므로 속력이 일정하게 증가한다.

ⓒ 수평 방향 속력: 수평 방향으로는 등속 직선 운동을 하므로 속력이 일정하다.

532 ㄱ. 수평 방향으로는 등속 직선 운동을 한다. 물체를 던진 순간부터 4 m/s의 속력으로 수평 방향으로 3초를 이동한 후 지면에 도달하였으므로 물체가 지면에 도달할 때까지 수평 방향으로 이동한 거리는 $4\ \text{m/s}\times3\ \text{s}=12\ \text{m}$이다. 따라서 $R=\dfrac{2}{3}\times12\ \text{m}=8\ \text{m}$이다.

ㄹ. 중력에 의해 물체의 연직 방향의 가속도의 크기는 9.8 m/s²이다. 따라서 물체를 던진 순간부터 0.5초가 지났을 때, 물체의 연직 방향의 속력은 $0.5\ \text{s}\times9.8\ \text{m/s}^2=4.9\ \text{m/s}$이므로 수평 방향의 속력 4 m/s보다 크다.

바로알기 | ㄴ. 물체를 던진 순간부터 Q에 도달할 때까지 걸린 시간은 $\dfrac{2}{3}\times3$초=2초이고, 물체의 연직 방향의 가속도의 크기는 9.8 m/s²이므로 Q에서 물체의 연직 방향의 속력은 $2\ \text{s}\times9.8\ \text{m/s}^2=19.6\ \text{m/s}$이다.

ㄷ. 물체의 질량이 변해도 수평 방향의 속력은 변화가 없으므로 R의 값도 변하지 않는다. 즉, 물체의 질량만을 10 kg으로 바꿔 던져도 $R=8\ \text{m}$이다.

533 **모범 답안** (1) A는 1초 동안 수평 방향으로 10 m를 이동하므로 $v=\dfrac{10\ \text{m}}{1\ \text{s}}=10\ \text{m/s}$이다.

(2) v가 10 m/s보다 커지는 경우 1초 후 A는 10 m보다 더 멀리 이동하므로 A와 B는 충돌하지 않는다.

(3) 질량이 커져도 B의 연직 방향의 가속도는 변하지 않으므로 A, B는 지면으로부터 매 순간 높이가 같아 P에서 충돌한다.

534 ㄱ. A, B의 가속도는 중력 가속도로 크기가 같다.

바로알기 | ㄴ. A가 B보다 더 높은 곳에서 떨어지므로 던져진 순간부터 수평면에 도달할 때까지 걸린 시간은 A가 B보다 길다. 즉 동시에 던져진 A와 B 중 B가 A보다 수평면에 먼저 도달한다.

ㄷ. 수평 방향으로 이동하는 시간은 A가 B보다 길다. 이때 A, B는 수평 방향으로 이동한 거리가 같으므로 수평 방향으로 던진 속력은 A가 B보다 작다.

535 구간 이동 거리=구간 평균 속력×걸린 시간이다. B가 던져진 순간부터 수평면에 도달할 때까지 걸린 시간을 t_B라고 하면 B의 구간 평균 속력은 $\dfrac{0+9.8\ \text{m/s}^2\times t_\text{B}}{2}$이므로 $19.6\ \text{m}=\dfrac{9.8\ \text{m/s}^2\times t_\text{B}}{2}\times t_\text{B}$에서 $t_\text{B}=2\ \text{s}$이다. 따라서 던져진 순간부터 수평면에 도달할 때까지 걸린 시간은 A, B가 각각 1초, 2초이므로 $L_1=v_0\times1$, $L_2=2v_0\times2$에서 $\dfrac{L_2}{L_1}=4$이다.

536 ㄱ. 위치−시간 그래프에서 기울기는 속도이다. 0초부터 4초까지 기울기가 일정하므로 속도가 일정하다. 즉 0초부터 4초까지 물체는 등속 직선 운동을 한다.

ㄴ. 2초일 때, 기울기의 크기는 $\dfrac{12\ \text{m}}{4\ \text{s}}=3\ \text{m/s}$이므로 2초일 때, 물체의 속력은 3 m/s이다.

ㄷ. 0초부터 4초까지 위치가 증가하다가 4초부터 위치가 감소하므로 4초일 때, 물체의 운동 방향이 바뀐다.

바로알기 | ㄹ. 등속 직선 운동을 하는 물체의 가속도는 0이다. 4초부터 6초까지 물체의 속도가 일정하므로 물체는 등속 직선 운동을 한다. 즉 5초일 때, 가속도는 0이다.

537 ㄱ. 속도−시간 그래프에서 기울기는 가속도이므로 1초일 때, 물체의 가속도의 크기는 $\dfrac{10\ \text{m/s}}{2\ \text{s}}=5\ \text{m/s}^2$이다.

ㄷ. 6초일 때, 속도가 감소하므로 물체의 운동 방향과 가속도의 방향은 반대이다.

바로알기 | ㄴ. 2초부터 5초까지 속도가 일정하므로 물체는 등속 직선 운동을 한다.

538 ㄱ. 1초일 때, 속도가 증가하므로 물체의 운동 방향과 가속도의 방향은 같다.

ㄴ. 속도−시간 그래프에서 기울기는 가속도이므로 1초일 때, 가속도의 크기는 $\dfrac{4\ \text{m/s}}{2\ \text{s}}=2\ \text{m/s}^2$이고, 3초일 때, 가속도의 크기는 $\dfrac{|0-4\ \text{m/s}|}{2\ \text{s}}=2\ \text{m/s}^2$이다. 따라서 가속도의 크기는 1초일 때와 3초일 때가 같다.

바로알기 | ㄷ. 속도의 부호는 운동 방향을 나타낸다. 1초일 때와 3초일 때, 속도의 부호가 같으므로 물체의 운동 방향은 같다.

539 [모범 답안] (1) 0초부터 3초까지 속도가 일정하게 증가하므로 2초일 때 물체는 등가속도 운동을 한다.

(2) 3초부터 6초까지 속도가 일정하므로 5초일 때, 물체는 등속 직선 운동을 한다.

(3) 6초부터 10초까지 속도가 감소하므로 7초일 때, 물체의 운동 방향과 가속도의 방향은 반대이다.

(4) 속도−시간 그래프에서 기울기는 가속도이므로 $a_1=\dfrac{4\ \text{m/s}-0}{3\ \text{s}}=\dfrac{4}{3}\ \text{m/s}^2$이고, $a_2=\left|\dfrac{0-4\ \text{m/s}}{4\ \text{s}}\right|=1\ \text{m/s}^2$이다. 따라서 $a_1:a_2=4:3$이다.

✔ **개념 보충**

속도−시간 그래프 해석
- 속도−시간 그래프에서 기울기는 가속도를 나타내므로 그래프가 0이 아니면서 시간 축과 나란하면 속도가 일정한 등속 직선 운동을 하고, 기울기가 0이 아니고, 시간 축과 나란하지 않으면서 일정하면 가속도가 일정한 등가속도 운동을 한다.
- 가속도와 운동 방향이 같으면 속도가 증가하고, 반대이면 속도가 감소한다.

540 ㄴ. 수평 방향으로 던진 속력은 수평 방향으로 가장 멀리 날아간 C가 가장 크다.

바로알기 | ㄱ. A, B, C는 연직 방향의 가속도가 중력 가속도로 같으므로 같은 높이에서 동시에 던져진 A, B, C는 수평면에 동시에 도달한다.

ㄷ. 중력=질량×중력 가속도이므로 물체에 작용하는 중력의 크기는 질량이 큰 C가 B보다 크다.

541 [모범 답안] (1) 중력=질량×중력 가속도이다. A, B, C의 가속도는 중력 가속도로 같으므로 $F_A:F_B:F_C=m:2m:3m=1:2:3$이다.

(2) 이동 거리=속력×걸린 시간이다. 수평 방향으로 던진 순간부터 지면에 도달할 때까지 걸린 시간은 A, B, C가 같으므로 $s_A:s_B:s_C=v:2v:3v=1:2:3$이다.

542 ㄱ. 수평 방향으로 멀리 날아갈수록 발사 속력이 크므로 발사 속력은 A가 가장 작다.

ㄴ. 중력=질량×중력 가속도이다. A, B의 중력 가속도의 크기와 질량이 같으므로 물체에 작용하는 중력의 크기는 A, B가 같다.

바로알기 | ㄷ. 지구 중력에 의해 C가 지구 주위를 공전하므로 C에 작용하는 힘은 0이 아니다.

ㄹ. 질량이 커져도 C의 수평 방향의 속력과 지구 중심 방향의 가속도의 크기는 변하지 않으므로 C는 지면으로 떨어지지 않는다.

543 ㄴ. 원운동하는 물체에 작용하는 힘의 방향은 운동 방향과 수직이다.

ㄷ. 중력은 질량이 클수록, 물체 사이의 거리가 가까울수록 크다. 지구로부터 거리는 A가 B보다 가까우므로 인공위성에 작용하는 중력의 크기는 A가 B보다 크다.

바로알기 | ㄱ. A는 지구 중심 방향의 가속도 운동을 하므로 A의 가속도는 0이 아니다.

빈출 자료 보기　　　　　　　143쪽

544 (1) ○ (2) × (3) × (4) ○ (5) ×

545 (1) ○ (2) × (3) ○ (4) ×

544 **바로알기** | (2), (3), (5)는 힘의 작용에 의한 운동 상태의 변화이다.

545 **바로알기** | (2) 충돌 후 물체의 속도를 (+)라고 하면 운동량=질량×속도이므로 물체의 운동량의 변화량의 크기는 $mv-(-2mv)=3mv$이다.

(4) 충돌 과정에서 물체가 벽으로부터 받은 힘의 크기는 벽이 물체로부터 받은 힘의 크기와 같다.

난이도별 필수 기출　　　　　144쪽~149쪽

546 ④	**547** ①	**548** ②, ③	**549** ④	**550** ⑤
551 해설 참조		**552** 3 kg·m/s	**553** ⑤	
554 3 kg	**555** 4.5 N·s			
556 (1) 20 N·s, 왼쪽 (2) 20 kg·m/s, 왼쪽			**557** ⑤	**558** ①
559 (1) 4 kg·m/s (2) 4 N·s (3) 2 N			**560** ④	**561** ②
562 해설 참조		**563** ⑤	**564** ⑤	
565 해설 참조				
566 (1) 40 kg·m/s (2) 48 kg·m/s (3) 24 m/s				
567 ①, ⑥		**568** ①, ⑤	**569** ②	**570** ②
571 ③	**572** ⑤	**573** ③		

546 망치의 자루를 잡고 자루의 끝부분을 바닥에 부딪치게 하면 망치 머리는 운동하는 방향으로 계속 움직이려는 관성에 의해 망치 자루에 단단하게 고정된다.

ㄴ. 달리던 버스가 정지할 때, 손잡이는 운동하던 방향으로 계속 운동하려는 관성에 의해 앞쪽으로 쏠린다.

ㄷ. 동전은 정지해 있는 상태를 유지하려는 관성에 의해 컵 속으로 떨어진다.

바로알기 | ㄱ. 대포를 쏘면 포신이 뒤로 밀리는 것은 힘에 의한 운동 상태의 변화이다.

547 ㄱ. 질량이 클수록 관성이 크다.

바로알기 | ㄴ. 관성을 나타내는 물체는 동전이다.

ㄷ. 종이의 속력이 커져도 관성에 의한 현상이 나타나므로 동전은 컵 속으로 떨어진다.

548 ② 관성은 현재의 운동 상태를 유지하려는 성질이다.

③ 깔개를 털면 먼지는 정지해 있는 상태를 유지하려는 관성에 의해 깔개에서 떨어진다.

바로알기 | ① 관성의 크기는 질량이 클수록 크다.

④ 로켓이 가스를 분사하며 나아가는 것은 힘의 작용에 의한 운동 상태의 변화이다.

⑤ 두 팽이가 같은 속력으로 돌고 있을 때, 질량이 클수록 관성이 크므로 질량이 큰 팽이가 더 오랫동안 돈다.

549 휴지를 빠르게 잡아당겼을 때, 풀어지지 않고 끊어지는 현상은 휴지가 정지한 상태를 유지하려는 관성 때문이다.

ㄴ. 유조선은 운동하는 방향으로 계속 움직이려는 관성 때문에 항구에 도착하기 한참 전에 엔진을 꺼야 항구에 안전하게 정지할 수 있다.

ㄷ. 운동하던 물체는 운동 상태를 유지하려는 관성에 의해 수평면에서도 계속 운동한다.

바로알기 | ㄱ. 지구와 달 사이에는 서로 당기는 중력이 작용한다.

550 ㄱ. 관성에 대한 갈릴레이의 사고 실험이다.

ㄴ. B는 운동 방향과 속력이 변하므로 가속도 운동을 한다.

ㄷ. 수평면에서 C에 작용하는 알짜힘은 0이므로 C는 등속 직선 운동을 한다.

551 **모범 답안** (1) 달리던 자동차가 충돌로 인해 갑자기 멈출 때, 탑승자는 운동하던 상태를 유지하려는 관성에 의해 탑승자의 몸이 앞으로 쏠리게 된다.

(2) 탑승자의 몸이 갑자기 앞으로 쏠리게 되면 앞좌석이나 운전대, 앞 유리 등에 충돌하여 다칠 수 있으므로 안전띠를 매어 충돌하는 것을 방지한다.

552 운동량＝질량×속도이므로 질량이 0.15 kg이고, 속력이 20 m/s인 야구공의 운동량의 크기는 0.15 kg×20 m/s＝3 kg·m/s이다.

553 운동량＝질량×속도이므로 골프공의 운동량의 크기는 0.05 kg×70 m/s＝3.5 kg·m/s이고, 야구공의 운동량의 크기는 0.15 kg×10 m/s＝1.5 kg·m/s이며, 볼링공의 운동량의 크기는 5 kg×2 m/s＝10 kg·m/s이다. 따라서 운동량의 크기를 비교하면 볼링공＞골프공＞야구공이다.

554 운동량＝질량×속도이므로 A의 운동량의 크기는 2 kg×3 m/s＝6 kg·m/s이고, B의 운동량의 크기는 m(kg)×6 m/s이다. 이때 운동량의 크기는 B가 A의 3배이므로 3×6 kg·m/s＝m(kg)×6 m/s에서 m＝3 kg이다.

555 벽과 충돌 후 야구공의 속도를 (＋)라고 하면 야구공의 속도 변화량은 10 m/s－(－20 m/s)＝30 m/s이므로 운동량의 변화량의 크기는 0.15 kg×30 m/s＝4.5 kg·m/s이다. 충격량은 운동량의 변화량과 같으므로 야구공이 벽으로부터 받은 충격량의 크기는 4.5 N·s이다.

556 (1) 충격량＝힘×힘이 작용한 시간이므로 물체가 받은 충격량의 크기는 10 N×2 s＝20 N·s이다. 이때 충격량의 방향은 힘의 방향과 같으므로 왼쪽이다.

(2) 운동량의 변화량은 충격량과 같으므로 운동량의 변화량의 크기는 20 kg·m/s이고, 방향은 왼쪽이다.

557 ㄱ. 운동량의 크기＝질량×속력이므로 2초일 때, 물체의 속력은 $\dfrac{10\ \text{kg·m/s}}{2\ \text{kg}}$＝5 m/s이다.

ㄴ. 충격량은 운동량의 변화량과 같으므로 0초부터 2초까지 물체가 받은 충격량의 크기는 10 N·s이다.

ㄷ. 0초부터 2초까지 물체의 운동량의 변화량은 10 kg·m/s이다. 이때 운동량의 변화량은 충격량과 같고, 충격량＝힘×시간이므로 0초부터 2초까지 물체에 작용한 힘의 크기는 $\dfrac{10\ \text{N·s}}{2\ \text{s}}$＝5 N이다.

558 ㄱ. 면봉이 받은 평균 힘의 크기가 같을 때, 면봉이 힘을 받은 시간이 A에서가 B에서보다 짧으므로 빨대의 길이는 A가 B보다 짧다.

바로알기 | ㄴ. 충격량의 크기＝평균 힘의 크기×힘을 받은 시간이다.

따라서 빨대 속에서 면봉이 받은 충격량의 크기는 A에서는 Ft이고, B에서는 $2Ft$이므로 B에서가 A에서보다 크다. 면봉의 처음 운동량은 0이고, 충격량은 운동량의 변화량과 같으므로 면봉의 나중 운동량의 크기는 면봉이 받은 충격량의 크기와 같다. 따라서 면봉의 나중 운동량의 크기는 B에서가 A에서보다 크므로 빨대 끝을 빠져 나가는 순간 면봉의 속력은 B에서가 A에서보다 크다.

ㄷ. 빨대 속에서 면봉이 받는 평균 힘의 크기가 일정할 때, 빨대의 길이가 길수록 빨대 속에서 힘을 받는 시간이 길어져 면봉이 받는 충격량의 크기가 커진다. 즉 빨대 속에서 면봉이 받는 충격량의 크기를 크게 하려면 긴 빨대를 사용해야 한다.

559 (1) 처음 운동량＝2 kg×3 m/s＝6 kg·m/s이고, 나중 운동량＝2 kg×5 m/s＝10 kg·m/s이므로 운동량의 변화량＝나중 운동량－처음 운동량＝10 kg·m/s－6 kg·m/s＝4 kg·m/s이다. 따라서 A에서 물체의 운동량의 변화량의 크기는 4 kg·m/s이다.

(2) 충격량은 운동량의 변화량과 같으므로 A에서 물체가 받은 충격량의 크기는 4 N·s이다.

(3) 충격량＝평균 힘×힘을 받은 시간이고, A에서 물체가 받은 충격량의 크기는 4 N·s이므로 A에서 물체가 받은 평균 힘의 크기는 $\dfrac{4\ \text{N·s}}{2\ \text{s}}$＝2 N이다.

560 ㄴ, ㄷ. 빨대 속에서 면봉이 받은 충격량의 크기는 (나)에서가 (가)에서보다 크므로 빨대를 빠져나갈 때, 면봉의 운동량의 크기는 (나)에서가 (가)에서보다 크다. 따라서 운동량의 변화량의 크기가 큰 (나)에서가 (가)에서보다 빨대 끝을 빠져나갈 때, 면봉의 속력이 크므로 (나)에서가 (가)에서보다 빨대를 빠져나간 면봉이 더 멀리 날아간다.

바로알기 | ㄱ. 충격량의 크기＝평균 힘의 크기×힘을 받은 시간이고, 빨대 속에서 면봉이 힘을 받은 시간은 (가)에서가 (나)에서보다 짧다. 따라서 빨대 속에서 면봉이 받은 충격량의 크기는 평균 힘의 크기가 같을 때, 힘을 받은 시간이 길수록 크므로 (가)에서가 (나)에서보다 작다.

561 ㄴ. 운동량＝질량×속도이고, 운동량의 변화량＝나중 운동량－처음 운동량이다. 충돌 후 속도를 (＋)라고 하면 충돌 전후 B의 운동량의 변화량의 크기는 $2mv－(－4mv)＝6mv$이다.

바로알기 | ㄱ. 운동량＝질량×속도이다. 충돌 전 운동량의 크기는 A는 $m×4v＝4mv$이고, B는 $2m×2v＝4mv$이므로 A, B가 같다.

ㄷ. 충돌 전후 운동량의 변화량의 크기는 A는 $2mv－(－4mv)＝6mv$이고, B는 $6mv$이므로 A, B가 같다. 충격량은 운동량의 변화량과 같으므로 물체가 벽으로부터 받은 충격량의 크기는 A, B가 같다.

562 **모범 답안** (1) 힘－시간 그래프에서 그래프의 아랫부분의 넓이는 충격량이다. 충돌 전 A의 운동량의 크기는 mv_0이고, A는 운동 방향과 반대 방향으로 $\dfrac{2}{3}mv_0$의 충격량을 받으므로 충돌 후 A의 운동량의 크기는 $mv_0－\dfrac{2}{3}mv_0＝\dfrac{1}{3}mv_0$이다. 따라서 A의 질량이 m이므로 충돌 후 A의 속력은 $\dfrac{1}{3}v_0$이다.

(2) 두 물체의 충돌에서 두 물체가 받은 충격량은 크기가 같고, 방향은 반대이다. 따라서 충돌하는 동안 A, B가 받은 충격량의 크기가 같으므로 B가 받은 충격량의 크기는 $\dfrac{2}{3}mv_0$이다.

(3) B가 받은 충격량의 크기가 $\frac{2}{3}mv_0$이므로 충돌 후 B의 운동량의 크기는 $\frac{2}{3}mv_0$이다. 따라서 B의 질량이 m이므로 충돌 후 B의 속력은 $\frac{2}{3}v_0$이다.

563 ㄱ. 힘－시간 그래프에서 그래프 아랫부분의 넓이는 물체가 받은 충격량이다. 충격량은 운동량의 변화량과 같으므로 충돌 전후 물체의 운동량의 변화량의 크기는 S이다.

ㄴ. 충돌하는 동안 벽이 물체로부터 받은 충격량의 크기는 물체가 벽으로부터 받은 충격량의 크기와 같다. 따라서 벽이 물체로부터 받은 충격량의 크기는 S이다.

ㄷ. 충격량＝평균 힘×충돌 시간이므로 물체가 벽으로부터 받은 평균 힘의 크기는 $\dfrac{\text{충격량의 크기}}{\text{충돌 시간}} = \dfrac{S}{t}$이다.

564 ㄱ. 빨대 속에서 발사체가 힘을 받은 시간이 A에서가 B에서보다 길므로 Q는 A를 나타낸 그래프이다.

ㄴ. 충격량＝평균 힘×힘을 받은 시간이고, 힘－시간 그래프에서 그래프 아랫부분의 넓이는 충격량이다. 발사체가 받은 평균 힘의 크기가 같고, 힘을 받은 시간은 Q가 P의 4배이므로 (나)에서 그래프 아랫부분의 넓이는 Q가 P의 4배이다.

ㄷ. 발사체가 받은 충격량의 크기는 A에서가 B에서의 4배이므로 A에서 빨대를 빠져나오는 순간 발사체의 속력은 B에서의 4배인 $4v$이다.

565 모범 답안 (1) 힘－시간 그래프에서 그래프 아랫부분의 넓이는 충격량이다. 충격량＝평균 힘×충돌 시간이므로 $F_A = \dfrac{3mv}{t}$, $F_B = \dfrac{3mv}{2t}$이다. 따라서 $F_A : F_B = 2 : 1$이다.

(2) 운동량의 변화량은 충격량과 같다. 공이 받은 충격량의 크기는 A는 $mv_A - (-2mv) = 3mv$이므로 $v_A = v$이고, B는 $mv_B - (-mv) = 3mv$이므로 $v_B = 2v$이다. 따라서 $v_A : v_B = 1 : 2$이다.

566 (1) 0초부터 4초까지 물체의 운동량의 변화량(충격량)은 힘－시간 그래프에서 그래프 아랫부분의 넓이와 같으므로 $10\ \text{N} \times 4\ \text{s} = 40\ \text{kg} \cdot \text{m/s}$이다.

(2) 운동량＝질량×속도이므로 힘을 받기 전 물체의 운동량의 크기는 $2\ \text{kg} \times 4\ \text{m/s} = 8\ \text{kg} \cdot \text{m/s}$이다. 0초부터 4초까지 물체가 받은 충격량은 운동 방향과 같은 방향으로 $40\ \text{N} \cdot \text{s}$이므로 4초일 때, 물체의 운동량 크기는 $8\ \text{kg} \cdot \text{m/s} + 40\ \text{kg} \cdot \text{m/s} = 48\ \text{kg} \cdot \text{m/s}$이다.

(3) 4초일 때, 물체의 운동량의 크기는 $48\ \text{kg} \cdot \text{m/s}$이므로 4초일 때, 물체의 속력은 $\dfrac{48\ \text{kg} \cdot \text{m/s}}{2\ \text{kg}} = 24\ \text{m/s}$이다.

567 ①, ⑥ 운동량－시간 그래프에서 0초부터 2초까지 물체의 운동량의 변화량의 크기는 $4\ \text{kg} \cdot \text{m/s}$이다. 운동량의 변화량은 충격량과 같고, 충격량＝평균 힘×힘이 작용한 시간이다. 따라서 0초부터 2초까지 물체가 받은 충격량의 크기는 $4\ \text{N} \cdot \text{s}$이므로 1초일 때, F의 크기는 $\dfrac{4\ \text{N} \cdot \text{s}}{2\ \text{s}} = 2\ \text{N}$이다.

바로알기 | ②, ③ 운동량＝질량×속도이다. 3초일 때, 물체의 운동량이 일정하므로 속도가 일정하다. 즉 물체는 등속 직선 운동을 한다.

④ 3초일 때, 물체의 속력은 $\dfrac{4\ \text{kg} \cdot \text{m/s}}{4\ \text{kg}} = 1\ \text{m/s}$이다.

⑤, ⑦ 4초부터 6초까지 물체가 받은 충격량의 크기는 $2\ \text{N} \cdot \text{s}$이므로 5초일 때, F의 크기는 $\dfrac{2\ \text{N} \cdot \text{s}}{2\ \text{s}} = 1\ \text{N}$이다.

568 ① 자유 낙하 하는 물체의 가속도는 질량에 관계없이 중력 가속도로 같으므로 같은 높이에서 자유 낙하 시킨 A, B는 수평면에 충돌하기 직전 속력이 같다.

⑤ 충격량은 운동량의 변화량과 같다. 수평면에 충돌하기 직전 속력은 A가 B보다 크므로 수평면에 충돌하기 직전 운동량의 크기는 운동량＝질량×속도에서 A가 B보다 크다. 따라서 물체가 수평면으로부터 받은 충격량의 크기는 운동량의 변화량이 큰 A가 B보다 크다.

바로알기 | ② 더 높은 곳에서 낙하할수록 정지할 때까지 걸리는 시간이 길어지므로 수평면에 충돌하기 직전 속력은 B가 C보다 크다.

③ 수평면에 충돌하기 직전 속력은 A, B가 같으므로 충돌 과정에서 운동량의 변화량의 크기는 질량이 큰 A가 B보다 크다.

④, ⑥ B, C의 질량은 같고, 수평면에 충돌하기 직전 속력은 B가 C보다 크므로 충돌 과정에서 운동량의 변화량(충격량)의 크기는 충돌하기 직전 속력이 큰 B가 C보다 크다.

569 ㄴ. 운동량의 변화량은 충격량과 같다. 미는 동안 B가 받은 충격량의 크기는 $40\ \text{kg} \times (5\ \text{m/s} - 2\ \text{m/s}) = 120\ \text{N} \cdot \text{s}$이므로 A가 받은 충격량의 크기는 $120\ \text{N} \cdot \text{s}$이다. 밀기 전 A의 운동량의 크기는 $60\ \text{kg} \times 6\ \text{m/s} = 360\ \text{kg} \cdot \text{m/s}$이고, A는 운동 방향과 반대 방향으로 충격량을 받으므로 밀고 난 후 A의 운동량의 크기는 $360\ \text{kg} \cdot \text{m/s} - 120\ \text{kg} \cdot \text{m/s} = 240\ \text{kg} \cdot \text{m/s}$이다. 따라서 밀고 난 후 A의 속력은 $\dfrac{240\ \text{kg} \cdot \text{m/s}}{60\ \text{kg}} = 4\ \text{m/s}$이다.

바로알기 | ㄱ. 충격량＝평균 힘×충돌 시간이다. 두 물체의 충돌에서 두 물체가 받은 충격량은 크기가 같고, 방향은 반대이다. 이때 충돌 시간도 같으므로 두 물체가 받은 평균 힘의 크기는 같다.

ㄷ. 밀고 난 후 A는 속도의 부호의 변화가 없으므로 운동 방향은 변하지 않는다.

570 ㄴ. 운동량의 변화량의 크기는 A가 B보다 크므로 ㉠은 B이다. B는 벽과 충돌 후 정지하므로 B의 운동량의 변화량의 크기는 $6mv - 0 = 6mv$이다. 따라서 힘－시간 그래프에서 그래프 아랫부분의 넓이는 충격량이고, 충격량은 운동량의 변화량과 같으므로 $6mv = 2S$에서 $S = 3mv$이다.

바로알기 | ㄱ. 운동량＝질량×속도이다. 벽과 충돌 전 운동량의 크기는 A는 $4m \times 2v = 8mv$이고, B는 $2m \times 3v = 6mv$이므로 A가 B보다 크다. 그런데 A는 벽과 충돌 후 반대 방향으로 튀어 나오므로 운동량의 변화량의 크기는 충돌 전 운동량의 크기보다 크다. 따라서 힘－시간 그래프에서 그래프 아랫부분의 넓이는 충격량이고, 충격량은 운동량의 변화량과 같으므로 그래프 아랫부분의 넓이가 큰 ㉡은 A이다.

ㄷ. $3S = 9mv$이므로 충돌 후 A의 속력을 v_A라고 하면 $4mv_A - (-8mv) = 9mv$에서 $v_A = \dfrac{1}{4}v$이다.

571 ㄱ. 충격량은 운동량의 변화량과 같으므로 A가 B로부터 받은 충격량의 크기는 $2p - p = p$이다. 이때 두 물체의 충돌에서 두 물체가 받은 충격량은 크기가 같고, 방향은 반대이므로 B가 A로부터 받은 충격량의 크기는 p이다. B는 충돌 전 정지해 있었으므로 충돌 후 B의 운동량의 크기는 p이다. 운동량＝질량×속도이고, 충돌 후 A, B의 운동량의 크기가 같으므로 속력은 질량에 반비례한다. 따라서 질량은 B가 A의 2배이므로 속력은 A가 B의 2배이다.

ㄴ. 힘－시간 그래프에서 그래프 아랫부분의 넓이는 충격량이다. B가 A로부터 받은 충격량은 p이므로 그래프 아랫부분의 넓이는 p이다.

ㄷ. 충격량=평균 힘×충돌 시간이다. 충돌 과정에서 A가 B로부터 받은 충격량의 크기는 p이므로 A가 B로부터 받은 평균 힘의 크기는 $\dfrac{p}{t}$이다.

572 ㄱ, ㄴ. 힘－시간 그래프에서 그래프 아랫부분의 넓이는 충격량이므로 0초부터 1초까지 물체가 받은 충격량의 크기는 10 N×1 s＝10 N·s이다. 물체는 0초일 때, 정지해 있었으므로 물체의 운동량의 크기는 물체가 받은 충격량에 따라 1초일 때는 10 kg·m/s이고, 2초일 때는 10 kg·m/s＋20 kg·m/＝30 kg·m/s이다. 따라서 물체의 운동량의 크기는 2초일 때가 1초일 때의 3배이다.

ㄷ. 운동량=질량×속도이다. 3초일 때, 물체의 운동량의 크기는 30 kg·m/s＋30 kg·m/s＝60 kg·m/s이므로 물체의 속력은 $\dfrac{60 \text{ kg·m/s}}{2 \text{ kg}}$＝30 m/s이다.

573 ㄱ. 운동량=질량×속도이므로 충돌 전 A의 운동량의 크기는 1 kg×3 m/s＝3 kg·m/s이다.

ㄴ. 충돌 후 B의 운동량의 크기는 2 kg×1 m/s＝2 kg·m/s이고, 충돌 전 B의 운동량은 0이므로 충돌 과정에서 B의 운동량의 변화량의 크기는 2 kg·m/s－0＝2 kg·m/s이다. 충격량은 운동량의 변화량과 같으므로 충돌 과정에서 B가 받은 충격량의 크기는 2 N·s이다.

바로알기 | ㄷ. 두 물체의 충돌에서 두 물체가 받은 충격량은 크기가 같고, 방향은 반대이다. 따라서 A가 받은 충격량은 B가 받은 충격량과 크기가 같고, 방향은 반대이다. 즉 충돌 과정에서 A가 받은 충격량은 B의 운동량의 변화량과 크기는 같지만 방향은 반대이므로 같지 않다.

20 충돌과 안전장치

빈출 자료 보기 151쪽

574 (1) ○ (2) ○ (3) × (4) ×
575 (1) ○ (2) × (3) × (4) ○ (5) ○

574 바로알기 | (3) A는 시멘트 바닥에 떨어지므로 힘을 받은 시간은 B보다 짧다.
(4) 충격량=평균 힘×충돌 시간이다. A, B의 충격량이 같고, 충돌 시간은 A가 B보다 짧으므로 유리컵이 받은 평균 힘의 크기는 A가 B보다 크다.

575 바로알기 | (2) 충돌 시 운동량의 변화량은 물체의 질량과 충돌 전후의 속도에 의해 결정되므로 에어백은 탑승자의 운동량의 변화량의 크기를 감소시키지 않는다.
(3) 충격량은 운동량의 변화량과 같으므로 에어 매트는 사람이 받는 충격량을 감소시키지 않는다.

난이도별 필수 기출 152쪽~155쪽

576 ③, ⑥	**577** 해설 참조	**578** ①	**579** ④
580 (1) ㉠ (2) 1 : 2	**581** ②	**582** 해설 참조	**583** ⑤
584 ①	**585** ㉠ 충돌 시간, ㉡ 평균 힘(힘)	**586** ④	**587** ⑤
588 ①	**589** ③	**590** ③	**591** ④	**592** ③	**593** ②
594 해설 참조	**595** 해설 참조		

576 ③, ⑥ A, B를 같은 높이에서 떨어뜨렸으므로 바닥과 방석에 충돌하기 직전 A, B의 속력은 같다. 또 충돌 후 A, B는 정지하였으므로 운동량의 변화량의 크기도 같다. 충격량은 운동량의 변화량과 같으므로 달걀이 받은 충격량의 크기는 A, B가 같다.

바로알기 | ① 충돌 시간은 푹신한 방석에 떨어진 B가 단단한 바닥에 떨어진 A보다 길다.
②, ④, ⑤ 힘－시간 그래프에서 그래프 아랫부분의 넓이는 충격량(운동량의 변화량)이다. 이때 두 달걀이 받은 충격량의 크기가 같으므로 그래프 아랫부분의 넓이는 A, B가 같다. 또 충격량=평균 힘×충돌 시간이므로 달걀이 받은 평균 힘의 크기는 충돌 시간이 긴 B가 A보다 작다.

577 모범 답안 충격량=힘×충돌 시간이다. A, B를 같은 높이에서 떨어뜨렸으므로 운동량의 변화량인 충격량이 같다. 따라서 물풍선이 받는 힘의 크기가 충돌 시간이 긴 B가 A보다 작아 B는 터지지 않는다.

578 ㄱ. 손을 앞으로 내밀면서 받으면 충돌 시간이 짧아지므로 A는 손을 앞으로 내밀면서 받은 경우이다.

바로알기 | ㄴ. 힘－시간 그래프에서 그래프 아랫부분의 넓이가 같으므로 A, B에서 손이 받은 충격량의 크기는 같다.
ㄷ. 충격량=평균 힘×충돌 시간이므로 충격량이 같을 때, 손이 받은 평균 힘의 크기는 충돌 시간이 짧은 A에서가 B에서보다 크다.

579 ㄴ. 충격량=평균 힘×충돌 시간이다. (가)에서와 (나)에서 충격량은 같고, 충돌 시간은 (가)에서가 (나)에서보다 길므로 자동차가 받은 평균 힘의 크기는 (나)에서가 (가)에서보다 크다.
ㄷ. 두 물체의 충돌에서 두 물체가 받은 충격량은 크기가 같고, 방향은 반대이다. 이때 충돌 시간은 두 물체가 같으므로 두 물체가 받은 평균 힘은 크기가 같고, 방향은 반대이다. 따라서 벽이 자동차로부터 받은 평균 힘의 크기는 자동차가 벽으로부터 받은 평균 힘의 크기와 같다.

바로알기 | ㄱ. 충돌 전후 자동차의 운동량의 크기가 (가)에서와 (나)에서가 같으므로 운동량의 변화량의 크기는 (가)에서와 (나)에서가 같다. 충격량은 운동량의 변화량과 같으므로 충돌 과정에서 자동차가 받은 충격량의 크기는 (가)에서와 (나)에서가 같다.

580 (1) A는 시멘트 바닥에 떨어지므로 충돌 시간이 짧다. 따라서 A를 나타낸 그래프는 ㉠이다.
(2) A, B를 같은 높이에서 떨어뜨렸으므로 충돌 직전 속력이 같다. 충돌 직전 속력을 v라고 하면 힘－시간 그래프에서 그래프 아랫부분의 넓이는 충격량이므로 $mv=S_1$, $2mv=S_2$이다. 따라서 $S_1 : S_2=1 : 2$이다.

581 ㄱ. 공이 모래판에 떨어질 때가 시멘트 바닥에 떨어질 때보다 충돌 시간이 길다. 따라서 모래판에 공이 떨어진 경우는 B이다.
ㄷ. 동일한 공을 같은 높이에서 떨어뜨렸으므로 충돌하기 직전 공의 속력은 시멘트 바닥에서와 모래판에서가 같다.

ㄹ. 충격량＝평균 힘×충돌 시간이다. 충돌 과정에서 공이 받은 충격량의 크기는 시멘트 바닥에서가 모래판에서보다 크고, 충돌 시간은 시멘트 바닥에서가 모래판에서보다 짧으므로 공이 받은 평균 힘의 크기는 시멘트 바닥에서가 모래판에서보다 크다.

582 [모범 답안] (1) 충격량(운동량의 변화량)
(2) 손을 뒤로 빼면서 받으면 충돌 시간이 길어지므로 A를 나타낸 그래프는 Q이다.
(3) A. 충격량＝평균 힘×충돌 시간이다. A에서와 B에서 손이 받은 충격량의 크기는 같고, 충돌 시간은 A에서가 B에서보다 길므로 손이 받은 평균 힘의 크기는 A에서가 B에서보다 작다. 따라서 A와 같이 손을 뒤로 빼면서 공을 받으면 손의 부상을 줄일 수 있다.

583 ㄱ. 충격량은 운동량의 변화량과 같다. 따라서 충돌 과정에서 자동차가 받은 충격량의 크기는 (가)에서는 mv이고, (나)에서는 $4mv$이므로 (나)에서가 (가)에서의 4배이다.

ㄴ. 충격량＝평균 힘×충돌 시간이다. 따라서 충돌 과정에서 자동차가 받은 평균 힘의 크기는 (가)에서는 $\dfrac{mv}{2t}$이고, (나)에서는 $\dfrac{4mv}{t}$이므로 (나)에서가 (가)에서의 8배이다.

ㄷ. 자동차가 파손된 경우는 자동차가 받은 평균 힘의 크기가 큰 (나)이다.

584 ②, ③, ④, ⑤는 모두 충돌 시간을 길게 하여 평균 힘의 크기를 줄여 주는 원리가 적용된다.
바로알기 | ① 자동차의 안전띠는 관성에 의해 몸이 튕겨나가는 것을 방지하는 안전장치이다.

585 충격량＝평균 힘×충돌 시간이다. 충격량이 같을 때, 충돌 시간(㉠)을 길게 하면 물체가 받는 평균 힘(㉡)의 크기를 줄일 수 있다.

586 ㄴ, ㄷ. 에어백은 충돌 시간을 길게 하여 평균 힘의 크기를 감소시키는 역할을 한다.
바로알기 | ㄱ. 충돌 시 운동량의 변화량은 물체의 질량과 충돌 전후의 속도에 의해 결정되므로 에어백은 운동량의 변화량을 감소시키지 않는다. 충격량은 운동량의 변화량과 같으므로 충격량도 감소하지 않는다.

587 공기가 충전된 포장재, 자동차의 범퍼, 구조용 에어 매트, 보호대 안쪽의 스펀지는 모두 충돌 시간을 길게 하여 상품이나 사람이 받는 평균 힘의 크기를 감소시킨다.

588 ㄴ. 두꺼운 글러브는 충돌 시간을 길게 하여 손이 받는 평균 힘의 크기를 감소시킨다.
바로알기 | ㄱ. 충돌 시 운동량의 변화량은 물체의 질량과 충돌 전후의 속도에 의해 결정되므로 글러브는 운동량의 변화량을 감소시키지 않는다. 충격량은 운동량의 변화량과 같으므로 충격량도 감소하지 않는다.
ㄷ. 글러브로 공을 받을 때가 맨손으로 받을 때보다 충돌 시간이 길어지므로 손이 받는 평균 힘의 크기가 감소한다.

589 ㄱ, ㄷ. 착지할 때, 무릎을 구부리면 사람이 힘을 받는 시간이 길어져 사람이 받는 평균 힘의 크기가 감소한다.

바로알기 | ㄴ. 운동량의 변화량은 물체의 질량과 충돌 전후의 속도에 의해 결정되므로 무릎을 구부리는 동작은 운동량의 변화량을 감소시키지 않는다. 충격량은 운동량의 변화량과 같으므로 충격량도 감소하지 않는다.

590 ㄷ. 충격량＝평균 힘×충돌 시간이다. 따라서 충격량이 일정할 때, 힘이 작용한 시간이 길수록 평균 힘의 크기가 감소한다.
바로알기 | ㄱ. 관성은 현재의 운동 상태를 유지하려는 성질이다.
ㄴ. 매트는 충격량이 일정할 때, 충돌 시간을 길게 하여 사람이 받는 평균 힘의 크기를 감소시킨다.

591 ㄴ. 손을 뒤로 빼면서 공을 받으면 충돌 시간이 길어지므로 손이 받는 평균 힘의 크기가 작아진다.
ㄷ. 글러브에 충전재를 더 넣게 되면 공을 받을 때, 충돌 시간이 길어지므로 손이 받는 평균 힘의 크기가 작아진다.
바로알기 | ㄱ. 충돌 시 운동량의 변화량은 물체의 질량과 충돌 전후의 속도에 의해 결정되므로 손을 앞으로 뻗으면서 공을 받아도 운동량의 변화량은 변하지 않는다. 충격량은 운동량의 변화량과 같으므로 충격량도 변하지 않는다.

592 ㄱ. 안전띠는 관성에 의해 사람이 앞으로 튀어나가는 것을 방지한다.
ㄷ. 에어백은 충돌 시간을 길게 하여 사람에게 작용하는 평균 힘의 크기를 줄여 준다.
바로알기 | ㄴ. 범퍼가 단단할수록 벽과 충돌하는 시간이 짧아진다.

593 에어 매트는 떨어진 사람이 정지할 때까지 충돌 시간을 길게 하여 몸이 받는 힘의 크기를 줄여 주는 안전장치이다.
ㄴ. 잘 찌그러지는 재질의 범퍼는 충돌 시 충돌 시간을 길게 하여 운전자가 받는 평균 힘의 크기를 감소시킨다.
바로알기 | ㄱ. 면봉을 멀리 날아가게 하는 것은 충격량을 크게 하는 경우이다.
ㄷ. 노를 세게 저을수록 배에 작용하는 힘이 커져 배가 빠르게 앞으로 나아간다.

594 [모범 답안] 운동량＝질량×속도이므로 속도를 제한하면 운동량의 크기를 줄일 수 있다. 충격량은 운동량의 변화량과 같으므로 운동량의 크기가 작으면 충돌 시 충격량의 크기가 작아져 자동차가 사람에게 가하는 평균 힘의 크기가 작아진다.

595 [모범 답안] 충돌 사고가 일어났을 때, 범퍼가 찌그러지면서 충돌 시간이 길어져 자동차가 받는 평균 힘의 크기가 감소한다. 그러나 (나)와 같이 범퍼 앞부분에 단단한 철제 보호대를 설치하면 충돌 사고가 일어났을 때, 충돌 시간이 짧아져 자동차가 받는 평균 힘의 크기가 커지므로 탑승자가 위험하다.

최고 수준 도전 기출   156~157쪽

596 ②	597 ④	598 ③	599 ①	600 ①	601 ②
602 ⑤	603 ⑤				

596 속력―시간 그래프에서 그래프의 기울기는 가속도의 크기를 나타낸다. 자유 낙하 하는 물체의 가속도는 중력 가속도와 같고, 중력＝질량×중력 가속도이므로 이를 표로 나타내면 다음과 같다.

행성	A	B	C	D
물체의 질량(kg)	10	20	50	100
중력 가속도(m/s²)	10	5	2	1
중력(N)	100	100	100	100

ㄴ. A~D에서 각 물체에 작용하는 중력의 크기는 100 N으로 같다.

바로알기 | ㄱ. A~D에서 중력 가속도의 크기는 표에서와 같이 모두 다르다.

ㄷ. 자유 낙하 하는 물체의 가속도는 행성의 중력 가속도와 같으며, 물체의 질량과 관계없다. 따라서 B에서 자유 낙하 시킨 물체를 A로 가져가 자유 낙하 시키면 가속도의 크기는 5 m/s²에서 10 m/s²으로 커진다.

597 구간 평균 속력 $= \dfrac{처음\ 속력 + 나중\ 속력}{2}$ 이다. C를 가만히 놓은 순간부터 1초 후 C의 속력은 9.8 m/s이므로 구간 h에서 C의 평균 속력은 $\dfrac{0 + 9.8\ \text{m/s}}{2} = 4.9$ m/s이다. 이때 1초 동안 C가 이동한 구간 거리 $h = 4.9$ m/s × 1 s = 4.9 m이다. 따라서 B가 이동한 구간 거리는 $4h = 4 × 4.9$ m = 19.6 m이다. B가 수평면에 도달할 때까지 걸린 시간을 t_B라고 하면 구간 $4h$에서 B의 평균 속력은 $\dfrac{0 + 9.8\ \text{m/s}^2 × t_B}{2}$이므로 19.6 m $= \dfrac{9.8\ \text{m/s}^2 × t_B}{2} × t_B$에서 $t_B = 2$ s이다. 또 A가 이동한 구간 거리는 $9h = 9 × 4.9$ m = 44.1 m이다. A가 수평면에 도달할 때까지 걸린 시간을 t_A라고 하면 구간 $9h$에서 A의 평균 속력은 $\dfrac{0 + 9.8\ \text{m/s}^2 × t_A}{2}$이므로 44.1 m $= \dfrac{9.8\ \text{m/s}^2 × t_A}{2} × t_A$에서 $t_A = 3$ s이다. 따라서 수평면에 도달하는 순간 A, B의 속력은 $v_A = 3$ s × 9.8 m/s² $= 29.4$ m/s, $v_B = 2$ s × 9.8 m/s² = 19.6 m/s이므로 $v_A : v_B = 3 : 2$이다.

598 ㄱ. A가 완전한 원 궤도를 따라 지구 주위를 원운동하기 위해서는 매초 수평 방향으로 8 km를 이동했을 때, 지구 중심 방향으로 5 m를 낙하하여야 한다. 이때 수평 방향으로 발사한 A의 속력이 v_A보다 작으면 A는 수평 방향으로 8 km를 이동하기 전에 지면에 떨어진다.

ㄴ. 수평 방향으로 B가 A보다 멀리 이동하므로 $v_A < v_B$이다.

바로알기 | ㄷ. 중력은 물체 사이의 거리가 가까울수록 크다. 지구 중심으로부터 A까지 거리는 일정하고, 지구 중심으로부터 B까지 거리의 최댓값은 지구 중심으로부터 A까지 거리보다 크다. 즉 B에 작용하는 중력의 크기의 최솟값은 A에 작용하는 중력의 크기보다 작다.

599 • A는 수평 방향으로는 등속 직선 운동을 하므로 속력이 일정하다. 따라서 A의 수평 방향의 속력−시간 그래프는 0이 아니면서 시간 축과 나란한 직선 모양으로 나타난다. B는 연직 방향으로만 운동하므로 수평 방향의 속력은 0이다.

• A, B는 연직 방향으로는 등가속도 운동을 하므로 연직 방향의 가속도가 일정하다. 즉 연직 방향으로 속력이 일정하게 증가한다. 따라서 A, B의 연직 방향의 속력−시간 그래프는 기울기(가속도)가 0이 아니고, 시간 축과 나란하지 않으면서 일정한 모양으로 나타나고, 이동 거리−시간 그래프는 기울기(속력)가 증가하는 모양으로 나타난다.

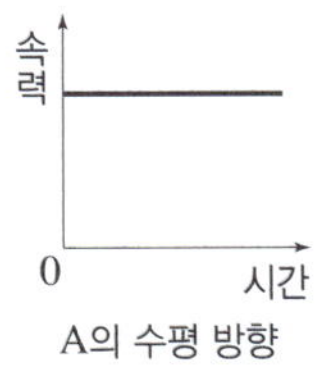

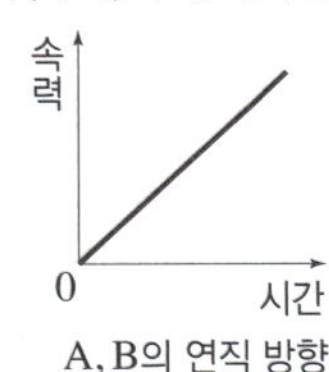

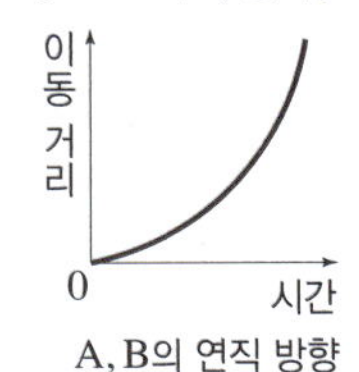

600 ㄱ. 공이 지면에 충돌하기 직전, 즉 2초 후 공의 속력은 2 s × 9.8 m/s² = 19.6 m/s이므로 충돌 직전 공의 운동량의 크기는 2 kg × 19.6 m/s = 39.2 kg·m/s이다.

바로알기 | ㄴ. 충돌 과정에서 공의 운동량의 변화량의 크기는 2 kg × 9.8 m/s − (−2 kg × 19.6 m/s) = 58.8 kg·m/s이다. 충격량은 운동량의 변화량과 같으므로 충돌하는 동안 공이 받은 충격량의 크기는 58.8 N·s이다.

ㄷ. 충격량의 크기는 운동량의 변화량의 크기와 같다.

601 ㄴ. 운동량 = 질량 × 속도이고, 운동량의 변화량은 충격량과 같으므로 t_0일 때, A, B의 속력은 $\dfrac{F_0 t_0}{2m}$으로 같다.

바로알기 | ㄱ. 힘−시간 그래프에서 그래프 아랫부분의 넓이는 충격량이다. 0초부터 t_0까지 A가 받은 충격량의 크기는 $\dfrac{1}{2} F_0 t_0$이고, B가 받은 충격량의 크기는 $F_0 t_0$이므로 B가 A의 2배이다.

ㄷ. 0초부터 $2t_0$까지 A, B가 받은 충격량의 크기는 $2F_0 t_0$으로 같으므로 $2t_0$일 때, A, B의 운동량의 크기는 $2F_0 t_0$으로 같다.

602 ㄱ. 힘−시간 그래프에서 그래프 아랫부분의 넓이는 충격량이므로 벽으로부터 받은 충격량의 크기는 A가 B의 $\dfrac{2}{3}$배이다.

ㄴ. 충돌 직전 두 물체의 운동량은 같고, 벽과 충돌한 후 반대 방향으로 운동하므로 질량이 같을 때, 벽으로부터 받은 충격량의 크기가 클수록 충돌 후 속력이 크다. 따라서 벽으로부터 받은 충격량의 크기가 큰 B가 A보다 벽과 충돌 직후 속력이 크다.

ㄷ. A, B가 벽으로부터 받은 충격량의 크기를 각각 $2I$, $3I$라고 하면 A, B가 벽으로부터 받은 평균 힘의 크기는 각각 $\dfrac{2I}{2t} = \dfrac{I}{t}$, $\dfrac{3I}{6t} = \dfrac{I}{2t}$이므로 A가 B의 2배이다.

603 ㄱ, ㄴ. A, B가 빨대 속에서 받은 충격량의 크기가 같으므로 빨대를 떠나는 순간 A, B의 운동량의 크기가 같다. 운동량 = 질량 × 속도이고, 질량은 A가 B보다 크므로 빨대를 떠나는 순간의 속력은 A가 B보다 작다. 따라서 ㉠은 '빨대를 떠나는 순간의 속력'이고, ㉡은 '빨대를 떠나는 순간의 운동량의 크기'이므로 ㉢은 'A와 B가 같다.'이다.

ㄷ. 충격량 = 평균 힘 × 힘을 받은 시간이다. A, B가 받은 충격량의 크기가 같고, 힘을 받은 시간은 A가 B보다 길므로 빨대 속에서 공이 받은 평균 힘의 크기는 A가 B보다 작다.

빈출 자료 보기　159쪽

604 (1) ○ (2) ○ (3) × (4) ○ (5) ○ (6) ○ (7) × (8) × (9) ×

605 (1) × (2) ○ (3) × (4) ○ (5) ○ (6) ○ (7) × (8) ○

604 (가)는 기관계가 있으므로 동물의 구성 단계이고, (나)는 기관계가 없으므로 식물의 구성 단계이다. A는 기관, B는 조직, C는 조직계이다.

바로알기 ┃ (3) A는 기관으로, 여러 조직이 모여서 이루어진다. 모양과 기능이 비슷한 세포들의 모임은 조직이다.

(7) 조직계(C)는 동물에는 없고, 식물에만 있는 구성 단계이다.

(8) 잎은 기관의 예에 해당한다.

(9) 순환계와 호흡계는 기관계의 예에 해당한다.

605 (가)는 동물 세포이고, (나)는 식물 세포이다. A는 소포체, B는 마이토콘드리아, C는 라이보솜, D는 핵, E는 골지체, F는 세포막, G는 엽록체, H는 세포벽이다.

(2) 라이보솜(C)에서 만들어진 단백질은 소포체(A)를 거쳐 골지체(E)로 이동한다.

바로알기 ┃ (1) (가)는 엽록체와 세포벽이 없으므로 동물 세포이고, (나)는 엽록체와 세포벽이 있으므로 식물 세포이다.

(3) 마이토콘드리아(B)는 생명활동에 필요한 에너지를 생산한다. 빛에너지를 이용하여 포도당을 합성하는 세포소기관은 엽록체(G)이다.

(7) 엽록체(G)와 세포벽(H)은 동물 세포에는 없고 식물 세포에만 있다. 소포체(A)는 동물 세포와 식물 세포에 모두 있다.

난이도별 필수 기출　160쪽~165쪽

606 ③	**607** ㉠ 조직, ㉡ 개체, ㉢ 세포, ㉣ 기관	**608** ①
609 ⑥, ⑦	**610** ②	**611** 해설 참조	**612** ③
613 ⑤, ⑦	**614** ②	**615** ②	**616** ③
617 해설 참조	**618** ⑤	**619** ④	**620** ④	**621** ⑤
622 ④　**623** ③	**624** ⑤	**625** ③, ⑤	**626** ④
627 해설 참조	**628** ③	**629** D, 엽록체	**630** ⑤
631 ③, ⑤	**632** ④	**633** 해설 참조	
634 ②, ④	**635** ③, ⑤	**636** ①	**637** ③
638 해설 참조			

606 **바로알기** ┃ • 학생 C: 세포는 생명 시스템의 기본 단위이며, 여러 세포소기관이 상호작용하여 생명 현상을 나타내는 하나의 생명 시스템이다.

607 생명 시스템의 기본 단위는 세포(㉢)이며, 모양과 기능이 비슷한 세포가 모여 조직(㉠)을 이루고, 조직이 모여 고유한 형태와 기능을 나타내는 기관(㉣)을 이루며, 기관이 모여 독립적으로 생명활동을 하는 개체(㉡)를 이룬다.

608 식물의 구성 단계는 세포 → 조직 → 조직계 → 기관 → 개체이며, 동물의 구성 단계는 세포 → 조직 → 기관 → 기관계 → 개체이다.

609 (가)는 조직, (나)는 기관이다.

③ 단세포생물은 세포 하나가 곧 하나의 개체로, 독립적으로 생명활동을 수행한다.

바로알기 ┃ ⑥ 식물에서는 조직(가)이 모여 식물에만 있는 구성 단계인 조직계를 이룬다.

⑦ 사람은 특정 기관(나)만으로는 독립적인 생명활동을 할 수 없고, 기관이 모여 기관계를 이루고, 다양한 기관계가 모여 개체가 되었을 때 독립적인 생명활동이 가능하다.

610 (가)는 세포, (나)는 기관, (다)는 기관계이다.

바로알기 ┃ ㄴ. 소화계는 기관계(다)의 예에 해당한다.

ㄹ. 기관계(다)는 동물에만 있고, 식물에는 없는 구성 단계이다.

611 (가)는 세포, (나)는 조직, (다)는 기관, (라)는 기관계이다.

모범 답안 (1) 심장, 위, 간, 콩팥 등

(2) (라), 위, 간, 작은창자, 큰창자 등 소화에 관여하는 기관이 모여 소화계를 이루는 것처럼 여러 기관이 모여 공통의 기능을 담당한다.

612 ㄱ, ㄷ. 기관과 조직은 동물과 식물에 모두 있고, 조직계는 식물에만 있는 구성 단계이므로 (가)에 없는 B는 조직계이고, (가)는 동물인 개, (나)는 소나무이다. A와 C는 각각 기관과 조직 중 하나이다.

바로알기 ┃ ㄴ. 줄기는 조직계(B)가 아니라 기관의 예에 해당한다.

613 ④ 세포는 여러 세포소기관이 상호작용하며 생명활동을 수행하는 생명 시스템이다.

⑥ 아메바와 같은 단세포생물의 경우 세포 하나가 곧 하나의 개체가 되어 모든 생명활동을 수행한다.

바로알기 ┃ ⑤ 적혈구, 백혈구, 근육세포, 신경세포 등과 같이 몸을 이루는 조직이나 기관에 따라 세포의 모양과 기능이 다르다.

⑦ 세포는 생명활동을 유지하기 위해 세포막을 통해 끊임없이 외부와 상호작용을 한다.

614 ② 유전정보를 저장하고 있는 DNA가 있어 세포의 구조와 기능을 결정하고 생명활동을 조절하는 것은 핵이다.

바로알기 ┃ ①은 마이토콘드리아, ③은 골지체, ④는 엽록체, ⑤는 소포체와 라이보솜이다.

615 단백질합성 장소(㉠)는 라이보솜이며, 물, 색소, 노폐물 등을 저장하는 장소는 액포(㉡)이다. 세포 내 물질의 이동 통로(㉢)는 소포체로, 라이보솜에서 합성된 단백질을 골지체나 세포의 다른 부위로 운반한다.

616 A는 엽록체, B는 마이토콘드리아이다.

③ 엽록체(A)와 마이토콘드리아(B)는 모두 외막과 내막의 이중막으로 둘러싸여 있다.

바로알기 ┃ ①, ②, ④ 엽록체(A)는 빛에너지를 이용하여 포도당을 합성하며, 이 과정에서 이산화 탄소를 흡수하고, 산소를 방출한다. 마이토콘드리아(B)는 세포호흡의 장소로, 포도당과 같은 유기물을 분해하여 생명활동에 필요한 에너지를 생산하며, 이 과정에서 산소를 흡수하고 이산화 탄소를 방출한다.

⑤ 엽록체(A)는 동물 세포에는 없고 식물 세포에만 있으며, 마이토콘드리아(B)는 동물 세포와 식물 세포에 모두 있다.

617 모범 답안 A는 엽록체이며, 광합성을 통해 빛에너지를 포도당의 화학 에너지로 전환한다. B는 마이토콘드리아이며, 세포호흡을 통해 유기물의 화학 에너지를 생명활동에 필요한 형태의 화학 에너지로 전환한다.

618 라이보솜은 막으로 둘러싸여 있지 않고, 소포체와 엽록체는 막으로 둘러싸여 있으므로 B는 라이보솜이고, A는 소포체이다.

ㄱ. 소포체(A)는 라이보솜에서 합성된 단백질이 이동하는 통로이다.

ㄴ. 단백질을 합성하는 장소는 라이보솜(B)이다.

ㄷ. 소포체(A)는 동물 세포와 식물 세포에 모두 존재하고, 엽록체는 동물 세포에는 존재하지 않고 식물 세포에만 존재하므로 '동물 세포에 존재하는가?'는 (가)에 해당한다.

619 단백질합성이 일어나는 장소인 A는 라이보솜이고, 유기물을 분해하여 에너지를 생산하는 B는 마이토콘드리아이며, 광합성이 일어나는 C는 엽록체이다. 막으로 둘러싸여 있는 세포소기관(㉠)은 마이토콘드리아와 엽록체이고, 에너지 전환에 관여하는 세포소기관(㉡)은 마이토콘드리아와 엽록체이며, 동물 세포와 식물 세포에 모두 존재하는 세포소기관(㉢)은 라이보솜과 마이토콘드리아이다.

ㄷ. 엽록체(C)가 존재하는 세포는 식물 세포이므로 세포벽이 관찰된다.

바로알기 | ㄱ. ㉠은 마이토콘드리아(B)와 엽록체(C)가 가지는 특징이다.

620 동물 세포에서 관찰할 수 있는 세포소기관은 세포막과 핵이고, 물과 이산화 탄소를 원료로 포도당을 합성하는 세포소기관은 엽록체이며, 세포의 생명활동을 조절하는 세포소기관은 핵이다. 따라서 A는 핵, B는 세포막, C는 엽록체이며, ㉠은 '동물 세포에서 관찰할 수 있다.', ㉡은 '세포의 생명활동을 조절한다.', ㉢은 '물과 이산화 탄소를 원료로 포도당을 합성한다.'이다. ⓐ와 ⓑ는 모두 '×'이다.

ㄴ. 세포막(B)은 세포 내부를 주변 환경과 분리하여 독립된 공간으로 만들며, 세포 안팎으로 물질이 출입하는 것을 조절한다.

바로알기 | ㄷ. ㉡은 '세포의 생명활동을 조절한다.'이다.

621 빛에너지를 화학 에너지로 전환하는 세포소기관은 엽록체이고, 식물 세포에 존재하는 세포소기관은 마이토콘드리아, 액포, 엽록체이며, 이중막으로 둘러싸여 있는 세포소기관은 마이토콘드리아와 엽록체이다. 따라서 A는 엽록체, B는 마이토콘드리아, C는 액포이며, ㉠은 '이중막으로 둘러싸여 있다.', ㉡은 '식물 세포에 존재한다.', ㉢은 '빛에너지를 화학 에너지로 전환한다.'이다.

ㄴ. 액포(C)는 성숙한 식물 세포에서 크게 발달하며, 물, 색소, 노폐물을 저장한다.

622 동물 세포인 토끼의 간세포에서 관찰되는 세포소기관은 골지체와 소포체이고, 주성분이 셀룰로스인 세포소기관은 세포벽이며, 단백질을 세포 밖으로 분비하는 세포소기관은 골지체이다. 따라서 A는 골지체, B는 소포체, C는 세포벽이고, ㉠은 '주성분은 셀룰로스이다.', ㉡은 '토끼의 간세포에서 관찰된다.', ㉢은 '단백질을 세포 밖으로 분비한다.'이다.

바로알기 | ㄱ. 핵막과 연결되어 있는 것은 소포체(B)의 막이며, 골지체(A)의 막은 핵막과 연결되어 있지 않다.

623 ㄴ. 마이토콘드리아에서는 유기물의 화학 에너지가 생명활동에 사용되는 형태의 화학 에너지로 전환된다.

바로알기 | ㄷ. 동물 세포에는 세포벽이 존재하지 않는다.

624 A는 소포체, B는 핵, C는 마이토콘드리아, D는 골지체, E는 라이보솜이다.

④ 골지체(D)는 소포체에서 운반된 단백질을 저장했다가 막으로 싸서 세포 밖으로 분비한다.

바로알기 | ⑤ 라이보솜(E)에서는 아미노산을 연결하여 단백질을 합성하며, 아미노산을 합성하는 것은 아니다.

625 A는 소포체, B는 마이토콘드리아, C는 골지체, D는 핵, E는 라이보솜이다.

③ 마이토콘드리아(B)는 생명활동에 필요한 에너지를 생산하는 세포소기관으로, 근육세포와 같이 에너지가 많이 필요한 세포에 많이 들어 있다.

⑤ 핵(D)에는 유전정보를 저장하고 있는 DNA와 DNA의 유전정보를 전달하는 RNA가 모두 있다.

바로알기 | ① 소포체(A)는 라이보솜에서 합성한 단백질이 이동하는 통로가 된다. 단백질을 합성하는 세포소기관은 라이보솜(E)이다.

② 마이토콘드리아(B)는 세포호흡을 통해 생명활동에 필요한 에너지를 생산한다.

④ 골지체(C)는 소포체에서 운반된 단백질을 분비하는 데 관여한다.

⑥, ⑦ 라이보솜(E)은 소포체에 붙어 있거나 세포질에 자유롭게 존재하며, 막으로 둘러싸여 있지 않다.

626 라이보솜(E)은 막으로 둘러싸여 있지 않으며, 소포체(A)와 골지체(C)는 단일막으로, 마이토콘드리아(B)와 핵(D)은 이중막으로 둘러싸여 있다.

627 A는 핵, B는 라이보솜, C는 마이토콘드리아이며, 세포호흡이 일어나는 세포소기관(㉠)은 마이토콘드리아, 단백질을 합성하는 세포소기관(㉢)은 라이보솜이다. (가)는 핵(㉡)의 특징이다.

모범 답안 ㉠ C, ㉡ A, ㉢ B, 유전물질인 DNA가 있어 세포의 구조와 기능을 결정하고, 생명활동을 조절한다.

628 펩타이드결합은 아미노산과 아미노산 사이의 결합이므로 A는 단백질이고, 뉴클레오타이드는 핵산의 기본 단위체이므로 B는 DNA이다. ㉠은 마이토콘드리아, ㉡은 핵이다.

ㄷ. 핵(㉡) 속의 DNA(B)에 저장되어 있는 유전정보에 따라 라이보솜에서 단백질합성이 일어난다.

바로알기 | ㄱ. 단백질(A)은 라이보솜에서 합성된다.

ㄴ. 빛에너지를 화학 에너지로 전환하는 과정은 광합성이며, 엽록체에서 일어난다. 마이토콘드리아(㉠)에서는 유기물의 화학 에너지가 생명활동에 사용하는 형태의 화학 에너지로 전환된다.

629 A는 핵, B는 마이토콘드리아, C는 라이보솜, D는 엽록체, E는 세포벽이다. 엽록체는 이중막으로 둘러싸여 있으며, 빛에너지를 포도당의 화학 에너지로 전환한다.

630 동물 세포에는 없고 식물 세포에만 있는 세포소기관은 엽록체(D)와 세포벽(E)이다.

631 A는 라이보솜, B는 액포, C는 골지체, D는 마이토콘드리아, E는 엽록체, F는 핵, G는 세포막이다.

② 액포(B)는 물, 노폐물, 색소 등을 저장하며, 성숙한 식물 세포에서 크게 발달한다.

분비하는 데 관여한다.
⑤ 엽록체(E)는 빛에너지를 이용하여 포도당을 합성하는 광합성이 일어나는 장소이며, 세포가 생명활동을 하는 데 필요한 에너지를 생산하는 세포소기관은 마이토콘드리아(D)이다.

632 A는 마이토콘드리아, B는 액포, C는 엽록체, D는 라이보솜이다.
ㄷ. 표의 반응은 광합성 과정으로, 엽록체(C)에서 일어난다.
바로알기 | ㄴ. B는 액포로, 물과 노폐물, 색소 등을 저장하는 곳이다. 세포호흡이 일어나 포도당의 분해에서 나온 에너지를 ATP에 저장하는 세포소기관은 마이토콘드리아(A)이다.

633 A는 골지체, B는 세포막, C는 마이토콘드리아, D는 소포체, ㉠은 라이보솜, ㉡은 핵, ㉢은 엽록체, ㉣은 세포벽이다.
모범 답안 (나), 엽록체(㉢)와 세포벽(㉣)은 동물 세포에는 없고, 식물 세포에만 있기 때문이다.

634 (가)는 동물 세포, (나)는 식물 세포이며, A는 라이보솜, B는 핵, C는 마이토콘드리아, D는 엽록체이다.
③ 라이보솜(A)에서는 아미노산을 연결하여 단백질을 합성한다.
⑤ 라이보솜(A)에서는 단백질이, 엽록체(D)에서는 포도당이 합성되며, 단백질과 포도당은 모두 탄소 화합물이다.
⑥ 핵(B)에는 핵산인 DNA와 RNA가 존재한다.
⑨ 마이토콘드리아(C)는 세포호흡을 통해 유기물의 화학 에너지를 생명활동에 사용되는 형태의 화학 에너지로 전환한다.
바로알기 | ② (가)는 동물 세포이므로 엽록체가 존재하지 않는다.
④ 라이보솜(A)은 막으로 둘러싸여 있지 않다.

635 A는 골지체, B는 마이토콘드리아, C는 라이보솜, D는 엽록체, E는 세포벽이다.
① 골지체(A)는 소포체에서 운반된 단백질을 변형하고, 막으로 싸서 세포 밖으로 분비한다.
② 마이토콘드리아(B)에서 유기물의 분해로 발생한 에너지의 일부는 ATP에 저장되며, 나머지는 열로 방출된다.
바로알기 | ③ 마이토콘드리아(B)는 동물 세포와 식물 세포에 모두 있고, 엽록체(D)와 세포벽(E)은 식물 세포에만 있다.
⑤ (나)는 식물 세포이며, 식물 세포로 구성된 식물은 세포 → 조직 → 조직계 → 기관 → 개체로 구성된다.

636 핵 속에 있는 DNA의 유전정보에 따라 세포질에 있는 라이보솜에서 단백질을 합성한다. 합성된 단백질은 소포체를 거쳐 골지체로 이동한 후 막으로 싸여 세포 밖으로 분비된다.

637 A는 핵, B는 라이보솜, C는 소포체, D는 골지체, E는 세포막이다.
바로알기 | ③ 단백질은 핵 속의 DNA에 저장된 유전정보에 따라 세포질에 있는 라이보솜에서 합성되며, 합성된 단백질의 일부는 세포 내의 필요한 곳에서 사용된다.

638 모범 답안 핵(A) 속에 있는 DNA의 유전정보에 따라 라이보솜(B)에서 단백질이 합성된다. 합성된 단백질은 소포체(C)를 통해 골지체(D)로 이동하여 저장되었다가 막으로 싸인 주머니에 담겨 세포막(E) 쪽으로 이동하여 세포 밖으로 분비된다.

---

22 세포막의 특성과 물질의 이동

빈출 자료 보기 167쪽

639 (1) ○ (2) × (3) ○ (4) ○ (5) ○ (6) × (7) ×
640 (1) ○ (2) × (3) ○ (4) ○ (5) ○ (6) ×

639 (4) 산소와 이산화 탄소처럼 크기가 작고 지질과 잘 섞이는 물질은 인지질 2중층을 직접 통과한다.
(5) 포도당과 아미노산처럼 크기가 크고 수용성인 물질은 인지질 2중층을 직접 통과하지 못하고 막단백질을 통해 이동한다.
바로알기 | (2) 세포막에서 인지질(가)은 유동성이 있어 단백질(나)이 고정되어 있지 않고 위치가 바뀔 수 있다.
(6) A가 이동하는 방식을 단순확산, B가 이동하는 방식을 촉진확산이라고 한다.
(7) 확산에서는 분자가 스스로 운동하여 이동하므로 세포에서 에너지를 사용하지 않는다.

640 (4) B에 넣은 세포에서는 세포 밖으로 물이 많이 빠져나가므로 세포 안의 농도가 B에 넣기 전보다 높아진다.
바로알기 | (2) 등장액에 넣은 세포에서는 세포 안팎으로 이동하는 물의 양이 같아 부피 변화가 없다.
(6) A에 넣은 세포는 부피가 증가하였고, B에 넣은 세포는 부피가 감소하였으므로 A는 세포 안보다 농도가 낮고, B는 세포 안보다 농도가 높다.

난이도별 필수 기출 168쪽~173쪽

641 ③	**642** ②, ⑥	**643** ④	**644** 해설 참조
645 ⑤	**646** ⑤, ⑦	**647** 해설 참조	
648 해설 참조	**649** ③	**650** ⑤	**651** ④
652 해설 참조	**653** ②, ⑦	**654** ⑤	**655** ②
656 ③, ⑥	**657** ②	**658** 해설 참조	**659** ⑤
660 ③ **661** ⑤	**662** ③	**663** ①, ④	
664 해설 참조	**665** ①	**666** ③ **667** ②	**668** ③

641 바로알기 | • 학생 C: 세포막의 인지질은 물과 잘 섞이는 친수성의 머리 부분과 물과 잘 섞이지 않는 소수성의 꼬리 부분으로 이루어져 있다.

642 ① A는 단백질, B는 인지질이다.
③ 세포막에서 물질이 인지질 2중층을 통해 이동하는 것을 단순확산, 막단백질을 통해 이동하는 것을 촉진확산이라고 한다.
⑧ 세포막은 물질의 종류와 크기에 따라 세포막을 투과시키는 정도가 다른 선택적 투과성을 나타낸다.
바로알기 | ② 산소와 이산화 탄소처럼 크기가 작고 지질과 잘 섞이는 물질은 인지질 2중층을 직접 통과하고, 포도당과 아미노산처럼 크기가 크고 지질과 잘 섞이지 않는 물질은 막단백질을 통해 이동한다.
⑥ ㉠은 인지질의 머리 부분으로 친수성을 띠고, ㉡은 꼬리 부분으로 소수성을 띤다.

643 ⊙은 인지질의 친수성 부분이고, A는 단백질이다.
② 단백질(A)은 세포질의 라이보솜에서 합성된다.

바로알기 | ④ 세포막에서 인지질은 고정되어 있지 않고 유동성이 있어서 단백질의 위치가 바뀔 수 있다.

644 **모범 답안** 세포 안과 밖은 물이 풍부하므로 인지질에서 친수성을 띠는 머리 부분(A)은 바깥쪽으로 배열되어 수용성 환경과 접하고, 소수성을 띠는 꼬리 부분(B)은 안쪽으로 서로 마주 보며 배열하여 2중층 구조를 형성한다.

645 ⊙은 선택적 투과성, ⓒ은 인지질 2중층, ⓒ은 막단백질이다.
ㄱ. 세포막은 선택적 투과성이 있어 세포 안팎으로의 물질 출입을 조절함으로써 생명 시스템 유지에 중요한 역할을 한다.
ㄴ. 지질에 대한 용해도가 클수록 인지질 2중층의 소수성 부분을 통과하기 쉽다.
ㄷ. 물질 이동에 관여하는 막단백질은 종류에 따라 이동시키는 물질이 다르다.

646 ① 기체 분자(산소, 이산화 탄소 등), 지용성 물질(지방산, 글리세롤) 등은 인지질 2중층을 직접 통과하여 이동한다.
②, ⑥, ⑧ 분자의 크기가 큰 수용성 물질(포도당, 아미노산 등)과 전하를 띠는 물질(Na^+, K^+ 등)은 막단백질을 통해 이동한다.
③, ④, ⑨ 확산은 물질이 농도가 높은 쪽에서 낮은 쪽으로, 분자가 스스로 운동하여 이동하는 현상으로, 세포에서 에너지를 사용하지 않는다.

바로알기 | ⑤ (가)와 (나)에서 물질의 이동 원리는 확산이다.
⑦ 허파꽈리와 모세혈관 사이의 기체 교환은 물질이 인지질 2중층을 직접 통과하는 단순확산(가)의 방식으로 일어난다.

647 **모범 답안** (1) (가) 인지질 (나) 단백질
(2) A와 B는 세포막을 경계로 물질의 농도가 높은 쪽에서 낮은 쪽으로 이동하는 확산에 의해 이동한다.
(3) A와 같이 인지질 2중층을 직접 통과하는 물질은 분자의 크기가 작거나 지질과 잘 섞인다. 반면 B와 같이 막단백질을 통해 이동하는 물질은 분자의 크기가 크고 지질과 잘 섞이지 않거나 전하를 띠고 있다.

648 **모범 답안** (가) 단순확산 (나) 촉진확산, 단순확산에서는 세포 안팎의 농도 차가 커질수록 물질의 이동 속도가 계속 증가하지만, 촉진확산에서는 막단백질이 관여하여 세포 안팎의 농도 차가 커질수록 물질의 이동 속도가 증가하나 일정 수준 이상으로 증가하지 않는다.

649 ㄱ. 단순확산(가)으로 이동하는 물질은 인지질 2중층을 직접 통과한다.
ㄴ. 아미노산은 촉진확산(나)으로 세포막을 통해 이동한다.

바로알기 | ㄷ. 물질의 이동에 관여하는 막단백질의 수는 한정되어 있으며, 일정 수준 이상의 농도 차에서는 모든 막단백질이 물질을 이동시키고 있어 이동 속도가 일정해진다.

650 Ⅰ은 촉진확산, Ⅱ는 단순확산을 나타낸다.
ㄱ. (나)에서 세포 안팎의 농도 차에 따라 X의 이동 속도가 증가하지만 일정 수준 이상으로 증가하지 않으므로 X의 이동 방식은 촉진확산(Ⅰ)임을 알 수 있다.
ㄷ. t_1에서 t_2로 갈수록 세포 안 X의 농도가 증가하여 A에 가까워지므로 세포 안팎의 농도 차는 t_1일 때가 t_2일 때보다 크다.

바로알기 | ㄴ. 전하를 띤 이온은 인지질 2중층을 직접 통과할 수 없어 막단백질을 통해 이동한다.

651 • 학생 C: 삼투는 물 분자가 확산하는 현상으로, 세포에서 에너지를 사용하지 않는다.

바로알기 | • 학생 A: 삼투는 세포막을 경계로 용질의 농도가 낮은 쪽에서 높은 쪽으로 물이 이동하는 현상이다.

652 **모범 답안** 식물의 뿌리털에서 토양의 물을 흡수한다. 배추를 소금물에 절이면 숨이 죽는다. 과일에 설탕을 뿌리면 수분이 빠져나온다. 등

653 ①, ③ A 쪽의 수면 높이는 낮아지고, B 쪽의 수면 높이는 높아졌으므로 A 쪽에서 B 쪽으로 이동하는 물의 양이 B 쪽에서 A 쪽으로 이동하는 물의 양보다 많다. 따라서 용액의 농도는 B가 A보다 높다.
④, ⑤ A 쪽에서 B 쪽으로 물이 더 많이 이동하므로 A는 농도가 높아지고(A<A′), B는 농도가 낮아진다(B>B′).
⑥ 설탕 분자는 막을 통해 이동하지 못하므로 설탕의 양은 A′와 A가 같다.

바로알기 | ② 선택적 투과가 가능한 막을 경계로 농도가 다른 용액이 있을 때, 용질이 막을 통과하지 못하면 용액의 농도가 낮은 쪽에서 높은 쪽으로 물이 이동하는 삼투가 일어난다.
⑦ 수면 높이에 변화가 없는 것은 막을 통해 물이 이동하지 않기 때문이 아니라 이동하는 물의 양이 같기 때문이다.

654 ②, ③ X 안 용액의 농도가 증류수보다 높으므로 X 안으로 물이 많이 들어와 부피가 증가한다.
④ X 안으로 물이 많이 들어오므로 설탕 용액의 농도는 처음(10 %)보다 낮아진다.

바로알기 | ⑤ X를 20 % 설탕 용액이 들어 있는 비커에 넣으면 X의 밖으로 이동하는 물의 양이 더 많아 부피가 감소할 것이다.

655 ㄱ. Ⅰ에서는 ⓒ 쪽 용액의 높이가 높아졌으므로 용액의 농도는 A가 B보다 높고, Ⅱ에서는 ⓒ 쪽 용액의 높이가 낮아졌으므로 용액의 농도는 B가 C보다 높다. 따라서 설탕 용액의 농도는 C<B<A이다.
ㄴ. Ⅰ에서 t_1일 때 ⓒ 쪽 용액의 높이가 높아지고 있으므로 ⊙ 쪽에서 ⓒ 쪽으로 이동하는 물의 양은 ⓒ 쪽에서 ⊙ 쪽으로 이동하는 물의 양보다 많다.

바로알기 | ㄷ. 용액의 농도는 B가 C보다 높으므로 세포액의 농도가 C와 같은 적혈구를 B에 넣으면 적혈구의 부피는 작아진다.

656 ② A에 넣은 적혈구에서 부피 변화가 없으므로 A는 등장액이다.
⑤ 적혈구를 C에 넣으면 적혈구에서 물이 많이 빠져나가므로 세포액 농도는 높아진다.

바로알기 | ③ B와 C에서 적혈구의 부피가 변한 것은 물이 용액의 농도가 낮은 쪽에서 높은 쪽으로 이동하였기 때문이다.
⑥ 소금물에 적혈구를 넣었을 때 부피 변화가 없는 A는 등장액이고, 적혈구의 부피가 증가한 B는 저장액이며, 적혈구의 부피가 감소한 C는 고장액이다. 따라서 소금물의 농도는 B<A<C이다.

657 적혈구를 넣었을 때 부피 변화가 없는 B는 등장액에, 부피가 증가한 A는 저장액에, 부피가 감소한 C는 고장액에 넣었을 때의 모습이다. 따라서 A는 Ⅱ, B는 Ⅲ, C는 Ⅰ에서 관찰된 모습이다.
ㄴ. Ⅱ에서 관찰된 모습은 A로, 적혈구의 부피가 증가하다가 터지는 용혈 현상이 나타났다.

바로알기 | ㄱ. 4 % $NaCl$ 수용액(Ⅰ)에서는 C와 같은 모습이 관찰된다.
ㄷ. 삼투는 물이 이동하는 현상이며, 용질은 이동하지 않는다.

658 **모범 답안** 적혈구를 용액 X에 넣었을 때 물이 많이 빠져나와 적혈구의 부피가 줄어들었으므로 X는 적혈구 안보다 농도가 높다.

659 ㄱ. 증류수에 넣은 달걀은 질량이 증가하였고, 10 % 소금물에 넣은 달걀은 질량이 감소하였으므로 증류수는 달걀 안보다 농도가 낮고, 10 % 소금물은 달걀 안보다 농도가 높다.
ㄴ. 질량이 ㉠인 달걀은 안으로 물이 많이 들어왔으므로 달걀 안의 농도는 낮아진 상태이다.
ㄷ. 달걀의 질량이 변화한 것은 삼투에 의해 물이 이동하였기 때문이며, 식물의 뿌리에서 토양의 물을 흡수하는 것도 삼투에 의해 일어난다.

660 ㄴ, ㄷ. 적혈구의 부피가 작을수록 물이 많이 빠져나간 것으로, 적혈구의 세포액 농도가 높다. 따라서 B의 세포액 농도는 t_2일 때가 t_1일 때보다 높고, t_2일 때 적혈구의 세포액 농도는 B에서가 A에서보다 높다.
바로알기 | ㄱ. Ⅰ에 넣은 A는 부피 변화가 없고, Ⅱ에 넣은 B는 부피가 감소하였으므로 설탕 용액의 농도는 Ⅱ가 Ⅰ보다 높다.
ㄹ. t_2일 때 A와 B에서 모두 부피의 변화가 없는 것은 세포막을 통한 물의 이동이 없기 때문이 아니라 세포 안팎으로 이동하는 물의 양이 같기 때문이다.

661 ㄱ, ㄴ. 사람의 적혈구를 넣었을 때 개구리 세포의 등장액에서는 부피가 증가하고, 갈치 세포의 등장액에서는 부피가 감소하였으며, 오리 세포의 등장액에서는 부피 변화가 거의 없다. 따라서 사람의 적혈구 세포액은 개구리 세포액보다 농도가 높고, 갈치 세포액보다 농도가 낮으며, 오리 세포액과 농도가 비슷하다. 따라서 (가)는 개구리, (나)는 오리, (다)는 갈치이다.
ㄷ. 개구리 세포의 등장액은 갈치 세포의 등장액보다 농도가 낮으므로 개구리의 세포를 갈치 세포의 등장액에 넣으면 세포에서 물이 많이 빠져나와 세포가 쭈그러든다.

662 · 학생 B: 식물 세포는 세포벽이 있어 세포의 부피가 크게 증가하거나 감소하지 않는다. 식물 세포를 세포 안보다 농도가 높은 용액에 넣으면 세포에서 빠져나가는 물의 양이 많아 세포질의 부피가 작아지다가 세포막이 세포벽에서 떨어지는 원형질분리가 일어난다.
바로알기 | · 학생 C: 식물 세포를 세포 안보다 농도가 낮은 용액에 넣으면 세포 안으로 들어오는 물의 양이 세포 밖으로 나가는 물의 양보다 많아서 세포의 부피가 커진다.

663 (가)를 A에 넣었을 때에는 부피 변화가 없으므로 A는 세포 안과 농도가 같고, B에 넣었을 때에는 원형질분리가 일어났으므로 B는 세포 안보다 농도가 높으며, C에 넣었을 때에는 세포의 부피가 증가하였으므로 C는 세포 안보다 농도가 낮다.
⑤ 설탕 용액의 농도는 C < A < B이다.
⑥ 배추를 소금물에 담가 배추의 숨이 죽었을 때의 세포 상태는 세포에서 물이 많이 빠져나간 상태이다.
바로알기 | ① 세포를 세포 안과 농도가 같은 용액에 넣었을 때 세포의 부피가 변하지 않는 것은 물이 세포 안팎으로 이동하지 않기 때문이 아니라 세포 안팎으로 이동하는 물의 양이 같기 때문이다.
④ 설탕 분자는 크기가 크고 친수성이어서 세포막을 통과하지 못한다.

664 **모범 답안** (나) < (가) < (다), 식물 세포를 등장액에 넣으면 세포 안팎으로 이동하는 물의 양이 같아 부피 변화가 없고, 저장액에 넣으면 물이 세포 안으로 많이 들어와 세포의 부피가 증가하며, 고장액에 넣으면 물이 세포 밖으로 많이 빠져나가 세포의 부피가 감소한다.

665 ㄱ. A에 넣었을 때에는 세포의 부피가 감소하였으므로 A는 세포 안보다 농도가 높고, B에 넣었을 때에는 세포의 부피가 증가하였으므로 B는 세포 안보다 농도가 낮다.
바로알기 | ㄴ. A에 넣었을 때 세포에서 물이 많이 빠져나갔으므로 (가)의 세포 안은 A에 넣기 전보다 농도가 높아졌다.
ㄷ. 식물 세포는 세포벽이 있어 터지지 않는다.

666 0.9 % 소금물에 넣은 감자 조각의 질량이 변화가 없으므로 0.9 % 소금물은 감자 세포 안과 농도가 같고, 증류수는 감자 세포 안보다 농도가 낮으며, 10 % 소금물은 감자 세포 안보다 농도가 높다.
ㄱ. 감자 세포 안보다 농도가 낮은 증류수에서는 세포 안으로 물이 많이 들어오므로 감자 조각의 질량이 증가한다.
바로알기 | ㄷ. 감자 세포 안보다 농도가 높은 10 % 소금물에서는 세포 밖으로 물이 많이 빠져나가므로 세포는 부피가 감소하며, 감자 조각의 질량은 감소한다.

667 ㄴ. 식물 세포에서 물이 빠져나가면 세포질의 부피가 줄어들다가 세포막이 세포벽으로부터 분리되는 원형질분리가 일어난다.
바로알기 | ㄱ. A는 부피가 감소하였고, B는 부피가 증가하다가 터졌다. 따라서 A를 넣은 용액은 B를 넣은 용액보다 농도가 높다.
ㄷ. 세포를 세포 안보다 농도가 낮은 용액에 넣으면 부피가 증가하는데, 적혈구의 경우에는 세포막이 터지는 용혈 현상이 일어나지만, 식물 세포는 세포벽이 있어서 터지지 않는다.

668 ㄱ. A를 ㉠에 넣었을 때 부피 변화가 없으므로 ㉠은 A의 세포 안과 농도가 같다.
ㄴ. A를 ㉡에 넣었을 때 세포의 부피가 감소하므로 ㉡은 A의 세포 안보다 농도가 높다. 따라서 설탕 용액의 농도는 ㉡이 ㉠보다 높다.
바로알기 | ㄷ. 구간 Ⅰ에서는 세포의 부피가 감소하므로 세포 밖으로 이동하는 물의 양이 세포 안으로 이동하는 물의 양보다 많다.

23 생명 시스템에서의 화학 반응

빈출 자료 보기 175쪽

669 (1) ○ (2) × (3) ○ (4) × (5) ○ (6) × (7) ○

669 (1) 반응물의 에너지가 생성물의 에너지보다 크므로 이화작용이 일어날 때의 에너지 변화이다.
(7) 효소는 반응열(A)에 영향을 미치지 않아, 반응열의 크기는 효소의 유무에 관계없이 일정하다.
바로알기 | (2) 생성물의 에너지가 반응물의 에너지보다 작으므로 반응 과정에서 에너지가 방출되는 발열 반응이다.
(4) 효소가 있을 때의 활성화에너지는 E이다.
(6) 반응열은 A이다.

670 ⑤	**671** ④, ⑤	**672** ⑤	**673** ③
674 해설 참조	**675** ③	**676** ②, ④, ⑦	
677 해설 참조	**678** ②	**679** ③, ④ **680** ②, ④	
681 ③	**682** ①	**683** ①, ⑦, ⑧	**684** 해설 참조
685 ④	**686** ①	**687** ⑤ **688** ①	**689** ④
690 ⑤, ⑥		**691** 해설 참조	**692** 해설 참조
693 ④	**694** ①	**695** ⑤	**696** ①, ⑤ **697** ①, ④

670　**바로알기 |** ⑤ 물질대사는 저분자 물질로 고분자 물질을 합성하는 동화작용과 고분자 물질을 저분자 물질로 분해하는 이화작용으로 나뉜다.

671　⑥ 이화작용(가)에서는 고분자 물질이 저분자 물질로 분해되므로 반응물의 에너지가 생성물의 에너지보다 크다.
⑦ 동화작용(나)은 반응이 일어나는 과정에서 에너지가 흡수되는 흡열 반응이다.
바로알기 | ④ (가)는 고분자 물질인 포도당을 저분자 물질인 물과 이산화 탄소로 분해하는 세포호흡으로, 이화작용이다. (나)는 저분자 물질인 아미노산으로 고분자 물질인 단백질을 합성하는 단백질합성으로, 동화작용이다.
⑤ 광합성은 동화작용(나), 소화는 이화작용(가)의 예이다.

672　①, ② 반응물의 에너지가 생성물의 에너지보다 크므로 반응이 진행됨에 따라 에너지가 방출되는 발열 반응이며, 이화작용에 해당한다.
④ A는 시간이 지남에 따라 농도가 증가하므로 생성물이고, B는 시간이 지남에 따라 농도가 감소하므로 반응물이다.
바로알기 | ⑤ 이화작용에서는 물질이 분해되므로, 생성물(A)은 반응물(B)보다 분자의 크기가 작다.

673　**바로알기 |** ㄱ, ㄴ. (가)는 광합성으로, 저분자 물질로 고분자 물질을 합성하는 동화작용이며 흡열 반응에 해당한다. (나)는 세포호흡으로, 고분자 물질을 저분자 물질로 분해하는 이화작용이며 발열 반응에 해당한다.

674　**모범 답안** (가) 광합성 (나) 세포호흡, (가)는 반응 과정에서 에너지를 흡수하여 반응물의 에너지보다 생성물의 에너지가 크고, (나)는 반응 과정에서 에너지를 방출하여 반응물의 에너지보다 생성물의 에너지가 작다.

675　A는 마이토콘드리아, B는 엽록체, C는 라이보솜이다.
ㄱ. ㉠은 세포호흡으로 대부분 마이토콘드리아(A)에서, ㉡은 광합성으로 엽록체(B)에서, ㉢은 단백질합성으로 라이보솜(C)에서 일어난다.
ㄷ. ㉠은 이화작용, ㉡과 ㉢은 동화작용에 해당한다.
바로알기 | ㄴ. (나)는 동화작용(㉡과 ㉢)이 일어날 때의 에너지 변화이다.

676　(가)는 연소, (나)는 세포호흡이다.
③ 연소(가)는 400 ℃ 이상의 높은 온도에서 반응이 일어나고, 세포호흡(나)은 효소가 관여하여 체온 정도의 낮은 온도에서 반응이 일어난다.
바로알기 | ② 이화작용은 물질대사로, 물질대사는 생명체에서 일어나는 화학 반응을 말한다. 따라서 연소(가)는 이화작용이 아니다.

④ 연소(가)와 세포호흡(나)의 반응물과 생성물은 같으므로, 1분자의 포도당으로부터 방출되는 에너지양은 같다.
⑦ 물질대사인 세포호흡(나)에는 효소가 관여하지만, 연소(가)에는 효소가 관여하지 않는다.

677　**모범 답안** ·공통점: 반응물(포도당과 산소)과 생성물(이산화 탄소와 물)이 같다. 발열 반응이다. 등
· 차이점: 연소는 400 ℃ 이상의 높은 온도에서 일어나고, 세포호흡은 체온(37 ℃) 정도의 낮은 온도에서 일어난다. 연소는 효소가 관여하지 않고, 세포호흡은 효소가 관여한다. 등

678　**바로알기 |** ㄴ. 효소는 화학 반응이 일어나기 위해 필요한 최소한의 에너지인 활성화에너지를 낮춰 반응이 쉽게 일어나게 하고, 반응 속도를 빠르게 한다.
ㄷ. 효소의 주성분은 단백질로, 효소의 종류에 따라 고유한 입체 구조를 가지고 있다.

679　①, ② 반응물의 에너지가 생성물의 에너지보다 크므로 이화작용(발열 반응)이 일어날 때의 에너지 변화이다.
⑤ 효소가 있을 때에는 효소가 없을 때보다 활성화에너지가 ‘D−E’만큼 작아진다.
⑥ 반응열(A)의 크기는 효소의 유무에 관계없이 일정하다.
⑦ 이화작용에서는 반응물이 생성물로 변하면서 반응열(C−D=A)만큼의 에너지가 방출된다.
바로알기 | ③ 반응물의 에너지가 생성물의 에너지보다 크므로 에너지가 방출되는 발열 반응이다.
④ 효소가 없을 때의 활성화에너지는 D이고, 효소가 있을 때의 활성화에너지는 E이다.

680　⑤ ㉠은 효소가 없을 때의 에너지 변화이고, ㉡은 효소가 있을 때의 에너지 변화이다.
⑥ 반응열은 반응물과 생성물의 에너지 차이로, 흡열 반응에서는 활성화에너지의 크기가 반응열보다 크다.
⑦ 효소의 유무에 관계없이 반응물과 생성물의 에너지 크기는 변하지 않으므로 반응열의 크기도 변하지 않는다.
바로알기 | ② 반응물의 에너지가 생성물의 에너지보다 작으므로 저분자 물질로 고분자 물질을 합성하는 동화작용이며, 흡열 반응이다.
④ 효소가 없을 때의 활성화에너지는 A이고, 효소가 있을 때의 활성화에너지는 ‘반응열＋B’이다.

681　ⓐ는 저분자 물질인 이산화 탄소와 물로 고분자 물질인 포도당을 합성하는 과정이므로 동화작용이고, ⓑ는 고분자 물질인 포도당을 저분자 물질인 이산화 탄소와 물로 분해하는 과정이므로 이화작용이다.
ㄷ. 효소가 없을 때의 활성화에너지는 ‘A＋C’, 효소가 있을 때의 활성화에너지는 ‘B＋C’이다. 따라서 활성화에너지는 효소가 있을 때가 없을 때보다 ‘A−B’만큼 작아진다.
바로알기 | ㄴ. (나)는 생성물의 에너지가 반응물의 에너지보다 크므로 동화작용(ⓐ)이 일어날 때의 에너지 변화이다.

682　ㄱ. 과산화 수소의 양이 줄어드는 속도는 A가 B보다 느리므로 A는 효소가 없을 때이고, B는 효소가 있을 때이다.
바로알기 | ㄴ. 효소는 활성화에너지를 낮추므로 활성화에너지는 효소가 없을 때(ⓐ)가 효소가 있을 때(ⓒ)보다 크다.
ㄷ. 효소의 유무와 관계없이 반응열의 크기는 같다(ⓑ＝ⓓ).

 A는 효소, B는 반응물, D는 생성물, (가)는 효소기질복합체이다.

⑨ 고분자 물질인 B가 저분자 물질인 D로 분해되는 반응이므로 발열 반응이다.

⑪ 효소는 반응물과 결합한 효소기질복합체의 상태에서 활성화에너지를 낮춘다.

바로알기 | ⑦ C는 효소(A)와 입체 구조가 맞지 않기 때문에 농도가 높아져도 효소와 결합하지 못한다.

⑧ 이 반응은 'B → D'로 나타낼 수 있다. 효소(A)는 반응식에 포함되지 않는다.

684 **모범 답안** 효소는 자신의 입체 구조와 맞는 물질하고만 결합하는 기질특이성이 있다. 효소는 반응 전후에 구조와 성질이 변하지 않으므로 새로운 반응물과 결합하여 재사용된다.

685 ㄴ. (나)는 흡열 반응의 에너지 변화이므로 1분자당 에너지양은 생성물(ⓛ)이 반응물(㉠)보다 많다.

ㄷ. 효소가 있는 (가) 반응의 활성화에너지는 'A+B'이다.

바로알기 | ㄱ. (가) 반응이 일어날 때 에너지가 흡수된다.

686 ㄱ. X는 고분자 물질인 ⓑ가 저분자 물질인 ⓐ로 분해되는 반응(이화작용)을 촉진한다.

바로알기 | ㄴ. (나)에서 시간이 흐를수록 농도가 높아지는 ㉠은 생성물(ⓐ)이고, 농도가 낮아지는 ⓛ은 반응물(ⓑ)이다.

ㄷ. 활성화에너지는 t_1일 때와 t_2일 때가 같다.

687 ㄱ. 효소가 가장 잘 작용할 수 있는 pH값을 최적 pH라고 하며, 효소의 종류에 따라 최적 pH가 다르다.

ㄴ, ㄷ. 효소의 주성분인 단백질의 입체 구조는 온도와 pH의 영향을 받아 바뀔 수 있으며(변성), 효소의 입체 구조가 바뀌면 반응물과 결합하지 못하여 기능을 잃는다.

688 ㄱ, ㄴ. 반응이 진행될수록 농도가 감소하는 ㉠은 반응물이며, 반응 초기에 농도가 감소하였다가 반응 후기에 원래의 농도를 회복하는 ㉣은 반응물과 결합하지 않은 효소이다. 반응 초기에 농도가 증가하였다가 반응 후기에 거의 0에 가깝게 감소하는 ㉡은 효소기질복합체이고, 반응이 진행될수록 농도가 증가하는 ㉢은 생성물이다.

바로알기 | ㄷ. 효소(㉣)는 반응물(㉠)과 결합할 수 있는 구조를 가진다.

ㄹ. 반응물과 결합하지 않은 효소(㉣)의 농도는 t_1일 때가 t_2일 때보다 낮다.

따라서 $\dfrac{t_1\text{일 때 반응물과 결합하지 않은 효소의 농도}}{t_2\text{일 때 반응물과 결합하지 않은 효소의 농도}}$ 는 1보다 작다.

689 ㄱ. 반응물의 농도가 일정할 때 효소의 농도가 높아지면 반응 속도가 빨라진다. 따라서 효소의 농도가 2이고, 온도가 37 ℃인 Ⅲ에서 반응 속도가 가장 빠르다. 온도가 같은 Ⅰ과 Ⅱ 중에서는 효소의 농도가 2배인 Ⅱ가 Ⅰ보다 반응 속도가 빠르다.

ㄷ. ㉠에서 t_2일 때에는 B의 농도가 더 이상 증가하지 않는 것으로 보아 반응물이 모두 생성물로 변한 것을 알 수 있다. 따라서 t_2일 때 반응물과 결합한 X의 수는 0에 가깝다.

바로알기 | ㄴ. 반응 속도는 Ⅰ<Ⅱ<Ⅲ이므로 (나)에서 B(생성물)의 농도가 가장 빠르게 증가하는 ㉠이 Ⅲ에, B의 농도가 가장 천천히 증가하는 ㉢은 Ⅰ에, ⓛ은 Ⅱ에 해당한다.

690 **바로알기** | ①, ② 효소는 높은 온도에서 입체 구조가 변하여 기능을 잃는다. 따라서 삶은 감자에 있는 카탈레이스는 기능을 잃은 상태이므로 ⓐ는 '기포가 발생하지 않음'이고, ⓑ는 '변화 없음'이다.

③ 꺼져 가는 불씨를 넣었을 때 B에서 불씨가 살아나는 것으로 보아 기포의 성분은 산소임을 알 수 있다.

④ 과산화 수소수를 더 넣었을 때 B에서 기포가 다시 발생하는 것으로 보아 효소의 재사용이 가능하다는 것을 알 수 있다.

691 **모범 답안** (1) 생감자에 들어 있는 카탈레이스에 의해 과산화 수소가 물과 산소로 분해되기 때문이다.

(2) 효소의 주성분은 단백질이며, 단백질은 높은 온도에서 입체 구조가 변한다. 따라서 감자를 삶으면 카탈레이스의 입체 구조가 변하여 기능을 잃어버리므로 기포가 발생하지 않는다.

692 **모범 답안** 효소는 활성화에너지를 낮추어 반응이 빠르게 일어나게 한다. 효소는 열에 의해 변성되어 기능을 잃는다.

693 ㄱ. 동물의 간에는 과산화 수소의 분해(이화작용)를 촉진하는 카탈레이스가 있다.

ㄷ. 과산화 수소의 양이 많은 D에서 기포가 더 많이 발생하였다.

바로알기 | ㄴ. 기포는 과산화 수소의 분해로 생성되므로 기포 발생이 끝난 후 B와 D에 생간 조각을 더 넣어도 기포는 다시 발생하지 않는다.

694 ㄱ. 과산화 수소의 분해는 이화작용으로, 발열 반응이다.

ㄷ. 반응물의 양이 같고 효소의 농도가 다른 B와 C를 비교했을 때 C에서 고무풍선이 더 크게 부푼 것은 C에서 반응이 빠르게 일어났기 때문이다.

바로알기 | ㄴ. C에서 고무풍선이 가장 크게 부풀었으므로 과산화 수소의 분해는 C에서 가장 많이 일어났다.

ㄹ. 생성물의 양은 반응물의 양에 비례하므로 충분한 시간이 지나면 B와 C의 고무풍선의 크기는 같아질 것이다.

695 ㄷ. S_2일 때는 반응물의 농도가 증가해도 초기 반응 속도가 증가하지 않으므로 효소와 반응물의 결합 정도는 효소와 결합하지 않은 반응물이 있는 C이다. 따라서 반응물의 농도를 높여도 반응 속도는 2로 일정하며, 반응 속도를 증가시키기 위해서는 효소의 농도를 높여야 한다.

바로알기 | ㄱ. S_1일 때는 반응물의 농도가 증가함에 따라 초기 반응 속도가 증가하므로 효소와 반응물의 결합 정도는 반응물과 결합하지 않은 효소가 있는 A이다.

ㄴ. 같은 효소의 반응에서는 반응물의 농도에 관계없이 활성화에너지의 크기는 같다.

> **✔ 개념 보충**
>
> **반응물의 농도와 효소의 반응 속도**
> 효소의 농도가 일정할 때 초기 반응 속도는 반응물의 농도가 증가할수록 증가하지만, 반응물의 농도가 어느 수준에 이르면 더 이상 증가하지 않는다. ➡ 모든 효소가 반응물과 결합한 상태이기 때문이다.
>
> **효소의 농도와 효소의 반응 속도**
> 반응물의 농도가 같을 때 효소의 농도가 증가할수록 초기 반응 속도가 증가한다.

696 **바로알기** | ① 식물의 뿌리에서 토양의 물을 흡수하는 것은 삼투에 의한 것으로, 효소가 관여하지 않는다.

⑤ 포도당이 세포막의 막단백질을 통해 이동하는 것은 촉진확산의 예에 해당하며, 이 과정에 효소는 관여하지 않는다.

697 **바로알기** | ① 효소는 생명체 밖에서도 작용할 수 있으므로 다양한 분야에서 활용된다.

④ 효소의 주성분은 단백질이며, 단백질은 높은 온도에서 입체 구조가 변하기 때문에 적당한 온도를 유지하지 않으면 효소는 기능을 잃어버린다.

빈출 자료 보기 183쪽

698 (1) × (2) ○ (3) ○ (4) ○ (5) × (6) × (7) ○ (8) × (9) ×
(10) ×

698 바로알기 | (1), (5) 사람의 세포에서 전사(가)는 핵 속에서, 번역
(나)은 세포질의 라이보솜에서 일어난다.
(6) 전사에 이용된 가닥은 RNA와 상보적인 염기서열을 갖는 Ⅱ이다.
(8) RNA에서 ㉢의 염기서열은 DNA 가닥 Ⅱ의 염기서열 GAT에
상보적인 CUA이다.
(9) ⓐ를 지정하는 코돈은 DNA 가닥 Ⅱ의 염기서열 AGG에 상보적
인 UCC이다.
(10) X는 4개의 아미노산으로 구성되므로 3개의 펩타이드결합이 있다.

난이도별 필수 기출 184쪽~189쪽

699 ⑤	**700** ④	**701** ④	**702** ③, ⑤	**703** ③
704 ⑤	**705** ①	**706** 해설 참조	**707** ④	
708 ①, ⑦	**709** ①, ⑤, ⑦	**710** 해설 참조		**711** ⑤
712 ③	**713** ②	**714** 해설 참조	**715** ②	**716** ②
717 ②, ③	**718** 해설 참조	**719** ①	**720** ③	
721 ①, ⑤, ⑦		**722** ②	**723** ⑤	**724** 해설 참조
725 ②	**726** ①	**727** 해설 참조	**728** ②	

699 유전자에는 염기서열 형태로 단백질합성에 필요한 정보가 저
장되어 있다.

700 ㉠은 DNA, ㉡은 유전자이다.
바로알기 | ④ 하나의 DNA(㉠)에 많은 수의 유전자(㉡)가 각각 정해
진 위치에 있다.

701 A는 염색체, B는 DNA, C는 유전자이다.
ㄴ. 유전자(C)에 저장된 유전정보에 따라 단백질이 합성되고, 합성된
단백질의 작용으로 형질이 나타난다.
바로알기 | ㄷ. 유전자(C)에는 단백질을 합성하는 데 필요한 아미노산
서열에 대한 정보가 저장되어 있다.

702 ⑦ 단백질의 기본 단위체는 아미노산이며, 아미노산이 펩타이
드결합으로 연결되어 단백질이 합성된다.
바로알기 | ③ DNA(㉡)는 두 가닥의 폴리뉴클레오타이드로 구성된
이중나선구조이다.
⑤ 유전자 A와 B는 서로 다른 단백질을 합성하므로 저장된 유전정보
도 서로 다르다.

703 ㉠은 붉은 색소 합성효소 유전자, ㉡은 붉은 색소 합성효소,
㉢은 붉은 색소이다.
바로알기 | ㄷ. ㉡은 붉은 색소(㉢)를 합성하는 반응을 촉매하는 붉은
색소 합성효소이며, 효소(단백질)에는 유전정보가 저장되어 있지 않다.

704 ㄴ. 젖당분해효소 유전자(㉠)에 이상이 생기면 젖당분해효소
(㉡)가 생성되지 않아 우유 속의 젖당을 잘 분해하지 못한다.
바로알기 | ㄱ. DNA의 일부분인 유전자의 기본 단위체는 뉴클레오타
이드이고, 효소의 주성분인 단백질의 기본 단위체는 아미노산이다.

705 **바로알기** | ㄴ. 멜라닌합성효소 유전자 A와 B에는 멜라닌합
성효소에 대한 정보가 저장되어 있다.
ㄷ. 멜라닌합성효소 유전자 A에 의해서는 많은 수의 멜라닌합성효소
가 만들어지고, 멜라닌합성효소 유전자 B에 의해서는 적은 수의 멜라
닌합성효소가 만들어지므로 유전자에 저장된 유전정보는 합성되는 단
백질의 종류와 양에 모두 영향을 미친다.

706 **모범 답안** ㉠ 생명중심원리, ㉡ 전사, ㉢ 번역, ㉡은 핵 속에서, ㉢
은 세포질의 라이보솜에서 일어난다.

707 ㄷ. 아미노산은 20종류이고, 코돈은 64종류이므로 한 종류의
아미노산을 지정하는 코돈은 한 종류 이상이다.
바로알기 | ㄱ. DNA의 유전부호는 3염기조합이고, RNA의 유전부
호는 코돈이다.

708 (가)는 DNA, (나)는 RNA이고, ㉠은 전사, ㉡은 번역이다.
바로알기 | ② DNA(가)는 이중나선구조이며, 전사에는 DNA의 두
폴리뉴클레오타이드 가닥 중 한 가닥이 이용된다.
③, ④ RNA(나)는 단일 가닥 구조이며, 당으로 라이보스를 갖는다.
⑤ ㉠은 전사이다.
⑥ 사람의 세포에서 전사는 핵 속에서, 번역은 세포질의 라이보솜에서
일어난다.

709 (가)는 핵, ㉠은 DNA, ㉡은 RNA, Ⅰ은 번역이다.
바로알기 | ② 유라실(U)은 RNA(㉡)에만, 타이민(T)은 DNA(㉠)에
만 있는 염기이다.
③ 유전자는 유전정보가 저장된 DNA(㉠)의 특정 부위이다.
④ DNA(㉠) → RNA(㉡)로 유전정보가 전달되는 과정을 전사라고
한다.
⑥ 번역(Ⅰ) 과정에서는 아미노산이 펩타이드결합으로 연결되어 폴리
펩타이드를 형성한다.

710 **모범 답안** 사람의 세포에서 유전정보는 DNA에서 RNA를 거쳐
단백질로 전달되는데, 핵 속에서 DNA의 유전정보가 RNA로 전달되는 전
사가 일어나고, 세포질의 라이보솜에서 RNA의 유전정보로부터 단백질이
합성되는 번역이 일어난다.

711 ㉠은 핵, ㉡은 라이보솜, ㉢은 골지체, ⓐ는 전사, ⓑ는 번역
이다.
ㄴ. 라이보솜(㉡)에서 합성된 단백질은 소포체를 거쳐 골지체(㉢)로 이
동한 후 세포 밖으로 분비된다.
ㄷ. DNA의 3염기조합과 RNA의 코돈 모두 3개의 연속된 염기가 1
개의 아미노산을 지정한다.
바로알기 | ㄱ. 핵(㉠) 속에 있는 DNA는 세포질로 이동하지 않으며,
핵 속에서 전사가 일어나 RNA가 합성된다.

712 (가)는 핵, (나)는 라이보솜, (다)는 소포체, ㉠은 DNA, ㉡은
RNA, ㉢은 단백질, ⓐ는 번역이다.
ㄱ. 핵에는 DNA, RNA, 단백질이 모두 있다. 염색체는 DNA와 단
백질로 이루어져 있으며, 전사 과정에 관여하는 효소도 단백질이다.

 ㄷ. (다)는 소포체이다. DNA(㉠)의 염기서열이 RNA(㉡)의 염기서열로 바뀌는 전사는 핵(가)에서 일어난다.

713 DNA는 '전사가 일어나 만들어지는가?'와 '번역이 일어나 만들어지는가?'에 모두 해당하지 않으므로 ㉢은 DNA이다.
ㄷ. DNA(㉢)에서 아데닌(A)과 타이민(T)은 상보적으로 결합하므로 아데닌(A)의 수와 타이민(T)의 수는 같다.
 ㄱ. ㉡과 ㉢ 중 하나에만 아데닌(A)이 있으므로 ㉡은 단백질이다. 따라서 (나)는 '번역이 일어나 만들어지는가?'이고, (가)는 '전사가 일어나 만들어지는가?'이며, ㉠은 RNA이다.
ㄴ. 3염기조합은 DNA(㉢)의 유전부호이다.

714 지구에 사는 모든 생명체는 같은 유전부호 체계를 이용하여 생물종에 관계없이 같은 코돈은 같은 아미노산을 지정하기 때문이다.

715 ② RNA와 상보적인 염기서열을 가진 DNA 가닥은 (나)이므로 RNA는 (나) 가닥으로부터 전사되었다.

716 ㄴ. DNA에서 아래쪽 가닥이 전사에 이용된 가닥이므로 ㉠의 염기서열은 CUA이다.
 ㄱ. (가)는 DNA의 유전정보가 RNA로 전달되는 전사로, 핵 속에서 일어난다. 라이보솜에서 일어나는 과정은 번역이다.
ㄷ. ⓐ를 지정하는 코돈은 AGG이다.

717 ① 전사가 일어날 때에는 DNA 이중나선이 풀리고, 두 가닥의 폴리뉴클레오타이드 중 한 가닥의 염기에 상보적인 염기를 가진 RNA 뉴클레오타이드가 하나씩 결합하여 RNA가 합성된다.
⑦ DNA의 염기서열이 달라지면 이로부터 전사되는 RNA의 코돈이 달라져 지정하는 아미노산이 달라질 수 있다.
 ② 전사에 이용된 DNA 가닥은 RNA의 염기서열과 상보적인 Ⅰ이다.
③ ㉠의 염기서열은 UCU이다.

718 (1) ACCTTTCCGAGT
(2) 4개, RNA의 연속된 3개의 염기가 1개의 아미노산을 지정하기 때문이다.

719 ㄱ. RNA의 염기서열이 DNA의 가닥 Ⅰ과 상보적이므로 가닥 Ⅰ이 전사에 이용된 가닥이다.
 ㄴ. 가닥 Ⅰ이 전사에 이용되었으므로 ㉠의 염기서열은 AGA이다. A과 G은 DNA와 RNA에 공통으로 있는 염기이다.
ㄷ. 이 RNA가 번역되면 4개의 아미노산으로 구성되어 3개의 펩타이드결합을 가진 단백질이 합성된다.

720 ㄱ. (가)는 단백질, ㉠은 아미노산 사이의 펩타이드결합이다.
ㄷ. ⓐ를 지정하는 코돈은 UCA이다.
 ㄴ. 염기 T이 있는 (나)는 DNA이고, 염기 U이 있는 (다)는 RNA이다. (나)의 염기서열과 (다)의 염기서열은 상보적이 아니므로, (나)는 (다)의 합성에 이용된 DNA 가닥이 아니다.

721 전사에 이용된 DNA 가닥은 RNA(가)와 상보적인 염기서열을 가진 Ⅰ이다. 가닥 Ⅰ의 염기서열은 ATGAGGTGC이고, 가닥 Ⅱ의 염기서열은 TACTCCACG이며, RNA의 염기서열은 UACUCCACG이다.
③ RNA(가)를 구성하는 뉴클레오타이드의 당은 라이보스이다.
⑥ ㉡은 코돈 UCC에 의해 지정되는 ⓕ이다.
 ① 전사에 이용된 DNA 가닥은 Ⅰ이다.

⑤ ㉠의 염기서열은 RNA(가)의 UAC에 상보적인 ATG이다.
⑦ 단백질을 구성하는 아미노산은 ⓔ, ⓕ, ⓑ의 3종류이다.

722 전사에 이용된 DNA 가닥은 RNA의 염기서열에 상보적인 염기서열을 가진 아래쪽 가닥이다.
ㄴ. (나)의 염기서열은 GACTC로 T이 1개이고, (다)의 염기서열은 UUG로 U이 2개이다.
 ㄱ. (가)의 염기서열은 위쪽이 GCA, 아래쪽이 CGT로, A은 1개이고, G은 2개이다.
ㄷ. (다)의 염기서열은 UUG로 류신을 지정하며, CUG도 류신을 지정하므로 단백질의 아미노산서열은 알라닌—류신—류신—세린이다.

723 DNA 가닥 Ⅰ과 Ⅱ, RNA를 구성하는 염기는 각각 21개이다. RNA를 구성하는 A의 수가 5개이므로 전사에 이용된 DNA 가닥에는 T이 5개 있어야 한다. 따라서 전사에 이용된 가닥은 Ⅱ이다.
ㄴ. RNA의 염기서열은 A□GG□UCGCUACUUACAUUGA이다. RNA에는 T이 없으므로 $y=0$이고, C이 4개, U이 6개인데 U의 수$(2x)$가 C의 수(x)의 2배가 되려면 □는 모두 U이어야 한다. 따라서 $x=4$이고, $x+y=4$이다.
ㄷ. RNA의 염기서열은 AUGGUUCGCUACUUACAUUGA이므로 ㉠의 염기서열은 RNA에서 염기서열이 UGGU인 부위에 상보적인 ACCA이다.
 ㄱ. 전사에 이용된 DNA 가닥은 Ⅱ이다.

724 (1) RNA에만 있는 ㉢은 유라실(U)이고, DNA에만 있는 ㉡은 타이민(T)이며, DNA와 RNA에 모두 있는 ㉠은 아데닌(A)이다.
 (1) ㉠ 아데닌(A), ㉡ 타이민(T), ㉢ 유라실(U)
(2) ⓐ가 구아닌(G)으로 바뀌기 전의 아미노산서열은 (가)—(다)—(라)이고, ⓐ가 구아닌(G)으로 바뀌면 마지막 아미노산을 지정하는 코돈이 UUA에서 UUC로 바뀌어 아미노산서열이 (가)—(다)—(마)가 된다.

725

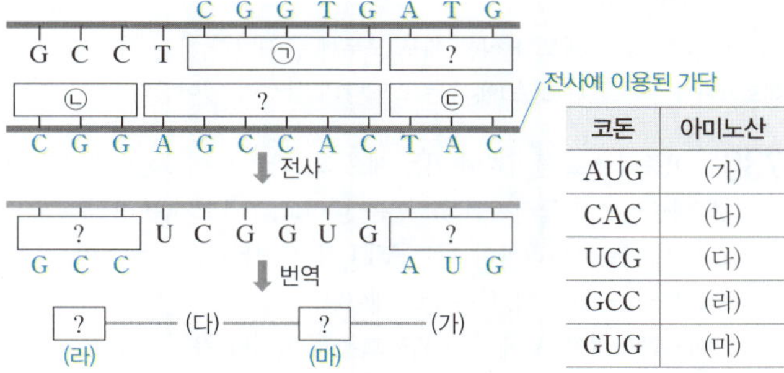

코돈	아미노산
AUG	(가)
CAC	(나)
UCG	(다)
GCC	(라)
GUG	(마)

DNA에서 위쪽 가닥의 왼쪽 4번째 염기가 T이고, RNA의 왼쪽 4번째 염기가 U이므로 DNA의 아래쪽 가닥이 전사에 이용되었다. ㉡의 염기서열은 GCC에 상보적인 CGG이다. (가)를 지정하는 코돈은 AUG이므로 ㉢의 염기서열은 AUG에 상보적인 TAC이다. 따라서 전사에 이용된 DNA 가닥의 염기서열은 CGGAGCCACTAC이다.
ㄴ. RNA의 염기서열이 GCCUCGGUGAUG이므로 단백질의 아미노산서열은 (라)—(다)—(마)—(가)이다.
 ㄱ. ㉠의 염기서열은 DNA에서 아래쪽 가닥의 염기서열 GCCAC에 상보적인 CGGTG이고, ㉡의 염기서열은 CGG, ㉢의 염기서열은 TAC이다. 따라서 ㉠에서 G의 수는 3이고, ㉡과 ㉢에서 C의 수를 더한 값은 2이다.
ㄷ. (다)를 지정하는 코돈은 UCG이므로 전사에 이용된 DNA 가닥에서 (다)를 지정하는 염기서열은 AGC이다.

 ㄱ. ㉡에 염기서열이 AUGCGU인 부위가 있으므로 ㉡의 전사에 이용된 ㉠의 한 가닥에 염기서열이 TACGCA인 부위가 있고, 다른 가닥에 이와 상보적인 ATGCGT인 부위가 있다.

바로알기 | ㄴ. ㉡은 15개의 뉴클레오타이드로 구성되므로 ㉡에는 최대 5개의 코돈이 있다.

ㄷ. ㉢에 5개의 펩타이드결합이 있으므로 ㉢은 6개의 아미노산으로 구성되며, ㉢을 합성하는 데 이용된 RNA는 최소 18개의 뉴클레오타이드로 구성된다. 따라서 ㉢의 합성에 이용된 RNA는 ㉡이 아니다.

727 **모범 답안** 유전자에 이상이 생겨 DNA의 염기서열이 바뀌면 이로부터 전사된 RNA의 코돈이 바뀌어 지정하는 아미노산이 달라지고, 그에 따라 정상적인 기능을 하는 단백질이 합성되지 않아 유전병이 나타난다.

728 ㄴ. 유전자의 이상으로 글루탐산이 발린으로 바뀌었다.

바로알기 | ㄱ. 유라실(U)은 RNA에만 있는 염기이므로 (가)에서 번역이 일어나 돌연변이 헤모글로빈이 합성되었다.

ㄷ. 정상 헤모글로빈을 만드는 RNA의 염기서열은 GAA이고, 돌연변이 헤모글로빈을 만드는 RNA의 염기서열은 GUA이다. 따라서 전사에 이용된 DNA 가닥의 염기서열이 CTT에서 CAT로 바뀐 결과 낫모양적혈구가 형성되었다.

최고 수준 도전 기출

190쪽~191쪽

729 ④	730 ③	731 ③	732 ②	733 ①	734 ④
735 ③	736 ⑤				

---

729 세포의 생명활동을 조절하는 세포소기관은 핵이고, 라이보솜과 핵은 동물 세포와 식물 세포에 모두 있으며, 엽록체는 식물 세포에만 있다. 따라서 I은 핵이고, II는 엽록체이며, A는 엽록체, B는 핵, C는 라이보솜이다.

ㄱ. 핵(B)은 동물 세포와 식물 세포 모두에 존재한다.

바로알기 | ㄷ. 엽록체(A)에서는 포도당의 합성이 일어난다.

730 이중막으로 둘러싸여 있는 세포소기관은 마이토콘드리아와 핵이므로 '이중막으로 둘러싸여 있다.'는 ㉡이고, ATP가 생성되는 세포소기관은 마이토콘드리아이므로 'ATP가 생성된다.'는 ㉠이며, A는 마이토콘드리아, B는 핵, C는 소포체이다.

ㄱ. 마이토콘드리아(A)에서는 세포호흡이 일어나 유기물을 분해하여 생명활동에 필요한 에너지를 생산한다.

ㄷ. ⓐ는 소포체(C)만 갖는 특징이므로 '납작한 주머니와 관으로 되어 있다.'는 ⓐ에 해당한다.

바로알기 | ㄴ. 소포체(C)는 단백질의 이동에 관여하며, 단백질을 세포 밖으로 분비하는 기관은 골지체이다.

731 ㄱ. A는 막단백질로, 특정 막단백질은 특정 물질만을 이동시키므로 물질을 선택적으로 투과시킬 수 있다.

ㄷ. (나)에서 막단백질을 형광 물질로 표지한 까닭은 위치를 추적하기 위한 것이다. 세포막의 일부 부위에서 형광 물질을 제거한 후 형광 물질의 분포가 달라지는 것으로부터 세포막을 구성하는 단백질의 위치는 고정되어 있지 않고 유동적임을 알 수 있다.

바로알기 | ㄴ. A는 막단백질로 지방산을 포함하고 있지 않다. 지방산은 인지질의 성분이다.

732 ㄴ. t_1일 때에는 세포의 부피 변화가 없으므로 세포 안팎으로 이동하는 물의 양이 같고, t_2일 때에는 세포의 부피가 증가하고 있으므로 세포 안으로 이동하는 물의 양이 세포 밖으로 이동하는 물의 양보다 많다.

바로알기 | ㄱ. X를 ㉠에 넣었을 때 세포의 부피가 감소하므로 ㉠은 X의 세포액보다 농도가 높다.

ㄷ. 구간 I에서는 세포의 부피가 감소하고 있으므로 세포액의 농도는 증가한다.

733 ㄱ. ㉠은 반응이 진행될수록 농도가 증가하므로 생성물이고, ㉡은 반응이 진행될수록 농도가 감소하므로 반응물이다. (나)에서 생성물의 양이 더 이상 증가하지 않는 시점에 A를 추가하면 생성물의 양이 증가하므로 A는 반응물(㉡)이다.

바로알기 | ㄴ. X에 의한 반응 속도는 생성물이 만들어지는 속도로, 그래프의 기울기에 해당한다. 따라서 반응 속도는 t_1일 때가 t_2일 때보다 빠르다.

ㄷ. t_3일 때에는 생성물이 만들어지지 않고, t_4일 때에는 생성물이 만들어지고 있다. 따라서 효소기질복합체의 농도는 t_4일 때가 t_3일 때보다 높다.

734 ㄱ. (가)에서 B의 경우 70 ℃일 때 반응 속도가 가장 빠르고, 10 ℃와 30 ℃일 때에는 작용하지 않으므로 (나)와 같은 그래프가 나타나지 않는다. 따라서 X는 A이다.

ㄴ. (가)에서 A의 경우 30 ℃일 때 반응 속도가 가장 빠르고, 70 ℃일 때에는 작용하지 않는다. (나)에서 반응 속도가 가장 빠른 것은 반응물의 농도가 가장 빠르게 감소하는 ㉢이므로 ㉢은 30 ℃이다. ㉠은 반응물의 농도에 변화가 없으므로 반응이 일어나지 않고 있다. 따라서 ㉠은 70 ℃이고, ㉡은 10 ℃이다.

바로알기 | ㄷ. 70 ℃일 때 A는 작용하지 않고, B는 반응 속도가 최대이다.

735 ㄱ, ㄴ. DNA를 구성하는 염기는 A, G, C, T이고, RNA를 구성하는 염기는 A, G, C, U이다. 따라서 x가 0이 아니면 I~III에 A, G, ㉠, ㉡이 모두 있으면 ㉠과 ㉡ 중 하나는 T과 U이 모두 될 수 없는 모순이 생긴다. 따라서 x는 0이다. I~III 중 ㉠은 II에만 있으므로 II는 RNA이고, ㉠은 U이며, I과 III은 DNA이다. ㉡은 II에 없고, I과 III에 있으므로 T이다. 따라서 ㉢은 C이고, y는 I의 G과 같은 비율인 25 %이다.

바로알기 | ㄷ. RNA(II)에서 A의 비율이 30 %이므로 전사에 이용된 DNA 가닥에서 T(㉡)의 비율이 30 %이다. 따라서 (가)에서 전사에 이용된 가닥은 III이다.

736 ㄱ. I의 염기서열은 TAC GCT AGC CGT GAC이므로 I이 전사되어 합성된 RNA의 염기서열은 AUG CGA UCG GCA CUG이다. 따라서 유라실(U)의 수는 3이다.

ㄴ. X의 아미노산서열은 ⓑ-ⓓ-ⓕ-ⓒ-ⓔ이고, Y의 아미노산서열은 ⓑ-ⓓ-ⓐ-ⓒ-ⓔ이므로 II가 전사되어 합성된 RNA의 염기서열은 AUG CGA AUC GCA CUG이다. 따라서 II의 염기서열은 TAC GCT TAG CGT GAC이다. 따라서 II는 I에서 9번째 염기인 사이토신(C)이 제거되고, 7번째 염기로 타이민(T)이 삽입된 것이다.

ㄷ. y에서 전사에 이용되지 않는 DNA 가닥의 염기서열은 II에 상보적이므로 ATG CGA ATC GCA CTG이다. 따라서 염기서열이 GAATCG인 부위가 있다.

선택형 대비

Ⅰ. 과학의 기초

1. 과학의 기초
01강~02강

| **1** ③ | **2** ⑤ | **3** ② | **4** ③ | **5** ④ | **6** ③ |
| **7** ⑤ | **8** ③ | **9** ③ | **10** ④ | | |

1 ㄱ. (가) 앙부일구는 태양의 위치 변화에 따른 그림자의 길이로 시간을 측정한다.
ㄴ. (나) 세슘 원자시계는 원자에서 나오는 빛의 진동수를 이용하여 시간을 정밀하게 측정한다.
바로알기 ┃ ㄷ. 현대에는 측정 기술이 발달하여 측정할 수 있는 시간의 규모가 과거보다 점점 다양해지고 있다.

2 ㄴ. 기본량은 시간, 길이, 질량, 전류, 온도, 광도, 물질량으로, 총 7개가 있다. 지름과 몸길이는 모두 기본량 중 길이에 해당한다.

3 **바로알기** ┃ ㄱ. 길이는 기본량이고, 부피, 밀도는 유도량이다.
ㄷ. 기본량은 다른 물리량을 활용하여 표현할 수 없다.

4 **바로알기** ┃ 국제단위계의 단위는 온도는 K, 길이는 m, 시간은 s, 전류는 A이다.

5 **바로알기** ┃ ㄱ. 속력은 이동 거리를 시간으로 나누어 나타내며, 유도량이다.

6 측정은 물체의 질량, 길이, 부피 등의 양을 재는 활동이다. 정확하고 일관성 있는 결과를 얻으려면 측정의 기준이 되는 단위, 방법, 도구 등을 정한 측정 표준이 필요하다.

7 ㄷ. 기술의 발전으로 측정 표준은 점차 정밀해졌다. 미터원기는 시간이 지남에 따라 변형되거나 손상되지만 빛의 속력은 일정하므로 빛을 이용하여 정의한 1 m는 미터원기로 정의한 1 m보다 정밀하다.

8 **바로알기** ┃ ㄷ. 디지털 정보는 저장과 분석이 쉬워 다양한 디지털 기기에서 이용되며, 전송하기 쉽기 때문에 정보 통신에 활용된다.

9 **바로알기** ┃ ㄷ. 압력 센서는 누르는 힘을 감지하고, 가속도 센서는 물체의 운동 변화를 감지한다.

10 **바로알기** ┃ ④ 까치의 행동을 관찰하여 강우를 예측하는 것은 단순한 관찰과 자연 현상에 대한 해석이다.

| **1** ③ | **2** ④ | **3** ③ | **4** ③ | **5** ② | **6** ③ |
| **7** ⑤ | **8** ③ | **9** ② | **10** ④ | | |

1 **바로알기** ┃ ㄷ. 자연 현상은 규모가 매우 다양하므로 측정 대상의 규모에 따라 적절한 방법으로 시간과 길이를 측정해야 한다.

2 **바로알기** ┃ ㄱ. 현대에는 측정 기술이 발달하여 측정할 수 있는 시간과 길이의 규모가 점점 다양해지고 있으며, 원자처럼 눈에 보이지 않는 규모의 세계도 측정할 수 있다.

3 • 학생 A: 부피의 단위는 길이의 단위인 m를 이용하여 m^3로 나타낸다.
• 학생 C: 밀도의 단위는 질량의 단위인 kg과 길이의 단위인 m를 이용하여 kg/m^3로 나타낸다.
바로알기 ┃ • 학생 B: 속력의 단위는 길이의 단위인 m와 시간의 단위인 s를 이용하여 m/s로 나타낸다.

4 **바로알기** ┃ ㄷ. (가)는 거시 세계, (나)는 미시 세계이며, 공간 규모는 (가)가 (나)보다 크다.

5 **바로알기** ┃ ㄱ. 온도의 국제단위계 단위는 K(켈빈)이다.
ㄴ. 온도는 기본량이고, 속력과 압력은 유도량이다.

6 **바로알기** ┃ ㄴ. 어림은 과학적인 사고 과정, 자료, 측정 경험 등을 바탕으로 수행한다.

7 측정 표준은 정확하고 일관성 있는 측정을 위해 만든 과학적 기준으로, 일상생활, 산업, 과학 연구 등 다양한 분야에 유용하게 활용된다.

8 **바로알기** ┃ ③ 캐리커처를 그리는 것은 예술적인 활동이며 정확한 기준이 없고 주관적이다.

9 신호는 자연에서 일어나는 다양한 변화가 전달되는 것이고, 정보는 자연의 신호를 측정하고 분석하여 유용한 형태로 만든 것이다.

10 **바로알기** ┃ ㄱ. 자연의 신호는 대부분 (가) 아날로그 신호의 형태로 나타난다.

Ⅱ. 물질과 규칙성

1. 자연의 구성 원소
03강~05강

1 ③	**2** ③	**3** ①	**4** ④	**5** ③	**6** ②
7 ⑤	**8** ④	**9** ③	**10** ③	**11** ⑤	**12** ①
13 ④	**14** ⑤	**15** ④	**16** ③	**17** ③	**18** ③

1 (가)는 연속 스펙트럼, (나)는 흡수 스펙트럼, (다)는 방출 스펙트럼이다.
ㄷ. 같은 원소에 의해 스펙트럼에 나타난 흡수선과 방출선은 위치와 선의 개수가 같다.
바로알기 ┃ ㄱ. 기체 방전관에서 방출된 빛의 스펙트럼은 방출 스펙트럼(다)이다.

실전 대비 BOOK

ㄴ. 저온의 기체를 통과한 빛은 특정 파장의 빛이 기체에 흡수되어 흡수 스펙트럼(나)이 나타나고, 고온의 기체에서 방출된 빛은 특정 파장의 빛을 방출하여 방출 스펙트럼(다)이 나타난다. 따라서 기체의 온도는 (나)가 (다)보다 낮다.

2 ㄱ. ⊙의 기체 방전관의 스펙트럼은 검은 바탕에 밝은색 방출선이 나타나므로 방출 스펙트럼이다.
ㄷ. 별 A의 스펙트럼에는 ⊙의 방출선과 동일한 위치에 흡수선이 나타나므로 별 A의 대기에는 ⊙이 포함되어 있다. 한편 ⊙의 방출선과 다른 위치에도 흡수선이 나타나고 있으므로 별 A의 대기에는 2개 이상의 원소가 포함되어 있다.
바로알기 | ㄴ. 태양의 스펙트럼에 나타난 흡수선과 ⊙의 방출선의 위치가 일치하지 않는 것으로 보아 태양의 대기에는 ⊙이 포함되어 있지 않다.

3 ㄱ. 쿼크와 전자 등과 같이 물질을 구성하는 더 이상 분해되지 않는 가장 작은 입자를 기본 입자라고 한다. 기본 입자는 빅뱅 우주 초기에 만들어졌다.
ㄹ. 물질은 원자로, 원자는 원자핵과 전자로, 원자핵은 양성자와 중성자로 이루어져 있으며, 양성자와 중성자는 쿼크 3개로 이루어져 있다.
바로알기 | ㄴ. 양성자는 양전하를 띠고, 중성자는 전하를 띠지 않는다.
ㄷ. 양성자는 그 자체로 수소 원자핵이 되고, 양성자 2개와 중성자 2개가 결합하여 헬륨 원자핵이 된다.

4 ④ 우주 초기에는 쿼크 3개가 결합하여 양성자와 중성자가 되었고, 양성자와 중성자의 수가 비슷하였다.
바로알기 | ① A는 양성자, B는 중성자이다.
② 빅뱅 후 약 3분이 지났을 때 양성자 2개와 중성자 2개가 결합하여 헬륨 원자핵이 생성되었다.
③ (가) 시기에 양성자와 중성자의 개수비는 $14 : 2 = 7 : 1$이다.
⑤ 양성자와 중성자의 질량은 거의 비슷하며, (나) 시기에 수소 원자핵과 헬륨 원자핵의 개수비가 $12 : 1$이므로, 질량비는 약 $3 : 1$이다.

5 빅뱅 직후 기본 입자인 쿼크와 전자가 생성되었고, 쿼크 3개가 결합하여 양성자와 중성자가 생성되었으며, 양성자와 중성자가 결합하여 원자핵이 생성되었고, 원자핵과 전자가 결합하여 원자가 생성되었다. 따라서 물질의 생성 순서는 (나)−(가)−(라)−(다)이다.

6 ㄴ. 빅뱅 후 약 38만 년이 지났을 때 헬륨 원자핵과 전자가 결합하여 헬륨 원자가 생성되었다.
바로알기 | ㄱ. 빅뱅 후 약 3분이 지났을 때 양성자는 그대로 수소 원자핵이 되었고, 양성자 2개와 중성자 2개가 결합하여 헬륨 원자핵이 생성되었다.
ㄷ. 헬륨 원자핵이 생성되었을 때 우주에 존재하는 수소 원자핵과 헬륨 원자핵의 개수비는 $12 : 1$이었고, 질량비는 약 $3 : 1$이었다.

7 **바로알기** | ⑤ C 시기에는 우주의 온도가 약 3000 K으로 낮아져 전자가 원자핵과 결합하면서 헬륨 원자와 수소 원자가 생성되었고, 빛이 자유롭게 퍼져 나갈 수 있게 되었다.

8 ④ 태양은 주계열성이므로 태양의 중심핵에서는 수소 핵융합 반응이 일어나고 있다.
바로알기 | ①, ②, ③ 주계열성의 중심핵에서 일어나는 수소 핵융합 반응으로, 수소 원자핵 4개의 질량은 헬륨 원자핵 1개의 질량보다 크다.
⑤ 주계열성은 중력과 내부 압력이 같아 크기가 일정하게 유지된다.

9 ㄱ, ㄴ. 성운은 주로 수소와 헬륨으로 이루어져 있으며, 성운 내의 밀도가 높고 온도가 낮은 곳에서 중력 수축에 의해 성운이 뭉쳐지면서 밀도가 커져 원시별이 형성된다.
바로알기 | ㄷ. 원시별은 중력 수축을 통해 에너지를 생성하여 내부 온도가 상승한다.

10 주계열성은 중력과 내부 압력이 같아 별의 크기가 일정하게 유지된다. 주계열성의 중심부에서는 수소 핵융합 반응이 일어난다.

11 **바로알기** | ⑤ 질량이 태양의 10배 이상인 별의 중심부에서는 핵융합 반응에 의해 철까지 생성된다. 철은 매우 안정한 원소이므로 더 이상 핵융합 반응을 하지 않는다.

12 ㄱ. (가)는 질량이 태양 정도인 별, (나)는 질량이 태양의 10배 이상인 별의 진화 과정이다.
ㄴ. (가)의 과정에서는 핵융합 반응에 의해 헬륨, 탄소, 산소가 생성되며, (나)의 과정에서는 산소보다 무거운 네온, 마그네슘, 황, 규소, 철까지 생성된다. 따라서 (가)와 (나)에서 핵융합 반응에 의해 공통적으로 생성되는 원소는 헬륨, 탄소, 산소이다.
바로알기 | ㄷ. 철보다 무거운 원소는 (나)의 초신성 폭발을 통해 우주 공간으로 방출된다.
ㄹ. 질량이 큰 별일수록 진화 속도가 빠르고 수명이 짧으므로 (나)의 진화 과정이 (가)의 진화 과정보다 빠르게 진행된다.

13 (가)는 질량이 태양 정도인 별, (나)는 질량이 태양의 10배 이상인 별의 내부 구조이다. ⊙은 탄소, ⓛ은 철이다.
ㄴ. 별의 질량이 클수록 중심부의 온도가 높아져 더 무거운 원소를 만드는 핵융합 반응이 일어난다.
ㄷ. (가) 이후 별의 바깥층은 행성 모양 성운이 되고, (나) 이후 별의 바깥층은 초신성으로 폭발한다.
바로알기 | ㄱ. (가)는 (나)보다 질량이 작은 별이므로, ⊙은 ⓛ보다 가벼운 원소이다.

14 ㄴ, ㄷ. 성운이 수축하면서 회전할 때 회전 속도는 점점 빨라졌으며, 성운의 회전에 의해 중심부는 볼록해지고 주변부는 납작한 원반 모양이 형성되었다.
ㄹ. 원시 원반에서 여러 개의 고리가 생기고, 고리에 있던 물질들이 뭉쳐서 수많은 미행성체를 형성하였으며, 미행성체들이 충돌하여 원시 행성을 형성하였다.
바로알기 | ㄱ. 초신성 폭발로 태양계 성운이 형성되었으므로 태양계 성운에는 철보다 무거운 원소가 포함되어 있었다.

15 ㄴ. A에서는 녹는점이 낮은 얼음 상태의 이산화 탄소, 메테인, 질소 등의 물질이 응축되어 미행성체를 형성하고, 미행성체가 수소나 헬륨 등 가벼운 기체를 끌어들여 목성형 행성을 형성하였다.
ㄷ. B에서는 녹는점이 높고 무거운 물질이 남아 응축되어 미행성체를 형성하고, 미행성체가 무거운 물질을 끌어들여 지구형 행성을 형성하였다.
바로알기 | ㄱ. 원시 태양에 가까울수록 온도가 높으므로 원시 태양에서 멀어질수록 녹는점이 낮은 물질이 기체 상태로 존재하였다.

16 ㄱ. A 과정에서 미행성체의 충돌로 지구는 크기와 질량이 점차 증가하였다.
ㄷ. 미행성체의 충돌이 감소하면서 지구의 온도가 낮아지고 원시 지각이 형성되었다. 이후 대기 중의 수증기가 응결하여 비로 내려 원시 바

다가 형성되었다.

바로알기 | ㄴ. B 과정에서 밀도가 큰 물질은 중심부로 가라앉고 밀도가 작은 물질은 위로 떠올라 핵과 맨틀이 분리되었다.

17 미행성체의 충돌로 지구의 크기와 질량이 증가하고, 온도가 상승하여 지구 전체는 용융되어 마그마 바다 상태가 되었다. 이후 마그마 바다에서 철과 니켈 같은 무거운 물질은 중심부로 가라앉아 핵을 이루고, 가벼운 규산염 물질은 떠올라 맨틀을 이루었다. 미행성체의 충돌이 줄어들면서 지구 표면이 식어 원시 지각이 형성되고, 대기 중의 수증기가 응결하여 비로 내려 원시 바다가 형성되었다. 최초의 생명체는 바다가 형성된 이후에 출현하였다.

18 ㄷ. C는 수소로 우주에서 가장 많은 양을 차지한다.

바로알기 | ㄱ. 사람을 구성하는 원소 중 가장 많은 A는 산소이고, 지구를 구성하는 원소 중 가장 많은 D는 철이다.

ㄴ. B는 탄소, E는 산소로, 별의 진화 과정에서 생성된 것이다. 우주의 나이가 약 38만 년이었을 때 수소 원자핵과 헬륨 원자핵이 생성되었다.

선택형 대비 2회

10쪽~13쪽

1 ⑤	2 ③	3 ①	4 ③	5 ③	6 ②
7 ⑤	8 ②	9 ③	10 ③	11 ⑤	12 ②
13 ③	14 ⑤	15 ⑤	16 ④	17 ④	

1 고온의 기체에서 특정한 파장의 빛이 방출되어 방출선이 나타나는 스펙트럼은 방출 스펙트럼이고, 저온의 기체를 통과한 빛이 특정한 파장의 빛을 흡수하여 연속 스펙트럼에 검은색 흡수선이 나타나는 스펙트럼은 흡수 스펙트럼이다.

2 ㄱ. 검은 바탕에 나타나는 밝은색 선은 방출선이다.

ㄷ. 동일한 원소는 같은 위치에 흡수선과 방출선이 나타난다. (다)의 흡수선에는 (가)의 방출선과 동일한 위치에 선이 나타나므로, (다)에는 (가)의 원소가 포함되어 있다.

바로알기 | ㄴ. 태양의 스펙트럼은 흡수선이 나타나는 흡수 스펙트럼 (다)이다.

3 스펙트럼에 나타나는 방출선의 위치(파장)와 별 A의 스펙트럼에 나타나는 흡수선의 위치(파장)가 일치하는 것은 ㉠과 ㉣이다.

4 A는 전자, B는 원자핵, C는 양성자 또는 중성자, D는 쿼크이다.

ㄱ. 전자(A)는 ($-$) 전하를 띠고, 원자핵(B)은 ($+$) 전하를 띤다.

ㄴ. 원자핵을 구성하는 C는 양성자 또는 중성자이다.

ㄹ. 양성자 1개는 그 자체로 수소 원자핵이 되므로, C가 그대로 B가 되는 경우가 있다.

바로알기 | ㄷ. 기본 입자는 전자(A)와 쿼크(D)이다.

5 ㄱ. 가모프는 약 138억 년 전에 매우 뜨겁고 밀도가 높은 한 점에서 빅뱅(대폭발)이 일어나 우주가 탄생하고, 이후 계속 팽창하고 있다는 빅뱅 우주론을 주장하였다.

ㄴ. 빅뱅 우주론에서는 우주가 팽창함에 따라 우주의 온도가 감소한다.

ㄹ. 빅뱅 약 3분 후에 헬륨 원자핵이 생성되면서 우주에 존재하는 수소와 헬륨의 질량비가 약 3 : 1이 되었다.

바로알기 | ㄷ. 빅뱅 우주론에서는 우주가 팽창함에 따라 우주의 밀도는 계속 감소하고, 질량은 일정하게 유지된다.

6 A는 빅뱅 후 약 3분이 지났을 때 헬륨 원자핵이 생성되었고, B는 빅뱅 후 약 38만 년이 지났을 때 수소 원자와 헬륨 원자가 생성되었다.

7 ⑤ B 시기는 빅뱅 후 약 38만 년이 지났을 때로, 원자가 생성되면서 빛이 전자의 방해를 받지 않고 직진할 수 있게 되었다. 이에 따라 빛과 물질이 분리되어 투명한 우주가 되었다.

바로알기 | ① 빅뱅 이후 우주가 팽창함에 따라 우주의 온도는 점차 낮아졌으므로, 우주의 온도는 A 시기가 B 시기보다 높았다.

② 우주가 팽창함에 따라 우주의 밀도는 점차 작아졌으므로 우주의 밀도는 A 시기가 B 시기보다 컸다.

③ 우주 배경 복사는 빅뱅 후 약 38만 년이 지난 B 시기에 원자가 생성되면서 우주 공간으로 방출되었다.

④ 원자핵이 생성되기 시작한 A 시기 직전에는 양성자와 중성자의 개수비가 약 7 : 1이었다.

8 ㄴ. 별은 일생에서 대부분의 시간을 주계열성으로 보낸다.

바로알기 | ㄱ. 주계열성은 질량이 클수록 핵융합 반응이 활발하게 일어나므로 수명이 짧다.

ㄷ. 중력과 내부 압력이 평형을 이루고 있으므로 핵융합 반응이 일어나는 동안 크기가 일정하게 유지된다.

9 ㄱ. (가)는 빅뱅 이후 우주 초기에 생성된 원소이다.

ㄷ. (다)는 별의 내부에서 일어나는 수소 핵융합 반응에 의해 생성된 원소이다.

바로알기 | ㄴ. (나)는 초신성 폭발에 의해 생성되어 우주 공간으로 방출된 원소이고, (라)는 질량이 태양의 10배 이상인 별의 내부에서 핵융합 반응에 의해 생성된 원소이다.

10 ㄱ. 별이 행성 모양의 성운을 형성했으므로 질량이 태양 정도인 별의 진화 경로이다.

ㄴ. 별 A는 중심부에서 수소 핵융합 반응이 일어나 내부 압력과 중력이 평형을 이루기 때문에 크기가 일정하게 유지된다.

바로알기 | ㄷ. 철보다 무거운 원소는 질량이 태양의 10배 이상인 별의 진화 과정에서 초신성 폭발에 의해 생성된다.

11 ㄱ. 중심부에 철로 된 핵이 있고, 중심부로 갈수록 무거운 원소가 분포하므로 별의 질량이 태양 질량의 10배 이상인 별의 내부 구조이다.

ㄷ. 별의 내부에서 핵융합 반응이 멈춘 후 중심부는 수축하다가 폭발하면서 초신성이 된다.

12 ② (가)에서 성운이 회전하면서 성운의 중심부는 수축하여 온도와 밀도가 증가하였고, 중심부에 원시 태양을 형성하였다.

바로알기 | ① 태양계는 (나)―(가)―(다)―(라) 순으로 형성되었다.

③ 태양계 성운에는 수소와 헬륨을 비롯하여 초신성 폭발에 의해 우주 공간으로 방출된 철보다 무거운 원소까지 포함되어 있다.

④ 원시 태양과 원시 원반에 형성된 고리의 회전 방향은 같다.

⑤ 태양 가까운 곳에는 주로 녹는점이 높고 무거운 물질들이 남아 암석 성분의 지구형 행성을 형성하였고, 태양으로부터 먼 곳에는 녹는점이 낮고 가벼운 물질들이 모여 기체 성분의 목성형 행성을 형성하였다.

13 **바로알기** | ③ 태양으로부터 가까워서 온도가 높은 환경에서는 녹는점이 높고 무거운 물질들이 남아 지구형 행성을 형성하였고, 태양으로부터 멀어 온도가 낮은 환경에서는 녹는점이 낮고 가벼운 물질들이 남아 기체 성분의 목성형 행성을 형성하였다.

14 A는 지구형 행성, B는 목성형 행성이다.
ㄱ. 행성을 구성하는 물질의 녹는점은 태양으로부터 먼 거리에서 형성된 목성형 행성(B)이 지구형 행성(A)보다 낮다.
ㄴ. 지구형 행성(A)은 목성형 행성(B)보다 태양으로부터의 거리가 가까우므로 태양으로부터의 거리는 물리량 X로 적합하다.
ㄷ. 행성이 생성될 당시의 온도는 태양으로부터의 거리가 가까운 곳에서 형성된 지구형 행성(A)이 목성형 행성(B)보다 높다.

15 ①, ②, ③ 미행성체의 충돌로 지구의 크기와 질량이 증가하고, 온도가 상승하여 지구 전체는 용융되어 마그마 바다 상태가 되었다. 이후 마그마 바다에서 철과 니켈 같은 무거운 물질은 중심으로 가라앉아 핵을 이루고, 가벼운 규산염 물질은 떠올라 맨틀을 이루었다.
④ 미행성체의 충돌이 줄어들면서 지구 표면이 식어 원시 지각이 형성되고, 대기 중의 수증기가 응결하여 비로 내려 원시 바다가 형성되었다.
바로알기 | ⑤ 최초의 생명체는 바다에서 탄생하였으므로 (라) 이후에 탄생하였다.

16 ㄴ. (다)에서 밀도가 큰 물질이 가라앉아 핵을 형성하였으므로 지구 중심부의 밀도는 (나)보다 (다)가 크다.
ㄷ. 생명체는 바다가 형성된 이후에 바다에서 처음 출현하였다.
바로알기 | ㄱ. (가) → (나)에서 미행성체의 충돌로 지구는 크기와 질량이 증가하고 온도가 높아졌다.

17 A는 수소, B는 철, C는 산소이다.
ㄴ. 철과 니켈 같은 무거운 원소는 지구의 핵에 주로 분포한다.
ㄷ. 지구와 사람을 구성하는 주요 원소인 철(B), 산소(C), 탄소 등은 별의 진화 과정에서 생성되었다.
바로알기 | ㄱ. 수소(A)는 빅뱅 이후 우주 초기에 생성되었고, 철(B)과 산소(C)는 별의 진화 과정에서 핵융합 반응에 의해 생성되었다.

2. 물질의 규칙성과 성질   06강~09강

선택형 대비 1회   14쪽~17쪽

1 ③	2 ②	3 ⑤	4 ③	5 ①	6 ②
7 ④	8 ②	9 ④	10 ①	11 ⑤	12 ④
13 ③	14 ②	15 ③	16 ⑤	17 ②	18 ③
19 ①	20 ④				

1 ㄱ. 현대 주기율표는 원소들을 양성자수(원자 번호) 순서로 배열하여 만들었다.
ㄴ. 현대 주기율표는 화학적 성질이 비슷한 원소들이 같은 세로줄에 오도록 배열하였으므로 같은 족 원소는 화학적 성질이 비슷하다.

바로알기 | ㄷ. 현대 주기율표는 1~7주기의 7개의 주기와, 1~18족의 18개의 족으로 구성되어 있다.

2 ㄴ. A는 리튬(Li)으로 금속이다. 금속은 열을 잘 전달하고, 전기가 잘 통하는 성질이 있다.
바로알기 | ㄱ. 주기는 주기율표의 가로줄이고, 족은 주기율표의 세로줄이므로 ㉠은 족이고, ㉡은 주기이다.
ㄷ. 현대 주기율표는 화학적 성질이 비슷한 원소들이 같은 세로줄에 오도록 배열하였으므로 같은 족 원소는 화학적 성질이 비슷하지만, 같은 주기 원소는 화학적 성질이 다르다. B와 C는 주기가 같고 족이 다르므로 화학적 성질이 비슷하지 않다.

3 ㄱ. 주기는 주기율표의 가로줄이고, 족은 주기율표의 세로줄이다. (나)와 (다)는 같은 가로줄에 있으므로 주기가 같으며, 모두 2주기 원소이다.
ㄴ. (가)는 수소(H)로 비금속 원소이고, (나)는 베릴륨(Be)으로 금속 원소이다. 주기율표의 오른쪽에 위치하는 (다)와 (라)는 각각 질소(N), 황(S)으로 비금속 원소이다. 따라서 (가)~(라) 중 비금속 원소는 (가), (다), (라) 세 가지이다.
ㄷ. 현대 주기율표는 원소들을 원자 번호(양성자수) 순서로 배열하여 만들었으므로 원자 번호가 가장 큰 (라)의 양성자수가 가장 크다.

4 나트륨(Na)은 금속이다. 금속은 열을 잘 전달하고, 전기가 잘 통하는 성질이 있다. 또한 대부분 광택이 있으며, 힘을 가하면 부서지지 않고 모양이 변한다.
ㄷ. 나트륨은 1족 원소로, 주기율표의 왼쪽에 위치한다.
바로알기 | ㄱ. 나트륨은 금속으로, 광택이 있다.
ㄴ. 나트륨은 금속으로, 힘을 가하면 부서지지 않고 모양이 변한다.

5 금속 원소는 열을 잘 전달하고 전기가 잘 통하지만, 비금속 원소는 열을 잘 전달하지 않고 전기가 잘 통하지 않는다. 또한 금속 원소는 실온에서의 상태가 고체이며, 비금속 원소는 실온에서의 상태가 주로 기체 또는 고체이다. 그리고 금속 원소는 주로 주기율표의 왼쪽과 가운데에 위치하지만, 비금속 원소는 주로 주기율표의 오른쪽에 위치한다.
바로알기 | ① 금속 원소는 광택이 있지만, 비금속 원소는 광택이 없다.

6 학생 B: 알칼리 금속은 칼로 잘릴 정도로 무르다.
바로알기 | 학생 A: 알칼리 금속은 주기율표의 1족에서 수소(H)를 제외한 금속 원소이다.
학생 C: 알칼리 금속은 반응성이 커서 공기 중의 산소, 물과 잘 반응하므로 공기나 물과 접촉하지 않도록 석유, 액체 파라핀 등에 넣어 보관한다.

7 리튬, 나트륨, 칼륨은 모두 주기율표의 1족에 속하는 알칼리 금속이므로 화학적 성질이 비슷하다. 따라서 세 가지 금속을 각각 산소와 반응시켰을 때 단면의 색이 은백색에서 회색으로 변하고, 물과 반응시켰을 때 수용액이 모두 염기성을 띠는 등 비슷한 실험 결과가 나타난다.
ㄴ. 리튬, 나트륨, 칼륨은 모두 1족 알칼리 금속이므로 화학적 성질이 비슷하다.
ㄷ. 리튬, 나트륨, 칼륨은 같은 족 원소이므로 화학적 성질이 비슷하다.
바로알기 | ㄱ. 리튬, 나트륨, 칼륨은 주기가 서로 다르다.

8 나트륨과 물의 반응의 화학 반응식은 다음과 같다.
$$2Na + 2H_2O \longrightarrow 2NaOH + H_2$$

ㄴ. 나트륨과 물이 반응할 때 발생하는 기체는 수소(H_2)이다. H_2는 1주기 원소인 H로 이르러져 있다.

바로알기 | ㄱ. 나트륨이 물 위에 떠서 반응하는 것을 통해 밀도는 나트륨이 물보다 작다는 것을 알 수 있다.

ㄷ. 나트륨과 칼륨은 같은 족 원소로 화학적 성질이 비슷하므로 나트륨 대신 칼륨으로 실험해도 비슷한 결과가 나온다.

9 주기율표의 17족에 속하는 원소는 할로젠이므로 (가)는 할로젠이다.

ㄴ. 할로젠에 속하는 원소는 F, Cl, Br, I 등이다.

ㄷ. 할로젠은 원자 2개가 결합한 이원자 분자로 존재한다.

바로알기 | ㄱ. 할로젠은 비금속 원소이다.

10 ㄱ. 세 가지 원소는 모두 주기율표의 18족에 속한다.

바로알기 | ㄴ. Ne과 Ar은 가장 바깥 전자 껍질에 전자가 8개 채워져 있지만, He은 가장 바깥 전자 껍질에 전자가 2개 채워져 있다.

ㄷ. 18족 원소는 다른 원소와 화학 결합을 형성하지 않고 원자 상태로 존재한다.

11 ㄱ. 원자가 전자 수는 원소가 속한 족 번호의 끝자리 수와 같다(단, 18족 원소는 원자가 전자 수가 0). A와 C는 모두 17족 원소로 원자가 전자 수는 7로 같다.

ㄴ. B와 C는 모두 3주기 원소이다.

ㄷ. 원자 번호는 양성자수와 같고, 원자의 양성자수와 전자 수는 같다. A~C의 전자 수가 각각 9, 14, 17이므로 A~C의 원자 번호는 각각 9, 14, 17로 원자 번호는 C가 가장 크다.

12 빗금 친 부분에 위치하는 원소는 H, F, Na, Cl이다. B와 C는 화학적 성질이 비슷하므로 각각 F, Cl 중 하나이다. 따라서 A와 D는 각각 H, Na 중 하나인데, C와 D가 반응하여 생성된 물질이 산성을 나타내므로 D는 H이다. 따라서 A는 Na인데, A와 B의 주기가 서로 다르므로 B는 F이다. A~D는 각각 Na, F, Cl, H이다.

ㄱ. C(Cl)는 17족 원소로 할로젠이다.

ㄷ. 원자 번호는 B(F)<C(Cl)이다.

바로알기 | ㄴ. D(H)는 비금속 원소이다.

13 전자가 들어 있는 전자 껍질 수는 주기 번호와 같은데, A는 2주기 원소이고 ㉠은 A보다 전자가 들어 있는 전자 껍질 수가 1만큼 크므로 ㉠은 3주기 원소이다. 원자가 전자 수는 원소가 속한 족 번호의 끝자리 수와 같으므로(단, 18족 원소의 원자가 전자 수는 0) A의 원자가 전자 수는 4이다. 그런데 ㉠은 A보다 원자가 전자 수가 2만큼 작으므로 원자가 전자 수가 2이다. 따라서 ㉠은 3주기 2족 원소인 D이다.

14 A~C는 각각 Li, O, Ne이다.

ㄷ. 원자가 전자는 가장 바깥 전자 껍질에 들어 있으면서 화학 결합에 참여하는 전자이다. 따라서 A~C의 원자가 전자 수는 각각 1, 6, 0으로 B가 가장 크다.

바로알기 | ㄱ. A_2B는 A^+과 B^{2-}으로 이루어져 있는 이온 결합 물질이다. 따라서 A_2B에서 A는 전자 1개를 잃고 He과 같은 전자 배치를 이루고, B는 전자 2개를 얻어 C(Ne)와 같은 전자 배치를 이룬다.

ㄴ. C(Ne)는 18족 원소(비활성 기체)로 다른 원소와 화학 결합을 형성하지 않는다.

15 A는 전자 수가 8인 O이다. A^{2-}은 A 원자가 전자 2개를 얻고 형성된 음이온으로 전자 수가 10이므로, 전자 수가 10인 B(Ne)와 전자

배치가 같다. C는 전자 수가 13인 Al이다. C^{3+}은 C 원자가 전자 3개를 잃고 형성된 양이온으로 전자 수가 10이므로, 전자 수가 10인 B(Ne)와 전자 배치가 같다. D는 전자 수가 17인 Cl이다. D^-은 D 원자가 전자 1개를 얻고 형성된 음이온으로 전자 수가 18이므로, 전자 수가 18인 Ar과 전자 배치가 같다.

16 A_2에서 두 원자는 전자쌍 3개를 공유하고 있으므로 A는 원자가 전자 수가 5인 N이다. B_2C는 H와 O로 이루어진 H_2O이므로 B, C는 각각 H, O이다.

ㄱ. A(N)는 15족 원소이다.

ㄴ. 공유 결합은 비금속 원소들이 전자쌍을 공유하여 형성된 결합이다. N, H, O는 모두 비금속 원소이므로 A_2와 B_2C는 모두 공유 결합 물질이다.

ㄷ. $A_2(N_2)$의 공유 전자쌍 수는 3이고, $B_2C(H_2O)$의 공유 전자쌍 수는 2이므로 두 물질의 공유 전자쌍 수의 차는 1이다.

17 ㄴ. H_2O의 공유 전자쌍 수는 2이다.

바로알기 | ㄱ. 공유 결합은 비금속 원소들이 전자쌍을 공유하여 형성되는 결합이다. H와 O는 모두 비금속 원소이므로 H와 O의 결합으로 형성된 H_2O은 공유 결합 물질이다.

ㄷ. 단일 결합은 전자쌍 1개를 공유하는 결합이고, 이중 결합은 전자쌍 2개를 공유하는 결합이다. H_2O은 전자쌍 1개를 공유한 단일 결합만 있고 이중 결합은 없다.

18 A^{2-}은 A 원자가 전자 2개를 얻고 형성된 음이온으로 전자 수가 10이므로, A는 전자 수가 8인 O이다. B는 전자 수가 9이므로 F이고, C^{2+}은 C 원자가 전자 2개를 잃고 형성된 양이온으로 전자 수가 10이므로, C는 전자 수가 12인 Mg이다.

ㄱ. A, B의 전자 수는 각각 8, 9로 A<B이다.

ㄷ. A^{2-}과 C^{2+}이 결합하여 CA를 형성하므로 CA는 이온 결합 물질이다.

바로알기 | ㄴ. 금속 원소와 비금속 원소가 서로 전자를 주고받아 형성된 결합은 이온 결합이고, 비금속 원소들이 전자쌍을 공유하여 형성된 결합은 공유 결합이다. A(O)와 B(F)는 모두 비금속 원소이므로 화학 결합이 형성될 때 전자를 주고받는 것이 아니라 전자쌍을 공유한다.

19 (가)는 분자로 이루어져 있으므로 공유 결합 물질인 설탕이고, (나)는 이온으로 이루어져 있으므로 이온 결합 물질인 염화 나트륨이다.

ㄱ. (가)는 설탕으로 공유 결합 물질이다.

바로알기 | ㄴ. (나)는 이온 결합 물질로 금속 원소와 비금속 원소로 이루어져 있다.

ㄷ. 염화 나트륨은 수용액 상태에서 이온들이 자유롭게 이동할 수 있으므로 전기 전도성이 있는 반면, 설탕은 수용액 상태에서 전기적으로 중성인 분자로 존재하므로 전기 전도성이 없다.

20 (가)는 A 이온과 B 이온으로 이루어져 있으므로 이온 결합 물질이고, (나)는 분자로 이루어져 있으므로 공유 결합 물질이다.

ㄴ. (나)는 공유 결합 물질이다.

ㄷ. 이온 결합 물질은 고체 상태에서 이온들이 강하게 결합하여 이동할 수 없으므로 전기 전도성이 없고, 수용액 상태에서 이온들이 자유롭게 이동할 수 있으므로 전기 전도성이 있다. 따라서 (가)의 고체 상태와 수용액 상태 중 전기 전도성이 있는 상태는 수용액 상태 한 가지이다.

선택형 대비 2회

18쪽~21쪽

1 ③	**2** ②	**3** ③	**4** ⑤	**5** ①	**6** ⑤
7 ④	**8** ⑤	**9** ①	**10** ③	**11** ④	**12** ⑤
13 ①	**14** ②	**15** ②	**16** ③	**17** ④	**18** ②
19 ④	**20** ⑤				

1 ㄱ. 주기는 주기율표의 가로줄이고, 족은 주기율표의 세로줄이다.

ㄷ. 현대 주기율표는 원소들을 원자 번호(양성자수) 순서로 배열하였다.

바로알기 | ㄴ. 금속 원소는 주로 주기율표의 왼쪽과 가운데에 위치한다. 주기율표의 오른쪽에 위치하는 원소는 비금속 원소이다.

2 현대 주기율표는 화학적 성질이 비슷한 원소들이 같은 세로줄에 오도록 배열하였으므로 같은 족 원소들은 화학적 성질이 비슷하지만, 같은 주기 원소들은 화학적 성질이 다르다.

ㄷ. C(O)와 D(S)는 같은 족 원소이므로 화학적 성질이 비슷하다.

바로알기 | ㄱ. A(H)와 B(Li)는 같은 족 원소이지만, A(H)는 비금속 원소이고, B(Li)는 금속 원소이므로 화학적 성질이 다르다.

ㄴ. B(Li)와 C(O)는 족이 서로 다르므로 화학적 성질이 다르다.

3 금속 원소는 열을 잘 전달하고 전기가 잘 통하지만, 비금속 원소는 열을 잘 전달하지 않고 전기가 잘 통하지 않는다. 따라서 ㉠, ㉡은 각각 금속 원소, 비금속 원소이다.

ㄱ. ㉠은 금속 원소이다.

ㄴ. 비금속 원소는 실온에서 액체로 존재하는 브로민과 같은 예외가 있지만, 대부분 기체 또는 고체로 존재한다.

바로알기 | ㄷ. 금속 원소는 대부분 광택이 있지만, 비금속 원소는 광택이 없다.

4 빗금 친 부분에 위치하는 원소는 각각 He, Li, F, Na이다. 현대 주기율표는 화학적 성질이 비슷한 원소들이 같은 세로줄에 오도록 배열하였으므로 같은 족 원소들은 화학적 성질이 비슷한데, A와 B는 화학적 성질이 비슷하므로 A와 B의 족은 같다. 따라서 A와 B는 각각 Li, Na 중 하나이다. 또한 B와 C의 주기는 같으므로 B, C는 각각 Li, F 중 하나이다. 따라서 A~D는 각각 Na, Li, F, He이다.

ㄱ. C(F)는 할로젠으로 실온에서 원자 2개가 결합한 $C_2(F_2)$로 존재한다.

ㄴ. D(He)는 18족 원소이다.

ㄷ. A~D의 원자 번호는 각각 11, 3, 9, 2이다.

5 주기율표의 1족에서 수소를 제외한 금속 원소는 알칼리 금속이므로 (가)는 알칼리 금속이다.

ㄱ. 알칼리 금속은 칼로 쉽게 잘릴 정도로 무르다.

바로알기 | ㄴ. 알칼리 금속은 다른 금속에 비해 밀도가 작다.

ㄷ. 알칼리 금속은 물과 격렬하게 반응하여 수소 기체가 발생하고, 수용액은 염기성을 띤다.

$2M + 2H_2O \longrightarrow 2MOH + H_2$ (M : Li, Na, K 등)

6 ㄱ. Li이 공기 중의 산소와 반응하므로 자른 단면을 공기 중에 두면 광택을 잃는다.

ㄴ. Li이 물 위에 떠서 반응하는 것으로 보아 Li은 물보다 밀도가 작다는 것을 알 수 있다.

ㄷ. Li과 물의 반응 후 수용액에 페놀프탈레인 용액을 떨어뜨렸을 때 붉은색을 나타내는 것으로 보아 Li과 물이 반응하여 생성된 수용액은 염기성을 띤다는 것을 알 수 있다.

7 Na은 은백색의 광택을 나타내는데, (가)에서 단면의 색이 변하는 까닭은 Na이 공기 중의 산소와 반응하기 때문이다. 이 반응의 화학 반응식은 $4Na + O_2 \longrightarrow 2Na_2O$이다. Na은 (나)에서 물과 반응하는데, 이 반응의 화학 반응식은 $2Na + 2H_2O \longrightarrow 2NaOH + H_2$이다.

ㄴ. Na이 물과 반응할 때 생성되는 기체는 수소이다.

ㄷ. Na이 물과 반응한 수용액은 염기성을 띠며, 페놀프탈레인 용액은 염기성 용액에서 붉은색을 나타내므로 '붉은색'은 ㉢으로 적절하다.

바로알기 | ㄱ. ㉠에서 회색을 띠는 물질은 나트륨이 공기 중의 산소와 반응하여 생성된 Na_2O이다.

8 알칼리 금속은 실온에서 고체 상태이므로 A는 알칼리 금속이고, 실온에서 기체 상태인 C는 할로젠이다. 알칼리 금속의 원자가 전자 수는 1이고, 할로젠의 원자가 전자 수는 7인데, $x > y$이므로 x, y는 각각 7, 1이고, B는 할로젠, D는 알칼리 금속이다.

ㄱ. A는 알칼리 금속이므로 전기가 잘 통한다.

ㄴ. ㉠, ㉡은 각각 1, 7이므로 ㉡ - ㉠ = 6이다.

ㄷ. B와 C는 모두 할로젠으로 족이 같으므로 화학적 성질이 비슷하다.

9 학생 A: 전자는 원자핵에서 가까운 전자 껍질부터 차례로 배치된다.

바로알기 | 학생 B: 원자핵에 가까울수록 전자 껍질의 에너지 준위는 낮고 원자핵에서 멀수록 전자 껍질의 에너지 준위는 높다.

학생 C: 첫 번째 전자 껍질에는 최대 2개, 두 번째 전자 껍질에는 최대 8개의 전자가 배치된다.

10 ㄱ. 같은 주기 원소는 전자가 들어 있는 전자 껍질 수가 같다. A와 C는 주기가 같으므로 전자가 들어 있는 전자 껍질 수가 같다.

ㄷ. B(Mg)의 전자 수는 12로, 첫 번째 전자 껍질에 2개의 전자가, 두 번째 전자 껍질에 8개의 전자가, 세 번째 전자 껍질에 2개의 전자가 채워진다. 따라서 B(Mg)의 첫 번째 전자 껍질과 세 번째 전자 껍질에 들어 있는 전자 수는 2로 같다.

바로알기 | ㄴ. 같은 족 원소는 원자가 전자 수가 같다. C와 D는 족이 같으므로 원자가 전자 수가 같다.

11 전자가 들어 있는 전자 껍질 수는 주기 번호와 같은데, A는 3주기 원소이므로 A의 전자가 들어 있는 전자 껍질 수는 3이다. 따라서 A는 ④, ⑤ 중 하나이다. 원자가 전자는 가장 바깥 전자 껍질에 들어 있으면서 화학 결합에 참여하는 전자이므로 ④, ⑤에서 원자가 전자 수는 각각 2, 4이다. 따라서 A의 전자 배치 모형은 ④이다.

12 A~C는 각각 He, Ne, Ar이며, 모두 18족에 속하는 비활성 기체이다.

ㄱ. 전자가 들어 있는 전자 껍질 수는 주기 번호와 같은데, B의 전자가 들어 있는 전자 껍질 수는 2이므로 B는 2주기 원소이다.

ㄴ. 18족 원소는 다른 원소와 화학 결합을 하지 않으므로 원자가 전자 수가 0이다. 따라서 18족 원소인 A와 C의 원자가 전자 수는 0으로 같다.

ㄷ. 18족 원소는 다른 원소와 화학 결합을 형성하지 않는다.

13 A~D는 각각 He, Ne, Na, Ar이다.
ㄱ. C는 전자 수가 11인 Na이다. C^+은 C 원자가 전자 1개를 잃고 형성된 양이온으로 전자 수가 10이므로 전자 수가 10인 B(Ne)와 전자 배치가 같다.

바로알기 | ㄴ. B(Ne)는 18족 원소로 다른 원소와 화학 결합을 형성하지 않는다.

ㄷ. A(He)와 D(Ar)의 가장 바깥 전자 껍질에 들어 있는 전자 수는 각각 2, 8로 서로 다르다.

14 A~E는 각각 Li, F, Mg, Cl, Ar이다.
ㄴ. 이온 결합은 금속 원소와 비금속 원소가 서로 전자를 주고받으면서 형성되는 결합이다. A(Li)는 금속 원소이고, B(F)는 비금속 원소이므로 A와 B는 이온 결합을 형성한다.

바로알기 | ㄱ. E(Ar)는 18족 원소로 다른 원소와 화학 결합을 형성하지 않는다.

ㄷ. C(Mg)는 전자 2개를 잃고 $C^{2+}(Mg^{2+})$을 형성하고, D(Cl)는 전자 1개를 얻고 $D^-(Cl^-)$을 형성하여 1 : 2의 개수비로 이온 결합을 형성한다. 따라서 C(Mg)와 D(Cl)로 이루어진 안정한 화합물의 화학식은 $CD_2(MgCl_2)$이다.

15 H_2O에서 수소는 가장 바깥 전자 껍질에 전자 2개가 채워지므로 헬륨(He)과 같은 전자 배치를 이루고, 산소는 가장 바깥 전자 껍질에 전자 8개가 채워지므로 네온(Ne)과 같은 전자 배치를 이룬다.

16 AB는 A^+과 B^-으로 이루어진다. A^+은 A 원자가 전자 1개를 잃고 형성된 양이온이므로 A는 3주기 1족 원소인 Na이고, B^-은 B 원자가 전자 1개를 얻고 형성된 음이온이므로 B는 2주기 17족 원소인 F이다. CD는 C^{2+}과 D^{2-}으로 이루어진다. C^{2+}은 C 원자가 전자 2개를 잃고 형성된 양이온이므로 C는 3주기 2족 원소인 Mg이고, D^{2-}은 D 원자가 전자 2개를 얻고 형성된 음이온이므로 D는 2주기 16족 원소인 O이다.
ㄱ. A(Na)는 금속 원소이고, B(F)는 비금속 원소이다. 이온 결합은 금속 원소가 전자를 잃고 비금속 원소가 전자를 얻어 정전기적 인력으로 형성되므로 AB(NaF)가 형성될 때 전자는 A(Na)에서 B(F)로 이동한다.

ㄷ. B는 B^-을 형성하고, C는 C^{2+}을 형성하여 2 : 1로 결합해서 안정한 화합물인 CB_2를 형성한다.

바로알기 | ㄴ. A(Na)는 3주기, D(O)는 2주기 원소이다.

17 A_2에서 두 원자는 전자쌍 3개를 공유하고 있으므로 A는 원자가 전자 수가 5인 N이고, B_2에서 두 원자는 전자쌍 2개를 공유하고 있으므로 B는 원자가 전자 수가 6인 O이다. 또한 AC_3는 H와 N으로 이루어진 NH_3이므로 C는 H이다.
ㄱ. $A_2(N_2)$에서 A(N)는 전자 껍질이 2개이고 가장 바깥 전자 껍질에 전자 8개가 채워지므로 Ne과 같은 전자 배치를 이루고, $AC_3(NH_3)$에서 A(N)는 전자 껍질이 2개이고 가장 바깥 전자 껍질에 전자 8개가 채워지므로 Ne과 같은 전자 배치를 이룬다. 따라서 $A_2(N_2)$와 $AC_3(NH_3)$에서 A(N)는 모두 Ne과 같은 전자 배치를 이룬다.

ㄷ. $B_2(O_2)$, $C_2(H_2)$의 공유 전자쌍 수는 각각 2, 1로 B_2가 C_2보다 크다.

바로알기 | ㄴ. A(N)와 C(H)는 각각 2주기 원소, 1주기 원소로 주기가 서로 다르다.

18 ㄴ. NaF은 이온 결합 물질이므로 수용액 상태에서 전기 전도성이 있다.

바로알기 | ㄱ. 금속 원소와 비금속 원소가 서로 전자를 주고받아 형성된 결합은 이온 결합이고, 비금속 원소들이 전자쌍을 공유하여 형성된 결합은 공유 결합이다. H_2O을 이루는 원소는 모두 비금속 원소이므로 H_2O은 공유 결합 물질이고, NaF을 이루는 원소는 금속 원소와 비금속 원소이므로 NaF은 이온 결합 물질이다. 따라서 두 물질을 이루는 화학 결합의 종류는 다르다.

ㄷ. H_2O에서 수소는 가장 바깥 전자 껍질에 전자 2개가 채워지므로 헬륨(He)과 같은 전자 배치를 이루고, 산소는 가장 바깥 전자 껍질에 전자 8개가 채워지므로 네온(Ne)과 같은 전자 배치를 이룬다.

19 A 수용액에는 이온이 들어 있으므로 A는 이온 결합 물질인 염화 칼륨이고, B 수용액에는 분자가 들어 있으므로 B는 공유 결합 물질인 설탕이다.
ㄱ. A는 염화 칼륨(KCl)으로 A 수용액에는 K^+, Cl^-이 들어 있다. 따라서 A 수용액에 들어 있는 음이온인 ㉠은 염화 이온이다.

ㄷ. A는 이온 결합 물질로 A 수용액에서 이온들이 자유롭게 이동할 수 있으므로 전기 전도성이 있다. 하지만 B는 공유 결합 물질로 B 수용액에는 전기적으로 중성인 분자가 들어 있으므로 전기 전도성이 없다. 따라서 두 수용액 중 전기 전도성이 있는 것은 A 수용액이다.

바로알기 | ㄴ. B는 설탕으로 공유 결합 물질이며, 공유 결합 물질은 고체 상태에서 전기적으로 중성인 분자로 이루어져 있으므로 전기 전도성이 없다.

20 이온 결합 물질은 고체 상태에서 전기 전도성이 없지만, 수용액 상태에서 전기 전도성이 있다. 공유 결합 물질은 고체 상태와 수용액 상태에서 모두 전기 전도성이 없다. 그런데 A~C 중 이온 결합 물질은 염화 칼슘 한 가지로, (나) 상태에서 전기 전도성이 있는 A는 이온 결합 물질인 염화 칼슘이다. 따라서 (나)는 수용액이고, (가)는 고체이다.
ㄱ. (가)는 고체이다.

ㄴ. A가 염화 칼슘이므로 B와 C는 각각 설탕, 포도당 중 하나이다. 따라서 B는 공유 결합 물질이다.

ㄷ. 공유 결합 물질은 고체 상태와 수용액 상태에서 모두 전기 전도성이 없으므로 ㉠~㉢은 모두 '없음'이다.

2. 물질의 규칙성과 성질　　10강~12강

선택형 대비 1회　　　22쪽~23쪽

1 ③	2 ⑤	3 ③	4 ③	5 ⑤	6 ⑤
7 ①	8 ②	9 ①	10 ③		

1 ①, ⑤ A는 산소, B는 규소이고, 산소(A)와 규소(B)가 공유 결합하여 규산염 광물의 기본 단위체인 규산염 사면체를 이룬다.

2 ㄱ. A는 규소, B는 산소이며, 규소(A) 1개와 산소(B) 4개가 공유 결합하여 규산염 사면체를 이룬다.
ㄴ. 규산염 광물은 규소(A)와 산소(B)로 이루어진 규산염 사면체를 기본 단위체로 한다.
ㄷ. 규산염 사면체는 다른 규산염 사면체와 산소(B)를 공유하여 결합하여 다양한 규산염 광물을 만든다.

3 ③ 규산염 사면체 간 공유하는 산소의 수가 많아 결합 구조가 복잡할수록 풍화에 강한 특성을 갖는다.
바로알기 | ① 흑운모는 판상 구조로 이루어져 있다.
② 휘석은 규산염 사면체가 한 줄로 길게 이어진 형태로 결합된 단사슬 구조로 이루어져 있다.
④ 규산염 광물은 규산염 사면체들 사이에 산소를 공유하면서 결합하여 다양한 구조를 이룬다.
⑤ 단사슬 구조는 판상 구조보다 규산염 사면체 간 공유하는 산소의 수가 적다.

4 ㄱ. A와 B는 단백질의 기본 단위체인 아미노산이다.
ㄴ. ㉠ 과정에서 두 아미노산 사이에 펩타이드결합이 형성될 때 한 분자의 물이 빠져나온다.
바로알기 | ㄷ. 두 아미노산 사이에 하나의 펩타이드결합이 형성되므로 폴리펩타이드에서 펩타이드결합의 수는 '기본 단위체(아미노산)의 수−1'이다.

5 ㄱ. 단백질은 호르몬의 성분으로 몸의 생리작용을 조절한다.
ㄴ. 많은 수의 아미노산이 펩타이드결합으로 연결되어 긴 사슬 모양의 폴리펩타이드가 형성된다.
ㄷ. 아미노산의 종류와 수가 같아도 아미노산의 배열 순서가 다르면 다른 종류의 단백질을 형성할 수 있다.

6 (가)는 단일 가닥 구조이므로 RNA이고, (나)는 이중나선구조이므로 DNA이다.
ㄱ. RNA(가)는 유전정보를 전달하고 단백질합성에 관여한다.
ㄴ. DNA(나)를 이루는 두 가닥의 폴리뉴클레오타이드에 포함된 염기들은 나선의 안쪽에서 마주 보며 결합하는데, 이때 아데닌(A)은 항상 타이민(T)과 상보적으로 결합하므로 DNA(나)에서 아데닌(A)의 수와 타이민(T)의 수는 항상 같다.
ㄷ. RNA(가)와 DNA(나)의 기본 단위체는 뉴클레오타이드인데, 뉴클레오타이드는 당, 인산, 염기가 1 : 1 : 1로 결합한 물질이다. 따라서 RNA(가)와 DNA(나)에 모두 인산이 있다.

7 에너지원으로 사용되는 것은 단백질과 탄수화물이고, 구성 원소로 인(P)을 갖는 것은 핵산이며, 방어작용을 담당하는 항체의 주성분인 것은 단백질이다. 따라서 특징 ㉡, ㉢을 갖는 Ⅱ가 단백질이고, Ⅱ와 Ⅲ이 모두 갖는 특징인 ㉢은 '에너지원으로 사용된다.'이며, Ⅲ은 탄수화물이다. 단백질만의 특징인 ㉡은 '방어작용을 담당하는 항체의 주성분이다.'이며, 나머지 ㉠은 '구성 원소로 인(P)을 갖는다.'이고 특징 ㉠을 갖는 Ⅰ은 핵산이다.

ㄱ. 핵산(Ⅰ)의 기본 단위체는 뉴클레오타이드인데, 뉴클레오타이드는 당, 인산, 염기가 1 : 1 : 1로 결합한 물질이다. 따라서 핵산(Ⅰ)은 구성 물질로 당을 갖는다.
바로알기 | ㄴ. 단백질(Ⅱ)의 기본 단위체는 아미노산이다.
ㄷ. ㉡은 '방어작용을 담당하는 항체의 주성분이다.'이다.

8 **바로알기** | ② 전선의 내부 도선은 전류가 잘 흐르는 도체로, 외피는 전류가 잘 흐르지 않는 부도체로 만든다.

9 ㄱ. (가)는 순수 반도체이고, (나)는 불순물 반도체(n형 반도체)이므로 (가)는 (나)보다 전기 전도성이 낮다.
바로알기 | ㄴ. (나)는 공유 결합을 하고 전자 1개가 남았으므로 n형 반도체이다.
ㄷ. (가)에 원자가 전자가 5개인 원소를 첨가하면 (나)와 같은 n형 반도체를 만들 수 있다.

10 ㄱ. 트랜지스터는 전기 신호를 증폭시키는 증폭 작용을 한다.
ㄷ. 집적 회로는 매우 많은 트랜지스터나 다이오드 등을 하나의 칩으로 만든 것으로, 데이터를 처리하거나 저장한다.
바로알기 | ㄴ. 발광 다이오드는 전류가 흐르면 빛이 방출된다. 빛을 받으면 전류가 흐르는 반도체 소자는 태양 전지이다.

선택형 대비 2회

24쪽~25쪽

1 ②	2 ③	3 ④	4 ⑤	5 ③	6 ①
7 ⑤	8 ⑤	9 ④	10 ④		

1 ㄷ. 산소(㉠)와 규소(㉢)는 공유 결합을 하여 규산염 광물의 기본 단위체를 형성한다.
바로알기 | ㄱ. (가)는 사람, (나)는 지각을 구성하는 원소의 질량비이다.
ㄴ. ㉡은 탄소로, 별의 내부에서 핵융합 반응에 의해 생성되었다. 빅뱅 직후에 만들어진 원소는 수소와 헬륨이다.

2 ①, ② A는 산소, B는 규소이며, 지각에서 가장 풍부한 원소는 산소(A)이다.
④ 규산염 사면체들 사이에 산소(A)를 공유하면서 결합하여 다양한 구조를 이룬다.
⑤ 규산염 사면체 1개가 독립적으로 양이온과 결합하면 독립형 구조를 이룬다.
바로알기 | ③ 규산염 사면체는 규소(B) 원자 1개와 산소(A) 원자 4개가 공유 결합하여 전기적으로 −4가의 음전하를 띠고 있다.

3 (가)는 독립형 구조, (나)는 단사슬 구조, (다)는 판상 구조, (라)는 망상 구조이다.
ㄴ. (나)와 같은 단사슬 구조의 대표적인 광물에는 휘석이 있다.
ㄷ. (가)에서 (라)로 갈수록 규산염 사면체 간 공유하는 산소의 수가 많아지고 복잡한 결합 구조를 갖는다.
바로알기 | ㄱ. (가)는 규소 1개와 산소 4개가 공유 결합한 규산염 사면체가 양이온과 결합하여 광물을 이룬다.

4 ㄴ. (나)는 수많은 아미노산이 펩타이드결합(가)으로 연결되어 형성된 폴리펩타이드이다.

ㄷ. 폴리펩타이드(나)를 이루는 기본 단위체인 아미노산의 종류와 수, 배열 순서에 따라 단백질(다)의 입체 구조가 결정되며, 입체 구조에 따라 다양한 기능을 수행한다.

바로알기 | ㄱ. ⊙ 과정에서 두 아미노산 사이에 펩타이드결합이 형성될 때 한 분자의 물이 빠져나온다.

5 (가)는 단일 가닥 구조이므로 RNA이고, (나)는 이중나선구조이므로 DNA이다.

ㄱ. RNA(가)를 구성하는 염기는 아데닌(A), 구아닌(G), 사이토신(C), 유라실(U)이다.

ㄴ. DNA(나)는 염기서열의 형태로 유전정보를 저장한다.

바로알기 | ㄷ. RNA(가)를 구성하는 당은 라이보스이고, DNA(나)를 구성하는 당은 디옥시라이보스이므로 RNA(가)와 DNA(나)를 구성하는 당의 종류는 서로 다르다.

6 ㄴ. ⊙은 타이민(T)과 상보적 결합을 하므로 아데닌(A)이고, ⓒ은 사이토신(C)과 상보적 결합을 하므로 구아닌(G)이다.

바로알기 | ㄱ. 뉴클레오타이드는 인산(ⓐ), 당(ⓑ), 염기가 1 : 1 : 1로 결합한 물질이다.

ㄷ. 아데닌(⊙)의 비율이 20 %라면 상보적 결합을 하는 타이민(T)의 비율도 20 %이다. 나머지 60 %는 사이토신(C)과 구아닌(ⓒ)의 비율의 합에 해당하고, 사이토신(C)과 구아닌(ⓒ)은 상보적 결합을 하므로 구아닌(ⓒ)의 비율은 30 %이다.

7 ㄱ. ⊙은 단백질만의 특징이므로 '펩타이드결합이 있다.'는 ⊙에 해당한다.

ㄴ. 단백질은 기본 단위체인 아미노산의 결합으로 형성되고, 핵산은 기본 단위체인 뉴클레오타이드의 결합으로 형성된다. ⓒ은 단백질과 핵산의 공통된 특징이므로 '기본 단위체의 결합으로 형성된다.'는 ⓒ에 해당한다.

ㄷ. 핵산의 기본 단위체는 뉴클레오타이드인데, 뉴클레오타이드는 당, 인산, 염기가 1 : 1 : 1로 결합한 물질이다. ⓒ은 핵산만의 특징이므로 '구성 물질로 당을 갖는다.'는 ⓒ에 해당한다.

8 ⑤ 원자핵과 전자 사이에 작용하는 서로 당기는 전기력에 의해 전자가 원자핵에 속박되어 있다.

바로알기 | ① A는 원자핵으로, 양(+)전하를 띤다.

② B는 전자로, 음(−)전하를 띤다.

③ A는 원자핵, B는 전자이다.

④ 서로 다른 전하를 띤 A와 B 사이에는 서로 당기는 힘이 작용한다.

9 ㄱ, ㄷ. A는 공유 결합을 하고 남은 전자가 있으므로 n형 반도체이다. n형 반도체에서는 자유 전자의 이동에 의해 전류가 흐른다.

바로알기 | ㄴ. A는 n형 반도체이므로 저마늄(Ge)에 첨가한 인(P)의 원자가 전자는 5개이다.

10 ㄱ. 절연 장갑은 작업자의 몸에 전류가 흐르지 않게 하는 부도체를 이용한 제품이고, 태양 전지는 빛을 받으면 전압이 발생하는 반도체를 이용한 제품이다.

ㄷ. 태양 전지에서는 빛에너지가 전기 에너지로 전환된다.

바로알기 | ㄴ. 부도체로 만든 절연 장갑은 사람에게 전류가 흐르지 않도록 보호해 준다.

Ⅲ. 시스템과 상호작용

1. 지구시스템　　　　　　　　13강~16강

선택형 대비 1회　　　　　　　26쪽~29쪽

1 ④	2 ⑤	3 ③	4 ①	5 ④	6 ①
7 ①	8 ①	9 ③	10 ④	11 ②	12 ①
13 ⑤	14 ③	15 ④	16 ③	17 ①	

1 A는 지권, B는 수권, C는 기권, D는 생물권, E는 외권이다.
④ 지구시스템의 구성 요소 중 생물권(D)이 가장 나중에 형성되었다.

바로알기 | ① 지권(A)의 외핵은 액체 상태이다.

② 수권(B)은 육지에서는 대부분 빙하의 형태로 분포한다.

③ 기권(C)의 대류권과 중간권에서는 높이 올라갈수록 기온이 낮아지고, 성층권과 열권에서는 높이 올라갈수록 기온이 높아진다.

⑤ 외권(E)과 지구 사이에는 태양 복사 에너지, 지구 복사 에너지 등 에너지 이동이 일어나고, 유성체의 유입 등 물질의 이동도 일어난다.

2 A는 대류권, B는 성층권, C는 중간권, D는 열권이다.
① 대류권(A)에서는 높이 올라갈수록 지구 복사 에너지가 적게 도달하므로 기온이 낮아진다.

② 성층권(B)은 높이 올라갈수록 기온이 높아지므로 대류가 일어나지 않는 안정한 층이다.

③ 대류권(A)과 중간권(C)은 높이 올라갈수록 기온이 낮아지므로 대류가 일어난다.

④ 기권에서 기온이 가장 낮은 곳은 중간권 계면이다.

바로알기 | ⑤ 성층권(B)에 존재하는 오존층은 태양으로부터 오는 해로운 자외선을 흡수하여 지구상의 생명체를 보호하는 역할을 한다.

3 ㄱ. 혼합층(A)은 태양 복사 에너지에 의해 가열되고 바람에 의해 혼합되어 깊이에 따라 수온이 일정하다.

ㄴ. 수온 약층(B)은 안정하여 혼합층(A)과 심해층(C) 사이의 물질 교환을 차단한다.

바로알기 | ㄷ. 심해층(C)은 태양 복사 에너지가 거의 도달하지 않아 계절이나 위도에 따라 수온이 거의 변하지 않는다.

4 ⊙은 지권과 기권의 상호작용, ⓒ은 지권과 수권의 상호작용, ⓒ은 지권과 생물권의 상호작용이다.

5 ㄴ. 지구에서 일어나는 지각 변동은 지구 내부 에너지에 의해 발생한다.

ㄷ. 지구시스템의 주요 에너지원 중 가장 많은 양을 차지하는 에너지는 태양 에너지이다.

바로알기 | ㄱ. 밀물과 썰물은 달과 태양의 인력에 의해 생성되는 조력 에너지에 의해 발생한다.

6 ㄱ. 물이 증발할 때는 태양 에너지를 흡수하고, 강수로 내릴 때는 에너지를 방출한다.

ㄴ. 육지에서는 강수량이 증발량보다 많으므로 남는 물의 양인 36만큼 바다로 이동한다.

바로알기 | ㄷ. 바다와 육지 각 권역에서 물의 양은 일정하게 유지된다.

ㄹ. 물의 순환 과정에서는 물질의 이동과 에너지의 이동이 모두 일어난다.

7 바로알기 | ㄴ. B는 기권의 이산화 탄소가 생물권으로 이동하는 과정이므로 이산화 탄소를 이용하여 광합성을 하는 과정에 해당한다.
ㄷ. 지구의 온도가 높아지면 수온이 상승하여 기체 용해도가 감소한다. 따라서 C 과정으로 이동하는 탄소의 양은 감소한다.

8 바로알기 | ㄴ. 이산화 탄소의 용해도는 수온이 높을수록 감소하므로 B 과정은 수온이 높은 여름철이 수온이 낮은 겨울철보다 활발하다.
ㄷ. C 과정에서 지권의 탄소는 증가하지만 탄소는 지구시스템의 각 권역 사이를 순환하기 때문에 지구 전체의 탄소량은 일정하다.

9 ㄱ. 화산 활동이 일어나는 모든 지역에서는 지진이 일어나지만, 지진이 일어나는 모든 지역에서 화산 활동이 일어나는 것은 아니다.
ㄴ, ㄷ. 화산대와 지진대는 주로 판 경계와 일치하며, 태평양에서는 주로 가장자리를 따라 분포하고 대서양에서는 주로 중앙에 분포한다.
바로알기 | ㄹ. 지진과 화산 활동은 지구 내부 에너지에 의해 발생한다.

10 바로알기 | ① 화산 가스는 대부분 수증기로 이루어져 있으며, 이산화 탄소, 이산화 황 등을 포함한다.
② 화산 활동 시 분출되는 고체 상태의 물질은 화산 쇄설물이고, 용암은 액체 상태의 물질이다.
③ 화산재에는 무기물이 풍부하므로 화산재가 쌓이면 토양이 비옥해져 식물이 잘 자랄 수 있다.
⑤ 해저에서 발생한 지진은 지구 내부 에너지에 의해 일어난다.

11 ⑤ 마그마가 식는 과정에서 유용한 광물이 모여서 광상을 형성하며 여러 가지 광물 자원이 생성될 수 있다.
바로알기 | ② 화산재는 햇빛의 반사율을 증가시켜 지구의 평균 기온을 일시적으로 낮추는 역할을 한다.

12 ㄱ. 해양 지각(A)은 대륙 지각(B)보다 밀도가 큰 암석으로 이루어져 있다.
바로알기 | ㄴ. 연약권(나)은 부분 용융되어 유동성이 있다.

13 ㄱ. 지구 표면은 여러 개의 크고 작은 판으로 이루어져 있으며, 판의 이동 속도와 이동 방향은 판마다 다르다.
ㄷ. 태평양은 대서양보다 판의 이동 속도가 대체로 빠르다.

14 ㄱ, ㄷ. (가)는 해양판이 대륙판 아래로 섭입하는 경계로 해구와 나란하게 습곡 산맥이 발달하며, 대표적인 예로는 안데스산맥이 있다. (나)는 대륙판과 대륙판이 충돌하는 경계로 습곡 산맥이 발달하며, 대표적인 예로는 히말라야산맥이 있다.
바로알기 | ㄴ. 판 경계 부근에서 발생하는 지진의 진원 깊이는 천발~심발 지진이 발생하는 섭입형 경계(가)가 천발~중발 지진이 발생하는 충돌형 경계(나)보다 깊다.

15 ㄴ. B는 변환 단층, C는 해령으로 천발 지진이 활발하다.
ㄷ. 해령에서 새로운 지각이 생성되어 양쪽으로 멀어지므로 C에서 D로 갈수록 해양 지각의 나이가 많아진다.
바로알기 | ㄱ. A는 단열대로, 변환 단층이 아니다.

16 A는 충돌형 경계, B와 D는 섭입형 경계, C는 보존형 경계, E는 발산형 경계이다.
ㄱ. 충돌형 경계(A)와 보존형 경계(C)에서는 지진은 발생하지만 화산 활동은 거의 일어나지 않는다.
ㄴ. B에서는 태평양판이 유라시아판 아래로 섭입하면서 해구가 발달하고, 해구와 나란하게 호상열도가 발달한다.

ㄹ. 수렴형 경계(D)에서는 횡압력이 작용하여 주로 역단층이 발달하고, 발산형 경계(E)에서는 장력이 작용하여 주로 정단층이 발달한다.
바로알기 | ㄷ. 보존형 경계(C)에서는 판이 생성되거나 소멸되지 않는다.

17 ㄱ. 판 경계와 나란하게 화산이 열을 지어 분포하므로 A에는 호상열도가 발달한다.
바로알기 | ㄴ, ㄷ. B는 수렴형(섭입형) 경계로 판 (나)가 판 (가) 아래로 섭입하고 있으므로 판의 평균 밀도는 (나)가 (가)보다 크다.

선택형 대비 2회

30쪽~33쪽

1 ③	**2** ①	**3** ④	**4** ⑤	**5** ②	**6** ①
7 ①	**8** ②	**9** ④	**10** ①	**11** ③	**12** ①
13 ③	**14** ⑤	**15** ②	**16** ②	**17** ③	

1 ㄱ. A는 지각으로, 대륙 지각과 해양 지각으로 구분한다.
ㄷ. 지구 내부로 들어갈수록 밀도가 증가하므로 A~D 중 밀도가 가장 큰 층은 내핵인 D이다.
바로알기 | ㄴ. 지각(A)과 맨틀(B)의 주성분은 규산염 물질이고, 외핵(C)과 내핵(D)의 주성분은 철과 니켈이다.

2 바로알기 | ② 고위도 해역에서는 깊이에 따른 수온 변화가 거의 없으므로 층상 구조가 나타나지 않는다.
③ 혼합층(a)은 바람이 강하게 부는 중위도 해역에서 가장 두껍게 나타난다.
④ 성층권(B)과 수온 약층(b)은 위로 올라갈수록 온도가 높아지므로 안정하여 연직 운동이 거의 일어나지 않는다.
⑤ 태양 복사 에너지의 영향을 가장 많이 받는 층은 열권(D)과 혼합층(a)이다.

3 ④ 생물권은 수권에서 처음 등장하였으며, 오존층 형성 후에 지권으로 확대되었고, 이후 기권으로 점점 확대되었다. 따라서 A는 기권, B는 수권, C는 지권이다.

4 ①은 수권과 지권의 상호작용(B), ②는 기권과 지권의 상호작용(A), ③은 지권과 수권의 상호작용(B), ④는 기권과 수권의 상호작용(C), ⑤는 생물권과 지권의 상호작용(E)에 해당하는 예이다.

5 바로알기 | ② 바람에 의한 풍화·침식 작용으로 버섯바위가 형성되는 것은 기권과 지권의 상호작용이다.

6 ㄱ. A는 태양 에너지로, 생명체가 생명 활동을 유지하게 하는 데 가장 큰 역할을 한다.
바로알기 | ㄴ. B는 지구 내부 에너지로, 방사성 원소의 붕괴열로 생성된다.
ㄷ. 태양 에너지, 지구 내부 에너지, 조력 에너지는 서로 전환되지 않는다.

7 바로알기 | ②, ③, ④, ⑤ 맨틀 대류, 지진 해일, 지구 자기장 형성은 지구 내부 에너지에 의해 나타나고, 밀물과 썰물은 조력 에너지에 의해 나타난다.

8 바로알기 | ② B에서 생명체는 호흡을 통해 이산화 탄소를 기권으로 방출한다. 이산화 탄소가 포도당으로 전환되는 것은 광합성에 해당하므로 탄소가 기권에서 생물권으로 이동한다.

9 ④ 탄소가 각 권역 사이를 순환할 때 에너지의 이동도 함께 나타난다.

바로알기 | ① A 과정은 호흡에 의해 나타난다. 태양의 빛에너지를 이용하는 것은 광합성이므로 B 과정에 해당한다.

② 사막화가 진행되면 숲의 면적이 줄어들어 광합성량이 감소하므로 B 과정은 감소한다.

③ 표층 수온이 상승하면 기체의 용해도가 감소하므로 C는 감소한다.

⑤ A, D, E가 증가하면 대기 중의 이산화 탄소 농도가 높아지면서 기권의 탄소량이 증가하여 지구 온난화가 일어날 수 있지만, 지구 전체의 탄소량은 일정하게 유지된다.

10 **바로알기 |** ② 화산 활동이 일어나는 곳에서는 대체로 지진이 발생하지만 지진이 발생하는 곳에서 항상 화산 활동이 일어나는 것은 아니다. 따라서 화산대와 지진대는 대체로 일치하지만, 지진대가 화산대보다 광범위하게 나타난다.

③ 화산 활동과 지진은 대부분 판의 경계에서 발생한다.

④ 태평양의 가장자리에는 주로 섭입형 경계가 분포하고, 태평양 내부에는 발산형 경계와 보존형 경계가 분포한다.

⑤ 태양 활동이 지구 내부 에너지에 의해 일어나는 지진과 화산 활동에 영향을 주지는 않는다.

11 ㄱ. 화산 활동은 지구 내부의 열이 방출하는 과정에서 일어나는 현상이므로 지구 내부 에너지에 의해 발생한다.

ㄴ. 대기로 방출된 다량의 화산재가 햇빛을 반사(차단)하여 지구의 평균 기온이 낮아졌다.

바로알기 | ㄷ. 화산 분출은 지권에서, 화산재에 의한 기온 변화는 기권에서 일어나는 변화이므로, 지권과 기권의 상호작용이다.

12 ㄱ. 태평양 가장자리에는 주로 판과 판이 서로 모여드는 수렴형 경계가 발달한다.

바로알기 | ㄴ. 대서양 중앙부에는 발산형 경계와 보존형 경계가 발달해 있으며, 수렴형 경계는 발달하지 않는다.

ㄷ. 하나의 판을 둘러싼 경계라도 측정 지점마다 이동 속도와 이동 방향이 다르다.

13 ㄱ. (가)는 맨틀 대류가 상승하는 곳에서 이웃한 두 판이 서로 멀어지는 발산형 경계이다.

ㄷ. (다)는 이웃한 두 판이 서로 가까워지는 수렴형 경계로, 상대적으로 밀도가 큰 판이 밀도가 작은 판 아래로 섭입하는 섭입형 경계와 밀도가 비슷한 두 판이 충돌하는 충돌형 경계로 구분한다.

바로알기 | ㄴ. (가)는 발산형 경계로 화산 활동이 활발하지만, (나)는 보존형 경계로 화산 활동이 일어나지 않는다.

14 ㄱ. A와 B 사이에 해구가 발달해 있으므로 A가 속한 판이 B가 속한 판 아래로 섭입하고 있다. 따라서 A가 속한 판은 B가 속한 판보다 밀도가 크다.

ㄴ. C는 변환 단층으로 보존형 경계에 해당한다. 따라서 C에서는 천발 지진이 활발하게 일어난다.

ㄷ. D를 경계로 서쪽에 위치한 판이 동쪽에 위치한 판 아래로 섭입하므로 동쪽으로 갈수록 지진이 발생하는 깊이는 깊어진다.

15 ㄷ. C는 맨틀 대류의 하강부에 발달한 해구로, 오래된 해양 지각이 섭입되어 소멸한다.

ㄹ. D는 섭입형 경계 부근에 발달한 습곡 산맥이므로 천발 지진～심발 지진이 발생한다.

바로알기 | ㄱ. A는 맨틀 대류의 상승부에 발달한 해령이다.

ㄴ. B는 변환 단층으로 천발 지진은 활발하지만 화산 활동은 일어나지 않는다.

16 ㄴ. 해령에서 생성된 해양 지각이 양쪽으로 멀어지므로 C를 경계로 양쪽 판의 밀도는 거의 비슷하지만, D는 밀도가 큰 판이 밀도가 작은 판 아래로 섭입한다. 따라서 이웃한 판의 밀도 차는 C가 D보다 작다.

바로알기 | ㄱ. A, B, D는 수렴형 경계, C는 발산형 경계, E는 보존형 경계이다.

ㄷ. E는 해령과 해령 사이에 형성된 변환 단층이다.

17 ③ 진원의 깊이를 보면 태평양 쪽에서 천발 지진이 발생하고 일본 열도 쪽에서 중발～심발 지진이 발생하므로, 태평양에서 일본 열도 쪽으로 갈수록 진원의 깊이가 대체로 깊어진다.

바로알기 | ①, ④, ⑤ A는 대륙판, B와 C는 해양판이고, 각 판의 경계는 모두 섭입형 경계이므로 천발～심발 지진과 화산 활동이 일어난다.

② 밀도가 큰 판이 밀도가 작은 판 아래로 섭입하므로 판의 경계에서 밀도가 작은 판 쪽으로 갈수록 진원의 깊이가 깊어진다. 따라서 판의 평균 밀도는 B>C>A이다.

2. 역학 시스템 17강~20강

선택형 대비 1회 34쪽~37쪽

1 ④	2 ②	3 ③	4 ④	5 ③	6 ④
7 ①, ②	8 ③	9 ④	10 ④	11 ⑤	12 ③
13 ③	14 ②	15 ③	16 ③	17 ④	18 ④
19 ④	20 ④				

1 ㄴ. F_1은 B가 A를 당기는 힘이고, F_2는 A가 B를 당기는 힘이다.

ㄷ. 물체 사이에 작용하는 중력의 크기는 물체의 질량이 클수록, 물체 사이의 거리가 가까울수록 크다. 따라서 r가 커지면 F_1과 F_2의 크기는 모두 작아진다.

바로알기 | ㄱ. 두 물체 사이에 작용하는 중력의 크기는 같으므로 F_1과 F_2의 크기는 같다.

2 물체에 작용하는 중력의 방향은 지구 중심 방향이므로 B이다.

3 ③ B에는 연직 아래 방향으로 중력이 작용한다.

바로알기 | ①, ② A에는 연직 아래 방향으로 중력이 작용한다.

④ 무게는 물체에 작용하는 중력의 크기로, 물체의 질량이 클수록 크다. 따라서 질량이 같은 A, B는 무게가 같다.

⑤ 질량은 변하지 않는 고유한 양이므로 달에서 A, B의 질량은 같다.

4 ㄱ, ㄴ. 자연은 여러 가지 힘이 물체들 사이에 상호작용하면서 질서와 운동 체계를 유지하는 역학 시스템으로 구성되어 있다.

바로알기 | ㄷ. 질량이 있는 물체 사이에는 중력이 작용하고, 전자와 원자핵 사이에는 전기력이 작용하면서 역학 시스템을 구성한다.

5 자유 낙하 하는 물체의 가속도는 일정하므로 1초당 속력 증가량이 일정하다. 1초당 속력 증가량을 v라고 하면 1초일 때, 속력은 v, 3초일 때, 속력은 $3v$이므로 1초일 때와 3초일 때, 속력의 비는 1 : 3이다.

6 ㄴ. A, B의 가속도의 크기가 같으므로 같은 높이에서 동시에 놓은 A, B는 수평면에 동시에 도달한다.

ㄷ. 중력=질량×중력 가속도이므로 물체에 작용하는 중력의 크기는 질량이 큰 A가 B보다 크다.

바로알기 | ㄱ. A, B의 가속도의 크기는 중력 가속도로 같다.

7 ①, ② A와 B의 가속도는 중력 가속도로 같으므로 매 순간 연직 방향의 속력이 같으며, 지면에 동시에 도달한다.

바로알기 | ③ 중력 가속도의 크기는 물체의 질량에 관계없이 일정하다.
④ 단위 시간당 속도 변화량은 가속도이다. A, B의 연직 방향의 가속도가 같으므로 연직 방향의 단위 시간당 속도 변화량의 크기는 같다.
⑤ A, B에는 연직 방향으로만 힘(중력)이 작용한다.

8 물체가 던져진 순간부터 지면에 도달할 때까지 수평 방향으로 이동한 거리가 20 m이므로, 이때 걸린 시간은 $\frac{20\ m}{10\ m/s}=2$ s이다. 따라서 지면에 도달할 때까지 걸린 시간은 2초이고, 지면에 도달하는 순간 연직 방향의 속력은 $9.8\ m/s^2 \times 2$ s$=19.6\ m/s$이다.

9 ㄴ. 수평 방향 이동 거리: 수평 방향으로는 속력이 일정한 등속 직선 운동을 하므로 이동 거리가 일정하게 증가한다.
ㄷ. 연직 방향 속력: 연직 방향으로는 등가속도 운동을 하므로 속력이 일정하게 증가한다.

바로알기 | ㄱ. 수평 방향 속력: 수평 방향으로는 등속 직선 운동을 하므로 속력이 일정하다.
ㄹ. 연직 방향 이동 거리: 연직 방향으로는 속력이 일정하게 증가하는 등가속도 운동을 하므로 이동 거리 - 시간 그래프는 기울기(속력)가 일정하게 증가하는 형태로 나타난다.

10 ㄴ. 2초부터 5초까지 물체는 등속 직선 운동을 하므로 물체의 가속도는 0이다.
ㄷ. 속도 - 시간 그래프의 기울기의 크기는 가속도의 크기이므로 1초일 때, 가속도의 크기는 $\frac{10\ m/s}{2\ s}=5\ m/s^2$이고, 7초일 때, 가속도의 크기는 $\frac{|0-10\ m/s|}{3\ s}=\frac{10}{3}\ m/s^2$이다. 따라서 가속도의 크기는 1초일 때가 7초일 때보다 크다.

바로알기 | ㄱ. 속도 - 시간 그래프에서 기울기는 가속도이다. 1초일 때와 7초일 때, 기울기의 부호가 반대이므로 가속도의 방향은 반대이다.

11 수평 방향으로 던진 속력이 클수록 물체가 수평면에 도달할 때까지 수평 방향으로 이동한 거리가 크다. 물체가 수평 방향으로 이동한 거리를 비교하면 C>B>A이므로 수평 방향으로 던진 속력을 비교하면 C>B>A이다.

12 ③ 달리던 버스가 갑자기 멈추면 관성에 의해 사람의 몸이 앞으로 쏠리는 것처럼 달리던 사람이 돌부리에 걸리면 관성에 의해 넘어진다.

바로알기 | ①, ②, ④ 힘의 작용에 의한 운동 상태의 변화이다.
⑤ 물체의 운동 방향으로 중력이 작용하므로 속력이 점점 빨라진다.

13 ㄷ. 충돌 과정에서 물체와 벽 사이에서 힘이 상호작용 하므로 물체가 벽으로부터 받은 힘의 크기는 벽이 물체로부터 받은 힘의 크기와 같다.

바로알기 | ㄱ. 운동량의 크기=질량×속력이므로 벽과 충돌 전 운동량의 크기는 $2mv$이고, 벽과 충돌 후 운동량의 크기는 mv이다. 따라서 운동량의 크기는 충돌 전이 충돌 후보다 크다.
ㄴ. 충돌하는 동안 벽으로부터 받은 충격량의 크기는 운동량 변화량의 크기와 같으므로 $mv-(-2mv)=3mv$이다.

14 0초부터 2초까지 물체의 운동량의 변화량은 $10\ kg\cdot m/s$이다. 운동량의 변화량은 충격량과 같고, 충격량=힘×시간이므로 0초부터 2초까지 물체에 작용한 힘의 크기는 $\frac{10\ N\cdot s}{2\ s}=5\ N$이다.

15 ㄱ. 면봉이 힘을 받은 시간은 힘을 받는 길이가 긴 (나)에서가 (가)에서보다 길다.
ㄴ. 운동량의 변화량은 충격량과 같고, 충격량=평균 힘×힘이 작용한 시간이다. 면봉이 받은 평균 힘의 크기는 같고, 면봉이 힘을 받은 시간은 (나)에서가 (가)에서보다 길므로 빨대 끝을 빠져나갈 때, 면봉의 운동량의 크기는 (나)에서가 (가)에서보다 크다.

바로알기 | ㄷ. 운동량의 변화량이 큰 (나)에서가 (가)에서보다 빨대 끝을 빠져나갈 때, 면봉의 속력이 크므로 빨대에서 빠져나온 면봉이 수평 방향으로 이동한 거리는 (나)에서가 (가)에서보다 크다.

16 힘 - 시간 그래프에서 그래프 아랫부분의 넓이는 충격량이다. B가 받은 충격량의 크기는 A가 받은 충격량의 크기와 같은 $\frac{2}{3}mv_0$이므로 충돌 직후 B의 운동량의 크기는 $\frac{2}{3}mv_0$이다. 운동량의 크기=질량×속력이고, B의 질량은 m이므로 충돌 직후 B의 속력은 $\frac{2}{3}v_0$이다.

17 같은 높이에서 떨어진 A, B는 수평면과 충돌 직전 속력이 같고, 낙하 거리가 짧은 C의 충돌 직전 속력이 가장 작다. 따라서 수평면에 충돌 직전 속력을 비교하면 A=B>C이다. A, B의 충돌 직전 속력이 같으므로 운동량의 변화량의 크기는 질량이 큰 A가 B보다 크고, B, C의 질량이 같으므로 운동량의 변화량의 크기는 충돌 직전 속력이 큰 B가 C보다 크다. 충격량의 크기는 운동량의 변화량의 크기와 같으므로 수평면과 충돌하는 동안 충격량의 크기를 비교하면 A>B>C이다.

18 ① 동일한 유리컵이 같은 높이에서 떨어졌으므로 A, B의 운동량의 변화량, 즉 충격량은 같다. 힘 - 시간 그래프에서 그래프 아랫부분의 넓이는 충격량이므로 S_1과 S_2는 같다.
②, ③, ⑤ A, B가 받은 충격량의 크기가 같고, 유리컵이 받은 평균 힘의 크기는 충돌 후 깨진 A가 B보다 크므로 ㉠은 A, ㉡은 B를 나타낸 것이다.

바로알기 | ④ 동일한 유리컵이 같은 높이에서 떨어졌으므로 충돌 직전 운동량의 크기는 A, B가 같다.

19 ㄴ. 충격량=평균 힘×충돌 시간이다. 자동차가 받은 충격량의 크기는 (가)에서와 (나)에서가 같으므로 충돌 과정에서 자동차가 받은 평균 힘의 크기는 충돌 시간이 짧은 (나)에서가 (가)에서보다 크다.
ㄷ. 두 물체가 충돌하는 과정에서 두 물체 사이에 상호작용 하는 두 힘의 크기와 충돌 시간은 같으므로 (나)의 충돌 과정에서 자동차가 받은 충격량의 크기는 벽이 받은 충격량의 크기와 같다.

바로알기 | ㄱ. 동일한 자동차가 같은 속력으로 운동하다가 정지하였으므로 충돌 과정에서 자동차의 운동량의 변화량의 크기는 (가)에서와 (나)에서가 같다.

20 ㄴ. 에어백은 충돌 시 충돌 시간을 길게 하여 탑승자가 받는 평균 힘의 크기를 감소시키는 역할을 한다.
ㄷ. 자동차의 범퍼는 충돌 시 충돌 시간을 길게 하는 역할을 한다. 따라서 자동차의 범퍼는 에어백과 같은 원리를 이용한 장치이다.

바로알기 | ㄱ. 에어백은 충돌 시 충돌 시간을 길게 하는 역할을 한다. 이때 운동량의 변화량, 즉 충격량의 크기는 변하지 않는다.

1 ⑤	2 ③	3 ③	4 ①	5 ③	6 ⑤
7 ④	8 ④	9 ④	10 ④	11 ①	12 ①
13 ⑤	14 ①	15 ①	16 ③	17 ③	18 ②
19 ③	20 ②, ④				

1 ⑤ 중력은 질량이 있는 물체 사이에서 작용하는 힘이다.
바로알기 | ① 중력은 서로 당기는 방향으로 작용한다.
② 물체에 작용하는 중력의 크기를 무게라고 하고, 질량은 물체의 고유한 양이다.
③ 중력은 물체가 접촉해 있거나 떨어져 있어도 작용한다.
④ 물체의 질량이 클수록 물체에 작용하는 중력의 크기가 크다.

2 두 물체 사이에 작용하는 중력은 크기가 같고, 방향은 반대이다. 따라서 B가 A를 당기는 중력의 크기가 F일 때, A가 B를 당기는 중력의 크기도 F이다.

3 ㄱ, ㄴ. 물체 사이에 작용하는 중력의 크기는 물체의 질량이 클수록, 물체 사이의 거리가 가까울수록 크다. 따라서 m_1, m_2가 커지면 중력의 크기가 커진다.
바로알기 | ㄷ. r가 커지면 중력의 크기는 작아진다.

4 중력에 의해 물줄기가 아래로 떨어지고, 공기의 대류 현상이 일어나며, 인공위성이 지구 주위를 공전한다.

5 ①, ② 물체에는 중력만 작용하므로 등가속도 운동을 한다.
④ 물체에 작용하는 중력의 방향은 물체의 운동 방향과 같아 물체는 속력이 증가하는 등가속도 운동을 한다.
⑤ 물체의 가속도는 질량에 관계없이 모두 중력 가속도로 같으므로 같은 높이에서 낙하하는 물체가 지면에 도달할 때까지 걸린 시간은 물체의 질량에 관계없이 모두 같다.
바로알기 | ③ 자유 낙하 하는 물체의 가속도의 크기는 물체의 질량에 관계없이 중력 가속도로 모두 같다.

6 ㄱ. 속력이 증가하므로 자동차의 운동 방향과 가속도의 방향은 같다.
ㄴ, ㄷ. 1초마다 속력이 5 m/s씩 증가하므로 가속도의 크기는 5 m/s^{2}이다. 따라서 4초일 때, 속력은 5 m/s+4 s×5 m/s^2=25 m/s이다.

7 ㄴ. 물체는 지면에 도달할 때까지 3초 동안 운동하므로 수평 방향으로 이동한 거리 R=5 m/s×3 s=15 m이다.
ㄷ. 물체의 속력은 1초마다 9.8 m/s씩 증가하므로 지면에 도달하는 순간 연직 방향의 속력은 3 s×9.8 m/s^2=29.4 m/s이다.
바로알기 | ㄱ. 수평 방향으로는 물체에 힘이 작용하지 않으므로 물체는 수평 방향으로 등속 직선 운동을 한다. 따라서 물체가 지면에 도달하는 순간 물체의 수평 방향의 속력은 5 m/s이다.

8 ㄴ. 중력=질량×중력 가속도이다. A, B에는 중력만이 작용하므로 질량이 같은 A, B에 작용하는 힘의 크기는 같다.
ㄷ. A, B의 가속도는 중력 가속도로 같으므로 같은 높이에서 동시에 운동을 시작한 A, B는 매 순간 지면으로부터 높이가 같다.
바로알기 | ㄱ. 중력에 의해 B의 속력은 증가한다.

9 ㄱ. A는 수평 방향으로 5 m/s의 속력으로 등속 직선 운동을 하여 20 m를 이동하므로 A가 던져진 순간부터 지면에 도달할 때까지 걸린 시간은 $\dfrac{20 \text{ m}}{5 \text{ m/s}}$=4 s이다.

ㄷ. B는 4초 동안 수평 방향으로 40 m를 이동하므로 $v=\dfrac{40 \text{ m}}{4 \text{ s}}$= 10 m/s이다.
바로알기 | ㄴ. B는 A와 같은 높이에서 동시에 던져져 연직 방향으로 같은 가속도로 운동하므로 던져진 순간부터 지면에 도달할 때까지 걸린 시간은 A와 같은 4초이다.

10 ㄱ. A, B의 가속도의 크기는 중력 가속도로 같다.
ㄷ. A, C는 연직 방향의 가속도가 같으므로 지면에 도달할 때까지 걸린 시간이 같고, 수평 방향으로는 등속 직선 운동을 한다. 따라서 지면에 도달했을 때, 수평 방향으로 이동한 거리는 수평 방향으로 던진 속력에 비례하므로 C가 A의 3배이다.
바로알기 | ㄴ. 중력=질량×중력 가속도이므로 중력의 크기는 질량에 비례한다. 따라서 물체에 작용하는 중력의 크기는 C가 B의 $\dfrac{3}{2}$배이다.

11 ① 수평 방향으로 멀리 날아갈수록 수평 방향의 발사 속력이 크므로 수평 방향의 발사 속력을 비교하면 C>B>A이다.
바로알기 | ②, ③, ⑤ 질량에 관계없이 수평 방향의 발사 속력이 변하지 않으면 운동 경로는 변하지 않는다. 즉 지구 주위를 공전하는 C는 질량이 변하여도 수평 방향의 발사 속력이 변하지 않으므로 지면에 떨어지지 않고, 지구 주위를 공전한다.
④ C는 지구 중심 방향으로 작용하는 중력에 의해 지구 주위를 공전한다.

12 ㄱ. 관성은 물체의 질량이 클수록 크다.
바로알기 | ㄴ. 관성은 물체의 속력과 관계가 없다.
ㄷ. 관성은 현재의 운동 상태를 유지하려는 성질이다.

13 운동량의 크기=질량×속력이다.
• 골프공의 운동량의 크기=0.05 kg×70 m/s=3.5 kg·m/s
• 야구공의 운동량의 크기=0.15 kg×10 m/s=1.5 kg·m/s
• 볼링공의 운동량의 크기=5 kg×2 m/s=10 kg·m/s
따라서 운동량의 크기가 가장 큰 공은 볼링공(가)이고, 가장 작은 공은 야구공(나)이다.

14 ②, ③ 충격량의 크기=평균 힘의 크기×힘을 받은 시간이므로 A에서 면봉이 받은 충격량의 크기는 Ft이고, B에서 면봉이 받은 충격량의 크기는 $2Ft$이다.
④ 운동량의 변화량은 충격량과 같으므로 면봉의 운동량의 변화량의 크기는 B에서가 A에서의 2배이다.
⑤ 빨대 끝을 빠져나가는 순간 면봉의 속력은 운동량의 변화량의 크기가 2배인 B에서가 A에서의 2배이다.
바로알기 | ① 면봉이 받은 평균 힘의 크기가 같으므로 빨대의 길이가 길수록 빨대 속에서 면봉이 힘을 받은 시간이 길다. 따라서 빨대의 길이는 B가 A보다 길다.

15 A의 운동량의 변화량의 크기는 $2mv-(-4mv)=6mv$이고, B의 운동량의 변화량의 크기는 $2mv-(-4mv)=6mv$이다. 충격량은 운동량의 변화량과 같으므로 $F_A : F_B=1:1$이다.

16 힘-시간 그래프에서 그래프 아랫부분의 넓이는 충격량이다. 충격량은 운동량의 변화량과 같으므로 3초일 때, 물체의 운동량의 크기는 60 kg·m/s이다. 따라서 3초일 때, 물체의 속력은 $\dfrac{60 \text{ kg·m/s}}{2 \text{ kg}}$=30 m/s이다.

17 ① 운동량－시간 그래프의 형태는 속도－시간 그래프의 형태와 같다. 따라서 물체는 0초부터 2초까지 운동량, 즉 속도가 일정하게 증가하므로 등가속도 운동을 한다.

② 운동량의 변화량은 충격량과 같으므로 0초부터 4초까지 물체가 받은 충격량의 크기는 $4 \text{ kg·m/s} - 0 = 4 \text{ N·s}$이다.

④ 2초일 때, 물체의 운동량의 크기가 4 kg·m/s이므로 물체의 속력은 $\dfrac{4 \text{ kg·m/s}}{4 \text{ kg}} = 1 \text{ m/s}$이다.

⑤ 물체는 2초부터 4초까지 운동량이 일정하므로 속도가 변하지 않는 등속 직선 운동을 한다.

바로알기 | ③ 운동량－시간 그래프에서 기울기는 힘이므로 1초일 때, F의 크기는 $\dfrac{4 \text{ N·s}}{2 \text{ s}} = 2 \text{ N}$이고, 5초일 때, F의 크기는 $\dfrac{2 \text{ N·s}}{2 \text{ s}} = 1 \text{ N}$이다. 따라서 F의 크기는 1초일 때가 5초일 때의 2배이다.

18 ㄴ. 운동량의 변화량은 충격량과 같다. A, B가 받은 충격량의 크기가 같으므로 운동량의 변화량의 크기도 $3mv$로 같다.

바로알기 | ㄱ. 힘－시간 그래프에서 그래프 아랫부분의 넓이는 충격량이므로 충돌하는 동안 공이 발로부터 받은 충격량의 크기는 A, B가 $3mv$로 같다.

ㄷ. A, B가 발을 떠나는 순간의 속력을 각각 v_A, v_B라고 하면 $mv_A - (-2mv) = 3mv$에서 $v_A = v$이고, $mv_B - (-mv) = 3mv$에서 $v_B = 2v$이다. 따라서 충돌 직후 공의 속력은 B가 A보다 크다.

19 힘을 받은 시간이 짧은 A(㉠)는 손을 앞으로 내밀면서 공을 받은 경우이고, 힘을 받은 시간이 긴 B(㉡)는 손을 뒤로 빼면서 공을 받은 경우이다. 힘－시간 그래프에서 그래프 아랫부분의 넓이는 충격량이다. 따라서 A에서와 B에서 손이 받은 충격량은 같고, 충격량＝평균 힘×힘을 받은 시간이므로 손이 받은 평균 힘의 크기는 힘을 받은 시간이 짧은 A에서가 B에서보다 크다(㉢).

20 에어 매트는 충돌 시간을 길게 하여 사람이 받는 평균 힘의 크기를 줄여 준다.

② 농구대 기둥의 스펀지는 충돌 시간을 길게 하여 사람이 기둥에 부딪혔을 때, 충격을 줄여 준다.

④ 잘 찌그러지는 재질의 범퍼를 사용하면 자동차의 충돌 사고가 일어났을 때, 충돌 시간이 길어져 운전자가 받는 힘의 크기가 감소하므로 운전자의 부상을 줄일 수 있다.

바로알기 | ① 자동차의 범퍼를 단단하게 만들면 벽과 충돌할 때, 충돌 시간이 짧아져 자동차가 받는 평균 힘의 크기가 커진다.

③ 빨대의 입구에 면봉을 넣고 입으로 불 때, 빨대의 길이가 길수록 면봉의 운동량의 변화량이 커서 면봉이 더 멀리까지 날아간다.

⑤ 야구 경기에서 포수가 공을 받을 때, 손을 앞으로 내밀면서 받으면 힘을 받는 시간이 짧아져 손이 받는 평균 힘의 크기가 증가한다.

3. 생명 시스템 21강~24강

선택형 대비 1회 42쪽~45쪽

1 ④	2 ④	3 ③	4 ④	5 ③	6 ④
7 ②	8 ③	9 ③	10 ①	11 ③	12 ④
13 ③	14 ③	15 ②	16 ⑤	17 ①	18 ①
19 ③	20 ②				

1 ㄱ. 여러 세포소기관은 유기적으로 상호작용하여 생명체가 생존하는 데 필요한 생명활동을 수행하므로 세포도 하나의 생명 시스템이다.

ㄴ. 세포막에 의해 세포 안과 주변 환경이 분리되어 세포에서 물질대사가 일어날 수 있는 독립적인 환경이 조성된다.

바로알기 | ㄷ. 세포는 적혈구, 근육세포, 신경세포 등과 같이 몸을 이루는 조직이나 기관에 따라 모양과 기능이 다르다.

2 (가)는 조직, (나)는 기관이다.

ㄱ. (가)는 크기와 모양이 비슷한 세포가 모여 구성된 조직이다.

ㄷ. 다양한 조직(가)이 모여 고유한 형태와 기능을 가진 기관(나)을 이룬다.

바로알기 | ㄴ. 식물에서는 조직(가)이 모여 식물에만 있는 구성 단계인 조직계를 이룬다.

3 A는 단백질, B는 인지질이다.

ㄱ. A는 인지질 2중층에 파묻혀 있거나 관통하고 있는 단백질이다.

ㄴ. 인지질(B)은 친수성인 머리 부분과 소수성인 꼬리 부분으로 되어 있으며, 소수성인 꼬리 부분이 마주 보며 배열되어 2중층을 이룬다.

바로알기 | ㄷ. ㉠은 친수성인 머리 부분이고, ㉡은 소수성인 꼬리 부분이다.

4 A는 라이보솜, B는 핵, C는 마이토콘드리아, D는 엽록체이다.

ㄱ. (가)에는 엽록체와 세포벽이 없으므로 (가)는 동물 세포, (나)는 식물 세포이다.

ㄷ. 마이토콘드리아(C)에서는 유기물의 화학 에너지가 세포의 생명활동에 사용하는 형태의 화학 에너지로 전환되며, 엽록체(D)에서는 빛에너지가 포도당의 화학 에너지로 전환된다.

바로알기 | ㄴ. 라이보솜(A)에서는 단백질이 합성된다. 포도당이 합성되는 곳은 엽록체(D)이다.

5 동물 세포에서 관찰되는 것은 세포막과 핵이고, 포도당을 합성하는 것은 엽록체이며, 세포의 생명활동을 조절하는 것은 핵이다. 핵만이 두 가지 특징이 있으므로 A는 핵이며, 핵만 갖는 특징인 ㉡은 '세포의 생명활동을 조절한다.'이다. ㉠은 핵과 공통적으로 갖는 특징이므로 '동물 세포에서 관찰된다.'이고 B는 세포막이다. 나머지 C는 엽록체이며, 엽록체만 갖는 특징인 ㉢은 '포도당을 합성한다.'이다.

ㄱ. A는 핵, B는 세포막, C는 엽록체이다.

ㄴ. ㉠은 핵(A)과 세포막(B)이 모두 갖는 특징이므로 '동물 세포에서 관찰된다.'이다.

바로알기 | ㄷ. 세포막(B)은 특징 ㉠~㉢ 중 ㉠만 가지므로 ⓐ는 '×'이다. 엽록체(C)는 특징 ㉠~㉢ 중 ㉢만 가지므로 ⓑ는 '×'이다.

6 ㄱ. A는 인지질 2중층을 직접 통과하여 이동하므로 산소는 A에 해당한다.

ㄷ. (가)와 (나)는 모두 확산으로, (가)와 (나)에서 물질은 스스로 운동하여 농도가 높은 쪽에서 낮은 쪽으로 이동한다.

바로알기 | ㄴ. 허파꽈리와 모세혈관 사이의 기체 교환은 인지질 2중층을 통한 확산(가)으로 일어난다.

7 ㄴ. (가)의 수면 높이는 낮아지고, (나)의 수면 높이는 높아졌으므로 (가)에서 (나)로 이동하는 물의 양이 (나)에서 (가)로 이동하는 물의 양보다 많다.

바로알기 | ㄱ. (가)의 수면 높이는 낮아지고, (나)의 수면 높이는 높아졌으므로 용액의 농도는 B가 A보다 높다.

ㄷ. (가)에서 (나)로 물이 많이 이동하여 (가)의 수면 높이가 낮아졌으므로 용액의 농도는 A′이 A보다 높다.

8 ㄱ. 효소의 주성분은 단백질이다.
ㄴ. 효소는 생명체에서 일어나는 화학 반응이 체온 정도의 낮은 온도에서도 일어나도록 한다.
바로알기 | ㄷ. 효소는 화학 반응의 활성화에너지를 낮춰 반응이 빠르게 일어나도록 한다.

9 ㄱ. 세포막을 경계로 농도가 낮은 쪽에서 높은 쪽으로 물이 이동하여 적혈구의 부피가 변화하였으므로 적혈구의 부피가 변화한 원리는 삼투이다.
ㄷ. (다)에서 적혈구의 부피가 감소하였으므로 물이 적혈구 안에서 밖으로 많이 이동하였다.
바로알기 | ㄴ. 소금물에 적혈구를 넣었을 때 부피 변화가 없는 A는 적혈구에 대해 등장액이고, 부피가 증가한 B는 저장액이며, 부피가 감소한 C는 고장액이다. 따라서 소금물의 농도는 B<A<C이다.

10 ㄴ. 불씨가 살아난 것(㉠)을 통해 B에서 발생한 기체가 산소임을 알 수 있다.
바로알기 | ㄱ. 효소는 높은 온도에서 입체 구조가 변하여 기능을 잃어버린다. 따라서 C에는 삶은 감자 조각을 넣었으므로 ⓐ는 '기포가 발생하지 않음'이다.
ㄷ. A에는 감자 조각을 넣지 않았으므로 A는 대조군이다. (가)의 C 결과를 통해 감자를 삶으면 효소(카탈레이스)가 작용하지 않는다는 것을 알 수 있다.

11 ㄱ. 이화작용(가)과 동화작용(나)은 모두 물질대사이다.
ㄴ. 이화작용(가)에서는 고분자 물질이 저분자 물질로 분해되고, 동화작용(나)에서는 저분자 물질이 고분자 물질로 합성된다.
바로알기 | ㄷ. 광합성은 동화작용(나)에 해당한다.

12 ㄱ. 반응물의 에너지가 생성물의 에너지보다 크므로 이화작용이 일어날 때의 에너지 변화이다.
ㄴ. 효소가 있을 때와 없을 때 반응물의 에너지와 생성물의 에너지 차이인 반응열(A)의 크기는 같다.
바로알기 | ㄷ. B는 효소가 없을 때의 활성화에너지이다.

13 ㄱ. 세탁 세제에 단백질과 지방을 분해하는 효소를 첨가하여 섬유의 때를 잘 제거하게 한다.
ㄷ. 청바지를 가공할 때 섬유소분해효소(ⓒ)를 첨가하여 청바지를 탈색한다.
바로알기 | ㄴ. (나)에서 엿기름에 들어 있는 효소에 의해 활성화에너지가 감소하여 녹말이 엿당으로 분해되는 반응이 촉진(ⓛ)된다.

14 ㄱ. A는 효소이며, 활성화에너지를 낮춰 화학 반응이 빠르게 일어나도록 한다.
ㄴ. 효소(A)는 반응물(B)이 분해되어 생성물이 되는 과정을 촉진한다.
바로알기 | ㄷ. B는 반응물이고, C는 효소와 입체 구조가 맞지 않아 결합하지 못하는 물질이다.

15 ㄴ. B에 넣은 세포에서는 세포의 부피가 줄어들어 세포막과 세포벽이 분리되었다. 따라서 B는 세포 안보다 농도가 높은 고장액이다.

바로알기 | ㄱ. A에 넣은 세포에서는 세포의 부피가 변하지 않으므로 세포 안팎으로 이동하는 물의 양이 같다. 따라서 A는 세포 안과 농도가 같은 등장액이다.
ㄷ. C에 넣은 세포에서는 세포 밖에서 안으로 물이 많이 이동하여 세포의 부피가 증가하였다. 따라서 C는 세포 안보다 농도가 낮은 저장액이다.

16 ㄱ. 유전자는 DNA에서 형질을 결정하는 유전정보가 저장되어 있는 부분이다. 유전자 A와 B는 DNA의 특정한 부분에 있다.
ㄴ. 유전자 A와 B는 서로 다른 유전정보를 가지므로, 이로부터 생성된 단백질 ㉠과 ㉡은 구조와 기능이 서로 다르다.
ㄷ. 연속된 3개의 염기가 1개의 아미노산을 지정하는데, A가 전사되어 합성된 RNA를 구성하는 염기의 수가 120개이므로 ㉠을 구성하는 아미노산의 수는 40개이다.

17 ㄱ. 정상 헤모글로빈 유전자에서 타이민(T)이 아데닌(A)으로 바뀌어 코돈이 GAA에서 GUA로 바뀜으로써 낫모양적혈구가 형성되었다.
바로알기 | ㄴ. 코돈 GAA는 글루탐산이라는 아미노산을 지정하고, GUA는 발린이라는 아미노산을 지정한다.
ㄷ. 돌연변이 헤모글로빈과 정상 헤모글로빈의 아미노산 수는 같다.

18 ㄱ. 유전자는 DNA(가)의 특정한 부위에 있다.
바로알기 | ㄴ. RNA(나)의 염기에는 아데닌(A), 구아닌(G), 사이토신(C), 유라실(U)이 있다.
ㄷ. 사람의 세포에서 전사(㉠)는 핵에서, 번역(㉡)은 세포질의 라이보솜에서 일어난다.

19 ㄱ. 전사가 일어날 때 DNA의 두 가닥 Ⅰ과 Ⅱ는 분리된다.
ㄴ. RNA의 염기서열 AUG와 상보적 염기서열인 TAC가 있는 DNA의 가닥 Ⅰ이 전사에 이용된 가닥이므로 가닥 Ⅰ의 염기서열 AGA와 상보적인 ㉠의 염기서열은 UCU이다.
바로알기 | ㄷ. 아미노산 ㉢를 지정하는 코돈은 GGA이다.

20 ㄷ. ㉡을 지정하는 RNA의 코돈과 상보적인 DNA의 염기서열이 AGG이므로 RNA의 코돈은 UCC이다. 따라서 ㉡은 ⑥이다.
바로알기 | ㄱ. RNA의 염기서열 ACG와 상보적 염기서열인 TGC가 있는 가닥이 전사에 이용된 가닥이므로 전사에 이용된 가닥은 Ⅰ이다.
ㄴ. 전사에 이용된 가닥이 Ⅰ이므로 RNA의 염기서열 UAC와 상보적인 ㉠의 염기서열은 ATG이다.

선택형 대비 2회
46쪽~49쪽

1 ④	2 ⑤	3 ②	4 ③	5 ①	6 ⑤
7 ②	8 ③	9 ②	10 ③	11 ⑤	12 ②
13 ④	14 ⑤	15 ③	16 ②	17 ④	18 ①
19 ⑤	20 ③				

1 ㄱ. 세포는 생명체를 구성하는 구조적 단위이자 생명활동이 일어나는 기능적 단위이다.

ㄷ. 아메바와 같은 단세포생물에서는 하나의 세포가 곧 하나의 개체이다.

바로알기 | ㄴ. 세포는 생명활동을 유지하기 위해 세포막을 통해 끊임없이 외부와 상호작용을 한다.

2 (가)는 조직, (나)는 기관이다.

ㄱ. (가)는 크기와 모양이 비슷한 세포가 모여 구성된 조직이다.

ㄴ. (나)는 여러 조직(가)이 모여 고유한 형태와 기능을 나타내는 기관이다.

ㄷ. 동물에서는 기관(나)이 모여 동물에만 있는 구성 단계인 기관계를 이룬다.

3 A는 골지체, B는 마이토콘드리아, C는 라이보솜, D는 엽록체, E는 세포벽이다.

ㄷ. 라이보솜(C)은 동물 세포와 식물 세포에 모두 있는 세포소기관으로, 소포체에 붙어 있거나 세포질에 퍼져 있다.

바로알기 | ㄱ. 단백질합성은 라이보솜(C)에서 일어난다.

ㄴ. 마이토콘드리아(B)는 동물 세포와 식물 세포에 모두 있고, 엽록체(D)와 세포벽(E)은 식물 세포에만 있다.

4 빛에너지를 이용하여 포도당을 합성하는 것은 엽록체이고, 식물 세포에 존재하는 것은 엽록체, 마이토콘드리아, 액포이며, 에너지 전환에 관여하는 것은 엽록체와 마이토콘드리아이다. 특징 ㉠~㉢을 모두 갖는 A는 엽록체이고, 엽록체만 갖는 특징인 ㉢은 '빛에너지를 이용하여 포도당을 합성한다.'이다. ㉡은 A~C가 모두 갖는 특징이므로 '식물 세포에 존재한다.'이며, 특징 ㉠~㉢ 중 ㉡만 갖는 C는 액포이다. 나머지 B는 마이토콘드리아이며, ㉠은 '에너지 전환에 관여한다.'이다.

ㄱ. A는 엽록체, B는 마이토콘드리아, C는 액포이다.

ㄴ. 액포(C)는 물, 색소, 노폐물을 저장한다.

바로알기 | ㄷ. ㉠은 엽록체(A)와 마이토콘드리아(B)가 갖는 특징이므로 '에너지 전환에 관여한다.'이다.

5 A는 단백질, B는 인지질이다.

ㄱ. A는 인지질 2중층에 파묻혀 있거나 관통하고 있는 단백질이다. 단백질(A)에는 펩타이드결합이 존재한다.

바로알기 | ㄴ. 물과의 친화력은 친수성인 ㉠이 소수성인 ㉡보다 크다.

ㄷ. 산소와 이산화 탄소처럼 크기가 작은 물질은 인지질 2중층을 직접 통과하여 이동하고, 포도당과 아미노산처럼 크기가 큰 물질은 단백질을 통해 이동한다. 이와 같이 세포막을 통해 물질이 이동할 때 물질의 종류와 크기에 따라 이동 방식이 다르다.

6 ㄱ. (가)는 인지질 2중층을 통한 확산이고, (나)는 막단백질을 통한 확산이므로 물질의 이동 원리는 모두 확산이다.

ㄴ. 세포막에서 이온, 포도당, 아미노산과 같은 물질은 단백질을 통한 확산으로 이동하므로 B에 Na^+, 포도당이 해당한다.

ㄷ. (가)와 (나)는 모두 확산이므로 (가)와 (나)에서 물질은 농도가 높은 쪽에서 낮은 쪽으로 이동한다.

7 ㄴ. (가)에서 (나)로 물이 많이 이동하여 (나)의 수면이 높아졌으므로 설탕 용액의 농도는 B'이 B보다 낮다.

바로알기 | ㄱ. 설탕 분자는 선택적 투과가 가능한 막을 통과할 수 없으므로 (가)에서 (나)로 물이 이동한다.

ㄷ. 설탕 분자는 선택적 투과가 가능한 막을 통과할 수 없으므로 설탕의 양은 A와 A'이 같다.

8 ㄱ, ㄴ. 효소는 생명체에서 일어나는 화학 반응의 활성화에너지를 낮춰 화학 반응이 빠르게 일어나도록 도와주는 생체촉매이다.

바로알기 | ㄷ. 효소의 주성분은 단백질이며, 효소마다 고유의 입체 구조를 갖는다.

9 ㄷ. X에 넣었을 때 적혈구의 부피가 줄어든 것은 물이 농도가 낮은 적혈구에서 농도가 높은 X 쪽으로 이동하였기 때문이므로 X는 적혈구 안보다 농도가 높다.

바로알기 | ㄱ. X는 적혈구 안보다 농도가 높다.

ㄴ. 원형질분리는 식물 세포를 고장액에 넣었을 때 일어나는 것이므로 동물 세포인 적혈구에서는 일어나지 않는다.

10 ㄱ. 감자에 들어 있는 효소인 카탈레이스는 과산화 수소의 분해를 촉진한다.

ㄷ. 기포 발생이 끝난 뒤 과산화 수소수를 더 넣었을 때 B에서 기포가 다시 발생(㉠)한 것으로 보아 효소는 재사용이 가능하다는 것을 알 수 있다.

바로알기 | ㄴ. C에는 삶은 감자 조각을 넣어 효소(카탈레이스)가 작용하지 않으므로 과산화 수소의 분해를 촉진할 수 없다. 따라서 ⓐ는 '변화 없음'이다.

11 ㄴ. 이화작용(가)과 동화작용(나)은 모두 물질대사로, 효소가 관여한다.

ㄷ. 이화작용(가)과 동화작용(나)은 모두 물질대사로, 반응이 단계적으로 일어난다.

바로알기 | ㄱ. (가)는 고분자 물질이 저분자 물질로 분해되는 이화작용이고, (나)는 저분자 물질이 고분자 물질로 합성되는 동화작용이다.

12 ㄷ. 반응물의 에너지가 생성물의 에너지보다 큰 이화작용을 나타낸 것이다.

바로알기 | ㄱ. 반응물의 에너지와 생성물의 에너지 차이인 반응열(A)은 그 값이 변하지 않는다.

ㄴ. 효소가 없을 때의 활성화에너지는 B이다. C는 효소가 있을 때의 활성화에너지이다.

13 ㄱ. 소화제에 단백질, 지방 등의 분해를 촉진하는 효소(㉠)가 들어 있어 음식물 속의 소화를 돕는다.

ㄷ. 고기 양념 시 키위즙이나 파인애플즙을 넣으면 단백질분해효소에 의해 고기가 연해진다.

바로알기 | ㄴ. 엿기름에 들어 있는 효소에 의해 녹말이 엿당으로 분해되는 반응(㉡)이 촉진되는데, 효소의 주성분은 단백질이다. 단백질은 높은 온도에서 구조가 변하기 때문에 높은 온도에서는 촉매 기능을 잃어버린다.

14 ㄱ. A는 효소이며, 효소(A)의 주성분은 단백질이다.

ㄴ. 효소(A)와 결합하는 B는 반응물이며, 반응이 진행됨에 따라 반응물(B)이 생성물로 되므로, 반응물(B)의 농도는 감소한다.

ㄷ. 효소(A)와 반응물(B)이 결합한 상태인 (가)에서 활성화에너지가 낮아져 화학 반응이 빠르게 일어난다.

15 ㄱ. A에 식물 세포를 넣었을 때에는 세포의 부피가 줄어들어 세포막과 세포벽이 분리되었으므로 A는 식물 세포 안보다 농도가 높은 고장액이다. B에 식물 세포를 넣었을 때에는 세포의 부피가 증가하였으므로 B는 식물 세포 안보다 농도가 낮은 저장액이다. 따라서 소금물의 농도는 A가 B보다 높다.

ㄴ. 배추를 소금물에 담그면 저농도인 배추 세포에서 고농도인 소금물로 물이 많이 이동하여 배추의 숨이 죽는데, 이때 세포의 상태는 고장액에 식물 세포를 넣은 상태인 (가)와 같다.

바로알기 | ㄷ. B에 넣은 세포에서는 세포의 부피가 증가하였으므로 세포막을 통해 물이 세포 밖에서 안으로 많이 이동하였다.

16 ㄷ. B가 전사되어 합성된 RNA에는 20개의 코돈이 있으며, 각 코돈은 3개의 염기로 구성되므로 이 RNA를 구성하는 염기의 수는 60개이다.

바로알기 | ㄱ. 단백질 ㉠의 기본 단위체는 아미노산이다. 뉴클레오타이드는 핵산의 기본 단위체이다.

ㄴ. 유전자 A와 B는 서로 다른 단백질 ㉠과 ㉡을 합성하므로 저장된 유전정보도 서로 다르다.

17 ㄱ. ㉠은 붉은 색소 합성효소 유전자이므로 DNA의 특정 부위에 있다.

ㄷ. 붉은 색소 합성효소 유전자(㉠)에 이상이 생기면 붉은 색소 합성효소(㉡)를 합성할 수 없으므로 붉은 색소(㉢)가 생성되지 않는다.

바로알기 | ㄴ. ㉡은 붉은 색소 합성효소이므로 단백질이다. 따라서 ㉡에는 염기 유라실(U)이 없다.

18 ㄴ. RNA(㉡)의 유전정보로부터 단백질이 합성되는 과정인 번역(Ⅰ)은 세포질의 라이보솜에서 일어난다.

바로알기 | ㄱ. DNA(㉠)를 구성하는 염기에는 아데닌(A), 구아닌(G), 사이토신(C), 타이민(T)이 있다.

ㄷ. DNA(㉠)와 RNA(㉡)는 모두 당, 인산, 염기가 1 : 1 : 1로 결합된 뉴클레오타이드로 구성되어 있으므로 '구성 성분에 당이 있는가?'는 DNA(㉠)와 RNA(㉡)를 구분하는 기준이 될 수 없다.

19 ㄴ. RNA의 염기서열 UUC와 상보적 염기서열인 ㉠은 AAG이다.

ㄷ. 번역(가)에서 아미노산(ⓐ)과 아미노산(ⓑ) 사이에 펩타이드결합이 형성된다.

바로알기 | ㄱ. 전사에 이용된 DNA 가닥의 염기서열과 RNA 가닥의 염기서열은 상보적이다. 따라서 RNA의 염기서열과 상보적 염기서열을 갖는 가닥 Ⅰ이 전사에 이용된 가닥이다.

20 ㄱ. RNA의 염기서열 GCA와 상보적 염기서열을 갖는 DNA 가닥의 염기서열이 CGT이고, 이 DNA 가닥에 상보적 결합을 하는 DNA 다른 가닥의 염기서열은 GCA이다. 따라서 (가)에서 아데닌(A)의 수는 1개, 타이민(T)의 수는 1개로 같다.

ㄴ. (나)의 염기서열은 DNA의 다른 쪽 가닥의 염기서열 CTGAG에 상보적인 GACTC이다. 따라서 (나)에서 사이토신(C)의 수는 2개이다. (다)의 염기서열은 전사에 이용된 가닥의 염기서열 AAC와 상보적인 UUG이다. 따라서 구아닌(G)의 수는 1개이다.

바로알기 | ㄷ. 코돈 UUG가 지정하는 아미노산은 류신, CUG가 지정하는 아미노산도 류신이므로, 단백질의 아미노산서열은 알라닌 – 류신 – 류신 – 세린이다. 따라서 단백질을 구성하는 아미노산은 3종류이다.

서술형 대비

Ⅰ-1 과학의 기초　01강~02강

1 [모범 답안] 학생 C: 공간 규모는 미시 세계가 거시 세계보다 작아.(또는 공간 규모는 거시 세계가 미시 세계보다 커.)

채점 기준	배점
학생 C를 고르고 옳게 고쳐 쓴 경우	100 %
학생 C만 고른 경우	50 %

2 [모범 답안] m는 길이의 단위이고 s는 시간의 단위이므로 속력은 길이와 시간으로부터 유도되었다. kg은 질량의 단위이고 m는 길이의 단위이므로 밀도는 질량과 길이로부터 유도되었다.

채점 기준	배점
속력과 밀도가 어떤 기본량으로부터 유도되었는지 모두 옳게 서술한 경우	100 %
속력과 밀도 중 한 가지만 옳게 서술한 경우	50 %

3 [모범 답안] (1) (가), (마)
(2) (나), 전류와 시간으로부터 유도되었다.

[해설] (1) 국제단위계의 기본량의 단위는 전류는 A(암페어), 시간은 s(초), 온도는 K(켈빈), 질량은 kg(킬로그램)이다.
(2) (나) 배터리 용량의 단위 Ah는 전류 단위(A, 암페어)와 시간 단위(h, 시)의 조합이므로 배터리 용량은 전류와 시간으로부터 유도된 유도량이다.

	채점 기준	배점
(1)	기본량에 해당하고 국제단위계를 사용한 것을 모두 옳게 고른 경우	50 %
(2)	유도량에 해당하는 것을 고르고, 어떤 기본량으로부터 유도되었는지 옳게 서술한 경우	50 %
	유도량에 해당하는 것만 옳게 고른 경우	20 %

4 [모범 답안] 측정은 물체의 질량, 길이, 부피 등의 양을 재는 활동이고, 어림은 측정 도구 없이 어떠한 양을 추정하는 활동이다.

채점 기준	배점
측정과 어림의 의미를 모두 옳게 서술한 경우	100 %
측정과 어림 중 한 가지만 옳게 서술한 경우	50 %

5 [모범 답안] • 측정 표준을 이용하여 제공되는 정보는 신뢰할 수 있고, 일상생활을 편리하게 한다.
• 원활한 의사소통과 공정한 거래를 할 수 있다.
• 서로 다른 단위를 사용하거나 측정 방법이 달라 생기는 혼란이나 사고를 방지한다.
• 연구 결과의 신뢰도를 높이고 연구 결과의 공유와 연구자 사이의 소통을 원활하게 한다. 등

채점 기준	배점
측정 표준의 유용성과 필요성을 옳게 서술한 경우	100 %
측정 표준의 유용성과 필요성을 서술하지 못한 경우	0 %

6 [모범 답안] • 사회 관계망 서비스를 통해 사진과 영상 등을 공유한다.
• 인터넷을 이용하여 상품을 구매하고 디지털 금융 서비스를 이용한다.
• 전자책, 교육 앱 등으로 시간과 장소에 상관없이 원격 교육을 받는다.
• 원격 진료로 환자에게 실시간으로 맞춤형 처방을 한다.
• 무인 드론, 자율 주행 기술 등으로 운전자 없이 상품을 운송한다. 등

채점 기준	배점
디지털 정보가 활용되는 사례를 옳게 서술한 경우	100 %
디지털 정보가 활용되는 사례를 서술하지 못한 경우	0 %

Ⅱ-1 자연의 구성 원소　03강~05강

1 [모범 답안] (1) 빅뱅(대폭발) 우주론
(2) 온도와 밀도는 낮아진다. 시간이 지남에 따라 우주의 질량은 일정하지만 공간은 팽창하기 때문이다.

	채점 기준	배점
(1)	우주론의 이름을 옳게 쓴 경우	30 %
(2)	온도와 밀도 변화를 옳게 쓰고, 그 까닭을 옳게 서술한 경우	70 %
	온도와 밀도 변화가 나타나는 까닭만 옳게 서술한 경우	40 %
	온도와 밀도 변화만 옳게 쓴 경우	30 %

2 [모범 답안] (1) 연속 스펙트럼, 고온의 광원에서 방출된 빛을 분광기에 통과시키면 빛의 파장에 따라 굴절되는 정도가 달라 연속적인 색의 띠가 나타난다.
(2) 흡수 스펙트럼, 고온의 광원에서 방출된 빛이 저온의 기체를 통과할 때 기체가 특정 파장의 빛을 흡수하기 때문이다.

	채점 기준	배점
(1)	스펙트럼의 종류를 옳게 쓰고, 생성 원리를 옳게 서술한 경우	40 %
	스펙트럼의 종류만 옳게 쓴 경우	20 %
	스펙트럼의 생성 원리만 옳게 서술한 경우	20 %
(2)	스펙트럼의 종류를 옳게 쓰고, 스펙트럼에 검은 선이 나타나는 까닭을 옳게 서술한 경우	60 %
	스펙트럼의 종류만 옳게 쓴 경우	30 %
	스펙트럼에 검은 선이 나타나는 까닭만 옳게 서술한 경우	30 %

3 [모범 답안] a와 b, 원소 a와 b의 스펙트럼에 나타나는 방출선의 위치가 별빛 스펙트럼에 나타나는 흡수선의 위치와 일치하기 때문이다.

채점 기준	배점
원소를 옳게 쓰고, 그 까닭을 옳게 서술한 경우	100 %
원소만 옳게 쓴 경우	50 %
그 까닭만 옳게 서술한 경우	50 %

4 [모범 답안] (1) 7 : 1
(2) 12 : 1
(3) 약 3 : 1, 수소 원자핵과 헬륨 원자핵의 개수비가 12 : 1이고, 헬륨 원자핵 1개의 질량이 수소 원자핵 1개 질량의 약 4배이므로 질량비는 약 12 : 4 =약 3 : 1이 된다.

[해설] (1) 양성자와 중성자의 개수비는 14 : 2=7 : 1이다.
(2) 양성자 1개는 수소 원자핵이고, 양성자 2개와 중성자 2개가 결합하여 헬륨 원자핵을 생성하므로 수소 원자핵과 헬륨 원자핵의 개수비는 12 : 1이다.

	채점 기준	배점
(1)	양성자와 중성자의 개수비를 옳게 쓴 경우	30 %
(2)	수소 원자핵과 헬륨 원자핵의 개수비를 옳게 쓴 경우	30 %
(3)	수소 원자핵과 헬륨 원자핵의 질량비를 풀이 과정을 포함하여 옳게 구한 경우	40 %
	수소 원자핵과 헬륨 원자핵의 질량비만 옳게 구한 경우	20 %

5 모범 답안 원시별의 크기는 감소하고, 중심부의 온도는 높아진다.

해설 원시별은 중력에 의해 수축하기 때문에 크기는 감소하고, 중력 수축에 의한 열에너지로 인해 중심부의 온도는 점점 높아진다.

	채점 기준	배점
	원시별의 크기와 중심부 온도 변화를 모두 옳게 서술한 경우	100 %
	원시별의 크기와 중심부 온도 변화 중 한 가지만 옳게 서술한 경우	50 %

6 모범 답안 (1) A: 내부 압력, B: 중력

(2) 일정하게 유지된다. 중심부에서 수소 핵융합 반응이 진행되는 동안 A와 B가 평형을 이루기 때문이다.

	채점 기준	배점
(1)	A, B의 이름을 도두 옳게 쓴 경우	40 %
	A, B의 이름 중 한 가지만 옳게 쓴 경우	20 %
(2)	별의 크기 변화를 그 까닭과 함께 옳게 서술한 경우	60 %
	별의 크기 변화만 옳게 쓴 경우	30 %

7 모범 답안 질량이 클수록 수명이 짧아진다. 별의 질량이 클수록 중심부의 온도가 높아지고 핵융합 반응이 빠르게 일어나 원소의 생성 과정이 빠르게 진행되기 때문이다.

	채점 기준	배점
	별의 질량과 수명과의 관계와 그 까닭을 모두 옳게 서술한 경우	100 %
	별의 질량과 수명과의 관계만 옳게 쓴 경우	40 %

8 모범 답안 헬륨, 탄소, 산소, 별의 중심부에서 수소 핵융합 반응이 진행되는 동안 헬륨이 생성된다. 수소 핵융합 반응이 끝나면 중심부가 수축하여 온도가 상승한다. 중심부의 온도가 1억 K에 도달하면 헬륨 핵융합 반응이 일어나 탄소와 산소가 생성된다.

	채점 기준	배점
	별의 내부에서 생성될 수 있는 원소를 쓰고, 원소가 생성되는 과정을 옳게 서술한 경우	100 %
	별의 내부에서 생성될 수 있는 원소만 옳게 쓴 경우	30 %

9 모범 답안 (1) A: 수소, B: 철

(2) 철 원자핵이 매우 안정하기 때문이다.

(3) 질량이 태양의 10버 이상인 별이어야 한다.

해설 (1) 별의 바깥층에는 핵융합 반응을 일으키지 못한 수소(A)가 남아 있고, 별의 중심부에는 규소 핵융합 반응으로 생성된 철(B)이 존재한다.

(3) 질량이 태양의 10배 이상인 별의 내부에서는 핵융합 반응을 통해 철까지 생성된다.

	채점 기준	배점
(1)	A, B의 이름을 모두 옳게 쓴 경우	30 %
	A, B의 이름 중 한 가지만 옳게 쓴 경우	10 %
(2)	B가 생성된 후 더 이상 핵융합 반응을 하지 않는 까닭을 옳게 서술한 경우	30 %
(3)	B까지 생성될 수 있는 별의 질량 조건을 옳게 서술한 경우	40 %

10 모범 답안 수소의 비율은 감소하고, 다른 원소의 비율은 증가할 것이다. 수소는 더 이상 새로 성성되지 않고, 별이 탄생하고 진화하면서 무거운 원소들이 계속해서 생성되기 때문이다.

	채점 기준	배점
	우주를 구성하는 원소의 비율 변화를 그 까닭과 함께 옳게 서술한 경우	100 %
	우주를 구성하는 원소의 비율 변화만 옳게 쓴 경우	40 %

11 모범 답안 (1) 온도와 밀도가 높아진다.

(2) 태양계 성운이 회전하고 수축하면서 회전 속도가 점차 빨라졌고, 원시 태양 주변부의 물질이 퍼져 나가 원시 원반을 형성하였다.

	채점 기준	배점
(1)	태양계 성운의 중심부 온도와 밀도 변화를 모두 옳게 서술한 경우	50 %
	태양계 성운의 중심부 온도와 밀도 변화 중 한 가지만 옳게 서술한 경우	20 %
(2)	원시 원반이 형성되는 과정을 옳게 서술한 경우	50 %

12 모범 답안 지구형 행성은 목성형 행성보다 평균 밀도가 크다. 태양계가 형성되는 과정에서 태양과 가까운 곳에는 무거운 암석과 금속 성분이 모여 지구형 행성을 형성하였고, 태양과 먼 곳에는 가벼운 기체 성분이 모여 목성형 행성을 형성하였기 때문이다.

	채점 기준	배점
	지구형 행성과 목성형 행성의 평균 밀도를 옳게 비교하고, 그 까닭을 옳게 서술한 경우	100 %
	지구형 행성과 목성형 행성의 평균 밀도만 비교하여 옳게 서술한 경우	40 %

13 모범 답안 (가) → (다) → (나), 철, 니켈 등의 무거운 금속 성분이 지구 중심부로 가라앉아 핵을 형성하였고, 규산염 물질 등의 가벼운 성분은 위로 떠올라 맨틀을 형성하였다.

해설 마그마 바다 상태에서 밀도 차에 의해 물질이 이동하여 (다)와 같이 되었고, 이후 지표가 냉각되어 원시 지각이 형성되어 (나)와 같이 되었다.

	채점 기준	배점
	(가)~(다)를 시간 순서대로 옳게 나열하고, (다)에서 층상 구조가 형성되는 과정을 옳게 서술한 경우	100 %
	(가)~(다)의 시간 순서와 (다)에서 층상 구조가 형성되는 과정 중 한 가지만 옳게 서술한 경우	50 %

14 모범 답안 (1) (가) → (나)

(2) (가)

(3) (가)<(나), 원시 지구가 형성되는 과정에서 미행성체가 계속해서 충돌하고 합쳐져 지구의 크기가 계속 커졌기 때문이다.

(4) (나), (가)와 (나) 시기 사이에 밀도 차이에 의한 물질의 이동이 일어났고, 무거운 물질이 지구 중심부로 가라앉아 핵을 형성하였기 때문이다.

해설 (1) 지구의 형성 과정 순서는 미행성체 충돌 → (가) 마그마의 바다 형성 → 핵과 맨틀의 분리 → (나) 원시 지각과 원시 바다 형성 → 최초의 생명체 탄생이다.

(2) 지구 탄생 초기에는 미행성체의 충돌 횟수가 많아 그 충돌열 때문에 지구의 온도가 높아져 지구의 대부분이 용융된 상태인 마그마의 바다가 형성되었다. 그러나 시간이 지남에 따라 미행성체의 충돌 횟수가 줄어들면서 지표면이 식어 원시 지각이 형성되었다. 따라서 지구 표면의 온도는 마그마의 바다가 형성된 시기(가)가 더 높았다.

	채점 기준	배점
(1)	시간 순서대로 옳게 나열한 경우	10 %
(2)	지구의 표면 온도가 높았던 시기를 옳게 쓴 경우	10 %
(3)	지구의 반지름을 옳게 비교하고, 그 까닭을 옳게 서술한 경우	40 %
	지구의 반지름만 옳게 비교한 경우	20 %
(4)	지구 중심부의 평균 밀도가 더 높았던 시기를 그 까닭과 함께 옳게 서술한 경우	40 %
	지구 중심부의 평균 밀도가 더 높았던 시기만 옳게 쓴 경우	20 %

15 모범 답안 (1) (가) 지구, (나) 우주, (다) 사람

(2) A는 산소이고, B는 수소이다. 산소는 별의 내부에서 핵융합 반응으로 생성되었고, 수소는 빅뱅 후 우주 초기에 쿼크가 결합하여 생성되었다.

 (1) 지구(가)는 철, 산소(A), 규소, 마그네슘 등으로 이루어져 있고, 우주(나)의 대부분은 수소(B)와 헬륨으로 이루어져 있으며, 사람은 산소(A), 탄소, 수소(B), 질소 등으로 이루어져 있다.

	채점 기준	배점
(1)	(가), (나), (다)를 모두 옳게 쓴 경우	30 %
(2)	A와 B에 해당하는 원소를 옳게 쓰고, 그 생성 과정을 옳게 서술한 경우	70 %
	A와 B에 해당하는 원소만 옳게 쓴 경우	30 %

Ⅱ-2 물질의 규칙성과 성질   06강~09강

1 모범 답안 (1) 금속 원소: B, 비금속 원소: A, C, D, E
(2) D와 E. D와 E는 같은 족에 속하는 원소이므로 원자가 전자 수가 같아 화학적 성질이 비슷하다.

해설 (2) A와 B는 같은 족에 속하지만 A는 비금속 원소인 수소(H)이고, B는 알칼리 금속으로 화학적 성질이 다르다.

	채점 기준	배점
(1)	금속 원소와 비금속 원소를 옳게 분류한 경우	50 %
(2)	화학적 성질이 비슷한 원소를 옳게 찾고, 판단 근거를 옳게 서술한 경우	50 %
	화학적 성질이 비슷한 원소만 옳게 찾은 경우	30 %

2 모범 답안 (1) 리튬이 공기 중의 산소와 반응하기 때문이다.
(2) 리튬의 밀도는 물보다 작다.
(3) 붉은색, 리튬과 물이 반응한 후 수용액은 염기성을 띠기 때문이다.

해설 (1) 금속인 리튬(Li)은 은백색 광택이 있다. 그런데 리튬이 공기 중의 산소와 반응하면 이온 결합 물질인 산화 리튬(Li_2O)이 생성되므로 은백색 광택이 사라진다.
(2) 리튬이 물과 반응할 때 물 위에 떠서 반응하는 것으로 보아 리튬의 밀도는 물보다 작다.

	채점 기준	배점
(1)	공기 중의 산소와 반응한다고 서술한 경우	30 %
(2)	리튬과 물의 밀도를 옳게 비교한 경우	20 %
(3)	㉠을 옳게 쓰고, 판단 근거를 옳게 서술한 경우	50 %
	㉠만 옳게 쓴 경우	20 %

3 모범 답안 칼륨과 비슷한 결과가 나타난다. 리튬과 나트륨은 칼륨과 같은 족에 속한 원소이므로 칼륨과 화학적 성질이 비슷하기 때문이다.

채점 기준	배점
같은 족 원소이므로 화학적 성질이 비슷하다고 서술한 경우	100 %
같은 족 원소이기 때문이라고만 서술한 경우	50 %

4 모범 답안 A와 B는 같은 주기 원소이므로 전자가 들어 있는 전자 껍질 수가 같고, 족이 서로 다르므로 원자가 전자 수가 다르다.

해설 A는 베릴륨(Be)이고, B는 플루오린(F)이다. 베릴륨과 플루오린은 모두 2주기 원소이고, 원자가 전자 수는 베릴륨이 2, 플루오린이 7이다.

채점 기준	배점
주기와 족에 따라 전자가 들어 있는 전자 껍질 수와 원자가 전자 수에 대해 옳게 서술한 경우	100 %
주기와 족에 따라 전자가 들어 있는 전자 껍질 수와 원자가 전자 수 중 한 가지만 옳게 서술한 경우	50 %

5 모범 답안

플루오린(F)	알루미늄(Al)
	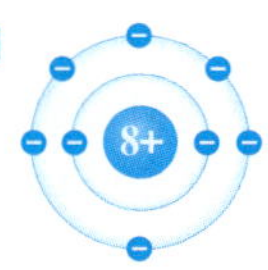

해설 원자 번호가 9인 플루오린(F)의 전자 수는 9이고, 원자 번호가 13인 알루미늄(Al)의 전자 수는 13이다. 첫 번째 전자 껍질에 최대로 채워질 수 있는 전자 수는 2이고, 두 번째 전자 껍질에 최대로 채워질 수 있는 전자 수는 8이다.

채점 기준	배점
플루오린과 알루미늄의 전자 배치가 모두 옳은 경우	100 %
플루오린과 알루미늄의 전자 배치 중 한 가지만 옳은 경우	50 %

6 모범 답안

해설 X는 전자가 들어 있는 전자 껍질 수는 A와 같은 2이고, 원자가 전자 수는 B와 같은 6이다. 이로부터 X는 2주기 16족 원소이므로 전자 수는 8이고, 양성자수도 8이다.

채점 기준	배점
X의 전자 배치를 옳게 나타낸 경우	100 %
X의 전자 배치를 옳게 나타냈으나 원자핵의 전하를 표시하지 않은 경우	50 %

7 모범 답안 A~C는 모두 가장 바깥 전자 껍질에 전자가 최대로 채워진 안정한 전자 배치를 이루므로 다른 원소와 화학 결합을 형성하지 않는다.

해설 A는 헬륨(He), B는 네온(Ne), C는 아르곤(Ar)으로, 18족 원소이다. 18족 원소는 다른 원소와 화학 결합을 형성하지 않고 원자 상태로 존재한다.

채점 기준	배점
전자 배치와 화학 결합을 포함하여 옳게 서술한 경우	100 %
전자 배치와 화학 결합 중 한 가지만 포함하여 옳게 서술한 경우	50 %

8 모범 답안 A_2B는 비금속 원소인 A와 B로 이루어지므로 공유 결합 물질이고, C_2B는 금속 원소인 C와 비금속 원소인 B로 이루어지므로 이온 결합 물질이다.

해설 A는 수소(H), B는 산소(O), C는 나트륨(Na)이다. 이온 결합 물질은 금속 원소와 비금속 원소로 이루어지고, 공유 결합 물질은 비금속 원소로 이루어진다.

채점 기준	배점
A_2B와 C_2B를 옳게 분류하고, 판단 근거를 옳게 서술한 경우	100 %
A_2B와 C_2B만 옳게 분류한 경우	40 %

9 모범 답안 (1) A: 2, B: 7
(2) 18족 원소의 전자 배치를 이루기 위해 A는 전자 2개를 잃고 양이온이 되고, B는 전자 1개를 얻어 음이온이 된다. 따라서 A와 B가 화학 결합을 형성할 때 전자는 A에서 B로 이동하여 A의 양이온과 B의 음이온이 정전기적 인력으로 결합한다.
(3) AB_2

해설 (2) A는 마그네슘(Mg)이고, B는 염소(Cl)이다. A와 B가 화학 결합을 형성할 때 전자는 금속 원소인 A에서 비금속 원소인 B로 이동하고 양이온과 음이온이 정전기적 인력으로 결합한다.
(3) A와 B가 화학 결합을 형성할 때 A는 전자 2개를 잃고 A^{2+}이 되고, B는 전자 1개를 얻어 B^-이 된다. A^{2+}과 B^-은 1 : 2로 결합하므로 화합물의 화학식은 AB_2이다.

	채점 기준	배점
(1)	A와 B의 원자가 전자 수를 모두 옳게 쓴 경우	20 %
	A와 B 중 한 가지만 원자가 전자 수를 옳게 쓴 경우	10 %
(2)	제시된 내용을 모두 포함하여 과정을 옳게 서술한 경우	60 %
	제시된 내용 중 일부만 포함하여 과정을 옳게 서술한 경우	30 %
(3)	화학식을 옳게 쓴 경우	20 %

10 모범 답안 (1) 수소 원자가 18족 원소인 헬륨의 전자 배치를 이루기 위해 필요한 전자 수는 1이고, 질소 원자가 18족 원소인 네온의 전자 배치를 이루기 위해 필요한 전자 수는 3이다. 따라서 질소 원자 1개가 수소 원자 3개와 각각 전자쌍 1개를 공유하여 암모니아를 형성한다.
(2)

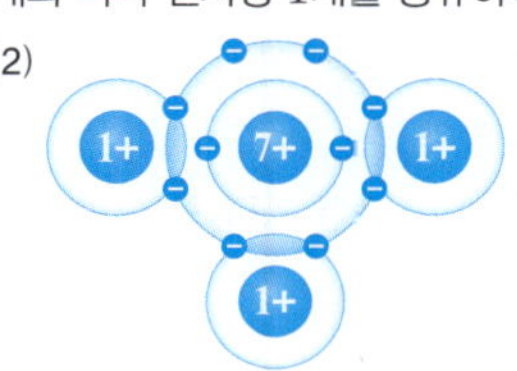

	채점 기준	배점
(1)	제시된 내용을 모두 포함하여 옳게 서술한 경우	50 %
	제시된 내용 중 일부만 포함하여 옳게 서술한 경우	30 %
(2)	화학 결합을 모형으로 옳게 나타낸 경우	50 %

11 모범 답안 • 기준 I: 공유 결합 물질인가?, 비금속 원소로만 구성되어 있는가?, 원자 사이에 전자쌍을 공유하여 화학 결합을 형성하는가? 등
• 기준 II: 단일 결합만 있는가?, 두 가지 이상의 원소로 구성되어 있는가?, 공유 전자쌍이 1개인가? 등

해설 염화 칼슘($CaCl_2$), 플루오린화 나트륨(NaF)은 이온 결합 물질이고, 질소(N_2), 산소(O_2), 염화 수소(HCl)는 공유 결합 물질이다. 질소는 삼중 결합, 산소는 이중 결합, 염화 수소는 단일 결합으로 이루어진다.

채점 기준	배점
기준 I과 II를 모두 적절하게 서술한 경우	100 %
기준 I과 II 중 한 가지만 적절하게 서술한 경우	50 %

12 모범 답안 (1) $n=2$, B는 원자가 전자 수가 6이고 화합물 DB에서 B^{n-}은 네온과 같은 전자 배치를 이루므로 B^{n-}은 B 원자가 전자 2개를 얻어 생성된 음이온이며, $n=2$이다.
(2) 이온 결합, DC_2

해설 A는 수소(H), B는 산소(O), C는 플루오린(F), D는 마그네슘(Mg)이다.
(1) B 원자는 A 원자와 전자쌍 1개를 공유하고, C 원자와 전자쌍 1개를 공유하므로 B의 원자가 전자 수는 6이다.
(2) C와 D가 화학 결합을 형성할 때 C는 전자 1개를 얻어 C^-이 되고, D는 전자 2개를 잃고 D^{2+}이 된다. D^{2+}과 C^-은 1 : 2로 결합하므로 화합물의 화학식은 DC_2이다.

	채점 기준	배점
(1)	n을 옳게 구하고, 판단 근거를 옳게 서술한 경우	50 %
	n만 옳게 구한 경우	20 %
(2)	화학 결합의 종류와 화학식을 모두 옳게 쓴 경우	50 %
	화학 결합의 종류와 화학식 중 한 가지만 옳게 쓴 경우	20 %

13 모범 답안 ㉠ 있음, ㉡ 없음, 염화 나트륨은 이온 결합 물질로, 수용액 상태에서는 이온들이 자유롭게 이동할 수 있으므로 전기 전도성이 있다. 포도당은 공유 결합 물질로, 수용액 상태에서 전기적으로 중성인 분자로 존재하므로 전기 전도성이 없다.

채점 기준	배점
㉠과 ㉡을 옳게 쓰고, 판단 근거를 옳게 서술한 경우	100 %
㉠과 ㉡ 중 한 가지만 옳게 쓰고, 판단 근거를 옳게 서술한 경우	50 %
㉠과 ㉡만 옳게 쓴 경우	30 %

14 모범 답안 (1) 설탕, 설탕은 공유 결합 물질로, 수용액 상태에서 전기적으로 중성인 분자로 존재하므로 전기 전도성이 없다.
(2) 염화 칼륨, 염화 칼륨은 이온 결합 물질로, 고체 상태에서는 양이온과 음이온이 정전기적 인력으로 결합하고 있어 자유롭게 이동할 수 없으므로 전기 전도성이 없지만, 수용액 상태에서는 이온들이 자유롭게 이동할 수 있으므로 전기 전도성이 있다.

	채점 기준	배점
(1)	A를 옳게 쓰고, 전기 전도성에 대한 까닭을 옳게 서술한 경우	50 %
	A만 옳게 쓴 경우	20 %
(2)	B를 옳게 쓰고, 전기 전도성에 대한 까닭을 옳게 서술한 경우	50 %
	B만 옳게 쓴 경우	20 %

57쪽~59쪽

II-2 물질의 규칙성과 성질　10강~12강

1 모범 답안 (1) ㉠ 산소, ㉡ 규소, ㉢ 수소
(2) 규소와 탄소, 14족에 속한 규소(㉡)와 탄소의 원자가 전자 수는 4로 같다.
해설 규소와 탄소는 모두 14족에 속하며, 원자가 전자 수는 원소가 속한 족 번호의 일의 자리 수와 같으므로 규소와 탄소의 원자가 전자 수는 4로 같다.

	채점 기준	배점
(1)	㉠~㉢을 모두 옳게 쓴 경우	50 %
(2)	규소와 탄소를 옳게 쓰고, 같은 족에 속한 원소임을 옳게 서술한 경우	50 %
	규소와 탄소만 옳게 쓴 경우	30 %

2 모범 답안 지각에 가장 풍부한 원소는 산소와 규소이며, 산소와 규소로 이루어진 규산염 사면체를 기본 단위체로 하여 다양한 규산염 광물이 존재하기 때문이다.
해설 지각에 가장 풍부한 원소는 산소와 규소이며, 규산염 광물은 산소와 규소로 이루어진 규산염 사면체를 기본 단위체로 하여 규산염 사면체들이 일정한 규칙에 따라 화학적으로 결합하여 만들어진 광물이다.

채점 기준	배점
지각에 가장 풍부한 원소와 규산염 사면체를 중심으로 다양한 광물이 형성될 수 있다는 사실을 모두 옳게 서술한 경우	100 %
지각에 가장 풍부한 원소와 규산염 사면체의 특성 중 한 가지만 옳게 서술한 경우	50 %

3 모범 답안 A: 산소, B: 규소, 규소 원자 1개와 산소 원자 4개가 공유 결합하여 규산염 사면체를 이룬다.
해설 규산염 광물은 규소(Si) 원자 1개와 산소(O) 원자 4개가 공유 결합하여 이루어진 규산염 사면체를 기본 구조로 하고 있다.

채점 기준	배점
A와 B에 해당하는 원소의 이름과 결합의 종류를 모두 옳게 서술한 경우	100 %
A와 B에 해당하는 원소의 이름만 옳게 쓴 경우	50 %
결합의 종류만 옳게 쓴 경우	50 %

4 모범 답안 (1) (가) 휘석 (나) 각섬석

(2) (가)와 (나)는 모두 길게 이어진 사슬 구조이므로, 광물에 충격을 가했을 때 특정한 방향으로 쪼개지는 성질이 나타난다.

해설 (2) (가)는 규산염 사면체가 양쪽의 산소를 공유하면서 한 줄로 길게 이어진 형태로 결합된 단사슬 구조, (나)는 단사슬 2개가 서로 연결되어 두 줄로 길게 이어진 형태로 결합된 복사슬 구조이다. (가)와 (나)는 모두 사슬 구조이므로, 광물에 충격을 가했을 때 결합력이 약한 부분을 따라 규칙성있게 갈라지면서 쪼개짐이 나타난다.

	채점 기준	배점
(1)	(가)와 (나)의 결합 구조에 해당하는 광물의 이름을 한 가지씩 모두 옳게 쓴 경우	50 %
(2)	쪼개짐이 나타나는 까닭을 결합 구조와 관련지어 옳게 서술한 경우	50 %
	쪼개짐에 대해서만 서술한 경우	30 %

5 모범 답안 석영은 규산염 사면체의 산소 4개를 모두 주변의 규산염 사면체와 공유하여 입체적으로 결합한 망상 구조를 갖고 있다. 규산염 사면체 간 공유하는 산소의 수가 많아 결합 구조가 복잡할수록 풍화에 강하므로, 석영은 풍화에 매우 강한 광물이다.

해설 석영의 결합 구조는 규산염 사면체의 산소 4개를 모두 주변의 규산염 사면체와 공유하여 입체적으로 결합한 망상 구조이므로, 풍화에 매우 강하다.

채점 기준	배점
석영의 결합 구조와 풍화에 강한 정도를 모두 옳게 서술한 경우	100 %
석영의 결합 구조만 옳게 서술한 경우	40 %

6 모범 답안 (1) ㉠ 감람석, ㉡ 석영

(2) 규산염 사면체들이 판 모양으로 결합하는가?

해설 (2) 석영의 결합 구조는 규산염 사면체의 산소 4개를 모두 주변의 규산염 사면체와 공유하여 입체적으로 결합한 망상 구조, 흑운모의 결합 구조는 규산염 사면체에서 산소 3개를 다른 규산염 사면체들과 공유하여 판 모양으로 결합한 판상 구조이다.

	채점 기준	배점
(1)	㉠과 ㉡을 모두 옳게 쓴 경우	50 %
(2)	판상 구조를 제시하면서 구분 기준을 옳게 서술한 경우	50 %

7 모범 답안 · A: 우리 몸의 주에너지원이다. 등 · B: 효소의 주성분으로, 화학 반응을 촉진한다. 호르몬의 성분으로, 생리작용을 조절한다. 항체의 주성분으로, 몸의 방어작용을 담당한다. 몸을 구성하는 주성분이다. 등 · C: 유전정보를 저장하거나 전달하며, 단백질합성에 관여한다. 등

채점 기준	배점
A~C의 기능을 모두 옳게 서술한 경우	100 %
A~C 중 두 가지의 기능을 옳게 서술한 경우	60 %
A~C 중 한 가지의 기능을 옳게 서술한 경우	30 %

8 모범 답안 아미노산의 종류와 수 및 배열 순서에 따라 단백질의 입체 구조가 달라지며, 이러한 입체 구조에 따라 단백질의 종류와 기능이 달라지기 때문이다.

채점 기준	배점
아미노산의 종류와 수 및 배열 순서에 따라 단백질의 입체 구조와 종류, 기능이 달라지는 것을 옳게 서술한 경우	100 %
아미노산의 종류와 수 및 배열 순서에 따라 단백질의 종류와 기능이 달라지는 것만 옳게 서술한 경우	70 %
단백질의 입체 구조에 따라 기능이 달라지기 때문이라고만 서술한 경우	30 %

9 모범 답안 (1) (가) 뉴클레오타이드 (나) 아미노산

(2) 탄소 화합물이다. 기본 단위체가 일정한 규칙에 따라 결합하여 형성된다. 구성 원소로 탄소(C), 수소(H), 산소(O), 질소(N)를 갖는다. 등

해설 (가)는 DNA, (나)는 단백질(헤모글로빈)이다.

	채점 기준	배점
(1)	(가)와 (나)의 기본 단위체를 모두 옳게 쓴 경우	20 %
(2)	공통점 두 가지를 모두 옳게 서술한 경우	80 %
	공통점 한 가지를 옳게 서술한 경우	40 %

10 모범 답안 DNA, 두 가닥의 폴리뉴클레오타이드로 이루어진 이중나선 구조이다. DNA에만 있는 염기 타이민(T)이 있다.

해설 DNA는 이중나선구조이고, RNA는 단일 가닥 구조이다.

채점 기준	배점
DNA라고 쓰고, 두 가지 근거를 모두 옳게 서술한 경우	100 %
DNA라고 쓰고, 한 가지 근거를 옳게 서술한 경우	60 %
DNA만 쓴 경우	20 %

11 모범 답안 이중나선 DNA를 이루는 두 가닥의 폴리뉴클레오타이드에서 아데닌(A)은 항상 타이민(T)과, 구아닌(G)은 항상 사이토신(C)과 결합하며, 유라실(U)은 존재하지 않는다. 따라서 주어진 재료로 만들 수 있는 DNA 모형 중 가장 긴 것은 A과 T을 각각 30개, G과 C을 각각 40개 사용하여 만든 것으로, 140개의 뉴클레오타이드로 구성된다.

채점 기준	배점
염기의 상보결합과 각 뉴클레오타이드 모형의 수를 포함하여 옳게 서술한 경우	100 %
각 뉴클레오타이드 모형의 수만 포함하여 옳게 서술한 경우	70 %
전체 뉴클레오타이드 모형의 수만 옳게 쓴 경우	30 %

12 모범 답안 X를 구성하는 당은 모두 200개이므로 X는 200개의 뉴클레오타이드로 이루어져 있으며, 염기도 200개이다. 이 중 C이 55개이므로 G도 55개이며, A과 T은 각각 45개이다. I에서 A이 20개이므로 II에서 T은 20개이며, I에서 T과 II에서 A은 각각 25개이다. I에서 T과 II에서 G의 수가 같으므로, II에서 G은 25개이다. X에서 G이 55개이므로 I에서 G은 30개이다.

해설 DNA를 이루는 두 가닥의 폴리뉴클레오타이드에서 아데닌(A)은 항상 타이민(T)과, 구아닌(G)은 항상 사이토신(C)과 결합한다. 따라서 이중나선 DNA에서 아데닌(A)과 타이민(T), 구아닌(G)과 사이토신(C)의 염기 조성 비율은 각각 같다($A=T$, $G=C$).

구분	A	T	G	C	계
가닥 I	20	25	30	25	100
가닥 II	25	20	25	30	100
DNA X	45	45	55	55	200

채점 기준	배점
염기의 상보결합을 근거로 구아닌(G)의 수를 옳게 구한 경우	100 %
염기의 상보결합을 근거로 구아닌(G)의 수를 구했으나 계산이 틀린 경우	50 %
구아닌(G)의 수만 옳게 쓴 경우	20 %

13 **모범 답안** (1) 다이오드
(2) 전류를 한 방향으로만 흐르게 하는(교류를 직류로 바꾸는) 정류 작용을 한다.

	채점 기준	배점
(1)	다이오드를 옳게 쓴 경우	40 %
(2)	정류 작용을 옳게 서술한 경우	60 %
	정류 작용이라고만 쓴 경우	20 %

14 **모범 답안** (가)는 전류가 잘 흘러야 하므로 도체이고, (나)는 전류가 외부로 흐르지 않아야 하므로 부도체이다.

채점 기준	배점
(가)와 (나)를 모두 옳게 서술한 경우	100 %
(가)와 (나) 중 하나만 옳게 서술한 경우	40 %

15 **모범 답안** (1) 도체: 금, 은, 철 등, 부도체: 나무, 유리, 고무 등
(2) 도체는 물질 내 자유 전자가 많아 전류가 잘 흐르고, 부도체는 물질 내 자유 전자가 적어 전류가 잘 흐르지 않는다.

	채점 기준	배점
(1)	도체와 부도체 모두 두 가지씩 옳게 쓴 경우	40 %
	도체와 부도체 중 하나만 두 가지를 옳게 쓴 경우	20 %
(2)	자유 전자를 포함하여 전류의 흐름을 옳게 서술한 경우	60 %
	전류의 흐름만 옳게 서술한 경우	20 %

16 **모범 답안** (1) A: 3, B: 5
(2) A는 전자의 빈 자리가 존재하므로 p형 반도체이고, B는 공유 결합을 하고 전자 1개가 남았으므로 n형 반도체이다.

	채점 기준	배점
(1)	A와 B를 모두 옳게 쓴 경우	40 %
	A와 B 중 하나만 옳게 쓴 경우	20 %
(2)	용어를 모두 포함하여 A와 B의 종류를 옳게 서술한 경우	60 %
	A는 p형 반도체, B는 n형 반도체만 쓴 경우	20 %

17 **모범 답안** 부도체인 유리는 반도체를 보호함과 동시에 빛을 투과시키고, 반도체인 태양 전지는 빛을 받으면 전압을 발생시킨다.

채점 기준	배점
부도체와 반도체의 역할을 모두 옳게 서술한 경우	100 %
부도체와 반도체의 역할 중 하나만 옳게 서술한 경우	40 %

18 **모범 답안** 스마트폰 장갑은 끝 부분에 전류가 흐를 수 있는 도체인 전도성 실이 섞여 있기 때문에 장갑을 껴도 스마트폰을 작동시킬 수 있다.

채점 기준	배점
까닭과 함께 도체를 이용한다고 옳게 서술한 경우	100 %
도체를 이용한다고만 쓴 경우	30 %

60쪽~62쪽

Ⅲ-1 지구시스템 13강~16강

1 **모범 답안** (1) A: 대류권, B: 성층권, C: 중간권, D: 열권
(2) A와 C, A 층에서는 기상 현상이 일어나지만, C 층에서는 기상 현상이 일어나지 않는다.

해설 (1) 기권은 높이에 따른 기온 분포를 기준으로 대류권(A), 성층권(B), 중간권(C), 열권(D)으로 구분한다.
(2) 대류권(A)과 중간권(C)은 높이 올라갈수록 지표에서 방출되는 복사 에너지가 적게 도달하므로 기온이 낮아져 대류 현상이 일어난다는 공통점이 있다. 하지만 중간권(C)에서는 수증기가 매우 적어 기상 현상이 일어나지 않는다.

	채점 기준	배점
(1)	A~D 층의 이름을 모두 옳게 쓴 경우	40 %
	A~D 층의 이름을 두 가지만 옳게 쓴 경우	20 %
(2)	대류 현상이 일어나는 층의 기호를 옳게 쓰고, 차이점을 옳게 서술한 경우	60 %
	대류 현상이 일어나는 층의 기호만 옳게 쓴 경우	30 %

2 **모범 답안** 사막 모래로 인해 황사가 발생한다, 화산 가스가 분출하여 대기 성분을 변화시킨다, 화석 연료가 연소되어 대기 중 온실 기체가 증가한다 등

채점 기준	배점
지권에서 기권으로 영향을 미치는 자연 현상의 예를 두 가지 모두 옳게 서술한 경우	100 %
지권에서 기권으로 영향을 미치는 자연 현상의 예를 한 가지만 옳게 서술한 경우	50 %

3 **모범 답안** (1) 열권, 오로라는 태양에서 날아온 고에너지 입자가 지구의 대기 분자와 충돌하여 빛을 내는 현상으로 외권과 기권의 상호작용으로 나타난다.
(2) C

해설 (2) 외핵은 주성분이 철과 니켈로 구성되어 있고, 액체 상태로 대류가 일어나기 때문에 지구 자기장이 형성된다.

	채점 기준	배점
(1)	열권을 옳게 쓰고, 외권과 기권의 상호작용으로 옳게 서술한 경우	70 %
	외권과 기권의 상호작용으로만 옳게 서술한 경우	40 %
	열권만 옳게 쓴 경우	30 %
(2)	C를 옳게 쓴 경우	30 %

4 **모범 답안** (1) ㉠은 생물권과 기권의 상호작용이고, ㉡은 수권과 기권의 상호작용이며, ㉢은 지권과 기권의 상호작용이다.
(2) A: 기권, B: 생물권, C: 수권, D: 지권

해설 (1) ㉠ 식물(생물권)은 호흡과 광합성을 할 때 산소와 이산화 탄소(기권)를 흡수하거나 방출한다. ㉡ 수온(수권)이 상승하면 증발하는 수증기량이 많아져서 태풍(기권)이 강해진다. ㉢ 화산재(지권)는 지구로 입사하는 태양 복사 에너지를 차단시켜 지구의 평균 기온(기권)을 일시적으로 하강시킬 수 있다.

	채점 기준	배점
(1)	㉠~㉢ 현상의 상호작용을 모두 옳게 서술한 경우	60 %
	㉠~㉢ 중 두 가지 현상의 상호작용만 옳게 서술한 경우	40 %
	㉠~㉢ 중 한 가지 현상의 상호작용만 옳게 서술한 경우	20 %
(2)	A~D의 이름을 모두 옳게 쓴 경우	40 %
	A~D의 이름을 두 가지만 옳게 쓴 경우	20 %

5 **모범 답안** (1) (가) 지구 내부 에너지, (나) 조력 에너지
(2) 태양 에너지는 기상 현상, 광합성 등을 일으키고, 지구 내부 에너지는 지진, 화산 활동 등을 일으키며, 조력 에너지는 밀물과 썰물, 주기적인 해수면 변화 등을 일으킨다.

해설 (1) 지구시스템의 에너지량은 태양 에너지, 지구 내부 에너지, 조력 에너지 순으로 크다.

	채점 기준	배점
(1)	(가), (나)의 에너지원을 모두 옳게 쓴 경우	40 %
	(가), (나)의 에너지원 중 한 가지만 옳게 쓴 경우	20 %
(2)	세 가지 에너지원으로 인해 일어나는 자연 현상을 모두 옳게 서술한 경우	60 %
	세 가지 에너지원으로 인해 일어나는 자연 현상을 두 가지만 옳게 서술한 경우	40 %
	세 가지 에너지원으로 인해 일어나는 자연 현상을 한 가지만 옳게 서술한 경우	20 %

6 **모범 답안** 바다에서 잃은 물의 양(증발량−강수량)만큼 육지에서 바다로 물이 유입되기 때문이다.

해설 물의 순환 과정에서 물이 평형 상태에 있다면 각 권역에 유입하는 물의 양과 유출되는 물의 양이 같아 지구시스템에서 전체 물의 양은 일정하게 유지된다.

채점 기준	배점
바다에서 잃은 물의 양만큼 육지에서 바다로 물이 유입되기 때문이라고 옳게 서술한 경우	100 %
바다로 물이 유입되기 때문이라고만 옳게 서술한 경우	40 %

7 **모범 답안** 지권, 지구시스템의 전체 탄소량은 일정하게 유지된다.

해설 지권에서 화석 연료의 연소, 화산 활동으로 인한 대기 중 화산 가스 분출 등으로 지권의 탄소가 감소하더라도 다른 권역에서 다양한 형태로 탄소가 증가하기 때문에 지구시스템의 전체 탄소량은 일정하게 유지된다.

채점 기준	배점
지권이라고 옳게 쓰고, 지구시스템의 전체 탄소량 변화를 옳게 서술한 경우	100 %
지권이라고만 옳게 쓴 경우	50 %
지구시스템의 전체 탄소량 변화만 옳게 서술한 경우	50 %

8 **모범 답안** (1) 태양 에너지
(2) 육지에서 물의 유입량과 유출량이 같으므로 육지의 강수(96)＝A＋육지의 증발(60)이다. 따라서 육지에서 바다로 유출되는 A는 36이다.
(3) 지구 전체 물의 양은 일정하게 유지된다.

해설 (2) A는 지하수와 하천수의 형태로, 육지에서 바다로 유출되는 물의 양이다. A는 바다에서 증발량(320)과 강수량(284)의 차이와도 같다.
(3) 각 권역에서 물의 양은 일정하게 유지되어 평형을 이루기 때문에 지구 온난화가 일어나더라도 지구 전체 물의 양은 일정하게 유지된다.

	채점 기준	배점
(1)	주요 에너지원을 옳게 쓴 경우	20 %
(2)	풀이 과정과 A 값을 모두 옳게 구한 경우	50 %
	풀이 과정 없이 A 값만 옳게 구한 경우	20 %
(3)	지구 전체 물의 양 변화를 옳게 서술한 경우	30 %

9 **모범 답안** (1) B, 기권에서 이산화 탄소(CO_2)가 수권의 해수에 녹아 탄산 이온(CO_3^{2-}) 형태로 전환되면서 대기 중 이산화 탄소의 양이 감소하였다.
(2) 산소, 지구상에 광합성 생물이 출현하면서 대기 중 이산화 탄소가 줄어들고 산소의 양이 증가하였으므로 생물권과 기권의 상호작용으로 설명할 수 있다.

	채점 기준	배점
(1)	B를 옳게 쓰고, 두 권역에서 탄소의 존재 형태를 옳게 서술한 경우	50 %
	두 권역에서 탄소의 존재 형태만 옳게 서술한 경우	30 %
	B만 옳게 쓴 경우	20 %
(2)	산소를 쓰고, 광합성 개념을 포함하여 권역 간의 상호작용으로 옳게 서술한 경우	50 %
	광합성 개념을 포함하여 권역 간의 상호작용만 옳게 서술한 경우	30 %
	산소만 옳게 쓴 경우	20 %

10 **모범 답안** 지진파를 통해 지구 내부 구조를 알 수 있다. 지진파를 이용해 지하 자원을 탐사할 수 있다 등

해설 지진파의 속도 차이에 대한 연구를 통해 지구의 내부가 지각, 맨틀, 외핵, 내핵으로 구분된다는 것을 알아냈다. 금속 광물이나 석유, 천연 가스가 매장된 경우에 지진파의 속도가 달라지는 점을 이용하여 지하 자원을 탐사할 수 있다.

채점 기준	배점
지진을 유용하게 이용하는 예를 한 가지 옳게 서술한 경우	100 %

11 **모범 답안** (1) 해양판은 A와 C를 포함한 부분이고, 대륙판은 B와 C를 포함한 부분이다.
(2) D, 연약권은 고체 상태이지만 부분적으로 용융되어 있기 때문에 대류가 일어난다.

해설 (1) 판은 지각과 상부 맨틀의 일부를 포함한 두께 약 100 km의 암석권을 말한다. 판은 포함된 지각의 종류에 따라 해양판과 대륙판으로 구분된다.
(2) 연약권은 고체 상태이지만 부분적으로 용융되어 있어 대류가 일어나고, 맨틀 대류를 따라 판이 움직인다.

	채점 기준	배점
(1)	해양판과 대륙판의 구성을 모두 옳게 서술한 경우	40 %
	해양판과 대륙판의 구성을 한 가지만 옳게 서술한 경우	20 %
(2)	대류가 일어나는 부분의 기호를 옳게 쓰고, 대류가 일어나는 까닭을 옳게 서술한 경우	60 %
	대류가 일어나는 부분의 기호만 옳게 쓴 경우	30 %
	대류가 일어나는 까닭만 옳게 서술한 경우	30 %

12 **모범 답안** (1) 지구 내부 에너지
(2) 지진이 자주 발생하는 지역은 좁고 긴 띠 모양으로 분포한다. 이러한 형태로 지진 발생 지역이 분포하는 까닭은 판 경계에서 대부분의 지진이 발생하기 때문이다.

	채점 기준	배점
(1)	지구 내부 에너지라고 옳게 쓴 경우	40 %
(2)	지진 발생 지역의 분포 특징과 그 까닭을 모두 옳게 서술한 경우	60 %
	지진 발생 지역의 분포 특징만 옳게 서술한 경우	30 %
	그 까닭만 옳게 서술한 경우	30 %

13 **모범 답안** • 학생 A: 판이 → 맨틀이, 맨틀이 → 판이
• 학생 B: 느려. → 빨라.
• 학생 D: 해양판에 습곡 산맥을 → 해저에 해령(해저 산맥)을

해설 맨틀이 대류하면서 맨틀 위에 있는 판을 이동시킨다. 해양판과 해양판이 멀어지는 발산형 경계에서는 해령이 발달한다.

채점 기준	배점
틀린 곳을 세 가지 모두 찾아 옳게 고친 경우	100 %
틀린 곳을 두 가지만 찾아 옳게 고친 경우	60 %
틀린 곳을 한 가지만 찾아 옳게 고친 경우	30 %

14 모범 답안 A는 발산형 경계, B는 보존형 경계, C는 수렴형 경계이다. D에서는 지진과 화산 활동이 모두 활발하게 일어난다.

해설 A는 두 판이 서로 멀어지는 경계이므로 발산형 경계이고, B는 두 판이 서로 어긋나면서 이동하므로 보존형 경계이며, C는 해양판이 대륙판 아래로 섭입하는 수렴형 경계이다. D는 섭입하는 수렴형 경계에서 발달한 습곡 산맥으로, 천발~심발 지진이 발생하며, 섭입하는 해양판으로 형성되는 마그마로 인해 화산 활동이 활발하다.

채점 기준	배점
A~C에 해당하는 판 경계의 종류를 모두 옳게 쓰고, D에서 발생하는 지각 변동을 옳게 서술한 경우	100 %
A~C에 해당하는 판 경계의 종류만 모두 옳게 쓴 경우	60 %
D에서 발생하는 지각 변동만 옳게 서술한 경우	40 %

15 모범 답안 A에서는 해령, C에서는 해구가 발달한다. A에서 C로 갈수록 해양 지각의 나이가 많아진다.

해설 해양 지각은 해령에서 생성된 후 해구에서 소멸한다.

채점 기준	배점
A, C에서 발달하는 지형을 옳게 쓰고, A에서 C로 갈수록 나타나는 해양 지각의 나이 변화를 옳게 서술한 경우	100 %
A, C에서 발달하는 지형만 옳게 쓴 경우	60 %
A에서 C로 갈수록 해양 지각의 나이 변화만 옳게 서술한 경우	40 %

16 모범 답안 (1) 맨틀 대류의 상승부인가?, 발산형 경계에서 발달하는 지형인가?, 천발 지진만 발생하는가?, 정단층이 발달하는가? 등
(2) B: 안데스산맥, C: 산안드레아스 단층

해설 동아프리카 열곡대는 발산형 경계에서 발달한 열곡대 지형이고, 안데스산맥은 수렴형 경계에서 발달한 습곡 산맥이며, 산안드레아스 단층은 보존형 경계에서 발달한 변환 단층이다. 발산형 경계에서는 천발 지진과 화산 활동이 활발하다. 판이 섭입하는 수렴형 경계에서는 천발~심발 지진과 화산 활동이 활발하다. 보존형 경계에서는 천발 지진만 활발하다.

	채점 기준	배점
(1)	A에 들어갈 알맞은 문장을 옳게 서술한 경우	60 %
(2)	B, C에 해당하는 지형을 모두 옳게 쓴 경우	40 %
	B, C에 해당하는 지형 중 한 가지만 옳게 쓴 경우	20 %

17 모범 답안 천발~중발 지진이 발생하고, 화산 활동은 거의 일어나지 않는다.

해설 밀도가 비슷한 두 대륙판이 충돌하면 양쪽에서 미는 힘(횡압력)에 의해 두 대륙 사이에 있던 해저 퇴적층이 융기하여 거대한 습곡 산맥이 형성되고, 천발~중발 지진은 발생하지만 화산 활동은 거의 일어나지 않는다.

채점 기준	배점
지각 변동의 특징을 지진과 화산 활동으로 구분하여 모두 옳게 서술한 경우	100 %
지진만 옳게 서술한 경우	50 %
화산 활동만 옳게 서술한 경우	50 %

18 모범 답안 (1) ㉠과 ㉡, ㉡에서 심발 지진이 많이 일어나는 것은 상대적으로 밀도가 더 큰 ㉠ 판이 밀도가 작은 ㉡ 판 아래로 섭입하기 때문이다.
(2) ㉡과 ㉢, 판 경계에서는 해령과 변환 단층이 형성된다.

해설 (2) 해양판이 생성되는 판 경계에서는 발산형 경계와, 해양판의 이동 속도 차이로 해양판과 해양판이 서로 어긋나게 이동하는 보존형 경계가 함께 나타난다. 발산형 경계에서는 해령이, 보존형 경계에서는 변환 단층이 형성된다.

	채점 기준	배점
(1)	수렴형 경계를 이루는 두 판을 옳게 쓰고, ㉠과 ㉡의 밀도 차이를 이용하여 까닭을 옳게 서술한 경우	50 %
	㉠과 ㉡의 밀도 차이를 이용하여 까닭만 옳게 서술한 경우	30 %
	수렴형 경계를 이루는 두 판만 옳게 쓴 경우	20 %
(2)	㉡과 ㉢을 옳게 쓰고, 두 가지 지형을 모두 옳게 쓴 경우	50 %
	㉡과 ㉢을 옳게 쓰고, 한 가지 지형만 옳게 쓴 경우	30 %
	㉡과 ㉢만 옳게 쓴 경우	10 %

63쪽~66쪽

Ⅲ-2 역학 시스템　　17강~20강

1 모범 답안 A, B의 질량을 크게 하거나 A와 B 사이의 거리를 가깝게 한다.

해설 중력은 물체의 질량이 클수록, 물체 사이의 거리가 가까울수록 크다.

채점 기준	배점
두 가지를 모두 옳게 서술한 경우	100 %
한 가지만 옳게 서술한 경우	40 %

2 모범 답안 두 물체 사이에 작용하는 중력의 크기는 같으므로 $F_1=F_2$이다. 중력은 물체의 질량이 클수록, 물체 사이의 거리가 가까울수록 크므로 $F_2>F_3$이다. 따라서 $F_1=F_2>F_3$이다.

채점 기준	배점
풀이 과정과 함께 대소 관계를 옳게 구한 경우	100 %
대소 관계만 옳게 구한 경우	40 %

3 모범 답안 중력은 지구에서가 달에서의 6배이므로 지구에서 사과의 무게는 6×0.49 N$=2.94$ N이다. 중력$=$질량$\times$중력 가속도이므로 사과의 질량을 m이라고 하면 2.94 N$=m\times9.8$ m/s^{2}에서 $m=0.3$ kg이다.

채점 기준	배점
풀이 과정과 함께 질량과 무게를 모두 옳게 구한 경우	100 %
풀이 과정과 함께 질량과 무게 중 하나만 옳게 구한 경우	70 %
질량과 무게를 모두 옳게 구한 경우	40 %
질량과 무게 중 하나만 옳게 구한 경우	20 %

4 모범 답안 같은 높이에서 동시에 자유 낙하 하는 물체는 질량에 관계없이 가속도가 같으므로 지면에 동시에 도달한다. 따라서 $t_A=t_B$이다.

채점 기준	배점
풀이 과정과 함께 대소 관계를 옳게 구한 경우	100 %
대소 관계만 옳게 구한 경우	40 %

5 모범 답안 가속도는 단위 시간당 속도 변화량이므로 가속도의 크기 $=\dfrac{\text{나중 속력}-\text{처음 속력}}{\text{걸린 시간}}=\dfrac{15 \text{ m/s}-10 \text{ m/s}}{1 \text{ s}}=5 \text{ m/s}^2$이다.

채점 기준	배점
풀이 과정과 함께 가속도를 옳게 구한 경우	100 %
가속도만 옳게 구한 경우	40 %

6 모범 답안 수평 방향으로는 힘을 받지 않으므로 등속 직선 운동을 하고, 연직 방향으로는 중력만을 받아 등가속도 운동을 한다.

채점 기준	배점
까닭과 함께 수평 방향과 연직 방향의 운동을 모두 옳게 서술한 경우	100 %
까닭과 함께 수평 방향과 연직 방향의 운동 중 하나만 옳게 서술한 경우	70 %
수평 방향으로는 등속 직선 운동을, 연직 방향으로는 등가속도 운동을 한다고 옳게 쓴 경우	40 %
수평 방향으로는 등속 직선 운동을 한다고만 쓴 경우	20 %
연직 방향으로는 등가속도 운동을 한다고만 쓴 경우	

7 모범 답안 A, B는 연직 방향으로는 자유 낙하 운동을 한다. 따라서 같은 높이에서 동시에 운동하는 A, B는 질량에 관계없이 가속도가 같으므로 지면에 동시에 도달한다. 즉 $t_A = t_B$이다.

채점 기준	배점
풀이 과정과 함께 대소 관계를 옳게 구한 경우	100 %
대소 관계만 옳게 구한 경우	40 %

8 모범 답안 물체의 가속도는 9.8 m/s^{2}이므로 물체의 속력은 1초마다 9.8 m/s씩 증가한다. 따라서 q를 지나는 순간 물체의 속력은 9.8 m/s $+ 2$ s $\times 9.8$ m/s$^2 = 29.4$ m/s이다.

채점 기준	배점
풀이 과정과 함께 속력을 옳게 구한 경우	100 %
속력만 옳게 구한 경우	40 %

9 모범 답안 (1) 등속 직선 운동: (가), 등가속도 운동: (다)
(2) 등속 직선 운동은 시간에 따라 속도가 일정하므로 (가)이고, 등가속도 운동은 시간에 따라 속도가 일정하게 증가하므로 (다)이다.

	채점 기준	배점
(1)	등속 직선 운동과 등가속도 운동을 모두 옳게 쓴 경우	40 %
	등속 직선 운동과 등가속도 운동 중 하나만 옳게 쓴 경우	20 %
(2)	등속 직선 운동과 등가속도 운동을 모두 옳게 서술한 경우	60 %
	등속 직선 운동과 등가속도 운동 중 하나만 옳게 서술한 경우	30 %

10 모범 답안 (1) $v_C > v_B > v_A$
(2) A, B, C는 모두 연직 방향으로는 자유 낙하 운동을 한다. 따라서 같은 높이에서 동시에 운동하는 A, B, C는 질량에 관계없이 가속도가 같으므로 지면에 동시에 도달한다. 즉 $t_A = t_B = t_C$이다.

해설 (1) 수평 방향으로 던진 물체의 속력이 클수록 수평 방향으로 멀리 나아가므로 $v_C > v_B > v_A$이다.

	채점 기준	배점
(1)	대소 관계를 옳게 구한 경우	40 %
(2)	풀이 과정과 함께 대소 관계를 옳게 구한 경우	60 %
	대소 관계만 옳게 구한 경우	20 %

11 모범 답안 수평 방향으로 발사한 물체의 속력이 다르기 때문이며, 이때 수평 방향으로 발사한 속력이 클수록 물체가 이동한 거리도 크다.

채점 기준	배점
수평 방향으로 다른 속력으로 발사했기 때문이라고 옳게 서술한 경우	100 %
다른 속력으로 발사했기 때문이라고만 서술한 경우	60 %

12 모범 답안 (1) C
(2) D
(3) 중력이 작용하지 않을 때는 물체에 아무런 힘이 작용하지 않으므로 물체는 D 방향으로 등속 직선 운동을 한다.

해설 물체에 중력이 작용하면 수평 방향으로는 힘이 작용하지 않

으므로 등속 직선 운동을 하고, 연직 방향으로는 중력만 작용하여 등가속도 운동을 한다.

	채점 기준	배점
(1)	C를 옳게 쓴 경우	30 %
(2)	D를 옳게 쓴 경우	30 %
(3)	힘이 작용하지 않아 등속 직선 운동을 한다고 옳게 서술한 경우	40 %
	등속 직선 운동을 한다고만 쓴 경우	20 %

13 모범 답안 (1) 2초
(2) 중력 가속도는 연직 방향으로 9.8 m/s^{2}이므로 물체의 연직 방향의 속력은 1초마다 9.8 m/s씩 증가한다. 따라서 물체가 지면에 도달하는 순간 물체의 연직 방향의 속력은 2 s $\times 9.8$ m/s$^2 = 19.6$ m/s이다.
(3) 물체가 h만큼 이동하는 동안 구간 평균 속력은 $\dfrac{0 + 19.6 \text{ m/s}}{2 \text{ s}} = 9.8$ m/s이므로 구간 이동 거리 $h = 9.8$ m/s $\times 2$ s $= 19.6$ m이다.

해설 (1) 물체는 수평 방향으로 등속 직선 운동을 하므로 물체가 운동을 시작한 순간부터 지면에 도달할 때까지 걸린 시간은 $\dfrac{10 \text{ m}}{5 \text{ m/s}} = 2$ s이다.

	채점 기준	배점
(1)	시간을 옳게 구한 경우	20 %
(2)	풀이 과정과 함께 속력을 옳게 구한 경우	40 %
	속력만 옳게 구한 경우	20 %
(3)	풀이 과정과 함께 h를 옳게 구한 경우	40 %
	h만 옳게 구한 경우	20 %

14 모범 답안
(1) 수평 방향

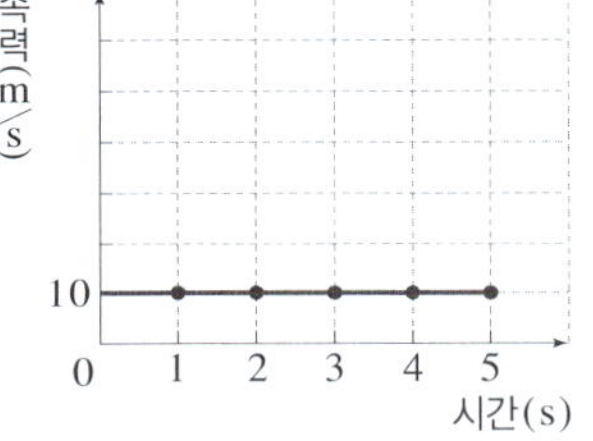

(2) 연직 방향

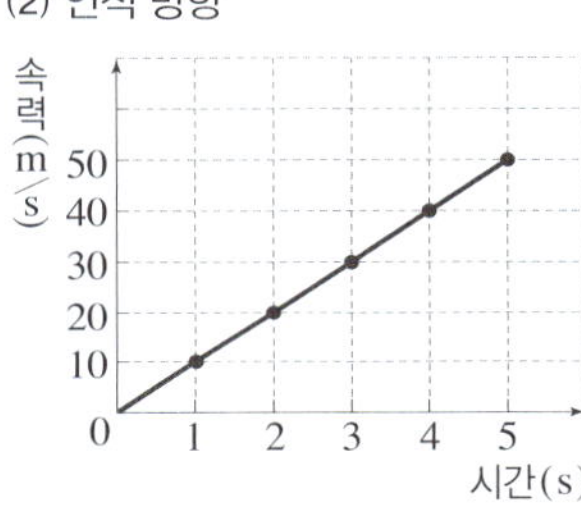

해설 (1) 수평 방향으로는 등속 직선 운동을 하므로 수평 방향의 속력은 10 m/s로 일정하다.
(2) 연직 방향으로는 가속도가 일정한 등가속도 운동을 한다. 이때 가속도가 10 m/s^{2}이므로 1초마다 속력이 10 m/s씩 증가한다.

	채점 기준	배점
(1)	시각에 따른 속력 값과 그래프의 개형을 옳게 그린 경우	50 %
	그래프의 개형만 옳게 그린 경우	20 %
(2)	시각에 따른 속력 값과 그래프의 개형을 옳게 그린 경우	50 %
	그래프의 개형만 옳게 그린 경우	20 %

15 모범 답안 운동량의 크기 $=$ 질량 $\times$ 속력이므로 $p_A = 0.6$ kg $\times 5$ m/s $= 3$ kg·m/s, $p_B = 0.3$ kg $\times 10$ m/s $= 3$ kg·m/s, $p_C = 0.05$ kg $\times 20$ m/s $= 1$ kg·m/s이다. 따라서 $p_A : p_B : p_C = 3 : 3 : 1$이다.

채점 기준	배점
풀이 과정과 함께 운동량의 크기의 비를 옳게 구한 경우	100 %
운동량의 크기의 비만 옳게 구한 경우	40 %

16 모범 답안 공이 벽으로부터 받은 충격량의 크기는 운동량의 변화량의 크기와 같으므로 0.15 kg $\times 10$ m/s $- (-0.15$ kg $\times 20$ m/s$) = 4.5$ N·s이다.

채점 기준	배점
풀이 과정과 함께 충격량의 크기를 옳게 구한 경우	100 %
충격량의 크기만 옳게 구한 경우	40 %

17 모범 답안 공이 받은 충격량의 크기는 운동량의 변화량의 크기와 같으므로 $0.05\ kg \times 40\ m/s - (-0.05\ kg \times 80\ m/s) = 6\ N \cdot s$이다. 이때 충격량＝평균 힘×충돌 시간이므로 공이 라켓으로부터 받은 평균 힘의 크기는 $\dfrac{6\ N \cdot s}{0.1\ s} = 60\ N$이다.

채점 기준	배점
풀이 과정과 함께 평균 힘의 크기를 옳게 구한 경우	100 %
평균 힘의 크기만 옳게 구한 경우	40 %

18 모범 답안 힘―시간 그래프에서 그래프 아랫부분의 넓이는 물체가 받은 충격량이고, 충격량은 운동량의 변화량과 같다. 처음 운동량은 0이고, 0초부터 10초까지 운동량의 변화량은 $45\ kg \cdot m/s$이므로 10초일 때, 물체의 운동량은 $45\ kg \cdot m/s$이다. 따라서 10초일 때, 물체의 속력은 $\dfrac{45\ kg \cdot m/s}{3\ kg} = 15\ m/s$이다.

채점 기준	배점
풀이 과정과 함께 속력을 옳게 구한 경우	100 %
속력만 옳게 구한 경우	40 %

19 모범 답안 (1) $20\ kg \cdot m/s$
(2) 물체의 운동량의 변화량의 크기는 $10\ kg \cdot m/s - (-20\ kg \cdot m/s) = 30\ kg \cdot m/s$이고, 충격량은 운동량의 변화량과 같으므로 물체가 벽으로부터 받은 충격량의 크기는 $30\ N \cdot s$이다.
(3) 충격량＝평균 힘×충돌 시간이므로 물체가 벽으로부터 받은 평균 힘의 크기는 $\dfrac{30\ N \cdot s}{2\ s} = 15\ N$이다.

해설 (1) 물체의 운동량의 크기＝질량×속력＝$2\ kg \times 10\ m/s$ $= 20\ kg \cdot m/s$이다.

	채점 기준	배점
(1)	운동량의 크기를 옳게 구한 경우	20 %
(2)	풀이 과정과 함께 충격량의 크기를 옳게 구한 경우	40 %
	충격량의 크기만 옳게 구한 경우	20 %
(3)	풀이 과정과 함께 평균 힘의 크기를 옳게 구한 경우	40 %
	평균 힘의 크기만 옳게 구한 경우	20 %

20 모범 답안 (1) $4\ m/s$
(2) 충격량은 운동량의 변화량과 같다. 물체의 운동량은 0초일 때는 0이고, 10초일 때는 $20\ kg \cdot m/s$이므로 0초부터 10초까지 운동량의 변화량의 크기는 $20\ kg \cdot m/s$이다. 따라서 0초부터 10초까지 물체가 받은 충격량의 크기는 $20\ N \cdot s$이다.
(3) 0초부터 5초까지 물체가 받은 충격량의 크기는 $20\ N \cdot s$이다. 충격량＝힘×힘이 작용한 시간이므로 0초부터 5초까지 물체에 작용한 힘의 크기는 $\dfrac{20\ N \cdot s}{5\ s} = 4\ N$이다.

해설 (1) 운동량의 크기＝질량×속력이다. 7초일 때, 운동량의 크기가 $20\ kg \cdot m/s$이므로 물체의 속력은 $\dfrac{20\ kg \cdot m/s}{5\ kg} = 4\ m/s$이다.

	채점 기준	배점
(1)	속력을 옳게 구한 경우	20 %
(2)	풀이 과정과 함께 충격량의 크기를 옳게 구한 경우	40 %
	충격량의 크기만 옳게 구한 경우	20 %
(3)	풀이 과정과 함께 힘의 크기를 옳게 구한 경우	40 %
	힘의 크기만 옳게 구한 경우	20 %

21 모범 답안 같은 높이에서 동일한 물체를 떨어뜨리면 바닥에 닿기 직전 속도가 같으므로 충돌 직전 운동량이 같다. 즉 충돌 직전의 처음 운동량이 같고, 충돌 후 정지한 나중 운동량도 0으로 같으므로 운동량의 변화량이 같아 달걀이 받은 충격량이 같다. 충격량＝힘×충돌 시간이므로 충격량이 같을 때, 단단한 바닥에 떨어진 달걀이 푹신한 방석에 떨어진 달걀보다 충돌 시간이 짧으므로 달걀이 받은 힘의 크기가 커서 깨진다.

채점 기준	배점
운동량의 변화량과 충격량의 관계와 힘과 충돌 시간의 관계를 모두 포함하여 옳게 서술한 경우	100 %
힘과 충돌 시간의 관계를 포함하여 옳게 서술한 경우	40 %
충돌 시간이 짧다고만 쓴 경우	20 %

22 모범 답안 (1) 충격량
(2) 충격량＝평균 힘×충돌 시간이므로 충격량이 같을 때, 에어백이 작용한 경우가 에어백이 작용하지 않은 경우보다 충돌 시간이 길어지므로 탑승자가 받는 평균 힘의 크기가 감소하여 안전하다.

	채점 기준	배점
(1)	충격량을 옳게 쓴 경우	40 %
(2)	용어를 모두 포함하여 에어백이 필요한 까닭을 평균 힘과 충돌 시간의 관계를 이용하여 옳게 서술한 경우	60 %
	용어를 모두 포함하여 에어백이 필요한 까닭을 설명하였으나 평균 힘과 충돌 시간의 관계를 옳게 서술하지 못한 경우	20 %

23 모범 답안 충격량＝평균 힘×충돌 시간이므로 충격량이 같은 상황에서 손을 뒤로 빼면서 공을 받으면 충돌 시간이 길어져 손이 받는 힘의 크기가 작아진다.

채점 기준	배점
평균 힘과 충돌 시간의 관계를 포함하여 옳게 서술한 경우	100 %
충돌 시간을 길게 한다고만 쓴 경우	40 %

67쪽~70쪽

Ⅲ-3 생명 시스템　21강~24강

1 모범 답안 (1) A: 기관, B: 조직, C: 조직계
(2) (가), 기관계는 동물에만 있는 구성 단계이기 때문이다.

해설 조직계는 식물의 구성 단계에만 있고, 기관계는 동물의 구성 단계에만 있다.

	채점 기준	배점
(1)	A~C의 이름을 모두 옳게 쓴 경우	30 %
(2)	(나)를 고르고, 기관계를 들어 동물의 구성 단계를 판단한 까닭을 옳게 서술한 경우	70 %
	(나)만 고른 경우	30 %

2 모범 답안 · 공통점: 에너지 전환에 관여한다. 이중막으로 둘러싸여 있다. 식물 세포에서 관찰할 수 있다. 등 · 차이점: 엽록체는 유기물(포도당)을 합성하고, 마이토콘드리아는 유기물을 분해한다. 엽록체는 식물 세포에만 있고, 마이토콘드리아는 식물 세포와 동물 세포 모두에 있다. 등

채점 기준	배점
공통점과 차이점을 모두 옳게 서술한 경우	100 %
공통점과 차이점 중 한 가지만 옳게 서술한 경우	50 %

3 모범 답안 (1) • A: 라이보솜 − 단백질을 합성한다. • B: 세포벽 − 세포를 보호하고, 세포의 형태를 유지한다. • C: 엽록체 − 빛에너지를 흡수해 포도당을 합성한다.

(2) 식물 세포, 동물 세포에는 없는 엽록체(C)와 세포벽(B)이 있기 때문이다.

해설 엽록체와 세포벽은 동물 세포에는 없고, 식물 세포에만 있다.

	채점 기준	배점
(1)	A~C의 이름과 기능을 모두 옳게 서술한 경우	40 %
	A~C의 이름과 기능 중 두 가지를 옳게 서술한 경우	20 %
	A~C의 이름과 기능 중 한 가지를 옳게 서술한 경우	10 %
(2)	식물 세포를 쓰고, 그렇게 생각한 까닭을 엽록체와 세포벽을 들어 옳게 서술한 경우	60 %
	식물 세포만 쓴 경우	20 %

4 모범 답안 • A: 핵 − 단백질에 대한 정보가 저장되어 있는 DNA가 있다. • B: 소포체 − 라이보솜에서 합성한 단백질을 골지체나 세포의 다른 곳으로 운반하는 통로 역할을 한다. • C: 골지체 − 세포에서 합성한 단백질을 세포 밖으로 분비하는 데 관여한다.

해설 핵 속에 있는 DNA에 저장된 유전정보를 이용하여 라이보솜에서 단백질을 합성하고, 합성된 단백질은 소포체를 통해 골지체로 이동한 뒤 세포 밖으로 분비된다.

채점 기준	배점
A~C의 이름과 기능을 모두 옳게 서술한 경우	100 %
A~C의 이름과 기능 중 두 가지만 옳게 서술한 경우	60 %
A~C의 이름과 기능 중 한 가지만 옳게 서술한 경우	30 %

5 모범 답안 B, 세포 안과 밖은 물이 풍부하므로 친수성인 인지질의 머리 부분은 세포 안쪽과 바깥쪽을 향하고, 소수성인 인지질의 꼬리 부분은 서로 마주 보며 배열한다.

해설 인지질의 머리 부분은 친수성을 나타내고, 꼬리 부분은 소수성을 나타낸다.

채점 기준	배점
B를 고르고, 그렇게 배열하는 까닭을 옳게 서술한 경우	100 %
B를 고르고, 그렇게 배열하는 까닭을 인지질의 특성이나 세포 환경 중 하나만 포함하여 서술한 경우	60 %
B만 고른 경우	30 %

6 모범 답안 허파꽈리와 모세혈관 사이에서 산소와 이산화 탄소는 농도가 높은 쪽에서 낮은 쪽으로 세포막의 인지질 2중층을 직접 통과하여 이동한다.

해설 산소, 이산화 탄소 등과 같이 분자의 크기가 작고, 지질과 잘 섞이며, 전하를 띠지 않는 물질은 세포막의 인지질 2중층을 통해 이동한다.

채점 기준	배점
산소와 이산화 탄소가 농도 기울기에 따라 인지질 2중층을 직접 통과하여 확산한다는 것을 옳게 서술한 경우	100 %
인지질 2중층이나 농도 기울기 중 하나만 포함하여 옳게 서술한 경우	50 %

7 모범 답안 (1) B, 포도당은 분자의 크기가 크고 수용성으로, 인지질 2중층을 잘 투과하지 않아 막단백질을 통해 이동한다.

(2) A: ⓛ, B: ⊙

(3) 특정 물질의 이동에 관여하는 막단백질의 수는 한정되어 있는데, 세포 안팎의 농도 차가 클 때에는 모든 막단백질이 물질을 이동시키고 있기 때문이다.

해설 A는 인지질 2중층을 통해 이동하고(단순확산), B는 막단백질을 통해 이동한다(촉진확산). ⊙은 촉진확산일 때, ⓛ은 단순확산일 때의 물질 이동 속도를 나타낸 것이다.

	채점 기준	배점
(1)	B를 고르고, 그렇게 생각한 까닭을 포도당의 특성을 포함하여 옳게 서술한 경우	40 %
	B만 고른 경우	10 %
(2)	A, B에 해당하는 물질의 이동 속도를 옳게 고른 경우	20 %
(3)	막단백질의 포화를 포함하여 옳게 서술한 경우	40 %
	물질 이동에 막단백질이 관여하기 때문이라고만 서술한 경우	20 %

8 모범 답안 B < A < C, A에 넣은 세포는 부피 변화가 없으므로 A는 세포액에 대해 등장액이고, B에 넣은 세포는 세포 안으로 물이 많이 들어와 세포가 팽팽해진 상태이므로 B는 저장액이며, C에 넣은 세포는 세포 밖으로 물이 많이 빠져나가 원형질분리가 일어났으므로 C는 고장액이다.

채점 기준	배점
A~C의 농도를 옳게 비교하고, 그렇게 생각한 까닭을 모두 옳게 서술한 경우	100 %
A~C의 농도를 옳게 비교하고, 그렇게 생각한 까닭을 서술했으나 등장액, 저장액, 고장액의 용어를 포함하지 않은 경우	70 %
A~C의 농도만 옳게 비교한 경우	30 %

9 모범 답안 (가)는 저분자 물질로 고분자 물질을 합성하는 동화작용으로, 반응 과정에서 에너지가 흡수된다. (나)는 고분자 물질을 저분자 물질로 분해하는 이화작용으로, 반응 과정에서 에너지가 방출된다.

해설 동화작용에서는 반응물의 에너지가 생성물의 에너지보다 작고, 이화작용에서는 반응물의 에너지가 생성물의 에너지보다 크다.

채점 기준	배점
(가)와 (나)의 에너지 출입을 작용의 이름과 의미를 포함하여 옳게 서술한 경우	100 %
(가)와 (나)의 에너지 출입을 작용의 이름만 포함하여 옳게 서술한 경우	70 %
(가)와 (나)의 에너지 출입만 옳게 서술한 경우	40 %

10 모범 답안 생명체에는 활성화에너지를 낮추어 주는 효소가 있어 낮은 온도에서도 반응이 빠르게 일어나기 때문이다.

채점 기준	배점
효소와 활성화에너지를 포함하여 옳게 서술한 경우	100 %
효소가 있기 때문이라고만 서술한 경우	50 %

11 모범 답안 (1) 동화작용, (나)의 에너지 변화를 보면 반응물의 에너지보다 생성물의 에너지가 크기 때문이다.

(2) 화학 반응 과정에서 반응이 일어나기 위해 필요한 최소한의 에너지를 활성화에너지라고 한다. 효소가 있을 때의 활성화에너지는 'A＋D'이고, 효소가 없을 때의 활성화에너지는 'C＋D'이다.

해설 (1) 동화작용은 저분자 물질로 고분자 물질을 합성하는 과정이며, 에너지가 흡수되는 흡열 반응이다.

(2) D는 반응열이며, 효소는 활성화에너지를 낮춘다.

	채점 기준	배점
(1)	동화작용을 쓰고, 그렇게 생각한 까닭을 옳게 서술한 경우	50 %
	동화작용만 쓴 경우	20 %
(2)	활성화에너지의 정의 및 효소가 있을 때와 없을 때의 활성화에너지를 모두 옳게 서술한 경우	50 %
	활성화에너지의 정의나 효소가 있을 때와 없을 때의 활성화에너지 중 하나만 옳게 서술한 경우	20 %

12 [모범 답안] 효소의 주성분은 단백질이며, 단백질은 높은 온도에서 입체 구조가 변하여 기능을 잃어버리기 때문이다.

채점 기준	배점
효소의 주성분과 단백질의 변성을 포함하여 옳게 서술한 경우	100 %
효소의 주성분과 단백질의 변성 중 하나만 포함하여 서술한 경우	50 %

13 [모범 답안] (1) A ⟶ D + E
(2) 효소는 그 입체 구조에 맞는 특정 반응물과만 결합한다(기질특이성).
[해설] (1) 반응식은 반응물(A)과 생성물(D, E)로 나타내며, 효소(C)는 포함되지 않는다.

	채점 기준	배점
(1)	반응식을 옳게 쓴 경우	30 %
(2)	기질특이성에 대하여 옳게 서술한 경우	70 %
	입체 구조에 대한 언급이 누락된 경우	40 %

14 [모범 답안] (1) 카탈레이스
(2) 불씨가 타오름, 생간에 있는 카탈레이스에 의해 과산화 수소의 분해가 촉진되어 산소가 생성되기 때문이다.
(3) 효소는 반응 전후에 구조와 성질이 변하지 않아 재사용되므로 과산화 수소수를 더 넣어 주면 효소가 다시 과산화 수소의 분해를 촉진할 수 있기 때문이다.
[해설] (3) 과산화 수소 분해 반응이 끝난 후에도 카탈레이스는 변하지 않고 남아 있으므로 과산화 수소수를 더 넣으면 다시 기포가 발생한다.

	채점 기준	배점
(1)	카탈레이스라고 쓴 경우	20 %
(2)	'불씨가 타오름'이라고 쓰고, 기포의 성분이 산소임을 옳게 서술한 경우	40 %
	'불씨가 타오름'이라고만 쓴 경우	20 %
(3)	효소가 변하지 않아 재사용됨을 옳게 서술한 경우	40 %
	효소가 재사용되기 때문이라고만 서술한 경우	20 %

15 [모범 답안] (1) 물질대사는 여러 단계에 걸쳐 일어나므로 반응물이 다양한데, 효소는 기질특이성이 있어서 반응물의 종류만큼 여러 종류의 효소가 필요하기 때문이다.
(2) 효소는 반응 전후에 구조와 성질이 변하지 않아 재사용이 가능하기 때문이다.

	채점 기준	배점
(1)	물질대사의 단계와 기질특이성을 포함하여 옳게 서술한 경우	50 %
	기질특이성만 포함하여 옳게 서술한 경우	20 %
(2)	효소가 변하지 않아 재사용됨을 옳게 서술한 경우	50 %
	효소가 재사용되기 때문이라고만 서술한 경우	20 %

16 [모범 답안] C, 생물의 형질을 결정하는(단백질합성에 필요한) 유전정보가 저장된 DNA의 특정 부위이다.
[해설] A는 염색체, B는 DNA, C는 유전자이다.

채점 기준	배점
C를 쓰고, 형질을 결정하는(또는 단백질합성에 필요한) 유전정보가 저장된 DNA의 특정 부위라고 서술한 경우	100 %
C를 쓰고, 유전정보가 저장된 부위라고만 서술한 경우	60 %
C만 쓴 경우	30 %

17 [모범 답안] 붉은 색소 합성효소 유전자의 염기서열에 저장된 유전정보는 RNA로 전사되고, RNA의 유전정보가 번역되어 단백질인 붉은 색소 합성효소가 합성된다. 이 효소의 작용으로 붉은 색소가 합성되어 꽃 색깔이 붉은색으로 나타난다.
[해설] 붉은 색소 합성효소 유전자에 붉은 색소 합성효소를 만드는 데 필요한 아미노산서열 정보가 저장되어 있으며, 이 정보를 이용해 만들어진 붉은 색소 합성효소가 붉은 색소를 합성함으로써 붉은색 꽃의 형질이 표현된다.

채점 기준	배점
유전자로부터 형질이 나타나기까지의 과정을 유전정보의 흐름과 관련지어 옳게 서술한 경우	100 %
유전자로부터 형질이 나타나기까지의 과정을 서술하였으나 전사나 번역 단계를 누락한 경우	60 %
유전자로부터 효소가 합성되고 효소의 작용으로 형질이 나타난다고만 서술한 경우	40 %

18 [모범 답안] (1) ⓒ RNA, 구성 성분에 RNA에만 존재하는 염기 유라실(U)이 있고, 단일 가닥 구조이다.
(2) 번역, RNA의 유전정보로부터 단백질이 합성된다.
[해설] ㉠은 DNA, ㉡은 RNA, ㉢은 단백질이다.

	채점 기준	배점
(1)	㉡과 RNA를 모두 쓰고, 염기 중에 유라실(U)이 있고, 단일 가닥 구조이기 때문이라고 옳게 서술한 경우	50 %
	㉡과 RNA만 쓴 경우	20 %
(2)	번역을 쓰고, RNA의 유전정보를 이용해 단백질을 합성한다고 옳게 서술한 경우	50 %
	번역만 쓴 경우	20 %

19 [모범 답안] (1) DNA에만 있는 염기 ㉠은 타이민(T)이고, ㉠과 상보적으로 결합하는 ㉡은 아데닌(A)이며, RNA에만 존재하는 ㉢은 유라실(U)이다.
(2) UAU, RNA의 코돈은 연속된 3개의 염기로 이루어지므로 왼쪽에서 7~9번째 염기가 세 번째로 번역되는 코돈이다.

	채점 기준	배점
(1)	㉠~㉢의 이름과 그렇게 생각한 까닭을 모두 옳게 서술한 경우	50 %
	염기의 이름만 옳게 쓴 경우	20 %
(2)	UAU를 쓰고, 코돈이 연속된 3개의 염기로 이루어져 있기 때문이라고 서술한 경우	50 %
	UAU만 쓴 경우	20 %

20 [모범 답안] (1) GGACGGUAAU
(2) (라)-(가)-(다)-(나), X는 4개의 아미노산으로 이루어져 있으므로 3개의 펩타이드결합이 있다.
[해설] RNA의 왼쪽 첫 번째 염기가 사이토신(C)이고, DNA에서 위쪽 가닥의 왼쪽 첫 번째 염기가 C에 상보적인 구아닌(G)이므로 DNA의 위쪽 가닥이 전사에 이용되었다.
DNA…GCCTGCCATTAC
　　　CGGACGGTAATG
RNA…CGGACGGUAAUG

	채점 기준	배점
(1)	㉠ 부위의 염기서열을 옳게 쓴 경우	40 %
(2)	X의 아미노산서열을 옳게 쓰고, 펩타이드결합의 수를 근거를 들어 옳게 서술한 경우	60 %
	X의 아미노산서열과 펩타이드결합의 수만 옳게 쓴 경우	40 %
	X의 아미노산서열이나 펩타이드결합 수 중 한 가지만 옳게 쓴 경우	20 %

21 U은 RNA에만 있는 염기이므로 (다)가 RNA이며, (다)와 상보적인 염기 비율을 나타내는 (가)가 전사에 이용된 DNA 가닥이다. (가)의 T과 (나)의 A이 비율이 같으므로 ㉠은 23이고, DNA에는 U이 없으므로 ㉡은 0이다. (나)의 G과 (가)의 C이 비율이 같으므로 ㉢은 33이고, (다)의 A과 (가)의 T이 비율이 같으므로 ㉣은 23이다. (다)의 C과 (가)의 G이 비율이 같으므로 ㉤은 27이다. 따라서 ㉠(23)+㉡(0)+㉢(33)+㉣(23)+㉤(27)=106이다.

채점 기준	배점
㉠+㉡+㉢+㉣+㉤의 값을 구하는 과정을 근거를 들어 옳게 서술한 경우	100 %
㉠~㉤의 값과 합을 옳게 구하였으나 각 값을 구하는 근거가 부족한 경우	60 %
㉠+㉡+㉢+㉣+㉤의 값만 옳게 구한 경우	40 %